国家电网有限公司
STATE GRID
CORPORATION OF CHINA

U0168979

国家电网有限公司
技术标准体系表

2022 版

国家电网有限公司科技创新部　组编

中国电力出版社
CHINA ELECTRIC POWER PRESS

内 容 提 要

企业标准体系表是指导企业标准化工作的重要文件，是标准化科学管理的重要基础，是企业制修订标准年度计划和中长期标准规划的主要依据，是促进企业积极规范采用国际、国内先进标准的重要措施。技术标准体系是企业标准体系的重要组成，是企业标准化建设的核心。"十一五"期间，国家电网研究建立了公司系统统一的技术标准体系并逐年滚动修订，为推进国家电网标准化建设发挥了重要支撑作用。为进一步加强国家电网有限公司技术标准体系的适应性，使技术标准体系更加科学合理、完整有序，依据 DL/T 485—2018《电力企业标准体系表编制导则》，国家电网有限公司科技创新部组织对 2021 年所发布的公司企业标准、团体标准、行业标准、国家标准和国际标准信息进行了选择、梳理和分类，并对部分标准进行调整，形成了《国家电网有限公司技术标准体系表（2022 版）》。

本技术标准体系表可供国家电网有限公司规划、建设、生产、营销等各环节技术及管理人员阅读使用，也可供电力系统相关人员查询参考。

图书在版编目（CIP）数据

国家电网有限公司技术标准体系表：2022 版 / 国家电网有限公司科技创新部组编. —北京：中国电力出版社，2022.8
ISBN 978-7-5198-6878-9

Ⅰ. ①国⋯ Ⅱ. ①国⋯ Ⅲ. ①电力工程–技术标准–中国–2022 Ⅳ. ①TM7–65

中国版本图书馆 CIP 数据核字（2022）第 114027 号

国家电网有限公司技术标准体系表（2022 版）

出版发行：中国电力出版社	印　　刷：三河市百盛印装有限公司
地　　址：北京市东城区北京站西街 19 号	版　　次：2022 年 8 月第一版
邮政编码：100005	印　　次：2022 年 8 月北京第一次印刷
网　　址：http://www.cepp.sgcc.com.cn	开　　本：880 毫米×1230 毫米　横 16 开本
责任编辑：张　瑶（010-63412503）	印　　张：39.75
责任校对：黄　蓓　郝军燕　王海南　李　楠	字　　数：1413 千字
装帧设计：张俊霞	印　　数：0001—1500 册
责任印制：石　雷	定　　价：198.00 元

编 委 会 成 员

编 制 说 明

为全面提升国家电网有限公司（简称公司）技术标准管理水平，公司充分结合技术标准化管理的实际情况，按照突出重点、分步实施的原则，组织研究建立了公司技术标准体系并发布《国家电网有限公司技术标准体系表》。技术标准体系表作为公司制定中长期技术标准规划及在生产、经营、管理中实施技术标准的主要依据，以及促进各单位积极规范采用国内、国外先进标准的重要措施，在公司电网发展中具有非常重要的作用。

为不断适应公司业务发展和技术标准工作新要求，持续健全公司技术标准体系，支撑公司坚强智能电网建设，国家电网有限公司科技创新部会同总部有关专业部门组织对《国家电网有限公司技术标准体系表（2021 版）》进行修订。

此次修订，主要根据 DL/T 485—2018《电力企业标准体系表编制导则》相关要求，结合电力生产实际需要，对体系架构进行了优化，对 2021 年所发布的公司企业标准、团体标准、行业标准、国家标准、国际标准和国外先进标准进行筛选、梳理和分类，对技术标准体系表内作废标准信息进行更新代替，最终形成《国家电网有限公司技术标准体系表（2022 版）》。

《国家电网有限公司技术标准体系表（2022 版）》收录了企业标准 2506 项、团体标准 164 项、行业标准 4065 项、国家标准 4112 项和国际标准 839 项。

一、编制思路与原则

（一）编制思路

（1）企业技术标准体系表是指导企业标准化工作的重要文件，是实现技术标准工作科学管理的重要基础，是企业制定、修订技术标准年度计划和中长期标准规划的主要依据，是促进企业积极规范采用国际、国内先进标准的重要措施。为适应公司、电网转型发展，满足重大工程建设、电网运营和技术改造的需要，国家电网有限公司科技创新部组织对《国家电网有限公司技术标准体系表（2021 版）》进行修订，编写完成了本体系表。

（2）严格遵循国家有关规定。编制公司技术标准体系的主要依据有：GB/T 15496—2017《企业标准体系　要求》、GB/T 15497—2017《企业标准体系　产品实现》和 DL/T 485—2018《电力企业标准体系表编制导则》。根据这些标准的要求，在编制企业技术标准体系中需要考虑：

1）正确处理企业内部各环节在技术标准体系中的地位和相互关系。依据 DL/T 485—2018《电力企业标准体系表编制导则》，企业技术标准体系的专业分类应按照企业的生产流程设置，各专业标准应协调一致，共同组成技术标准体系。

2）正确处理企业技术标准体系表中的法律、法规和其他要求文件。根据 DL/T 485—2018《电力企业标准体系表编制导则》的要求，"企业适用的法律、法规和其他要求"将作为电力企业标准体系的重要内容，但不纳入技术标准体系中。《国家电网有限公司技术标准体系表（2022 版）》中不包含法律、法规和相关文件。

（二）主要原则

（1）统一性、完整性、层次性、协调性、明确性和可扩展性原则。

统一性：公司技术标准坚持统一规划、归口管理、分工负责、统一审定、统一发布。技术标准体系应体现统一性的要求，技术标准体系表应成为实现统一性的措施和平台。

完整性：根据对电网规划、建设、生产运行等生产全过程的综合分析，力求形成门类齐全、系统、成套的技术标准体系。

层次性：重点考虑技术标准的适用范围。

协调性：重点考虑电网运行各环节之间的协调配合。

明确性：按照技术标准本身的特点来划分类目，避免技术标准的重复制定。

可扩展性：考虑公司的业务范围和科技发展的趋势，设计的技术标准体系表应使其具有可扩展性。

（2）技术专业分类法和生产流程分类法相结合的原则。

公司技术标准体系表的编制是在充分吸收国际、国家、行业和地方标准、规范与规程的基础上，结合自身实际需求，以生产流程为基础建立的企业技术标准体系。技术专业标准的分类方法重点参考 IEC 和行业技术标准的分类方法，生产流程重点考虑电网企业生产特点。

（3）结合公司发展的现状和趋势，突出电网的特点和需求，提出具有自身特点的技术标准体系。

（4）体现公司的管理理念，与公司管理体系相适应。

（5）侧重电网、兼顾电源。公司虽然以电网业务为主营业务，但同时承担着电力规划研究、电源接入系统和并网及调度等业务。因此，发电侧有关业务的技术标准仍然是公司技术标准的组成部分。

二、国家电网有限公司技术标准体系表的说明

按照上述思路与原则，设计了公司技术标准体系表。

（一）总体框架

技术标准体系采用了分层结构。主要由两个层次组成（公司技术标准体系框图见图1）。第一层是技术基础标准，第二层是以生产过程为排列顺序的企业技术标准。

第一层为技术基础标准。技术基础标准在一定范围内是其他标准的基础，并普遍使用，具有广泛的指导意义。包括7个分支：

（1）标准化工作导则。

（2）通用技术语言标准（术语、符号、代号、代码、标志、技术制图）。

（3）量和单位。

（4）数值与数据。

（5）互换性与精度标准及实现系列化标准。

（6）环境保护、安全通用标准。

（7）各专业的技术指导通则或导则。

第二层为技术专业标准，包括11个分支：

（1）规划设计，包括基础综合、系统规划、变电站规划设计、换流站规划设计、线路规划设计、配电网规划设计、通信规划设计、火电、水电、核电等分支。

（2）工程建设，包括基础综合、变电站、换流站、架空线路、电缆、火电、水电、通信工程实施、技术经济等分支。

（3）设备材料，包括基础综合，特高压电力设备、高压电力设备、中压电力设备、低压电力设备、架空线路、电缆、继电保护及安自装置、电力电子、监测装置及仪表、机械及零部件、电气材料、火电、水电、通信设备材料、验收等分支。

（4）调度与交易，包括基础综合、稳定及方式、调度计划、无功控制、网源协调、水电及新能源调度、调度运行及设备监控、继电保护、调度自动化、配网运行、电力交易、通信等分支。

（5）运行检修，包括基础综合、变电站、换流站、架空线路、电缆、火电、水电、工器具等分支。

（6）试验与计量，包括基础综合、高压电力设备、中低压电力设备、架空线路、电缆、保护与自动化、电力电子、监测装置及仪表、电测计量、化学检测、火电、水电、信息通信等分支。

（7）安全与环保，包括基础综合、作业安全、劳动保护、职业卫生、环境保护、应急机制、消防等分支。

（8）技术监督，包括基础综合，电能质量，电气设备性能，电测技术，热工技术，金属技术，化学技术，节能与环保技术，保护与控制系统，信息通信及自动化等分支。

（9）数字化，包括基础综合、数字基础设施、企业中台、数据管理与应用、网络安全、信息运行等分支。

（10）售电市场与营销，包括基础综合、电能计量、营业管理、节能、售电市场、需求侧管理、用电安全等分支。

（11）新能源，包括并网设计、工程建设、新能源设备、运行控制、试验检测等分支。

（二）技术标准体系表的信息组成

在技术标准体系表中，每一个标准都含有以下信息：

（1）在技术标准体系表中的序号。

（2）GW分类：按照公司技术标准体系框架进行的分类。

（3）国际标准分类号（ICS分类）：国际标准分类代码。

（4）中国标准文献分类号（GB分类）：国家标准分类代码。

（5）标准号：标准本身的编号，即按照国家关于企业标准编号的规定确定的流水编号，如 Q/GDW 102—2003。

（6）中文名称：标准中文名称。

（7）代替标准：已作废标准。

（8）采用关系：采用国际标准情况，其中代号 IDT 表示等同采用，MOD 表示修改采用，NEQ 表示非等效。

（9）发布日期。

（10）实施日期。

（三）技术标准体系表的编排方式说明

按照上述技术标准总体框架结构和信息组成，本体系表收集了公司正在执行的 11686 项技术标准（包括已有标准及拟制定标准），并进行了初步分类，形成技术标准体系表。体系表中各表名按图1中所示顺序编排。

图1　国家电网有限公司技术标准体系框图

三、分支技术标准体系表的编制原则

为了便于各业务部门和所属各单位使用、管理标准，从用户角度出发可以参照国家电网有限公司技术标准体系表建立以部门职能、专业、主题等为主线的分支技术标准体系表。分支技术标准体系应与公司技术标准体系有效衔接，在层级结构、分类方式等方面保持协调、一致。

目　　录

国家电网有限公司技术标准体系表层次图

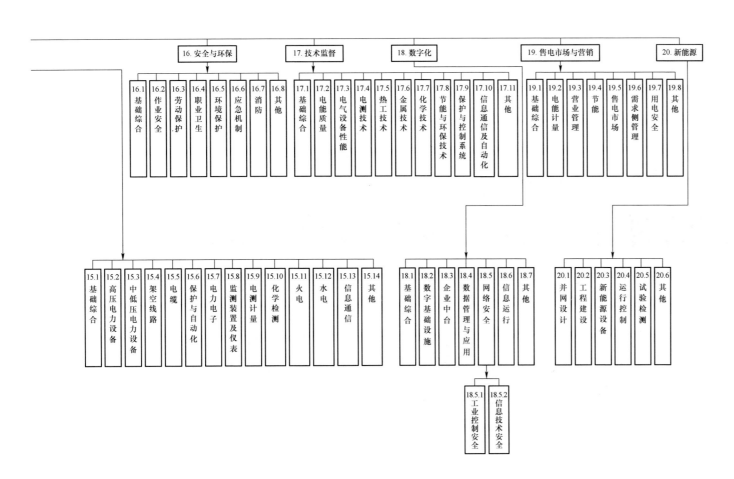

国家电网有限公司
STATE GRID
CORPORATION OF CHINA

国家电网有限公司技术标准体系表

技术基础标准

1 标准化工作导则

序号	GW 分类	ICS 分类	GB 分类	标准号	中文名称	代替标准	采用关系	发布日期	实施日期
1-3-1	1	01.120	A00	GB/T 1.1—2020	标准化工作导则 第 1 部分：标准的结构和编写	GB/T 1.1—2009		2020/3/31	2020/10/1
1-3-2	1	01.120	A00	GB/T 1.2—2020	标准化工作导则 第 2 部分：以 ISO/IEC 标准化文件为基础的标准化文件起草规则	GB/T 20000.2—2009；GB/T 20000.9—2014		2020/11/19	2021/6/1
1-3-3	1	01.020	A22	GB/T 10112—2019	术语工作 原则与方法	GB/T 10112—1999		2019/8/30	2020/3/1
1-3-4	1	01.120	A00	GB/T 12366—2009	综合标准化工作指南	GB/T 12366.1—1990；GB/T 12366.2—1990；GB/T 12366.3—1990；GB/T 12366.4—1991		2009/5/6	2009/11/1
1-3-5	1	01.120	A00	GB/T 13016—2018	标准体系构建原则和要求	GB/T 13016—2009		2018/2/6	2018/9/1
1-3-6	1	01.120	A00	GB/T 13017—2018	企业标准体系表编制指南	GB/T 13017—2008		2018/2/6	2018/9/1
1-3-7	1	01.120	A00	GB/T 15496—2017	企业标准体系 要求	GB/T 15496—2003		2017/12/29	2018/7/1
1-3-8	1	01.120	A00	GB/T 15497—2017	企业标准体系 产品实现	GB/T 15497—2003		2017/12/29	2018/7/1
1-3-9	1	01.120	A00	GB/T 15498—2017	企业标准体系 基础保障	GB/T 15498—2003		2017/12/29	2018/7/1
1-3-10	1	01.040.03	A00	GB/T 15624—2011	服务标准化工作指南	GB/T 15624.1—2003		2011/12/30	2012/4/1
1-3-11	1	01.040.03	A13	GB/T 16832—2012	国际贸易单证用格式设计基本样式	GB/T 16832—1997		2012/7/31	2012/11/1
1-3-12	1	01.120	A01	GB/T 19273—2017	企业标准化工作 评价与改进	GB/T 19273—2003		2017/12/29	2018/7/1
1-3-13	1	01.120	A00	GB/T 20000.1—2014	标准化工作指南 第 1 部分：标准化和相关活动的通用术语	GB/T 20000.1—2002		2014/12/31	2015/6/1
1-3-14	1	01.120	A00	GB/T 20000.3—2014	标准化工作指南 第 3 部分：引用文件	GB/T 20000.3—2003		2014/12/31	2015/6/1
1-3-15	1	01.120	A00	GB/T 20000.6—2006	标准化工作指南 第 6 部分：标准化良好行为规范		ISO/IEC Guide 59: 1994 MOD	2006/9/4	2006/12/1
1-3-16	1	01.120	A00	GB/T 20000.7—2006	标准化工作指南 第 7 部分：管理体系标准的论证和制定		ISO Guide 72: 2001 MOD	2006/9/4	2006/12/1
1-3-17	1	01.120	A00	GB/T 20000.8—2014	标准化工作指南 第 8 部分：阶段代码系统的使用原则和指南		ISO Guide 69: 1999 MOD	2014/12/31	2015/6/1
1-3-18	1	01.040	A00	GB/T 20000.10—2016	标准化工作指南 第 10 部分：国家标准的英文译本翻译通则			2016/8/29	2017/3/1

序号	GW 分类	ICS 分类	GB 分类	标准号	中 文 名 称	代替标准	采用关系	发布日期	实施日期
1-3-19	1	01.040	A00	GB/T 20000.11—2016	标准化工作指南 第 11 部分：国家标准的英文译本通用表述			2016/8/29	2017/3/1
1-3-20	1	01.120	A00	GB/T 20001.1—2001	标准编写规则 第 1 部分：术语	GB/T 1.6—1997	ISO 10241：1992 NEQ	2001/11/5	2002/3/1
1-3-21	1	01.120	A00	GB/T 20001.2—2015	标准编写规则 第 2 部分：符号标准	GB/T 20001.2—2001		2015/9/11	2016/1/1
1-3-22	1	01.120	A00	GB/T 20001.3—2015	标准编写规则 第 3 部分：分类标准	GB/T 20001.3—2001		2015/9/11	2016/1/1
1-3-23	1	01.120	A00	GB/T 20001.4—2015	标准编写规则 第 4 部分：试验方法标准	GB/T 20001.4—2001		2015/9/11	2016/1/1
1-3-24	1	01.120	A00	GB/T 20001.5—2017	标准编写规则 第 5 部分：规范标准			2017/12/29	2018/4/1
1-3-25	1	01.120	A00	GB/T 20001.6—2017	标准编写规则 第 6 部分：规程标准			2017/12/29	2018/4/1
1-3-26	1	01.120	A00	GB/T 20001.7—2017	标准编写规则 第 7 部分：指南标准			2017/12/29	2018/4/1
1-3-27	1	01.120	A00	GB/T 20001.10—2014	标准编写规则 第 10 部分：产品标准			2014/12/31	2015/6/1
1-3-28	1	01.120	A00	GB/T 20002.3—2014	标准中特定内容的起草 第 3 部分：产品标准中涉及环境的内容			2014/12/31	2015/6/1
1-3-29	1	01.120	A00	GB/T 20002.4—2015	标准中特定内容的起草 第 4 部分：标准中涉及安全的内容			2015/9/11	2016/1/1
1-3-30	1	01.120	A00	GB/T 20003.1—2014	标准制定的特殊程序 第 1 部分：涉及专利的标准			2014/4/28	2014/5/1
1-3-31	1	01.120	A00	GB/T 20004.2—2018	团体标准化 第 2 部分：良好行为评价指南			2018/7/13	2019/2/1
1-3-32	1	35.240.20	L76	GB/T 26162.1—2010	信息与文献 文件管理 第 1 部分：通则			2011/1/14	2011/6/1
1-3-33	1	03.100.01	A102	GB/T 26317—2010	公司治理风险管理指南			2011/1/14	2011/5/1
1-3-34	1	03.120.20	A00	GB/T 27021.2—2017	合格评定 管理体系审核认证机构要求 第 2 部分：环境管理体系审核认证能力要求			2017/12/29	2018/7/1
1-3-35	1	03.120.20	A00	GB/T 27067—2017	合格评定 产品认证基础和产品认证方案指南	GB/T 27067—2006		2017/12/29	2018/7/1
1-3-36	1	35.110	L79	GB/Z 33750—2017	物联网 标准化工作指南			2017/5/12	2017/12/1
1-3-37	1	01.120	A00	GB/T 34654—2017	电工术语 标准编写规则			2017/9/29	2018/4/1
1-3-38	1	01.120	A00	GB/T 3533.1—2017	标准化效益评价 第 1 部分：经济效益评价通则	GB/T 3533.1—2009		2017/5/12	2017/12/1
1-3-39	1	01.120	A00	GB/T 3533.3—1984	评价和计算标准化经济效果数据资料的收集和处理方法			1984/11/20	1985/10/1

序号	GW分类	ICS分类	GB分类	标准号	中 文 名 称	代替标准	采用关系	发布日期	实施日期
1-3-40	1	01.120	A00	GB/T 35778—2017	企业标准化工作 指南			2017/12/29	2018/7/1
1-4-41	1	27.010	F00	DL/T 485—2018	电力企业标准体系表编制导则	DL/T 485—2012		2018/4/3	2018/7/1
1-4-42	1	27.010	F00	DL/T 800—2018	电力企业标准编写导则	DL/T 800—2012		2018/4/3	2018/7/1
1-4-43	1			JJF 1002—2010	国家计量检定规程编写规则	JJF 1002—1998		2010/9/6	2011/3/6
1-4-44	1	01.120	A01	T/CEC 181—2018	电力企业标准化工作 评价与改进			2018/7/3	2018/9/1
1-4-45	1		A14	ZC 0006—2003	专利申请号标准			2003/7/14	2003/10/1

2 通用语言技术标准（术语、符号、代号、代码、标志、技术制图）

序号	GW 分类	ICS 分类	GB 分类	标准号	中 文 名 称	代替标准	采用关系	发布日期	实施日期
2-2-1	2	29.240		Q/GDW 10727—2016	智能电网知识描述语言规范	Q/GDW 727—2012		2016/12/28	2016/12/28
2-2-2	2	29.020		Q/GDW 11705—2017	国家电网公司科技项目成果分类与代码			2018/2/12	2018/2/12
2-2-3	2	35.040		Q/GDW 215—2008	电力系统数据标记语—E 语言规范			2008/12/31	2008/12/31
2-2-4	2	29.240		Q/GDW 624—2011	电力系统图形描述规范			2011/7/27	2011/7/27
2-3-5	2	01.080.10	A22	GB/T 10001.1—2012	标志用公共信息图形符号 第 1 部分：通用符号	GB/T 10001.1—2006		2012/12/31	2013/6/1
2-3-6	2	01.080.10	A22	GB/T 10001.2—2021	标志用公共信息图形符号 第 2 部分：旅游休闲符号	GB/T 10001.2—2006		2021/3/9	2021/10/1
2-3-7	2	35.040	A24	GB/T 10113—2003	分类与编码通用术语	GB 10113—1988		2003/7/25	2003/12/1
2-3-8	2	35.040	A24	GB/T 10114—2003	县级以下行政区划代码编制规则	GB 10114—1988		2003/7/25	2003/12/1
2-3-9	2	77.060	H25	GB/T 10123—2001	金属和合金的腐蚀基本术语和定义	GB/T 10123—1988	ISO 8044：1999 EQV	2001/12/17	2002/5/1
2-3-10	2	35.240.60	S07	GB/T 10302—2010	中华人民共和国铁路车站代码	GB/T 10302—1988		2010/9/2	2010/12/1
2-3-11	2	01.100.01	J04	GB/T 10609.1—2008	技术制图 标题栏	GB/T 10609.1—1989		2008/6/26	2009/1/1
2-3-12	2	01.100.01	J04	GB/T 10609.2—2009	技术制图 明细栏	GB/T 10609.2—1989	ISO 7573：1983 IDT	2009/11/30	2010/9/1
2-3-13	2	01.100.01	J04	GB/T 10609.3—2009	技术制图 复制图的折叠方法	GB/T 10609.3—1989		2009/11/30	2010/9/1
2-3-14	2	01.100.01	J04	GB/T 10609.4—2009	技术制图 对缩微复制原件的要求	GB/T 10609.4—1989	ISO 6428：1982 IDT	2009/11/30	2010/9/1
2-3-15	2	77.040.10	H22	GB/T 10623—2008	金属材料 力学性能试验术语	GB/T 10623—1989	ISO 23718：2007 MOD	2008/5/13	2008/11/1
2-3-16	2	35.040	L71	GB/T 11383—1989	信息处理信息交换用八位代码结构和编码规则			1989/6/12	1990/1/1
2-3-17	2	35.080	L77	GB/T 11457—2006	信息技术 软件工程术语	GB/T 11457—1995		2006/3/14	2006/7/1
2-3-18	2	17.220	L85	GB/T 11464—2013	电子测量仪器术语	GB/T 11464—1989		2013/12/31	2014/7/15
2-3-19	2	35.040	A24	GB 11643—1999	公民身份号码	GB 11643—1989		1999/1/19	1999/7/1
2-3-20	2	35.040	A24	GB 11714—1997	全国组织机构代码编制规则	GB 11714—1995		1997/12/29	1998/1/1
2-3-21	2	19.040	K04	GB/T 11804—2005	电工电子产品环境条件 术语	GB/T 11804—1989		2005/3/3	2005/8/1
2-3-22	2	27.060；01.100	J98	GB/T 11943—2008	锅炉制图	GB/T 11943—1989		2008/1/31	2008/7/1
2-3-23	2	01.100	J04	GB/T 12212—2012	技术制图焊缝符号的尺寸、比例及简化表示法	GB/T 12212—1990		2012/5/11	2012/12/1

序号	GW 分类	ICS 分类	GB 分类	标准号	中 文 名 称	代替标准	采用关系	发布日期	实施日期
2-3-24	2	23.060.01	J16	GB/T 12250—2005	蒸汽疏水阀术语、标志、结构长度	GB/T 12248—1989；GB/T 12249—1989；GB/T 12250—1989	ISO 6552：1980 NEQ	2005/7/11	2006/1/1
2-3-25	2	35.040	A24	GB/T 12402—2000	经济类型分类与代码	GB 12402—1990		2000/7/14	2001/3/1
2-3-26	2	35.040	A24	GB/T 12403—1990	干部职务名称代码			1990/7/5	1991/5/1
2-3-27	2	35.040	A24	GB/T 12404—1997	单位隶属关系代码	GB 12404—1990		1997/5/26	1998/3/1
2-3-28	2	35.040	A24	GB/T 12405—2008	单位增员减员代码	GB/T 12405—1990		2008/8/19	2009/1/1
2-3-29	2	03.060	A11	GB/T 12406—2008	表示货币和资金的代码	GB/T 12406—1996	ISO 4217：2001 IDT	2008/7/1	2008/12/1
2-3-30	2	35.040	A24	GB/T 12407—2008	职务级别代码	GB/T 12407—1990		2008/8/6	2009/1/1
2-3-31	2	35.040	A24	GB/T 12408—1990	社会兼职代码			1990/7/5	1991/5/1
2-3-32	2	13.340.01	C73	GB/T 12903—2008	个体防护装备术语	GB/T 12903—1991		2008/12/11	2009/10/1
2-3-33	2	35.040	A24	GB/T 12905—2019	条码术语	GB/T 12905—2000		2019/3/25	2019/10/1
2-3-34	2	27.160	F12	GB/T 12936—2007	太阳能热利用术语	GB/T 12936.1—1991；GB/T 12936.2—1991	ISO 9488：1999 NEQ	2007/4/16	2007/10/1
2-3-35	2	17.040.20	J04	GB/T 131—2006	产品几何技术规范（GPS）技术产品文件中表面结构的表示法	GB/T 131—1993	ISO 1302：2002 IDT	2006/7/19	2007/2/1
2-3-36	2	21.010	J29	GB/T 13306—2011	标牌	GB/T 13306—1991		2011/5/12	2011/10/1
2-3-37	2	01.100	J04	GB/T 13361—2012	技术制图通用术语	GB/T 13361—1992		2012/5/11	2012/12/1
2-3-38	2	07.020	A41	GB/T 13400.1—2012	网络计划技术 第1部分：常用术语	GB/T 13400.1—1992		2012/12/31	2013/6/1
2-3-39	2	29.100	K46	GB/T 13498—2017	高压直流输电术语	GB/T 13498—2007	IEC 60633：2015 MOD	2017/12/29	2018/7/1
2-3-40	2	29.020	K04	GB/T 13534—2009	颜色标志的代码	GB/T 13534—1992	IEC 60757：1983 IDT	2009/5/6	2009/11/1
2-3-41	2	33.060.10	M04	GB/T 13622—2012	无线电管理术语	GB/T 13622—1992		2012/6/29	2012/10/1
2-3-42	2	13.300	A80	GB 13690—2009	化学品分类和危险性公示通则	GB 13690—1992	ST/SG/AC.10/30/Rev.2 NEQ	2009/6/21	2010/5/1
2-3-43	2	35.040	A24	GB/T 13745—2009	学科分类与代码	GB/T 13745—1992		2009/5/6	2009/11/1
2-3-44	2	35.040	A24	GB/T 13861—2009	生产过程危险和有害因素分类与代码	GB/T 13861—1992		2009/10/15	2009/12/1
2-3-45	2	35.040	A75	GB/T 13923—2006	基础地理信息要素分类与代码	GB/T 13923—1992；GB 14804—1993；GB/T 15660—1995		2006/5/24	2006/10/1

序号	GW 分类	ICS 分类	GB 分类	标准号	中 文 名 称	代替标准	采用关系	发布日期	实施日期
2-3-46	2	17.020	N05	GB/T 13965—2010	仪表元器件术语	GB/T 13965—1992		2010/12/1	2011/5/1
2-3-47	2	17.020	N04	GB/T 13983—1992	仪器仪表基本术语			1992/12/17	1993/7/1
2-3-48	2	03.100.30	A02	GB/T 14002—2008	劳动定员定额术语	GB/T 14002—1992		2008/4/23	2008/7/1
2-3-49	2	67.060	D10	GB/T 14157—1993	水文地质术语			1993/2/12	1993/11/1
2-3-50	2	03.100.30	C76	GB/T 14163—2009	工时消耗分类、代号和标准工时构成	GB/T 14163—1993		2009/3/9	2009/9/1
2-3-51	2	33.020	M30	GB/T 14418—1995	电信设备通用文字符号	GB 1418—1978		1995/4/6	1995/12/1
2-3-52	2	01.040.29	K09	GB/T 14286—2008	带电作业工具设备术语	GB/T 14286—2002	IEC 60743：2001 MOD	2008/9/24	2009/8/1
2-3-53	2	29.240	F21	GB/Z 14429—2005	远动设备及系统 第1~3部分：总则术语	GB/T 14429—1993	IEC TR3 60870-1-3：1997 IDT	2005/2/6	2005/12/1
2-3-54	2	07.060	D04	GB/T 14498—1993	工程地质术语			1993/6/19	1994/3/1
2-3-55	2	01.100.30	J04	GB/T 14665—2012	机械工程 CAD 制图规则	GB/T 14665—1998		2012/5/1	2012/12/1
2-3-56	2	71.040.01	G40	GB/T 14666—2003	分析化学术语	GB/T 14666—1993		2003/10/11	2004/5/1
2-3-57	2	91.100.50	Q24	GB/T 14682—2006	建筑密封材料术语	GB/T 14682—1993	ISO 6927：1981 NEQ	2006/7/19	2006/12/1
2-3-58	2	01.100.01	J04	GB/T 14689—2008	技术制图图纸幅面和格式	GB/T 14689—1993	ISO 5457：1999 MOD	2008/6/26	2009/1/1
2-3-59	2	01.100	J04	GB/T 14690—1993	技术制图比例	GB 4457.2—1984	ISO 5455：1979 EQV	1993/11/9	1994/7/1
2-3-60	2	01.100	J04	GB/T 14691—1993	技术制图字体	GB 4457.3—1984	ISO 3098/1：1974；ISO 3098/2：1984 EQV	1993/11/9	1994/7/1
2-3-61	2	19.100	J04	GB/T 14693—2008	无损检测符号表示法	GB/T 14693—1993		2008/2/28	2008/7/1
2-3-62	2	33.020	M04	GB/T 14733.1—1993	电信术语 电信、信道和网		IEV 701 IDT	1993/12/5	1994/8/1
2-3-63	2	33.020	M04	GB/T 14733.6—2005	电信术语 空间无线电通信	GB/T 14733.6—1993	IEC 60050-725：1994 IDT	2005/10/10	2006/6/1
2-3-64	2	33.120.40	M50	GB/T 14733.10—2008	电信术语 天线	GB/T 14733.10—1993		2008/8/6	2009/3/1
2-3-65	2	33.040.01	M10	GB/T 14733.11—2008	电信术语 传输	GB/T 14733.11—1993	IEC 60050（704）：1993 IDT	2008/8/6	2009/3/1
2-3-66	2	33.120.01	M30	GB/T 14733.12—2008	电信术语 光纤通信	GB/T 14733.12—1993	IEC 60050（731）：1991 IDT	2008/8/6	2009/3/1
2-3-67	2	33.120.01	M30	GB/T 14733.2—2008	电信术语 传输线和波导	GB/T 14733.2—1993		2008/8/6	2009/3/1
2-3-68	2	13.060	J98	GB/T 14792—1993	锅炉水处理设备术语			1993/12/28	1994/10/1

2

序号	GW 分类	ICS 分类	GB 分类	标准号	中 文 名 称	代替标准	采用关系	发布日期	实施日期
2-3-69	2	27.060.30	J75	GB/T 14811—2008	热管术语	GB/T 14811—1993		2008/6/26	2009/1/1
2-3-70	2	35.040	A24	GB/T 14885—2010	固定资产分类与代码	GB/T 14885—1994		2011/1/10	2011/5/1
2-3-71	2	29.120.50	K43	GB/T 15166.1—2019	高压交流熔断器 第 1 部分：术语	GB/T 15166.1—1994	IEC 60050-441：1984+A1：2000 MOD	2019/6/4	2020/1/1
2-3-72	2	13.100	C65	GB/T 15236—2008	职业安全卫生术语	GB/T 15236—1994		2008/12/15	2009/10/1
2-3-73	2	01.020	C65	GB/T 15463—2018	静电安全术语	GB/T 15463—2008		2018/6/7	2019/1/1
2-3-74	2	01.080.01	A22	GB/T 15565—2020	图形符号 术语	GB/T 15565.1—2008；GB/T 15565.2—2008		2020/3/31	2020/10/1
2-3-75	2	01.080.01	A22	GB/T 15566.1—2020	公共信息导向系统设置原则与要求 第 1 部分：总则	GB/T 15566.1—2007		2020/3/31	2020/10/1
2-3-76	2	01.100.20	J04	GB/T 15754—1995	技术制图圆锥的尺寸和公差注法	GB/T 4458.4—1984	ISO 3040：1990 EQV	1995/11/23	1996/7/1
2-3-77	2	01.140.20	A22	GB/T 15834—2011	标点符号用法	GB/T 15834—1995		2011/12/30	2012/6/1
2-3-78	2	01.080.20	A22	GB/T 16273.1—2008	设备用图形符号 第 1 部分：通用符号	GB/T 16273.1—1996	ISO 7000：2004 NEQ	2008/7/16	2009/1/1
2-3-79	2	01.080	A22	GB/T 16273.2—1996	设备用图形符号 第 2 部分：机床通用符号		ISO 7000 IDT	1996/4/10	1996/10/1
2-3-80	2	01.080	A22	GB/T 16273.3—1999	设备用图形符号 第 3 部分：电焊设备通用符号		ISO 7000：1989 ITD	1999/5/8	1999/9/1
2-3-81	2	01.080.20	A22	GB/T 16273.4—2010	设备用图形符号 第 4 部分：带有箭头的符号	GB/T 16273.4—2001		2011/1/10	2011/10/1
2-3-82	2	01.080.20	A22	GB/T 16273.5—2002	设备用图形符号 第 5 部分：塑料机械通用符号		ISO 7000：1989 NEQ	2002/8/5	2003/4/1
2-3-83	2	01.080.20	A22	GB/T 16273.6—2003	设备用图形符号 第 6 部分：运输、车辆检测及装载机械通用符号		ISO 7000：1989 NEQ	2003/5/26	2003/9/1
2-3-84	2	01.080.20	A22	GB/T 16273.8—2010	设备用图形符号 第 8 部分：办公设备通用符号			2011/1/10	2011/10/1
2-3-85	2	35.040	A24	GB/T 16502—2009	用人单位用人形式分类与代码	GB/T 16502—1996		2009/5/6	2009/11/1
2-3-86	2	01.100	J04	GB/T 16675.1—2012	技术制图简化表示法 第 1 部分：图样画法	GB/T 16675.1—1996		2012/5/11	2012/12/1
2-3-87	2	01.100	J04	GB/T 16675.2—2012	技术制图简化表示法 第 2 部分：尺寸注法	GB/T 16675.2—1996		2012/5/11	2012/12/1
2-3-88	2	35.040	Z04	GB/T 16705—1996	环境污染类别代码			1996/12/20	1997/7/1
2-3-89	2	35.040	Z04	GB/T 16706—1996	环境污染源类别代码			1996/12/20	1997/7/1
2-3-90	2	01.120	A00	GB/T 16733—1997	国家标准制定程序的阶段划分及代码			1997/1/27	1997/4/1

序号	GW 分类	ICS 分类	GB 分类	标准号	中 文 名 称	代替标准	采用关系	发布日期	实施日期
2-3-91	2	35.040	D21	GB/T 16772—1997	中国煤炭编码系统		ISO 2950-74 AS 2096-87 NEQ	1997/4/17	1997/10/1
2-3-92	2	01.020	A22	GB/T 16785—2012	术语工作概念和术语的协调	GB/T 16785—1997		2012/12/31	2013/6/1
2-3-93	2	35.040	A24	GB/T 16835—1997	高等学校本科、专科专业名称代码			1997/5/26	1998/3/1
2-3-94	2	13.030.40	J88	GB/T 16845—2017	除尘器 术语	GB/T 16845—2008		2017/5/12	2017/12/1
2-3-95	2	01.080.01	A22	GB/T 16900—2008	图形符号表示规则总则	GB/T 16900—1997		2008/7/16	2009/1/1
2-3-96	2	01.080.01	A22	GB/T 16901.1—2008	技术文件用图形符号表示规则 第 1 部分：基本规则	GB/T 16901.1—1997	ISO 81714-1：1999 MOD	2008/7/16	2009/1/1
2-3-97	2	01.080.01	A22	GB/T 16901.2—2013	技术文件用图形符号表示规则 第 2 部分：图形符号（包括基准符号库中的图形符号）的计算机电子文件格式规范及其交换要求	GB/T 16901.2—2000	IEC 81714-2：2006 MOD	2013/12/17	2014/4/9
2-3-98	2	01.080.01	A22	GB/T 16902.1—2017	设备用图形符号表示规则 第 1 部分：符号原图的设计原则	GB/T 16902.1—2004		2017/7/31	2018/2/1
2-3-99	2	01.080.01	A22	GB/T 16902.2—2008	设备用图形符号表示规则 第 2 部分：箭头的形式和使用	GB/T 1252—1989	ISO 80416-2：2001 IDT	2008/7/16	2009/1/1
2-3-100	2	01.080.01	A22	GB/T 16902.4—2017	设备用图形符号表示规则 第 4 部分：图形符号用作图标的重绘指南	GB/T 16902.4—2010		2017/7/31	2018/2/1
2-3-101	2	01.080.01	A22	GB/T 16903.1—2008	标志用图形符号表示规则 第 1 部分：公共信息图形符号的设计原则	GB/T 14543—1993；GB/T 16903.1—1997	ISO 22727：2007 NEQ	2008/7/16	2009/1/1
2-3-102	2	01.040.21	J04	GB/T 16948—1997	技术产品文件词汇投影法术语	GB 14692 部分—1993	ISO 10209-2：1993 EQV	1997/8/26	1998/5/1
2-3-103	2	35.240.60	A24	GB/T 16963—2010	国际贸易合同代码编制规则	GB/T 16963—1997		2010/12/1	2011/5/1
2-3-104	2	25.040.01	N10	GB/T 17212—1998	工业过程测量和控制术语和定义	ZB Y 247—1984	IEC 902：1987 IDT	1998/1/21	1998/10/1
2-3-105	2	17.220.20	N22	GB/T 17215.101—2010	电测量抄表、费率和负荷控制的数据交换术语 第 1 部分：与使用 DLMS/COSEM 的测量设备交换数据相关的术语		IEC TR 62051-1：2004 IDT	2011/1/14	2011/6/1
2-3-106	2	35.040	A24	GB/T 17295—2008	国际贸易计量单位代码	GB/T 17295—1998	CEFACT/ICG/2006/IC001 NEQ	2008/6/18	2008/11/1
2-3-107	2	35.040	A24	GB/T 17296—2009	中国土壤分类与代码	GB/T 17296—2000		2009/5/6	2009/11/1
2-3-108	2	35.040	A24	GB/T 17297—1998	中国气候区划名称与代码气候带和气候大区	GB/T 17296—2000		1998/3/27	1998/10/1
2-3-109	2	01.100.20	J04	GB/T 17450—1998	技术制图图线		ISO 128-20：1996 IDT	1998/8/12	1999/7/1

序号	GW 分类	ICS 分类	GB 分类	标准号	中 文 名 称	代替标准	采用关系	发布日期	实施日期
2-3-110	2	01.100.20	J04	GB/T 17451—1998	技术制图图样画法视图		ISO/DIS 11947-1：1995 NEQ	1998/8/12	1999/7/1
2-3-111	2	01.100.20	J04	GB/T 17452—1998	技术制图图样画法剖视图和断面图		ISO/DIS 11947-2：1995 EQV	1998/8/12	1999/7/1
2-3-112	2	01.100.01	J04	GB/T 17453—2005	技术制图图样画法剖面域的表示法	GB/T 17453—1998	ISO 128-50：2001 IDT	2005/7/1	2005/12/1
2-3-113	2	01.040.01	A22	GB/T 17532—2005	术语工作计算机应用词汇	GB/T 17532—1998	ISO 1087-2—2000 MOD	2005/7/15	2005/12/1
2-3-114	2	33.100	L06	GB/T 17624.1—1998	电磁兼容综述电磁兼容基本术语和定义的应用与解释		IEC 61000-1-1：1992 IDT	1998/12/14	1999/12/1
2-3-115	2	03.100.20	A10	GB/T 17629—2010	国际贸易用电子数据交换协议样本	GB/T 17629—1998	UN/CEFACT Recommendation No.26 MOD	2010/12/1	2011/5/1
2-3-116	2	01.040.35；35.07.040	A75	GB/T 17694—2009	地理信息术语	GB/T 17694—1999	ISO/TS 19104：2008 IDT	2009/5/6	2009/10/1
2-3-117	2	01.080.10	A22	GB/T 17695—2006	印刷品用公共信息图形标志	GB/T 17695—1999		2006/8/4	2006/11/1
2-3-118	2	01.020	A22	GB/T 17933—2012	电子出版物术语	GB/T 17933—1999		2012/12/31	2013/6/1
2-3-119	2	35.020	L04	GB/T 18811—2012	电子商务基本术语	GB/T 18811—2002	UN/CEFACT Core Component Technical Specification Version 3.0 IDT	2012/7/31	2012/11/1
2-3-120	2	13.300	A80	GB 190—2009	危险货物包装标志	GB 190—1990		2009/6/21	2010/5/1
2-3-121	2	01.020	A22	GB/T 19099—2003	术语标准化项目管理指南		ISO 15188：2001 MOD	2003/5/14	2003/12/1
2-3-122	2	55.020	A80	GB/T 191—2008	包装储运图示标志	GB 191—2000		2008/4/1	2008/10/1
2-3-123	2	43.020	T04	GB/T 19596—2017	电动汽车术语	GB/T 19596—2004		2017/10/14	2018/5/1
2-3-124	2	01.080	J04	GB/T 20063.1—2006	简图用图形符号　第1部分：通用信息与索引		ISO 14617-1：2002 IDT	2006/2/5	2006/9/1
2-3-125	2	01.080	J04	GB/T 20063.2—2006	简图用图形符号　第2部分：符号的一般应用		ISO14617-2：2002 IDT	2006/2/5	2006/9/1
2-3-126	2	01.080	J04	GB/T 20063.3—2006	简图用图形符号　第3部分：连接件与有关装置		ISO 14617-3：2002 IDT	2006/2/5	2006/9/1
2-3-127	2	01.080	J04	GB/T 20063.4—2006	简图用图形符号　第4部分：调节器及其相关设备		ISO 14617-4：2002 IDT	2006/2/5	2006/9/1
2-3-128	2	01.080	J04	GB/T 20063.5—2006	简图用图形符号　第5部分：测量与控制装置		ISO 14617-5：2002 IDT	2006/2/5	2006/9/1
2-3-129	2	01.080	J04	GB/T 20063.6—2006	简图用图形符号　第6部分：测量与控制功能		ISO 14617-6：2002 IDT	2006/2/5	2006/9/1

序号	GW分类	ICS分类	GB分类	标准号	中文名称	代替标准	采用关系	发布日期	实施日期
2-3-130	2	01.080	J04	GB/T 20063.7—2006	简图用图形符号 第7部分：基本机械构件		ISO 14617-7：2002 IDT	2006/2/5	2006/9/1
2-3-131	2	01.080	J04	GB/T 20063.8—2006	简图用图形符号 第8部分：阀与阻尼器		ISO 14617-8：2002 IDT	2006/2/5	2006/9/1
2-3-132	2	01.080	J04	GB/T 20063.9—2006	简图用图形符号 第9部分：泵、压缩机与鼓风机		ISO 14617-9：2002 IDT	2006/2/5	2006/9/1
2-3-133	2	01.080	J04	GB/T 20063.10—2006	简图用图形符号 第10部分：流动功率转换器		ISO 14617-10：2002 IDT	2006/2/5	2006/9/1
2-3-134	2	01.080	J04	GB/T 20063.11—2006	简图用图形符号 第11部分：热交换器和热发动机器件		ISO 14617-11：2002 IDT	2006/2/5	2006/9/1
2-3-135	2	13.020	P57	GB/T 20465—2006	水土保持术语			2006/8/15	2006/11/1
2-3-136	2	01.040.29	K04	GB/T 20625—2006	特殊环境条件 术语			2006/11/9	2007/4/1
2-3-137	2	25.040.40	L74	GB/T 20719.13—2010	工业自动化系统与集成过程规范语言 第13部分：时序理论		ISO 18629-13：2006 IDT	2010/9/2	2010/12/1
2-3-138	2	25.040.40	L67	GB/T 20719.44—2010	工业自动化系统与集成过程规范语言 第44部分：定义性扩展资源扩展		ISO 18629-44：2006 IDT	2010/9/2	2010/12/1
2-3-139	2	03.220.20	R04	GB/T 20839—2007	智能运输系统通用术语			2007/3/19	2007/5/1
2-3-140	2	29.020	K09	GB/T 21654—2008	顺序功能表图用GRAFCET规范语言	GB/T 6988.6—1993		2008/3/24	2008/11/1
2-3-141	2	35.20	L70	GB/T 22033—2017	信息技术 嵌入式系统术语	GB/T 22033—2008		2017/5/31	2017/12/1
2-3-142	2	35.040	A24	GB/T 2260—2007	中华人民共和国行政区划代码	GB/T 2260—2002		2007/11/14	2008/2/1
2-3-143	2	35.040	A24	GB/T 2261.1—2003	个人基本信息分类与代码 第1部分：人的性别代码	GB 2261—1980		2003/7/25	2003/12/1
2-3-144	2	35.040	A24	GB/T 2261.2—2003	个人基本信息分类与代码 第2部分：婚姻状况代码	GB 4766—1984		2003/7/25	2003/12/1
2-3-145	2	35.040	A24	GB/T 2261.3—2003	个人基本信息分类与代码 第3部分：健康状况代码	GB 4767—1984		2003/7/25	2003/12/1
2-3-146	2	35.040	A24	GB/T 2261.4—2003	个人基本信息分类与代码 第4部分：从业状况（个人身份）代码			2003/7/25	2003/12/1
2-3-147	2	35.040	A24	GB/T 2261.5—2003	个人基本信息分类与代码 第5部分：港澳台侨属代码			2003/7/25	2003/12/1
2-3-148	2	35.040	A24	GB/T 2261.6—2003	个人基本信息分类与代码 第6部分：人大代表、政协委员代码			2003/7/25	2003/12/1

序号	GW 分类	ICS 分类	GB 分类	标准号	中 文 名 称	代替标准	采用关系	发布日期	实施日期
2-3-149	2	35.040	A24	GB/T 2261.7—2003	个人基本信息分类与代码　第7部分：院士代码			2003/7/25	2003/12/1
2-3-150	2	17.160	J04	GB/T 2298—2010	机械振动、冲击与状态监测词汇	GB/T 2298—1991	ISO 2041：2009 IDT	2010/12/23	2011/6/1
2-3-151	2	35.040	L71	GB/T 2311—2000	信息处理字符代码结构与扩充技术	GB 2311—1990	ISO/IEC 2022：1994 IDT	2000/7/14	2001/3/1
2-3-152	2	01.080.30	K04	GB/T 23371.1—2013	电气设备用图形符号基本规则　第1部分：注册用图形符号的生成	GB/T 5465.11—2007	IEC 80416-1：2008 IDT	2013/12/17	2014/4/9
2-3-153	2	01.080	K04	GB/T 23371.3—2009	电气设备用图形符号基本规则　第3部分：应用导则		IEC 80416-3：2002 IDT	2009/3/13	2009/11/1
2-3-154	2	13.020.01	Z00	GB/T 23384—2009	产品及零部件可回收利用标识			2009/4/8	2009/12/1
2-3-155	2	01.040.03	A22	GB/T 23694—2013	风险管理术语	GB/T 23694—2009	ISO Guide 73：2009 IDT	2013/12/31	2014/7/1
2-3-156	2	01.140.20	A14	GB/T 23732—2009	中国标准文本编码			2009/5/6	2009/11/1
2-3-157	2	01.040.13	Z00	GB/T 24050—2004	环境管理术语	GB/T 24050—2000	ISO 14050：2002 IDT	2004/4/30	2004/10/1
2-3-158	2	19.020	A21	GB/T 2422—2012	环境试验试验方法编写导则术语和定义	GB/T 2422—1995	IEC 60068-5-2：1990 IDT	2012/11/5	2013/2/1
2-3-159	2	29.020	J04	GB/T 24340—2009	工业机械电气图用图形符号			2009/9/30	2010/2/1
2-3-160	2	01.100.25	J04	GB/T 24341—2009	工业机械电气设备电气图、图解和表的绘制			2009/9/30	2010/2/1
2-3-161	2	43.020	T04	GB/T 24548—2009	燃料电池电动汽车术语			2009/10/30	2010/7/1
2-3-162	2	17.040.10	J04	GB/Z 24636.1—2009	产品几何技术规范（GPS）统计公差　第1部分：术语、定义和基本概念		ISO 16792：2006 NEQ	2009/11/15	2010/9/1
2-3-163	2	01.100.01	J04	GB/T 24734.1—2009	技术产品文件数字化产品定义数据通则　第1部分：术语和定义		ISO 16792：2006 NEQ	2009/11/30	2010/9/1
2-3-164	2	25.060.20	J40	GB/T 24736.1—2009	工艺装备设计管理导则　第1部分：术语			2009/11/30	2010/9/1
2-3-165	2	01.100.01	J04	GB/T 24744—2009	产品几何规范（GPS）技术产品文件（TPD）中模制件的表示法		ISO 10135：2007 IDT	2009/11/30	2010/9/1
2-3-166	2	01.100.01	J04	GB/T 24745—2009	技术产品文件词汇图样注语			2009/11/30	2010/9/1
2-3-167	2	25.040.40	N10	GB/T 2625—1981	过程检测和控制流程图用图形符号和文字代号			1981/4/15	1981/4/15
2-3-168	2	01.040.03	A24	GB/T 2659—2000	世界各国和地区名称代码	GB 2659—1994	ISO 3166-1：1997 EQV	2000/7/31	2001/3/1

序号	GW分类	ICS分类	GB分类	标准号	中文名称	代替标准	采用关系	发布日期	实施日期
2-3-169	2	29.020	K04	GB/T 26853.1—2011	成套设备、系统和设备文件的分类和代号 第1部分：规则和分类表		IEC 61355-1：2008 IDT	2011/7/29	2011/12/1
2-3-170	2	01.040.29	F22	GB/T 26863—2011	火电站监控系统术语			2011/7/29	2011/12/1
2-3-171	2	03.080	A16	GB/T 28921—2012	自然灾害分类与代码			2012/10/12	2013/2/1
2-3-172	2	01.040.29	K04	GB/T 2900.1—2008	电工术语 基本术语	GB/T 2900.1—1992		2008/6/18	2009/5/1
2-3-173	2	29.120.99	K14	GB/T 2900.4—2008	电工术语 电工合金	GB/T 2900.4—1994		2008/6/18	2009/5/1
2-3-174	2	01.040.29	K04	GB/T 2900.5—2013	电工术语 绝缘固体、液体和气体	GB/T 2900.5—2002	IEC 60050-212：2010 IDT	2013/12/17	2014/4/9
2-3-175	2	01.040.29；29.080.10	K04	GB/T 2900.8—2009	电工术语 绝缘子	GB/T 2900.8—1995	IEC 60050-471：2007 IDT	2009/3/13	2009/11/1
2-3-176	2	01.040.29	K04	GB/T 2900.9—1994	电工术语 火花塞	GB 2900.9—1983		1994/5/19	1995/1/1
2-3-177	2	01.040.29	K04	GB/T 2900.10—2013	电工术语 电缆	GB/T 2900.10—2001		2013/12/17	2014/4/9
2-3-178	2	29.080.99	K49	GB/T 2900.12—2008	电工术语 避雷器、低压电涌保护器及元件	GB/T 2900.12—1989		2008/1/22	2008/9/1
2-3-179	2	29.020	K04	GB/T 2900.16—1996	电工术语 电力电容器	GB 2900.16—1983	IEC 50（436）：1990 EQV	1996/6/17	1997/7/1
2-3-180	2	29.120.70；01.040.29	K04	GB/T 2900.17—2009	电工术语 量度继电器	GB/T 2900.17—1994		2009/3/13	2009/11/1
2-3-181	2	29.020；29.120.50	K30	GB/T 2900.18—2008	电工术语 低压电器	GB/T 2900.18—1992		2008/5/20	2009/1/1
2-3-182	2	01.040.29	K04	GB/T 2900.19—1994	电工术语 高电压试验技术和绝缘配合	GB 2900.19—1982	IEC 71 IEC 60 IEC 50 EQV	1994/5/19	1995/1/1
2-3-183	2	29.130.10	K43	GB/T 2900.20—2016	电工术语 高压开关设备和控制设备	GB/T 2900.20—1994		2016/2/24	2016/9/1
2-3-184	2	29.020	K04	GB/T 2900.22—2005	电工术语 电焊机	GB/T 2900.22—1985		2005/8/26	2006/4/1
2-3-185	2	01.040.29；25.180.10	K61	GB/T 2900.23—2008	电工术语 工业电热装置	GB/T 2900.23—1995		2008/6/18	2009/5/1
2-3-186	2	29.160.01	K20	GB/T 2900.25—2008	电工术语 旋转电机	GB/T 2900.25—1994		2008/5/28	2009/1/1
2-3-187	2	29.160.30	K24	GB/T 2900.26—2008	电工术语 控制电机	GB/T 2900.26—1994		2008/6/30	2009/4/1
2-3-188	2	01.040.29	K04	GB/T 2900.27—2008	电工术语 小功率电动机	GB/T 2900.27—1995		2008/5/20	2009/1/1
2-3-189	2	01.040.29	K04	GB/T 2900.28—2007	电工术语 电动工具	GB/T 2900.28—1994		2007/1/7	2007/9/1
2-3-190	2	01.040.29	K04	GB/T 2900.32—1994	电工术语 电力半导体器件	GB 2900.32—1982		1994/5/16	1995/1/1

序号	GW分类	ICS分类	GB分类	标准号	中文名称		代替标准	采用关系	发布日期	实施日期
2-3-191	2	29.020	K04	GB/T 2900.33—2004	电工术语	电力电子技术	GB/T 2900.33—1993		2004/5/10	2004/12/1
2-3-192	2	01.040.29； 29.020； 29.260.20	K04	GB/T 2900.35—2008	电工术语	爆炸性环境用设备	GB/T 2900.35—1998		2008/6/18	2009/5/1
2-3-193	2	29.020	K63	GB/T 2900.36—2003	电工术语	电力牵引	GB/T 3367.10—1984； GB/T 3367.9—1984； GB/T 2900.36—1996		2003/5/26	2003/10/1
2-3-194	2	29.100.01	K04	GB/T 2900.39—2009	电工术语	电机、变压器专用设备	GB/T 2900.39—1994		2009/3/13	2009/11/1
2-3-195	2	01.040.29	K04	GB/T 2900.40—1985	电工术语	电线电缆专用设备			1985/5/9	1986/2/1
2-3-196	2	01.040.29； 29.220.10； 29.220.20	K04	GB/T 2900.41—2008	电工术语	原电池和蓄电池	GB/T 2900.11—1988； GB/T 2900.62—2003		2008/6/18	2009/5/1
2-3-197	2	27.140	K55	GB/T 2900.45—2006	电工术语	水电站水力机械设备	GB/T 2900.45—1996		2006/11/8	2007/5/1
2-3-198	2	01.040.29	K04	GB/T 2900.46—1983	电工术语	汽轮机及其附属装置			1983/10/28	1984/6/1
2-3-199	2	27.060.30	J98	GB/T 2900.48—2008	电工术语	锅炉	GB/T 2900.48—1983		2008/1/31	2008/7/1
2-3-200	2	29.120.50； 01.040.29	K04	GB/T 2900.49—2004	电工术语	电力系统保护	GB/T 2900.49—1994		2004/5/10	2004/12/1
2-3-201	2	01.040.29	K04	GB/T 2900.50—2008	电工术语	发电、输电及配电通用术语	GB/T 2900.50—1998		2008/6/18	2009/5/1
2-3-202	2	01.040.29	K47	GB/T 2900.51—1998	电工术语	架空线路			1998/8/13	1999/6/1
2-3-203	2	01.040.29	K04	GB/T 2900.52—2008	电工术语	发电、输电及配电发电	GB/T 2900.52—2000		2008/6/18	2009/5/1
2-3-204	2	27.180	F11	GB/T 2900.53—2001	电工术语	风力发电机组			2001/9/15	2002/4/1
2-3-205	2	01.040.29	F20	GB/T 2900.55—2016	电工术语	带电作业	GB/T 2900.55—2002		2016/4/25	2016/11/1
2-3-206	2	01.040.25； 25.040.40	K04	GB/T 2900.56—2008	电工术语	控制技术	GB/T 2900.56—2002		2008/6/18	2009/5/1
2-3-207	2	01.040.29	K04	GB/T 2900.57—2008	电工术语	发电、输电及配电运行	GB/T 2900.57—2002		2008/6/18	2009/5/1
2-3-208	2	01.040.29	K04	GB/T 2900.58—2008	电工术语 发电、输电及配电电力系统规划和管理		GB/T 2900.58—2002		2008/6/18	2009/5/1
2-3-209	2	01.040.29	K04	GB/T 2900.59—2008	电工术语	发电、输电及配电变电站	GB/T 2900.59—2002		2008/6/18	2009/5/1
2-3-210	2	01.040.29	K04	GB/T 2900.61—2008	电工术语	物理和化学	GB/T 2900.61—2002		2008/5/28	2009/1/1
2-3-211	2	01.040.29	K04	GB/T 2900.63—2003	电工术语	基础继电器			2003/1/17	2003/6/1

序号	GW 分类	ICS 分类	GB 分类	标准号	中文名称	代替标准	采用关系	发布日期	实施日期
2-3-212	2	01.040.29	K04	GB/T 2900.64—2013	电工术语 时间继电器	GB/T 2900.64—2003	IEC 60050-445：2010 IDT	2013/12/17	2014/4/9
2-3-213	2	91.160	M71	GB/T 2900.67—2004	电工术语 非广播用摄像机			2004/5/13	2004/12/1
2-3-214	2	01.040.33	M04	GB/T 2900.68—2005	电工术语 电信网、电信业务和运行			2005/10/10	2006/6/1
2-3-215	2	33.080	M04	GB/T 2900.69—2005	电工术语 综合业务数字网（ISDN）第1部分：总则			2005/10/10	2006/6/1
2-3-216	2	29.120.01；01.040.29	K04	GB/T 2900.70—2008	电工术语 电器附件			2008/1/22	2008/9/1
2-3-217	2	01.040.29	K04	GB/T 2900.71—2008	电工术语 电气装置			2008/3/25	2008/10/1
2-3-218	2	01.040.29	K04	GB/T 2900.72—2008	电工术语 多相系统与多相电路			2008/5/28	2009/1/1
2-3-219	2	01.040.29	K04	GB/T 2900.73—2008	电工术语 接地与电击防护			2008/5/28	2009/1/1
2-3-220	2	01.040.29	K04	GB/T 2900.74—2008	电工术语 电路理论			2008/5/28	2009/1/1
2-3-221	2	01.040.33；33.160.01	M70	GB/T 2900.75—2008	电工术语 数字录音和录像	GB/T 4013—1995		2008/6/18	2009/5/1
2-3-222	2	01.040.17；17.220.20	L85	GB/T 2900.77—2008	电工术语 电工电子测量和仪器仪表 第1部分：测量的通用术语			2008/6/18	2009/5/1
2-3-223	2	01.040.17；17.220.20	L85	GB/T 2900.79—2008	电工术语 电工电子测量和仪器仪表 第3部分：电测量仪器仪表的类型			2008/6/18	2009/5/1
2-3-224	2	01.040.29；29.020；29.100	K04	GB/T 2900.83—2008	电工术语 电的和磁的器件			2008/6/18	2009/5/1
2-3-225	2	01.040.29	K04	GB/T 2900.84—2009	电工术语 电价			2009/3/13	2009/11/1
2-3-226	2	01.040.07；07.020	K04	GB/T 2900.85—2009	电工术语 数学一般概念和线性代数			2009/3/13	2009/11/1
2-3-227	2	01.040.17	K04	GB/T 2900.86—2009	电工术语 声学和电声学			2009/3/13	2009/11/1
2-3-228	2	01.040.029	K04	GB/T 2900.87—2011	电工术语 电力市场			2011/7/29	2011/12/1
2-3-229	2	01.040.17	K04	GB/T 2900.88—2011	电工术语 超声学		IEC 60050-802：2010 IDT	2011/7/29	2011/12/1
2-3-230	2	01.040.17	L85	GB/T 2900.89—2012	电工术语 电工电子测量和仪器仪表 第2部分：电测量的通用术语		IEC 60050（300）：2001 IDT	2012/6/29	2012/9/1

序号	GW 分类	ICS 分类	GB 分类	标准号	中 文 名 称	代替标准	采用关系	发布日期	实施日期
2-3-231	2	01.040.17	L85	GB/T 2900.90—2012	电工术语 电工电子测量和仪器仪表 第4部分：各类仪表的特殊术语		IEC 60050（300-314）：2001 IDT	2012/6/29	2012/9/1
2-3-232	2	01.040.07	K04	GB/T 2900.91—2015	电工术语 量和单位		IEC 60050-112：2010 IDT	2015/9/11	2016/4/1
2-3-233	2	01.040.07	K04	GB/T 2900.92—2015	电工术语 数学函数		IEC 60050-103：2009 IDT	2015/9/11	2016/4/1
2-3-234	2	01.040.07	K04	GB/T 2900.93—2015	电工术语 电物理学		IEC 60050-113：2011 IDT	2015/9/11	2016/4/1
2-3-235	2	01.040.31	K41	GB/T 2900.94—2015	电工术语 互感器	部分代替 GB/T 2900.15—1997	IEC 60050-321：1986 NEQ	2015/9/11	2016/4/1
2-3-236	2	01.040.31	K41	GB/T 2900.95—2015	电工术语 变压器、调压器和电抗器	部分代替 GB/T 2900.15—1997	IEC 60050-421：1990 NEQ	2015/9/11	2016/4/1
2-3-237	2	01.040.35	M07	GB/T 2900.96—2015	电工术语 计算机网络技术		IEC 60050-732：2010 IDT	2015/9/11	2016/4/1
2-3-238	2	01.040.029	K04	GB/T 2900.98—2016	电工术语 电化学			2016/4/25	2016/11/1
2-3-239	2	01.040.17；21.020	K04	GB/T 2900.99—2016	电工术语 可信性	部分代替 GB/T 2900.13—2008	IEC 60050-192：2015 IDT	2016/12/13	2017/7/1
2-3-240	2	01.040.029	K04	GB/T 2900.100—2017	电工术语 超导电性	GB/T 13811—2003	IEC 60050-815：2015 IDT	2017/11/1	2018/5/1
2-3-241	2	01.040.029	K04	GB/T 2900.101—2017	电工术语 风险评估			2017/11/1	2018/5/1
2-3-242	2	01.040.029	K04	GB/T 2900.103—2020	电工术语 发电、输电及配电 电力系统可信性及服务质量		IEC 60050-692：2017 IDT	2020/6/2	2020/12/1
2-3-243	2	01.020	A22	GB/T 29181—2012	术语工作计算机应用术语信息置标框架			2012/12/31	2013/6/1
2-3-244	2	35.100.05	L79	GB/T 29262—2012	信息技术 面向服务的体系结构（SOA）术语			2012/12/31	2013/6/1
2-3-245	2	35.040.27.010	A24	GB/T 29870—2013	能源分类与代码			2013/11/12	2014/4/15
2-3-246	2	01.080.20	N61	GB/T 30096—2013	实验室仪器和设备常用文字符号			2013/12/17	2014/5/1
2-3-247	2	35.240.30	A14	GB/T 30534—2014	科技报告保密等级代码与标识			2014/5/6	2014/11/1
2-3-248	2	21.060.10	J13	GB/T 3099.1—2008	紧固件术语螺纹紧固件、销及垫圈	GB/T 3099—1982		2008/8/25	2009/2/1
2-3-249	2	27.140	P55	GB/T 31066—2014	电工术语 水轮机控制系统			2014/12/22	2015/6/1
2-3-250	2	07.060	A47	GB/T 31163—2014	太阳能资源术语			2014/9/3	2015/1/1

序号	GW 分类	ICS 分类	GB 分类	标准号	中 文 名 称	代替标准	采用关系	发布日期	实施日期
2-3-251	2	23.160	J78	GB/T 3164—2007	真空技术图形符号	GB/T 3164—1993		2007/12/20	2008/6/1
2-3-252	2	07.060	A47	GB/T 31724—2015	风能资源术语			2015/6/2	2016/1/1
2-3-253	2	03.080;35.240	A00	GB/T 31779—2015	科技服务产品数据描述规范			2015/7/3	2016/2/1
2-3-254	2	01.140.20	A14	GB/Z 32002—2015	信息与文献文件管理工作过程分析		ISO/TR 26122：2008 IDT	2015/9/11	2016/4/1
2-3-255	2	35.100.05	L79	GB/T 32400—2015	信息技术 云计算概览与词汇		ISO/IEC 17788：2014 IDT	2015/12/31	2017/1/1
2-3-256	2	01.040.35;35.020	L70	GB/T 32410—2015	信息技术 维吾尔文常用术语			2015/12/31	2016/8/1
2-3-257	2	25.160.01	J33	GB/T 324—2008	焊缝符号表示法	GB/T 324—1988		2008/6/26	2009/1/1
2-3-258	2	29.020	K04	GB/T 32507—2016	电能质量术语			2016/2/24	2016/9/1
2-3-259	2	01.140.10	A24	GB/T 3304—1991	中国各民族名称的罗马字母拼写法和代码	GB 3304—1982		1991/8/30	1992/4/1
2-3-260	2	25.220.99	A29	GB/T 33373—2016	防腐蚀电化学保护术语			2016/12/30	2017/7/1
2-3-261	2	01.020	A20	GB/T 33450—2016	科技成果转化为标准指南			2016/12/30	2017/7/1
2-3-262	2	35.110	L79	GB/T 33745—2017	物联网 术语			2017/5/12	2017/12/1
2-3-263	2	25.160	J33	GB/T 3375—1994	焊接术语	GB 3375—1982		1994/6/20	1995/5/1
2-3-264	2	29.200	K46	GB/T 33984—2017	电动机软起动装置 术语			2017/7/12	2018/2/1
2-3-265	2	35.240.60	A10	GB/T 33992—2017	电子商务产品质量信息规范			2017/7/12	2018/2/1
2-3-266	2	35.040	A24	GB/T 33993—2017	商品二维码			2017/7/12	2018/2/1
2-3-267	2	35.240.30	A14	GB/T 33994—2017	信息和文献 WARC 文件格式			2017/7/12	2018/2/1
2-3-268	2	35.240.60	A10	GB/T 33995—2017	电子商务交易产品信息描述 家居产品			2017/7/12	2018/2/1
2-3-269	2	35.060	L71	GB/T 34043—2017	物联网智能家居 图形符号			2017/7/31	2018/2/1
2-3-270	2	35.040	A90	GB/T 34062—2017	防伪溯源编码技术条件			2017/7/31	2018/2/1
2-3-271	2	25.040.40	N10	GB/T 34064—2017	通用自动化设备 行规导则			2017/7/31	2018/2/1
2-3-272	2	35.040	A14	GB/T 34110—2017	信息与文献 文件管理体系 基础与术语			2017/7/31	2017/11/1
2-3-273	2	35.040	A14	GB/T 34112—2017	信息与文献 文件管理体系 要求			2017/7/31	2017/11/1
2-3-274	2	77.040.10	H20	GB/T 34558—2017	金属基复合材料术语			2017/10/14	2018/9/1

序号	GW分类	ICS分类	GB分类	标准号	中 文 名 称	代替标准	采用关系	发布日期	实施日期
2-3-275	2	35.020	L72	GB/T 35304—2017	统一内容标签格式规范			2017/12/29	2018/4/1
2-3-276	2	01.040.01	A00	GB/T 35415—2017	产品标准技术指标索引分类与代码			2017/12/29	2018/4/1
2-3-277	2	35.040	A24	GB/T 35416—2017	无形资产分类与代码			2017/12/29	2018/4/1
2-3-278	2	01.080.01	A22	GB/T 35417—2017	设备用图形符号　计算机用图标			2017/12/29	2018/4/1
2-3-279	2	35.240.01	A24	GB/T 35429—2017	质量技术服务分类与代码			2017/12/29	2018/4/1
2-3-280	2	01.140.20	A14	GB/T 35430—2017	信息与文献　期刊描述型元数据元素集			2017/12/29	2018/4/1
2-3-281	2	03.080.99	A20	GB/T 35431—2017	信用标准体系总体架构			2017/12/29	2018/4/1
2-3-282	2	35.240.01	A24	GB/T 35432—2017	检测技术服务分类与代码			2017/12/29	2018/4/1
2-3-283	2	07.040	A79	GB/T 35631—2017	地图符号 XML 描述规范			2017/12/29	2018/7/1
2-3-284	2	07.040	A76	GB/T 35632—2017	测绘地理信息数据数字版权标识			2017/12/29	2018/7/1
2-3-285	2	07.040	A75	GB/T 35634—2017	公共服务电子地图瓦片数据规范			2017/12/29	2018/7/1
2-3-286	2	07.040	A77	GB/T 35636—2017	城市地下空间测绘规范			2017/12/29	2018/7/1
2-3-287	2	07.040	A77	GB/T 35637—2017	城市测绘基本技术要求			2017/12/29	2018/7/1
2-3-288	2	01.040.35；07.040；35.240.70	A75；A22	GB/T 35638—2017	地理信息　位置服务　术语			2017/12/29	2018/7/1
2-3-289	2	07.040；35.240.70	A75	GB/T 35639—2017	地址模型			2017/12/29	2018/7/1
2-3-290	2	07.040	A75	GB/T 35641—2017	工程测绘基本技术要求			2017/12/29	2018/7/1
2-3-291	2	07.040	A77	GB/T 35642—2017	1:25000　1:50000 光学遥感测绘卫星影像产品			2017/12/29	2018/7/1
2-3-292	2	07.040	A75	GB/T 35644—2017	地下管线数据获取规程			2017/12/29	2018/7/1
2-3-293	2	07.040	A76	GB/T 35645—2017	导航电子地图框架数据交换格式			2017/12/29	2018/7/1
2-3-294	2	07.040	A76	GB/T 35646—2017	导航电子地图增量更新基本要求			2017/12/29	2018/7/1
2-3-295	2	07.040；35.240.70	A75	GB/T 35647—2017	地理信息　概念模式语言			2017/12/29	2018/7/1
2-3-296	2	07.040；35.240.70	A75	GB/T 35648—2017	地理信息兴趣点分类与编码			2017/12/29	2018/7/1
2-3-297	2	07.040	A75	GB 35650—2017	国家基本比例尺地图测绘基本技术规定			2017/12/29	2018/7/1

序号	GW 分类	ICS 分类	GB 分类	标准号	中 文 名 称	代替标准	采用关系	发布日期	实施日期
2-3-298	2	07.040	A75	GB/T 35652—2017	瓦片地图服务			2017/12/29	2018/7/1
2-3-299	2	07.060	A47	GB/T 35663—2017	天气预报基本术语			2017/12/29	2018/7/1
2-3-300	2	27.140	P55	GB/T 36550—2018	抽水蓄能电站基本名词术语			2018/7/13	2019/2/1
2-3-301	2	73.040	D20	GB/T 3715—2007	煤质及煤分析有关术语	GB/T 3715—1996		2007/12/21	2008/6/1
2-3-302		19.080	A59	GB/T 3769—2010	电声学绘制频率特性图和极坐标图的标度和尺寸	GB/T 3769—1983		2010/12/1	2011/5/1
2-3-303	2	21.120.20	J19	GB/T 3931—2010	联轴器术语	GB/T 3931—1997； GB 3931—1997		2011/1/10	2011/10/1
2-3-304	2	17.180.20	A26	GB/T 3977—2008	颜色的表示方法	GB/T 3977—1997		2008/5/26	2008/11/1
2-3-305	2	29.020	K09	GB/T 4026—2019	人机界面标志标识的基本和安全规则　设备端子、导体终端和导体的标识	GB/T 4026—2010； GB/T 7947—2010		2019/6/4	2020/1/1
2-3-306	2	03.120.30	A41	GB/T 4091—2001	常规控制图	GB/T 4091.1—1983； GB/T 4091.2—1983； GB/T 4091.3—1983； GB/T 4091.4—1983； GB/T 4091.5—1983； GB/T 4091.6—1983		2001/3/7	2001/12/1
2-3-307	2	13.260	K09	GB/T 4208—2017	外壳防护等级（IP 代码）	GB/T 4208—2008	IEC 60529：2013	2017/7/31	2018/2/1
2-3-308	2	01.040.31	L04	GB/T 4210—2015	电工术语　电子设备用机电元件	GB/T 4210—2001	IEC 60050-581：2008 IDT	2015/9/11	2016/4/1
2-3-309	2	01.080.20	F04	GB/T 4270—1999	技术文件用热工图形符号与文字代号	GB 4270—1984		1999/11/23	2000/5/1
2-3-310	2	13.220.10	C80	GB/T 4327—2008	消防技术文件用消防设备图形符号	GB/T 4327—1993		2008/10/8	2009/5/1
2-3-311	2	33.100	K05	GB/T 4365—2003	电工术语　电磁兼容	GB/T 4365—1995		2003/1/17	2003/5/1
2-3-312	2	31.020	L15	GB/T 4475—1995	敏感元器件术语	GB 4475—1984		1995/7/24	1996/4/1
2-3-313	2	35.040	A24	GB/T 4657—2009	中央党政机关、人民团体及其他机构代码	GB/T 4657—2002		2009/5/6	2009/11/1
2-3-314	2	35.040	A24	GB/T 4658—2006	学历代码	GB 4658—1984		2006/10/9	2007/3/1
2-3-315	2	29.020	K04	GB/T 4728.6—2008	电气简图用图形符号　第6部分：电能的发生与转换	GB/T 4728.6—2000		2008/5/28	2009/1/1
2-3-316	2	29.020	K04	GB/T 4728.7—2008	电气简图用图形符号　第7部分：开关、控制和保护器件	GB/T 4728.7—2000		2008/5/28	2009/1/1

序号	GW 分类	ICS 分类	GB 分类	标准号	中 文 名 称	代替标准	采用关系	发布日期	实施日期
2-3-317	2	29.020	K04	GB/T 4728.8—2008	电气简图用图形符号　第8部分：测量仪表、灯和信号器件	GB/T 4728.8—2000		2008/5/28	2009/1/1
2-3-318	2	29.020	K04	GB/T 4728.9—2008	电气简图用图形符号　第9部分：电信交换和外围设备	GB/T 4728.9—1999		2008/5/28	2009/1/1
2-3-319	2	29.020	K04	GB/T 4728.10—2008	电气简图用图形符号　第10部分：电信传输	GB/T 4728.10—1999		2008/5/28	2009/1/1
2-3-320	2	29.020	K04	GB/T 4728.11—2008	电气简图用图形符号　第11部分：建筑安装平面布置图	GB/T 4728.11—2000		2008/5/28	2009/1/1
2-3-321	2	29.020	K04	GB/T 4728.12—2008	电气简图用图形符号　第12部分：二进制逻辑元件	GB/T 4728.12—1996		2008/5/28	2009/1/1
2-3-322	2	29.020	K04	GB/T 4728.13—2008	电气简图用图形符号　第13部分：模拟元件	GB/T 4728.13—1996		2008/5/28	2009/1/1
2-3-323	2	35.040	A24	GB/T 4754—2017	国民经济行业分类	GB/T 4754—2011		2017/6/30	2017/10/1
2-3-324	2	35.040	A24	GB 4762—1984	政治面貌代码			1984/11/26	1985/10/1
2-3-325	2	35.040	A24	GB/T 4763—2008	党、派代码	GB 4763—1984		2008/8/6	2009/1/1
2-3-326	2	01.020	K04	GB/T 4776—2017	电气安全术语	GB/T 4776—2008		2017/7/31	2018/2/1
2-3-327	2	01.140.20	A24	GB/T 4880.1—2005	语种名称代码　第1部分：2字母代码	GB/T 4880—1991		2005/7/15	2005/12/1
2-3-328	2	01.140.20	K64	GB/T 4880.2—2000	语种名称代码　第2部分：3字母代码			2000/10/17	2001/5/1
2-3-329	2	01.140.20	A24	GB 4881—1985	中国语种代码			1985/1/29	1985/10/1
2-3-330	2	29.060.10	K12	GB 4884—1985	绝缘导线的标记			1985/2/24	1985/9/1
2-3-331	2	03.120.30	A41	GB/T 4888—2009	故障树名词术语和符号	GB 4888—1985		2009/10/15	2009/12/1
2-3-332	2	01.140.20	A14	GB/T 4894—2009	信息与文献　术语	GB 4894—1985；GB 13143—1991		2009/9/30	2010/2/1
2-3-333	2		P04	GB/T 50001—2017	房屋建筑制图统一标准	GB/T 50001—2010		2010/8/18	2011/3/1
2-3-334	2			GB/T 50083—2014	工程结构设计基本术语标准	GB/T 50083—1997		2014/7/13	2015/5/1
2-3-335	2		P04	GB/T 50103—2010	总图制图标准	GB/T 50103 E—2001；GB/T 50103—2001		2010/8/18	2011/3/1
2-3-336	2		P04	GB/T 50104—2010	建筑制图标准	GB/T 50104 E—2001；GB/T 50104—2001		2010/8/18	2011/3/1

序号	GW 分类	ICS 分类	GB 分类	标准号	中 文 名 称	代替标准	采用关系	发布日期	实施日期
2-3-337	2		P04	GB/T 50105—2010	建筑结构制图标准	GB/T 50105 E—2001； GB/T 50105—2001		2010/8/18	2011/3/1
2-3-338	2		P04	GB/T 50106—2010	建筑给水排水制图标准	GB/T 50106—2001		2010/8/18	2011/3/1
2-3-339	2		P04	GB/T 50114—2010	暖通空调制图标准	GB/T 50114—2001		2010/8/18	2011/3/1
2-3-340	2		P40	GB/T 50125—2010	给水排水工程基本术语标准	GBJ 125—1989		2010/5/31	2010/12/1
2-3-341	2	93.080.01	P04	GB 50162—1992	道路工程制图标准			1992/9/19	1993/5/1
2-3-342	2		P30	GB/T 50228—2011	工程测量基本术语标准	GB/T 50228—1996； GB/T 50228 T—1996		2011/7/26	2012/6/1
2-3-343	2			GB/T 50279—2014	岩土工程基本术语标准			2014/12/2	2015/8/1
2-3-344	2			GB/T 50549—2010	电厂标识系统编码标准			2010/5/31	2010/12/1
2-3-345	2		P93	GB/T 50670—2011	机械设备安装工程术语标准			2011/2/18	2011/10/1
2-3-346	2			GB/T 50878—2013	绿色工业建筑评价标准			2013/8/8	2014/3/1
2-3-347	2			GB/T 50908—2013	绿色办公建筑评价标准			2013/9/6	2014/5/1
2-3-348	2	01.080； 29.020	K04	GB/T 5094.1—2018	工业系统、装置与设备以及工业产品结构原则与参照代号　第 1 部分：基本规则	GB/T 5094.1—2002	IEC 81346-1：2009 IDT	2018/7/13	2019/2/1
2-3-349	2			GB/T 51061—2014	电网工程标识系统编码规范			2014/12/11	2015/8/1
2-3-350	2			GB/T 51140—2015	建筑节能基本术语标准			2015/12/3	2016/8/1
2-3-351	2	25.160.10	J33	GB/T 5185—2005	焊接及相关工艺方法代号	GB/T 5185—1985		2005/8/10	2006/4/1
2-3-352	2	01.080	K04	GB/T 5465.1—2009	电气设备用图形符号　第 1 部分：概述与分类	GB/T 5465.1—1996		2009/3/13	2009/11/1
2-3-353	2	01.080.20	K04	GB/T 5465.2—2008	电气设备用图形符号　第 2 部分：图形符号	GB/T 5465.2—1996		2008/5/20	2009/1/1
2-3-354	2	17.180.20	A26	GB/T 5698—2001	颜色术语	GB 5698—1985		2001/6/12	2001/12/1
2-3-355	2	73.040	D20	GB/T 5751—2009	中国煤炭分类	GB 5751—1986		2009/6/1	2010/1/1
2-3-356	2	01.140.20	A14	GB/T 5795—2006	中国标准书号	GB/T 5795—2002		2006/10/18	2007/1/1
2-3-357	2	13.220.01	C80	GB/T 5907.2—2015	消防词汇　第 2 部分：火灾预防			2015/5/15	2015/8/1
2-3-358	2	13.220.01	C80	GB/T 5907.4—2015	消防词汇　第 4 部分：火灾调查			2015/5/15	2015/8/1
2-3-359	2	13.220.01	C80	GB/T 5907.5—2015	消防词汇　第 5 部分：消防产品	GB/T 16283—1996； GB/T 4718—2006		2015/5/15	2015/8/1

序号	GW 分类	ICS 分类	GB 分类	标准号	中 文 名 称	代替标准	采用关系	发布日期	实施日期
2-3-360	2	55.020	A80	GB/T 6388—1986	运输包装收发货标志			1986/5/14	1987/4/1
2-3-361	2	01.100.01	J04	GB/T 6567.1—2008	技术制图管路系统的图形符号基本原则	GB/T 6567.1—1986		2008/6/26	2009/1/1
2-3-362	2	01.100.01	J04	GB/T 6567.2—2008	技术制图管路系统的图形符号管路	GB/T 6567.2—1986		2008/6/26	2009/1/1
2-3-363	2	01.100.01	J04	GB/T 6567.3—2008	技术制图管路系统的图形符号管件	GB/T 6567.3—1986		2008/6/26	2009/1/1
2-3-364	2	01.100.01	J04	GB/T 6567.4—2008	技术制图管路系统的图形符号阀门和控制元件	GB/T 6567.4—1986		2008/6/26	2009/1/1
2-3-365	2	01.100.01	J04	GB/T 6567.5—2008	技术制图管路系统的图形符号管路、管件和阀门等图形符号的轴测图画法	GB/T 6567.5—2003		2008/6/26	2009/1/1
2-3-366	2	77.120.50	H64	GB/T 6611—2008	钛及钛合金术语和金相图谱	GB 6611—1986；GB 8755—1988		2008/6/9	2008/12/1
2-3-367	2	35.040	A24	GB/T 6864—2003	中华人民共和国学位代码	GB/T 6864—1986		2003/7/25	2003/12/1
2-3-368	2	35.040	A24	GB/T 6865—2009	语种熟练程度和外语考试等级代码	GB 6865—1986		2009/10/15	2009/12/1
2-3-369	2	29.020	K09	GB/T 6988.1—2008	电气技术用文件的编制 第1部分：规则	GB 6988.1—1997；GB 6988.2—1997；GB 6988.3—1997；GB 6988.4—2002		2008/3/24	2008/11/1
2-3-370	2	29.060.20	K13	GB/T 6995.1—2008	电线电缆识别标志方法 第1部分：一般规定	GB 6995.1—1986		2008/6/18	2009/3/1
2-3-371	2	29.060.20	K13	GB/T 6995.2—2008	电线电缆识别标志方法 第2部分：标准颜色	GB 6995.2—1986		2008/6/18	2009/3/1
2-3-372	2	29.060.20	K13	GB/T 6995.3—2008	电线电缆识别标志方法 第3部分：电线电缆识别标志	GB 6995.3—1986		2008/6/18	2009/3/1
2-3-373	2	29.060.20	K13	GB/T 6995.4—2008	电线电缆识别标志方法 第4部分：电气装备电线电缆绝缘线芯识别标志	GB 6995.4—1986		2008/6/18	2009/3/1
2-3-374	2	29.060.20	K13	GB/T 6995.5—2008	电线电缆识别标志方法 第5部分：电力电缆绝缘线芯识别标志	GB 6995.5—1986		2008/6/18	2009/3/1
2-3-375	2	23.080	J71	GB/T 7021—1986	离心泵名词术语			1986/11/17	1987/8/1
2-3-376	2	35.040	A24	GB/T 7156—2003	文献保密等级代码与标识	GB/T 7156—1987		2003/7/25	2003/12/1
2-3-377	2	13.100	C65	GB 7231—2003	工业管道的基本识别色、识别符号和安全标识	GB 7231—1987		2003/3/13	2003/10/1
2-3-378	2	25.200	J36	GB/T 7232—2012	金属热处理工艺术语	GB/T 7232—1999		2012/9/3	2013/3/1
2-3-379	2	35.040	A24	GB/T 7635.1—2002	全国主要产品分类与代码 第1部分：可运输产品			2002/8/9	2003/4/1

序号	GW分类	ICS分类	GB分类	标准号	中 文 名 称	代替标准	采用关系	发布日期	实施日期
2-3-380	2	01.140.20	A14	GB/T 7714—2015	信息与文献　参考文献著录规则	GB/T 7714—2005		2015/5/15	2015/12/1
2-3-381	2	23.100.01；01.080.30	J20	GB/T 786.1—2009	流体传动系统及元件图形符号和回路图　第1部分：用于常规用途和数据处理的图形符号	GB/T 786.1—1993		2009/3/16	2009/11/1
2-3-382	2	01.040.91；91.220	P97	GB/T 7920.4—2016	混凝土机械术语	GB/T 7920.4—2005		2016/2/24	2016/7/1
2-3-383	2	01.040.53	P97	GB/T 7920.6—2005	建筑施工机械与设备打桩设备术语和商业规格部分	GB 7920.6部分—1987		2005/7/1	2005/12/1
2-3-384	2	91.100.30	Q12	GB/T 8075—2017	混凝土外加剂术语	GB/T 8075—2005		2017/12/29	2018/11/1
2-3-385	2	25.200	J36	GB/T 8121—2012	热处理工艺材料术语	GB/T 8121—2002		2012/9/3	2013/3/1
2-3-386	2	13.180	A26	GB/T 8417—2003	灯光信号颜色	GB 8417—1987		2003/1/10	2003/6/1
2-3-387	2	35.040	A24	GB/T 8561—2001	专业技术职务代码	GB/T 8561—1988		2001/4/9	2001/10/1
2-3-388	2	35.040	A24	GB/T 8563.1—2005	奖励、纪律处分信息分类与代码　第1部分　奖励代码	GB 8563—1988		2005/3/28	2005/10/1
2-3-389	2	35.040	A24	GB/T 8563.2—2005	奖励、纪律处分信息分类与代码　第2部分　荣誉称号和荣誉奖章代码	GB/T 8560—1988		2005/3/28	2005/10/1
2-3-390	2	35.040	A24	GB/T 8563.3—2005	奖励、纪律处分信息分类与代码　第3部分　纪律处分代码	GB 8562—1988		2005/3/28	2005/10/1
2-3-391	2	31.240	K05	GB/T 8582—2008	电工电子设备机械结构术语	GB/T 8582—2000		2008/6/19	2009/4/1
2-3-392	2	77.040.65	H49	GB/T 8706—2017	钢丝绳　术语、标记和分类	GB/T 8706—2006	ISO 17893：2004	2017/12/29	2018/9/1
2-3-393	2	33.160.01	M70	GB/T 9002—2017	音频、视频和视听设备及系统词汇	GB/T 9002—1996		2017/5/31	2017/12/1
2-3-394	2	29.020	K04	GB/T 9089.1—2008	户外严酷条件下的电气设施　第1部分：范围和定义	GB/T 9089.1—1988		2008/6/18	2009/3/1
2-3-395	2	31.200	L55	GB/T 9178—1988	集成电路术语			1988/5/19	1988/10/1
2-3-396	2	01.040.29	K04	GB/T 9637—2001	电工术语　磁性材料与元件	GB/T 9637—1988		2001/11/16	2002/8/1
2-3-397	2	01.110	A12	GB/T 9969—2008	工业产品使用说明书总则	GB 9969.1—1998		2008/11/13	2009/5/1
2-4-398	2			CJJ/T 55—2011	供热术语标准	CJJ 55—1993		2011/7/13	2012/3/1
2-4-399	2	01.120	F00	DL/T 1033.2—2006	电力行业词汇　第2部分：电力系统			2006/12/17	2007/5/1
2-4-400	2	29.020	K04	DL/T 1033.4—2016	电力行业词汇　第4部分：火力发电	DL/T 1033.4—2006		2016/8/16	2016/12/1
2-4-401	2	29.020	K01	DL/T 1033.5—2014	电力行业词汇　第5部分：核能发电	DL/T 1033.5—2006		2014/10/15	2015/3/1

序号	GW 分类	ICS 分类	GB 分类	标准号	中 文 名 称	代替标准	采用关系	发布日期	实施日期
2-4-402	2	29.020	K01	DL/T 1033.6—2014	电力行业词汇 第 6 部分：新能源发电	DL/T 1033.6—2006		2014/10/15	2015/3/1
2-4-403	2	01.120	F00	DL/T 1033.7—2006	电力行业词汇 第 7 部分：输电系统			2006/12/17	2007/5/1
2-4-404	2	01.120	F00	DL/T 1033.8—2006	电力行业词汇 第 8 部分：供电和用电			2006/12/17	2007/5/1
2-4-405	2	01.120	F00	DL/T 1033.9—2006	电力行业词汇 第 9 部分：电网调度			2006/12/17	2007/5/1
2-4-406	2	29.020	K04	DL/T 1033.10—2016	电力行业词汇 第 10 部分：电力设备	DL/T 1033.10—2006		2016/8/16	2016/12/1
2-4-407	2	29.020	K01	DL/T 1033.11—2014	电力行业词汇 第 11 部分：事故、保护、安全和可靠性	DL/T 1033.11—2006		2014/10/15	2015/3/1
2-4-408	2	01.120	F00	DL/T 1033.12—2006	电力行业词汇 第 12 部分：电力市场			2006/12/17	2007/5/1
2-4-409	2	29.020	K04	DL/T 1193—2012	柔性输电术语			2012/8/23	2012/12/1
2-4-410	2	29.020	F24	DL/T 1232—2013	电力系统动态消息编码规范			2013/3/7	2013/8/1
2-4-411	2	27.100	F24	DL/T 1252—2013	输电杆塔命名规则			2013/11/28	2014/4/1
2-4-412	2	27.100	F20	DL/T 1365—2014	名词术语电力节能			2014/10/15	2015/3/1
2-4-413	2	29.020	K01	DL/T 1382—2014	电力企业信用评价指标体系分类及代码			2014/10/15	2015/3/1
2-4-414	2	29.020	K01	DL/T 1384—2014	电力行业供应商信用评价指标体系分类及代码			2014/10/15	2015/3/1
2-4-415	2	29.020	K04	DL/T 396—2010	电压等级代码			2010/5/1	2010/10/1
2-4-416	2	01.080.10	A22	DL/T 397—2010	电力地理信息系统图形符号分类与代码			2010/5/24	2010/10/1
2-4-417	2	01.040.27	A22	DL/T 419—2015	电力用油名词术语	DL/T 419—1991		2015/4/2	2015/9/1
2-4-418	2	03.100.01	F02	DL/T 495—2012	电力行业单位类别代码	DL 495—1992		2012/1/4	2012/3/1
2-4-419	2	27.100	P60	DL/T 5028.1—2015	电力工程制图标准 第 1 部分：一般规则部分	DL 5028—1993		2015/7/1	2015/12/1
2-4-420	2	27.100	P60	DL/T 5028.2—2015	电力工程制图标准 第 2 部分：机械部分	DL 5028—1993		2015/7/1	2015/12/1
2-4-421	2	27.100	P60	DL/T 5028.3—2015	电力工程制图标准 第 3 部分：电气、仪表与控制部分	DL 5028—1993		2015/7/1	2015/12/1
2-4-422	2	27.100	P60	DL/T 5028.4—2015	电力工程制图标准 第 4 部分：土建部分	DL 5028—1993		2015/7/1	2015/12/1
2-4-423	2	27.010	A24	DL/T 503—2009	电力工程项目分类代码	DL 503—1992		2009/7/22	2009/12/1
2-4-424	2	03.100.50	F01	DL/T 510—2010	全国电网名称代码	DL 510—1993		2010/5/24	2010/10/1
2-4-425	2	27.140	P59	DL/T 5127—2001	水力发电工程 CAD 制图技术规定			2001/2/12	2001/7/1

序号	GW 分类	ICS 分类	GB 分类	标准号	中 文 名 称	代替标准	采用关系	发布日期	实施日期
2-4-426	2	93.020	P11	DL/T 5156.1—2015	电力工程勘测制图标准 第1部分：测量	DL/T 5156.1—2002		2015/4/2	2015/9/1
2-4-427	2	93.020	P13	DL/T 5156.2—2015	电力工程勘测制图标准 第2部分：岩土工程	DL/T 5156.2—2002		2015/4/2	2015/9/1
2-4-428	2	93.020	P12	DL/T 5156.3—2015	电力工程勘测制图标准 第3部分：水文气象	DL/T 5156.3—2002		2015/4/2	2015/9/1
2-4-429	2	93.020	P13	DL/T 5156.4—2015	电力工程勘测制图标准 第4部分：水文地质	DL/T 5156.4—2002		2015/4/2	2015/9/1
2-4-430	2	93.020	P14	DL/T 5156.5—2015	电力工程勘测制图标准 第5部分：物探	DL/T 5156.5—2002		2015/4/2	2015/9/1
2-4-431	2	13.100	K09	DL 518.3—1993	电力生产人身事故触电分类与代码			1993/7/30	1994/1/10
2-4-432	2	13.100	F25	DL 518.4—1993	电力生产设备事故性质分类与代码			1993/7/30	1994/1/10
2-4-433	2	13.180	A25	DL/T 575.1—1999	控制中心人机工程设计导则 第1部分：术语及定义	DL 575.1 部分—1995		2000/2/24	2000/7/1
2-4-434	2	27.100	K47	DL/T 683—2010	电力金具产品型号命名方法	DL 683—1999		2011/1/9	2011/5/1
2-4-435	2	01.040.27	P60；F20	DL/T 701—2012	火力发电厂热工自动化术语	DL 701—1999		2012/4/6	2012/7/1
2-4-436	2	01.040.27	F20	DL/T 882—2004	火力发电厂金属专业名词术语			2004/3/9	2004/6/1
2-4-437	2	01.040.01	F20	DL/T 893—2004	电站汽轮机名词术语			2004/10/20	2005/4/1
2-4-438	2	27.100	F20	DL/T 958—2014	名词术语 电力燃料	DL/T 958—2005		2014/3/18	2014/8/1
2-4-439	2		P62	DLGJ 136—1997	送电线路铁塔制图和构造规定			1997/9/4	1997/11/1
2-4-440	2	35.040	A90	GA/T 517—2004	常用证件代码			2004/9/16	2004/9/16
2-4-441	2	13.310	A91	GA/T 74—2000	安全防范系统通用图形符号	GA 74—1994		2000/10/24	2000/12/1
2-4-442	2	29.080.10	K48	JB/T 10587—2006	电工名词术语 电瓷专用设备	GB 2900.37—1983		2006/7/27	2006/10/11
2-4-443	2	29.240.30	K45	JB/T 2626—2004	电力系统继电器、保护及自动化装置常用电气技术的文字符号	JB 2626—1992		2004/10/20	2005/4/1
2-4-444	2	23.120	J72	JB/T 2977—2005	工业通风机、鼓风机和压缩机名词术语	JB 2977—1992		2005/5/18	2005/11/1
2-4-445	2	27.040	K54	JB/T 3077—1991	汽轮机图形符号	JB 3077—1982		1991/7/1	1992/7/1
2-4-446	2	29.120.99	K40	JB/T 5872—1991	高压开关设备电气图形符号及文字符号			1991/10/24	1992/10/1
2-4-447	2		K48	JB/T 5896—1991	常用绝缘子 术语			1991/10/24	1992/10/1
2-4-448	2	29.160.01	K20	JB/T 7073—2006	电机和水轮机图样简化规定	JB 7073—1993		2006/9/14	2007/3/1
2-4-449	2	27.100	K52	JB/T 8194—2020	内燃机电站 术语	JB/T 8194—2001		2020/4/24	2021/1/1
2-4-450	2	25.240.30	J28	JB/T 8430—2014	机器人分类及型号编制方法	JB/T 8430—1996		2014/7/9	2014/11/1

序号	GW 分类	ICS 分类	GB 分类	标准号	中 文 名 称	代替标准	采用关系	发布日期	实施日期
2-4-451	2			JGJ/T 97—2011	工程抗震术语标准	JGJ/T 97—1995		2011/1/28	2011/8/1
2-4-452	2			JJF 1001—2011	通用计量术语及定义	JJF 1001—1998		2011/11/30	2012/3/1
2-4-453	2	17.200.10	A54	JJF 1007—2007	温度计量名词术语及定义	JJF 1007—1987		2007/11/21	2008/5/21
2-4-454	2	17.100	A53	JJF 1008—2008	压力计量名词术语及定义	JJF 1008—1987		2008/3/25	2008/9/25
2-4-455	2	17.060	A53	JJF 1009—2006	容量计量术语及定义	JJF 1009—1987		2006/12/8	2007/3/8
2-4-456	2	17.100	A53	JJF 1011—2006	力值与硬度计量术语及定义	JJF 1011—1987		2006/12/8	2007/3/8
2-4-457	2		A50	JJG 1023—1991	常用电学计量名词术语（试行）	调整（转号）JJG 1023—1991		1991/3/4	1991/12/1
2-4-458	2	43.04	T35	NB/T 33028—2018	电动汽车充放电设施术语			2018/4/3	2018/7/1
2-4-459	2	31.020	L10	SJ/T 11468—2014	电子电气产品有害物质限制使用术语			2014/10/14	2015/4/1
2-4-460	2	35.040	P55	SL 213—2020	水利工程代码编制规范	SL 213—2012		2020/7/27	2020/10/27
2-4-461	2	27.140	P55	SL 26—2012	水利水电工程技术术语	SL 26—1992		2012/1/20	2012/4/20
2-4-462	2	35.040	L71	SL 330—2011	水情信息编码	SL 330—2005		2011/4/12	2011/7/12
2-4-463	2	01.040.03	A13	SL/Z 347—2006	水利公文主题词表			2006/10/23	2006/12/1
2-4-464	2		A01	SL 73.1—2013	水利水电工程制图标准　基础制图	SL 73.1—1995		2013/1/14	2013/4/14
2-4-465	2	01.100	A01	SL 73.2—2013	水利水电工程制图标准　水工建筑图	SL 73.2—1995		2013/1/14	2013/4/14
2-4-466	2	01.100	A01	SL 73.3—2013	水利水电工程制图标准　勘测图	SL 73.3—1995		2013/1/14	2013/4/14
2-4-467	2	01.100	A01	SL 73.4—2013	水利水电工程制图标准　水力机械图	SL 73.4—1995		2013/1/14	2013/4/14
2-4-468	2	01.100	A01	SL 73.5—2013	水利水电工程制图标准　电气图	SL 73.5—1995		2013/1/14	2013/4/14
2-4-469	2	01.100	A01	SL 73.6—2015	水利水电工程制图标准　水土保持图	SL 73.6—2001		2015/10/28	2016/1/28
2-4-470	2			YD/T 1034—2013	接入网名词术语	YD/T 1034—2000		2013/10/17	2014/1/1
2-4-471	2	01.040.33	M04	YD/T 2258—2011	移动通信网安全术语集			2011/5/18	2011/6/1
2-4-472	2	33.040	M16	YD/T 2673—2013	面向舆情分析的互联网数据采集与交换格式定义			2013/10/17	2014/1/1
2-4-473	2	33	P76	YD/T 5015—2015	通信工程制图与图形符号规定	YD/T 5015—2007		2015/10/10	2016/1/1
2-5-474	2	13.260	C73	ASTM F819—2010	工人用电气防护装备相关标准术语	ASTM F 819—2006		2010/1/1	2010/1/1

序号	GW 分类	ICS 分类	GB 分类	标准号	中 文 名 称	代替标准	采用关系	发布日期	实施日期
2-5-475	2	01.060；01.075；27.010；29.020	K04	IEC 60027-7：2010	电气技术用文字符号　第 7 部分：发电、传输和分配	IEC 25/391/CDV—2008		2010/5/1	2010/5/1
2-5-476	2			IEC 60050 AMD 1：2014	国际电工词汇表（IEV）第 161 部分：电磁兼容性　第 732 部分：计算机网络技术　第 851 部分：电焊			2014/2/1	2014/2/1
2-5-477	2	01.040.01；01.040.29；01.060；29.020	K04	IEC 60050-112：2010	国际电工词汇表（IEV）第 112 部分：量和单位	IEC 60050-111：1996；IEC 1/2080/FDIS：2008		2010/1/1	2010/1/1
2-5-478	2			IEC 60050-113 AMD 1：2014	国际电工词汇表（IEV）第 113 部分：电工学用物理现象　第一次修订			2014/8/1	2014/8/1
2-5-479	2			IEC 60050-114：2014	国际电工词汇表（IEV）第 114 部分：电化学			2014/3/1	2014/3/1
2-5-480	2			IEC 60050-151 AMD 1：2013	国际电工词汇表（IEV）第 151 部分：电气和磁性器件　第一次修订			2013/8/1	2013/8/1
2-5-481	2			IEC 60050-151 AMD 2：2014	国际电工词汇表（IEV）第 151 部分：电气和磁性器件　第二次修订			2014/8/1	2014/8/1
2-5-482	2			IEC 60050-161 AMD 1：2014	国际电工词汇表（IEV）第 161 部分：电磁兼容性　第一次修订	IEC 60050-161 AMD 1：1997		2014/2/1	2014/2/1
2-5-483	2			IEC 60050-161 AMD 3：2014	国际电工词汇表（IEV）第 161 部分：电磁兼容性　第三次修订			2014/2/1	2014/2/1
2-5-484	2			IEC 60050-161 AMD 4：2014	国际电工词汇表（IEV）第 161 部分：电磁兼容性　第四次修订			2014/8/1	2014/8/1
2-5-485	2			IEC 60050-161 AMD 5：2015	国际电工词汇表（IEV）第 161 部分：电磁兼容性　第五次修订			2015/2/1	2015/2/1
2-5-486	2			IEC 60050-192：2015	国际电工词汇表（IEV）第 192 部分：可靠性			2015/2/1	2015/2/1
2-5-487	2			IEC 60050-212 AMD 1：2015	国际电工词汇表（IEV）第 212 部分：电绝缘固体、液体和气体　第一次修订			2015/2/1	2015/2/1
2-5-488	2	01.040.29；29.035.01；29.040.01	K15；K04	IEC 60050-212：2010	国际电工词汇表（IEV）第 212 部分：电绝缘固体、液体和气体	IEC 60050-212：1990；IEC 1/2094/FDIS：2009		2010/6/1	2010/6/1
2-5-489	2			IEC 60050-300 AMD 1：2015	国际电工词汇表（IEV）第 312 部分：电气和电子测量及测量仪器　第一次修订			2015/2/1	2015/2/1

序号	GW 分类	ICS 分类	GB 分类	标准号	中 文 名 称	代替标准	采用关系	发布日期	实施日期
2-5-490	2			IEC 60050-351：2013	国际电工词汇表（IEV） 第 351 部分：控制技术			2013/11/1	2013/11/1
2-5-491	2			IEC 60050-442 AMD 1：2015	国际电工词汇表（IEV） 第 442 部分：电气附件 第一次修订			2015/2/1	2015/2/1
2-5-492	2	01.040.29；29.120.70	K04	IEC 60050-445：2010	国际电工词汇表（IEV） 第 445 部分：时间继电器	IEC 60050-445：2002；IEC 1/2106/FDIS：2010		2010/10/1	2010/10/1
2-5-493	2	01.040.29；29.120.70	K04；L25	IEC 60050-447：2010	国际电工词汇表（IEV） 第 447 部分：测量继电器	IEC 60050-446：1983；IEC 1/2086/FDIS：2009		2010/6/1	2010/6/1
2-5-494	2	01.040.29；29.060.20	K04；K13	IEC 60050-461：2008	国际电工词汇表（IEV） 第 461 部分：电缆	IEC 60050-461：1984；IEC 60050-461 AMD 1：1993；IEC 60050-461 AMD 2：1999；IEC 1/2020/FDIS：2007		2008/6/1	2008/6/1
2-5-495	2			IEC 60050-471 AMD 1：2015	国际电工词汇表（IEV） 第 471 部分：绝缘子 第一次修订			2015/2/1	2015/2/1
2-5-496	2	01.040.31；29.020；31.140		IEC 60050-561：2014	国际电工词汇表（IEV） 第 561 部分：频率控制、选择和检测用压电、电介质和静电设备以及相关材料			2014/11/1	2014/11/1
2-5-497	2			IEC 60050-604 AMD 2：2015	国际电工词汇表（IEV） 第 604 部分：发电、输电和配电—运行—版本 1.0 第二次修订			2015/8/1	2015/8/1
2-5-498	2	01.040.27；01.040.29；27.020；29.020	K04	IEC 60050-617：2009	国际电工词汇表（IEV） 第 617 部分：电力机构/电力市场	IEC 1/2063/FDIS：2008		2009/3/1	2009/3/1
2-5-499	2	01.040.29；13.260；29.020		IEC 60050-651：2014	国际电工词汇表（IEV） 第 651 部分：带电作业			2014/4/1	2014/4/1
2-5-500	2	01.040.29；29.020		IEC 60050-705 AMD 1：2015	国际电工词汇表（IEV） 第 705 章：无线电波传播			2015/2/1	2015/2/1
2-5-501	2	01.040.01；35.020		IEC 60050-732 AMD 1：2014	国际电工词汇表（IEV） 第 732 部分：计算机网络技术 第一次修订			2014/2/14	2014/2/14

序号	GW 分类	ICS 分类	GB 分类	标准号	中 文 名 称	代替标准	采用关系	发布日期	实施日期
2-5-502	2	01.040.29；01.040.35；29.020；35.110	K04	IEC 60050-732：2010	国际电工词汇表（IEV）第 732 部分：计算机网络技术	IEC PAS 60050-732：2007；IEC 1/2087/FDIS：2009		2010/6/1	2010/6/1
2-5-503	2	01.040.01；01.040.17；01.040.29；17.140.50；29.020；35.020	K04	IEC 60050-802：2011	国际电工词汇表（IEV）第 802 部分：超声波学	IEC 1/2108/FDIS：2010		2011/1/1	2011/1/1
2-5-504	2	01.040.01；33.100；33.040		IEC 60050-851 AMD 1：2014	国际电工词汇表（IEV）第 851 部分：电焊　第一次修订			2014/2/1	2014/2/1
2-5-505	2	01.040.01；01.120		IEC 60050-901：2013	国际电工词汇表（IEV）第 901 部分：标准化			2013/11/1	2013/11/1
2-5-506	2	01.040.29；03.120.20		IEC 60050-902：2013	国际电工词汇表（IEV）第 902 部分：合格评定			2013/11/1	2013/11/1
2-5-507	2	01.040.29		IEC 60050-903 AMD 1：2014	国际电工词汇表（IEV）第 903 部分：风险评估　第一次修订			2014/8/1	2014/8/1
2-5-508	2			IEC 60529 AMD 2：2013	外壳防护等级（IP 代码）			2013/8/1	2013/8/1
2-5-509	2			IEC 60529 Corri 1：2013	附件提供的防护度（IP 代码）；勘误表 1			2013/10/1	2013/10/1
2-5-510	2	01.040.29；29.200	K04	IEC 60633 AMD 1：2009	高电压直流输电（HVDC）术语　第一次修订	IEC 22 F/153/CDV：2007		2009/5/1	2009/5/1
2-5-511	2	29.200		IEC 60633：2019/COR1：2020	术语　高压直流输电（HVDC）输电　版 2.2 合并转载	IEC 60633：1998 / AMD2：2015		2020/2/26	2020/2/26
2-5-512	2	29.020	L74	IEC 60848：2013	顺序功能表图用 GRAFCET 规范语言	IEC 60848：2002；IEC 3/1135/FDIS：2012		2013/2/1	2013/2/1
2-5-513	2	29.120.01		IEC/TR 61916：2017	电工器件　一般规则的协调			2017/4/30	2017/4/30
2-5-514	2	27.070	K82	IEC/TS 62282-1：2013	燃料电池技术　第 1 部分：术语	IEC TS 62282-1：2010；IEC 105/450/DTS：2013		2013/11/1	2013/11/1
2-5-515	2	01.080.20；29.020	K04；J04	IEC 80416-3：2011 ED 1.1	设备所用图形符号的基本原则　第 3 部分：图形符号应用指南	IEC 80416-3：2002		2011/10/1	2011/10/1

3 量和单位

序号	GW 分类	ICS 分类	GB 分类	标准号	中 文 名 称	代替标准	采用关系	发布日期	实施日期
3-3-1	3	53.081	A51	GB/T 14559—1993	变化量的符号和单位			1993/8/19	1994/2/1
3-3-2	3	53.081	A51	GB 3100—1993	国际单位制及其应用	GB 3100—1986		1993/12/27	1994/7/1
3-3-3	3	53.081	A51	GB 3101—1993	有关量、单位和符号的一般原则	GB 3101—1986		1993/12/27	1994/7/1
3-3-4	3	53.081	A51	GB 3102.1—1993	空间和时间的量和单位	GB 3102.1—1986		1993/12/27	1994/7/1
3-3-5	3	53.081	A51	GB 3102.3—1993	力学的量和单位	GB 3102.3—1986		1993/12/27	1994/7/1
3-3-6	3	53.081	A51	GB 3102.4—1993	热学的量和单位	GB 3102.4—1986		1993/12/27	1994/7/1
3-3-7	3	53.081	A51	GB 3102.5—1993	电学和磁学的量和单位	GB 3102.5—1986		1993/12/27	1994/7/1
3-3-8	3	53.081	A51	GB 3102.6—1993	光及有关电磁辐射的量和单位	GB 3102.6—1986		1993/12/27	1994/7/1
3-3-9	3	53.081	A51	GB 3102.7—1993	声学的量和单位	GB 3102.7—1986		1993/12/27	1994/7/1
3-3-10	3	53.081	A51	GB 3102.8—1993	物理化学和分子物理学的量和单位	GB 3102.8—1986		1993/12/27	1994/7/1
3-3-11	3	53.081	A51	GB 3102.9—1993	原子物理学和核物理学的量和单位	GB 3102.9—1986		1993/12/27	1994/7/1
3-3-12	3	53.081	A51	GB 3102.10—1993	核反应和电离辐射的量和单位	GB 3102.10—1986		1993/12/27	1994/7/1
3-3-13	3	29.020	K04	GB/T 3926—2007	中频设备额定电压	GB/T 3926—1983		2007/4/30	2008/3/1
3-3-14	3	29.020	K04	GB/T 762—2002	标准电流等级	GB/T 762—1996	IEC 60059：1999 EQV	2002/3/26	2002/12/1
3-4-15	3	03.120.01	A00	SL 2—2014	水利水电量和单位	SL 2.1～2.3—1998		2014/10/30	2015/1/30

3

4 数值与数据

序号	GW分类	ICS分类	GB分类	标准号	中 文 名 称	代替标准	采用关系	发布日期	实施日期
4-3-1	4	03.120.30	A41	GB/T 10092—2009	数据的统计处理和解释测试结果的多重比较	GB/T 10092—1988		2009/10/15	2009/12/1
4-3-2	4	29.020	K04	GB/T 156—2017	标准电压	GB/T 156—2007		2017/11/1	2018/5/1
4-3-3	4	35.240.50	L67	GB/T 18784.2—2005	CAD/CAM 数据质量保证方法			2005/9/9	2006/4/1
4-3-4	4	17.020	A20	GB/T 2822—2005	标准尺寸	GB/T 2822—1981		2005/5/16	2005/12/1
4-3-5	4	03.120.30	A22	GB/T 3359—2009	数据的统计处理和解释统计容忍区间的确定	GB/T 3359—1982		2009/10/15	2009/12/1
4-3-6	4	03.120.30	A41	GB/T 4087—2009	数据的统计处理和解释二项分布可靠度单侧置信下限	GB/T 4087.3—1985		2009/10/15	2009/12/1
4-3-7	4	03.120.30	A41	GB/T 8055—2009	数据的统计处理和解释Γ分布（皮尔逊III型分布）的参数估计	GB 8055—1987		2009/10/15	2009/12/1
4-3-8	4	03.120.30	A41	GB/T 8170—2008	数值修约规则与极限数值的表示和判定	GB 8170—1987；GB 1250—1989		2008/7/16	2009/1/1
4-4-9	4			CJJ/T 186—2012	城市地理编码技术规范			2012/11/2	2013/3/1
4-5-10	4	29.020	K04	IEC 60038：2009	IEC 标准电压	IEC 60038：1983；IEC 60038 AMD 1：1994；IEC 60038 AMD 2：1997；IEC 60038：2002；IEC 8/1260/FDIS：2009		2009/6/17	2009/6/17
4-5-11	4	17.220.01；29.020	K04	IEC 60059 AMD 1：2009	IEC 标准电流额定值 补充件1	IEC 8/1261/FDIS：2009		2009/6/16	2009/6/16
4-5-12	4	17.220.01	K04	IEC 60059：1999	IEC 标准电流额定值	IEC 60059：1938；IEC 8/1171/CDV：1998		1999/6/1	1999/6/1

4

5 互换性与精确度标准及实现系列化标准

序号	GW 分类	ICS 分类	GB 分类	标准号	中 文 名 称	代替标准	采用关系	发布日期	实施日期
5-3-1	5	17.040.10	J04	GB/T 1031—2009	产品几何技术规范（GPS）表面结构轮廓法表面粗糙度参数及其数值	GB/T 1031—1995		2009/3/16	2009/11/1
5-3-2	5	17.040.10	J04	GB/T 1800.1—2009	产品几何技术规范（GPS）极限与配合 第1部分：公差、偏差和配合的基础	GB/T 1800.1—1997；GB/T 1800.2—1998；GB/T 1800.3—1998		2009/3/16	2009/11/1
5-3-3	5	17.040.10	J04	GB/T 1800.2—2009	产品几何技术规范（GPS）极限与配合 第2部分：标准公差等级和孔、轴极限偏差表	GB/T 1800.4—1999		2009/3/16	2009/11/1
5-3-4	5	17.040.10	J04	GB/T 1801—2009	产品几何技术规范（GPS）极限与配合 公差带和配合的选择	GB/T 1801—1999		2009/3/16	2009/11/1
5-3-5	5	03.120.30	A41	GB/T 2828.1—2012	计数抽样检验程序 第1部分：按接收质量限（AQL）检索的逐批检验抽样计划	GB/T 2828.1—2003		2012/11/5	2013/2/15
5-3-6	5	03.120.30	A41	GB/T 2828.2—2008	计数抽样检验程序 第2部分：按极限质量LQ检索的孤立批检验抽样方案	GB/T 15239—1994		2008/7/28	2009/1/1
5-3-7	5	03.120.30	A41	GB/T 2828.10—2010	计数抽样检验程序 第10部分：GB/T 2828计数抽样检验系列标准导则			2010/9/2	2011/4/1
5-3-8	5	17.020	A20	GB/T 321—2005	优先数和优先数系	GB/T 321—1980		2005/5/16	2005/12/1
5-3-9	5	25.040.40	N10	GB/T 32855.1—2016	先进自动化技术及其应用制造业企业过程互操作性建立要求 第1部分：企业互操作性框架		ISO 11354-1：2011 IDT	2016/8/29	2017/3/1
5-4-10	5			JJF 1059.1—2012	测量不确定度评定与表示	JJF 1059—1999		2012/12/3	2013/6/3

6 环境保护、安全通用标准

序号	GW 分类	ICS 分类	GB 分类	标准号	中 文 名 称	代替标准	采用关系	发布日期	实施日期
6-2-1	6	29.240		Q/GDW 11444—2015	输变电工程环境监理规范			2016/6/5	2016/6/5
6-3-2	6	13.160	Z52	GB 10070—1988	城市区域环境振动标准			1988/12/10	1989/7/1
6-3-3	6		Z67	GB 12348—2008	工业企业厂界环境噪声排放标准	GB 12348—1990；GB 12349—1990		2008/8/19	2008/10/1
6-3-4	6	13.320	C69	GB 12358—2006	作业场所环境气体检测报警仪通用技术要求	GB 12358—1990；GB 12358 E—1990		2006/6/22	2006/12/1
6-3-5	6	13.100	C65	GB/T 12801—2008	生产过程安全卫生要求总则	GB 12801—1991		2008/12/15	2009/10/1
6-3-6	6	29.020	K09	GB/T 13869—2017	用电安全导则	GB/T 13869—2008		2017/12/29	2018/7/1
6-3-7	6	13.060	Z50	GB/T 14848—2017	地下水质量标准	GB/T 14848—1993		2017/10/14	2018/5/1
6-3-8	6	13.040.20	Z15	GB/T 15264—1994	环境空气铅的测定火焰原子吸收分光光度法			1994/10/26	1995/6/1
6-3-9	6	13.040.20	Z15	GB/T 15265—1994	环境空气降尘的测定重量法			1994/10/26	1995/6/1
6-3-10	6		Z15	GB/T 15432—1995	环境空气总悬浮颗粒物的测定重量法			1995/3/25	1995/8/1
6-3-11	6	13.100	C75	GB/T 15499—1995	事故伤害损失工作日标准			1995/3/10	1995/10/1
6-3-12	6	13.030	Z11	GB/T 16157—1996	固定污染源排气中颗粒物测定与气态污染物采样方法	GB 9078—1988		1996/3/6	1996/3/6
6-3-13	6	29.020	K00	GB/T 16499—2017	电工电子安全出版物的编写及基础安全出版物和多专业共用安全出版物的应用导则	GB/T 16499—2008	IEC Guide 104：2010 EQV	2017/7/12	2018/2/1
6-3-14	6	33.100.20	L06	GB/Z 17799.6—2017	电磁兼容 通用标准 发电厂和变电站环境中的抗扰度		IEC/TS 61000-6-5：2001 EQV	2017/7/12	2018/2/1
6-3-15	6	13.200	C65	GB 18218—2009	危险化学品重大危险源辨识	GB 18218—2000		2009/3/31	2009/12/1
6-3-16	6	13.040.01	Z50	GB/T 18883—2002	室内空气质量标准			2002/11/19	2003/3/1
6-3-17	6	29.020	K09	GB 19517—2009	国家电气设备安全技术规范	GB/T 19517—2004		2009/11/15	2010/10/1
6-3-18	6	13.030.20	Z61	GB 20426—2006	煤炭工业污染物排放标准	GB 16297—1996；GB 8978 部分—1996		2006/9/1	2006/10/1
6-3-19	6	29.020	K04	GB/T 20877—2016	电子电气产品标准中引入环境因素的指南	GB/T 20877—2007	IEC Guide 109：2012 MOD	2016/8/29	2017/3/1
6-3-20	6	13.020	Z00	GB/T 24001—2016	环境管理体系要求及使用指南	GB/T 24001—2004	ISO 14001：2015	2016/10/13	2017/5/1
6-3-21	6	13.020	Z00	GB/T 24004—2017	环境管理体系 通用实施指南	GB/T 24004—2004	ISO 14004：2016 IDT	2017/12/29	2018/7/1

6

序号	GW 分类	ICS 分类	GB 分类	标准号	中 文 名 称	代替标准	采用关系	发布日期	实施日期
6-3-22	6	13.020	Z01	GB/T 24020—2000	环境管理环境标志和声明通用原则			2000/2/1	2000/10/1
6-3-23	6	01.040.01	A22	GB/T 26376—2010	自然灾害管理基本术语			2011/1/14	2011/6/1
6-3-24	6	01.080.10	A22	GB/T 2893.1—2013	图形符号安全色和安全标志 第1部分：安全标志和安全标记的设计原则	GB/T 2893.1—2004		2013/7/19	2013/11/30
6-3-25	6	01.080.10	A22	GB/T 2893.3—2010	图形符号安全色和安全标志 第3部分：安全标志用图形符号设计原则		ISO 3864-1：2011 MOD	2011/1/10	2011/7/1
6-3-26	6	01.080.10	A22	GB/T 2893.4—2013	图形符号安全色和安全标志 第4部分：安全标志材料的色度属性和光度属性		ISO 3864-3：2006 MOD	2013/7/19	2013/11/30
6-3-27	6	01.080.01	A26	GB 2893—2008	安全色	GB 2893—2001	ISO 3864-4：2011 MOD	2008/12/11	2009/10/1
6-3-28	6	13.020	C65	GB 2894—2008	安全标志及其使用导则	GB 16179—1996；GB 2894—1996；GB 18217—2000		2008/12/11	2009/10/1
6-3-29	6	29.020	K09	GB/T 29481—2013	电气安全标志			2013/2/7	2013/12/1
6-3-30	6	13.140	Z52	GB 3096—2008	声环境质量标准	GB/T 14623—1993；GB 3096—1993		2008/8/19	2008/10/1
6-3-31	6	17.140	A59	GB/T 3222.1—2006	声学环境噪声的描述、测量与评价 第1部分：基本参量与评价方法	GB/T 3222—1994		2006/7/25	2006/12/1
6-3-32	6	29.020	K09	GB/T 33980—2017	电工产品使用说明书中包含电气安全信息的导则			2017/7/12	2018/2/1
6-3-33	6	29.020	K09	GB/T 33985—2017	电工产品标准中包括安全方面的导则 引入风险评估的因素			2017/7/12	2018/2/1
6-3-34	6	71.100.20	G86	GB/T 34525—2017	气瓶搬运、装卸、储存和使用安全规定			2017/10/14	2018/5/1
6-3-35	6	13.110	J09	GB/T 35076—2018	机械安全 生产设备安全通则			2018/5/14	2018/12/1
6-3-36	6	13.110	J09	GB/T 35077—2018	机械安全 局部排气通风系统 安全要求			2018/5/14	2018/12/1
6-3-37	6	13.200	A90	GB/T 35561—2017	突发事件分类与编码			2017/12/29	2018/7/1
6-3-38	6	13.100	C75	GB/T 3608—2008	高处作业分级	GB/T 3608—1993		2008/10/30	2009/6/1
6-3-39	6	13.060	Z50	GB 3838—2002	地表水环境质量标准	GB 3838—1988；GB 3838—88 GHZB 1—1999		2002/4/28	2002/6/1
6-3-40	6	13.060.30	Z05	GB 3839—1983	制订地方水污染物排放标准的技术原则与方法			1983/9/14	1984/4/1

序号	GW分类	ICS分类	GB分类	标准号	中文名称	代替标准	采用关系	发布日期	实施日期
6-3-41	6	13.040.20	Z04	GB/T 3840—1991	制定地方大气污染物排放标准的技术方法	GB 3840—1983		1991/8/31	1992/6/1
6-3-42	6	13.100	C71	GB/T 4200—2008	高温作业分级	GB 935—1989；GB 4200—1997		2008/10/30	2009/6/1
6-3-43	6	91.120.20	P31	GB/T 50121—2005	建筑隔声评价标准	GBJ 121—1988		2005/7/15	2005/10/1
6-3-44	6	91.140.50	P09	GB 50194—2014	建设工程施工现场供用电安全规范			2014/4/15	2015/1/1
6-3-45	6	27.140	P58	GB 50201—2014	防洪标准			2014/6/23	2015/5/1
6-3-46	6	13.100	C68	GB 5083—1999	生产设备安全卫生设计总则	GB 5083—1985		1999/5/14	1999/12/1
6-3-47	6	13.100	C73	GB 5725—2009	安全网	GB 16909—1997；GB 5725—1997		2009/4/1	2009/12/1
6-3-48	6	13.060	C51	GB 5749—2006	生活饮用水卫生标准	GB 5749—1985；GB 5749 E—1985		2006/12/29	2007/7/1
6-3-49	6	13.340.99	C73	GB 6095—2009	安全带	GB 6095—1985		2009/4/13	2009/12/1
6-3-50	6	13.200	C75	GB/T 6721—1986	企业职工伤亡事故经济损失统计标准			1986/8/22	1987/5/1
6-3-51	6	19.040	K04	GB/T 6999—2010	环境试验用相对湿度查算表	GB/T 6999—1986		2010/11/10	2011/5/1
6-3-52	6	27.040	K54	GB/T 7441—2008	汽轮机及被驱动机械发出的空间噪声的测量	GB/T 7441—1987		2008/7/16	2009/4/1
6-3-53	6	13.100	C71	GB/T 934—2008	高温作业环境气象条件测定方法	GB/T 934—1989		2008/10/30	2009/6/1
6-3-54	6	13.040.20	Z15	GB 9801—1988	空气质量一氧化碳的测定非分散红外法			1988/8/16	1988/12/1
6-3-55	6	17.140.01	P31	GBJ 122—1988	工业企业噪声测量规范			1988/4/13	1988/12/1
6-3-56	6			HJ 675—2013	固定污染源排气 氮氧化物的测定 酸碱滴定法	GB/T 13906—1992		2013/11/21	2014/2/1
6-4-57	6	27.180	E11	DL/T 1084—2008	风电场噪声限值及测量方法			2008/6/4	2008/11/1
6-4-58	6	27.100	F20	DL/T 692—2018	电力行业紧急救护技术规范	DL/T 692—2008		2018/4/3	2018/7/1
6-4-59	6	27.100	Z00	HJ/T 13—1996	火电厂建设项目环境影响报告书编制规范	SD 208—1987		1996/4/2	1996/6/1
6-4-60	6		Z00	HJ 2.1—2011	环境影响评价技术导则总纲	HJ 2.1—1993		2011/9/1	2012/1/1
6-4-61	6	13.020.01	Z00	HJ/T 2.3—1993	环境影响评价技术导则地面水环境			1993/9/18	1994/4/1
6-4-62	6		Z00	HJ 2.4—2009	环境影响评价技术导则声环境	HJ 2.4—1995		2009/12/23	2010/4/1
6-4-63	6	13.040.20	Z15	HJ 479—2009	环境空气 氮氧化物（一氧化氮和二氧化氮）的测定 盐酸萘乙二胺分光光度法	GB 8969—1988；GB 15436—1995		2009/9/27	2009/11/1

序号	GW 分类	ICS 分类	GB 分类	标准号	中 文 名 称	代替标准	采用关系	发布日期	实施日期
6-4-64	6	13.040.20	Z15	HJ 482—2009	环境空气 二氧化硫的测定 甲醛吸收—副玫瑰苯胺分光光度法	GB 15262—1994		2009/9/27	2009/11/1
6-4-65	6	13.040.20	Z15	HJ 483—2009	环境空气 二氧化硫的测定 四氯汞盐吸收—副玫瑰苯胺分光光度法	GB 8970—1988		2009/9/27	2009/11/1
6-4-66	6	13.040.20	Z50	HJ 492—2009	空气质量 词汇	GB 6919—1986		2009/9/27	2009/11/1
6-4-67	6	13.060	Z12	HJ 495—2009	水质 采样方案设计技术指导	GB 12997—1991		2009/9/27	2009/11/1
6-4-68	6	13.040.20	Z50	HJ 618—2011	环境空气 PM10 和 PM2.5 的测定重量法	GB 6921—1986		2011/9/8	2011/11/1
6-4-69	6	91.010.01;	P09	JGJ/T 77—2010	施工企业安全生产评价标准	JGJ/T 77—2003		2010/5/18	2010/11/1
6-4-70	6	13.100	C71	LD 80—1995	噪声作业分级			1995/7/13	1996/6/1
6-4-71	6	27.140	P59	NB/T 10347—2019	水利水电工程环境影响评价规范（试行）	SDJ 302—1988		2019/12/30	2020/7/1
6-4-72	6	13.020.40	Z25	SDGJ 95—1990	火力发电厂污染气象测试技术规定（试行）编制说明（内部发行）	DLJ 23—1980		1990/5/1	1990/7/1
6-4-73	6		P57	SL 204—1998	开发建设项目水土保持方案技术规范			1998/2/5	1998/5/1
6-4-74	6	27.140		SL 214—2015	水闸安全评价导则	SL 214—1998		2015/1/21	2015/4/21
6-4-75	6	13.060.01		SL 219—2013	水环境监测规范	SL 219—1998		2013/12/16	2014/3/16

6

7 各专业的技术指导或导则

序号	GW 分类	ICS 分类	GB 分类	标准号	中 文 名 称	代替标准	采用关系	发布日期	实施日期
7-2-1	7	35.040		Q/GDW 11014—2013	人力资源基础信息分类与代码			2013/12/19	2013/12/19
7-2-2	7	29.240		Q/GDW 11070—2013	国家电网公司供电企业组织机构规范标准			2014/3/1	2014/3/1
7-2-3	7	29.240		Q/GDW 11180—2014	国家电网公司统一统计指标体系规范			2014/7/1	2014/7/1
7-2-4	7	29.240		Q/GDW 11270—2014	国家电网公司直属单位组织机构规范			2014/12/31	2014/12/31
7-2-5	7	29.240		Q/GDW 11372.1—2015	国家电网公司技能人员岗位能力培训规范 第 1 部分：调控运行值班（市公司）			2015/7/27	2015/7/27
7-2-6	7	29.240		Q/GDW 11372.2—2015	国家电网公司技能人员岗位能力培训规范 第 2 部分：调控运行值班（县公司）			2015/7/27	2015/7/27
7-2-7	7	29.240		Q/GDW 11372.3—2015	国家电网公司技能人员岗位能力培训规范 第 3 部分：自动化运维			2015/7/27	2015/7/27
7-2-8	7	29.240		Q/GDW 11372.4—2015	国家电网公司技能人员岗位能力培训规范 第 4 部分：输电线路运检（330kV 及以上）			2015/7/27	2015/7/27
7-2-9	7	29.240		Q/GDW 11372.5—2015	国家电网公司技能人员岗位能力培训规范 第 5 部分：输电线路运检（220kV 及以下）			2015/7/27	2015/7/27
7-2-10	7	29.240		Q/GDW 11372.6—2015	国家电网公司技能人员岗位能力培训规范 第 6 部分：输电电缆运检			2015/7/27	2015/7/27
7-2-11	7	29.240		Q/GDW 11372.7—2015	国家电网公司技能人员岗位能力培训规范 第 7 部分：输电带电作业			2015/7/27	2015/7/27
7-2-12	7	29.240		Q/GDW 11372.8—2015	国家电网公司技能人员岗位能力培训规范 第 8 部分：变电运维（330kV 及以上）			2015/7/27	2015/7/27
7-2-13	7	29.240		Q/GDW 11372.9—2015	国家电网公司技能人员岗位能力培训规范 第 9 部分：变电运维（220kV 及以下）			2015/7/27	2015/7/27
7-2-14	7	29.240		Q/GDW 11372.10—2015	国家电网公司技能人员岗位能力培训规范 第 10 部分：换流站运维			2015/7/27	2015/7/27
7-2-15	7	29.240		Q/GDW 11372.11—2015	国家电网公司技能人员岗位能力培训规范 第 11 部分：继电保护及自控装置运维（330kV 及以上）			2015/7/27	2015/7/27
7-2-16	7	29.240		Q/GDW 11372.12—2015	国家电网公司技能人员岗位能力培训规范 第 12 部分：继电保护及自控装置运维（220kV 及以下）			2015/7/27	2015/7/27
7-2-17	7	29.240		Q/GDW 11372.13—2015	国家电网公司技能人员岗位能力培训规范 第 13 部分：电气试验/化验			2015/7/27	2015/7/27

7

序号	GW 分类	ICS 分类	GB 分类	标准号	中 文 名 称	代替标准	采用关系	发布日期	实施日期
7-2-18	7	29.240		Q/GDW 11372.14—2015	国家电网公司技能人员岗位能力培训规范 第 14 部分：变电设备检修（330kV 及以上）			2015/7/27	2015/7/27
7-2-19	7	29.240		Q/GDW 11372.15—2015	国家电网公司技能人员岗位能力培训规范 第 15 部分：变电设备检修（220kV 及以下）			2015/7/27	2015/7/27
7-2-20	7	29.240		Q/GDW 11372.16—2015	国家电网公司技能人员岗位能力培训规范 第 16 部分：换流站直流设备检修			2015/7/27	2015/7/27
7-2-21	7	29.240		Q/GDW 11372.17—2015	国家电网公司技能人员岗位能力培训规范 第 17 部分：配电线路及设备运检			2015/7/27	2015/7/27
7-2-22	7	29.240		Q/GDW 11372.18—2015	国家电网公司技能人员岗位能力培训规范 第 18 部分：配网自动化运维			2015/7/27	2015/7/27
7-2-23	7	29.240		Q/GDW 11372.19—2015	国家电网公司技能人员岗位能力培训规范 第 19 部分：配电电缆运检			2015/7/27	2015/7/27
7-2-24	7	29.240		Q/GDW 11372.20—2015	国家电网公司技能人员岗位能力培训规范 第 20 部分：市场开拓与业扩报装			2015/7/27	2015/7/27
7-2-25	7	29.240		Q/GDW 11372.21—2015	国家电网公司技能人员岗位能力培训规范 第 21 部分：客户代表			2015/7/27	2015/7/27
7-2-26	7	29.240		Q/GDW 11372.22—2015	国家电网公司技能人员岗位能力培训规范 第 22 部分：95598 服务			2015/7/27	2015/7/27
7-2-27	7	29.240		Q/GDW 11372.23—2015	国家电网公司技能人员岗位能力培训规范 第 23 部分：智能用电运营			2015/7/27	2015/7/27
7-2-28	7	29.240		Q/GDW 11372.24—2015	国家电网公司技能人员岗位能力培训规范 第 24 部分：用电检查			2015/7/27	2015/7/27
7-2-29	7	29.240		Q/GDW 11372.25—2015	国家电网公司技能人员岗位能力培训规范 第 25 部分：抄表催费			2015/7/27	2015/7/27
7-2-30	7	29.240		Q/GDW 11372.26—2015	国家电网公司技能人员岗位能力培训规范 第 26 部分：电费核算与账务			2015/7/27	2015/7/27
7-2-31	7	29.240		Q/GDW 11372.27—2015	国家电网公司技能人员岗位能力培训规范 第 27 部分：装表接电			2015/7/27	2015/7/27
7-2-32	7	29.240		Q/GDW 11372.28—2015	国家电网公司技能人员岗位能力培训规范 第 28 部分：计量检验检测			2015/7/27	2015/7/27
7-2-33	7	29.240		Q/GDW 11372.29—2015	国家电网公司技能人员岗位能力培训规范 第 29 部分：电能信息采集与监控			2015/7/27	2015/7/27

7

序号	GW分类	ICS分类	GB分类	标准号	中 文 名 称	代替标准	采用关系	发布日期	实施日期
7-2-34	7	29.240		Q/GDW 11372.30—2015	国家电网公司技能人员岗位能力培训规范 第30部分：稽查业务与监控分析			2015/7/27	2015/7/27
7-2-35	7	29.240		Q/GDW 11372.31—2015	国家电网公司技能人员岗位能力培训规范 第31部分：电动汽车服务			2015/7/27	2015/7/27
7-2-36	7	29.240		Q/GDW 11372.32—2015	国家电网公司技能人员岗位能力培训规范 第32部分：节能服务			2015/7/27	2015/7/27
7-2-37	7	29.240		Q/GDW 11372.33—2015	国家电网公司技能人员岗位能力培训规范 第33部分：农网运行维护与检修			2015/7/27	2015/7/27
7-2-38	7	29.240		Q/GDW 11372.34—2015	国家电网公司技能人员岗位能力培训规范 第34部分：农网营销服务			2015/7/27	2015/7/27
7-2-39	7	29.240		Q/GDW 11372.35—2015	国家电网公司技能人员岗位能力培训规范 第35部分：农网电费核算与账务			2015/7/27	2015/7/27
7-2-40	7	29.240		Q/GDW 11372.36—2015	国家电网公司技能人员岗位能力培训规范 第36部分：供电所综合业务			2015/7/27	2015/7/27
7-2-41	7	29.240		Q/GDW 11372.37—2015	国家电网公司技能人员岗位能力培训规范 第37部分：通信运维检修			2015/7/27	2015/7/27
7-2-42	7	29.240		Q/GDW 11372.38—2015	国家电网公司技能人员岗位能力培训规范 第38部分：信息通信工程建设			2015/7/27	2015/7/27
7-2-43	7	29.240		Q/GDW 11372.39—2015	国家电网公司技能人员岗位能力培训规范 第39部分：信息系统检修维护			2015/7/27	2015/7/27
7-2-44	7	29.240		Q/GDW 11372.40—2015	国家电网公司技能人员岗位能力培训规范 第40部分：信息通信监控调度			2015/7/27	2015/7/27
7-2-45	7	29.240		Q/GDW 11372.41—2015	国家电网公司技能人员岗位能力培训规范 第41部分：送电线路架设			2015/7/27	2015/7/27
7-2-46	7	29.240		Q/GDW 11372.42—2015	国家电网公司技能人员岗位能力培训规范 第42部分：变电一次安装			2015/7/27	2015/7/27
7-2-47	7	29.240		Q/GDW 11372.43—2015	国家电网公司技能人员岗位能力培训规范 第43部分：设备调试			2015/7/27	2015/7/27
7-2-48	7	29.240		Q/GDW 11372.44—2015	国家电网公司技能人员岗位能力培训规范 第44部分：土建施工			2015/7/27	2015/7/27
7-2-49	7	29.240		Q/GDW 11372.45—2015	国家电网公司技能人员岗位能力培训规范 第45部分：机具修理			2015/7/27	2015/7/27

7

序号	GW 分类	ICS 分类	GB 分类	标准号	中 文 名 称	代替标准	采用关系	发布日期	实施日期
7-2-50	7	29.240		Q/GDW 11372.46—2015	国家电网公司技能人员岗位能力培训规范 第46部分：变电二次安装			2015/7/27	2015/7/27
7-2-51	7	29.240		Q/GDW 11372.47—2015	国家电网公司技能人员岗位能力培训规范 第47部分：起重设备操作			2015/7/27	2015/7/27
7-2-52	7	29.240		Q/GDW 11372.48—2015	国家电网公司技能人员岗位能力培训规范 第48部分：牵张机操作			2015/7/27	2015/7/27
7-2-53	7	29.240		Q/GDW 11372.49—2015	国家电网公司技能人员岗位能力培训规范 第49部分：水轮发电机组运行			2015/7/27	2015/7/27
7-2-54	7	29.240		Q/GDW 11372.50—2015	国家电网公司技能人员岗位能力培训规范 第50部分：水轮发电机机械检修			2015/7/27	2015/7/27
7-2-55	7	29.240		Q/GDW 11372.51—2015	国家电网公司技能人员岗位能力培训规范 第51部分：水轮机检修			2015/7/27	2015/7/27
7-2-56	7	29.240		Q/GDW 11372.52—2015	国家电网公司技能人员岗位能力培训规范 第52部分：水轮机调速器机械检修			2015/7/27	2015/7/27
7-2-57	7	29.240		Q/GDW 11372.53—2015	国家电网公司技能人员岗位能力培训规范 第53部分：水电自动装置检修			2015/7/27	2015/7/27
7-2-58	7	29.240		Q/GDW 11372.54—2015	国家电网公司技能人员岗位能力培训规范 第54部分：水电厂继电保护			2015/7/27	2015/7/27
7-2-59	7	29.240		Q/GDW 11372.55—2015	国家电网公司技能人员岗位能力培训规范 第55部分：水电起重工			2015/7/27	2015/7/27
7-2-60	7	29.240		Q/GDW 11372.56—2015	国家电网公司技能人员岗位能力培训规范 第56部分：水工监测			2015/7/27	2015/7/27
7-2-61	7	29.240		Q/GDW 11372.57—2015	国家电网公司技能人员岗位能力培训规范 第57部分：水库调度			2015/7/27	2015/7/27
7-2-62	7	29.240		Q/GDW 11372.58—2015	国家电网公司技能人员岗位能力培训规范 第58部分：配电带电作业			2015/7/27	2015/7/27
7-2-63	7	29.240		Q/GDW 11450—2020	重要输电通道风险评估导则			2020/12/31	2020/12/31
7-2-64	7			Q/GDW 11769—2017	电网投资项目协同管理数据维护规范			2018/8/15	2018/8/15
7-2-65	7			Q/GDW 11770—2017	项目可研设计、评审及批复文件编制规范			2018/8/15	2018/8/15
7-2-66	7			Q/GDW 11771—2017	项目命名及编码规范			2018/8/15	2018/8/15

序号	GW 分类	ICS 分类	GB 分类	标准号	中 文 名 称	代替标准	采用关系	发布日期	实施日期
7-2-67	7	29.240		Q/GDW 11855—2020	国家电网有限公司录音录像档案数字化技术规范			2020/12/31	2020/12/31
7-2-68	7	29.240		Q/GDW 11967.1—2019	国家电网有限公司后勤保障 第1部分：重大活动保电			2020/7/22	2020/7/22
7-2-69	7	29.240		Q/GDW 11967.2—2019	国家电网有限公司后勤保障 第2部分：重点工程建设			2020/7/22	2020/7/22
7-2-70	7	29.240		Q/GDW 11967.3—2019	国家电网有限公司后勤保障 第3部分：突发事件应急			2020/7/22	2020/7/22
7-2-71	7			Q/GDW 12062—2020	科技期刊审读规程			2021/5/12	2021/5/12
7-2-72	7			Q/GDW/Z 12159.1—2021	国家电网有限公司网络培训资源开发技术规范 第1部分：岗位能力体系开发			2021/9/17	2021/9/17
7-2-73	7			Q/GDW/Z 12159.2—2021	国家电网有限公司网络培训资源开发技术规范 第2部分：教材开发			2021/9/17	2021/9/17
7-2-74	7			Q/GDW/Z 12159.3—2021	国家电网有限公司网络培训资源开发技术规范 第3部分：案例开发			2021/9/17	2021/9/17
7-2-75	7			Q/GDW/Z 12159.4—2021	国家电网有限公司网络培训资源开发技术规范 第4部分：题库开发			2021/9/17	2021/9/17
7-2-76	7			Q/GDW/Z 12159.5—2021	国家电网有限公司网络培训资源开发技术规范 第5部分：课件开发			2021/9/17	2021/9/17
7-2-77	7			Q/GDW 12182—2021	国家电网有限公司战略管理工作导则			2021/11/18	2021/11/18
7-3-78	7	17.120.01	F04	GB/T 12452—2008	企业水平衡测试通则	GB/T 12452—1990		2008/4/1	2008/10/1
7-3-79	7	01.140.20	A14	GB/T 13417—2009	期刊目次表	GB/T 13417—1992		2009/9/30	2010/2/1
7-3-80	7	29.280	S80	GB/T 1402—2010	轨道交通牵引供电系统电压	GB 1402—1998		2011/1/10	2011/6/1
7-3-81	7	27.010	F01	GB/T 15587—2008	工业企业能源管理导则	GB/T 15587—1995		2008/9/18	2009/5/1
7-3-82	7	01.080.20	L01	GB/T 16679—2009	工业系统、装置与设备以及工业产品信号代号	GB/T 16679—1996		2009/3/13	2009/11/1
7-3-83	7	27.010	F01	GB/T 17166—2019	能源审计技术通则	GB/T 17166—1997		2019/10/18	2020/5/1
7-3-84	7	03.120.10	J00	GB/T 19011—2013	管理体系审核指南	GB/T 19011—2003		2013/12/17	2014/4/1
7-3-85	7	33.020	M40	GB/T 21545—2008	通信设备过电压过电流保护导则			2008/3/31	2008/11/1
7-3-86	7	13.260	K09	GB/T 21714.1—2015	雷电防护 第1部分：总则	GB/T 21714.1—2008		2015/9/11	2016/4/1

7

序号	GW 分类	ICS 分类	GB 分类	标准号	中 文 名 称	代替标准	采用关系	发布日期	实施日期
7-3-87	7	13.260	K09	GB/T 21714.3—2015	雷电防护 第 3 部分：建筑物的物理损坏和生命危险	GB/T 21714.3—2008		2015/9/11	2016/4/1
7-3-88	7	13.260	K09	GB/T 21714.4—2015	雷电防护 第 4 部分：建筑物内电气和电子系统			2015/9/11	2016/4/1
7-3-89	7	35.240.50	A10	GB/T 25109.4—2010	企业资源计划 第 4 部分：ERP 系统体系结构			2011/1/14	2011/6/1
7-3-90	7	03.080.99	A20	GB/T 25124—2010	高级人才寻访服务规范			2010/9/2	2011/1/1
7-3-91	7	13.040.35	C70	GB/T 25915.1—2010	洁净室及相关受控环境 第 1 部分：空气洁净度等级			2011/1/14	2011/5/1
7-3-92	7	13.040.35	C70	GB/T 25915.2—2010	洁净室及相关受控环境 第 2 部分：证明持续符合 GB/T 25915.1 的检测与监测技术条件			2011/1/14	2011/6/1
7-3-93	7	13.040.35	C70	GB/T 25915.3—2010	洁净室及相关受控环境 第 3 部分：检测方法			2011/1/14	2011/5/1
7-3-94	7	13.040.35	C70	GB/T 25915.4—2010	洁净室及相关受控环境 第 4 部分：设计、建造、启动			2011/1/14	2011/6/1
7-3-95	7	13.040.35	C70	GB/T 25915.5—2010	洁净室及相关受控环境 第 5 部分：运行			2011/1/14	2011/5/1
7-3-96	7	13.040.35	C70	GB/T 25915.6—2010	洁净室及相关受控环境 第 6 部分：词汇			2011/1/14	2011/5/1
7-3-97	7	13.040.35	C70	GB/T 25915.7—2010	洁净室及相关受控环境 第 7 部分：隔离装置（洁净风罩、手套箱、隔离器、微环境）			2011/1/14	2011/6/1
7-3-98	7	13.040.35	C70	GB/T 25915.8—2010	洁净室及相关受控环境 第 8 部分：空气分子污染分级			2011/1/14	2011/6/1
7-3-99	7	33.020	M30	GB/T 26262—2010	通信产品节能分级导则			2011/1/14	2011/6/1
7-3-100	7	35.240.50	L67	GB/Z 26337.1—2010	供应链管理 第 1 部分：综述与基本原理			2011/1/14	2011/6/1
7-3-101	7	35.240.50	L67	GB/T 26789—2011	产品生命周期管理服务规范		OMGdtc/07-05-01 MOD	2011/7/29	2011/12/1
7-3-102	7	29.020	K04	GB/Z 26854—2011	电特性的标准化		IEC/TR 62510：2008 IDT	2011/7/29	2011/12/1
7-3-103	7	03.180	A12	GB/T 26997—2011	非正规教育与培训的学习服务术语			2011/7/19	2011/11/1
7-3-104	7	03.120.20	A00	GB/T 27021.1—2017	合格评定 管理体系审核认证机构要求 第 1 部分：要求	GB/T 27021—2007	ISO/IEC 17021-1：2015 IDT	2017/11/1	2018/5/1
7-3-105	7	03.120.20	A00	GB/T 27022—2017	合格评定 管理体系第三方审核报告内容要求和建议		ISO/IEC TS 17022：2012	2017/9/29	2018/4/1

序号	GW 分类	ICS 分类	GB 分类	标准号	中文名称	代替标准	采用关系	发布日期	实施日期
7-3-106	7	03.120.20	A00	GB/T 27068—2006	合格评定 结果的承认和接受协议		ISO/IEC GUIDE68：2002 IDT	2006/12/20	2007/6/1
7-3-107	7	03.120.20	A00	GB/T 27204—2017	合格评定 确定管理体系认证审核时间指南		ISO/IEC TS 17023：2013 IDT	2017/11/1	2018/5/1
7-3-108	7	03.120.20	A00	GB/T 27417—2017	合格评定 化学分析方法确认和验证指南			2017/9/7	2018/4/1
7-3-109	7	27.010	F01	GB/T 30260—2013	公共机构能源资源管理绩效评价导则			2013/12/18	2014/7/1
7-3-110	7	29.020	K40	GB 311.1—2012	绝缘配合 第1部分：定义、原则和规则	GB 311.1—1997		2012/6/29	2013/5/1
7-3-111	7	29.020	K40	GB/T 311.2—2013	绝缘配合 第2部分：使用导则	GB/T 311.2—2002	IEC 60071-2：1996 MOD	2013/2/7	2013/7/1
7-3-112	7	27.100	F22	GB/T 31461—2015	火力发电机组快速减负荷控制技术导则			2015/5/15	2015/12/1
7-3-113	7	01.140.10	A14	GB/T 3179—2009	期刊编排格式	GB/T 3179—1992		2009/9/30	2010/2/1
7-3-114	7	01.140.20	A14	GB/T 32003—2015	科技查新技术规范			2015/9/11	2016/4/1
7-3-115	7	29.240.20	P62	GB/T 32673—2016	架空输电线路故障巡视技术导则			2016/4/25	2016/11/1
7-3-116	7	27.160	F12	GB/T 32826—2016	光伏发电系统建模导则			2016/8/29	2017/3/1
7-3-117	7	03.100.01		GB/T 33455—2016	公共事务活动风险管理指南			2016/12/30	2017/7/1
7-3-118	7	71.040.10	N53	GB/T 34042—2017	在线分析仪器系统通用规范			2017/9/7	2018/4/1
7-3-119	7	03.080	A12	GB/T 34416—2017	技术产权交易信息披露规范			2017/10/14	2018/5/1
7-3-120	7	03.080	A12	GB/T 34417—2017	服务信息公开规范			2017/10/14	2018/5/1
7-3-121	7	03.080	A16	GB/T 34670—2017	技术转移服务规范			2017/9/29	2018/1/1
7-3-122	7			GB/T 50297—2018	电力工程基本术语标准	GB/T 50297—2006		2018/12/26	2019/6/1
7-3-123	7			GB/T 50562—2010	煤炭矿井工程基本术语标准			2010/5/31	2010/12/1
7-3-124	7			GB 50722—2011	城市轨道交通建设项目管理规范			2011/8/26	2012/6/1
7-3-125	7	35.240.30	A14	GB/T 7713.1—2006	学位论文编写规则	GB 7713 部分—1987		2006/12/5	2007/5/1
7-4-126	7	29.020	K02	DL/T 1320—2014	电力企业能源管理体系实施指南			2014/3/18	2014/8/1
7-4-127	7	29.020	K01	DL/T 1381—2014	电力企业信用评价规范			2014/10/15	2015/3/1
7-4-128	7	29.020	K01	DL/T 1383—2014	电力行业供应商信用评价规范			2014/10/15	2015/3/1
7-4-129	7		P01	DLGJ 120—1997	电力勘测设计技术标准体系表	DLGJ 120—1994		1997/3/12	1997/3/12
7-4-130	7		P00	DLGJ 133—1997	电力勘测设计管理标准体系表			1997/3/19	1997/3/19

7

序号	GW 分类	ICS 分类	GB 分类	标准号	中 文 名 称	代替标准	采用关系	发布日期	实施日期
7-4-131	7		Z04	HJ 2000—2010	大气污染治理工程技术导则			2010/12/17	2011/3/1
7-4-132	7		P61	HJ 2001—2010	火电厂烟气脱硫工程技术规范氨法			2010/12/17	2011/3/1
7-4-133	7		P61	HJ 562—2010	火电厂烟气脱硝工程技术规范选择性催化还原法			2010/2/3	2010/4/1
7-4-134	7		P61	HJ 563—2010	火电厂烟气脱硝工程技术规范选择性非催化还原法			2010/2/3	2010/4/1
7-4-135	7	35.080	L77	SJ/T 11623—2016	信息技术服务从业人员能力规范			2016/1/15	2016/6/1
7-4-136	7			T/CEC 369—2020	电力企业合规管理体系规范			2020/6/30	2020/10/1
7-4-137	7	33.040.01	M10	YD/T 2219—2011	通信网络运行维护企业一般要求			2011/5/18	2011/6/1
7-5-138	7	91.140.01		ANSI/NFPA 900—2010	建筑物能源法规	ANSI NFPA 900—2004		2009/10/27	2009/12/5
7-5-139	7			DIN 19752—2019	水电站—规划、执行和运营	DIN 19752—1986		2019/2/1	2019/2/1
7-5-140	7	01.040.29;29.080.30	K04	IEC 60071-1：2011	绝缘配合　第 1 部分：定义、原理和规则			2011/3/1	2011/3/1
7-5-141	7	29.020;91.120.40	K49	IEC 62305-1：2010	雷电防护　第 1 部分：一般原则	IEC 62305-1：2006；IEC 81/370/FDIS：2010		2010/12/1	2010/12/1
7-5-142	7	29.020;91.120.40	K49	IEC 62305-2：2010	雷电防护　第 2 部分：风险管理	IEC 62305-2：2006；IEC 81/371/FDIS：2010		2010/12/1	2010/12/1
7-5-143	7	29.020;91.120.40	K49	IEC 62305-3：2010	雷电防护　第 3 部分：建筑物的物理损害和生命危险	IEC 62305-3：2006；IEC 81/372/FDIS：2010		2010/12/1	2010/12/1
7-5-144	7	29.020;91.120.40	K49	IEC 62305-4：2010	雷电防护　第 4 部分：建筑物中电气和电子系统	IEC 62305-4：2006；IEC 81/373/FDIS：2010		2010/12/1	2010/12/1
7-5-145	7	03.100.01	A10	ISO/IEC 31010：2009	风险管理风险评估技术			2009/11/1	2009/11/1
7-5-146	7	27.140		ISO IWA 33-1：2019	小型水力发电厂开发技术准则　第 1 部分：词汇第 1 版			2019/12/1	2019/12/1
7-6-147	7	35.240.60	L73	T/CEC 101.1—2016	能源互联网　第 1 部分：总则			2016/10/21	2017/1/1
7-6-148	7	27.010	F04	T/CEC 104—2016	电力企业能源管理系统设计导则			2016/10/21	2017/1/1
7-6-149	7	27.010	F04	T/CEC 105—2016	电力企业能源管理系统验收规范			2016/10/21	2017/1/1

7

技 术 专 业 标 准

10 规划设计

10.1 规划设计-基础综合

序号	GW 分类	ICS 分类	GB 分类	标准号	中 文 名 称	代替标准	采用关系	发布日期	实施日期
10.1-2-1	10.1	29.240		Q/GDW 1152.1—2014	电力系统污区分级与外绝缘选择 第1部分：交流系统	Q/GDW 152—2006		2015/2/26	2015/2/26
10.1-2-2	10.1	29.240		Q/GDW 1152.2—2014	电力系统污区分级与外绝缘选择 第2部分：直流系统	Q/GDW 152—2006		2015/2/26	2015/2/26
10.1-2-3	10.1	29.240		Q/GDW 11721—2017	国家电网有限公司差异化规划设计导则			2018/6/27	2018/6/27
10.1-2-4	10.1	29.240		Q/GDW 1404—2015	国家电网安全稳定计算技术规范	Q/GDW 404—2010		2016/11/15	2016/11/15
10.1-2-5	10.1			Q/GDW 383—2009	智能变电站技术导则			2009/12/25	2009/12/25
10.1-3-6	10.1	29.240.01	F21	GB/T 35692—2017	高压直流输电工程系统规划导则			2017/12/29	2018/7/1
10.1-3-7	10.1	29.020	F21	GB/T 38969—2020	电力系统技术导则			2020/6/2	2020/7/1
10.1-4-8	10.1	29.240	K49	DL/T 381—2010	电子设备防雷技术导则			2010/5/1	2010/10/1
10.1-4-9	10.1	27.100	F21	DL/T 5429—2009	电力系统设计技术规程	SDJ 161—1985		2009/7/22	2009/12/1
10.1-4-10	10.1	27.100	P62	DL/T 5523—2017	输变电工程项目后评价导则			2017/3/28	2017/8/1
10.1-4-11	10.1	29.240	F21	DL/T 5553—2019	电力系统电气计算设计规程			2019/6/4	2019/10/1
10.1-4-12	10.1			DL/T 5607—2021	电力系统规划设计名词规范			2021/4/26	2021/10/26

10.2 规划设计-系统规划

10.2.1 规划设计-系统规划-输电网

序号	GW 分类	ICS 分类	GB 分类	标准号	中 文 名 称	代替标准	采用关系	发布日期	实施日期
10.2.1-2-1	10.2.1	29.240		Q/GDW 10268—2018	输电网规划设计内容深度规定	Q/GDW 268—2009		2020/1/6	2020/1/6
10.2.1-2-2	10.2.1	29.240		Q/GDW 10269—2017	330kV 及以上输变电工程可行性研究内容深度规定	Q/GDW 269—2009		2018/6/27	2018/6/27
10.2.1-2-3	10.2.1	29.240		Q/GDW 10270—2017	220kV 及 110（66）kV 输变电工程可行性研究内容深度规定	Q/GDW 270—2009		2018/6/27	2018/6/27
10.2.1-2-4	10.2.1	29.240		Q/GDW 11674—2017	±1100kV 特高压直流输电系统成套设计规程			2018/1/18	2018/1/18
10.2.1-2-5	10.2.1	29.240		Q/GDW 11909—2018	±1100kV 直流系统绝缘配合导则			2020/1/12	2020/1/12

序号	GW 分类	ICS 分类	GB 分类	标准号	中 文 名 称	代替标准	采用关系	发布日期	实施日期
10.2.1-2-6	10.2.1	29.020		Q/GDW 11998—2019	330kV 及以上输变电工程预可行性研究内容深度规定			2020/8/24	2020/8/24
10.2.1-2-7	10.2.1	29.240		Q/GDW 286—2009	1000kV 系统电压及无功电力技术导则			2009/5/25	2009/5/25
10.2.1-3-8	10.2.1	29.240.01	F21	GB/T 35711—2017	高压直流输电系统直流侧谐波分析、抑制与测量导则			2017/12/29	2018/7/1
10.2.1-3-9	10.2.1	29.020	K04	GB/Z 35728—2017	互联电力系统设计导则		IEC TR 62511：2014 MOD	2017/12/29	2018/7/1
10.2.1-3-10	10.2.1	29.240.01	F21	GB/T 37015.1—2018	柔性直流输电系统性能 第 1 部分：稳态			2018/12/28	2019/7/1
10.2.1-3-11	10.2.1	29.240.01	F21	GB/T 37015.2—2018	柔性直流输电系统性能 第 2 部分：暂态			2018/12/28	2019/7/1
10.2.1-4-12	10.2.1	29.240	F20	DL/T 2044—2019	输电系统谐波引发谐振过电压计算导则			2019/6/4	2019/10/1
10.2.1-4-13	10.2.1	27.100	P60	DL/T 5444—2010	电力系统设计内容深度规定			2010/8/27	2010/12/15
10.2.1-4-14	10.2.1	27.100	P62	DL/T 5448—2012	输变电工程可行性研究内容深度规定			2012/1/4	2012/3/1
10.2.1-4-15	10.2.1	27.100	F21	DL/T 5529—2017	电力系统串联电容补偿系统设计规程			2017/8/2	2017/12/1
10.2.1-4-16	10.2.1	29.240	F21	DL/T 5554—2019	电力系统无功补偿及调压设计技术导则			2019/6/4	2019/10/1
10.2.1-4-17	10.2.1			DL/T 5610—2021	输电网规划设计规程			2021/4/26	2021/10/26
10.2.1-5-18	10.2.1			IEC/TR 62511：2014	互联电力系统的设计指南			2014/9/1	2014/9/1

10.2.2 规划设计-系统规划-配电网

序号	GW 分类	ICS 分类	GB 分类	标准号	中 文 名 称	代替标准	采用关系	发布日期	实施日期
10.2.2-2-1	10.2.2	29.240		Q/GDW 10370—2016	配电网技术导则	Q/GDW 370—2009		2017/3/24	2017/3/24
10.2.2-2-2	10.2.2	29.240.30		Q/GDW 10738—2020	配电网规划设计技术导则	Q/GDW 1738—2012		2020/12/31	2020/12/31
10.2.2-2-3	10.2.2	29.240		Q/GDW 10865—2017	国家电网公司配电网规划内容深度规定	Q/GDW 1865—2012		2018/1/2	2018/1/2
10.2.2-2-4	10.2.2	29.240		Q/GDW 11019—2013	农网 35kV 配电化技术导则			2014/3/1	2014/3/1
10.2.2-2-5	10.2.2	29.240		Q/GDW 11374—2015	10kV 及以下电网工程可行性研究内容深度规定			2016/3/31	2016/3/31
10.2.2-2-6	10.2.2	29.240		Q/GDW 11375—2015	配电网规划计算分析数据规范			2016/3/31	2016/3/31
10.2.2-2-7	10.2.2	29.240		Q/GDW 11431—2016	配电网规划基础信息与数据集成技术导则			2017/3/22	2017/3/22
10.2.2-2-8	10.2.2	29.240		Q/GDW 11542—2016	配电网规划计算分析功能规范			2016/12/28	2016/12/28

10

序号	GW分类	ICS分类	GB分类	标准号	中 文 名 称	代替标准	采用关系	发布日期	实施日期
10.2.2-2-9	10.2.2	29.240		Q/GDW 11546—2016	统一潮流控制器工程可行性研究内容深度规定			2017/2/28	2017/2/28
10.2.2-2-10	10.2.2	29.240		Q/GDW 11615—2017	配电网发展规划评价技术规范			2018/6/27	2018/6/27
10.2.2-2-11	10.2.2	29.240		Q/GDW 11616—2017	配电网规划标准化图纸绘制规范			2018/6/27	2018/6/27
10.2.2-2-12	10.2.2	29.240		Q/GDW 11617—2017	配电网规划项目技术经济比选导则			2018/6/27	2018/6/27
10.2.2-2-13	10.2.2	29.240		Q/GDW 11620—2017	微电网规划设计评价导则			2018/6/27	2018/6/27
10.2.2-2-14	10.2.2	29.240		Q/GDW 11722—2017	交直流混合配电网规划设计指导原则			2018/6/27	2018/6/27
10.2.2-2-15	10.2.2	29.240		Q/GDW 11723—2017	交直流混合配电网综合评价指导原则			2018/6/27	2018/6/27
10.2.2-2-16	10.2.2	29.240		Q/GDW 11724—2017	配电网规划后评价技术导则			2018/6/27	2018/6/27
10.2.2-2-17	10.2.2	29.240		Q/GDW 11728—2017	配电网项目后评价内容深度规定			2018/6/27	2018/6/27
10.2.2-2-18	10.2.2			Q/GDW 11786—2017	配电网多元化负荷消纳能力评估导则			2018/9/7	2018/9/7
10.2.2-2-19	10.2.2	29.240		Q/GDW 11857—2018	配电网接纳分布式电源能力评估导则			2020/1/6	2020/1/6
10.2.2-2-20	10.2.2	29.240.01		Q/GDW 11990—2019	配电网规划电力负荷预测技术规范			2020/8/24	2020/8/24
10.2.2-2-21	10.2.2	29.240.01		Q/GDW 11992—2019	配电网网格化规划内容深度规定			2020/8/24	2020/8/24
10.2.2-2-22	10.2.2	29.240.01		Q/GDW 11993—2019	增量配电试点项目可行性研究报告内容深度规定			2020/8/24	2020/8/24
10.2.2-2-23	10.2.2	29.020		Q/GDW 435—2010	农村电网无功补偿技术导则			2010/3/18	2010/3/18
10.2.2-3-24	10.2.2			GB 50613—2010	城市配电网规划设计规范			2010/7/15	2011/2/1
10.2.2-4-25	10.2.2	27.010	F09	DL/T 256—2012	城市电网供电安全标准			2012/4/6	2012/7/1
10.2.2-4-26	10.2.2	29.240.10	F21	DL/T 5118—2010	农村电力网规划设计导则	DL 5118—2000		2011/1/9	2011/5/1
10.2.2-4-27	10.2.2	29.240.01	F24	DL/T 5131—2015	农村电网建设与改造技术导则	DL/T 5131—2001		2015/4/2	2015/9/1
10.2.2-4-28	10.2.2	29.24	P62	DL/T 5534—2017	配电网可行性研究报告内容深度规定			2017/11/15	2018/3/1
10.2.2-4-29	10.2.2	29.24	P62	DL/T 5542—2018	配电网规划设计规程			2018/4/3	2018/7/1
10.2.2-4-30	10.2.2	29.240	P62	DL/T 5552—2018	配电网规划研究报告内容深度规定			2018/12/25	2019/5/1
10.2.2-4-31	10.2.2	27.240.30	K51	DL/T 5729—2016	配电网规划设计技术导则			2016/1/7	2016/6/1
10.2.2-4-32	10.2.2			DL/T 5771—2018	农村电网35kV配电化技术导则			2018/6/6	2018/10/1

10

序号	GW 分类	ICS 分类	GB 分类	标准号	中 文 名 称	代替标准	采用关系	发布日期	实施日期
10.2.2-5-33	10.2.2	29.240.01		IEC TS 62898-1：2017	微电网　第 1 部分：微电网项目规划与规范指引　版本 1.0			2017/5/1	2017/5/1
10.2.2-5-34	10.2.2			IEEE Std 2030.9：2019	IEEE 建议的微电网规划和设计实践			2019/7/3	2019/7/3
10.2.2-6-35	10.2.2	29.240.01	F21	T/CEC 103—2016	新型城镇化配电网发展评估规范			2016/10/21	2017/1/1
10.2.2-6-36	10.2.2	29.240.01	F20	T/CEC 106—2016	微电网规划设计评价导则			2016/10/21	2017/1/1
10.2.2-6-37	10.2.2	29.240.01	F20	T/CEC 132—2017	新型城镇化配电网建设改造成效评价技术规范			2017/5/15	2017/8/1
10.2.2-6-38	10.2.2	29.240.01	F21	T/CEC 166—2018	中压直流配电网典型网架结构及供电方案技术导则			2018/1/24	2018/4/1
10.2.2-6-39	10.2.2			T/CEC 274—2019	配电网供电能力计算导则			2019/11/21	2020/1/1
10.2.2-6-40	10.2.2			T/CEC 300—2020	配电网发展水平综合评价导则			2020/6/30	2020/10/1
10.2.2-6-41	10.2.2			T/CEC 5014—2019	园区电力专项规划内容深度规定			2019/11/21	2020/1/1
10.2.2-6-42	10.2.2			T/CEC 5015—2019	配电网网格化规划设计技术导则			2019/11/21	2020/1/1
10.2.2-6-43	10.2.2			T/CEC 5027—2020	智能园区配电网规划设计技术导则			2020/6/30	2020/10/1

10.2.3　规划设计-系统规划-二次

序号	GW 分类	ICS 分类	GB 分类	标准号	中 文 名 称	代替标准	采用关系	发布日期	实施日期
10.2.3-2-1	10.2.3	29.240		Q/GDW 11184—2014	配电自动化规划设计技术导则			2014/7/1	2014/7/1
10.2.3-2-2	10.2.3	29.240		Q/GDW 11185—2014	配电自动化规划内容深度规定			2014/7/1	2014/7/1
10.2.3-2-3	10.2.3	29.240		Q/GDW 11360—2014	调度自动化规划设计技术导则			2015/3/12	2015/3/12
10.2.3-2-4	10.2.3	29.240		Q/GDW 11435.1—2016	电网独立二次项目可行性研究　内容深度规定　第 1 部分：光缆通信工程			2017/7/31	2017/7/31
10.2.3-2-5	10.2.3	29.240		Q/GDW 11435.2—2016	电网独立二次项目可行性研究　内容深度规定　第 2 部分：SDH 光通信系统			2017/7/31	2017/7/31
10.2.3-2-6	10.2.3	29.240		Q/GDW 11435.3—2016	电网独立二次项目可行性研究　内容深度规定　第 3 部分：OTN 光通信系统			2017/7/31	2017/7/31
10.2.3-2-7	10.2.3	29.240		Q/GDW 11435.4—2016	电网独立二次项目可行性研究　内容深度规定　第 4 部分：电力数据通信网工程			2017/7/31	2017/7/31
10.2.3-2-8	10.2.3	29.240		Q/GDW 11435.5—2016	电网独立二次项目可行性研究　内容深度规定　第 5 部分：电力调度交换网工程			2017/7/31	2017/7/31

10

序号	GW分类	ICS分类	GB分类	标准号	中 文 名 称	代替标准	采用关系	发布日期	实施日期
10.2.3-2-9	10.2.3	29.240		Q/GDW 11435.6—2016	电网独立二次项目可行性研究　内容深度规定　第6部分：电力调度数据网工程			2017/7/31	2017/7/31
10.2.3-2-10	10.2.3	29.240		Q/GDW 11435.7—2016	电网独立二次项目可行性研究　内容深度规定　第7部分：省级及以上电网调度控制系统			2017/7/31	2017/7/31
10.2.3-2-11	10.2.3	29.240		Q/GDW 11435.8—2016	电网独立二次项目可行性研究　内容深度规定　第8部分：地区级及以下电网调度控制系统			2017/7/31	2017/7/31
10.2.3-2-12	10.2.3	29.240		Q/GDW 11435.9—2016	电网独立二次项目可行性研究　内容深度规定　第9部分：配电自动化项目			2017/7/31	2017/7/31
10.2.3-4-13	10.2.3			DL/T 2193—2020	电力系统安全稳定控制系统设计及应用技术规范			2020/10/23	2021/2/1
10.2.3-4-14	10.2.3	29.240.01	P62	DL/T 390—2016	县域配电自动化技术导则	DL/T 390—2010		2016/1/7	2016/6/1
10.2.3-4-15	10.2.3			DL/T 5002—2021	地区电网调度自动化设计规程	DL/T 5002—2005		2021/4/26	2021/10/26
10.2.3-4-16	10.2.3	27.100	P62	DL/T 5506—2015	电力系统继电保护设计技术规范			2015/7/1	2015/12/1
10.2.3-4-17	10.2.3			DL/T 5588—2021	电力系统视频监控系统设计规程			2021/1/7	2021/7/1
10.2.3-4-18	10.2.3	27.100	F20	DL/T 5709—2014	配电自动化规划设计导则			2014/10/15	2015/3/1
10.2.3-6-19	10.2.3			T/CEC 248—2019	直流配电系统保护技术导则			2019/11/21	2020/1/1

10.2.4　规划设计-系统规划-电源接入系统

序号	GW分类	ICS分类	GB分类	标准号	中 文 名 称	代替标准	采用关系	发布日期	实施日期
10.2.4-2-1	10.2.4	29.240		Q/GDW 10272—2018	大型电厂接入系统设计内容深度规定	Q/GDW 272—2009		2020/1/6	2020/1/6
10.2.4-2-2	10.2.4	29.240		Q/GDW 11147—2017	分布式电源接入配电网设计规范	Q/GDW 11147—2013		2018/6/27	2018/6/27
10.2.4-2-3	10.2.4	29.240		Q/GDW 11148—2013	分布式电源接入系统设计内容深度规定			2014/2/20	2014/2/20
10.2.4-2-4	10.2.4	29.240		Q/GDW 11149—2017	分布式电源接入配电网经济评估导则	Q/GDW 11149—2013		2018/6/27	2018/6/27
10.2.4-2-5	10.2.4	29.240		Q/GDW 11618—2017	光伏发电站接入系统设计内容深度规定			2018/6/27	2018/6/27
10.2.4-2-6	10.2.4	29.240		Q/GDW 11619—2017	分布式电源接入电网评价导则			2018/6/27	2018/6/27
10.2.4-2-7	10.2.4	29.240		Q/GDW 11725—2017	储能系统接入配电网设计内容深度规定			2018/6/27	2018/6/27
10.2.4-2-8	10.2.4	29.240.01		Q/GDW 11986—2019	大型风电基地输电系统规划设计内容深度规定			2020/8/24	2020/8/24

10

序号	GW 分类	ICS 分类	GB 分类	标准号	中 文 名 称	代替标准	采用关系	发布日期	实施日期
10.2.4-2-9	10.2.4	29.240.01		Q/GDW 11987—2019	大型光伏发电基地输电系统规划设计内容深度规定			2020/8/24	2020/8/24
10.2.4-2-10	10.2.4	27.180		Q/GDW 11994—2019	电化学储能规划技术导则			2020/8/24	2020/8/24
10.2.4-2-11	10.2.4	29.240.01		Q/GDW 11995—2019	电化学储能电站接入系统设计内容深度规定			2020/8/24	2020/8/24
10.2.4-2-12	10.2.4	29.240		Q/GDW 1271—2014	大型电源项目输电系统规划设计内容深度规定	Q/GDW 271—2009		2015/5/22	2015/5/22
10.2.4-2-13	10.2.4	29.240		Q/GDW 1564—2014	储能系统接入配电网技术规定	Q/GDW 564—2010		2015/3/12	2015/3/12
10.2.4-2-14	10.2.4	29.240		Q/GDW 1867—2012	小型户用光伏发电系统并网技术规定			2014/2/25	2014/2/25
10.2.4-3-15	10.2.4	27180	F15	GB/T 19962—2016	地热电站接入电力系统技术规定	GB/T 19962—2005		2016/8/29	2017/3/1
10.2.4-3-16	10.2.4	29.020	F12	GB/T 33589—2017	微电网接入电力系统技术规定			2017/5/12	2017/12/1
10.2.4-4-17	10.2.4	29.160.20	K21	DL/T 331—2010	发电机与电网规划设计关键参数配合导则			2011/1/9	2011/5/1
10.2.4-4-18	10.2.4			DL/T 5439—2021	电源接入系统设计报告内容深度规定	DL/T 5439—2009		2021/4/26	2021/10/26
10.2.4-4-19	10.2.4			DL/T 5601—2021	分布式电源接入及微电网设计规程			2021/4/26	2021/10/26
10.2.4-4-20	10.2.4			DL/T 5608—2021	电源规划设计规程			2021/4/26	2021/10/26
10.2.4-4-21	10.2.4	17.160	F19	DL/T 5611—2021	电源接入系统设计规程			2021/4/26	2021/10/26
10.2.4-4-22	10.2.4			DL/T 5816—2020	分布式电化学储能系统接入配电网设计规范			2020/10/23	2021/2/1
10.2.4-4-23	10.2.4	27.180	F11	NB/T 10313—2019	风电场接入电力系统设计内容深度规定			2019/11/4	2020/5/1
10.2.4-4-24	10.2.4	27.160	F12	NB/T 32015—2013	分布式电源接入配电网技术规定			2013/11/28	2014/4/1
10.2.4-6-25	10.2.4	29.240	F20	T/CEC 173—2018	分布式储能系统接入配电网设计规范			2018/1/24	2018/4/1
10.2.4-6-26	10.2.4			T/CEC 333—2020	户用光伏发电系统并网技术要求			2020/6/30	2020/10/1
10.2.4-6-27	10.2.4	27.180	P19	T/CEC 5006—2018	微电网接入系统设计规范			2018/1/24	2018/4/1
10.2.4-6-28	10.2.4			T/CEC 5025—2020	电化学储能电站可行性研究报告内容深度规定			2020/6/30	2020/10/1

10.2.5 规划设计-系统规划-其他

序号	GW 分类	ICS 分类	GB 分类	标准号	中 文 名 称	代替标准	采用关系	发布日期	实施日期
10.2.5-2-1	10.2.5	29.240		Q/GDW 11178—2013	电动汽车充换电设施接入电网技术规范			2014/3/1	2014/3/1
10.2.5-2-2	10.2.5			Q/GDW 11396—2021	电网设施布局规划内容深度规定	Q/GDW 11396—2015		2021/11/22	2021/11/22

10

序号	GW 分类	ICS 分类	GB 分类	标准号	中 文 名 称	代替标准	采用关系	发布日期	实施日期
10.2.5-2-3	10.2.5	29.240		Q/GDW 11621—2017	线损基础信息与数据集成技术导则			2018/6/27	2018/6/27
10.2.5-2-4	10.2.5	29.240		Q/GDW 11623—2017	电气化铁路牵引站接入电网导则			2018/6/27	2018/6/27
10.2.5-2-5	10.2.5	29.240.01		Q/GDW 11635—2016	电力用户有序用电价值评估技术规范			2017/8/4	2017/8/4
10.2.5-2-6	10.2.5	29.240		Q/GDW 11726—2017	电动汽车充换电设施接入配电网评价导则			2018/6/27	2018/6/27
10.2.5-2-7	10.2.5	29.240		Q/GDW 11856—2018	电动汽车充换电设施接入配电网设计规范			2020/1/6	2020/1/6
10.2.5-2-8	10.2.5			Q/GDW 12194—2021	电力系统配置储能分析计算导则			2022/1/24	2022/1/24
10.2.5-3-9	10.2.5	29.240.20	F20	GB/T 15544.1—2013	三相交流系统短路电流计算 第1部分：电流计算	GB/T 15544—1995		2013/12/17	2014/8/1
10.2.5-3-10	10.2.5	29.240.20	F20	GB/T 15544.2—2017	三相交流系统短路电流计算 第2部分：短路电流计算应用的系数			2017/12/29	2018/7/1
10.2.5-3-11	10.2.5	29.240.20	F20	GB/T 15544.3—2017	三相交流系统短路电流计算 第3部分：电气设备数据			2017/12/29	2018/7/1
10.2.5-3-12	10.2.5	29.240.20	F20	GB/T 15544.4—2017	三相交流系统短路电流计算 第4部分：同时发生两个独立单相接地故障时的电流以及流过大地的电流			2017/12/29	2018/7/1
10.2.5-3-13	10.2.5	29.240.20	F20	GB/T 15544.5—2017	三相交流系统短路电流计算 第5部分：算例			2017/12/29	2018/7/1
10.2.5-3-14	10.2.5	29.020	K09	GB/T 18891—2009	三相电力系统相导体的钟时序数标识	GB/T 18891—2002		2009/5/6	2009/11/1
10.2.5-3-15	10.2.5	29.080.01	K48	GB/T 311.4—2010	绝缘配合 第4部分：电网绝缘配合及其模拟的计算导则	GB 311.4—1983		2010/11/10	2011/5/1
10.2.5-3-16	10.2.5	17.220.01	F20	GB/T 35698.1—2017	短路电流效应计算 第1部分：定义和计算方法		IEC TR 60865-2：2015 IED	2017/12/29	2018/7/1
10.2.5-3-17	10.2.5	17.220.01	F20	GB/T 35698.2—2019	短路电流效应计算 第2部分：算例			2019/6/4	2020/1/1
10.2.5-3-18	10.2.5	91.140.50	P63	GB/T 36040—2018	居民住宅小区电力配置规范			2018/3/15	2018/10/1
10.2.5-3-19	10.2.5	29.240.01	F20	GB/T 36278—2018	电动汽车充换电设施接入配电网技术规范			2018/6/7	2019/1/1
10.2.5-3-20	10.2.5			GB/T 50293—2014	城市电力规划规范	GB 50293—1999		2014/8/27	2015/5/1
10.2.5-4-21	10.2.5			CJJ/T 199—2013	城市规划数据标准			2013/10/11	2014/4/1
10.2.5-4-22	10.2.5	29.240	F20	DL/T 1957—2018	电网直流偏磁风险评估与防御导则			2018/12/25	2019/5/1
10.2.5-4-23	10.2.5	29.240	P62	DL/T 5438—2019	输变电经济评价导则	DL/T 5438—2009		2019/6/4	2019/10/1
10.2.5-4-24	10.2.5	29.240	P62	DL/T 5564—2019	输变电工程接入系统设计规程			2019/6/4	2019/10/1

10

序号	GW分类	ICS分类	GB分类	标准号	中 文 名 称	代替标准	采用关系	发布日期	实施日期
10.2.5-4-25	10.2.5	29.240	F21	DL/T 5567—2019	电力规划研究报告内容深度规定			2019/11/4	2020/5/1
10.2.5-4-26	10.2.5	27.100	F29	DL/T 989—2013	直流输电系统可靠性评价规程	DL/T 989—2005		2013/11/28	2014/4/1
10.2.5-4-27	10.2.5	29.200	K81	NB/T 33023—2015	电动汽车充换电设施规划导则			2015/4/2	2015/9/1
10.2.5-6-28	10.2.5			T/CEC 390—2020	能源互联网　系统评估			2020/10/28	2021/2/1

10.3　规划设计-变电站规划设计

序号	GW分类	ICS分类	GB分类	标准号	中 文 名 称	代替标准	采用关系	发布日期	实施日期
10.3-2-1	10.3			Q/GDW 10166.2—2017	国家电网有限公司输变电工程初步设计内容深度规定　第2部分：110（66）kV智能变电站	Q/GDW 1166.2—2013		2018/7/11	2018/7/11
10.3-2-2	10.3			Q/GDW 10166.8—2017	国家电网有限公司输变电工程初步设计内容深度规定　第8部分：220kV智能变电站	Q/GDW 1166.8—2013		2018/7/11	2018/7/11
10.3-2-3	10.3			Q/GDW 10166.9—2017	国家电网有限公司输变电工程初步设计内容深度规定　第9部分：330kV～750kV智能变电站	Q/GDW 1166.9—2013		2018/7/11	2018/7/11
10.3-2-4	10.3	29.240		Q/GDW 10231—2016	无人值守变电站技术导则	Q/GDW 231—2008		2017/3/24	2017/3/24
10.3-2-5	10.3	29.240		Q/GDW 10248.2—2016	输变电工程建设标准强制性条文实施管理规程　第2部分：变电（换流）站建筑工程设计	Q/GDW 248.2—2008		2016/12/22	2016/12/22
10.3-2-6	10.3	29.240		Q/GDW 10248.4—2016	输变电工程建设标准强制性条文实施管理规程　第4部分：变电（换流）站电气工程设计	Q/GDW 248.4—2008		2016/12/22	2016/12/22
10.3-2-7	10.3	29.240		Q/GDW 10318—2016	1000kV特高压交流输变电工程过电压和绝缘配合	Q/GDW 318—2009；Q/GDW 319—2009		2016/12/22	2016/12/22
10.3-2-8	10.3			Q/GDW 10381.1—2017	国家电网有限公司输变电工程施工图设计内容深度规定　第1部分：110（66）kV智能变电站	Q/GDW 1381.1—2013		2018/7/11	2018/7/11
10.3-2-9	10.3			Q/GDW 10381.5—2017	国家电网有限公司输变电工程施工图设计内容深度规定　第5部分：220kV智能变电站	Q/GDW 1381.5—2013		2018/7/11	2018/7/11
10.3-2-10	10.3	29.240		Q/GDW 10393—2016	110（66）kV～220kV智能变电站设计规范			2016/12/22	2016/12/22
10.3-2-11	10.3	29.240		Q/GDW 10394—2016	330kV～750kV智能变电站设计规范			2016/12/22	2016/12/22
10.3-2-12	10.3	29.240		Q/GDW 11125—2013	220kV～750kV变电站噪声控制设计技术导则			2014/4/15	2014/4/15
10.3-2-13	10.3			Q/GDW 11126—2021	35kV～750kV变电站站用电设计规范	Q/GDW 11126—2013		2021/7/9	2021/7/9
10.3-2-14	10.3	29.240		Q/GDW 11216—2014	1000kV变电站初步设计内容深度规定			2014/10/15	2014/10/15

10

序号	GW 分类	ICS 分类	GB 分类	标准号	中 文 名 称	代替标准	采用关系	发布日期	实施日期
10.3-2-15	10.3	29.240		Q/GDW 11217—2014	1000kV 变电站施工图设计内容深度规定			2014/10/15	2014/10/15
10.3-2-16	10.3	29.240		Q/GDW 11267—2014	互连高压电气设备抗震设计技术规程			2014/12/31	2014/12/31
10.3-2-17	10.3	29.240		Q/GDW 11276—2014	220kV～500kV 城市户内变电站设计规程			2015/2/6	2015/2/6
10.3-2-18	10.3	29.240		Q/GDW 11406—2015	严寒地区变电站建筑节能设计技术导则			2016/11/15	2016/11/15
10.3-2-19	10.3	29.240		Q/GDW 11496—2016	模块化二次设备设计技术导则			2016/12/22	2016/12/22
10.3-2-20	10.3	29.240		Q/GDW 11502.1—2016	特高压输变电工程设计成果数字化移交技术导则 第 1 部分：变电部分			2016/12/22	2016/12/22
10.3-2-21	10.3	29.240		Q/GDW 11595—2016	电气设备隔震设计技术规程			2017/6/16	2017/6/16
10.3-2-22	10.3	29.240		Q/GDW 11600.1—2016	输变电工程数字化设计编码应用导则 第 1 部分：变电工程			2017/6/16	2017/6/16
10.3-2-23	10.3	29.240		Q/GDW 11603—2016	35kV 智能变电站设计规范			2017/6/16	2017/6/16
10.3-2-24	10.3	29.240		Q/GDW 11604—2016	35kV 智能变电站初步设计内容深度规定			2017/6/16	2017/6/16
10.3-2-25	10.3	29.240		Q/GDW 11605—2016	35kV 智能变电站施工图设计内容深度规定			2017/6/16	2017/6/16
10.3-2-26	10.3	29.240		Q/GDW 11687—2017	变电站装配式钢结构建筑设计规范			2018/2/12	2018/2/12
10.3-2-27	10.3			Q/GDW 11736—2017	城市变电站降噪模块化设计规范			2018/7/11	2018/7/11
10.3-2-28	10.3			Q/GDW 11737—2017	户内变电站防汛防涝设计技术规程			2018/7/11	2018/7/11
10.3-2-29	10.3			Q/GDW 11765—2017	智能变电站光纤回路建模及编码技术规范			2018/9/26	2018/9/26
10.3-2-30	10.3			Q/GDW 11794—2017	智能变电站二次光纤回路及虚回路设计软件技术规范			2018/10/25	2018/10/25
10.3-2-31	10.3	29.240		Q/GDW 11798.1—2017	输变电工程三维设计技术导则 第 1 部分：变电站（换流站）			2018/12/14	2018/12/14
10.3-2-32	10.3	29.240		Q/GDW 11810.1—2018	输变电工程三维设计建模规范 第 1 部分：变电站（换流站）			2019/2/15	2019/2/15
10.3-2-33	10.3	29.240		Q/GDW 11812.1—2018	输变电工程数字化移交技术导则 第 1 部分：变电站（换流站）			2019/2/15	2019/2/15
10.3-2-34	10.3	13.020		Q/GDW 11974—2019	110kV～750kV 变电站环境保护设计技术规范			2020/8/24	2020/8/24
10.3-2-35	10.3	29.240		Q/GDW 11991.1—2019	中压柔性变电站 第 1 部分：总则（试行）			2020/8/24	2020/8/24
10.3-2-36	10.3			Q/GDW 12160—2021	电力变压器承受短路能力校核计算规范			2021/12/6	2021/12/6

10

序号	GW分类	ICS分类	GB分类	标准号	中 文 名 称	代替标准	采用关系	发布日期	实施日期
10.3-2-37	10.3			Q/GDW 12187—2021	快速动态响应同步调相机工程二次系统设计技术导则			2022/1/24	2022/1/24
10.3-2-38	10.3			Q/GDW 12209—2022	高压设备二次回路标准化设计规范			2022/1/29	2022/1/29
10.3-2-39	10.3			Q/GDW 1782—2013	地下变电站初步设计内容深度规定			2013/4/12	2013/4/12
10.3-2-40	10.3			Q/GDW 1783—2013	城市地下变电站设计技术规范			2013/4/12	2013/4/12
10.3-2-41	10.3			Q/GDW 1786—2013	1000kV 变电站设计技术规范	Q/GDW 294—2009		2013/4/12	2013/4/12
10.3-2-42	10.3			Q/GDW 1917—2013	220kV～1000kV 串补站设计技术规定			2014/5/1	2014/5/1
10.3-2-43	10.3	29.240		Q/GDW 414—2011	变电站智能化改造技术规范	Q/GDW/Z 414—2010		2011/8/4	2011/8/4
10.3-2-44	10.3			Q/GDW 10278—2021	变电站接地网技术规范	Q/GDW 278—2009		2021/12/6	2021/12/6
10.3-3-45	10.3	29.130.10	K40	GB/T 13540—2009	高压开关设备和控制设备的抗震要求	GB/T 13540—1992		2009/11/15	2010/4/1
10.3-3-46	10.3	29.240	F20	GB/T 24842—2018	1000kV 特高压交流输变电工程过电压和绝缘配合	GB/Z 24842—2009		2018/7/13	2019/2/1
10.3-3-47	10.3	29.240.10	F20	GB/T 30155—2013	智能变电站技术导则			2013/12/17	2014/8/1
10.3-3-48	10.3	29.240	K45	GB/T 36283—2018	智能变电站二次舱通用技术条件			2018/6/7	2019/1/1
10.3-3-49	10.3	91.180	P32	GB/T 39126—2020	室内绿色装饰装修选材评价体系			2020/10/11	2021/9/1
10.3-3-50	10.3	91.140.60	P41	GB 50013—2018	室外给水设计标准	GB 50013—2006		2018/12/26	2019/8/1
10.3-3-51	10.3	91.140.80	P41	GB 50014—2021	室外排水设计标准	GB 50014—2006；GB/T 50014—2011		2021/4/9	2021/10/1
10.3-3-52	10.3		P62	GB 50059—2011	35kV～110kV 变电站设计规范	GB 50059 E—1992；GB 50059 T—1992；GB 50059—1992		2011/9/16	2012/8/1
10.3-3-53	10.3		P62	GB/T 50062—2008	电力装置的继电保护和自动装置设计规范	GB 50062 E—1992；GB 50062 T—1992；GB 50062—1992		2008/12/15	2009/6/1
10.3-3-54	10.3			GB/T 50064—2014	交流电气装置的过电压保护和绝缘配合设计规范	GBJ 64—1983		2014/3/31	2014/12/1
10.3-3-55	10.3		P63	GB/T 50065—2011	交流电气装置的接地设计规范	GBJ 65—1983		2011/12/5	2012/6/1
10.3-3-56	10.3			GB 50227—2017	并联电容器装置设计规范	GB 50227—2008		2017/3/3	2017/11/1
10.3-3-57	10.3			GB 50229—2019	火力发电厂与变电站设计防火标准	GB 50229—2006		2019/2/13	2019/8/1

10

序号	GW 分类	ICS 分类	GB 分类	标准号	中 文 名 称	代替标准	采用关系	发布日期	实施日期
10.3-3-58	10.3		P62	GB 50697—2011	1000kV 变电站设计规范			2011/2/18	2012/3/1
10.3-3-59	10.3			GB/T 50703—2011	电力系统安全自动装置设计规范			2011/7/26	2012/6/1
10.3-3-60	10.3			GB/T 51071—2014	330kV～750kV 智能变电站设计规范			2014/12/2	2015/8/1
10.3-3-61	10.3			GB/T 51072—2014	110（66）kV～220kV 智能变电站设计规范			2014/12/2	2015/8/1
10.3-4-62	10.3	29.020	F21	DL/T 1661—2016	智能变电站监控数据与接口技术规范			2016/12/5	2017/5/1
10.3-4-63	10.3	29.240.99	F24	DL/T 1682—2016	交流变电站接地安全导则			2016/12/5	2017/5/1
10.3-4-64	10.3	29.240.01	F21	DL/T 1907.1—2018	变电站视频监控图像质量评价 第 1 部分：技术要求			2018/12/25	2019/5/1
10.3-4-65	10.3			DL/T 2049—2019	电力工程接地装置选材导则			2019/11/4	2020/5/1
10.3-4-66	10.3	27.100	P62	DL/T 5014—2010	330kV～750kV 变电站无功补偿装置设计技术规定	DL 5014—1992		2010/8/27	2010/12/15
10.3-4-67	10.3	27.100	P60	DL/T 5044—2014	电力工程直流电源系统设计技术规程	DL/T 5044—2004		2014/10/15	2015/3/1
10.3-4-68	10.3	29.240.10	P62	DL/T 5056—2007	变电站总布置设计技术规程	DL 5056—1996		2007/12/3	2008/6/1
10.3-4-69	10.3	29.240	P62	DL/T 5103—2012	35kV～220kV 无人值班变电站设计规程	DL 5103—1999		2012/1/4	2012/3/1
10.3-4-70	10.3	29.240.01	P62	DL/T 5136—2012	火力发电厂、变电站二次接线设计技术规程	DL/T 5136—2001		2012/11/9	2013/3/1
10.3-4-71	10.3	27.1	P40	DL/T 5143—2018	变电所给水排水设计规程	DL/T 5143—2002		2018/12/25	2019/5/1
10.3-4-72	10.3	29.240	P62	DL/T 5149—2020	变电站监控系统设计规程	DL/T 5149—2001		2020/10/23	2021/2/1
10.3-4-73	10.3	27.100	P62	DL/T 5155—2016	220kV～1000kV 变电站站用电设计技术规程	DL/T 5155—2002		2016/8/16	2016/12/1
10.3-4-74	10.3	27.140	P62	DL/T 5170—2015	变电所岩土工程勘测技术规程			2002/9/16	2002/12/1
10.3-4-75	10.3	27.1	P62	DL/T 5216—2017	35kV～220kV 城市地下变电站设计规程	DL/T 5216—2005		2017/11/15	2018/3/1
10.3-4-76	10.3	27.100	P62	DL/T 5218—2012	220kV～750kV 变电站设计技术规程	DL/T 5218—2005		2012/8/23	2012/12/1
10.3-4-77	10.3			DL/T 5225—2016	220kV～1000kV 变电站通信设计规程	DL/T 5225—2005		2016/12/5	2017/5/1
10.3-4-78	10.3	29.140.10	K44	DL/T 5242—2010	35kV～220kV 变电站无功补偿装置设计技术规定			2010/5/1	2010/10/1
10.3-4-79	10.3	27.100	P60	DL/T 5352—2018	高压配电装置设计规范	DL/T 5352—2006		2018/4/3	2018/7/1
10.3-4-80	10.3	27.100	P62	DL/T 5452—2012	变电工程初步设计内容深度规定			2012/1/4	2012/3/1
10.3-4-81	10.3	29.240	P62	DL/T 5453—2020	串补站设计技术规程	DL/T 5453—2012		2020/10/23	2021/2/1

10

序号	GW 分类	ICS 分类	GB 分类	标准号	中 文 名 称	代替标准	采用关系	发布日期	实施日期
10.3-4-82	10.3	91.080	P20	DL/T 5457—2012	变电站建筑结构设计技术规程			2012/8/23	2012/12/1
10.3-4-83	10.3	29.240	P62	DL/T 5458—2012	变电工程施工图设计内容深度规定			2012/11/9	2013/3/1
10.3-4-84	10.3	27.100	P60	DL/T 5491—2014	电力工程交流不间断电源系统设计技术规程			2014/10/15	2015/3/1
10.3-4-85	10.3	27.100	P62	DL/T 5502—2015	串补站初步设计内容深度规定			2015/7/1	2015/12/1
10.3-4-86	10.3			DL/T 5510—2016	智能变电站设计技术规定			2016/1/7	2016/6/1
10.3-4-87	10.3	27.100	P62	DL/T 5517—2016	串补站施工图设计文件内容深度规定			2016/8/16	2016/12/1
10.3-4-88	10.3	27.1	P62	DL/T 5548—2018	变电工程技术经济指标编制导则			2018/6/6	2018/10/1
10.3-4-89	10.3	29.240	P62	DL/T 5576—2020	变电站信息采集及交互设计规范			2020/10/23	2021/2/1
10.3-4-90	10.3			DL/T 5602—2021	户内变电站建筑结构设计规程			2021/4/26	2021/10/26
10.3-4-91	10.3	29.240.01	F21	DL/T 5780—2018	智能变电站监控系统建设规范			2018/12/25	2019/5/1
10.3-4-92	10.3	27.100	F24	DL/T 728—2013	气体绝缘金属封闭开关设备选用导则	DL/T 728—2000		2013/11/28	2014/4/1
10.3-4-93	10.3	27.14	P59	NB/T 35108—2018	气体绝缘金属封闭开关设备配电装置设计规范	DL/T 5139—2001		2018/4/3	2018/7/1
10.3-4-94	10.3	29.02	K04	NB/T 42155—2018	高原用交流 40.5kV 金属封闭开关设备最小安全距离			2018/6/6	2018/10/1
10.3-5-95	10.3	27.160		IEC TS 63042-201：2018	特高压交流输电系统　第 201 部分：特高压交流变电站设计　1.0 版			2018/12/1	2018/12/1

10.4　规划设计-换流站规划设计

序号	GW 分类	ICS 分类	GB 分类	标准号	中 文 名 称	代替标准	采用关系	发布日期	实施日期
10.4-2-1	10.4	29.240		Q/GDW 10166.13—2017	输变电工程初步设计内容深度规定　第 13 部分：高压直流换流站	Q/GDW 166.13—2011		2018/2/12	2018/2/12
10.4-2-2	10.4			Q/GDW 10381.9—2017	国家电网有限公司输变电工程施工图设计内容深度规定　第 9 部分：高压直流换流站	Q/GDW 381.9—2011		2018/10/25	2018/10/25
10.4-2-3	10.4	29.240		Q/GDW 11403—2015	±800kV 及以上特高压直流工程换流站消防设计导则			2016/11/15	2016/11/15
10.4-2-4	10.4	29.240		Q/GDW 11408—2015	±800kV 及以上特高压直流工程阀厅设计导则			2016/11/15	2016/11/15
10.4-2-5	10.4	29.240		Q/GDW 11502.3—2016	特高压输变电工程设计成果数字化移交技术导则　第 3 部分：换流站			2017/6/16	2017/6/16

10

序号	GW分类	ICS分类	GB分类	标准号	中文名称	代替标准	采用关系	发布日期	实施日期
10.4-2-6	10.4	29.240		Q/GDW 11602—2016	柔性直流换流站设计技术规定			2017/6/16	2017/6/16
10.4-2-7	10.4	29.240		Q/GDW 11678—2017	±1100kV直流换流站设计规范			2018/1/18	2018/1/18
10.4-2-8	10.4			Q/GDW 11756—2017	高压直流滤波器设计导则			2018/9/12	2018/9/12
10.4-2-9	10.4	29.240		Q/GDW 11910—2018	高压直流换流站无间隙金属氧化物避雷器选用导则			2020/1/12	2020/1/12
10.4-2-10	10.4	29.240		Q/GDW 1293—2014	±800kV直流换流站设计技术规定	Q/GDW 293—2009		2015/2/6	2015/2/6
10.4-2-11	10.4			Q/GDW 1850—2012	±800kV高压直流输电系统成套设计规程			2013/6/28	2013/6/28
10.4-3-12	10.4	29.200	K46	GB/T 30553—2014	基于电压源换流器的高压直流输电			2014/5/6	2014/10/28
10.4-3-13	10.4	29.240.01	F21	GB/T 31460—2015	高压直流换流站无功补偿与配置技术导则			2015/5/15	2015/12/1
10.4-3-14	10.4	29.200	K46	GB/T 35703—2017	柔性直流输电系统成套设计规范			2017/12/29	2018/7/1
10.4-3-15	10.4	29.240.01	K40	GB/T 36498—2018	柔性直流换流站绝缘配合导则			2018/9/17	2019/4/1
10.4-3-16	10.4		P62	GB/T 50789—2012	±800kV直流换流站设计规范			2012/10/11	2012/12/1
10.4-3-17	10.4	27.100	P62	GB/T 51200—2016	高压直流换流站设计技术规定			2016/10/25	2017/7/1
10.4-4-18	10.4	29.240	K45	DL/T 1945—2018	高压直流输电系统换流变压器标准化接口规范			2018/12/25	2019/5/1
10.4-4-19	10.4	27.100	P62	DL/T 5043—2010	高压直流换流站初步设计内容深度规定	DL 5043—1995		2010/8/27	2010/12/15
10.4-4-20	10.4	29.240.01	F21	DL/T 5393—2007	高压直流换流站接入系统设计内容深度规定			2007/7/20	2007/12/1
10.4-4-21	10.4			DL/T 5426—2020	±800kV高压直流输电系统成套设计规程	DL/T 5426—2009		2020/10/23	2021/2/1
10.4-4-22	10.4	29.240	P62	DL/T 5459—2012	换流站建筑结构设计技术规程			2012/11/9	2013/3/1
10.4-4-23	10.4	29.240	P62	DL/T 5460—2012	换流站站用电设计技术规定			2012/11/9	2013/3/1
10.4-4-24	10.4	27.100	P62	DL/T 5503—2015	直流换流站施工图设计内容深度规定			2015/7/1	2015/12/1
10.4-4-25	10.4			DL/T 5511—2016	直流融冰系统设计技术规程			2016/1/7	2016/6/1
10.4-4-26	10.4	29.240	P62	DL/T 5526—2017	换流站噪声控制设计规程			2017/3/28	2017/8/1
10.4-4-27	10.4	27.1	P62	DL/T 5541—2018	换流站接地极工程建设预算项目划分导则			2018/4/3	2018/7/1
10.4-4-28	10.4	29.240	P62	DL/T 5561—2019	换流站接地极设计文件内容深度规定			2019/6/4	2019/10/1
10.4-4-29	10.4	29.240	P62	DL/T 5562—2019	换流站阀冷系统设计技术规程			2019/6/4	2019/10/1
10.4-4-30	10.4			DL/T 5563—2019	换流站监控系统设计规程			2019/6/4	2019/10/1

10

序号	GW 分类	ICS 分类	GB 分类	标准号	中 文 名 称	代替标准	采用关系	发布日期	实施日期
10.4-4-31	10.4			DL/T 5583—2020	换流站直流场配电装置设计规程			2020/10/23	2021/2/1
10.4-4-32	10.4	29.240	P62	DL/T 5584—2020	换流站导体和电器选择设计规程			2020/10/23	2021/2/1
10.4-4-33	10.4	29.240	P62	DL/T 5586—2020	换流站辅助控制系统设计规程			2020/10/23	2021/2/1

10.5 规划设计-线路规划设计

10.5.1 规划设计-线路规划设计-架空线路

序号	GW 分类	ICS 分类	GB 分类	标准号	中 文 名 称	代替标准	采用关系	发布日期	实施日期
10.5.1-2-1	10.5.1	29.240		Q/GDW 10166.1—2017	输变电工程初步设计内容深度规定 第 1 部分：110（66）kV 架空输电线路	Q/GDW 166.1—2010		2018/2/12	2018/2/12
10.5.1-2-2	10.5.1	29.240		Q/GDW 10166.6—2016	输变电工程初步设计内容深度规定 第 6 部分：220kV 架空输电线路	Q/GDW 166.6—2010		2017/6/16	2017/6/16
10.5.1-2-3	10.5.1	29.240		Q/GDW 10166.7—2016	输变电工程初步设计内容深度规定 第 7 部分：330kV～1100kV 交直流架空输电线路	Q/GDW 166.7—2010		2017/6/16	2017/6/16
10.5.1-2-4	10.5.1	29.240		Q/GDW 10178—2017	1000kV 交流架空输电线路设计技术规定	Q/GDW 178—2008		2018/2/12	2018/2/12
10.5.1-2-5	10.5.1	29.240		Q/GDW 10179—2017	110kV～750kV 架空输电线路设计技术规定	Q/GDW 179—2008		2018/2/12	2018/2/12
10.5.1-2-6	10.5.1	29.240		Q/GDW 10180—2017	66kV 及以下架空电力线路设计技术规定	Q/GDW 180—2008		2018/2/13	2018/2/13
10.5.1-2-7	10.5.1	29.240		Q/GDW 10181—2017	±500kV、±660kV 直流架空输电线路设计技术规定	Q/GDW 181—2008		2018/2/12	2018/2/12
10.5.1-2-8	10.5.1	29.240		Q/GDW 10182—2017	中重冰区架空输电线路设计技术规定	Q/GDW 182—2008		2018/2/12	2018/2/12
10.5.1-2-9	10.5.1	29.240		Q/GDW 10248.6—2016	输变电工程建设标准强制性条文实施管理规程 第 6 部分：输电线路工程设计	Q/GDW 248.6—2008		2016/12/22	2016/12/22
10.5.1-2-10	10.5.1	29.240		Q/GDW 10381.4—2017	输变电工程施工图设计内容深度规定 第 4 部分：110（66）kV 架空输电线路	Q/GDW 381.4—2010		2018/2/12	2018/2/12
10.5.1-2-11	10.5.1	29.240		Q/GDW 10381.7—2017	输变电工程施工图设计内容深度规定 第 7 部分：220kV 架空输电线路	Q/GDW 381.7—2010		2018/2/12	2018/2/12
10.5.1-2-12	10.5.1	29.240		Q/GDW 10381.8—2017	输变电工程施工图设计内容深度规定 第 8 部分：330kV～1100kV 交直流架空输电线路	Q/GDW 381.8—2010		2018/2/12	2018/2/12
10.5.1-2-13	10.5.1			Q/GDW 10829—2021	架空输电线路防舞设计规范	Q/GDW 1829—2012		2021/5/12	2021/5/12
10.5.1-2-14	10.5.1	29.240		Q/GDW 1110—2015	500kV 紧凑型架空输电线路设计技术规定	Q/GDW 110—2003		2016/11/15	2016/11/15

10

序号	GW分类	ICS分类	GB分类	标准号	中 文 名 称	代替标准	采用关系	发布日期	实施日期
10.5.1-2-15	10.5.1	29.240		Q/GDW 11133—2013	输电线路桩板基础技术导则			2014/4/15	2014/4/15
10.5.1-2-16	10.5.1	29.240		Q/GDW 11134—2013	输变电工程螺杆桩基础设计技术规定			2014/4/15	2014/4/15
10.5.1-2-17	10.5.1	29.240		Q/GDW 11135—2013	风积沙地区架空输电线路基础设计规定			2014/4/15	2014/4/15
10.5.1-2-18	10.5.1	29.240		Q/GDW 11266—2014	架空输电线路黄土地基杆塔基础技术规定			2014/12/31	2014/12/31
10.5.1-2-19	10.5.1	29.240		Q/GDW 11407—2015	±800kV 直流架空输电线路勘测技术规程			2016/11/15	2016/11/15
10.5.1-2-20	10.5.1	29.240		Q/GDW 11452—2015	架空输电线路防雷导则			2016/7/29	2016/7/29
10.5.1-2-21	10.5.1	29.240		Q/GDW 11502.2—2016	特高压输变电工程设计成果数字化移交技术导则 第2部分：线路部分			2016/12/22	2016/12/22
10.5.1-2-22	10.5.1	29.240		Q/GDW 11526—2016	架空输电线路在线监测设计技术导则			2016/12/22	2016/12/22
10.5.1-2-23	10.5.1	33.180		Q/GDW 11590—2016	电力架空光缆缆路设计技术规定			2017/5/25	2017/5/25
10.5.1-2-24	10.5.1	29.240		Q/GDW 11592—2016	架空输电线路钢骨钢管混凝土设计技术规定			2017/5/25	2017/5/25
10.5.1-2-25	10.5.1	29.240		Q/GDW 11597—2016	多年冻土地区输电工程勘察导则			2017/6/16	2017/6/16
10.5.1-2-26	10.5.1	29.240		Q/GDW 11600.2—2016	输变电工程数字化设计编码应用导则 第2部分：线路工程			2017/6/16	2017/6/16
10.5.1-2-27	10.5.1	29.240		Q/GDW 11654—2017	架空输电线路杆塔结构设计及试验技术规定			2018/2/13	2018/2/13
10.5.1-2-28	10.5.1	29.240		Q/GDW 11667—2017	高压直流输电大地返回运行系统设计技术规程			2018/1/18	2018/1/18
10.5.1-2-29	10.5.1	29.240		Q/GDW 11675—2017	±1100kV 直流架空输电线路设计规范			2018/1/18	2018/1/18
10.5.1-2-30	10.5.1			Q/GDW 11796—2017	智能架空输电线路技术导则			2018/10/25	2018/10/25
10.5.1-2-31	10.5.1	29.240		Q/GDW 11798.2—2018	输变电工程三维设计技术导则 第2部分：架空输电线路			2019/2/15	2019/2/15
10.5.1-2-32	10.5.1	29.240		Q/GDW 11810.2—2018	输变电工程三维设计建模规范 第2部分：架空输电线路			2019/2/15	2019/2/15
10.5.1-2-33	10.5.1	29.240		Q/GDW 11812.2—2018	输变电工程数字化移交技术导则 第2部分：架空输电线路			2019/2/15	2019/2/15
10.5.1-2-34	10.5.1	29.240		Q/GDW 11961—2019	架空输电线路耐候钢杆塔设计和施工验收规范			2020/7/31	2020/7/31
10.5.1-2-35	10.5.1			Q/GDW 12065—2020	110（66）kV～500kV 交流架空输电线路绝缘子并联间隙应用导则			2021/4/30	2021/4/30

序号	GW 分类	ICS 分类	GB 分类	标准号	中 文 名 称	代替标准	采用关系	发布日期	实施日期
10.5.1-2-36	10.5.1	29.240		Q/GDW 1296—2015	±800kV 架空输电线路设计技术规程	Q/GDW 296—2009		2016/11/15	2016/11/15
10.5.1-2-37	10.5.1	29.240		Q/GDW 1298—2015	1000kV 交流架空输电线路勘测技术规程	Q/GDW 298—2009		2016/11/15	2016/11/15
10.5.1-2-38	10.5.1	29.240		Q/GDW 1391—2015	输电线路钢管塔构造设计规定	Q/GDW 391—2009		2016/11/15	2016/11/15
10.5.1-2-39	10.5.1			Q/GDW 1788—2013	特高压架空输电线路大跨越设计技术规定			2013/4/12	2013/4/12
10.5.1-2-40	10.5.1			Q/GDW 1791—2013	盐渍土地区输电线路岩土工程勘察规定			2013/4/12	2013/4/12
10.5.1-2-41	10.5.1			Q/GDW 1792—2013	盐渍土地区输电线路工程基础防腐设计规定			2013/4/12	2013/4/12
10.5.1-2-42	10.5.1			Q/GDW 1793—2013	高原架空输电线路工程施工防雷技术规定			2013/4/12	2013/4/12
10.5.1-2-43	10.5.1			Q/GDW 1841—2012	架空输电线路杆塔基础设计规范			2013/6/28	2013/6/28
10.5.1-2-44	10.5.1			Q/GDW 1862—2012	架空输电线路采动影响区杆塔及基础设计导则			2013/6/28	2013/6/28
10.5.1-2-45	10.5.1			Q/GDW 1863—2012	输电线路微型桩基础技术规定			2013/6/28	2013/6/28
10.5.1-2-46	10.5.1			Q/GDW 1949—2013	输电线路跨越（钻越）高速铁路设计技术导则			2013/11/12	2013/11/12
10.5.1-3-47	10.5.1	91.100.30	Q14	GB 13476—2009	先张法预应力混凝土管桩			2009/3/25	2010/3/1
10.5.1-3-48	10.5.1			GB 50061—2010	66kV 及以下架空电力线路设计规范	GB 50061—1997		2010/1/18	2010/7/1
10.5.1-3-49	10.5.1		P62	GB 50545—2010	110kV～750kV 架空输电线路设计规范			2010/1/18	2010/7/1
10.5.1-3-50	10.5.1			GB 50665—2011	1000kV 架空输电线路设计规范			2011/4/2	2012/5/1
10.5.1-3-51	10.5.1			GB 50741—2012	1000kV 架空输电线路勘测规范			2012/6/11	2013/1/1
10.5.1-3-52	10.5.1	27.100		GB 50790—2013	±800kV 直流架空输电线路设计规范			2012/12/25	2013/5/1
10.5.1-3-53	10.5.1			GB 51302—2018	架空绝缘配电线路设计标准			2018/11/8	2019/5/1
10.5.1-4-54	10.5.1	33.100	F20	DL/T 1088—2020	±800kV 特高压直流线路电磁环境参数限值	DL/T 1088—2008		2020/10/23	2021/2/1
10.5.1-4-55	10.5.1	29.240.20	F21	DL/T 1481—2015	架空输电线路故障风险计算导则			2015/7/1	2015/12/1
10.5.1-4-56	10.5.1	29.240.20	K47	DL/T 1508—2016	架空输电线路导地线覆冰监测装置			2016/1/7	2016/6/1
10.5.1-4-57	10.5.1	29.240.01	K40	DL/T 1519—2016	交流输电线路架空地线接地技术导则			2016/1/7	2016/6/1
10.5.1-4-58	10.5.1	29.240.20	F24	DL/T 1570—2016	架空输电线路涉鸟故障风险分级及分布图绘制			2016/2/5	2016/7/1
10.5.1-4-59	10.5.1	29.240.99	K49	DL/T 1676—2016	交流输电线路用避雷器选用导则			2016/12/5	2017/5/1

10

序号	GW分类	ICS分类	GB分类	标准号	中 文 名 称	代替标准	采用关系	发布日期	实施日期
10.5.1-4-60	10.5.1	29.24	F20	DL/T 1840—2018	交流高压架空输电线路对短波无线电测向台（站）保护间距要求			2018/4/3	2018/7/1
10.5.1-4-61	10.5.1	29.24	F20	DL/T 1841—2018	交流高压架空输电线路与对空情报雷达站防护距离要求			2018/4/3	2018/7/1
10.5.1-4-62	10.5.1	29.080.10	K48	DL/T 368—2010	输电线路用绝缘子污秽外绝缘的高海拔修正			2010/5/1	2010/10/1
10.5.1-4-63	10.5.1			DL/T 436—2021	高压直流架空送电线路技术导则	DL/T 436—2005		2021/1/7	2021/7/1
10.5.1-4-64	10.5.1	29.240	F21	DL/T 437—2012	高压直流接地极技术导则	DL 437—1991		2012/1/4	2012/3/1
10.5.1-4-65	10.5.1	29.020	P62	DL/T 5033—2006	输电线路对电信线路危险和干扰影响防护设计规程	DL 5033—1994；DL 5063—1996		2006/5/6	2006/10/1
10.5.1-4-66	10.5.1	29.240	P62	DL/T 5040—2017	交流架空输电线路对无线电台影响防护设计规范	DL/T 5040—2006		2017/8/2	2017/12/1
10.5.1-4-67	10.5.1	29.240	D14	DL/T 5076—2008	220kV及以下架空送电线路勘测技术规范	DL 5076—1997；DL 5146—2001		2008/6/4	2008/11/1
10.5.1-4-68	10.5.1	29.240.10	P62	DL/T 5122—2000	500kV架空送电线路勘测技术规程	SDGJ 68—1987		2000/11/3	2001/1/1
10.5.1-4-69	10.5.1	27.100	P62	DL/T 5130—2001	架空送电线路钢管杆设计技术规定			2001/10/8	2002/1/1
10.5.1-4-70	10.5.1	27.100	K40；P62	DL/T 5154—2012	架空输电线路杆塔结构设计技术规定	DL/T 5154—2002		2012/11/9	2013/3/1
10.5.1-4-71	10.5.1	29.240	P62	DL/T 5217—2013	220kV～500kV紧凑型架空输电线路设计技术规程	DL/T 5217—2005		2013/11/28	2014/4/1
10.5.1-4-72	10.5.1	29.240	P62	DL/T 5219—2014	架空输电线路基础设计技术规程	DL/T 5219—2005		2014/10/15	2015/3/1
10.5.1-4-73	10.5.1	29.240	P62	DL/T 5224—2014	高压直流输电大地返回系统设计技术规范	DL/T 5224—2005		2014/6/29	2014/11/1
10.5.1-4-74	10.5.1	27.100	P62	DL/T 5254—2010	架空输电线路钢管塔设计技术规定			2011/1/9	2011/5/1
10.5.1-4-75	10.5.1	29.240	P62	DL/T 5340—2015	直流架空输电线路对电信线路危险和干扰影响防护设计技术规程			2015/7/1	2015/12/1
10.5.1-4-76	10.5.1	29.240	P62	DL/T 5440—2020	重覆冰架空输电线路设计技术规程	DL/T 5440—2009		2020/10/23	2021/2/1
10.5.1-4-77	10.5.1	29.240	P62	DL/T 5442—2020	输电线路铁塔制图和构造规定	DL/T 5442—2010		2020/10/23	2021/2/1
10.5.1-4-78	10.5.1	27.100	P62	DL/T 5451—2012	架空输电线路工程初步设计内容深度规定			2012/1/4	2012/3/1
10.5.1-4-79	10.5.1	29.240	P62	DL/T 5463—2012	110kV～750kV架空输电线路施工图设计内容深度规定			2012/11/9	2013/3/1

序号	GW分类	ICS分类	GB分类	标准号	中文名称	代替标准	采用关系	发布日期	实施日期
10.5.1-4-80	10.5.1	29.240	P62	DL/T 5485—2013	110kV～750kV 架空输电线路大跨越设计技术规程			2013/11/28	2014/4/1
10.5.1-4-81	10.5.1			DL/T 5486—2020	架空输电线路杆塔结构设计技术规程	DL/T 5486—2013；DL/T 5254—2010；DL/T 5130—2001		2020/10/23	2021/2/1
10.5.1-4-82	10.5.1	29.240	P62	DL 5497—2015	高压直流架空输电线路设计技术规程			2015/4/2	2015/9/1
10.5.1-4-83	10.5.1	29.240	P62	DL/T 5501—2015	冻土地区架空输电线路基础设计技术规程			2015/4/2	2015/9/1
10.5.1-4-84	10.5.1	29.240	P62	DL/T 5504—2015	特高压架空输电线路大跨越设计技术规定			2015/7/1	2015/12/1
10.5.1-4-85	10.5.1	29.240	P62	DL/T 5509—2015	架空输电线路覆冰勘测规程		IEC 60826：2003 IDT	2015/7/1	2015/12/1
10.5.1-4-86	10.5.1	29.24	P62	DL/T 5536—2017	直流架空输电线路对无线电台影响防护设计规范			2017/11/15	2018/3/1
10.5.1-4-87	10.5.1	27.1	P60	DL/T 5539—2018	采动影响区架空输电线路设计规范			2018/4/3	2018/7/1
10.5.1-4-88	10.5.1	29.24	P62	DL/T 5544—2018	架空输电线路锚杆基础设计规程			2018/6/6	2018/10/1
10.5.1-4-89	10.5.1	29.24	P62	DL/T 5549—2018	输电工程（架空线路）技术经济指标编制导则			2018/6/6	2018/10/1
10.5.1-4-90	10.5.1	29.240	P62	DL/T 5551—2018	架空输电线路荷载规范			2018/12/25	2019/5/1
10.5.1-4-91	10.5.1	29.240	P62	DL/T 5555—2019	海上架空输电线路设计技术规程			2019/6/4	2019/10/1
10.5.1-4-92	10.5.1	29.240	P62	DL/T 5579—2020	架空输电线路复合横担杆塔设计规程			2020/10/23	2021/2/1
10.5.1-4-93	10.5.1	27.100	P60/64	DL/T 5582—2020	架空输电线路电气设计规程			2020/10/23	2021/2/1
10.5.1-4-94	10.5.1	29.240.20	F22	DL/T 5732—2016	架空输电线路大跨越工程施工质量检验及评定规程			2016/2/5	2016/7/1
10.5.1-4-95	10.5.1	29.240.20	P62	DL/T 5733—2016	架空输电线路接地模块施工工艺导则			2016/2/5	2016/7/1
10.5.1-4-96	10.5.1	29.240	F20	DL/T 691—2019	高压架空输电线路无线电干扰计算方法	DL/T 691—1999		2019/6/4	2019/10/1
10.5.1-4-97	10.5.1	29.130.10	K43	DL/T 978—2018	气体绝缘金属封闭输电线路技术条件	DL/T 978—2005		2018/12/25	2019/5/1
10.5.1-4-98	10.5.1			DL/T 2108—2020	高压直流输电系统主回路参数计算导则			2020/10/23	2021/2/1
10.5.1-4-99	10.5.1	29.020	K04	JB/T 12065—2014	高海拔覆冰地区盘型悬式绝缘子片数选择导则			2014/7/9	2014/11/1
10.5.1-4-100	10.5.1	29.020	K04	JB/T 12066—2014	高海拔污秽地区盘型悬式绝缘子片数选择导则			2014/7/9	2014/11/1

10

序号	GW 分类	ICS 分类	GB 分类	标准号	中 文 名 称	代替标准	采用关系	发布日期	实施日期
10.5.1-4-101	10.5.1	29.060.20	K13	JB/T 13795—2020	额定电压 20kV 及以下中强度铝合金导体架空绝缘电缆			2020/4/16	2021/1/1
10.5.1-4-102	10.5.1			JGJ/T 402—2017	现浇 X 形桩复合地基技术规程			2017/2/20	2017/9/1
10.5.1-5-103	10.5.1	29.080.01		BSI PD IEC TR 60071-4：2004	绝缘配合 第4部分：绝缘配合的计算指南和电子网络模拟			2004/8/17	2004/8/17
10.5.1-5-104	10.5.1	29.240.20		IEC 60826：2017	架空传输线 设计标准 版本4	IEC 60826：2003		2017/2/1	2017/2/1
10.5.1-6-105	10.5.1			T/CEC 5013—2019	直流输电线路设计规范			2019/11/21	2020/1/1

10.5.2 规划设计-线路规划设计-电缆

序号	GW 分类	ICS 分类	GB 分类	标准号	中 文 名 称	代替标准	采用关系	发布日期	实施日期
10.5.2-2-1	10.5.2	29.240		Q/GDW 10166.3—2016	输变电工程初步设计内容深度规定 第3部分：电力电缆线路	Q/GDW 166.3—2010		2017/6/16	2017/6/16
10.5.2-2-2	10.5.2	29.240		Q/GDW 10381.2—2016	输变电工程施工图设计内容深度规定 第2部分：电力电缆线路	Q/GDW 381.2—2010		2017/6/16	2017/6/16
10.5.2-2-3	10.5.2	29.240		Q/GDW 11186—2014	暗挖电缆隧道设计导则			2014/7/1	2014/7/1
10.5.2-2-4	10.5.2	29.240		Q/GDW 11187—2014	明挖电缆隧道设计导则			2014/7/1	2014/7/1
10.5.2-2-5	10.5.2	29.240		Q/GDW 11686—2017	海底电力电缆输电工程勘测技术规程			2018/2/12	2018/2/12
10.5.2-2-6	10.5.2	29.240		Q/GDW 11690—2017	综合管廊电力舱设计技术导则			2018/2/12	2018/2/12
10.5.2-2-7	10.5.2			Q/GDW 11790—2017	电力电缆及通道标志技术规范			2018/9/30	2018/9/30
10.5.2-2-8	10.5.2	29.240		Q/GDW 11798.3—2018	输变电工程三维设计技术导则 第3部分：电缆线路			2019/10/23	2019/10/23
10.5.2-2-9	10.5.2	29.240		Q/GDW 11810.3—2018	输变电工程三维设计建模规范 第3部分：电缆线路			2019/10/23	2019/10/23
10.5.2-2-10	10.5.2	29.240		Q/GDW 11812.3—2018	输变电工程数字化移交技术导则 第3部分：电缆线路			2019/10/23	2019/10/23
10.5.2-2-11	10.5.2			Q/GDW 11881.3—2021	35kV～220kV 输变电工程初步设计与施工图设计阶段勘测报告内容深度规定 第3部分：电缆隧道岩土工程			2021/5/12	2021/5/12
10.5.2-2-12	10.5.2	01.040.27		Q/GDW 11996—2019	10（20）kV～500kV 电缆线路工程可行性研究内容深度规定			2020/8/24	2020/8/24

10

序号	GW 分类	ICS 分类	GB 分类	标准号	中 文 名 称	代替标准	采用关系	发布日期	实施日期
10.5.2-2-13	10.5.2			Q/GDW 12066—2020	隧道内电力电缆本体及环境监测配置技术原则			2021/4/30	2021/4/30
10.5.2-2-14	10.5.2			Q/GDW 12067—2020	高压电缆及通道防火技术规范			2021/4/30	2021/4/30
10.5.2-2-15	10.5.2			Q/GDW 12080—2021	电力电缆隧道监测及通信系统设计技术导则			2021/5/12	2021/5/12
10.5.2-2-16	10.5.2			Q/GDW 1864—2012	电缆通道设计导则			2013/6/28	2013/6/28
10.5.2-3-17	10.5.2			GB/T 51190—2016	海底电力电缆输电工程设计规范			2016/10/25	2017/7/1
10.5.2-4-18	10.5.2			CJJ/T 269—2017	城市综合地下管线信息系统技术规范			2017/2/20	2017/9/1
10.5.2-4-19	10.5.2	27.100	P62	DL/T 5221—2016	城市电力电缆线路设计技术规定	DL/T 5221—2005		2016/8/16	2016/12/1
10.5.2-4-20	10.5.2			DL/T 5405—2021	城市电力电缆线路初步设计内容深度规定	DL/T 5405—2008		2021/4/26	2021/10/26
10.5.2-4-21	10.5.2	29.240	P62	DL/T 5484—2013	电力电缆隧道设计规程			2013/11/28	2014/4/1
10.5.2-4-22	10.5.2	29.240	P62	DL/T 5490—2014	500kV 交流海底电缆线路设计技术规程			2014/6/29	2014/11/1
10.5.2-4-23	10.5.2	27.100	P62	DL/T 5514—2016	城市电力电缆线路施工图设计文件内容深度规定			2016/8/16	2016/12/1
10.5.2-4-24	10.5.2			DL/T 5598—2021	海底电缆工程初步设计文件内容深度规定			2021/1/7	2021/7/1
10.5.2-4-25	10.5.2	29.060.20	K13	JB/T 10181.11—2014	电缆载流量计算 第 11 部分：载流量公式（100%负荷因数）和损耗计算一般规定	JB/T 10181.1—2000		2014/5/6	2014/10/1
10.5.2-4-26	10.5.2	29.060.20	K13	JB/T 10181.12—2014	电缆载流量计算 第 12 部分：载流量公式（100%负荷因数）和损耗计算双回路平面排列电缆金属套涡流损耗因数	JB/T 10181.2—2000		2014/5/6	2014/10/1
10.5.2-4-27	10.5.2	29.060.20	K13	JB/T 10181.21—2014	电缆载流量计算 第 21 部分：热阻热阻的计算	JB/T 10181.3—2000		2014/5/6	2014/10/1
10.5.2-4-28	10.5.2	29.060.20	K13	JB/T 10181.22—2014	电缆载流量计算 第 22 部分：热阻自由空气中不受到日光直接照射的电缆群载流量降低因数的计算	JB/T 10181.4—2000		2014/5/6	2014/10/1
10.5.2-4-29	10.5.2	29.060.20	K13	JB/T 10181.31—2014	电缆载流量计算 第 31 部分：运行条件相关基准运行条件和电缆选型	JB/T 10181.5—2000		2014/5/6	2014/10/1
10.5.2-4-30	10.5.2	29.060.20	K13	JB/T 10181.32—2014	电缆载流量计算 第 32 部分：运行条件相关电力电缆截面的经济优化选择	JB/T 10181.6—2000		2014/5/6	2014/10/1
10.5.2-4-31	10.5.2	29.060.20	K13	JB/T 8996—2014	高压电缆选择导则	JB/T 8996—1999		2014/5/6	2014/10/1
10.5.2-4-32	10.5.2			SZDB/Z 174—2016	市政电缆隧道消防与安全防范系统设计规范			2016/2/15	2016/3/1

10

序号	GW 分类	ICS 分类	GB 分类	标准号	中 文 名 称	代替标准	采用关系	发布日期	实施日期
10.5.2-5-33	10.5.2			IEC 60287-1-1：2014 ED 2.1	电缆额定电流的计算 第 1-1 部分：额定电流方程（100%负载因数）和损耗计算 总则 第一次修订			2014/11/1	2014/11/1
10.5.2-5-34	10.5.2			IEC 60287-1-1：2014	电缆额定电流的计算 第 1-1 部分：额定电流方程（100%负载因数）和损耗计算 总则			2014/11/1	2014/11/1
10.5.2-5-35	10.5.2			IEC 60287-2-1：2015	电缆额定电流的计算 第 2-1 部分：热阻 热阻计算			2015/4/1	2015/4/1

10.6 规划设计-配电网规划设计

序号	GW 分类	ICS 分类	GB 分类	标准号	中 文 名 称	代替标准	采用关系	发布日期	实施日期
10.6-2-1	10.6	29.240		Q/GDW 10176—2017	架空平行集束绝缘导线低压配电线路设计规程	Q/GDW 176—2008		2018/3/10	2018/3/10
10.6-2-2	10.6	29.240		Q/GDW 10731—2016	10kV 有载调容配电变压器选型技术原则和检测技术规范	Q/GDW 731—2012；Q/GDW 200—2008		2017/10/9	2017/10/9
10.6-2-3	10.6	29.240		Q/GDW 10784.1—2017	配电网工程初步设计内容深度规定 第 1 部分：配电	Q/GDW 1784.1—2013		2018/3/10	2018/3/10
10.6-2-4	10.6	29.240		Q/GDW 10784.2—2017	配电网工程初步设计内容深度规定 第 2 部分：配网电缆线路	Q/GDW 1784.2—2013		2018/3/10	2018/3/10
10.6-2-5	10.6	29.240		Q/GDW 10784.3—2017	配电网工程初步设计内容深度规定 第 3 部分：配网架空线路	Q/GDW 1784.3—2013		2018/3/10	2018/3/10
10.6-2-6	10.6	29.240		Q/GDW 10785.1—2017	配电网工程施工图设计内容深度规定 第 1 部分：配电	Q/GDW 1785.1—2013		2018/3/10	2018/3/10
10.6-2-7	10.6	29.240		Q/GDW 10785.2—2017	配电网工程施工图设计内容深度规定 第 2 部分：配网电缆线路	Q/GDW 1785.2—2013		2018/3/10	2018/3/10
10.6-2-8	10.6	29.240		Q/GDW 10785.3—2017	配电网工程施工图设计内容深度规定 第 3 部分：配网架空线路	Q/GDW 1785.3—2013		2018/3/10	2018/3/10
10.6-2-9	10.6	29.240		Q/GDW 11020—2013	农村低电压网剩余电流动作保护器配置导则			2014/3/1	2014/3/1
10.6-2-10	10.6	29.240		Q/GDW 11658—2016	智能配电台区技术规范			2017/10/9	2017/10/9
10.6-2-11	10.6	29.240		Q/GDW 11720—2017	城市居民区 10kV 配电室噪声控制技术规范			2018/4/13	2018/4/13
10.6-2-12	10.6			Q/GDW 12070—2020	配电网工程标准化设计图元规范			2021/4/30	2021/4/30
10.6-2-13	10.6			Q/GDW 12072—2020	分布式电源即插即用并网接口设备接入配电网技术规范			2021/4/30	2021/4/30

10

序号	GW 分类	ICS 分类	GB 分类	标准号	中 文 名 称	代替标准	采用关系	发布日期	实施日期
10.6-2-14	10.6	29.240		Q/GDW 1625—2013	配电自动化建设与改造标准化设计技术规定	Q/GDW 625—2011		2014/9/1	2014/9/1
10.6-2-15	10.6	29.240		Q/GDW 166.10—2011	国家电网公司输变电工程初步设计内容深度规定 第10部分：电动汽车电池更换站			2011/12/16	2011/12/16
10.6-2-16	10.6	29.240		Q/GDW 166.11—2011	国家电网公司输变电工程初步设计内容深度规定 第11部分：电动汽车电池配送中心			2011/12/16	2011/12/16
10.6-2-17	10.6	29.240		Q/GDW 166.12—2011	国家电网公司输变电工程初步设计内容深度规定 第12部分：电动汽车电池配送站			2011/12/16	2011/12/16
10.6-2-18	10.6	29.240		Q/GDW 338—2009	农村配网自动化典型设计规范			2010/1/27	2010/1/27
10.6-2-19	10.6	29.240		Q/GDW 339—2009	农村配网自动化典型应用模式			2010/1/27	2010/1/27
10.6-2-20	10.6	29.020		Q/GDW 381.11—2011	国家电网公司输变电工程施工图设计内容深度规定 第11部分：电动汽车电池配送中心			2012/7/25	2012/7/25
10.6-2-21	10.6	29.020		Q/GDW 741—2012	配电网技术改造设备选型和配置原则			2012/6/21	2012/6/21
10.6-3-22	10.6	29.020	K30	GB/T 24975.1—2010	低压电器环境设计导则 第1部分：总则			2010/8/9	2011/2/1
10.6-3-23	10.6	29.020	K30	GB/T 24975.2—2010	低压电器环境设计导则 第2部分：隔离器			2010/8/9	2011/2/1
10.6-3-24	10.6	29.020	K30	GB/T 24975.3—2010	低压电器环境设计导则 第3部分：断路器			2010/8/9	2011/2/1
10.6-3-25	10.6	29.020	K30	GB/T 24975.4—2010	低压电器环境设计导则 第4部分：接触器			2010/8/9	2011/2/1
10.6-3-26	10.6	29.020	K30	GB/T 24975.5—2010	低压电器环境设计导则 第5部分：熔断器			2010/8/9	2011/2/1
10.6-3-27	10.6	29.020	K30	GB/T 24975.6—2010	低压电器环境设计导则 第6部分：按钮信号灯			2010/8/9	2011/2/1
10.6-3-28	10.6	29.020	K30	GB/T 24975.7—2010	低压电器环境设计导则 第7部分：接线端子			2010/8/9	2011/2/1
10.6-3-29	10.6	29.020	K30	GB/T 24976.1—2010	电器附件环境设计导则 第1部分：总则			2010/8/9	2011/2/1
10.6-3-30	10.6	29.020	K30	GB/T 24976.2—2010	电器附件环境设计导则 第2部分：电缆管理用导管系统和槽管系统			2010/8/9	2011/2/1
10.6-3-31	10.6	29.020	K30	GB/T 24976.4—2010	电器附件环境设计导则 第4部分：工业用插头插座和耦合器			2010/8/9	2011/2/1
10.6-3-32	10.6	29.020	K04	GB/T 35727—2017	中低压直流配电电压导则			2017/12/29	2018/7/1
10.6-3-33	10.6	91.100.30	Q14	GB/T 4623—2014	环形混凝土电杆			2014/12/5	2015/12/1
10.6-3-34	10.6		P63	GB 50052—2009	供配电系统设计规范	GB 50052—1995		2009/11/11	2010/7/1
10.6-3-35	10.6			GB 50053—2013	20kV 及以下变电所设计规范	GB 50053—1994		2013/12/19	2014/7/1

10

序号	GW 分类	ICS 分类	GB 分类	标准号	中 文 名 称	代替标准	采用关系	发布日期	实施日期
10.6-3-36	10.6		P63	GB 50054—2011	低压配电设计规范	GB 50054 E—1995；GB 50054 T—1995；GB 50054—1995		2011/7/26	2012/6/1
10.6-3-37	10.6		P63	GB 50055—2011	通用用电设备配电设计规范	GB 50055 E—1993；GB 50055 T—1993；GB 50055—1993		2011/7/26	2012/6/1
10.6-3-38	10.6		P63	GB 50060—2008	3kV～110kV 高压配电装置设计规范	GB 50060 E—1992；GB 50060 T—1992；GB 50060—1992		2008/12/15	2009/6/1
10.6-3-39	10.6			GB 50966—2014	电动汽车充电站设计规范			2014/1/29	2014/10/1
10.6-3-40	10.6			GB/T 51341—2018	微电网工程设计标准			2018/12/26	2019/6/1
10.6-4-41	10.6			DL/T 1531—2016	20kV 配电网过电压保护与绝缘配合			2016/1/7	2016/6/1
10.6-4-42	10.6			DL/T 1910—2018	配电网分布式馈线自动化技术规范			2018/12/25	2019/5/1
10.6-4-43	10.6			DL/T 2128—2020	配电网电线电缆节能评价技术规范			2020/10/23	2021/2/1
10.6-4-44	10.6			DL/T 5119—2021	农村变电站设计技术规程	DL/T 5119—2000		2021/4/26	2021/10/26
10.6-4-45	10.6	27.100	P63	DL/T 5220—2021	10kV 及以下架空配电线路设计规范	DL/T 5220—2005		2021/1/7	2021/7/1
10.6-4-46	10.6	27.240	P62	DL 5449—2012	20kV 配电设计技术规定			2012/1/4	2012/3/1
10.6-4-47	10.6	29.240	P62	DL/T 5568—2020	配电网初步设计文件内容深度规定			2020/10/23	2021/2/1
10.6-4-48	10.6	29.240	P62	DL/T 5569—2020	配电网施工图设计文件内容深度规定			2020/10/23	2021/2/1
10.6-4-49	10.6			DL/T 5587—2021	配电自动化系统设计规程			2021/1/7	2021/7/1
10.6-4-50	10.6	29.240	P62	DL/T 5782—2018	20kV 及以下配电网工程后评价导则			2018/12/25	2019/5/1
10.6-4-51	10.6	29.24	P63	DL/T 599—2016	中低压配电网改造技术导则	DL/T 599—2005		2016/1/7	2016/6/1

10.7 规划设计-通信规划设计

序号	GW 分类	ICS 分类	GB 分类	标准号	中 文 名 称	代替标准	采用关系	发布日期	实施日期
10.7-2-1	10.7	29.240		Q/GDW 10381.3—2017	国家电网公司输变电工程施工图设计内容深度规定 第3部分：电力系统光纤通信	Q/GDW 381.3—2010		2018/2/13	2018/2/13
10.7-2-2	10.7			Q/GDW 10872.1—2020	国家电网通信管理系统规划设计 第1部分：数据互联	Q/GDW 1872.1—2013		2020/12/31	2020/12/31

序号	GW 分类	ICS 分类	GB 分类	标准号	中 文 名 称	代替标准	采用关系	发布日期	实施日期
10.7-2-3	10.7			Q/GDW 10872.6—2020	国家电网通信管理系统规划设计 第6部分：设备网管北向接口—SDH部分	Q/GDW 1872.6—2013		2020/12/31	2020/12/31
10.7-2-4	10.7			Q/GDW 10872.7—2020	国家电网通信管理系统规划设计 第7部分：设备网管北向接口—OTN部分	Q/GDW 1872.7—2014		2020/12/31	2020/12/31
10.7-2-5	10.7			Q/GDW 10872.15—2020	国家电网通信管理系统规划设计 第15部分：设备网管北向接口—数据网	Q/GDW 1872.15—2014		2020/12/31	2020/12/31
10.7-2-6	10.7			Q/GDW 10872.17—2020	国家电网通信管理系统规划设计 第17部分：设备网管北向接口—IMS部分			2020/12/31	2020/12/31
10.7-2-7	10.7	29.240		Q/GDW 10872.18—2018	国家电网通信管理系统规划设计 第18部分：设备网管北向接口—动力环境监控			2019/7/26	2019/7/26
10.7-2-8	10.7			Q/GDW 10872.19—2020	国家电网通信管理系统规划设计 第19部分：设备网管北向接口—调度交换部分			2020/12/31	2020/12/31
10.7-2-9	10.7	29.240		Q/GDW 11049—2013	县域电力通信网建设技术导则			2014/3/1	2014/3/1
10.7-2-10	10.7	29.240		Q/GDW 11358—2019	电力通信网规划设计技术导则	Q/GDW 11358—2014		2020/1/6	2020/1/6
10.7-2-11	10.7	29.240		Q/GDW 11359—2014	电力通信网规划设计内容深度规定			2015/3/12	2015/3/12
10.7-2-12	10.7	29.240		Q/GDW 11373—2015	光传送网（OTN）设计规范			2015/9/7	2015/9/7
10.7-2-13	10.7	29.240		Q/GDW 11395.1—2015	IMS行政交换网系统规范 第1部分：总体技术要求			2015/8/5	2015/8/5
10.7-2-14	10.7	29.240		Q/GDW 11439—2015	IMS行政交换网工程设计深度要求			2016/7/26	2016/7/27
10.7-2-15	10.7	29.240		Q/GDW 11638—2016	独立通信机房设计与验收规范			2017/7/12	2017/7/12
10.7-2-16	10.7	29.240		Q/GDW 11639—2016	国家电网公司数据通信网专业网管系统功能设计规范			2017/7/12	2017/7/12
10.7-2-17	10.7	29.240		Q/GDW 11640—2016	频率同步网网络设计及验收要求			2017/7/12	2017/7/12
10.7-2-18	10.7	29.240		Q/GDW 11664—2017	电力无线专网规划设计技术导则			2017/11/22	2017/11/22
10.7-2-19	10.7	29.240		Q/GDW 11665—2017	电力无线专网可行性研究内容深度规定			2017/11/22	2017/11/22
10.7-2-20	10.7	29.240		Q/GDW 11949.1—2018	终端通信接入网设备网管北向接口及检测 规范 第1部分：PON部分	Q/GDW 1872.9—2015		2020/4/8	2020/4/8
10.7-2-21	10.7	29.240		Q/GDW 11949.2—2018	终端通信接入网设备网管北向接口及检测 规范 第2部分：无线专网部分			2020/4/8	2020/4/8

10

序号	GW 分类	ICS 分类	GB 分类	标准号	中 文 名 称	代替标准	采用关系	发布日期	实施日期
10.7-2-22	10.7	29.240		Q/GDW 11949.3—2018	终端通信接入网设备网管北向接口及检测 规范 第3部分：工业以太网部分			2020/4/8	2020/4/8
10.7-2-23	10.7	29.240		Q/GDW 11949.4—2018	终端通信接入网设备网管北向接口及检测 规范 第4部分：电力线载波部分			2020/4/8	2020/4/8
10.7-2-24	10.7			Q/GDW 12167—2021	沟（管）道光缆工程典型设计规范			2021/9/24	2021/9/24
10.7-2-25	10.7	29.020		Q/GDW 166.4—2010	国家电网公司输变电工程初步设计内容深度规定 第4部分：电力系统光纤通信	Q/GDW 166.4—2007		2011/1/4	2011/1/4
10.7-2-26	10.7	29.240		Q/GDW 1807—2012	终端通信接入网工程典型设计			2014/1/15	2014/1/15
10.7-2-27	10.7	29.240		Q/GDW 1872.2—2013	国家电网通信管理系统规划设计 第2部分：功能规范			2014/2/10	2014/2/10
10.7-2-28	10.7	29.240		Q/GDW 1872.4—2014	国家电网通信管理系统规划设计 第4部分：告警标准化及处理			2014/9/1	2014/9/1
10.7-2-29	10.7	29.240		Q/GDW 1872.5—2013	国家电网通信管理系统规划设计 第5部分：平台规范			2014/2/10	2014/2/10
10.7-2-30	10.7	29.240		Q/GDW 1872.10—2013	国家电网通信管理系统规划设计 第10部分：终端通信接入网			2014/2/10	2014/2/10
10.7-2-31	10.7	29.240		Q/GDW 1872.11—2013	国家电网通信管理系统规划设计 第11部分：动力环境监控			2014/2/10	2014/2/10
10.7-2-32	10.7	29.240		Q/GDW 1872.13—2014	国家电网通信管理系统规划设计 第13部分：互联接口—OMS			2014/9/1	2014/9/1
10.7-2-33	10.7	29.240		Q/GDW 1872.16—2015	国家电网通信管理系统规划设计 第16部分：通信设备接入规范			2016/3/31	2016/3/31
10.7-2-34	10.7	29.240		Q/GDW 757—2012	电力通信超长站距光传输工程设计技术规范			2012/8/28	2012/8/28
10.7-3-35	10.7	33.040.40	M33	GB/T 15941—2008	同步数字体系（SDH）光缆线路系统进网要求	GB/T 15941—1995		2008/4/10	2008/11/1
10.7-3-36	10.7	07.060	A45	GB/T 17502—2009	海底电缆管道路由勘察规范	GB 17502—1998		2009/10/30	2010/4/1
10.7-3-37	10.7	33.040.50	M42	GB/T 19856.1—2005	雷电防护通信线路 第1部分：光缆			2005/7/29	2006/4/1
10.7-3-38	10.7	33.040.50	M42	GB/T 19856.2—2005	雷电防护通信线路 第2部分：金属导线			2005/7/29	2006/4/1
10.7-3-39	10.7	33.020	P76	GB 50373—2019	通信管道与通道工程设计标准	GB 50373—2006		2019/9/25	2020/1/1
10.7-3-40	10.7		P76	GB 50635—2010	会议电视会场系统工程设计规范			2010/11/3	2011/10/1
10.7-3-41	10.7		P60	GB/T 50980—2014	电力调度通信中心工程设计规范			2014/3/31	2014/12/1

10

序号	GW 分类	ICS 分类	GB 分类	标准号	中 文 名 称	代替标准	采用关系	发布日期	实施日期
10.7-3-42	10.7			GB 51158—2015	通信线路工程设计规范			2015/11/12	2016/6/1
10.7-3-43	10.7			GB 51194—2016	通信电源设备安装工程设计规范			2016/8/26	2017/4/1
10.7-3-44	10.7			GB 51215—2017	通信高压直流电源设备工程设计规范			2017/1/21	2017/7/1
10.7-3-45	10.7			GB/T 51242—2017	同步数字体系（SDH）光纤传输系统工程设计规范			2017/5/27	2018/1/1
10.7-4-46	10.7			DL/T 2053—2019	电力系统 IP 多媒体子系统行政交换网组网技术规范			2019/11/4	2020/5/1
10.7-4-47	10.7	29.240	F20	DL/T 395—2010	低压电力线通信宽带接入系统技术要求			2010/5/1	2010/10/1
10.7-4-48	10.7	29.100	P61	DL/T 5041—2012	火力发电厂厂内通信设计技术规定	DL 5041—1995		2012/1/4	2012/3/1
10.7-4-49	10.7	29.240.10	P62	DL/T 5157—2012	电力系统调度通信交换网设计技术规程	DL/T 5157—2002		2012/11/9	2013/3/1
10.7-4-50	10.7	29.240		DL/T 5365—2018	电力数据通信网络工程初步设计文件内容深度规定	DL/T 5365—2006		2018/12/25	2019/5/1
10.7-4-51	10.7	29.240.30	F21	DL/T 5392—2007	电力系统数字同步网工程设计规范			2007/7/20	2007/12/1
10.7-4-52	10.7	29.240.30	F21	DL/T 5404—2007	电力系统同步数字系列（SDH）光缆通信工程设计技术规定			2007/12/3	2008/6/1
10.7-4-53	10.7	27.100	P60	DL/T 5447—2012	电力系统通信系统设计内容深度规定			2012/1/4	2012/3/1
10.7-4-54	10.7	33.020	F21	DL/T 548—2012	电力系统通信站过电压防护规程	DL/T 548—1994		2012/1/4	2012/3/1
10.7-4-55	10.7			DL/T 5505—2015	电力应急通信设计技术规程			2015/7/1	2015/12/1
10.7-4-56	10.7			DL/T 5518—2016	电力工程厂站内通信光缆设计规程			2016/12/5	2017/5/1
10.7-4-57	10.7			DL/T 5524—2017	电力系统光传送网（OTN）设计规程			2017/3/28	2017/8/1
10.7-4-58	10.7			DL/T 5557—2019	电力系统会议电视系统设计规程			2019/6/4	2019/10/1
10.7-4-59	10.7			DL/T 5558—2019	电力系统调度自动化工程初步设计文件内容深度规定			2019/6/4	2019/10/1
10.7-4-60	10.7			DL/T 5560—2019	电力调度数据网络工程设计规程			2019/6/4	2019/10/1
10.7-4-61	10.7	29.240	F21	DL/T 5571—2020	电力系统光通信工程初步设计文件内容深度规定			2020/10/23	2021/2/1
10.7-4-62	10.7	33.060	K04	DL/T 5599—2021	电力系统通信设计导则			2021/1/7	2021/7/1
10.7-4-63	10.7			DL/T 5612—2021	电力系统光通信工程可行性研究报告内容深度规定			2021/4/26	2021/10/26

10

序号	GW分类	ICS分类	GB分类	标准号	中 文 名 称	代替标准	采用关系	发布日期	实施日期
10.7-4-64	10.7	29.240.20	P62	DL/T 5734—2016	电力通信超长站距光传输工程设计技术规程			2016/2/5	2016/7/1
10.7-4-65	10.7	33.040.01	F21	DL/T 888—2004	电力调度交换机电力DTMF信令规范			2004/10/20	2005/4/1
10.7-4-66	10.7			NB/T 10132—2019	水电工程通信设计内容和深度规定	DL/T 5184—2004		2019/6/4	2019/10/1
10.7-4-67	10.7			NB/T 10232—2019	梯级水电站集中控制通信设计规范			2019/11/4	2020/5/1
10.7-4-68	10.7			NB/T 20263—2021	核电厂通信设计规范	NB/T 20263—2014		2021/1/7	2021/7/1
10.7-4-69	10.7	27.140	P59	NB/T 35042—2014	水力发电厂通信设计规范	DL/T 5080—1997		2014/10/15	2015/3/1
10.7-4-70	10.7	29.200	M41	YD/T 1363.1—2014	通信局（站）电源、空调及环境集中监控管理系统 第1部分：系统技术要求	YD/T 1363.1—2005		2014/10/14	2014/10/14
10.7-4-71	10.7	29.200	M41	YD/T 1363.2—2014	通信局（站）电源、空调及环境集中监控管理系统 第2部分：互联协议	YD/T 1363.2—2005		2014/10/14	2014/10/14
10.7-4-72	10.7	29.200	M41	YD/T 1363.3—2014	通信局（站）电源、空调及环境集中监控管理系统 第3部分：前端智能设备协议	YD/T 1363.3—2005		2014/10/14	2014/10/14
10.7-4-73	10.7	29.200	M41	YD/T 1363.4—2014	通信局（站）电源、空调及环境集中监控管理系统 第4部分：测试方法	YD/T 1363.4—2005		2014/10/14	2014/10/14
10.7-4-74	10.7	29.200	M41	YD/T 1363.5—2014	通信局（站）电源、空调及环境集中监控管理系统 第5部分：门禁集中监控系统	YD/T 1622—2007		2014/10/14	2014/10/14
10.7-4-75	10.7			YD/T 1624.1—2015	通信系统用户外机房 第1部分：固定独立式机房	YD/T 1624—2007		2015/10/10	2016/1/1
10.7-4-76	10.7			YD/T 1624.2—2015	通信系统用户外机房 第2部分：一体式固定塔房			2015/10/10	2016/1/1
10.7-4-77	10.7	33.040	M11	YD/T 1631—2007	同步数字体系（SDH）虚级联及链路容量调整方案技术要求			2007/4/16	2007/10/1
10.7-4-78	10.7	33.030	M21	YD/T 2014—2009	统一通信业务需求			2009/12/11	2010/1/1
10.7-4-79	10.7			YD/T 2831—2015	通信用风/光供电系统防雷技术条件			2015/4/30	2015/7/1
10.7-4-80	10.7			YD 5003—2014	通信建筑工程设计规范	YD/T 5003—2005		2014/5/6	2014/7/1
10.7-4-81	10.7			YD 5054—2019	通信建筑抗震设防分类标准	YD 5054—2010		2019/11/11	2020/1/1
10.7-4-82	10.7			YD/T 5066—2017	光缆线路自动监测系统工程设计规范	YD/T 5066—2005		2017/11/7	2018/1/1
10.7-4-83	10.7			YD 5092—2014	波分复用（WDM）光纤传输系统工程设计规范	YD/T 5092—2005；YD/T 5166—2009		2014/5/6	2014/7/1

10

序号	GW 分类	ICS 分类	GB 分类	标准号	中 文 名 称	代替标准	采用关系	发布日期	实施日期
10.7-4-84	10.7			YD 5095—2014	同步数字体系（SDH）光纤传输系统工程设计规范	YD/T 5095—2005；YD/T 5024—2005；YD/T 5119—2005		2014/5/6	2014/7/1
10.7-4-85	10.7			YD/T 5114—2015	移动通信应急车载系统工程设计规范	YD/T 5114—2005		2015/10/10	2016/1/1
10.7-4-86	10.7			YD/T 5120—2015	无线通信室内覆盖系统工程设计规范	YD/T 5120—2005		2015/10/10	2016/1/1
10.7-4-87	10.7			YD 5148—2007	架空光（电）缆通信杆路工程设计规范			2007/10/25	2007/12/1
10.7-4-88	10.7			YD/T 5151—2007	光缆进线室设计规定			2007/10/25	2007/12/1
10.7-4-89	10.7	33	P76	YD/T 5185—2021	IP 多媒体子系统（IMS）工程设计规范	YD/T 5185—2010		2021/3/5	2021/4/1
10.7-4-90	10.7			YD/T 5186—2021	通信系统用室外机柜安装设计规定	YD/T 5186—2010		2021/12/2	2022/4/1
10.7-4-91	10.7			YD/T 5211—2014	通信工程设计文件编制规定			2014/5/6	2014/7/1
10.7-5-92	10.7	33.180.01	M33	IEC/TR 61282-10 CORRI 1：2013	光纤通信系统的设计指南 第 10 部分：光矢量调制信号的误差矢量幅度的质量表征 版本 1.0			2013/4/1	2013/4/1
10.7-5-93	10.7			ISO 14084-1—2015	流程图电厂 第 1 部分：规范图 第一版（通信）			2015/6/1	2015/6/1
10.7-5-94	10.7			ISO 14084-2—2015	流程图电厂 第 2 部分：图形符号 第一版（通信）			2015/4/1	2015/4/1

10.8 规划设计-火电

序号	GW 分类	ICS 分类	GB 分类	标准号	中 文 名 称	代替标准	采用关系	发布日期	实施日期
10.8-3-1	10.8			GB/T 50050—2017	工业循环冷却水处理设计规范	GB 50050—2007		2017/5/27	2018/1/1
10.8-4-2	10.8	27.100	P60	DL/T 5226—2013	发电厂电力网络计算机监控系统设计技术规程	DL/T 5226—2005		2013/11/28	2014/4/1
10.8-4-3	10.8	27.100	P60	DL/T 5427—2009	火力发电厂初步设计文件内容深度规定	DLGJ 9—1992		2009/7/22	2009/12/1

10.9 规划设计-水电

序号	GW 分类	ICS 分类	GB 分类	标准号	中 文 名 称	代替标准	采用关系	发布日期	实施日期
10.9-2-1	10.9	29.240		Q/GDW 11427—2015	抽水蓄能电站总平面布置设计导则			2016/3/1	2016/3/1
10.9-2-2	10.9	29.240		Q/GDW 11428—2015	抽水蓄能电站交通道路工程设计导则			2016/3/1	2016/3/1
10.9-2-3	10.9	29.240		Q/GDW 11429—2015	抽水蓄能电站施工供电设计导则			2016/3/1	2016/3/1

10

序号	GW分类	ICS分类	GB分类	标准号	中 文 名 称	代替标准	采用关系	发布日期	实施日期
10.9-2-4	10.9	29.240		Q/GDW 11430—2015	抽水蓄能电站工程施工供水设计导则			2016/3/1	2016/3/1
10.9-2-5	10.9	27.140		Q/GDW 11582—2016	抽水蓄能电站工程工艺设计导则			2017/5/18	2017/5/18
10.9-2-6	10.9	27.140		Q/GDW 11696—2017	水轮发电机组振摆保护配置与整定规范			2018/2/12	2018/2/12
10.9-2-7	10.9	27.140		Q/GDW 11860—2018	抽水蓄能电站项目后评价技术标准			2020/1/6	2020/1/6
10.9-2-8	10.9	29.240		Q/GDW 11965—2019	水电厂物防技防配置导则			2020/7/31	2020/7/31
10.9-2-9	10.9			Q/GDW 12146—2021	智能抽水蓄能电站技术导则			2021/9/17	2021/9/17
10.9-3-10	10.9	27.140	P55	GB/T 32510—2016	抽水蓄能电厂标识系统（KKS）编码导则			2016/2/24	2016/9/1
10.9-3-11	10.9	91.140.50	P63	GB/T 32594—2016	抽水蓄能电站保安电源技术导则			2016/4/25	2016/11/1
10.9-3-12	10.9	27.140	P59	GB 50287—2016	水利发电工程地质勘察规范	GB 50287—2006		2016/8/18	2017/4/1
10.9-3-13	10.9	91.040.10	P33	GB 50396—2007	出入口控制系统工程设计规范			2007/3/21	2007/8/1
10.9-3-14	10.9	27.140	P55	GB 50487—2008	水利水电工程地质勘察规范			2008/12/15	2009/8/1
10.9-3-15	10.9		P12	GB/T 50587—2010	水库调度设计规范			2010/5/31	2010/12/1
10.9-3-16	10.9		P55	GB/T 50649—2011	水利水电工程节能设计规范			2010/12/24	2011/12/1
10.9-3-17	10.9		P55	GB/T 50662—2011	水工建筑物抗冰冻设计规范			2011/2/18	2012/3/1
10.9-3-18	10.9			GB 50706—2011	水利水电工程劳动安全与工业卫生设计规范			2011/7/26	2012/6/1
10.9-3-19	10.9		P16	GB 50872—2014	水电工程设计防火规范			2014/1/9	2014/8/1
10.9-4-20	10.9			NB/T 10073—2018	抽水蓄能电站工程地质勘察规程			2018/10/29	2019/3/1
10.9-4-21	10.9			NB/T 10073—2018/XG1—2021	《抽水蓄能电站工程地质勘察规程》行业标准第1号修改单			2021/11/26	2021/11/26
10.9-4-22	10.9			NB/T 10076—2018	水电工程项目档案验收工作导则			2018/10/29	2019/3/1
10.9-4-23	10.9			NB/T 10108—2018	水电工程阶段性蓄水移民安置实施方案专题报告编制规程			2018/12/25	2019/5/1
10.9-4-24	10.9			NB/T 10131—2019	水电工程水库区工程地质勘察规程	DL/T 5336—2006		2019/6/4	2019/10/1
10.9-4-25	10.9			NB/T 10224—2019	水电工程电法勘探技术规程			2019/11/4	2020/5/1
10.9-4-26	10.9		P59	NB/T 10333—2019	水电工程场内交通道路设计规范	DL/T 5134—2001		2019/12/30	2020/7/1
10.9-4-27	10.9			NB/T 10336—2019	中小型水力发电工程地质勘察规范	DL/T 5410—2009		2019/12/30	2020/7/1
10.9-4-28	10.9			NB/T 10337—2019	水电工程预可行性研究报告编制规程	DL/T 5206—2005		2019/12/30	2020/7/1

10

序号	GW 分类	ICS 分类	GB 分类	标准号	中 文 名 称	代替标准	采用关系	发布日期	实施日期
10.9-4-29	10.9			NB/T 10338—2019	水电工程建设征地处理范围界定规范	DL/T 5376—2007		2019/12/30	2020/7/1
10.9-4-30	10.9			NB/T 10339—2019	水电工程坝址工程地质勘察规程	DL/T 5414—2009		2019/12/30	2020/7/1
10.9-4-31	10.9			NB/T 10340—2019	水电工程坑探规程	DL/T 5050—2010		2019/12/30	2020/7/1
10.9-4-32	10.9			NB/T 10341.1—2019	水电工程启闭机设计规范　第1部分：固定卷扬式启闭机设计规范	DL/T 5167—2002		2019/12/30	2020/7/1
10.9-4-33	10.9			NB/T 10341.2—2019	水电工程启闭机设计规范　第2部分：移动式启闭机设计规范	DL/T 5167—2002		2019/12/30	2020/7/1
10.9-4-34	10.9			NB/T 10341.3—2019	水电工程启闭机设计规范　第3部分：螺杆式启闭机设计规范	DL/T 5167—2002；SD 297—88；SD 298—88		2019/12/30	2020/7/1
10.9-4-35	10.9			NB/T 10342—2019	水电站调节保证设计导则			2019/12/30	2020/7/1
10.9-4-36	10.9			NB/T 10343—2019	水电工程软弱土地基处理技术规范			2019/12/30	2020/7/1
10.9-4-37	10.9			NB/T 10344—2019	水电工程水土保持设计规范			2019/12/30	2020/7/1
10.9-4-38	10.9			NB/T 10345—2019	水力发电厂高压电气设备选择及布置设计规范	DL/T 5396—2007		2019/12/30	2020/7/1
10.9-4-39	10.9	27.140	P59	NB/T 10390—2020	水电工程沉沙池设计规范	DL/T 5107—1999		2020/10/23	2021/2/1
10.9-4-40	10.9	27.140	P59	NB/T 10391—2020	水工隧洞设计规范	DL/T 5195—2004		2020/10/23	2021/2/1
10.9-4-41	10.9	27.140	P59	NB/T 10392—2020	水电工程泄水建筑物消能防冲设计导则			2020/10/23	2021/2/1
10.9-4-42	10.9	27.140	P59	NB/T 10484—2021	水电工程建设征地移民安置综合设计规范			2021/1/7	2021/7/1
10.9-4-43	10.9	27.140	P59	NB/T 10488—2021	水电工程砂石加工系统设计规范	DL/T 5098—2010		2021/1/7	2021/7/1
10.9-4-44	10.9	27.140	P59	NB/T 10491—2021	水电工程施工组织设计规范	DL/T 5397—2007；DL/T 5201—2004		2021/1/7	2021/7/1
10.9-4-45	10.9	27.140	P59	NB/T 10498—2021	水力发电厂交流110kV～500kV 电力电缆工程设计规范	DL/T 5228—2005		2021/1/7	2021/7/1
10.9-4-46	10.9	27.140	P59	NB/T 10499—2021	水电站桥式起重机选型设计规范			2021/1/7	2021/7/1
10.9-4-47	10.9	27.140	P59	NB/T 10506—2021	水电工程水土保持监测技术规程			2021/1/7	2021/7/1
10.9-4-48	10.9	27.140	P59	NB/T 10510—2021	水电工程水土保持生态修复技术规范			2021/1/7	2021/7/1
10.9-4-49	10.9	27.140	P59	NB/T 10512—2021	水电工程边坡设计规范	DL/T 5353—2006		2021/1/7	2021/7/1
10.9-4-50	10.9	27.140	P59	NB/T 10513—2021	水电工程边坡工程地质勘察规程	DL/T 5337—2006		2021/1/7	2021/7/1

10

序号	GW分类	ICS分类	GB分类	标准号	中 文 名 称	代替标准	采用关系	发布日期	实施日期
10.9-4-51	10.9	27.140	P26	NB/T 10514—2021	水电工程升船机设计规范	DL/T 5399—2007		2021/1/7	2021/7/1
10.9-4-52	10.9			NB/T 10605—2021	水电工程建设征地企业处理规划设计规范			2021/4/26	2021/10/26
10.9-4-53	10.9	27.140	P59	NB/T 10606—2021	水力发电厂直流电源系统设计规范			2021/4/26	2021/10/26
10.9-4-54	10.9	27.140	P59	NB/T 10607—2021	水力发电厂门禁系统设计导则			2021/4/26	2021/10/26
10.9-4-55	10.9			NB/T 10609—2021	水电工程拦漂排设计规范			2021/4/26	2021/10/26
10.9-4-56	10.9	27.140	P59	NB/T 35004—2013	水力发电厂自动化设计技术规范	DL/T 5081—1997		2013/6/8	2013/10/1
10.9-4-57	10.9	27.140	P59	NB/T 35005—2021	水电工程混凝土生产系统设计规范	NB/T 35005—2013		2021/1/7	2021/7/1
10.9-4-58	10.9	27.140	P59	NB/T 35009—2013	抽水蓄能电站选点规划编制规范	DL/T 5172—2003		2013/6/8	2013/10/1
10.9-4-59	10.9	27.140	P61	NB/T 35010—2013	水力发电厂继电保护设计规范	DL/T 5177—2003		2013/6/8	2013/10/1
10.9-4-60	10.9	27.140	P59	NB/T 35040—2014	水力发电厂供暖通风与空气调节设计规范	DL/T 5165—2002		2014/10/15	2015/3/1
10.9-4-61	10.9			NB/T 35043—2014	水电工程三相交流系统短路电流计算导则	DL/T 5163—2002		2014/10/15	2015/3/1
10.9-4-62	10.9	27.140	P59	NB/T 35067—2015	水力发电厂过电压保护和绝缘配合设计技术导则	DL/T 5090—1999		2015/10/27	2016/3/1
10.9-4-63	10.9	27.140	P59	NB/T 35071—2015	抽水蓄能电站水能规划设计规范			2015/10/27	2016/3/1
10.9-4-64	10.9	27.140	P59	NB/T 35076—2016	水力发电厂二次接线设计规范	DL/T 5132—2001		2016/1/7	2016/6/1
10.9-4-65	10.9	27.140	P02	NB/T 35106—2017	水电工程分标概算编制规定			2017/11/15	2018/3/1
10.9-4-66	10.9	27.140	P02	NB/T 35107—2017	水电工程招标设计概算编制规定			2017/11/15	2018/3/1
10.9-4-67	10.9	27.140	K55	NB/T 42034—2014	孤网运行的小水电机组设计导则			2014/6/29	2014/11/1
10.9-4-68	10.9	27.140	K55	NB/T 42162—2018	小水电机组选型设计规范			2018/6/6	2018/10/1
10.9-4-69	10.9	93.160	P55	SL 438—2008	水利水电工程二次接线设计规范			2008/12/16	2009/3/16
10.9-4-70	10.9	27.140	P59	SL 455—2010	水利水电工程继电保护设计规范			2010/3/1	2010/6/1
10.9-4-71	10.9	27.140	P55	SL 585—2012	水利水电工程三相交流系统短路电流计算导则			2012/9/19	2012/12/19
10.9-4-72	10.9	27.140	P55	SL 587—2012	水利水电工程接地设计规范			2012/9/19	2012/12/19
10.9-4-73	10.9			T/CEC 5011—2019	抽水蓄能电站计算机监控系统设计规范			2019/4/24	2019/7/1

10

序号	GW 分类	ICS 分类	GB 分类	标准号	中 文 名 称	代替标准	采用关系	发布日期	实施日期
10.9-5-74	10.9	27.140		ISO IWA 33-2：2019	小型水力发电厂开发技术准则　第 2 部分：选址规划第 1 版			2019/12/1	2019/12/1

10.10　规划设计-核电

序号	GW 分类	ICS 分类	GB 分类	标准号	中 文 名 称	代替标准	采用关系	发布日期	实施日期
10.10-3-1	10.10			GB/T 12788—2021	核电厂安全级电力系统准则	GB/T 12788—2008		2021/8/20	2022/3/1
10.10-4-2	10.10	27.120.10	F60	NB/T 20033—2010	核电厂初步可行性研究报告内容深度规定			2010/5/1	2010/10/1
10.10-4-3	10.10	27.120.10	F60	NB/T 20034—2010	核电厂可行性研究报告内容深度规定			2010/5/1	2010/10/1

10.11　规划设计-其他

序号	GW 分类	ICS 分类	GB 分类	标准号	中 文 名 称	代替标准	采用关系	发布日期	实施日期
10.11-2-1	10.11	29.240		Q/GDW 10166.5—2017	输变电工程初步设计内容深度规定　第 5 部分：征地拆迁及重要跨越　补充规定	Q/GDW 166.5—2009		2018/2/13	2018/2/13
10.11-2-2	10.11	29.240		Q/GDW 11622—2017	110（66）kV～750kV 交流输变电工程后评价内容深度规定			2018/6/27	2018/6/27
10.11-2-3	10.11	29.240		Q/GDW 11727—2017	特高压直流输电工程后评价内容深度规定			2018/6/27	2018/6/27
10.11-2-4	10.11			Q/GDW 11735—2017	输变电工程物探技术规程			2018/7/11	2018/7/11
10.11-2-5	10.11	29.240		Q/GDW 11809—2018	输变电工程三维设计模型交互规范			2019/2/15	2019/2/15
10.11-2-6	10.11	29.240		Q/GDW 11811—2018	输变电工程三维设计软件基本功能规范			2019/2/15	2019/2/15
10.11-2-7	10.11	29.240		Q/GDW 11858—2018	特高压交流输变电工程后评价内容深度规定			2020/1/6	2020/1/6
10.11-2-8	10.11	29.240		Q/GDW 11859—2018	国家电网有限公司生产统计规范			2020/1/6	2020/1/6
10.11-2-9	10.11	29.240		Q/GDW 11913—2018	±1100kV 直流输电系统可靠性评价规程			2020/1/12	2020/1/12
10.11-2-10	10.11	29.240		Q/GDW 11972—2019	生态脆弱区输变电工程环境保护设计导则			2020/8/24	2020/8/24
10.11-2-11	10.11			Q/GDW 12169—2021	新能源云应用功能与接口规范			2021/11/22	2021/11/22
10.11-2-12	10.11	35.040		Q/GDW 1934—2016	国家电网公司项目 WBS 架构编码规范	Q/GDW 1934—2013		2016/11/9	2016/11/9
10.11-2-13	10.11	29.240		Q/GDW 323—2009	1000kV 环境污区分级标准			2009/5/25	2009/5/25
10.11-2-14	10.11	29.240		Q/GDW/Z 726—2012	智能园区建设导则			2012/5/4	2012/5/4
10.11-3-15	10.11	07.040	A77	GB/T 23236—2009	数字航空摄影测量空中三角测量规范			2009/2/6	2009/6/1
10.11-3-16	10.11	91.120.25	P15	GB/T 24335—2009	建（构）筑物地震破坏等级划分			2009/9/30	2009/12/1

10

序号	GW 分类	ICS 分类	GB 分类	标准号	中 文 名 称	代替标准	采用关系	发布日期	实施日期
10.11-3-17	10.11	27.010	F01	GB/T 25329—2010	企业节能规划编制通则			2010/11/10	2011/2/1
10.11-3-18	10.11	35.24.01	L67	GB/T 34678—2017	智慧城市技术参考模型			2017/10/14	2018/5/1
10.11-3-19	10.11	35.24.01	L70	GB/T 34680.1—2017	智慧城市评价模型及基础评价指标体系 第1部分：总体框架及分项评价指标制定的要求			2017/10/14	2018/5/1
10.11-3-20	10.11	35.24.01	L70	GB/T 34680.3—2017	智慧城市评价模型及基础评价指标体系 第3部分：信息资源			2017/10/14	2018/5/1
10.11-3-21	10.11	33.100	L06	GB/Z 35733—2017	对构成及接入智能电网设备的电磁兼容要求导则			2017/12/29	2018/7/1
10.11-3-22	10.11	91.120.40	M04	GB/T 36963—2018	光伏建筑一体化系统防雷技术规范			2018/12/28	2019/7/1
10.11-3-23	10.11	07.060	A47	GB/T 38957—2020	海上风电场热带气旋影响评估技术规范			2020/7/21	2020/7/21
10.11-3-24	10.11	29.020	K04	GB/T 4728.1—2018	电气简图用图形符号 第1部分：一般要求	GB/T 4728.1—2005		2018/7/13	2019/2/1
10.11-3-25	10.11	29.020	K04	GB/T 4728.2—2018	电气简图用图形符号 第2部分：符号要素、限定符号和其他常用符号	GB/T 4728.2—2005		2018/7/13	2019/2/1
10.11-3-26	10.11	29.020	K04	GB/T 4728.3—2018	电气简图用图形符号 第3部分：导体和连接件	GB/T 4728.3—2005		2018/7/13	2019/2/1
10.11-3-27	10.11	29.020	K04	GB/T 4728.4—2018	电气简图用图形符号 第4部分：基本无源元件	GB/T 4728.4—2005		2018/7/13	2019/2/1
10.11-3-28	10.11	29.020	K04	GB/T 4728.5—2018	电气简图用图形符号 第5部分：半导体管和电子管	GB/T 4728.5—2005		2018/7/13	2019/2/1
10.11-3-29	10.11			GB 50003—2011	砌体结构设计规范	GB 50003 E—2001；GB 50003—2001		2011/7/26	2012/8/1
10.11-3-30	10.11		P30	GB 50007—2011	建筑地基基础设计规范	GB 50007—2002；GB 50007 E—2002		2011/7/26	2012/8/1
10.11-3-31	10.11		P25	GB 50010—2010	混凝土结构设计规范（2015年版）	GB 50010 E—2002；GB 50010—2002		2010/8/18	2011/7/1
10.11-3-32	10.11		P15	GB 50011—2010	建筑抗震设计规范（2016年版）	GB 50011—2008；GB 50011 E—2008		2010/5/31	2010/12/1
10.11-3-33	10.11			GB 50017—2017	钢结构设计标准	GB 50017—2003		2017/12/12	2018/7/1
10.11-3-34	10.11			GB 50019—2015	工业建筑供暖通风与空气调节设计规范	GB 50019—2003		2015/5/11	2016/2/1
10.11-3-35	10.11		P21	GB 50021—2009	岩土工程勘察规范（2009年版）	GB 50021—1994		2009/7/1	2009/7/1

序号	GW 分类	ICS 分类	GB 分类	标准号	中 文 名 称	代替标准	采用关系	发布日期	实施日期
10.11-3-36	10.11		P31	GB 50034—2013	建筑照明设计标准			2013/11/29	2014/6/1
10.11-3-37	10.11		P31	GB 50057—2010	建筑物防雷设计规范	GB 50057—1994; GB 50057—2000; GB 50057 E—2000		2010/11/3	2011/10/1
10.11-3-38	10.11			GB 50116—2013	火灾自动报警系统设计规范	GB 50116—1998		2013/9/6	2014/5/1
10.11-3-39	10.11	91.020	P50	GB 50188—2007	村镇规划标准	GB 50188—1993; GB 50188—2006		2007/1/16	2007/5/1
10.11-3-40	10.11			GB 50189—2015	公共建筑节能设计标准			2015/2/2	2015/10/1
10.11-3-41	10.11		P15	GB 50191—2012	构筑物抗震设计规范	GB 50191 T—1993; GB 50191 E—1993; GB 50191—1993		2012/5/28	2012/10/1
10.11-3-42	10.11		P15	GB 50260—2013	电力设施抗震设计规范			2013/1/28	2013/9/1
10.11-3-43	10.11		P94	GB 50264—2013	工业设备及管道绝热工程设计规范			2013/3/14	2013/10/1
10.11-3-44	10.11		P33	GB 50314—2015	智能建筑设计标准	GB/T 50314—2006		2015/3/8	2015/11/1
10.11-3-45	10.11			GB 50324—2014	冻土工程地质勘察规范			2014/12/2	2015/8/1
10.11-3-46	10.11			GB 50330—2013	建筑边坡工程技术规范			2013/11/1	2014/6/1
10.11-3-47	10.11			GB 50367—2013	混凝土结构加固设计规范	GB 50367—2006		2013/11/1	2014/6/1
10.11-3-48	10.11	91.040.10	P33	GB 50394—2007	入侵报警系统工程设计规范			2007/2/27	2007/8/1
10.11-3-49	10.11	91.040.10	P33	GB 50395—2007	视频安防监控系统工程设计规范			2007/2/27	2007/8/1
10.11-3-50	10.11	91.020	P50	GB 50413—2007	城市抗震防灾规划标准			2007/4/13	2007/11/1
10.11-3-51	10.11			GB 50463—2019	工程隔振设计标准	GB 50463—2008		2019/11/22	2020/6/1
10.11-3-52	10.11			GB/T 50476—2019	混凝土结构耐久性设计标准	GB/T 50476—2008		2019/6/19	2019/12/1
10.11-3-53	10.11			GB/T 50502—2009	建筑施工组织设计规范			2009/5/13	2009/10/1
10.11-3-54	10.11			GB 50515—2010	导（防）静电地面设计规范			2010/5/31	2010/12/1
10.11-3-55	10.11			GB/T 50531—2009	建设工程计价设备材料划分标准			2009/9/3	2009/12/1
10.11-3-56	10.11		P15	GB 50556—2010	工业企业电气设备抗震设计规范			2010/5/31	2010/12/1
10.11-3-57	10.11		P32	GB 50611—2010	电子工程防静电设计规范			2010/7/15	2011/2/1
10.11-3-58	10.11			GB 50689—2011	通信局（站）防雷与接地工程设计规范			2011/4/2	2012/5/1

10

序号	GW分类	ICS分类	GB分类	标准号	中 文 名 称	代替标准	采用关系	发布日期	实施日期
10.11-3-59	10.11			GB 50702—2011	砌体结构加固设计规范			2011/7/26	2012/8/1
10.11-3-60	10.11			GB/T 50719—2011	电磁屏蔽室工程技术规范			2011/7/26	2012/6/1
10.11-3-61	10.11			GB 50762—2012	秸秆发电厂设计规范			2012/6/29	2012/10/1
10.11-3-62	10.11			GB/T 50786—2012	建筑电气制图标准			2012/5/28	2012/10/1
10.11-3-63	10.11		P15	GB 50981—2014	建筑机电工程抗震设计规范			2014/10/9	2015/8/1
10.11-3-64	10.11			GB 51018—2014	水土保持工程设计规范			2014/12/2	2015/8/1
10.11-3-65	10.11		P32	GB/T 51082—2015	工业建筑涂装设计规范			2015/1/21	2015/9/1
10.11-3-66	10.11			GB 51245—2017	工业建筑节能设计统一标准			2017/5/27	2018/1/1
10.11-3-67	10.11			GB 8702—2014	电磁环境控制限值	GB 8702—1988; GB 9175—1988		2014/9/23	2015/1/1
10.11-3-68	10.11			GB/T 51358—2019	城市地下空间规划标准			2019/3/13	2019/10/1
10.11-4-69	10.11	91.140.80	P42	CJJ 142—2014	建筑屋面雨水排水系统技术规程			2014/3/27	2014/9/1
10.11-4-70	10.11	27.140	F00	DL/T 1108—2009	电力工程项目编号及产品文件管理规定	DLGJ 28—1992; DLGJ 123—1995		2009/7/22	2009/12/1
10.11-4-71	10.11	29.020	K01	DL/T 1344—2014	干扰性用户接入电力系统技术规范			2014/10/15	2015/3/1
10.11-4-72	10.11	29.020	K04	DL/T 1533—2016	电力系统雷区分布图绘制方法			2016/1/7	2016/6/1
10.11-4-73	10.11	07.040	P11	DL/T 5034—2006	电力工程水文地质勘测技术规程	DL 5034—1994		2006/5/6	2006/10/1
10.11-4-74	10.11			DL/T 5085—2021	钢—混凝土组合结构设计规程	DL/T 5085—1999		2021/4/26	2021/10/26
10.11-4-75	10.11	93.020	P10	DL/T 5093—2016	电力岩土工程勘测资料整编技术规程	DL/T 5104—1999; DL/T 5093—1999		2016/1/7	2016/6/1
10.11-4-76	10.11	29.020	F24	DL/T 5104—2016	电力工程工程地质测绘技术规程	DL/T 5104—1999		2016/1/7	2016/6/1
10.11-4-77	10.11	93.020	P11	DL/T 5138—2014	电力工程数字摄影测量规程	DL/T 5138—2001		2014/10/15	2015/3/1
10.11-4-78	10.11	93.020	P10	DL/T 5158—2012	电力工程气象勘测技术规程	DL 5158—2002		2012/1/4	2012/3/1
10.11-4-79	10.11	27.100	P60	DL/T 5159—2012	电力工程物探技术规程	DL/T 5159—2002		2012/8/23	2012/12/1
10.11-4-80	10.11	27.100	P62	DL/T 5222—2005	导体和电器选择设计技术规定	SDGJ 14—1986		2005/2/14	2005/6/1
10.11-4-81	10.11	27.100	F25	DL/T 5334—2016	电力工程勘测安全规程	DL 5334—2006		2016/8/16	2016/12/1
10.11-4-82	10.11	27.100	P60	DL/T 5390—2014	发电厂和变电站照明设计技术规定	DL/T 5390—2007		2014/10/15	2015/3/1

10

序号	GW 分类	ICS 分类	GB 分类	标准号	中 文 名 称	代替标准	采用关系	发布日期	实施日期
10.11-4-83	10.11			DL/T 5467—2021	输变电工程初步设计概算编制导则	DL/T 5467—2013		2021/4/26	2021/10/26
10.11-4-84	10.11	93.020	P14	DL/T 5492—2014	电力工程遥感调查技术规程			2014/10/15	2015/3/1
10.11-4-85	10.11	60.606	Y78	DL/T 5522—2017	特高压输变电工程压覆矿产资源调查内容深度规定			2017/3/28	2017/8/1
10.11-4-86	10.11	29.240	P62	DL/T 5530—2017	特高压输变电工程水土保持方案内容深度规定			2017/8/2	2017/12/1
10.11-4-87	10.11	93.020	P11	DL/T 5533—2017	电力工程测量精度标准			2017/8/2	2017/12/1
10.11-4-88	10.11	27.1	F21	DL/T 5538—2017	电力系统安全稳定控制工程建设预算项目划分导则			2017/11/15	2018/3/1
10.11-4-89	10.11	29.240	P62	DL/T 5543—2018	特高压输变电工程环境影响评价内容深度规定			2018/6/6	2018/10/1
10.11-4-90	10.11	29.240	F20	DL/T 686—2018	电力网电能损耗计算导则	DL/T 686—1999		2018/12/25	2019/5/1
10.11-4-91	10.11	27.140	F20	DL/T 1981.2—2020	统一潮流控制器 第 2 部分：系统设计导则			2020/10/23	2021/2/1
10.11-4-92	10.11			HG/T 20718—2020	基坑减压双排帷幕支护结构设计规范			2020/12/9	2021/4/1
10.11-4-93	10.11			JGJ/T 84—2015	岩土工程勘察术语标准			2015/1/9	2015/9/1
10.11-4-94	10.11	27.18	P61	NB/T 10101—2018	风电场工程等级划分及设计安全标准			2018/12/25	2019/5/1
10.11-4-95	10.11	35.040		NB/T 33030—2018	国民经济行业用电分类			2018/6/6	2018/10/1
10.11-4-96	10.11			NB/T 51079—2017	气膜钢筋混凝土结构设计规范			2017/12/27	2018/6/1
10.11-5-97	10.11	03.100.40；29.020	K04	IEC 61160：2006	设计评审	IEC 61160：1992；IEC 61160 AMD 1：1994；IEC 61160：2005；IEC 56/1044/FDIS：2005		2006/2/1	2006/2/1
10.11-5-98	10.11	13.020.01		IEC 62430：2019	环保设计 原则、要求和指导 版本 2.0	IEC 62430：2009		2019/10/1	2019/10/1
10.11-5-99	10.11	27.100	F21	IEEE 1547.4—2011	带电力系统的分布式资源孤岛系统的设计、操作和集成指南			2011/7/20	2011/7/20

10

11 工程建设

11.1 工程建设-基础综合

序号	GW 分类	ICS 分类	GB 分类	标准号	中 文 名 称	代替标准	采用关系	发布日期	实施日期
11.1-2-1	11.1	29.240		Q/GDW 10248.1—2016	输变电工程建设标准强制性条文实施管理规程 第 1 部分：通则	Q/GDW 248.1—2008		2016/12/22	2016/12/22
11.1-2-2	11.1	29.240		Q/GDW 10248.3—2016	输变电工程建设标准强制性条文实施管理规程 第 3 部分：变电（换流）站建筑工程施工	Q/GDW 248.3—2008		2016/12/22	2016/12/22
11.1-2-3	11.1	29.240		Q/GDW 10248.5—2016	输变电工程建设标准强制性条文实施管理规程 第 5 部分：变电（换流）站电气工程施工	Q/GDW 248.5—2008		2016/12/22	2016/12/22
11.1-2-4	11.1			Q/GDW 10250—2021	输变电工程建设安全文明施工规程	Q/GDW 250—2009		2021/7/9	2021/7/9
11.1-2-5	11.1	29.240		Q/GDW 10742—2016	配电网施工检修工艺规范	Q/GDW 742—2012		2017/10/9	2017/10/9
11.1-2-6	11.1	29.240		Q/GDW 11382.1—2015	国家电网公司小型基建项目建设标准 第 1 部分：调度生产管理用房			2015/7/13	2015/7/13
11.1-2-7	11.1	29.240		Q/GDW 11382.2—2015	国家电网公司小型基建项目建设标准 第 2 部分：乡镇供电所生产营业用房			2015/7/13	2015/7/13
11.1-2-8	11.1	29.240		Q/GDW 11382.3—2015	国家电网公司小型基建项目建设标准 第 3 部分：运维检修生产用房			2015/7/13	2015/7/13
11.1-2-9	11.1	29.240		Q/GDW 11382.4—2015	国家电网公司小型基建项目建设标准 第 4 部分：营销服务用房			2015/7/13	2015/7/13
11.1-2-10	11.1	29.240		Q/GDW 11382.5—2015	国家电网公司小型基建项目建设标准 第 5 部分：物资仓库			2015/7/13	2015/7/13
11.1-2-11	11.1	29.240		Q/GDW 11390—2015	清水混凝土防火墙组合大钢模板技术导则			2015/7/17	2015/7/17
11.1-2-12	11.1	29.240		Q/GDW 11527—2016	输变电工程地质灾害防治技术导则			2016/12/22	2016/12/22
11.1-2-13	11.1	03.100		Q/GDW 11562—2016	国家电网公司非生产性技改项目技术规范			2017/10/30	2017/10/30
11.1-2-14	11.1	03.100		Q/GDW 11563—2016	国家电网公司非生产性大修项目技术规范			2017/10/30	2017/10/30
11.1-2-15	11.1	29.240		Q/GDW 11653—2017	输变电工程地基基础检测规范			2018/2/13	2018/2/13
11.1-2-16	11.1			Q/GDW 11738—2017	500kV 及以上输变电工程基建停电施工工期管理导则			2018/7/11	2018/7/11
11.1-2-17	11.1	29.240.20		Q/GDW 11842—2018	输变电工程选址选线卫星遥感影像应用技术导则			2019/8/30	2019/8/30
11.1-2-18	11.1	29.240		Q/GDW 11843—2018	电网小型基建项目初步设计内容深度规定			2019/8/26	2019/8/26

序号	GW分类	ICS分类	GB分类	标准号	中 文 名 称	代替标准	采用关系	发布日期	实施日期
11.1-2-19	11.1	29.020		Q/GDW 11959—2019	快速动态响应同步调相机工程调试技术规范			2020/7/31	2020/7/31
11.1-2-20	11.1			Q/GDW 12079—2021	多旋翼无人机输变电工程安全质量检查技术导则			2021/5/12	2021/5/12
11.1-2-21	11.1			Q/GDW 12081—2021	输变电项目全过程工程咨询导则			2021/5/12	2021/5/12
11.1-2-22	11.1			Q/GDW 12087—2021	输变电设备物联网传感器安装及验收规范			2021/12/6	2021/12/6
11.1-2-23	11.1			Q/GDW 12088—2021	输变电设备物联网节点设备安装及验收规范			2021/12/6	2021/12/6
11.1-2-24	11.1			Q/GDW 12152—2021	输变电工程建设施工安全风险管理规程			2021/7/9	2021/7/9
11.1-2-25	11.1			Q/GDW 1781—2013	交流电力工程接地防腐技术规范			2013/4/12	2013/4/12
11.1-2-26	11.1			Q/GDW 1798—2013	直流输电工程启动及竣工验收规程			2013/4/12	2013/4/12
11.1-2-27	11.1	29.020		Q/GDW 567—2010	配电自动化系统验收技术规范			2010/12/30	2010/12/30
11.1-2-28	11.1	29.020		Q/GDW 737—2012	绝缘子用常温固化硅橡胶防污闪涂料现场施工技术规范			2012/5/24	2012/5/24
11.1-3-29	11.1	21.060.10	J13	GB/T 1228—2006	钢结构用高强度大六角头螺栓	GB/T 1228—1991	ISO 7412：1984 NEQ	2006/3/27	2006/11/1
11.1-3-30	11.1	25.160.07	J33	GB/T 16672—1996	焊缝—工作位置—倾角和转角的定义			1996/12/18	1997/7/1
11.1-3-31	11.1	91.120.25	P15	GB/T 17742—2020	中国地震烈度表	GB/T 17742—2008		2020/7/21	2021/2/1
11.1-3-32	11.1	25.160.10	J33	GB/T 19804—2005	焊接结构的一般尺寸公差和形位公差			2005/6/8	2005/12/1
11.1-3-33	11.1	25.160.10	J33	GB/T 19867.1—2005	电弧焊焊接工艺规程			2005/8/10	2006/4/1
11.1-3-34	11.1	91.100.10	Q11	GB/T 208—2014	水泥密度测定方法	GB/T 208—1994		2014/6/9	2014/12/1
11.1-3-35	11.1	03.080.99	A20	GB/T 26429—2010	设备工程监理规范			2011/1/14	2011/7/1
11.1-3-36	11.1	25.160.40	H26	GB/T 26951—2011	焊缝无损检测磁粉检测			2011/9/29	2012/3/1
11.1-3-37	11.1	25.160.40	H26	GB/T 26952—2011	焊缝无损检测焊缝磁粉检测验收等级			2011/9/29	2012/3/1
11.1-3-38	11.1	25.160.40	H26	GB/T 26953—2011	焊缝无损检测焊缝渗透检测验收等级			2011/9/29	2012/3/1
11.1-3-39	11.1	25.160.40	H26	GB/T 26954—2011	焊缝无损检测基于复平面分析的焊缝涡流检测			2011/9/29	2012/3/1
11.1-3-40	11.1	91.100.30	J33	GB/T 33148—2016	钎焊术语			2016/10/13	2017/5/1
11.1-3-41	11.1	91.120.10	P31	GB/T 34010—2017	建筑物气密性测定方法 风扇压力法		ISO 9972：2006	2017/7/12	2018/6/1
11.1-3-42	11.1	03.100.99	A01	GB/T 37181—2018	钢筋混凝土腐蚀控制工程全生命周期 通用要求			2018/12/28	2019/11/1
11.1-3-43	11.1	25.220.99	A29	GB/T 37575—2019	埋地接地体阴极保护技术			2019/6/4	2020/5/1

11

序号	GW分类	ICS分类	GB分类	标准号	中 文 名 称	代替标准	采用关系	发布日期	实施日期
11.1-3-44	11.1	01.040.77	H40	GB/T 38937—2020	钢筋混凝土用钢术语			2020/6/2	2020/12/1
11.1-3-45	11.1	07.060	P13	GB/T 40112—2021	地质灾害危险性评估规范			2021/5/21	2021/12/1
11.1-3-46	11.1			GB 50009—2012	建筑结构荷载规范	GB 50009—2001; GB 50009—2006		2012/5/28	2012/10/1
11.1-3-47	11.1		P15	GB 50023—2009	建筑抗震鉴定标准	GB 50023—1995		2009/6/5	2009/7/1
11.1-3-48	11.1	93.020	P11	GB 50026—2020	工程测量标准	GB 50026—2007		2020/11/10	2021/6/1
11.1-3-49	11.1			GB/T 50046—2018	工业建筑防腐蚀设计标准	GB 50046—2008		2018/9/11	2019/3/1
11.1-3-50	11.1			GB 50068—2018	建筑结构可靠性设计统一标准	GB 50068—2001		2018/11/1	2019/4/1
11.1-3-51	11.1			GB 50089—2018	民用爆破物品工程设计安全标准	GB 50089—2007		2018/7/10	2019/3/1
11.1-3-52	11.1			GB/T 50107—2010	混凝土强度检验评定标准			2010/5/31	2010/12/1
11.1-3-53	11.1		P32	GB 50108—2008	地下工程防水技术规范	GB 50108 E—2001; GB 50108—2001		2008/11/27	2009/4/1
11.1-3-54	11.1			GB 50119—2013	混凝土外加剂应用技术规范	GB 50119—2003		2013/8/8	2014/3/1
11.1-3-55	11.1			GB 50143—2018	架空电力线路、变电站（所）对电视差转台、转播台无线电干扰防护间距标准	GBJ 143—1990		2018/9/11	2019/3/1
11.1-3-56	11.1			GB 50164—2011	混凝土质量控制标准			2011/4/2	2012/5/1
11.1-3-57	11.1	91.040.01	P32；P04	GB 50209—2010	建筑地面工程施工质量验收规范	GB 50209 E—2002; GB 50209—2002		2010/5/31	2010/12/1
11.1-3-58	11.1		P94	GB 50236—2011	现场设备、工业管道焊接工程施工规范	GB 50236 E—1998; GB 50236—1998		2011/2/18	2011/10/1
11.1-3-59	11.1			GB/T 50252—2018	工业安装工程施工质量验收统一标准	GB 50252—2010		2018/9/11	2019/3/1
11.1-3-60	11.1		Q13	GB/T 50266—2013	工程岩体试验方法标准	GB/T 50266—1999		2013/1/28	2013/9/1
11.1-3-61	11.1			GB/T 50269—2015	地基动力特性测试规范	GB/T 50269—1997		2015/8/27	2016/5/1
11.1-3-62	11.1			GB 50300—2013	建筑工程施工质量验收统一标准	GB 50300—2001		2013/11/1	2014/6/1
11.1-3-63	11.1			GB/T 50312—2016	综合布线系统工程验收规范	GB/T 50312—2007		2016/8/26	2017/4/1
11.1-3-64	11.1			GB/T 50315—2011	砌体工程现场检测技术标准	GB/T 50315—2000		2011/7/29	2012/3/1
11.1-3-65	11.1			GB/T 50319—2013	建设工程监理规范	GB 50319—2000		2013/5/13	2014/3/1
11.1-3-66	11.1			GB/T 50326—2017	建设工程项目管理规范	GB/T 50326—2006		2017/5/4	2018/1/1
11.1-3-67	11.1			GB/T 50328—2019	建设工程文件归档规范			2019/12/29	2020/3/1
11.1-3-68	11.1			GB 50339—2013	智能建筑工程质量验收规范	GB 50339—2003		2013/6/26	2014/2/1

11

序号	GW分类	ICS分类	GB分类	标准号	中 文 名 称	代替标准	采用关系	发布日期	实施日期
11.1-3-69	11.1			GB 50348—2018	安全防范工程技术标准	GB 50348—2004		2018/5/14	2018/12/1
11.1-3-70	11.1			GB/T 50353—2013	建筑工程建筑面积计算规范	GB/T 50353—2005		2013/12/19	2014/7/1
11.1-3-71	11.1			GB/T 50358—2017	建设项目工程总承包管理规范	GB/T 50358—2005		2017/5/4	2018/1/1
11.1-3-72	11.1			GB/T 50375—2016	建筑工程施工质量评价标准	GB/T 50375—2006		2016/8/18	2017/4/1
11.1-3-73	11.1			GB 50401—2006	消防通信指挥系统施工及验收规范			2007/2/27	2007/7/1
11.1-3-74	11.1	13.220.01	P16	GB 50401—2007	消防通信指挥系统施工及验收规范			2007/2/27	2007/7/1
11.1-3-75	11.1	91.010.01	P32	GB 50411—2019	建筑节能工程施工质量验收规范	GB 50411—2007		2019/5/24	2019/12/1
11.1-3-76	11.1			GB 50496—2018	大体积混凝土施工标准	GB 50496—2009		2018/4/25	2018/12/1
11.1-3-77	11.1			GB 50550—2010	建筑结构加固工程施工质量验收规范			2010/7/15	2011/2/1
11.1-3-78	11.1		P91	GB 50575—2010	1kV及以下配线工程施工与验收规范			2010/5/31	2010/12/1
11.1-3-79	11.1			GB/T 50585—2019	岩土工程勘察安全标准	GB 50585—2010		2019/2/13	2019/8/1
11.1-3-80	11.1		P32	GB 50601—2010	建筑物防雷工程施工与质量验收规范			2010/7/15	2011/2/1
11.1-3-81	11.1		P33	GB 50606—2010	智能建筑工程施工规范			2010/7/15	2011/2/1
11.1-3-82	11.1		P91	GB 50617—2010	建筑电气照明装置施工与验收规范			2010/8/18	2011/6/1
11.1-3-83	11.1		P27	GB 50628—2010	钢管混凝土工程施工质量验收规范			2010/11/3	2011/10/1
11.1-3-84	11.1			GB 50661—2011	钢结构焊接规范			2011/12/5	2012/8/1
11.1-3-85	11.1			GB 50666—2011	混凝土结构工程施工规范			2011/7/29	2012/8/1
11.1-3-86	11.1			GB 50755—2012	钢结构工程施工规范			2012/1/21	2012/8/1
11.1-3-87	11.1			GB/T 50841—2013	建设工程分类标准			2012/12/25	2013/5/1
11.1-3-88	11.1			GB 50870—2013	建筑施工安全技术统一规范			2013/5/13	2014/3/1
11.1-3-89	11.1		P16	GB 50877—2014	防火卷帘、防火门、防火窗施工及验收规范			2014/1/9	2014/8/1
11.1-3-90	11.1			GB/T 50905—2014	建筑工程绿色施工规范			2014/1/29	2014/10/1
11.1-3-91	11.1			GB 50924—2014	砌体结构工程施工规范			2014/1/29	2014/10/1
11.1-3-92	11.1			GB 50944—2013	防静电工程施工与质量验收规范			2013/11/29	2014/6/1
11.1-3-93	11.1			GB 51004—2015	建筑地基基础工程施工规范			2015/3/8	2015/11/1
11.1-3-94	11.1			GB/T 51231—2016	装配式混凝土建筑技术标准			2017/1/10	2017/6/1
11.1-3-95	11.1			GB/T 51232—2016	装配式钢结构建筑技术标准			2017/1/10	2017/6/1
11.1-3-96	11.1			GB/T 51238—2018	岩溶地区建筑地基基础技术标准			2018/11/1	2019/4/1

11

序号	GW 分类	ICS 分类	GB 分类	标准号	中 文 名 称	代替标准	采用关系	发布日期	实施日期
11.1-3-97	11.1			GB/T 51240—2018	生产建设项目水土保持监测与评价标准			2018/11/1	2019/4/1
11.1-3-98	11.1			GB/T 51297—2018	水土保持工程调查与勘测标准			2018/11/1	2019/4/1
11.1-3-99	11.1			GB/T 51336—2018	地下结构抗震设计标准			2018/11/1	2019/4/1
11.1-3-100	11.1			GB/T 51351—2019	建筑边坡工程施工质量验收标准			2019/1/24	2019/9/1
11.1-3-101	11.1			GB/T 51355—2019	既有混凝土结构耐久性评定标准			2019/2/13	2019/8/1
11.1-3-102	11.1			GB 55001—2021	工程结构通用规范			2020/4/9	2022/1/1
11.1-3-103	11.1			GB 55006—2021	钢结构通用规范			2020/4/9	2022/1/1
11.1-3-104	11.1			GB 55007—2021	砌体结构通用规范			2020/4/9	2022/1/1
11.1-3-105	11.1	25.160.01	J33	GB 9448—1999	焊接与切割安全	GB 9448—1988		1999/9/3	2000/5/1
11.1-3-106	11.1	25.160.01	J33	GB/T 985.2—2008	埋弧焊的推荐坡口	GB/T 986—1988		2008/3/31	2008/9/1
11.1-4-107	11.1		H48	CECS 280—2010	钢管结构技术规程			2010/9/7	2010/12/1
11.1-4-108	11.1			CECS 343—2013	钢结构防腐蚀涂装技术规程			2013/7/25	2013/10/1
11.1-4-109	11.1	91.080.40	P25	CECS 38—2004	纤维混凝土结构技术规程	CECS 38—1992		2004/7/30	2004/11/1
11.1-4-110	11.1	13.030.40	Z71	CJJ/T 134—2019	建筑垃圾处理技术标准	CJJ 134—2009		2019/3/29	2019/11/1
11.1-4-111	11.1	27.100	F20	DL/T 1071—2014	电力大件运输规范	DL/T 1071—2007		2014/3/18	2014/8/1
11.1-4-112	11.1	27.100	F20	DL/T 1362—2014	输变电工程项目质量管理规程			2014/10/15	2015/3/1
11.1-4-113	11.1	27.100	F20	DL/T 1363—2014	电网建设项目文件归档与档案整理规范			2014/10/15	2015/3/1
11.1-4-114	11.1			DL/T 2030—2019	输变电回路可靠性评价规程			2019/6/4	2019/10/1
11.1-4-115	11.1	00.00	A00	DL/T 2197—2020	电力工程信息模型应用统一标准			2020/10/23	2021/2/1
11.1-4-116	11.1			DL/T 2272—2021	输变电工程环境监理规范			2021/4/26	2021/10/26
11.1-4-117	11.1	29.240	H40/59	DL/T 2312—2021	输变电工程钢构件热浸镀锌铝镁稀土合金镀层技术条件			2021/4/26	2021/10/26
11.1-4-118	11.1	93.020	P10	DL/T 5024—2020	电力工程地基处理技术规程	DL/T 5024—2005		2020/10/23	2021/2/1
11.1-4-119	11.1			DL/T 5084—2021	电力工程水文技术规程	DL/T 5084—2012		2021/11/16	2022/2/16
11.1-4-120	11.1	29.240.10	P13	DL/T 5096—2008	电力工程钻探技术规程	DL 5096—1999;DL 5171—2002		2008/6/4	2008/11/1
11.1-4-121	11.1	27.100	P61	DL/T 5161.1—2018	电气装置安装工程质量检验及评定规程 第1部分：通则	DL/T 5161.1—2002		2018/12/25	2019/5/1
11.1-4-122	11.1	27.100	P61	DL/T 5161.6—2018	电气装置安装工程质量检验及评定规程 第6部分：接地装置施工质量检验	DL/T 5161.6—2002		2018/12/25	2019/5/1

序号	GW 分类	ICS 分类	GB 分类	标准号	中 文 名 称	代替标准	采用关系	发布日期	实施日期
11.1-4-123	11.1	27.100	P61	DL/T 5161.10—2018	电气装置安装工程质量检验及评定规程 第10 部分：66kV 及以下架空电力线路施工质量检验	DL/T 5161.10—2002		2018/12/25	2019/5/1
11.1-4-124	11.1	27.100	P61	DL/T 5161.12—2018	电气装置安装工程质量检验及评定规程 第12 部分：低压电器施工质量检验	DL/T 5161.12—2002		2018/12/25	2019/5/1
11.1-4-125	11.1	27.100	P61	DL/T 5161.16—2018	电气装置安装工程质量检验及评定规程 第16 部分：1kV 及以下配线工程施工质量检验	DL/T 5161.16—2002		2018/12/25	2019/5/1
11.1-4-126	11.1	27.100	P61	DL/T 5161.17—2018	电气装置安装工程质量检验及评定规程 第17 部分：电气照明装置施工质量检验	DL/T 5161.17—2002		2018/12/25	2019/5/1
11.1-4-127	11.1	27.100	P61	DL 5190.1—2012	电力建设施工技术规范 第 1 部分：土建结构工程	SDJ 69—1987		2012/4/6	2012/7/1
11.1-4-128	11.1	27.040	P91	DL 5190.9—2012	电力建设施工技术规范 第 9 部分：水工结构工程	SDJ 280—1990		2012/4/6	2012/7/1
11.1-4-129	11.1			DL/T 5193—2021	环氧树脂砂浆技术规程	DL/T 5193—2004		2021/4/26	2021/10/26
11.1-4-130	11.1	27.100	P60/64	DL/T 5210.1—2021	电力建设施工质量验收规程 第 1 部分：土建工程	DL/T 5210.1—2012		2021/1/7	2021/7/1
11.1-4-131	11.1			DL/T 5210.5—2018	电力建设施工质量验收规程 第 5 部分：焊接	DL/T 5210.7—2010		2018/12/25	2019/5/1
11.1-4-132	11.1			DL/T 5229—2016	电力工程竣工图文件编制规定	DL/T 5229—2005		2016/1/7	2016/6/1
11.1-4-133	11.1	27.100	P60	DL 5279—2012	输变电工程达标投产验收规程			2012/4/6	2012/7/1
11.1-4-134	11.1			DL/T 5394—2021	电力工程地下金属构筑物防腐技术导则	DL/T 5394—2007		2021/1/7	2021/7/1
11.1-4-135	11.1	29.020	K09	DL/T 5408—2009	发电厂、变电站电子信息系统 220/380V 电源电涌保护配置、安装及验收规程			2009/7/22	2009/12/1
11.1-4-136	11.1	27.140	P59	DL/T 5425—2018	深层搅拌法地基处理技术规范	DL/T 5425—2009		2018/12/25	2019/5/1
11.1-4-137	11.1	29.020	K01	DL/T 5434—2021	电力建设工程监理规范	DL/T 5434—2009		2021/1/7	2021/7/1
11.1-4-138	11.1	27.100	P11	DL/T 5445—2010	电力工程施工测量技术规范			2010/8/27	2010/12/15
11.1-4-139	11.1			DL/T 5528—2017	输变电工程结算审核报告编制导则			2017/3/28	2017/8/1
11.1-4-140	11.1	29.240	P62	DL/T 5574—2020	输变电工程调试项目计价办法			2020/10/23	2021/2/1
11.1-4-141	11.1	93.020	P10	DL/T 5578—2020	电力工程施工测量标准	DL/T 5445—2010		2020/10/23	2021/2/1
11.1-4-142	11.1			DL/T 5700—2014	城市居住区供配电设施建设规范			2014/10/15	2015/3/1
11.1-4-143	11.1	27.100	F20	DL/T 5710—2014	电力建设土建工程施工技术检验规范			2014/10/15	2015/3/1
11.1-4-144	11.1	29.240.20	P60	DL/T 5759—2017	配电系统电气装置安装工程施工及验收规范			2017/12/27	2018/6/1

11

序号	GW 分类	ICS 分类	GB 分类	标准号	中 文 名 称	代替标准	采用关系	发布日期	实施日期
11.1-4-145	11.1			DL/T 5794—2019	灌浆记录仪检验规程			2019/11/4	2020/5/1
11.1-4-146	11.1	25.160.10	J33	DL/T 5804—2019	水工碾压混凝土工艺试验规程			2019/11/4	2020/5/1
11.1-4-147	11.1	13.030.01	Z04	DL/T 5814—2020	变电站、换流站土建工程施工质量验收规程			2020/10/23	2021/2/1
11.1-4-148	11.1			DL/T 646—2021	输变电钢管结构制造技术条件	DL/T 646—2012		2021/1/7	2021/7/1
11.1-4-149	11.1	25.160.10	J33	DL/T 678—2013	电力钢结构焊接通用技术条件	DL/T 678—1999		2013/3/7	2013/8/1
11.1-4-150	11.1	25.166.10	J33	DL/T 754—2013	母线焊接技术规程	DL/T 754—2001		2013/3/7	2013/8/1
11.1-4-151	11.1			DL/T 825—2021	电能计量装置安装接线规则	DL/T 825—2002		2020/12/14	2021/3/1
11.1-4-152	11.1	27.100	P61	DL/T 868—2014	焊接工艺评定规程	DL/T 868—2004		2014/3/18	2014/8/1
11.1-4-153	11.1			HG/T 20691—2017	高压喷射注浆施工技术规范	HG/T 20691—2006		2017/7/7	2018/1/1
11.1-4-154	11.1	01.040.13		HJ 705—2020	建设项目竣工环境保护验收技术规范 输变电	HJ 705—2014		2020/1/16	2020/8/1
11.1-4-155	11.1	91.100.99	Q18	JC/T 2561—2020	建筑装饰用不燃级金属复合板			2020/4/24	2020/10/1
11.1-4-156	11.1	91.100.99	Q18	JC/T 2605—2021	建筑装饰用氟碳覆膜金属板			2021/3/5	2021/7/1
11.1-4-157	11.1		P97	JGJ/T 10—2011	混凝土泵送施工技术规程	JGJ 10—1995		2011/7/13	2012/3/1
11.1-4-158	11.1			JGJ 126—2015	外墙饰面砖工程施工及验收规程			2015/1/9	2015/9/1
11.1-4-159	11.1	91.040.01	P09	JGJ 146—2013	建设工程施工现场环境与卫生标准	JGJ 146—2004		2013/11/8	2014/6/1
11.1-4-160	11.1			JGJ/T 157—2014	建筑轻质条板隔墙技术规程	JGJ/T 157—2008；JGJ 48—1988		2014/6/5	2014/12/1
11.1-4-161	11.1		J33	JGJ 18—2012	钢筋焊接及验收规程	JGJ 18—2003		2012/3/1	2012/8/1
11.1-4-162	11.1			JGJ/T 29—2015	建筑涂饰工程施工及验收规程			2015/3/13	2015/11/1
11.1-4-163	11.1			JGJ 348—2014	建筑工程施工现场标志设置技术规程			2014/10/20	2015/5/1
11.1-4-164	11.1			JGJ/T 401—2017	锚杆检测与监测技术规程			2017/2/20	2017/9/1
11.1-4-165	11.1			JGJ/T 419—2018	长螺旋钻孔压灌桩技术标准			2018/12/6	2019/6/1
11.1-4-166	11.1			JGJ 80—2016	建筑施工高处作业安全技术规范	JGJ 80—1991		2016/7/9	2016/12/1
11.1-4-167	11.1	27.100	K46	NB/T 10096—2018	电力建设工程施工安全管理导则			2018/10/29	2019/3/1
11.1-4-168	11.1			NB/T 10189—2019	输变电设备 大气环境条件 监测方法			2019/6/4	2019/10/1
11.1-4-169	11.1	29.240.01	K45	NB/T 10191—2019	继电保护光纤回路标识编制方法			2019/6/4	2019/10/1
11.1-4-170	11.1			NB/T 10279—2019	输变电设备 湿热环境条件			2019/11/4	2020/5/1
11.1-4-171	11.1	23.040.60	J15	NB/T 47023—2012	长颈对焊法兰	JB/T 4703—2000		2012/11/9	2013/3/1

11

序号	GW 分类	ICS 分类	GB 分类	标准号	中 文 名 称	代替标准	采用关系	发布日期	实施日期
11.1-4-172	11.1			T/CEC 401—2020	输变电金属材料及镀层的盐雾—盐溶液周浸加速腐蚀试验方法			2020/10/28	2021/2/1
11.1-4-173	11.1			T/CEC 5018—2020	输变电工程激光雷达测量技术应用导则			2020/6/30	2020/10/1
11.1-4-174	11.1			T/CEC 5019—2020	输变电工程卫星影像测量技术导则			2020/6/30	2020/10/1
11.1-4-175	11.1			T/CEC 5020—2020	输变电工程无人机航空摄影测量技术应用导则			2020/6/30	2020/10/1
11.1-4-176	11.1	33.020	P76	YD/T 5251—2019	智能管道工程技术规范			2019/11/11	2020/1/1
11.1-4-177	11.1	77.150.10	H61	YS/T 730—2018	建筑用铝合金木纹型材	YS/T 730—2010		2020/12/9	2021/1/1
11.1-5-178	11.1			ASME B 18.2.6—2019	结构应用中使用的紧固件	ASME B 18.2.6—2006		2019/3/29	2019/3/29
11.1-5-179	11.1			ASME B 30.10—2019	索道、起重机、井架、葫芦、吊钩、千斤顶和吊索的安全标准	ASME B 30.10—2014		2019/11/21	2019/11/21
11.1-5-180	11.1			ASME B 30.27—2019	索道、起重机、井架、起重机、吊钩、千斤顶和吊索的物料放置系统安全标准	ASME B 30.27—2014		2019/1/1	2019/1/1
11.1-5-181	11.1			ASME B 30.30—2019	索道、起重机、井架、提升机、挂钩、千斤顶和吊索的安全标准			2019/3/4	2019/3/4
11.1-5-182	11.1			BS 8297—2017	建筑预制混凝土覆层的设计、制造和安装 实务守则	BS 8297—2000		2017/10/31	2017/10/31
11.1-5-183	11.1	13.220.01；91.040.01		BS 9999—2017	建筑物设计、管理和使用中的消防安全 实务守则	BS 9999—2008		2017/1/31	2017/1/31
11.1-5-184	11.1			BS 9999—2017+AC—2017	建筑物的设计、管理和使用中的消防安全 实务守则 CORRI：2017 年 2 月			2017/1/31	2017/1/31
11.1-5-185	11.1			BS 9999—2017- racked Changes—2017	建筑物的设计、管理和使用中的消防安全 操作规范			2017/1/31	2017/1/31
11.1-5-186	11.1			BS EN 13491—2018+AC—2018	土工合成材料屏障 用于建造隧道和相关地下结构所需的特性 CORR：2018 年 9 月 30 日			2018/3/31	2018/3/31
11.1-5-187	11.1	93.020		BS EN 16907-1—2018	土方工程 原则和一般规则			2018/12/19	2018/12/19
11.1-5-188	11.1	93.020；13.080.99		BS EN 16907-2—2018	土方工程 材料分类			2018/12/14	2018/12/14
11.1-5-189	11.1	93.020		BS EN 16907-3—2018	土方工程 施工程序			2018/12/13	2018/12/13
11.1-5-190	11.1	93.020		BS EN 16907-5—2018	土方工程 质量控制			2018/12/13	2018/12/13
11.1-5-191	11.1	93.020		BS EN 16907-6—2018	土方工程 使用疏浚水力填土的填土工程			2018/12/14	2018/12/14
11.1-5-192	11.1			BS EN ISO 15630-3-2019+AC：2019	用于混凝土的钢筋和预应力的钢—试验方法 第 3 部分：预应力钢—CORR：2019 年 10 月 31 日			2019/3/31	2019/3/31

11

序号	GW 分类	ICS 分类	GB 分类	标准号	中 文 名 称	代替标准	采用关系	发布日期	实施日期
11.1-5-193	11.1			BS ISO 13315-6：2019	混凝土和混凝土结构的环境管理　混凝土结构的使用			2019/1/10	2019/1/10
11.1-5-194	11.1	13.020.10		ISO 13315-6：2019	混凝土和混凝土结构的环境管理　第6部分：混凝土结构的使用　第1版			2019/9/1	2019/9/1
11.1-5-195	11.1	13.020.10		ISO 13315-8：2019	混凝土和混凝土结构的环境管理　第8部分：环境标志和声明　第1版			2019/1/1	2019/1/1
11.1-5-196	11.1	93.020		ISO 14689：2017	岩土工程勘察和试验　岩石的识别、描述和分类　第1版	ISO 14689-1：2003		2017/12/1	
11.1-5-197	11.1	77.140.15		ISO 15835-1：2018	混凝土加固用钢筋　棒材机械接头用钢筋连接器　第1部分：要求　第2版	ISO 15835-1：2009		2018/10/1	2018/10/1
11.1-5-198	11.1	77.140.15		ISO 15835-2：2018	混凝土加固用钢筋　棒材机械接头用加强连接器　第2部分：试验方法　第2版	ISO 15835-2：2009		2018/10/1	2018/10/1
11.1-5-199	11.1	77.140.15		ISO 15835-3：2018	混凝土加固用钢筋　棒材机械接头用加强连接器　第3部分：合格评定方案　第1版			2018/9/1	2018/9/1
11.1-5-200	11.1	25.160.40	J33	ISO 17636-2：2013	焊缝的无损检测　放射线检验　第2部分：带数字探测器的X射线和γ射线技术	ISO 17636：2003；ISO FDIS 17636-2：2012		2013/1/1	2013/1/1
11.1-5-201	11.1			ISO 17785-2：2018	透水性混凝土试验方法　第2部分：密度和空隙率　第1版			2018/5/1	2018/5/1
11.1-5-202	11.1			ISO 18674-5：2019	岩土工程的研究和测试　通过现场仪器进行的岩土工程的监测　第5部分：通过总压力传感器（TPC）进行应力变化测量			2019/10/1	2019/10/1
11.1-5-203	11.1	91.100.30		ISO 1920-13：2018	混凝土试验　第13部分：新鲜自密实混凝土的性能　第1版			2018/6/1	2018/6/1
11.1-5-204	11.1	91.100.30		ISO 1920-14：2019	混凝土测试　第14部分：通过抗渗透性设定混凝土混合物的时间			2019/11/1	2019/11/1
11.1-5-205	11.1	91.100.30		ISO 1920-3：2019	混凝土测试　第3部分：试样的制作和固化　第2版	ISO 1920-3：2004		2019/11/1	2019/11/1
11.1-5-206	11.1	91.100.30		ISO 1920-5：2018	混凝土试验　第5部分：密度和水渗透深度　第2版	ISO 1920-5：2004		2018/6/1	2018/6/1
11.1-5-207	11.1	91.100.30		ISO 1920-6：2019	混凝土测试　第6部分：混凝土芯的采样、准备和测试　第2版	ISO 1920-6：2004		2019/10/1	2019/10/1
11.1-5-208	11.1	01.080.10		ISO 19427：2019	钢丝绳　悬索桥主缆预制平行钢绞线　规范　第1版			2019/1/1	2019/1/1

11

序号	GW 分类	ICS 分类	GB 分类	标准号	中 文 名 称	代替标准	采用关系	发布日期	实施日期
11.1-5-209	11.1	93.020		ISO 22476-10：2017	土工调查和试验 现场试验 第 10 部分：重量测试 第 1 版			2017/10/1	2017/10/1
11.1-5-210	11.1	93.020		ISO 22476-11：2017	土工调查和试验 现场试验 第 11 部分：扁平膨胀计试验 第 1 版			2017/4/1	2017/4/1
11.1-5-211	11.1	93.020		ISO 22476-6：2018	土工调查和试验 现场试验 第 6 部分：自钻式压力计试验 第 1 版			2018/9/1	2018/9/1
11.1-5-212	11.1	93.020		ISO 22476-8：2018	土工调查和试验 现场试验 第 8 部分：全排量压力计试验 第 1 版			2018/9/1	2018/9/1
11.1-5-213	11.1	93.020		ISO 22477-1：2018	岩土工程勘察和试验 岩土结构试验 第 1 部分：桩的试验:静态压缩载荷试验 第 1 版 更正了版本 3/2019			2018/11/1	2018/11/1
11.1-5-214	11.1	93.020		ISO 22477-4：2018	岩土工程勘察和试验 岩土结构试验 第 4 部分：桩动态载荷试验 第 1 版			2018/3/1	2018/3/1
11.1-5-215	11.1	93.020		ISO 22477-5：2018	岩土工程勘察和试验 岩土结构试验 第 5 部分：灌浆锚的试验 第 1 版			2018/8/1	2018/8/1
11.1-5-216	11.1			ISO 3010：2017	结构设计基础 结构的地震作用 第 3 版	ISO 3010：2001		2017/3/1	2017/3/1
11.1-5-217	11.1	25.160.40	J33	ISO 6520-2：2013	焊接和相关工艺 金属材料中几何缺陷的分类 第 2 部分：压力焊接	ISO 6520-2：2001；ISO FDIS 6520-2：2012		2013/8/1	2013/8/1
11.1-5-218	11.1	93.010；01.040.91		ISO 6707-1：2017	建筑物和土木工程 词汇 第 1 部分：通用术语 第 5 版	ISO 6707-1：2014		2017/11/1	2017/11/1
11.1-5-219	11.1	93.010；01.040.91		ISO 6707-2：2017	建筑物和土木工程 词汇 第 2 部分：合同和通信术语 第 3 版	ISO 6707-2：2014		2017/11/1	2017/11/1
11.1-5-220	11.1	93.010		ISO 6707-3：2017	建筑物和土木工程 词汇 第 3 部分：可持续性条款 第 1 版			2017/11/1	2017/11/1
11.1-5-221	11.1	29.240.01；91.140.50	P91	NF C 13-200：2009	高压电气安装 生产场地和工业、商业和农业安装的附加规范	NF C 13-200：1987；NF C 13-200 A 1：1989		2009/9/1	2009/9/5

11.2 工程建设-变电站

序号	GW 分类	ICS 分类	GB 分类	标准号	中 文 名 称	代替标准	采用关系	发布日期	实施日期
11.2-2-1	11.2	29.240.10		Q/GDW 10119—2019	750kV 变电站构支架制作安装及验收规范	Q/GDW 119—2005		2020/7/31	2020/7/31
11.2-2-2	11.2	29.240.20		Q/GDW 10120—2019	750kV 变电站电气设备施工质量检验及评定规程	Q/GDW 120—2005		2020/7/31	2020/7/31

11

序号	GW 分类	ICS 分类	GB 分类	标准号	中 文 名 称	代替标准	采用关系	发布日期	实施日期
11.2-2-3	11.2			Q/GDW 10183—2021	变电（换流）站土建工程施工质量验收规范	Q/GDW 1183—2012		2021/7/9	2021/7/9
11.2-2-4	11.2			Q/GDW 10189—2017	1000kV 变电站电气设备施工质量检验及评定规程	Q/GDW 189—2008		2018/7/11	2018/7/11
11.2-2-5	11.2			Q/GDW 10381.6—2017	国家电网有限公司输变电工程施工图设计内容深度规定 第6部分：330kV～750kV智能变电站	Q/GDW 1381.6—2013		2018/7/11	2018/7/11
11.2-2-6	11.2	29.240		Q/GDW 10431—2016	智能变电站自动化系统现场调试导则	G/GDW 431—2010		2016/12/22	2016/12/22
11.2-2-7	11.2	29.240		Q/GDW 10580—2016	变电站智能化改造工程设备竣工（预）验收规范	Q/GDW 580—2010		2017/10/9	2017/10/9
11.2-2-8	11.2	29.240		Q/GDW 10875—2018	智能变电站一体化监控系统测试规范	Q/GDW 1875—2013		2020/4/8	2020/4/8
11.2-2-9	11.2	29.240		Q/GDW 11129—2013	1000kV 变电站 A 型柱钢管构架安装施工工艺导则			2014/4/15	2014/4/15
11.2-2-10	11.2	29.240		Q/GDW 11130—2013	1000kV 变电站 A 型柱钢管构架安装施工及验收导则			2014/4/15	2014/4/15
11.2-2-11	11.2	29.240		Q/GDW 11131—2013	1000kV 变电站 A 型柱钢管构架安装施工质量检验及评定导则			2014/4/15	2014/4/15
11.2-2-12	11.2	29.240		Q/GDW 11144—2013	变电站地源热泵系统设计导则			2014/4/15	2014/4/15
11.2-2-13	11.2	29.240		Q/GDW 11145—2014	智能变电站二次系统标准化现场调试规范			2014/12/31	2014/12/31
11.2-2-14	11.2	29.240		Q/GDW 11152—2014	智能变电站模块化建设技术导则			2014/12/31	2014/12/31
11.2-2-15	11.2	29.240		Q/GDW 11154—2014	智能变电站预制电缆技术规范			2014/12/31	2014/12/31
11.2-2-16	11.2	29.240		Q/GDW 11155—2014	智能变电站预制光缆技术规范			2014/12/31	2014/12/31
11.2-2-17	11.2	29.240		Q/GDW 11156—2014	智能变电站二次系统信息模型校验规范			2014/12/31	2014/12/31
11.2-2-18	11.2	29.240		Q/GDW 11157—2017	预制舱式二次组合设备技术规范	Q/GDW 11157—2014		2018/12/14	2018/12/14
11.2-2-19	11.2	29.240		Q/GDW 11309—2014	变电站安全防范系统技术规范			2015/2/26	2015/2/26
11.2-2-20	11.2	29.240		Q/GDW 11327—2014	变电站地源热泵空调施工工艺导则			2015/1/31	2015/1/31
11.2-2-21	11.2	29.240		Q/GDW 11547—2016	统一潮流控制器工程设计导则			2017/2/28	2017/2/28
11.2-2-22	11.2	29.240		Q/GDW 11548—2016	统一潮流控制器工程分系统调试规范			2017/2/28	2017/2/28
11.2-2-23	11.2	29.240		Q/GDW 11549—2016	统一潮流控制器系统调试规范			2017/2/28	2017/2/28
11.2-2-24	11.2	29.240		Q/GDW 11550—2016	统一潮流控制器电气装置施工及验收规范			2017/2/28	2017/2/28

11

序号	GW 分类	ICS 分类	GB 分类	标准号	中 文 名 称	代替标准	采用关系	发布日期	实施日期
11.2-2-25	11.2	29.240		Q/GDW 11551—2016	统一潮流控制器用 220kV 油浸式串联变压器技术规范			2017/2/28	2017/2/28
11.2-2-26	11.2	29.240		Q/GDW 11552—2016	统一潮流控制器一次设备监造规范			2017/2/28	2017/2/28
11.2-2-27	11.2			Q/GDW 11651.20—2021	变电站设备验收规范 第20部分：接地装置			2022/1/28	2022/1/28
11.2-2-28	11.2	29.240		Q/GDW 1165—2014	1000kV 交流变电站构支架组立施工工艺导则	Q/GDW 165—2007		2015/2/6	2015/2/6
11.2-2-29	11.2	29.240		Q/GDW 11688—2017	变电站装配式钢结构建筑施工验收规范			2018/2/12	2018/2/12
11.2-2-30	11.2	29.240		Q/GDW 11881.1—2018	35kV～220kV 输变电工程初步设计与施工图设计阶段勘测报告内容深度规定 第1部分：变电站			2019/10/23	2019/10/23
11.2-2-31	11.2	29.240.10		Q/GDW 11962—2019	变电站构筑物可靠性鉴定及加固技术规程			2020/7/31	2020/7/31
11.2-2-32	11.2			Q/GDW 12150—2021	35kV～750kV 变电站地基处理技术规程			2021/7/9	2021/7/9
11.2-2-33	11.2	29.240		Q/GDW 1274—2015	变电工程落地式钢管脚手架施工安全技术规范	Q/GDW 274—2009		2016/11/15	2016/11/15
11.2-2-34	11.2			Q/GDW 1856—2012	变电（换流）站土建工程施工质量评价规程			2014/5/1	2014/5/1
11.2-2-35	11.2			Q/GDW 1861—2012	特高压工程重大件设备运输监督规范			2013/6/28	2013/6/28
11.2-2-36	11.2	29.240		Q/GDW 190—2008	1000kV 变电站二次接线施工工艺导则			2008/12/8	2008/12/8
11.2-2-37	11.2	29.240		Q/GDW 191—2008	1000kV 变电站接地装置施工工艺导则			2008/12/8	2008/12/8
11.2-2-38	11.2			Q/GDW 1922—2013	35kV 智能变电站技术导则			2014/5/1	2014/5/1
11.2-2-39	11.2			Q/GDW 1947—2013	500kV 无人值班变电站系统调试技术规范			2014/5/1	2014/5/1
11.2-2-40	11.2	29.240		Q/GDW 285—2009	1000kV 交流输变电工程启动及竣工验收规程			2009/5/25	2009/5/25
11.2-2-41	11.2	29.020		Q/GDW 539—2010	变电设备在线监测系统安装验收规范			2011/1/28	2011/1/28
11.2-2-42	11.2	29.020		Q/GDW 576—2010	站用交直流一体化电源系统技术规范			2011/3/11	2011/3/11
11.2-2-43	11.2	29.240		Q/GDW 689—2012	智能变电站调试规范			2012/12/28	2012/12/28
11.2-2-44	11.2	29.020		Q/GDW 699—2011	农网智能配电台区建设规范			2012/2/1	2012/2/1
11.2-3-45	11.2	91.120.10	Q25	GB/T 20311—2021	建筑构件和建筑单元 热阻和传热系数 计算方法	GB/T 20311—2006		2021/8/20	2022/3/1
11.2-3-46	11.2	27.100	F23	GB/T 25737—2010	1000kV 变电站监控系统验收规范			2010/12/23	2011/5/1

序号	GW分类	ICS分类	GB分类	标准号	中 文 名 称	代替标准	采用关系	发布日期	实施日期
11.2-3-47	11.2	35.240.50	L67	GB/T 28847.5—2021	建筑自动化和控制系统 第5部分：数据通信协议		ISO 16484-5：2012 NEQ	2021/3/9	2021/10/1
11.2-3-48	11.2	91.060.10	P32	GB/T 39526—2020	建筑幕墙空气声隔声性能分级及检测方法			2020/12/14	2021/11/1
11.2-3-49	11.2	91.060.10	P32	GB/T 39528—2020	建筑幕墙面板抗地震脱落检测方法			2020/12/14	2021/11/1
11.2-3-50	11.2	01.040.91	P04	GB/T 39531—2020	建筑构配件术语			2020/12/14	2021/11/1
11.2-3-51	11.2	91.220	P97	GB/T 39757—2021	建筑施工机械与设备 混凝土泵和泵车安全使用规程			2021/3/9	2022/2/1
11.2-3-52	11.2	91.220	P97	GB/T 39981—2021	建筑施工机械与设备 便携、手持、内燃机式切割机 安全要求		ISO 19432：2012	2021/5/21	2021/12/1
11.2-3-53	11.2	81.040.01	Q33	GB/T 40415—2021	建筑用光伏玻璃组件透光率测试方法			2021/8/20	2022/3/1
11.2-3-54	11.2			GB 50015—2019	建筑给水排水设计标准	GB 50015—2009		2019/6/19	2020/3/1
11.2-3-55	11.2			GB 50303—2015	建筑电气工程施工质量验收规范	GB 50303—2002		2015/12/3	2016/8/1
11.2-3-56	11.2			GB 50993—2014	1000kV输变电工程竣工验收规范			2014/5/29	2015/3/1
11.2-3-57	11.2	91.010.01	P04	GB/T 51235—2017	建筑信息模型施工应用标准		GB 50300；JGJ/T 185	2017/5/4	2018/1/1
11.2-3-58	11.2			GB/T 51301—2018	建筑信息模型设计交付标准			2018/12/26	2019/6/1
11.2-3-59	11.2	91.120.25	P15	GB 55002—2021	建筑与市政工程抗震通用规范			2020/4/9	2022/1/1
11.2-3-60	11.2			GB 55003—2021	建筑与市政地基基础通用规范			2020/4/9	2022/1/1
11.2-3-61	11.2			GB/T 50344—2019	建筑结构检测技术标准	GB/T 50344—2004		2019/11/22	2020/6/1
11.2-3-62	11.2			GB/T 51408—2021	建筑隔震设计标准			2021/4/27	2021/9/1
11.2-3-63	11.2	91.080.10	P26	GB/T 51422—2021	建筑金属板围护系统检测鉴定及加固技术标准			2021/4/9	2021/10/1
11.2-4-64	11.2	29.240.01	F20	DL/T 1146—2009	DL/T 860实施技术规范			2009/7/22	2009/12/1
11.2-4-65	11.2			DL/T 1518—2016	变电站噪声控制技术导则			2016/1/7	2016/6/1
11.2-4-66	11.2	33.180	M49	DL/T 1623—2016	智能变电站预制光缆技术规范			2016/8/16	2016/12/1
11.2-4-67	11.2	29.240	F20	DL/T 1846—2018	变电站机器人巡检系统验收规范			2018/4/3	2018/7/1
11.2-4-68	11.2	29.240.01	F21	DL/T 1879—2018	智能变电站监控系统验收规范			2018/12/25	2019/5/1
11.2-4-69	11.2			DL/T 1890—2018	智能变电站状态监测系统站内接口规范			2018/12/25	2019/5/1

11

序号	GW 分类	ICS 分类	GB 分类	标准号	中 文 名 称	代替标准	采用关系	发布日期	实施日期
11.2-4-70	11.2			DL/T 1893—2018	变电站辅助监控系统技术及接口规范			2018/12/25	2019/5/1
11.2-4-71	11.2	03.120.10	A00	DL/T 1900—2018	智能变电站网络记录分析装置技术规范			2018/12/25	2019/5/1
11.2-4-72	11.2			DL/T 2037—2019	变电站厂界环境噪声执行标准申请原则			2019/6/4	2019/10/1
11.2-4-73	11.2			DL/T 2085—2020	变电站降噪材料和降噪装置技术要求			2020/10/23	2021/2/1
11.2-4-74	11.2			DL/T 2120—2020	GIS 变电站开关操作瞬态电磁骚扰扰度试验			2020/10/23	2021/2/1
11.2-4-75	11.2	29.240.20	F24	DL/T 309—2010	1000kV 交流系统电力设备现场试验实施导则			2011/1/9	2011/5/1
11.2-4-76	11.2	29.240.10	K40	DL/T 358—2010	7.2kV～12kV 预装式户外开关站安装与验收规程			2011/1/9	2011/5/1
11.2-4-77	11.2	71.100.01；87.060.10	G56	DL/T 5292—2013	1000kV 交流输变电工程系统调试规程			2013/3/7	2013/8/1
11.2-4-78	11.2	29.100.99	P61	DL/T 5312—2013	1000kV 变电站电气装置安装工程施工质量检验及评定规程			2013/11/28	2014/4/1
11.2-4-79	11.2	29.240.10	P62	DL/T 5725—2015	35kV 及以下电力用户变电所建设规范			2015/7/1	2015/12/1
11.2-4-80	11.2			DL/T 5740—2016	智能变电站施工技术规范			2016/8/16	2016/12/1
11.2-4-81	11.2	29.204.01	F20	DL/T 5754—2017	智能变电站工程调试质量检验评定规程			2017/11/15	2018/3/1
11.2-4-82	11.2	29.24	K45	NB/T 42167—2018	预制舱式二次组合设备技术要求			2018/6/6	2018/10/1
11.2-4-83	11.2			T/CEC 392—2020	变电站机器人巡检系统施工技术规范			2020/10/28	2021/2/1
11.2-4-84	11.2			T/CEC 5016—2020	变电站场地勘测技术规程			2020/6/30	2020/10/1
11.2-5-85	11.2			IEEE 1268—2016	移动变电所设备安全安装指南	IEEE 1268—2005		2016/1/29	2016/1/29

11.3 工程建设-换流站

序号	GW 分类	ICS 分类	GB 分类	标准号	中 文 名 称	代替标准	采用关系	发布日期	实施日期
11.3-2-1	11.3			Q/GDW 10217.1—2017	±800kV 换流站施工质量检验规程 第 1 部分：通则	Q/GDW 217—2008		2017/5/25	2017/5/25
11.3-2-2	11.3			Q/GDW 10217.2—2017	±800kV 换流站施工质量检验规程 第 2 部分：换流阀施工质量检验	Q/GDW 217.2—2008		2017/5/25	2017/5/25
11.3-2-3	11.3			Q/GDW 10217.3—2017	±800kV 换流站施工质量检验规程 第 3 部分：换流变压器施工质量检验	Q/GDW 217.3—2008		2018/7/11	2018/7/11

11

序号	GW 分类	ICS 分类	GB 分类	标准号	中 文 名 称	代替标准	采用关系	发布日期	实施日期
11.3-2-4	11.3			Q/GDW 10217.4—2017	±800kV 换流站施工质量检验规程　第 4 部分：直流高压电器施工质量检验	Q/GDW 217.4—2008		2018/7/11	2018/7/11
11.3-2-5	11.3			Q/GDW 10217.5—2017	±800kV 换流站施工质量检验规程　第 5 部分：交流滤波器施工质量检验	Q/GDW 217.5—2008		2018/7/11	2018/7/11
11.3-2-6	11.3			Q/GDW 10217.6—2017	±800kV 换流站施工质量检验规程　第 6 部分：母线装置施工质量检验	Q/GDW 217.6—2008		2018/7/11	2018/7/11
11.3-2-7	11.3			Q/GDW 10217.7—2017	±800kV 换流站施工质量检验规程　第 7 部分：屏、柜及二次回路接线施工质量	Q/GDW 217.7—2008		2018/7/11	2018/7/11
11.3-2-8	11.3	29.240		Q/GDW 11500—2016	±800kV 换流站工程换流变压器分系统调试规范			2016/12/22	2016/12/22
11.3-2-9	11.3	29.240		Q/GDW 11501—2016	±800kV 特高压直流换流站阀厅红外测温系统技术规范			2016/12/22	2016/12/22
11.3-2-10	11.3	29.240		Q/GDW 11601—2016	±800kV 特高压直流换流站建筑物电磁屏蔽技术规范			2017/6/16	2017/6/16
11.3-2-11	11.3	29.240		Q/GDW 11666—2017	±1100kV 特高压直流工程换流站主要电气设备监造导则			2018/1/18	2018/1/18
11.3-2-12	11.3			Q/GDW 11745—2017	±1100kV 换流站阀厅施工及验收规范			2018/9/12	2018/9/12
11.3-2-13	11.3			Q/GDW 11746—2017	±1100kV 换流站户内直流场建筑钢结构施工及验收规范			2018/9/12	2018/9/12
11.3-2-14	11.3			Q/GDW 11747—2017	±1100kV 换流站直流高压电器施工及验收规范			2018/9/12	2018/9/12
11.3-2-15	11.3			Q/GDW 11748—2017	±1100kV 换流站换流阀施工及验收规范			2018/9/12	2018/9/12
11.3-2-16	11.3			Q/GDW 11750.1—2017	特高压换流站分系统调试规范　第 1 部分：通则			2018/9/12	2018/9/12
11.3-2-17	11.3			Q/GDW 11750.2—2017	特高压换流站分系统调试规范　第 2 部分：换流阀分系统调试			2018/9/12	2018/9/12
11.3-2-18	11.3			Q/GDW 11750.3—2017	特高压换流站分系统调试规范　第 3 部分：换流变分系统调试			2018/9/12	2018/9/12
11.3-2-19	11.3			Q/GDW 11750.4—2017	特高压换流站分系统调试规范　第 4 部分：交流场分系统调试			2018/9/12	2018/9/12

11

序号	GW 分类	ICS 分类	GB 分类	标准号	中 文 名 称	代替标准	采用关系	发布日期	实施日期
11.3-2-20	11.3			Q/GDW 11750.5—2017	特高压换流站分系统调试规范　第5部分：交流滤波器场分系统调试			2018/9/12	2018/9/12
11.3-2-21	11.3			Q/GDW 11750.6—2017	特高压换流站分系统调试规范　第6部分：直流场分系统调试			2018/9/12	2018/9/12
11.3-2-22	11.3			Q/GDW 11750.7—2017	特高压换流站分系统调试规范　第7部分：站用电分系统调试			2018/9/12	2018/9/12
11.3-2-23	11.3			Q/GDW 11750.8—2017	特高压换流站分系统调试规范　第8部分：辅助系统及其他分系统调试			2018/9/12	2018/9/12
11.3-2-24	11.3			Q/GDW 11750.9—2017	特高压换流站分系统调试规范　第9部分：控制保护设备分系统调试			2018/9/12	2018/9/12
11.3-2-25	11.3			Q/GDW 11751—2017	±1100kV 换流站换流变压器施工及验收规范			2018/9/12	2018/9/12
11.3-2-26	11.3	29.240		Q/GDW 11870—2018	±1100kV 换流站电气设备施工技术监督导则			2019/10/23	2019/10/23
11.3-2-27	11.3	29.240.10		Q/GDW 11953.1—2019	柔性直流换流站交接验收规程　第1部分：通则			2020/7/3	2020/7/3
11.3-2-28	11.3	29.240.10		Q/GDW 11953.2—2019	柔性直流换流站交接验收规程　第2部分：换流阀			2020/7/3	2020/7/3
11.3-2-29	11.3	29.240.10		Q/GDW 11953.3—2019	柔性直流换流站交接验收规程　第3部分：换流（联接）变压器			2020/7/3	2020/7/3
11.3-2-30	11.3	29.240.10		Q/GDW 11953.4—2019	柔性直流换流站交接验收规程　第4部分：启动回路			2020/7/3	2020/7/3
11.3-2-31	11.3	29.240.10		Q/GDW 11953.5—2019	柔性直流换流站交接验收规程　第5部分：直流高压电器			2020/7/3	2020/7/3
11.3-2-32	11.3	29.240.10		Q/GDW 11953.6—2019	柔性直流换流站交接验收规程　第6部分：交流耗能装置			2020/7/3	2020/7/3
11.3-2-33	11.3	29.240.10		Q/GDW 11953.7—2019	柔性直流换流站交接验收规程　第7部分：母线装置			2020/7/3	2020/7/3
11.3-2-34	11.3	29.240.10		Q/GDW 11953.8—2019	柔性直流换流站交接验收规程　第8部分：屏、柜及二次回路接线			2020/7/3	2020/7/3
11.3-2-35	11.3	29.240		Q/GDW 1218—2014	±800kV 换流站阀厅施工及验收规范	Q/GDW 218—2008		2015/2/6	2015/2/6
11.3-2-36	11.3	29.240		Q/GDW 1219—2014	±800kV 换流站直流高压电器施工及验收规范	Q/GDW 219—2008		2015/2/6	2015/2/6

11

序号	GW分类	ICS分类	GB分类	标准号	中　文　名　称	代替标准	采用关系	发布日期	实施日期
11.3-2-37	11.3	29.240		Q/GDW 1220—2014	±800kV换流站换流变压器施工及验收规范	Q/GDW 220—2008		2015/2/6	2015/2/6
11.3-2-38	11.3			Q/GDW 12205—2022	高压柔性直流输电系统控制保护联调试验技术规范			2022/1/29	2022/1/29
11.3-2-39	11.3			Q/GDW 12206—2022	特高压直流保护系统现场测试导则			2022/1/29	2022/1/29
11.3-2-40	11.3	29.240		Q/GDW 1221—2014	±800kV换流站换流阀施工及验收规范	Q/GDW 221—2008		2015/2/6	2015/2/6
11.3-2-41	11.3	29.240		Q/GDW 1222—2014	±800kV换流站交流滤波器施工及验收规范	Q/GDW 222—2008		2015/2/6	2015/2/6
11.3-2-42	11.3	29.240		Q/GDW 1223—2014	±800kV换流站母线装置施工及验收规范	Q/GDW 223—2008		2015/2/6	2015/2/6
11.3-2-43	11.3	29.240		Q/GDW 1224—2014	±800kV换流站屏、柜及二次回路接线施工及验收规范	Q/GDW 224—2008		2015/2/6	2015/2/6
11.3-2-44	11.3	29.240		Q/GDW 255—2009	±800kV换流站大型设备安装工艺导则			2009/5/25	2009/5/25
11.3-2-45	11.3	29.240		Q/GDW 256—2009	±800kV换流站构支架组立施工工艺导则			2009/5/25	2009/5/25
11.3-2-46	11.3	29.240		Q/GDW 257—2009	±800kV换流站母线、跳线施工工艺导则			2009/5/25	2009/5/25
11.3-3-47	11.3			GB 50729—2012	±800kV及以下直流换流站土建工程施工质量验收规范			2012/6/29	2012/10/1
11.3-3-48	11.3			GB 50774—2012	±800kV及以下换流站干式平波电抗器施工及验收规范			2012/5/28	2012/12/1
11.3-3-49	11.3			GB/T 50775—2012	±800kV及以下换流站换流阀施工及验收规范			2012/5/28	2012/12/1
11.3-3-50	11.3			GB 50776—2012	±800kV及以下换流站换流变压器施工及验收规范			2012/5/28	2012/12/1
11.3-3-51	11.3			GB 50777—2012	±800kV及以下换流站构支架施工及验收规范			2012/5/28	2012/12/1
11.3-4-52	11.3	27.100	F24	DL/T 1130—2009	高压直流输电工程系统试验规程			2009/7/22	2009/12/1
11.3-4-53	11.3	29.240	F20	DL/T 274—2012	±800kV高压直流设备交接试验			2012/1/4	2012/3/1
11.3-4-54	11.3			DL/T 5232—2019	直流换流站电气装置安装工程施工及验收规范	DL/T 5232—2010；DL/T 5231—2010		2019/11/4	2020/5/1
11.3-4-55	11.3			DL/T 5233—2019	直流换流站电气装置施工质量检验及评定规程	DL/T 5233—2010；DL/T 5275—2012		2019/11/4	2020/5/1
11.3-4-56	11.3	29.240.01	F22	DL/T 5234—2010	±800kV及以下直流输电工程启动及竣工验收规程			2010/5/1	2010/10/1

11

序号	GW 分类	ICS 分类	GB 分类	标准号	中 文 名 称	代替标准	采用关系	发布日期	实施日期
11.3-4-57	11.3	27.100	F29	DL/T 5276—2012	±800kV 及以下换流站母线、跳线施工工艺导则			2012/4/6	2012/7/1
11.3-4-58	11.3	29.240.99	F22	DL/T 5753—2017	±200kV 及以下柔性直流换流站换流阀施工工艺导则			2017/11/15	2018/3/1

11.4 工程建设-架空线路

序号	GW 分类	ICS 分类	GB 分类	标准号	中 文 名 称	代替标准	采用关系	发布日期	实施日期
11.4-2-1	11.4	29.060.10		Q/GDW 10115—2019	750kV 架空输电线路施工及验收规范	Q/GDW 115—2004		2020/7/31	2020/7/31
11.4-2-2	11.4	29.240.10		Q/GDW 10121—2019	750kV 架空输电线路施工质量检验及评定规程	Q/GDW 121—2005		2020/7/31	2020/7/31
11.4-2-3	11.4			Q/GDW 10154.1—2021	架空输电线路张力架线施工工艺导则 第 1 部分：放线	Q/GDW 10154—2017；Q/GDW 113—2004；Q/GDW 568—2010；Q/GDW 1389—2014		2022/1/24	2022/1/24
11.4-2-4	11.4			Q/GDW 10154.2—2021	架空输电线路张力架线施工工艺导则 第 2 部分：紧线	Q/GDW 10154—2017；Q/GDW 113—2004；Q/GDW 568—2010；Q/GDW 1389—2014		2022/1/24	2022/1/24
11.4-2-5	11.4			Q/GDW 10154.3—2021	架空输电线路张力架线施工工艺导则 第 3 部分：附件安装	Q/GDW 10154—2017；Q/GDW 113—2004；Q/GDW 568—2010；Q/GDW 1389—2014		2022/1/24	2022/1/24
11.4-2-6	11.4			Q/GDW 10163—2017	1000kV 架空输电线路施工质量检验及评定规程	Q/GDW 1163—2012		2018/7/11	2018/7/11
11.4-2-7	11.4	29.240		Q/GDW 10225—2018	±800kV 架空送电线路施工及验收规范	Q/GDW 1225—2014		2020/1/12	2020/1/12
11.4-2-8	11.4	29.240		Q/GDW 10248.7—2016	输变电工程建设标准强制性条文实施管理规程 第 7 部分：输电线路工程施工	Q/GDW 248.7—2008		2016/12/22	2016/12/22
11.4-2-9	11.4	29.240		Q/GDW 10260—2018	±800kV 架空输电线路张力架线施工工艺导则	Q/GDW 1260—2014		2019/8/30	2019/8/30
11.4-2-10	11.4	29.240		Q/GDW 10297—2016	1000kV 交流架空输电线路铁塔结构设计技术规定	Q/GDW 297—2009		2016/12/22	2016/12/22
11.4-2-11	11.4	29.240		Q/GDW 10351—2016	架空输电线路钢管塔运输施工工艺导则	Q/GDW 351—2009		2016/12/22	2016/12/22

11

序号	GW 分类	ICS 分类	GB 分类	标准号	中 文 名 称	代替标准	采用关系	发布日期	实施日期
11.4-2-12	11.4			Q/GDW 10388—2017	碳纤维复合芯架空导线施工工艺及验收导则	Q/GDW 388—2009		2018/7/11	2018/7/11
11.4-2-13	11.4	29.240		Q/GDW 10550—2018	110kV～750kV 架空输电线路可听噪声控制设计建设导则	Q/GDW 550—2010		2019/8/30	2019/8/30
11.4-2-14	11.4	29.240		Q/GDW 10571—2018	大截面导线压接工艺导则	Q/GDW 1571—2014		2019/10/23	2019/10/23
11.4-2-15	11.4	29.240		Q/GDW 10584—2018	架空输电线路螺旋锚基础设计技术规范	Q/GDW 584—2011		2019/8/30	2019/8/30
11.4-2-16	11.4	77.140.70		Q/GDW 10705—2018	输电线路钢管塔用法兰			2019/10/23	2019/10/23
11.4-2-17	11.4	29.240		Q/GDW 10706—2018	输电线路铁塔用热轧大规格角钢			2019/10/23	2019/10/23
11.4-2-18	11.4			Q/GDW 10708—2021	输电杆塔与变电构支架高强钢焊接及热加工技术规程	Q/GDW 708—2012		2022/1/24	2022/1/24
11.4-2-19	11.4	29.240		Q/GDW 10816—2018	中强度铝合金绞线	Q/GDW 1816—2012		2019/10/23	2019/10/23
11.4-2-20	11.4	29.240		Q/GDW 10839—2016	直升机展放初级导引绳施工工艺导则	Q/GDW 1839—2012		2017/5/25	2017/5/25
11.4-2-21	11.4			Q/GDW 10860—2021	架空输电线路铁塔分解组立施工工艺导则	Q/GDW 1112—2015；Q/GDW 10860—2018；Q/GDW 10346—2016		2022/1/24	2022/1/24
11.4-2-22	11.4	29.240		Q/GDW 11124.4—2013	750kV 架空输电线路杆塔复合横担技术规定 第 4 部分：安装工艺			2014/4/15	2014/4/15
11.4-2-23	11.4	29.240		Q/GDW 11136—2013	输电线路中空夹层钢管混凝土杆塔设计技术规定			2014/4/15	2014/4/15
11.4-2-24	11.4	29.240		Q/GDW 11140—2013	自行式扩底掏挖钻机成孔施工工艺导则			2014/4/15	2014/4/15
11.4-2-25	11.4	29.240		Q/GDW 11141—2013	双平臂落地抱杆安装及验收规范			2014/4/15	2014/4/15
11.4-2-26	11.4	29.240		Q/GDW 11189—2018	架空输电线路施工专用货运索道	Q/GDW 11189—2014		2019/10/23	2019/10/23
11.4-2-27	11.4	29.240		Q/GDW 1124—2015	750kV 架空输电线路 LGJK-31050 扩径导线张力架线施工工艺导则	Q/GDW 124—2005		2016/11/15	2016/11/15
11.4-2-28	11.4	29.240		Q/GDW 11268—2014	架空输电线路多轮装配式放线滑车			2015/1/31	2015/1/31
11.4-2-29	11.4	29.240		Q/GDW 11283—2014	螺杆桩基础施工及质量验收规范			2015/2/6	2015/2/6
11.4-2-30	11.4	29.240		Q/GDW 11330—2014	架空输电线路掏挖基础技术规定			2015/1/31	2015/1/31
11.4-2-31	11.4	29.240		Q/GDW 11331—2014	输电线路岩石锚杆基础施工工艺导则			2015/1/31	2015/1/31
11.4-2-32	11.4	29.240		Q/GDW 11332—2014	输电线路掏挖基础机械化施工工艺导则			2015/1/31	2015/1/31
11.4-2-33	11.4	29.240		Q/GDW 11333—2014	架空输电线路岩石基础技术规定			2015/1/31	2015/1/31

11

序号	GW 分类	ICS 分类	GB 分类	标准号	中 文 名 称	代替标准	采用关系	发布日期	实施日期
11.4-2-34	11.4			Q/GDW 11333—2021	架空输电线路岩石基础技术规范	Q/GDW 11333—2014		2021/7/9	2021/7/9
11.4-2-35	11.4	29.240		Q/GDW 11334—2014	输电线路挤扩支盘桩基础机械化施工导则			2015/1/31	2015/1/31
11.4-2-36	11.4	29.240		Q/GDW 11335—2014	输电线路灌注桩基础机械化施工工艺导则			2015/1/31	2015/1/31
11.4-2-37	11.4	29.240		Q/GDW 11336—2014	输电线路接地网非开挖施工工艺导则			2015/1/31	2015/1/31
11.4-2-38	11.4	29.240		Q/GDW 11392—2015	架空输电线路灌注桩基础技术规定			2015/7/17	2015/7/17
11.4-2-39	11.4	29.240		Q/GDW 11402—2015	输电线路组塔落地抱杆			2016/11/15	2016/11/15
11.4-2-40	11.4	29.240		Q/GDW 11404—2015	全封堵玻璃钢模板杆塔基础施工工艺导则			2016/11/15	2016/11/15
11.4-2-41	11.4	29.240		Q/GDW 11405—2015	架空输电线路通道清理技术规定			2016/11/15	2016/11/15
11.4-2-42	11.4	29.240		Q/GDW 11451—2015	架空输电线路标识及安装规范			2016/7/29	2016/7/29
11.4-2-43	11.4	29.240		Q/GDW 11499—2016	直升机吊挂运输输电线路物资施工导则			2016/12/22	2016/12/22
11.4-2-44	11.4	29.240.20		Q/GDW 11529—2016	特高压钢管塔锻造法兰涡流检测导则			2016/12/22	2016/12/22
11.4-2-45	11.4	29.240.20		Q/GDW 11530—2016	特高压钢管塔用 Q345 钢对接接头焊接工艺导则			2016/12/22	2016/12/22
11.4-2-46	11.4			Q/GDW 1153—2012	1000kV 架空输电线路施工及验收规范	Q/GDW 153—2006		2014/5/1	2014/5/1
11.4-2-47	11.4	29.240		Q/GDW 11598—2016	架空输电线路机械化施工技术导则			2017/6/16	2017/6/16
11.4-2-48	11.4	29.240		Q/GDW 11649—2016	架空输电线路标识热转印技术规范			2017/10/17	2017/10/17
11.4-2-49	11.4			Q/GDW 11729—2017	架空输电线路混凝土预制管桩基础技术规定			2018/7/11	2018/7/11
11.4-2-50	11.4			Q/GDW 11749—2017	±1100kV 特高压直流输电线路施工及验收规范			2018/9/12	2018/9/12
11.4-2-51	11.4	29.240		Q/GDW 11841—2018	输电线路特大型钢管塔加工技术规范			2019/8/30	2019/8/30
11.4-2-52	11.4	29.080.99		Q/GDW 11864—2018	±1100kV 直流输电线路用复合外套无间隙金属氧化物避雷器			2019/10/23	2019/10/23
11.4-2-53	11.4	29.240		Q/GDW 11875—2018	架空输电线路复合绝缘横担设计技术规范			2019/10/23	2019/10/23
11.4-2-54	11.4	29.035		Q/GDW 11876—2018	架空输电线路复合绝缘横担用材料技术规范			2019/10/23	2019/10/23
11.4-2-55	11.4	29.240		Q/GDW 11877—2018	架空输电线路复合材料杆塔施工及验收规范			2019/10/23	2019/10/23
11.4-2-56	11.4	29.240		Q/GDW 11878—2018	架空输电线路杆塔用耐候结构钢			2019/10/23	2019/10/23
11.4-2-57	11.4	29.035		Q/GDW 11879—2018	架空输电线路复合材料杆塔试验技术规范			2019/10/23	2019/10/23

11

序号	GW分类	ICS分类	GB分类	标准号	中 文 名 称	代替标准	采用关系	发布日期	实施日期
11.4-2-58	11.4	29.240		Q/GDW 11880—2018	架空输电线路地基基础工程基本术语			2019/10/23	2019/10/23
11.4-2-59	11.4	29.240		Q/GDW 11881.2—2018	35kV～220kV 输变电工程初步设计与施工图设计阶段勘测报告内容深度规定 第2部分：架空线路			2019/10/23	2019/10/23
11.4-2-60	11.4	93.060		Q/GDW 11905—2018	盾构法电力隧道工程施工质量验收规范			2020/1/12	2020/1/12
11.4-2-61	11.4	29.020		Q/GDW 11908—2018	220kV 及以上交流输电线路潜供电流计算及抑制措施选取导则			2020/1/12	2020/1/12
11.4-2-62	11.4	33.180		Q/GDW 11948—2018	分段绝缘光纤复合架空地线（OPGW）线路工程技术规范			2020/4/8	2020/4/8
11.4-2-63	11.4	29.240		Q/GDW 11960—2019	架空输电线路耐候钢杆塔加工技术规程			2020/7/31	2020/7/31
11.4-2-64	11.4			Q/GDW 12151—2021	采用对接装置的输电线路流动式起重机组塔施工工艺导则			2021/7/9	2021/7/9
11.4-2-65	11.4	29.240		Q/GDW 1226—2014	±800kV 架空送电线路施工质量检验及评定规程	Q/GDW 226—2008		2015/2/6	2015/2/6
11.4-2-66	11.4	29.240		Q/GDW 1418—2014	架空输电线路工程施工专用货运索道施工工艺导则	Q/GDW 418—2010		2014/7/1	2014/7/1
11.4-2-67	11.4	29.240		Q/GDW 1465—2014	输电杆塔高强钢焊接质量检验技术条件	Q/GDW 465—2010		2014/10/15	2014/10/15
11.4-2-68	11.4	29.240		Q/GDW 1569—2015	±660kV 架空输电线路施工及质量验收规范	Q/GDW 569—2010		2016/11/15	2016/11/15
11.4-2-69	11.4			Q/GDW 1777—2013	架空送电线路戈壁滩碎石土地基掏挖基础设计技术导则			2013/4/12	2013/4/12
11.4-2-70	11.4			Q/GDW 1789—2013	特高压交流工程用棒形悬式复合绝缘子现场交接验收规程			2013/4/12	2013/4/12
11.4-2-71	11.4			Q/GDW 1831—2012	遥控直升机展放初级导引绳施工工艺导则			2013/6/28	2013/6/28
11.4-2-72	11.4	29.240		Q/GDW 1833—2012	多年冻土地区输电线路杆塔基础施工工艺导则	Q/GDW 525—2010		2013/6/28	2013/6/28
11.4-2-73	11.4			Q/GDW 1834—2012	输电线路预制装配式混凝土基础加工与安装工艺导则	Q/GDW 526—2010		2013/6/28	2013/6/28
11.4-2-74	11.4			Q/GDW 1838—2012	输电线路杆塔用紧固件技术条件			2013/6/28	2013/6/28
11.4-2-75	11.4	29.240		Q/GDW 227—2008	±800kV 直流输电系统接地极施工及验收规范			2008/12/9	2008/12/9

11

序号	GW 分类	ICS 分类	GB 分类	标准号	中 文 名 称	代替标准	采用关系	发布日期	实施日期
11.4-2-76	11.4	29.240		Q/GDW 228—2008	±800kV 直流输电系统接地极施工质量检验及评定规程			2008/12/9	2008/12/9
11.4-2-77	11.4	29.240		Q/GDW 229—2008	±800kV 直流输电系统架空接地极线路施工及验收规范			2008/12/9	2008/12/9
11.4-2-78	11.4	29.020		Q/GDW 230—2008	±800kV 直流输电系统架空接地极线路施工质量检验及评定规程			2008/12/9	2008/12/9
11.4-2-79	11.4	29.240		Q/GDW 262—2009	±800kV 架空输电线路铁塔组立施工工艺导则			2009/5/25	2009/5/25
11.4-2-80	11.4	29.240		Q/GDW 317—2009	特高压光纤复合架空地线（OPGW）工程施工及竣工验收技术规范			2009/5/25	2009/5/25
11.4-2-81	11.4	29.020		Q/GDW 386—2009	可拆卸式全钢瓦楞结构架空导线交货盘			2009/12/22	2009/12/22
11.4-2-82	11.4	29.020		Q/GDW 390—2009	支撑型扩径导线压接工艺导则			2009/12/22	2009/12/22
11.4-2-83	11.4	29.020		Q/GDW 464—2010	输电杆塔高强钢冷加工技术导则			2010/6/2	2010/6/2
11.4-2-84	11.4	29.020		Q/GDW 467—2010	接地装置放热焊接技术导则			2010/6/2	2010/6/2
11.4-2-85	11.4	29.240		Q/GDW 570—2010	±660kV 架空送电线路施工质量检验及评定规程			2010/12/29	2010/12/29
11.4-2-86	11.4	29.240		Q/GDW 585—2011	架空输电线路螺旋锚基础施工及质量验收规范			2011/1/24	2011/1/24
11.4-2-87	11.4	29.020		Q/GDW 638—2011	8.8 级高强度地脚螺栓施工技术导则			2011/8/1	2011/8/1
11.4-3-88	11.4	53.020.20	J80	GB/T 26471—2011	塔式起重机安装与拆卸规则			2011/5/12	2011/12/1
11.4-3-89	11.4	29.060.10	K11	GB/T 32502—2016	复合材料芯架空导线			2016/2/24	2016/9/1
11.4-3-90	11.4	77.140.60	H44	GB/T 33964—2017	耐候钢实心焊丝用钢盘条			2017/7/12	2018/4/1
11.4-3-91	11.4	93.110	P52	GB 50127—2020	架空索道工程技术标准	GB 50127—2007		2020/1/16	2020/8/1
11.4-3-92	11.4			GB 50173—2014	电气装置安装工程 66kV 及以下架空电力线路施工及验收规范	GB 50173—1992		2014/4/15	2015/1/1
11.4-3-93	11.4			GB 50233—2014	110kV～750kV 架空输电线路施工及验收规范	GB 50233—2005；GB 50389—2006		2014/10/9	2015/8/1
11.4-3-94	11.4			GB/T 50548—2018	330kV～750kV 架空输电线路勘测规范	GB 50548—2010		2018/9/11	2019/3/1
11.4-3-95	11.4		J64	GB 50586—2010	铝母线焊接工程施工及验收规范			2010/5/31	2010/12/1

11

序号	GW分类	ICS分类	GB分类	标准号	中 文 名 称	代替标准	采用关系	发布日期	实施日期
11.4-3-96	11.4		K47	GB/T 5075—2016	电力金具名词术语	GB/T 5075—2001		2016/4/25	2016/11/1
11.4-3-97	11.4	21.060.10	J13	GB/T 799—2020	地脚螺栓	GB/T 799—1988		2020/11/19	2021/6/1
11.4-4-98	11.4	29.240.20	K47	DL/T 1007—2006	架空输电线路带电安装导则及作业工具设备			2006/9/14	2007/3/1
11.4-4-99	11.4	29.240.20	K47	DL/T 1098—2016	间隔棒技术条件和试验方法	DL/T 1098—2009		2016/1/7	2016/6/1
11.4-4-100	11.4			DL/T 1109—2019	输电线路张力架线用张力机通用技术条件	DL/T 1109—2009		2019/11/4	2020/5/1
11.4-4-101	11.4	29.060.70	K42	DL/T 1179—2012	1000kV交流架空输电线路工频参数测量导则			2012/8/23	2012/12/1
11.4-4-102	11.4	29.120.20	L24	DL/T 1192—2020	架空输电线路接续管保护装置	DL/T 1192—2012		2020/10/23	2021/2/1
11.4-4-103	11.4			DL/T 1236—2021	输电杆塔用地脚螺栓与螺母	DL/T 1236—2013		2021/4/26	2021/10/26
11.4-4-104	11.4	27.100	F24	DL/T 1289—2013	可拆卸式全钢瓦楞结构架空导线交货盘			2013/11/28	2014/4/1
11.4-4-105	11.4	27.100	F23	DL/T 1372—2014	架空输电线路跳线技术条件			2014/10/15	2015/3/1
11.4-4-106	11.4	29.020	K47	DL/T 1453—2015	输电线路铁塔防腐蚀保护涂装			2015/4/2	2015/9/1
11.4-4-107	11.4	29.080.10	K48	DL/T 1470—2015	交流系统用盘形悬式复合瓷或玻璃绝缘子串元件			2015/7/1	2015/12/1
11.4-4-108	11.4	29.240.20	K47	DL/T 1578—2016	架空输电线路无人直升机巡检系统			2016/2/5	2016/7/1
11.4-4-109	11.4	29.080.10	K48	DL/T 1580—2016	交、直流棒形悬式复合绝缘子用芯棒技术规范			2016/2/5	2016/7/1
11.4-4-110	11.4			DL/T 1632—2016	输电线路钢管塔用法兰技术要求			2016/12/5	2017/5/1
11.4-4-111	11.4			DL/T 1727—2017	110kV～750kV交流架空输电线路可听噪声控制技术导则			2017/8/2	2017/12/1
11.4-4-112	11.4	29.240	K47	DL/T 1889—2018	输电杆塔用紧固件横向振动试验方法			2018/12/25	2019/5/1
11.4-4-113	11.4	29.080.10	K48	DL/T 1897—2018	交、直流架空线路用长棒形瓷绝缘子串元件使用导则			2018/12/25	2019/5/1
11.4-4-114	11.4	29.240	K48	DL/T 1902—2018	高压交、直流空心复合绝缘子施工、运行和维护管理规范			2018/12/25	2019/5/1
11.4-4-115	11.4			DL/T 2095—2020	输电线路杆塔石墨基柔性接地体技术条件			2020/10/23	2021/2/1
11.4-4-116	11.4			DL/T 2111—2020	架空输电线路感应电防护技术导则			2020/10/23	2021/2/1
11.4-4-117	11.4	29.240.20	F20	DL/T 2131—2020	架空输电线路施工卡线器			2020/10/23	2021/2/1
11.4-4-118	11.4	29.240.20	K47	DL/T 2209—2021	架空输电线路雷电防护导则			2021/1/7	2021/7/1

序号	GW分类	ICS分类	GB分类	标准号	中文名称	代替标准	采用关系	发布日期	实施日期
11.4-4-119	11.4			DL/T 2232—2021	500kV 及以上输电线路瞬时人工接地短路试验导则			2021/1/7	2021/7/1
11.4-4-120	11.4			DL/T 284—2021	输电线路杆塔及电力金具用热浸镀锌螺栓与螺母	DL/T 284—2012		2021/4/26	2021/10/26
11.4-4-121	11.4	29.240.20	K47	DL/T 319—2018	架空输电线路施工抱杆通用技术条件及试验方法	DL/T 319—2010		2018/4/3	2018/7/1
11.4-4-122	11.4			DL/T 371—2019	架空输电线路放线滑车	DL/T 371—2010		2019/11/4	2020/5/1
11.4-4-123	11.4			DL/T 372—2019	输电线路张力架线用牵引机通用技术条件	DL/T 372—2010		2019/11/4	2020/5/1
11.4-4-124	11.4			DL/T 373—2019	电力复合脂技术条件	DL/T 373—2010		2019/11/4	2020/5/1
11.4-4-125	11.4	93.020	P10	DL/T 5049—2016	架空输电线路大跨越工程勘测技术规程	DL/T 5049—2006		2016/12/5	2017/5/1
11.4-4-126	11.4	29.24	F29	DL/T 5106—2017	跨越电力线路架线施工规程	DL/T 5106—1999		2017/11/15	2018/3/1
11.4-4-127	11.4			DL/T 5168—2016	110kV～750kV 架空输电线路施工质量检验及评定规程	DL/T 5168—2002		2016/2/5	2016/7/1
11.4-4-128	11.4	29.240.01	F22	DL/T 5235—2010	±800kV 及以下直流架空输电线路工程施工及验收规程			2010/5/1	2010/10/1
11.4-4-129	11.4	29.240.01	F22	DL/T 5236—2010	±800kV 及以下直流架空输电线路工程施工质量检验及评定规程			2010/5/1	2010/10/1
11.4-4-130	11.4	29.240.20	P20	DL/T 5253—2010	架空平行集束绝缘线低压配电线路设计与施工规程			2011/1/9	2011/5/1
11.4-4-131	11.4	28.240.20	P60	DL/T 5284—2019	碳纤维复合材料芯架空导线施工工艺导则	DL/T 5284—2012		2019/6/4	2019/10/1
11.4-4-132	11.4	29.240.20	F20	DL/T 5285—2018	输变电工程架空导线（800mm² 以下）及地线液压压接工艺规程	DL/T 5285—2013		2018/4/3	2018/7/1
11.4-4-133	11.4	27.100	F20	DL/T 5286—2013	±800kV 架空输电线路张力架线施工工艺导则			2013/3/7	2013/8/1
11.4-4-134	11.4	27.100	P60	DL/T 5287—2013	±800kV 架空输电线路铁塔组立施工工艺导则			2013/3/7	2013/8/1
11.4-4-135	11.4	27.140	P98	DL/T 5288—2013	架空输电线路大跨越工程跨越塔组立施工工艺导则			2013/3/7	2013/8/1
11.4-4-136	11.4	27.060.70		DL/T 5289—2013	1000kV 架空输电线路铁塔组立施工工艺导则			2013/3/7	2013/8/1
11.4-4-137	11.4	27.100	P62	DL/T 5290—2013	1000kV 架空输电线路张力架线施工工艺导则			2013/3/7	2013/8/1

11

序号	GW 分类	ICS 分类	GB 分类	标准号	中 文 名 称	代替标准	采用关系	发布日期	实施日期
11.4-4-138	11.4	27.060.70	K42	DL/T 5291—2013	1000kV 输变电工程导地线液压施工工艺规程			2013/3/7	2013/8/1
11.4-4-139	11.4	29.240.01	F24	DL/T 5300—2013	1000kV 架空输电线路工程施工质量检验及评定规程			2013/11/28	2014/4/1
11.4-4-140	11.4	27.100	P60	DL/T 5301—2013	架空输电线路无跨越架不停电跨越架线施工工艺导则			2013/11/28	2014/4/1
11.4-4-141	11.4	27.140	P59	DL/T 5318—2014	架空输电线路扩径导线架线施工工艺导则			2014/3/18	2014/8/1
11.4-4-142	11.4	27.140	P59	DL 5319—2014	架空输电线路大跨越工程施工及验收规范			2014/3/18	2014/8/1
11.4-4-143	11.4	27.140	P59	DL 5320—2014	架空输电线路大跨越工程架线施工工艺导则			2014/3/18	2014/8/1
11.4-4-144	11.4			DL/T 5342—2018	110kV～750kV 架空输电线路铁塔组立施工工艺导则	DL/T 5342—2006		2018/4/3	2018/7/1
11.4-4-145	11.4	29.240	F20	DL/T 5343—2018	110kV～750kV 架空输电线路张力架线施工工艺导则	SDJJS 2—1987；DL/T 5343—2006		2018/4/3	2018/7/1
11.4-4-146	11.4	29.240	P62	DL/T 5472—2013	架空输电线路工程建设预算项目划分导则			2013/6/8	2013/10/1
11.4-4-147	11.4			DL/T 5527—2017	架空输电线路工程施工组织大纲设计导则			2017/3/28	2017/8/1
11.4-4-148	11.4	71.100.80	G77	DL/T 5566—2019	架空输电线路工程勘测数据交换标准			2019/11/4	2020/5/1
11.4-4-149	11.4	93.020	F20/29	DL/T 5577—2020	冻土地区架空输电线路岩土工程勘测技术规程			2020/10/23	2021/2/1
11.4-4-150	11.4	29.060.10	K12	DL/T 5708—2014	架空输电线路戈壁碎石土地基掏挖基础设计与施工技术导则			2014/10/15	2015/3/1
11.4-4-151	11.4	29.204.20	K47	DL/T 5755—2017	沙漠地区输电线路杆塔基础工程技术规范			2017/11/15	2018/3/1
11.4-4-152	11.4			DL/T 5792—2019	架空输电线路货运索道运输施工工艺导则			2019/11/4	2020/5/1
11.4-4-153	11.4	29.080	P63	DL/T 602—1996	架空绝缘配电线路施工及验收规程	GBJ 232—1982		1996/6/6	1996/10/1
11.4-4-154	11.4	27.100	F22	DL/T 782—2001	110kV 及以上送变电工程启动及竣工验收规程			2001/10/8	2002/2/1
11.4-4-155	11.4	27.100	F22	DL/T 875—2016	架空输电线路施工机具基本技术要求	DL/T 875—2004		2016/1/7	2016/6/1
11.4-4-156	11.4			DL/T 2119—2020	架空电力线路多旋翼无人机飞行控制系统通用技术规范			2020/10/23	2021/2/1
11.4-4-157	11.4	29.060.10	K11	NB/T 10305—2019	架空线路预绞式金具用铝合金线			2019/11/4	2020/5/1
11.4-4-158	11.4			NB/T 10473—2020	架空导线用钢绞线			2020/10/23	2021/2/1

序号	GW 分类	ICS 分类	GB 分类	标准号	中 文 名 称	代替标准	采用关系	发布日期	实施日期
11.4-4-159	11.4			NB/T 10667—2021	低风压架空导线			2021/4/26	2021/7/26
11.4-4-160	11.4	29.060.10	K11	NB 42042—2014	架空绞线用中强度铝合金线			2014/10/15	2015/3/1
11.4-4-161	11.4			T/CEC 302—2020	输电线路施工机具现场监督检验规范			2020/6/30	2020/10/1
11.4-4-162	11.4			T/CEC 304—2020	架空输电线路杆塔基本术语			2020/6/30	2020/10/1
11.4-4-163	11.4			T/CEC 305.1—2020	架空输电线路耐候钢杆塔　第 1 部分:耐候结构钢			2020/6/30	2020/10/1
11.4-4-164	11.4			T/CEC 305.2—2020	架空输电线路耐候钢杆塔　第 2 部分：设计			2020/6/30	2020/10/1
11.4-4-165	11.4			T/CEC 305.3—2020	架空输电线路耐候钢杆塔　第 3 部分：加工			2020/6/30	2020/10/1
11.4-4-166	11.4			T/CEC 305.4—2020	架空输电线路耐候钢杆塔　第 4 部分:耐候钢紧固件			2020/6/30	2020/10/1
11.4-4-167	11.4			T/CEC 306—2020	绿色设计产品评价技术规范　架空输电线路杆塔			2020/6/30	2020/10/1
11.4-4-168	11.4			T/CEC 352—2020	输电线路铁塔用热轧等边角钢			2020/6/30	2020/10/1
11.4-4-169	11.4			T/CEC 353—2020	输电铁塔高强钢加工技术规程			2020/6/30	2020/10/1
11.4-4-170	11.4			T/CEC 5017—2020	输电线路工程多年冻土地区勘察与防治导则			2020/6/30	2020/10/1
11.4-4-171	11.4			T/CEC 5021—2020	架空输电线路嵌岩桩工程技术规范			2020/6/30	2020/10/1
11.4-4-172	11.4	77.010	H04	YB/T 4872—2020	绿色设计产品评价技术规范　耐候结构钢			2020/12/9	2021/4/1
11.4-4-173	11.4	77.140.60	H44	YB/T 4904—2021	绿色设计产品评价技术规范　锚杆用热轧带肋钢筋			2021/3/5	2021/7/1
11.4-5-174	11.4	29.080.10		IEC 61466-1：2016	复合绝缘子串单元的架空线路用额定电压大于 1000V　第 1 部分：标准强度等级和端部附件　第 2 版	IEC 61466-1：1997		2016/5/1	2016/5/1
11.4-5-175	11.4			IEC 61466-2：2018	标称电压大于 1000V 的架空线用复合串绝缘子单元　第 2 部分:尺寸和电气特性　1.2 版　合并重印	IEC 61466-2：2002		2018/5/1	2018/5/1
11.4-5-176	11.4	29.080.10		IEC 61952-1：2019	架空线用绝缘子　额定电压大于 1000V 的交流系统用复合线柱式绝缘子　第 1 部分：定义、端部配件和名称　1.0 版			2019/4/1	2019/4/1

11

序号	GW分类	ICS分类	GB分类	标准号	中 文 名 称	代替标准	采用关系	发布日期	实施日期
11.4-5-177	11.4	33.100.01		IEC CISPR TR 18-3：2017	架空电力线路和高压设备的无线电干扰特性 第3部分：最小化无线电噪声产生的操作规范 3.0版			2017/10/1	2017/10/1
11.4-6-178	11.4			T/CEC 303—2020	架空输电线路基础基本术语			2020/6/30	2020/10/1

11.5 工程建设-电缆

序号	GW分类	ICS分类	GB分类	标准号	中 文 名 称	代替标准	采用关系	发布日期	实施日期
11.5-2-1	11.5	29.060		Q/GDW 10797.1—2018	定向钻进敷设电力电缆管道工程标准 第1部分：设计技术规范	Q/GDW 1797.1—2013		2019/8/30	2019/8/30
11.5-2-2	11.5	29.240		Q/GDW 11188—2014	明挖电缆隧道施工工艺导则			2014/7/1	2014/7/1
11.5-2-3	11.5	29.240		Q/GDW 11328—2014	非开挖电力电缆穿管敷设工艺导则			2015/1/31	2015/1/31
11.5-2-4	11.5			Q/GDW 11732—2017	500kV交联聚乙烯电缆线路施工及验收规范			2018/7/11	2018/7/11
11.5-2-5	11.5	29.240		Q/GDW 11840—2018	额定电压500kV（U_m=550kV）交联聚乙烯绝缘大长度交流海底电缆耐压同步检测 局部放电试验导则			2019/8/30	2019/8/30
11.5-2-6	11.5			Q/GDW 1778—2013	500kV交联聚乙烯绝缘电力电缆户外终端安装规程			2013/4/12	2013/4/12
11.5-2-7	11.5	29.120.10	K65	Q/GDW 1797.2—2013	定向钻进敷设电力管道工程标准 第2部分：施工及验收规程			2013/4/12	2013/4/12
11.5-3-8	11.5	29.060.20	K13	GB/T 11017.2—2014	额定电压110kV（U_m=126kV）交联聚乙烯绝缘电力电缆及其附件 第2部分：电缆	GB/T 11017.2—2002		2014/7/24	2015/1/22
11.5-3-9	11.5	29.060.20	K13	GB/T 11017.3—2014	额定电压110kV（U_m=126kV）交联聚乙烯绝缘电力电缆及其附件 第3部分：电缆附件	GB/T 11017.3—2002		2014/7/24	2015/1/22
11.5-3-10	11.5	91.100.30	Q14	GB 19215.3—2012	电气安装用电缆槽管系统 第2部分：特殊要求 第2节：安装在地板下和与地板齐平的电缆槽管系统			2012/11/5	2013/5/1
11.5-3-11	11.5	29.060.20	K13	GB/T 31489.2—2020	额定电压500kV及以下直流输电用挤包绝缘电力电缆系统 第2部分：直流陆地电缆			2020/12/14	2021/7/1
11.5-3-12	11.5	29.060.20	K13	GB/T 31489.3—2020	额定电压500kV及以下直流输电用挤包绝缘电力电缆系统 第3部分：直流海底电缆			2020/12/14	2021/7/1

序号	GW 分类	ICS 分类	GB 分类	标准号	中 文 名 称	代替标准	采用关系	发布日期	实施日期
11.5-3-13	11.5	29.060.20	K13	GB/T 31489.4—2020	额定电压 500kV 及以下直流输电用挤包绝缘电力电缆系统 第4部分：直流电缆附件			2020/12/14	2021/7/1
11.5-3-14	11.5			GB/T 38112—2019	管廊工程用预制混凝土制品试验方法			2019/10/18	2020/9/1
11.5-3-15	11.5		P91	GB 50168—2018	电气装置安装工程 电缆线路施工及验收标准	GB 50168—2006		2018/11/8	2019/5/1
11.5-3-16	11.5			GB/T 51191—2016	海底电力电缆输电工程施工及验收规范			2016/10/25	2017/7/1
11.5-4-17	11.5	29.240.20	F24	DL/T 1279—2013	110kV 及以下海底电力电缆线路验收规范			2013/11/28	2014/4/1
11.5-4-18	11.5			DL/T 2059—2019	±160kV～500kV 直流挤包绝缘电缆附件安装规程			2019/11/4	2020/5/1
11.5-4-19	11.5			DL/T 2060—2019	额定电压 500kV（U_m=550kV）交联聚乙烯绝缘大长度交流海底电缆及附件			2019/11/4	2020/5/1
11.5-4-20	11.5			DL/T 2233—2021	额定电压110kV～500kV 交联聚乙烯绝缘海底电缆系统预鉴定试验规范			2021/1/7	2021/7/1
11.5-4-21	11.5			DL/T 2304—2021	架空集束绝缘电缆用金具技术条件			2021/4/26	2021/10/26
11.5-4-22	11.5	29.060	K13	DL/T 342—2010	额定电压 66kV～220kV 交联聚乙烯绝缘电力电缆接头安装规程			2011/1/9	2011/5/1
11.5-4-23	11.5	29.060	K13	DL/T 343—2010	额定电压 66kV～220kV 交联聚乙烯绝缘电力电缆 GIS 终端安装规程			2011/1/9	2011/5/1
11.5-4-24	11.5	29.060	K13	DL/T 344—2010	额定电压 66kV～220kV 交联聚乙烯绝缘电力电缆户外终端安装规程			2011/1/9	2011/5/1
11.5-4-25	11.5	93.020	P10	DL/T 5570—2020	电力工程电缆勘测技术规程			2020/10/23	2021/2/1
11.5-4-26	11.5	29.060.01	K13	DL/T 5707—2014	电力工程电缆防火封堵施工工艺导则			2014/10/15	2015/3/1
11.5-4-27	11.5	29.240.01	P62	DL/T 5744.1—2016	额定电压 66kV～220kV 交联聚乙烯绝缘电力电缆敷设规程 第1部分：直埋敷设			2016/12/5	2017/5/1
11.5-4-28	11.5	29.240.01	P62	DL/T 5744.2—2016	额定电压 66kV～220kV 交联聚乙烯绝缘电力电缆敷设规程 第2部分：排管敷设			2016/12/5	2017/5/1
11.5-4-29	11.5	29.240.01	P62	DL/T 5744.3—2016	额定电压 66kV～220kV 交联聚乙烯绝缘电力电缆敷设规程 第3部分：隧道敷设			2016/12/5	2017/5/1
11.5-4-30	11.5			DL/T 5756—2017	额定电压 35kV（U_m=40.5kV）及以下冷缩式电缆附件安装规程			2017/11/15	2018/3/1

11

序号	GW 分类	ICS 分类	GB 分类	标准号	中 文 名 称	代替标准	采用关系	发布日期	实施日期
11.5-4-31	11.5			DL/T 5757—2017	额定电压 35kV（U_m=40.5kV）及以下热缩式电缆附件安装规程			2017/11/15	2018/3/1
11.5-4-32	11.5			DL/T 5802—2019	管廊工程 1000kV 气体绝缘金属封闭输电线路施工及验收规范			2019/11/4	2020/5/1
11.5-4-33	11.5			DL/T 5803—2019	管廊工程 1000kV 气体绝缘金属封闭输电线路施工工艺导则			2019/11/4	2020/5/1
11.5-4-34	11.5			DL/T 5838—2021	管廊工程 1000kV 气体绝缘金属封闭输电线路质量检验及评定规程			2021/4/26	2021/10/26
11.5-4-35	11.5			DL/T 802.2—2017	电力电缆用导管技术条件 第2部分：玻璃纤维增强塑料电缆导管	DL/T 802.2—2007		2017/8/2	2017/12/1
11.5-4-36	11.5			DL/T 802.9—2018	电力电缆用导管技术条件 第9部分：高强度聚氯乙烯塑料电缆导管			2018/12/25	2019/5/1
11.5-4-37	11.5			DL/T 802.10—2019	电力电缆用导管技术条件 第10部分：涂塑钢质电缆导管			2019/11/4	2020/5/1
11.5-4-38	11.5	29.060.20	K13	JB/T 14031—2021	额定电压 450/750V 及以下电梯用组合随行电缆			2021/5/27	2021/10/1
11.5-4-39	11.5	29.060.01	K12	JB/T 4015.1—2013	电缆设备通用部件收放线装置 第1部分：基本技术要求			2013/12/31	2014/7/1
11.5-4-40	11.5	29.060.01	K13	JB/T 4015.2—2013	电缆设备通用部件收放线装置 第2部分：立柱式收放线装置			2013/12/31	2014/7/1
11.5-4-41	11.5	29.060.01	K13	JB/T 4015.3—2013	电缆设备通用部件收放线装置 第3部分：行车式收放线装置			2013/12/31	2014/7/1
11.5-4-42	11.5	29.060.01	K13	JB/T 4015.4—2013	电缆设备通用部件收放线装置 第4部分：导轨式收放线装置			2013/12/31	2014/7/1
11.5-4-43	11.5	29.060.01	K13	JB/T 4015.5—2013	电缆设备通用部件收放线装置 第5部分：柜式收线装置			2013/12/31	2014/7/1
11.5-4-44	11.5	29.060.01	K13	JB/T 4015.6—2013	电缆设备通用部件收放线装置 第6部分：静盘式放线装置			2013/12/31	2014/7/1
11.5-4-45	11.5	29.060.01	K13	JB/T 4032.1—2013	电缆设备通用部件牵引装置 第1部分：基本技术要求			2013/12/31	2014/7/1
11.5-4-46	11.5	29.060.01	K13	JB/T 4032.2—2013	电缆设备通用部件牵引装置 第2部分：轮式牵引装置			2013/12/31	2014/7/1

序号	GW 分类	ICS 分类	GB 分类	标准号	中 文 名 称	代替标准	采用关系	发布日期	实施日期
11.5-4-47	11.5	29.060.01	K13	JB/T 4032.3—2013	电缆设备通用部件牵引装置 第3部分：履带式牵引装置			2013/12/31	2014/7/1
11.5-4-48	11.5	29.060.01	K13	JB/T 4032.4—2013	电缆设备通用部件牵引装置 第4部分：轮带式牵引装置			2013/12/31	2014/7/1
11.5-4-49	11.5	29.060.01	K13	JB/T 4033.1—2013	电缆设备通用部件绕包装置 第1部分：基本技术要求			2013/12/31	2014/7/1
11.5-4-50	11.5	29.060.01	K13	JB/T 4033.2—2013	电缆设备通用部件绕包装置 第2部分：普通式绕包装置			2013/12/31	2014/7/1
11.5-4-51	11.5	29.060.01	K13	JB/T 4033.3—2013	电缆设备通用部件绕包装置 第3部分：平面式绕包装置			2013/12/31	2014/7/1
11.5-4-52	11.5	29.060.01	K12	JB/T 4033.4—2013	电缆设备通用部件绕包装置 第4部分：半切线式绕包装置			2013/12/31	2014/7/1
11.5-4-53	11.5	83.140.30	G33	QB/T 5528—2020	城市综合管廊 电力用改性聚氯乙烯实壁管			2020/12/9	2021/4/1
11.5-5-54	11.5	33.180.10		BS EN IEC 60794-4：2018	光纤电缆 分规范 沿电力线的架空光缆			2018/8/29	2018/8/29
11.5-5-55	11.5	33.180.10		BS EN IEC 60794-4-20：2018	光纤电缆 分规范 沿电力线的架空光缆 ADSS（所有电介质自支撑）光缆系列规范			2018/11/13	2018/11/13
11.5-5-56	11.5	33.180.10		IEC 60794-4：1920	光纤电缆 第4-20部分：分规范 电力线上的架空光缆 ADSS（所有电介质自支撑）光缆的系列规范 Edition 2.0			2018/8/1	2018/8/1
11.5-6-57	11.5			T/CECS 31：2017	钢制电缆桥架工程技术规程			2017/11/20	2018/3/1

11.6 工程建设-火电

序号	GW 分类	ICS 分类	GB 分类	标准号	中 文 名 称	代替标准	采用关系	发布日期	实施日期
11.6-3-1	11.6	25.040.40	N18	GB/T 30372—2013	火力发电厂分散控制系统验收导则			2013/12/31	2015/3/1
11.6-3-2	11.6		P93	GB 50275—2010	风机、压缩机、泵安装工程施工及验收规范	GB 50275—1998；GB 50275 E—1998		2010/7/15	2011/2/1
11.6-4-3	11.6	29.100	F22	DL/T 490—2011	发电机励磁系统及装置安装、验收规程	DL 490—1992		2011/7/28	2011/11/1

11.7 工程建设-水电

序号	GW 分类	ICS 分类	GB 分类	标准号	中 文 名 称	代替标准	采用关系	发布日期	实施日期
11.7-2-1	11.7	29.240		Q/GDW 11426—2015	抽水蓄能电站工程项目划分导则			2016/3/1	2016/3/1

序号	GW 分类	ICS 分类	GB 分类	标准号	中 文 名 称	代替标准	采用关系	发布日期	实施日期
11.7-2-2	11.7	27.140		Q/GDW 11583—2016	抽水蓄能电站设备监造技术导则			2017/5/25	2017/5/25
11.7-2-3	11.7	29.240		Q/GDW 11586—2016	抽水蓄能电站工程安全文明施工设施			2017/5/25	2017/5/25
11.7-2-4	11.7	93.010		Q/GDW 11692—2017	抽水蓄能电站工程施工监理规范			2018/2/12	2018/2/12
11.7-2-5	11.7	27.140		Q/GDW 11694—2017	抽水蓄能电站受电前应具备条件导则			2018/2/12	2018/2/12
11.7-2-6	11.7	93.010		Q/GDW 11695—2017	抽水蓄能电站工程建设管理总体策划编制导则			2018/2/12	2018/2/12
11.7-2-7	11.7			Q/GDW 12134—2021	抽水蓄能电站工程招标设计阶段施工组织 设计编制导则			2021/9/17	2021/9/17
11.7-2-8	11.7			Q/GDW 12135—2021	抽水蓄能电站工程主要项目施工方案导则			2021/9/17	2021/9/17
11.7-2-9	11.7			Q/GDW 12136—2021	抽水蓄能电站建设工程质量验收评定标准			2021/9/17	2021/9/17
11.7-3-10	11.7	27.140	K55	GB/T 15613.2—2008	水轮机、蓄能泵和水泵水轮机模型验收试验 第2部分：常规水力性能试验			2008/6/30	2009/4/1
11.7-3-11	11.7	27.140	K55	GB/T 15613.3—2008	水轮机、蓄能泵和水泵水轮机模型验收试验 第3部分：辅助性能试验			2008/6/30	2009/4/1
11.7-3-12	11.7			GB 51304—2018	小型水电站施工安全标准			2018/11/1	2019/4/1
11.7-4-13	11.7	27.140	P55	DL/T 1395—2014	水电工程设备铸锻件检验收规范			2014/10/15	2015/3/1
11.7-4-14	11.7	27.100	F20	DL/T 1396—2014	水电建设项目文件收集与档案整理规范			2014/10/15	2015/3/1
11.7-4-15	11.7	27.140	P59	DL/T 1886—2018	水电水利工程砂石筛分机械安全操作规程			2018/12/25	2019/5/1
11.7-4-16	11.7	27.140	P59	DL/T 1887—2018	水电水利工程砂石破碎机械安全操作规程			2018/12/25	2019/5/1
11.7-4-17	11.7	27.140	27.14	DL/T 2097—2020	大坝安全信息分类与系统接口技术规范			2020/10/23	2021/2/1
11.7-4-18	11.7			DL/T 2289—2021	抽水蓄能电站计算机监控系统试验验收规程			2021/4/26	2021/10/26
11.7-4-19	11.7	27.140	P59	DL/T 5100—2014	水工混凝土外加剂技术规程	DL/T 5100—1999		2014/3/18	2014/8/1
11.7-4-20	11.7	27.140	P59	DL/T 5169—2013	水工混凝土钢筋施工规范	DL/T 5169—2002		2013/3/7	2013/8/1
11.7-4-21	11.7			DL/T 5199—2019	水电水利工程混凝土防渗墙施工规范	DL/T 5199—2004		2019/11/4	2020/5/1
11.7-4-22	11.7			DL/T 5200—2019	水电水利工程高压喷射灌浆技术规范	DL/T 5200—2004		2019/11/4	2020/5/1
11.7-4-23	11.7			DL/T 5209—2020	混凝土坝安全监测资料整编规程			2020/10/23	2021/2/1
11.7-4-24	11.7			DL/T 5211—2019	大坝安全监测自动化技术规范	DL/T 5211—2005		2019/11/4	2020/5/1

11

序号	GW分类	ICS分类	GB分类	标准号	中文名称	代替标准	采用关系	发布日期	实施日期
11.7-4-25	11.7			DL/T 5214—2016	水电水利工程振冲法地基处理技术规范	DL/T 5214—2005		2016/12/5	2017/5/1
11.7-4-26	11.7			DL/T 5333—2021	水电水利工程爆破安全监测规程	DL/T 5333—2005		2021/4/26	2021/10/26
11.7-4-27	11.7			DL/T 5363—2016	水工碾压式沥青混凝土施工规范	DL/T 5363—2006		2016/12/5	2017/5/1
11.7-4-28	11.7			DL/T 5400—2016	水工建筑物滑动模板施工技术规范	DL/T 5400—2007		2016/1/7	2016/6/1
11.7-4-29	11.7			DL/T 5406—2019	水电水利工程化学灌浆技术规范	DL/T 5406—2010		2019/11/4	2020/5/1
11.7-4-30	11.7			DL/T 5407—2019	水电水利工程竖井斜井施工规范	DL/T 5407—2009		2019/11/4	2020/5/1
11.7-4-31	11.7			DL/T 5432—2021	水电水利工程项目建设管理规范	DL/T 5432—2009		2021/1/7	2021/7/1
11.7-4-32	11.7			DL/T 5702—2014	水电水利工程沉井施工技术规程			2014/10/15	2015/3/1
11.7-4-33	11.7	27.140	P59	DL/T 5712—2014	水电水利工程接缝灌浆施工技术规范			2014/10/15	2015/3/1
11.7-4-34	11.7	27.140	P59	DL/T 5728—2016	水电水利工程控制性灌浆施工规范			2016/1/7	2016/6/1
11.7-4-35	11.7	27.140	P59	DL/T 5730—2016	水电水利工程施工机械安全操作规程振捣机械			2016/2/5	2016/7/1
11.7-4-36	11.7			DL/T 5731—2016	水电水利工程施工机械安全操作规程振动机			2016/2/5	2016/7/1
11.7-4-37	11.7			DL/T 5741—2016	水电水利工程截流施工技术规范			2016/12/5	2017/5/1
11.7-4-38	11.7			DL/T 5742—2016	水电水利地下工程施工测量规范			2016/12/5	2017/5/1
11.7-4-39	11.7			DL/T 5743—2016	水电水利工程土工合成材料施工规范			2016/12/5	2017/5/1
11.7-4-40	11.7	27.140	P59	DL/T 5783—2019	水电水利地下工程地质超前预报技术规程			2019/6/4	2019/10/1
11.7-4-41	11.7	27.140	P59	DL/T 5784—2019	混凝土坝安全监测系统施工技术规范			2019/6/4	2019/10/1
11.7-4-42	11.7			DL/T 5795—2019	水电水利工程带式输送机技术规范			2019/11/4	2020/5/1
11.7-4-43	11.7			DL/T 5797—2019	水电水利工程纤维混凝土施工规范			2019/11/4	2020/5/1
11.7-4-44	11.7			DL/T 5798—2019	水电水利工程现场文明施工规范			2019/11/4	2020/5/1
11.7-4-45	11.7			DL/T 5799—2019	水电水利工程过水围堰施工技术规范			2019/11/4	2020/5/1
11.7-4-46	11.7			DL/T 5800—2019	水电水利工程道路快硬混凝土施工规范			2019/11/4	2020/5/1
11.7-4-47	11.7			DL/T 5806—2020	水电水利工程堆石混凝土施工规范			2020/10/23	2021/2/1
11.7-4-48	11.7			DL/T 5807—2020	水电工程岩体稳定性微震监测技术规范			2020/10/23	2021/2/1
11.7-4-49	11.7			DL/T 5808—2020	水电工程水库地震监测技术规范			2020/10/23	2021/2/1

11

序号	GW分类	ICS分类	GB分类	标准号	中 文 名 称	代替标准	采用关系	发布日期	实施日期
11.7-4-50	11.7			DL/T 5809—2020	水电工程库区安全监测技术规范			2020/10/23	2021/2/1
11.7-4-51	11.7			DL/T 5811—2020	水轮发电机内冷安装技术导则			2020/10/23	2021/2/1
11.7-4-52	11.7			DL/T 5812—2020	水电水利工程导流隧洞及导流底孔封堵施工规范			2020/10/23	2021/2/1
11.7-4-53	11.7			DL/T 5813—2020	水电水利工程施工机械安全操作规程 隧洞衬砌钢模台车			2020/10/23	2021/2/1
11.7-4-54	11.7	27.140	P59	DL/T 5815—2020	水电水利工程固壁泥浆试验规程			2020/10/23	2021/2/1
11.7-4-55	11.7			DL/T 5820—2021	水电水利工程锚索施工质量无损检测规程			2021/4/26	2021/10/26
11.7-4-56	11.7			DL/T 5824—2021	水电水利工程泵送混凝土施工技术规范			2021/4/26	2021/10/26
11.7-4-57	11.7	93.160	F20/29	DL/T 5826—2021	水电水利地下工程施工安全评估导则 围岩稳定			2021/4/26	2021/10/26
11.7-4-58	11.7			DL/T 5828—2021	水电水利工程抗滑桩施工规范			2021/4/26	2021/10/26
11.7-4-59	11.7			DL/T 5830—2021	水电水利工程斜井压力钢管溜放及定位施工导则			2021/4/26	2021/10/26
11.7-4-60	11.7			DL/T 5831—2021	水电水利工程竖井压力钢管吊装施工导则			2021/4/26	2021/10/26
11.7-4-61	11.7	27.140	F23	DL/T 862—2016	水电厂自动化元件（装置）安装和验收规程	DL T 862—2004; DL/T 862—2004		2016/1/7	2016/6/1
11.7-4-62	11.7	27.140	P59	NB/T 10074—2018	水电工程地质测绘规程	DL/T 5185—2004		2018/10/29	2019/3/1
11.7-4-63	11.7	27.140	P59	NB/T 10075—2018	水电工程岩溶工程地质勘察规程	DL/T 5338—2006		2018/10/29	2019/3/1
11.7-4-64	11.7	27.140	P59	NB/T 10083—2018	水电工程水利计算规范	DL/T 5105—1999		2018/10/29	2019/3/1
11.7-4-65	11.7	27.14	P59	NB/T 10102—2018	水电工程建设征地实物指标调查规范	DL/T 5377—2007		2018/12/25	2019/5/1
11.7-4-66	11.7			NB/T 10225—2019	水电工程地球物理测井技术规程			2019/11/4	2020/5/1
11.7-4-67	11.7			NB/T 10226—2019	水电工程生态制图标准			2019/11/4	2020/5/1
11.7-4-68	11.7			NB/T 10227—2019	水电工程物探规范	DL/T 5010—2005		2019/11/4	2020/5/1
11.7-4-69	11.7			NB/T 10233—2019	水电工程水文设计规范	DL/T 5431—2009		2019/11/4	2020/5/1
11.7-4-70	11.7			NB/T 10235—2019	水电工程天然建筑材料勘察规程	DL/T 5388—2007		2019/11/4	2020/5/1
11.7-4-71	11.7			NB/T 10236—2019	水电工程水文地质勘察规程			2019/11/4	2020/5/1
11.7-4-72	11.7			NB/T 10237—2019	水电工程施工机械选择设计规范	DL/T 5133—2001		2019/11/4	2020/5/1

11

序号	GW分类	ICS分类	GB分类	标准号	中 文 名 称	代替标准	采用关系	发布日期	实施日期
11.7-4-73	11.7			NB/T 10238—2019	水电工程料源选择与料场开采设计规范			2019/11/4	2020/5/1
11.7-4-74	11.7			NB/T 10239—2019	水电工程声像文件收集与归档规范			2019/11/4	2020/5/1
11.7-4-75	11.7			NB/T 10243—2019	水电站发电及检修计划编制导则			2019/11/4	2020/5/1
11.7-4-76	11.7	27.140	P59	NB/T 10389—2020	水电工程下闸蓄水规划报告编制规程			2020/10/23	2021/2/1
11.7-4-77	11.7	27.140	P59	NB/T 10507—2021	水电工程信息模型数据描述规范			2021/1/7	2021/7/1
11.7-4-78	11.7	27.140	P59	NB/T 10508—2021	水电工程信息模型设计交付规范			2021/1/7	2021/7/1
11.7-4-79	11.7	27.140	P59	NB/T 10509—2021	水电建设项目水土保持技术规范	DL/T 5419—2009		2021/1/7	2021/7/1
11.7-4-80	11.7			NB/T 10610—2021	水电工程鱼类增殖放流站运行规程			2021/4/26	2021/10/26
11.7-4-81	11.7	27.140	P59	NB/T 35030—2014	水电工程投资匡算编制规定			2014/6/29	2014/11/1
11.7-4-82	11.7	27.140	P59	NB/T 35031—2014	水电工程安全监测系统专项投资编制细则			2014/6/29	2014/11/1
11.7-4-83	11.7	27.140	P59	NB/T 35032—2014	水电工程调整概算编制规定			2014/6/29	2014/11/1
11.7-4-84	11.7	27.140	P59	NB/T 35033—2014	水电工程环境保护专项投资编制细则			2014/6/29	2014/11/1
11.7-4-85	11.7	27.140	P59	NB/T 35034—2014	水电工程投资估算编制规定			2014/6/29	2014/11/1
11.7-4-86	11.7	27.140	P59	NB/T 35058—2015	水电工程岩体质量检测技术规程			2015/10/27	2016/3/1
11.7-4-87	11.7	27.140	P59	NB/T 35075—2015	水电工程项目编号及产品文件管理规定			2015/10/27	2016/3/1
11.7-4-88	11.7	27.140	P59	NB/T 35077—2016	水电工程数字流域基础地理信息系统技术规范			2016/1/7	2016/6/1
11.7-4-89	11.7	27.140	P59	NB/T 35082—2016	水电工程陡边坡植被混凝土生态修复技术规范			2016/8/16	2016/12/1
11.7-4-90	11.7	27.140	P59	NB/T 35083—2016	水电工程竣工图文件编制规程			2016/8/16	2016/12/1
11.7-4-91	11.7	27.140	P59	NB/T 35084—2016	水电工程施工规划报告编制规程			2016/12/5	2017/5/1
11.7-4-92	11.7	27.140	P59	NB/T 35085—2016	水电工程移民安置区工程地质勘察规程			2016/12/5	2017/5/1
11.7-4-93	11.7			SL 36—2016	水工金属结构焊接通用技术条件	SL 36—2006		2016/7/20	2016/10/20

11.7.1 工程建设-水电-常规水电站

序号	GW分类	ICS分类	GB分类	标准号	中 文 名 称	代替标准	采用关系	发布日期	实施日期
11.7.1-2-1	11.7.1	27.140		Q/GDW 11576—2016	水轮发电机组状态在线监测系统技术导则			2017/5/25	2017/5/25

序号	GW 分类	ICS 分类	GB 分类	标准号	中 文 名 称	代替标准	采用关系	发布日期	实施日期
11.7.1-3-2	11.7.1	27.140	K55	GB/T 15613.1—2008	水轮机、蓄能泵和水泵水轮机模型验收试验 第 1 部分：通用规定	GB/T 15613—1995		2008/6/30	2009/4/1
11.7.1-3-3	11.7.1	27.140	K55	GB/T 20043—2005	水轮机、蓄能泵和水泵水轮机水力性能现场验收试验规程			2005/9/19	2006/6/1
11.7.1-3-4	11.7.1			GB 50766—2012	水电水利工程压力钢管制作安装及验收规范			2012/5/28	2012/12/1
11.7.1-3-5	11.7.1	13.100	C66	GB 6722—2014	爆破安全规程	GB 6722—2014		2014/12/5	2015/7/1
11.7.1-3-6	11.7.1	13.100	C72	GB 6722—2014/XG1—2016	《爆破安全规程》国家标准第 1 号修改单			2014/12/5	2017/1/3
11.7.1-3-7	11.7.1	27.140	F22	GB/T 8564—2003	水轮发电机组安装技术规范	GB 8564—1988		2003/9/15	2004/3/1
11.7.1-4-8	11.7.1	27.140	K55	DL/T 1068—2007	水轮机进水液动碟阀选用、试验及验收导则			2007/7/20	2007/12/1
11.7.1-4-9	11.7.1	27.140	P62	DL/T 5038—2012	灯泡贯流式水轮发电机组安装工艺规程	DL 5038—1994		2012/1/4	2012/3/1
11.7.1-4-10	11.7.1	91.100.10	P59	DL/T 5055—2007	水工混凝土掺用粉煤灰技术规范	DL 5055—1996		2007/7/20	2007/12/1
11.7.1-4-11	11.7.1	27.140	K55	DL/T 5070—2012	水轮机金属蜗壳现场制造安装及焊接工艺导则	DL 5070—1997		2012/1/4	2012/3/1
11.7.1-4-12	11.7.1	27.140	K55	DL/T 5071—2012	混流式水轮机转轮现场制造工艺导则	DL 5071—1997		2012/1/4	2012/3/1
11.7.1-4-13	11.7.1	27.140	P59	DL/T 5083—2019	水电水利工程预应力锚固施工规范	DL/T 5083—2010		2019/6/4	2019/10/1
11.7.1-4-14	11.7.1	27.140	P59	DL/T 5099—2011	水工建筑物地下工程开挖施工技术规范	DL 5099—1999		2011/7/28	2011/11/1
11.7.1-4-15	11.7.1	27.140	P55	DL/T 5110—2013	水电水利工程模板施工规范	DL/T 5110—2000		2013/3/7	2013/8/1
11.7.1-4-16	11.7.1	93.020	P59	DL/T 5111—2012	水电水利工程施工监理规范	DL/T 5111—2000		2012/8/23	2012/12/1
11.7.1-4-17	11.7.1			DL/T 5112—2021	水工碾压混凝土施工规范	DL/T 5112—2009		2021/1/7	2021/7/1
11.7.1-4-18	11.7.1	27.140	P59	DL/T 5113.1—2019	水电水利基本建设工程单元工程质量等级评定标准 第 1 部分：土建工程	DL/T 5113.1—2005		2019/6/4	2019/10/1
11.7.1-4-19	11.7.1	27.140	P55	DL/T 5113.3—2012	水电水利基本建设工程单元工程质量等级评定标准 第 3 部分：水轮发电机组安装工程	SDJ 249.3—1988		2012/1/4	2012/3/1
11.7.1-4-20	11.7.1	27.140	F22	DL/T 5113.4—2012	水电水利基本建设工程单元工程质量等级评定标准 第 4 部分：水力机械辅助设备安装工程	SDJ 249.4—1988		2012/1/4	2012/3/1
11.7.1-4-21	11.7.1	27.140	P91	DL/T 5113.5—2012	水电水利基本建设工程单元工程质量等级评定标准 第 5 部分：发电电气设备安装工程	SDJ 249.5—1988		2012/1/4	2012/3/1

11

序号	GW分类	ICS分类	GB分类	标准号	中 文 名 称	代替标准	采用关系	发布日期	实施日期
11.7.1-4-22	11.7.1	27.140	P55	DL/T 5113.6—2012	水电水利基本建设工程单元工程质量等级评定标准　第6部分：升压变电电气设备安装工程	SDJ 249.6—1988		2012/1/4	2012/3/1
11.7.1-4-23	11.7.1	93.020	P25	DL/T 5113.8—2012	水电水利基本建设工程单元工程质量等级评定标准　第8部分：水工碾压混凝土工程	DL/T 5113.8—2000		2012/4/6	2012/7/1
11.7.1-4-24	11.7.1	27.140	P55	DL/T 5113.10—2012	水电水利基本建设工程单元工程质量等级评定标准　第10部分：沥青混凝土工程			2012/1/4	2012/3/1
11.7.1-4-25	11.7.1	29.160.20	F22	DL/T 5113.11—2005	水电水利基本建设工程单元工程质量等级评定标准　第11部分：灯泡贯流式水轮发电机组安装工程	SDJ 249.3部分—1988		2005/11/28	2006/6/1
11.7.1-4-26	11.7.1	27.140	P98	DL/T 5113.13—2019	水电水利基本建设工程单元工程质量等级评定标准　第13部分：浆砌石坝工程			2019/6/4	2019/10/1
11.7.1-4-27	11.7.1			DL/T 5128—2021	混凝土面板堆石坝施工规范	DL/T 5128—2009		2021/1/7	2021/7/1
11.7.1-4-28	11.7.1	27.140	P59	DL/T 5135—2013	水电水利工程爆破施工技术规范			2013/11/28	2014/4/1
11.7.1-4-29	11.7.1	91.100.30	P59	DL/T 5144—2015	水工混凝土施工规范	DL/T 5144—2001		2015/4/2	2015/9/1
11.7.1-4-30	11.7.1			DL/T 5148—2021	水工建筑物水泥灌浆施工技术规范	DL/T 5148—2012		2021/4/26	2021/10/26
11.7.1-4-31	11.7.1	27.140	P55	DL/T 5173—2012	水电水利工程施工测量规范	DL 5173—2003		2012/1/4	2012/3/1
11.7.1-4-32	11.7.1	27.14	P98	DL/T 5181—2017	水电水利工程锚喷支护施工规范	DL/T 5181—2003		2017/11/15	2018/3/1
11.7.1-4-33	11.7.1	27.140	P59	DL/T 5198—2013	水电水利工程岩壁梁施工规程	DL/T 5198—2004		2013/3/7	2013/8/1
11.7.1-4-34	11.7.1			DL/T 5207—2021	水工建筑物抗冲磨防空蚀混凝土技术规范	DL/T 5207—2005		2021/4/26	2021/10/26
11.7.1-4-35	11.7.1	29.160.20	K21	DL/T 5230—2009	水轮发电机转子现场装配工艺导则			2009/7/22	2009/12/1
11.7.1-4-36	11.7.1	27.140	P59	DL/T 5265—2011	水电水利工程混凝土搅拌楼安全操作规程			2011/7/28	2011/11/1
11.7.1-4-37	11.7.1	27.140	P59	DL/T 5266—2011	水电水利工程缆索起重机安全操作规程			2011/7/28	2011/11/1
11.7.1-4-38	11.7.1	27.140	P59	DL/T 5267—2012	水电水利工程覆盖层灌浆技术规范			2012/1/4	2012/3/1
11.7.1-4-39	11.7.1	27.140	P55	DL/T 5268—2012	混凝土面板堆石坝翻模固坡施工技术规程			2012/1/4	2012/3/1
11.7.1-4-40	11.7.1	27.140	P59	DL/T 5269—2012	水电水利工程砾石土心墙堆石坝施工规范			2012/1/4	2012/3/1
11.7.1-4-41	11.7.1	27.140	P59	DL/T 5271—2012	水电水利工程砂石加工系统施工技术规程			2012/4/6	2012/7/1
11.7.1-4-42	11.7.1	27.140	P59	DL/T 5272—2012	大坝安全监测自动化系统实用化要求及验收规程			2012/4/6	2012/7/1
11.7.1-4-43	11.7.1	91.100.10	P59	DL/T 5273—2012	水工混凝土掺用天然火山灰质材料技术规范			2012/4/6	2012/7/1

11

序号	GW分类	ICS分类	GB分类	标准号	中 文 名 称	代替标准	采用关系	发布日期	实施日期
11.7.1-4-44	11.7.1	27.140	P55	DL 5278—2012	水电水利工程达标投产验收规程			2012/4/6	2012/7/1
11.7.1-4-45	11.7.1	27.140	P55	DL/T 5296—2013	水工混凝土掺用氧化镁技术规范			2013/11/28	2014/4/1
11.7.1-4-46	11.7.1	27.140	P59	DL/T 5297—2013	混凝土面板堆石坝挤压边墙技术规范			2013/11/28	2014/4/1
11.7.1-4-47	11.7.1	27.140	P59	DL/T 5304—2013	水工混凝土掺用石灰石粉技术规范			2013/11/28	2014/4/1
11.7.1-4-48	11.7.1	27.140	P59	DL/T 5306—2013	水电水利工程清水混凝土施工规范			2013/11/28	2014/4/1
11.7.1-4-49	11.7.1	27.140	P59	DL/T 5309—2013	水电水利工程水下混凝土施工规范			2013/11/28	2014/4/1
11.7.1-4-50	11.7.1	27.140		DL/T 5315—2014	水工混凝土建筑物修补加固技术规程			2014/3/18	2014/8/1
11.7.1-4-51	11.7.1	27.140	P59	DL/T 5316—2014	水电水利工程软土地基施工监测技术规范			2014/3/18	2014/8/1
11.7.1-4-52	11.7.1	27.140	P59	DL/T 5317—2014	水电水利工程聚脲涂层施工技术规程			2014/3/18	2014/8/1
11.7.1-4-53	11.7.1			DL/T 5385—2020	大坝安全监测系统施工监理规范			2020/10/23	2021/2/1
11.7.1-4-54	11.7.1	91.100.10	P59	DL/T 5387—2007	水工混凝土掺用磷渣粉技术规范			2007/7/20	2007/12/1
11.7.1-4-55	11.7.1	27.140	P59	DL/T 5389—2007	水工建筑物岩石基础开挖工程施工技术规范			2007/7/20	2007/12/1
11.7.1-4-56	11.7.1	29.160.20	K21	DL/T 5420—2009	水轮发电机定子现场装配工艺导则	SD 287—1988		2009/7/22	2009/12/1
11.7.1-4-57	11.7.1	27.140	P59	DL/T 5774—2018	水电水利基础处理工程竣工资料整编及验收规范			2018/12/25	2019/5/1
11.7.1-4-58	11.7.1	27.140	P59	DL/T 5775—2018	水电水利工程水泥改性膨胀土施工技术规范			2018/12/25	2019/5/1
11.7.1-4-59	11.7.1	27.140	P59	DL/T 5777—2018	水工混凝土掺用硅粉技术规范			2018/12/25	2019/5/1
11.7.1-4-60	11.7.1	27.140	P59	DL/T 5778—2018	水工混凝土用速凝剂技术规范			2018/12/25	2019/5/1
11.7.1-4-61	11.7.1			DL/T 5805—2020	轴流式水轮机埋件安装工艺导则			2020/10/23	2021/2/1
11.7.1-4-62	11.7.1	27.140	P59	NB/T 10492—2021	水电工程施工期防洪度汛报告编制规程			2021/1/7	2021/7/1
11.7.1-4-63	11.7.1	27.140	P59	NB/T 10494—2021	水电工程节能验收技术导则			2021/1/7	2021/7/1
11.7.1-4-64	11.7.1	27.140	P59	NB/T 10496—2021	水电工程节能施工技术规范			2021/1/7	2021/7/1
11.7.1-4-65	11.7.1	27.140	P59	NB/T 35007—2013	水电工程施工地质规程	DL/T 5109—1999		2013/6/8	2013/10/1
11.7.1-4-66	11.7.1	27.140	P59	NB/T 35013—2013	水电工程建设征地移民安置验收规程			2013/6/8	2013/10/1
11.7.1-4-67	11.7.1	27.140	P59	NB/T 35014—2021	水电工程安全验收评价报告编制规程	NB/T 35014—2013		2021/1/7	2021/7/1
11.7.1-4-68	11.7.1	27.140	P59	NB/T 35015—2021	水电工程安全预评价报告编制规程	NB/T 35015—2013		2021/1/7	2021/7/1

序号	GW分类	ICS分类	GB分类	标准号	中文名称	代替标准	采用关系	发布日期	实施日期
11.7.1-4-69	11.7.1	27.140	P59	NB/T 35016—2013	土石筑坝材料碾压试验规程			2013/6/8	2013/10/1
11.7.1-4-70	11.7.1	27.140	P59	NB/T 35038—2014	水电工程建设征地移民安置综合监理规范			2014/6/29	2014/11/1
11.7.1-4-71	11.7.1	27.140	P59	NB/T 35048—2015	水电工程验收规程	DL/T 5123—2000		2015/4/2	2015/9/1
11.7.1-4-72	11.7.1	27.140	P26	NB/T 35051—2015	水电工程启闭机制造安装及验收规范	DL/T 5019—1994		2015/4/2	2015/9/1
11.7.1-4-73	11.7.1	27.14	P59	NB/T 35114—2018	水电岩土工程及岩体测试造孔规程	DL/T 5125—2009		2018/4/3	2018/7/1
11.7.1-4-74	11.7.1	27.14	P59	NB/T 35115—2018	水电工程钻探规程	DL/T 5013—2005		2018/4/3	2018/7/1
11.7.1-4-75	11.7.1	27.14	P59	NB/T 35116—2018	水电工程全球导航卫星系统（GNSS）测量规程			2018/4/3	2018/7/1
11.7.1-4-76	11.7.1	27.14	P59	NB/T 35117—2018	水电工程钻孔振荡式渗透试验规程			2018/4/3	2018/7/1
11.7.1-4-77	11.7.1	27.14	P59	NB/T 35118—2018	水电站油系统技术规范			2018/4/3	2018/7/1
11.7.1-4-78	11.7.1	27.14	P59	NB/T 35119—2018	水电工程水土保持设施验收规程			2018/6/6	2018/10/1
11.7.1-4-79	11.7.1		K55	NB/T 42041—2014	小水电机组安装技术规范			2014/10/15	2015/3/1
11.7.1-4-80	11.7.1	27.140	P59	SL 168—2012	小型水电站建设工程验收规程	SL 168—1996		2012/11/23	2013/2/23
11.7.1-4-81	11.7.1	93.160	P59	SL 176—2007	水利水电工程施工质量检验与评定规程	SL 176—1996		2007/7/14	2007/10/14
11.7.1-4-82	11.7.1	93.160	P57	SL 245—2013	水利水电工程地质观测规程			2013/1/29	2013/4/29
11.7.1-4-83	11.7.1	27.140	P55	SL 600—2012	水轮发电机定子现场装配工艺导则			2012/11/8	2013/2/8
11.7.1-4-84	11.7.1	27.140	P55	SL 631—2012	水利水电单元工程施工质量验收评定标准 土石方工程	SDJ 249.1—1988；SL 38—1992		2012/9/19	2012/12/19
11.7.1-4-85	11.7.1	27.140	P55	SL 632—2012	水利水电工程单元工程施工质量验收评定标准 混凝土工程	SDJ 249.1—1988；SL 38—1992		2012/9/19	2012/12/19
11.7.1-4-86	11.7.1	27.140	P55	SL 633—2012	水利水电单元工程施工质量验收评定标准 地基处理与基础工程	SDJ 249.1—1988		2012/9/19	2012/12/19
11.7.1-4-87	11.7.1	27.140	P55	SL 634—2012	水利水电单元工程施工质量验收评定标准 堤防工程	SL 239—1999		2012/9/19	2012/12/19
11.7.1-4-88	11.7.1	27.140	P55	SL 635—2012	水利水电单元工程施工质量验收评定标准 水工金属结构工程	SDJ 249.2—1988		2012/9/10	2012/12/19
11.7.1-4-89	11.7.1	27.140	P55	SL 636—2012	水利水电工程单元工程施工质量验收评定标准 水轮发电机组安装工程	SDJ 249.3—1988		2012/9/19	2012/12/19

序号	GW 分类	ICS 分类	GB 分类	标准号	中 文 名 称	代替标准	采用关系	发布日期	实施日期
11.7.1-4-90	11.7.1	27.140	P55	SL 637—2012	水利水电单元工程施工质量验收评定标准　水力机械辅助设备系统安装工程	SDJ 249.4—1988		2012/9/19	2012/12/19
11.7.1-4-91	11.7.1	91.220		SL 668—2014	水轮发电机组推力轴承、导轴承安装调整工艺导则	SD 288—1998		2014/3/28	2014/6/28

11.7.2　工程建设-水电-抽水蓄能

序号	GW 分类	ICS 分类	GB 分类	标准号	中 文 名 称	代替标准	采用关系	发布日期	实施日期
11.7.2-3-1	11.7.2	27.140	F59	GB/T 18482—2010	可逆式抽水蓄能机组启动试运行规程	GB/T 18482—2001		2010/12/23	2011/5/1
11.7.2-3-2	11.7.2	27.140	P55	GB/T 36294—2018	抽水蓄能发电企业档案分类导则			2018/6/7	2019/1/1
11.7.2-4-3	11.7.2	27.140	F20	DL/T 1225—2013	抽水蓄能电站生产准备导则			2013/3/7	2013/8/1
11.7.2-4-4	11.7.2	27.140	P59	NB/T 10072—2018	抽水蓄能电站设计规范	DL/T 5208—2005		2018/10/29	2019/3/1
11.7.2-4-5	11.7.2			T/CEC 5029—2020	抽水蓄能电站施工监理规范			2020/6/30	2020/10/1

11.8　工程建设-通信工程实施

序号	GW 分类	ICS 分类	GB 分类	标准号	中 文 名 称	代替标准	采用关系	发布日期	实施日期
11.8-2-1	11.8	29.240		Q/GDW 11341—2014	数据通信网工程实施技术规范			2015/5/29	2015/5/29
11.8-2-2	11.8	29.240		Q/GDW 11349—2014	光传送网（OTN）通信工程验收规范			2015/5/29	2015/5/29
11.8-2-3	11.8	29.240		Q/GDW 11440—2015	IMS 行政交换网工程验收要求			2016/7/26	2016/7/26
11.8-2-4	11.8	33.040.40		Q/GDW 11533—2016	数据通信网工程验收测试规范			2016/12/22	2016/12/22
11.8-2-5	11.8	29.240		Q/GDW 1873.1—2013	国家电网通信管理系统工程建设　第1部分：建设规范			2014/2/10	2014/2/10
11.8-2-6	11.8	29.240		Q/GDW 1873.2—2014	国家电网通信管理系统工程建设　第2部分：验收规范			2014/9/1	2014/9/1
11.8-2-7	11.8	29.240		Q/GDW 1915—2013	基于 MPLS 技术的数据通信网建设规范			2014/2/10	2014/2/10
11.8-2-8	11.8	29.240		Q/GDW 1916—2013	电力通信工程专业管理规程			2014/1/15	2014/1/15
11.8-2-9	11.8	29.020		Q/GDW 543—2010	电力光纤到户施工及验收规范			2011/3/2	2011/3/2
11.8-3-10	11.8	35.020	L01	GB/T 19668.2—2017	信息技术服务　监理　第2部分：基础设施工程监理规范	GB/T 19668.2—2007；GB/T 19668.3—2007；GB/T 19668.4—2007		2017/7/31	2018/2/1

11

序号	GW分类	ICS分类	GB分类	标准号	中 文 名 称	代替标准	采用关系	发布日期	实施日期
11.8-3-11	11.8	35.020	L01	GB/T 19668.3—2017	信息技术服务 监理 第3部分:运行维护监理规范	GB/T 19668.3—2007		2017/7/31	2018/2/1
11.8-3-12	11.8	35.020	L01	GB/T 19668.4—2017	信息技术服务 监理 第4部分:信息安全监理规范	GB/T 19668.6—2007; GB/T 19668.4—2007		2017/7/31	2018/2/1
11.8-3-13	11.8	35.020	L01	GB/T 19668.5—2018	信息技术服务 监理 第5部分:软件工程监理规范	GB/T 19668.5—2007		2018/6/7	2019/1/1
11.8-3-14	11.8	29.240.01	K45	GB/T 37755—2019	智能变电站光纤回路建模及编码技术规范			2019/6/4	2020/1/1
11.8-3-15	11.8			GB 50462—2015	数据中心基础设施施工及验收规范	GB 50462—2008		2015/12/3	2016/8/1
11.8-3-16	11.8			GB 51171—2016	通信线路工程验收规范			2016/4/15	2016/12/1
11.8-4-17	11.8			DL/T 1601—2016	光纤复合架空相线施工、验收及运行规范			2016/8/16	2016/12/1
11.8-4-18	11.8	33.180.10	M30	DL/T 1733—2017	电力通信光缆安装技术要求			2017/8/2	2017/12/1
11.8-4-19	11.8	27.100	P61	DL/T 5161.11—2018	电气装置安装工程质量检验及评定规程 第11部分:通信工程施工质量检验	DL/T 5161.11—2002		2018/12/25	2019/5/1
11.8-4-20	11.8	29.240	P62	DL/T 5344—2018	电力光纤通信工程验收规范	DL/T 5344—2006		2018/12/25	2019/5/1
11.8-4-21	11.8	29.240	P62	DL/T 5479—2013	通信工程建设预算项目划分导则			2013/6/8	2013/10/1
11.8-4-22	11.8			DL/T 5793—2019	光纤复合低压电缆和附件施工及验收规范			2019/11/4	2020/5/1
11.8-4-23	11.8			NB/T 10643—2021	风电场用静止无功发生器技术要求与试验方法			2021/4/26	2021/10/26
11.8-4-24	11.8			NB/T 20580.6—2021	核电厂建设工程概算定额 第6部分:核岛仪控仪表及通信安装工程			2021/1/7	2021/7/1
11.8-4-25	11.8			YD 5044—2014	同步数字体系(SDH)光纤传输系统工程验收规范	YD/T 5044—2005; YD/T 5149—2007; YD/T 5150—2007		2014/5/6	2014/7/1
11.8-4-26	11.8			YD 5077—2014	固定电话交换网工程验收规范	YD/T 5077—2005; YD/T 5154—2007; YD/T 5156—2007		2014/5/6	2014/7/1
11.8-4-27	11.8		P76	YD/T 5079—2005	通信电源设备安装工程验收规范	YD 5079—1999		2006/7/25	2006/10/1
11.8-4-28	11.8	33.060.20	M36	YD/T 5093—2017	光缆线路自动监测系统工程验收规范	YD/T 5093—2005		2017/11/7	2018/1/1

11

序号	GW分类	ICS分类	GB分类	标准号	中 文 名 称	代替标准	采用关系	发布日期	实施日期
11.8-4-29	11.8			YD 5121—2010	通信线路工程验收规范	YD 5121—2005；YD 5138—2005；YD 5043—2005		2010/5/14	2010/10/1
11.8-4-30	11.8			YD 5122—2014	波分复用（WDM）光纤传输系统工程验收规范	YD/T 5122—2005；YD/T 5176—2009；		2014/5/6	2014/7/1
11.8-4-31	11.8	33	P76	YD/T 5123—2021	通信线路工程施工监理规范	YD 5123—2010		2021/3/5	2021/4/1
11.8-4-32	11.8			YD 5125—2014	通信设备安装工程施工监理规范	YD/T 5125—2005		2014/5/6	2014/7/1
11.8-4-33	11.8	33	P76	YD/T 5126—2015	通信电源设备安装工程施工监理规范	YD/T 5126—2005		2015/10/10	2016/1/1
11.8-4-34	11.8	33	P76	YD/T 5160—2015	无线通信室内覆盖系统工程验收规范	YD/T 5160—2007		2015/10/10	2016/1/1
11.8-4-35	11.8			YD 5192—2009	通信建设工程量清单计价规范			2009/12/19	2010/3/1
11.8-4-36	11.8			YD 5198—2014	IP多媒体子系统（IMS）核心网工程验收暂行规定			2014/5/6	2014/7/1
11.8-4-37	11.8			YD 5201—2014	通信建设工程安全生产操作规范			2014/5/6	2014/7/1
11.8-4-38	11.8			YD 5204—2014	通信建设工程施工安全监理暂行规定			2014/5/6	2014/7/1
11.8-4-39	11.8			YD 5209—2014	光传送网（OTN）工程验收暂行规定			2014/5/6	2014/7/1

11.9 工程建设-技术经济

序号	GW分类	ICS分类	GB分类	标准号	中 文 名 称	代替标准	采用关系	发布日期	实施日期
11.9-2-1	11.9	29.240		Q/GDW 10433—2018	国家电网有限公司输变电工程造价分析内容深度规定	Q/GDW 433—2010		2019/8/30	2019/8/30
11.9-2-2	11.9	29.240		Q/GDW 11337—2014	输变电工程工程量清单计价规范	Q/GDW 593.1—2011		2015/1/31	2015/1/31
11.9-2-3	11.9	29.240		Q/GDW 11338—2014	变电工程工程量计算规范	Q/GDW 593.1—2011		2015/1/31	2015/1/31
11.9-2-4	11.9	29.240		Q/GDW 11339—2014	输电线路工程工程量计算规范	Q/GDW 593.2—2011		2015/1/31	2015/1/31
11.9-2-5	11.9	29.240		Q/GDW 11606—2016	±1100kV特高压直流输电工程计价规范			2017/6/16	2017/6/16
11.9-2-6	11.9	29.240		Q/GDW 11863—2018	±1100kV特高压直流输电工程工程量清单计算规范			2019/10/23	2019/10/23
11.9-2-7	11.9	29.240		Q/GDW 11873—2018	输变电工程施工图预算（综合单价法）编制规定			2019/10/23	2019/10/23
11.9-2-8	11.9	29.240		Q/GDW 11874—2018	输变电工程结算报告编制规定			2019/10/23	2019/10/23

序号	GW 分类	ICS 分类	GB 分类	标准号	中 文 名 称	代替标准	采用关系	发布日期	实施日期
11.9-2-9	11.9			Q/GDW 12149—2021	输变电工程造价术语			2021/7/9	2021/7/9
11.9-3-10	11.9			GB 50500—2013	建设工程工程量清单计价规范	GB 50500—2008		2012/12/25	2013/7/1
11.9-3-11	11.9			GB/T 51095—2015	建设工程造价咨询规范			2015/3/8	2015/11/1
11.9-3-12	11.9			GB/T 51290—2018	建设工程造价指标指数分类与测算标准			2018/3/7	2018/7/1
11.9-4-13	11.9			CECA/GC 9—2013	建设项目工程竣工决算编制规程			2013/1/29	2013/5/1
11.9-4-14	11.9			DL/T 5205—2021	电力建设工程工程量清单计算规范 输电线路工程	DL/T 5205—2016		2021/4/26	2021/10/26
11.9-4-15	11.9	27.100	P70/79	DL/T 5341—2021	电力建设工程工程量清单计算规范 变电工程	DL/T 5341—2016		2021/4/26	2021/10/26
11.9-4-16	11.9	27.100	P60	DL/T 5369—2021	电力建设工程工程量清单计算规范 火力发电工程	DL/T 5369—2016		2021/4/26	2021/10/26
11.9-4-17	11.9	27.100	P60	DL/T 5464—2021	火力发电工程初步设计概算编制导则	DL/T 5464—2013		2021/4/26	2021/10/26
11.9-4-18	11.9	27.100	P60	DL/T 5465—2021	火力发电工程施工图预算编制导则	DL/T 5465—2013		2021/4/26	2021/10/26
11.9-4-19	11.9	27.100	P60	DL/T 5466—2021	火力发电工程可行性研究投资估算编制导则	DL/T 5466—2013		2021/4/26	2021/10/26
11.9-4-20	11.9	29.240	P62	DL/T 5468—2021	输变电工程施工图预算编制导则	DL/T 5468—2013		2021/4/26	2021/10/26
11.9-4-21	11.9	29.240	P62	DL/T 5469—2021	输变电工程可行性研究投资估算编制导则	DL/T 5469—2013		2021/4/26	2021/10/26
11.9-4-22	11.9	27.100	P60	DL/T 5470—2021	燃煤发电工程建设预算项目划分导则	DL/T 5470—2013		2021/4/26	2021/10/26
11.9-4-23	11.9			DL/T 5471—2021	变电站、开关站、换流站工程建设预算项目划分导则	DL/T 5471—2013		2021/4/26	2021/10/26
11.9-4-24	11.9			DL/T 5476—2021	电缆输电线路工程建设预算项目划分导则	DL/T 5476—2013		2021/4/26	2021/10/26
11.9-4-25	11.9	29.240	P62	DL/T 5477—2013	串联补偿站及静止无功补偿工程建设预算项目划分导则			2013/6/8	2013/10/1
11.9-4-26	11.9	29.240	P62	DL/T 5478—2021	20kV 及以下配电网工程建设预算项目划分导则	DL/T 5478—2013		2021/4/26	2021/10/26
11.9-4-27	11.9	27.100	P60	DL/T 5531—2017	火力发电工程项目后评价导则			2017/8/2	2017/12/1
11.9-4-28	11.9			DL/T 5745—2021	电力建设工程工程量清单计价规范	DL/T 5745—2016		2021/4/26	2021/10/26
11.9-4-29	11.9	29.240	F20	DL/T 5765—2018	20kV 及以下配电网工程工程量清单计价规范			2018/4/3	2018/7/1
11.9-4-30	11.9	29.240	F20	DL/T 5766—2018	20kV 及以下配电网工程工程量清单计算规范			2018/4/3	2018/7/1

11

序号	GW 分类	ICS 分类	GB 分类	标准号	中 文 名 称	代替标准	采用关系	发布日期	实施日期
11.9-4-31	11.9	29.240	F20	DL/T 5767—2018	电网技术改造工程工程量清单计价规范			2018/4/3	2018/7/1
11.9-4-32	11.9	29.240	F20	DL/T 5768—2018	电网技术改造工程工程量清单计算规范			2018/4/3	2018/7/1
11.9-4-33	11.9	29.240	F20	DL/T 5769—2018	电网检修工程工程量清单计价规范			2018/4/3	2018/7/1
11.9-4-34	11.9	29.240	F20	DL/T 5770—2018	电网检修工程工程量清单计算规范			2018/4/3	2018/7/1
11.9-4-35	11.9	29.180	K41	DL/T 985—2012	配电变压器能效技术经济评价导则	DL/T 985—2005		2012/4/6	2012/7/1

11.10 工程建设-其他

序号	GW 分类	ICS 分类	GB 分类	标准号	中 文 名 称	代替标准	采用关系	发布日期	实施日期
11.10-2-1	11.10	29.240		Q/GDW 10666—2016	分布式电源接入配电网测试技术规范	Q/GDW 666—2011		2017/3/24	2017/3/24
11.10-2-2	11.10	29.240		Q/GDW 11073—2013	分布式电源接入配电网系统测试及验收规程			2014/9/1	2014/9/1
11.10-2-3	11.10	29.240		Q/GDW 11559—2016	微电网接入配电网测试规范			2017/3/24	2017/3/24
11.10-2-4	11.10	29.240		Q/GDW 11970—2019	输变电工程水土保持监理规范			2020/8/24	2020/8/24
11.10-2-5	11.10	29.240		Q/GDW 11971—2019	架空输电线路水土保持设施质量检验及评定规程			2020/8/24	2020/8/24
11.10-2-6	11.10	29.240		Q/GDW 11973—2019	生态脆弱区输变电工程施工环境保护导则			2020/8/24	2020/8/24
11.10-2-7	11.10			Q/GDW 1944—2013	输变电工程激光雷达测量技术应用导则			2013/11/12	2013/11/12
11.10-2-8	11.10			Q/GDW 1945—2013	输变电工程无人机航空摄影测量技术应用导则			2013/11/12	2013/11/12
11.10-2-9	11.10			Q/GDW 1946—2013	输变电工程卫星影像应用导则			2013/11/12	2013/11/12
11.10-3-10	11.10	91.100.10	Q13	GB/T 14684—2011	建设用砂	GB/T 14684—2001		2011/6/16	2012/2/1
11.10-3-11	11.10	91.100.15	Q13	GB/T 14685—2011	建设用卵石、碎石	GB/T 14685—2001		2011/6/16	2012/2/1
11.10-3-12	11.10			GB 50343—2012	建筑物电子信息系统防雷技术规范	GB 50343—2004		2012/6/11	2012/12/1
11.10-3-13	11.10			GB/T 50378—2019	绿色建筑评价标准	GB/T 50378—2014		2019/3/13	2019/8/1
11.10-3-14	11.10			GB 50582—2010	室外作业场地照明设计标准			2010/5/31	2010/12/1
11.10-3-15	11.10		P27	GB 50608—2020	纤维增强复合材料建设工程应用技术规范	GB 50608—2010		2020/2/27	2020/10/1
11.10-3-16	11.10			GB 50838—2015	城市综合管廊工程技术规范	GB 50838—2012		2015/5/22	2015/6/1
11.10-3-17	11.10			GB/T 51103—2015	电磁屏蔽室工程施工及质量验收规范			2015/5/11	2016/2/1

序号	GW 分类	ICS 分类	GB 分类	标准号	中 文 名 称	代替标准	采用关系	发布日期	实施日期
11.10-4-18	11.10		P36	CECS 269—2010	灾损建（构）筑物处理技术规范			2010/8/4	2010/11/1
11.10-4-19	11.10	27.100	F24	DL/T 1314—2013	电力工程用缓释型离子接地装置技术条件			2013/11/28	2014/4/1
11.10-4-20	11.10	27.100	F24	DL/T 1315—2013	电力工程接地装置用放热焊剂技术条件			2013/11/28	2014/4/1
11.10-4-21	11.10	29.240.01	F22	DL/T 5738—2016	电力建设工程变形缝施工技术规范			2016/8/16	2016/12/1
11.10-4-22	11.10	29.020	P22	DL/T 5779—2018	气体绝缘金属封闭输电线路施工及验收规范			2018/12/25	2019/5/1
11.10-4-23	11.10			DL/T 5781—2018	配电自动化系统验收技术规范			2018/12/25	2019/5/1
11.10-4-24	11.10	03.100.30	F20	DL/T 679—2012	焊工技术考核规程	DL 679—1999		2012/1/4	2012/3/1
11.10-4-25	11.10	27.100	F20	DL/T 816—2017	电力行业焊接操作技能教师考核规则	DL/T 816—2003		2017/8/2	2017/12/1
11.10-4-26	11.10			NB/T 51080—2017	气膜钢筋混凝土结构工程施工与验收规范			2017/12/27	2018/6/1
11.10-5-27	11.10			BS 7981—2017	桅杆爬升工作平台（MCWP）的安装、维护、彻底检查和安全使用的操作规范	BS 7981—2002		2017/10/31	2017/10/31

11

12 设备、材料

12.1 设备、材料-基础综合

序号	GW 分类	ICS 分类	GB 分类	标准号	中 文 名 称	代替标准	采用关系	发布日期	实施日期
12.1-2-1	12.1	29.240		Q/GDW 10406—2018	倒置式 SF$_6$ 电流互感器技术规范	Q/GDW 406—2010		2020/4/3	2020/4/3
12.1-2-2	12.1	29.240		Q/GDW 10655—2015	串联电容器补偿装置通用技术要求	Q/GDW 655—2011		2016/12/8	2016/12/8
12.1-2-3	12.1	29.240		Q/GDW 10673—2016	输变电设备外绝缘用防污闪辅助伞裙技术条件及使用导则	Q/GDW 673—2011		2017/10/17	2017/10/17
12.1-2-4	12.1	29.240		Q/GDW 11137—2013	输变电工程钢构件热浸镀锌铝镁稀土合金镀层技术条件			2014/4/15	2014/4/15
12.1-2-5	12.1	29.240		Q/GDW 11138—2013	输变电钢构件热喷涂锌铝镁稀土合金防腐涂层技术要求			2014/4/15	2014/4/15
12.1-2-6	12.1	29.240		Q/GDW 11365—2014	变压器中性点直流限流电阻器技术规范			2015/2/16	2015/2/16
12.1-2-7	12.1	29.240		Q/GDW 11476—2015	感应滤波变压器成套设备技术规范			2016/9/30	2016/9/30
12.1-2-8	12.1	29.240		Q/GDW 11497—2016	换流变压器二次部分通用设计规范			2016/12/22	2016/12/22
12.1-2-9	12.1	29.240		Q/GDW 11517—2016	电力变压器中性点电容隔直装置技术规范			2017/10/9	2017/10/9
12.1-2-10	12.1	29.240		Q/GDW 11588—2016	快速动态响应同步调相机技术规范			2017/5/25	2017/5/25
12.1-2-11	12.1	29.240		Q/GDW 11824—2018	虚拟同步发电机技术导则			2019/7/15	2019/7/15
12.1-2-12	12.1	29.020		Q/GDW 11924—2018	主动干预型消弧装置技术规范			2020/4/3	2020/4/3
12.1-2-13	12.1			Q/GDW 12133.6—2021	互感器技术规范 第6部分:具备谐波测量功能的电容式电压互感器			2022/1/28	2022/1/28
12.1-2-14	12.1			Q/GDW 1794—2013	气体绝缘变压器技术条件			2013/4/12	2013/4/12
12.1-2-15	12.1			Q/GDW 1847—2012	电子式电流互感器技术规范	Q/GDW 424—2010		2014/5/1	2014/5/1
12.1-2-16	12.1			Q/GDW 1848—2012	电子式电压互感器技术规范	Q/GDW 425—2010		2014/5/1	2014/5/1
12.1-2-17	12.1			Q/GDW 1849—2012	六氟化硫气体绝缘试验变压器技术条件			2014/5/1	2014/5/1
12.1-2-18	12.1	29.020		Q/GDW 415—2010	电磁式电压互感器用非线性电阻型消谐器技术规范			2010/4/8	2010/4/8
12.1-2-19	12.1	29.020		Q/GDW 716—2012	输电线路电流融冰技术导则			2012/1/30	2012/1/30

序号	GW 分类	ICS 分类	GB 分类	标准号	中 文 名 称	代替标准	采用关系	发布日期	实施日期
12.1-2-20	12.1	29.020		Q/GDW 736.1—2012	智能电力变压器技术条件 第 1 部分：通用技术条件			2012/10/11	2012/10/11
12.1-2-21	12.1	29.020		Q/GDW 736.3—2012	智能电力变压器技术条件 第 3 部分：有载分接开关控制 IED 技术条件			2012/10/11	2012/10/11
12.1-2-22	12.1	29.020		Q/GDW 736.4—2012	智能电力变压器技术条件 第 4 部分：冷却装置控制 IED 技术条件			2012/10/11	2012/10/11
12.1-2-23	12.1	29.020		Q/GDW 736.9—2012	智能电力变压器技术条件 第 9 部分：非电量保护 IED 技术条件			2012/10/11	2012/10/11
12.1-3-24	12.1	29.180	K41	GB 1094.1—2013	电力变压器 第 1 部分：总则	GB 1094.1—1996	IEC 60076-1：2011 MOD	2013/12/17	2014/12/14
12.1-3-25	12.1	29.180	K41	GB 1094.2—2013	电力变压器 第 2 部分：液浸式变压器的温升	GB 1094.2—1996		2013/12/17	2014/12/14
12.1-3-26	12.1	29.180	K41	GB/T 1094.3—2017	电力变压器 第 3 部分：绝缘水平、绝缘试验和外绝缘空气间隙	GB/T 1094.3—2003	IEC 60076-3：2013	2017/12/29	2018/7/1
12.1-3-27	12.1	29.180	K41	GB/T 1094.4—2005	电力变压器 第 4 部分：电力变压器和电抗器的雷电冲击和操作冲击试验导则	GB/T 7449—1987		2005/8/26	2006/4/1
12.1-3-28	12.1	29.180	K41	GB 1094.5—2008	电力变压器 第 5 部分：承受短路的能力	GB 1094.5—2003		2008/9/19	2009/6/1
12.1-3-29	12.1	29.180	K41	GB/T 1094.6—2011	电力变压器 第 6 部分：电抗器	GB/T 10229—1988	IEC 60076-6：2007 MOD	2011/7/29	2011/12/1
12.1-3-30	12.1	29.180	K41	GB/T 1094.7—2008	电力变压器 第 7 部分：油浸式电力变压器负载导则			2008/9/24	2009/8/1
12.1-3-31	12.1	29.180	K41	GB/T 1094.12—2013	电力变压器 第 12 部分：干式电力变压器负载导则	GB/T 17211—1998	IEC 60076-12：2008 MOD	2013/12/17	2014/4/9
12.1-3-32	12.1	29.180	K41	GB/Z 1094.14—2011	电力变压器 第 14 部分：采用高温绝缘材料的液浸式变压器的设计和应用		IEC/TS 60076-14：2009 IDT	2011/12/30	2012/5/1
12.1-3-33	12.1	29.180	K41	GB 1094.16—2013	电力变压器 第 16 部分：风力发电用变压器		IEC 60076-16：2011 MOD	2013/12/17	2014/12/14
12.1-3-34	12.1	29.180	K41	GB/T 1094.23—2019	电力变压器 第 23 部分：直流偏磁抑制装置			2019/12/10	2020/7/1
12.1-3-35	12.1	29.180	K41	GB/T 1094.101—2008	电力变压器 第 10.1 部分：声级测定 应用导则			2008/6/30	2009/4/1
12.1-3-36	12.1	29.035.99	K15	GB/T 11021—2014	电气绝缘耐热性和表示方法	GB/T 11021—2007	IEC 60085：2007 IDT	2014/5/6	2014/10/28

12

序号	GW 分类	ICS 分类	GB 分类	标准号	中 文 名 称	代替标准	采用关系	发布日期	实施日期
12.1-3-37	12.1	31.060.70	K42	GB/T 11024.1—2019	标称电压 1000V 以上交流电力系统用并联电容器 第 1 部分：总则	GB/T 11024.1—2010		2019/3/25	2019/10/1
12.1-3-38	12.1	31.060.70	K42	GB/T 11024.2—2019	标称电压 1000V 以上交流电力系统用并联电容器 第 2 部分：老化试验	GB/T 11024.2—2001		2019/3/25	2019/10/1
12.1-3-39	12.1	31.060.70	K42	GB/T 11024.3—2019	标称电压 1000V 以上交流电力系统用并联电容器 第 3 部分：并联电容器和并联电容器组的保护	GB/Z 11024.3—2001		2019/3/25	2019/10/1
12.1-3-40	12.1	31.060.70	K42	GB/T 11024.4—2019	标称电压 1000V 以上交流电力系统用并联电容器 第 4 部分：内部熔丝	GB/T 11024.4—2001		2019/3/25	2019/10/1
12.1-3-41	12.1	29.080.99	K49	GB 11032—2010	交流无间隙金属氧化物避雷器	GB 11032—2000	IEC 60099-4：2006 MOD	2010/9/2	2011/8/1
12.1-3-42	12.1	07.060	N93	GB/T 11826—2019	转子式流速仪	GB/T 11826—2002		2019/6/4	2020/1/1
12.1-3-43	12.1	29.240.01	K51	GB/T 11920—2008	电站电气部分集中控制设备及系统通用技术条件	GB 11920—1989		2008/9/24	2009/8/1
12.1-3-44	12.1	17.220	L85	GB/T 12116—2012	电子电压表通用规范	GB/T 12117—1989；GB/T 12116—1989		2012/12/31	2013/6/1
12.1-3-45	12.1	29.080.20	K48	GB/T 13026—2017	交流电容式套管型式与尺寸	GB/T 13026—2008		2017/12/29	2018/7/1
12.1-3-46	12.1	19.040	K04	GB/T 14597—2010	电工产品不同海拔的气候环境条件	GB/T 14597—1993		2010/11/10	2011/5/1
12.1-3-47	12.1	29.020	K05	GB/T 15139—1994	电工设备结构总技术条件			1994/12/28	1995/8/1
12.1-3-48	12.1	29.180	K41	GB/T 17468—2019	电力变压器选用导则	GB/T 17468—2008		2019/12/10	2020/7/1
12.1-3-49	12.1	29.180	K41	GB/T 18494.3—2012	变流变压器 第 3 部分：应用导则		IEC 61378-3：2006 MOD	2012/6/29	2012/11/1
12.1-3-50	12.1	29.180	K41	GB/T 19212.1—2016	变压器、电抗器、电源装置及其组合的安全 第 1 部分：通用要求和试验	GB 19212.1—2008	IEC 61558-1：2009	2016/12/13	2017/3/1
12.1-3-51	12.1	31.060.70	K42	GB/T 19749.1—2016	耦合电容器和电容分压器 第 1 部分：总则	GB/T 19749—2005	IEC 60358-1：2012	2016/2/24	2016/9/1
12.1-3-52	12.1	29.020	K04	GB/T 20626.1—2017	特殊环境条件 高原电工电子产品 第 1 部分：通用技术要求	GB/T 20626.1—2006		2017/9/29	2018/4/1
12.1-3-53	12.1	29.020	K04	GB/T 20626.3—2006	特殊环境条件 高原电工电子产品 第 3 部分：雷电、污秽、凝露的防护要求			2006/11/9	2007/4/1
12.1-3-54	12.1	29.120.01	K30	GB/T 20645—2006	特殊环境条件 高原用低压电器技术要求			2006/11/8	2007/4/1

序号	GW 分类	ICS 分类	GB 分类	标准号	中文名称	代替标准	采用关系	发布日期	实施日期
12.1-3-55	12.1	29.180	K41	GB 20840.1—2010	互感器 第1部分：通用技术要求			2010/9/2	2011/8/1
12.1-3-56	12.1	29.180	K41	GB 20840.2—2014	互感器 第2部分：电流互感器的补充技术要求	GB 16847—1997；GB 1208—2006	IEC 61869-2：2012 MOD	2014/9/3	2015/8/3
12.1-3-57	12.1	29.180	K41	GB 20840.3—2013	互感器 第3部分：电磁式电压互感器的补充技术要求	GB 1207—2006	IEC 61869-3：2011 MOD	2013/12/17	2014/11/14
12.1-3-58	12.1	29.180	K41	GB 20840.4—2015	互感器 第4部分：组合互感器的补充技术要求		IEC 61869-4：2011 MOD	2015/5/15	2016/6/1
12.1-3-59	12.1	29.180	K41	GB/T 20840.5—2013	互感器 第5部分：电容式电压互感器的补充技术要求	GB/T 4703—2007	IEC 61869-5：2011 MOD	2013/2/7	2013/7/1
12.1-3-60	12.1	29.180	K41	GB/T 20840.6—2017	互感器 第6部分：低功率互感器的补充通用技术要求		IEC 61869-6：2016	2017/11/1	2018/5/1
12.1-3-61	12.1	29.180	K41	GB/T 20840.7—2007	互感器 第7部分：电子式电压互感器			2007/4/16	2007/8/1
12.1-3-62	12.1	29.180	K41	GB/T 20840.8—2007	互感器 第8部分：电子式电流互感器			2007/1/16	2007/8/1
12.1-3-63	12.1		K41	GB/T 20840.9—2017	互感器 第9部分：互感器的数字接口		IEC 61869-9：2016 MOD	2017/11/1	2018/5/1
12.1-3-64	12.1	29.180	K41	GB/T 21419—2013	变压器、电抗器、电源装置及其组合的安全电磁兼容（EMC）要求	GB/T 21419—2008		2013/7/19	2013/12/2
12.1-3-65	12.1	29.130.10	K43	GB/T 22381—2017	额定电压72.5kV及以上气体绝缘金属封闭开关设备与充流体及挤包绝缘电力电缆的连接 充流体及干式电缆终端	GB/T 22381—2008		2017/7/12	2018/2/1
12.1-3-66	12.1	29.130.10	K43	GB/T 22382—2017	额定电压72.5kV及以上气体绝缘金属封闭开关设备与电力变压器之间的直接连接	GB/T 22382—2008	IEC 62271-211：2014	2017/7/12	2018/2/1
12.1-3-67	12.1	29.080.20	K48	GB/T 22674—2008	直流系统用套管			2008/12/31	2009/10/1
12.1-3-68	12.1	29.240.10	K47	GB/T 2314—2008	电力金具通用技术条件	GB 2314—1997	IEC 61284：1997 MOD	2008/9/24	2009/8/1
12.1-3-69	12.1	29.020	K90	GB/T 23644—2009	电工专用设备通用技术条件			2009/4/21	2009/11/1
12.1-3-70	12.1	29.180	K41	GB/T 23755—2009	三相组合式电力变压器			2009/5/6	2009/11/1
12.1-3-71	12.1	27.200	J73	GB/T 25142—2010	风冷式循环冷却液制冷机组			2010/9/26	2011/2/1
12.1-3-72	12.1	29.020	K09	GB/T 25295—2010	电气设备安全设计导则			2010/11/10	2011/5/1
12.1-3-73	12.1	29.080.10	K48	GB/T 26218.4—2019	污秽条件下使用的高压绝缘子的选择和尺寸确定 第4部分：直流系统用绝缘子			2019/12/10	2020/7/1

12

序号	GW 分类	ICS 分类	GB 分类	标准号	中 文 名 称	代替标准	采用关系	发布日期	实施日期
12.1-3-74	12.1	29.080.99	K49	GB/T 28547—2012	交流金属氧化物避雷器选择和使用导则		IEC 60099-5：2000 NEQ	2012/6/29	2012/11/1
12.1-3-75	12.1	29.160.30	K24	GB/T 30549—2014	永磁交流伺服电动机通用技术条件			2014/5/6	2014/10/28
12.1-3-76	12.1	87.040	G51	GB 30981—2020	工业防护涂料中有害物质限量	GB 30981—2014		2020/3/4	2020/12/1
12.1-3-77	12.1	91.100.30	Q12	GB 31040—2014	混凝土外加剂中残留甲醛的限量			2014/12/5	2015/12/1
12.1-3-78	12.1	31.240	K05	GB/T 31846—2015	高压机柜通用技术规范			2015/7/3	2016/2/1
12.1-3-79	12.1	91.100.30	Q04	GB/T 32987—2016	混凝土路面砖性能试验方法			2016/10/13	2017/9/1
12.1-3-80	12.1	77.140.75	H48	GB/T 33966—2017	输送砂浆用耐磨无缝钢管			2017/7/12	2018/4/1
12.1-3-81	12.1	77.140.60	H44	GB/T 33968—2017	改善焊接性能热轧型钢			2017/7/12	2018/4/1
12.1-3-82	12.1	91.100.10	Q25	GB/T 34011—2017	建筑用绝热制品 外墙外保温系统抗拉脱性能的测定（泡沫块试验）		ISO 12968：2010	2017/7/12	2018/6/1
12.1-3-83	12.1	29.080.99	K49	GB/T 34869—2017	串联补偿装置电容器组保护用金属氧化物限压器			2017/11/1	2018/5/1
12.1-3-84	12.1	29.180	K41	GB/Z 34935—2017	油浸式智能化电力变压器技术规范			2017/11/1	2018/5/1
12.1-3-85	12.1	19.100	J04	GB/T 35090—2018	无损检测 管道弱磁检测方法			2018/5/14	2018/12/1
12.1-3-86	12.1	03.120.99	A00	GB/T 35245—2017	企业产品质量安全事件应急预案编制指南			2017/12/29	2018/7/1
12.1-3-87	12.1	03.120.99	A00	GB/T 35247—2017	产品质量安全风险信息监测技术通则			2017/12/29	2018/7/1
12.1-3-88	12.1	03.120.99	A00	GB/T 35253—2017	产品质量安全风险预警分级导则			2017/12/29	2018/7/1
12.1-3-89	12.1	21.060.10	J13	GB/T 3632—2008	钢结构用扭剪型高强度螺栓连接副			2008/3/3	2008/7/1
12.1-3-90	12.1	25.040.40	N18	GB/T 36413.1—2018	自动化系统 嵌入式智能控制器 第1部分：通用要求			2018/6/7	2019/1/1
12.1-3-91	12.1	27.010	F01	GB 36888—2018	预拌混凝土单位产品能源消耗限额			2018/11/19	2019/12/1
12.1-3-92	12.1	29.240.01	K45	GB/T 37761—2019	电力变压器冷却系统PLC控制装置技术要求			2019/6/4	2020/1/1
12.1-3-93	12.1	19.040	A21	GB/T 4796—2017	环境条件分类 第1部分：环境参数及其严酷程度	GB/T 4796—2008	IEC 60721-1：2002 MOD	2017/12/29	2018/7/1
12.1-3-94	12.1	19.020	K04	GB/T 4797.1—2018	环境条件分类 自然环境条件 温度和湿度	GB/T 4797.1—2005	IEC 60721-2-1：2013	2018/5/14	2018/12/1
12.1-3-95	12.1	19.020	A21	GB/T 4798.10—2006	电工电子产品应用环境条件 导言	GB/T 4798.10—1991		2006/12/19	2007/9/1
12.1-3-96	12.1			GB 50994—2014	工业企业电气设备抗震鉴定标准			2014/5/29	2015/3/1

12

序号	GW 分类	ICS 分类	GB 分类	标准号	中 文 名 称	代替标准	采用关系	发布日期	实施日期
12.1-3-97	12.1	29.120.30	K43	GB/T 5273—2016	高压电器端子尺寸标准化	GB/T 5273—1985	IEC/TR 62271-301：2009 MOD	2016/4/25	2016/11/1
12.1-3-98	12.1	31.060.70	K42	GB/T 6115.2—2017	电力系统用串联电容器 第2部分：串联电容器组用保护设备	GB/T 6115.2—2002	IEC 60143-2：2012 MOD	2017/9/29	2018/4/1
12.1-3-99	12.1	31.060.70	K42	GB/T 6115.4—2014	电力系统用串联电容器 第4部分：晶闸管控制的串联电容器		IEC 60143-4：2010	2014/7/24	2015/1/22
12.1-3-100	12.1	29.180	K41	GB/T 6451—2015	油浸式电力变压器技术参数和要求	GB/T 6451—2008		2015/9/11	2016/4/1
12.1-3-101	12.1	33.060.40	M31	GB/T 7330—2008	交流电力系统阻波器	GB/T 7330—1998		2008/3/25	2008/10/1
12.1-3-102	12.1	29.120.60	K43	GB 7674—2008	额定电压 72.5kV 及以上气体绝缘金属封闭开关设备	GB 7674—1997		2008/9/19	2009/6/1
12.1-3-103	12.1	77.140.75	H48	GB/T 8162—2018	结构用无缝钢管	GB/T 8162—2008		2018/5/14	2019/2/1
12.1-3-104	12.1	13.220.50	C80	GB 8624—2012	建筑材料及制品燃烧性能分级	GB 8624—2006		2012/12/31	2013/10/1
12.1-3-105	12.1	29.020	K09	GB/T 9089.3—2008	户外严酷条件下的电气设施 第3部分：设备及附件的一般要求	GB/T 9089.3—1991		2008/6/18	2009/3/1
12.1-3-106	12.1	29.020	K09	GB/T 9089.4—2008	户外严酷条件下的电气设施 第4部分：装置要求	GB/T 9089.4—1992		2008/6/18	2009/3/1
12.1-3-107	12.1	31.060	N25	GB/T 9090—1988	标准电容器			1988/4/2	1989/1/1
12.1-4-108	12.1	29.080.20	K15	DL/T 1001—2006	复合绝缘高压穿墙套管技术条件			2006/5/6	2006/10/1
12.1-4-109	12.1		F21	DL/T 1057—2007	自动跟踪补偿消弧线圈成套装置技术条件			2007/7/20	2007/12/1
12.1-4-110	12.1			DL/T 1094—2018	电力变压器用绝缘油选用导则	DL/T 1094—2008		2018/4/3	2018/7/1
12.1-4-111	12.1	29.180	K41	DL/T 1096—2018	变压器油中颗粒度限值	DL/T 1096—2008		2018/4/3	2018/7/1
12.1-4-112	12.1			DL/T 1157—2019	配电线路故障指示器通用技术条件	DL/T 1157—2012		2019/11/4	2020/5/1
12.1-4-113	12.1	29.020	K91	DL/T 1342—2014	电气接地工程用材料及连接件			2014/3/18	2014/8/1
12.1-4-114	12.1	27.100	F24	DL/T 1366—2014	电力设备用六氟化硫气体			2014/10/15	2015/3/1
12.1-4-115	12.1			DL/T 1515—2016	电子式互感器接口技术规范			2016/1/7	2016/6/1
12.1-4-116	12.1			DL/T 1539—2016	电力变压器（电抗器）用高压套管选用导则			2016/1/7	2016/6/1
12.1-4-117	12.1			DL/T 1541—2016	电力变压器中性点直流限（隔）流装置技术规范			2016/1/7	2016/6/1

12

序号	GW 分类	ICS 分类	GB 分类	标准号	中 文 名 称	代替标准	采用关系	发布日期	实施日期
12.1-4-118	12.1			DL/T 1542—2016	电子式电流互感器选用导则			2016/1/7	2016/6/1
12.1-4-119	12.1			DL/T 1543—2016	电子式电压互感器选用导则			2016/1/7	2016/6/1
12.1-4-120	12.1	29.240.01	F20	DL/T 1789—2017	光纤电流互感器技术规范			2017/12/27	2018/6/1
12.1-4-121	12.1	29.18	K41	DL/T 1805—2018	电力变压器用有载分接开关选用导则			2018/4/3	2018/7/1
12.1-4-122	12.1			DL/T 1978—2019	电力用油颗粒污染度分级标准			2019/6/4	2019/10/1
12.1-4-123	12.1			DL/T 318—2017	输变电工程施工机具产品型号编制方法	DL/T 318—2010		2017/8/2	2017/12/1
12.1-4-124	12.1	29.180	K41	DL/T 378—2010	变压器出线端子用绝缘防护罩通用技术条件			2010/5/1	2010/10/1
12.1-4-125	12.1			DL/T 5789—2019	绝缘管型母线施工工艺导则			2019/6/4	2019/10/1
12.1-4-126	12.1			DL/T 617—2019	气体绝缘金属封闭开关设备技术条件	DL/T 617—2010	IEC 62271-203：2011	2019/11/4	2020/5/1
12.1-4-127	12.1	29.020.01	K04	DL/T 700—2017	电力物资分类与编码导则	DL/T 700.1—1999；DL/T 700.2—1999；DL/T 700.3—1999		2017/11/15	2018/3/1
12.1-4-128	12.1	29.240.01	K49	DL/T 815—2012	交流输电线路用复合外套金属氧化物避雷器	DL 815—2002		2012/1/4	2012/3/1
12.1-4-129	12.1	27.100	F20	DL/T 837—2012	输变电设施可靠性评价规程	DL 837—2003		2012/1/4	2012/3/1
12.1-4-130	12.1	27.100	F21	DL/T 866—2015	电流互感器和电压互感器选择及计算规程	DL/T 866—2004		2015/4/2	2015/9/1
12.1-4-131	12.1			DL/T 872—2016	小电流接地系统单相接地故障选线装置技术条件	DL/T 872—2004		2016/12/5	2017/5/1
12.1-4-132	12.1	29.020	K47	DL/T 972—2005	带电作业工具、装置和设备的质量保证导则			2005/11/28	2006/6/1
12.1-4-133	12.1			DL/T 984—2018	油浸式变压器绝缘老化判断导则	DL/T 984—2005		2018/4/3	2018/7/1
12.1-4-134	12.1			DL/T 1215.1—2020	链式静止同步补偿器 第1部分：功能规范			2020/10/23	2021/2/1
12.1-4-135	12.1	29.180	K41	JB/T 10941—2010	合成薄膜绝缘电流互感器			2010/2/11	2010/7/1
12.1-4-136	12.1	29.080.99	K49	JB/T 7617—1994	六氟化硫罐式无间隙金属氧化物避雷器			1994/12/9	1995/6/1
12.1-5-137	12.1	21.060.10；21.060.20		BSI BS ISO 8992—2005	紧固件 螺栓、螺钉、螺柱和螺母通用要求			2005/4/27	2005/4/27
12.1-5-138	12.1			IEEE C 57.12.10—2017	液体侵入式电力变压器用要求			2017/12/6	2017/12/6
12.1-6-139	12.1	27.100	F20	T/CEC 123—2016	断路器选相控制器通用技术条件			2016/10/21	2017/1/1

12

序号	GW 分类	ICS 分类	GB 分类	标准号	中 文 名 称	代替标准	采用关系	发布日期	实施日期
12.1-6-140	12.1			T/CEC 234—2019	直流输电工程大型调相机组设备监造技术导则			2019/11/21	2020/1/1
12.1-6-141	12.1			T/CEC 291.1—2020	天然酯绝缘油电力变压器 第1部分：通用要求			2020/6/30	2020/10/1
12.1-6-142	12.1			T/CEC 291.2—2020	天然酯绝缘油电力变压器 第2部分：技术参数			2020/6/30	2020/10/1
12.1-6-143	12.1			T/CEC 297.4—2020	高压直流输电换流阀冷却技术规范 第4部分：化学仪表			2020/6/30	2020/10/1

12.2 设备、材料-特高压电力设备

序号	GW 分类	ICS 分类	GB 分类	标准号	中 文 名 称	代替标准	采用关系	发布日期	实施日期
12.2-2-1	12.2	29.240		Q/GDW 10147—2019	高压直流输电用±800kV级换流变压器通用技术规范	Q/GDW 147—2006		2020/7/3	2020/7/3
12.2-2-2	12.2	29.240		Q/GDW 11025—2013	1000kV 变电站二次设备抗扰度要求			2014/4/1	2014/4/1
12.2-2-3	12.2	29.240		Q/GDW 11127—2013	1100kV 气体绝缘金属封闭开关设备用盆式绝缘子技术规范			2014/4/15	2014/4/15
12.2-2-4	12.2	29.240		Q/GDW 11128—2013	1100kV 串联补偿装置用旁路隔离开关技术规范			2014/4/15	2014/4/15
12.2-2-5	12.2	29.240		Q/GDW 11132—2013	特高压瓷绝缘电气设备抗震设计及减震装置安装与维护技术规程			2014/4/15	2014/4/15
12.2-2-6	12.2	29.240		Q/GDW 11340.1—2014	1000kV 输电线路绝缘子技术规范 第1部分：盘形悬式瓷或玻璃绝缘子			2015/1/31	2015/1/31
12.2-2-7	12.2	29.240		Q/GDW 11340.2—2014	1000kV 输电线路绝缘子技术规范 第2部分：棒形悬式复合绝缘子			2015/1/31	2015/1/31
12.2-2-8	12.2	29.240		Q/GDW 11409—2015	±1100kV 换流站用无间隙金属氧化物避雷器技术规范			2016/11/15	2016/11/15
12.2-2-9	12.2	29.100		Q/GDW 11480—2016	1000kV 特高压交流油浸式电力变压器用绝缘纸板及纸质绝缘成型件选用导则			2016/11/9	2016/11/9
12.2-2-10	12.2	29.100		Q/GDW 11481—2016	1000kV 交流电力变压器和电抗器用硅钢片技术条件			2016/11/9	2016/11/9
12.2-2-11	12.2	29.100		Q/GDW 11482—2016	1000kV 交流电力变压器用绕组线技术要求 第1部分：纸绝缘换位导线			2016/11/9	2016/11/9

12

序号	GW分类	ICS分类	GB分类	标准号	中 文 名 称	代替标准	采用关系	发布日期	实施日期
12.2-2-12	12.2	29.180		Q/GDW 11483—2016	解体运输式1000kV单相油浸式自耦变压器技术规范			2016/11/9	2016/11/9
12.2-2-13	12.2	29.240		Q/GDW 1150—2014	±800kV 高压直流输电用穿墙套管通用技术规范	Q/GDW 150—2006		2015/2/6	2015/2/6
12.2-2-14	12.2	29.240		Q/GDW 11528—2016	特高压全光纤电流互感器技术规范			2016/12/22	2016/12/22
12.2-2-15	12.2	29.240		Q/GDW 11589—2016	1000kV 解体运输式电力变压器安装工艺导则			2017/5/25	2017/5/25
12.2-2-16	12.2	29.240		Q/GDW 11669—2017	±1100kV 特高压直流换流变压器技术规范			2018/1/18	2018/1/18
12.2-2-17	12.2	29.240		Q/GDW 11670—2017	±1100kV 高压直流输电用换流变压器阀侧套管技术规范			2018/1/18	2018/1/18
12.2-2-18	12.2	29.240		Q/GDW 11671—2017	±1100kV 特高压直流输电系统用测量装置通用技术规范			2018/1/18	2018/1/18
12.2-2-19	12.2	29.240		Q/GDW 11672—2017	±1100kV 特高压直流输电系统用换流阀冷却系统技术规范			2018/1/18	2018/1/18
12.2-2-20	12.2	29.240		Q/GDW 11673—2017	±1100kV 特高压直流输电系统用换流阀技术规范			2018/1/18	2018/1/18
12.2-2-21	12.2	29.240		Q/GDW 11676—2017	高压直流转换开关			2018/1/18	2018/1/18
12.2-2-22	12.2	29.240		Q/GDW 11677—2017	特高压直流设备抗震技术规范			2018/1/18	2018/1/18
12.2-2-23	12.2	29.240		Q/GDW 11679—2017	±1100kV 高压直流输电用穿墙套管通用技术规范			2018/1/18	2018/1/18
12.2-2-24	12.2			Q/GDW 11714.1—2017	1000kV 交流架空输电线路杆塔复合横担 第1部分：设计规定			2018/6/27	2018/6/27
12.2-2-25	12.2			Q/GDW 11714.2—2017	1000kV 交流架空输电线路杆塔复合横担 第2部分：线路柱式复合绝缘子元件技术条件			2018/6/27	2018/6/27
12.2-2-26	12.2			Q/GDW 11714.3—2017	1000kV 交流架空输电线路杆塔复合横担 第3部分：施工及验收规范			2018/6/27	2018/6/27
12.2-2-27	12.2			Q/GDW 11714.4—2017	1000kV 交流架空输电线路杆塔复合横担 第4部分：运行规程			2018/6/27	2018/6/27
12.2-2-28	12.2			Q/GDW 11714.5—2017	1000kV 交流架空输电线路杆塔复合横担 第5部分：检修规范			2018/6/27	2018/6/27
12.2-2-29	12.2			Q/GDW 11744—2017	特高压直流换流变压器用冷轧取向电工钢带（片）技术条件			2018/9/12	2018/9/12

12

序号	GW 分类	ICS 分类	GB 分类	标准号	中 文 名 称	代替标准	采用关系	发布日期	实施日期
12.2-2-30	12.2			Q/GDW 11752—2017	±1100kV 直流输电线路用复合外套带串联间隙金属氧化物避雷器技术规范			2018/9/12	2018/9/12
12.2-2-31	12.2			Q/GDW 11754—2017	高压直流旁路开关			2018/9/12	2018/9/12
12.2-2-32	12.2			Q/GDW 11755—2017	±1100kV 换流站用直流隔离开关和接地开关技术规范			2018/9/12	2018/9/12
12.2-2-33	12.2			Q/GDW 11757—2017	±1100kV 高压直流系统用干式平波电抗器技术规范			2018/9/12	2018/9/12
12.2-2-34	12.2			Q/GDW 11758—2017	±1100kV 特高压直流换流站用金具技术规范			2018/9/12	2018/9/12
12.2-2-35	12.2			Q/GDW 11788—2017	±800kV 直流输电线路用复合外套带串联间隙金属氧化物避雷器技术规范			2018/9/30	2018/9/30
12.2-2-36	12.2	29.240		Q/GDW 11866—2018	±1100kV 支柱绝缘子技术规范			2019/10/23	2019/10/23
12.2-2-37	12.2	29.240		Q/GDW 11867—2018	特高压直流架空线路用 840kN 盘形悬式绝缘子和 1000kN/840kN 棒形悬式复合绝缘子技术规范			2019/10/23	2019/10/23
12.2-2-38	12.2	29.240		Q/GDW 11906—2018	1000kV 电力变压器关键部件施工工艺导则			2020/1/12	2020/1/12
12.2-2-39	12.2	29.240		Q/GDW 11907—2018	1000kV GIS 设备移动式车间验收规范			2020/1/12	2020/1/12
12.2-2-40	12.2	01.040.29		Q/GDW 11911—2018	特高压换流变现场组装技术规范			2020/1/12	2020/1/12
12.2-2-41	12.2	01.040.29		Q/GDW 11912—2018	特高压换流变现场组装工艺导则			2020/1/12	2020/1/12
12.2-2-42	12.2	29.240.20		Q/GDW 11955—2019	1100kV 气体绝缘金属封闭输电线路（GIL）技术规范			2020/7/3	2020/7/3
12.2-2-43	12.2			Q/GDW 12016.5—2021	电网设备金属材料选用导则 第5部分：架空输电线路			2022/1/28	2022/1/28
12.2-2-44	12.2	29.240		Q/GDW 1281—2015	±800kV 换流站用直流套管技术规范	Q/GDW 281—2009		2016/11/15	2016/11/15
12.2-2-45	12.2	29.240		Q/GDW 1282—2015	±800kV 直流棒形悬式复合绝缘子技术条件	Q/GDW 282—2009		2016/11/15	2016/11/15
12.2-2-46	12.2	29.240		Q/GDW 1295—2014	1000kV 交流电流互感器技术规范	Q/GDW 295—2009		2015/2/6	2015/2/6
12.2-2-47	12.2	29.240		Q/GDW 1307—2014	1000kV 交流系统用无间隙金属氧化物避雷器技术规范	Q/GDW 307—2009		2014/7/1	2014/7/1
12.2-2-48	12.2			Q/GDW 148—2006	高压直流输电用±800kV 级平波电抗器通用技术规范之一 油浸式平波电抗器			2006/9/26	2006/9/26

序号	GW 分类	ICS 分类	GB 分类	标准号	中 文 名 称	代替标准	采用关系	发布日期	实施日期
12.2-2-49	12.2			Q/GDW 149—2006	高压直流输电用±800kV 平波电抗器通用技术规范之二 干式平波电抗器			2006/9/26	2006/9/26
12.2-2-50	12.2	29.240		Q/GDW 1527—2015	高压直流输电换流阀冷却系统技术规范	Q/GDW 527—2010		2016/11/21	2016/11/21
12.2-2-51	12.2			Q/GDW 1779—2013	1000kV 交流特高压输电线路用带串联间隙复合外套金属氧化物避雷器技术规范			2013/4/12	2013/4/12
12.2-2-52	12.2			Q/GDW 1830—2012	特高压支柱瓷绝缘子工厂复合化技术规范			2013/6/28	2013/6/28
12.2-2-53	12.2			Q/GDW 1832—2012	1000kV 交流架空输电线路用复合绝缘子技术条件			2014/5/1	2014/5/1
12.2-2-54	12.2			Q/GDW 1836—2012	1000kV 变电站并联电容器装置技术条件			2014/5/1	2014/5/1
12.2-2-55	12.2			Q/GDW 1846—2012	1000kV 串联电容器补偿装置技术规范			2014/5/1	2014/5/1
12.2-2-56	12.2			Q/GDW 1852—2012	1000kV 及以下串联电容器补偿装置施工质量检验及评定规程			2014/5/1	2014/5/1
12.2-2-57	12.2			Q/GDW 1853—2012	1000kV 及以下串联电容器补偿装置施工及验收规范			2014/5/1	2014/5/1
12.2-2-58	12.2			Q/GDW 1854—2012	1000kV 及以下串联电容器补偿装置施工工艺导则			2014/5/1	2014/5/1
12.2-2-59	12.2	29.240		Q/GDW 192—2008	1000kV 电力变压器、油浸电抗器、互感器施工及验收规范			2008/12/8	2008/12/8
12.2-2-60	12.2	29.240		Q/GDW 193—2008	1000kV 电力变压器、油浸电抗器施工工艺导则			2008/12/8	2008/12/8
12.2-2-61	12.2	29.240		Q/GDW 194—2008	1000kV 电容式电压互感器、避雷器、支柱绝缘子施工工艺导则			2008/12/8	2008/12/8
12.2-2-62	12.2	29.240		Q/GDW 196—2008	1000kV 隔离开关施工工艺导则			2008/12/8	2008/12/8
12.2-2-63	12.2			Q/GDW 1967—2013	特高压用无局放调频谐振试验装置技术规范			2014/5/1	2014/5/1
12.2-2-64	12.2	29.240		Q/GDW 199—2008	1000kV 气体绝缘金属封闭开关设备施工工艺导则			2008/12/8	2008/12/8
12.2-2-65	12.2	29.240		Q/GDW 259—2009	±800kV 高压直流输电用传感器通用技术规范			2009/5/25	2009/5/25
12.2-2-66	12.2	29.240		Q/GDW 276—2009	±800kV 换流站用金属氧化物避雷器技术规范			2009/5/25	2009/5/25

12

序号	GW分类	ICS分类	GB分类	标准号	中文名称	代替标准	采用关系	发布日期	实施日期
12.2-2-67	12.2	29.240		Q/GDW 279—2009	±800kV 直流支柱绝缘子技术规范			2009/5/25	2009/5/25
12.2-2-68	12.2	29.240		Q/GDW 280—2009	±800kV 直流盘形绝缘子技术条件			2009/5/25	2009/5/25
12.2-2-69	12.2	29.240		Q/GDW 287—2009	±800kV 直流换流站二次设备抗干扰要求			2009/5/25	2009/5/25
12.2-2-70	12.2	29.240		Q/GDW 288—2009	±800kV 级直流输电用换流阀通用技术规范			2009/5/25	2009/5/25
12.2-2-71	12.2	29.240		Q/GDW 289—2009	±800kV 换流站用直流隔离开关和接地开关技术规范			2009/5/25	2009/5/25
12.2-2-72	12.2	29.240		Q/GDW 290—2009	1000kV 交流架空输电线路金具技术规范			2009/5/25	2009/5/25
12.2-2-73	12.2	29.240		Q/GDW 291—2009	1000kV 变电站变电金具技术规范			2009/5/25	2009/5/25
12.2-2-74	12.2	29.240		Q/GDW 303—2009	1000kV 变电站用支柱绝缘子技术规范			2009/5/25	2009/5/25
12.2-2-75	12.2	29.240		Q/GDW 306—2009	1000kV 系统用油浸式并联电抗器技术规范			2009/5/25	2009/5/25
12.2-2-76	12.2	29.240		Q/GDW 308—2009	1000kV 系统用套管技术规范			2009/5/25	2009/5/25
12.2-2-77	12.2	29.240		Q/GDW 309—2009	1000kV 系统用电容式电压互感器技术规范			2009/5/25	2009/5/25
12.2-2-78	12.2	29.240		Q/GDW 312—2009	1000kV 系统用油浸式变压器技术规范			2009/5/25	2009/5/25
12.2-2-79	12.2	29.240		Q/GDW 313—2009	1000kV 系统用高压断路器技术规范			2009/5/25	2009/5/25
12.2-2-80	12.2	29.240		Q/GDW 314—2009	1000kV 系统用交流隔离开关和接地开关技术规范			2009/5/25	2009/5/25
12.2-2-81	12.2	29.240		Q/GDW 315—2009	1000kV 系统用气体绝缘金属封闭开关设备技术规范			2009/5/25	2009/5/25
12.2-2-82	12.2	29.240		Q/GDW 316—2009	特高压 OPGW 技术规范及运行技术要求			2009/5/25	2009/5/25
12.2-3-83	12.2	29.240.20	K47	GB/T 24834—2009	1000kV 交流架空输电线路金具技术规范			2009/11/30	2010/5/1
12.2-3-84	12.2	29.240.10	K43	GB/T 24836—2018	1100kV 气体绝缘金属封闭开关设备	GB/Z 24836—2009		2018/7/13	2019/2/1
12.2-3-85	12.2			GB/T 24837—2018	1100kV 高压交流隔离开关和接地开关	GB/Z 24837—2009		2018/9/17	2019/4/1
12.2-3-86	12.2			GB/T 24838—2018	1100kV 高压交流断路器	GB/Z 24838—2009		2018/9/17	2019/4/1
12.2-3-87	12.2	29.240.01	K48	GB/T 24839—2018	1000kV 交流系统用支柱绝缘子技术规范	GB/Z 24839—2009		2018/7/13	2019/2/1
12.2-3-88	12.2	29.240.01	K40	GB/T 24840—2018	1000kV 交流系统用套管技术规范	GB/Z 24840—2009		2018/7/13	2019/2/1
12.2-3-89	12.2	29.180	K41	GB/T 24841—2018	1000kV 交流系统用电容式电压互感器技术规范	GB/Z 24841—2009		2018/7/13	2019/2/1

12

序号	GW分类	ICS分类	GB分类	标准号	中文名称	代替标准	采用关系	发布日期	实施日期
12.2-3-90	12.2	29.240	K41	GB/T 24843—2018	1000kV 单相油浸式自耦电力变压器技术规范	GB/Z 24843—2009		2018/7/13	2019/2/1
12.2-3-91	12.2	29.180	K41	GB/T 24844—2018	1000kV 交流系统用油浸式并联电抗器技术规范	GB/Z 24844—2009		2018/7/13	2019/2/1
12.2-3-92	12.2	29.240.10	K44	GB/T 24845—2018	1000kV 交流系统用无间隙金属氧化物避雷器技术规范	GB/Z 24845—2009		2018/7/13	2019/2/1
12.2-3-93	12.2	29.180	K41	GB/T 25082—2010	800kV 直流输电用油浸式换流变压器技术参数和要求			2010/9/2	2011/2/1
12.2-3-94	12.2	29.080.99	K49	GB/T 25083—2010	±800kV 直流系统用金属氧化物避雷器			2010/9/2	2011/2/1
12.2-3-95	12.2	29.080.20	K48	GB/T 26166—2010	±800kV 直流系统用穿墙套管			2011/1/14	2011/7/1
12.2-3-96	12.2	29.080.01	K40	GB/T 28541—2012	±800kV 高压直流换流站设备的绝缘配合			2012/6/29	2012/11/1
12.2-3-97	12.2	29.240.20	K47	GB/T 31235—2014	±800kV 直流输电线路金具技术规范			2014/9/30	2015/4/1
12.2-3-98	12.2	29.120	K34	GB/T 31238—2014	1000kV 交流电流互感器技术规范			2014/9/30	2015/4/1
12.2-3-99	12.2	29.240.10	K14	GB/T 31239—2014	1000kV 变电站金具技术规范			2014/9/30	2015/4/1
12.2-3-100	12.2	29.080.10		GB/T 34939.1—2017	±800kV 直流支柱复合绝缘子 第1部分：环氧玻璃纤维实心芯体复合绝缘子			2017/11/1	2018/5/1
12.2-3-101	12.2	29.240.99	K40	GB/T 35693—2017	±800kV 特高压直流输电工程阀厅金具技术规范			2017/12/29	2018/7/1
12.2-3-102	12.2			GB/T 50832—2013	1000kV 系统电气装置安装工程电气设备交接试验标准			2012/12/25	2013/5/1
12.2-3-103	12.2			GB 50834—2013	1000kV 构支架施工及验收规范			2012/12/25	2013/5/1
12.2-3-104	12.2			GB 50835—2013	1000kV 电力变压器、油浸电抗器、互感器施工及验收规范			2012/12/25	2013/5/1
12.2-3-105	12.2			GB 50836—2013	1000kV 高压电器（GIS、HGIS、隔离开关、避雷器）施工及验收规范			2012/12/25	2013/5/1
12.2-4-106	12.2	29.240.01	K42	DL/T 1274—2013	1000kV 串联电容器补偿装置技术规范			2013/11/28	2014/4/1
12.2-4-107	12.2	29.180	K41	DL/T 1560—2016	解体运输电力变压器现场组装与试验导则			2016/1/7	2016/6/1
12.2-4-108	12.2			DL/T 1673—2016	换流变压器阀侧套管技术规范			2016/12/5	2017/5/1
12.2-4-109	12.2			DL/T 1726—2017	特高压直流穿墙套管技术规范			2017/8/2	2017/12/1

12

序号	GW 分类	ICS 分类	GB 分类	标准号	中 文 名 称	代替标准	采用关系	发布日期	实施日期
12.2-4-110	12.2			DL/T 2043—2019	±1100kV 特高压直流换流变压器使用技术条件			2019/6/4	2019/10/1
12.2-4-111	12.2			DL/T 2061—2019	±1100kV 特高压直流换流站用直流金具技术规范			2019/11/4	2020/5/1
12.2-4-112	12.2	27.100	P61	DL/T 5161.3—2018	电气装置安装工程质量检验及评定规程 第3部分：电力变压器、油浸电抗器、互感器施工质量检验	DL/T 5161.3—2002		2018/12/25	2019/5/1
12.2-4-113	12.2	27.100	P61	DL/T 5161.13—2018	电气装置安装工程质量检验及评定规程 第13部分：电力变流设备施工质量检验	DL/T 5161.13—2002		2018/12/25	2019/5/1
12.2-4-114	12.2			DL/T 5726—2015	1000kV 串联电容器补偿装置施工工艺导则			2015/7/1	2015/12/1
12.2-4-115	12.2			DL/T 5735—2016	1000kV 可控并联电抗器设计技术导则			2016/8/16	2016/12/1
12.2-4-116	12.2	29.080.10	K48	NB/T 42012—2013	交流变电站和电器设备用 1100kV 复合绝缘子尺寸与特性			2013/11/28	2014/4/1
12.2-4-117	12.2	29.180		NB/T 42019—2013	750kV 和 1000kV 级油浸式并联电抗器技术参数和要求			2013/11/28	2014/4/1
12.2-4-118	12.2	29.180	K41	NB/T 42020—2013	750kV 和 1000kV 级油浸式电力变压器技术参数和要求			2013/11/28	2014/4/1
12.2-6-119	12.2			T/CEC 204—2019	特高压串补平台侧 1000kV 电容式电压互感器技术规范			2019/4/24	2019/7/1
12.2-6-120	12.2			T/CEC 348—2020	1000kV 交流系统用复合外套无间隙金属氧化物避雷器			2020/6/30	2020/10/1

12.3 设备、材料-高压电力设备

序号	GW 分类	ICS 分类	GB 分类	标准号	中 文 名 称	代替标准	采用关系	发布日期	实施日期
12.3-2-1	12.3	29.240.10		Q/GDW 10123—2019	750kV 高压电器（GIS、HGIS、隔离开关、避雷器）施工及验收规范	Q/GDW 123—2005		2020/7/31	2020/7/31
12.3-2-2	12.3	29.240		Q/GDW 10151—2016	高压直流线路用盘形悬式复合瓷或玻璃绝缘子串元件	Q/GDW 151—2006		2017/5/25	2017/5/25
12.3-2-3	12.3	29.240		Q/GDW 10530—2016	高压直流输电直流电子式电流互感器技术规范	Q/GDW 530—2010		2017/3/24	2017/3/24
12.3-2-4	12.3	29.240		Q/GDW 10531—2016	高压直流输电直流电子式电压互感器 技术规范	Q/GDW 531—2010		2017/7/28	2017/7/28

12

序号	GW 分类	ICS 分类	GB 分类	标准号	中 文 名 称	代替标准	采用关系	发布日期	实施日期
12.3-2-5	12.3	29.240		Q/GDW 11007—2013	±500kV 直流输电线路用复合外套带串联间隙金属氧化物避雷器技术规范			2014/4/15	2014/4/15
12.3-2-6	12.3	29.240		Q/GDW 1103—2015	750kV 主变压器技术规范	Q/GDW 103—2003		2016/11/15	2016/11/15
12.3-2-7	12.3	29.240		Q/GDW 1104—2015	750kV 并联电抗器技术规范	Q/GDW 104—2003		2016/11/15	2016/11/15
12.3-2-8	12.3	29.240		Q/GDW 1105—2015	800kV 高压交流断路器技术规范	Q/GDW 105—2003		2016/11/15	2016/11/15
12.3-2-9	12.3	29.240		Q/GDW 1106—2015	800kV 高压交流隔离开关技术规范	Q/GDW 106—2003		2016/11/15	2016/11/15
12.3-2-10	12.3	29.240		Q/GDW 11071.1—2013	110（66）kV～750kV 智能变电站通用一次设备技术要求及接口规范　第 1 部分：变压器			2014/7/1	2014/7/1
12.3-2-11	12.3			Q/GDW 11071.1—2021	35kV～750kV 变电站通用设备技术要求及接口规范　第 1 部分：主变压器	Q/GDW 11071.1—2013		2021/5/12	2021/5/12
12.3-2-12	12.3	29.240		Q/GDW 11071.2—2013	110（66）kV～750kV 智能变电站通用一次设备技术要求及接口规范　第 2 部分：高压并联电抗器			2014/7/1	2014/7/1
12.3-2-13	12.3			Q/GDW 11071.2—2021	35kV～750kV 变电站通用设备技术要求及接口规范　第 2 部分：高压并联电抗器	Q/GDW 11071.2—2013		2021/5/12	2021/5/12
12.3-2-14	12.3	29.240		Q/GDW 11071.3—2013	110（66）kV～750kV 智能变电站通用一次设备技术要求及接口规范　第 3 部分：气体绝缘金属封闭开关设备			2014/7/1	2014/7/1
12.3-2-15	12.3			Q/GDW 11071.3—2021	35kV～750kV 变电站通用设备技术要求及接口规范　第 3 部分：气体绝缘金属封闭开关设备	Q/GDW 11071.3—2013		2021/5/12	2021/5/12
12.3-2-16	12.3	29.240		Q/GDW 11071.4—2013	110（66）kV～750kV 智能变电站通用一次设备技术要求及接口规范　第 4 部分：高压交流断路器			2014/7/1	2014/7/1
12.3-2-17	12.3			Q/GDW 11071.4—2021	35kV～750kV 变电站通用设备技术要求及接口规范　第 4 部分：高压交流断路器	Q/GDW 11071.4—2013		2021/5/12	2021/5/12
12.3-2-18	12.3	29.240		Q/GDW 11071.5—2013	110（66）kV～750kV 智能变电站通用一次设备技术要求及接口规范　第 5 部分：高压交流隔离开关和接地开关			2014/7/1	2014/7/1
12.3-2-19	12.3			Q/GDW 11071.5—2021	35kV～750kV 变电站通用设备技术要求及接口规范　第 5 部分：高压交流隔离开关和接地开关	Q/GDW 11071.5—2013		2021/5/12	2021/5/12

12

序号	GW 分类	ICS 分类	GB 分类	标准号	中 文 名 称	代替标准	采用关系	发布日期	实施日期
12.3-2-20	12.3			Q/GDW 11071.6—2021	35kV～750kV 变电站通用设备技术要求及接口规范 第 6 部分：电流互感器	Q/GDW 11071.6—2013		2021/5/12	2021/5/12
12.3-2-21	12.3	29.240		Q/GDW 11071.7—2013	110（66）kV～750kV 智能变电站通用一次设备技术要求及接口规范 第 7 部分：电压互感器			2014/7/1	2014/7/1
12.3-2-22	12.3			Q/GDW 11071.7—2021	35kV～750kV 变电站通用设备技术要求及接口规范 第 7 部分：电压互感器	Q/GDW 11071.7—2013		2021/5/12	2021/5/12
12.3-2-23	12.3	29.240		Q/GDW 11071.8—2013	110（66）kV～750kV 智能变电站通用一次设备技术要求及接口规范 第 8 部分：高压并联电容器装置			2014/7/1	2014/7/1
12.3-2-24	12.3			Q/GDW 11071.8—2021	35kV～750kV 变电站通用设备技术要求及接口规范 第 8 部分：高压并联电容器成套装置	Q/GDW 11071.8—2013		2021/5/12	2021/5/12
12.3-2-25	12.3	29.240		Q/GDW 11071.9—2013	110（66）kV～750kV 智能变电站通用一次设备技术要求及接口规范 第 9 部分：低压并联电抗器			2014/7/1	2014/7/1
12.3-2-26	12.3			Q/GDW 11071.9—2021	35kV～750kV 变电站通用设备技术要求及接口规范 第 9 部分：低压并联电抗器	Q/GDW 11071.9—2013		2021/5/12	2021/5/12
12.3-2-27	12.3	29.240		Q/GDW 11071.10—2013	110（66）kV～750kV 智能变电站通用一次设备技术要求及接口规范 第 10 部分：交流无间隙金属氧化物避雷器			2014/7/1	2014/7/1
12.3-2-28	12.3			Q/GDW 11071.10—2021	35kV～750kV 变电站通用设备技术要求及技术规范 第 10 部分：交流无间隙金属氧化物避雷器	Q/GDW 11071.10—2013		2021/5/12	2021/5/12
12.3-2-29	12.3	29.240		Q/GDW 11071.11—2013	110（66）kV～750kV 智能变电站通用一次设备技术要求及接口规范 第 11 部分：支柱绝缘子			2014/7/1	2014/7/1
12.3-2-30	12.3			Q/GDW 11071.11—2021	35kV～750kV 变电站通用设备技术要求及接口规范 第 11 部分：高压开关柜	Q/GDW 11071.12—2013		2021/5/12	2021/5/12
12.3-2-31	12.3	29.240		Q/GDW 11071.12—2013	110（66）kV～750kV 智能变电站通用一次设备技术要求及接口规范 第 12 部分：高压开关柜			2014/7/1	2014/7/1
12.3-2-32	12.3			Q/GDW 11071.12—2021	35kV～750kV 变电站通用设备技术要求及接口规范 第 12 部分：站用变压器			2021/5/12	2021/5/12

序号	GW分类	ICS分类	GB分类	标准号	中文名称	代替标准	采用关系	发布日期	实施日期
12.3-2-33	12.3			Q/GDW 11071.13—2021	35kV～750kV 变电站通用设备技术规范 第13部分：接地变压器及消弧线圈成套装置			2021/5/12	2021/5/12
12.3-2-34	12.3	29.240		Q/GDW 1108—2015	750kV 电容式电压互感器技术规范	Q/GDW 108—2003		2016/11/15	2016/11/15
12.3-2-35	12.3	29.240		Q/GDW 1109—2015	750kV 金属氧化物避雷器技术规范	Q/GDW 109—2003		2016/11/15	2016/11/15
12.3-2-36	12.3	29.240		Q/GDW 11123.1—2013	750kV 变电站设备复合外绝缘技术规范 第1部分：总则			2014/4/15	2014/4/15
12.3-2-37	12.3	29.240		Q/GDW 11123.2—2013	750kV 变电站设备复合外绝缘技术规范 第2部分：设备规范			2014/4/15	2014/4/15
12.3-2-38	12.3	29.240		Q/GDW 11225—2014	6kV～110kV 高压并联电容器装置技术规范			2014/12/1	2014/12/1
12.3-2-39	12.3	29.240		Q/GDW 11228—2014	高电压试验车技术规范			2014/12/1	2014/12/1
12.3-2-40	12.3	29.240		Q/GDW 11306—2014	110（66）kV～1000kV 油浸式电力变压器技术条件			2015/2/26	2015/2/26
12.3-2-41	12.3	29.240		Q/GDW 11307—2014	110（66）kV～750kV 高压支柱瓷绝缘子技术规范			2015/2/26	2015/2/26
12.3-2-42	12.3	29.240		Q/GDW 11308—2014	110（66）kV～750kV 避雷器技术条件			2015/2/26	2015/2/26
12.3-2-43	12.3	29.240		Q/GDW 11329—2014	变压器短路法加热施工工艺导则			2015/1/31	2015/1/31
12.3-2-44	12.3	29.240		Q/GDW 11453—2015	750kV 交流输电线路用带串联间隙复合外套金属氧化物避雷器技术规范			2016/7/29	2016/7/29
12.3-2-45	12.3	29.240		Q/GDW 11691—2017	高压直流 SF_6 气体绝缘穿墙套管			2018/3/10	2018/3/10
12.3-2-46	12.3	29.240		Q/GDW 11715—2017	72.5kV 及以上集成式智能隔离断路器检测技术规范			2018/4/13	2018/4/13
12.3-2-47	12.3			Q/GDW 11753—2017	直流换流站用额定电压 550kV 及以上交流滤波器小组断路器			2018/9/12	2018/9/12
12.3-2-48	12.3			Q/GDW 11764—2017	高压直流工程直流控制保护与稳控装置接口技术规范			2018/9/26	2018/9/26
12.3-2-49	12.3			Q/GDW 11789—2017	110kV～220kV 交流输电线路雷击闪络限制器技术规范			2018/9/30	2018/9/30
12.3-2-50	12.3	29.240		Q/GDW 11868—2018	高压直流系统用空心复合绝缘子技术规范			2019/10/23	2019/10/23
12.3-2-51	12.3	29.130.10		Q/GDW 11921.1—2018	额定电压 72.5kV 及以上 SF_6/N_2 混合气体绝缘金属封闭开关设备 第1部分：母线技术规范			2020/4/3	2020/4/3

12

序号	GW分类	ICS分类	GB分类	标准号	中 文 名 称	代替标准	采用关系	发布日期	实施日期
12.3-2-52	12.3	29.130.10		Q/GDW 11921.2—2018	额定电压 72.5kV 及以上 SF$_6$/N$_2$ 混合气体绝缘金属封闭开关设备 第2部分：运维检修规范			2020/4/3	2020/4/3
12.3-2-53	12.3	29.130.10		Q/GDW 11921.3—2018	额定电压 72.5kV 及以上 SF$_6$/N$_2$ 混合气体绝缘金属封闭开关设备 第3部分：密度继电器技术规范			2020/4/3	2020/4/3
12.3-2-54	12.3	29.130.10		Q/GDW 11921.4—2018	额定电压 72.5kV 及以上 SF$_6$/N$_2$ 混合气体绝缘金属封闭开关设备 第4部分：运检装置技术规范			2020/4/3	2020/4/3
12.3-2-55	12.3			Q/GDW 12074—2020	110（66）kV～1000kV 交流输电线路用 复合外套带串联间隙金属氧化物 避雷器技术规范			2021/4/30	2021/4/30
12.3-2-56	12.3			Q/GDW 12162—2021	隔离开关分合闸位置双确认系统技术规范			2021/12/6	2021/12/6
12.3-2-57	12.3	29.240		Q/GDW 13088.1—2014	12kV～40.5kV 高压开关柜采购标准 第1部分：通用技术规范			2014/6/20	2014/6/20
12.3-2-58	12.3			Q/GDW 1787.1—2013	超高压分级式可控并联电抗器 第1部分：成套装置设计规范			2013/4/12	2013/4/12
12.3-2-59	12.3			Q/GDW 1787.2—2013	超高压分级式可控并联电抗器 第2部分：晶闸管阀及其辅助系统技术规范			2013/4/12	2013/4/12
12.3-2-60	12.3			Q/GDW 1787.3—2013	超高压分级式可控并联电抗器 第3部分：本体技术规范			2013/4/12	2013/4/12
12.3-2-61	12.3			Q/GDW 1787.4—2013	超高压分级式可控并联电抗器 第4部分：控制保护系统技术规范			2013/4/12	2013/4/12
12.3-2-62	12.3			Q/GDW 1787.5—2013	超高压分级式可控并联电抗器 第5部分：现场试验规程			2013/4/12	2013/4/12
12.3-2-63	12.3			Q/GDW 1796—2013	额定电压 72.5kV 及以上气体绝缘金属封闭智能开关设备技术规范			2013/4/12	2013/4/12
12.3-2-64	12.3			Q/GDW 1964—2013	高压直流输电直流转换开关技术规范			2014/4/15	2014/4/15
12.3-2-65	12.3	29.020		Q/GDW 410—2011	智能高压设备技术导则	Q/GDW/Z 410—2010		2012/4/1	2012/4/1
12.3-2-66	12.3	29.020		Q/GDW 494—2010	高压直流输电交直流滤波器及并联电容器装置技术规范			2010/9/21	2010/9/21
12.3-2-67	12.3	29.020		Q/GDW 566—2010	高压无源电力滤波装置验收规范			2011/1/17	2011/1/17

12

序号	GW分类	ICS分类	GB分类	标准号	中 文 名 称	代替标准	采用关系	发布日期	实施日期
12.3-2-68	12.3	29.020		Q/GDW 670—2011	高压带电显示装置技术规范			2011/12/23	2011/12/23
12.3-2-69	12.3	29.020		Q/GDW 692—2011	智能高压设备通信技术规范			2012/4/1	2012/4/1
12.3-2-70	12.3	29.020		Q/GDW 734—2012	智能高压设备组件柜技术条件			2012/10/11	2012/10/11
12.3-2-71	12.3	29.020		Q/GDW 735.1—2012	智能高压开关设备技术条件 第1部分:通用技术条件			2012/10/11	2012/10/11
12.3-3-72	12.3	29.080.10	K48	GB/T 1000—2016	高压线路针式瓷绝缘子尺寸与特性	GB/T 1000.2—1988		2016/4/25	2016/11/1
12.3-3-73	12.3	29.130.10	K43	GB/T 11022—2011	高压开关设备和控制设备标准的共用技术要求	GB/T 11022—1999		2011/12/30	2012/5/1
12.3-3-74	12.3	29.080.10	K48	GB/T 12944—2011	高压穿墙瓷套管	GB/T 12944.2—1991		2011/7/29	2011/12/1
12.3-3-75	12.3	29.130.10	K43	GB/T 14810—2014	额定电压72.5kV及以上交流负荷开关	GB/T 14810—1993	IEC 62271-104:2009 MOD	2014/5/6	2014/10/28
12.3-3-76	12.3	29.120.50	K43	GB/T 15166.2—2008	高压交流熔断器 第2部分:限流熔断器	GB/T 15166.2—1994;GB 15166.4—1994		2008/9/24	2009/8/1
12.3-3-77	12.3	29.120.50	K43	GB/T 15166.3—2008	高压交流熔断器 第3部分:喷射熔断器	GB/T 15166.3—1994;GB/T 15166.4—1994		2008/9/24	2009/8/1
12.3-3-78	12.3	29.120.50	K43	GB/T 15166.4—2008	高压交流熔断器 第4部分:并联电容器外保护用熔断器	GB/T 15166.4—1994;GB 15166.5—1994		2008/9/24	2009/8/1
12.3-3-79	12.3	29.120.50	K43	GB/T 15166.5—2008	高压交流熔断器 第5部分:用于电动机回路的高压熔断器的熔断件选用导则	GB/T 15166.2—1994		2008/9/24	2009/8/1
12.3-3-80	12.3	29.120.50	K43	GB/T 15166.6—2008	高压交流熔断器 第6部分:用于变压器回路的高压熔断器的熔断件选用导则	GB/T 15166.2—1994		2008/9/24	2009/8/1
12.3-3-81	12.3	29.120.40	K43	GB 16926—2009	高压交流负荷开关熔断器组合电器	GB 16926—1997		2009/3/19	2010/2/1
12.3-3-82	12.3	29.180	K41	GB/T 18494.2—2007	变流变压器 第2部分:高压直流输电用换流变压器			2007/4/16	2007/8/1
12.3-3-83	12.3	29.130.10	K43	GB 1984—2014	高压交流断路器	GB 1984—2003	IEC 62271-100:2008 MOD	2014/6/24	2015/1/22
12.3-3-84	12.3	29.130.10	K43	GB 1985—2014	高压交流隔离开关和接地开关	GB 1985—2004		2014/6/24	2015/1/22
12.3-3-85	12.3	29.180	K41	GB/T 20836—2007	高压直流输电用油浸式平波电抗器			2007/4/16	2007/8/1
12.3-3-86	12.3	29.180	K41	GB/T 20837—2007	高压直流输电用油浸式平波电抗器技术参数和要求			2007/4/16	2007/8/1

12

序号	GW 分类	ICS 分类	GB 分类	标准号	中 文 名 称	代替标准	采用关系	发布日期	实施日期
12.3-3-87	12.3	29.180	K41	GB/T 20838—2007	高压直流输电用油浸式换流变压器技术参数和要求			2007/4/16	2007/8/1
12.3-3-88	12.3	31.060.70	K42	GB/T 20993—2012	高压直流输电系统用直流滤波电容器及中性母线冲击电容器	GB/T 20993—2007		2012/6/29	2012/11/1
12.3-3-89	12.3	31.060.70	K42	GB/T 20994—2007	高压直流输电系统用并联电容器及交流滤波电容器			2007/7/30	2008/2/1
12.3-3-90	12.3	29.080.99	K49	GB/T 22389—2008	高压直流换流站无间隙金属氧化物避雷器导则		Cigre 33/14.05 NEQ	2008/9/24	2009/8/1
12.3-3-91	12.3	29.180	K41	GB/T 23753—2009	330kV 及 500kV 油浸式并联电抗器技术参数和要求			2009/5/6	2009/11/1
12.3-3-92	12.3	29.120	K43	GB 25081—2010	高压带电显示装置（VPIS）			2010/9/2	2011/8/1
12.3-3-93	12.3	29.130.10	K43	GB/T 25091—2010	高压直流隔离开关和接地开关			2010/9/2	2011/2/1
12.3-3-94	12.3	29.180	K41	GB/T 25092—2010	高压直流输电用干式空心平波电抗器			2010/9/2	2011/2/1
12.3-3-95	12.3	29.240.99	K40	GB/T 25093—2010	高压直流系统交流滤波器			2010/9/2	2011/2/1
12.3-3-96	12.3	29.130.10	K43	GB/T 25307—2010	高压直流旁路开关			2010/11/10	2011/5/1
12.3-3-97	12.3	29.240.01	K40	GB/T 25308—2010	高压直流输电系统直流滤波器			2010/11/10	2011/5/1
12.3-3-98	12.3	29.240.01	K40	GB/T 25309—2010	高压直流转换开关			2010/11/10	2011/5/1
12.3-3-99	12.3	31.060.70	K42	GB/T 26215—2010	高压直流输电系统换流阀阻尼吸收回路用电容器			2011/1/14	2011/7/1
12.3-3-100	12.3	29.180	K41	GB/T 26216.1—2019	高压直流输电系统直流电流测量装置 第1部分：电子式直流电流测量装置	GB/T 26216.1—2010		2019/12/10	2020/7/1
12.3-3-101	12.3	29.180	K41	GB/T 26216.2—2019	高压直流输电系统直流电流测量装置 第2部分：电磁式直流电流测量装置	GB/T 26216.2—2010		2019/12/10	2020/7/1
12.3-3-102	12.3	29.180	K41	GB/T 26217—2019	高压直流输电系统直流电压测量装置	GB/T 26217—2010		2019/12/10	2020/7/1
12.3-3-103	12.3	29.080.10	K48	GB/T 26218.2—2010	污秽条件下使用的高压绝缘子的选择和尺寸确定 第2部分：交流系统用瓷和玻璃绝缘子	GB 16434 部分—1996；GB 5582 部分—1993	IEC/TS 60815-2：2008 MOD	2011/1/14	2011/7/1
12.3-3-104	12.3	29.080.10	K48	GB/T 26218.3—2011	污秽条件下使用的高压绝缘子的选择和尺寸确定 第3部分：交流系统用复合绝缘子		IEC/TS60815-3：2008 MOD	2011/12/30	2012/5/1
12.3-3-105	12.3	31.060.70	K42	GB/T 26868—2011	高压滤波装置设计与应用导则			2011/7/29	2011/12/1
12.3-3-106	12.3	29.080.10	K48	GB/T 26874—2011	高压架空线路用长棒形瓷绝缘子元件特性			2011/7/29	2011/12/1

序号	GW 分类	ICS 分类	GB 分类	标准号	中 文 名 称	代替标准	采用关系	发布日期	实施日期
12.3-3-107	12.3	29.130.10	K43	GB/T 27747—2011	额定电压 72.5kV 及以上交流隔离断路器		IEC 62271-108：2005	2011/12/30	2012/5/1
12.3-3-108	12.3	29.130.10	K43	GB 28525—2012	额定电压 72.5kV 及以上紧凑型成套开关设备		IEC 62271-205：2008	2012/6/29	2013/5/1
12.3-3-109	12.3	29.130.10	K43	GB/T 28565—2012	高压交流串联电容器用旁路开关		IEC 62271-109：2008 MOD	2012/6/29	2012/11/1
12.3-3-110	12.3	29.130.10	K43	GB/T 28810—2012	高压开关设备和控制设备电子及其相关技术在开关设备和控制设备的辅助设备中的应用		IEC 62063：1999	2012/11/5	2013/2/1
12.3-3-111	12.3	29.130.10	K43	GB/T 28811—2012	高压开关设备和控制设备基于 IEC 61850 的数字接口		IEC 62271-3：2006 MOD	2012/11/5	2013/5/1
12.3-3-112	12.3	29.130.10	K43	GB/T 28819—2012	充气高压开关设备用铝合金外壳			2012/11/5	2013/2/1
12.3-3-113	12.3	29.130.10	K43	GB/T 30092—2013	高压组合电器用金属波纹管补偿器			2013/12/17	2014/5/1
12.3-3-114	12.3	29.200	K46	GB/Z 30424—2013	高压直流输电晶闸管阀设计导则			2013/12/31	2014/7/13
12.3-3-115	12.3	29.200	K46	GB/T 30425—2013	高压直流输电换流阀水冷却设备			2013/12/31	2014/7/13
12.3-3-116	12.3	29.240.30	K32	GB/T 30547—2014	高压直流输电系统滤波器用电阻器			2014/5/6	2014/10/28
12.3-3-117	12.3	31.060.70	K42	GB/T 30841—2014	高压并联电容器装置的通用技术要求			2014/6/24	2015/1/22
12.3-3-118	12.3	29.130.10	K43	GB/T 30846—2014	具有预定极间不同期操作高压交流断路器		IEC/TR 62271-302：2010	2014/6/24	2015/1/22
12.3-3-119	12.3	29.130.20	K31	GB/T 31142—2014	转换开关电器（TSE）选择和使用导则			2014/9/3	2015/4/1
12.3-3-120	12.3	29.180	K41	GB/T 31462—2015	500kV 和 750kV 级分级式可控并联电抗器本体技术规范			2015/5/15	2015/12/1
12.3-3-121	12.3	31.060.70	K42	GB/T 31954—2015	高压直流输电系统用交流 PLC 滤波电容器			2015/9/11	2016/4/1
12.3-3-122	12.3	29.240.01	K44	GB/T 31955.1—2015	超高压可控并联电抗器控制保护系统技术规范 第 1 部分：分级调节式			2015/9/11	2016/4/1
12.3-3-123	12.3	31.060.70	K42	GB/T 32130—2015	高压直流输电系统用直流 PLC 滤波电容器			2015/10/9	2016/5/1
12.3-3-124	12.3	29.200; 29.240	K46	GB/T 34118—2017	高压直流系统用电压源换流器术语			2017/7/31	2018/2/1
12.3-3-125	12.3	29.200	K46	GB/T 34139—2017	柔性直流输电换流器技术规范			2017/7/31	2018/2/1
12.3-3-126	12.3	31.060.70	K42	GB/T 34865—2017	高压直流转换开关用电容器			2017/11/1	2018/5/1
12.3-3-127	12.3	29.200	K46	GB/T 35702.1—2017	高压直流系统用电压源换流器阀损耗 第 1 部分：一般要求		IEC 62751-1：2014	2017/12/29	2018/7/1

序号	GW 分类	ICS 分类	GB 分类	标准号	中 文 名 称	代替标准	采用关系	发布日期	实施日期
12.3-3-128	12.3	29.200	K46	GB/T 35702.2—2017	高压直流系统用电压源换流器阀损耗　第 2 部分：模块化多电平换流器		IEC 62751-2：2014 IDT	2017/12/29	2018/7/1
12.3-3-129	12.3	29.200	K46	GB/T 36559—2018	高压直流输电用晶闸管阀			2018/7/13	2019/2/1
12.3-3-130	12.3	29.240.01	F21	GB/T 36955—2018	柔性直流输电用启动电阻技术规范			2018/12/28	2019/7/1
12.3-3-131	12.3	29.180	K41	GB/T 37008—2018	柔性直流输电用电抗器技术规范			2018/12/28	2019/7/1
12.3-3-132	12.3	29.200	K46	GB/T 37010—2018	柔性直流输电换流阀技术规范			2018/12/28	2019/7/1
12.3-3-133	12.3	29.180	K41	GB/T 37011—2018	柔性直流输电用变压器技术规范			2018/12/28	2019/7/1
12.3-3-134	12.3	29.240.01	F21	GB/T 37012—2018	柔性直流输电接地设备技术规范			2018/12/28	2019/7/1
12.3-3-135	12.3	29.120.40	K43	GB/T 38328—2019	柔性直流系统用高压直流断路器的共用技术要求			2019/12/10	2020/7/1
12.3-3-136	12.3	29.200	K46	GB/T 3859.1—2013	半导体变流器通用要求和电网换相变流器　第 1-1 部分：基本要求规范	GB/T 3859.1—1993	IEC 60146-1-1：2009 MOD	2013/7/19	2013/12/2
12.3-3-137	12.3	29.200	K46	GB/T 3859.2—2013	半导体变流器通用要求和电网换相变流器　第 1-2 部分：应用导则	GB/T 3859.2—1993		2013/7/19	2013/12/2
12.3-3-138	12.3	29.200	K46	GB/T 3859.3—2013	半导体变流器通用要求和电网换相变流器　第 1-3 部分：变压器和电抗器	GB/T 3859.3—1993		2013/7/19	2013/12/2
12.3-3-139	12.3	29.080.20	K48	GB/T 4109—2008	交流电压高于 1000V 的绝缘套管	GB/T 12944.1—1991；GB/T 4109—1999		2008/6/30	2009/4/1
12.3-3-140	12.3	31.060.70	K42	GB/T 4787—2010	高压交流断路器用均压电容器	GB/T 4787—1996		2010/9/2	2011/2/1
12.3-4-141	12.3	29.240.01	F21	DL/T 1010.1—2006	高压静止无功补偿装置　第 1 部分：系统设计			2006/9/14	2007/3/1
12.3-4-142	12.3	29.240.01	F21	DL/T 1010.2—2006	高压静止无功补偿装置　第 2 部分：晶闸管阀试验			2006/9/14	2007/3/1
12.3-4-143	12.3	29.240.01	F21	DL/T 1010.3—2006	高压静止无功补偿装置　第 3 部分：控制系统			2006/9/14	2007/3/1
12.3-4-144	12.3	29.240.01	F21	DL/T 1010.4—2006	高压静止无功补偿装置　第 4 部分：现场试验			2006/9/14	2007/3/1
12.3-4-145	12.3	29.240.01	F21	DL/T 1010.5—2006	高压静止无功补偿装置　第 5 部分：密闭式水冷却装置			2006/9/14	2007/3/1
12.3-4-146	12.3	29.060.70	K42	DL/T 1182—2012	1000kV 变电站 110kV 并联电容器装置技术规范			2012/8/23	2012/12/1
12.3-4-147	12.3	29.180	K40	DL/T 1217—2013	磁控型可控并联电抗器技术规范			2013/3/7	2013/8/1

12

序号	GW分类	ICS分类	GB分类	标准号	中　文　名　称	代替标准	采用关系	发布日期	实施日期
12.3-4-148	12.3	29.180	K41	DL/T 1266—2013	变压器用片式散热器选用导则			2013/11/28	2014/4/1
12.3-4-149	12.3	29.180	K40	DL/T 1376—2014	超高压分级式可控并联电抗器技术规范			2014/10/15	2015/3/1
12.3-4-150	12.3	27.100	F24	DL/T 1389—2014	500kV变压器中性点接地电抗器选用导则			2014/10/15	2015/3/1
12.3-4-151	12.3			DL/T 1633—2016	紧凑型高压并联电容器装置技术规范			2016/12/5	2017/5/1
12.3-4-152	12.3			DL/Z 1697—2017	柔性直流配电系统用电压源换流器技术导则			2017/3/28	2017/8/1
12.3-4-153	12.3	290.240.99	K44	DL/T 1725—2017	超高压磁控型可控并联电抗器技术规范			2017/8/2	2017/12/1
12.3-4-154	12.3			DL/T 2004—2019	直流电流互感器使用技术条件			2019/6/4	2019/10/1
12.3-4-155	12.3			DL/T 2005—2019	直流电压互感器使用技术条件			2019/6/4	2019/10/1
12.3-4-156	12.3		K41	DL/T 271—2012	330kV～750kV油浸式并联电抗器使用技术条件	SD 327—1989		2012/4/6	2012/7/1
12.3-4-157	12.3		K41	DL/T 272—2012	220kV～750kV油浸式电力变压器使用技术条件	SD 326—1989		2012/4/6	2012/7/1
12.3-4-158	12.3	29.240.01	K44	DL/T 402—2016	高压交流断路器	DL/T 402—2007		2016/2/5	2016/7/1
12.3-4-159	12.3			DL/T 403—2017	高压交流真空断路器	DL/T 403—2000		2017/11/15	2018/3/1
12.3-4-160	12.3	29.240.20	K47	DL/T 415—2009	带电作业用火花间隙检测装置	DL 415—1991		2009/7/1	2009/12/1
12.3-4-161	12.3	31.060.01	L11	DL/T 442—2017	高压并联电容器单台保护用熔断器使用技术条件	DL/T 442—1991		2017/12/27	2018/6/1
12.3-4-162	12.3	29.120.40	K43	DL/T 486—2010	高压交流隔离开关和接地开关	DL 486—2000		2011/1/9	2011/5/1
12.3-4-163	12.3	27.100	P61	DL/T 5161.2—2018	电气装置安装工程质量检验及评定规程　第2部分：高压电器施工质量检验	DL/T 5161.2—2002		2018/12/25	2019/5/1
12.3-4-164	12.3	27.100	P61	DL/T 5161.7—2018	电气装置安装工程质量检验及评定规程　第7部分：旋转电机施工质量检验	DL/T 5161.7—2002		2018/12/25	2019/5/1
12.3-4-165	12.3	29.240	F20	DL/T 537—2018	高压/低压预装式变电站	DL/T 537—2002	IEC 62271-202：2014	2018/12/25	2019/5/1
12.3-4-166	12.3	29.120	K43	DL/T 538—2006	高压带电显示装置	DL/T 538—1993		2006/5/6	2006/10/1
12.3-4-167	12.3	29.240.01	K44	DL/T 593—2016	高压开关设备和控制设备标准的共用技术要求	DL/T 593—2006		2016/2/5	2016/7/1
12.3-4-168	12.3	29.060.70	K42	DL/T 604—2009	高压并联电容器装置使用技术条件	DL 604—1996		2009/7/1	2009/12/1
12.3-4-169	12.3			DL/T 640—2019	高压交流跌落式熔断器	DL/T 640—1997		2019/6/4	2019/10/1

序号	GW 分类	ICS 分类	GB 分类	标准号	中 文 名 称	代替标准	采用关系	发布日期	实施日期
12.3-4-170	12.3	29.060.70	K42	DL/T 653—2009	高压并联电容器用放电线圈使用技术条件	DL 653—1998		2009/7/1	2009/12/1
12.3-4-171	12.3	29.080.10	K48	DL/T 810—2012	±500kV 及以上电压等级直流棒形悬式复合绝缘子技术条件	DL 810—2002		2012/4/6	2012/7/1
12.3-4-172	12.3	29.240.99	k42	DL/T 840—2016	高压并联电容器使用技术条件	DL/T 840—2003		2016/12/5	2017/5/1
12.3-4-173	12.3			DL/T 848.1—2019	高压试验装置通用技术条件　第 1 部分：直流高压发生器	DL/T 848.1—2004		2019/11/4	2020/5/1
12.3-4-174	12.3			DL/T 848.3—2019	高压试验装置通用技术条件　第 3 部分：无局放试验变压器	DL/T 848.3—2004		2019/11/4	2020/5/1
12.3-4-175	12.3			DL/T 848.4—2019	高压试验装置通用技术条件　第 4 部分：三倍频试验变压器装置	DL/T 848.4—2004		2019/11/4	2020/5/1
12.3-4-176	12.3			DL/T 848.5—2019	高压试验装置通用技术条件　第 5 部分：冲击电压发生器	DL/T 848.5—2004		2019/11/4	2020/5/1
12.3-4-177	12.3	29.020	K48	DL/T 865—2004	126kV～550kV 电容式瓷套管技术规范	SD 330—1989	IEC 60137：1995 NEQ	2004/3/9	2004/6/1
12.3-4-178	12.3			DLGJ 160—2003	高压电气设备减震技术规定			2004/2/9	2004/3/1
12.3-4-179	12.3	29.130.10	K43	JB/T 11203—2011	高压交流真空开关设备用固封极柱			2011/11/20	2012/4/1
12.3-4-180	12.3	27.040	K54	JB/T 8190—2017	高压加热器　技术条件	JB/T 8190—1999		2017/11/7	2018/4/1
12.3-4-181	12.3			JB/T 8754—2018	高压开关设备和控制设备型号编制办法	JB/T 8754—2007		2018/4/30	2018/12/1
12.3-4-182	12.3			JJG 1072—2011	直流高压高值电阻器			2011/11/30	2012/5/30
12.3-4-183	12.3	29.130.10	K43	NB/T 42025—2013	额定电压 72.5kV 及以上智能气体绝缘金属封闭开关设备			2013/11/28	2014/4/1
12.3-4-184	12.3	29.240.99	K44	NB/T 42043—2014	高压静止同步补偿装置			2014/10/15	2015/3/1
12.3-4-185	12.3			NB/T 42105—2016	高压交流气体绝缘金属封闭开关设备用盆式绝缘子			2016/12/5	2017/5/1
12.3-4-186	12.3			NB/T 42107—2017	高压直流断路器			2017/8/2	2017/12/1
12.3-5-187	12.3			IEC 62231-1—2015	综合站支柱绝缘子交流变电站电压大于1000V 多达 245kV　第 1 部分：尺寸、机械和电气特性　第 1 版			2015/10/1	2015/10/1
12.3-6-188	12.3	29.180	K41	T/CEC 109—2016	10kV～66kV 油浸式并联电抗器技术要求			2016/10/21	2017/1/1
12.3-6-189	12.3	29.180	K41	T/CEC 111—2016	柱上变压器一体化成套设备技术条件			2016/10/21	2017/1/1

12

序号	GW 分类	ICS 分类	GB 分类	标准号	中 文 名 称	代替标准	采用关系	发布日期	实施日期
12.3-6-190	12.3	29.180	K41	T/CEC 130—2016	10kV～110kV 干式空心并联电抗器技术要求			2016/10/21	2017/1/1
12.3-6-191	12.3	29.180	K41	T/CEC 163—2018	10kV 少维护有载调压配电变压器技术规范			2018/1/24	2018/4/1
12.3-6-192	12.3			T/CEC 406—2020	10kV～220kV 干式空心高耦合分裂电抗器技术规范			2020/10/28	2021/2/1
12.3-6-193	12.3			T/CEC 407—2020	电力变压器中低压侧出线绝缘化改造技术规范			2020/10/28	2021/2/1

12.4 设备、材料-中压电力设备

序号	GW 分类	ICS 分类	GB 分类	标准号	中 文 名 称	代替标准	采用关系	发布日期	实施日期
12.4-2-1	12.4	29.240		Q/GDW 10249—2017	10kV 旁路作业设备技术条件	Q/GDW 249—2009		2018/4/13	2018/4/13
12.4-2-2	12.4	29.240		Q/GDW 11190—2014	农网高过载能力配电变压器技术导则			2014/6/20	2014/6/20
12.4-2-3	12.4	29.240		Q/GDW 11249—2014	10kV 配电变压器选型技术原则和检测技术规范			2014/11/20	2014/11/20
12.4-2-4	12.4	29.240		Q/GDW 11253—2014	10kV 柱上开关选型技术原则和检测技术规范			2014/11/20	2014/11/20
12.4-2-5	12.4			Q/GDW 11257.3—2020	熔断器技术规范 第3部分：跌落式熔断器	Q/GDW 11257—2014		2021/4/30	2021/4/30
12.4-2-6	12.4	29.240		Q/GDW 11259—2014	10kV 柱上隔离开关选型技术原则和检测技术规范			2014/11/20	2014/11/20
12.4-2-7	12.4	29.240		Q/GDW 11260—2014	10kV 柱上式高压无功补偿装置选型技术原则和检测技术规范			2014/11/20	2014/11/20
12.4-2-8	12.4	29.240		Q/GDW 11446—2015	35kV 及以下固态复合开关技术规范			2016/11/15	2016/11/15
12.4-2-9	12.4	29.240		Q/GDW 11646—2016	7.2kV～40.5kV 绝缘管型母线技术规范			2017/10/17	2017/10/17
12.4-2-10	12.4	29.240		Q/GDW 11656—2016	配电线路金具选型技术原则和检测技术规范			2017/10/9	2017/10/9
12.4-2-11	12.4	29.240		Q/GDW 11657—2016	配电线路绝缘子选型技术原则和检测技术规范			2017/10/9	2017/10/9
12.4-2-12	12.4	29.240		Q/GDW 11659—2016	天然酯绝缘油配电变压器技术导则			2017/10/9	2017/10/9
12.4-2-13	12.4	29.240		Q/GDW 11835—2018	12kV～40.5kV 交流金属封闭开关设备局部放电试验导则			2019/7/31	2019/7/31
12.4-2-14	12.4	29.240		Q/GDW 11836—2018	12kV～40.5kV 智能交流金属封闭开关设备和控制设备技术规范			2019/7/31	2019/7/31

序号	GW分类	ICS分类	GB分类	标准号	中 文 名 称	代替标准	采用关系	发布日期	实施日期
12.4-2-15	12.4			Q/GDW 12071—2020	配电自动化终端及故障指示器自动检测系统技术规范			2021/4/30	2021/4/30
12.4-2-16	12.4	29.240		Q/GDW 1463—2014	非晶合金铁心配电变压器选用导则	Q/GDW 463—2010		2015/3/12	2015/3/12
12.4-2-17	12.4			Q/GDW 1771—2013	10kV 三相非晶合金铁心配电变压器技术条件			2013/3/14	2013/3/14
12.4-2-18	12.4			Q/GDW 1811—2013	10kV 带电作业用消弧开关技术条件			2013/3/14	2013/3/14
12.4-2-19	12.4	29.020		Q/GDW 368—2009	变电站 10kV SVQC 无功补偿与电压优化成套装置技术标准			2009/11/5	2009/11/5
12.4-2-20	12.4	29.240		Q/GDW 369—2009	小电流接地系统单相接地故障选线装置技术规范			2009/11/5	2009/11/5
12.4-2-21	12.4	29.020		Q/GDW 730—2012	12kV 固体绝缘环网柜技术条件			2012/3/2	2012/3/2
12.4-3-22	12.4	29.180	K41	GB/T 10228—2015	干式电力变压器技术参数和要求	GB/T 10228—2008		2015/9/11	2016/4/1
12.4-3-23	12.4	29.180	K41	GB 1094.11—2007	电力变压器 第 11 部分：干式变压器	GB 6450—1986	IEC 60076-11: 2004 MOD	2007/7/11	2008/4/1
12.4-3-24	12.4	29.130.10	K43	GB 25284—2010	12kV～40.5kV 高压交流自动重合器		IEC 62271-111: 2005 MOD	2010/11/10	2011/9/1
12.4-3-25	12.4	29.180	K41	GB/T 25289—2010	20kV 油浸式配电变压器技术参数和要求			2010/11/10	2011/5/1
12.4-3-26	12.4	29.200	K81	GB/T 25316—2010	静止式岸电装置			2010/11/10	2011/5/1
12.4-3-27	12.4	29.180	K41	GB/T 25438—2010	三相油浸式立体卷铁心配电变压器技术参数和要求			2010/11/10	2011/5/1
12.4-3-28	12.4	29.180	K41	GB/T 25446—2010	油浸式非晶合金铁心配电变压器技术参数和要求	JB 10318—2002		2010/11/10	2011/5/1
12.4-3-29	12.4	29.080.99	K49	GB/T 28182—2011	额定电压 52kV 及以下带串联间隙避雷器		IEC 60099-6: 2002 MOD	2011/12/30	2012/6/1
12.4-3-30	12.4	29.240.99	K46	GB/T 30843.1—2014	1kV 以上不超过 35kV 的通用变频调速设备 第 1 部分：技术条件			2014/6/24	2015/1/22
12.4-3-31	12.4	29.240.99	K46	GB/T 30843.2—2014	1kV 以上不超过 35kV 的通用变频调速设备 第 2 部分：试验方法			2014/6/24	2015/1/22
12.4-3-32	12.4	29.180	K41	GB/T 32825—2016	三相干式立体卷铁心配电变压器技术参数和要求			2016/8/29	2017/3/1
12.4-3-33	12.4	29.180	K41	GB/T 35710—2017	35kV 及以下电压等级电力变压器容量评估导则			2017/12/29	2018/7/1

12

序号	GW 分类	ICS 分类	GB 分类	标准号	中 文 名 称	代替标准	采用关系	发布日期	实施日期
12.4-3-34	12.4	29.120.60	K43	GB/T 3804—2017	3.6kV～40.5kV 高压交流负荷开关	GB/T 3804—2004		2017/9/29	2018/4/1
12.4-3-35	12.4	29.130.60	K43	GB/T 3906—2020	3.6kV～40.5kV 交流金属封闭开关设备和控制设备	GB 3906—2006	IEC 62271-200：2011 MOD	2020/3/31	2020/10/1
12.4-4-36	12.4	29.180	K41	DL/T 1267—2013	组合式变压器使用技术条件			2013/11/28	2014/4/1
12.4-4-37	12.4	27.100	F24	DL/T 1390—2014	12kV 高压交流自动用户分界开关设备			2014/10/15	2015/3/1
12.4-4-38	12.4	29.240.01	F24	DL/T 1504—2016	弧光保护装置通用技术条件			2016/1/7	2016/6/1
12.4-4-39	12.4			DL/T 1586—2016	12kV 固体绝缘金属封闭开关设备和控制设备			2016/2/5	2016/7/1
12.4-4-40	12.4			DL/T 1647—2016	防火电力电容器使用技术条件			2016/12/5	2017/5/1
12.4-4-41	12.4			DL/T 1658—2016	35kV 及以下固体绝缘管型母线			2016/12/5	2017/5/1
12.4-4-42	12.4			DL/T 1674—2016	35kV 及以下配网防雷技术导则			2016/12/5	2017/5/1
12.4-4-43	12.4			DL/T 1832—2018	配电网串联电容器补偿装置技术规范			2018/4/3	2018/7/1
12.4-4-44	12.4	29.180	K41	DL/T 1853—2018	10kV 有载调容调压变压器技术导则			2018/6/6	2018/10/1
12.4-4-45	12.4			DL/T 1861—2018	高过载能力配电变压器技术导则			2018/6/6	2018/10/1
12.4-4-46	12.4			DL/T 267—2012	油浸式全密封卷铁心配电变压器使用技术条件			2012/4/6	2012/7/1
12.4-4-47	12.4			DL/T 404—2018	3.6kV～40.5kV 交流金属封闭开关设备和控制设备	DL/T 404—2007		2018/12/25	2019/5/1
12.4-4-48	12.4	29.120.40	K43	DL/T 406—2010	交流自动分段器订货技术条件	DL 406—1991		2011/1/9	2011/5/1
12.4-4-49	12.4	29.220	K81	DL/T 459—2017	电力用直流电源设备	DL/T 459—2000		2017/11/15	2018/3/1
12.4-4-50	12.4	27.240	P62	DL/T 5450—2012	20kV 配电设备选型技术规定			2012/1/4	2012/3/1
12.4-4-51	12.4	29.120.40	K43	DL/T 844—2003	12kV 少维护户外配电开关设备通用技术条件			2003/1/9	2003/6/1
12.4-4-52	12.4			DL/T 1438—2015	单相配电变压器选用导则			2015/4/2	2015/9/1
12.4-4-53	12.4	29.180	K41	JB/T 10217—2013	组合式变压器	JB/T 10217—2000		2013/4/25	2013/9/1
12.4-4-54	12.4	29.080.10	K48	JB/T 10305—2001	3.6kV～40.5kV 高压设备用户内有机材料支柱绝缘子技术条件		IEC 60660：1999 NEQ	2001/8/30	2002/2/1
12.4-4-55	12.4			JB/T 10775—2020	6kV～66kV 干式并联电抗器技术参数和要求	JB/T 10775—2007		2020/4/24	2021/1/1
12.4-4-56	12.4	29.100.01	K97	JB/T 12010—2014	非晶合金铁心变压器真空注油设备			2014/7/9	2014/11/1

12

序号	GW 分类	ICS 分类	GB 分类	标准号	中 文 名 称	代替标准	采用关系	发布日期	实施日期
12.4-4-57	12.4			JB/T 13748—2020	6kV～66kV 油浸式并联电抗器技术参数和要求			2020/4/24	2021/1/1
12.4-4-58	12.4			JB/T 13749—2020	天然酯绝缘油电力变压器			2020/4/24	2021/1/1
12.4-4-59	12.4			JB/T 13750—2020	调容分接开关			2020/4/24	2021/1/1
12.4-4-60	12.4	29.130.10	K44	NB/T 42156—2018	配电网串联电容器补偿装置			2018/6/6	2018/10/1
12.4-6-61	12.4			T/CEC 326—2020	交直流配电网用电力电子变压器技术规范			2020/6/30	2020/10/1
12.4-6-62	12.4			T/CEC 408—2020	油浸式配电变压器用真空有载调压分接开关技术规范			2020/10/28	2021/2/1

12.5 设备、材料-低压电力设备

序号	GW 分类	ICS 分类	GB 分类	标准号	中 文 名 称	代替标准	采用关系	发布日期	实施日期
12.5-2-1	12.5	29.240		Q/GDW 11196—2014	剩余电流动作保护器选型技术原则和检测技术规范			2014/7/15	2014/7/15
12.5-2-2	12.5	29.240		Q/GDW 11221—2014	低压综合配电箱选型技术原则和检测技术规范			2014/12/1	2014/12/1
12.5-2-3	12.5	29.240		Q/GDW 11222—2014	配电网低励磁阻抗变压器接地保护装置技术规范			2014/12/1	2014/12/1
12.5-2-4	12.5	29.240		Q/GDW 11250—2018	12kV 环网柜（箱）选型技术原则和检测技术规范	Q/GDW 11250—2014		2019/7/31	2019/7/31
12.5-2-5	12.5	29.240		Q/GDW 11252—2018	12kV 高压开关柜选型技术原则和检测技术规范	Q/GDW 11252—2014		2019/7/31	2019/7/31
12.5-2-6	12.5	29.240		Q/GDW 11310—2014	变电站直流电源系统技术规范			2015/2/26	2015/2/26
12.5-2-7	12.5	29.240		Q/GDW 11380—2018	10kV 高压/低压预装式变电站选型技术原则和检测技术规范	Q/GDW 11380—2015		2019/7/31	2019/7/31
12.5-2-8	12.5	29.240		Q/GDW 11566—2016	10kV 以下配电网接入分布式电源即插即用装置技术规范			2017/3/24	2017/3/24
12.5-2-9	12.5	29.240		Q/GDW 11650—2016	站用 35kV 及以下导线和母线绝缘化技术规范			2017/10/17	2017/10/17
12.5-2-10	12.5	29.240		Q/GDW 11827—2018	公司 IMS 核心网互联互通配置规范			2019/7/16	2019/7/16
12.5-2-11	12.5	29.240		Q/GDW 11833—2018	水电厂水机自动化检修试验导则			2019/7/8	2019/7/8
12.5-2-12	12.5	29.240		Q/GDW 11837—2018	10kV 一体化柱上变压器台技术规范			2019/7/31	2019/7/31

12

序号	GW 分类	ICS 分类	GB 分类	标准号	中 文 名 称	代替标准	采用关系	发布日期	实施日期
12.5-2-13	12.5	29.240		Q/GDW 11882—2018	预制舱式 10kV～35kV 一二次组合设备技术规范			2019/10/23	2019/10/23
12.5-2-14	12.5	29.240		Q/GDW 11945—2018	抗直流偏磁低压电流互感器技术规范			2020/3/20	2020/3/20
12.5-2-15	12.5	29.240		Q/GDW 12000—2019	电动汽车传导式大功率直流充电连接装置技术规范			2020/9/17	2020/9/17
12.5-2-16	12.5	29.240		Q/GDW 12001—2019	电动汽车大功率非车载充电系统通用要求			2020/9/17	2020/9/17
12.5-2-17	12.5			Q/GDW 12127—2021	低压开关柜技术规范			2022/1/28	2022/1/28
12.5-2-18	12.5	29.240		Q/GDW 1430—2015	智能变电站智能控制柜技术规范	Q/GDW 430—2010		2016/11/15	2016/11/15
12.5-2-19	12.5	29.240		Q/GDW 614—2011	农网智能型低压配电箱功能规范和技术条件			2011/4/21	2011/4/21
12.5-2-20	12.5	29.240		Q/GDW 615—2011	农网智能配变终端功能规范和技术条件			2011/4/21	2011/4/21
12.5-3-21	12.5	31.060.70	K42	GB/T 12747.1—2017	标称电压 1000V 及以下交流电力系统用自愈式并联电容器 第 1 部分：总则 性能、试验和定额 安全要求 安装和运行导则	GB/T 12747.1—2004	IEC 60831-1：2014	2017/7/31	2018/2/1
12.5-3-22	12.5	31.060.70	K42	GB/T 12747.2—2017	标称电压 1000V 及以下交流电力系统用自愈式并联电容器 第 2 部分：老化试验、自愈性试验和破坏试验	GB/T 12747.2—2004	IEC 60831-2：2014	2017/7/31	2018/2/1
12.5-3-23	12.5	29.120.50	K30	GB/T 13539.1—2015	低压熔断器 第 1 部分：基本要求	GB 13539.1—2008	IEC 60269-1：2009	2015/9/11	2016/10/1
12.5-3-24	12.5	29.120.50	K31	GB/T 13539.3—2017	低压熔断器 第 3 部分：非熟练人员使用的熔断器的补充要求（主要用于家用和类似用途的熔断器） 标准化熔断器系统示例 A 至 F	GB/T 13539.3—2008	IEC 60269-3：2013 IDT	2017/11/1	2018/5/1
12.5-3-25	12.5	29.120.50	K30	GB/T 13539.5—2013	低压熔断器 第 5 部分：低压熔断器应用指南	GB/T 13539.5—1999	IEC/TR60269-5：2010 IDT	2013/2/7	2013/7/1
12.5-3-26	12.5	29.120.50	K09	GB/T 13955—2017	剩余电流动作保护装置安装和运行	GB/T 13955—2005		2017/12/29	2018/7/1
12.5-3-27	12.5			GB 14048.1—2012	低压开关设备和控制设备 第 1 部分：总则	GB 14048.1—2006	IEC 60947-1：2011 MOD	2012/12/31	2013/12/1
12.5-3-28	12.5	29.120.40	K31	GB/T 14048.2—2020	低压开关设备和控制设备 第 2 部分：断路器	GB 14048.2—2001	IEC 60947-2：2019 MOD	2008/9/19	2009/6/1
12.5-3-29	12.5	29.120.40	K30	GB/T 14048.3—2017	低压开关设备和控制设备 第 3 部分：开关、隔离器、隔离开关及熔断器组合电器	GB/T 14048.3—2008		2017/12/29	2018/7/1

12

序号	GW分类	ICS分类	GB分类	标准号	中 文 名 称	代替标准	采用关系	发布日期	实施日期
12.5-3-30	12.5	29.130.20	K32	GB/T 14048.4—2020	低压开关设备和控制设备 第4-1部分：接触器和电动机起动器机电式接触器和电动机起动器（含电动机保护器）	GB/T 14048.4—2010	IEC 60947-4-1：2018 MOD	2020/9/29	2021/4/1
12.5-3-31	12.5	29.120.40	K31	GB/T 14048.5—2017	低压开关设备和控制设备 第5-1部分：控制电路电器和开关元件 机电式控制电路电器	GB/T 14048.5—2008	IEC 60947-5-1：2016 MOD	2017/11/1	2018/5/1
12.5-3-32	12.5	29.120.40	K31	GB/T 14048.6—2016	低压开关设备和控制设备 第4-2部分：接触器和电动机起动器 交流电动机用半导体控制器和起动器（含软起动器）	GB 14048.6—2008		2016/8/29	2017/3/1
12.5-3-33	12.5	29.130.20	K30	GB/T 14048.8—2016	低压开关设备和控制设备 第7-2部分：辅助器件 铜导体的保护导体接线端子排	GB/T 14048.8—2006	IEC 60947-7-2：2009 ED 3.0 MOD	2016/4/25	2016/11/1
12.5-3-34	12.5	29.130.20	K32	GB 14048.9—2008	低压开关设备和控制设备 第6-2部分：多功能电器（设备）控制与保护开关电器（设备）（CPS）	GB 14048.9—1998	IEC 60947-6-2：2007 IDT	2008/9/19	2009/6/1
12.5-3-35	12.5	29.12.40；29.130.20	K30	GB/T 14048.10—2016	低压开关设备和控制设备 第5-2部分：控制电路电器和开关元件 接近开关	GB/T 14048.10—2008	IEC 60947-5-2：2012	2016/8/29	2017/3/1
12.5-3-36	12.5	29.130.20	K30	GB/T 14048.11—2016	低压开关设备和控制设备 第6-1部分：多功能电器 转换开关电器	GB/T 14048.11—2008	IEC 60947-6-1：2013 ED 2.1 MOD	2016/4/25	2016/11/1
12.5-3-37	12.5	29.130.20	K32	GB/T 14048.12—2016	低压开关设备和控制设备 第4-3部分：接触器和电动机起动器 非电动机负载用交流半导体控制器和接触器	GB/T 14048.12—2006		2016/12/13	2017/7/1
12.5-3-38	12.5	29.130.20	K30	GB/T 14048.13—2017	低压开关设备和控制设备 第5-3部分：控制电路电器和开关元件 在故障条件下具有确定功能的接近开关（PDDB）的要求	GB/T 14048.13—2006		2017/9/29	2018/4/1
12.5-3-39	12.5	29.120.99	K30	GB/T 14048.14—2019	低压开关设备和控制设备 第5-5部分：控制电路电器和开关元件 具有机械锁闩功能的电气紧急制动装置	GB/T 14048.14—2006		2019/6/4	2020/1/1
12.5-3-40	12.5	29.130.20	K31	GB/T 14048.16—2016	低压开关设备和控制设备 第8部分：旋转电机用装入式热保护（PTC）控制单元	GB/T 14048.16—2006	IEC 60947-8：2011 ED 1.2	2016/8/29	2017/3/1
12.5-3-41	12.5	29.130.20	K32	GB/T 14048.17—2008	低压开关设备和控制设备 第5-4部分：控制电路电器和开关元件小容量触头的性能评定方法特殊试验		IEC 60947-5-4：2002 IDT	2008/12/30	2009/10/1
12.5-3-42	12.5	29.120.99；29.130.20	K30	GB/T 14048.18—2016	低压开关设备和控制设备 第7-3部分：辅助器件 熔断器接线端子排的安全要求	GB/T 14048.18—2008	IEC 60947-7-3：2009 ED 2.0 IDT	2016/2/24	2016/9/1

12

序号	GW 分类	ICS 分类	GB 分类	标准号	中 文 名 称	代替标准	采用关系	发布日期	实施日期
12.5-3-43	12.5	29.130.20	K32	GB/T 14048.19—2013	低压开关设备和控制设备 第5-7部分：控制电路电器和开关元件用于带模拟输出的接近设备的要求		IEC 60947-5-7：2003 IDT	2013/12/17	2014/4/9
12.5-3-44	12.5	29.130.20	K32	GB/T 14048.20—2013	低压开关设备和控制设备 第5-8部分：控制电路电器和开关元件三位使能开关		IEC 60947-5-8：2006 IDT	2013/12/17	2014/4/9
12.5-3-45	12.5	29.130.20	K32	GB/T 14048.21—2013	低压开关设备和控制设备 第5-9部分：控制电路电器和开关元件流量开关		IEC 60947-5-9：2006 IDT	2013/12/17	2014/4/9
12.5-3-46	12.5	29.130.20	K30	GB/T 14048.22—2017	低压开关设备和控制设备 第7-4部分：辅助器件 铜导体的PCB接线端子排	GB/T 14048.2—2008	IEC 60947-7-4：2013	2020/9/29	2021/4/1
12.5-3-47	12.5	29.120.50	K31	GB/T 15576—2008	低压成套无功功率补偿装置	GB/T 15576—1995		2008/6/30	2009/4/1
12.5-3-48	12.5	91.140.50	Q77	GB/T 16895.2—2017	低压电气装置 第4-42部分：安全防护 热效应保护	GB/T 16895.2—2005	IEC 60364-4-42：2010 IDT	2017/11/1	2018/5/1
12.5-3-49	12.5	91.140.50	Q77	GB/T 16895.3—2017	低压电气装置 第5-54部分：电气设备的选择和安装 接地配置和保护导体	GB/T 16895.3—2004	IEC 60364-5-54：2011	2017/7/31	2018/2/1
12.5-3-50	12.5	91.140.50	Q77	GB 16895.5—2012	低压电气装置 第4-43部分：安全防护过电流保护	GB/T 16895.5—2000	IEC 60364-4-43：2008 ED.3 IDT	2012/6/29	2013/5/1
12.5-3-51	12.5	91.140.50	77	GB/T 16895.6—2014	低压电气装置 第5-52部分：电气设备的选择和安装布线系统	GB 16895.6—2000；GB/T 16895.15—2002		2014/12/22	2015/6/1
12.5-3-52	12.5	91.140.50	Q77	GB 16895.7—2009	低压电气装置 第7-704部分：特殊装置或场所的要求施工和拆除场所的电气装置	GB/T 16895.7—2000	IEC 60364-7-704：2005 IDT	2009/4/21	2010/3/1
12.5-3-53	12.5	91.140.50	Q77	GB 16895.8—2010	低压电气装置 第7-706部分：特殊装置或场所的要求活动受限制的可导电场所	GB/T 16895.8—2000	IEC 60364-7-706：2005 ED 2.0 IDT	2010/11/10	2011/9/1
12.5-3-54	12.5	91.140.50	K30	GB/T 16895.10—2010	低压电气装置 第4-44部分：安全防护电压骚扰和电磁骚扰防护	GB/T 16895.10—2001；GB 16895.11—2001；GB 16895.16—2002；GB/T 16895.12—2001	IEC 60364-4-44：2007 ED 2.0 IDT	2011/1/14	2011/7/1
12.5-3-55	12.5	91.140.50	Q77	GB 16895.14—2010	建筑物电气装置 第7-703部分：特殊装置或场所的要求 装有桑拿浴加热器的房间和小间	GB/T 16895.14—2002	IEC 60364-7-703：2004 Ed 2.0 IDT	2010/11/10	2011/9/1
12.5-3-56	12.5	91.140.50	Q77	GB/T 16895.18—2010	建筑物电气装置 第5-51部分：电气设备的选择和安装通用规则	GB/T 16895.18—2002	IEC 60364-5-51：2005 ED 5.0 IDT	2011/1/14	2011/7/1
12.5-3-57	12.5	91.140.50	Q77	GB/T 16895.19—2017	低压电气装置 第7-702部分：特殊装置或场所的要求 游泳池和喷泉	GB/T 16895.19—2002	IEC 60364-7-702：2010 ED 3.0	2017/7/31	2018/2/1

序号	GW 分类	ICS 分类	GB 分类	标准号	中 文 名 称	代替标准	采用关系	发布日期	实施日期
12.5-3-58	12.5	91.140.50	Q77	GB/T 16895.20—2017	低压电气装置 第 5-55 部分：电气设备的选择和安装 其他设备	GB/T 16895.20—2003	IEC 60364-5-55：2012	2017/12/29	2018/7/1
12.5-3-59	12.5	91.140.50	Q77	GB 16895.21—2011	低压电气装置 第 4-41 部分：安全防护电击防护	GB 16895.21—2004	IEC 60364-4-41：2005 IDT	2011/12/30	2012/12/1
12.5-3-60	12.5	91.140.50	Q77	GB 16895.22—2004	建筑物电气装置 第 5-53 部分：电气设备的选择和安装-隔离、开关和控制设备 第 534 节：过电压保护电器		IEC 60364-5-53：2001 A1：2002 IDT	2004/12/13	2005/6/1
12.5-3-61	12.5	91.140.50	Q77	GB/T 16895.23—2012	低压电气装置 第 6 部分：检验	GB/T 16895.23—2005	IEC 60364-6：2006 IDT	2012/6/29	2012/11/1
12.5-3-62	12.5	91.140.50	Q77	GB 16895.24—2005	建筑物电气装置 第 7-710 部分：特殊装置或场所的要求 医疗场所		IEC 60364-7-710：2002 IDT	2005/7/29	2006/6/1
12.5-3-63	12.5	91.140.50	Q77	GB 16895.25—2005	建筑物电气装置 第 7-711 部分：特殊装置或场所的要求 展览馆、陈列室和展位		IEC 60364-7-711：1998 IDT	2005/7/29	2006/6/1
12.5-3-64	12.5	91.140.50	Q77	GB 16895.27—2012	低压电气装置 第 7-705 部分：特殊装置或场所的要求 农业和园艺设施	GB 16895.27—2006	IEC 60364-7-705：2006 IDT	2012/6/29	2013/5/1
12.5-3-65	12.5	91.140.50	Q77	GB/T 16895.28—2017	低压电气装置 第 7-714 部分：特殊装置或场所的要求 户外照明装置	GB/T 16895.28—2008	IEC 60364-7-714：2011 IDT	2017/11/1	2018/2/1
12.5-3-66	12.5	91.140.50	Q77	GB/T 16895.33—2017	低压电气装置 第 5-56 部分：电气设备的安装和选择 安全设施		IEC 60364-5-56：2009	2017/7/31	2018/2/1
12.5-3-67	12.5	91.140.50	Q77	GB/T 16895.34—2018	低压电气装置 第 7-753 部分：特殊装置或场所的要求 加热电缆及埋入式加热系统		IEC 60364-7-753：2014 IDT	2018/3/15	2018/10/1
12.5-3-68	12.5	29.120	K30	GB/T 16935.1—2008	低压系统内设备的绝缘配合 第 1 部分：原理、要求和试验	GB/T 16935.1—1997	IEC 60664-1：2007 IDT	2008/4/24	2008/12/1
12.5-3-69	12.5	29.120	K30	GB/T 16935.4—2011	低压系统内设备的绝缘配合 第 4 部分：高频电压应力考虑事项		IEC 60664-4：2005 IDT	2011/12/30	2012/5/1
12.5-3-70	12.5	29.200	K81	GB/T 17478—2004	低压直流电源设备的性能特性	GB 17478—1998	IEC 61204：2001 MOD	2004/5/14	2005/2/1
12.5-3-71	12.5	19.080	K40	GB/T 17627—2019	低压电气设备的高电压试验技术 定义、试验和程序要求、试验设备	GB/T 17627.1—1998；GB/T 17627.2—1998	IEC 61180：2016	2019/12/10	2020/7/1
12.5-3-72	12.5	29.120.01	K31	GB 17701—2008	设备用断路器	GB 17701—1999	IEC 60934：2007 IDT	2008/6/19	2009/6/1
12.5-3-73	12.5	29.240.10	K30	GB/T 18802.22—2019	低压电涌保护器 第 22 部分：电信和信号网络的电涌保护器 选择和使用导则	GB/T 18802.22—2008	IEC 61643-22：2015 IDT	2019/12/10	2020/7/1

12

序号	GW 分类	ICS 分类	GB 分类	标准号	中 文 名 称	代替标准	采用关系	发布日期	实施日期
12.5-3-74	12.5	29.240.10	K30	GB/T 18802.311—2017	低压电涌保护器元件 第 311 部分：气体放电管（GDT）的性能要求和测试回路	GB/T 18802.311—2007	IEC 61643-311：2013 IDT	2017/11/1	2018/5/1
12.5-3-75	12.5	29.240.10	K30	GB/T 18802.351—2019	低压电涌保护器元件 第 351 部分：电信和信号网络的电涌隔离变压器（SIT）的性能要求和试验方法			2019/12/10	2020/7/1
12.5-3-76	12.5	29.130.01	K30	GB/T 18858.1—2012	低压开关设备和控制设备控制器设备接口（CDI） 第 1 部分：总则	GB/T 18858.1—2002	IEC 62026-1：2007	2012/11/5	2013/2/1
12.5-3-77	12.5	29.130.01	K30	GB/T 18858.2—2012	低压开关设备和控制设备控制器设备接口（CDI） 第 2 部分：执行器传感器接口（AS-i）	GB/T 18858.2—2002	IEC 62026-2：2008	2012/11/5	2013/2/1
12.5-3-78	12.5	29.130.01	K30	GB/T 18858.3—2012	低压开关设备和控制设备控制器设备接口（CDI） 第 3 部分：DeviceNet	GB/T 18858.3—2002	IEC 62026-3：2008 IDT	2012/11/5	2013/2/1
12.5-3-79	12.5	29.180	K41	GB 19212.5—2011	电源电压为 1100V 及以下的变压器、电抗器、电源装置和类似产品的安全 第 5 部分：隔离变压器和内装隔离变压器的电源装置的特殊要求和试验	GB 19212.5—2006	IEC 61558-2-4：2009 IDT	2011/6/16	2012/5/1
12.5-3-80	12.5	29.180	K41	GB 19212.7—2012	电源电压为 1100V 及以下的变压器、电抗器、电源装置和类似产品的安全 第 7 部分：安全隔离变压器和内装安全隔离变压器的电源装置的特殊要求和试验	GB 19212.7—2006	IEC 61558-2-6：2009	2012/6/29	2013/5/1
12.5-3-81	12.5	29.180	K41	GB 19212.14—2012	电源电压为 1100V 及以下的变压器、电抗器、电源装置和类似产品的安全 第 14 部分：自耦变压器和内装自耦变压器的电源装置的特殊要求和试验	GB 19212.14—2007	IEC 61558-2-13：2009 IDT	2012/6/29	2013/5/1
12.5-3-82	12.5	29.130.20	K31	GB/T 20641—2014	低压成套开关设备和控制设备空壳体的一般要求	GB/T 20641—2006	IEC 62208：2011	2014/12/22	2015/6/1
12.5-3-83	12.5	29.130.01	K30	GB/T 21207.1—2014	低压开关设备和控制设备入网工业设备描述 第 1 部分：设备描述编制总则	GB/T 21207—2007	IEC 61915-1：2007	2014/9/3	2015/4/1
12.5-3-84	12.5	29.130.01	K30	GB/T 21207.2—2014	低压开关设备和控制设备入网工业设备描述 第 2 部分：起动器和类似设备的根设备描述		IEC 61915-2：2011	2014/9/3	2015/4/1
12.5-3-85	12.5	29.200；33.100	K81	GB/T 21560.3—2008	低压直流电源 第 3 部分：电磁兼容性（EMC）		IEC 61204-3：2000 MOD	2008/3/24	2008/11/1
12.5-3-86	12.5	29.200	K81	GB/T 21560.6—2008	低压直流电源 第 6 部分：评定低压直流电源性能的要求		IEC 61204-6：2000 MOD	2008/3/24	2008/11/1

序号	GW分类	ICS分类	GB分类	标准号	中文名称	代替标准	采用关系	发布日期	实施日期
12.5-3-87	12.5	13.260	K09	GB/T 21697—2008	低压电力线路和电子设备系统的雷电过电压绝缘配合			2008/4/24	2008/12/1
12.5-3-88	12.5	29.120.01	K30	GB/Z 21713—2008	低压交流电源（不高于1000V）中的浪涌特性			2008/4/24	2008/11/1
12.5-3-89	12.5	29.180	K41	GB/T 22072—2018	干式非晶合金铁心配电变压器技术参数和要求	GB/T 22072—2008		2018/12/28	2019/7/1
12.5-3-90	12.5	29.120.50	K31	GB/T 22387—2016	剩余电流动作继电器	GB/T 22387—2008		2016/8/29	2017/3/1
12.5-3-91	12.5	31.060.70	K42	GB/T 22582—2008	电力电容器低压功率因数补偿装置		IEC 61921：2003 MOD	2008/12/15	2009/10/1
12.5-3-92	12.5	29.130.20	K32	GB/T 22710—2008	低压断路器用电子式控制器			2008/12/30	2009/10/1
12.5-3-93	12.5	29.130.20	K31	GB/T 24274—2019	低压抽出式成套开关设备和控制设备	GB/T 24274—2009		2019/10/18	2020/5/1
12.5-3-94	12.5	29.130.20	K31	GB/T 24275—2019	低压固定封闭式成套开关设备和控制设备	GB/T 24275—2009		2019/10/18	2020/5/1
12.5-3-95	12.5	29.120	K31	GB/T 24621.1—2009	低压成套开关设备和控制设备的电气安全应用指南　第1部分：成套开关设备			2009/11/15	2010/4/1
12.5-3-96	12.5	29.160.99	K20	GB/T 25090—2010	电动机轻载调压节电装置			2010/9/2	2011/2/1
12.5-3-97	12.5	29.240.99	F20	GB/T 25099—2010	配电降压节电装置			2010/9/2	2011/2/1
12.5-3-98	12.5	29.140.99	K70	GB/T 25125—2010	智能照明节电装置			2010/9/2	2011/2/1
12.5-3-99	12.5	29.130.01	K30	GB/Z 25842.1—2010	低压开关设备和控制设备过电流保护电器　第1部分：短路定额的应用		IEC/TR 61912-1：2007 IDT	2010/12/23	2011/5/1
12.5-3-100	12.5	29.130.01	K30	GB/Z 25842.2—2012	低压开关设备和控制设备过电流保护电器　第2部分：过电流条件下的选择性		IEC/TR 61912-2：2009	2012/11/5	2013/2/1
12.5-3-101	12.5	03.220.20；93.080.30	K73	GB/T 26943—2011	升降式高杆照明装置			2011/9/29	2012/5/1
12.5-3-102	12.5	29.120.50	K31	GB/T 29312—2012	低压无功功率补偿投切装置			2012/12/31	2013/6/1
12.5-3-103	12.5	29.240.99	K46	GB/T 30844.1—2014	1kV及以下通用变频调速设备　第1部分：技术条件			2014/6/24	2015/1/22
12.5-3-104	12.5	29.240.99	K46	GB/T 30844.2—2014	1kV及以下通用变频调速设备　第2部分：试验方法			2014/6/24	2015/1/22
12.5-3-105	12.5	29.120.50	31	GB/T 31143—2014	电弧故障保护电器（AFDD）的一般要求		IEC 62606：2013	2014/9/3	2015/4/1
12.5-3-106	12.5	29.160.01	K22	GB/T 32891.1—2016	旋转电机　效率分级（IE代码）　第1部分：电网供电的交流电动机		IEC 60034-30-1：2014	2016/8/29	2017/3/1

12

序号	GW分类	ICS分类	GB分类	标准号	中 文 名 称	代替标准	采用关系	发布日期	实施日期
12.5-3-107	12.5	29.120.40; 29.130.20	K30	GB/T 35685.1—2017	低压封闭式开关设备和控制设备 第1部分:在维修和维护工作中提供隔离功能的封闭式隔离开关		IEC 62626-1:2014	2017/12/29	2018/7/1
12.5-3-108	12.5	29.240.01	F21	GB/T 35732—2017	配电自动化智能终端技术规范			2017/12/29	2018/7/1
12.5-3-109	12.5	27.160	F12	GB/T 39750—2021	光伏发电系统直流电弧保护技术要求			2021/3/9	2021/10/1
12.5-3-110	12.5	29.020; 29.120.50		GB/T 6829—2017	剩余电流动作保护电器(RCD)的一般要求	GB/Z 6829—2008		2017/11/1	2018/5/1
12.5-3-111	12.5	29.130	K31	GB 7251.1—2013	低压成套开关设备和控制设备 第1部分:总则	GB 7251.1—2005	IEC 61439-1:2011 IDT	2013/12/31	2015/1/13
12.5-3-112	12.5	29.130.20		GB/T 7251.3—2017	低压成套开关设备和控制设备 第3部分:由一般人员操作的配电板(DBO)	GB/T 7251.3—2006		2017/11/1	2018/5/1
12.5-3-113	12.5	29.130.20		GB/T 7251.4—2017	低压成套开关设备和控制设备 第4部分:对建筑工地用成套设备(ACS)的特殊要求	GB/T 7251.4—2006		2017/11/1	2018/5/1
12.5-3-114	12.5	29.130.20	K31	GB/T 7251.5—2017	低压成套开关设备和控制设备 第5部分:公用电网电力配电成套设备	GB/T 7251.5—2008	IEC 61439-5:2014	2017/7/31	2018/2/1
12.5-3-115	12.5	29.130.20	K31	GB 7251.6—2015	低压成套开关设备和控制设备 第6部分:母线干线系统(母线槽)	GB 7251.2—2006		2015/5/15	2016/6/1
12.5-3-116	12.5	29.130.20	K31	GB/T 7251.7—2015	低压成套开关设备和控制设备 第7部分:特定应用的成套设备—如码头、露营地、市集广场、电动车辆充电站		IEC/TS 61439-7:2014	2015/5/15	2015/12/1
12.5-3-117	12.5	29.130.20	K31	GB/T 7251.8—2020	低压成套开关设备和控制设备 第8部分:智能型成套设备通用技术要求	GB/T 7251.8—2005		2020/11/19	2021/6/1
12.5-3-118	12.5	29.130.20	K31	GB/T 7251.10—2014	低压成套开关设备和控制设备 第10部分:规定成套设备的指南		IEC/TR 61439-0:2013	2014/12/22	2015/6/1
12.5-3-119	12.5	29.130.20	K31	GB 7251.12—2013	低压成套开关设备和控制设备 第2部分:成套电力开关和控制设备		IEC 61439-2:2011 IDT	2013/12/31	2015/1/13
12.5-4-120	12.5			DL/T 1074—2019	电力用直流和交流一体化不间断电源	DL/T 1074—2007		2019/6/4	2019/10/1
12.5-4-121	12.5			DL/T 1216—2019	低压静止无功发生装置技术规范	DL/T 1216—2013		2019/11/4	2020/5/1
12.5-4-122	12.5	29.120.40	L22	DL/T 1226—2013	固态切换开关技术规范			2013/3/7	2013/8/1
12.5-4-123	12.5			DL/T 1441—2015	智能低压配电箱技术条件			2015/4/2	2015/9/1
12.5-4-124	12.5	27.100	K51	DL/T 339—2010	低压变频调速装置技术条件			2011/1/9	2011/5/1

12

序号	GW分类	ICS分类	GB分类	标准号	中 文 名 称	代替标准	采用关系	发布日期	实施日期
12.5-4-125	12.5	29.240.01	K43	DL/T 375—2010	户外配电箱通用技术条件			2011/1/9	2011/5/1
12.5-4-126	12.5	29.240.01	K46	DL/T 379—2010	低压晶闸管投切滤波装置技术规范			2010/5/1	2010/10/1
12.5-4-127	12.5	29.240.01	F20	DL/T 597—2017	低压无功补偿控制器使用技术条件	DL/T 597—1996		2017/12/27	2018/6/1
12.5-4-128	12.5	27.100	F24	DL/T 842—2015	低压并联电容器装置使用技术条件	DL/T 842—2003		2015/4/2	2015/9/1
12.5-4-129	12.5			JB/T 10303—2020	工频柴油发电机组 技术条件	JB/T 10303—2001		2020/4/24	2021/1/1
12.5-4-130	12.5			JB/T 10304—2020	工频汽油发电机组技术条件	JB/T 10304—2001		2020/4/24	2021/1/1
12.5-4-131	12.5			JB/T 5776—2021	船用保护继电器	JB/T 5776—2007		2021/5/27	2021/10/1
12.5-4-132	12.5			JB/T 5796—2021	船用低压空气断路器	JB/T 5796—2007		2021/5/27	2021/10/1
12.5-4-133	12.5			JB/T 7605—2020	移动电站额定功率、电压及转速	JB/T 7605—1994		2020/4/24	2021/1/1
12.5-4-134	12.5	29.120.60	K31	JB/T 8456—2017	低压直流成套开关设备和控制设备	JB/T 8456—2005		2017/11/7	2018/4/1
12.5-4-135	12.5			NB/T 10188—2019	交流并网侧用低压断路器技术规范			2019/6/4	2019/10/1
12.5-4-136	12.5	97.120	K32	NB/T 10303—2019	电动机用过热过流保护器			2019/11/4	2020/5/1
12.5-4-137	12.5	29.240.10	K30	NB/T 31040—2012	具有短路保护功能的电涌保护器			2012/10/29	2013/3/1
12.5-4-138	12.5	29.240.21	K45	NB/T 42076—2016	弧光保护装置选用导则			2016/8/16	2016/12/1
12.5-4-139	12.5	29.240.10	F29	NB/T 42150—2021	低压电涌保护器专用保护装置	NB/T 42150—2018		2021/4/26	2021/7/26
12.5-4-140	12.5			NB/T 42153—2018	交流插拔式无间隙金属氧化物避雷器			2018/4/3	2018/7/1
12.5-4-141	12.5			YD/T 502—2020	通信用低压柴油发电机组	YD/T 502—2007		2020/4/24	2020/7/1
12.5-5-142	12.5	29.120.70		IEEE C 37.90—2011	与电源设备配套的继电器和继电器系统	IEEE C 37.90—1989; IEEE C 37.90—2005		2011/3/31	2011/3/31

12.6 设备、材料-架空线路

序号	GW分类	ICS分类	GB分类	标准号	中 文 名 称	代替标准	采用关系	发布日期	实施日期
12.6-2-1	12.6	29.240		Q/GDW 10197—2016	1000kV 母线装置施工工艺导则	Q/GDW 197—2008		2017/5/25	2017/5/25
12.6-2-2	12.6	29.240		Q/GDW 10198—2016	1000kV 母线装置施工及验收规范	Q/GDW 198—2008		2017/5/25	2017/5/25
12.6-2-3	12.6	29.020		Q/GDW 635—2011	直流融冰装置技术导则			2011/9/2	2011/9/2
12.6-3-4	12.6	29.080.10	K48	GB/T 1001.2—2010	标准电压高于1000V的架空线路绝缘子 第2部分：交流系统用绝缘子串及绝缘子串组定义、试验方法和接收准则			2011/1/14	2011/7/1

12

序号	GW分类	ICS分类	GB分类	标准号	中 文 名 称	代替标准	采用关系	发布日期	实施日期
12.6-3-5	12.6	29.080.10	K48	GB/T 19519—2014	架空线路绝缘子标称电压高于 1000V 交流系统用悬垂和耐张复合绝缘子定义、试验方法及接收准则	GB/T 19519—2004	IEC 61109：2008	2014/6/24	2015/1/22
12.6-3-6	12.6	77.140.65	H49	GB/T 20492—2019	锌—5%铝—混合稀土合金镀层钢丝、钢绞线	GB/T 20492—2006		2019/3/25	2020/2/1
12.6-3-7	12.6	29.060.10	K11	GB/T 36551—2018	同心绞架空导线性能计算方法		IEC/TR 61597：1995 MOD	2018/7/13	2019/2/1
12.6-3-8	12.6			GB 51049—2014	电气装置安装工程 串联电容器补偿装置施工及验收规范			2014/12/2	2015/8/1
12.6-4-9	12.6	29.020	K48	DL/T 1000.4—2018	标称电压高于 1000V 架空线路用绝缘子使用导则 第 4 部分：直流系统用棒形悬式复合绝缘子			2018/12/25	2019/5/1
12.6-4-10	12.6	29.020	K93	DL/T 1218—2013	固定式直流融冰装置通用技术条件			2013/3/7	2013/8/1
12.6-4-11	12.6	27.100	F24	DL/T 1378—2014	光纤复合架空地线（OPGW）防雷接地技术导则			2014/10/15	2015/3/1
12.6-4-12	12.6	33.180.10	M30	DL/T 1613—2016	光纤复合架空相线及相关附件			2016/8/16	2016/12/1
12.6-4-13	12.6	25.160.10	J33	DL/T 1762—2017	钢管塔焊接技术导则			2017/11/15	2018/3/1
12.6-4-14	12.6	27.100	P61	DL/T 5161.4—2018	电气装置安装工程质量检验及评定规程 第 4 部分：母线装置施工质量检验	DL/T 5161.4—2002		2018/12/25	2019/5/1
12.6-4-15	12.6	33.180.01	M30	DL/T 832—2016	光纤复合架空地线	DL/T 832—2003		2016/1/7	2016/6/1
12.6-4-16	12.6			NB/T 42062—2015	扩径型钢芯铝绞线			2015/10/27	2016/3/1
12.6-5-17	12.6	29.120.20;29.240.20		BSI BS 3288-2—2009	架空电力线路用绝缘子和导体配件 绝缘子配件规范			2009/5/31	2009/5/31
12.6-6-18	12.6	29.050	K11	T/CEC 158—2018	架空导线用防腐脂技术条件			2018/1/24	2018/4/1

12.6.1 设备、材料-架空线路-输电

序号	GW分类	ICS分类	GB分类	标准号	中 文 名 称	代替标准	采用关系	发布日期	实施日期
12.6.1-2-1	12.6.1			Q/GDW 10367—2017	镍钼钢芯耐热铝合金导线	Q/GDW 367—2009		2018/10/25	2018/10/25
12.6.1-2-2	12.6.1			Q/GDW 10466—2021	电力工程接地用铜覆钢技术条件	Q/GDW 1466—2014		2022/1/24	2022/1/24
12.6.1-2-3	12.6.1	29.240		Q/GDW 10632—2016	钢芯高导电率铝绞线	Q/GDW 632—2011		2017/6/16	2017/6/16
12.6.1-2-4	12.6.1			Q/GDW 10815—2017	铝合金芯高导电率铝绞线	Q/GDW 1815—2012		2018/7/11	2018/7/11

序号	GW 分类	ICS 分类	GB 分类	标准号	中 文 名 称	代替标准	采用关系	发布日期	实施日期
12.6.1-2-5	12.6.1	29.240		Q/GDW 10851—2016	碳纤维复合材料芯架空导线	Q/GDW 1851—2012		2016/12/22	2016/12/22
12.6.1-2-6	12.6.1	29.240		Q/GDW 11002—2013	110（66）kV～500kV 交流架空线路用柔性复合相间间隔棒技术条件			2014/4/15	2014/4/15
12.6.1-2-7	12.6.1	29.240		Q/GDW 11094—2013	相间间隔棒配套金具技术条件			2014/9/1	2014/9/1
12.6.1-2-8	12.6.1	29.240		Q/GDW 11123.3—2013	750kV 变电站设备复合外绝缘技术规范　第3部分：复合绝缘子			2014/4/15	2014/4/15
12.6.1-2-9	12.6.1	29.240		Q/GDW 11124.1—2013	750kV 架空输电线路杆塔复合横担技术规定　第1部分：设计技术			2014/4/15	2014/4/15
12.6.1-2-10	12.6.1	29.240		Q/GDW 11124.2—2013	750kV 架空输电线路杆塔复合横担技术规定　第2部分：元件技术			2014/4/15	2014/4/15
12.6.1-2-11	12.6.1	29.240		Q/GDW 11124.5—2014	750kV 架空输电线路杆塔复合横担技术规定　第5部分：运维导则			2015/7/17	2015/7/17
12.6.1-2-12	12.6.1	29.240		Q/GDW 11139—2013	同心绞铝包殷钢芯耐热铝合金绞线			2014/4/15	2014/4/15
12.6.1-2-13	12.6.1	29.240		Q/GDW 11269—2014	疏绞型扩径钢芯铝绞线			2014/12/31	2014/12/31
12.6.1-2-14	12.6.1	29.240		Q/GDW 11275—2014	特高强钢芯铝合金绞线			2015/2/6	2015/2/6
12.6.1-2-15	12.6.1	29.240		Q/GDW 11388—2015	输电线路专用旋挖钻机			2015/7/17	2015/7/17
12.6.1-2-16	12.6.1	29.240		Q/GDW 11389—2015	输电线路岩石锚杆钻机			2015/7/17	2015/7/17
12.6.1-2-17	12.6.1	29.240		Q/GDW 11393—2015	架空输电线路盘桩基础技术规定			2015/7/17	2015/7/17
12.6.1-2-18	12.6.1	29.240		Q/GDW 11599—2016	间隙型架空导线用耐热脂技术条件			2017/6/16	2017/6/16
12.6.1-2-19	12.6.1	29.240		Q/GDW 1167—2014	交流系统用盘形悬式复合瓷或玻璃绝缘子元件	Q/GDW 167—2007		2014/7/1	2014/7/1
12.6.1-2-20	12.6.1	29.240		Q/GDW 11931—2018	交、直流系统用工厂复合化瓷或玻璃绝缘子技术条件			2020/4/17	2020/4/17
12.6.1-2-21	12.6.1			Q/GDW 12068—2020	输电线路通道智能监拍装置技术规范			2021/4/30	2021/4/30
12.6.1-2-22	12.6.1			Q/GDW 12075—2020	架空输电线路防鸟装置技术规范			2021/4/30	2021/4/30
12.6.1-2-23	12.6.1			Q/GDW 12077—2020	输电线路飘浮异物激光清除装置技术规范			2021/4/30	2021/4/30
12.6.1-2-24	12.6.1	29.240		Q/GDW 1384—2015	输电线路钢管塔加工技术规程	Q/GDW 384—2009		2016/11/15	2016/11/15
12.6.1-2-25	12.6.1	29.020		Q/GDW 385—2009	高密度聚乙烯支撑型扩径架空导线			2009/12/22	2009/12/22

12

序号	GW分类	ICS分类	GB分类	标准号	中 文 名 称	代替标准	采用关系	发布日期	实施日期
12.6.1-2-26	12.6.1	29.020		Q/GDW 515.1—2010	交流架空输电线路用绝缘子使用导则　第 1 部分：瓷、玻璃绝缘子			2010/12/1	2010/12/1
12.6.1-2-27	12.6.1	29.020		Q/GDW 515.2—2010	交流架空输电线路用绝缘子使用导则　第 2 部分：复合绝缘子			2010/12/1	2010/12/1
12.6.1-2-28	12.6.1	29.240		Q/GDW 633—2011	型线同心绞特强钢芯软铝绞线			2011/9/2	2011/9/2
12.6.1-2-29	12.6.1	29.020		Q/GDW 637—2011	输电杆塔用地脚螺栓与螺母			2011/9/2	2011/9/2
12.6.1-2-30	12.6.1	29.020		Q/GDW 717—2012	双摆防舞器技术条件			2012/4/28	2012/4/28
12.6.1-2-31	12.6.1	29.020		Q/GDW 718—2012	线夹回转式间隔棒技术条件			2012/4/28	2012/4/28
12.6.1-2-32	12.6.1	29.240		Q/GDW 761—2012	光纤复合架空地线（OPGW）标准类型技术规范			2012/8/28	2012/8/28
12.6.1-3-33	12.6.1	29.060.10	K11	GB/T 1179—2017	圆线同心绞架空导线	GB/T 1179—2008	IEC 61089：1991	2017/11/1	2018/5/1
12.6.1-3-34	12.6.1	29.060.10	K11	GB/T 12971.1—2008	电力牵引用接触线　第 1 部分：铜及铜合金接触线	GB 12971.1—1991；GB 12971.2—1991		2008/6/30	2009/4/1
12.6.1-3-35	12.6.1	29.060.10	K11	GB/T 12971.2—2008	电力牵引用接触线　第 2 部分：钢、铝复合接触线	GB 12971.1—1991；GB 12971.3—1991		2008/6/30	2009/4/1
12.6.1-3-36	12.6.1	29.060.10	K11	GB/T 17048—2017	架空绞线用硬铝线	GB/T 17048—2009	IEC 60889：1987 MOD	2017/11/1	2018/5/1
12.6.1-3-37	12.6.1	13.260	K15	GB/T 17620—2008	带电作业用绝缘硬梯	GB 17620—1998	IEC 61478：2003 MOD	2008/12/30	2010/2/1
12.6.1-3-38	12.6.1	29.060.10	K11	GB/T 20141—2018	型线同心绞架空导线	GB/T 20141—2006	IEC 62219：2002	2018/12/28	2018/12/28
12.6.1-3-39	12.6.1	29.080.10	K48	GB/T 20142—2006	标称电压高于 1000V 的交流架空线路用线路柱式复合绝缘子　定义、试验方法及接收准则		IEC 61952：2002 MOD	2006/3/6	2006/8/1
12.6.1-3-40	12.6.1	29.080.10	K48	GB/T 21206—2007	线路柱式绝缘子特性	JB/T 8179—1999；JB/T 8509—1996	IEC 60720：1981 MOD	2007/12/3	2008/5/1
12.6.1-3-41	12.6.1	29.080.10	K48	GB/T 22709—2008	架空线路玻璃或瓷绝缘子串元件绝缘体机械破损后的残余强度		IEC/TR 60797：1984 MOD	2008/12/30	2009/10/1
12.6.1-3-42	12.6.1	29.060.10	K11	GB/T 23308—2009	架空绞线用铝-镁-硅系合金圆线		IEC 60104：1987 IDT	2009/3/19	2009/12/1
12.6.1-3-43	12.6.1	29.080.10	K48	GB/T 23752—2009	额定电压高于 1000V 的电器设备用承压和非承压空心瓷和玻璃绝缘子		IEC 62155：2003 MOD	2009/5/6	2009/11/1
12.6.1-3-44	12.6.1	29.240.20	K47	GB/T 25094—2010	架空输电线路抢修杆塔通用技术条件			2010/9/2	2011/2/1
12.6.1-3-45	12.6.1	29.080.10	K48	GB/T 25318—2019	绝缘子串元件球窝联接用锁紧销　尺寸和试验	GB/T 25318—2010	IEC 60372：1984	2019/12/10	2020/7/1

12

序号	GW分类	ICS分类	GB分类	标准号	中文名称	代替标准	采用关系	发布日期	实施日期
12.6.1-3-46	12.6.1	29.240.99	K47	GB/T 2694—2018	输电线路铁塔制造技术条件	GB/T 2694—2010		2018/7/13	2019/2/1
12.6.1-3-47	12.6.1	29.060.10	K11	GB/T 29325—2012	架空导线用软铝型线			2012/12/31	2013/6/1
12.6.1-3-48	12.6.1	29.060.10	K11	GB/T 30550—2014	含有一个或多个间隙的同心绞架空导线		IEC 62420：2008 IDT	2014/5/6	2014/10/28
12.6.1-3-49	12.6.1	29.060.10	K11	GB/T 30551—2014	架空绞线用耐热铝合金线		IEC 62004：2007 IDT	2014/5/6	2014/10/28
12.6.1-3-50	12.6.1	77.150.10	H61	GB/T 3195—2016	铝及铝合金拉制圆线材	GB/T 3195—2008		2016/10/13	2017/9/1
12.6.1-3-51	12.6.1	29.060.10	K11	GB/T 3428—2012	架空绞线用镀锌钢线	GB/T 3428—2002	IEC 60888：1987	2012/12/31	2013/6/1
12.6.1-3-52	12.6.1	29.080.10	K48	GB/T 4056—2019	绝缘子串元件的球窝联接尺寸	GB/T 4056—2008	IEC 60120：1984	2019/12/10	2020/7/1
12.6.1-3-53	12.6.1	29.080.10	K48	GB/T 7253—2019	标称电压高于1000V的架空线路绝缘子 交流系统用瓷或玻璃绝缘子元件 盘形悬式绝缘子元件的特性	GB/T 7253—2005	IEC 60305：1995	2019/12/10	2020/7/1
12.6.1-4-54	12.6.1	29.240	K48	DL/T 1000.1—2018	标称电压高于1000V架空线路用绝缘子使用导则 第1部分：交流系统用瓷或玻璃绝缘子	DL/T 1000.1—2006		2018/12/25	2019/5/1
12.6.1-4-55	12.6.1			DL/T 1000.2—2015	标称电压高于1000V架空线路用绝缘子使用导则 第2部分：直流系统用瓷或玻璃绝缘子	DL/T 1000.2—2006		2015/7/1	2015/12/1
12.6.1-4-56	12.6.1			DL/T 1000.3—2015	标称电压高于1000V架空线路用绝缘子使用导则 第3部分：交流系统用棒形悬式复合绝缘子	DL/T 864—2004		2015/7/1	2015/12/1
12.6.1-4-57	12.6.1	29.240.20	F20	DL/T 1122—2009	架空输电线路外绝缘配置技术导则			2009/7/22	2009/12/1
12.6.1-4-58	12.6.1	29.080.10	K48	DL/T 1293—2013	交流架空输电线路绝缘子并联间隙使用导则			2013/11/28	2014/4/1
12.6.1-4-59	12.6.1	27.100	F24	DL/T 1307—2013	铝基陶瓷纤维复合芯超耐热铝合金绞线			2013/11/28	2014/4/1
12.6.1-4-60	12.6.1	27.100	F29	DL/T 1310—2013	架空输电线路旋转连接器			2013/11/28	2014/4/1
12.6.1-4-61	12.6.1	29.240.01	K40	DL/T 248—2012	输电线路杆塔不锈钢复合材料耐腐蚀接地装置			2012/4/6	2012/7/1
12.6.1-4-62	12.6.1	29.080.10	K48	DL/T 257—2012	高压交直流架空线路用复合绝缘子施工、运行和维护管理规范			2012/4/6	2012/7/1
12.6.1-4-63	12.6.1	29.240.20	F29	DL/T 289—2012	架空输电线路直升机巡视作业标志			2012/1/4	2012/3/1
12.6.1-4-64	12.6.1			DL/T 763—2013	架空线路用预绞式金具技术条件	DL/T 763—2001		2013/3/7	2013/8/1
12.6.1-4-65	12.6.1	27.100	K47	DL/T 765.2—2004	额定电压10kV及以下架空裸导线金具			2004/3/9	2004/6/1

12

序号	GW分类	ICS分类	GB分类	标准号	中　文　名　称	代替标准	采用关系	发布日期	实施日期
12.6.1-4-66	12.6.1	27.100	K47	DL/T 765.3—2004	额定电压10kV及以下架空绝缘导线金具	DL 464.1—1992； DL 464.2—1992； DL 464.3—1992； DL 464.4—1992； DL 464.5—1992		2004/3/9	2004/6/1
12.6.1-4-67	12.6.1	27.100	K47	DL/T 766—2013	光纤复合架空地线（OPGW）用预绞式金具技术条件和试验方法	DL/T 766—2003		2013/3/7	2013/8/1
12.6.1-6-68	12.6.1	29.240	K47	T/CEC 108—2016	配网复合材料电杆			2016/10/21	2017/1/1

12.6.2　设备、材料-架空线路-配电

序号	GW分类	ICS分类	GB分类	标准号	中　文　名　称	代替标准	采用关系	发布日期	实施日期
12.6.2-2-1	12.6.2	29.240		Q/GDW 11254—2014	配电网架空导线选型技术原则和检测技术规范			2014/11/20	2014/11/20
12.6.2-2-2	12.6.2	29.240		Q/GDW 11255—2014	配电网避雷器选型技术原则和检测技术规范			2014/11/20	2014/11/20
12.6.2-2-3	12.6.2	29.240		Q/GDW 11256—2014	配电网杆塔选型技术原则和检测技术规范			2014/11/20	2014/11/20
12.6.2-2-4	12.6.2	29.240		Q/GDW 11377—2015	10kV配电线路调压器选型技术原则和检测技术规范			2015/10/30	2015/10/30
12.6.2-2-5	12.6.2			Q/GDW 12069—2020	10kV配电线路复合绝缘横担技术规范			2021/4/30	2021/4/30
12.6.2-3-6	12.6.2	91.100.30	Q14	GB/T 4084—2018	自应力混凝土管	GB/T 4084—1999		2018/2/6	2019/1/1
12.6.2-3-7	12.6.2	29.120.50	K31	GB/T 9364.2—2018	小型熔断器　第2部分：管状熔断体	GB/T 9364.2—1997	IEC 60127-2：2014	2018/5/14	2018/12/1
12.6.2-3-8	12.6.2	29.120.50	K31	GB/T 9364.3—2018	小型熔断器　第3部分：超小型熔断体	GB/T 9364.3—1997	IEC 60127-3：2015	2018/5/14	2018/12/1
12.6.2-4-9	12.6.2	27.100	K47	DL/T 765.1—2001	架空配电线路金具技术条件			2001/10/8	2002/2/1

12.7　设备、材料-电缆

序号	GW分类	ICS分类	GB分类	标准号	中　文　名　称	代替标准	采用关系	发布日期	实施日期
12.7-2-1	12.7	29.240		Q/GDW 11883.1—2018	额定电压110kV～220kV挤包绝缘电缆用材料　第1部分：可交联聚乙烯绝缘料			2019/10/23	2019/10/23
12.7-2-2	12.7	29.240		Q/GDW 11883.2—2018	额定电压110kV～220kV挤包绝缘电缆用材料　第2部分：可交联半导电屏蔽料			2019/10/23	2019/10/23
12.7-3-3	12.7	29.060.20	K13	GB/T 19666—2019	阻燃和耐火电线电缆或光缆通则	GB/T 19666—2005		2019/12/10	2020/7/1

序号	GW 分类	ICS 分类	GB 分类	标准号	中 文 名 称	代替标准	采用关系	发布日期	实施日期
12.7-3-4	12.7	29.060.20	K13	GB/T 34016—2017	防鼠和防蚁电线电缆通则			2017/7/12	2018/2/1
12.7-3-5	12.7	83.120	Q23	GB/T 34182—2017	复合材料电缆支架			2017/9/8	2018/8/1
12.7-3-6	12.7			GB 50217—2018	电力工程电缆设计标准	GB 50217—2007		2018/2/8	2018/9/1
12.7-4-7	12.7	29.060.20	K13	DL/T 1263—2013	12kV～40.5kV 电缆分接箱技术条件			2013/11/28	2014/4/1
12.7-4-8	12.7	27.100	P61	DL/T 5161.5—2018	电气装置安装工程质量检验及评定规程 第5部分：电缆线路施工质量检验	DL/T 5161.5—2002		2018/12/25	2019/5/1
12.7-4-9	12.7	29.060	K13	DL/T 5758—2017	额定电压 35kV（U_m=40.5kV）及以下预制式电缆附件安装规程			2017/11/15	2018/3/1
12.7-4-10	12.7	27.140	P59	DL/T 5776—2018	水平定向钻敷设电力管线技术规定			2018/12/25	2019/5/1
12.7-4-11	12.7	13.220.20	C84	XF 535—2005	阻燃及耐火电缆阻燃橡皮绝缘电缆分级和要求	GA 535—2005		2005/3/17	2005/10/1
12.7-4-12	12.7	97.100.10	N05	JB/T 12234—2015	铠装加热电缆			2015/4/30	2015/10/1
12.7-4-13	12.7			NB/T 10287—2019	玻璃钢电缆桥架			2019/11/4	2020/5/1
12.7-4-14	12.7			NB/T 10292—2019	铝合金电缆桥架			2019/11/4	2020/5/1
12.7-4-15	12.7			NB/T 10306—2019	电缆屏蔽用铜带			2019/11/4	2020/5/1
12.7-6-16	12.7			T/CEC 351—2020	10kV 柔性电缆快速接头技术条件			2020/6/30	2020/10/1

12.7.1 设备、材料-电缆-输电

序号	GW 分类	ICS 分类	GB 分类	标准号	中 文 名 称	代替标准	采用关系	发布日期	实施日期
12.7.1-2-1	12.7.1	29.240		Q/GDW 11655.2—2017	额定电压 500kV（U_m=550kV）交联聚乙烯绝缘大长度交流海底电缆及附件 第2部分：大长度交流海底电缆			2018/2/13	2018/2/13
12.7.1-2-2	12.7.1	29.240		Q/GDW 11655.3—2017	额定电压 500kV（U_m=550kV）交联聚乙烯绝缘大长度交流海底电缆及附件 第3部分：海底电缆附件			2018/2/13	2018/2/13
12.7.1-2-3	12.7.1	29.240		Q/GDW 371—2009	10（6）kV～500kV 电缆技术标准			2009/11/13	2009/11/13
12.7.1-2-4	12.7.1	29.020		Q/GDW 412—2010	埋地式氯化聚氯乙烯电力电缆导管标准			2010/3/31	2010/3/31
12.7.1-3-5	12.7.1	77.150.30	H62	GB/T 11091—2014	电缆用铜带	GB/T 11091—2005		2014/12/5	2015/5/1

序号	GW 分类	ICS 分类	GB 分类	标准号	中 文 名 称	代替标准	采用关系	发布日期	实施日期
12.7.1-3-6	12.7.1	29.100.20	K13	GB/T 14315—2008	电力电缆导体用压接型铜、铝接线端子和连接管	GB/T 14315—1993		2008/12/30	2009/10/1
12.7.1-3-7	12.7.1	29.060.20	K13	GB/T 14316—2008	间距 1.27mm 绝缘刺破型端接式聚氯乙烯绝缘带状电缆	GB 14316—1993	IEC 60918: 1987 MOD	2008/6/30	2009/4/1
12.7.1-3-8	12.7.1	29.060.20	K13	GB/T 18213—2000	低频电缆和电线无镀层和有镀层铜导体电阻计算准则		IEC 60344: 1980 IDT	2000/10/17	2001/7/1
12.7.1-3-9	12.7.1	29.060.20	K13	GB/T 18890.1—2015	额定电压 220kV（U_m=252kV）交联聚乙烯绝缘电力电缆及其附件　第 1 部分：试验方法和要求	GB/Z 18890.1—2002	IEC 62067: 2011	2015/10/9	2016/5/1
12.7.1-3-10	12.7.1	29.060.020	k13	GB/T 18890.2—2015	额定电压 220kV（U_m=252kV）交联聚乙烯绝缘电力电缆及其附件　第 2 部分：电缆	GB/Z 18890.2—2002		2015/10/9	2016/5/1
12.7.1-3-11	12.7.1	29.060.20	K13	GB/T 18890.3—2015	额定电压 220kV（U_m=252kV）交联聚乙烯绝缘电力电缆及其附件　第 3 部分：电缆附件	GB/Z 18890.3—2002		2015/10/9	2016/5/1
12.7.1-3-12	12.7.1	29.120.10	K65	GB/T 20041.1—2015	电缆管理用导管系统　第 1 部分：通用要求	GB/T 20041.1—2005		2015/5/15	2015/12/1
12.7.1-3-13	12.7.1	29.120.10	K65	GB 20041.22—2009	电缆管理用导管系统　第 22 部分：可弯曲导管系统的特殊要求			2009/5/6	2010/2/1
12.7.1-3-14	12.7.1	29.120.10	K65	GB 20041.23—2009	电缆管理用导管系统　第 23 部分：柔性导管系统的特殊要求		IEC 61386-23: 2002 IDT	2009/5/6	2010/2/1
12.7.1-3-15	12.7.1	29.120.10	K65	GB 20041.24—2009	电缆管理用导管系统　第 24 部分：埋入地下的导管系统的特殊要求		IEC 61386-24: 2004 IDT	2009/5/6	2010/2/1
12.7.1-3-16	12.7.1	29.060.20	K13	GB/T 22078.2—2008	额定电压 500kV（U_m=550kV）交联聚乙烯绝缘电力电缆及其附件　第 2 部分：额定电压 500kV（U_m=550kV）交联聚乙烯绝缘电力电缆			2008/6/30	2009/4/1
12.7.1-3-17	12.7.1	29.060.20	K13	GB/T 22078.3—2008	额定电压 500kV（U_m=550kV）交联聚乙烯绝缘电力电缆及其附件　第 3 部分：额定电压 500kV（U_m=550kV）交联聚乙烯绝缘电力电缆附件			2008/6/30	2009/4/1
12.7.1-3-18	12.7.1	29.120.10	K65	GB/T 23639—2017	节能耐腐蚀钢制电缆桥架	GB/T 23639—2009		2017/5/12	2017/12/1
12.7.1-3-19	12.7.1	77.150.60	H62	GB/T 26011—2010	电缆护套用铅合金锭		EN 12548: 1999 IDT	2011/1/10	2011/10/1
12.7.1-3-20	12.7.1	91.100.30	Q14	GB/T 27794—2011	电力电缆用承插式混凝土导管			2011/12/30	2012/8/1
12.7.1-3-21	12.7.1	33.040.50	M42	GB/T 28509—2012	绝缘外径在 1mm 以下的极细同轴电缆及组件			2012/6/29	2012/10/1

12

序号	GW 分类	ICS 分类	GB 分类	标准号	中 文 名 称	代替标准	采用关系	发布日期	实施日期
12.7.1-3-22	12.7.1		K97	GB/T 28567—2012	电线电缆专用设备技术要求			2012/6/29	2012/11/1
12.7.1-3-23	12.7.1	29.060.20	K13	GB/T 2952.1—2008	电缆外护层 第 1 部分：总则	GB/T 2952.1—1989		2008/12/31	2009/11/1
12.7.1-3-24	12.7.1	29.060.20	K13	GB/T 2952.2—2008	电缆外护层 第 2 部分：金属套电缆外护层	GB/T 2952.2—1989；GB/T 2952.4—1989		2008/12/31	2009/11/1
12.7.1-3-25	12.7.1	29.060.20	K13	GB/T 2952.3—2008	电缆外护层 第 3 部分：非金属套电缆通用外护层	GB/T 2952.3—1989		2008/12/31	2009/11/1
12.7.1-3-26	12.7.1	29.060.10	K11	GB/T 30552—2014	电缆导体用铝合金线			2014/5/6	2014/10/28
12.7.1-3-27	12.7.1	29.060.20	K13	GB/T 32346.1—2015	额定电压 220kV（U_m=252kV）交联聚乙烯绝缘大长度交流海底电缆及附件 第 1 部分：试验方法和要求			2015/12/31	2016/7/1
12.7.1-3-28	12.7.1	29.060.20	K13	GB/T 32346.2—2015	额定电压 220kV（U_m=252kV）交联聚乙烯绝缘大长度交流海底电缆及附件 第 2 部分：大长度交流海底电缆			2015/12/31	2016/7/1
12.7.1-3-29	12.7.1	29.060.20	K13	GB/T 32346.3—2015	额定电压 220kV（U_m=252kV）交联聚乙烯绝缘大长度交流海底电缆及附件 第 3 部分：海底电缆附件			2015/12/31	2016/7/1
12.7.1-3-30	12.7.1	29.060.01	K13	GB/T 3956—2008	电缆的导体	GB/T 3956—1997	IEC 60228：2004 IDT	2008/12/30	2009/10/1
12.7.1-3-31	12.7.1	29.080	K13	GB 7594.1—1987	电线电缆橡皮绝缘和橡皮护套 第 1 部分：一般规定		IEC 245 EQV	1987/4/17	1988/1/1
12.7.1-3-32	12.7.1	29.060.20	K13	GB/T 9326.1—2008	交流 500kV 及以下纸或聚丙烯复合纸绝缘金属套充油电缆及附件 第 1 部分：试验	GB 9326.1—1988	IEC 60141-1：1993 MOD	2008/6/30	2009/5/1
12.7.1-3-33	12.7.1	29.060.20	K13	GB/T 9326.2—2008	交流 500kV 及以下纸或聚丙烯复合纸绝缘金属套充油电缆及附件 第 2 部分：交流 500kV 及以下纸绝缘铅套充油电缆	GB 9326.2—1988	IEC 60141-1：1993 NEQ	2008/6/30	2009/5/1
12.7.1-3-34	12.7.1	29.060.20	K13	GB/T 9326.3—2008	交流 500kV 及以下纸或聚丙烯复合纸绝缘金属套充油电缆及附件 第 3 部分：终端	GB 9326.3—1988		2008/6/30	2009/5/1
12.7.1-3-35	12.7.1	29.060.20	K13	GB/T 9326.4—2008	交流 500kV 及以下纸或聚丙烯复合纸绝缘金属套充油电缆及附件 第 4 部分：接头	GB 9326.4—1988		2008/6/30	2009/5/1
12.7.1-3-36	12.7.1	29.060.20	K13	GB/T 9326.5—2008	交流 500kV 及以下纸或聚丙烯复合纸绝缘金属套充油电缆及附件 第 5 部分：压力供油箱	GB 9326.5—1988		2008/6/30	2009/5/1
12.7.1-3-37	12.7.1	29.060.20	K13	GB/T 9330.1—2008	塑料绝缘控制电缆 第 1 部分：一般规定	GB 9330.1—1988		2008/6/30	2009/4/1

12

序号	GW 分类	ICS 分类	GB 分类	标准号	中 文 名 称	代替标准	采用关系	发布日期	实施日期
12.7.1-3-38	12.7.1	29.060.20	K13	GB/T 9330.2—2008	塑料绝缘控制电缆 第2部分：聚氯乙烯绝缘和护套控制电缆	GB 9330.2—1988		2008/6/30	2009/4/1
12.7.1-4-39	12.7.1			DL/T 1888—2018	160kV～500kV 挤包绝缘直流电缆使用技术规范			2018/12/25	2019/5/1
12.7.1-4-40	12.7.1			DL/T 2058—2019	110kV 交联聚乙烯轻型绝缘电力电缆及附件			2019/11/4	2020/5/1
12.7.1-4-41	12.7.1			DL/T 401—2017	高压电缆选用导则	DL/T 401—2002		2017/8/2	2017/12/1
12.7.1-4-42	12.7.1	29.060.20	K13	DL 508—1993	交流（110～330）kV 自容式充油电缆及其附件订货技术规范			1993/3/11	1993/9/1
12.7.1-4-43	12.7.1	29.060.20	K13	DL 509—1993	交流 110kV 交联聚乙烯绝缘电缆及其附件订货技术规范			1993/3/11	1993/9/1
12.7.1-4-44	12.7.1	27.100	F29	DL/T 802.1—2007	电力电缆用导管技术条件 第1部分：总则			2007/7/20	2007/12/1
12.7.1-4-45	12.7.1	27.100	F29	DL/T 802.3—2007	电力电缆用导管技术条件 第3部分：氯化聚氯乙烯及硬聚氯乙烯塑料电缆导管			2007/7/20	2007/12/1
12.7.1-4-46	12.7.1	27.100	F29	DL/T 802.4—2007	电力电缆用导管技术条件 第4部分：氯化聚氯乙烯及硬聚氯乙烯塑料双壁波纹电缆导管			2007/7/20	2007/12/1
12.7.1-4-47	12.7.1	27.100	F29	DL/T 802.5—2007	电力电缆用导管技术条件 第5部分：纤维水泥电缆导管			2007/7/20	2007/12/1
12.7.1-4-48	12.7.1	27.100	F29	DL/T 802.6—2007	电力电缆用导管技术条件 第6部分：承插式混凝土预制电缆导管			2007/7/20	2007/12/1
12.7.1-4-49	12.7.1	27.100	F29	DL/T 802.7—2010	电力电缆用导管技术条件 第7部分：非开挖用改性聚丙烯塑料电缆导管			2011/1/9	2011/5/1
12.7.1-4-50	12.7.1	27.100	F24	DL/T 802.8—2014	电力电缆用导管技术条件 第8部分：埋地用改性聚丙烯塑料单壁波纹电缆导管			2014/10/15	2015/3/1
12.7.1-4-51	12.7.1	13.220.20	C81	GA 306.1—2007	阻燃及耐火电缆：塑料绝缘阻燃及耐火电缆分级和要求 第1部分：阻燃电缆	GA 306.1—2001		2007/10/17	2007/12/1
12.7.1-4-52	12.7.1	13.220.20	K13	GA 306.2—2007	阻燃及耐火电缆：塑料绝缘阻燃及耐火电缆分级和要求 第2部分：耐火电缆	GA 306.2—2001		2007/10/17	2007/12/1

12.7.2 设备、材料-电缆-配电

序号	GW 分类	ICS 分类	GB 分类	标准号	中 文 名 称	代替标准	采用关系	发布日期	实施日期
12.7.2-2-1	12.7.2	29.240		Q/GDW 11251—2014	10kV 电缆分支箱选型技术原则和检测技术规范			2014/11/20	2014/11/20

序号	GW 分类	ICS 分类	GB 分类	标准号	中 文 名 称	代替标准	采用关系	发布日期	实施日期
12.7.2-2-2	12.7.2	29.240		Q/GDW 11258—2014	10kV 电缆及附件选型和检测技术规范			2014/11/20	2014/11/20
12.7.2-2-3	12.7.2			Q/GDW 12063—2020	电力电缆电子标识器技术规范			2021/4/30	2021/4/30
12.7.2-2-4	12.7.2			Q/GDW 12064—2020	电力电缆电子标识器探测设备技术规范			2021/4/30	2021/4/30
12.7.2-2-5	12.7.2	29.240		Q/GDW 1765—2012	光纤复合中压电缆			2013/11/12	2013/11/12
12.7.2-2-6	12.7.2	29.020		Q/GDW 522—2010	光纤复合低压电缆附件技术条件			2011/3/31	2011/3/31
12.7.2-3-7	12.7.2	29.060.20	K13	GB/T 12527—2008	额定电压 1kV 及以下架空绝缘电缆	GB 12527—1990		2008/6/30	2009/4/1
12.7.2-3-8	12.7.2	29.060.20	K13	GB/T 12706.1—2008	额定电压 1kV（U_m=1.2kV）到 35kV（U_m=40.5kV）挤包绝缘电力电缆及附件 第 1 部分：额定电压 1kV（U_m=1.2kV）和 3kV（U_m=3.6kV）电缆	GB/T 12706.1—2002		2008/12/31	2009/11/1
12.7.2-3-9	12.7.2	29.060.20	K13	GB/T 12706.2—2008	额定电压 1kV（U_m=1.2kV）到 35kV（U_m=40.5kV）挤包绝缘电力电缆及附件 第 2 部分：额定电压 6kV（U_m=7.2kV）到 30kV（U_m=36kV）电缆	GB/T 12706.2—2002		2008/12/31	2009/11/1
12.7.2-3-10	12.7.2	29.060.20	K13	GB/T 12706.3—2008	额定电压 1kV（U_m=1.2kV）到 35kV（U_m=40.5kV）挤包绝缘电力电缆及附件 第 3 部分：额定电压 35kV（U_m=40.5kV）电缆	GB/T 12706.3—2002		2008/12/31	2009/11/1
12.7.2-3-11	12.7.2	29.060.20	K13	GB/T 12976.1—2008	额定电压 35kV（U_m=40.5kV）及以下纸绝缘电力电缆及其附件 第 1 部分：额定电压 30kV 及以下电缆一般规定和结构要求	GB/T 12976.1—1991；GB/T 12976.2—1991；GB/T 12976.3—1991	IEC 60055-2：1981 MOD	2008/6/30	2009/4/1
12.7.2-3-12	12.7.2	29.060.20	K13	GB/T 12976.2—2008	额定电压 35kV（U_m=40.5kV）及以下纸绝缘电力电缆及其附件 第 2 部分：额定电压 35kV 电缆一般规定和结构要求	GB/T 12976.1—1991；GB/T 12976.2—1991；GB/T 12976.3—1991	IEC 60055-2：1981 NEQ	2008/6/30	2009/4/1
12.7.2-3-13	12.7.2	29.060.20	K13	GB/T 12976.3—2008	额定电压 35kV（U_m=40.5kV）及以下纸绝缘电力电缆及其附件 第 3 部分：电缆和附件试验	GB/T 12976.1—1991；GB/T 12976.2—1991；GB/T 12976.3—1991	IEC 60055-1：2005 MOD	2008/6/30	2009/4/1
12.7.2-3-14	12.7.2	29.060.20	K13	GB/T 13033.1—2007	额定电压 750V 及以下矿物绝缘电缆及终端 第 1 部分：电缆	GB/T 13033.1—1991；GB/T 13033.3—1991	IEC 60702-1：2002 IDT	2007/1/16	2007/8/1
12.7.2-3-15	12.7.2	29.060.20	K13	GB/T 13033.2—2007	额定电压 750V 及以下矿物绝缘电缆及终端 第 2 部分：终端	GB/T 13033.2—1991	IEC 60702-2：2002 IDT	2007/1/16	2007/8/1
12.7.2-3-16	12.7.2	29.060.20	K13	GB/T 14049—2008	额定电压 10kV 架空绝缘电缆	GB 14049—1993		2008/6/30	2009/4/1

序号	GW 分类	ICS 分类	GB 分类	标准号	中 文 名 称	代替标准	采用关系	发布日期	实施日期
12.7.2-3-17	12.7.2	29.060.20	K13	GB/T 31840.1—2015	额定电压 1kV（U_m=1.2kV）到 35kV（U_m=40.5kV）铝合金芯挤包绝缘电力电缆 第 1 部分：额定电压 1kV（U_m=1.2kV）和 3kV（U_m=3.6kV）电缆			2015/7/3	2016/2/1
12.7.2-3-18	12.7.2	29.060.20	K13	GB/T 31840.2—2015	额定电压 1kV（U_m=1.2kV）到 35kV（U_m=40.5kV）铝合金芯挤包绝缘电力电缆 第 2 部分：额定电压 6kV（U_m=7.2kV）到 30kV（U_m=36kV）电缆			2015/7/3	2016/2/1
12.7.2-3-19	12.7.2	29.060.20	K13	GB/T 31840.3—2015	额定电压 1kV（U_m=1.2kV）到 35kV（U_m=40.5kV）铝合金芯挤包绝缘电力电缆 第 3 部分：额定电压 35kV（U_m=40.5kV）电缆			2015/7/3	2016/2/1
12.7.2-3-20	12.7.2	29.060.20	K13	GB/T 5013.1—2008	额定电压 450/750V 及以下橡皮绝缘电缆 第 1 部分：一般要求	GB 5013.1—1997	IEC 60245-1：2003 IDT	2008/1/22	2008/9/1
12.7.2-3-21	12.7.2	29.060.20	K13	GB/T 5013.3—2008	额定电压 450/750V 及以下橡皮绝缘电缆 第 3 部分：耐热硅橡胶绝缘电缆	GB 5013.3—1997	IEC 60245-3：1994 IDT	2008/1/22	2008/9/1
12.7.2-3-22	12.7.2	29.060.20	K13	GB/T 5013.4—2008	额定电压 450/750V 及以下橡皮绝缘电缆 第 4 部分：软线和软电缆	GB 5013.4—1997	IEC 60245-4：2004 IDT	2008/1/22	2008/9/1
12.7.2-3-23	12.7.2	29.060.20	K13	GB/T 5013.5—2008	额定电压 450/750V 及以下橡皮绝缘电缆 第 5 部分：电梯电缆	GB 5013.5—1997	IEC 60245-5：1994 IDT	2008/1/22	2008/9/1
12.7.2-3-24	12.7.2	29.060.20	K13	GB/T 5013.6—2008	额定电压 450/750V 及以下橡皮绝缘电缆 第 6 部分：电焊机电缆	GB 5013.6—1997	IEC 60245-6：1994 IDT	2008/1/22	2008/9/1
12.7.2-3-25	12.7.2	29.060.20	K13	GB/T 5013.7—2008	额定电压 450/750V 及以下橡皮绝缘电缆 第 7 部分：耐热乙烯-乙酸乙烯酯橡皮绝缘电缆	GB 5013.7—1997	IEC 60245-7：1994 IDT	2008/1/22	2008/9/1
12.7.2-3-26	12.7.2	29.060.20	K13	GB/T 5013.8—2013	额定电压 450/750V 及以下橡皮绝缘电缆 第 8 部分：特软电线	GB/T 5013.8—2006	IEC 60245-8：2004 IDT	2013/7/19	2013/12/2
12.7.2-3-27	12.7.2	29.060.20	K13	GB/T 5023.1—2008	额定电压 450/750V 及以下聚氯乙烯绝缘电缆 第 1 部分：一般要求	GB 5023.1—1997；GB 5023.1 E—1997	IEC 60227-1：2007 IDT	2008/6/30	2009/5/1
12.7.2-3-28	12.7.2	29.060.20	K13	GB/T 5023.3—2008	额定电压 450/750V 及以下聚氯乙烯绝缘电缆 第 3 部分：固定布线用无护套电缆	GB 5023.3—1997；GB 5023.3 E—1997	IEC 60227-3：1997 IDT	2008/6/30	2009/5/1
12.7.2-3-29	12.7.2	29.060.20	K13	GB/T 5023.4—2008	额定电压 450/750V 及以下聚氯乙烯绝缘电缆 第 4 部分：固定布线用护套电缆	GB 5023.4—1997；GB 5023.4 E—1997	IEC 60227-4：1997 IDT	2008/6/30	2009/5/1
12.7.2-3-30	12.7.2	29.060.20	K13	GB/T 5023.5—2008	额定电压 450/750V 及以下聚氯乙烯绝缘电缆 第 5 部分：软电缆（软线）	GB 5023.5—1997；GB 5023.5 E—1997	IEC 60227-5：2003 IDT	2008/6/30	2009/5/1

序号	GW 分类	ICS 分类	GB 分类	标准号	中 文 名 称	代替标准	采用关系	发布日期	实施日期
12.7.2-3-31	12.7.2	29.060.20	K13	GB/T 5023.6—2006	额定电压 450/750V 及以下聚氯乙烯绝缘电缆 第 6 部分：电梯电缆和挠性连接用电缆	GB 5023.6—1997；GB 5023.6 E—1997	IEC 60227-6：2001 IDT	2006/4/30	2006/12/1
12.7.2-3-32	12.7.2	29.060.20	K13	GB/T 5023.7—2008	额定电压 450/750V 及以下聚氯乙烯绝缘电缆 第 7 部分：二芯或多芯屏蔽和非屏蔽软电缆	GB 5023.7—1997；GB 5023.7 E—1997	IEC 60227-7：2003，IDT	2008/6/30	2009/5/1
12.7.2-4-33	12.7.2	29.130	K43	DL/T 413—2006	额定电压 35kV（U_m—40.5kV）及以下电力电缆热缩式附件技术条件	DL 413—1991		2006/5/6	2006/10/1
12.7.2-4-34	12.7.2	29.060.20	K13	JB/T 13484—2018	额定电压 0.6/1kV 氟塑料绝缘电力电缆			2018/4/30	2018/12/1
12.7.2-4-35	12.7.2	29.060.20	K13	JB/T 13485—2018	额定电压 450/750V 及以下氟塑料绝缘控制电缆			2018/4/30	2018/12/1

12.8 设备、材料-继电保护及安自装置

序号	GW 分类	ICS 分类	GB 分类	标准号	中 文 名 称	代替标准	采用关系	发布日期	实施日期
12.8-2-1	12.8	29.240		Q/GDW 10663—2015	串联电容器补偿装置控制保护设备的基本技术条件	Q/GDW 663—2011		2016/12/8	2016/12/8
12.8-2-2	12.8	29.240		Q/GDW 10766—2015	10kV～110（66）kV 线路保护及辅助装置标准化设计规范			2016/12/15	2016/12/15
12.8-2-3	12.8	29.240		Q/GDW 10767—2015	10kV～110（66）kV 元件保护及辅助装置标准化设计规范			2016/12/15	2016/12/15
12.8-2-4	12.8			Q/GDW 10976—2017	电力系统动态记录装置技术规范	Q/GDW 1976—2013；Q/GDW 11050—2013		2018/9/26	2018/9/26
12.8-2-5	12.8	29.240		Q/GDW 11010—2015	继电保护信息规范			2016/11/15	2016/11/15
12.8-2-6	12.8			Q/GDW 11011—2013	继电保护设备自动测试接口标准			2014/5/1	2014/5/1
12.8-2-7	12.8	29.240		Q/GDW 11052—2013	智能变电站就地化保护装置通用技术条件			2014/4/1	2014/4/1
12.8-2-8	12.8	29.240		Q/GDW 11199—2014	分布式电源继电保护和安全自动装置通用技术条件			2014/10/1	2014/10/1
12.8-2-9	12.8			Q/GDW 11355—2020	高压直流系统保护装置标准化技术规范	Q/GDW 11355—2014		2020/12/31	2020/12/31
12.8-2-10	12.8			Q/GDW 11356—2022	电网安全自动装置标准化设计规范	Q/GDW 11356—2015		2022/1/29	2022/1/29
12.8-2-11	12.8	27.180		Q/GDW 11487—2015	智能变电站模拟量输入式合并单元、智能终端标准化设计规范			2016/11/15	2016/11/15
12.8-2-12	12.8	29.240.30		Q/GDW 1161—2014	线路保护及辅助装置标准化设计规范	Q/GDW 161—2007		2014/4/1	2014/4/1

12

序号	GW分类	ICS分类	GB分类	标准号	中文名称	代替标准	采用关系	发布日期	实施日期
12.8-2-13	12.8	29.240		Q/GDW 11632—2016	电网安全自动装置信息规范			2017/7/31	2017/7/31
12.8-2-14	12.8	29.240		Q/GDW 11661—2017	1000kV继电保护及辅助装置标准化设计规范			2018/1/2	2018/1/2
12.8-2-15	12.8			Q/GDW 11731—2017	统一潮流控制器控制保护系统技术规范			2018/7/11	2018/7/11
12.8-2-16	12.8			Q/GDW 1175—2013	变压器、高压并联电抗器和母线保护及辅助装置标准化设计规范	Q/GDW 175—2008		2013/11/6	2013/11/6
12.8-2-17	12.8			Q/GDW 11767—2017	调相机变压器组保护技术规范			2018/9/26	2018/9/26
12.8-2-18	12.8			Q/GDW 11768—2017	35kV及以下开关柜继电保护装置通用技术条件			2018/9/26	2018/9/26
12.8-2-19	12.8			Q/GDW 12040—2020	串联电容器补偿装置保护设备标准化技术规范			2020/12/31	2020/12/31
12.8-2-20	12.8			Q/GDW 12041.1—2020	就地化继电保护装置技术规范 第1部分：通用技术条件			2020/12/31	2020/12/31
12.8-2-21	12.8			Q/GDW 12041.2—2020	就地化继电保护装置技术规范 第2部分：连接器及预制缆			2020/12/31	2020/12/31
12.8-2-22	12.8			Q/GDW 12041.3—2020	就地化继电保护装置技术规范 第3部分：智能管理单元			2020/12/31	2020/12/31
12.8-2-23	12.8			Q/GDW 12041.4—2020	就地化继电保护装置技术规范 第4部分：就地操作箱			2020/12/31	2020/12/31
12.8-2-24	12.8			Q/GDW 12041.5—2020	就地化继电保护装置技术规范 第5部分：线路和母联（分段）保护			2020/12/31	2020/12/31
12.8-2-25	12.8	29.240		Q/GDW 1426—2016	智能变电站合并单元技术规范	Q/GDW 426—2010		2016/11/9	2016/11/9
12.8-2-26	12.8	29.240		Q/GDW 1808—2012	智能变电站继电保护通用技术条件			2014/5/1	2014/5/1
12.8-2-27	12.8			Q/GDW 1902—2013	智能变电站110kV合并单元智能终端集成装置技术规范			2013/11/12	2013/11/12
12.8-2-28	12.8			Q/GDW 1920—2013	智能变电站110kV保护测控集成装置技术规范			2014/5/1	2014/5/1
12.8-2-29	12.8			Q/GDW 1921—2013	智能变电站35kV及以下保护测控计量多功能装置技术规范			2014/5/1	2014/5/1
12.8-2-30	12.8	29.240		Q/GDW 325—2009	1000kV变压器保护装置技术要求			2009/5/25	2009/5/25
12.8-2-31	12.8	29.240		Q/GDW 326—2009	1000kV电抗器保护装置技术要求			2009/5/25	2009/5/25

12

序号	GW分类	ICS分类	GB分类	标准号	中文名称	代替标准	采用关系	发布日期	实施日期
12.8-2-32	12.8	29.240		Q/GDW 327—2009	1000kV 线路保护装置技术要求			2009/5/25	2009/5/25
12.8-2-33	12.8	29.240		Q/GDW 328—2009	1000kV 母线保护装置技术要求			2009/5/25	2009/5/25
12.8-2-34	12.8	29.240		Q/GDW 329—2009	1000kV 断路器保护装置技术要求			2009/5/25	2009/5/25
12.8-2-35	12.8	29.020		Q/GDW 413—2010	电力系统二次设备 SPD 防雷技术规范			2010/3/31	2010/3/31
12.8-2-36	12.8	29.020		Q/GDW 421—2010	电网安全稳定自动装置技术规范			2010/2/26	2010/2/26
12.8-2-37	12.8	29.020		Q/GDW 428—2010	智能变电站智能终端技术规范			2010/3/24	2010/3/24
12.8-2-38	12.8	29.240		Q/GDW 627—2011	换流站直流故障录波装置技术规范			2012/1/12	2012/1/12
12.8-3-39	12.8	29.120.70	L25	GB/T 14598.1—2002	电气继电器 第23部分：触点性能	GB/T 14598.1—1993		2002/12/4	2003/5/1
12.8-3-40	12.8	29.120.70	K45	GB/T 14598.27—2017	量度继电器和保护装置 第27部分：产品安全要求	GB/T 14598.27—2008	IEC 60255-23：1994 IDT	2017/11/1	2018/5/1
12.8-3-41	12.8	29.120.70	K45	GB/T 14598.121—2017	量度继电器和保护装置 第121部分：距离保护功能要求		IEC 60255-27：2013 IDT	2017/7/31	2018/2/1
12.8-3-42	12.8	29.240.30	K45	GB/T 14598.300—2017	变压器保护装置通用技术要求	GB/T 14598.300—2008	IEC 60255-121：2014 IDT	2017/12/29	2018/7/1
12.8-3-43	12.8	29.240.01	K45	GB/T 14598.301—2020	电力系统连续记录装置技术要求	GB/T 14598.301—2010		2020/6/2	2020/12/1
12.8-3-44	12.8	29.240.99	K45	GB/T 14598.303—2011	数字式电动机综合保护装置通用技术条件			2011/12/30	2012/6/1
12.8-3-45	12.8	29.240	K45	GB/T 15145—2017	输电线路保护装置通用技术条件	GB/T 15145—2008		2017/7/31	2018/2/1
12.8-3-46	12.8	29.240.01	K45	GB/T 22390.1—2008	高压直流输电系统控制与保护设备 第1部分：运行人员控制系统			2008/9/24	2009/8/1
12.8-3-47	12.8	29.240.01	K45	GB/T 22390.2—2008	高压直流输电系统控制与保护设备 第2部分：交直流系统站控设备			2008/9/24	2009/8/1
12.8-3-48	12.8	29.240.01	K45	GB/T 22390.3—2008	高压直流输电系统控制与保护设备 第3部分：直流系统极控设备			2008/9/24	2009/8/1
12.8-3-49	12.8	29.240.01	K45	GB/T 22390.4—2008	高压直流输电系统控制与保护设备 第4部分：直流系统保护设备			2008/9/24	2009/8/1
12.8-3-50	12.8	29.240.01	K45	GB/T 22390.5—2008	高压直流输电系统控制与保护设备 第5部分：直流线路故障定位装置			2008/9/24	2009/8/1
12.8-3-51	12.8	29.240.01	K45	GB/T 22390.6—2008	高压直流输电系统控制与保护设备 第6部分：换流站暂态故障录波装置			2008/9/24	2009/8/1

12

序号	GW 分类	ICS 分类	GB 分类	标准号	中　文　名　称	代替标准	采用关系	发布日期	实施日期
12.8-3-52	12.8	29.240.99	K45	GB/T 29322—2012	1000kV 变压器保护装置技术要求			2012/12/31	2013/6/1
12.8-3-53	12.8	29.240.99	K45	GB/T 29323—2012	1000kV 断路器保护装置技术要求			2012/12/31	2013/6/1
12.8-3-54	12.8	29.240.99	K45	GB/Z 29327—2012	1000kV 电抗器保护装置技术要求			2012/12/31	2013/6/1
12.8-3-55	12.8	29.240	K45	GB/T 31236—2014	1000kV 线路保护装置技术要求			2014/9/30	2015/4/1
12.8-3-56	12.8	29.240	K45	GB/T 32897—2016	智能变电站多功能保护测控一体化装置通用技术条件			2016/8/29	2017/3/1
12.8-3-57	12.8	29.240	K45	GB/T 32901—2016	智能变电站继电保护通用技术条件			2016/8/29	2017/3/1
12.8-3-58	12.8	29.240.01		GB/T 34123—2017	电力系统变频器保护技术规范			2017/7/31	2018/2/1
12.8-3-59	12.8	29.240.01	K45	GB/Z 34124—2017	智能保护测控设备技术规范			2017/7/31	2018/2/1
12.8-3-60	12.8	29.240	K45	GB/T 34125—2017	电力系统继电保护及安全自动装置户外柜通用技术条件			2017/7/31	2018/2/1
12.8-3-61	12.8	29.240	K45	GB/T 34126—2017	站域保护控制装置技术导则			2017/7/31	2018/2/1
12.8-3-62	12.8	29.240.01		GB/Z 34161—2017	智能微电网保护设备技术导则			2017/9/7	2018/4/1
12.8-3-63	12.8	29.240.01	K45	GB/T 35745—2017	柔性直流输电控制与保护设备技术要求			2017/12/29	2018/7/1
12.8-3-64	12.8	29.240		GB/T 37155.1—2018	区域保护控制系统技术导则　第 1 部分: 功能规范			2018/12/28	2019/7/1
12.8-3-65	12.8	29.240		GB/T 37155.2—2019	区域保护控制系统技术导则　第 2 部分: 信息接口及通信			2019/5/10	2019/12/1
12.8-3-66	12.8	29.240.01	K45	GB/T 37762—2019	同步调相机组保护装置通用技术条件			2019/6/4	2020/1/1
12.8-3-67	12.8	29.240.01		GB/T 37880—2019	就地化环网母线保护技术导则			2019/8/30	2020/3/1
12.8-3-68	12.8	29.240.01	K45	GB/T 38922—2020	35kV 及以下标准化继电保护装置通用技术要求			2020/6/2	2020/12/1
12.8-3-69	12.8	31.240	k05	GB/T 7267—2015	电力系统二次回路保护及自动化机柜（屏）基本尺寸系列			2015/5/15	2015/12/1
12.8-3-70	12.8	31.240	k05	GB/T 7268—2015	电力系统保护及其自动化装置用插箱及插件面板基本尺寸系列			2015/5/15	2015/12/1
12.8-4-71	12.8			DL/T 1075—2016	保护测控装置技术条件	DL/T 1075—2007		2016/12/5	2017/5/1
12.8-4-72	12.8	27.100	F24	DL/T 1276—2013	1000kV 母线保护装置技术要求			2013/11/28	2014/4/1
12.8-4-73	12.8	29.120.50	K10	DL/T 1347—2014	交流滤波器保护装置通用技术条件			2014/10/15	2015/3/1

12

序号	GW分类	ICS分类	GB分类	标准号	中 文 名 称	代替标准	采用关系	发布日期	实施日期
12.8-4-74	12.8	29.120.50	K10	DL/T 1349—2014	断路器保护装置通用技术条件			2014/10/15	2015/3/1
12.8-4-75	12.8	29.120.50	K10	DL/T 1350—2014	变电站故障解列装置通用技术条件			2014/10/15	2015/3/1
12.8-4-76	12.8	27.100	N22	DL/T 1405.2—2018	智能变电站的同步相量测量装置 第2部分：技术规范			2018/12/25	2019/5/1
12.8-4-77	12.8			DL/T 1505—2016	大型燃气轮发电机组继电保护装置通用技术条件			2016/1/7	2016/6/1
12.8-4-78	12.8	29.24	F20	DL/T 1848—2018	220kV和110kV变压器中性点过电压保护技术规范			2018/4/3	2018/7/1
12.8-4-79	12.8	29.240.01	F21	DL/T 1913—2018	DL/T 860 变电站配置工具技术规范			2018/12/25	2019/5/1
12.8-4-80	12.8	29.240.01	F21	DL/T 1914—2018	DL/T 698.45 至 DL/T 860 的数据模型映射规范			2018/12/25	2019/5/1
12.8-4-81	12.8			DL/T 2016—2019	电力系统过频切机和过频解列装置通用技术条件			2019/6/4	2019/10/1
12.8-4-82	12.8			DL/T 2254—2021	变电站站域失灵（死区）保护装置技术规范			2021/1/7	2021/7/1
12.8-4-83	12.8	29.240.01	K40	DL/T 242—2012	高压并联电抗器保护装置通用技术条件			2012/4/6	2012/7/1
12.8-4-84	12.8	29.240.01	K43	DL/T 250—2012	并联补偿电容器保护装置通用技术条件			2012/4/6	2012/7/1
12.8-4-85	12.8			DL/T 252—2012	高压直流输电系统用换流变压器保护装置通用技术条件			2012/4/6	2012/7/1
12.8-4-86	12.8			DL/T 282—2018	合并单元技术条件	DL/T 282—2012		2018/12/25	2019/5/1
12.8-4-87	12.8	29.240	F20	DL/T 314—2010	电力系统低压减负荷和低压解列装置通用技术条件			2011/1/9	2011/5/1
12.8-4-88	12.8	29.240	F20	DL/T 315—2010	电力系统低频减负荷和低频解列装置通用技术条件			2011/1/9	2011/5/1
12.8-4-89	12.8	29.240	K45	DL/T 317—2010	继电保护设备标准化设计规范			2011/1/9	2011/5/1
12.8-4-90	12.8	27.100	K45	DL/T 478—2013	继电保护和安全自动装置通用技术条件	DL/T 478—2010		2013/3/7	2013/8/1
12.8-4-91	12.8	29.240	K45	DL/T 479—2017	阻抗保护功能技术规范	DL/T 479—1992		2017/11/15	2018/3/1
12.8-4-92	12.8	27.100	P61	DL/T 5161.8—2018	电气装置安装工程质量检验及评定规程 第8部分：盘、柜及二次回路接线施工质量检验	DL/T 5161.8—2002		2018/12/25	2019/5/1
12.8-4-93	12.8	27.100	F21	DL/T 526—2013	备用电源自动投入装置技术条件	DL/T 526—2002		2013/11/28	2014/4/1
12.8-4-94	12.8	27.100	F21	DL/T 527—2013	继电保护及控制装置电源模块（模件）技术条件	DL/T 527—2002		2013/11/28	2014/4/1

12

序号	GW 分类	ICS 分类	GB 分类	标准号	中文名称	代替标准	采用关系	发布日期	实施日期
12.8-4-95	12.8		F25	DL/T 553—2013	电力系统动态记录装置通用技术条件			2013/11/28	2014/4/1
12.8-4-96	12.8	29.240.30	K45	DL/T 670—2010	母线保护装置通用技术条件	DL 670—1999		2011/1/9	2011/5/1
12.8-4-97	12.8	29.240.30	K45	DL/T 671—2010	发电机变压器组保护装置通用技术条件	DL 671—1999		2011/1/9	2011/5/1
12.8-4-98	12.8	29.240.30	F21	DL/T 688—1999	电力系统远方跳闸信号传输装置			2000/2/24	2000/7/1
12.8-4-99	12.8	29.130.10	K45	DL/T 720—2013	电力系统继电保护及安全自动装置柜（屏）通用技术条件	DL/T 720—2000		2013/11/28	2014/4/1
12.8-4-100	12.8	29.240.01	K45	DL/T 744—2012	电动机保护装置通用技术条件	DL/T 744—2001		2012/4/6	2012/7/1
12.8-4-101	12.8	27.100	K45	DL/T 770—2012	变压器保护装置通用技术条件	DL 770—2001		2012/4/6	2012/7/1
12.8-4-102	12.8	29.240	K45	DL/T 823—2017	反时限电流保护功能技术规范	DL/T 823—2002		2017/12/27	2018/6/1
12.8-4-103	12.8	29.240.21	K45	NB/T 42071—2016	保护和控制用智能单元设备通用技术条件			2016/8/16	2016/12/1
12.8-4-104	12.8	29.240.21	K45	NB/T 42165—2018	多端线路保护技术要求			2018/6/6	2018/10/1
12.8-4-105	12.8			NB/T 42166—2018	配电网电压时间型馈线保护控制技术规范			2018/6/6	2018/10/1
12.8-5-106	12.8	29.120.70	L25	IEC 60255-1：2009	测量继电器和保护设备 第 1 部分：共同要求	IEC 60255-1-0：1975；IEC 60255-6：1988；IEC 95/252/FDIS：2009		2009/8/1	2009/8/1
12.8-5-107	12.8	29.120.70	L25	IEC 60255-127：2010	测量继电器和保护设备 第 127 部分：过/欠电压保护的功能要求	IEC 95/254/CDV：2009		2010/4/1	2010/4/1
12.8-5-108	12.8	29.120.70	L25	IEC 60255-151：2009	测量继电器和保护设备 第 151 部分：过/欠电流保护的功能要求	IEC 60255-3：1989；IEC 95/255/FDIS：2009		2009/8/1	2009/8/1
12.8-5-109	12.8	29.120.70		IEC IEC-IEEE 60255-118-1：2018	测量继电器和保护设备 第 118-1 部分：电力系统同步相量 测量 1.0 版			2018/12/1	2018/12/1

12.9 设备、材料-电力电子

序号	GW 分类	ICS 分类	GB 分类	标准号	中文名称	代替标准	采用关系	发布日期	实施日期
12.9-2-1	12.9			Q/GDW 10261—2017	特高压直流输电用晶闸管技术规范	Q/GDW 1261—2014		2018/9/12	2018/9/12
12.9-2-2	12.9	29.240		Q/GDW 10491—2016	特高压直流输电换流阀技术规范	Q/GDW 491—2010		2017/10/17	2017/10/17
12.9-2-3	12.9			Q/GDW 10682—2021	固态切换开关技术规范	Q/GDW 682—2011		2022/1/28	2022/1/28
12.9-2-4	12.9	29.240		Q/GDW 11026—2013	串联谐振型故障电流限制器控制保护系统技术规范			2014/4/1	2014/4/1

序号	GW 分类	ICS 分类	GB 分类	标准号	中 文 名 称	代替标准	采用关系	发布日期	实施日期
12.9-2-5	12.9	29.240		Q/GDW 11587—2016	柔性输电用压接型绝缘栅双极晶体管（IGBT）器件的一般要求			2017/5/25	2017/5/25
12.9-2-6	12.9	29.240.30		Q/GDW 11596—2016	高压直流输电换流阀控制设备技术规范			2017/6/16	2017/6/16
12.9-2-7	12.9			Q/GDW 11730—2017	统一潮流控制器技术规范			2018/7/11	2018/7/11
12.9-2-8	12.9			Q/GDW 11741—2017	直流输电用换流阀包装储运技术规范			2018/9/12	2018/9/12
12.9-2-9	12.9	29.240		Q/GDW 11865—2018	柔性直流换流阀用压接型 IGBT 器件技术规范			2019/10/23	2019/10/23
12.9-2-10	12.9	29.240		Q/GDW 1241.1—2014	链式静止同步补偿器 第 1 部分：功能规范	Q/GDW 241.1—2008		2015/2/6	2015/2/6
12.9-2-11	12.9	29.240		Q/GDW 1241.2—2014	链式静止同步补偿器 第 2 部分：换流链试验	Q/GDW 241.2—2008		2015/2/6	2015/2/6
12.9-2-12	12.9	29.240		Q/GDW 1241.3—2014	链式静止同步补偿器 第 3 部分：控制保护监测系统	Q/GDW 241.3—2008		2015/2/6	2015/2/6
12.9-2-13	12.9	29.240		Q/GDW 1241.4—2014	链式静止同步补偿器 第 4 部分：现场试验	Q/GDW 241.4—2008		2015/2/6	2015/2/6
12.9-2-14	12.9	29.240		Q/GDW 1241.5—2014	链式静止同步补偿器 第 5 部分：运行维护规范	Q/GDW 241.5—2008		2015/2/6	2015/2/6
12.9-2-15	12.9	29.020		Q/GDW 681—2011	动态电压恢复器技术规范			2012/1/12	2012/1/12
12.9-3-16	12.9	29.160.30	K62	GB/T 12669—2012	半导体变流串级调速装置总技术条件	GB 12669—1990		2012/6/29	2012/11/1
12.9-3-17	12.9	29.200	K46	GB/T 13422—2013	半导体变流器电气试验方法	GB/T 13422—1992		2013/7/19	2013/12/2
12.9-3-18	12.9	31.080.20	K46	GB/T 15291—2015	半导体器件 第 6 部分：晶闸管		IEC 60747-6：2000	2015/12/31	2017/1/1
12.9-3-19	12.9	31.060.70	K42	GB/T 17702—2013	电力电子电容器	GB/T 17702.2—1999；GB/T 17702.1—1999	IEC 61071：2007 IDT	2013/2/7	2013/7/1
12.9-3-20	12.9	29.020	K04	GB/T 20298—2006	静止无功补偿装置（SVC）功能特性			2006/7/13	2007/1/1
12.9-3-21	12.9	31.080.20	K46	GB/T 20992—2007	高压直流输电用普通晶闸管的一般要求			2007/6/21	2008/2/1
12.9-3-22	12.9	29.200	K46	GB/T 29629—2013	静止无功补偿装置水冷却设备			2013/7/19	2013/12/2
12.9-3-23	12.9	29.200	K46	GB/Z 29630—2013	静止无功补偿装置系统设计和应用导则			2013/7/19	2013/12/2
12.9-3-24	12.9	29.240.99	K46	GB/T 31487.1—2015	直流融冰装置 第 1 部分：系统设计和应用导则			2015/5/15	2015/12/1
12.9-3-25	12.9	29.240.99	K46	GB/T 31487.2—2015	直流融冰装置 第 2 部分：晶闸管阀			2015/5/15	2015/12/1
12.9-3-26	12.9	29.240.99	K46	GB/T 31487.3—2015	直流融冰装置 第 3 部分：试验			2015/5/15	2015/12/1
12.9-3-27	12.9	29.200	K46	GB/T 32516—2016	超高压分级式可控并联电抗器晶闸管阀			2016/2/24	2016/9/1

12

序号	GW分类	ICS分类	GB分类	标准号	中 文 名 称	代替标准	采用关系	发布日期	实施日期
12.9-3-28	12.9	27.180		GB/T 34120—2017	电化学储能系统储能变流器技术规范			2017/7/31	2018/2/1
12.9-3-29	12.9	27.180		GB/T 34131—2017	电化学储能电站用锂离子电池管理系统技术规范			2017/7/31	2018/2/1
12.9-3-30	12.9	31.080.30	K46	GB/T 37660—2019	柔性直流输电用电力电子器件技术规范			2019/6/4	2020/1/1
12.9-3-31	12.9	03.120.01；03.120.30；31.020	L05	GB/T 37963—2019	电子设备可靠性预计模型及数据手册		IEC/TR 62380：2004	2019/8/30	2019/12/1
12.9-4-32	12.9	29.020	K93	DL/T 1215.1—2013	链式静止同步补偿器　第1部分：功能规范导则			2013/3/7	2013/8/1
12.9-4-33	12.9	29.020	K93	DL/T 1215.2—2013	链式静止同步补偿器　第2部分：换流链的试验			2013/3/7	2013/8/1
12.9-4-34	12.9	29.020	K93	DL/T 1215.3—2013	链式静止同步补偿器　第3部分：控制保护监测系统			2013/3/7	2013/8/1
12.9-4-35	12.9	29.020	K93	DL/T 1215.4—2013	链式静止同步补偿器　第4部分：现场试验			2013/3/7	2013/8/1
12.9-4-36	12.9	29.020	K93	DL/T 1215.5—2013	链式静止同步补偿器　第5部分：运行检修导则			2013/3/7	2013/8/1
12.9-4-37	12.9	29.240.01	K21	DL/T 1219—2013	串联电容器补偿装置设计导则			2013/3/7	2013/8/1
12.9-4-38	12.9	29.240.01	F24	DL/T 1229—2013	动态电压恢复器技术规范			2013/3/7	2013/8/1
12.9-4-39	12.9	27.100	F29	DL/T 1295—2013	串联补偿装置用火花间隙			2013/11/28	2014/4/1
12.9-4-40	12.9	27.100	F29	DL/T 1296—2013	串联谐振型故障电流限制器技术规范			2013/11/28	2014/4/1
12.9-4-41	12.9	29.240.01	F20	DL/T 1796—2017	低压有源电力滤波器技术规范			2017/12/27	2018/6/1
12.9-4-42	12.9	27.140	F20	DL/T 1981.1—2019	统一潮流控制器　第1部分：功能规范			2019/6/4	2019/10/1
12.9-4-43	12.9	27.100	K43	DL/T 781—2001	电力用高频开关整流模块			2001/10/8	2002/2/1
12.9-4-44	12.9	27.100	F29	DL/T 857—2004	发电厂、变电所蓄电池用整流逆变设备技术条件			2004/3/9	2004/6/1
12.9-4-45	12.9	29.240.99	K44	NB/T 10327—2019	低压有源三相不平衡调节装置			2019/12/30	2020/7/1
12.9-4-46	12.9	29.120.50	K30	NB/T 10331—2019	多功能换相切换开关			2019/12/30	2020/7/1
12.9-4-47	12.9	27.010	F01	NB/T 42039—2014	宽压输入稳压输出隔离型直流-直流模块电源		ASME TDP-2—2012 MOD	2014/6/29	2014/11/1

序号	GW 分类	ICS 分类	GB 分类	标准号	中 文 名 称	代替标准	采用关系	发布日期	实施日期
12.9-4-48	12.9	29.130.10	F44	NB/T 42100—2016	高压并联电容器组投切用固态复合开关			2016/12/5	2017/5/1
12.9-4-49	12.9			NB/T 42159—2018	三电平交流/直流双向变换器技术规范			2018/6/6	2018/10/1
12.9-4-50	12.9			NB/T 42160—2018	三电平直流/直流双向变换器技术规范			2018/6/6	2018/10/1
12.9-6-51	12.9			T/CEC 378—2020	柔性直流输电工程换流阀IGBT驱动板卡通用技术规范			2020/10/28	2021/2/1
12.9-6-52	12.9			T/CEC 379—2020	柔性直流输电工程换流阀子模块中控板通用技术规范			2020/10/28	2021/2/1
12.9-6-53	12.9			T/CEC 380—2020	柔性直流输电工程换流阀子模块故障录波技术规范			2020/10/28	2021/2/1

12.10 设备、材料-监测装置及仪表

序号	GW 分类	ICS 分类	GB 分类	标准号	中 文 名 称	代替标准	采用关系	发布日期	实施日期
12.10-2-1	12.10			Q/GDW 10427—2017	变电站测控装置技术规范	Q/GDW 427—2010		2018/9/26	2018/9/26
12.10-2-2	12.10	29.240		Q/GDW 10481—2016	局部放电检测装置校准规范	Q/GDW 481—2010		2017/7/28	2017/7/28
12.10-2-3	12.10			Q/GDW 10536—2021	变压器油中溶解气体在线监测装置技术规范	Q/GDW 10536—2017		2021/12/6	2021/12/6
12.10-2-4	12.10			Q/GDW 10549—2022	变电站监控系统试验装置技术规范	Q/GDW 549—2010		2022/1/29	2022/1/29
12.10-2-5	12.10	29.240		Q/GDW 10555—2016	输电线路舞动监测装置技术规范	Q/GDW 555—2010		2017/7/28	2017/7/28
12.10-2-6	12.10			Q/GDW 10556—2017	输电线路导线弧垂监测装置技术规范	Q/GDW 556—2010		2018/9/30	2018/9/30
12.10-2-7	12.10			Q/GDW 10557—2017	输电线路风偏监测装置技术规范	Q/GDW 557—2010		2018/9/30	2018/9/30
12.10-2-8	12.10			Q/GDW 10558—2017	输电线路现场污秽度监测装置技术规范	Q/GDW 558—2010		2018/9/30	2018/9/30
12.10-2-9	12.10	29.240		Q/GDW 10559—2016	输电线路杆塔倾斜监测装置技术规范	Q/GDW 559—2010		2017/7/28	2017/7/28
12.10-2-10	12.10	29.240		Q/GDW 10715—2016	智能变电站网络报文记录及分析装置技术规范	Q/GDW 715—2012		2017/7/31	2017/7/31
12.10-2-11	12.10	29.240		Q/GDW 10817—2018	电压监测仪检验规范	Q/GDW 1817—2013		2020/4/17	2020/4/17
12.10-2-12	12.10	29.240		Q/GDW 10819—2018	电压监测仪技术规范	Q/GDW 1819—2013		2020/4/17	2020/4/17
12.10-2-13	12.10	29.240		Q/GDW 11057—2018	变电设备在线监测系统站端监测单元技术规范	Q/GDW 11057—2013		2020/4/3	2020/4/3
12.10-2-14	12.10	29.240		Q/GDW 11058—2013	变电设备在线监测系统综合监测单元技术规范			2014/9/1	2014/9/1

序号	GW 分类	ICS 分类	GB 分类	标准号	中 文 名 称	代替标准	采用关系	发布日期	实施日期
12.10-2-15	12.10			Q/GDW 11061—2017	局部放电超声波检测仪技术规范	Q/GDW 11061—2013		2018/9/30	2018/9/30
12.10-2-16	12.10	29.240		Q/GDW 11063—2013	暂态地电压局部放电检测仪技术规范			2015/2/16	2015/2/16
12.10-2-17	12.10	29.240		Q/GDW 11204—2014	变电站电能量采集终端技术规范			2014/11/15	2014/11/15
12.10-2-18	12.10	29.240		Q/GDW 11224—2014	电力电缆局部放电带电检测设备技术规范			2014/12/1	2014/12/1
12.10-2-19	12.10	29.240		Q/GDW 11289—2014	剩余电流保护器防雷技术规范			2015/3/12	2015/3/12
12.10-2-20	12.10	29.240		Q/GDW 11304.1—2015	电力设备带电检测仪器技术规范 第1部分：带电检测仪器通用技术规范			2016/11/21	2016/11/21
12.10-2-21	12.10			Q/GDW 11304.2—2021	电力设备带电检测仪器技术规范 第2部分：红外热像仪	Q/GDW 11304.2—2015		2021/12/6	2021/12/6
12.10-2-22	12.10	29.240		Q/GDW 11304.3—2015	电力设备带电检测仪器技术规范 第3部分：紫外成像仪技术规范			2016/11/21	2016/11/21
12.10-2-23	12.10	29.240		Q/GDW 11304.5—2015	电力设备带电检测仪器技术规范 第5部分：高频法局部放电带电检测仪器技术规范			2015/11/7	2015/11/7
12.10-2-24	12.10			Q/GDW 11304.7—2021	电力设备带电检测仪器技术规范 第7部分：电容型设备绝缘带电检测仪	Q/GDW 11304.7—2015		2021/12/6	2021/12/6
12.10-2-25	12.10	29.240		Q/GDW 11304.8—2015	电力设备带电检测仪器技术规范 第8部分：特高频法局部放电带电检测仪器技术规范			2016/11/21	2016/11/21
12.10-2-26	12.10	29.240		Q/GDW 11304.11—2014	电力设备带电检测仪器技术规范 第11部分：SF$_6$气体湿度带电检测仪器技术规范			2015/2/26	2015/2/26
12.10-2-27	12.10	29.240		Q/GDW 11304.12—2014	电力设备带电检测仪器技术规范 第12部分：SF$_6$气体纯度带电检测仪器技术规范			2015/2/26	2015/2/26
12.10-2-28	12.10	29.240		Q/GDW 11304.13—2015	电力设备带电检测仪器技术规范 第13部分：SF$_6$气体分解产物带电检测仪技术规范			2015/11/7	2015/11/7
12.10-2-29	12.10			Q/GDW 11304.15—2021	电力设备带电检测仪器技术规范 第15部分：SF$_6$气体泄漏红外成像检测仪	Q/GDW 11304.15—2015		2021/12/6	2021/12/6
12.10-2-30	12.10			Q/GDW 11304.16—2021	电力设备带电检测仪器技术规范 第16部分：暂态地电压局部放电检测仪	Q/GDW 11063—2013		2021/12/6	2021/12/6

序号	GW分类	ICS分类	GB分类	标准号	中 文 名 称	代替标准	采用关系	发布日期	实施日期
12.10-2-31	12.10	29.240		Q/GDW 11304.17—2014	电力设备带电检测仪器技术规范 第17部分：高压开关机械特性检测仪器技术规范			2015/2/26	2015/2/26
12.10-2-32	12.10	29.240		Q/GDW 11304.18—2015	电力设备带电检测仪器技术规范 第18部分：开关设备分合闸线圈电流波形带电检测仪器技术规范			2016/11/21	2016/11/21
12.10-2-33	12.10			Q/GDW 11304.41—2021	电力设备带电检测仪器技术规范 第4-1部分：油中溶解气体分析仪（气相色谱法）	Q/GDW 11304.41—2015		2021/12/6	2021/12/6
12.10-2-34	12.10			Q/GDW 11304.42—2021	电力设备带电检测仪器技术规范 第4-2部分：油中溶解气体分析仪（光声光谱法）	Q/GDW 11304.42—2015		2021/12/6	2021/12/6
12.10-2-35	12.10			Q/GDW 11311—2021	气体绝缘金属封闭开关设备特高频法局部放电在线监测装置技术规范	Q/GDW 11311—2014		2021/12/6	2021/12/6
12.10-2-36	12.10	29.240		Q/GDW 11315—2014	输电线路山火卫星监测系统通用技术规范			2015/2/26	2015/2/26
12.10-2-37	12.10	29.240		Q/GDW 11448—2015	架空输电线路状态监测装置安装调试与验收规范			2016/7/29	2016/7/29
12.10-2-38	12.10	29.240		Q/GDW 11449—2015	输电线路状态监测装置试验方法			2016/7/29	2016/7/29
12.10-2-39	12.10	29.240		Q/GDW 11455—2015	电力电缆及通道在线监测装置技术规范			2016/7/29	2016/7/29
12.10-2-40	12.10	29.240		Q/GDW 11478—2015	变电设备光纤温度在线监测装置技术规范			2016/9/30	2016/9/30
12.10-2-41	12.10	29.240		Q/GDW 11479—2015	变电站微气象在线监测装置技术规范			2016/9/30	2016/9/30
12.10-2-42	12.10	29.240		Q/GDW 11509—2015	变电站辅助监控系统技术及接口规范			2016/12/8	2016/12/8
12.10-2-43	12.10	25.040.30		Q/GDW 11513.1—2016	变电站智能机器人巡检系统技术规范 第1部分：变电站智能巡检机器人			2016/11/25	2016/11/25
12.10-2-44	12.10	25.040.30		Q/GDW 11513.2—2016	变电站智能机器人巡检系统技术规范 第2部分：监控系统			2016/11/25	2016/11/25
12.10-2-45	12.10	29.240		Q/GDW 11520—2016	电容式电压互感器设备绝缘在线监测装置技术规范			2016/11/25	2016/11/25
12.10-2-46	12.10	29.240		Q/GDW 11556—2016	电容式套管绝缘在线监测装置技术规范			2017/3/24	2017/3/24
12.10-2-47	12.10	29.240		Q/GDW 11557—2016	断路器和气体绝缘金属封闭开关设备六氟化硫气体压力及水分在线监测装置技术规范			2017/3/24	2017/3/24

12

序号	GW 分类	ICS 分类	GB 分类	标准号	中 文 名 称	代替标准	采用关系	发布日期	实施日期
12.10-2-48	12.10	29.240.99		Q/GDW 11642—2016	高压电缆接头内置式导体测温装置技术规范			2017/7/28	2017/7/28
12.10-2-49	12.10	29.240		Q/GDW 11645—2016	变压器特高频局部放电在线监测装置技术规范			2017/7/28	2017/7/28
12.10-2-50	12.10	29.240		Q/GDW 11648—2016	无线高压核相器技术条件			2017/10/17	2017/10/17
12.10-2-51	12.10	29.240		Q/GDW 11660—2016	输电线路分布式故障监测装置技术规范			2017/10/9	2017/10/9
12.10-2-52	12.10			Q/GDW 11787—2017	电容型设备绝缘在线监测装置技术规范			2018/9/30	2018/9/30
12.10-2-53	12.10	29.240		Q/GDW 11814—2018	暂态录波型故障指示器技术规范			2019/3/8	2019/3/8
12.10-2-54	12.10	29.240		Q/GDW 12006—2019	电压互感器误差特性在线检测仪技术条件			2020/10/30	2020/10/30
12.10-2-55	12.10			Q/GDW 12078—2020	超低频介损检测仪器技术规范			2021/4/30	2021/4/30
12.10-2-56	12.10			Q/GDW 12082—2021	输变电设备物联网无线传感器通用技术规范			2021/12/6	2021/12/6
12.10-2-57	12.10			Q/GDW 12083—2021	输变电设备物联网无线节点设备技术规范			2021/12/6	2021/12/6
12.10-2-58	12.10			Q/GDW 12084—2021	输变电设备物联网无线传感器通信模组技术规范			2021/12/6	2021/12/6
12.10-2-59	12.10			Q/GDW 12164—2021	变电站远程智能巡视系统技术规范			2021/12/6	2021/12/6
12.10-2-60	12.10			Q/GDW 12214—2022	电力系统宽频测量装置技术规范			2022/1/29	2022/1/29
12.10-2-61	12.10	29.240		Q/GDW 1242—2015	输电线路状态监测装置通用技术规范	Q/GDW 242—2010		2016/7/29	2016/7/29
12.10-2-62	12.10	29.240		Q/GDW 1243—2015	输电线路气象监测装置技术规范	Q/GDW 243—2010		2016/7/29	2016/7/29
12.10-2-63	12.10	29.240		Q/GDW 1244—2015	输电线路导线温度监测装置技术规范	Q/GDW 244—2010		2016/7/29	2016/7/29
12.10-2-64	12.10			Q/GDW 141—2006	输电线路行波故障测距装置技术条件			2006/9/26	2006/9/26
12.10-2-65	12.10	29.240		Q/GDW 1535—2015	变电设备在线监测装置通用技术规范	Q/GDW 535—2010		2015/11/7	2015/11/7
12.10-2-66	12.10	29.240		Q/GDW 1537—2015	金属氧化物避雷器绝缘在线监测装置技术规范	Q/GDW 537—2010		2015/11/7	2015/11/7
12.10-2-67	12.10	29.240		Q/GDW 1554—2015	输电线路等值覆冰厚度监测装置技术规范	Q/GDW 554—2010		2016/7/29	2016/7/29
12.10-2-68	12.10	29.240		Q/GDW 1560.1—2014	输电线路图像监控装置技术规范 第1部分：图像监控装置	Q/GDW 560—2010		2015/2/26	2015/2/26

12

序号	GW分类	ICS分类	GB分类	标准号	中 文 名 称	代替标准	采用关系	发布日期	实施日期
12.10-2-69	12.10	29.240		Q/GDW 1560.2—2014	输电线路图像监控装置技术规范 第2部分：视频监控装置	Q/GDW 560—2010		2015/2/26	2015/2/26
12.10-2-70	12.10			Q/GDW 1802—2012	电力能效监测系统信息集中与交换终端技术规范			2014/1/17	2014/1/17
12.10-2-71	12.10			Q/GDW 1814—2013	电力电缆线路分布式光纤测温系统技术规范			2013/3/14	2013/3/14
12.10-2-72	12.10			Q/GDW 1842—2012	智能变电站状态监测系统技术导则			2014/5/1	2014/5/1
12.10-2-73	12.10			Q/GDW 1843—2012	智能变电站状态监测系统站内接口规范			2014/5/1	2014/5/1
12.10-2-74	12.10			Q/GDW 1844—2012	智能变电站的同步相量测量装置技术规范			2014/5/1	2014/5/1
12.10-2-75	12.10	29.240		Q/GDW 1876—2013	多功能测控装置技术规范			2013/11/12	2013/11/12
12.10-2-76	12.10	29.240		Q/GDW 1894—2013	变压器铁心接地电流在线监测装置技术规范			2014/1/10	2014/1/10
12.10-2-77	12.10	29.240		Q/GDW 1897—2013	互感器校验仪通信协议			2014/1/10	2014/1/10
12.10-2-78	12.10	29.240		Q/GDW 1901.1—2013	电力直流电源系统用测试设备通用技术条件 第1部分：蓄电池电压巡检仪			2014/3/13	2014/3/13
12.10-2-79	12.10	29.240		Q/GDW 1901.2—2013	电力直流电源系统用测试设备通用技术条件 第2部分：蓄电池容量放电测试仪			2014/3/13	2014/3/13
12.10-2-80	12.10	29.240		Q/GDW 1901.3—2013	电力直流电源系统用测试设备通用技术条件 第3部分：充电装置特性测试系统			2014/3/13	2014/3/13
12.10-2-81	12.10	29.240		Q/GDW 1901.4—2013	电力直流电源系统用测试设备通用技术条件 第4部分：直流断路器动作特性测试			2014/3/13	2014/3/13
12.10-2-82	12.10	29.240		Q/GDW 1901.5—2013	电力直流电源系统用测试设备通用技术条件 第5部分：蓄电池内阻测试仪			2014/3/13	2014/3/13
12.10-2-83	12.10	29.240		Q/GDW 1901.6—2013	电力直流电源系统用测试设备通用技术条件 第6部分：便携式接地巡测仪			2014/3/13	2014/3/13
12.10-2-84	12.10	29.240		Q/GDW 1901.7—2013	电力直流电源系统用测试设备通用技术条件 第7部分：蓄电池单体活化仪			2014/3/13	2014/3/13
12.10-2-85	12.10			Q/GDW 1913—2013	1000kV特高压交流非接触式验电器			2014/4/15	2014/4/15
12.10-2-86	12.10	29.240		Q/GDW 1969—2013	变电站直流系统绝缘监测装置技术规范			2014/3/13	2014/3/13

序号	GW 分类	ICS 分类	GB 分类	标准号	中 文 名 称	代替标准	采用关系	发布日期	实施日期
12.10-2-87	12.10			Q/GDW 245—2008	架空输电线路在线监测系统通用技术条件			2008/4/13	2009/7/1
12.10-2-88	12.10	29.020		Q/GDW 482—2010	绝缘电阻表端电压测量电压表检定规程			2010/8/24	2010/8/24
12.10-2-89	12.10	29.020		Q/GDW 534—2010	变电设备在线监测系统技术导则			2011/4/28	2011/4/28
12.10-2-90	12.10	29.020		Q/GDW 540.3—2010	变电设备在线监测装置检验规范 第3部分：电容型设备及金属氧化物避雷器绝缘在线监测装置			2011/1/28	2011/1/28
12.10-2-91	12.10	29.240		Q/GDW 561—2010	输变电设备状态监测系统技术导则			2010/12/27	2010/12/27
12.10-2-92	12.10			Q/GDW 562—2010	输变电状态监测主站系统数据通信协议（输电部分）			2010/12/27	2010/12/27
12.10-2-93	12.10			Q/GDW 563—2010	输电线路状态监测代理技术规范			2010/12/27	2010/12/27
12.10-2-94	12.10	29.240		Q/GDW 629—2011	换流站直流主设备非电量保护技术规范			2012/1/12	2012/1/12
12.10-2-95	12.10	29.020		Q/GDW 732—2012	电网快速暂态电压记录系统技术条件			2012/3/30	2012/3/30
12.10-2-96	12.10	29.240		Q/GDW 749—2012	变电站设备状态接入控制器技术规范			2012/6/21	2012/6/21
12.10-3-97	12.10	17.100	N11	GB/T 1226—2017	一般压力表	GB/T 1226—2010		2017/12/29	2018/7/1
12.10-3-98	12.10	17.100	N11	GB/T 1227—2017	精密压力表	GB/T 1227—2010		2017/12/29	2018/7/1
12.10-3-99	12.10	25.040.40	N10	GB/T 13283—2008	工业过程测量和控制用检测仪表和显示仪表精确度等级	GB/T 13283—1991		2008/6/30	2009/1/1
12.10-3-100	12.10	17.220.20	N23	GB/T 14913—2008	直流数字电压表及直流模数转换器	GB/T 14913—1994		2008/8/6	2009/3/1
12.10-3-101	12.10	17.220.20	N22	GB/T 17215.911—2011	电测量设备可信性 第011部分：一般概念			2011/7/29	2011/12/1
12.10-3-102	12.10	17.220.20	N22	GB/T 17215.304—2017	交流电测量设备 特殊要求 第4部分：经电子互感器接入的静止式电能表			2017/7/31	2018/2/1
12.10-3-103	12.10	17.220.20	N22	GB/T 17215.324—2017	交流电测量设备 特殊要求 第24部分：静止式基波频率无功电能表（0.5S 级，1S 级和 1级）			2017/5/12	2017/12/1
12.10-3-104	12.10	29.260.20	K35	GB/T 20936.1—2017	爆炸性环境用气体探测器 第1部分：可燃气体探测器性能要求	GB 20936.1—2007；GB 20936.2—2009；GB/T 20936.3—2009；GB 20936.4—2008	IEC 60079-29-1：2007	2017/12/29	2018/7/1
12.10-3-105	12.10	29.240.20	F23	GB/T 25095—2010	架空输电线路运行状态监测系统			2010/9/2	2011/2/1
12.10-3-106	12.10	19.020	N08	GB/T 25480—2010	仪器仪表运输、贮存基本环境条件及试验方法			2010/12/1	2011/5/1

序号	GW 分类	ICS 分类	GB 分类	标准号	中 文 名 称	代替标准	采用关系	发布日期	实施日期
12.10-3-107	12.10	17.020	N10	GB/T 26325—2010	控制技术测量仪表的命名规则			2011/1/14	2011/6/1
12.10-3-108	12.10	17.180.99	N52	GB/T 26792—2019	高效液相色谱仪			2019/10/18	2020/5/1
12.10-3-109	12.10	17.220.20	N25；A55	GB/T 28030—2011	接地导通电阻测试仪			2011/10/31	2012/2/1
12.10-3-110	12.10	17.120.10	N12	GB/T 28848—2012	智能气体流量计			2012/11/5	2013/2/15
12.10-3-111	12.10		N22	GB/T 28879—2012	电工仪器仪表产品型号编制方法			2012/11/5	2013/2/15
12.10-3-112	12.10	17.220.20	N20	GB/T 32192—2015	耐电压测试仪			2015/12/10	2016/7/1
12.10-3-113	12.10	25.040.40	N10	GB/T 34036—2017	智能记录仪表通用技术条件			2017/7/31	2018/2/1
12.10-3-114	12.10	29.240.20	K40	GB/T 35697—2017	架空输电线路在线监测装置通用技术规范			2017/12/29	2018/7/1
12.10-3-115	12.10	29.240.01	K45	GB/T 35791—2017	中性点非有效接地系统单相接地故障行波选线装置技术要求			2017/12/29	2018/7/1
12.10-3-116	12.10	29.240.01	F21	GB/T 37546—2019	无人值守变电站监控系统技术规范			2019/6/4	2020/1/1
12.10-3-117	12.10	17.140.50	N65	GB/T 3785.1—2010	电声学声级计 第1部分：规范	GB 3785 部分—1983；GB 17181 部分—1997		2010/9/2	2011/4/1
12.10-3-118	12.10	17.220.20	N28	GB/T 3928—2008	直流电阻分压箱	GB/T 3928—1983		2008/8/6	2009/3/1
12.10-3-119	12.10	19.080	N25	GB/T 3929—1983	标准电池			1983/11/8	1984/6/1
12.10-3-120	12.10	17.220.20	N25	GB/T 3930—2008	测量电阻用直流电桥	GB 3930—1983		2008/8/19	2009/3/1
12.10-3-121	12.10			GB 50093—2013	自动化仪表工程施工及质量验收规范	GB 50131—2007；GB 50093—2002		2013/1/28	2013/9/1
12.10-3-122	12.10	17.220.20	N20	GB/T 6592—2010	电工和电子测量设备性能表示	GB/T 6592—1996		2010/12/1	2011/5/1
12.10-4-123	12.10	29.240.20	K47	DL/T 1006—2006	架空输电线路巡检系统			2006/9/14	2007/3/1
12.10-4-124	12.10			DL/T 1016—2019	电容式引张线仪	DL/T 1016—2006		2019/11/4	2020/5/1
12.10-4-125	12.10			DL/T 1017—2019	电容式位移计	DL/T 1017—2006		2019/11/4	2020/5/1
12.10-4-126	12.10			DL/T 1018—2019	电容式测缝计	DL/T 1018—2006		2019/11/4	2020/5/1
12.10-4-127	12.10			DL/T 1019—2019	电容式垂线坐标仪	DL/T 1019—2006		2019/11/4	2020/5/1
12.10-4-128	12.10			DL/T 1020—2019	电容式静力水准仪	DL/T 1020—2006		2019/11/4	2020/5/1
12.10-4-129	12.10			DL/T 1021—2019	电容式量水堰水位计	DL/T 1021—2006		2019/11/4	2020/5/1
12.10-4-130	12.10	27.140	P55	DL/T 1043—2007	钢弦式测缝计			2007/7/20	2007/12/1

12

序号	GW 分类	ICS 分类	GB 分类	标准号	中 文 名 称	代替标准	采用关系	发布日期	实施日期
12.10-4-131	12.10	27.140	P55	DL/T 1044—2007	钢弦式应变计			2007/7/20	2007/12/1
12.10-4-132	12.10	27.140	P55	DL/T 1045—2007	钢弦式孔隙水压力计			2007/7/20	2007/12/1
12.10-4-133	12.10	27.140	P55	DL/T 1046—2007	引张线式水平位移计			2007/7/20	2007/12/1
12.10-4-134	12.10	27.140	P55	DL/T 1047—2007	水管式沉降仪			2007/7/20	2007/12/1
12.10-4-135	12.10	27.120.20	N31	DL/T 1061—2007	光电式（CCD）垂线坐标仪			2007/7/20	2007/12/1
12.10-4-136	12.10	27.120.20	N31	DL/T 1062—2007	光电式（CCD）引张线仪			2007/7/20	2007/12/1
12.10-4-137	12.10	17.220	N93	DL/T 1063—2007	差动电阻式位移计			2007/7/20	2007/12/1
12.10-4-138	12.10	17.220	N93	DL/T 1064—2007	差动电阻式锚索测力计			2007/7/20	2007/12/1
12.10-4-139	12.10	17.220	N93	DL/T 1065—2007	差动电阻式锚杆应力计			2007/7/20	2007/12/1
12.10-4-140	12.10	27.140	P59	DL/T 1104—2009	电位器式仪器测量仪			2009/7/1	2009/12/1
12.10-4-141	12.10	29.240	F20	DL/T 1119—2010	输电线路工频参数测试仪通用技术条件			2011/1/9	2011/5/1
12.10-4-142	12.10	29.020	F20	DL/T 1140—2012	电气设备六氟化硫激光检漏仪通用技术条件			2012/1/4	2012/3/1
12.10-4-143	12.10	27.100	F29	DL/T 1258—2013	互感器校验仪通用技术条件			2013/11/28	2014/4/1
12.10-4-144	12.10	27.100	F29	DL/T 1305—2013	变压器油介损测试仪通用技术条件			2013/11/28	2014/4/1
12.10-4-145	12.10			DL/T 1351—2014	电力系统暂态过电压在线测量及记录系统技术导则			2014/10/15	2015/3/1
12.10-4-146	12.10			DL/T 1392—2014	直流电源系统绝缘监测装置技术条件			2014/10/15	2015/3/1
12.10-4-147	12.10	27.100	F24	DL/T 1394—2014	电子式电流、电压互感器校验仪技术条件			2014/10/15	2015/3/1
12.10-4-148	12.10	27.100	F24	DL/T 1397.1—2014	电力直流电源系统用测试设备通用技术条件 第 1 部分：蓄电池电压巡检仪			2014/10/15	2015/3/1
12.10-4-149	12.10	27.100	F24	DL/T 1397.2—2014	电力直流电源系统用测试设备通用技术条件 第 2 部分：蓄电池容量放电测试仪			2014/10/15	2015/3/1
12.10-4-150	12.10	27.100	F24	DL/T 1397.3—2014	电力直流电源系统用测试设备通用技术条件 第 3 部分：充电装置特性测试系统			2014/10/15	2015/3/1
12.10-4-151	12.10	27.100	F24	DL/T 1397.4—2014	电力直流电源系统用测试设备通用技术条件 第 4 部分：直流断路器动作特性测试系统			2014/10/15	2015/3/1
12.10-4-152	12.10	27.100	F24	DL/T 1397.5—2014	电力直流电源系统用测试设备通用技术条件 第 5 部分：蓄电池内阻测试仪			2014/10/15	2015/3/1

12

序号	GW 分类	ICS 分类	GB 分类	标准号	中 文 名 称	代替标准	采用关系	发布日期	实施日期
12.10-4-153	12.10	27.100	F24	DL/T 1397.6—2014	电力直流电源系统用测试设备通用技术条件 第6部分：便携式接地巡测仪			2014/10/15	2015/3/1
12.10-4-154	12.10	27.100	F24	DL/T 1397.7—2014	电力直流电源系统用测试设备通用技术条件 第7部分：蓄电池单体活化仪			2014/10/15	2015/3/1
12.10-4-155	12.10	27.100	F24	DL/T 1399.1- 2014	电力试验/检测车 第1部分：通用技术			2014/10/15	2015/3/1
12.10-4-156	12.10			DL/T 1432.2—2016	变电设备在线监测装置检验规范 第2部分：变压器油中溶解气体在线监测装置			2016/1/7	2016/6/1
12.10-4-157	12.10			DL/T 1432.3—2016	变电设备在线监测装置检验规范 第3部分：电容型设备及金属氧化物避雷器绝缘在线监测装置			2016/1/7	2016/6/1
12.10-4-158	12.10			DL/T 1432.5—2019	变电设备在线监测装置检验规范 第5部分：变压器铁心接地电流在线监测装置			2019/11/4	2020/5/1
12.10-4-159	12.10			DL/T 1498.1—2016	变电设备在线监测装置技术规范 第1部分：通则			2016/1/7	2016/6/1
12.10-4-160	12.10			DL/T 1498.2—2016	变电设备在线监测装置技术规范 第2部分：变压器油中溶解气体在线监测装置			2016/1/7	2016/6/1
12.10-4-161	12.10			DL/T 1498.3—2016	变电设备在线监测装置技术规范 第3部分：电容型设备及金属氧化物避雷器绝缘在线监测装置			2016/1/7	2016/6/1
12.10-4-162	12.10			DL/T 1498.5—2019	变电设备在线监测装置技术规范 第5部分：变压器铁心接地电流在线监测装置			2019/11/4	2020/5/1
12.10-4-163	12.10			DL/T 1506—2016	高压交流电缆在线监测系统通用技术规范			2016/1/7	2016/6/1
12.10-4-164	12.10			DL/T 1512—2016	变电站测控装置技术规范			2016/1/7	2016/6/1
12.10-4-165	12.10			DL/T 1516—2016	相对介损及电容测试仪通用技术条件			2016/1/7	2016/6/1
12.10-4-166	12.10			DL/T 1610—2016	变电站机器人巡检系统通用技术条件			2016/8/16	2016/12/1
12.10-4-167	12.10	29.240.01	F20	DL/T 1779—2017	高压电气设备电晕放电检测用紫外成像仪技术条件			2017/12/27	2018/6/1
12.10-4-168	12.10	31.060.01	L11	DL/T 1787—2017	相对介损及电容检测仪校准规范			2017/12/27	2018/6/1
12.10-4-169	12.10	29.240.01	F20	DL/T 1790—2017	变压器现场局部放电测量用电源装置通用技术条件			2017/12/27	2018/6/1
12.10-4-170	12.10			DL/T 1791—2017	电力巡检用头戴式红外成像测温仪技术规范			2017/12/27	2018/6/1

12

序号	GW 分类	ICS 分类	GB 分类	标准号	中 文 名 称	代替标准	采用关系	发布日期	实施日期
12.10-4-171	12.10			DL/T 1923—2018	架空输电线路机器人巡检系统通用技术条件			2018/12/25	2019/5/1
12.10-4-172	12.10			DL/T 1951—2018	变压器绕组变形测试仪通用技术条件			2018/12/25	2019/5/1
12.10-4-173	12.10			DL/T 1952—2018	变压器绕组变形测试仪校准规范			2018/12/25	2019/5/1
12.10-4-174	12.10	29.240	F20	DL/T 1953—2018	电容电流测试仪通用技术条件			2018/12/25	2019/5/1
12.10-4-175	12.10	29.240	F20	DL/T 1955—2018	计量用合并单元测试仪通用技术条件			2018/12/25	2019/5/1
12.10-4-176	12.10	29.240	f20	DL/T 1956—2018	绝缘管型母线运行监测系统通用技术条件			2018/12/25	2019/5/1
12.10-4-177	12.10			DL/T 2150—2020	变电设备运行温度监测装置技术规范			2020/10/23	2021/2/1
12.10-4-178	12.10	27.100	F20	DL/Z 249—2012	变压器油中溶解气体在线监测装置选用导则			2012/4/6	2012/7/1
12.10-4-179	12.10	27.140	P59	DL/T 326—2010	步进式引张线仪			2011/1/9	2011/5/1
12.10-4-180	12.10	27.140	P59	DL/T 328—2010	真空激光准直位移测量装置			2011/1/9	2011/5/1
12.10-4-181	12.10			DL/T 357—2019	输电线路行波故障测距装置技术条件	DL/T 357—2010		2019/6/4	2019/10/1
12.10-4-182	12.10			DL/T 411—2018	电力大屏幕显示系统通用技术条件	DL/T 411—1991; DL/T 631—1997; DL/T 632—1997		2018/12/25	2019/5/1
12.10-4-183	12.10	29.240.01	F20	DL/T 500—2017	电压监测仪使用技术条件	DL/T 500—2009		2017/12/27	2018/6/1
12.10-4-184	12.10	31.060.70	K42	DL/T 740—2014	电容型验电器	DL 740—2000		2014/3/18	2014/8/1
12.10-4-185	12.10			DL/T 845.1—2019	电阻测量装置通用技术条件　第1部分：电子式绝缘电阻表	DL/T 845.1—2004		2019/11/4	2020/5/1
12.10-4-186	12.10			DL/T 845.2—2020	电阻测量装置通用技术条件　第2部分：工频接地电阻测试仪			2020/10/23	2021/2/1
12.10-4-187	12.10			DL/T 845.3—2019	电阻测量装置通用技术条件　第3部分：直流电阻测试仪	DL/T 845.3—2004		2019/11/4	2020/5/1
12.10-4-188	12.10			DL/T 845.4—2019	电阻测量装置通用技术条件　第4部分：回路电阻测试仪	DL/T 845.4—2004		2019/11/4	2020/5/1
12.10-4-189	12.10	27.100	F24	DL/T 846.2—2004	高电压测试设备通用技术条件　第2部分：冲击电压测量系统			2004/3/9	2004/6/1
12.10-4-190	12.10			DL/T 846.5—2018	高电压测试设备通用技术条件　第5部分：六氟化硫气体湿度仪	DL/T 846.5—2004		2018/12/25	2019/5/1
12.10-4-191	12.10			DL/T 846.6—2018	高电压测试设备通用技术条件　第6部分：六氟化硫气体检漏仪	DL/T 846.6—2004		2018/12/25	2019/5/1

12

序号	GW分类	ICS分类	GB分类	标准号	中 文 名 称	代替标准	采用关系	发布日期	实施日期
12.10-4-192	12.10	27.100	F24	DL/T 846.9—2004	高电压测试设备通用技术条件 第9部分：真空开关真空度测试仪			2004/3/9	2004/6/1
12.10-4-193	12.10			DL/T 849.1—2019	电力设备专用测试仪通用技术条件 第1部分：电缆故障闪测仪	DL/T 849.1—2004		2019/11/4	2020/5/1
12.10-4-194	12.10			DL/T 849.2—2019	电力设备专用测试仪通用技术条件 第2部分：电缆故障定点仪	DL/T 849.2—2004		2019/11/4	2020/5/1
12.10-4-195	12.10			DL/T 849.3—2019	电力设备专用测试仪器通用技术条件 第3部分：电缆路径仪	DL/T 849.3—2004		2019/11/4	2020/5/1
12.10-4-196	12.10			DL/T 849.5—2019	电力设备专用测试仪器通用技术条件 第5部分：振荡波高压发生器	DL/T 849.5—2004		2019/11/4	2020/5/1
12.10-4-197	12.10			DL/T 856—2018	电力用直流电源和一体化电源监控装置	DL/T 856—2004		2018/12/25	2019/5/1
12.10-4-198	12.10	17.220.20	N20；F21	DL/T 962—2005	高压介质损耗测试仪通用技术条件			2005/2/14	2005/6/1
12.10-4-199	12.10	17.220.20	N22；N23	DL/T 980—2005	数字多用表检定规程			2005/11/28	2006/6/1
12.10-4-200	12.10			DL/T 987—2017	氧化锌避雷器阻性电流测试仪通用技术条件	DL/T 987—2005		2017/12/27	2018/6/1
12.10-4-201	12.10	29.120.70	K45	JB/T 10549—2006	SF_6气体密度继电器和密度表通用技术条件			2006/5/6	2006/10/1
12.10-4-202	12.10	07.060	N95	JB/T 11258—2011	数字风向风速测量仪			2011/12/20	2012/4/1
12.10-4-203	12.10			JB/T 13935—2020	无损检测仪器 超声检测 超声衍射声时检测仪			2020/4/24	2021/1/1
12.10-4-204	12.10			JB/T 13937—2020	无损检测仪器 激光超声可视化检测仪			2020/4/24	2021/1/1
12.10-4-205	12.10			JB/T 13938—2020	无损检测仪器 渗透检测装置基本要求			2020/4/24	2021/1/1
12.10-4-206	12.10			JB/T 13939—2020	无损检测仪器 涡流测厚仪			2020/4/24	2021/1/1
12.10-4-207	12.10			JB/T 13940—2020	无损检测仪器 涡流电导率检测仪			2020/4/24	2021/1/1
12.10-4-208	12.10			JB/T 6302—2016	变压器用油面温控器			2016/10/22	2017/4/1
12.10-4-209	12.10	07.060	N95	JB/T 6862—2014	温湿度计			2014/7/9	2014/11/1
12.10-4-210	12.10	29.180	K41	JB/T 7069—2004	变压器用压力释放阀试验导则	JB/T 7065—2015		2004/6/17	2004/11/1
12.10-4-211	12.10	29.120.70	K45	JB/T 9285—1999	钳形电流表			1999/8/6	2000/1/1
12.10-4-212	12.10	29.180	k41	JB/T 9647—2014	变压器用气体继电器			2014/5/6	2014/10/1
12.10-4-213	12.10	17.220.01	A56	JJG 1024—2007	脉冲功率计检定规程	JJG 1024—1991		2007/2/28	2007/5/28

12

序号	GW分类	ICS分类	GB分类	标准号	中 文 名 称	代替标准	采用关系	发布日期	实施日期
12.10-4-214	12.10	17.120	A53	JJG 1029—2007	涡街流量计检定规程	JJG 198—1994		2007/8/21	2007/11/21
12.10-4-215	12.10		A54	JJG 130—2011	工作用玻璃液体温度计	JJG 50—1996; JJG 618—1999; JJG 978—2003; JG 130—2004		2011/9/20	2012/3/20
12.10-4-216	12.10		A53	JJG 134—2003	磁电式速度传感器检定规程	JJG 134—1987		2003/9/23	2004/3/23
12.10-4-217	12.10	17.100	A53	JJG 159—2008	双活塞式压力真空计检定规程	JJG 159—1994		2008/3/25	2008/9/25
12.10-4-218	12.10	17.200.10	A54	JJG 160—2007	标准铂电阻温度计检定规程	JJG 716—1991; JJG 160—1992; JJG 859—1994		2007/6/14	2007/12/14
12.10-4-219	12.10	17.220	A55	JJG 169—2010	互感器校验仪检定规程	JJG 169—1993		2010/11/5	2011/5/5
12.10-4-220	12.10	17.180	A61	JJG 178—2007	紫外、可见、近红外分光光度计	JJG 178—1996		2007/11/21	2008/5/21
12.10-4-221	12.10	17.040	A52	JJG 21—2008	千分尺检定规程	JJG 21—1995		2008/3/25	2008/9/25
12.10-4-222	12.10		A54	JJG 225—2001	热能表检定规程	JJG 225—1992		2001/12/4	2002/3/1
12.10-4-223	12.10		A54	JJG 226—2001	双金属温度计检定规程	JJG 226—1989		2001/6/5	2001/10/1
12.10-4-224	12.10	17.120	A53	JJG 257—2007	浮子流量计检定规程	JJG 257—1994		2007/8/21	2008/2/21
12.10-4-225	12.10		A54	JJG 310—2002	压力式温度计检定规程	JJG 310—1983		2002/11/4	2003/5/4
12.10-4-226	12.10			JJG 488—2018	瞬时日差测量仪检定规程	JJG 488—2008		2018/2/27	2018/8/27
12.10-4-227	12.10	17.220	A56	JJG 508—2004	四探针电阻率测试仪检定规程	JJG 508—1987		2004/9/21	2005/3/21
12.10-4-228	12.10	17	A61	JJG 520—2005	粉尘采样器检定规程	JJG 520—2002		2005/4/28	2005/10/28
12.10-4-229	12.10			JJG 52—2013	弹性元件式一般压力表、压力真空表和真空表检定规程	JJG 52—1999; JJG 573—2003		2013/6/27	2013/12/27
12.10-4-230	12.10		A53	JJG 544—2011	压力控制器	JJG 544—1997		2011/12/28	2012/6/28
12.10-4-231	12.10	17.100	A53	JJG 59—2007	活塞式压力计检定规程	JJG 129—1990; JJG 59—1990; JJG 727—1991		2007/6/14	2007/12/14
12.10-4-232	12.10		A53	JJG 643—2003	标准表法流量标准装置	JJG 643—1994; JJG 267—1996		2003/3/5	2003/9/1
12.10-4-233	12.10		A61	JJG 801—2004	化学发光法氮氧化物分析仪检定规程	JJG 801—1993		2004/11/9	2005/3/21

12

序号	GW 分类	ICS 分类	GB 分类	标准号	中 文 名 称	代替标准	采用关系	发布日期	实施日期
12.10-4-234	12.10			JJG 856—2015	工作用辐射温度计检定规程	JJG 856—1994；JJG 415—2001；JJG 67—2003		2015/12/7	2016/6/7
12.10-4-235	12.10	17.140	P96	JT/T 659—2006	混凝土超声检测仪			2006/6/23	2006/10/1
12.10-4-236	12.10	29.120.99	K43	NB/T 10091—2018	高压开关设备温度在线监测装置技术规范			2018/10/29	2019/3/1
12.10-4-237	12.10	29.24.01	K45	NB/T 42015—2013	智能变电站网络报文记录及分析装置技术条件			2013/11/28	2014/4/1
12.10-4-238	12.10	29.240.01	K45	NB/T 42086—2016	无线测温装置技术要求			2016/8/16	2016/12/1
12.10-4-239	12.10	17.220	L88	SJ/T 11383—2008	泄漏电流测试仪通用规范			2008/3/10	2008/3/10
12.10-6-240	12.10			T/CEC 121—2016	高压电缆接头内置式导体测温装置技术规范			2016/10/21	2017/1/1
12.10-6-241	12.10	27.100	F22	T/CEC 141—2017	变压器油中溶解气体在线监测装置现场安装及验收规范			2017/5/15	2017/8/1
12.10-6-242	12.10	27.100	F23	T/CEC 142—2017	变压器油中溶解气体在线监测装置运行导则			2017/5/15	2017/8/1
12.10-6-243	12.10			T/CEC 293—2020	六氟化硫气体分解产物带电检测仪器技术规范			2020/6/30	2020/10/1
12.10-6-244	12.10			T/CEC 354—2020	变压器低电压短路阻抗测试仪通用技术条件			2020/6/30	2020/10/1
12.10-6-245	12.10			T/CEC 356—2020	电气设备六氟化硫红外检漏仪通用技术条件			2020/6/30	2020/10/1
12.10-6-246	12.10			T/CEC 357—2020	基于超声波法的闪络定位仪通用技术条件			2020/6/30	2020/10/1
12.10-6-247	12.10			T/CEC 412—2020	同期线损用高压电能测量装置通用技术条件			2020/10/28	2021/2/1

12.11 设备、材料-机械及零部件

序号	GW 分类	ICS 分类	GB 分类	标准号	中 文 名 称	代替标准	采用关系	发布日期	实施日期
12.11-2-1	12.11	29.240		Q/GDW 11142—2013	输电线路钢管塔用直缝焊管			2014/4/15	2014/4/15
12.11-2-2	12.11	29.240		Q/GDW 11716—2017	气体绝缘金属封闭开关设备用伸缩节技术规范			2018/4/13	2018/4/13
12.11-2-3	12.11			Q/GDW 11742—2017	±1100kV 特高压直流输电线路金具技术规范			2018/9/12	2018/9/12
12.11-2-4	12.11			Q/GDW 11795—2017	35kV 及以下输电线路球墨铸铁管杆技术规定			2018/10/25	2018/10/25
12.11-2-5	12.11			Q/GDW 1780—2013	架空输电线路碳纤维复合芯导线配套金具技术规范			2013/4/12	2013/4/12
12.11-2-6	12.11	29.020		Q/GDW 578—2010	液压式起升装置技术规范			2011/3/11	2011/3/11
12.11-2-7	12.11	29.020		Q/GDW 579—2010	液压式提升装置技术规范			2011/3/11	2011/3/11

12

序号	GW分类	ICS分类	GB分类	标准号	中 文 名 称	代替标准	采用关系	发布日期	实施日期
12.11-3-8	12.11	83.140.30	G33	GB/T 10002.1—2006	给水用硬聚氯乙烯（PVC-U）管材	GB/T 10002.1—1996		2006/3/8	2006/8/1
12.11-3-9	12.11	53.020.30	J80	GB/T 10051.3—2010	起重吊钩　第3部分：锻造吊钩使用检查	GB 10051.3—1998	DIN 15405-1：1979 MOD	2011/1/10	2011/9/1
12.11-3-10	12.11	25.040.30	J28	GB 11291.1—2011	工业环境用机器人安全要求　第1部分：机器人	GB 11291—1997	ISO 10218-1：2006；ISO 10218-1/COR.1：2007 IDT	2011/5/12	2011/10/1
12.11-3-11	12.11	21.060.10；21.060.20	J13	GB/T 1231—2006	钢结构用高强度大六角头螺栓、大六角螺母、垫圈技术条件	GB/T 1231—1991		2006/3/27	2006/11/1
12.11-3-12	12.11	91.100.10	Q11	GB/T 12573—2008	水泥取样方法	GB 12573—1990		2008/6/30	2009/4/1
12.11-3-13	12.11	27.040	K54	GB/T 13399—2012	汽轮机安全监视装置技术条件	GB/T 13399—1992		2012/6/29	2012/11/1
12.11-3-14	12.11	23.040.60	J15	GB/T 13402—2019	大直径钢制管法兰	GB/T 13402—2010	ISO 7005-1：2011	2019/5/10	2019/12/1
12.11-3-15	12.11	23.040.60	J15	GB/T 13403—2008	大直径钢制管法兰用垫片	GB/T 13403—1992		2008/8/25	2009/4/1
12.11-3-16	12.11	91.100.10	Q11	GB/T 1345—2005	水泥细度检验方法　筛析法	GB/T 1345—1991		2005/1/19	2005/8/1
12.11-3-17	12.11	91.100.10	Q11	GB/T 1346—2011	水泥标准稠度用水量、凝结时间、安定性检验方法	GB/T 1346—2001	ISO 9597：2008 NEQ	2011/7/20	2012/3/1
12.11-3-18	12.11	53.020.90	J80	GB/T 14627—2011	液压式启闭机	GB/T 14627—1993		2011/5/12	2011/12/1
12.11-3-19	12.11	87.040	C82	GB 14907—2002	钢结构防火涂料	GB 14907—1994		2002/1/10	2002/8/1
12.11-3-20	12.11	77.140.60	H49	GB/T 14957—1994	熔化焊用钢丝	GB 1300—1977		1994/2/1	1995/1/1
12.11-3-21	12.11	77.140.60	H44	GB/T 1499.1—2017	钢筋混凝土用钢　第1部分：热轧光圆钢筋	GB/T 1499.1—2008	ISO 6935-1：2007	2017/12/29	2018/9/1
12.11-3-22	12.11	77.140.60	H44	GB/T 1499.2—2018	钢筋混凝土用钢　第2部分：热轧带肋钢筋	GB/T 1499.2—2007		2018/2/6	2018/11/1
12.11-3-23	12.11	23.040.60	J15	GB/T 15601—2013	管法兰用金属包覆垫片	GB/T 15601—1995		2013/12/17	2014/10/1
12.11-3-24	12.11	21.040.10	J04	GB/T 15756—2008	普通螺纹极限尺寸			2008/7/30	2009/2/1
12.11-3-25	12.11	13.220.50	C82	GB 15930—2007	建筑通风和排烟系统用防火阀门	GB 15930—1995；GB 15931—1995		2007/4/27	2008/1/1
12.11-3-26	12.11	29.060.10	K30	GB 15934—2008	电器附件电线组件和互连电线组件	GB 15934—1996	IEC 60799：1998 IDT	2008/6/19	2009/6/1
12.11-3-27	12.11	23.040.99	J15	GB/T 17116.1—2018	管道支吊架　第1部分：技术规范	GB/T 17116.1—1997		2018/3/15	2018/10/1
12.11-3-28	12.11	23.040.99	J15	GB/T 17116.2—2018	管道支吊架　第2部分：管道连接部件	GB/T 17116.2—1997		2018/2/6	2018/9/1
12.11-3-29	12.11	23.040.99	J15	GB/T 17116.3—2018	管道支吊架　第3部分：中间连接件和建筑结构连接件	GB/T 17116.3—1997		2018/3/15	2018/10/1

12

序号	GW 分类	ICS 分类	GB 分类	标准号	中 文 名 称	代替标准	采用关系	发布日期	实施日期
12.11-3-30	12.11	23.040.60	J15	GB/T 17185—2012	钢制法兰管件	GB/T 17185—1997		2012/12/31	2013/10/1
12.11-3-31	12.11	23.040.60	J15	GB/T 17186.1—2015	管法兰连接计算方法　第1部分：基于强度和刚度的计算方法	GB/T 17186—1997		2015/12/10	2016/7/1
12.11-3-32	12.11	91.100.10	Q11	GB 175—2007	通用硅酸盐水泥	GB 175—2007/XG3—2018		2007/11/9	2008/6/1
12.11-3-33	12.11	29.060.10	K11	GB/T 17937—2009	电工用铝包钢线		IEC 61232：1993 MOD	2009/3/19	2009/12/1
12.11-3-34	12.11	21.040.10	J04	GB/T 192—2003	普通螺纹基本牙型	GB/T 192—1981	ISO 68-1：1998 MOD	2003/5/2	2004/1/1
12.11-3-35	12.11	21.040.10	J04	GB/T 193—2003	普通螺纹直径与螺距系列	GB/T 193—1981	ISO 261：1998 MOD	2003/5/22	2004/1/1
12.11-3-36	12.11	21.040.10	J04	GB/T 196—2003	普通螺纹基本尺寸	GB/T 196—1981	ISO 724：1993 MOD	2003/5/22	2004/1/1
12.11-3-37	12.11	21.040.10	J04	GB/T 197—2018	普通螺纹　公差	GB/T 197—2003	ISO 965-1：2013	2018/3/15	2018/10/1
12.11-3-38	12.11	91.100.10	Q11	GB/T 200—2017	中热硅酸盐水泥、低热硅酸盐水泥	GB/T 200—2003		2017/12/29	2018/11/1
12.11-3-39	12.11			GB/T 20065—2016	预应力混凝土用螺纹钢筋	GB/T 20065—2006		2016/12/13	2017/9/1
12.11-3-40	12.11	77.140.65	H49	GB/T 20118—2017	钢丝绳通用技术条件	GB/T 20118—2006	ISO 2408：2017	2017/12/29	2018/9/1
12.11-3-41	12.11	17.100	N11	GB 20262—2006	焊接、切割及类似工艺用气瓶减压器安全规范			2006/3/14	2006/10/1
12.11-3-42	12.11	77.040.10	H23	GB/T 25048—2019	金属材料管环拉伸试验方法	GB/T 25048—2010	ISO 8496：2013	2019/8/30	2020/7/1
12.11-3-43	12.11	31.240	K05	GB/T 25293—2010	电工电子设备机柜机械门锁			2010/11/10	2011/5/1
12.11-3-44	12.11	31.240	K05	GB/T 25294—2010	电力综合控制机柜通用技术要求			2010/11/10	2011/5/1
12.11-3-45	12.11	29.080.10	K48	GB/T 25317—2010	绝缘子串元件的槽型连接尺寸		IEC 60471：1977 IDT	2010/11/10	2011/5/1
12.11-3-46	12.11		K30	GB/T 26219—2010	电器附件 Y 型电线组件和 Y 型互连电线组件			2011/1/14	2011/7/1
12.11-3-47	12.11	83.120	Q23	GB/T 26743—2011	结构工程用纤维增强复合材料筋			2011/7/20	2012/3/1
12.11-3-48	12.11	83.120	Q23	GB/T 26744—2011	结构加固修复用玻璃纤维片材			2011/7/20	2012/3/1
12.11-3-49	12.11	21.100.20	J11	GB/T 271—2017	滚动轴承分类	GB/T 271—2008		2017/5/12	2017/12/1
12.11-3-50	12.11	29.120.01	K30	GB/T 27746—2011	低压电器用金属氧化物压敏电阻器（MOV）技术规范			2011/12/30	2012/5/1
12.11-3-51	12.11	23.060.99	J98	GB/T 29462—2012	电站堵阀		ASMEB 16.34 NEQ	2012/12/31	2013/7/1
12.11-3-52	12.11	91.100.30	Q72	GB/T 29733—2013	混凝土结构用成型钢筋制品			2013/9/18	2014/6/1
12.11-3-53	12.11	17.200.20	N11	GB/T 30121—2013	工业铂热电阻及铂感温元件		IEC 60751：2008 IDT	2013/12/17	2014/6/1

12

序号	GW分类	ICS分类	GB分类	标准号	中 文 名 称	代替标准	采用关系	发布日期	实施日期
12.11-3-54	12.11	21.060.10	J13	GB/T 3098.1—2010	紧固件机械性能 螺栓、螺钉和螺柱			2011/1/10	2011/10/1
12.11-3-55	12.11	21.060.10	J13	GB/T 3098.2—2015	紧固件机械性能 螺母			2015/12/10	2017/1/1
12.11-3-56	12.11	29.020	K60	GB/T 31133—2014	电力设备用液压式提升设备技术规范			2014/9/3	2015/2/1
12.11-3-57	12.11	77.150.30	H62	GB/T 3114—2010	铜及铜合金扁线	GB/T 3114—1994；GB 3114—1994	ASTMB 250/B250M—2007 NEQ	2011/1/4	2011/11/1
12.11-3-58	12.11	77.150.10	H61	GB/T 32184—2015	高电导率铝合金挤压扁棒及板			2015/12/10	2016/7/1
12.11-3-59	12.11	77.140.50	H46	GB/T 3280—2015	不锈钢冷轧钢板和钢带	GB/T 3280—2007		2015/9/11	2016/6/1
12.11-3-60	12.11	53.020.20	J80	GB/T 34529—2017	起重机和葫芦 钢丝绳、卷筒和滑轮的选择			2017/10/14	2018/5/1
12.11-3-61	12.11	75.100		GB/T 34535—2017	润滑剂、工业用油和有关产品（L类）X组（润滑脂）规范			2017/10/14	2018/5/1
12.11-3-62	12.11	91.100.99	Q12	GB/T 34557—2017	砂浆、混凝土用乳胶和可再分散乳胶粉			2017/10/14	2018/9/1
12.11-3-63	12.11	21.060.10	J13	GB/T 35481—2017	六角花形法兰面螺栓			2017/12/29	2018/4/1
12.11-3-64	12.11	77.140.75	J15	GB/T 35979—2018	金属波纹管膨胀节选用、安装、使用维护技术规范			2018/2/6	2018/9/1
12.11-3-65	12.11	77.040.10	H22	GB/T 36024—2018	金属材料 薄板和薄带 十字形试样双向拉伸试验方法			2018/3/15	2018/12/1
12.11-3-66	12.11	25.160.20	J33	GB/T 36034—2018	埋弧焊用高强钢实心焊丝、药芯焊丝和焊丝—焊剂组合分类要求		ISO 26304：2011 MOD	2018/3/15	2018/10/1
12.11-3-67	12.11	25.160.20	J33	GB/T 36037—2018	埋弧焊和电渣焊用焊剂		ISO 14174：2012 MOD	2018/3/15	2018/10/1
12.11-3-68	12.11	77.140.50	H46	GB/T 36130—2018	铁塔结构用热轧钢板和钢带			2018/5/14	2019/2/1
12.11-3-69	12.11		K64	GB 3883.12—2012	手持式电动工具的安全 第2部分：混凝土振动器的专用要求	GB 3883.12—2007	IEC 60745-2-12：2008 ED 2.1	2012/11/5	2013/5/1
12.11-3-70	12.11	91.060.15	Q15	GB/T 4111—2013	混凝土砌块和砖试验方法	GB/T 4111—1997		2013/12/31	2014/9/1
12.11-3-71	12.11	21.060.20	J13	GB/T 41—2016	1型六角螺母 C级		ISO 4034：2012 MOD	2016/2/24	2016/6/1
12.11-3-72	12.11	77.140.50	H46	GB/T 4237—2015	不锈钢热轧钢板和钢带	GB/T 4237—2007		2015/9/11	2016/6/1
12.11-3-73	12.11	77.140.60	H44	GB/T 4241—2017	焊接用不锈钢盘条	GB/T 4241—2006	ISO 14343：2009	2017/5/31	2018/2/1
12.11-3-74	12.11	13.240	J74	GB 567.1—2012	爆破片安全装置 第1部分：基本要求			2012/5/11	2013/3/1

12

序号	GW分类	ICS分类	GB分类	标准号	中 文 名 称	代替标准	采用关系	发布日期	实施日期
12.11-3-75	12.11	91.100.30	Q14	GB 5696—2006	预应力混凝土管	GB 5695—1994；GB 5696—1994		2006/9/8	2007/2/1
12.11-3-76	12.11	21.060.10	J13	GB/T 5779.1—2000	紧固件表面缺陷　螺栓、螺钉和螺柱　一般要求		ISO 6157-1：1988 IDT	2000/9/2	2001/2/1
12.11-3-77	12.11	21.060.10	J13	GB/T 5779.3—2000	紧固件表面缺陷　螺栓、螺钉和螺柱　特殊要求		ISO 6157-3：1988 IDT	2000/9/2	2001/2/1
12.11-3-78	12.11	83.140.30	G33	GB/T 5836.1—2018	建筑排水用硬聚氯乙烯（PVC-U）管材	GB/T 5836.1—2006		2018/12/28	2019/7/1
12.11-3-79	12.11	83.140.30	G33	GB/T 5836.2—2018	建筑排水用硬聚氯乙烯（PVC-U）管件	GB/T 5836.2—2006		2018/12/28	2019/7/1
12.11-3-80	12.11	77.140.45	H40	GB/T 699—2015	优质碳素结构钢			2015/12/10	2016/11/1
12.11-3-81	12.11	77.140.70	H44	GB/T 706—2016	热轧型钢			2016/12/30	2017/9/1
12.11-3-82	12.11	91.100.30	Q12	GB 8076—2008	混凝土外加剂	GB 8076—1997		2008/12/31	2009/12/30
12.11-3-83	12.11	91.100.30	Q12	GB/T 8077—2012	混凝土外加剂匀质性试验方法	GB/T 8077—2000		2012/12/31	2013/8/1
12.11-3-84	12.11	23.040.60	J15	GB/T 9124.1—2019	钢制管法兰　第1部分：PN系列	部分代替GB/T 9112—2010；GB/T 9113—2010；GB/T 9114—2010；GB/T 9115—2010；GB/T 9116—2010；GB/T 9117—2010；GB/T 9118—2010；GB/T 9119—2010；GB/T 9120—2010；GB/T 9121—2010；GB/T 9122—2010；GB/T 9123—2010；GB/T 9124—2010	ISO 7005-1：2011	2019/5/10	2019/12/1
12.11-3-85	12.11	23.040.60	J15	GB/T 9124.2—2019	钢制管法兰　第2部分：Class系列	GB/T 9112—2010；GB/T 9113—2010；GB/T 9114—2010		2019/5/10	2019/12/1
12.11-3-86	12.11	23.040.60	J15	GB/T 9130—2007	钢制管法兰用金属环垫技术条件	GB/T 9130—1988		2007/11/5	2008/2/1
12.11-3-87	12.11	91.220	P97	GB/T 9142—2000	混凝土搅拌机	GB 9142—1988；GB 4477—1995		2000/3/16	2000/8/1
12.11-3-88	12.11	53.020	J80	GB/T 9465—2018	高空作业车	GB/T 9465—2008		2018/5/14	2018/12/1

12

序号	GW 分类	ICS 分类	GB 分类	标准号	中 文 名 称	代替标准	采用关系	发布日期	实施日期
12.11-3-89	12.11	25.220.40	A29	GB/T 9799—2011	金属及其他无机覆盖层钢铁上经过处理的锌电镀层	GB/T 9799—1997		2011/12/30	2012/10/1
12.11-4-90	12.11	91.080.10	P26	CECS 212—2006	预应力钢结构技术规程			2006/10/22	2006/12/1
12.11-4-91	12.11	91.140.80	Q81	CJ/T 177—2002	建筑排水用卡箍式铸铁管及管件			2003/6/1	2003/6/1
12.11-4-92	12.11	91.140.80	P42	CJ/T 178—2013	建筑排水用柔性接口承插式铸铁管及管件	CJ 3080—1998		2003/3/17	2003/10/1
12.11-4-93	12.11	29.240.20	K47	DL/T 1079—2016	输电线路张力放线用防扭钢丝绳	DL/T 1079—2007		2016/2/5	2016/7/1
12.11-4-94	12.11	29.050	F29	DL/T 1667—2016	变电站不锈钢复合材料耐腐蚀接地装置			2016/12/5	2017/5/1
12.11-4-95	12.11	27.100	F20	DL/T 183—2016	斗轮堆取料机技术条件	SD 183—1986		2016/2/5	2016/7/1
12.11-4-96	12.11	27.100	F20	DL/T 439—2018	火力发电厂高温紧固件技术导则	DL/T 439—2006		2018/4/3	2018/7/1
12.11-4-97	12.11	91.220	P97	DL/T 456—2005	混凝土搅拌楼用搅拌机	DL/T 456—1991		2005/2/14	2005/6/1
12.11-4-98	12.11			DL/T 473—2017	大直径三通锻件技术条件	DL 473—1992		2017/8/2	2017/12/1
12.11-4-99	12.11	27.100	P61	DL/T 5161.14—2018	电气装置安装工程质量检验及评定规程 第14部分：起重机电气装置施工质量检验	DL/T 5161.14—2002		2018/12/25	2019/5/1
12.11-4-100	12.11			DL/T 733—2014	输变电工程用绞磨	DL/T 733—2000		2014/3/18	2014/8/1
12.11-4-101	12.11	91.010.01	P04	HG/T 21544—2006	预埋件通用图	HG 21544—1992		2006/10/4	2007/4/1
12.11-4-102	12.11			HG/T 2887—2018	变压器类产品用橡胶密封制品	HG/T 2887—1997		2018/10/22	2019/4/1
12.11-4-103	12.11	29.180	K41	JB/T 10112—2013	变压器用油泵	JB/T 10112—1999		2013/4/25	2013/9/1
12.11-4-104	12.11	29.180	K41	JB/T 10319—2014	变压器用波纹油箱	JB/T 10319—2002		2014/5/6	2014/10/1
12.11-4-105	12.11	77.140.85	J32	JB/T 10663—2006	25MW 及 25MW 以下汽轮机无中心孔转子和主轴锻件技术条件			2006/11/27	2007/5/1
12.11-4-106	12.11	77.140.85	J32	JB/T 10664—2006	25MW～200MW 汽轮机无中心孔转子和主轴锻件技术条件			2006/11/27	2007/5/1
12.11-4-107	12.11			JB/T 10745—2016	YZRS 系列起重及冶金用绕线转子双速三相异步电动机技术条件	JB/T 10745—2007		2016/10/22	2017/4/1
12.11-4-108	12.11			JB/T 10902—2020	工程机械 司机室	JB/T 10902—2008		2020/4/24	2021/1/1
12.11-4-109	12.11	29.100.01	K97	JB/T 11054—2010	变压器专用设备变压法真空干燥设备			2010/2/21	2010/7/1
12.11-4-110	12.11	29.100.01	K97	JB/T 11055—2010	变压器专用设备环氧树脂真空浇注设备			2010/2/21	2010/7/1
12.11-4-111	12.11	29.100.01	K97	JB/T 11056—2010	变压器专用设备汽相干燥设备			2010/2/21	2010/7/1

12

序号	GW 分类	ICS 分类	GB 分类	标准号	中文名称	代替标准	采用关系	发布日期	实施日期
12.11-4-112	12.11			JB/T 11156—2020	塔式起重机　机构技术条件	JB/T 11156—2011		2020/4/24	2021/1/1
12.11-4-113	12.11			JB/T 11218—2020	风力发电塔架　法兰锻件	JB/T 11218—2011		2020/4/24	2021/1/1
12.11-4-114	12.11	23.060.30	J16	JB/T 11493—2013	变压器用闸阀			2013/4/25	2013/9/1
12.11-4-115	12.11	29.120.10	K65	JB/T 11900—2014	电缆管理用导管系统耐腐蚀套接紧定式钢导管配件			2014/5/6	2014/10/1
12.11-4-116	12.11	29.100.01	K97	JB/T 3857—2010	变压器用卧式绕线机	JB 3857—1999；JB 9656—1999		2010/2/21	2010/7/1
12.11-4-117	12.11			JB/T 5345—2016	变压器用蝶阀			2016/10/22	2017/4/1
12.11-4-118	12.11	29.180	K41	JB/T 5347—2013	变压器用片式散热器	JB/T 5347—1999		2013/4/25	2013/9/1
12.11-4-119	12.11			JB/T 6484—2016	变压器用储油柜			2016/10/22	2017/4/1
12.11-4-120	12.11	19.020	K60	JB/T 6743—2013	户内户外钢制电缆桥架防腐环境技术要求			2013/12/31	2014/7/1
12.11-4-121	12.11		J22	JB/T 7052—1993	高压电器设备用橡胶密封件六氟化硫电器设备密封件技术条件			1993/9/23	1994/7/1
12.11-4-122	12.11	29.180	K41	JB/T 7633—2007	变压器用螺旋板式强油水冷却器	JB 7633—1994		2007/1/25	2007/7/1
12.11-4-123	12.11	29.180	K41	JB/T 8448.1—2018	变压器类产品用密封制品技术条件　第 1 部分：橡胶密封制品	JB/T 8448.1—2004		2018/4/30	2018/12/1
12.11-4-124	12.11	29.180	K41	JB/T 8448.2—2018	变压器类产品用密封制品技术条件　第 2 部分：软木橡胶密封制品	JB/T 8448.2—2004		2018/4/30	2018/12/1
12.11-4-125	12.11	29.180	K41	JB/T 8749.1—2007	调压器　第 1 部分：通用要求和试验	JB/T 8749—1998		2007/8/28	2008/2/1
12.11-4-126	12.11	29.180	K41	JB/T 9642—2013	变压器用风扇	JB/T 9642—1999		2013/4/25	2013/9/1
12.11-4-127	12.11	29.080.99	K49	JB/T 9671—2006	避雷器安装尺寸与接线端子尺寸			2006/5/6	2006/10/1
12.11-4-128	12.11			JGJ 55—2011	普通混凝土配合比设计规程			2011/4/22	2011/12/1
12.11-4-129	12.11		P25	JGJ 63—2006	混凝土用水标准	JGJ 63—1989		2006/7/25	2006/12/1
12.11-4-130	12.11			JGJ 82—2011	钢结构高强度螺栓连接技术规程			2011/1/7	2011/10/1
12.11-4-131	12.11	27.120	F48	NB/T 25035—2014	发电厂共箱封闭母线技术要求			2014/6/29	2014/11/1
12.11-4-132	12.11	27.120	F48	NB/T 25036—2014	发电厂离相封闭母线技术要求			2014/6/29	2014/11/1
12.11-4-133	12.11	27.010	F01	NB/T 42037—2014	防腐电缆桥架			2014/6/29	2014/11/1
12.11-4-134	12.11	77.040.20	H26	NB/T 47013.1—2015	承压设备无损检测　第 1 部分：通用要求	JB/T 4730.1—2005		2015/4/2	2015/9/1

12

序号	GW 分类	ICS 分类	GB 分类	标准号	中 文 名 称	代替标准	采用关系	发布日期	实施日期
12.11-4-135	12.11	77.040.20	H26	NB/T 47013.2—2015	承压设备无损检测 第2部分：射线检测	JB/T 4730.2—2005		2015/4/2	2015/9/1
12.11-4-136	12.11	77.040.20	H26	NB/T 47013.3—2015	承压设备无损检测 第3部分：超声检测	JB/T 4730.3—2005		2015/4/2	2015/9/1
12.11-4-137	12.11	77.040.20	H26	NB/T 47013.4—2015	承压设备无损检测 第4部分：磁粉检测	JB/T 4730.4—2005		2015/4/2	2015/9/1
12.11-4-138	12.11	77.040.20	H26	NB/T 47013.5—2015	承压设备无损检测 第5部分：渗透检测	JB/T 4730.5—2005		2015/4/2	2015/9/1
12.11-4-139	12.11	77.040.20	H26	NB/T 47013.6—2015	承压设备无损检测 第6部分：涡流检测	JB/T 4730.6—2005		2015/4/2	2015/9/1
12.11-4-140	12.11			NB/T 47020—2012	压力容器法兰分类与技术条件	JB/T 4700—2000		2012/11/9	2013/3/1
12.11-4-141	12.11	23.060	J16	NB/T 47044—2014	电站阀门	JB/T 3595—2002		2014/6/29	2014/11/1
12.11-4-142	12.11	29.120	K13	QB/T 1453—2003	电缆桥架	QB/T 1453—1992		2003/9/13	2003/10/1
12.11-4-143	12.11			SY/T 0516—2016	绝缘接头与绝缘法兰技术规范	SY/T 0516—2008		2016/12/5	2017/5/1
12.11-4-144	12.11			YB/T 4001.2—2020	钢格栅板及配套件 第2部分：钢格板平台球型护栏			2020/4/24	2020/10/1
12.11-4-145	12.11			YB/T 4001.3—2020	钢格栅板及配套件 第3部分：钢格板楼梯踏板			2020/4/24	2020/10/1
12.11-4-146	12.11			YB/T 4222—2018	预绞式金具用镀层钢丝			2018/10/22	2019/4/1
12.11-4-147	12.11	77.140.99	P25	YB 9082—2006	钢骨混凝土结构技术规程	YB 9082—1997		2007/2/1	2007/2/1
12.11-4-148	12.11	65.160	X94	YC/T 226—2007	普通螺纹收尾、肩距、退刀槽和倒角		NK 1507：2000 MOD	2007/7/5	2007/9/1
12.11-4-149	12.11	33.060.99；33.120.99；33.180.99	M36	YD/T 2719—2014	移动通信用直放站机箱			2014/10/14	2014/10/14
12.11-4-150	12.11	33.040.50		YD/T 841.8—2014	地下通信管道用塑料管 第8部分：塑料合金复合型管			2014/10/14	2014/10/14
12.11-5-151	12.11	55.040	A82	ASTM E1974-19	电气设备外罩 S-250/G 的标准规格			2019/8/1	2019/8/1
12.11-5-152	12.11	91.120.40	K49	EN 50164-1—2008	雷电防护部件（LPC） 第1部分：连接部件要求	EN 50164-1—2007；EN 50164-1 A2—2007		2008/8/7	2008/8/7
12.11-5-153	12.11	91.120.40	K49	EN 50164-2—2008	避雷装置部件（LPC） 第2部分：导线和接地线要求	EN 50164-2—2007；EN 50164-2 A2—2007；EN 50164-2 Berichtigung 1—2007		2008/8/7	2008/8/7
12.11-5-154	12.11	31.060.70	L11	IEC 60252-1：2013 ED 2.1	交流电动机用电容器 第1部分：总则 性能、试验和定额 安全性要求 安装和运行导则	IEC 60252-1：2010		2013/8/1	2013/8/1

12

序号	GW分类	ICS分类	GB分类	标准号	中 文 名 称	代替标准	采用关系	发布日期	实施日期
12.11-5-155	12.11	31.060.30；31.060.70	L11	IEC 60252-2 AMD 1—2013	交流电动机用电容器 第2部分：电动机起动电容器	IEC 33/533/FDIS：2013		2013/8/1	2013/8/1
12.11-5-156	12.11	17.220.20；29.180	L17	IEC 61869-3—2011	仪表变压器 第3部分：感应式电压互感器用附加要求	IEC 60044-2：1997；IEC 60044-2 AMD 1：2000；IEC 60044-2：2000；IEC 60044-2 AMD 2：2002；IEC 60044-2：2003；IEC 38/410/FDIS：2011		2011/7/1	2011/7/1
12.11-5-157	12.11	29.220.20；29.220.30	K84	IEC 62485-2—2010	蓄电池组和蓄电池装置安全性要求 第2部分：稳流蓄电池	IEC 21/711/FDIS：2010		2010/6/1	2010/6/1
12.11-6-158	12.11	29.240.20	K47	T/CEC 143—2017	超高性能混凝土电杆			2017/5/15	2017/8/1

12.12 设备、材料-电气材料

序号	GW分类	ICS分类	GB分类	标准号	中 文 名 称	代替标准	采用关系	发布日期	实施日期
12.12-2-1	12.12	29.240		Q/GDW 11143—2013	输电线路铁塔用焊接材料技术规范			2014/4/15	2014/4/15
12.12-2-2	12.12	29.080.10		Q/GDW 11926—2018	绝缘子用常温固化硅橡胶防污闪涂料			2020/4/17	2020/4/17
12.12-2-3	12.12	29.050		Q/GDW 12015—2019	电力工程接地材料防腐技术规范	Q/GDW 1738—2012		2020/12/31	2020/12/31
12.12-2-4	12.12			Q/GDW 12016.1—2019	电网设备金属材料选用导则 第1部分：通用要求			2020/11/27	2020/11/27
12.12-2-5	12.12			Q/GDW 12016.2—2019	电网设备金属材料选用导则 第2部分：变压器			2020/11/27	2020/11/27
12.12-2-6	12.12			Q/GDW 12016.3—2019	电网设备金属材料选用导则 第3部分：开关设备			2020/11/27	2020/11/27
12.12-2-7	12.12			Q/GDW 12016.4—2019	电网设备金属材料选用导则 第4部分：无功补偿设备			2020/9/28	2020/9/28
12.12-2-8	12.12			Q/GDW 12016.6—2019	电网设备金属材料选用导则 第6部分：电力电缆			2020/12/31	2020/12/31
12.12-2-9	12.12	29.020		Q/GDW 674—2011	输电线路铁塔防护涂料			2011/12/7	2011/12/7
12.12-3-10	12.12	91.120.10	Q25	GB/T 10699—2015	硅酸钙绝热制品	GB/T 10699—1998	ISO 8143：2010	2015/9/11	2016/8/1
12.12-3-11	12.12	29.035.01	K15	GB/T 11026.3—2017	电气绝缘材料 耐热性 第3部分：计算耐热特征参数的规程	GB/T 11026.3—2006	IEC 60216-3：2006	2017/12/29	2018/7/1

12

序号	GW分类	ICS分类	GB分类	标准号	中文名称	代替标准	采用关系	发布日期	实施日期
12.12-3-12	12.12	25.160.01	J33	GB/T 12467.1—2009	金属材料 熔焊质量要求 第1部分：质量要求相应等级的选择准则	GB/T 12467.1—1998	ISO 3834-1：2005 IDT	2009/10/30	2010/4/1
12.12-3-13	12.12	25.160.01	J33	GB/T 12467.2—2009	金属材料 熔焊质量要求 第2部分：完整质量要求	GB/T 12467.2—1998	ISO 3834-2：2005 IDT	2009/10/30	2010/4/1
12.12-3-14	12.12	25.160.01	J33	GB/T 12467.3—2009	金属材料 熔焊质量要求 第3部分：一般质量要求	GB/T 12467.3—1998	ISO 3834-3：2005 IDT	2009/10/30	2010/4/1
12.12-3-15	12.12	25.160.01	J33	GB/T 12467.4—2009	金属材料 熔焊质量要求 第4部分：基本质量要求	GB/T 12467.4—1998	ISO 3834-4：2005 IDT	2009/10/30	2010/4/1
12.12-3-16	12.12	29.035.01	K15	GB/T 15022.1—2009	电气绝缘用树脂基活性复合物 第1部分：定义及一般要求		IEC 60455-1：1998 IDT	2009/6/10	2009/12/1
12.12-3-17	12.12	29.035.99	K15	GB/T 15022.3—2011	电气绝缘用树脂基活性复合物 第3部分：无填料环氧树脂复合物		IEC 60455-3-1：2003 IDT	2011/12/30	2012/5/1
12.12-3-18	12.12	29.120	K48	GB/T 16316—1996	电气安装用导管配件的技术要求 第1部分：通用要求			1996/5/20	1997/1/1
12.12-3-19	12.12	29.035.10	K15	GB/T 19264.3—2013	电气用压纸板和薄纸板 第3部分：压纸板	GB/T 19264.3—2003	IEC 60641-3-1：2008 MOD	2013/7/19	2013/12/2
12.12-3-20	12.12	29.240.20	K51	GB/T 2315—2017	电力金具标称破坏载荷系列及连接型式尺寸	GB/T 2315—2008		2017/12/29	2018/7/1
12.12-3-21	12.12	29.035.20	K15	GB/T 23641—2018	电气用纤维增强不饱和聚酯模塑料（SMC/BMC）	GB/T 23641—2009		2018/6/7	2019/1/1
12.12-3-22	12.12	13.220.50	C84	GB 23864—2009	防火封堵材料	GA 161—1997		2009/6/1	2010/2/1
12.12-3-23	12.12	29.040.99	K40	GB/T 25097—2010	绝缘体带电清洗剂			2010/9/2	2011/2/1
12.12-3-24	12.12	75.140	E38	GB 2536—2011	电工流体变压器和开关用的未使用过的矿物绝缘油	GB 2536—1990		2011/12/5	2012/6/1
12.12-3-25	12.12	77.120.99	H68；G51	GB/T 26004—2010	表面喷涂用特种导电涂料			2011/1/10	2011/10/1
12.12-3-26	12.12	77.150	H63	GB/T 26012—2010	电容器用钽丝			2011/1/10	2011/10/1
12.12-3-27	12.12	25.220.99	G51	GB/T 26825—2011	FJ抗静电防腐胶			2011/7/29	2011/12/1
12.12-3-28	12.12	77.150.30	H62	GB/T 27671—2011	导电用铜型材		EN 13605：2002 MOD	2011/12/30	2012/10/1
12.12-3-29	12.12	29.040.01	K15	GB/T 27750—2011	绝缘液体的分类		IEC 61039：2008 IDT	2011/12/30	2012/5/1
12.12-3-30	12.12	29.035.01	K15	GB/T 31838.1—2015	固体绝缘材料介电和电阻特性 第1部分：总则		IEC 62631-1：2011	2015/7/3	2016/2/1
12.12-3-31	12.12	77.140.40	H53	GB/T 32288—2020	电力变压器用电工钢铁心	GB/T 32288—2015		2020/6/2	2020/12/1

12

序号	GW 分类	ICS 分类	GB 分类	标准号	中 文 名 称	代替标准	采用关系	发布日期	实施日期
12.12-3-32	12.12	77.040.10	H22	GB/T 33965—2017	金属材料 拉伸试验 矩形试样减薄率的测定			2017/7/12	2018/4/1
12.12-3-33	12.12	29.035.99	K15	GB/T 37659—2019	叠层母线排用绝缘胶膜			2019/6/4	2020/1/1
12.12-3-34	12.12	29.140.99	K70	GB/T 39018—2020	智能照明设备 非主功能模式功率的测量			2020/7/21	2021/2/1
12.12-3-35	12.12	29.140.99	K70	GB/T 39021—2020	智能照明系统 通用要求			2020/7/21	2021/2/1
12.12-3-36	12.12	29.140.20	K70	GB/T 39022—2020	照明系统和相关设备 术语和定义			2020/7/21	2021/2/1
12.12-3-37	12.12	29.060.01	K11	GB/T 3953—2009	电工圆铜线	GB/T 3953—1983		2009/3/19	2009/12/1
12.12-3-38	12.12	29.060.10	K11	GB/T 3955—2009	电工圆铝线	GB/T 3955—1983		2009/3/19	2009/12/1
12.12-3-39	12.12	027.010	F04	GB/T 4272—2008	设备及管道绝热技术通则	GB/T 4272—1992；GB/T 11790—1996		2008/6/19	2009/1/1
12.12-3-40	12.12	29.060.10	K11	GB/T 4910—2009	镀锡圆铜线	GB/T 4910—1985		2009/3/19	2009/12/1
12.12-3-41	12.12	81.080	Q40	GB/T 5072—2008	耐火材料常温耐压强度试验方法	GB/T 3997.2—1998；GB/T 5072.1—1998；GB/T 5072.2—2004		2008/6/26	2009/4/1
12.12-3-42	12.12	25.160.20	J33	GB/T 5117—2012	非合金钢及细晶粒钢焊条	GB/T 5117—1995	ISO 2560：2009 MOD	2012/11/5	2013/3/1
12.12-3-43	12.12	29.035.99	K15	GB/T 5132.1—2009	电气用热固性树脂工业硬质圆形层压管和棒 第1部分：一般要求	GB/T 1305—1985		2009/6/10	2009/12/1
12.12-3-44	12.12	29.035.99	K15	GB/T 5132.5—2009	电气用热固性树脂工业硬质圆形层压管和棒 第5部分：圆形层压模制棒	GB/T 1305—1985		2009/6/10	2009/12/1
12.12-3-45	12.12	29.060.10	K11	GB/T 5585.1—2018	电工用铜、铝及其合金母线 第1部分：铜和铜合金母线	GB/T 5585.1—2005		2018/12/28	2019/7/1
12.12-3-46	12.12	29.060.10	K11	GB/T 5585.2—2018	电工用铜、铝及其合金母线 第2部分：铝和铝合金母线	GB/T 5585.2—2005		2018/12/28	2019/7/1
12.12-3-47	12.12	17.200.20	N05	GB/T 5977—2019	电阻温度计用铂丝	GB/T 5977—1999		2019/5/10	2019/12/1
12.12-3-48	12.12	31.060.70	K42	GB/T 6115.3—2002	电力系统用串联电容器 第3部分：内部熔丝		IEC 60143-3：1998	2002/10/8	2003/4/1
12.12-3-49	12.12	29.080.10	K48	GB/T 772—2005	高压绝缘子瓷件技术条件	GB 772—1987		2005/8/26	2006/4/1
12.12-3-50	12.12	27.010	F04	GB/T 8174—2008	设备及管道绝热效果的测试与评价	GB/T 8174—1987；GB/T 16617—1996		2008/6/19	2009/1/1
12.12-3-51	12.12	29.080.10	K48	GB/T 8287.1—2008	标称电压高于 1000V 系统用户内和户外支柱绝缘子 第1部分：瓷或玻璃绝缘子的试验	GB 12744—1991；GB 8287.1—1998		2008/6/30	2009/4/1

12

序号	GW 分类	ICS 分类	GB 分类	标准号	中 文 名 称	代替标准	采用关系	发布日期	实施日期
12.12-3-52	12.12	29.080.10	K48	GB/T 8287.2—2008	标称电压高于 1000V 系统用户内和户外支柱绝缘子 第2部分：尺寸与特性	GB 12744—1991；GB 8287.2—1999		2008/6/30	2009/4/1
12.12-3-53	12.12	29.060.10	K11	GB/T 8349—2000	金属封闭母线	GB 8349—1987		2000/4/3	2000/12/1
12.12-3-54	12.12	13.220.50	C82	GB 29415—2013	耐火电缆槽盒			2013/9/18	2014/8/1
12.12-3-55	12.12	29.060.01	K13	GB/T 32129—2015	电线电缆用无卤低烟阻燃电缆料			2015/10/9	2016/5/1
12.12-4-56	12.12	75.100	E38	DL/T 1031—2006	运行中发电机用油质量标准			2006/12/17	2007/5/1
12.12-4-57	12.12	29.080.10	K48	DL/T 1048—2007	标称电压高于 1000V 的交流用棒形支柱复合绝缘子—定义、试验方法及验收规则			2007/7/20	2007/12/1
12.12-4-58	12.12	27.100	F24	DL/T 1277—2013	1100kV 交流空心复合绝缘子技术规范			2013/11/28	2014/4/1
12.12-4-59	12.12	27.100	J98	DL/T 1343—2014	电力金具用闭口销	DL/T 764.2—2001		2014/10/15	2015/3/1
12.12-4-60	12.12	27.100	F24	DL/T 1386—2014	电力变压器用吸湿器选用导则			2014/10/15	2015/3/1
12.12-4-61	12.12	27.100	F24	DL/T 1387—2014	电力变压器用绕组线选用导则			2014/10/15	2015/3/1
12.12-4-62	12.12	27.100	F24	DL/T 1388—2014	电力变压器用电工钢带选用导则			2014/10/15	2015/3/1
12.12-4-63	12.12	29.060.01	K13	DL/T 1457—2015	电力工程接地用锌包钢技术条件			2015/7/1	2015/12/1
12.12-4-64	12.12			DL/T 1469—2015	输变电设备外绝缘用硅橡胶辅助伞裙使用导则			2015/7/1	2015/12/1
12.12-4-65	12.12	29.080.10	K48	DL/T 1471—2015	高压直流线路用盘形悬式复合瓷或玻璃绝缘子串元件			2015/7/1	2015/12/1
12.12-4-66	12.12	29.080.10	K48	DL/T 1472.1—2015	换流站直流场用支柱绝缘子 第1部分：技术条件			2015/7/1	2015/12/1
12.12-4-67	12.12	29.080.10	K48	DL/T 1472.2—2015	换流站直流场用支柱绝缘子 第2部分：尺寸与特性			2015/7/1	2015/12/1
12.12-4-68	12.12			DL/T 1530—2016	高压绝缘光纤柱			2016/1/7	2016/6/1
12.12-4-69	12.12			DL/T 1675—2016	高压直流接地极馈电元件技术条件			2016/12/5	2017/5/1
12.12-4-70	12.12			DL/T 1677—2016	电力工程用降阻接地模块技术条件			2016/12/5	2017/5/1
12.12-4-71	12.12			DL/T 1678—2016	电力工程接地降阻技术规范			2016/12/5	2017/5/1
12.12-4-72	12.12			DL/T 1679—2016	高压直流接地极用煅烧石油焦炭技术条件			2016/12/5	2017/5/1
12.12-4-73	12.12	29.240.20	K47	DL/T 1740—2017	直流气体绝缘金属封闭输电线路技术条件			2017/11/15	2018/3/1

12

序号	GW 分类	ICS 分类	GB 分类	标准号	中 文 名 称	代替标准	采用关系	发布日期	实施日期
12.12-4-74	12.12	29.020	K60	DL/T 1746—2017	变电站端子箱			2017/11/15	2018/3/1
12.12-4-75	12.12			DL/T 1838—2018	电力用圆形及异形绝缘管			2018/4/3	2018/7/1
12.12-4-76	12.12	27.100	F29	DL/T 1918—2018	电力工程接地用铝铜合金技术条件			2018/12/25	2019/5/1
12.12-4-77	12.12	29.240	K40	DL/T 247—2012	输配电设备用铜包铝母线			2012/4/6	2012/7/1
12.12-4-78	12.12	27.100	K47	DL/T 346—2010	设备线夹			2011/1/9	2011/5/1
12.12-4-79	12.12	27.100	K47	DL/T 347—2010	T 型线夹			2011/1/9	2011/5/1
12.12-4-80	12.12			DL/T 376—2019	聚合物绝缘子伞裙和护套用绝缘材料通用技术条件	DL/T 376—2010		2019/11/4	2020/5/1
12.12-4-81	12.12	29.240.01	K40	DL/T 380—2010	接地降阻材料技术条件			2010/5/1	2010/10/1
12.12-4-82	12.12	29.240	K48	DL/T 627—2018	绝缘子用常温固化硅橡胶防污闪涂料	DL/T 627—2012		2018/12/25	2019/5/1
12.12-4-83	12.12	29.24	P47；K47	DL/T 682—1999	母线金具用沉头螺钉			2000/2/24	2000/7/1
12.12-4-84	12.12	27.100	F24	DL/T 696—2013	软母线金具	DL/T 696—1999		2013/11/28	2014/4/1
12.12-4-85	12.12			DL/T 697—2013	硬母线金具	DL/T 697—1999		2013/11/28	2014/4/1
12.12-4-86	12.12	27.100	K47	DL/T 756—2009	悬垂线夹	DL 756—2001		2009/7/22	2009/12/1
12.12-4-87	12.12	27.100	K47	DL/T 757—2009	耐张线夹	DL 757—2001		2009/7/22	2009/12/1
12.12-4-88	12.12	27.100	K47	DL/T 758—2009	接续金具	DL 758—2001		2009/7/22	2009/12/1
12.12-4-89	12.12	27.100	K47	DL/T 759—2009	连接金具	DL 759—2001		2009/7/22	2009/12/1
12.12-4-90	12.12	27.100	K47	DL/T 760.3—2012	均压环、屏蔽环和均压屏蔽环	DL/T 760.3—2001		2012/8/23	2012/12/1
12.12-4-91	12.12			DL/T 902—2017	耐磨耐火材料	DL/T 902—2004		2017/11/15	2018/3/1
12.12-4-92	12.12	13.220.20	C82	XF 478—2004	电缆用阻燃包带			2004/3/18	2004/10/1
12.12-4-93	12.12			JB/T 13593—2018	电气用氟弹性体热收缩管		IEC 60684-3-233：2006 MOD	2018/12/21	2019/10/1
12.12-4-94	12.12		K48	JB/T 5889—1991	绝缘子用有色金属铸件技术条件			1991/10/24	1992/10/1
12.12-4-95	12.12	29.180	K41	JB/T 8315—2007	变压器用强迫油循环风冷却器	JB 8315—1996		2007/1/25	2007/7/1
12.12-4-96	12.12	29.180	K41	JB/T 8316—2007	变压器用强迫油循环水冷却器	JB 8316—1996		2007/1/25	2007/7/1
12.12-4-97	12.12	29.180	K41	JB/T 8318—2007	变压器用成型绝缘件技术条件	JB 8318—1996		2007/1/25	2007/7/1
12.12-4-98	12.12	29.080.99	K49	JB/T 9669—2013	避雷器用橡胶密封件及材料规范			2013/12/31	2014/7/1

12

序号	GW 分类	ICS 分类	GB 分类	标准号	中 文 名 称	代替标准	采用关系	发布日期	实施日期
12.12-4-99	12.12	29.060.10	K11	NB/T 42106—2016	铝管支撑性耐热铝合金扩径导线			2016/12/5	2017/5/1
12.12-4-100	12.12			NB/T 42152—2018	非线性金属氧化物电阻片通用技术要求			2018/4/3	2018/7/1
12.12-4-101	12.12	83.140.30	G33	QB/T 2479—2005	埋地式高压电力电缆用氯化聚氯乙烯（PVC-C）套管			2005/7/26	2006/1/1

12.13 设备、材料-火电

序号	GW 分类	ICS 分类	GB 分类	标准号	中 文 名 称	代替标准	采用关系	发布日期	实施日期
12.13-3-1	12.13	29.180	K41	GB/T 10230.1—2019	分接开关 第1部分：性能要求和试验方法	GB/T 10230.1—2007	IEC 60214-1: 2014 MOD	2019/12/31	2020/7/1
12.13-3-2	12.13	29.180	K41	GB/T 10230.2—2007	分接开关 第2部分：应用导则	GB/T 10584—1989		2007/7/2	2008/7/1
12.13-3-3	12.13	27.040	K56	GB/T 10489—2009	轻型燃气轮机通用技术要求	GB/T 10489—1989		2009/4/13	2010/1/1
12.13-3-4	12.13	71.100.8	G77	GB/T 10531—2016	水处理剂 硫酸亚铁	GB 10531—2006		2016/10/13	2017/5/1
12.13-3-5	12.13	23.060	J16	GB/T 10868—2005	电站减温减压阀	GB 10868—1989		2005/9/14	2006/4/1
12.13-3-6	12.13	27.100; 23060.30	J98	GB/T 10869—2008	电站调节阀	GB 10869—1989		2008/1/31	2008/7/1
12.13-3-7	12.13	75.100	E34	GB 11120—2011	涡轮机油	GB 11120—1989		2011/12/5	2012/6/1
12.13-3-8	12.13	27.060.30	J98	GB/T 12145—2016	火力发电机组及蒸汽动力设备水汽质量	GB/T 12145—2008		2016/2/24	2016/9/1
12.13-3-9	12.13	23.060.01	J16	GB/T 12220—2015	工业阀门标志			2015/5/15	2016/2/1
12.13-3-10	12.13	23.060	J16	GB/T 12221—2005	金属阀门结构长度	GB/T 12221—1989; GB/T 15188.1—1994; GB/T 15188.2—1994; GB/T 15188.3—1994; GB/T 15188.4—1994		2005/2/21	2005/8/1
12.13-3-11	12.13	23.060.01	J16	GB/T 12222—2005	多回转阀门驱动装置的连接	GB/T 12222—1989		2005/2/21	2005/8/1
12.13-3-12	12.13	13.240; 23.060.01	J16	GB/T 12241—2005	安全阀一般要求	GB/T 12241—1989		2005/2/21	2005/8/1
12.13-3-13	12.13	23.060.01	J16	GB/T 12243—2005	弹簧直接载荷式安全阀	GB/T 12243—1989		2005/2/21	2005/8/1
12.13-3-14	12.13	23.060.99	J16	GB/T 12244—2006	减压阀一般要求	GB/T 12244—1989		2006/12/25	2007/5/1
12.13-3-15	12.13	23.060.99	J16	GB/T 12246—2006	先导式减压阀	GB/T 12246—1989		2006/12/25	2007/5/1

序号	GW 分类	ICS 分类	GB 分类	标准号	中 文 名 称	代替标准	采用关系	发布日期	实施日期
12.13-3-16	12.13	23.040.60	J15	GB/T 12459—2017	钢制对焊管件 类型与参数	GB/T 12459—2005；GB/T 13401—2005		2017/2/28	2017/9/1
12.13-3-17	12.13	77.040.20	H26	GB/T 12606—2016	无缝和焊接（埋弧焊除外）铁磁性钢管纵向和/或横向缺欠的全圆周自动漏磁检测	GB/T 12606—1999	ISO 10893-3：2011 IDT	2016/8/29	2017/7/1
12.13-3-18	12.13	29.160.30	K62	GB/T 12667—2012	同步电动机半导体励磁装置总技术条件	GB/T 12667—1990；GB 12667—1990		2012/6/29	2012/11/1
12.13-3-19	12.13	91.140.10	P46	GB/T 12712—1991	蒸汽供热系统凝结水回收及蒸汽疏水阀技术管理要求			1991/1/28	1991/12/1
12.13-3-20	12.13	29.220.01	K80	GB/T 12786—2006	自动化内燃机电站通用技术条件	GB 12786—1991		2006/3/6	2006/8/1
12.13-3-21	12.13	29.160.10	K20	GB/T 13002—2008	旋转电机 热保护	GB/T 13002—1991		2008/4/23	2008/12/1
12.13-3-22	12.13	23.080	J71	GB/T 13008—2010	混流泵、轴流泵技术条件	GB/T 13008—1991		2010/9/26	2011/2/1
12.13-3-23	12.13	29.120.99	K14	GB/T 13397—2008	合金内氧化法银金属氧化物电触头技术条件	GB 13397—1992		2008/4/23	2008/12/1
12.13-3-24	12.13	29.160.30	K24	GB/T 13633—2015	永磁式直流测速发电机通用技术条件			2015/5/15	2015/12/1
12.13-3-25	12.13	27.040	K56	GB/T 13673—2010	航空派生型燃气轮机辅助设备通用技术要求	GB/T 13673—1992		2010/11/10	2011/3/1
12.13-3-26	12.13	25.160.20	J33	GB/T 13814—2008	镍及镍合金焊条	GB/T 13814—1992		2008/4/16	2008/10/1
12.13-3-27	12.13	23.060.01	J16	GB/T 13927—2008	工业阀门压力试验	GB/T 13927—1992		2008/12/23	2009/7/1
12.13-3-28	12.13	23.060.50	J16	GB/T 13932—2016	铁制旋启式止回阀	GB/T 13932—1992		2016/8/29	2017/3/1
12.13-3-29	12.13	29.160.30	K22	GB/T 13957—2008	大型三相异步电动机基本系列技术条件	GB/T 13957—1992		2008/4/23	2008/12/1
12.13-3-30	12.13	27.040	K56	GB/T 14099.9—2006	燃气轮机采购 第9部分：可靠性、可用性、可维护性和安全性			2006/2/7	2006/7/1
12.13-3-31	12.13	27.040	K56	GB/T 14099—2005	燃气轮机采购	GB/T 14099.1—2004；GB/T 14099.2—2004；GB/T 4099.2—2004		2005/8/31	2006/4/1
12.13-3-32	12.13	27.040	K56	GB/T 14100—2016	燃气轮机 验收试验	GB/T 14100—2009		2016/8/29	2017/3/1
12.13-3-33	12.13	73.040	D21	GB/T 14181—2010	测定烟煤粘结指数专用无烟煤技术条件	GB 14181—1997		2010/9/26	2011/2/1
12.13-3-34	12.13	27.040	K58	GB/T 14411—2008	轻型燃气轮机控制和保护系统	GB/T 14411—1993		2008/7/18	2009/1/1
12.13-3-35	12.13	23.060	K55	GB/T 14478—2012	大中型水轮机进水阀门基本技术条件	GB/T 14478—1993；GB 14478—1993		2012/6/29	2012/11/1
12.13-3-36	12.13	71.100.80	G77	GB/T 14591—2016	水处理剂 聚合硫酸铁	GB 14591—2006		2016/12/13	2017/7/1

12

序号	GW 分类	ICS 分类	GB 分类	标准号	中 文 名 称	代替标准	采用关系	发布日期	实施日期
12.13-3-37	12.13	77.120.60	H62	GB/T 1472—2014	铅及铅锑合金管			2014/12/5	2015/5/1
12.13-3-38	12.13	27.040	K56	GB/T 14793—1993	燃气轮机总装技术条件			1993/12/28	1994/10/1
12.13-3-39	12.13	29.130.01	K43	GB/T 14824—2008	高压交流发电机断路器	GB/T 14824—1993		2008/9/24	2009/8/1
12.13-3-40	12.13	73.040	D20	GB/T 15224.1—2010	煤炭质量分级 第 1 部分：灰分	GB/T 15224.1—2004		2010/9/26	2011/2/1
12.13-3-41	12.13	73.040	D20	GB/T 15224.2—2010	煤炭质量分级 第 2 部分：硫分	GB/T 15224.2—2004		2010/9/26	2011/2/1
12.13-3-42	12.13	73.040	D20	GB/T 15224.3—2010	煤炭质量分级 第 3 部分：发热量	GB/T 15224.3—2004		2010/9/26	2011/2/1
12.13-3-43	12.13	27.040.	K56	GB/T 15736—2016	燃气轮机辅助设备通用技术要求	GB/T 15736—1995		2016/12/13	2017/7/1
12.13-3-44	12.13	91.100.10	Q11	GB/T 1596—2017	用于水泥和混凝土中的粉煤灰	GB/T 1596—2005		2017/7/12	2018/6/1
12.13-3-45	12.13	17.200.20	N11	GB/T 1598—2010	铂铑 10—铂热电偶丝、铂铑 13—铂热电偶丝、铂铑 30—铂铑 6 热电偶丝	GB/T 1598—1998；GB/T 2902—1998；GB/T 3772—1998		2010/12/1	2011/5/1
12.13-3-46	12.13	73.040	D21	GB/T 16417—2011	煤炭可选性评定方法	GB/T 16417—1996		2011/9/29	2012/3/1
12.13-3-47	12.13	27.040	K58	GB/T 16637—2008	轻型燃气轮机电气设备通用技术要求	GB/T 16637—1996		2008/4/10	2008/10/1
12.13-3-48	12.13	81.080	Q45	GB/T 16763—2012	定形隔热耐火制品分类	GB/T 16763—1997	ISO 2245：2006	2012/11/5	2013/5/1
12.13-3-49	12.13	23.060.01	N16	GB/T 17213.2—2005	工业过程控制阀 第 2-1 部分：流通能力安装条件下流体流量的计算公式			2005/9/19	2006/4/1
12.13-3-50	12.13	23.060.01	N16	GB/T 17213.3—2005	工业过程控制阀 第 3-1 部分：尺寸两通球形直通控制阀法兰端面距和两通球形角形控制阀法兰中心至法兰端面的间距			2005/9/19	2006/4/1
12.13-3-51	12.13	23.060.01	N16	GB/T 17213.6—2005	工业过程控制阀 第 6-1 部分：定位器与控制阀执行机构连接的安装细节定位器在直行程执行机构上的安装			2005/9/19	2006/4/1
12.13-3-52	12.13	23.060.01	N16	GB/T 17213.9—2005	工业过程控制阀 第 2-3 部分：流通能力试验程序			2005/9/19	2006/4/1
12.13-3-53	12.13	23.060.01	N16	GB/T 17213.11—2005	工业过程控制阀 第 3-2 部分：尺寸角行程控制阀（蝶阀除外）的端面距			2005/9/19	2006/4/1
12.13-3-54	12.13	23.060.01	N16	GB/T 17213.12—2005	工业过程控制阀 第 3-3 部分：尺寸对焊式两通球形直通控制阀的端距			2005/9/19	2006/4/1
12.13-3-55	12.13	23.060.01	N16	GB/T 17213.13—2005	工业过程控制阀 第 6-2 部分：定位器与控制阀执行机构连接的安装细节定位器在角行程执行机构上的安装			2005/9/19	2006/4/1

12

序号	GW 分类	ICS 分类	GB 分类	标准号	中 文 名 称	代替标准	采用关系	发布日期	实施日期
12.13-3-56	12.13	23.060.01	N16	GB/T 17213.14—2005	工业过程控制阀 第8-2部分：噪声的考虑实验室内测量液动流流经控制阀产生的噪声			2005/9/19	2006/4/1
12.13-3-57	12.13	23.060.01	N16	GB/T 17213.15—2005	工业过程控制阀 第8-3部分：噪声的考虑空气动力流流经控制阀产生的噪声预测方法			2005/9/19	2006/4/1
12.13-3-58	12.13	75.160	D21	GB/T 18856.6—2008	水煤浆试验方法 第6部分：密度测定	GB/T 18856.9—2002		2008/7/29	2009/4/1
12.13-3-59	12.13	27.060.30	J98	GB/T 1921—2004	工业蒸汽锅炉参数系列	GB/T 1921—1988		2004/1/6	2004/6/1
12.13-3-60	12.13	13.030.40	J88	GB/T 19229.3—2012	燃煤烟气脱硫设备 第3部分：燃煤烟气海水脱硫设备			2012/11/5	2013/6/1
12.13-3-61	12.13	23.060.01	J16	GB/T 19672—2005	管线阀门技术条件			2005/2/21	2005/8/1
12.13-3-62	12.13	29.160.01	K20	GB 1971—2006	旋转电机线端标志与旋转方向	GB 1971—1980		2006/4/30	2007/1/1
12.13-3-63	12.13	29.160	K20	GB/T 1993—1993	旋转电机 冷却方法	GB 1993—1980		1993/6/28	1994/2/1
12.13-3-64	12.13	29.160.30	K21	GB/T 20161—2008	变频器供电的笼型感应电动机应用导则	GB/T 20161—2006		2008/12/30	2009/10/1
12.13-3-65	12.13	83.140.30	G33	GB/T 20221—2006	无压埋地排污、排水用硬聚氯乙烯（PVC-U）管材	GB/T 10002.3—1996		2006/3/31	2006/10/1
12.13-3-66	12.13	77.150.44	H62	GB/T 20253—2006	可充电电池用冲孔镀镍钢带			2006/5/8	2006/10/1
12.13-3-67	12.13	77.140.75	H48	GB/T 20409—2006	高压锅炉用内螺纹无缝钢管			2006/8/16	2007/1/1
12.13-3-68	12.13	29.160	K20	GB/T 20834—2014	发电电动机基本技术条件	GB/T 20834—2007		2014/6/24	2015/1/22
12.13-3-69	12.13	77.150.30	H62	GB/T 2529—2012	导电用铜板和条	GB/T 2529—2005		2012/12/31	2013/10/1
12.13-3-70	12.13	29.160.20	K21	GB/T 26680—2011	永磁同步发电机技术条件			2011/6/16	2011/12/1
12.13-3-71	12.13	29.160.40	K52	GB/T 2820.1—2009	往复式内燃机驱动的交流发电机组 第1部分：用途、定额和性能	GB/T 2820.1—1997		2009/5/6	2009/11/1
12.13-3-72	12.13	29.160.40	K52	GB/T 2820.2—2009	往复式内燃机驱动的交流发电机组 第2部分：发动机	GB/T 2820.2—1997		2009/5/6	2009/11/1
12.13-3-73	12.13	29.160.40	K52	GB/T 2820.3—2009	往复式内燃机驱动的交流发电机组 第3部分：发电机组用交流发电机	GB/T 2820.3—1997		2009/5/6	2009/11/1
12.13-3-74	12.13	29.160.40	K52	GB/T 2820.4—2009	往复式内燃机驱动的交流发电机组 第4部分：控制装置和开关装置	GB/T 2820.4—1997		2009/5/6	2009/11/1
12.13-3-75	12.13	29.160.40	K52	GB/T 2820.5—2009	往复式内燃机驱动的交流发电机组 第5部分：发电机组	GB/T 2820.5—1997		2009/5/6	2009/11/1

序号	GW 分类	ICS 分类	GB 分类	标准号	中 文 名 称	代替标准	采用关系	发布日期	实施日期
12.13-3-76	12.13	29.160.40	K52	GB/T 2820.7—2002	往复式内燃机驱动的交流发电机组 第 7 部分：用于技术条件和设计的技术说明	GB 8365—1987；GB 2820—1990	ISO 8528-7：1994 EQV	2002/2/28	2003/3/1
12.13-3-77	12.13	29.160.40	K52	GB/T 2820.9—2002	往复式内燃机驱动的交流发电机组 第 9 部分：机械振动的测量和评价			2002/8/5	2003/4/1
12.13-3-78	12.13	29.160.40	K52	GB/T 2820.12—2002	往复式内燃机驱动的交流发电机组 第 12 部分：对安全装置的应急供电			2002/8/5	2003/4/1
12.13-3-79	12.13	27.100	K54	GB/T 28558—2012	超临界及超超临界机组参数系列			2012/6/29	2012/11/1
12.13-3-80	12.13	27.040	K54	GB/T 28559—2012	超临界及超超临界汽轮机叶片			2012/6/29	2012/11/1
12.13-3-81	12.13	77.040.10	H20	GB/T 2975—1998	钢及钢产品力学性能试验取样位置及试样制备	GB 2975—1982		1998/10/16	1999/8/1
12.13-3-82	12.13	77.140.75	H48	GB/T 3087—2022	低中压锅炉用无缝钢管	GB 3087—2008		2022/4/15	2022/11/1
12.13-3-83	12.13	23.020.30	J74	GB/T 34019—2017	超高压容器			2017/7/12	2018/2/1
12.13-3-84	12.13	17.200.20	N12	GB/T 34049—2017	智能流量仪表 通用技术条件			2017/7/31	2018/2/1
12.13-3-85	12.13	17.200.20	N11	GB/T 34050—2017	智能温度仪表 通用技术条件			2017/7/31	2018/2/1
12.13-3-86	12.13	77.120.50	H64	GB/T 3625—2007	换热器及冷凝器用钛及钛合金管	GB/T 3625—1995		2007/4/30	2007/11/1
12.13-3-87	12.13	25.160.20	J33	GB/T 3669—2001	铝及铝合金焊条	GB/T 3669—1983		2001/12/17	2002/6/1
12.13-3-88	12.13	27.100	N17	GB/T 38921—2020	火力发电厂汽轮机安全保护系统技术条件			2020/6/2	2020/12/1
12.13-3-89	12.13	23.060.01	N16	GB/T 4213—2008	气动调节阀	GB/T 4213—1992		2008/7/28	2009/2/1
12.13-3-90	12.13	73.040	D21	GB 475—2008	商品煤样人工采取方法	GB 475—1996		2008/12/4	2009/5/1
12.13-3-91	12.13	29.160.01	K20	GB/T 4772.2—1999	旋转电机 尺寸和输出功率等级 第 2 部分：机座号 355～1000 和凸缘号 1180～2360	GB 4772.2—1984；GB 4826—1984		1999/2/26	1999/9/1
12.13-3-92	12.13	93.160	P57	GB/T 50085—2007	喷灌工程技术规范	GBJ/T 85—1985；GBJ 85—1985		2007/4/6	2007/10/1
12.13-3-93	12.13	25.160.20	J33	GB/T 5118—2012	热强钢焊条	GB/T 5118—1995	ISO 3580：2010	2012/11/5	2013/3/1
12.13-3-94	12.13	25.160.20	J33	GB/T 5293—2018	埋弧焊用非合金钢及细晶粒钢实心焊丝、药芯焊丝和焊丝-焊剂组合分类要求	GB/T 5293—1999	ISO 14171：2016 MOD	2018/3/15	2018/10/1
12.13-3-95	12.13	77.140.75	H48	GB/T 5310—2017	高压锅炉用无缝钢管	GB/T 5310—2008		2017/12/29	2018/9/1
12.13-3-96	12.13	27.040	K54	GB/T 5578—2007	固定式发电用汽轮机规范	GB/T 5578—1985		2007/12/3	2008/5/1

12

序号	GW 分类	ICS 分类	GB 分类	标准号	中 文 名 称	代替标准	采用关系	发布日期	实施日期
12.13-3-97	12.13	77.140.80	J31	GB/T 5612—2008	铸铁牌号表示方法	GB 5612—1985		2008/3/3	2008/8/1
12.13-3-98	12.13	77.140.45	H40	GB/T 700—2006	碳素结构钢	GB/T 700—1988		2006/11/1	2007/2/1
12.13-3-99	12.13	29.160.20	K21	GB/T 7064—2017	隐极同步发电机技术要求	GB/T 7064—2008		2017/12/29	2018/7/1
12.13-3-100	12.13	77.140.50	H46	GB 713—2014	锅炉和压力容器用钢板		ISO 9328-2：2011	2014/6/24	2015/4/1
12.13-3-101	12.13	29.160.20	K21	GB/T 7409.3—2007	同步电机励磁系统大、中型同步发电机励磁系统技术要求	GB/T 7409.3—1997		2007/1/16	2007/8/1
12.13-3-102	12.13	27.040	K54	GB/T 754—2007	发电用汽轮机参数系列	GB 754—1965；GB 4773—1984		2007/12/3	2008/5/1
12.13-3-103	12.13	29.160.01	K20	GB/T 755—2019	旋转电机　定额和性能	GB/T 755—2008	IEC 60034-1：2017	2019/12/10	2020/7/1
12.13-3-104	12.13	73.040	D23	GB/T 7562—2010	发电煤粉锅炉用煤技术条件	GB/T 7562—1998		2010/9/26	2011/2/1
12.13-3-105	12.13	77.140.60	H44	GB/T 8732—2014	汽轮机叶片用钢	GB/T 8732—2004		2014/9/30	2015/5/1
12.13-3-106	12.13	21.120.40	N73	GB/T 9239.1—2006	机械振动恒态（刚性）转子平衡品质要求　第1部分：规范与平衡允差的检验	GB 9239—1988		2006/9/8	2007/2/1
12.13-3-107	12.13	77.080.10	J31	GB/T 9441—2009	球墨铸铁金相检验	GB/T 9441—1988		2009/10/30	2010/4/1
12.13-3-108	12.13	25.160.20	J33	GB/T 9460—2008	铜及铜合金焊丝	GB/T 9460—1988		2008/4/16	2008/10/1
12.13-3-109	12.13	25.160.20	J33	GB/T 983—2012	不锈钢焊条	GB/T 983—1995	ISO 3581：2003	2012/11/5	2013/3/1
12.13-3-110	12.13	25.160.20	J33	GB/T 984—2001	堆焊焊条	GB/T 984—1985		2001/12/17	2002/6/1
12.13-3-111	12.13	29.160.20	K20	GB/T 997—2008	旋转电机　结构型式、安装型式及接线盒位置的分类（IM 代码）	GB/T 997—2003		2008/4/24	2008/12/1
12.13-4-112	12.13	91.140.10	P46	CECS 206—2006	钢外护管真空复合保温预制直埋管道技术规程			2006/9/5	2006/11/1
12.13-4-113	12.13	27.100	P61	DL/T 1012—2006	火力发电厂汽轮机监视和保护系统验收测试规程			2006/9/14	2007/3/1
12.13-4-114	12.13			DL/T 1073—2019	发电厂厂用电源快速切换装置通用技术条件	DL/T 1073—2007		2019/6/4	2019/10/1
12.13-4-115	12.13	27.100	F20	DL/T 1128—2009	风冷式钢带输渣机			2009/7/22	2009/12/1
12.13-4-116	12.13	27.100	F24	DL/T 1257—2013	鼓形旋转滤网			2013/11/28	2014/4/1
12.13-4-117	12.13	27.060.30	J98	DL/T 1393—2014	火力发电厂锅炉汽包水位测量系统技术规程			2014/10/15	2015/3/1
12.13-4-118	12.13			DL/T 1429—2015	电站煤粉锅炉技术条件	SD 268—1988		2015/4/2	2015/9/1
12.13-4-119	12.13			DL/T 1493—2016	燃煤电厂超净电袋复合除尘器			2016/1/7	2016/6/1

12

序号	GW分类	ICS分类	GB分类	标准号	中 文 名 称	代替标准	采用关系	发布日期	实施日期
12.13-4-120	12.13			DL/T 1521—2016	火力发电厂微米级干雾除尘装置			2016/1/7	2016/6/1
12.13-4-121	12.13			DL/T 1668—2016	火电厂燃煤管理技术导则	SD 322—1989		2016/12/5	2017/5/1
12.13-4-122	12.13	27.100	K59	DL/T 245—2012	发电厂直接空冷凝汽器单排管管束			2012/4/6	2012/7/1
12.13-4-123	12.13	27.100	F24	DL/T 260—2012	燃煤电厂烟气脱硝装置性能验收试验规范			2012/4/6	2012/7/1
12.13-4-124	12.13	27.060.30	J98	DL/T 299—2011	火电厂风机、水泵节能用内反馈调速装置应用技术条件			2011/7/28	2011/11/1
12.13-4-125	12.13	27.100	F29	DL/T 337—2010	给煤机故障诊断及煤仓自动疏松装置			2011/1/9	2011/5/1
12.13-4-126	12.13			DL/T 387—2019	火力发电厂烟气袋式除尘器选型导则	DL/T 387—2010		2019/6/4	2019/10/1
12.13-4-127	12.13	27.060.01	J98	DL/T 455—2008	锅炉暖风器	DL 455—1991		2008/6/4	2008/11/1
12.13-4-128	12.13	27.100	F22	DL/T 466—2004	电站磨煤机及制粉系统选型导则	DL 466—1992		2004/3/9	2004/6/1
12.13-4-129	12.13			DL/T 468—2019	电站锅炉风机选型和使用导则	DL/T 468—2004		2019/6/4	2019/10/1
12.13-4-130	12.13	27.060.30	J98	DL 471—1992	锅炉锅筒内部装置制造安装导则			1992/5/16	1992/11/1
12.13-4-131	12.13	29.120.20	K15	DL/T 492—2009	发电机环氧云母定子绕组绝缘老化鉴定导则	DL 492—1992		2009/7/22	2009/12/1
12.13-4-132	12.13			DL/T 515—2018	电站弯管	DL/T 515—2004		2018/4/3	2018/7/1
12.13-4-133	12.13	23.060.99	J16	DL/T 530—1994	水力除灰排渣阀技术条件			1994/3/18	1994/10/1
12.13-4-134	12.13			DL/T 531—2016	电站高温高压截止阀闸阀技术条件	DL/T 531—1994; DL 531—1994		2016/12/5	2017/5/1
12.13-4-135	12.13	75.160.10	D20	DL/T 569—2007	汽车、船舶运输煤样的人工采取方法	DL 569—1995; DL 576—1995		2007/7/20	2007/12/1
12.13-4-136	12.13	25.040.40	N17	DL/T 589—2010	火力发电厂燃煤锅炉的检测与控制技术条件	DL 589—1996		2010/5/1	2010/10/1
12.13-4-137	12.13	27.100	F23	DL/T 616—2006	火力发电厂汽水管道与支吊架维修调整导则	DL 616—1997		2006/5/6	2006/10/1
12.13-4-138	12.13	27.100	J98	DL/T 648—2014	叶轮给粉机	DL/T 648—1998		2014/10/15	2015/3/1
12.13-4-139	12.13	27.100	J98	DL/T 649—2014	叶轮给煤机	DL/T 649—1998		2014/10/15	2015/3/1
12.13-4-140	12.13	29.160.20	K52	DL/T 651—1998	氢冷发电机氢气湿度的技术要求			1998/3/19	1998/9/1
12.13-4-141	12.13	23.040.01	Q83	DL/T 680—1999	耐磨管道技术条件	DL/T 680—2015		1999/8/2	1999/10/1
12.13-4-142	12.13			DL/T 681.1—2019	燃煤电厂磨煤机耐磨件技术条件 第1部分：球磨机 磨球和衬板	DL/T 681—2012		2019/6/4	2019/10/1
12.13-4-143	12.13	81.080	J98；P20	DL/T 693—1999	烟囱混凝土耐酸防腐蚀涂料			2000/2/24	2000/7/1

12

序号	GW 分类	ICS 分类	GB 分类	标准号	中 文 名 称	代替标准	采用关系	发布日期	实施日期
12.13-4-144	12.13	23.040.10	F23	DL/T 695—2014	电站钢制对焊管件	DL/T 695—1999		2014/3/18	2014/8/1
12.13-4-145	12.13	23.040.01	P61	DL/T 715—2015	火力发电厂金属材料选用导则	DL/T 715—2000		2015/4/2	2015/9/1
12.13-4-146	12.13	23.060.99	J16	DL/T 716—2000	电站隔膜阀选用导则			2000/11/3	2001/1/1
12.13-4-147	12.13			DL/T 746—2016	电站蝶阀选用导则	DL/T 746—2001； DL 746—2001		2016/12/5	2017/5/1
12.13-4-148	12.13	81.080	F23	DL/T 777—2012	火力发电厂锅炉耐火材料	DL/T 777—2001		2012/8/23	2012/12/1
12.13-4-149	12.13	27.100	F23	DL/T 801—2010	大型发电机内冷却水质及系统技术要求	DL 801—2002		2011/1/9	2011/5/1
12.13-4-150	12.13	27.100	F29	DL/T 806—2013	火力发电厂循环水用阻垢缓蚀剂	DL/T 806—2002		2013/3/7	2013/8/1
12.13-4-151	12.13	27.060	J98	DL/T 831—2015	大容量煤粉燃烧锅炉炉膛选型导则	DL/T 831—2002		2015/4/2	2015/9/1
12.13-4-152	12.13	27.100	F29	DL/T 850—2004	电站配管			2004/3/9	2004/6/1
12.13-4-153	12.13	27.100	F22	DL/T 855—2004	电力基本建设火电设备维护保管规程	SDJ 68—1984		2004/3/9	2004/6/1
12.13-4-154	12.13	27.100	F23	DL/T 867—2004	粉煤灰中砷、镉、铬、铜、镍、铅和锌的分析方法（原子吸收分光光度法）			2004/3/9	2004/6/1
12.13-4-155	12.13	27.100	F20	DL/Z 870—2004	火力发电企业设备点检定修管理导则			2004/3/9	2004/6/1
12.13-4-156	12.13	27.100	J99	DL/T 892—2004	电站汽轮机技术条件	SD 269—1988		2004/10/20	2005/4/1
12.13-4-157	12.13	81.080	F23；Q10	DL/T 901—2004	火力发电厂烟囱（烟道）内衬防腐材料			2004/12/14	2005/6/1
12.13-4-158	12.13	23.060.99	J16	DL/T 906—2004	仓泵进、出料阀			2004/12/14	2005/6/1
12.13-4-159	12.13	27.060.01	J98；F20	DL/T 910—2004	灰渣脱水仓			2004/12/14	2005/6/1
12.13-4-160	12.13			DL/T 922—2016	火力发电用钢制通用阀门订货、验收导则	DL/T 922—2005； DL 922—2005		2016/12/5	2017/5/1
12.13-4-161	12.13			DL/T 923—2016	火力发电用止回阀技术导则	DL/T 923—2005； DL 923—2005		2016/12/5	2017/5/1
12.13-4-162	12.13	23.040.10	F29；F21	DL/T 935—2005	钢塑复合管和管件			2005/2/14	2005/6/1
12.13-4-163	12.13	27.100	F23；F21	DL/T 936—2005	火力发电厂热力设备耐火及保温检修导则	DL 638—1997		2005/2/14	2005/6/1
12.13-4-164	12.13	27.100	F23；F21	DL/T 940—2005	火力发电厂蒸汽管道寿命评估技术导则			2005/2/14	2005/7/1
12.13-4-165	12.13	27.060.30	J98	DL/T 959—2020	电站锅炉安全阀技术规程	DL/T 959—2014		2020/10/23	2021/2/1
12.13-4-166	12.13	27.100	F20；F21	DL/T 965—2005	热力设备检验机构基本能力要求			2005/2/14	2005/7/1
12.13-4-167	12.13	77.040.01	F24	DL/T 999—2006	电站用 2.25Cr-1Mo 钢球化评级标准			2006/5/6	2006/10/1

12

序号	GW 分类	ICS 分类	GB 分类	标准号	中 文 名 称	代替标准	采用关系	发布日期	实施日期
12.13-4-168	12.13			DLGJ 167—2004	火力发电厂调节阀选型导则			2004/10/19	2004/12/31
12.13-4-169	12.13	71.100.99	G77	HG/T 2230—2006	水处理剂十二烷基二甲基苄基氯化铵	HG/T 2230—1991		2007/3/1	2007/3/1
12.13-4-170	12.13	71.100.01	G76	HG/T 2762—2006	水处理剂产品分类和代号命名	HG 2762—1996		2007/3/1	2007/3/1
12.13-4-171	12.13	71.100.99	G77	HG/T 3926—2007	水处理剂 2-羟基膦酰基乙酸（HPAA）			2007/4/13	2007/10/1
12.13-4-172	12.13		P60	HJ 2039—2014	火电厂除尘工程技术规范			2014/6/10	2014/9/1
12.13-4-173	12.13	29.160.30	K24	JB/T 10184—2014	交流伺服驱动器通用技术条件	JB/T 10184—2000		2014/5/6	2014/10/1
12.13-4-174	12.13	29.160.10	K20	JB/T 10634—2006	中小型笼型三相异步电动机接线盒			2006/10/14	2007/4/1
12.13-4-175	12.13	25.100.10	J41	JB/T 10719—2007	焊接聚晶金刚石或立方氮化硼槽刀			2007/3/6	2007/9/1
12.13-4-176	12.13	25.100.10	J41	JB/T 10720—2007	焊接聚晶金刚石或立方氮化硼车刀			2007/3/6	2007/9/1
12.13-4-177	12.13	25.100.10	J41	JB/T 10721—2007	焊接聚晶金刚石或立方氮化硼铰刀			2007/3/6	2007/9/1
12.13-4-178	12.13	25.100.10	J41	JB/T 10722—2007	焊接聚晶金刚石或立方氮化硼立铣刀			2007/3/6	2007/9/1
12.13-4-179	12.13	25.100.10	J41	JB/T 10723—2007	焊接聚晶金刚石或立方氮化硼镗刀			2007/3/6	2007/9/1
12.13-4-180	12.13	23.060.99	J16	JB/T 11150—2011	波纹管密封钢制截止阀			2011/5/18	2011/8/1
12.13-4-181	12.13	13.030	J88	JB/T 11261—2012	燃煤电厂锅炉尾气治理袋式除尘器用滤料			2012/5/24	2012/11/1
12.13-4-182	12.13	13.060.30	J88	JB/T 11390—2013	火力发电厂化学废水处理设备			2013/4/25	2013/9/1
12.13-4-183	12.13	13.030.40	J88	JB/T 11638—2013	湿式电除尘器			2013/10/17	2014/3/1
12.13-4-184	12.13	13.030.40	J88	JB/T 11639—2013	除尘用高频高压整流设备			2013/10/17	2014/3/1
12.13-4-185	12.13	13.030.40	J88	JB/T 11640—2013	电除尘器用电磁锤振打器			2013/10/17	2014/3/1
12.13-4-186	12.13	13.030.40	J88	JB/T 11641—2013	电除尘器用高分子绝缘轴			2013/10/17	2014/3/1
12.13-4-187	12.13	13.030.40	J88	JB/T 11648—2013	燃煤烟气电石渣湿法脱硫设备			2013/10/17	2014/3/1
12.13-4-188	12.13	13.030.40	J88	JB/T 11650—2013	循环流化床锅炉石灰石粉一级输送系统			2013/10/17	2014/3/1
12.13-4-189	12.13	29.160.30	J88	JB/T 11816—2014	小型无刷三相同步发电机技术条件	JB/T 3320.1—2000		2014/5/6	2014/10/1
12.13-4-190	12.13	29.160.30	K21	JB/T 11817—2014	小型单相同步发电机技术条件	JB/T 3320.2—2000		2014/5/6	2014/10/1
12.13-4-191	12.13	27.060.01	J98	JB/T 1617—1999	电站锅炉产品型号编制方法	JB 1617—1975		1999/8/6	2000/1/1
12.13-4-192	12.13	73.120	D95	JB/T 2444—2008	煤座式双轴振动筛	JB 2444—1999		2008/6/4	2008/11/1
12.13-4-193	12.13	27.060.01	J98	JB/T 2637—1993	锅炉承压球墨铸铁件技术条件	JB 2637—1981		1993/6/1	1994/1/1

12

序号	GW 分类	ICS 分类	GB 分类	标准号	中 文 名 称	代替标准	采用关系	发布日期	实施日期
12.13-4-194	12.13	27.060.01	J98	JB/T 2639—1993	锅炉承压灰铸铁件技术条件	JB 2639—1981		1993/6/1	1994/1/1
12.13-4-195	12.13		K56	JB/T 2783—1992	燃气轮机型号编制方法	JB 2783—1979		1992/6/16	1993/1/1
12.13-4-196	12.13		K54	JB/T 2900—2019	汽轮机油漆技术条件	JB 2900—1992		2019/12/24	2020/10/1
12.13-4-197	12.13		J98	JB/T 2932—1999	水处理设备技术条件	JB 2932—1986；ZBJ 98003—1986		1999/8/6	2000/1/1
12.13-4-198	12.13			JB/T 3329—2016	汽轮机旋转零部件　静平衡	JB/T 3329—1999		2016/10/22	2017/4/1
12.13-4-199	12.13	27.060	J98	JB/T 3375—2002	锅炉用材料入厂验收规则	JB 3375—1991		2002/7/16	2002/12/1
12.13-4-200	12.13		J98	JB/T 3725—1999	锅炉除渣设备名称和型号编制方法	JB 3725—1984		1999/8/6	2000/1/1
12.13-4-201	12.13		J98	JB/T 3726—1999	锅炉除渣设备通用技术条件	JB 3726.1—1984；JB 3726.2—1984；JB 3726.3—1984；JB 3726.4—1984		1999/8/6	2000/1/1
12.13-4-202	12.13	29.120.70	K45	JB/T 3962—2002	综合重合闸技术条件	JB 3962—1991		2002/7/16	2002/12/1
12.13-4-203	12.13		J98	JB/T 4194—1999	锅炉直流式煤粉燃烧器制造技术条件	JB 4194—1986		1999/8/6	2000/1/1
12.13-4-204	12.13		J74	JB/T 4746—2002	钢制压力容器用封头	JB 576—1964；JB 4729—1994；JB 4737—1995；JB 4738—1995；JB 4739—1995		2002/8/22	2003/3/1
12.13-4-205	12.13		K45	JB/T 5780—1991	发电机转子接地保护装置技术条件			1991/10/17	1992/10/1
12.13-4-206	12.13		K56	JB/T 5884—1991	燃气轮机：控制与保护系统			1991/10/24	1992/10/1
12.13-4-207	12.13	13.030.40	J88	JB/T 5910—2013	电除尘器	JB/T 5910—2005		2013/10/17	2014/3/1
12.13-4-208	12.13		K56	JB/T 6224—1992	燃气轮机质量控制规范			1992/6/16	1993/1/1
12.13-4-209	12.13		J98	JB/T 6696—1993	电站锅炉技术条件			1993/6/1	1994/1/1
12.13-4-210	12.13	29.160.30	K22	JB/T 6741—2013	YSD 系列变极双速三相异步电动机	JB/T 6741—1993		2013/12/31	2014/7/1
12.13-4-211	12.13	77.140.80	J31	JB/T 7024—2014	300MW 以上汽轮机缸体铸钢件技术条件	JB/T 7024—2002		2014/7/9	2014/11/1
12.13-4-212	12.13	77.140.85	J32	JB/T 7027—2014	300MW 以上汽轮机转子体锻件技术条件	JB/T 7027—2002		2014/5/6	2014/10/1
12.13-4-213	12.13	77.140.85	J32	JB/T 7030—2014	汽轮发电机 Mn18Cr18N 无磁性护环锻件技术条件	JB/T 7030—2002；JB/T 1268—2002		2014/7/9	2014/11/1

12

序号	GW 分类	ICS 分类	GB 分类	标准号	中 文 名 称	代替标准	采用关系	发布日期	实施日期
12.13-4-214	12.13	29.160.30	K22	JB/T 7118—2014	YVF2 系列（IP54）变频调速专用三相异步电动机技术条件（机座号 80～355）	JB/T 7118—2004		2014/5/6	2014/10/1
12.13-4-215	12.13	29.160	K22	JB/T 7591—2007	小型单相异步电动机起动元件通用技术条件	JB 7591—1994		2007/5/29	2007/11/1
12.13-4-216	12.13		K56	JB/T 7822—1995	燃气轮机：电气设备通用技术条件			1995/11/24	1996/7/1
12.13-4-217	12.13	29.120.70；29.240.30	K45	JB/T 8171—1999	发电机低励磁阻抗保护装置	JB 8171—1995		1999/8/6	2000/1/1
12.13-4-218	12.13	29.240.30	K45	JB/T 8172—1999	发电机定子接地保护装置	JB 8172—1995		1999/8/6	2000/1/1
12.13-4-219	12.13	27.040	K54	JB/T 8184—2017	汽轮机低压给水加热器技术条件	JB/T 8184—1999		2017/11/7	2018/4/1
12.13-4-220	12.13	77.140.85	J32	JB/T 8705—2014	50MW 以下汽轮发电机无中心孔转子锻件技术条件	JB/T 8705—1998		2014/7/9	2014/11/1
12.13-4-221	12.13	77.140.85	J32	JB/T 8706—2014	50MW～200MW 汽轮发电机无中心孔转子锻件技术条件	JB/T 8706—1998		2014/7/9	2014/11/1
12.13-4-222	12.13	77.140.85	J32	JB/T 8707—2014	300MW 以上汽轮机无中心孔转子锻件技术条件	JB/T 8707—1998		2014/5/6	2014/10/1
12.13-4-223	12.13	77.140.85	J32	JB/T 8708—2014	300MW～600MW 汽轮发电机无中心孔转子锻件技术条件	JB/T 8708—1998		2014/7/9	2014/11/1
12.13-4-224	12.13	23.060.99	J16	JB/T 8864—2018	阀门气动装置技术条件	JB/T 8864—2004		2018/4/30	2018/12/1
12.13-4-225	12.13		K81	JB/T 8948—1999	电控设备用低压直流电源			1999/8/6	2000/1/1
12.13-4-226	12.13		K56	JB/T 8953.1—1999	燃气—蒸汽联合循环设备采购　基本信息		ISO 3977：1995-11-09	1999/8/16	2000/1/1
12.13-4-227	12.13		K56	JB/T 8953.2—1999	燃气—蒸汽联合循环设备采购　汽轮机		IEC 60045-1：1991 NEQ	1999/8/16	2000/1/1
12.13-4-228	12.13		K56	JB/T 8953.3—1999	燃气—蒸汽联合循环设备采购　余热锅炉		ISO 3977：1995	1999/8/16	2000/1/1
12.13-4-229	12.13	29.160.20	K21	JB/T 8981—2011	有刷三相同步发电机技术条件（机座号 132～400）	JB/T 8981—1999		2011/12/20	2012/4/1
12.13-4-230	12.13		K20	JB/T 8993—1999	大型发电机寿命管理数据库导则			1999/8/6	2000/1/1
12.13-4-231	12.13	73.120	D95	JB/T 938—2010	煤用单轴振动筛	JB 938—1999		2010/2/21	2010/7/1
12.13-4-232	12.13	29.240.30	K45	JB/T 9572—1999	发电机逆功率保护装置和逆功率继电器	ZBK 45024—1990		1999/8/6	2000/1/1
12.13-4-233	12.13	29.240.30	K45	JB/T 9573—1999	发电机匝间短路保护装置及继电器	ZBK 45025—1990		1999/8/6	2000/1/1
12.13-4-234	12.13		J98	JB/T 9623—1999	火力发电厂排气消声器技术条件	ZBJ 93004—1989		1999/8/6	2000/1/1
12.13-4-235	12.13		J98	JB/T 9625—1999	锅炉管道附件承压铸钢件技术条件	ZBJ 98015—1989		1999/8/6	2000/1/1

12

序号	GW 分类	ICS 分类	GB 分类	标准号	中 文 名 称	代替标准	采用关系	发布日期	实施日期
12.13-4-236	12.13		J98	JB/T 9626—1999	锅炉锻件技术条件	ZBJ 98016—1989		1999/8/6	2000/1/1
12.13-4-237	12.13		K54	JB/T 9631—1999	汽轮机铸铁件技术条件	ZBK 54005—1987		1999/8/6	2000/1/1
12.13-4-238	12.13		K54	JB/T 9632—1999	汽轮机主汽管和再热汽管的弯管技术条件	ZBK 54006—1987		1999/8/6	2000/1/1
12.13-4-239	12.13	27.040	K54	JB/T 9635—2017	发电用汽轮机型号编制方法	JB/T 9635—1999		2017/11/7	2018/4/1
12.13-4-240	12.13	27.040	K54	JB/T 9636—2017	汽轮机辅机型号编制方法	JB/T 9636—1999		2017/11/7	2018/4/1
12.13-4-241	12.13		K41	JB/T 9639—1999	封闭母线	ZBK 11001—1988		1999/8/6	2000/1/1
12.13-4-242	12.13		J98	JB/T 9667—1999	水处理设备型号编制方法	ZBJ 98002—1987		1999/8/6	2000/1/1
12.13-4-243	12.13	13.020.40	J88	JB/T 9688—2015	电除尘用晶闸管控制高压电源			2015/4/30	2015/10/1
12.13-4-244	12.13	91.100.99	Q12	JC/T 1011—2006	混凝土抗硫酸盐类侵蚀防腐剂			2006/5/12	2006/11/1
12.13-4-245	12.13	91.120.30	Q17	JC/T 1017—2006	建筑防水涂料用聚合物乳液			2006/11/3	2007/4/1
12.13-4-246	12.13	91.120.30	Q17	JC/T 1018—2006	水性渗透型无机防水剂			2006/11/3	2007/4/1
12.13-4-247	12.13	91.110	Q92	JC/T 1032—2007	预应力钢筒混凝土管和三阶段管用缠丝机			2007/5/29	2007/11/1
12.13-4-248	12.13	91.110	Q92	JC/T 1033—2007	预应力钢筒混凝土管用钢筒螺旋卷焊机			2007/5/29	2007/11/1
12.13-4-249	12.13	91.110	Q92	JC/T 1034—2007	预应力钢筒混凝土管管模			2007/5/29	2007/11/1
12.13-4-250	12.13	91.100.50	Q24	JC/T 1041—2007	混凝土裂缝用环氧树脂灌浆材料			2007/5/29	2007/11/1
12.13-4-251	12.13	91.110	Q92	JC/T 532—2007	建材机械钢焊接件通用技术条件	JC 532—1994		2007/5/29	2007/11/1
12.13-4-252	12.13	77.140.65	Q14	JC/T 540—2006	混凝土制品用冷拔低碳钢丝	JC 540—1994		2006/5/12	2006/11/1
12.13-4-253	12.13	91.110	Q92	JC/T 877—2007	预应力钢筒混凝土管和三阶段管用辊射机	JC 877—2001		2007/5/29	2007/11/1
12.13-4-254	12.13	83.120	K15	JC/T 988—2006	电缆用玻璃钢保护管			2006/1/17	2006/7/1
12.13-4-255	12.13			JG/T 188—2010	混凝土节水保湿养护膜	JG 188—2006		2010/8/3	2010/12/1
12.13-4-256	12.13	73.040	D21	MT/T 561—2008	煤的固定碳分级	MT 561—1996		2008/11/19	2009/1/1
12.13-4-257	12.13	73.040	D21	MT/T 596—2008	烟煤黏结指数分级	MT 596—1996		2008/11/19	2009/1/1
12.13-4-258	12.13	73.040	D21	MT/T 736—1997	无烟煤电阻率测定方法			1997/12/12	1998/7/1
12.13-4-259	12.13	75.160.10	D27	MT/T 809—1999	选煤试验方法一般规定			1999/3/24	1999/8/1
12.13-4-260	12.13	27.120.99	F63	NB/T 42008—2013	往复式内燃燃气发电机组产品名称和型号编制规则			2013/11/28	2014/4/1
12.13-4-261	12.13	27.120.99	F63	NB/T 42009—2013	往复式内燃燃气发电机组安全要求			2013/11/28	2014/4/1

12

序号	GW 分类	ICS 分类	GB 分类	标准号	中 文 名 称	代替标准	采用关系	发布日期	实施日期
12.13-4-262	12.13	27.120.99	F63	NB/T 42010—2013	往复式内燃燃气发电机组术语			2013/11/28	2014/4/1
12.13-4-263	12.13	27.120.99	F63	NB/T 42011—2013	往复式内燃燃气发电机组气体燃料分类、组分及处理技术要求			2013/11/28	2014/4/1
12.13-4-264	12.13	27.120.99	F63	NB/T 42017—2013	往复式内燃燃气发电机组功率和燃料消耗率换算方法			2013/11/28	2014/4/1
12.13-4-265	12.13	29.240.01	K45	NB/T 42121—2017	火电机组辅机变频器低电压穿越技术规范			2017/8/2	2017/12/1
12.13-4-266	12.13			NB/T 47063—2017	电站安全阀	JB/T 9624—1999		2017/12/27	2018/6/1
12.13-4-267	12.13		F25	NDGJ 91—1989	火力发电厂电子计算机监视系统设计技术规定			1989/10/1	1989/10/1
12.13-4-268	12.13	07.060	N93	SL 370—2006	土工试验仪器环刀			2007/3/1	2007/6/1
12.13-4-269	12.13			YB/T 5137—2018	高压用热轧和锻制无缝钢管圆管坯	YB/T 5137—2007		2018/2/9	2018/7/1
12.13-5-270	12.13	23.040.10	H48	ASTM A 106MA—2006	高温设备用无缝碳素钢管规范	ASTM A 106 M—2004; ASTM A 106 M A—2004; ASTM A 106 M A e1—2004; ASTM A 106 M A EA—2004; ASTM A 106 M B—2004; ASTM A 106 M—2006		2006/3/1	2006/3/1
12.13-5-271	12.13	29.160.01	K20	IEC 60034-2-2：2010	旋转电机 第2-2部分：试验中大型机械的分离损失测定用特殊方法补充件 IEC 60034-2-1	IEC 2/1585/FDIS：2009		2010/3/1	2010/3/1
12.13-5-272	12.13	29.160.01	K20	IEC 60034-05：2006	旋转电机 第5部分：旋转电机整体设计防护等级（IP 代码）分类			2006/11/1	2006/11/1
12.13-5-273	12.13	29.080.30; 29.160; 29.160.01	K20	IEC 60034-18-1：2010	旋转电机 第18-1部分：绝缘系统的功能性评估总指南	IEC 60034-18-1 CORRI 1：1992; IEC 60034-18-1 CORRI 1：1992; IEC 60034-18-1：1992; IEC 60034-18-1 AMD 1：1996; IEC 2/1583/FDIS：2009		2010/3/1	2010/3/1
12.13-5-274	12.13	29.160	K20	IEC 60034-18-32：2010	旋转电机 第18-32部分：绝缘系统的功能性评定模绕线组用试验规程电气耐久性的评定	IEC/TR 60034-18-32：1995; IEC 2/1580/CDV：2009		2010/10/1	2010/10/1

12

序号	GW 分类	ICS 分类	GB 分类	标准号	中文名称	代替标准	采用关系	发布日期	实施日期
12.13-5-275	12.13	29.080.30; 29.160.01	K20	IEC 60034-18-41：2014	旋转电机 第18-41部分：电压转换器馈电的旋转电机用抗局部放电电气绝缘系统（I 型） 鉴定和质量控制试验	IEC/TS 60034-18-41：2006; IEC 2/1728/FDIS：2013		2014/3/1	2014/3/1
12.13-5-276	12.13	29.160.01	K20	IEC 60034-26：2006	旋转电机 第26部分：不平衡电压对三相感应发动机性能的影响	IEC/TS 60034-26 CORRI 1：2002; IEC/TS 60034-26 CORRI 1：2002; IEC/TS 60034-26：2002; IEC 2/1391/FDIS：2006		2006/7/1	2006/7/1
12.13-5-277	12.13	29.160		IEC 60034-27：2006	旋转电机 第27部分：在旋转电机的缠绕绝缘体定子上的局部离线放电测量			2006/12/14	2006/12/14
12.13-5-278	12.13	29.260.20	K35	IEC 60079-26：2014	电气设备 第26部分：设备保护水平（EPL）镓的设备	IEC 60079-26：2006; IEC 60079-26 CORRI 1：2009; IEC 60079-26 CORRI 1：2009; IEC 31/1146/FDIS：2014		2014/10/1	2014/10/1

12.14 设备、材料-水电

序号	GW 分类	ICS 分类	GB 分类	标准号	中文名称	代替标准	采用关系	发布日期	实施日期
12.14-2-1	12.14			Q/GDW 12138—2021	可逆式水泵水轮机调速系统设计技术导则			2021/9/17	2021/9/17
12.14-3-2	12.14	27.140	K55	GB/T 10969—2008	水轮机、蓄能泵和水泵水轮机通流部件技术条件	GB/T 10969—1996		2008/6/30	2009/4/1
12.14-3-3	12.14	27.140	K55	GB/T 11805—2019	水轮发电机组自动化元件（装置）及其系统基本技术条件	GB/T 11805—2008		2019/6/4	2020/1/1
12.14-3-4	12.14	27.140	K55	GB/T 15468—2020	水轮机基本技术条件	GB/T 15468—2006		2020/6/2	2020/12/1
12.14-3-5	12.14	27.140	K55	GB/T 15469.1—2008	水轮机、蓄能泵和水泵水轮机空蚀评定 第1部分：反击式水轮机的空蚀评定	GB/T 15469—1995		2008/6/30	2009/4/1
12.14-3-6	12.14	27.140	K55	GB/T 21718—2021	小型水轮机基本技术条件	GB/T 21718—2008		2021/4/30	2021/11/1
12.14-3-7	12.14	25.100.50	J41	GB/T 28254—2012	水轮机、蓄能泵和水泵水轮机更新改造和性能改善导则			2012/6/29	2012/11/1
12.14-3-8	12.14	29.160.40	K52	GB/T 28570—2012	水轮发电机组状态在线监测系统技术导则			2012/6/29	2012/11/1
12.14-3-9	12.14	77.140.50	H46	GB/T 31946—2015	水电站压力钢管用钢板			2015/9/11	2016/6/1

序号	GW 分类	ICS 分类	GB 分类	标准号	中 文 名 称	代替标准	采用关系	发布日期	实施日期
12.14-3-10	12.14	23.080	J71	GB/T 3216—2016	回转动力泵 水力性能验收试验 1 级、2 级和 3 级	GB/T 3216—2005	ISO 9906：2012	2016/8/29	2017/3/1
12.14-3-11	12.14	27.100	F07	GB/T 39264—2020	智能水电厂一体化管控平台技术规范			2020/11/19	2021/6/1
12.14-3-12	12.14	27.100	F23	GB/T 39324—2020	智能水电厂主设备状态检修决策支持系统技术导则			2020/11/19	2021/6/1
12.14-3-13	12.14	27.100	F23	GB/T 39565—2020	智能水电厂防汛应急指挥系统技术规范			2020/12/14	2021/7/1
12.14-3-14	12.14	27.100	F07	GB/T 39627—2020	智能水电厂智能测控装置技术规范			2020/12/14	2021/7/1
12.14-3-15	12.14	27.100	F23	GB/T 39629—2020	智能水电厂安全防护系统联动技术要求			2020/12/14	2021/7/1
12.14-3-16	12.14	27.100	F23	GB/T 40221—2021	智能水电厂经济运行系统技术条件			2021/5/21	2021/12/1
12.14-3-17	12.14	27.140	P59	GB/T 40222—2021	智能水电厂技术导则			2021/5/21	2021/12/1
12.14-3-18	12.14	27.100	F07	GB/T 40234—2021	智能水电厂公共信息模型技术要求			2021/5/21	2021/12/1
12.14-3-19	12.14	27.140	F07	GB/T 40285—2021	智能水电厂大坝安全分析评估系统技术规范			2021/5/21	2021/12/1
12.14-3-20	12.14	29.160.20	K21	GB/T 7894—2009	水轮发电机基本技术条件	GB/T 7894—2001		2009/11/15	2010/4/1
12.14-3-21	12.14	29.160.20	K21	GB/T 7894—2009/XG1—2015	《水轮发电机基本技术条件》国家标准第 1 号修改单			2009/11/15	2015/7/1
12.14-4-22	12.14			DL/T 1024—2015	水电仿真机技术规范			2015/7/1	2015/12/1
12.14-4-23	12.14	27.100	K52	DL/T 1067—2020	蒸发冷却水轮发电机（发电/电动机）基本技术条件	DL/T 1067—2007		2020/10/23	2021/2/1
12.14-4-24	12.14	27.140	P59	DL/T 1107—2019	水电厂自动化元件基本技术条件	DL/T 1107—2009		2019/6/4	2019/10/1
12.14-4-25	12.14	27.140	P59	DL/T 1134—2009	大坝安全监测数据自动采集装置			2009/7/22	2009/12/1
12.14-4-26	12.14	27.140	P59	DL/T 1548—2016	水轮机调节系统设计与应用导则			2016/1/7	2016/6/1
12.14-4-27	12.14			DL/T 1627—2016	水轮发电机励磁系统晶闸管整流桥技术条件			2016/12/5	2017/5/1
12.14-4-28	12.14			DL/T 1628—2016	水轮发电机励磁变压器技术条件			2016/12/5	2017/5/1
12.14-4-29	12.14			DL/T 1666—2016	水电站水调自动化系统技术条件			2016/12/5	2017/5/1
12.14-4-30	12.14	27.140	P59	DL/T 1803—2018	水电厂辅助设备控制装置技术条件			2018/4/3	2018/7/1
12.14-4-31	12.14			DL/T 1804—2018	水轮发电机组振动摆度装置技术条件			2018/4/3	2018/7/1
12.14-4-32	12.14	27.140	P55	DL/T 1819—2018	抽水蓄能电站静止变频装置技术条件			2018/4/3	2018/7/1

12

序号	GW 分类	ICS 分类	GB 分类	标准号	中 文 名 称	代替标准	采用关系	发布日期	实施日期
12.14-4-33	12.14			DL/T 2018—2019	抽水蓄能发电电动机变压器组继电保护装置技术条件			2019/6/4	2019/10/1
12.14-4-34	12.14	27.100	K51	DL/T 295—2011	抽水蓄能机组自动控制系统技术条件			2011/7/28	2011/11/1
12.14-4-35	12.14	27.140	F20	DL/T 321—2012	水力发电厂计算机监控系统与厂内设备及系统通信技术规定			2012/1/4	2012/3/1
12.14-4-36	12.14	27.140	P59	DL/T 327—2010	步进式垂线坐标仪			2011/1/9	2011/5/1
12.14-4-37	12.14			DL/T 443—2016	水轮发电机组及其附属设备出厂检验导则	DL 443—1991；DL/T 443—1991		2016/1/7	2016/6/1
12.14-4-38	12.14			DL/T 444—2020	反击式水轮机气蚀损坏评定标准	DL/T 444—1991		2020/10/23	2021/2/1
12.14-4-39	12.14			DL/T 458—2020	板框式旋转滤网	DL/T 458—1999		2020/10/23	2021/2/1
12.14-4-40	12.14	27.140	P59	DL/T 5065—2009	水力发电厂计算机监控系统设计规范	DL 5065—1996		2009/7/22	2009/12/1
12.14-4-41	12.14	27.140	P59	DL/T 5215—2005	水工建筑物止水带技术规范			2005/2/14	2005/6/1
12.14-4-42	12.14	27.100	F22	DL/T 5358—2006	水电水利工程金属结构设备防腐蚀技术规程			2006/12/17	2007/5/1
12.14-4-43	12.14	27.100	K52	DL/T 556—2016	水轮发电机组振动监测装置设置导则	DL/T 556—1994		2016/1/7	2016/6/1
12.14-4-44	12.14	27.140	P59	DL/T 563—2016	水轮机电液调节系统及装置技术规程	DL/T 563—2004		2016/1/7	2016/6/1
12.14-4-45	12.14	27.100	F20	DL/T 578—2008	水电厂计算机监控系统基本技术条件	DL 578—1995		2008/6/4	2008/11/1
12.14-4-46	12.14	27.140	P59	DL/T 5786—2019	水工塑性混凝土配合比设计规程			2019/6/4	2019/10/1
12.14-4-47	12.14			DL/T 5817—2021	水电工程低热硅酸盐水泥混凝土技术规范			2021/1/7	2021/7/1
12.14-4-48	12.14			DL/T 583—2018	大中型水轮发电机静止整流励磁系统技术条件	DL/T 583—2006		2018/4/3	2018/7/1
12.14-4-49	12.14	27.140	K55	DL/T 622—2012	立式水轮发电机弹性金属塑料推力轴瓦技术条件	DL 622—1997		2012/1/4	2012/3/1
12.14-4-50	12.14	27.140	F22	DL/T 822—2012	水电厂计算机监控系统试验验收规程	DL/T 822—2002		2012/8/23	2012/12/1
12.14-4-51	12.14	27.140	F29；J80	DL/T 946—2005	水利电力建设用起重机	SD 160—1985		2005/2/14	2005/6/1
12.14-4-52	12.14	27.100	Q24；P59	DL/T 949—2005	水工建筑物塑性嵌缝密封材料技术标准			2005/2/14	2005/6/1
12.14-4-53	12.14	29.160.20	K20	JB/T 10180—2014	水轮发电机推力轴承弹性金属塑料瓦技术条件	JB/T 10180—2000		2014/5/6	2014/10/1
12.14-4-54	12.14	77.140.85	J32	JB/T 10265—2014	水轮发电机上下圆盘锻件技术条件	JB/T 10265—2001		2014/7/9	2014/11/1
12.14-4-55	12.14	23.080	J70	JB/T 12213—2015	水电站技术供水可调式射流泵装置			2015/4/30	2015/10/1
12.14-4-56	12.14	23.060.10	J16	JB/T 12620—2016	水轮机进水液动球阀技术条件			2016/1/15	2016/6/1

12

序号	GW分类	ICS分类	GB分类	标准号	中 文 名 称	代替标准	采用关系	发布日期	实施日期
12.14-4-57	12.14	27.140	K55	JB/T 2832—2004	水轮机调速器及油压装置型号编制方法	JB 2832—1993		2004/3/9	2004/6/1
12.14-4-58	12.14	29.160.10	K21	JB/T 3334.1—2013	水轮发电机用制动器 第1部分：水轮发电机用立式制动器			2013/12/31	2014/7/1
12.14-4-59	12.14	29.160.10	K21	JB/T 3334.2—2013	水轮发电机用制动器 第2部分：水轮发电机用卧式制动器			2013/12/31	2014/7/1
12.14-4-60	12.14		K21	JB/T 6507—1992	小型三相异步水轮发电机 系列技术条件			1992/12/21	1993/5/1
12.14-4-61	12.14	27.140	K55	JB/T 7072—2004	水轮机调速器及油压装置系列型谱	JB 7072—1993		2004/3/9	2004/6/1
12.14-4-62	12.14	77.140.80	J31	JB/T 7349—2014	水轮机不锈钢叶片铸件	JB/T 7349—2002；JB/T 7350—2002		2014/5/6	2014/10/1
12.14-4-63	12.14	27.140	K55	NB/T 10078—2018	水轮机进水球阀选用、试验及验收规范			2018/10/29	2019/3/1
12.14-4-64	12.14	27.140	P59	NB/T 10386—2020	水电工程水温实时监测系统技术规范			2020/10/23	2021/2/1
12.14-4-65	12.14			NB/T 10477—2020	小型水电站增效扩容改造技术规程			2020/10/23	2021/2/1
12.14-4-66	12.14	27.140	P26	NB/T 10500—2021	QP型卷扬式启闭机系列参数	DL/T 898—2004		2021/1/7	2021/7/1
12.14-4-67	12.14	27.140	P26	NB/T 10501—2021	QPKY型水工平面快速闸门液压启闭机基本参数	DL/T 896—2004		2021/1/7	2021/7/1
12.14-4-68	12.14	27.140	P26	NB/T 10502—2021	QPPY Ⅰ、Ⅱ型水工平面闸门液压启闭机基本参数	DL/T 897—2004		2021/1/7	2021/7/1
12.14-4-69	12.14	27.140	P26	NB/T 10511—2021	水电工程泄水阀技术条件			2021/1/7	2021/7/1
12.14-4-70	12.14			NB/T 35088—2016	水电机组机械液压过速保护装置基本技术条件			2016/12/5	2017/5/1
12.14-4-71	12.14			NB/T 35089—2016	水轮机筒形阀技术规范			2016/12/5	2017/5/1
12.14-4-72	12.14	27.140	K55	NB/T 42054—2015	小型水轮机操作器技术条件			2015/7/1	2015/12/1
12.14-4-73	12.14	27.140	K55	NB/T 42056—2015	小型水轮机进水阀门基本技术条件			2015/7/1	2015/12/1
12.14-4-74	12.14	27.140	K55	NB/T 42161—2018	微小型水轮发电机组电子负荷控制器技术条件			2018/6/6	2018/10/1
12.14-4-75	12.14	27.140	K55	NB/T 42163—2018	小水电机组自并励励磁系统技术条件			2018/6/6	2018/10/1
12.14-4-76	12.14	27.100	P59	SD 113—1983	水利平面闸门液压启闭机基本参数（6～100t、2×6～2×100t）			1983/12/9	1984/1/1
12.14-4-77	12.14	93.020	N93	SD 124—1984	水文水电工程岩石测试仪器系列型谱			1984/11/27	1985/12/1
12.14-4-78	12.14	07.060	N93	SL 108—2006	水文仪器及水利水文自动化系统型号命名方法	SL 108—1995		2006/4/24	2006/7/1

12

序号	GW 分类	ICS 分类	GB 分类	标准号	中 文 名 称	代替标准	采用关系	发布日期	实施日期
12.14-4-79	12.14	23.080	J71	SL 140—2006	水泵模型及装置模型验收试验规程	SL 140—1997		2007/2/2	2007/5/2
12.14-4-80	12.14	07.060	A44	SL 149—2013	水文数据固态存储装置通用技术条件	SL/T 149—1995		2013/1/14	2013/1/14
12.14-4-81	12.14	33.200	M54	SL 180—2015	水文自动测报系统设备　遥测终端机	SL/T 180—1996		2015/2/2	2015/5/2
12.14-4-82	12.14	07.060	N93	SL 361—2006	大坝观测仪器位移计			2007/2/2	2007/5/2
12.14-4-83	12.14	07.060	N93	SL 362—2006	大坝观测仪器测斜仪			2007/2/2	2007/5/2
12.14-4-84	12.14	07.060	N93	SL 363—2006	大坝观测仪器锚杆测力计			2007/2/2	2007/5/2
12.14-4-85	12.14			T/CEC 249—2019	水电厂水下巡检机器人控制系统技术条件			2019/11/21	2020/1/1
12.14-5-86	12.14	27.140		IEC 60193：2019	水轮机、储水泵和泵　涡轮机　型式验收试验 3.0 版	IEC 60193：1999		2019/4/1	2019/4/1

12.15　设备、材料-通信设备材料

序号	GW 分类	ICS 分类	GB 分类	标准号	中 文 名 称	代替标准	采用关系	发布日期	实施日期
12.15-2-1	12.15			Q/GDW 10429—2017	智能变电站网络交换机技术规范	Q/GDW 1429—2012		2018/9/26	2018/9/26
12.15-2-2	12.15	29.240		Q/GDW 11119—2013	应急通信车技术规范			2014/5/15	2014/5/15
12.15-2-3	12.15	29.240		Q/GDW/Z 11394.2—2015	国家电网公司频率同步网技术基础　第 2 部分：同步网节点时钟设备技术要求			2015/8/5	2015/8/5
12.15-2-4	12.15	29.240		Q/GDW 11394.4—2016	国家电网公司频率同步网技术基础　第 4 部分：频率同步承载设备时钟（SEC、EEC、PEC）技术要求			2016/12/22	2016/12/22
12.15-2-5	12.15	29.240		Q/GDW 11413—2015	配电自动化无线公网通信模块技术规范			2016/3/31	2016/3/31
12.15-2-6	12.15	29.240		Q/GDW 11438.1—2015	IMS 行政交换网设备　第 1 部分：核心网设备			2016/7/26	2016/7/26
12.15-2-7	12.15	29.240		Q/GDW 11438.2—2015	IMS 行政交换网设备　第 2 部分：会话边界控制设备			2016/7/26	2016/7/26
12.15-2-8	12.15	29.240		Q/GDW 11438.3—2015	IMS 行政交换网设备　第 3 部分：接入设备			2016/7/26	2016/7/26
12.15-2-9	12.15			Q/GDW 11438.4—2020	IMS 行政交换网设备　第 4 部分：SIP 终端	Q/GDW 11438.4—2015		2020/12/31	2020/12/31
12.15-2-10	12.15	29.240		Q/GDW 11627—2016	变电站数据通信网关机技术规范			2017/7/31	2017/7/31
12.15-2-11	12.15	29.240.30		Q/GDW 11637—2016	2M 保护通道切换装置技术规范			2017/7/12	2017/7/12
12.15-2-12	12.15			Q/GDW 11759—2017	电网一次设备电子标签技术规范			2018/8/15	2018/8/15
12.15-2-13	12.15	29.020		Q/GDW 521—2010	光纤复合低压电缆			2011/3/31	2011/3/31

12

序号	GW 分类	ICS 分类	GB 分类	标准号	中 文 名 称	代替标准	采用关系	发布日期	实施日期
12.15-3-14	12.15	33.180.10	M33	GB/T 12357.4—2016	通信用多模光纤 第 4 部分：A4 类多模光纤特性	GB/T 12357.4—2004	IEC 60793-2-40：2009 NEQ	2016/4/25	2016/11/1
12.15-3-15	12.15	33.180.10	M33	GB/T 13993.1—2016	通信光缆 第 1 部分：总则	GB/T 13993.1—2004		2016/4/25	2016/11/1
12.15-3-16	12.15	33.180.10	M33	GB/T 13993.2—2014	通信光缆 第 2 部分：核心网用室外光缆	GB/T 13993.2—2002		2014/12/5	2015/4/1
12.15-3-17	12.15	33.180.10	M33	GB/T 13993.3—2014	通信光缆 第 3 部分：综合布线用室内光缆	GB/T 13993.3—2001		2014/12/5	2015/4/1
12.15-3-18	12.15	33.180.10	M33	GB/T 13993.4—2014	通信光缆 第 4 部分：接入网用室外光缆	GB/T 13993.4—2002		2014/12/5	2015/4/1
12.15-3-19	12.15	17.180.99	N35	GB/T 14075—2008	光纤色散测试仪技术条件	GB/T 14075—1993		2008/10/7	2009/4/1
12.15-3-20	12.15		L51	GB/T 16529—1996	光纤光缆接头 第 1 部分：总规范构件和配件		IEC 1073-1：1994 QC 850000 IDT	1996/9/9	1997/5/1
12.15-3-21	12.15	33.180.10	L51	GB/T 16529.2—1997	光纤光缆接头 第 2 部分：分规范光纤光缆接头盒和集纤盘		IEC 1073-2：1993 QC 850100 IDT	1997/12/4	1998/10/1
12.15-3-22	12.15	33.180.10	L51	GB/T 16529.3—1997	光纤光缆接头 第 3 部分：分规范光纤光缆熔接式接头		IEC 1073-3：1993 QC 850200 IDT	1997/12/4	1998/10/1
12.15-3-23	12.15	33.180.10	L51	GB/T 16529.4—1997	光纤光缆接头 第 4 部分：分规范光纤光缆机械式接头		IEC 1073-4：1994 QC 850200 IDT	1997/12/4	1998/10/1
12.15-3-24	12.15			GB/T 16611—2017	无线数据传输收发信机通用规范	GB/T 16611—1996；GB/T 18120—2000	IEC 60489-6：1999 NEQ	2017/5/31	2017/12/1
12.15-3-25	12.15	33.180.10	M33	GB/T 16849—2008	光纤放大器总规范	GB/T 16849—1997		2008/10/7	2009/4/1
12.15-3-26	12.15	33.180.20	L23	GB/T 17570—2019	光纤熔接机通用规范	GB/T 17570—1998		2019/8/30	2020/3/1
12.15-3-27	12.15	29.060.20	K13	GB/T 18015.1—2007	数字通信用对绞或星绞多芯对称电缆 第 1 部分：总规范	GB/T 18015.1—1999	IEC 61156-1：2002 IDT	2007/1/23	2007/8/1
12.15-3-28	12.15	29.060.20	K13	GB/T 18015.2—2007	数字通信用对绞或星绞多芯对称电缆 第 2 部分：水平层布线电缆分规范	GB/T 18015.2—1999	IEC 61156-2：2003 IDT	2007/1/23	2007/8/1
12.15-3-29	12.15	29.060.20	K13	GB/T 18015.3—2007	数字通信用对绞或星绞多芯对称电缆 第 3 部分：工作区布线电缆分规范	GB/T 18015.4—1999	IEC 61156-3：2003 IDT	2007/1/23	2007/8/1
12.15-3-30	12.15	29.060.20	K13	GB/T 18015.4—2007	数字通信用对绞或星绞多芯对称电缆 第 4 部分：垂直布线电缆分规范	GB/T 18015.6—1999	IEC 61156-4：2003 IDT	2007/1/23	2007/8/1
12.15-3-31	12.15	29.060.20	K13	GB/T 18015.5—2007	数字通信用对绞或星绞多芯对称电缆 第 5 部分：具有 600MHz 及以下传输特性的对绞或星绞对称电缆水平层布线电缆分规范	GB/T 18015.5—1999	IEC 61156-5：2002 IDT	2007/1/23	2007/8/1

12

序号	GW分类	ICS分类	GB分类	标准号	中 文 名 称	代替标准	采用关系	发布日期	实施日期
12.15-3-32	12.15	29.060.20	K13	GB/T 18015.6—2007	数字通信用对绞或星绞多芯对称电缆 第6部分：具有600MHz及以下传输特性的对绞或星绞对称电缆工作区布线电缆分规范	GB/T 18015.6—1999	IEC 61156-6：2002 IDT	2007/1/23	2007/8/1
12.15-3-33	12.15	29.060.20	K13	GB/T 18015.21—2007	数字通信用对绞或星绞多芯对称电缆 第21部分：水平层布线电缆空白详细规范	GB/T 18015.3—1999	IEC 61156-2-1：2003 IDT	2007/1/23	2007/8/1
12.15-3-34	12.15	29.060.20	K13	GB/T 18015.22—2007	数字通信用对绞或星绞多芯对称电缆 第22部分：水平层布线电缆能力认可分规范		IEC 61156-2-2：2001 IDT	2007/1/23	2007/8/1
12.15-3-35	12.15	29.060.20	K13	GB/T 18015.31—2007	数字通信用对绞或星绞多芯对称电缆 第31部分：工作区布线电缆空白详细规范	GB/T 18015.5—1999	IEC 61156-3-1：2003 IDT	2007/1/23	2007/8/1
12.15-3-36	12.15	29.060.20	K13	GB/T 18015.32—2007	数字通信用对绞或星绞多芯对称电缆 第32部分：工作区布线电缆能力认可分规范		IEC 61156-3-2：2001 IDT	2007/1/23	2007/8/1
12.15-3-37	12.15	29.060.20	K13	GB/T 18015.41—2007	数字通信用对绞或星绞多芯对称电缆 第41部分：垂直布线电缆空白详细规范	GB/T 18015.7—1999	IEC 61156-4-1：2003 IDT	2007/1/23	2007/8/1
12.15-3-38	12.15	29.060.20	K13	GB/T 18015.42—2007	数字通信用对绞或星绞多芯对称电缆 第42部分：垂直布线电缆能力认可分规范		IEC 61156-4-2：2001 IDT	2007/1/23	2007/8/1
12.15-3-39	12.15	33.040	M33	GB/T 21642.1—2008	基于IP网络的视讯会议系统设备技术要求 第1部分：多点控制器（MC）			2008/4/10	2008/11/1
12.15-3-40	12.15	33.040	M33	GB/T 21642.2—2008	基于IP网络的视讯会议系统设备技术要求 第2部分：多点处理器（MP）			2008/4/10	2008/11/1
12.15-3-41	12.15	33.040.40	M32	GB/T 21642.3—2012	基于IP网络的视讯会议系统设备技术要求 第3部分：多点控制单元（MCU）			2012/6/29	2012/10/1
12.15-3-42	12.15	33.040.40	M32	GB/T 21642.4—2012	基于IP网络的视讯会议系统设备技术要求 第4部分：网守（GK）			2012/6/29	2012/10/1
12.15-3-43	12.15	33.040.20	M33	GB/T 24367.1—2009	自动交换光网络（ASON）节点设备技术要求 第1部分：基于SDH的ASON节点设备技术要求			2009/9/30	2009/12/1
12.15-3-44	12.15	31.240	K05	GB/T 28571.1—2012	电信设备机柜 第1部分：总规范			2012/6/29	2012/11/1
12.15-3-45	12.15	33.180.01	M33	GB/T 29232—2012	650nm百兆以太网塑料光纤网络适配器			2012/12/31	2013/6/1
12.15-3-46	12.15	29.060.20	K13	GB/T 29839—2013	额定电压1kV（$U_m=1.2kV$）及以下光纤复合低压电缆			2013/11/12	2014/3/7
12.15-3-47	12.15	29.035.20	K15	GB/T 31990.1—2015	塑料光纤电力信息传输系统技术规范 第1部分：技术要求			2015/9/11	2016/4/1

12

序号	GW 分类	ICS 分类	GB 分类	标准号	中 文 名 称	代替标准	采用关系	发布日期	实施日期
12.15-3-48	12.15	29.035.20	K15	GB/T 31990.2—2015	塑料光纤电力信息传输系统技术规范　第 2 部分：收发通信单元			2015/9/11	2016/4/1
12.15-3-49	12.15	29.035.20	K15	GB/T 31990.3—2015	塑料光纤电力信息传输系统技术规范　第 3 部分：光电收发模块			2015/9/11	2016/4/1
12.15-3-50	12.15	25.040.40	N11	GB/T 34037—2017	物联网差压变送器规范			2017/7/31	2018/2/1
12.15-3-51	12.15	25.040	N10	GB/T 34040—2017	工业通信网络　功能安全现场总线行规　通用规则和行规定义			2017/7/31	2018/2/1
12.15-3-52	12.15	29.020	L10	GB/T 34068—2017	物联网总体技术　智能传感器接口规范			2017/7/31	2018/2/1
12.15-3-53	12.15	29.020	L10	GB/T 34069—2017	物联网总体技术　智能传感器特性与分类			2017/7/31	2018/2/1
12.15-3-54	12.15	25.040.40		GB/T 34070—2017	物联网电流变送器规范			2017/7/31	2018/2/1
12.15-3-55	12.15	25.040	N10	GB/T 34071—2017	物联网总体技术　智能传感器可靠性设计方法与评审			2017/7/31	2018/2/1
12.15-3-56	12.15	25.040.40	N11	GB/T 34072—2017	物联网温度变送器规范			2017/7/31	2018/2/1
12.15-3-57	12.15	25.040.40	N11	GB/T 34073—2017	物联网压力变送器规范			2017/7/31	2018/2/1
12.15-3-58	12.15			GB/T 34980.2—2017	智能终端软件平台技术要求　第 2 部分：应用与服务			2017/11/1	2018/5/1
12.15-3-59	12.15	35.020	L63；P32	GB/T 36340—2018	防静电活动地板通用规范	SJ/T 10796—2001		2018/6/7	2019/1/1
12.15-3-60	12.15	91.060.3	L70	GB/T 36435—2018	信息技术　射频识别 2.45GHz 读写器通用规范			2018/6/7	2019/1/1
12.15-3-61	12.15	35.240.15	L64	GB/Z 36442.1—2018	信息技术　用于物品管理的射频识别　实现指南　第 1 部分：无源超高频 RFID 标签			2018/6/7	2019/1/1
12.15-3-62	12.15	29.240.01	F21	GB/T 40435—2021	变电站数据通信网关机技术规范			2021/8/20	2022/3/1
12.15-3-63	12.15	33.060.40	M31	GB/T 7329—2008	电力线载波结合设备	GB/T 7329—1998	IEC 60481：1974 NEQ	2008/3/25	2008/10/1
12.15-3-64	12.15	33.180.10	M33	GB/T 7424.1—2003	光缆　总规范　第 1 部分：总则	GB/T 7424.1—1998	IEC 60794-1-1：2001 MOD	2003/11/24	2004/8/1
12.15-3-65	12.15	33.180.10	M33	GB/T 7424.3—2003	光缆　第 3 部分：分规范-室外光缆		IEC 60794-3：2001 MOD	2003/7/2	2003/10/1
12.15-3-66	12.15	33.180.10	M33	GB/T 7424.4—2003	光缆　第 4-1 部分：分规范光纤复合架空地线		IEC 60794-1：1999 NEQ	2003/11/24	2004/8/1
12.15-3-67	12.15	33.180.10	M33	GB/T 7424.5—2012	光缆　第 5 部分：分规范用于气吹安装的微型光缆和光纤单元		IEC 60794-5：2006 MOD	2012/6/29	2012/10/1

序号	GW 分类	ICS 分类	GB 分类	标准号	中 文 名 称	代替标准	采用关系	发布日期	实施日期
12.15-3-68	12.15	33.040.20	M19	GB/T 7611—2016	数字网系列比特率电接口特性	GB/T 7611—2001		2016/4/25	2016/12/1
12.15-3-69	12.15	33.020	M04	GB/T 9043—2008	通信设备过电压保护用气体放电管通用技术条件	GB/T 9043—1999	ITU-TK.12（2006）NEQ	2008/3/31	2008/11/1
12.15-3-70	12.15	33.180.10	M33	GB/T 9771.1—2020	通信用单模光纤　第1部分：非色散位移单模光纤特性	GB/T 9771.1—2008		2020/6/2	2020/12/1
12.15-3-71	12.15	33.180.10	M33	GB/T 9771.2—2020	通信用单模光纤　第2部分：截止波长位移单模光纤特性	GB/T 9771.2—2008		2020/6/2	2020/12/1
12.15-3-72	12.15	33.180.10	M33	GB/T 9771.3—2020	通信用单模光纤　第3部分：波长段扩展的非色散位移单模光纤特性	GB/T 9771.3—2008		2020/6/2	2020/12/1
12.15-3-73	12.15	33.180.10	M33	GB/T 9771.4—2020	通信用单模光纤　第4部分：色散位移单模光纤特性	GB/T 9771.4—2008		2020/6/2	2020/12/1
12.15-3-74	12.15	33.180.10	M33	GB/T 9771.5—2020	通信用单模光纤　第5部分：非零色散位移单模光纤特性	GB/T 9771.5—2008		2020/6/2	2020/12/1
12.15-3-75	12.15	33.180.10	M33	GB/T 9771.6—2020	通信用单模光纤　第6部分：宽波长段光传输用非零色散单模光纤特性	GB/T 9771.6—2008		2020/6/2	2020/12/1
12.15-3-76	12.15	33.180.10	M33	GB/T 9771.7—2012	通信用单模光纤　第7部分：接入网用弯曲损耗不敏感单模光纤特性			2012/6/29	2012/10/1
12.15-4-77	12.15			DL/T 1100.5—2019	电力系统的时间同步系统　第5部分：防欺骗和抗干扰技术要求			2019/11/4	2020/5/1
12.15-4-78	12.15	29.240.30	F21	DL/T 1241—2013	电力工业以太网交换机技术规范			2013/3/7	2013/8/1
12.15-4-79	12.15	29.020	K00	DL/T 1336—2014	电力通信站光伏电源系统技术要求			2014/3/18	2014/8/1
12.15-4-80	12.15	27.100	F23	DL/T 1614—2016	电力应急指挥通信车技术规范			2016/8/16	2016/12/1
12.15-4-81	12.15	29.24	K45	DL/T 1777—2017	智能变电站二次设备屏柜光纤回路技术规范			2017/12/27	2018/6/1
12.15-4-82	12.15			DL/T 1894—2018	电力光纤传感器通用规范			2018/12/25	2019/5/1
12.15-4-83	12.15	33.180.99	M30	DL/T 1899.1—2018	电力架空光缆接头盒　第1部分：光纤复合架空地线接头盒			2018/12/25	2019/5/1
12.15-4-84	12.15	33.180.99	M30	DL/T 1899.2—2018	电力架空光缆接头盒　第2部分：全介质自承式光缆接头盒			2018/12/25	2019/5/1
12.15-4-85	12.15	33.180.99	M30	DL/T 1899.3—2018	电力架空光缆接头盒　第3部分：光纤复合架空相线接头盒			2018/12/25	2019/5/1

12

序号	GW分类	ICS分类	GB分类	标准号	中 文 名 称	代替标准	采用关系	发布日期	实施日期
12.15-4-86	12.15	29.240	K45	DL/T 1944—2018	智能变电站手持式光数字信号试验装置技术规范			2018/12/25	2019/5/1
12.15-4-87	12.15	29.240	F29	DL/T 329—2010	基于DL/T 860的变电站低压电源设备通信接口			2011/1/9	2011/5/1
12.15-4-88	12.15	33.180.10	M30	DL/T 788—2016	全介质自承式光缆	DL/T 788—2001		2016/1/7	2016/6/1
12.15-4-89	12.15	27.100	F29	DL/T 795—2016	电力系统数字调度交换机	DL/T 795—2001		2016/12/5	2017/5/1
12.15-4-90	12.15			QB/T 5527—2020	城市综合管廊 通信用聚氯乙烯实壁管			2020/12/9	2021/4/1
12.15-4-91	12.15	33.200	M50	SJ/T 11423—2010	GPS授时型接收设备通用规范			2010/12/29	2011/1/1
12.15-4-92	12.15	35.220.20	L63	SJ/T 11655—2016	信息技术移动存储移动硬盘通用规范			2016/4/5	2016/9/1
12.15-4-93	12.15			T/CEC 337.1—2020	2MHz～12MHz 低压电力线高速载波通信系统 第1部分：总则			2020/6/30	2020/10/1
12.15-4-94	12.15	33.040.20	M33	YD/T 1017—2011	同步数字体系（SDH）网络节点接口	YD 1017—1999		2011/5/18	2011/6/1
12.15-4-95	12.15	83.080.20	M33	YD/T 1020.1—2021	电缆光缆用防蚁护套材料特性 第1部分：聚酰胺	YD/T 1020.1—2004		2021/3/5	2021/4/1
12.15-4-96	12.15	33.04	M10	YD/T 1095—2018	通信用交流不间断电源（UPS）	YD/T 1095—2008		2018/4/30	2018/7/1
12.15-4-97	12.15	33.040.40	M32	YD/T 1096—2009	路由器设备技术要求边缘路由器	YD 1096—2001		2009/6/15	2009/9/1
12.15-4-98	12.15	33.040.40	M32	YD/T 1097—2009	路由器设备技术要求核心路由器	YD 1097—2001		2009/6/15	2009/9/1
12.15-4-99	12.15	33.040.40	M32	YD/T 1099—2013	以太网交换机技术要求	YD/T 1099—2005		2013/10/17	2014/1/1
12.15-4-100	12.15	33.120.10	M42	YD/T 1174—2020	通信电缆 局用同轴电缆	YD/T 1174—2008		2020/8/31	2020/10/1
12.15-4-101	12.15	33.180.01	M33	YD/T 1183—2013	光纤模拟传输用光接收组件技术条件	YD/T 1183—2002		2013/10/17	2014/1/1
12.15-4-102	12.15	3.180.20	M33	YD/T 1198.1—2014	光纤活动连接器插芯技术条件	YD/T 1198—2002		2014/10/14	2014/10/14
12.15-4-103	12.15	33.040.40	M32	YD/T 1243.4—2008	媒体网关设备技术要求 支持多媒体业务部分			2008/3/28	2008/6/1
12.15-4-104	12.15	33.040.30	M32	YD/T 1255—2013	具有路由功能的以太网交换机技术要求	YD/T 1255—2003		2013/10/17	2014/1/1
12.15-4-105	12.15	33.180.10	M33	YD/T 1258.1—2015	室内光缆 第1部分：总则	YD/T 1258.1—2003		2015/4/30	2015/7/1
12.15-4-106	12.15	33.180.20	M33	YD/T 1272.4—2018	光纤活动连接器 第4部分：FC型	YD/T 1272.4—2007		2018/12/21	2019/4/1
12.15-4-107	12.15	33.180.10	M33	YD/T 1272.6—2015	光纤活动连接器 第6部分：MC型			2015/4/30	2015/7/1
12.15-4-108	12.15	33.040.40	M36	YD/T 1292—2011	基于H.248的媒体网关控制协议技术要求	YD 1292—2003		2011/5/18	2011/6/1
12.15-4-109	12.15	33.120.10	M42	YD/T 1319—2013	通信电缆 无线通信用50Ω泡沫聚烯烃绝缘编织外导体射频同轴电缆	YD/T 1319—2004		2013/4/25	2013/6/1

12

序号	GW 分类	ICS 分类	GB 分类	标准号	中 文 名 称	代替标准	采用关系	发布日期	实施日期
12.15-4-110	12.15	29.200	M41	YD/T 1436—2014	室外型通信电源系统	YD/T 1436—2006		2014/10/14	2014/10/14
12.15-4-111	12.15	33.180	M33	YD/T 1437—2014	数字配线架	YD/T 1437—2006		2014/10/14	2014/10/14
12.15-4-112	12.15	33.180.10	M33	YD/T 1447—2013	通信用塑料光纤	YD/T 1447—2006		2013/4/25	2013/6/1
12.15-4-113	12.15		K04	YD/T 1482—2006	电信设备电磁环境的分类			2006/6/8	2006/10/1
12.15-4-114	12.15	33.040.40	M32	YD/T 1627—2007	以太网交换机设备安全技术要求			2007/4/16	2007/10/1
12.15-4-115	12.15	33.040.40	M32	YD/T 1629—2007	具有路由功能的以太网交换机设备安全技术要求			2007/4/16	2007/10/1
12.15-4-116	12.15	33.040.40	M33	YD/T 1668—2007	STM-64 光缆线路系统技术要求			2007/7/20	2007/12/1
12.15-4-117	12.15	33.050.99	M40	YD/T 1686—2011	IP 电话终端设备语音质量及传输性能技术要求和测试方法	YD/T 1686—2007		2011/5/18	2011/6/1
12.15-4-118	12.15	33.180.20	M33	YD/T 1688.2—2010	xPON 光收发合一模块技术条件　第 2 部分：用于 EPON 光线路终端/光网络单元（OLT/ONU）的光收发合一模块			2010/12/29	2011/1/1
12.15-4-119	12.15	33.180.01	M33	YD/T 1688.3—2017	xPON 光收发合一模块技术条件　第 3 部分：用于 GPON 光线路终端/光网络单元（OLT/ONU）的光收发合一模块	YD/T 1688.3—2011		2017/4/12	2017/7/1
12.15-4-120	12.15	33.180.01	M33	YD/T 1688.7—2017	xPON 光收发合一模块技术条件　第 7 部分：内置 MAC 功能的光网络单元（ONU）光收发合一模块			2017/4/12	2017/7/1
12.15-4-121	12.15	33.040.40	M32	YD/T 1691—2007	具有内容交换功能的以太网交换机设备技术要求			2007/9/29	2008/1/1
12.15-4-122	12.15	33.040.40	M32	YD/T 1693—2007	基于光纤通道的 IP 存储交换机技术要求			2007/9/29	2008/1/1
12.15-4-123	12.15	33.040	M15	YD/T 1703—2007	电信级 IPQoS 体系架构			2007/9/29	2008/1/1
12.15-4-124	12.15	33.180.99	M33	YD/T 1714—2007	密集波分复用光配线架			2007/9/29	2008/1/1
12.15-4-125	12.15	29.2	M41	YD/T 1817—2017	通信设备用直流远供电源系统	YD/T 1817—2008		2017/4/12	2017/7/1
12.15-4-126	12.15	33.04	M10	YD/T 1818—2018	电信数据中心电源系统	YD/T 1818—2008		2018/4/30	2018/7/1
12.15-4-127	12.15	33.120.99	M42	YD/T 1819—2016	通信设备用综合集装架	YD/T 1819—2008		2016/7/11	2016/10/1
12.15-4-128	12.15	33.040.40	M32	YD/T 1911—2009	软交换业务接入控制设备安全技术要求和测试方法			2009/6/15	2009/9/1
12.15-4-129	12.15	33.040.99	M30	YD/T 1922—2009	基于 H.323 协议的 IP 用户终端设备技术要求			2009/6/15	2009/9/1

12

序号	GW分类	ICS分类	GB分类	标准号	中 文 名 称	代替标准	采用关系	发布日期	实施日期
12.15-4-130	12.15	33.040.99	M30	YD/T 1923—2009	基于 MGCP 协议的 IP 用户终端设备技术要求			2009/6/15	2009/9/1
12.15-4-131	12.15	33.040.99	M30	YD/T 1924—2009	基于 SIP 协议的 IP 用户终端设备技术要求			2009/6/15	2009/9/1
12.15-4-132	12.15	33.040.99	M30	YD/T 1925—2009	基于 H.248 协议的 IP 用户终端设备技术要求			2009/6/15	2009/9/1
12.15-4-133	12.15	33.040.40	M32	YD/T 1927—2009	软交换业务接入控制设备技术要求			2009/6/15	2009/9/1
12.15-4-134	12.15	33.180.10	M33	YD/T 1954—2013	接入网用弯曲损耗不敏感单模光纤特性	YD/T 1954—2009		2013/10/17	2014/1/1
12.15-4-135	12.15	29.200	M41	YD/T 1968—2021	通信局站用智能热交换系统	YD/T 1968—2009		2021/3/5	2021/4/1
12.15-4-136	12.15	29.200	M41	YD/T 1969—2020	通信局（站）用智能新风节能系统	YD/T 1969—2009		2020/12/9	2021/1/1
12.15-4-137	12.15	33.180.10	M33	YD/T 1997.1—2014	通信用引入光缆　第 1 部分：蝶形光缆	YD/T 1997—2009		2020/12/9	2021/1/1
12.15-4-138	12.15	33.180.10	M33	YD/T 1999—2021	通信用轻型自承式室外光缆	YD/T 1999—2009		2021/3/5	2021/4/1
12.15-4-139	12.15	33.180.10	M33	YD/T 2005—2017	用于光纤通道的光收发模块技术条件	YD/T 2005—2009		2017/4/12	2017/7/1
12.15-4-140	12.15	33.040.20	M33	YD/T 2022—2009	时间同步设备技术要求			2009/12/11	2010/1/1
12.15-4-141	12.15	29.220.99	M41	YD/T 2061—2020	通信机房用恒温恒湿空调系统	YD/T 2061—2009		2020/12/9	2021/1/1
12.15-4-142	12.15	29.200	M41	YD/T 2062—2009	通信用应急电源（EPS）			2009/12/11	2010/1/1
12.15-4-143	12.15	33.180.99	M33	YD/T 2150—2020	光缆分纤箱	YD/T 2150—2010		2020/8/31	2020/10/1
12.15-4-144	12.15	33.180.20	M33	YD/T 2151.2—2013	光纤光栅色散补偿模块　第 2 部分：可调色散补偿模块			2013/4/25	2013/6/1
12.15-4-145	12.15	29.2	M41	YD/T 2165—2017	通信用模块化交流不间断电源	YD/T 2165—2010		2017/11/7	2018/1/1
12.15-4-146	12.15	33.040.40	M32	YD/T 2177—2010	基于互联网小型计算机系统接口（iSCSI）的 IP 存储设备技术要求			2010/12/29	2011/1/1
12.15-4-147	12.15	33.040.40	M33	YD/T 2273—2011	同步数字体系（SDH）STM-256 总体技术要求			2011/5/18	2011/6/1
12.15-4-148	12.15	33.180.01	M33	YD/T 2286—2011	10GEPON 光线路终端 / 光网络单元（OLTO/ONU）的单纤双向光组件			2011/5/18	2011/6/1
12.15-4-149	12.15	29.200	M41	YD/T 2318—2011	通信基站用新风空调一体机技术要求和试验方法			2011/5/18	2011/6/1
12.15-4-150	12.15	29.200	M41	YD/T 2319—2020	数据设备用网络机柜	YD/T 2319—2011		2020/12/9	2021/1/1
12.15-4-151	12.15	29.2	M41	YD/T 2343—2020	通信用前置端子阀控式铅酸蓄电池			2020/4/24	2020/7/1
12.15-4-152	12.15	29.2	M41	YD/T 2344.2—2015	通信用磷酸铁锂电池组　第 2 部分：分立式电池组			2015/7/14	2015/10/1

12

序号	GW 分类	ICS 分类	GB 分类	标准号	中 文 名 称	代替标准	采用关系	发布日期	实施日期
12.15-4-153	12.15	33.180.01	M33	YD/T 2492—2013	40Gb/s 强度调制光收发模块技术条件			2013/4/25	2013/6/1
12.15-4-154	12.15	33.180.01	M33	YD/T 2552—2013	10Gb/sDWDMXFP 光收发合一模块技术条件			2013/4/25	2013/6/1
12.15-4-155	12.15		M41	YD/T 2555—2013	通信用 240V 直流供电系统配电设备			2013/4/25	2013/6/1
12.15-4-156	12.15	33.030	M32	YD/T 2601—2013	支持 IPv6 访问的 Web 服务器的技术要求和测试方法			2013/10/17	2014/1/1
12.15-4-157	12.15	33.030	M21	YD/T 2637.1—2013	自组织网络支持应急通信 第 1 部分：业务要求			2013/10/17	2014/1/1
12.15-4-158	12.15			YD/T 2637.2—2013	自组织网络支持应急通信 第 2 部分：初始化、准入和恢复机制			2013/10/17	2014/1/1
12.15-4-159	12.15			YD/T 2637.3—2013	自组织网络支持应急通信 第 3 部分：节点要求			2013/10/17	2014/1/1
12.15-4-160	12.15			YD/T 2637.4—2013	自组织网络支持应急通信 第 4 部分：组网安全要求			2013/10/17	2014/1/1
12.15-4-161	12.15	33.030	M21	YD/T 2637.5—2013	自组织网络支持应急通信 第 5 部分：与现有网络的互联互通要求			2013/10/17	2014/1/1
12.15-4-162	12.15	33.180.01	M33	YD/T 2652—2013	10GGPON 光线路终端/光网络单元（OLT/ONU）的单纤双向光组件			2013/10/17	2014/1/1
12.15-4-163	12.15		M41	YD/T 2657—2013	通信用高温型阀控式密封铅酸蓄电池			2013/10/17	2014/1/1
12.15-4-164	12.15	33.040.20	M33	YD/T 2713—2014	光传送网（OTN）保护技术要求			2014/10/14	2014/10/14
12.15-4-165	12.15	33.180.20	M33	YD/T 2718—2014	波长选择开关技术（WSS）技术条件			2014/10/14	2014/10/14
12.15-4-166	12.15	33.180.01	M33	YD/T 2759.2—2020	单纤双向光收发合一模块 第 2 部分：25Gbit/s			2020/8/31	2020/10/1
12.15-4-167	12.15	33.180.01	M33	YD/T 2759—2014	10Gbit/s 单纤双向光收发合一模块			2014/10/14	2014/10/14
12.15-4-168	12.15	33.180.01	M33	YD/T 2760—2014	千兆以太网铜缆小型化可插拔收发模块技术条件			2014/10/14	2014/10/14
12.15-4-169	12.15	27.200	P48	YD/T 2770—2014	通信基站用热管换热设备技术要求和试验方法			2014/10/14	2014/10/14
12.15-4-170	12.15	33.180.99	M33	YD/T 2795.3—2015	智能光分配网络 光配线设施 第 3 部分：智能光缆分纤箱			2015/4/30	2015/4/30
12.15-4-171	12.15	33.180.01	M33	YD/T 2796.1—2015	并行传输有源光缆光模块 第 1 部分：4×10Gbit/s AOC			2015/4/30	2015/7/1
12.15-4-172	12.15	33.180.10	M33	YD/T 2797.1—2015	通信用光纤预制棒技术要求 第 1 部分：波长段扩展的非色散位移单模光纤预制棒			2015/4/30	2015/4/30

12

序号	GW 分类	ICS 分类	GB 分类	标准号	中 文 名 称	代替标准	采用关系	发布日期	实施日期
12.15-4-173	12.15	33.180.01	M33	YD/T 2804.1—2015	40Gbps/100Gbps 强度调制可插拔光收发合一模块 第1部分：4×10Gbps			2015/4/30	2015/7/1
12.15-4-174	12.15	33.180.01	M33	YD/T 2804.2—2015	40Gbps/100Gbps 强度调制可插拔光收发合一模块 第2部分：4×25Gbps			2015/4/30	2015/7/1
12.15-4-175	12.15	33.180.01	M33	YD/T 2804.3—2015	40Gbps/100Gbps 强度调制可插拔光收发合一模块 第3部分：10×10Gbps			2015/4/30	2015/7/1
12.15-4-176	12.15	33.180.01	M33	YD/T 2804.4—2015	40Gbps/100Gbps 强度调制可插拔光收发合一模块 第4部分：软件管理接口			2015/4/30	2015/7/1
12.15-4-177	12.15	33.040.30	M12	YD/T 2928—2015	路由器设备技术要求集群路由器			2015/7/14	2015/10/1
12.15-4-178	12.15	33.180.01	M33	YD/T 2968—2015	光通信用 40Gb/s PIN-TIA 光接收组件			2015/10/10	2016/1/1
12.15-4-179	12.15	33.180.01	M33	YD/T 2969.4—2019	100Gbit/s 双偏振正交相移键控（DP-QPSK）光收发模块 第4部分：CFP2-DCO 光模块			2019/11/11	2020/1/1
12.15-4-180	12.15	33.180.10	M33	YD/T 3124—2016	宽带接入用光纤/同轴/对绞混合缆			2016/7/11	2016/10/1
12.15-4-181	12.15	33.180.01	M33	YD/T 3125.1—2016	通信用增强型 SFP 光收发合一模块（SFP+）第1部分：8.5Gbit/s 和 10Gbit/s			2016/7/11	2016/10/1
12.15-4-182	12.15	33.180.01	M33	YD/T 3125.3—2021	通信用增强型 SFP 光收发合一模块（SFP+）第3部分：可调谐 10Gbit/s			2021/3/5	2021/4/1
12.15-4-183	12.15	33.180.99	M33	YD/T 3128—2016	通信用基于波长检测的光纤布拉格光栅			2016/7/11	2016/10/1
12.15-4-184	12.15	33.180.01	M33	YD/T 3130—2016	通信用智能小型化热插拔（SmartSFP）光收发合一模块			2016/7/11	2016/10/1
12.15-4-185	12.15	33.180.01	M33	YD/T 3250—2017	智能光分配网络 光纤活动连接器			2017/4/12	2017/7/1
12.15-4-186	12.15	33.040.50	M33	YD/T 3292—2017	整机柜服务器总体技术要求			2017/11/7	2018/1/1
12.15-4-187	12.15	33.040.50	M33	YD/T 3293—2017	整机柜服务器供电子系统技术要求			2017/11/7	2018/1/1
12.15-4-188	12.15	33.040.50	M33	YD/T 3294—2017	整机柜服务器管理子系统技术要求			2017/11/7	2018/1/1
12.15-4-189	12.15	33.040.50	M33	YD/T 3295—2017	整机柜服务器节点子系统技术要求			2017/11/7	2018/1/1
12.15-4-190	12.15	33.180.01	M33	YD/T 3356.2—2020	100Gbit/s 及以上速率光收发组件 第2部分：4×25Gbit/s LR4			2020/8/31	2020/10/1
12.15-4-191	12.15	33.180.10	M33	YD/T 3537—2019	通信有源光缆（AOC）用线缆			2019/11/11	2020/1/1
12.15-4-192	12.15	33.180.01	M33	YD/T 3540—2019	集成式光功率检测器（IPM）			2019/11/11	2020/1/1

12

序号	GW分类	ICS分类	GB分类	标准号	中文名称	代替标准	采用关系	发布日期	实施日期
12.15-4-193	12.15	33.060.20	M37	YD/T 3630—2020	LTE 数字蜂窝移动通信网终端设备技术要求（第二阶段）			2020/4/24	2020/7/1
12.15-4-194	12.15	33.06	M36	YD/T 3701—2020	1.8GHz 无线接入系统终端设备射频技术要求和测试方法			2020/4/24	2020/7/1
12.15-4-195	12.15	33.180.01	M33	YD/T 3712.1—2020	200Gbit/s 强度调制光收发合一模块 第1部分：4×50Gbit/s			2020/4/24	2020/7/1
12.15-4-196	12.15	33.180.01	M33	YD/T 3713—2020	50Gbit/s PAM4 调制光收发合一模块			2020/4/24	2020/7/1
12.15-4-197	12.15	33.180.01	M33	YD/T 3714.1—2020	光缆在线监测 OTDR 模块 第1部分：DWDM 系统用			2020/4/24	2020/7/1
12.15-4-198	12.15	33.180.01	M33	YD/T 3715—2020	IP 视频光传输模块			2020/4/24	2020/7/1
12.15-4-199	12.15	33.120.10	L26	YD/T 3716—2020	通信电缆 聚四氟乙烯绝缘射频同轴电缆 藕芯绝缘编织浸锡外导体型			2020/4/24	2020/7/1
12.15-4-200	12.15	29.060.20	K13	YD/T 3717—2020	通信电源用铝合金导体阻燃软电缆			2020/4/24	2020/7/1
12.15-4-201	12.15	33.180.01	M33	YD/T 3830.1—2021	200Gbit/s 相位调制光收发合一模块 第1部分：DP-QPSK			2021/3/5	2021/4/1
12.15-4-202	12.15	33.180.01	M33	YD/T 3830.2—2021	200Gbit/s 相位调制光收发合一模块 第2部分：DP-8QAM			2021/3/5	2021/4/1
12.15-4-203	12.15	33.180.01	M33	YD/T 3830.3—2021	200Gbit/s 相位调制光收发合一模块 第3部分：DP-16QAM			2021/3/5	2021/4/1
12.15-4-204	12.15	33.180.99	M33	YD/T 3832—2021	通信电缆光缆用阻燃聚乙烯材料			2021/3/5	2021/4/1
12.15-4-205	12.15	31.220.20	M41	YD/T 3894—2021	通信局（站）用电源浪涌保护器专用脱离器			2021/5/27	2021/7/1
12.15-4-206	12.15	29.220	M41	YD/T 3895—2021	通信用钛酸锂电池组			2021/5/27	2021/7/1
12.15-4-207	12.15			YD 5084.2—2014	交换设备抗地震性能检测规范 第2部分：IP 网络交换设备	YD/T 5084—2005		2014/5/6	2014/7/1
12.15-4-208	12.15	29.200	M11	YD/T 777—2021	通信用逆变设备	YD/T 777—2006		2021/5/27	2021/7/1
12.15-4-209	12.15	33.180.99	M33	YD/T 778—2011	光纤配线架	YD/T 778—2006		2011/5/18	2011/6/1
12.15-4-210	12.15	33.180.99	M42	YD/T 814.1—2013	光缆接头盒 第1部分：室外光缆接头盒	YD/T 814.1—2004		2013/4/25	2013/6/1
12.15-4-211	12.15	33.180.99	M42	YD/T 814.4—2007	光缆接头盒 第4部分：微型光缆接头盒			2007/4/16	2007/10/1
12.15-4-212	12.15	33.180.99	M42	YD/T 815—2015	通信用光缆线路监测尾缆	YD/T 815—1996		2015/10/10	2016/1/1

12

序号	GW 分类	ICS 分类	GB 分类	标准号	中 文 名 称	代替标准	采用关系	发布日期	实施日期
12.15-4-213	12.15	33.120.20	L06	YD/T 838.1—2016	数字通信用对绞/星绞对称电缆　第 1 部分：总则	YD/T 838.1—2003		2016/1/15	2016/4/1
12.15-4-214	12.15	33.120.20	M42	YD/T 838.2—2016	数字通信用对绞/星绞对称电缆　第 2 部分：水平对绞电缆	YD/T 838.2—2003		2016/1/15	2016/4/1
12.15-4-215	12.15	33.120.20	M42	YD/T 838.3—2016	数字通信用对绞/星绞对称电缆　第 3 部分：工作区对绞电缆	YD/T 838.3—2003		2016/1/15	2016/4/1
12.15-4-216	12.15	33.120.20	M42	YD/T 838.4—2016	数字通信用对绞/星绞对称电缆　第 4 部分：主干对绞电缆	YD/T 838.4—2003		2016/1/15	2016/4/1
12.15-4-217	12.15	33.180.99	M33	YD/T 925—2009	光缆终端盒	YD 925—1997		2009/6/15	2009/9/1
12.15-4-218	12.15	33.180.10	M33	YD/T 981.2—2009	接入网用光纤带光缆　第 2 部分：中心管式			2009/6/15	2009/9/1
12.15-4-219	12.15	33.180.10	M33	YD/T 981.3—2009	接入网用光纤带光缆　第 3 部分：松套层绞式			2009/12/11	2010/1/1
12.15-4-220	12.15	33.180.99	M33	YD/T 988—2015	通信光缆交接箱	YD/T 988—2007		2015/10/10	2016/1/1
12.15-4-221	12.15			YDB 076—2012	光传送网（OTN）多业务承载技术要求			2012/3/25	2012/3/25
12.15-4-222	12.15			YDC 001—2000	SDH 上传送 IP（IPoverSDH）的 LAPS 技术要求			2000/1/1	2000/1/1
12.15-5-223	12.15	33.180.20		EN 50411-2-2：2007	光纤系统中使用的纤维组织和闭合　第2-2部分：密封盘纤维结合闭合类型1、类型 S&A			2007/3/29	2007/3/29
12.15-5-224	12.15	01.080.20；13.110；29.020		IEC 60445：2017	人机界面、标记和识别的基本和安全原则　设备端子、导体端接和导体的识别			2017/8/4	2017/8/4
12.15-5-225	12.15	33.040；33.160；35.100.10		IEC 60728-7-1：2015	电视信号、声音信号和交互信号设备用电缆网络　第 7-1 部分：混合光纤同轴电缆外部线缆状况监测　物理层规范			2015/4/1	2015/4/1
12.15-5-226	12.15			IEC 60793-2-10：2015	光纤　第 2-10 部分：产品规范第 A1 类多模光纤分规范　第 5 版	IEC 60793-2-10：2011		2015/11/1	2015/11/1
12.15-5-227	12.15	33.180.10		IEC 60793-2-20：2015	光纤　第 2-20 部分：产品规范第 A2 类多模光纤分规范　第 3 版	IEC 60793-2-20：2007		2015/11/1	2015/11/1
12.15-5-228	12.15	33.180.10		IEC 60793-2-30：2015	光纤　第 2-30 部分：产品规范　分规范　A3 类多模光纤　版 4.0	IEC 60793-2-30：2012		2015/6/1	2015/6/1
12.15-5-229	12.15	33.180.10		IEC 60793-2-40：2015	光纤　第 2-40 部分：产品规范第 A4 类多模光纤分规范　第 4 版	IEC 60793-2-40：2009		2015/11/1	2015/11/1
12.15-5-230	12.15	33.180.10		IEC 60793-2-50：2015	光纤　第 2-50 部分：产品规范第 B 级单模光纤分规范　第 5 版	IEC 60793-2-50：2012		2015/11/1	2015/11/1

序号	GW 分类	ICS 分类	GB 分类	标准号	中文名称	代替标准	采用关系	发布日期	实施日期
12.15-5-231	12.15	33.180.10		IEC 60794-3-21：2015	光纤电缆 第 3-21 部分：室外光缆 用于建筑物布线采用光自承式架空通信光缆的详细规范 第 2 版	IEC 60794-3-21：2005		2015/11/1	2015/11/1
12.15-5-232	12.15	33.200	M54	IEC 60870-5-101：2003	远程控制设备和系统 第 5 部分：传输协议第 101 节：基本遥控工作的副标准	IEC 60870-5-101：1995；IEC 60870-5-101 AMD 1：2000；IEC 60870-5-101 AMD 2：2001；IEC 57/605/FDIS：2002		2003/2/14	2003/2/14
12.15-5-233	12.15	33.160.10；33.180.30		IEC/TR 61292-4：2014	光学放大器 第 4 部分：光学放大器（包括拉曼放大器）无损和安全使用的最大许可光能	IEC/TR 61292-4：2010		2014/10/1	2014/10/1
12.15-5-234	12.15	33.180.20	M33	IEC 61753-088-2：2013	光纤互连设备和无源元件 性能标准 第 88-2 部分：C 类带有 800 GHz 信道间隔的非连接单模光纤局域网（LAN）波分多路复用（WDM）设备 受控环境	IEC PAS 61753-088- 2：2010；IEC 86 B/3549/FDIS：2012		2013/3/1	2013/3/1
12.15-5-235	12.15	33.180.20		IEC 61977：2015	光纤互连器件和无源元件 光学纤维过滤器 通用规范 3.0 版	IEC 61977：2010		2015/8/1	2015/8/1
12.15-5-236	12.15	33.180.01		IEC 62614-1：2020	家用和类似的电气空气清洁设备 测量性能的方法 第 1 部分：一般要求			2020/4/9	2020/4/9
12.15-5-237	12.15	33.180.01		IEC 62614-2：2015	光纤多模发射条件 第 2 部分：确定测量多模衰减的发射条件要求			2015/7/23	2015/7/23
12.15-5-238	12.15	33.180.01；33.180.20	M33	IEC/TR 62627-03-01：2011	光纤互连设备和无源元件 第 3-01 部分：可靠性 温度和湿度循环器件连接器的纤维活塞故障用验收试验的设计：界限分析	IEC 86 B/2996/DTR：2010		2011/4/1	2011/4/1
12.15-5-239	12.15	29.200；33.120.20；35.200		IEC 62680-1-1：2015	通用串行总线接口、用于数据和电源 第 1-1 部分：通用组件 USB 电池充电规范 修订版 1.2（通信）			2015/9/1	2015/9/1
12.15-5-240	12.15	29.200；33.120.20；35.200		IEC 62680-2-1：2015	通用串行总线接口、用于数据和电源 第 2-1 部分：通用串行总线规范 2.0 修订版 1.0 版（通信）			2015/9/1	2015/9/1
12.15-5-241	12.15	29.200；33.120.20；35.200		IEC 62680-2-2：2015	通用串行总线接口、用于数据和电源 第 2-2 部分：微型 USB 电缆和连接器规范修订版 1.01 1.0 版（通信）			2015/9/1	2015/9/1

12

序号	GW 分类	ICS 分类	GB 分类	标准号	中文名称	代替标准	采用关系	发布日期	实施日期
12.15-5-242	12.15	29.200; 33.120.20; 35.200		IEC 62680-2-3：2015	通用串行总线接口、用于数据和电源 第 2-3 部分：通用串行总线电缆和连接器类文档版本 2.0 1.0 版（通信）			2015/9/1	2015/9/1
12.15-5-243	12.15	33.120; 35.200		IEC 62680-4：2013	通用串行总线数据和电源接口 第 4 部分：通用串行总线电缆和连接器类文件 2.0 版 1.0 版（通信）			2013/6/1	2013/6/1
12.15-5-244	12.15			IEC/TS 62872-1：2019	工业过程测量、控制和自动化 第 1 部分：工业设施和智能电网之间的系统接口			2014/2/1	2014/2/1
12.15-5-245	12.15	35.110		IEC/TS 62657-1.Ed	工业通信网络 无线通信网络 第 1 部分：无线通信要求和光谱注意事项	IEC 65 C 713 CD：2012		2012/12/1	2012/12/1
12.15-5-246	12.15	35.110; 35.200		IEEE 802.16 M：2011	信息技术标准 系统间远程通信和信息交换 局域网和城域网 专门要求 第 16 部分：固定和移动宽频无线存取系统用法空中接口 高级空中接口			2011/3/31	2011/3/31
12.15-5-247	12.15			ITU-T G 874：2008	光传送网元的管理	ITU-T G 874—2005		2008/3/1	2008/3/1
12.15-5-248	12.15			ITU-T G 959.1：2008	光传输网络物理层接口	ITU-T G 959.1—2003； ITU-T G 959.1 ERR 1—2004		2008/3/1	2008/3/1
12.15-5-249	12.15			ITU-T L 12：2008	光纤接合	ITU-T L 12—2000		2008/3/1	2008/3/1

12.16 设备、材料-验收

序号	GW 分类	ICS 分类	GB 分类	标准号	中文名称	代替标准	采用关系	发布日期	实施日期
12.16-2-1	12.16	29.240		Q/GDW 11281—2014	220kV 及以下海底电力电缆工程验收规程			2015/2/6	2015/2/6
12.16-2-2	12.16	29.240		Q/GDW 11282—2014	气体绝缘金属封闭开关设备局放传感器现场检验规范			2015/2/6	2015/2/6
12.16-2-3	12.16	29.240		Q/GDW 11584—2016	抽水蓄能电站水泵水轮机模型验收试验导则			2017/5/18	2017/5/18
12.16-2-4	12.16	27.140		Q/GDW 11585—2016	抽水蓄能电站主要机电设备出厂验收规范			2017/5/18	2017/5/18
12.16-2-5	12.16	29.240		Q/GDW 11651.1—2017	变电站设备验收规范 第 1 部分：油浸式变压器（电抗器）			2018/1/2	2018/1/2
12.16-2-6	12.16	29.240		Q/GDW 11651.2—2017	变电站设备验收规范 第 2 部分：断路器			2018/1/2	2018/1/2
12.16-2-7	12.16	29.240		Q/GDW 11651.3—2016	变电站设备验收规范 第 3 部分：组合电器			2017/10/17	2017/10/17
12.16-2-8	12.16	29.240		Q/GDW 11651.4—2017	变电站设备验收规范 第 4 部分：隔离开关			2018/1/2	2018/1/2

12

序号	GW 分类	ICS 分类	GB 分类	标准号	中文名称	代替标准	采用关系	发布日期	实施日期
12.16-2-9	12.16	29.240		Q/GDW 11651.5—2017	变电站设备验收规范　第5部分：开关柜			2018/1/2	2018/1/2
12.16-2-10	12.16	29.240		Q/GDW 11651.6—2016	变电站设备验收规范　第6部分：电流互感器			2017/10/17	2017/10/17
12.16-2-11	12.16	29.240		Q/GDW 11651.7—2016	变电站设备验收规范　第7部分：电压互感器			2017/10/17	2017/10/17
12.16-2-12	12.16	29.240		Q/GDW 11651.8—2016	变电站设备验收规范　第8部分：避雷器			2017/10/17	2017/10/17
12.16-2-13	12.16	29.240		Q/GDW 11651.9—2016	变电站设备验收规范　第9部分：并联电容器组			2017/10/17	2017/10/17
12.16-2-14	12.16	29.240		Q/GDW 11651.10—2017	变电站设备验收规范　第10部分：干式电抗器			2018/1/2	2018/1/2
12.16-2-15	12.16	29.240		Q/GDW 11651.11—2017	变电站设备验收规范　第11部分：串联补偿装置			2018/1/2	2018/1/2
12.16-2-16	12.16	29.240		Q/GDW 11651.12—2017	变电站设备验收规范　第12部分：母线及绝缘子			2018/1/2	2018/1/2
12.16-2-17	12.16	29.240		Q/GDW 11651.13—2017	变电站设备验收规范　第13部分：穿墙套管			2018/1/2	2018/1/2
12.16-2-18	12.16	29.240		Q/GDW 11651.14—2018	变电站设备验收规范　第14部分：电力电缆			2020/4/3	2020/4/3
12.16-2-19	12.16	29.240		Q/GDW 11651.15—2017	变电站设备验收规范　第15部分：消弧线圈			2018/1/2	2018/1/2
12.16-2-20	12.16	29.240		Q/GDW 11651.16—2018	变电站设备验收规范　第16部分：高频阻波器			2020/4/3	2020/4/3
12.16-2-21	12.16	29.240		Q/GDW 11651.17—2017	变电站设备验收规范　第17部分：耦合电容器			2018/1/2	2018/1/2
12.16-2-22	12.16	29.240		Q/GDW 11651.18—2018	变电站设备验收规范　第18部分：高压熔断器			2020/4/3	2020/4/3
12.16-2-23	12.16	29.240		Q/GDW 11651.19—2017	变电站设备验收规范　第19部分：中性点隔直装置			2018/1/2	2018/1/2
12.16-2-24	12.16	29.240		Q/GDW 11651.21—2017	变电站设备验收规范　第21部分：端子箱及检修电源箱			2018/1/2	2018/1/2
12.16-2-25	12.16	29.240		Q/GDW 11651.22—2017	变电站设备验收规范　第22部分：站用变			2018/1/2	2018/1/2
12.16-2-26	12.16	29.240		Q/GDW 11651.23—2017	变电站设备验收规范　第23部分：站用交流电源系统			2018/1/2	2018/1/2
12.16-2-27	12.16	29.240		Q/GDW 11651.24—2017	变电站设备验收规范　第24部分：站用直流电源系统			2018/1/2	2018/1/2
12.16-2-28	12.16	29.240		Q/GDW 11651.25—2017	变电站设备验收规范　第25部分：构支架			2018/1/2	2018/1/2
12.16-2-29	12.16	29.240		Q/GDW 11651.26—2017	变电站设备验收规范　第26部分：辅助设施			2018/1/2	2018/1/2
12.16-2-30	12.16	29.240		Q/GDW 11651.28—2017	变电站设备验收规范　第28部分：避雷针			2018/1/2	2018/1/2

12

序号	GW 分类	ICS 分类	GB 分类	标准号	中 文 名 称	代替标准	采用关系	发布日期	实施日期
12.16-2-31	12.16	29.240		Q/GDW 11652.1—2016	换流站设备验收规范　第 1 部分：换流变压器			2017/10/17	2017/10/17
12.16-2-32	12.16	29.240		Q/GDW 11652.4—2016	换流站设备验收规范　第 4 部分：换流阀			2017/10/17	2017/10/17
12.16-2-33	12.16	29.240		Q/GDW 11652.5—2016	换流站设备验收规范　第 5 部分：直流断路器			2017/10/17	2017/10/17
12.16-2-34	12.16	29.240		Q/GDW 11652.6—2016	换流站设备验收规范　第 6 部分：直流隔离开关			2017/10/17	2017/10/17
12.16-2-35	12.16	29.240		Q/GDW 11652.7—2016	换流站设备验收规范　第 7 部分：直流分压器			2017/10/17	2017/10/17
12.16-2-36	12.16	29.240		Q/GDW 11652.8—2016	换流站设备验收规范　第 8 部分：光电式电流互感器			2017/10/17	2017/10/17
12.16-2-37	12.16	29.240		Q/GDW 11652.9—2016	换流站设备验收规范　第 9 部分：零磁通电流互感器			2017/10/17	2017/10/17
12.16-2-38	12.16	29.240		Q/GDW 11652.11—2016	换流站设备验收规范　第 11 部分：交直流滤波器			2017/10/17	2017/10/17
12.16-2-39	12.16	29.240		Q/GDW 11652.13—2016	换流站设备验收规范　第 13 部分：直流控制保护系统			2017/10/17	2017/10/17
12.16-2-40	12.16	29.240		Q/GDW 11652.14—2016	换流站设备验收规范　第 14 部分：阀控系统			2017/10/17	2017/10/17
12.16-2-41	12.16	29.240		Q/GDW 11652.15—2016	换流站设备验收规范　第 15 部分：阀内水冷系统			2017/10/17	2017/10/17
12.16-2-42	12.16	29.240		Q/GDW 11652.18—2016	换流站设备验收规范　第 18 部分：站用交流电源系统			2017/10/17	2017/10/17
12.16-2-43	12.16	29.240		Q/GDW 11652.20—2016	换流站设备验收规范　第 20 部分：消防系统			2017/10/17	2017/10/17
12.16-2-44	12.16	29.240		Q/GDW 11652.21—2016	换流站设备验收规范　第 21 部分：空调系统			2017/10/17	2017/10/17
12.16-2-45	12.16	29.240		Q/GDW 11652.22—2016	换流站设备验收规范　第 22 部分：辅助设施			2017/10/17	2017/10/17
12.16-2-46	12.16	29.240		Q/GDW 11797—2017	柔性直流输电换流站电气安装工程施工及验收规范			2018/12/14	2018/12/14
12.16-2-47	12.16			Q/GDW 12024.1—2019	快速动态响应同步调相机组验收规范　第 1 部分：主机（含盘车）	Q/GDW 1379.2—2013		2020/12/31	2020/12/31
12.16-2-48	12.16			Q/GDW 12024.2—2019	快速动态响应同步调相机组验收规范　第 2 部分：封母、出线罩及中性点接地变	Q/GDW 1379.4—2013		2020/12/31	2020/12/31
12.16-2-49	12.16			Q/GDW 12024.3—2019	快速动态响应同步调相机组验收规范　第 3 部分：空冷系统	Q/GDW 1376.1—2013		2020/12/31	2020/12/31
12.16-2-50	12.16			Q/GDW 12024.4—2019	快速动态响应同步调相机组验收规范　第 4 部分：内冷水系统	Q/GDW 1376.2—2013		2020/12/31	2020/12/31

12

序号	GW 分类	ICS 分类	GB 分类	标准号	中 文 名 称	代替标准	采用关系	发布日期	实施日期
12.16-2-51	12.16			Q/GDW 12024.5—2019	快速动态响应同步调相机组验收规范 第 5 部分：外冷水系统	Q/GDW 1376.3—2013		2020/12/31	2020/12/31
12.16-2-52	12.16			Q/GDW 12024.6—2019	快速动态响应同步调相机组验收规范 第 6 部分：除盐水系统	Q/GDW 1375.1—2013		2020/12/31	2020/12/31
12.16-2-53	12.16			Q/GDW 12024.7—2019	快速动态响应同步调相机组验收规范 第 7 部分：润滑油系统	Q/GDW 1375.2—2013		2020/12/31	2020/12/31
12.16-2-54	12.16			Q/GDW 12024.8—2019	快速动态响应同步调相机组验收规范 第 8 部分：静止变频器（SFC）	Q/GDW 1375.3—2013		2020/12/31	2020/12/31
12.16-2-55	12.16			Q/GDW 12024.9—2019	快速动态响应同步调相机组验收规范 第 9 部分：励磁系统	Q/GDW 1825—2013		2020/12/31	2020/12/31
12.16-2-56	12.16			Q/GDW 12024.10—2019	快速动态响应同步调相机组验收规范 第 10 部分：同期装置			2020/11/27	2020/11/27
12.16-2-57	12.16			Q/GDW 12024.11—2019	快速动态响应同步调相机组验收规范 第 11 部分：分布式控制系统（DCS）	Q/GDW 1379.1—2013		2020/12/31	2020/12/31
12.16-2-58	12.16			Q/GDW 12024.12—2019	快速动态响应同步调相机组验收规范 第 12 部分：调变组保护装置	Q/GDW 1379.3—2013		2020/12/31	2020/12/31
12.16-2-59	12.16	29.240		Q/GDW 1213—2014	变电站计算机监控系统工厂验收管理规程	Q/GDW 213—2008		2015/9/14	2015/9/14
12.16-2-60	12.16	29.240		Q/GDW 1214—2014	变电站计算机监控系统现场验收管理规程	Q/GDW 214—2008		2015/9/14	2015/9/14
12.16-2-61	12.16	29.240		Q/GDW 1540.4—2013	变电设备在线监测装置检验规范 第 4 部分：变压器铁心接地电流在线监测装置			2014/1/10	2014/1/10
12.16-2-62	12.16	29.240		Q/GDW 753.1—2012	智能设备交接验收规范 第 1 部分：一次设备状态监测			2012/6/11	2012/6/11
12.16-2-63	12.16	29.240		Q/GDW 753.2—2012	智能设备交接验收规范 第 2 部分：电子式互感器			2012/6/11	2012/6/11
12.16-2-64	12.16	29.240		Q/GDW 753.3—2012	智能设备交接验收规范 第 3 部分：变电站智能巡视			2012/6/11	2012/6/11
12.16-2-65	12.16	29.240		Q/GDW 753.4—2012	智能设备交接验收规范 第 4 部分：站用交直流一体化电源			2012/6/11	2012/6/11
12.16-3-66	12.16	19.020；29.020	K15	GB/T 11026.10—2019	电气绝缘材料 耐热性 第 10 部分：利用分析试验方法加速确定相对耐热指数（RTEA） 基于活化能计算的导则			2019/6/4	2020/1/1
12.16-3-67	12.16	25.160.20	J33	GB/T 25776—2010	焊接材料焊接工艺性能评定方法			2010/12/23	2011/6/1

12

序号	GW 分类	ICS 分类	GB 分类	标准号	中 文 名 称	代替标准	采用关系	发布日期	实施日期
12.16-3-68	12.16	25.040.40	N20	GB/T 25921—2010	电气和仪表回路检验规范		IEC 62382：2006 IDT	2011/1/14	2011/5/1
12.16-3-69	12.16	29.100.01	K20	GB/T 26167—2010	电机专用设备检测方法			2011/1/14	2011/7/1
12.16-3-70	12.16	23.060.01	J16	GB/T 26480—2011	阀门的检验和试验		API 598：2009 MOD	2011/5/12	2011/10/1
12.16-3-71	12.16	91.100.60	Q25	GB/T 34009—2017	绝热材料制品　产品性能符合性评定			2017/7/12	2017/7/24
12.16-3-72	12.16		P62	GB 50147—2010	电气装置安装工程　高压电器施工及验收规范	GBJ 147—1990		2010/5/31	2010/12/1
12.16-3-73	12.16		P62	GB 50148—2010	电气装置安装工程　电力变压器、油浸电抗器、互感器施工及验收规范	GBJ 148—1990		2010/5/31	2010/12/1
12.16-3-74	12.16		P91	GB 50149—2010	电气装置安装工程　母线装置施工及验收规范	GBJ 149—1990		2010/11/3	2011/10/1
12.16-3-75	12.16			GB 50169—2016	电气装置安装工程　接地装置施工及验收规范	GB 50169—2006		2016/8/18	2017/4/1
12.16-3-76	12.16		P91	GB 50170—2018	电气装置安装工程　旋转电机施工及验收标准	GB 50170—2006		2018/11/8	2019/5/1
12.16-3-77	12.16	29.240.20	P12	GB 50171—2012	电气装置安装工程　盘、柜及二次回路接线施工及验收规范	GB 50171—1992；GB 50171 T—1992；GB 50171 E—1992		2012/5/28	2012/12/1
12.16-3-78	12.16	29.240.20	P91	GB 50172—2012	电气装置安装工程　蓄电池施工及验收规范	GB 50172—1992；GB 50172 T—1992；GB 50172 E—1992		2012/5/28	2012/12/1
12.16-3-79	12.16			GB 50202—2018	建筑地基基础工程施工质量验收标准	GB 50202—2002		2018/3/16	2018/10/1
12.16-3-80	12.16		P24	GB 50203—2011	砌体结构工程施工质量验收规范	GB 50203 E—2002；GB 50203—2002		2011/2/18	2012/5/1
12.16-3-81	12.16			GB 50204—2015	混凝土结构工程施工质量验收规范			2014/12/31	2015/9/1
12.16-3-82	12.16			GB 50205—2020	钢结构工程施工质量验收标准	GB 50205—2001		2020/1/16	2020/8/1
12.16-3-83	12.16			GB/T 50224—2018	建筑防腐蚀工程施工质量验收标准	GB 50224—2010		2018/11/8	2019/4/1
12.16-3-84	12.16	21	P93	GB 50231—2009	机械设备安装工程施工及验收通用规范	GB 50231 E—1998；GB 50231—1998		2009/3/19	2009/10/1
12.16-3-85	12.16			GB 50243—2016	通风与空调工程施工质量验收规范	GB 50243—2002		2016/10/25	2017/7/1
12.16-3-86	12.16			GB 50254—2014	电气装置安装工程　低压电器施工及验收规范	GB 50254—1996		2014/3/31	2014/12/1
12.16-3-87	12.16			GB 50255—2014	电气装置安装工程　电力变流设备施工及验收规范	GB 50255—1996		2014/1/29	2014/10/1
12.16-3-88	12.16			GB 50256—2014	电气装置安装工程　起重机电气装置施工及验收规范			2014/12/2	2015/8/1

12

序号	GW分类	ICS分类	GB分类	标准号	中 文 名 称	代替标准	采用关系	发布日期	实施日期
12.16-3-89	12.16			GB 50257—2014	电气装置安装工程 爆炸和火灾危险环境电气装置施工及验收规范			2014/12/2	2015/8/1
12.16-3-90	12.16	21.200	J17	GB/T 6404.2—2005	齿轮装置的验收规范 第2部分：验收试验中齿轮装置机械振动的测定	GB/T 8543—1987		2005/9/19	2006/4/1
12.16-4-91	12.16			DL/T 1544—2016	电子式互感器现场交接验收规范			2016/1/7	2016/6/1
12.16-4-92	12.16			DL/T 2054—2019	电力建设焊接接头金相检验与评定技术导则			2019/11/4	2020/5/1
12.16-4-93	12.16	29.18	K41	DL/T 363—2018	超、特高压电力变压器（电抗器）设备监造导则	DL/T 363—2010		2018/4/3	2018/7/1
12.16-4-94	12.16	29.240	F22	DL/T 377—2010	高压直流设备验收试验			2010/5/1	2010/10/1
12.16-4-95	12.16	29.240.01	F22	DL/T 399—2010	±800kV及以下直流输电工程主要设备监理导则			2010/5/1	2010/10/1
12.16-4-96	12.16		F29	DL/T 543—2009	电厂用水处理设备验收导则	DL/T 543—1994		2009/7/22	2009/12/1

12.17 设备、材料-其他

序号	GW分类	ICS分类	GB分类	标准号	中 文 名 称	代替标准	采用关系	发布日期	实施日期
12.17-2-1	12.17	29.240		Q/GDW 10164—2019	1000kV配电装置构支架制作施工及验收规范	Q/GDW 164—2007		2020/7/3	2020/7/3
12.17-2-2	12.17	29.240		Q/GDW 10634—2018	电力复合脂技术条件	Q/GDW 634—2011		2019/10/23	2019/10/23
12.17-2-3	12.17			Q/GDW 11772—2017	电网一次设备报废技术评估导则			2018/9/30	2018/9/30
12.17-2-4	12.17			Q/GDW 11969—2019	光储一体式虚拟同步发电机技术规范			2020/8/24	2020/8/24
12.17-2-5	12.17			Q/GDW 12153—2021	电力安全工器具信息标签技术规范			2021/9/17	2021/9/17
12.17-2-6	12.17	29.240		Q/GDW 184—2008	柴油机式应急电源车			2008/8/28	2008/8/28
12.17-2-7	12.17	27.180		Q/GDW 185—2008	燃气轮机式应急电源车			2008/8/28	2008/8/28
12.17-2-8	12.17	29.020		Q/GDW 436—2010	配电线路故障指示器技术规范			2010/3/18	2010/3/18
12.17-2-9	12.17	29.020		Q/GDW 671—2011	微机型防止电气误操作系统技术规范			2011/12/23	2011/12/23
12.17-2-10	12.17			Q/GDW 686—2011	纯电动客车快换电池箱通用技术要求			2011/12/26	2011/12/26
12.17-3-11	12.17	83.140.30	G33	GB/T 13664—2006	低压输水灌溉用硬聚氯乙烯（PVC-U）管材	GB/T 13664—1992		2006/3/10	2006/10/1
12.17-3-12	12.17	91.100.30	Q13	GB/T 14902—2012	预拌混凝土	GB/T 14902—2003		2012/12/31	2013/9/1
12.17-3-13	12.17	53.020.20	J80	GB 15052—2010	起重机安全标志和危险图形符号总则	GB 15052—1994		2011/1/10	2011/12/1
12.17-3-14	12.17	71.120.30	J75	GB/T 151—2014	热交换器	GB 151—1999		2014/12/5	2015/5/1

12

序号	GW分类	ICS分类	GB分类	标准号	中 文 名 称	代替标准	采用关系	发布日期	实施日期
12.17-3-15	12.17	23.020.30	C68	GB/T 16163—2012	瓶装气体分类	GB 16163—1996		2012/5/11	2012/9/1
12.17-3-16	12.17	91.140.60	P41	GB/T 19249—2017	反渗透水处理设备	GB/T 19249—2003		2017/12/29	2018/11/1
12.17-3-17	12.17	29.240.01	K45	GB/T 19826—2014	电力工程直流电源设备通用技术条件及安全要求	GB/T 19826—2005		2014/5/6	2014/10/28
12.17-3-18	12.17	17.220.20	F20	GB/T 19862—2016	电能质量监测设备通用要求	GB/T 19862—2005		2016/8/29	2017/3/1
12.17-3-19	12.17	13.260	K09	GB/T 21698—2008	复合接地体技术条件			2008/4/24	2008/12/1
12.17-3-20	12.17		K43	GB/T 22383—2017	额定电压72.5kV及以上刚性气体绝缘输电线路	GB/T 22383—2008		2017/12/29	2018/7/1
12.17-3-21	12.17	13.310	A91	GB 25287—2010	周界防范高压电网装置			2010/11/10	2011/9/1
12.17-3-22	12.17	71.040.01	N53	GB/T 26800—2011	电导电极			2011/7/29	2011/12/1
12.17-3-23	12.17	13.220.50	C84	GB 28374—2012	电缆防火涂料			2012/5/11	2012/9/1
12.17-3-24	12.17	91.120.30	Q17	GB/T 31538—2015	混凝土接缝防水用预埋注浆管			2015/5/15	2016/2/1
12.17-3-25	12.17	29.080.99	K49	GB/T 32520—2016	交流1kV以上架空输电和配电线路用带外串联间隙金属氧化物避雷器（EGLA）		IEC 60099-8：2011	2016/2/24	2016/9/1
12.17-3-26	12.17	91.140.10	P46	GB/T 34017—2017	复合型供暖散热器			2017/7/12	2018/6/1
12.17-3-27	12.17	03.080.99	A20	GB/T 34058—2017	电子商务信用B2B网络交易卖方信用评价指标			2017/3/1	2018/2/1
12.17-3-28	12.17	49.020	V04	GB/T 35018—2018	民用无人驾驶航空器系统分类及分级			2018/5/14	2018/12/1
12.17-3-29	12.17	25.220.99	A29	GB/T 35490—2017	预应力钢筒混凝土管防腐蚀技术			2017/12/29	2018/7/1
12.17-3-30	12.17	29.240.01	K45	GB/T 37763—2019	CT自供电保护装置技术规范			2019/6/4	2020/1/1
12.17-3-31	12.17	27.010	F19	GB/T 38983.1—2020	虚拟同步机 第1部分：总则			2020/7/21	2021/2/1
12.17-3-32	12.17	29.160.40	K52	GB/T 4712—2008	自动化柴油发电机组分级要求	GB/T 4712—1996		2008/6/13	2009/3/1
12.17-3-33	12.17	83.120	Q23	GB/T 7190.1—2018	机械通风冷却塔 第1部分：中小型开式冷却塔	GB/T 7190.1—2008		2018/12/28	2019/11/1
12.17-3-34	12.17	83.120	Q23	GB/T 7190.2—2018	机械通风冷却塔 第2部分：大型开式冷却塔	GB/T 7190.2—2008		2018/12/28	2019/11/1
12.17-4-35	12.17	27.100	F29	DL/T 1312—2013	电力工程接地用铜覆钢技术条件			2013/11/28	2014/4/1
12.17-4-36	12.17	29.120.50	K10	DL/T 1348—2014	自动准同期装置通用技术条件			2014/10/15	2015/3/1
12.17-4-37	12.17	29.180	K41	DL/T 1998—2019	感应滤波变压器成套设备使用技术条件			2019/6/4	2019/10/1
12.17-4-38	12.17	29.240	K45	DL/T 2040—2019	220kV变电站负荷转供装置技术规范			2019/6/4	2019/10/1
12.17-4-39	12.17			DL/T 2185—2020	工频电压互感器现场校验成套装置技术条件			2020/10/23	2021/2/1
12.17-4-40	12.17			DL/T 2186—2020	工频电流互感器现场校验成套装置技术条件			2020/10/23	2021/2/1

12

序号	GW 分类	ICS 分类	GB 分类	标准号	中 文 名 称	代替标准	采用关系	发布日期	实施日期
12.17-4-41	12.17	27.100	P61	DL/T 5161.9—2018	电气装置安装工程质量检验及评定规程　第9部分：蓄电池施工质量检验	DL/T 5161.9—2002		2018/12/25	2019/5/1
12.17-4-42	12.17			DL/T 5727—2016	绝缘子用常温固化硅橡胶防污闪涂料现场施工技术规范			2016/1/7	2016/6/1
12.17-4-43	12.17			DL/T 5801—2019	抗硫酸盐侵蚀混凝土应用技术规程			2019/11/4	2020/5/1
12.17-4-44	12.17	29.220.20	K84	DL/T 637—2019	电力用固定型阀控式铅酸蓄电池	DL/T 637—1997		2019/6/4	2019/10/1
12.17-4-45	12.17	29.240	K43	DL/T 687—2010	微机型防止电气误操作系统通用技术条件	DL/T 687—1999		2011/1/9	2011/5/1
12.17-4-46	12.17	91.100.10	Q13	JC/T 2566—2020	膨胀珍珠岩保温板外墙外保温系统用砂浆			2020/4/24	2020/10/1
12.17-4-47	12.17	29.200	K81	NB/T 33006—2013	电动汽车电池箱更换设备通用技术要求			2013/11/28	2014/4/1
12.17-4-48	12.17	29.12	K31	NB/T 42149—2018	具有远程控制功能的小型断路器（RC-MCB）			2018/4/3	2018/7/1
12.17-4-49	12.17	29.220.10	M37	YD/T 3729—2020	物联网终端原电池技术要求及测试方法			2020/4/24	2020/7/1
12.17-6-50	12.17	29.220.20	K84	T/CEC 131.1—2016	铅酸蓄电池二次利用　第1部分：总则			2016/10/21	2017/1/1
12.17-6-51	12.17	29.220.20	K84	T/CEC 131.2—2016	铅酸蓄电池二次利用　第2部分：电池评价分级及成组技术规范			2016/10/21	2017/1/1
12.17-6-52	12.17	29.220.20	K84	T/CEC 131.3—2016	铅酸蓄电池二次利用　第3部分：电池修复技术规范			2016/10/21	2017/1/1
12.17-6-53	12.17	29.220.20	K84	T/CEC 131.4—2016	铅酸蓄电池二次利用　第4部分：电池维护技术规范			2016/10/21	2017/1/1
12.17-6-54	12.17	29.220.20	K84	T/CEC 131.5—2016	铅酸蓄电池二次利用　第5部分：电池贮存与运输技术规范			2016/10/21	2017/1/1
12.17-6-55	12.17			T/CEC 237—2019	电力光缆标示牌设计规范			2019/11/21	2020/1/1
12.17-6-56	12.17			T/CEC 265—2019	智能安全帽技术条件			2019/11/21	2020/1/1

12

13 调度与交易

13.1 调度与交易-基础综合

序号	GW 分类	ICS 分类	GB 分类	标准号	中 文 名 称	代替标准	采用关系	发布日期	实施日期
13.1-2-1	13.1	29.240		Q/GDW 11271—2014	分布式电源调度运行管理规范			2014/12/20	2014/12/20
13.1-2-2	13.1			Q/GDW 251—2009	特殊时期保证电网安全运行工作标准			2009/4/29	2009/4/29
13.1-3-3	13.1	29.240.01	F20	GB/T 31464—2015	电网运行准则			2015/5/15	2015/12/1
13.1-3-4	13.1	29.020	F21	GB/T 35682—2017	电网运行与控制数据规范			2017/12/29	2018/7/1
13.1-3-5	13.1	29.020	F21	GB 38755—2019	电力系统安全稳定导则			2019/12/31	2020/7/1
13.1-4-6	13.1		F20	DL/T 961—2020	电网调度规范用语			2020/10/23	2021/2/1

13.2 调度与交易-稳定及方式

序号	GW 分类	ICS 分类	GB 分类	标准号	中 文 名 称	代替标准	采用关系	发布日期	实施日期
13.2-2-1	13.2	29.240		Q/GDW 10137—2015	电力系统分析计算用的电网设备参数和运行方式数据的规范	Q/GDW 137—2006		2016/12/15	2016/12/15
13.2-2-2	13.2	29.020		Q/GDW 11537—2016	电力系统负荷建模导则			2016/12/28	2016/12/28
13.2-2-3	13.2	29.240		Q/GDW 11624—2017	高压直流输电系统建模导则			2018/6/27	2018/6/27
13.2-2-4	13.2			Q/GDW 11763—2017	新能源次同步振荡监测系统技术规范			2018/9/26	2018/9/26
13.2-2-5	13.2	29.240		Q/GDW 11895—2018	高压直流输电系统附加频率控制器选型及参数整定规范			2020/1/2	2020/1/2
13.2-2-6	13.2	29.240		Q/GDW 11896—2018	源网荷紧急切负荷安全稳定控制系统技术规范			2020/1/2	2020/1/2
13.2-2-7	13.2			Q/GDW 12203—2022	电网稳控信息采集与交互规范			2022/1/29	2022/1/29
13.2-2-8	13.2			Q/GDW 12204—2022	电网安全稳定控制系统策略及整定技术规范			2022/1/29	2022/1/29
13.2-2-9	13.2	29.240		Q/GDW 142—2012	同步发电机励磁系统建模导则	Q/GDW 142—2006		2012/6/28	2012/6/28
13.2-2-10	13.2	29.240		Q/GDW 586—2011	电力系统自动低频减负荷技术规范			2011/3/2	2011/3/2
13.2-2-11	13.2	29.240		Q/GDW 684—2011	发电机组电力系统稳定器（PSS）运行管理规定			2012/3/26	2012/3/26
13.2-3-12	13.2	29.240	K45	GB/T 26399—2011	电力系统安全稳定控制技术导则			2011/6/16	2011/12/1
13.2-3-13	13.2			GB/T 40580—2021	高压直流输电系统机电暂态仿真建模技术导则			2021/10/11	2022/5/1
13.2-3-14	13.2			GB/T 40581—2021	电力系统安全稳定计算规范				
13.2-3-15	13.2			GB/T 40587—2021	电力系统安全稳定控制系统技术规范			2021/10/11	2022/5/1

13

序号	GW 分类	ICS 分类	GB 分类	标准号	中 文 名 称	代替标准	采用关系	发布日期	实施日期
13.2-3-16	13.2			GB/T 40588—2021	电力系统自动低压减负荷技术规定			2021/10/11	2022/5/1
13.2-3-17	13.2			GB/T 40589—2021	同步发电机励磁系统建模导则			2021/10/11	2022/5/1
13.2-3-18	13.2			GB/T 40592—2021	电力系统自动高频切除发电机组技术规定			2021/10/11	2022/5/1
13.2-3-19	13.2			GB/T 40593—2021	同步发电机调速系统参数实测及建模导则			2021/10/11	2022/5/1
13.2-3-20	13.2			GB/T 40596—2021	电力系统自动低频减负荷技术规定			2021/10/11	2022/5/1
13.2-3-21	13.2			GB/T 40598—2021	电力系统安全稳定控制策略描述规则			2021/10/11	2022/5/1
13.2-3-22	13.2			GB/T 40601—2021	电力系统实时数字仿真技术要求			2021/10/11	2022/5/1
13.2-3-23	13.2			GB/T 40605—2021	高压直流工程数模混合仿真建模及试验导则			2021/10/11	2022/5/1
13.2-3-24	13.2			GB/T 40608—2021	电网设备模型参数和运行方式数据技术要求			2021/10/11	2022/5/1
13.2-3-25	13.2			GB/T 40613—2021	电力系统大面积停电恢复技术导则			2021/10/11	2022/5/1
13.2-3-26	13.2			GB/T 40615—2021	电力系统电压稳定评价导则			2021/10/11	2022/5/1
13.2-4-27	13.2	29.020	K04	DL/T 1172—2013	电力系统电压稳定评价导则			2013/11/28	2014/4/1
13.2-4-28	13.2	29.020	K07	DL/T 1234—2013	电力系统安全稳定计算技术规范			2013/3/7	2013/8/1
13.2-4-29	13.2	29.240.30	K45	DL/T 1454—2015	电力系统自动低压减负荷技术规定			2015/7/1	2015/12/1
13.2-4-30	13.2	29.020	F21	DL/T 1624—2016	电力系统厂站和主设备命名规范	SD 240—1987		2016/12/5	2017/5/1
13.2-4-31	13.2			DL/T 2195—2020	新能源和小水电供电系统频率稳定计算导则			2020/10/23	2021/2/1
13.2-4-32	13.2	29.020	F21	DL/T 428—2010	电力系统自动低频减负荷技术规定	DL 428—1991		2011/1/9	2011/5/1
13.2-4-33	13.2			DL/T 5600—2021	电力系统次同步谐振/振荡风险评估技术规程			2021/4/26	2021/10/26
13.2-4-34	13.2	29.240	K45	DL/T 993—2019	电力系统失步解列装置通用技术条件	DL/T 993—2006		2019/6/4	2019/10/1

13.3 调度与交易-调度计划

序号	GW 分类	ICS 分类	GB 分类	标准号	中 文 名 称	代替标准	采用关系	发布日期	实施日期
13.3-2-1	13.3	29.240		Q/GDW 11490—2015	多级电网量化安全校核纵向数据交换标准			2016/11/15	2016/11/15
13.3-2-2	13.3	29.020		Q/GDW 11540—2016	日前计划联合静态安全校核技术标准			2016/12/28	2016/12/28
13.3-2-3	13.3	29.020		Q/GDW 11903—2018	发输变电设备重叠停电判定原则			2020/1/2	2020/1/2
13.3-2-4	13.3			Q/GDW 12190—2021	中长期停电计划安全校核应用功能及计算规范			2022/1/24	2022/1/24
13.3-2-5	13.3			Q/GDW 1986—2013	日前电能平衡计划管理流程及标准操作程序			2013/11/6	2013/11/6

序号	GW分类	ICS分类	GB分类	标准号	中 文 名 称	代替标准	采用关系	发布日期	实施日期
13.3-2-6	13.3			Q/GDW 1987—2013	日前停电计划审批管理流程及标准操作程序			2013/11/6	2013/11/6
13.3-2-7	13.3	29.240		Q/GDW 552—2010	电网短期超短期负荷预测技术规范			2010/12/27	2010/12/27
13.3-3-8	13.3			GB/T 40609—2021	电网运行安全校核技术规范			2021/10/11	2022/5/1
13.3-4-9	13.3	29.020	F21	DL/T 1711—2017	电网短期和超短期负荷预测技术规范			2017/8/2	2017/12/1

13.4 调度与交易-无功控制

序号	GW分类	ICS分类	GB分类	标准号	中 文 名 称	代替标准	采用关系	发布日期	实施日期
13.4-2-1	13.4			Q/GDW 12057—2020	换流站动态无功补偿装置及无功电压控制技术导则			2021/3/17	2021/3/17
13.4-2-2	13.4	29.240		Q/GDW 1212—2015	电力系统无功补偿配置技术导则	Q/GDW 212—2008		2016/11/21	2016/11/21
13.4-2-3	13.4	29.240		Q/GDW 619—2011	地区电网自动电压控制（AVC）技术规范			2011/5/24	2011/5/24
13.4-2-4	13.4	29.020		Q/GDW 747—2012	电网自动电压控制技术规范			2012/6/21	2012/6/21
13.4-3-5	13.4	29.240	F20	GB/Z 24847—2009	1000kV交流系统电压和无功电力技术导则			2009/11/30	2010/5/1
13.4-3-6	13.4			GB/T 40427—2021	电力系统电压和无功电力技术导则			2021/10/11	2022/5/1
13.4-4-7	13.4	29.020	K01	DL/T 1707—2017	电网自动电压控制运行技术导则			2017/8/2	2017/12/1
13.4-4-8	13.4			DL/T 1981.9—2021	统一潮流控制器 第9部分：交接试验规程			2021/4/26	2021/10/26
13.4-4-9	13.4			DL/T 2112—2020	敏感负荷电压暂降控制技术导则			2020/10/23	2021/2/1
13.4-4-10	13.4	29.240.01	F20	DL/T 672—2017	变电站及配电线路用电压无功调节控制系统使用技术条件	DL/T 672—1999		2017/12/27	2018/6/1
13.4-4-11	13.4			DL/T 2114—2020	电力网无功补偿配置技术导则			2020/10/23	2021/2/1

13.5 调度与交易-网源协调

序号	GW分类	ICS分类	GB分类	标准号	中 文 名 称	代替标准	采用关系	发布日期	实施日期
13.5-2-1	13.5	29.240		Q/GDW 10773—2017	大型发电机组涉网保护技术要求	Q/GDW 1773—2013		2018/1/2	2018/1/2
13.5-2-2	13.5	29.020		Q/GDW 11538—2016	同步发电机组源网动态性能在线监测技术规范			2016/12/28	2016/12/28
13.5-2-3	13.5	29.240		Q/GDW 11631—2016	数字式励磁调节器辅助控制电力系统研究用模型			2017/7/31	2017/7/31
13.5-2-4	13.5	29.240		Q/GDW 11891—2018	同步发电机励磁系统控制参数整定计算导则			2020/1/2	2020/1/2

序号	GW分类	ICS分类	GB分类	标准号	中文名称	代替标准	采用关系	发布日期	实施日期
13.5-2-5	13.5	29.240		Q/GDW 11951—2018	电力系统自动高频切除发电机组技术规定			2020/4/8	2020/4/8
13.5-2-6	13.5			Q/GDW 12049—2020	快速动态响应同步调相机稳态、暂态性能技术规范			2021/3/17	2021/3/17
13.5-2-7	13.5			Q/GDW 12050—2020	快速动态响应同步调相机涉网试验技术导则			2021/3/17	2021/3/17
13.5-2-8	13.5	29.020		Q/GDW 669—2011	火力发电机组一次调频试验导则			2011/11/18	2011/11/18
13.5-2-9	13.5	29.020		Q/GDW 746—2012	同步发电机进相试验导则			2012/6/21	2012/6/21
13.5-2-10	13.5	29.020		Q/GDW 748—2012	同步发电机原动机及其调节系统参数实测与建模导则			2012/6/21	2012/6/21
13.5-3-11	13.5	27.100	F20	GB/T 28566—2012	发电机组并网安全条件及评价			2012/6/29	2012/11/1
13.5-3-12	13.5	29.020	F20	GB/T 37134—2018	并网发电厂辅助服务导则			2018/12/28	2019/7/1
13.5-3-13	13.5			GB/T 40586—2021	并网电源涉网保护技术要求			2021/10/11	2022/5/1
13.5-3-14	13.5			GB/T 40591—2021	电力系统稳定器整定试验导则			2021/10/11	2022/5/1
13.5-3-15	13.5			GB/T 40594—2021	电力系统网源协调技术导则			2021/10/11	2022/5/1
13.5-3-16	13.5			GB/T 40595—2021	并网电源一次调频技术规定及试验导则			2021/10/11	2022/5/1
13.5-4-17	13.5	29.020	K04	DL/T 1167—2019	同步发电机励磁系统建模导则	DL/T 1167—2012		2019/6/4	2019/10/1
13.5-4-18	13.5	27.100	F24	DL/T 1213—2013	火力发电机组辅机故障减负荷技术规程			2013/3/7	2013/8/1
13.5-4-19	13.5	27.1	F24	DL/T 1231—2018	电力系统稳定器整定试验导则	DL/T 1231—2013		2018/6/6	2018/10/1
13.5-4-20	13.5	29.160.30	K21	DL/T 1235—2019	同步发电机原动机及其调节系统参数实测与建模导则	DL/T 1235—2013		2019/6/4	2019/10/1
13.5-4-21	13.5	27.140	K55	DL/T 1245—2013	水轮机调节系统并网运行技术导则			2013/3/7	2013/8/1
13.5-4-22	13.5	29.160	K21	DL/T 1523—2016	同步发电机进相试验导则			2016/1/7	2016/6/1
13.5-4-23	13.5	29.24	F24	DL/T 1870—2018	电力系统网源协调技术规范			2018/6/6	2018/10/1
13.5-4-24	13.5	29.160.40	K52	DL/T 1970—2019	水轮发电机励磁系统配置导则			2019/6/4	2019/10/1
13.5-4-25	13.5			DL/T 2191—2020	水轮机调速器涉网性能仿真检测技术规范			2020/10/23	2021/2/1
13.5-4-26	13.5			DL/T 2285—2021	同步发电机励磁系统热管散热整流装置技术条件			2021/4/26	2021/10/26
13.5-4-27	13.5	29.160.20	K20	DL/T 279—2012	发电机励磁系统调度管理规程			2012/1/4	2012/3/1

13

序号	GW 分类	ICS 分类	GB 分类	标准号	中 文 名 称	代替标准	采用关系	发布日期	实施日期
13.5-4-28	13.5	29.240	K45	DL/T 843—2021	同步发电机励磁系统技术条件	DL/T 843—2010		2021/1/7	2021/7/1
13.5-4-29	13.5			DL/T 2194—2020	水力发电机组一次调频技术要求及试验导则			2020/10/23	2021/2/1

13.6 调度与交易-水电及新能源调度

序号	GW 分类	ICS 分类	GB 分类	标准号	中 文 名 称	代替标准	采用关系	发布日期	实施日期
13.6-2-1	13.6			Q/GDW 10588—2020	风电功率预测功能规范	Q/GDW 10588—2015		2021/3/17	2021/3/17
13.6-2-2	13.6	29.240		Q/GDW 10907—2018	风电场调度运行信息交换规范	Q/GDW 1907—2013		2020/1/2	2020/1/2
13.6-2-3	13.6			Q/GDW 11000—2013	光伏电站并网调度信息交换规范			2013/11/6	2013/11/6
13.6-2-4	13.6			Q/GDW 11065—2013	新能源优先调度工作规范			2014/4/1	2014/4/1
13.6-2-5	13.6	29.240		Q/GDW 11628—2016	新能源消纳能力计算导则			2017/7/31	2017/7/31
13.6-2-6	13.6	29.240		Q/GDW 11629—2016	风电场风能资源监测技术规范			2017/7/31	2017/7/31
13.6-2-7	13.6	29.240		Q/GDW 11630—2016	新能源优先调度评价系统功能规范			2017/7/31	2017/7/31
13.6-2-8	13.6	27.140		Q/GDW 11693—2017	抽水蓄能电站有功成组控制和紧急支援 功能技术规范			2018/2/12	2018/2/12
13.6-2-9	13.6	29.240		Q/GDW 11890—2018	电网清洁能源实时消纳能力评估技术规范			2020/1/2	2020/1/2
13.6-2-10	13.6	29.240		Q/GDW 11900—2018	风电理论功率及受阻电量计算方法			2020/1/2	2020/1/2
13.6-2-11	13.6	29.240		Q/GDW 11901—2018	风力发电资源评估方法			2020/1/2	2020/1/2
13.6-2-12	13.6	29.240		Q/GDW 11902—2018	光伏发电资源评估方法			2020/1/2	2020/1/2
13.6-2-13	13.6			Q/GDW 12052—2020	电化学储能电站调度运行信息技术规范			2021/3/17	2021/3/17
13.6-2-14	13.6			Q/GDW 12053—2020	地区电网调度自动化系统新能源模块功能规范			2021/3/17	2021/3/17
13.6-2-15	13.6			Q/GDW 12193—2021	新能源消纳运行评估及预警技术规范			2022/1/24	2022/1/24
13.6-2-16	13.6	29.020		Q/GDW 405—2010	水库调度工作规范			2010/3/24	2010/3/24
13.6-2-17	13.6	29.020		Q/GDW 432—2010	风电调度运行管理规范			2010/2/26	2010/2/26
13.6-2-18	13.6	29.240		Q/GDW 589—2011	水库调度计算及评价规范			2011/3/3	2011/3/3
13.6-3-19	13.6	27.140	P59	GB 17621—1998	大中型水电站水库调度规范			1998/12/17	1999/4/1
13.6-3-20	13.6	27.100	F20	GB/T 32894—2016	抽水蓄能机组工况转换技术导则			2016/8/29	2017/3/1
13.6-3-21	13.6	27.160	F12	GB/T 33342—2016	户用分布式光伏发电并网接口技术规范			2016/12/13	2017/7/1

序号	GW 分类	ICS 分类	GB 分类	标准号	中 文 名 称	代替标准	采用关系	发布日期	实施日期
13.6-3-22	13.6	29.240.01	F20	GB/T 33592—2017	分布式电源并网运行控制规范			2017/5/12	2017/12/1
13.6-3-23	13.6	29	F21	GB/T 33593—2017	分布式电源并网技术要求			2017/5/12	2017/12/1
13.6-3-24	13.6	27.160	F12	GB/T 33599—2017	光伏发电站并网运行控制规范			2017/5/12	2017/12/1
13.6-3-25	13.6			GB/T 40600—2021	风电场功率控制系统调度功能技术要求			2021/10/11	2022/5/1
13.6-3-26	13.6			GB/T 40603—2021	风电场受限电量评估导则			2021/10/11	2022/5/1
13.6-3-27	13.6			GB/T 40604—2021	新能源场站调度运行信息交换技术要求			2021/10/11	2022/5/1
13.6-3-28	13.6			GB/T 40607—2021	调度侧风电或光伏功率预测系统技术要求			2021/10/11	2022/5/1
13.6-4-29	13.6			DL/T 1650—2016	小水电站并网运行规范			2016/12/5	2017/5/1
13.6-4-30	13.6	29.160.20	K30/39	DL/T 2287—2021	水轮发电机电气制动技术导则			2021/4/26	2021/10/26
13.6-4-31	13.6			DL/T 2290—2021	抽水蓄能电站自动发电控制/自动电压控制技术规范			2021/4/26	2021/10/26
13.6-4-32	13.6			NB/T 10084—2018	水电工程运行调度规程编制导则			2018/10/29	2019/3/1
13.6-4-33	13.6			NB/T 10085—2018	水电工程水文预报规范			2018/10/29	2019/3/1
13.6-4-34	13.6			NB/T 10205—2019	风电功率预测技术规定			2019/6/4	2019/10/1
13.6-4-35	13.6	27.140	P59	NB/T 10385—2020	水电工程生态流量实时监测系统技术规范			2020/10/23	2021/2/1
13.6-4-36	13.6	27.180	F11	NB/T 31046—2013	风电功率预测系统功能规范			2013/11/28	2014/4/1
13.6-4-37	13.6	27.180	F11	NB/T 31047—2013	风电调度运行管理规范			2013/11/28	2014/4/1
13.6-4-38	13.6			NB/T 33014—2014	电化学储能系统接入配电网运行控制规范			2014/10/15	2015/3/1
13.6-4-39	13.6			NB/T 33015—2014	电化学储能系统接入配电网技术规定			2014/10/15	2015/3/1
13.6-4-40	13.6			NB/T 33016—2014	电化学储能系统接入配电网测试规程			2014/10/15	2015/3/1
13.6-4-41	13.6	27.140	K51	NB/T 42033—2014	小水电站群集中控制系统基本技术条件			2014/6/29	2014/11/1

13.7 调度与交易-调度运行及设备监控

序号	GW 分类	ICS 分类	GB 分类	标准号	中 文 名 称	代替标准	采用关系	发布日期	实施日期
13.7-2-1	13.7	29.240		Q/GDW 11012—2013	电力系统新设备启动调度流程			2014/5/1	2014/5/1
13.7-2-2	13.7	29.240		Q/GDW 11203—2014	电网调度控制系统视频联动技术规范			2014/11/15	2014/11/15
13.7-2-3	13.7	29.240		Q/GDW 11288—2014	变电站集中监控验收技术导则			2015/9/14	2015/9/14

13

序号	GW分类	ICS分类	GB分类	标准号	中 文 名 称	代替标准	采用关系	发布日期	实施日期
13.7-2-4	13.7			Q/GDW 11398—2020	变电站设备监控信息规范	Q/GDW 11398—2015		2021/3/17	2021/3/17
13.7-2-5	13.7	29.240		Q/GDW 11465—2015	电网直流偏磁电流分布同步监测技术导则			2016/11/21	2016/11/21
13.7-2-6	13.7	29.240		Q/GDW 11473—2015	智能电网调度控制系统集中监控应用功能规范			2016/12/15	2016/12/15
13.7-2-7	13.7	29.240		Q/GDW 11475—2015	互联电网联络线功率控制技术规范			2016/12/15	2016/12/15
13.7-2-8	13.7	29.240		Q/GDW 11711—2017	电网运行风险预警管控工作规范			2018/4/12	2018/4/12
13.7-2-9	13.7			Q/GDW 11760—2017	智能电网调度控制系统负荷批量控制功能规范			2018/9/26	2018/9/26
13.7-2-10	13.7			Q/GDW 12046—2020	智能变电站冗余后备测控装置技术规范			2021/3/17	2021/3/17
13.7-2-11	13.7			Q/GDW 12047—2020	变电站自动化设备运维系统技术规范			2021/3/17	2021/3/17
13.7-2-12	13.7			Q/GDW 12058—2020	电网故障处置预案编制与校核技术规范			2021/3/17	2021/3/17
13.7-2-13	13.7			Q/GDW 12060—2020	变电站监控信息自动验收技术规范			2021/3/17	2021/3/17
13.7-2-14	13.7			Q/GDW 12061—2020	STATCOM装置接入电网调度运行控制技术规范			2021/3/17	2021/3/17
13.7-2-15	13.7			Q/GDW 12189—2021	调控云平台安全防护技术规范			2022/1/24	2022/1/24
13.7-2-16	13.7			Q/GDW 12211—2022	地区电网调度控制系统规划设计技术导则			2022/1/29	2022/1/29
13.7-2-17	13.7	29.240		Q/GDW 1680.410—2016	智能电网调度控制系统 第4-10部分：实时监控与预警类应 输变电设备在线监测功能规范			2017/7/31	2017/7/31
13.7-3-18	13.7	27.010	F01	GB/T 13462—2008	电力变压器经济运行	GB/T 13462—1992		2008/5/27	2008/11/1
13.7-3-19	13.7			GB/T 40585—2021	电网运行风险监测、评估及可视化技术规范			2021/10/11	2022/5/1
13.7-3-20	13.7			GB/T 40606—2021	电网在线安全分析与控制辅助决策技术规范			2021/10/11	2022/5/1
13.7-4-21	13.7			DL/T 2176—2020	变电站自动化设备远程运行维护技术规范			2020/10/23	2021/2/1
13.7-4-22	13.7			DL/T 2288—2021	水电站水库调度自动化系统运行维护规程			2021/4/26	2021/10/26

13.8 调度与交易-继电保护

序号	GW分类	ICS分类	GB分类	标准号	中 文 名 称	代替标准	采用关系	发布日期	实施日期
13.8-2-1	13.8	29.240		Q/GDW 10265—2016	±800kV级直流系统控制和保护技术规范	Q/GDW 265—2009		2016/12/28	2016/12/28
13.8-2-2	13.8			Q/GDW 10395—2022	电力系统继电保护及安全自动装置运行评价规程	Q/GDW 395—2009；Q/GDW 11055—2013		2022/1/29	2022/1/29
13.8-2-3	13.8			Q/GDW 10422—2017	国家电网继电保护整定计算技术规范	Q/GDW 422—2010		2018/9/26	2018/9/26

序号	GW分类	ICS分类	GB分类	标准号	中 文 名 称	代替标准	采用关系	发布日期	实施日期
13.8-2-4	13.8	29.120.50		Q/GDW 10548—2016	高压直流输电控制保护系统技术规范	Q/GDW 548—2010		2017/3/24	2017/3/24
13.8-2-5	13.8	29.240		Q/GDW 10664—2015	串联电容器补偿装置控制保护系统现场检验规程	Q/GDW 664—2011		2016/12/8	2016/12/8
13.8-2-6	13.8	29.240		Q/GDW 11024—2013	智能变电站继电保护和安全自动装置运行管理导则			2014/4/1	2014/4/1
13.8-2-7	13.8			Q/GDW 11069—2013	省级及以上电网继电保护整定计算管理规定			2014/4/1	2014/4/1
13.8-2-8	13.8	29.240		Q/GDW 11198—2014	分布式电源涉网保护技术规范			2014/10/1	2014/10/1
13.8-2-9	13.8	29.240		Q/GDW 11200—2014	接入分布式电源的配电网继电保护和安全自动装置技术规范			2014/10/1	2014/10/1
13.8-2-10	13.8	29.240		Q/GDW 11201—2014	IEC 61850安全稳定控制装置工程应用模型规范			2014/11/15	2014/11/15
13.8-2-11	13.8	29.240		Q/GDW 11284—2014	继电保护状态检修检验规程			2015/6/12	2015/6/12
13.8-2-12	13.8			Q/GDW 11285—2022	继电保护状态评价导则	Q/GDW 11285—2014		2022/1/29	2022/1/29
13.8-2-13	13.8	29.240		Q/GDW 11357—2014	智能变电站继电保护和电网安全自动装置现场工作保安规定			2015/6/12	2015/6/12
13.8-2-14	13.8			Q/GDW 11361—2017	智能变电站保护设备在线监视与诊断装置技术规范	Q/GDW 11361—2014		2018/9/26	2018/9/26
13.8-2-15	13.8	29.240		Q/GDW 11397—2015	1000kV继电保护配置及整定导则			2015/10/30	2015/10/30
13.8-2-16	13.8	29.240		Q/GDW 11420—2015	省级以上电网继电保护一体化整定计算技术规范			2015/10/30	2015/10/30
13.8-2-17	13.8	29.240		Q/GDW 11425—2018	省、地、县电网继电保护一体化整定计算技术规范	Q/GDW 11425—2015		2020/1/2	2020/1/2
13.8-2-18	13.8	29.240		Q/GDW 11471—2015	智能变电站继电保护工程文件技术规范			2016/12/15	2016/12/15
13.8-2-19	13.8	29.240		Q/GDW 11472—2018	继电保护和安全自动装置、通信设备电子标签技术规范	Q/GDW 11472—2015		2020/1/2	2020/1/2
13.8-2-20	13.8	29.240		Q/GDW 11485—2016	智能变电站继电保护配置工具技术规范			2016/12/28	2016/12/28
13.8-2-21	13.8			Q/GDW 11486—2022	继电保护和安全自动装置验收规范	Q/GDW 1914—2013；Q/GDW 11486—2015		2022/1/29	2022/1/29
13.8-2-22	13.8	29.240		Q/GDW 11488—2015	电网安全自动装置检验规范			2016/11/15	2016/11/15
13.8-2-23	13.8	29.240		Q/GDW 11633—2016	智能变电站配置文件运行管理系统　技术规范			2017/7/31	2017/7/31

13

序号	GW分类	ICS分类	GB分类	标准号	中 文 名 称	代替标准	采用关系	发布日期	实施日期
13.8-2-24	13.8	29.240		Q/GDW 11663—2017	继电保护整定计算平台与整定计算软件数据交互接口标准			2018/1/2	2018/1/2
13.8-2-25	13.8	29.240		Q/GDW 11889—2018	高压柔性直流输电控制保护装置技术规范			2020/1/2	2020/1/2
13.8-2-26	13.8	29.240		Q/GDW 11898—2018	继电保护智能运行维护管理系统及移动终端技术规范			2020/1/2	2020/1/2
13.8-2-27	13.8	29.240		Q/GDW 11899—2018	就地化继电保护运维检修技术导则			2020/1/2	2020/1/2
13.8-2-28	13.8	29.240		Q/GDW 11952—2018	大型调相机变压器组继电保护整定计算 导则			2020/4/8	2020/4/8
13.8-2-29	13.8			Q/GDW 12037—2020	就地化继电保护运行规程			2020/12/31	2020/12/31
13.8-2-30	13.8			Q/GDW 12207—2022	继电保护整定计算用新能源场站建模导则			2022/1/29	2022/1/29
13.8-2-31	13.8			Q/GDW 1396—2012	IEC 61850 工程继电保护应用模型			2014/5/1	2014/5/1
13.8-2-32	13.8			Q/GDW 1680.48—2013	智能电网调度技术支持系统 第4-8部分：实时监控与预警类应用继电保护定值在线校核及预警			2014/4/1	2014/4/1
13.8-2-33	13.8			Q/GDW 1806—2013	继电保护状态检修导则			2013/11/12	2013/11/12
13.8-2-34	13.8			Q/GDW 1809—2012	智能变电站继电保护检验规程			2014/5/1	2014/5/1
13.8-2-35	13.8			Q/GDW 1914—2013	继电保护及安全自动装置验收规范			2014/5/1	2014/5/1
13.8-2-36	13.8	29.020		Q/GDW 239—2008	1000kV 继电保护和电网安全自动装置检验规程			2008/12/2	2008/12/2
13.8-2-37	13.8	29.240		Q/GDW 267—2009	继电保护和电网安全自动装置现场工作保安规定			2009/6/9	2009/6/9
13.8-2-38	13.8	29.240		Q/GDW 273—2009	继电保护故障信息处理系统技术规范			2009/4/30	2009/4/30
13.8-2-39	13.8	29.240		Q/GDW 331—2009	1000kV 继电保护及电网安全自动装置运行管理规程			2009/5/25	2009/5/25
13.8-2-40	13.8			Q/GDW 337—2009	直流换流站交流出线最后一台断路器跳闸功能逻辑设计技术规范			2009/7/3	2009/7/3
13.8-2-41	13.8			Q/GDW 395—2009	电力系统继电保护及安全自动装置评价规范			2010/2/10	2010/2/10
13.8-2-42	13.8	29.240		Q/GDW 587—2011	电力系统自动低压减负荷技术规范			2011/3/2	2011/3/2
13.8-2-43	13.8	29.020		Q/GDW 700.1—2012	±800kV 特高压直流输电控制与保护设备 第1部分：总则			2012/8/10	2012/8/10
13.8-2-44	13.8	29.020		Q/GDW 700.2—2012	±800kV 特高压直流输电控制与保护设备 第2部分：运行人员控制系统			2012/8/10	2012/8/10

13

序号	GW 分类	ICS 分类	GB 分类	标准号	中 文 名 称	代替标准	采用关系	发布日期	实施日期
13.8-2-45	13.8	29.020		Q/GDW 700.3—2012	±800kV 特高压直流输电控制与保护设备　第3部分：交直流系统站控设备			2012/8/10	2012/8/10
13.8-2-46	13.8	29.020		Q/GDW 700.4—2012	±800kV 特高压直流输电控制与保护设备　第4部分：直流系统极控设备			2012/8/10	2012/8/10
13.8-2-47	13.8	29.020		Q/GDW 700.5—2012	±800kV 特高压直流输电控制与保护设备　第5部分：直流系统保护设备			2012/8/10	2012/8/10
13.8-2-48	13.8	29.020		Q/GDW 700.6—2012	±800kV 特高压直流输电控制与保护设备　第6部分：换流站辅助二次设备			2012/8/10	2012/8/10
13.8-2-49	13.8	29.240		Q/GDW 768—2012	继电保护全过程管理标准			2012/11/14	2012/11/14
13.8-3-50	13.8	29.120.50	F21	GB/T 14285—2006	继电保护和安全自动装置技术规程	GB 14285—1993；GB 14285 E—1993		2006/3/6	2006/11/1
13.8-3-51	13.8	29.120.50	K45	GB/T 14598.2—2011	量度继电器和保护装置　第1部分：通用要求	GB/T 14047—1993	IEC 60255-1：2009 IDT	2011/12/30	2012/6/1
13.8-3-52	13.8	29.120.70	K45	GB/T 14598.24—2017	量度继电器和保护装置　第24部分：电力系统暂态数据交换（COMTRADE）通用格式	GB/T 22386—2008		2017/7/31	2018/2/1
13.8-3-53	13.8	290.120.70	K45	GB/T 14598.127—2013	量度继电器和保护装置　第127部分：过/欠电压保护功能要求		IEC 60255-127：2010 IDT	2013/7/19	2013/12/2
13.8-3-54	13.8	29.120.50	K45	GB/T 14598.151—2012	量度继电器和保护装置　第151部分：过/欠电流保护功能要求			2012/12/31	2013/6/1
13.8-3-55	13.8	29.240	K45	GB/T 25841—2017	1000kV 电力系统继电保护技术导则	GB/Z 25841—2010		2017/7/31	2018/2/1
13.8-3-56	13.8	29.240.01	K45	GB/T 25843—2017	±800kV 特高压直流输电控制与保护设备技术要求	GB/Z 25843—2010		2017/12/29	2018/7/1
13.8-3-57	13.8	27.100	P62	GB/T 32576—2016	抽水蓄能电站厂用电继电保护整定计算导则			2016/4/25	2016/11/1
13.8-3-58	13.8	29.240	K45	GB/T 32890—2016	继电保护 IEC 61850 工程应用模型			2016/8/29	2017/3/1
13.8-3-59	13.8	29.120.50	K45	GB/T 32898—2016	抽水蓄能发电电动机变压器组继电保护配置导则			2016/8/29	2017/3/1
13.8-3-60	13.8	29.240.01	K45	GB/T 33982—2017	分布式电源并网继电保护技术规范			2017/7/12	2018/2/1
13.8-3-61	13.8	29.240	K45	GB/T 34121—2017	智能变电站继电保护配置工具技术规范			2017/7/31	2018/2/1
13.8-3-62	13.8	29.240	K45	GB/T 34122—2017	220kV～750kV 电网继电保护和安全自动装置配置技术规范			2017/7/31	2018/2/1
13.8-3-63	13.8	29.240.01	K45	GB/T 38953—2020	微电网继电保护技术规定			2020/6/2	2020/12/1

13

序号	GW 分类	ICS 分类	GB 分类	标准号	中 文 名 称	代替标准	采用关系	发布日期	实施日期
13.8-3-64	13.8	29.240.99	K45	GB/T 40091—2021	智能变电站继电保护和电网安全自动装置安全措施要求			2021/4/30	2021/11/1
13.8-3-65	13.8			GB/T 50479—2011	电力系统继电保护及自动化设备柜（屏）工程技术规范			2011/7/26	2012/6/1
13.8-3-66	13.8			GB/T 50976—2014	继电保护及二次回路安装及验收规范			2014/3/31	2014/12/1
13.8-3-67	13.8			GB/T 40532—2021	电力系统站域失灵（死区）保护技术导则			2021/10/11	2022/5/1
13.8-3-68	13.8			GB/T 40584—2021	继电保护整定计算软件及数据技术规范			2021/10/11	2022/5/1
13.8-3-69	13.8			GB/T 40599—2021	继电保护及安全自动装置在线监视与分析技术规范			2021/10/11	2022/5/1
13.8-4-70	13.8			DL/T 1011—2016	电力系统继电保护整定计算数据交换格式规范	DL/T 1011—2006		2016/12/5	2017/5/1
13.8-4-71	13.8	29.020	K90	DL/T 1237—2013	1000kV 继电保护及电网安全自动装置检验规程			2013/3/7	2013/8/1
13.8-4-72	13.8	29.020	K01	DL/T 1239—2013	1000kV 继电保护及电网安全自动装置运行管理规程			2013/3/7	2013/8/1
13.8-4-73	13.8	27.100	F29	DL/T 1309—2013	大型发电机组涉网保护技术规范			2013/11/28	2014/4/1
13.8-4-74	13.8			DL/T 1502—2016	厂用电继电保护整定计算导则			2016/1/7	2016/6/1
13.8-4-75	13.8			DL/T 1631—2016	并网风电场继电保护装置及整定技术规范			2016/12/5	2017/5/1
13.8-4-76	13.8			DL/T 1639—2016	变电站继电保护信息以太网 103 传输规范			2016/12/5	2017/5/1
13.8-4-77	13.8			DL/T 1640—2016	继电保护定值在线校核及预警技术规范			2016/12/5	2017/5/1
13.8-4-78	13.8			DL/T 1651—2016	继电保护光纤通道检验规程			2016/12/5	2017/5/1
13.8-4-79	13.8			DL/T 1734—2017	过激磁保护功能技术规范	SD 278—1988		2017/11/15	2018/3/1
13.8-4-80	13.8	29.240	K45	DL/T 1778—2017	柔性直流保护和控制设备技术条件			2017/12/27	2018/6/1
13.8-4-81	13.8	29.24	K45	DL/T 1780—2017	超（特）高压直流输电控制保护系统检验规范			2017/12/27	2018/6/1
13.8-4-82	13.8	29.240	K45	DL/T 1782—2017	变电站继电保护信息规范			2017/12/27	2018/6/1
13.8-4-83	13.8			DL/T 2009—2019	超高压可控并联电抗器继电保护配置及整定技术规范			2019/6/4	2019/10/1
13.8-4-84	13.8			DL/T 2010—2019	高压无功补偿装置继电保护配置及整定技术规范			2019/6/4	2019/10/1
13.8-4-85	13.8			DL/T 2249—2021	柔性直流输电系统保护整定技术规程			2021/1/7	2021/7/1
13.8-4-86	13.8			DL/T 2250—2021	同步调相机控制保护系统技术导则			2021/1/7	2021/7/1

13

序号	GW 分类	ICS 分类	GB 分类	标准号	中 文 名 称	代替标准	采用关系	发布日期	实施日期
13.8-4-87	13.8	29.240	K45	DL/T 2252—2021	智能变电站继电保护及相关二次设备镜像调试技术规范			2021/1/7	2021/7/1
13.8-4-88	13.8	27.010	F07	DL/T 243—2012	继电保护及控制设备数据采集及信息交换技术导则			2012/4/6	2012/7/1
13.8-4-89	13.8	29.240.01	F21	DL/T 277—2012	高压直流输电系统控制保护整定技术规程			2012/1/4	2012/3/1
13.8-4-90	13.8	29.240.99	K42	DL/T 365—2010	串联电容器补偿装置控制保护系统现场检验规程			2010/5/1	2010/10/1
13.8-4-91	13.8			DL/T 559—2018	220kV～750kV 电网继电保护装置运行整定规程	DL/T 559—2007		2018/12/25	2019/5/1
13.8-4-92	13.8	29.240	K45	DL/T 584—2017	3kV～110kV 电网继电保护装置运行整定规程	DL/T 584—2007		2017/12/27	2018/6/1
13.8-4-93	13.8			DL/T 587—2016	继电保护和安全自动装置运行管理规程	DL/T 587—2007		2016/12/5	2017/5/1
13.8-4-94	13.8	29.240.01	K45	DL/T 623—2010	电力系统继电保护及安全自动装置运行评价规程	DL 623—1997		2011/1/9	2011/5/1
13.8-4-95	13.8	29.240.30	P40；K45	DL/T 684—2012	大型发电机变压器继电保护整定计算导则	DL 684—1999		2012/4/6	2012/7/1
13.8-4-96	13.8	29.240.30	K45	DL/T 886—2012	750kV 电力系统继电保护技术导则	DL 886—2004		2012/4/6	2012/7/1
13.8-4-97	13.8	29.240	K45	DL/T 995—2016	继电保护和电网安全自动装置检验规程	DL/T 995—2006		2016/12/5	2017/5/1
13.8-4-98	13.8			DL/T 1981.3—2020	统一潮流控制器 第 3 部分：控制保护系统技术规范			2020/10/23	2021/2/1
13.8-4-99	13.8			NB/T 10192—2019	电流闭锁式母线保护技术导则			2019/6/4	2019/10/1
13.8-4-100	13.8			NB/T 10677—2021	串联电容器补偿装置控制与保护技术要求			2021/4/26	2021/7/26
13.8-4-101	13.8	29.240	F20/29	NB/T 10683—2021	微电网区域保护控制装置技术要求			2021/4/26	2021/7/26
13.8-4-102	13.8	29.240.01	K45	NB/T 42072—2016	继电保护及安全自动装置产品型号编制办法	JB/T 10103—1999		2016/8/16	2016/12/1
13.8-4-103	13.8	29.240.01	K45	NB/T 42088—2016	继电保护信息系统子站技术规范			2016/8/16	2016/12/1
13.8-5-104	13.8	29.120.70		IEC 60255-24—2013	测量继电器和保护设备 第 24 部分：电力系统瞬态数据交换的通用格式（COMTRADE）	IEC 60255-24：2001；IEC 95/308/FDIS：2013		2013/4/1	2013/4/1
13.8-5-105	13.8	31.060.70	K42	NF C 54-145—1994	电力系统用串联电容器 第 2 部分：串联电容器组的保护设备			1994/12/1	1994/12/20

13.9 调度与交易-调度自动化

序号	GW 分类	ICS 分类	GB 分类	标准号	中 文 名 称	代替标准	采用关系	发布日期	实施日期
13.9-2-1	13.9			Q/GDW 10131—2017	电力系统实时动态监测系统技术规范	Q/GDW 1131—2014		2018/9/26	2018/9/26

13

序号	GW 分类	ICS 分类	GB 分类	标准号	中 文 名 称	代替标准	采用关系	发布日期	实施日期
13.9-2-2	13.9	29.240		Q/GDW 10437—2016	电网地调水调自动化系统技术规范	Q/GDW 437—2010		2016/12/28	2016/12/28
13.9-2-3	13.9	29.240		Q/GDW 10678—2018	智能变电站一体化监控系统技术规范	Q/GDW 678—2011；Q/GDW 679—2011		2020/1/2	2020/1/2
13.9-2-4	13.9	29.240		Q/GDW 10680.41—2017	智能电网调度控制系统　第 4-1 部分：实时监控与预警类应用电网实时监控与智能告警	Q/GDW 1680.41—2015		2018/9/26	2018/9/26
13.9-2-5	13.9	29.240		Q/GDW 10680.45—2018	智能电网调度控制系统　第 4-5 部分：实时监控与预警类应用　在线安全分析与运行控制辅助决策	Q/GDW 1680.45—2014		2020/4/8	2020/4/8
13.9-2-6	13.9			Q/GDW 10680.6—2021	智能电网调度控制系统　第 6 部分：安全校核类应用安全校核	Q/GDW 680.6—2011		2022/1/24	2022/1/24
13.9-2-7	13.9			Q/GDW 10938—2020	电力监控系统测控终端网络安全测试技术要求	Q/GDW/Z 1938—2013		2021/3/17	2021/3/17
13.9-2-8	13.9	29.240		Q/GDW 11021—2013	变电站调控数据交互规范			2014/4/1	2014/4/1
13.9-2-9	13.9	29.240		Q/GDW 11022—2013	智能电网调度控制系统实用化要求			2014/4/1	2014/4/1
13.9-2-10	13.9	29.240		Q/GDW 11047—2013	国家电网调度数据网应用接入规范			2014/4/1	2014/4/1
13.9-2-11	13.9	29.240		Q/GDW 11068—2013	电力系统通用实时通信服务协议			2014/4/1	2014/4/1
13.9-2-12	13.9	29.240		Q/GDW 11153—2014	智能变电站顺序控制技术导则			2014/12/31	2014/12/31
13.9-2-13	13.9	29.240		Q/GDW 11162—2014	变电站监控系统图形界面规范			2014/7/20	2014/7/20
13.9-2-14	13.9	29.240		Q/GDW 11202.1—2015	智能变电站自动化设备检测规范　第 1 部分：概论			2015/12/5	2015/12/5
13.9-2-15	13.9			Q/GDW 11202.10—2022	智能变电站自动化设备检测规范　第 10 部分：冗余后备测控装置			2022/1/29	2022/1/29
13.9-2-16	13.9			Q/GDW 11202.11—2022	智能变电站自动化设备检测规范　第 11 部分：宽频测量装置			2022/1/29	2022/1/29
13.9-2-17	13.9	29.240		Q/GDW 11205—2018	电网调度自动化系统软件通用测试规范	Q/GDW 11205—2014		2020/1/2	2020/1/2
13.9-2-18	13.9	29.240		Q/GDW 11206—2014	电网调度自动化系统计算机硬件设备检测规范			2014/11/15	2014/11/15
13.9-2-19	13.9	29.240		Q/GDW 11207—2014	电力系统告警直传技术规范			2014/11/15	2014/11/15
13.9-2-20	13.9			Q/GDW 11354—2017	调度控制远方操作技术规范	Q/GDW 11354—2014		2018/9/26	2018/9/26
13.9-2-21	13.9	35.11	M13	Q/GDW 114—2004	国家电力调度数据网骨干网运行管理规定			2004/10/19	2005/2/1
13.9-2-22	13.9	29.240		Q/GDW 11489—2015	电力系统序列控制接口技术规范			2016/11/15	2016/11/15

13

序号	GW 分类	ICS 分类	GB 分类	标准号	中 文 名 称	代替标准	采用关系	发布日期	实施日期
13.9-2-23	13.9	29.020		Q/GDW 11539—2016	电力系统时间同步及监测技术规范			2016/12/28	2016/12/28
13.9-2-24	13.9	29.020		Q/GDW 11541—2016	电网调度自动化系统软件测试规范基础平台数据采集与交换			2016/12/28	2016/12/28
13.9-2-25	13.9	29.240		Q/GDW 11662—2017	智能变电站系统配置描述文件技术规范			2018/1/2	2018/1/2
13.9-2-26	13.9			Q/GDW 11766—2017	电力监控系统本体安全防护技术规范			2018/9/26	2018/9/26
13.9-2-27	13.9	29.240		Q/GDW 11894—2018	电力监控系统网络安全监测装置检测规范			2020/1/2	2020/1/2
13.9-2-28	13.9	29.240		Q/GDW 11897—2018	调度自动化机房设计与建设规范			2020/1/2	2020/1/2
13.9-2-29	13.9	29.240		Q/GDW 11914—2018	电力监控系统网络安全监测装置技术规范			2020/4/8	2020/4/8
13.9-2-30	13.9			Q/GDW 12045—2020	电力监控系统网络安全管理平台技术规范			2021/3/17	2021/3/17
13.9-2-31	13.9			Q/GDW 12059—2020	电力监控系统网络安全管理平台检测规范			2021/3/17	2021/3/17
13.9-2-32	13.9			Q/GDW 12195—2021	电力监控系统恶意代码监测系统技术规范			2022/1/24	2022/1/24
13.9-2-33	13.9			Q/GDW 12196—2021	电力自动化系统软件安全检测规范			2022/1/24	2022/1/24
13.9-2-34	13.9			Q/GDW 12210—2022	主厂站信息点表交换技术规范			2022/1/29	2022/1/29
13.9-2-35	13.9			Q/GDW 12213—2022	可调节负荷资源接入调控机构技术规范			2022/1/29	2022/1/29
13.9-2-36	13.9	29.240		Q/GDW 1461—2014	地区智能电网调度控制系统应用功能规范	Q/GDW/Z 461—2010		2015/9/14	2015/9/14
13.9-2-37	13.9	29.240		Q/GDW 1680.1—2014	智能电网调度控制系统 第1部分：体系架构及总体要求	Q/GDW 680.1—2011		2015/9/14	2015/9/14
13.9-2-38	13.9	29.240		Q/GDW 1680.2—2014	智能电网调度控制系统 第2部分：名词和术语	Q/GDW 680.2—2011		2015/9/14	2015/9/14
13.9-2-39	13.9	29.240		Q/GDW 1680.31—2014	智能电网调度控制系统 第3-1部分：基础平台消息总线和服务总线	Q/GDW 680.31—2011		2015/9/14	2015/9/14
13.9-2-40	13.9	29.240		Q/GDW 1680.32—2014	智能电网调度控制系统 第3-2部分：基础平台数据存储与管理	Q/GDW 680.32—2011		2015/9/14	2015/9/14
13.9-2-41	13.9	29.240		Q/GDW 1680.33—2014	智能电网调度控制系统 第3-3部分：基础平台平台管理	Q/GDW 680.33—2011		2015/9/14	2015/9/14
13.9-2-42	13.9	29.240		Q/GDW 1680.34—2014	智能电网调度控制系统 第3-4部分：基础平台公共服务	Q/GDW 680.34—2011		2015/9/14	2015/9/14
13.9-2-43	13.9	29.240		Q/GDW 1680.35—2014	智能电网调度控制系统 第3-5部分：基础平台数据采集与交换	Q/GDW 680.35—2011		2015/9/14	2015/9/14
13.9-2-44	13.9	29.240		Q/GDW 1680.36—2014	智能电网调度控制系统 第3-6部分：基础平台系统安全防护	Q/GDW 680.36—2011		2015/9/14	2015/9/14

13

序号	GW分类	ICS分类	GB分类	标准号	中 文 名 称	代替标准	采用关系	发布日期	实施日期
13.9-2-45	13.9	29.240		Q/GDW 1680.46—2015	智能电网调度控制系统 第4-6部分：实时监控与预警类应用调控运行人员培训模拟	Q/GDW 680.46—2011		2016/12/15	2016/12/15
13.9-2-46	13.9	29.240		Q/GDW 1680.49—2014	智能电网调度控制系统 第4-9部分：实时监控与预警类应用火电机组烟气排放监测功能平台技术规范			2015/9/14	2015/9/14
13.9-2-47	13.9	29.240		Q/GDW 1680.71—2015	智能电网调度控制系统 第7-1部分：调度管理类应用调度生产运行管理	Q/GDW 680.71—2011		2016/11/15	2016/11/15
13.9-2-48	13.9			Q/GDW 1918—2013	电力调度自动化主站系统 UPS电源及配电系统技术规范			2013/11/6	2013/11/6
13.9-2-49	13.9	29.240		Q/GDW 1919—2013	基于数字同步网频率信号的时间同步技术规范			2013/11/12	2013/11/12
13.9-2-50	13.9	29.020		Q/GDW 216—2008	电网运行数据交换规范			2008/12/31	2008/12/31
13.9-2-51	13.9	29.020		Q/GDW 680.8—2011	智能电网调度技术支持系统 第8部分：分析与评估			2011/12/28	2011/12/28
13.9-2-52	13.9	29.020		Q/GDW 680.42—2011	智能电网调度技术支持系统 第4-2部分：实时监控与预警类应用水电及新能源监测分析			2011/12/28	2011/12/28
13.9-2-53	13.9	29.020		Q/GDW 680.43—2011	智能电网调度技术支持系统 第4-3部分：实时监控与预警类应用电网自动控制			2011/12/28	2011/12/28
13.9-2-54	13.9	29.020		Q/GDW 680.44—2011	智能电网调度技术支持系统 第4-4部分：实时监控与预警类应用网络分析			2011/12/28	2011/12/28
13.9-2-55	13.9	29.020		Q/GDW 680.47—2011	智能电网调度技术支持系统 第4-7部分：实时监控与预警类应用辅助监测			2011/12/28	2011/12/28
13.9-2-56	13.9	29.020		Q/GDW 680.51—2011	智能电网调度技术支持系统 第5-1部分：调度计划类应用数据申报与信息发布			2011/12/28	2011/12/28
13.9-2-57	13.9	29.020		Q/GDW 680.52—2011	智能电网调度技术支持系统 第5-2部分：调度计划类应用预测与短期交易管理			2011/12/28	2011/12/28
13.9-2-58	13.9	29.020		Q/GDW 680.53—2011	智能电网调度技术支持系统 第5-3部分：调度计划类应用检修计划			2011/12/28	2011/12/28
13.9-2-59	13.9	29.020		Q/GDW 680.54—2011	智能电网调度技术支持系统 第5-4部分：调度计划类应用发电计划			2011/12/28	2011/12/28
13.9-2-60	13.9	29.020		Q/GDW 680.55—2011	智能电网调度技术支持系统 第5-5部分：调度计划类应用水电及新能源调度			2011/12/28	2011/12/28

序号	GW 分类	ICS 分类	GB 分类	标准号	中 文 名 称	代替标准	采用关系	发布日期	实施日期
13.9-2-61	13.9	29.020		Q/GDW 680.72—2011	智能电网调度技术支持系统 第7-2部分：调度管理类应用专业和内部综合管理及信息展示发布			2011/12/28	2011/12/28
13.9-2-62	13.9	29.020		Q/GDW 695—2011	智能变电站信息模型及通信接口技术规范			2012/7/27	2012/7/27
13.9-2-63	13.9			Q/GDW 740—2012	变电设备在线监测 I2 接口网络通信规范			2012/8/2	2012/8/2
13.9-3-64	13.9	29.240.01	F21	GB/T 13729—2019	远动终端设备	GB/T 13729—2002		2019/6/4	2020/1/1
13.9-3-65	13.9	29.240.01	K40	GB/T 13730—2002	地区电网调度自动化系统	GB/T 13730—1992		2002/11/29	2003/6/1
13.9-3-66	13.9	27.010	F04	GB/T 14909—2005	能量系统用分析技术导则	GB/T 14909—1994		2005/7/15	2006/1/1
13.9-3-67	13.9	27.100	F21	GB/T 15153.1—1998	远动设备及系统 第2部分：工作条件第1篇：电源和电磁兼容性	GB/T 15153—1994		1998/8/13	1999/6/1
13.9-3-68	13.9	27.100	F21	GB/T 15153.2—2000	远动设备及系统 第2部分：工作条件第2篇 环境条件（气候、机械和其他非电影响因素）	GB/T 15153—1994		2000/12/11	2001/10/1
13.9-3-69	13.9	29.240.30	F21	GB/T 16436.1—1996	远动设备及系统 第1部分：总则第2篇：制定规范的导则			1996/6/17	1997/7/1
13.9-3-70	13.9	27.100	F21	GB/T 17463—1998	远动设备及系统 第4部分：性能要求			1998/8/13	1999/6/1
13.9-3-71	13.9	33.200	F21	GB/Z 18700.5—2003	远动设备及系统 第6-1部分：与 ISO 标准和 ITU-T 建议兼容的远协议标准的应用环境和结构			2003/9/15	2004/3/1
13.9-3-72	13.9	29.240.10	K45	GB/T 24833—2009	1000kV 变电站监控系统技术规范			2009/11/30	2010/5/1
13.9-3-73	13.9	17.220.20	N22	GB/T 26862—2011	电力系统同步相量测量装置检测规范			2011/7/29	2011/12/1
13.9-3-74	13.9	27.100	N22	GB/T 28815—2012	电力系统实时动态监测主站技术规范			2012/11/5	2013/2/1
13.9-3-75	13.9	29.240	K45	GB/T 30149—2019	电网通用模型描述规范	GB/T 30149—2013		2019/6/4	2020/1/1
13.9-3-76	13.9	29.020	K04	GB/T 31992—2015	电力系统通用告警格式			2015/9/11	2016/4/1
13.9-3-77	13.9	29.240.01	F21	GB/T 31998—2015	电力软交换系统技术规范			2015/9/11	2016/4/1
13.9-3-78	13.9	29.240.01	F21	GB/T 32353—2015	电力系统实时动态监测系统数据接口规范			2015/12/31	2016/7/1
13.9-3-79	13.9	01.040.29	K04	GB/T 33590.2—2017	智能电网调度控制系统技术规范 第2部分：术语			2017/5/12	2017/12/1
13.9-3-80	13.9	29.020	F21	GB/T 33591—2017	智能变电站时间同步系统及设备技术规范			2017/5/12	2017/12/1
13.9-3-81	13.9	29.020	F21	GB/T 33601—2017	电网设备通用模型数据命名规范			2017/5/12	2017/9/1
13.9-3-82	13.9	29.020	F21	GB/T 33602—2017	电力系统通用服务协议			2017/5/12	2017/12/1

13

序号	GW分类	ICS分类	GB分类	标准号	中文名称	代替标准	采用关系	发布日期	实施日期
13.9-3-83	13.9	29.020	F21	GB/T 33603—2017	电力系统模型数据动态消息编码规范			2017/5/12	2017/12/1
13.9-3-84	13.9	29.020	F21	GB/T 33604—2017	电力系统简单服务接口规范			2017/5/12	2017/12/1
13.9-3-85	13.9	29.020	F21	GB/T 33605—2017	电力系统消息邮件传输规范			2017/5/12	2017/12/1
13.9-3-86	13.9	29.240	F21	GB/T 33607—2017	智能电网调度控制系统总体框架			2017/5/12	2017/12/1
13.9-3-87	13.9	25.040.99	N17	GB/T 34039—2017	远程终端单元（RTU）技术规范			2017/7/31	2018/2/1
13.9-3-88	13.9	29.240	K45	GB/T 34132—2017	智能变电站智能终端装置通用技术条件			2017/7/31	2018/2/1
13.9-3-89	13.9	29.240.01	F21	GB/T 35718.2—2017	电力系统管理及其信息交换　长期互操作性　第2部分：监控和数据采集（SCADA）端到端品质码		IEC 62361-2：2013	2017/12/29	2018/7/1
13.9-3-90	13.9	29.240.01	F20	GB/T 36050—2018	电力系统时间同步基本规定			2018/3/15	2018/10/1
13.9-3-91	13.9			GB/T 40610—2021	电力系统在线潮流数据二进制描述及交换规范			2021/10/11	2022/5/1
13.9-4-92	13.9	29.240.01	F21	DL/T 1100.1—2018	电力系统的时间同步系统　第1部分：技术规范	DL/T 1100.1—2009		2018/12/25	2019/5/1
13.9-4-93	13.9	27.100	F21	DL/T 1100.2—2013	电力系统的时间同步系统　第2部分：基于局域网的精确时间同步			2013/11/28	2014/4/1
13.9-4-94	13.9	29.240.01	F21	DL/T 1100.3—2018	电力系统的时间同步系统　第3部分：基于数字同步网的时间同步技术规范			2018/12/25	2019/5/1
13.9-4-95	13.9	27.100	F21	DL/T 1100.4—2018	电力系统的时间同步系统　第4部分：测试仪技术规范			2018/12/25	2019/5/1
13.9-4-96	13.9	29.240.01	F21	DL/T 1100.6—2018	电力系统的时间同步系统　第6部分：监测规范			2018/12/25	2019/5/1
13.9-4-97	13.9	29.240.20	K51	DL/T 1101—2009	35kV～110kV变电站自动化系统验收规范			2009/7/22	2009/12/1
13.9-4-98	13.9	29.020	K07	DL/T 1169—2012	电力调度消息邮件传输规范			2012/8/23	2012/12/1
13.9-4-99	13.9	29.020	K01	DL/T 1170—2012	电力调度工作流程描述规范			2012/8/23	2012/12/1
13.9-4-100	13.9	29.020	K07	DL/T 1171—2012	电网设备通用数据模型命名规范			2012/8/23	2012/12/1
13.9-4-101	13.9	27.100	K59	DL/T 1283—2013	电力系统雷电定位监测系统技术规程			2013/11/28	2014/4/1
13.9-4-102	13.9	27.100	F29	DL/T 1308—2013	节能发电调度信息发布技术规范			2013/11/28	2014/4/1
13.9-4-103	13.9	27.100	F21	DL/T 1311—2013	电力系统实时动态监测主站应用要求及验收细则			2013/11/28	2014/4/1
13.9-4-104	13.9	27.100	F22	DL/T 1377—2014	电力调度员培训仿真技术规范			2014/10/15	2015/3/1
13.9-4-105	13.9	29.240	F24	DL/T 1380—2014	电网运行模型数据交换规范			2014/10/15	2015/3/1

13

序号	GW 分类	ICS 分类	GB 分类	标准号	中文名称	代替标准	采用关系	发布日期	实施日期
13.9-4-106	13.9			DL/T 1626—2016	700MW 及以上机组水电厂计算机监控系统基本技术条件			2016/12/5	2017/5/1
13.9-4-107	13.9			DL/T 1649—2016	配电网调度控制系统技术规范			2016/12/5	2017/5/1
13.9-4-108	13.9	29.240	F23	DL/T 1708—2017	电力系统顺序控制技术规范			2017/8/2	2017/12/1
13.9-4-109	13.9	29.020	F21	DL/T 1709.3—2017	智能电网调度控制系统技术规范 第3部分：基础平台			2017/8/2	2017/12/1
13.9-4-110	13.9	29.020	F21	DL/T 1709.4—2017	智能电网调度控制系统技术规范 第4部分：实时监控与预警			2017/8/2	2017/12/1
13.9-4-111	13.9			DL/T 1709.5—2017	智能电网调度控制系统技术规范 第5部分：调度计划			2017/8/2	2017/12/1
13.9-4-112	13.9	29.020	F21	DL/T 1709.6—2017	智能电网调度控制系统技术规范 第6部分：调度管理			2017/8/2	2017/12/1
13.9-4-113	13.9			DL/T 1709.7—2017	智能电网调度控制系统技术规范 第7部分：电网运行驾驶舱			2017/8/2	2017/12/1
13.9-4-114	13.9			DL/T 1709.8—2017	智能电网调度控制系统技术规范 第8部分：运行评估			2017/8/2	2017/12/1
13.9-4-115	13.9			DL/T 1709.9—2017	智能电网调度控制系统技术规范 第9部分：软件测试			2017/8/2	2017/12/1
13.9-4-116	13.9			DL/T 1709.10—2017	智能电网调度控制系统技术规范 第10部分：硬件设备测试			2017/8/2	2017/12/1
13.9-4-117	13.9			DL/T 1802—2018	水电厂自动发电控制及自动电压控制系统技术规范			2018/4/3	2018/7/1
13.9-4-118	13.9			DL/T 1871—2018	智能电网调度控制系统与变电站即插即用框架规范			2018/6/6	2018/10/1
13.9-4-119	13.9			DL/T 1873—2018	智能变电站系统配置描述（SCD）文件技术规范			2018/6/6	2018/10/1
13.9-4-120	13.9			DL/T 1874—2018	智能变电站系统规格描述（SSD）建模工程实施技术规范			2018/6/6	2018/10/1
13.9-4-121	13.9			DL/T 1908.907—2018	电力自动化通信网络和系统 第90-7部分：分布式能源（DER）系统功率变换器对象模型			2018/12/25	2019/5/1
13.9-4-122	13.9			DL/T 2177—2020	厂站监控系统图形界面规范			2020/10/23	2021/2/1
13.9-4-123	13.9	27.100	N22	DL/T 280—2012	电力系统同步相量测量装置通用技术条件			2012/1/4	2012/3/1

13

序号	GW 分类	ICS 分类	GB 分类	标准号	中 文 名 称	代替标准	采用关系	发布日期	实施日期
13.9-4-124	13.9	29.240.30	F21	DL/T 476—2012	电力系统实时数据通信应用层协议	DL 476—1992		2012/8/23	2012/12/1
13.9-4-125	13.9	27.100	F21	DL/T 5003—2017	电力系统调度自动化设计规程	DL/T 5003—2005		2017/8/2	2017/12/1
13.9-4-126	13.9	29.240	F20	DL/T 516—2017	电力调度自动化运行管理规程	DL/T 516—2006		2017/8/2	2017/12/1
13.9-4-127	13.9	27.100	P62	DL/T 5364—2015	电力调度数据网络工程初步设计内容深度规定	DL/T 5364—2006		2015/7/1	2015/12/1
13.9-4-128	13.9	27.100	P60	DL/T 5446—2012	电力系统调度自动化工程可行性研究报告内容深度规定			2012/1/4	2012/3/1
13.9-4-129	13.9	29.24	F21	DL/T 550—2014	地区电网调度控制系统技术规范	DL/T 550—1994		2014/10/15	2015/3/1
13.9-4-130	13.9	27.140	F59	DL/T 5762—2018	梯级水电厂集中监控系统安装及验收规程			2018/4/3	2018/7/1
13.9-4-131	13.9	27.100	F21	DL/T 634.56—2010	远动设备及系统 第 5-6 部分：IEC 60870-5 配套标准一致性测试导则	DL 634.56—2004		2010/5/1	2010/10/1
13.9-4-132	13.9	29.240.30	F21	DL/T 634.5101—2002	远动设备及系统 第 5-101 部分：传输规约基本远动任务配套标准	DL 634—1997		2002/9/16	2002/12/1
13.9-4-133	13.9	27.100	F21	DL/T 634.5104—2009	远动设备及系统 第 5-104 部分：传输规约采用标准传输协议集的 IEC 60870-5-101 网络访问	DL 634.5104—2002		2009/7/22	2009/12/1
13.9-4-134	13.9	29.240	F21	DL/T 719—2000	远动设备及系统 第 5 部分：传输规约第 102 篇电力系统电能累计量传输配套标准			2000/11/3	2001/1/1
13.9-4-135	13.9	29.240.01	F21	DL/T 860.4—2018	电力自动化通信网络和系统 第 4 部分：系统和项目管理	DL/T 860.4—2004		2018/12/25	2019/5/1
13.9-4-136	13.9	27.100	F21	DL/Z 860.2—2006	变电站通信网络和系统 第 2 部分：术语			2006/5/6	2006/10/1
13.9-4-137	13.9	27.100	F21	DL/T 860.3—2004	变电站通信网络和系统 第 3 部分：总体要求			2004/3/9	2004/6/1
13.9-4-138	13.9	29.240.01	F20	DL/T 860.5—2006	变电站通信网络和系统 第 5 部分：功能的通信要求和装置模型			2006/9/14	2007/3/1
13.9-4-139	13.9	29.240.01	F21	DL/T 860.6—2012	电力企业自动化通信网络和系统 第 6 部分：与智能电子设备有关的变电站内通信配置描述语言	DL/T 860.6—2008		2012/8/23	2012/12/1
13.9-4-140	13.9	29.240.01	F21	DL/T 860.72—2013	电力自动化通信网络和系统 第 7-2 部分：基本信息和通信结构-抽象通信服务接口（ACSI）	DL/T 860.72—2004	IEC 61850-7-2：2010 IDT	2013/11/28	2014/4/1
13.9-4-141	13.9	29.240.01	F21	DL/T 860.73—2013	电力自动化通信网络和系统 第 7-3 部分：基本通信结构公用数据类	DL/T 860.73—2004	IEC 61850-7-3：2010 IDT	2013/11/28	2014/4/1
13.9-4-142	13.9	29.240.01	F21	DL/T 860.81—2016	电力自动化通信网络和系统 第 8-1 部分：特定通信服务映射（SCSM）—映射到 MMS（ISO 9506-1 和 ISO 9506-2）及 ISO/IEC 8802-3	DL/T 860.81—2006		2016/1/7	2016/6/1

13

序号	GW 分类	ICS 分类	GB 分类	标准号	中 文 名 称	代替标准	采用关系	发布日期	实施日期
13.9-4-143	13.9	27.100	F21	DL/T 860.92—2016	电力自动化通信网络和系统 第 9-2 部分：特定通信服务映射（SCSM）-基于 ISO/IEC 8802-3 的采样值	DL/T 860.92—2006		2016/1/7	2016/6/1
13.9-4-144	13.9	27.140	P59	DL/Z 860.7510—2016	电力自动化通信网络和系统 第 7-510 部分：基本通信结构 水力发电厂建模原理与应用指南		IEC/TR 61850-7-510：2012 IDT	2016/1/7	2016/6/1
13.9-4-145	13.9	27.100	F20	DL/T 890.1—2007	能量管理系统应用程序接口（EMS-API） 第 1 部分：导则和一般要求			2007/12/3	2008/6/1
13.9-4-146	13.9	27.100	F20	DL/Z 890.2—2010	能量管理系统应用程序接口（EMS-API） 第 2 部分：术语			2010/5/1	2010/10/1
13.9-4-147	13.9			DL/T 890.301—2016	能量管理系统应用程序接口（EMS-API） 第 301 部分：公共信息模型（CIM）基础	DL/T 890.301—2004	IEC 61970-301：2013 IDT	2016/1/7	2016/6/1
13.9-4-148	13.9	27.100	F20	DL/Z 890.401—2006	能量管理系统应用程序接口（EMS-API） 第 401 部分：组件接口规范（CIS）框架			2006/12/17	2007/5/1
13.9-4-149	13.9	27.100	F21	DL/T 890.402—2012	能量管理系统应用程序接口（EMS-API） 第 402 部分：公共服务			2012/1/4	2012/3/1
13.9-4-150	13.9	27.100	F21	DL/T 890.404—2009	能量管理系统应用程序接口（EMS-API） 第 404 部分：高速数据访问（HSDA）			2009/7/22	2009/12/1
13.9-4-151	13.9	27.100	F21	DL/T 890.405—2009	能量管理系统应用程序接口（EMS-API） 第 405 部分：通用事件和订阅（GES）			2009/7/22	2009/12/1
13.9-4-152	13.9	27.100	F20	DL/T 890.407—2010	能量管理系统应用程序接口（EMS-API） 第 407 部分：时间序列数据访问（TSDA）			2010/5/1	2010/10/1
13.9-4-153	13.9			DL/T 890.452—2018	能量管理系统应用程序接口（EMS-API） 第 452 部分：CIM 稳态输电网络模型子集		IEC 61970-452：2015	2018/12/25	2019/5/1
13.9-4-154	13.9			DL/T 890.453—2018	能量管理系统应用程序接口（EMS-API） 第 453 部分：图形布局子集	DL/T 890.453—2012	IEC 61970-453：2014	2018/12/25	2019/5/1
13.9-4-155	13.9	27.100	F20	DL/T 890.501—2007	能量管理系统应用程序接口（EMS-API） 第 501 部分：公共信息模型的资源描述框架（CIMRDF）模式			2007/12/3	2008/6/1
13.9-4-156	13.9	29.020	K07	DL/T 890.552—2014	能量管理系统应用程序接口（EMS-API） 第 552 部分：CIMXML 模型交换格式		IEC 61970-552：2013 IDT	2014/10/15	2015/3/1
13.9-4-157	13.9			DL/Z 890.6001—2019	能量管理系统应用程序接口（EMS-API） 第 600-1 部分：公共电网模型交换规范（CGMES）——结构与规则		IEC 61970-600-1：2017	2019/11/4	2020/5/1

13

序号	GW 分类	ICS 分类	GB 分类	标准号	中 文 名 称	代替标准	采用关系	发布日期	实施日期
13.9-4-158	13.9	27.140	P55	NB/T 35001—2011	梯级水电站水调自动化系统设计规范			2011/7/28	2011/11/1
13.9-4-159	13.9	29.240.01	K45	NB/T 42014—2013	电气化铁路牵引变电所综合自动化系统			2013/11/28	2014/4/1
13.9-4-160	13.9			YD/T 2375—2019	高精度时间同步技术要求	YD/T 2375—2011		2019/11/11	2020/1/1
13.9-5-161	13.9	33.040.40;33.200		BSI BS EN 61850-4—2011	功率效用自动控制的通信网络和系统 第4部分：系统和项目管理			2011/7/31	2011/7/31
13.9-5-162	13.9	33.040.40		BSI BS EN 61850-6—2010	电力系统自动化用通信网络及系统 第6部分：变电站相关的智能电子装置（IEDs）通信用配置描述语言			2010/3/31	2010/3/31
13.9-5-163	13.9	33.040.40;33.200		BSI BS EN 61850-7-1—2011	变电所的通信网络和系统 第7-1部分：基本通信结构、原理和模型			2011/11/30	2011/11/30
13.9-5-164	13.9	33.200		BSI BS EN 61850-7-2—2011	电源效用自动化控制用通信网络和系统 第7-2部分：基本信息和通信架构 抽象通信服务接口（ACSI）			2011/1/31	2011/1/31
13.9-5-165	13.9	33.040.40		BSI BS EN 61850-7-3—2011	功率效用自动控制用通信网络和系统 基本通信结构 公用数据类别			2011/3/31	2011/3/31
13.9-5-166	13.9	33.200		BSI BS EN 61850-7-4—2010	变电所的通信网络和系统 基本通信结构 兼容逻辑节点种类和数据种类			2010/7/31	2010/7/31
13.9-5-167	13.9	33.040.40;33.200		BSI BS EN 61850-8-1—2011	变电所的通信网络和系统 第8-1部分：专用通信设施映像（SCSM） 多媒体短信服务（MMS）（ISO 9506-1 和 ISO 9506-2）和 ISO/IEC 8802-3 上的映像			2011/9/30	2011/9/30
13.9-5-168	13.9	33.040.40;33.200		BSI BS EN 61850-9-2—2012	公用电力事业自动化的通信网络和系统 第9-2部分：专用通信服务映射（SCSM）通过 ISO/IEC 8802-3 的抽样值			2012/2/29	2012/2/29
13.9-5-169	13.9	33.200		BSI DD IEC/TS 60870-5-601—2006	远程控制设备和系统 第5-601部分：IEC 60870-5-101 配套标准的一致性试验案例			2006/7/31	2006/7/31
13.9-5-170	13.9	33.200		BSI DD IEC/TS 60870-5-604：2007	远程控制设备和系统 第5-604部分：IEC 60870-5-104 配套标准的合格性试验案例			2007/11/30	2007/11/30
13.9-5-171	13.9			BSI PD IEC/TR 61850-1：2003	在变电所的通信网络和系统分开 第1部分：介绍和概述			2003/7/7	2003/7/7
13.9-5-172	13.9	33.040.40		BSI PD IEC/TR 61850-90-1：2010	电力应用自动化用通信网络和系统 第90-1部分：变电站之间通信对标准 IEC 61850 的使用			2010/3/16	2010/3/16

13

序号	GW 分类	ICS 分类	GB 分类	标准号	中 文 名 称	代替标准	采用关系	发布日期	实施日期
13.9-5-173	13.9	33.200	M54	IEC/TS 60870-5-7：2013	远程控制设备和系统 第5-7部分：IEC 60870-5-101 标准和 IEC 60870-5-104 标准的安全扩展	IEC 57/1308/DTS：2012		2013/7/1	2013/7/1
13.9-5-174	13.9	33.200		IEC 61850-3：2013	电力系统自动化用通信网络和系统 第 3 部分：通用要求			2013/12/1	2013/12/1
13.9-5-175	13.9	33.040.40；33.200	M10	IEC 61850-4：2011	电力系统自动化用通信网络和系统 第 4 部分：系统和项目管理	IEC 61850-4：2002；IEC 57/1103/FDIS：2011		2011/4/1	2011/4/1
13.9-5-176	13.9	33.040.40	F21	IEC 61850-6：2009	电力系统自动化用通信网络和系统 第 6 部分：变电站相关的智能电子装置（IEDs）通信用结构描述语言	IEC 61850-6：2004；IEC 57/1025/FDIS：2009		2009/12/17	2009/12/17
13.9-5-177	13.9	33.040.40；33.200	F21	IEC 61850-7-1：2011	变电所的通信网络和系统 第 7-1 部分：基本通信结构 原理和模型	IEC 61850-7-1：2003；IEC 57/1121/FDIS：2011		2011/7/1	2011/7/1
13.9-5-178	13.9	33.200		IEC 61850-7-410：2015	电力自动化通信网络和系统 第 7-410 部分：基本通信结构 水力发电站厂 监视与控制用通信 第 2.1 版合并再版	IEC 61850-7-410：2012		2015/11/1	2015/11/1
13.9-5-179	13.9	33.040.40；33.200	M10	IEC 61850-7-4：2010	变电站的通信网络和系统 第 7-4 部分：基本通信结构兼容逻辑节点种类和数据种类	IEC 61850-7-4：2003；IEC 57/1045/FDIS：2009		2010/3/1	2010/3/1
13.9-5-180	13.9	33.040.40；33.200	M10	IEC 61850-7-420：2009	电力系统自动化用通信网络和系统 第 7-420 部分：基本通信结构分布能源逻辑网点	IEC 57/981/FDIS：2008		2009/10/3	2009/10/3
13.9-5-181	13.9	33.040.40；33.200	F21	IEC 61850-8-1：2011	变电所的通信网络和系统 第 8-1 部分：专用通信设施映像（SCSM） 多媒体短信服务（MMS）（ISO 9506-1 和 ISO 9506-2）和 ISO/IEC 8802-3 上的映像	IEC 61850-8-1：2004；IEC 57/1109/FDIS：2011		2011/6/1	2011/6/1
13.9-5-182	13.9	33.040.40；33.200		IEC 61850-9-2：2011	电力系统自动化用通信网络和系统 第 9-2 部分：专用通信服务映射（SCSM）通过 ISO/IEC 8802-3 的抽样值	IEC 61850-9-2：2004；IEC 57/1133/FDIS：2011		2011/9/1	2011/9/1
13.9-5-183	13.9	33.040.40；33.200	M11	IEC/TS 61850-80-1：2008	电力系统自动化用通信网络和系统 第 80-1 部分：使用 IEC 60870-5-101 或 IEC 60870-5-104 的基于 CDC 数据模型的交换信息指南	IEC 57/916/DTS：2008		2008/12/1	2008/12/1
13.9-5-184	13.9	33.040.40	F21	IEC/TR 61850-90-1：2010	电力系统自动化用通信网络和系统 第 90-1 部分：变电站之间通信对标准 IEC 61850 的使用	IEC 57/992/DTR：2009		2010/3/1	2010/3/1

13

序号	GW 分类	ICS 分类	GB 分类	标准号	中 文 名 称	代替标准	采用关系	发布日期	实施日期
13.9-5-185	13.9	33.200		IEC/TR 61850-90-4：2020	电力系统自动化用通信网络和系统 第 90-4 部分：网络工程指南			2020/5/25	2020/5/25
13.9-5-186	13.9	33.040.40；33.200	F21	IEC/TR 61850-90-7：2013	电力系统自动化用通信网络和系统 第 90-7 部分：分布式能源（DER）系统的电力转换器用对象模型	IEC 57/1239/DTR：2012		2013/2/1	2013/2/1
13.9-5-187	13.9	35.240.50	L67	IEC 61970-1：2005	能量管理系统应用程序接口（EMS—API） 第 1 部分：指南和一般要求	IEC 57/777/FDIS：2005		2005/12/1	2005/12/1
13.9-5-188	13.9	33.040.20；35.240.50		IEC 61970-301：2020	能量管理系统应用程序接口（EMS—API） 第 301 部分：通用信息模型（CIM）基础	IEC 61970-301：2011；IEC 57/1331/FDIS：2013		2020/6/26	2020/6/26
13.9-5-189	13.9	33.200；35.240.50	L78	IEC 61970-402：2008	能量管理系统应用程序接口（EMS—API） 第 402 部分：一般服务	IEC 57/928/FDIS：2008		2008/6/24	2008/6/24
13.9-5-190	13.9	33.200；35.240.50	L78	IEC 61970-403：2008	能量管理系统应用程序接口（EMS—API） 第 403 部分：一般数据访问	IEC 57/929/FDIS：2008		2008/6/24	2008/6/24
13.9-5-191	13.9	33.200；35.240.50	L78	IEC 61970-404：2007	能量管理系统应用程序接口（EMS—API） 第 404 部分：高速数据存取（TSDA）			2007/8/10	2007/8/10
13.9-5-192	13.9	33.200；35.240.50	L78	IEC 61970-405：2007	能量管理系统应用程序接口（EMS—API） 第 405 部分：一般综合和订购（GES）			2007/8/10	2007/8/10
13.9-5-193	13.9	33.200；35.240.50	L78	IEC 61970-407：2007	能量管理系统应用程序接口（EMS—API） 第 407 部分：时间系列数据存取（TSDA）			2007/8/10	2007/8/10
13.9-5-194	13.9	33.200；35.240.50		IEC 61970-452：2013	能量管理系统应用程序接口（EMS—API） 第 452 部分：计算机输入缩微胶卷静态的传播网络模型侧面 1.0 版			2013/8/1	2013/8/1
13.9-5-195	13.9	33.200		IEC 61970-452：2015	能量管理系统应用程序接口（EMS—API） 第 452 部分：CIM 模型交换规范			2015/4/1	2015/4/1
13.9-5-196	13.9	33.200		IEC 61970-453：2014	能量管理系统应用程序接口（EMS—API） 第 453 部分：图布局配置文件			2014/2/1	2014/2/1
13.9-5-197	13.9	33.200		IEC 61970-456：2015	能量管理系统应用程序接口（EMS—API） 第 456 部分：解决电力系统状态型材 1.1 版 综合重印	IEC 61970-456：2013		2015/9/1	2015/9/1
13.9-5-198	13.9	35.240.50	F21	IEC 61970-501：2006	能量管理体系应用程序接口（EMS—API） 第 501 部分：公共信息模型资源描述格式（CIMRDF）计划			2006/3/1	2006/3/1

13

序号	GW 分类	ICS 分类	GB 分类	标准号	中 文 名 称	代替标准	采用关系	发布日期	实施日期
13.9-5-199	13.9	33.200		IEC 61970-552：2013	能量管理系统应用程序接口（EMS—API） 第552 部分：CIMXML 模型交换格式			2013/10/1	2013/10/1
13.9-5-200	13.9	29.020	K04	IEC PAS 62559：2008	能量系统用开发要求的 IntelliGrid 方法论			2008/1/29	2008/1/29

13.10 调度与交易-配网运行

序号	GW 分类	ICS 分类	GB 分类	标准号	中 文 名 称	代替标准	采用关系	发布日期	实施日期
13.10-2-1	13.10	29.240		Q/GDW 10514—2018	配电自动化终端/子站功能规范	Q/GDW 514—2010		2019/3/8	2019/3/8
13.10-2-2	13.10	29.240		Q/GDW 10639—2018	配电自动化终端检测技术规范	Q/GDW 1639—2014		2019/3/8	2019/3/8
13.10-2-3	13.10	29.240		Q/GDW 10667—2016	分布式电源接入配电网运行控制规范	Q/GDW 667—2011		2017/3/24	2017/3/24
13.10-2-4	13.10	29.240		Q/GDW 11272—2014	分布式电源孤岛运行控制规范			2014/12/20	2014/12/20
13.10-2-5	13.10	29.240		Q/GDW 11474—2015	配电自动化运行评估规范			2016/12/15	2016/12/15
13.10-2-6	13.10	29.240		Q/GDW 11813—2018	配电自动化终端参数配置规范			2019/3/8	2019/3/8
13.10-2-7	13.10	29.240		Q/GDW 11815—2018	配电自动化终端技术规范			2019/3/8	2019/3/8
13.10-2-8	13.10	29.240		Q/GDW 11892—2018	储能系统调度运行规范			2020/1/2	2020/1/2
13.10-2-9	13.10			Q/GDW 12191—2021	增量配电网/微电网调度运行技术规范			2022/1/24	2022/1/24
13.10-2-10	13.10			Q/GDW 12192—2021	用电信息采集数据接入配网调度技术支持系统技术规范			2022/1/24	2022/1/24
13.10-2-11	13.10	29.240		Q/GDW 1382—2013	配电自动化技术导则	Q/GDW 382—2009		2014/9/1	2014/9/1
13.10-2-12	13.10			Q/GDW 1850—2013	配电自动化系统信息集成规范			2014/5/1	2014/5/1
13.10-2-13	13.10	29.020		Q/GDW 513—2010	配电自动化主站系统功能规范			2010/10/19	2010/10/19
13.10-2-14	13.10	29.020		Q/GDW 677—2011	分布式电源接入配电网监控系统功能规范			2011/12/9	2011/12/9
13.10-3-15	13.10	29.240.10	F23	GB/T 32893—2016	10kV 及以上电力用户变电站运行管理规范			2016/8/29	2017/3/1
13.10-3-16	13.10	29.240	F19	GB/T 34129—2017	微电网接入配电网测试规范			2017/7/31	2018/2/1
13.10-3-17	13.10	29.240.01		GB/T 34930—2017	微电网接入配电网运行控制规范			2017/11/1	2018/5/1
13.10-3-18	13.10	29.240.01	F21	GB/T 35689—2017	配电信息交换总线技术要求			2017/12/29	2018/7/1
13.10-4-19	13.10	29.240.01	F21	DL/T 1080.3—2010	电力企业应用集成配电管理的系统接口 第3 部分：电网运行接口			2010/5/1	2010/10/1
13.10-4-20	13.10	29.240.01	F21	DL/T 1080.4—2010	电力企业应用集成配电管理的系统接口 第4 部分：台账与资产管理接口			2010/5/1	2010/10/1

13

序号	GW 分类	ICS 分类	GB 分类	标准号	中 文 名 称	代替标准	采用关系	发布日期	实施日期
13.10-4-21	13.10			DL/T 1529—2016	配电自动化终端设备检测规程			2016/1/7	2016/6/1
13.10-4-22	13.10			DL/T 1863—2018	独立型微电网运行管理规范			2018/6/6	2018/10/1
13.10-4-23	13.10	27.180	F19	DL/T 1864—2018	独立型微电网监控系统技术规范			2018/6/6	2018/10/1
13.10-4-24	13.10			DL/T 1883—2018	配电网运行控制技术导则			2018/12/25	2019/5/1
13.10-4-25	13.10			DL/T 1936—2018	配电自动化系统安全防护技术导则			2018/12/25	2019/5/1
13.10-4-26	13.10			DL/T 2071—2019	配电网电压质量控制技术导则			2019/11/4	2020/5/1
13.10-4-27	13.10	29.240.30	K51	DL/T 721—2013	配电自动化远方终端	DL/T 721—2000		2013/3/7	2013/8/1
13.10-4-28	13.10	29.240.01	F21	DL/Z 790.52—2005	采用配电线载波的配电自动化　第5-2部分：低层协议集移频键控（FSK）协议			2005/11/26	2006/6/1
13.10-4-29	13.10	27.100	F21	DL/Z 790.53—2004	采用配电线载波的配电自动化　第5-3部分：低层协议集自适应宽带扩频（SS-AW）协议			2004/3/9	2004/6/1
13.10-4-30	13.10	27.100	F21	DL/Z 790.54—2004	采用配电线载波的配电自动化　第5-4部分：低层协议集多载波调制（MCM）协议			2004/3/9	2004/6/1
13.10-4-31	13.10	27.100	F21	DL/Z 790.55—2004	采用配电线载波的配电自动化　第5-5部分：低层协议集快速跳频扩频通信（SS-FFH）协议			2004/10/20	2005/4/1
13.10-4-32	13.10	27.100	F21	DL/T 790.432—2004	采用配电线载波的配电自动化　第4-32部分：数据通信协议数据链路层—逻辑链路控制			2004/3/9	2004/6/1
13.10-4-33	13.10	27.100	F21	DL/T 790.441—2004	采用配电线载波的配电自动化　第4-41部分：数据通信协议应用层协议—配电线报文规范			2004/3/9	2004/6/1
13.10-4-34	13.10	27.100	F21	DL/T 790.442—2004	采用配电线载波的配电自动化　第4-42部分：数据通信协议应用协议应用层			2004/10/20	2005/4/1
13.10-4-35	13.10	27.100	F21	DL/T 814—2013	配电自动化系统技术规范	DL/T 814—2002		2013/11/28	2014/4/1
13.10-4-36	13.10			NB/T 33029—2018	电动汽车充电与间歇性电源协同调度技术导则			2018/4/3	2018/7/1
13.10-5-37	13.10	33.200；35.240.99	F21	IEC 61968-9：2013	供电企业应用集成配电管理的系统接口　第9部分：抄表与表计控制的接口	IEC 61968-9：2009；IEC 57/1377/FDIS：2013		2013/10/1	2013/10/1

13.11　调度与交易-电力交易

序号	GW 分类	ICS 分类	GB 分类	标准号	中 文 名 称	代替标准	采用关系	发布日期	实施日期
13.11-2-1	13.11			Q/GDW 10821—2021	电力交易平台术语	Q/GDW 1821—2012		2021/8/9	2021/8/9

序号	GW 分类	ICS 分类	GB 分类	标准号	中 文 名 称	代替标准	采用关系	发布日期	实施日期
13.11-2-2	13.11	29.240		Q/GDW 11571—2016	电力交易平台市场成员注册数据编码			2017/4/24	2017/4/24
13.11-2-3	13.11	29.240		Q/GDW 11572—2016	电力交易平台合同数据编码			2017/4/24	2017/4/24
13.11-2-4	13.11	29.240		Q/GDW 11573—2016	电力交易平台结算数据编码			2017/4/24	2017/4/24
13.11-2-5	13.11			Q/GDW 12096—2021	电力交易平台售电公司接入基础业务规范			2021/8/9	2021/8/9
13.11-2-6	13.11			Q/GDW 12097—2021	电力交易结算结果数据规范			2022/1/28	2022/1/28
13.11-2-7	13.11			Q/GDW 12197.1—2021	电力交易平台信息交互规范 第1部分：省间与省内电力交易平台间			2022/1/28	2022/1/28
13.11-2-8	13.11			Q/GDW 12197.2—2021	电力交易平台信息交互规范 第2部分：与调度控制系统			2022/1/28	2022/1/28
13.11-2-9	13.11			Q/GDW 12197.3—2021	电力交易平台信息交互规范 第3部分：与营销系统			2022/1/28	2022/1/28
13.11-2-10	13.11			Q/GDW 12198.1—2021	电力交易平台设计规范 第1部分：系统架构与总体要求			2022/1/28	2022/1/28
13.11-2-11	13.11			Q/GDW 12199—2021	电力交易结算科目编码和结算凭证式样			2022/1/28	2022/1/28
13.11-2-12	13.11			Q/GDW 12200—2021	省间电力交易命名规范			2022/1/28	2022/1/28
13.11-2-13	13.11			Q/GDW 12201—2021	中长期电力市场交易运营效果评价			2022/1/28	2022/1/28
13.11-2-14	13.11			Q/GDW 12212—2022	省级电力现货市场子系统技术规范			2022/1/29	2022/1/29
13.11-2-15	13.11			Q/GDW 1475—2014	电力市场交易运营系统标准数据模型	Q/GDW 475—2010		2014/12/31	2014/12/31
13.11-2-16	13.11			Q/GDW 1476—2014	电力市场交易运营系统典型设计	代替 Q/GDW 476—2010		2014/12/31	2014/12/31
13.11-2-17	13.11	29.240		Q/GDW 1477—2014	电力市场交易运营系统功能规范	Q/GDW 477—2010		2014/12/31	2014/12/31
13.11-2-18	13.11			Q/GDW 1822—2012	电力市场交易运营系统业务数据建模			2013/11/26	2013/11/26
13.11-4-19	13.11			DL/T 1008—2019	电力中长期交易平台功能规范	DL/T 1008—2006		2019/11/4	2020/5/1
13.11-4-20	13.11			DL/T 1414.351—2018	电力市场通信 第351部分：分区电价式市场模型交互子集		IEC 62325-351：2015	2018/12/25	2019/5/1
13.11-4-21	13.11			DL/T 1414.4511—2021	电力市场通信 第451-1部分：分区电价模式电力市场信息交互确认流程子集			2021/4/26	2021/10/26
13.11-4-22	13.11	29.020	K01	DL/T 1834—2018	电力市场主体信用信息采集指南			2018/4/3	2018/7/1

13

序号	GW 分类	ICS 分类	GB 分类	标准号	中 文 名 称	代替标准	采用关系	发布日期	实施日期
13.11-4-23	13.11			DL/T 2190—2020	中长期电力交易安全校核技术规范			2020/10/23	2021/2/1
13.11-4-24	13.11			DL/T 1414.301—2015	电力市场通信　第 301 部分：公共信息模型			2015/4/15	2015/9/1
13.11-6-25	13.11			T/CEC 387—2020	售电技术支持系统技术规范			2020/10/28	2021/2/1

13.12　调度与交易-通信

序号	GW 分类	ICS 分类	GB 分类	标准号	中 文 名 称	代替标准	采用关系	发布日期	实施日期
13.12-2-1	13.12			Q/GDW 10721—2020	电力通信现场标准化作业规范	Q/GDW 721—2012		2020/12/31	2020/12/31
13.12-2-2	13.12	29.240		Q/GDW 10756—2018	电力通信系统安全检查内容	Q/GDW 756—2012		2020/4/8	2020/4/8
13.12-2-3	13.12	29.240		Q/GDW 10758—2018	电力系统通信光缆安装工艺规范	Q/GDW 758—2012		2019/7/26	2019/7/26
13.12-2-4	13.12	29.240		Q/GDW 10759—2018	电力系统通信站安装工艺规范	Q/GDW 759—2012		2019/7/26	2019/7/26
13.12-2-5	13.12	29.240		Q/GDW 11171—2014	基于 CAN 总线的电动汽车车载充电机与交流充电桩之间的通信协议			2014/8/1	2014/8/1
13.12-2-6	13.12	29.240		Q/GDW 11175—2014	电动汽车车载终端与运营监控系统间通信协议			2014/8/1	2014/8/1
13.12-2-7	13.12	29.240		Q/GDW 11211—2014	公司数据通信网络 IPv6 地址编码规范			2014/12/31	2014/12/31
13.12-2-8	13.12	29.240		Q/GDW/Z 11213—2014	电力物联网信息通信总体框架			2014/12/31	2014/12/31
13.12-2-9	13.12			Q/GDW 11342—2014	数据业务接入网络技术要求			2015/5/29	2015/5/29
13.12-2-10	13.12	29.240		Q/GDW 11343.1—2014	国家电网通信管理系统运行维护　第 1 部分：系统运维			2015/5/29	2015/5/29
13.12-2-11	13.12			Q/GDW 11344—2020	电力通信基础数据统计规范	Q/GDW 11344—2014		2020/12/31	2020/12/31
13.12-2-12	13.12			Q/GDW 11345.1—2020	电力通信网信息安全　第 1 部分：总纲	Q/GDW/Z 11345.1—2014		2020/12/31	2020/12/31
13.12-2-13	13.12	29.240		Q/GDW/Z 11345.2—2014	电力通信网信息安全　第 2 部分：传输网			2015/5/29	2015/5/29
13.12-2-14	13.12	29.240		Q/GDW/Z 11345.4—2014	电力通信网信息安全　第 4 部分：支撑网			2015/5/29	2015/5/29
13.12-2-15	13.12			Q/GDW 11345.5—2020	电力通信网信息安全　第 5 部分：终端通信接入网	Q/GDW/Z 11345.5—2015		2020/12/31	2020/12/31
13.12-2-16	13.12	29.240		Q/GDW/Z 11394.1—2015	国家电网公司频率同步网技术基础　第 1 部分：总体技术要求			2015/8/5	2015/8/5
13.12-2-17	13.12	29.240		Q/GDW 11394.6—2018	频率同步网技术基础　第 6 部分：同步网网管技术要求			2019/7/26	2019/7/26

13

序号	GW 分类	ICS 分类	GB 分类	标准号	中 文 名 称	代替标准	采用关系	发布日期	实施日期
13.12-2-18	13.12	29.240		Q/GDW 11395.2—2015	IMS 行政交换网系统规范　第 2 部分：互联互通要求			2016/7/26	2016/7/26
13.12-2-19	13.12	29.240		Q/GDW 11437.1—2015	IMS 行政交换网业务　第 1 部分：多媒体电话基本业务及补充业务			2016/7/26	2016/7/26
13.12-2-20	13.12	29.240		Q/GDW 11437.2—2015	IMS 行政交换网业务　第 2 部分：IPCentrex 及一号通业务			2016/7/26	2016/7/26
13.12-2-21	13.12	29.240		Q/GDW 11441—2015	IMS 行政交换网运行维护规程			2016/7/26	2016/7/26
13.12-2-22	13.12			Q/GDW 11442—2020	通信电源技术、验收及运行维护规程	Q/GDW 11442—2015		2020/12/31	2020/12/31
13.12-2-23	13.12	29.240		Q/GDW 11543—2016	会议电视系统技术规范			2017/2/10	2017/2/10
13.12-2-24	13.12	35.240		Q/GDW 11544—2016	会议电视系统运行维护规程			2017/2/10	2017/2/10
13.12-2-25	13.12	33.060		Q/GDW 11700—2017	国家电网公司电力无线公网技术要求			2018/3/5	2018/3/5
13.12-2-26	13.12	33.060		Q/GDW 11803.1—2018	电力无线专网通用要求　第 1 部分：名词术语			2018/11/30	2018/11/30
13.12-2-27	13.12	33.060		Q/GDW 11803.2—2018	电力无线专网通用要求　第 2 部分：需求规范			2018/11/30	2018/11/30
13.12-2-28	13.12	33.060		Q/GDW 11803.3—2018	电力无线专网通用要求　第 3 部分：编号计划			2018/11/30	2018/11/30
13.12-2-29	13.12	33.060		Q/GDW 11804—2018	LTE-G 1800MHz 电力无线通信系统技术规范			2018/11/30	2018/11/30
13.12-2-30	13.12	33.060.01		Q/GDW 11806.1—2018	230MHz 离散多载波电力无线通信系统　第 1 部分：总体技术要求			2018/11/30	2018/11/30
13.12-2-31	13.12	33.060		Q/GDW 11806.2—2018	230MHz 离散多载波电力无线通信系统　第 2 部分：LTE-G 230MHz 技术规范			2018/11/30	2018/11/30
13.12-2-32	13.12	33.180.10		Q/GDW 11832—2018	全介质自承式光缆安全技术要求			2019/7/16	2019/7/16
13.12-2-33	13.12	29.240		Q/GDW 11950—2018	电力光传输网运行维护规程			2020/4/8	2020/4/8
13.12-2-34	13.12	29.240		Q/GDW 11980—2019	软件定义网络（SDN）总体技术要求			2020/9/28	2020/9/28
13.12-2-35	13.12			Q/GDW 12043—2020	电力通信机房动力环境监控系统技术规范			2020/12/31	2020/12/31
13.12-2-36	13.12			Q/GDW 12044—2020	IMS 接入网运维管理系统技术规范			2020/12/31	2020/12/31
13.12-2-37	13.12			Q/GDW/Z 12114.1—2020	国家电网通信管理系统应用规范　第 1 部分：典型业务应用规范　光缆中断与处置			2020/12/31	2020/12/31
13.12-2-38	13.12			Q/GDW 12168—2021	机动应急通信系统运行维护规程			2021/9/24	2021/9/24

13

序号	GW 分类	ICS 分类	GB 分类	标准号	中 文 名 称	代替标准	采用关系	发布日期	实施日期
13.12-2-39	13.12			Q/GDW 12208—2022	智能变电站二次系统三维模型交互规范			2022/1/29	2022/1/29
13.12-2-40	13.12	29.240		Q/GDW 1553.1—2014	电力以太网无源光网络（EPON）系统 第 1 部分：技术条件	Q/GDW 553.1—2010		2015/5/29	2015/5/29
13.12-2-41	13.12	29.240		Q/GDW 1553.3—2014	电力以太网无源光网络（EPON）系统 第 3 部分：互联互通技术要求与测试方法	Q/GDW 583—2011		2015/5/29	2015/5/29
13.12-2-42	13.12			Q/GDW 1804—2012	通信站运行管理规定			2013/11/6	2013/11/6
13.12-2-43	13.12	29.240		Q/GDW 1857—2013	无线传感器网络设备电磁电气基本特性规范			2014/1/15	2014/1/15
13.12-2-44	13.12	29.240		Q/GDW 1871.1—2013	国家电网通信管理系统技术基础 第 1 部分：资源命名及定义			2014/2/10	2014/2/10
13.12-2-45	13.12	29.240		Q/GDW 1871.2—2013	国家电网通信管理系统技术基础 第 2 部分：公共信息模型			2014/2/10	2014/2/10
13.12-2-46	13.12	29.240		Q/GDW 1871.3—2014	国家电网通信管理系统技术基础 第 3 部分：术语和定义			2014/9/1	2014/9/1
13.12-2-47	13.12	29.240		Q/GDW 1871.4—2014	国家电网通信管理系统技术基础 第 4 部分：指标体系			2014/9/1	2014/9/1
13.12-2-48	13.12	29.240		Q/GDW 1873.2—2013	国家电网通信管理系统运行维护 第 2 部分：动力环境监控			2014/2/10	2014/2/10
13.12-2-49	13.12	29.240		Q/GDW 352—2009	IP 网络视频会议系统运行规程			2009/9/14	2009/9/14
13.12-2-50	13.12	29.240		Q/GDW 353—2009	IP 网络直播技术规范			2009/9/14	2009/9/14
13.12-2-51	13.12	29.020		Q/GDW 523—2010	吉比特无源光网络（GPON）技术条件			2011/3/31	2011/3/31
13.12-2-52	13.12	29.020		Q/GDW 582—2011	电力光纤到户终端安全接入规范			2011/4/8	2011/4/8
13.12-2-53	13.12	29.020		Q/GDW 720—2012	电力通信检修管理规程			2012/2/17	2012/2/17
13.12-2-54	13.12	29.020		Q/GDW 728—2012	10Gbit/s 以太网无源光网络（10G-EPON）系统技术条件			2012/10/16	2012/10/16
13.12-2-55	13.12	29.240		Q/GDW 754—2012	电力调度交换网组网技术规范			2012/8/28	2012/8/28
13.12-2-56	13.12	29.240		Q/GDW 755—2012	电网通信设备电磁兼容通用技术规范			2012/8/28	2012/8/28
13.12-2-57	13.12	29.240		Q/GDW 760—2012	电力通信运行方式管理规定			2012/8/28	2012/8/28
13.12-3-58	13.12	33.040.20	M33	GB/T 14731—2008	同步数字体系（SDH）的比特率	GB/T 14731—1993		2008/10/7	2009/4/1

13

序号	GW 分类	ICS 分类	GB 分类	标准号	中 文 名 称	代替标准	采用关系	发布日期	实施日期
13.12-3-59	13.12	33.040.20	M33	GB/T 15409—2008	同步数字体系信号的帧结构	GB/T 15409—1994		2008/10/29	2009/5/1
13.12-3-60	13.12	33.100	L06	GB/T 15540—2006	陆地移动通信设备电磁兼容技术要求和测量方法	GB 15540—1995	ETSI EN 301489-1 V1.4.1—2002 NEQ	2006/7/25	2007/5/1
13.12-3-61	13.12	35.100	L78	GB/T 15629.1—2000	信息技术 系统间远程通信和信息交换局域网和城域网特定要求 第1部分：局域网标准综述			2000/1/3	2000/8/1
13.12-3-62	13.12	35.110	L78	GB/T 15629.2—2008	信息技术 系统间远程通信和信息交换局域网和城域网特定要求 第2部分：逻辑链路控制	GB/T 15629.2—1995		2008/7/28	2009/1/1
13.12-3-63	13.12	35.110	L78	GB/T 15629.3—2014	信息技术 系统间远程通信和信息交换局域网和城域网特定要求 第3部分：带碰撞检测的载波侦听多址访问（CSMA/CD）的访问方法和物理层规范	GB/T 15629.3—1995	ISO/IEC 8802-3：2000	2014/12/22	2015/6/1
13.12-3-64	13.12	35.110	L78	GB/T 15629.5—1996	信息技术 局域网和城域网 第5部分：令牌环访问方法和物理层规范		ISO/IEC 8802-5：1992 IDT	1996/12/18	1997/7/1
13.12-3-65	13.12	35.110	L78	GB 15629.11—2003	信息技术 系统间远程通信和信息交换局域网和城域网特定要求 第11部分：无线局域网媒体访问控制和物理层规范			2003/5/12	2003/12/1
13.12-3-66	13.12	33.040.20	M19	GB/T 15837—2008	数字同步网接口要求	GB/T 15837—1995		2008/10/29	2009/5/1
13.12-3-67	13.12	33.040.20	M33	GB/T 15940—2008	同步数字体系信号的基本复用结构	GB/T 15940—1995		2008/10/7	2009/4/1
13.12-3-68	13.12	35.100.30	L78	GB/Z 16506—2008	信息技术系统间远程通信和信息交换提供和支持 OSI 网络服务的协议组合	GB 16506.1—1996；GB 16506.2—1996；GB 16506.3—1996		2008/8/19	2009/1/1
13.12-3-69	13.12	33.040.20	M33	GB/T 16712—2008	同步数字体系（SDH）设备功能块特性	GB/T 16712—1996		2008/10/7	2009/4/1
13.12-3-70	13.12	35.110	M19	GB/T 17153—2011	公用网之间以及公用网和提供数据传输业务的其他网之间互通的一般原则	GB/T 17153—1997		2011/7/29	2011/11/1
13.12-3-71	13.12			GB/T 17173.1—2015	信息技术 开放系统互连分布式事务处理 第1部分：OSITP 模型	GB/T 17173.1—1997	ISO/IEC 10026-1：1998	2015/5/15	2016/1/1
13.12-3-72	13.12	35.100.30	L78	GB/T 17179.1—2008	信息技术 提供无连接方式网络服务的协议 第1部分：协议规范	GB/T 17179.1—1997		2008/8/19	2009/1/1
13.12-3-73	13.12	33.040	M33	GB/T 21639—2008	基于 IP 网络的视讯会议系统总技术要求			2008/4/10	2008/11/1

13

序号	GW 分类	ICS 分类	GB 分类	标准号	中 文 名 称	代替标准	采用关系	发布日期	实施日期
13.12-3-74	13.12	33.040	M33	GB/T 21640—2008	基于 IP 网络的视讯会议系统设备互通技术要求			2008/4/10	2008/11/1
13.12-3-75	13.12	25.040	N10	GB/T 25105.1—2014	工业通信网络现场总线规范类型 10：PROFINETIO 规范　第 1 部分：应用层服务定义	GB/Z 25105.1—2010		2014/9/30	2015/4/1
13.12-3-76	13.12	25.040	N10	GB/T 25105.2—2014	工业通信网络现场总线规范类型 10：PROFINETIO 规范　第 2 部分：应用层协议规范	GB/Z 25105.2—2010		2014/9/30	2015/4/1
13.12-3-77	13.12	25.040	N10	GB/T 25105.3—2014	工业通信网络现场总线规范类型 10：PROFINETIO 规范　第 3 部分：PROFINETIO 通信行规	GB/Z 25105.3—2010		2014/9/30	2015/4/1
13.12-3-78	13.12	25.040	N10	GB/Z 26157.1—2010	测量和控制数字数据通信工业控制系统用现场总线类型 2：ControlNet 和 EtherNet/IP 规范　第 1 部分：一般描述			2011/1/14	2011/6/1
13.12-3-79	13.12	25.040	N10	GB/Z 26157.2—2010	测量和控制数字数据通信工业控制系统用现场总线类型 2：ControlNet 和 EtherNet/IP 规范　第 2 部分：物理层和介质			2011/1/14	2011/6/1
13.12-3-80	13.12	25.040	N10	GB/Z 26157.3—2010	测量和控制数字数据通信工业控制系统用现场总线类型 2：ControlNet 和 EtherNet/IP 规范　第 3 部分：数据链路层			2011/1/14	2011/6/1
13.12-3-81	13.12	25.040	N10	GB/Z 26157.4—2010	测量和控制数字数据通信工业控制系统用现场总线类型 2：ControlNet 和 EtherNet/IP 规范　第 4 部分：网络层及传输层		IEC 61158：2003 MOD	2010/12/23	2011/6/1
13.12-3-82	13.12	25.040	N10	GB/Z 26157.5—2010	测量和控制数字数据通信工业控制系统用现场总线类型 2：ControlNet 和 EtherNet/IP 规范　第 5 部分：数据管理			2011/1/14	2011/6/1
13.12-3-83	13.12	25.040	N10	GB/Z 26157.6—2010	测量和控制数字数据通信工业控制系统用现场总线类型 2：ControlNet 和 EtherNet/IP 规范　第 6 部分：对象模型			2011/1/14	2011/6/1
13.12-3-84	13.12	25.040	N10	GB/Z 26157.7—2010	测量和控制数字数据通信工业控制系统用现场总线类型 2：ControlNet 和 EtherNet/IP 规范　第 7 部分：设备行规			2011/1/14	2011/6/1
13.12-3-85	13.12	33.060.01	M36	GB/T 26256—2010	2.4GHz 频段无线电通信设备的相互干扰限制与共存要求及测试方法			2011/1/14	2011/6/1
13.12-3-86	13.12	33.040.40	M32	GB/T 28498—2012	在同步数字体系（SDH）上传送以太网帧的技术要求		IETF RFC 3219：2002 MOD	2012/6/29	2012/10/1

13

序号	GW分类	ICS分类	GB分类	标准号	中 文 名 称	代替标准	采用关系	发布日期	实施日期
13.12-3-87	13.12	33.040.40	M32	GB/T 28499.1—2012	基于IP网络的视讯会议终端设备技术要求 第1部分：基于ITU-TH 323协议的终端			2012/6/29	2012/10/1
13.12-3-88	13.12	33.040.40	M32	GB/T 28501—2012	IP电话路由协议（TRIP）技术要求		ITU-T Q.703：1996 NEQ	2012/6/29	2012/10/1
13.12-3-89	13.12	33.040.30	M12	GB/T 28505—2012	国内No.7信令方式技术要求 2Mbit/s高速信令链路			2012/6/29	2012/10/1
13.12-3-90	13.12	35.220.01	L64	GB/T 28925—2012	信息技术 射频识别 2.45GHz空中接口协议			2012/11/5	2013/2/9
13.12-3-91	13.12	35.220.01	L64	GB/T 28926—2012	信息技术 射频识别 2.45GHz空中接口符合性测试方法		ISO/IEC 19762-5：2008 IDT	2012/11/5	2013/2/9
13.12-3-92	13.12	35.020	L70	GB/T 29261.3—2012	信息技术 自动识别和数据采集技术词汇 第3部分：射频识别		ISO/IEC 19762-4：2008 NEQ	2012/12/31	2013/6/1
13.12-3-93	13.12	35.040		GB/T 29261.4—2012	信息技术 自动识别和数据采集技术词汇 第4部分：无线电通信			2012/12/31	2013/6/1
13.12-3-94	13.12	01.040.35	L70	GB/T 29265.203—2012	信息技术 信息设备资源共享协同服务 第203部分：基于IPv6的通信协议			2012/12/31	2013/7/1
13.12-3-95	13.12	35.200	L65	GB/T 29265.305—2012	信息技术 信息设备资源共享协同服务 第305部分：电力线通信接口		IEC 61158 Type 8：2003	2012/12/31	2013/6/1
13.12-3-96	13.12	35.200	L65	GB/Z 29619.1—2013	测量和控制数字数据通信工业控制系统用现场总线类型8：INTERBUS规范 第1部分：概述		IEC 61158 Type 8：2003	2013/7/19	2013/12/15
13.12-3-97	13.12	25.040	N10	GB/Z 29619.2—2013	测量和控制数字数据通信工业控制系统用现场总线类型8：INTERBUS规范 第2部分：物理层规范和服务定义		IEC 61158：2003	2013/7/19	2013/12/15
13.12-3-98	13.12	25.040	N10	GB/Z 29619.3—2013	测量和控制数字数据通信工业控制系统用现场总线类型8：INTERBUS规范 第3部分：数据链路服务定义		IEC 61158：2003	2013/7/19	2013/12/15
13.12-3-99	13.12	25.040	N10	GB/Z 29619.4—2013	测量和控制数字数据通信工业控制系统用现场总线类型8：INTERBUS规范 第4部分：数据链路协议规范		IEC 61158：2003	2013/7/19	2013/12/15
13.12-3-100	13.12	25.040	N10	GB/Z 29619.5—2013	测量和控制数字数据通信工业控制系统用现场总线类型8：INTERBUS规范 第5部分：应用层服务的定义		IEC 61158：2003	2013/7/19	2013/12/15

13

序号	GW 分类	ICS 分类	GB 分类	标准号	中 文 名 称	代替标准	采用关系	发布日期	实施日期
13.12-3-101	13.12	25.040	N10	GB/Z 29619.6—2013	测量和控制数字数据通信工业控制系统用现场总线类型 8：INTERBUS 规范　第 6 部分：应用层协议规范		IETF RFC 3219：2002 MOD	2013/7/19	2013/12/15
13.12-3-102	13.12	25.040	N10	GB/T 29768—2013	信息技术　射频识别 800/900MHz 空中接口协议			2013/9/18	2014/5/1
13.12-3-103	13.12	35.220.01	L64	GB/T 30269.2—2013	信息技术　传感器网络　第 2 部分：术语			2013/12/31	2014/7/15
13.12-3-104	13.12	35.110	L79	GB/T 30269.303—2018	信息技术　传感器网络　第 303 部分：通信与信息交换：基于 IP 的无线传感器网络网络层规范			2018/6/7	2019/1/1
13.12-3-105	13.12	35.110	L79	GB/T 30269.304—2019	信息技术　传感器网络　第 304 部分：通信与信息交换：声波通信系统技术要求			2019/8/30	2020/3/1
13.12-3-106	13.12	35.110	L79	GB/T 30269.502—2017	信息技术　传感器网络　第 502 部分：标识：传感节点标识符解析			2017/12/29	2018/7/1
13.12-3-107	13.12	35.110	L79	GB/T 30269.504—2019	信息技术　传感器网络　第 504 部分：标识：传感节点标识符管理			2019/8/30	2020/3/1
13.12-3-108	13.12	35.110		GB/T 30269.602—2017	信息技术　传感器网络　第 602 部分：信息安全：低速率无线传感器网络网络层和应用支持子层安全规范			2017/12/29	2017/12/29
13.12-3-109	13.12	35.110	L19	GB/T 30269.801—2017	信息技术　传感器网络　第 801 部分：测试：通用要求			2017/12/29	2017/12/29
13.12-3-110	13.12	35.100	L78	GB/T 30269.803—2017	信息技术　传感器网络　第 803 部分：测试：低速无线传感器网络网络层和应用支持子层			2017/12/29	2018/7/1
13.12-3-111	13.12	35.110		GB/T 30269.804—2018	信息技术　传感器网络　第 804 部分：测试：传感器接口			2018/6/7	2019/1/1
13.12-3-112	13.12	35.110	L19	GB/T 30269.805—2019	信息技术　传感器网络　第 805 部分：测试：传感器网关测试规范			2019/8/30	2020/3/1
13.12-3-113	13.12	35.110		GB/T 30269.806—2018	信息技术　传感器网络　第 806 部分：测试：传感节点标识符编码和解析			2018/6/7	2019/1/1
13.12-3-114	13.12	35.110	L79	GB/T 30269.901—2016	信息技术　传感器网络　第 901 部分：网关：通用技术要求			2016/10/13	2017/5/1
13.12-3-115	13.12	35.110	L79	GB/T 30269.902—2018	信息技术　传感器网络　第 902 部分：网关：远程管理技术要求			2018/6/7	2019/1/1

13

序号	GW 分类	ICS 分类	GB 分类	标准号	中 文 名 称	代替标准	采用关系	发布日期	实施日期
13.12-3-116	13.12	35.110		GB/T 30269.903—2018	信息技术 传感器网络 第903部分：网关：逻辑接口			2018/6/7	2019/1/1
13.12-3-117	13.12	35.110		GB/T 31230.2—2014	工业以太网现场总线 EtherCAT 第2部分：物理层服务和协议规范			2014/9/30	2015/4/1
13.12-3-118	13.12			GB/T 31230.3—2014	工业以太网现场总线 EtherCAT 第3部分：数据链路层服务定义			2014/9/30	2015/4/1
13.12-3-119	13.12			GB/T 31230.5—2014	工业以太网现场总线 EtherCAT 第5部分：应用层服务定义			2014/9/30	2015/4/1
13.12-3-120	13.12	35.110		GB/T 31230.6—2014	工业以太网现场总线 EtherCAT 第6部分：应用层协议规范			2014/9/30	2015/4/1
13.12-3-121	13.12	35.100	L78	GB/T 31491—2015	无线网络访问控制技术规范			2015/5/15	2016/1/1
13.12-3-122	13.12	35.110		GB/T 31983.31—2017	低压窄带电力线通信 第31部分：窄带正交频分复用电力线通信 物理层规范			2017/5/12	2017/12/1
13.12-3-123	13.12	43.040.99	T35	GB/T 32960.3—2016	电动汽车远程服务与管理系统技术规范 第3部分：通信协议及数据格式			2016/8/29	2016/10/1
13.12-3-124	13.12	35.110		GB/T 33845—2017	接入网技术要求 吉比特的无源光网络（GPON）			2017/5/31	2017/9/1
13.12-3-125	13.12	33.200	V55	GB/T 33987—2017	S/X/Ka 三频低轨遥感卫星地面接收系统技术要求			2017/7/12	2018/2/1
13.12-3-126	13.12	25.040	N10	GB/Z 34066—2017	控制与通信网络 CIP Safety 规范			2017/7/31	2018/2/1
13.12-3-127	13.12	25.040		GB/T 35767—2017	卫星导航定位基准站网基本产品规范			2017/12/29	2018/7/1
13.12-3-128	13.12	07.040	A76	GB/T 35768—2017	卫星导航定位基准站网服务管理系统规范			2017/12/29	2018/7/1
13.12-3-129	13.12	25.040		GB/T 35769—2017	卫星导航定位基准站网服务规范			2017/12/29	2018/7/1
13.12-3-130	13.12	25.040	N10	GB/T 36417.1—2018	全分布式工业控制网络 第1部分：总则			2018/6/7	2019/1/1
13.12-3-131	13.12	25.040		GB/T 36417.2—2018	全分布式工业控制网络 第2部分：术语			2018/6/7	2019/1/1
13.12-3-132	13.12	25.040	N10	GB/T 36417.3—2018	全分布式工业控制网络 第3部分：接口通用要求			2018/6/7	2019/1/1
13.12-3-133	13.12	25.040		GB/T 36417.4—2018	全分布式工业控制网络 第4部分：异构网络技术规范			2018/6/7	2019/1/1

13

序号	GW 分类	ICS 分类	GB 分类	标准号	中文名称	代替标准	采用关系	发布日期	实施日期
13.12-3-134	13.12	35.110	L78	GB/T 36454—2018	信息技术 系统间远程通信和信息交换 中高速无线局域网媒体访问控制和物理层规范			2018/6/7	2019/1/1
13.12-3-135	13.12	25.040		GB/T 36968—2018	信息安全技术 IPSec VPN 技术规范			2018/12/28	2019/7/1
13.12-3-136	13.12	33.040.50	M19	GB/T 37081—2018	接入网技术要求 10Gbit/s 以太网无源光网络（10G-EPON）			2018/12/28	2019/4/1
13.12-3-137	13.12	25.040		GB/T 37083—2018	接入网技术要求 EPON 系统互通性			2018/12/28	2019/4/1
13.12-3-138	13.12	33.040.50	M42	GB/T 37173—2018	接入网技术要求 GPON 系统互通性			2018/12/28	2019/4/1
13.12-3-139	13.12	10		GB/T 37287—2019	基于 LTE 技术的宽带集群通信（B-TrunC）系统 接口技术要求（第一阶段） 集群核心网到调度台接口			2019/3/25	2019/10/1
13.12-3-140	13.12	33.200	M50	GB/T 37911.1—2019	电力系统北斗卫星授时应用接口 第1部分：技术规范			2019/8/30	2020/3/1
13.12-3-141	13.12	17.220.20		GB/T 37911.2—2019	电力系统北斗卫星授时应用接口 第2部分：检测规范			2019/8/30	2020/3/1
13.12-3-142	13.12	33.200	M50	GB/T 37937—2019	北斗卫星授时终端技术要求			2019/8/30	2020/3/1
13.12-3-143	13.12	43.040.99		GB/T 38025—2019	遥感卫星地面系统接口规范			2019/8/30	2020/3/1
13.12-3-144	13.12	33.040.20	M13	GB/T 4110—1983	脉冲编码调制通信系统系列			1983/12/28	1984/10/1
13.12-3-145	13.12			GB/T 50636—2018	城市轨道交通综合监控系统工程技术标准	GB 50636—2010；GB/T 50732—2011		2018/2/8	2018/9/1
13.12-3-146	13.12	35.100.20	L78	GB/T 7421—2008	信息技术 系统间远程通信和信息交换高级数据链路控制（HDLC）规程	GB 7421—1987；GB 7496—1987；GB 7575—1987；GB 14400—1993；GB 15698—1995		2008/8/19	2009/1/1
13.12-4-147	13.12	27.100	F24	DL/T 1255—2013	TDM 系统输出数据及格式规范			2013/11/28	2014/4/1
13.12-4-148	13.12	27.100	F29	DL/T 1306—2013	电力调度数据网技术规范			2013/11/28	2014/4/1
13.12-4-149	13.12	27.100	F21	DL/T 1509—2016	电力系统光传送网（OTN）技术要求			2016/1/7	2016/6/1
13.12-4-150	13.12			DL/T 1710—2017	电力通信站运行维护技术规范			2017/8/2	2017/12/1
13.12-4-151	13.12			DL/T 1880—2018	智能用电电力线宽带通信技术要求			2018/12/25	2019/5/1
13.12-4-152	13.12			DL/T 1909—2018	−48V 电力通信直流电源系统技术规范			2018/12/25	2019/5/1

13

序号	GW 分类	ICS 分类	GB 分类	标准号	中文名称	代替标准	采用关系	发布日期	实施日期
13.12-4-153	13.12	29.240.01	F21	DL/T 1931—2018	电力 LTE 无线通信网络安全防护要求			2018/12/25	2019/5/1
13.12-4-154	13.12			DL/T 1933.4—2018	塑料光纤信息传输技术实施规范　第4部分：塑料光缆			2018/12/25	2019/5/1
13.12-4-155	13.12			DL/T 1933.5—2018	塑料光纤信息传输技术实施规范　第5部分：光缆布线要求			2018/12/25	2019/5/1
13.12-4-156	13.12			DL/T 364—2019	光纤通道传输保护信息通用技术条件	DL/T 364—2010		2019/6/4	2019/10/1
13.12-4-157	13.12	29.240	F23	DL/T 544—2012	电力通信运行管理规程	DL 544—1994		2012/1/4	2012/3/1
13.12-4-158	13.12	33.020	F21	DL/T 545—2012	电力系统微波通信运行管理规程	DL 545—1994		2012/1/4	2012/3/1
13.12-4-159	13.12	29.020	K01	DL/T 546—2012	电力线载波通信运行管理规程	DL 546—1994		2012/1/4	2012/3/1
13.12-4-160	13.12			DL/T 547—2020	电力系统光纤通信运行管理规程	DL/T 547—2010		2020/10/23	2021/2/1
13.12-4-161	13.12	33.040.30	F21	DL/T 598—2010	电力系统自动交换电话网技术规范	DL 598—1996		2011/1/9	2011/5/1
13.12-4-162	13.12			DL/T 767—2013	全介质自承式光缆（ADSS）用预绞式金具技术条件和试验方法	DL/T 767—2003		2013/3/7	2013/8/1
13.12-4-163	13.12	29.240.01	F20	DL/T 798—2002	电力系统卫星通信运行管理规程			2002/4/27	2002/9/1
13.12-4-164	13.12	29.240.01	P21	DL/Z 981—2005	电力系统控制及其通信数据和通信安全			2005/11/28	2006/6/1
13.12-4-165	13.12	25.040	N10	JB/T 11961—2014	工业通信网络网络和系统安全术语、概念和模型			2014/5/6	2014/10/1
13.12-4-166	13.12			NB/T 33007—2013	电动汽车充电站/电池更换站监控系统与充换电设备通信协议			2013/11/28	2014/4/1
13.12-4-167	13.12	33.040.99	M40	YD/T 1082—2011	接入网设备过电压过电流防护及基本环境适应性技术要求和试验方法	YD 1082—2000		2011/5/18	2011/6/1
13.12-4-168	13.12	33.040.50	M42	YD/T 1089—2014	接入网技术要求——接入网网元管理功能	YD/T 1089—2000		2014/10/14	2014/10/14
13.12-4-169	13.12		M11	YD/T 1125—2001	国内 No.7 信令方式技术规范——2Mbit/s 高速信令链路			2001/5/25	2001/11/1
13.12-4-170	13.12	M12	L7	YD/T 1127—2001	No.7 信令与 IP 互通的技术要求			2001/5/25	2001/11/1
13.12-4-171	13.12	33.040.40	M32	YD/T 1162.1—2005	多协议标记交换（MPLS）技术要求	YD 1162.1—2001		2005/9/1	2005/12/1
13.12-4-172	13.12		M10	YD/T 1170—2001	IP 网络技术要求——网络总体			2001/12/1	2001/12/1
13.12-4-173	13.12	33.040	M11	YD/T 1289.6—2009	同步数字体系（SDH）传送网网络管理技术要求　第6部分：基于 IDL/IIOP 技术的网元管理系统（EMS）网络管理系统（NMS）接口信息模型			2009/12/11	2010/1/1

序号	GW分类	ICS分类	GB分类	标准号	中 文 名 称	代替标准	采用关系	发布日期	实施日期
13.12-4-174	13.12	33.040.20	M33	YD/T 1299—2016	同步数字体系（SDH）网络性能技术要求抖动和漂移	YD/T 1299—2004；YD/T 1299—2015		2016/4/5	2016/7/1
13.12-4-175	13.12	33.040.50	M19	YD/T 1418—2008	接入网技术要求——综合接入系统	YD 1418—2005		2008/3/13	2008/7/1
13.12-4-176	13.12	33.040.40	M31	YD/T 1470—2006	IP电话路由协议（TRIP）技术要求			2006/6/8	2006/10/1
13.12-4-177	13.12	33.040.30	M12	YD/T 1522.4—2009	会话初始协议（SIP）技术要求 第4部分：基于软交换网络呼叫控制的SIP协议			2009/6/15	2009/9/1
13.12-4-178	13.12	33.040.30	M12	YD/T 1522.5—2010	会话初始协议（SIP）技术要求 第5部分：统一IMS网络的SIP协议			2010/12/29	2011/1/1
13.12-4-179	13.12	33.040.30	M12	YD/T 1522.6—2010	会话初始协议（SIP）技术要求 第6部分：与承载无关的呼叫控制（BICC）协议与统一IMS网络SIP协议的互通			2010/12/29	2011/1/1
13.12-4-180	13.12	33.060.20	M37	YD/T 1596—2011	800MHz/2GHz CDMA数字蜂窝移动通信网模拟直放站技术要求和测试方法	YD/T 1596—2007		2011/5/18	2012/2/1
13.12-4-181	13.12	35.050.01	M40	YD/T 1607—2016	移动终端图像及视频传输特性技术要求和测试方法	YD/T 1607—2007		2016/10/22	2017/1/1
13.12-4-182	13.12	33.040	M19	YD/T 1608—2007	媒体网关控制协议（MGCP）技术要求			2007/4/16	2007/7/1
13.12-4-183	13.12	33.040	M19	YD/T 1609—2007	媒体网关控制协议（MGCP）测试方法			2007/4/16	2007/10/1
13.12-4-184	13.12	33.040	M11	YD/T 1611.1—2007	IP网络管理接口技术要求 第1部分：总则			2007/4/16	2007/10/1
13.12-4-185	13.12	33.040	M11	YD/T 1611.2—2007	IP网络管理接口技术要求 第2部分：支持IPv6的设备接口功能与协议			2007/4/16	2007/10/1
13.12-4-186	13.12	33.040.40	L78	YD/T 1612—2007	IPv4网络向IPv6网络过渡中的互联互通技术要求			2007/4/16	2007/10/1
13.12-4-187	13.12	33.040	M33	YD/T 1616—2007	IP组播业务技术要求			2007/4/16	2007/10/1
13.12-4-188	13.12	33.040	M14	YD/T 1620.2—2007	基于同步数字体系（SDH）的多业务传送节点（MSTP）网络管理技术要求 第2部分：网络管理系统（NMS）功能			2007/4/16	2007/10/1
13.12-4-189	13.12	33.060.40	M33	YD/T 1635—2007	IPv6网络技术要求——面向网络地址翻译（NAT）用户的IPv6隧道技术			2007/4/16	2007/10/1
13.12-4-190	13.12	33.040.01	M19	YD/T 1638—2007	跨运营商的IPv4网络与IPv6网络互通技术要求			2007/7/20	2007/12/1

13

序号	GW 分类	ICS 分类	GB 分类	标准号	中 文 名 称	代替标准	采用关系	发布日期	实施日期
13.12-4-191	13.12	33.180.01	M33	YD/T 1688.10—2021	xPON 光收发合一模块技术条件　第 10 部分：用于 GPON 和 XGS-PON 共存的光线路终端（OLT）的光收发合一模块			2021/5/27	2021/7/1
13.12-4-192	13.12	33.040.20	M16	YD/T 1744—2009	传送网安全防护要求	YD 1744—2008		2009/12/11	2010/1/1
13.12-4-193	13.12	33.040.20	M16	YD/T 1745—2009	传送网安全防护检测要求	YD 1745—2008		2009/12/11	2010/1/1
13.12-4-194	13.12	33.040	M16	YD/T 1746—2014	IP 承载网安全防护要求	YD/T 1746—2013		2014/10/14	2014/10/14
13.12-4-195	13.12	33.120.01	M37	YD/T 1760—2012	数字移动终端外围接口数据交换技术要求	YD/T 1760.2—2008；YD/T 1760.1—2008		2012/12/28	2013/3/1
13.12-4-196	13.12	33.040	M11	YD/T 1764—2008	IP 网络管理层功能要求			2008/3/13	2008/7/1
13.12-4-197	13.12	33.040.50	M42	YD/T 1771—2012	接入网技术要求——以太网无源光网络（EPON）系统互通性	YD/T 1771—2008		2012/12/28	2013/3/1
13.12-4-198	13.12	33.070.01	M37	YD/T 1802—2008	基于 IP 多媒体子系统（IMS）的呈现（Presence）业务技术要求（第一阶段）			2008/7/28	2008/11/1
13.12-4-199	13.12	33.040.40	M32	YD/T 1899—2009	深度包检测设备技术要求			2009/6/15	2009/9/1
13.12-4-200	13.12	33.040.40	M32	YD/T 1905—2009	IPv6 网络设备安全技术要求——宽带网络接入服务器			2009/6/15	2009/9/1
13.12-4-201	13.12	33.040.40	M32	YD/T 1906—2009	IPv6 网络设备安全技术要求——核心路由器			2009/6/15	2009/9/1
13.12-4-202	13.12	33.040.40	M32	YD/T 1907—2009	IPv6 网络设备安全技术要求——边缘路由器			2009/6/15	2009/9/1
13.12-4-203	13.12	33.040.40	M32	YD/T 1912—2009	基于软交换的媒体服务器设备安全技术要求和测试方法			2009/6/15	2009/9/1
13.12-4-204	13.12	33.040.40	M32	YD/T 1913—2009	基于软交换的信令网关设备安全技术要求和测试方法			2009/6/15	2009/9/1
13.12-4-205	13.12	33.040.40	M32	YD/T 1914—2009	基于软交换的应用服务器设备安全技术要求和测试方法			2009/6/15	2009/9/1
13.12-4-206	13.12	33.040.40	M32	YD/T 1916—2009	IPv6 网络设备技术要求——宽带网络接入服务器			2009/6/15	2009/9/1
13.12-4-207	13.12	33.040	M11	YD/T 1928.1—2009	软交换网网络管理技术要求　第 1 部分：总体技术要求			2009/6/15	2009/9/1
13.12-4-208	13.12	33.040	M11	YD/T 1928.2—2009	软交换网网络管理技术要求　第 2 部分：网络管理系统功能			2009/6/15	2009/9/1
13.12-4-209	13.12	33.040.01	M10	YD/T 1929—2009	统一 IMS 的需求（第一阶段）			2009/6/15	2009/9/1

13

序号	GW 分类	ICS 分类	GB 分类	标准号	中 文 名 称	代替标准	采用关系	发布日期	实施日期
13.12-4-210	13.12	33.040.01	M10	YD/T 1930—2009	统一 IMS 组网总体技术要求（第一阶段）			2009/6/15	2009/9/1
13.12-4-211	13.12	33.040.40	M32	YD/T 1944—2009	基于 IPv6 的边界网关协议/多协议标记交换的虚拟专用网（BGP/MPLS IPv6 VPN）技术要求			2009/6/15	2009/9/1
13.12-4-212	13.12	33.040.40	M42	YD/T 1945—2009	基于边界网关协议/多协议标记交换的虚拟专用网（BGP/MPLS VPN）测试方法			2009/6/15	2009/9/1
13.12-4-213	13.12	33.040.40	M42	YD/T 1946—2009	支持组播的边界网关协议/多协议标记交换（BGP/MPLS）三层虚拟专用网（L3VPN）技术要求			2009/6/15	2009/9/1
13.12-4-214	13.12	33.040.20	M33	YD/T 1948.1—2011	传送网承载以太网（EoT）技术要求　第 1 部分：以太网层网络的体系结构			2011/12/20	2012/2/1
13.12-4-215	13.12	33.040.20	M33	YD/T 1948.2—2009	传送网承载以太网（EoT）技术要求　第 2 部分：以太网用户网络接口（UNI）的网络节点接口（NNI）			2009/6/15	2009/9/1
13.12-4-216	13.12	33.040.20	M33	YD/T 1948.3—2010	传送网承载以太网（EoT）技术要求　第 3 部分：以太网业务框架			2010/12/29	2011/1/1
13.12-4-217	13.12	33.040	M11	YD/T 1948.4—2010	传送网承载以太网（EoT）技术要求　第 4 部分：以太网运营、管理和维护（OAM）			2010/12/29	2011/1/1
13.12-4-218	13.12	33.040.20	M33	YD/T 1948.5—2011	传送网承载以太网（EoT）技术要求　第 5 部分：以太网专线（EPL）业务和以太网虚拟专线（EVPL）业务			2011/5/18	2011/8/1
13.12-4-219	13.12	33.040.20	M33	YD/T 1948.6—2012	传送网承载以太网（EoT）技术要求　第 6 部分：以太网保护			2012/12/28	2013/3/1
13.12-4-220	13.12			YD/T 1948.7—2013	传送网承载以太网（EoT）技术要求　第 7 部分：以太网管理功能要求			2013/10/17	2014/1/1
13.12-4-221	13.12	33.040.20	M33	YD/T 1948.8—2015	传送网承载以太网（EoT）技术要求　第 8 部分：以太网局域网（E-LAN）业务和以太网树型（E-Tree）业务			2015/4/30	2015/7/1
13.12-4-222	13.12	33.040.50	M42	YD/T 1949.1—2009	接入网技术要求——吉比特的无源光网络（GPON）　第 1 部分：总体要求			2009/6/15	2009/9/1
13.12-4-223	13.12	33.040.50	M42	YD/T 1949.2—2009	接入网技术要求——吉比特的无源光网络（GPON）　第 2 部分：物理媒质相关（PMD）层要求			2009/6/15	2009/9/1

序号	GW 分类	ICS 分类	GB 分类	标准号	中文名称	代替标准	采用关系	发布日期	实施日期
13.12-4-224	13.12	33.040.50	M42	YD/T 1949.3—2010	接入网技术要求——吉比特的无源光网络（GPON） 第 3 部分：传输汇聚（TC）层要求			2010/12/29	2011/1/1
13.12-4-225	13.12	33.040	M11	YD/T 1949.4—2011	接入网技术要求——吉比特的无源光网络（GPON）第 4 部分：ONT 管理控制接口（OMCI）要求			2011/5/18	2011/6/1
13.12-4-226	13.12	33.040.50	M42	YD/T 1953—2009	接入网技术要求——EPON/GPON 系统承载多业务			2009/6/15	2009/9/1
13.12-4-227	13.12	33.040.20	M33	YD/T 1959—2009	继电保护设备和复用器之间 2048kbit/s 光接口技术要求			2009/6/15	2009/9/1
13.12-4-228	13.12	29.200	M41	YD/T 1970.1—2009	通信局（站）电源系统维护技术要求 第 01 部分：总则			2009/6/15	2009/9/1
13.12-4-229	13.12	29.200	M41	YD/T 1970.2—2010	通信局（站）电源系统维护技术要求 第 02 部分：高低压变配电系统			2010/12/29	2011/1/1
13.12-4-230	13.12	29.200	M41	YD/T 1970.3—2010	通信局（站）电源系统维护技术要求 第 03 部分：直流系统			2010/12/29	2011/1/1
13.12-4-231	13.12	29.200	M41	YD/T 1970.4—2009	通信局（站）电源系统维护技术要求 第 04 部分：不间断电源（UPS）系统			2009/6/15	2009/9/1
13.12-4-232	13.12	29.200	M41	YD/T 1970.6—2020	通信局（站）电源系统维护技术要求 第 6 部分：发电机组系统	YD/T 1970.6—2009		2020/12/9	2021/1/1
13.12-4-233	13.12			YD/T 1970.8—2020	通信局（站）电源系统维护技术要求 第 8 部分：动力环境监控系统			2020/4/24	2020/7/1
13.12-4-234	13.12	29.200	M41	YD/T 1970.10—2009	通信局（站）电源系统维护技术要求 第 10 部分：阀控式密封铅酸蓄电池			2009/6/15	2009/9/1
13.12-4-235	13.12			YD/T 1991—2016	N×40Gbit/s 光波分复用（WDM）系统技术要求	YD/T 1991—2009		2016/4/5	2016/7/1
13.12-4-236	13.12	33.040.50	M19	YD/T 1994.1—2009	接入网用户端设备远程管理技术要求 第 1 部分：总体要求			2009/12/11	2010/1/1
13.12-4-237	13.12	33.040.50	M19	YD/T 1994.2—2009	接入网用户端设备远程管理技术要求 第 2 部分：接口协议			2009/12/11	2010/1/1
13.12-4-238	13.12	33.040.20	M33	YD/T 2003—2018	可重构的光分插复用（ROADM）设备技术要求	YD/T 2003—2009		2018/12/21	2019/4/1
13.12-4-239	13.12	33.080.99	M36	YD/T 2007—2009	统一 IMS 的功能体系架构（第一阶段）	YD 2007—1993		2009/12/11	2010/1/1

13

序号	GW分类	ICS分类	GB分类	标准号	中 文 名 称	代替标准	采用关系	发布日期	实施日期
13.12-4-240	13.12			YD/T 2024—2018	互联网骨干网网间互联扩容技术要求			2018/12/21	2019/4/1
13.12-4-241	13.12	33.040.40	M32	YD/T 2029—2009	基于软线技术的互联网IPv6过渡技术框架			2009/12/11	2010/1/1
13.12-4-242	13.12	33.040.40	L78	YD/T 2031—2009	IP网络技术要求——网络性能测量体系结构			2009/12/11	2010/1/1
13.12-4-243	13.12	33.040.40	L78	YD/T 2032—2009	IP网络技术要求——网络性能指标分配			2009/12/11	2010/1/1
13.12-4-244	13.12	33.040.40	M32	YD/T 2040—2009	基于软交换的媒体网关安全技术要求			2009/12/11	2010/1/1
13.12-4-245	13.12	33.040.30	M32	YD/T 2042—2009	IPv6网络设备安全技术要求——具有路由功能的以太网交换机			2009/12/11	2010/1/1
13.12-4-246	13.12	33.040.50	M19	YD/T 2050—2009	接入网安全技术要求——无源光网络（PON）设备			2009/12/11	2010/1/1
13.12-4-247	13.12	33.040.50	M42	YD/T 2051—2009	接入网设备安全技术要求无源光网络（PON）设备			2009/12/11	2010/1/1
13.12-4-248	13.12	33.040.01	M10	YD/T 2057—2009	通信机房安全管理总体要求			2009/12/11	2010/1/1
13.12-4-249	13.12	33.040.20	M15	YD/T 2149.1—2010	光传送网（OTN）网络管理技术要求 第1部分：基本原则			2010/12/29	2011/1/1
13.12-4-250	13.12	33.040	M15	YD/T 2149.2—2011	光传送网（OTN）网络管理技术要求 第2部分：NMS系统功能			2011/5/18	2011/6/1
13.12-4-251	13.12	33.040	M15	YD/T 2149.3—2011	光传送网（OTN）网络管理技术要求 第3部分：EMS-NMS接口功能			2011/5/18	2011/6/1
13.12-4-252	13.12	33.040	M15	YD/T 2149.4—2011	光传送网（OTN）网络管理技术要求 第4部分：EMS-NMS接口通用信息模型			2011/5/18	2011/6/1
13.12-4-253	13.12	33.040.50	M42	YD/T 2157—2010	接入网技术要求——吉比特的无源光网络（GPON）系统互通性			2010/12/29	2011/1/1
13.12-4-254	13.12	33.040.50	M33	YD/T 2158—2017	接入网技术要求——多业务接入节点（MSAP）	YD/T 2158—2010		2017/4/12	2017/7/1
13.12-4-255	13.12	33.040.40	M32	YD/T 2168—2010	IPv6技术要求——IPv6反向邻居发现协议			2010/12/29	2011/1/1
13.12-4-256	13.12	33.040.40	M32	YD/T 2169—2010	IPv6技术要求——IPv6路径最大传输单元发现协议			2010/12/29	2011/1/1
13.12-4-257	13.12	33.030	M32	YD/T 2170—2010	IPv6技术要求——IPv6路由器重编号协议			2010/12/29	2011/1/1
13.12-4-258	13.12	33.040.33	M04	YD/T 2188—2010	以太网线性保护倒换技术要求			2010/12/29	2011/1/1
13.12-4-259	13.12	01.040.33	M04	YD/T 2190—2010	通信电磁兼容名词术语			2010/12/29	2011/1/1
13.12-4-260	13.12	33.100.01	L06	YD/T 2192—2010	通信基站周边电磁照射缓解技术			2010/12/29	2011/1/1

序号	GW 分类	ICS 分类	GB 分类	标准号	中 文 名 称	代替标准	采用关系	发布日期	实施日期
13.12-4-261	13.12	33.100.01	L06	YD/T 2196—2010	通信系统电磁防护安全管理总体要求			2010/12/29	2011/1/1
13.12-4-262	13.12	33.040.01	M10	YD/T 2199—2010	通信机房防火封堵安全技术要求			2010/12/29	2011/1/1
13.12-4-263	13.12	33.040.40	M38	YD/T 2253—2011	软交换网络通信安全			2011/5/18	2011/6/1
13.12-4-264	13.12	33.040.50	M42	YD/T 2274—2011	接入网技术要求——10Gbit/s 以太网无源光网络（10G-EPON）			2011/5/18	2011/6/1
13.12-4-265	13.12	33.040.50	M42	YD/T 2275—2011	接入网技术要求——宽带用户接入线路（端口）标识			2011/5/18	2011/6/1
13.12-4-266	13.12	33.040.50	M42	YD/T 2276—2011	接入网技术要求——EPON/GPON 系统承载 TDM 业务			2011/5/18	2011/6/1
13.12-4-267	13.12	33.040.50	M42	YD/T 2277—2011	接入网技术要求——无源光网络（PON）光链路监测与诊断			2011/5/18	2011/6/1
13.12-4-268	13.12	33.040.50	M33	YD/T 2280—2011	接入网设备基于以太网接口的反向馈电技术要求			2011/5/18	2011/6/1
13.12-4-269	13.12	33.040.30	M12	YD/T 2290—2011	统一 IMS 网络与软交换网络互通信令流程技术要求			2011/5/18	2011/6/1
13.12-4-270	13.12	33.040	M32	YD/T 2296—2011	IPv6 动态主机配置协议技术要求			2011/5/18	2011/6/1
13.12-4-271	13.12	33.040.01	M32	YD/T 2297—2011	IPv6 用户会话技术要求			2011/5/18	2011/6/1
13.12-4-272	13.12	33.040.40	L78	YD/T 2298—2011	基于移动 IPv6 的业务流分发和切换管理技术要求			2011/5/18	2011/6/1
13.12-4-273	13.12	33.160.30	M38	YD/T 2310—2011	通信用多用途音频编解码			2011/5/18	2011/6/1
13.12-4-274	13.12	33.160.30	M36	YD/T 2314—2011	对在多协议标记交换（MPLS）网络上传送的以太网帧的封装方法的技术要求			2011/5/18	2011/6/1
13.12-4-275	13.12	29.200	M41	YD/T 2321—2020	通信用变换稳压型太阳能电源控制器技术要求和试验方法	YD/T 2321—2011		2020/8/31	2020/10/1
13.12-4-276	13.12			YD/T 2324—2011	无线基站防雷技术要求和测试方法			2011/5/18	2011/6/1
13.12-4-277	13.12	33.040.40	L78	YD/T 2328—2011	未来分组网的基本特征与技术需求			2011/12/20	2012/2/1
13.12-4-278	13.12			YD/T 2336.1—2016	分组传送网（PTN）网络管理技术要求 第 1 部分：基本原则	YD/T 2336.1—2011		2016/4/5	2016/7/1
13.12-4-279	13.12			YD/T 2336.2—2016	分组传送网（PTN）网络管理技术要求 第 2 部分：NMS 系统功能	YD/T 2336.2—2011		2016/4/5	2016/7/1

13

序号	GW分类	ICS分类	GB分类	标准号	中 文 名 称	代替标准	采用关系	发布日期	实施日期
13.12-4-280	13.12	33.040	M15	YD/T 2336.3—2017	分组传送网（PTN）网络管理技术要求　第3部分：EMS-NMS接口功能	YD/T 2336.3—2013		2017/11/7	2018/1/1
13.12-4-281	13.12	33.040	M14	YD/T 2336.4—2017	分组传送网（PTN）网络管理技术要求　第4部分：EMS-NMS接口通用信息模型	YD/T 2336.4—2013		2017/11/7	2018/1/1
13.12-4-282	13.12			YD/T 2336.5—2016	分组传送网（PTN）网络管理技术要求　第5部分：基于IDL/IIOP技术的EMS-NMS接口信息模型			2016/4/5	2016/7/1
13.12-4-283	13.12			YD/T 2336.6—2016	分组传送网（PTN）网络管理技术要求　第6部分：基于XML技术的EMS-NMS接口信息模型			2016/4/5	2016/7/1
13.12-4-284	13.12	33.060.20	M37	YD/T 2355—2011	900/1800MHz TDMA 数字蜂窝移动通信网数字直放站技术要求和测试方法			2011/12/20	2012/2/1
13.12-4-285	13.12	33.040.01	M19	YD/T 2356—2011	移动通信网络IMS客户端技术要求			2011/12/20	2012/2/1
13.12-4-286	13.12	33.040.50	M10/29	YD/T 2372—2011	支持IPv6的接入网总体技术要求			2011/12/20	2012/2/1
13.12-4-287	13.12	33.040.40	M33	YD/T 2376.1—2011	传送网设备安全技术要求　第1部分：SDH设备			2011/12/20	2012/2/1
13.12-4-288	13.12	33.040.40	M33	YD/T 2376.2—2011	传送网设备安全技术要求　第2部分：WDM设备			2011/12/20	2012/2/1
13.12-4-289	13.12	33.040.40	M33	YD/T 2376.3—2011	传送网设备安全技术要求　第3部分：基于SDH的MSTP设备			2011/12/20	2012/2/1
13.12-4-290	13.12	33.040	M19	YD/T 2394.1—2012	高频谱利用率和高数据吞吐的无线局域网技术要求　第1部分：超高速无线局域网媒体接入控制层（MAC）和物理层（PHY）			2012/2/13	2012/2/13
13.12-4-291	13.12	33.040	M19	YD/T 2394.2—2012	高频谱利用率和高数据吞吐的无线局域网技术要求　第2部分：增强型超高速无线局域网媒体接入控制层（MAC）和物理层（PHY）			2012/2/13	2012/2/13
13.12-4-292	13.12	33.040.40	M32	YD/T 2395—2012	基于IPv6的下一代互联网体系架构			2012/5/28	2012/6/1
13.12-4-293	13.12	33.040.40	L78	YD/T 2401—2012	IPv6技术要求——多接口业务流切换管理			2012/12/28	2013/3/1
13.12-4-294	13.12	33.040.50	M42	YD/T 2402.1—2012	接入网技术要求——10Gbit/s无源光网络（XG-PON）　第1部分：总体要求			2012/12/28	2013/3/1
13.12-4-295	13.12	33.040.50	M42	YD/T 2402.2—2012	接入网技术要求——10Gbit/s无源光网络（XG-PON）　第2部分：物理层要求			2012/12/28	2013/3/1

13

序号	GW 分类	ICS 分类	GB 分类	标准号	中 文 名 称	代替标准	采用关系	发布日期	实施日期
13.12-4-296	13.12	33.040.50	M42	YD/T 2402.3—2012	接入网技术要求——10Gbit/s 无源光网络（XG-PON） 第 3 部分：XGTC 层要求			2012/12/28	2013/3/1
13.12-4-297	13.12	35.100.30	L79	YD/T 2415—2012	基于 shim6 的 IPv6 站点多归属技术要求			2012/12/28	2013/3/1
13.12-4-298	13.12	33.040	M32	YD/T 2422—2012	基于 H.248 的媒体网关控制协议测试方法			2012/12/28	2013/3/1
13.12-4-299	13.12	33.040	M32	YD/T 2425—2012	统一 IMS 中的会话边界控制设备技术要求			2012/12/28	2013/3/1
13.12-4-300	13.12	29.200	M41	YD/T 2435.1—2020	通信电源和机房环境节能技术指南 第 1 部分：总则	YD/T 2435.1—2012		2020/8/31	2020/10/1
13.12-4-301	13.12	29.200.10	M41	YD/T 2435.3—2020	通信电源和机房环境节能技术指南 第 3 部分：电源设备能效分级	YD/T 2435.3—2012		2020/8/31	2020/10/1
13.12-4-302	13.12	29.200	M41	YD/T 2435.4—2020	通信电源和机房环境节能技术指南 第 4 部分：空调能效分级	YD/T 2435.4—2012		2020/8/31	2020/10/1
13.12-4-303	13.12	33.040.20	M33	YD/T 2484—2021	分组增强型光传送网（OTN）设备技术要求	YD/T 2484—2013		2021/5/27	2021/7/1
13.12-4-304	13.12	33.040.20	M33	YD/T 2485—2013	N×100Gbit/s 光波分复用（WDM）系统技术要求			2013/4/25	2013/6/1
13.12-4-305	13.12	33.040.30	M30	YD/T 2541—2013	基于统一 IMS 的紧急呼叫业务技术要求（第一阶段）			2013/4/25	2013/6/1
13.12-4-306	13.12	33.040.50	M42	YD/T 2549—2013	接入网技术要求——PON 系统支持 IPv6			2013/4/25	2013/6/1
13.12-4-307	13.12	30.180.20	M33	YD/T 2554.2—2015	塑料光纤活动连接器 第 2 部分：SC 型			2015/4/30	2015/7/1
13.12-4-308	13.12			YD/T 2554.3—2016	塑料光纤活动连接器 第 3 部分：FC 型			2016/7/11	2016/10/1
13.12-4-309	13.12	29.200	M41	YD/T 2556—2013	通信用 240V 直流供电系统维护技术要求			2013/4/25	2013/6/1
13.12-4-310	13.12	33.060	M36	YD/T 2558—2013	基于祖冲之算法的 LTE 终端和网络设备安全技术要求			2013/7/22	2013/10/1
13.12-4-311	13.12			YD/T 2591—2013	统一 IMS 媒体面安全技术要求			2013/7/22	2013/10/1
13.12-4-312	13.12	33.040.40	M32	YD/T 2603—2013	支持多业务承载的 IP/MPLS 网络技术要求			2013/10/17	2014/1/1
13.12-4-313	13.12	33.040.30	M12	YD/T 2604—2013	No.7 信令与 IP 互通适配层技术要求 消息传递部分（MTP） 第二级对等适配层（M2PA）			2013/10/17	2014/1/1
13.12-4-314	13.12	33.060.01	M36	YD/T 2609—2013	超短波无线电干扰判定及干扰源定位方法			2013/10/17	2014/1/1
13.12-4-315	13.12			YD/T 2610—2013	短波监测站监测方法以及干扰源定位方法			2013/10/17	2014/1/1
13.12-4-316	13.12	33.040.01	M33	YD/T 2616.1—2014	无源光网络（PON）网络管理技术要求 第 1 部分：基本原则			2014/10/14	2014/10/14

13

序号	GW 分类	ICS 分类	GB 分类	标准号	中 文 名 称	代替标准	采用关系	发布日期	实施日期
13.12-4-317	13.12	33.040.01	M33	YD/T 2616.2—2013	无源光网络（PON）网络管理技术要求 第 2 部分：EMS 系统功能			2013/10/17	2014/1/1
13.12-4-318	13.12	33.040.01	M33	YD/T 2616.3—2013	无源光网络（PON）网络管理技术要求 第 3 部分：网络管理系统（NMS）系统功能			2013/10/17	2014/1/1
13.12-4-319	13.12	33.040.01	M33	YD/T 2616.4—2013	无源光网络（PON）网络管理技术要求 第 4 部分：EMS-NMS 接口功能			2013/10/17	2014/1/1
13.12-4-320	13.12	01.040.35	M11	YD/T 2616.5—2014	无源光网络（PON）网络管理技术要求 第 5 部分：EMS-NMS 接口通用信息模型			2014/10/14	2014/10/14
13.12-4-321	13.12	01.040.35	M11	YD/T 2616.6—2014	无源光网络（PON）网络管理技术要求 第 6 部分：基于 TL1 技术的 EMS-NMS 接口信息模型			2014/10/14	2014/10/14
13.12-4-322	13.12	33.180.01	M11	YD/T 2616.8—2016	无源光网络（PON）网络管理技术要求 第 8 部分：基于 IDL/IIOP 技术的 EMS-NMS 接口信息模型			2016/4/5	2016/7/1
13.12-4-323	13.12	33.180.20	M33	YD/T 2618.1—2013	40Gb/s 相位调制光收发合一模块技术条件 第 1 部分：差分相移键控（DPSK）调制			2013/10/17	2014/1/1
13.12-4-324	13.12	33.180.20	M33	YD/T 2618.2—2013	40Gb/s 相位调制光收发合一模块技术条件 第 2 部分：差分正交相移键控（DQPSK）调制			2013/10/17	2014/1/1
13.12-4-325	13.12			YD/T 2641—2013	电信网视频监控系统智能分析及传感器叠加应用架构和总体技术要求			2013/10/17	2014/1/1
13.12-4-326	13.12	33.040.40	M32	YD/T 2642—2013	内容提供商/服务提供商（CP/SP）的 IPv6 迁移设备技术要求			2013/10/17	2014/1/1
13.12-4-327	13.12	33.160	M63	YD/T 2647—2013	IP 网络高清视频质量客观全参考评价方法			2013/10/17	2014/1/1
13.12-4-328	13.12	33.040.40	M32	YD/T 2648—2013	移动数字通信应用的视频质量主观评价方法			2013/10/17	2014/1/1
13.12-4-329	13.12	13.260	M09	YD/T 2653—2013	短距离及类似设备电磁照射符合性要求（10Hz～30MHz）			2013/10/17	2014/1/1
13.12-4-330	13.12		M41	YD/T 2656—2013	基于 240V/336V 直流供电的通信设备电源输入接口技术要求与试验方法			2013/10/17	2014/1/1
13.12-4-331	13.12	33.040.40	M32	YD/T 2660—2013	互联网网间路由发布和控制技术要求			2013/10/17	2014/1/1
13.12-4-332	13.12	33.040.30	M12	YD/T 2661—2013	点对点多媒体消息网间互通的质量要求和测试方法			2013/10/17	2014/1/1

13

序号	GW 分类	ICS 分类	GB 分类	标准号	中 文 名 称	代替标准	采用关系	发布日期	实施日期
13.12-4-333	13.12	33.040.40	M32	YD/T 2682—2014	IPv6 接入地址编址编码技术要求			2014/5/6	2014/5/6
13.12-4-334	13.12	33.060	M36	YD/T 2689—2014	基于 LTE 技术的宽带集群通信（B-TrunC）系统总体技术要求（第一阶段）			2014/5/6	2014/5/6
13.12-4-335	13.12	30.40.40	M32	YD/T 2709—2014	基于承载网信息的网络服务优化技术			2014/10/14	2014/10/14
13.12-4-336	13.12	33.040.40	L79	YD/T 2710—2014	IPv6 路由协议 适用于低功耗有损网络的 IPv6 路由协议（RPL）技术要求			2014/10/14	2014/10/14
13.12-4-337	13.12			YD/T 2730—2014	IPv6 技术要求——基于网络的流切换移动管理技术			2014/10/14	2014/10/14
13.12-4-338	13.12	33.060.20	M37	YD/T 2740.1—2014	无线通信室内信号分布系统 第1部分：总体技术要求			2014/10/14	2014/10/14
13.12-4-339	13.12	33.060.20	M36	YD/T 2740.4—2014	无线通信室内信号分布系统 第4部分：光纤设备技术要求和测试方法			2014/10/14	2014/10/14
13.12-4-340	13.12	33.060	M36	YD/T 2741—2014	基于 LTE 技术的宽带集群通信（B-TrunC）系统接口技术要求（第一阶段）空中接口			2014/10/14	2014/10/14
13.12-4-341	13.12	33.040.20	M33	YD/T 2755—2014	分组传送网（PTN）互通技术要求			2014/10/14	2014/10/14
13.12-4-342	13.12			YD/T 2794.2—2015	波分复用（WDM）网络管理技术要求 第2部分：NMS 系统功能			2015/4/30	2015/7/1
13.12-4-343	13.12			YD/T 2794.3—2015	波分复用（WDM）网络管理技术要求 第3部分：EMS-NMS 接口功能			2015/4/30	2015/7/1
13.12-4-344	13.12	33.060	M16	YD/T 2794.4—2015	波分复用（WDM）网络管理技术要求 第4部分：EMS-NMS 接口通用信息模型			2015/4/30	2015/7/1
13.12-4-345	13.12	33.060	M16	YD/T 2794.5—2015	波分复用（WDM）网络管理技术要求 第5部分：基于 IDL/IIOP 技术的 EMS-NMS 接口信息模型			2015/4/30	2015/7/1
13.12-4-346	13.12			YD/T 2810—2015	基于无状态地址映射的 IPv4 与 IPv6 网络互联互通技术（IVI）概述和基本地址映射			2015/4/30	2015/7/1
13.12-4-347	13.12			YD/T 2812—2015	轻量级 IPv6 过渡技术（LAFT6）设备技术要求			2015/4/30	2015/7/1
13.12-4-348	13.12			YD/T 2814—2015	IPv6 路由协议 适用于低功耗有损网络的 IPv6 多播路由协议			2015/4/30	2015/7/1
13.12-4-349	13.12			YD/T 2815—2015	IPv6 技术要求——代理移动 IPv6 路由优化			2015/4/30	2015/7/1

13

序号	GW 分类	ICS 分类	GB 分类	标准号	中 文 名 称	代替标准	采用关系	发布日期	实施日期
13.12-4-350	13.12			YD/T 2853—2015	LTE 无线网络安全网关技术要求			2015/4/30	2015/7/1
13.12-4-351	13.12	33.180.01	M11	YD/T 2873.3—2016	基于载波的高速超宽带无线通信技术要求　第 3 部分：空中接口 MAC 层			2016/1/15	2016/4/1
13.12-4-352	13.12	33.040.20	M33	YD/T 2879—2015	基于分组网络的同步网操作管理维护（OAM）技术要求			2015/7/14	2015/10/1
13.12-4-353	13.12	33.040.40	L78	YD/T 2900—2015	IPv6 技术要求——适用于低功耗有损网络的 IPv6 协议			2015/7/14	2015/10/1
13.12-4-354	13.12	33.040.20	M33	YD/T 2939—2015	分组增强型光传送网络总体技术要求			2015/7/14	2015/10/1
13.12-4-355	13.12	33.040.40	M32	YD/T 2955—2015	IPv4/IPv6 组播地址转换技术要求			2015/10/10	2016/1/1
13.12-4-356	13.12	33.040.40	M32	YD/T 2957—2015	具有双栈内容交换功能的以太网交换机技术要求			2015/10/10	2016/1/1
13.12-4-357	13.12	33.040.99	M40	YD/T 2979—2015	高压输电系统对通信设施危险影响防护技术要求			2015/10/10	2016/1/1
13.12-4-358	13.12	29.020	M04	YD/T 3004—2016	模块化通信机房技术要求			2016/1/15	2016/4/1
13.12-4-359	13.12	33.040.99	M40	YD/T 3006—2016	通信铁塔临近区域的防雷技术要求			2016/1/15	2016/4/1
13.12-4-360	13.12	33.040.50	M19	YD/T 3012—2016	接入网技术要求——DSL 系统支持时钟同步和时间同步			2016/1/15	2016/4/1
13.12-4-361	13.12	33.180.01	M33	YD/T 3013—2016	无源光网络（PON）测试诊断技术要求　光时域反射仪（OTDR）数据格式			2016/1/15	2016/4/1
13.12-4-362	13.12	17.24	L06	YD/T 3026—2016	通信基站电磁辐射管理技术要求			2016/1/15	2016/4/1
13.12-4-363	13.12			YD/T 3034—2015	基于统一 IMS 的业务技术要求呼叫闭锁和多方通话业务（第一阶段）			2016/4/5	2016/7/1
13.12-4-364	13.12	33.040.040	L78	YD/T 3049—2016	IPv6 技术要求——基于代理移动 IPv6 的组播			2016/4/5	2016/7/1
13.12-4-365	13.12	33.040.40	M32	YD/T 3052—2016	虚拟专用局域网服务（VPLS）中基于边界网关协议（BGP）的多归连接技术要求			2016/4/5	2016/7/1
13.12-4-366	13.12	33.040.20	M33	YD/T 3070—2016	N×100Gbit/s 超长距离光波分复用（WDM）系统技术要求			2016/4/5	2016/7/1
13.12-4-367	13.12			YD/T 3073—2016	面向集团客户接入的分组传送网（PTN）技术要求			2016/4/5	2016/7/1

13

序号	GW 分类	ICS 分类	GB 分类	标准号	中 文 名 称	代替标准	采用关系	发布日期	实施日期
13.12-4-368	13.12	33.040.20	M33	YD/T 3074—2016	基于分组网络的频率同步互通技术要求及测试方法			2016/4/5	2016/7/1
13.12-4-369	13.12	29.2	M41	YD/T 3091—2016	通信用 240V/336V 直流供电系统运行后评估要求与方法			2016/4/5	2016/7/1
13.12-4-370	13.12	33.040	M11	YD/T 3108—2016	数据网设备通用网管接口技术要求			2016/7/11	2016/10/1
13.12-4-371	13.12	33.040.40	L78	YD/T 3166—2016	IPv4/IPv6 过渡场景下基于 SAVI 技术的源地址验证及溯源技术要求			2016/7/11	2016/10/1
13.12-4-372	13.12			YD/T 3193—2016	基于统一 IMS 的 Web 实时通信（WebRTC）系统技术要求			2016/10/22	2017/1/1
13.12-4-373	13.12	77.150.10	H61	YD/T 3195—2016	基于统一 IMS（第二阶段）的业务技术要求总体			2016/10/22	2017/1/1
13.12-4-374	13.12			YD/T 3196—2016	基于统一 IMS（第二阶段）的业务技术要求短消息业务			2016/10/22	2017/1/1
13.12-4-375	13.12			YD/T 3467—2019	安全的无线网状网（Mesh）自组织网络协议技术要求			2019/8/28	2019/10/1
13.12-4-376	13.12			YD/T 3568.1—2020	通信基站基础设施技术要求　第1部分：总则			2020/4/24	2020/7/1
13.12-4-377	13.12			YD/T 3568.2—2020	通信基站基础设施技术要求　第2部分：供电系统			2020/4/24	2020/7/1
13.12-4-378	13.12			YD/T 3568.4—2020	通信基站基础设施技术要求　第4部分：监控系统			2020/4/24	2020/7/1
13.12-4-379	13.12			YD/T 3686—2020	超 100Gb/s 光传送网（OTN）网络技术要求			2020/4/24	2020/7/1
13.12-4-380	13.12			YD/T 3719—2020	核心网网络功能虚拟化　总体技术要求			2020/4/24	2020/7/1
13.12-4-381	13.12			YD/T 3722—2020	230MHz 频段宽带无线数据传输系统的射频技术要求及测试方法			2020/4/24	2020/7/1
13.12-4-382	13.12			YD/T 3727.1—2020	分组增强型光传送网（OTN）网络管理技术要求　第1部分：基本原则			2020/4/24	2020/7/1
13.12-4-383	13.12	33.040.50	M33	YD/T 3757—2020	接入网技术要求　支持网络切片的光线路终端（OLT）			2020/8/31	2020/10/1
13.12-4-384	13.12	33.040.20	M33	YD/T 3783—2020	N×400Gb/s 光波分复用（WDM）系统技术要求			2020/12/9	2021/1/1
13.12-4-385	13.12	33.040.20	M33	YD/T 3843—2021	接入型光传送网（OTN）设备技术要求			2021/3/5	2021/4/1

13

序号	GW 分类	ICS 分类	GB 分类	标准号	中 文 名 称	代替标准	采用关系	发布日期	实施日期
13.12-4-386	13.12	33.040	M11	YD/T 3888.1—2021	通信网智能维护技术要求 第1部分：基本原则			2021/5/27	2021/7/1
13.12-4-387	13.12	33.040	M11	YD/T 3888.2—2021	通信网智能维护技术要求 第2部分：智能维护支撑系统			2021/5/27	2021/7/1
13.12-4-388	13.12	33.040	M11	YD/T 3888.3—2021	通信网智能维护技术要求 第3部分：智能维护信息模型			2021/5/27	2021/7/1
13.12-4-389	13.12	33.180	M33	YD/T 3913—2021	接入设备支持 VxLAN 技术要求			2021/5/27	2021/7/1
13.12-4-390	13.12	33.180.01	M33	YD/T 3915—2021	接入网技术要求 10Gbit/s 无源光网络（XG-PON）系统互通性			2021/5/27	2021/7/1
13.12-4-391	13.12			YD/T 5060—2019	通信设备安装抗震设计图集	YD 5060—2010		2019/11/11	2020/1/1
13.12-4-392	13.12			YD/T 908—2020	光缆型号命名方法	YD/T 908—2011		2020/4/24	2020/7/1
13.12-4-393	13.12	33.020	M40	YD/T 950—2008	电信中心内通信设备的过电压过电流抗力要求及试验方法	YD/T 950—1998		2008/3/13	2008/7/1
13.12-4-394	13.12	33.100	L06	YD/T 968—2010	电信终端设备电磁兼容性要求及测量方法	YD 968—2002		2010/12/29	2011/1/1
13.12-4-395	13.12			YDB 008.1—2007	IPQos 信令控制接口协议 第1部分：交换控制接口资源控制协议			2007/6/11	2007/6/11
13.12-4-396	13.12			YDB 008.2—2007	IPQos 信令控制接口协议 第2部分：网络控制接口资源控制协议			2007/6/11	2007/6/11
13.12-4-397	13.12			YDB 008.3—2007	IPQos 信令控制接口协议 第3部分：连接控制接口资源控制协议			2007/6/11	2007/6/11
13.12-4-398	13.12			YDB 015—2007	MPLS 网络运行和维护（OAM）技术规范			2007/9/29	2007/9/29
13.12-4-399	13.12			YDB 035—2009	基于移动 IPv6 的业务流管理技术要求			2009/12/9	2009/12/21
13.12-4-400	13.12			YDB 060—2011	接入网技术要求——采用基于波长可调方式密集波分复用技术的无源光网络			2011/2/18	2011/2/18
13.12-4-401	13.12			YDB 077—2012	N×100Gbit/s 光波分复用（WDM）系统技术要求			2012/3/25	2012/3/25
13.12-4-402	13.12			YDB 078—2012	基于 IP 的虚拟网络动态构建协议			2012/3/25	2012/3/25
13.12-4-403	13.12			YDB 081—2012	距离扩展的无源光网络技术要求			2012/3/25	2012/3/25
13.12-4-404	13.12			YDB 084—2012	适用于低功耗松散网络（LLN）环境下的轻量级 IPv6 协议			2012/3/25	2012/3/25

13

序号	GW 分类	ICS 分类	GB 分类	标准号	中 文 名 称	代替标准	采用关系	发布日期	实施日期
13.12-4-405	13.12	33.100	L06	YDB 086.1—2012	LTE 数字移动通信系统电磁兼容性要求和测量方法 第 1 部分：移动台及其辅助设备			2012/9/7	2012/9/7
13.12-4-406	13.12			YDB 086.2—2012	LTE 数字移动通信系统电磁兼容性要求和测量方法 第 2 部分：基站及其辅助设备			2012/3/25	2012/3/25
13.12-4-407	13.12			YDB 105—2012	接入网技术要求——融合 10G 无源光网络			2012/9/7	2012/9/7
13.12-4-408	13.12	33.040.01	M10	YDC 045—2007	基于软交换的网络组网总体技术要求			2007/3/16	2007/3/16
13.12-5-409	13.12	25.040；35.100；35.240.50		IEC 61158-2：2014	工业通信网络 现场总线规范 第 2 部分：物理层规范和服务定义 6.0 版			2014/7/1	2014/7/1
13.12-5-410	13.12	25.040.40；35.100.20；35.110		IEC 61158-3-20：2014	工业通信网络 现场总线规范 第 3-20 部分：数据链路层服务定义 20 型元素 1.0 版	IEC 61158-3-20：2003		2014/8/1	2014/8/1
13.12-5-411	13.12	25.040.40；35.100.20；35.110		IEC 61158-4-24：2014	工业通信网络 现场总线规范 第 4-24：数据链路层协议规范 24 型元素 1.0 版	IEC 61158-4-24：2003		2014/8/1	2014/8/1
13.12-5-412	13.12	01.040.35；35.020	K07；K04	IEC/TS 62351-2：2008	电力系统管理和相关信息交换 数据和通信安全 第 2 部分：术语表	IEC 57/853/DTS：2007		2008/8/1	2008/8/1
13.12-5-413	13.12	35.110	L78	ISO 13156：2011	信息技术 系统间远程通信和信息交换 高速率达到 60 GHz，PHY，MAC 和 PALs（通信）			2011/9/30	2011/9/30
13.12-5-414	13.12	35.200	L65	ISO 14165 114：2005	信息技术 光纤信道 第 114 部分：100 MB/s 铜平衡物理接口（FC-100-DF-EL-S）			2005/4/1	2005/4/1
13.12-5-415	13.12	35.200	M33	ISO 14165 115：2006	信息技术 光纤信道 第 115 部分：物理接口（FC-PI）			2006/2/1	2006/2/1
13.12-5-416	13.12	35.110	M33	ISO 14165-133：2010	信息技术 光纤信道 第 133 部分：开关构造-3（FC-SW-3）			2010/2/1	2010/2/1
13.12-5-417	13.12	35.110；35.200	M19	ISO 14165-331：2007	信息技术 光纤信道 第 331 部分：虚拟接口（FC-VI）（通信）			2007/7/1	2007/7/1
13.12-5-418	13.12	35.200	L65	ISO 14165-414：2007	信息技术 光纤信道 第 414 部分：一般业务-4（FC-GS-4）（通信）			2007/5/1	2007/5/1
13.12-5-419	13.12	35.200	M33	ISO 14165-521：2009	信息技术 光纤信道 第 521 部分：光纤应用接口标准（FAIS）（通信）			2009/1/1	2009/1/1
13.12-5-420	13.12	35.100.40		ISO 14476-1：2002	信息技术 增强通信传输协议：单工多点传送规范（通信）			2002/6/15	2002/6/15

13

序号	GW分类	ICS分类	GB分类	标准号	中 文 名 称	代替标准	采用关系	发布日期	实施日期
13.12-5-421	13.12	35.100.40		ISO 14476-2：2003	信息技术 增强通信传输协议：单工多点传送用 QoS 管理规范（通信）			2003/12/15	2003/12/15
13.12-5-422	13.12	35.100.40		ISO 14476-3：2008	信息技术 增强通信传输协议：双工多点传送规范（通信）			2008/4/15	2008/4/15
13.12-5-423	13.12	35.100.40		ISO 14476-4：2010	信息技术 增强通信传输协议：双工多点传送用质量服务（QoS）管理规范（通信）			2010/5/1	2010/5/1
13.12-5-424	13.12	35.100.40		ISO 14476-5：2008	信息技术 增强通信传输协议：N 工多点传送规范（通信）			2008/4/15	2008/4/15
13.12-5-425	13.12	35.100.40		ISO 14476-6：2010	信息技术 增强通信传输协议：n-路传声多路广播传送服务质量（QoS）管理规范（通信）			2010/5/1	2010/5/1
13.12-5-426	13.12	35.080		ISO 15288：2008	系统和软件工程 系统生命周期过程（通信）			2008/2/1	2008/2/1
13.12-5-427	13.12	35.110		ISO 8802-2：1998	信息技术 系统间远程通信和信息交换 局域网和城域网 特殊要求 第2部分：逻辑链路控制	ISO 8802-2：1989		1998/5/7	1998/5/7
13.12-5-428	13.12	35.100.10；35.110		ISO 8802-3：2000	信息技术 系统间的电信和信息交换 局域网和城市区域网 第3部分：带检测冲突的载波监听外路存取的（CSMA/CD）访问方法及物理层规范	ISO 8802-3：1989		2000/12/15	2000/12/15
13.12-5-429	13.12	35.100.10；35.110		ISO 8802-5：1998	信息技术 系统间远程通信和信息交换 局域网和城域网 特殊要求 第5部分：令牌环访问方法和物理层规范			1998/9/15	1998/9/15
13.12-5-430	13.12	35.100.60		ISO 8823-2：1997	信息技术 开放系统互连 面向连接的表示协议：协议实现一致性声明（PICS）形式表	ISO 8823-2：1995		1997/7/1	1997/7/1
13.12-5-431	13.12	35.110	L78	ISO/IEC 12139-1 CORRI 1：2010	信息技术系统间通信和信息交换电力线通信（PLC）高速 PLC 的媒体访问控制（MAC）和物理层（PHY） 第1部分：通用要求技术勘误表1			2009/4/1	2009/4/1
13.12-5-432	13.12			ISO/IEC 12139-1：2009	信息技术通信和信息交换系统电力线通信（PLC）高速 PLC 中间控制（MAC）和物理层（PHY） 第1部分：总体要求			2009/7/1	2009/7/1
13.12-5-433	13.12	35.200		ISO/IEC 14165-122：2008	信息技术光纤信道 第122部分：仲裁环路—2（FC—AL—2）	ISO/IEC 14165-122：2005		2008/8/1	2008/8/1
13.12-5-434	13.12	35.200	M33	ISO/IEC 14165-251：2008	信息技术光纤信道 第251部分：光纤信道定位和信号传输（FC—FS）			2008/1/1	2008/1/1

13

序号	GW 分类	ICS 分类	GB 分类	标准号	中 文 名 称	代替标准	采用关系	发布日期	实施日期
13.12-5-435	13.12	35.200		ISO/IEC/TR 14165-372：2011	信息技术光纤信道　第372部分：互连2的方法（FC-MI-2）			2011/2/1	2011/2/1
13.12-5-436	13.12	35.200	M33	ISO/IEC 14165-521：2009	信息技术光纤信道　第521部分：光纤应用接口标准（FAIS）			2009/1/1	2009/1/9
13.12-5-437	13.12	35.200		ISO/IEC 14776-223：2008	信息技术小型计算机系统接口（SCSI）第223部分：光纤信道协议　第3版（FCP-3）			2008/5/1	2008/5/1
13.12-5-438	13.12			ISO/IEC 22535：2009	信息技术系统间通信和信息交换联合通信网络SIP上QSIG的隧道效应	ISO/IEC 22535：2006		2009/4/15	2009/4/15
13.12-5-439	13.12	35.100.20		ISO TR 10171：2000	信息技术　系统间远程通信和信息交换　利用高级数据链路控制（HDLC）规程类别的标准数据链路层协议的列表、标准XID格式标识符的列表、标准方式设置信息字段格式标识符的列表和用户定义的标准参数集标识值的列表			2000/10/15	2000/10/15
13.12-5-440	13.12	35.100.30；35.100.40		ISO TR 10172：1991	信息技术　系统间远程通信和信息交换　网络/运输协议互工作规范			1991/1/1	1991/1/1
13.12-5-441	13.12	35.100.01		ISO TR 10730：1993	信息技术　开放系统互连　命名与编址指导			1993/1/1	1993/1/1
13.12-5-442	13.12	35.110		ISO TR 11802-5：1997	信息技术　系统间远程通信和信息交换　局域网和城域网　技术报告和指南　第5部分：局域网中以太网V2.0媒体存取控制（MAC）桥接			1997/8/15	1997/8/15
13.12-5-443	13.12			ITU-T G 666—2008	PMD补偿器和PMD补偿接收机的特征	ITU-T G 666—2005		2008/3/1	2008/3/1
13.12-5-444	13.12			ITU-T G 671—2009	光组件和子系统的传输特性	ITU-T G 671—2005；ITU-T G 671 AMD 2—2006；ITU-T G 671 AMD 1—2008；ITU-T G 671 AMD 3—2008		2009/1/1	2009/1/1
13.12-5-445	13.12			ITU-T G 8261 Y 1361—2008	分组网络中的时分和同步	ITU-T G 8261 Y 1361—2006；ITU-T G 8261 Y 1361 CORRI 1—2006		2008/4/1	2008/4/1
13.12-5-446	13.12			ITU-T K 75—2008	通信设备的抵抗性和安全标准应用接口的分类			2008/4/1	2008/4/1
13.12-5-447	13.12			ITU-T K 76—2008	电信网络设备的EMC要求（9kHz～150kHz）			2008/7/1	2008/7/1
13.12-5-448	13.12			ITU-T X 1161—2008	安全点到点通信的框架			2008/5/1	2008/5/1

13

序号	GW 分类	ICS 分类	GB 分类	标准号	中 文 名 称	代替标准	采用关系	发布日期	实施日期
13.12-5-449	13.12			ITU-T X 607.1—2008	信息技术增强通信传输协议规范双向组播传送的 QoS 管理规范			2008/11/1	2008/11/1
13.12-5-450	13.12			ITU-T X 608.1—2008	信息技术增强通信传输协议规范 N-plex 组播传送的 QoS 管理规范			2008/11/1	2008/11/1
13.12-5-451	13.12			ITU-T Y 1563—2009	以太网帧传输和可用性能			2009/1/1	2009/1/1
13.12-5-452	13.12			ITU-T Y 2051—2008	基于 IPv6 的 NGN 概述			2008/2/1	2008/2/1
13.12-5-453	13.12			ITU-T Y 2052—2008	基于 IPv6NGN 的多链路框架			2008/2/1	2008/2/1
13.12-5-454	13.12			ITU-T Y 2054—2008	基于 IPv6NGN 的支持信令框架			2008/2/1	2008/2/1
13.12-5-455	13.12			ITU-T Y 2234—2008	NGN 开放业务环境能力			2008/9/1	2008/9/1
13.12-5-456	13.12			ITU-T Y 2720—2009	NGN 身份管理架构			2009/1/1	2009/1/1

13

14 运行检修

14.1 运行检修-基础综合

序号	GW 分类	ICS 分类	GB 分类	标准号	中 文 名 称	代替标准	采用关系	发布日期	实施日期
14.1-2-1	14.1			Q/GDW 10446—2021	电流互感器状态评价导则	Q/GDW 10446—2016		2021/12/6	2021/12/6
14.1-2-2	14.1			Q/GDW 10450—2021	隔离开关和接地开关状态评价导则	Q/GDW 450—2010		2021/12/6	2021/12/6
14.1-2-3	14.1			Q/GDW 11004—2013	冰区分级标准和冰区分布图绘制规则			2014/4/15	2014/4/15
14.1-2-4	14.1			Q/GDW 11005—2013	风区分级标准和风区分布图绘制规则			2014/4/15	2014/4/15
14.1-2-5	14.1			Q/GDW 11006—2013	舞动区域分级标准和舞动分布图绘制规则			2014/4/15	2014/4/15
14.1-2-6	14.1	29.240		Q/GDW 11261—2014	配电网检修规程			2014/11/20	2014/11/20
14.1-2-7	14.1	29.240		Q/GDW 11477—2015	金属封闭开关设备检修决策导则			2016/9/30	2016/9/30
14.1-2-8	14.1	29.240		Q/GDW 11625—2016	配网抢修指挥技术支持系统功能规范			2017/7/31	2017/7/31
14.1-2-9	14.1	29.240		Q/GDW 11626—2016	配网抢修指挥故障研判技术导则			2017/7/31	2017/7/31
14.1-2-10	14.1	29.240		Q/GDW 1168—2013	输变电设备状态检修试验规程	Q/GDW 168—2008		2014/1/10	2014/1/10
14.1-2-11	14.1	29.240		Q/GDW 11719.1—2017	生产技术改造和生产设备大修项目可行性研究内容深度规定　第 1 部分：生产技术改造项目			2018/4/13	2018/4/13
14.1-2-12	14.1	29.240		Q/GDW 11719.2—2017	生产技术改造和生产设备大修项目可行性研究内容深度规定　第 2 部分：生产设备大修项目			2018/4/13	2018/4/13
14.1-2-13	14.1	29.240		Q/GDW 11839—2018	生产技术改造项目造价分析深度规定			2019/7/31	2019/7/31
14.1-2-14	14.1	29.020		Q/GDW 11988—2019	输配电网线损理论计算导则			2020/8/24	2020/8/24
14.1-2-15	14.1			Q/GDW 12019—2019	电网生产技术改造项目后评价深度规定			2020/12/31	2020/12/31
14.1-2-16	14.1			Q/GDW 12020—2019	输变电设备物联网微功率无线网通信协议			2020/12/31	2020/12/31
14.1-2-17	14.1			Q/GDW 12021—2019	输变电设备物联网节点设备无线组网协议	Q/GDW 1374.1—2013		2020/12/31	2020/12/31
14.1-2-18	14.1			Q/GDW 12025.1—2019	电网在运设备三维建模规范　第 1 部分：变电站（换流站）			2020/12/31	2020/12/31
14.1-2-19	14.1			Q/GDW 12025.2—2019	电网在运设备三维建模规范　第 2 部分：架空输电线路			2020/12/31	2020/12/31
14.1-2-20	14.1			Q/GDW 12025.3—2019	电网在运设备三维建模规范　第 3 部分：电缆线路			2020/11/27	2020/11/27
14.1-2-21	14.1			Q/GDW 12085—2021	输变电设备物联网无线传感器运维规范			2021/12/6	2021/12/6

14

序号	GW分类	ICS分类	GB分类	标准号	中 文 名 称	代替标准	采用关系	发布日期	实施日期
14.1-2-22	14.1			Q/GDW 12086—2021	输变电设备物联网节点设备运维规范			2021/12/6	2021/12/6
14.1-2-23	14.1			Q/GDW 12129—2021	电网大气腐蚀等级分布图绘制规范			2022/1/28	2022/1/28
14.1-2-24	14.1			Q/GDW 12161—2021	气体绝缘金属封闭式电气设备漏气封堵　技术规范			2021/12/6	2021/12/6
14.1-2-25	14.1	29.240		Q/GDW 13001—2014	高海拔地区外绝缘配置技术规范			2014/10/1	2014/10/1
14.1-2-26	14.1	29.240		Q/GDW 1519—2014	配电网运维规程	Q/GDW 519—2010		2014/11/20	2014/11/20
14.1-2-27	14.1	29.240		Q/GDW 1643—2015	配网设备状态检修试验规程	Q/GDW 643—2011		2016/9/30	2016/9/30
14.1-2-28	14.1	29.240		Q/GDW 1683—2015	资产全寿命周期管理体系规范	Q/GDW 683—2011		2015/11/20	2015/11/20
14.1-2-29	14.1			Q/GDW 1903—2013	输变电设备风险评估导则			2014/4/15	2014/4/15
14.1-2-30	14.1			Q/GDW 1904.1—2013	输变电设备缺陷用语规范　第1部分：变电一次部分			2014/4/15	2014/4/15
14.1-2-31	14.1			Q/GDW 1904.2—2013	输变电设备缺陷用语规范　第2部分：输电部分			2014/4/15	2014/4/15
14.1-2-32	14.1			Q/GDW 1905—2013	输变电设备状态检修辅助决策系统技术导则			2014/4/15	2014/4/15
14.1-2-33	14.1			Q/GDW 1906—2013	输变电一次设备缺陷分类标准			2014/4/15	2014/4/15
14.1-2-34	14.1	29.020		Q/GDW 387—2009	人工除冰作业导则			2009/12/22	2009/12/22
14.1-2-35	14.1	29.020		Q/GDW 565—2010	城市配电网运行水平和供电能力评估导则			2010/12/30	2010/12/30
14.1-2-36	14.1	29.240		Q/GDW 626—2011	配电自动化系统运行维护管理规范			2011/5/25	2011/5/25
14.1-2-37	14.1	29.020		Q/GDW 644—2011	配网设备状态检修导则			2011/7/15	2011/7/15
14.1-2-38	14.1	29.020		Q/GDW 645—2011	配网设备状态评价导则			2011/7/15	2011/7/15
14.1-2-39	14.1	29.020		Q/GDW 743—2012	配电网技改大修技术规范			2012/6/21	2012/6/21
14.1-2-40	14.1	29.020		Q/GDW 744—2012	配电网技改大修项目交接验收技术规范			2012/6/21	2012/6/21
14.1-2-41	14.1	29.020		Q/GDW 745—2012	配电网设备缺陷分类标准			2012/6/21	2012/6/21
14.1-3-42	14.1	25.220.40	A29	GB/T 13912—2020	金属覆盖层　钢铁制件热浸镀锌层　技术要求及试验方法	GB/T 13912—2002	ISO 1461：2009	2020/6/2	2021/4/1
14.1-3-43	14.1	25.040.01	N10	GB/T 17214.2—2005	工业过程测量和控制装置的工作条件　第2部分：动力	JB/T 9237.2—1999		2005/9/9	2006/4/1
14.1-3-44	14.1	25.040.01	N10	GB/T 17214.4—2005	工业过程测量和控制装置的工作条件　第4部分：腐蚀和侵蚀影响	JB/T 9237.1—1999		2005/9/9	2006/4/1

14

序号	GW分类	ICS分类	GB分类	标准号	中文名称	代替标准	采用关系	发布日期	实施日期
14.1-3-45	14.1			GB/T 19355.1—2016	锌覆盖层 钢铁结构防腐蚀的指南和建议 第1部分：设计与防腐蚀的基本原则	GB/T 19355—2003	ISO 14713-1：2009 MOD	2016/2/24	2016/9/1
14.1-3-46	14.1			GB/T 19355.2—2016	锌覆盖层 钢铁结构防腐蚀的指南和建议 第2部分：热浸镀锌	GB/T 19355—2003	ISO 14713-2：2009 MOD	2016/2/24	2016/9/1
14.1-3-47	14.1	25.220.40	A29	GB/T 19355.3—2016	锌覆盖层 钢铁结构防腐蚀的指南和建议 第3部分：粉末渗锌	GB/T 19355—2003	ISO 14713-3：2009 MOD	2016/2/24	2016/9/1
14.1-3-48	14.1	29.080.30	K15	GB/T 23642—2017	电气绝缘材料和系统 瞬时上升和重复电压冲击条件下的局部放电（PD）电气测量	GB/T 23642—2009	IEC/TS 61934：2011	2017/12/29	2018/7/1
14.1-3-49	14.1	71.100.99	G85	GB/T 34320—2017	六氟化硫电气设备用分子筛吸附剂使用规范			2017/9/7	2018/4/1
14.1-3-50	14.1	07.060	A47	GB/T 34325—2017	太阳能资源数据准确性评判方法			2017/9/7	2018/4/1
14.1-3-51	14.1	29.240；35.080	K40	GB/T 34569—2017	带电作业仿真训练系统			2017/9/29	2018/4/1
14.1-3-52	14.1	29.240.20	F21	GB/T 37013—2018	柔性直流输电线路检修规范			2018/12/28	2019/7/1
14.1-3-53	14.1	91.120.40	M04	GB/T 37047—2018	基于雷电定位系统（LLS）的地闪密度 总则		IEC 62858：2015	2018/12/28	2019/7/1
14.1-3-54	14.1	91.120.40	M04	GB/T 38121—2019	雷电防护 雷暴预警系统		IEC 62793：2016	2019/10/18	2020/5/1
14.1-3-55	14.1	29.035.99	K15	GB/T 5132.2—2009	电气用热固性树脂工业硬质圆形层压管和棒 第2部分：试验方法	GB/T 5132—1985；GB/T 5134—1985		2009/6/10	2009/12/1
14.1-3-56	14.1	29.020	K09	GB 9089.5—2008	户外严酷条件下的电气设施 第5部分：操作要求	GB 9089.5—1995		2008/6/18	2009/3/1
14.1-3-57	14.1			GB/T 9793—2012	热喷涂 金属和其他无机覆盖层 锌、铝及其合金	GB/T 9793—1997	ISO 2063：2005	2012/11/5	2013/3/1
14.1-4-58	14.1			DL/T 1080.1—2016	电力企业应用集成配电管理的系统接口 第1部分：接口体系与总体要求	DL/T 1080.1—2008		2016/1/7	2016/6/1
14.1-4-59	14.1			DL/T 1080.11—2015	电力企业应用集成配电管理的系统接口 第11部分：配电公共信息模型		IEC 61968-11：2013 IDT	2015/4/2	2015/9/1
14.1-4-60	14.1		K20	DL/T 1163—2012	隐极发电机在线监测装置配置导则			2012/8/23	2012/12/1
14.1-4-61	14.1	27.100	F29	DL/T 1294—2013	交流电力系统金属氧化物避雷器用脱离器使用导则			2013/11/28	2014/4/1
14.1-4-62	14.1			DL/T 1406—2015	配电自动化技术导则			2015/4/2	2015/9/1
14.1-4-63	14.1			DL/T 1442—2015	智能配变终端技术条件			2015/4/2	2015/9/1
14.1-4-64	14.1			DL/T 1532—2016	接地网腐蚀诊断技术导则			2016/1/7	2016/6/1

14

序号	GW分类	ICS分类	GB分类	标准号	中 文 名 称	代替标准	采用关系	发布日期	实施日期
14.1-4-65	14.1			DL/T 1538—2016	电力变压器用真空有载分接开关使用导则			2016/1/7	2016/6/1
14.1-4-66	14.1			DL/T 1554—2016	接地网土壤腐蚀性评价导则			2016/2/5	2016/7/1
14.1-4-67	14.1			DL/T 1784—2017	多雷区110kV～500kV交流同塔多回输电线路防雷技术导则			2017/12/27	2018/6/1
14.1-4-68	14.1			DL/T 2106—2020	配网设备状态评价导则			2020/10/23	2021/2/1
14.1-4-69	14.1			DL/T 2107—2020	配网设备状态检修导则			2020/10/23	2021/2/1
14.1-4-70	14.1			DL/T 345—2019	带电设备紫外诊断技术应用导则	DL/T 345—2010		2019/11/4	2020/5/1
14.1-4-71	14.1		F21	DL/T 5500—2015	配电自动化系统信息采集及分类技术规范			2015/4/2	2015/9/1
14.1-4-72	14.1		K45	DL/T 620—1997	交流电气装置的过电压保护和绝缘配合			1997/4/21	1997/10/1
14.1-4-73	14.1			DL/T 664—2016	带电设备红外诊断应用规范	DL/T 664—2008		2016/12/5	2017/5/1
14.1-4-74	14.1	29.180	K41	DL/T 725—2013	电力用电流互感器使用技术规范	DL/T 725—2000		2013/11/28	2014/4/1
14.1-4-75	14.1	29.180	K41	DL/T 726—2013	电力用电磁式电压互感器使用技术规范	DL/T 726—2000		2013/11/28	2014/4/1
14.1-4-76	14.1	29.180	K41	DL/T 727—2013	互感器运行检修导则	DL/T 727—2000		2013/11/28	2014/4/1
14.1-4-77	14.1	27.100	F23	DL/T 804—2014	交流电力系统金属氧化物避雷器使用导则	DL/T 804—2002		2014/10/15	2015/3/1
14.1-4-78	14.1	71.120.01	G90	HG/T 4077—2009	防腐蚀涂层涂装技术规范			2009/2/5	2009/7/1
14.1-4-79	14.1		K48	JB/T 5895—1991	污秽地区绝缘子使用导则		IEC 815 NEQ	1991/10/24	1992/10/1
14.1-5-80	14.1	17.220.99;29.035.01		IEC 60243-2—2013	绝缘材料的耐电强度 试验方法 第2部分：采用直流电压进行试验的补充要求			2013/11/26	2013/11/26
14.1-5-81	14.1	17.220.99;29.035.01		IEC 60243-3—2013	绝缘材料电气强度试验方法 第3部分：1.2/50μs脉冲试验补充要求			2013/11/26	2013/11/26
14.1-6-82	14.1	29.240.10	L66	T/CEC 159—2018	变电站机器人巡检系统扩展接口技术规范			2018/1/24	2018/4/1
14.1-6-83	14.1	29.240.10	L66	T/CEC 160—2018	变电站机器人巡检系统集中监控技术导则			2018/1/24	2018/4/1
14.1-6-84	14.1	29.240.10	L66	T/CEC 161—2018	变电站机器人巡检系统运维检修技术导则			2018/1/24	2018/4/1
14.1-6-85	14.1			T/CEC 196—2018	超、特高压设备检修作业安全预警系统			2018/11/6	2019/2/1
14.1-6-86	14.1			T/CEC 292—2020	输变电设备数据质量评价导则			2020/6/30	2020/10/1
14.1-6-87	14.1			T/CEC 294—2020	电网智能运检管控系统功能规范			2020/6/30	2020/10/1
14.1-6-88	14.1			T/CEC 297.1—2020	高压直流输电换流阀冷却技术规范 第1部分：总则			2020/6/30	2020/10/1

14

序号	GW 分类	ICS 分类	GB 分类	标准号	中 文 名 称	代替标准	采用关系	发布日期	实施日期
14.1-6-89	14.1			T/CEC 297.2—2020	高压直流输电换流阀冷却技术规范　第 2 部分：内冷却水处理			2020/6/30	2020/10/1
14.1-6-90	14.1			T/CEC 297.3—2020	高压直流输电换流阀冷却技术规范　第 3 部分：阀厅空气调节及净化处理			2020/6/30	2020/10/1
14.1-6-91	14.1			T/CEC 297.5—2020	高压直流输电换流阀冷却技术规范　第 5 部分：空气冷却器清洗			2020/6/30	2020/10/1
14.1-6-92	14.1			T/CEC 349—2020	柔性互联交直流配电系统绝缘配合导则			2020/6/30	2020/10/1

14.2　运行检修-变电站

序号	GW 分类	ICS 分类	GB 分类	标准号	中 文 名 称	代替标准	采用关系	发布日期	实施日期
14.2-2-1	14.2	29.240		Q/GDW 10169—2016	油浸式变压器（电抗器）状态评价导则	Q/GDW 169—2008		2017/3/24	2017/3/24
14.2-2-2	14.2	29.240		Q/GDW 10171—2016	SF_6 高压断路器状态评价导则	Q/GDW 171—2008		2017/3/24	2017/3/24
14.2-2-3	14.2	29.240		Q/GDW 10207.1—2016	1000kV 变电设备检修导则　第 1 部分：油浸式变压器、并联电抗器	Q/GWD/Z 207.1—2008		2016/12/8	2016/12/8
14.2-2-4	14.2	29.240		Q/GDW 10207.2—2016	1000kV 变电设备检修导则　第 2 部分：气体绝缘金属封闭开关	Q/GWD/Z 207.2—2008		2016/12/8	2016/12/8
14.2-2-5	14.2	29.240		Q/GDW 10207.3—2016	1000kV 变电设备检修导则　第 3 部分：金属氧化物避雷器	Q/GDW/Z 207.3—2008		2016/12/8	2016/12/8
14.2-2-6	14.2	29.240		Q/GDW 10207.4—2016	1000kV 变电设备检修导则　第 4 部分：电容式电压互感器	Q/GDW/Z 207.4—2008		2016/12/8	2016/12/8
14.2-2-7	14.2	29.240		Q/GDW 10208—2016	1000kV 变电站检修管理规范	Q/GDW/Z 208—2008		2016/12/8	2016/12/8
14.2-2-8	14.2	29.240		Q/GDW 10407—2018	高压支柱瓷绝缘子现场检测导则	Q/GDW 407—2010		2020/4/3	2020/4/3
14.2-2-9	14.2	29.240		Q/GDW 10452—2016	并联电容器装置状态评价导则	Q/GDW 452—2010		2017/10/17	2017/10/17
14.2-2-10	14.2	29.240		Q/GDW 10454—2016	金属氧化物避雷器状态评价导则	Q/GDW 454—2010		2017/10/17	2017/10/17
14.2-2-11	14.2			Q/GDW 10460—2017	电容式电压互感器、耦合电容器状态评价导则	Q/GDW 460—2010		2018/9/30	2018/9/30
14.2-2-12	14.2			Q/GDW 10599—2017	干式并联电抗器状态评价导则	Q/GDW 599—2011		2018/9/30	2018/9/30
14.2-2-13	14.2			Q/GDW 10601—2017	消弧线圈装置状态评价导则	Q/GDW 601—2011		2018/9/30	2018/9/30
14.2-2-14	14.2	29.240		Q/GDW 10605—2016	35kV 油浸式变压器（电抗器）状态评价导则	Q/GDW 605—2011		2017/10/17	2017/10/17
14.2-2-15	14.2			Q/GDW 10611—2017	变电站防雷及接地装置状态评价导则	Q/GDW 611—2011		2018/9/30	2018/9/30

14

序号	GW 分类	ICS 分类	GB 分类	标准号	中 文 名 称	代替标准	采用关系	发布日期	实施日期
14.2-2-16	14.2			Q/GDW 10612—2020	12kV（7.2）kV～40.5kV 交流金属封闭 开关设备状态检修导则	Q/GDW 612—2011		2021/4/30	2021/4/30
14.2-2-17	14.2	29.240		Q/GDW 10656—2015	串联电容器补偿装置运行规范	Q/GDW 656—2011		2016/12/8	2016/12/8
14.2-2-18	14.2	29.240		Q/GDW 10657—2015	串联电容器补偿装置检修规范	Q/GDW 657—2011		2016/12/8	2016/12/8
14.2-2-19	14.2	29.240		Q/GDW 11054—2013	智能变电站数字化相位核准技术规范			2014/4/1	2014/4/1
14.2-2-20	14.2	29.240		Q/GDW 11087—2013	移动式直流融冰系统运行维护规程			2014/9/1	2014/9/1
14.2-2-21	14.2	29.240		Q/GDW 11088—2013	固定式直流融冰装置运行维护规程			2014/9/1	2014/9/1
14.2-2-22	14.2	29.240		Q/GDW 11240—2014	电容式电源互感器、耦合电容器检修决策导则			2014/12/1	2014/12/1
14.2-2-23	14.2	29.240		Q/GDW 11241—2014	金属氧化物避雷器检修决策导则			2014/12/1	2014/12/1
14.2-2-24	14.2	29.240		Q/GDW 11242—2014	交直流穿墙套管检修决策导则			2014/12/1	2014/12/1
14.2-2-25	14.2	29.240		Q/GDW 11243—2014	电磁式电压互感器检修决策导则			2014/12/1	2014/12/1
14.2-2-26	14.2	29.240		Q/GDW 11244—2014	SF_6 断路器检修决策导则			2014/12/1	2014/12/1
14.2-2-27	14.2	29.240		Q/GDW 11245—2014	隔离开关和接地开关检修决策导则			2014/12/1	2014/12/1
14.2-2-28	14.2	29.240		Q/GDW 11247—2014	油浸式变压器（电抗器）检修决策导则			2014/12/1	2014/12/1
14.2-2-29	14.2	29.240		Q/GDW 11248—2014	电流互感器检修决策导则			2014/12/1	2014/12/1
14.2-2-30	14.2	29.240		Q/GDW 11378—2015	10kV 开关站/配电室交流装置选型技术原则和检测技术规范			2015/10/30	2015/10/30
14.2-2-31	14.2	29.240		Q/GDW 11379—2015	10kV 开关站/配电室直流装置选型技术原则和检测技术规范			2015/10/30	2015/10/30
14.2-2-32	14.2	29.240		Q/GDW 11423—2015	超、特高压变压器现场工厂化检修技术规范			2016/1/5	2016/1/5
14.2-2-33	14.2	29.240		Q/GDW 11504—2015	隔离断路器运维导则			2016/12/8	2016/12/8
14.2-2-34	14.2	29.240		Q/GDW 11507—2015	隔离断路器状态评价导则			2016/12/8	2016/12/8
14.2-2-35	14.2	29.240		Q/GDW 11508—2015	隔离断路器状态检修导则			2016/12/8	2016/12/8
14.2-2-36	14.2	29.240		Q/GDW 11510—2015	电子式互感器运维导则			2016/12/8	2016/12/8
14.2-2-37	14.2	29.240		Q/GDW 11511—2015	电子式电压互感器状态评价导则			2016/12/8	2016/12/8
14.2-2-38	14.2	29.240		Q/GDW 11512—2015	电子式电压互感器检修决策导则			2016/12/8	2016/12/8
14.2-2-39	14.2	25.040.30		Q/GDW 11516—2016	变电站智能机器人巡检系统运维规范			2016/11/25	2016/11/25

14

序号	GW 分类	ICS 分类	GB 分类	标准号	中 文 名 称	代替标准	采用关系	发布日期	实施日期
14.2-2-40	14.2	29.180		Q/GDW 11519.1—2016	电力变压器中性点电容隔直/电阻限流装置运维检修规程 第1部分：电容型隔直装置			2016/11/25	2016/11/25
14.2-2-41	14.2	29.180		Q/GDW 11519.2—2016	电力变压器中性点电容隔直/电阻限流装置运维检修规程 第2部分：电阻型限流装置			2016/11/25	2016/11/25
14.2-2-42	14.2	29.240		Q/GDW 11558—2016	变电站整站及间隔状态评价导则			2017/3/24	2017/3/24
14.2-2-43	14.2	29.240		Q/GDW 11647—2016	车载移动式变电站运行规范			2017/10/17	2017/10/17
14.2-2-44	14.2	29.240		Q/GDW 170—2008	油浸式变压器（电抗器）状态检修导则			2008/1/21	2008/1/21
14.2-2-45	14.2	29.240		Q/GDW 172—2008	SF_6高压断路器状态检修导则			2008/1/21	2008/1/21
14.2-2-46	14.2	29.240		Q/GDW 1877—2013	电网行波测距装置运行规程			2013/11/12	2013/11/12
14.2-2-47	14.2	29.240		Q/GDW/Z 211.1—2008	1000kV 特高压变电站运行规程 第1部分：设备概况			2008/11/6	2008/11/6
14.2-2-48	14.2	29.240		Q/GDW/Z 211.2—2008	1000kV 特高压变电站运行规程 第2部分：运行方式			2008/11/6	2008/11/6
14.2-2-49	14.2	29.240		Q/GDW/Z 211.3—2008	1000kV 特高压变电站运行规程 第3部分：设备巡检			2008/11/6	2008/11/6
14.2-2-50	14.2	29.240		Q/GDW/Z 211.4—2008	1000kV 特高压变电站运行规程 第4部分：设备异常及事故处理			2008/11/6	2008/11/6
14.2-2-51	14.2	29.240		Q/GDW/Z 211.5—2008	1000kV 特高压变电站运行规程 第5部分：典型操作票			2008/11/6	2008/11/6
14.2-2-52	14.2	29.240		Q/GDW/Z 211.6—2008	1000kV 特高压变电站运行规程 第6部分：变电站图册			2008/11/6	2008/11/6
14.2-2-53	14.2	29.020		Q/GDW 408—2010	800kV 罐式断路器检修规范			2010/4/8	2010/4/8
14.2-2-54	14.2	29.020		Q/GDW 409—2010	800kV 罐式断路器运行规范			2010/4/8	2010/4/8
14.2-2-55	14.2	29.020		Q/GDW 445—2010	电流互感器状态检修导则			2010/6/21	2010/6/21
14.2-2-56	14.2	29.020		Q/GDW 447—2010	气体绝缘金属封闭开关设备状态检修导则			2010/6/21	2010/6/21
14.2-2-57	14.2	29.020		Q/GDW 448—2010	气体绝缘金属封闭开关设备状态评价导则			2010/6/21	2010/6/21
14.2-2-58	14.2	29.020		Q/GDW 449—2010	隔离开关状态检修导则			2010/6/21	2010/6/21
14.2-2-59	14.2	29.020		Q/GDW 451—2010	并联电容器装置（集合式电容器装置）状态检修导则			2010/6/21	2010/6/21

14

序号	GW分类	ICS分类	GB分类	标准号	中 文 名 称	代替标准	采用关系	发布日期	实施日期
14.2-2-60	14.2	29.020		Q/GDW 453—2010	金属氧化物避雷器状态检修导则			2010/6/21	2010/6/21
14.2-2-61	14.2	29.020		Q/GDW 457—2010	电磁式电压互感器状态检修导则			2010/6/21	2010/6/21
14.2-2-62	14.2	29.020		Q/GDW 458—2010	电磁式电压互感器状态评价导则			2010/6/21	2010/6/21
14.2-2-63	14.2	29.020		Q/GDW 459—2010	电容式电压互感器、耦合电容器状态检修导则			2010/6/21	2010/6/21
14.2-2-64	14.2	29.020		Q/GDW 538—2010	变电设备在线监测系统运行管理规范			2011/1/28	2011/1/28
14.2-2-65	14.2	29.240		Q/GDW 598—2011	干式并联电抗器状态检修导则			2011/4/15	2011/4/15
14.2-2-66	14.2	29.240		Q/GDW 600—2011	消弧线圈装置状态检修导则			2011/4/15	2011/4/15
14.2-2-67	14.2	29.240		Q/GDW 602—2011	110（66）kV及以上电压等级交直流穿墙套管状态检修导则			2011/4/15	2011/4/15
14.2-2-68	14.2	29.240		Q/GDW 603—2011	110（66）kV及以上电压等级交直流穿墙套管状态评价导则			2011/4/15	2011/4/15
14.2-2-69	14.2	29.240		Q/GDW 604—2011	35kV油浸式变压器（电抗器）状态检修导则			2011/4/15	2011/4/15
14.2-2-70	14.2	29.240		Q/GDW 606—2011	变电站直流系统状态检修导则			2011/4/15	2011/4/15
14.2-2-71	14.2	29.240		Q/GDW 607—2011	变电站直流系统状态评价导则			2011/4/15	2011/4/15
14.2-2-72	14.2	29.240		Q/GDW 608—2011	所用电系统状态检修导则			2011/4/15	2011/4/15
14.2-2-73	14.2	29.240		Q/GDW 609—2011	所用电系统状态评价导则			2011/4/15	2011/4/15
14.2-2-74	14.2	29.240		Q/GDW 610—2011	变电站防雷及接地装置状态检修导则			2011/4/15	2011/4/15
14.2-2-75	14.2	29.240		Q/GDW 613—2011	12（7.2）kV～40.5kV交流金属封闭开关设备状态评价导则			2011/4/15	2011/4/15
14.2-2-76	14.2	29.240		Q/GDW 616—2011	基于DL/T 860标准的变电设备在线监测装置应用规范			2011/4/21	2011/4/21
14.2-2-77	14.2	29.020		Q/GDW 658—2011	串联电容器补偿装置状态检修导则			2011/10/18	2011/10/18
14.2-2-78	14.2	29.020		Q/GDW 659—2011	串联电容器补偿装置状态评价导则			2011/10/18	2011/10/18
14.2-2-79	14.2	29.240		Q/GDW 750—2012	智能变电站运行管理规范			2012/6/11	2012/6/11
14.2-2-80	14.2	29.240		Q/GDW 751—2012	变电站智能设备运行维护导则			2012/6/11	2012/6/11
14.2-2-81	14.2	29.240		Q/GDW 752—2012	变电站智能巡视功能规范			2012/6/11	2012/6/11
14.2-3-82	14.2	29.180	K41	GB/T 13499—2002	电力变压器应用导则	GB/T 13499—1992	IEC 60076-8：1997 IDT	2002/2/28	2003/3/1

14

序号	GW分类	ICS分类	GB分类	标准号	中文名称	代替标准	采用关系	发布日期	实施日期
14.2-3-83	14.2	29.240	K43	GB/T 24835—2018	1100kV 气体绝缘金属封闭开关设备运行维护规程	GB/Z 24835—2009		2018/12/28	2019/7/1
14.2-3-84	14.2	29.020	K04	GB/T 34925—2017	高原110kV变电站交流回路系统现场检验方法			2017/11/1	2018/5/1
14.2-3-85	14.2	27.100	F24	GB/T 7595—2017	运行中变压器油质量	GB/T 7595—2008		2017/5/12	2017/12/1
14.2-3-86	14.2	29.020	K43	GB/T 8905—2012	六氟化硫电气设备中气体管理和检测导则	GB/T 8905—1996	IEC 60480：2004	2012/11/5	2013/2/1
14.2-4-87	14.2			DL/T 1036—2021	变电设备巡检系统	DL/T 1036—2006		2021/4/26	2021/10/26
14.2-4-88	14.2	29.120.50	F23	DL/T 1081—2008	12kV～40.5kV 户外高压开关运行规程			2008/6/4	2008/11/1
14.2-4-89	14.2	29.180	K41	DL/T 1093—2018	电力变压器绕组变形的电抗法检测判断导则	DL/T 1093—2008		2018/4/3	2018/7/1
14.2-4-90	14.2	29.180	K41	DL/T 1102—2009	配电变压器运行规程			2009/7/1	2009/12/1
14.2-4-91	14.2	29.240	K44	DL/T 1176—2012	1000kV 油浸式变压器、并联电抗器运行及维护规程			2012/8/23	2012/12/1
14.2-4-92	14.2	29.180	K41	DL/T 1251—2013	电力用电容式电压互感器使用技术规范	SD 333—1989		2013/11/28	2014/4/1
14.2-4-93	14.2	29.180	K41	DL/T 1268—2013	三相组合互感器使用技术规范			2013/11/28	2014/4/1
14.2-4-94	14.2	29.180	K41	DL/T 1284—2013	500kV 干式空心限流电抗器使用导则			2013/11/28	2014/4/1
14.2-4-95	14.2		F29	DL/T 1298—2013	静止无功补偿装置运行规程			2013/11/28	2014/4/1
14.2-4-96	14.2	27.100	F29	DL/T 1304—2013	500kV 串联电容器补偿装置系统调试规程			2013/11/28	2014/4/1
14.2-4-97	14.2	29.240.20	K47	DL/T 1467—2015	500kV 交流输变电设备带电水冲洗作业技术规范			2015/7/1	2015/12/1
14.2-4-98	14.2	29.180	K41	DL/T 1535—2016	10kV～35kV 干式空心限流电抗器使用导则			2016/1/7	2016/6/1
14.2-4-99	14.2			DL/T 1552—2016	变压器油储存管理导则			2016/1/7	2016/6/1
14.2-4-100	14.2	29.240.99	F23	DL/T 1637—2016	变电站机器人巡检技术导则			2016/12/5	2017/5/1
14.2-4-101	14.2	29.240.01	F20	DL/T 1680—2016	大型接地网状态评估技术导则			2016/12/5	2017/5/1
14.2-4-102	14.2	29.240	F23	DL/T 1684—2017	油浸式变压器（电抗器）状态检修导则			2017/3/28	2017/8/1
14.2-4-103	14.2	29.240	F23	DL/T 1685—2017	油浸式变压器（电抗器）状态评价导则			2017/3/28	2017/8/1
14.2-4-104	14.2	29.240	F23	DL/T 1686—2017	六氟化硫高压断路器状态检修导则			2017/3/28	2017/8/1
14.2-4-105	14.2	29.240	F23	DL/T 1687—2017	六氟化硫高压断路器状态评价导则			2017/3/28	2017/8/1
14.2-4-106	14.2	29.240	F23	DL/T 1688—2017	气体绝缘金属封闭开关设备状态评价导则			2017/3/28	2017/8/1

14

序号	GW分类	ICS分类	GB分类	标准号	中文名称	代替标准	采用关系	发布日期	实施日期
14.2-4-107	14.2	29.240	F23	DL/T 1689—2017	气体绝缘金属封闭开关设备状态检修导则			2017/3/28	2017/8/1
14.2-4-108	14.2	29.240	F23	DL/T 1690—2017	电流互感器状态评价导则			2017/3/28	2017/8/1
14.2-4-109	14.2	29.240	F23	DL/T 1691—2017	电流互感器状态检修导则			2017/3/28	2017/8/1
14.2-4-110	14.2	29.240	F23	DL/T 1700—2017	隔离开关及接地开关状态检修导则			2017/3/28	2017/8/1
14.2-4-111	14.2	29.240	F23	DL/T 1701—2017	隔离开关及接地开关状态评价导则			2017/3/28	2017/8/1
14.2-4-112	14.2	29.240	F23	DL/T 1702—2017	金属氧化物避雷器状态检修导则			2017/3/28	2017/8/1
14.2-4-113	14.2	29.240	F23	DL/T 1703—2017	金属氧化物避雷器状态评价导则			2017/3/28	2017/8/1
14.2-4-114	14.2	29.240.01	F23	DL/T 1723—2017	1000kV 油浸式变压器（电抗器）状态检修技术导则			2017/8/2	2017/12/1
14.2-4-115	14.2	29.18	K41	DL/T 1806—2018	油浸式电力变压器用绝缘纸板及绝缘件选用导则			2018/4/3	2018/7/1
14.2-4-116	14.2	29.18	K41	DL/T 1810—2018	110（66）kV 六氟化硫气体绝缘电力变压器使用技术条件			2018/4/3	2018/7/1
14.2-4-117	14.2	29.18	K41	DL/T 1811—2018	电力变压器用天然酯绝缘油选用导则			2018/4/3	2018/7/1
14.2-4-118	14.2	29.18	K41	DL/Z 1812—2018	低功耗电容式电压互感器选用导则			2018/4/3	2018/7/1
14.2-4-119	14.2	29.18	K41	DL/T 1813—2018	油浸式非晶合金铁心配电变压器选用导则			2018/4/3	2018/7/1
14.2-4-120	14.2	29.18	K41	DL/T 1817—2018	变压器低压侧用绝缘铜管母使用技术条件			2018/4/3	2018/7/1
14.2-4-121	14.2	29.040.99	E38	DL/T 1837—2018	电力用矿物绝缘油换油指标			2018/4/3	2018/7/1
14.2-4-122	14.2	29.02	F21	DL/T 1875—2018	智能变电站即插即用接口规范			2018/6/6	2018/10/1
14.2-4-123	14.2	29.240.10	F20	DL/T 1881—2018	智能变电站智能控制柜技术规范			2018/12/25	2019/5/1
14.2-4-124	14.2	29.240.10	F23	DL/T 1958—2018	电子式电压互感器状态检修导则			2018/12/25	2019/5/1
14.2-4-125	14.2	29.240.10	F23	DL/T 1959—2018	电子式电压互感器状态评价导则			2018/12/25	2019/5/1
14.2-4-126	14.2			DL/T 2102—2020	电子式电流互感器状态评价导则			2020/10/23	2021/2/1
14.2-4-127	14.2			DL/T 2103—2020	电子式电流互感器状态检修导则			2020/10/23	2021/2/1
14.2-4-128	14.2			DL/T 2104—2020	并联电容器装置状态评价导则			2020/10/23	2021/2/1
14.2-4-129	14.2			DL/T 2105—2020	并联电容器装置状态检修导则			2020/10/23	2021/2/1
14.2-4-130	14.2			DL/T 2159—2020	变电站绝缘管型母线带电检测技术导则			2020/10/23	2021/2/1

14

序号	GW分类	ICS分类	GB分类	标准号	中 文 名 称	代替标准	采用关系	发布日期	实施日期
14.2-4-131	14.2			DL/T 2228—2021	变电站用充气式开关柜运维检修规程			2021/1/7	2021/7/1
14.2-4-132	14.2			DL/T 2239—2021	变电站巡检机器人检测技术规范			2021/1/7	2021/7/1
14.2-4-133	14.2	25.040.30	J28	DL/T 2241—2021	变电站室内轨道式巡检机器人系统通用技术条件			2021/1/7	2021/7/1
14.2-4-134	14.2			DL/T 2263—2021	智能变压器检测规范			2021/4/26	2021/10/26
14.2-4-135	14.2	29.240.10	K44	DL/T 2264—2021	智能变压器现场检验规范			2021/4/26	2021/10/26
14.2-4-136	14.2	27.100	F23	DL/T 306.1—2010	1000kV 变电站运行规程 第1部分：设备概况			2011/1/9	2011/5/1
14.2-4-137	14.2	27.100	F23	DL/T 306.2—2010	1000kV 变电站运行规程 第2部分：运行方式和运行规定			2011/1/9	2011/5/1
14.2-4-138	14.2	27.100	F23	DL/T 306.3—2010	1000kV 变电站运行规程 第3部分：设备巡检			2011/1/9	2011/5/1
14.2-4-139	14.2	27.100	F23	DL/T 306.4—2010	1000kV 变电站运行规程 第4部分：设备异常及事故处理			2011/1/9	2011/5/1
14.2-4-140	14.2	27.100	F23	DL/T 306.5—2010	1000kV 变电站运行规程 第5部分：典型操作			2011/1/9	2011/5/1
14.2-4-141	14.2	27.100	F23	DL/T 306.6—2010	1000kV 变电站运行规程 第6部分：变电站图册			2011/1/9	2011/5/1
14.2-4-142	14.2	29.240	F23	DL/T 310—2010	1000kV 油浸式变压器、并联电抗器检修导则			2011/1/9	2011/5/1
14.2-4-143	14.2	29.130.10	K43	DL/T 311—2010	1100kV 气体绝缘金属封闭开关设备检修导则			2011/1/9	2011/5/1
14.2-4-144	14.2	29.240	F23	DL/T 312—2010	1000kV 电容式电压互感器设备检修导则			2011/1/9	2011/5/1
14.2-4-145	14.2	29.240.10	K44	DL/T 360—2010	7.2kV～12kV 预装式户外开关站运行及维护规程			2010/5/1	2010/10/1
14.2-4-146	14.2	29.130.10	K43	DL/T 391—2010	12kV 户外高压真空断路器检修工艺规程			2011/1/9	2011/5/1
14.2-4-147	14.2	29.180	K41	DL/T 572—2010	电力变压器运行规程	DL/T 572—1995		2010/5/24	2010/10/1
14.2-4-148	14.2	29.180	K41	DL/T 573—2010	电力变压器检修导则	DL/T 573—1995		2010/5/24	2010/10/1
14.2-4-149	14.2	29.180	K41	DL/T 574—2010	变压器分接开关运行维修导则	DL/T 574—1995		2010/5/1	2010/10/1
14.2-4-150	14.2	29.130.10	K43	DL/T 603—2017	气体绝缘金属封闭开关设备运行维护规程	DL/T 603—2006		2017/12/27	2018/6/1
14.2-4-151	14.2		F24	DL/T 615—2013	高压交流断路器参数选用导则	DL/T 615—1997		2013/11/28	2014/4/1

14

序号	GW 分类	ICS 分类	GB 分类	标准号	中 文 名 称	代替标准	采用关系	发布日期	实施日期
14.2-4-152	14.2			DL/T 724—2021	电力系统用蓄电池直流电源装置运行与维护技术规程	DL/T 724—2000		2021/1/7	2021/7/1
14.2-4-153	14.2	29.080.10	F23	DL/T 729—2000	户内绝缘子运行条件 电气部分			2000/11/3	2001/1/1
14.2-4-154	14.2	29.130.10	K43	DL/T 737—2010	农村无人值班变电站运行规定	DL/T 737—2000		2011/1/9	2011/5/1
14.2-4-155	14.2	29.130.10	K43	DL/T 739—2000	LW-10 型六氟化硫断路器检修工艺规程			2000/11/3	2001/1/1
14.2-4-156	14.2	29.240.10	F20	DL/T 969—2005	变电站运行导则			2005/11/28	2006/6/1
14.2-4-157	14.2	29.180	K41	JB/T 10428—2015	变压器用多功能保护装置	JB/T 10428—2004		2015/10/10	2016/3/1
14.2-4-158	14.2	29.180	K41	JB/T 10430—2015	变压器用速动油压继电器	JB/T 10430—2004		2015/10/10	2016/3/1
14.2-4-159	14.2	29.220.20	K84	NB/T 42083—2016	电力系统用固定型铅酸蓄电池安全运行使用技术规范			2016/8/16	2016/12/1
14.2-6-160	14.2	29.240.10	F23	T/CEC 112—2016	饱和铁心型高温超导限流电抗器预防性试验规程			2016/10/21	2017/1/1
14.2-6-161	14.2			T/CEC 291.3—2020	天然酯绝缘油电力变压器 第3部分：油中溶解气体分析导则			2020/6/30	2020/10/1
14.2-6-162	14.2			T/CEC 291.4—2020	天然酯绝缘油电力变压器 第4部分：运行和维护导则			2020/6/30	2020/10/1

14.3 运行检修-换流站

序号	GW 分类	ICS 分类	GB 分类	标准号	中 文 名 称	代替标准	采用关系	发布日期	实施日期
14.3-2-1	14.3	29.240		Q/GDW 10144—2019	±800kV 特高压直流换流站和线路过电压 保护与绝缘配合导则	Q/GDW 144—2006		2020/7/31	2020/7/31
14.3-2-2	14.3	29.240		Q/GDW 10333—2016	±800kV 直流换流站运行规程	Q/GDW 333—2009		2017/3/24	2017/3/24
14.3-2-3	14.3	29.240		Q/GDW 1146—2014	高压直流换流站无功补偿配置技术导则	Q/GDW 146—2006		2015/2/6	2015/2/6
14.3-2-4	14.3	29.240		Q/GDW 11933—2018	±1100kV 换流站直流设备预防性试验规程			2020/4/17	2020/4/17
14.3-2-5	14.3	29.240		Q/GDW 11935—2018	±1100kV 特高压直流设备状态检修试验规程			2020/4/17	2020/4/17
14.3-2-6	14.3	29.240		Q/GDW 11936—2018	快速动态响应同步调相机组运维规范			2020/4/17	2020/4/17
14.3-2-7	14.3	29.240		Q/GDW 11937—2018	快速动态响应同步调相机组检修规范			2020/4/17	2020/4/17
14.3-2-8	14.3			Q/GDW 12017—2019	±1100kV 直流换流站设备检修规范			2020/12/31	2020/12/31
14.3-2-9	14.3			Q/GDW 12018—2019	高压直流输电换流阀晶闸管级和阀基电子设备现场测试技术规范			2020/12/31	2020/12/31

14

序号	GW 分类	ICS 分类	GB 分类	标准号	中 文 名 称	代替标准	采用关系	发布日期	实施日期
14.3-2-10	14.3			Q/GDW 12022—2019	柔性直流电网换流阀验收规范	Q/GDW 1374.2—2013		2020/12/31	2020/12/31
14.3-2-11	14.3			Q/GDW 12023—2019	高压大容量柔性直流输电运行和维护技术规范	Q/GDW 1374.3—2013		2020/12/31	2020/12/31
14.3-2-12	14.3	29.240		Q/GDW 1532—2014	高压直流输电直流测量装置运行规范	Q/GDW 532—2010		2015/2/16	2015/2/16
14.3-2-13	14.3	29.240		Q/GDW 1952—2013	直流断路器状态检修导则			2014/4/15	2014/4/15
14.3-2-14	14.3	29.240		Q/GDW 1953—2013	直流断路器状态评价导则			2014/4/15	2014/4/15
14.3-2-15	14.3	29.240		Q/GDW 1954—2013	直流电压分压器状态检修导则			2014/4/15	2014/4/15
14.3-2-16	14.3	29.240		Q/GDW 1955—2013	直流电压分压器状态评价导则			2014/4/15	2014/4/15
14.3-2-17	14.3			Q/GDW 1956—2013	直流电流互感器状态检修导则			2014/4/15	2014/4/15
14.3-2-18	14.3			Q/GDW 1957—2013	直流电流互感器状态评价导则			2014/4/15	2014/4/15
14.3-2-19	14.3			Q/GDW 1958—2013	直流开关设备检修导则			2014/4/15	2014/4/15
14.3-2-20	14.3			Q/GDW 1959—2013	换流站交直流滤波器状态评价规范			2014/4/15	2014/4/15
14.3-2-21	14.3			Q/GDW 1960—2013	高压直流输电直流控制保护系统运行规范			2014/4/15	2014/4/15
14.3-2-22	14.3			Q/GDW 1961—2013	高压直流输电直流控制保护系统检修规范			2014/4/15	2014/4/15
14.3-2-23	14.3			Q/GDW 1962—2013	高压直流输电直流转换开关运行规范			2014/4/15	2014/4/15
14.3-2-24	14.3			Q/GDW 1963—2013	高压直流输电直流转换开关检修规范			2014/4/15	2014/4/15
14.3-2-25	14.3			Q/GDW 1965—2013	换流变压器、平波电抗器检修导则			2014/4/15	2014/4/15
14.3-2-26	14.3	29.240		Q/GDW 335—2009	±800kV 直流换流站检修管理规范			2009/10/27	2009/10/27
14.3-2-27	14.3	29.240		Q/GDW 336—2009	±800kV 直流换流站设备检修规范			2009/10/27	2009/10/27
14.3-2-28	14.3	29.020		Q/GDW 472—2010	换流站设备巡检导则			2010/6/18	2010/6/18
14.3-2-29	14.3	29.020		Q/GDW 473—2010	换流站运行操作导则			2010/6/18	2010/6/18
14.3-2-30	14.3	29.020		Q/GDW 474—2010	换流站运行规程编制导则			2010/6/18	2010/6/18
14.3-2-31	14.3	29.020		Q/GDW 492—2010	高压直流输电换流阀运行规范			2010/9/21	2010/9/21
14.3-2-32	14.3	29.020		Q/GDW 493—2010	高压直流输电换流阀检修规范			2010/9/21	2010/9/21
14.3-2-33	14.3	29.020		Q/GDW 495—2010	高压直流输电交直流滤波器及并联电容器装置运行规范			2010/9/21	2010/9/21
14.3-2-34	14.3	29.020		Q/GDW 496—2010	高压直流输电交流滤波器及并联电容器装置检修规范			2010/9/21	2010/9/21

14

序号	GW 分类	ICS 分类	GB 分类	标准号	中 文 名 称	代替标准	采用关系	发布日期	实施日期
14.3-2-35	14.3	29.020		Q/GDW 497—2010	高压直流输电换流阀状态检修导则			2010/12/27	2010/12/27
14.3-2-36	14.3	29.020		Q/GDW 498—2010	高压直流输电换流阀状态评价导则			2010/12/27	2010/12/27
14.3-2-37	14.3	29.020		Q/GDW 499—2010	高压直流输电直流测量装置状态检修导则			2010/12/27	2010/12/27
14.3-2-38	14.3	29.020		Q/GDW 500—2010	高压直流输电直流测量装置状态评价导则			2010/12/27	2010/12/27
14.3-2-39	14.3	29.020		Q/GDW 501—2010	高压直流输电干式平波电抗器状态检修导则			2010/12/27	2010/12/27
14.3-2-40	14.3	29.020		Q/GDW 502—2010	高压直流输电干式平波电抗器状态评价导则			2010/12/27	2010/12/27
14.3-2-41	14.3	29.020		Q/GDW 503—2010	高压直流输电直流转换开关状态检修导则			2010/12/27	2010/12/27
14.3-2-42	14.3	29.020		Q/GDW 504—2010	高压直流输电直流转换开关状态评价导则			2010/12/27	2010/12/27
14.3-2-43	14.3	29.020		Q/GDW 505—2010	高压直流输电交直流滤波器及并联电容器装置状态检修导则			2010/12/27	2010/12/27
14.3-2-44	14.3	29.020		Q/GDW 506—2010	高压直流输电交直流滤波器及并联电容器装置状态评价导则			2010/12/27	2010/12/27
14.3-2-45	14.3	29.020		Q/GDW 507—2010	高压直流输电换流阀冷却系统状态检修导则			2010/12/27	2010/12/27
14.3-2-46	14.3	29.020		Q/GDW 508—2010	高压直流输电换流阀冷却系统状态评价导则			2010/12/27	2010/12/27
14.3-2-47	14.3	29.020		Q/GDW 509—2010	高压直流输电控制保护系统状态检修导则			2010/12/27	2010/12/27
14.3-2-48	14.3	29.020		Q/GDW 510—2010	高压直流输电控制保护系统状态评价导则			2010/12/27	2010/12/27
14.3-2-49	14.3	29.020		Q/GDW 528—2010	高压直流输电换流阀冷却系统运行规范			2010/12/27	2010/12/27
14.3-2-50	14.3	29.020		Q/GDW 529—2010	高压直流输电换流阀冷却系统检修规范			2010/12/27	2010/12/27
14.3-3-51	14.3	29.200	K46	GB/T 20989—2017	高压直流换流站损耗的确定	GB/T 20989—2007	IEC 61803：2011 IDT	2017/7/31	2018/2/1
14.3-3-52	14.3	29.240.10	K40	GB/T 28814—2012	±800kV 换流站运行规程编制导则			2012/11/5	2013/2/1
14.3-3-53	14.3	20.240.01	F21	GB/T 37014—2018	海上柔性直流换流站检修规范			2018/12/28	2019/7/1
14.3-4-54	14.3	33.100	L06	DL/T 1087—2008	±800kV 特高压直流换流站二次设备抗扰度要求			2008/6/4	2008/11/1
14.3-4-55	14.3	27.100	F20	DL/T 1716—2017	高压直流输电换流阀冷却水运行管理导则			2017/8/2	2017/12/1
14.3-4-56	14.3	29.240.01	F23	DL/T 1795—2017	柔性直流输电换流站运行规程			2017/12/27	2018/6/1
14.3-4-57	14.3	29.240.99	F20	DL/T 1831—2018	柔性直流输电换流站检修规程			2018/4/3	2018/7/1
14.3-4-58	14.3	29.240.99	F20	DL/T 1833—2018	柔性直流输电换流阀检修规程			2018/4/3	2018/7/1

14

序号	GW 分类	ICS 分类	GB 分类	标准号	中文名称	代替标准	采用关系	发布日期	实施日期
14.3-4-59	14.3	29.180	K41	DL/T 2002—2019	换流变压器运行规程			2019/6/4	2019/10/1
14.3-4-60	14.3	29.180	K41	DL/T 2003—2019	换流变压器有载分接开关使用导则			2019/6/4	2019/10/1
14.3-4-61	14.3	29.240.99	F23	DL/T 2062—2019	±1100kV 特高压直流平波电抗器使用技术条件	DL/T 348—2010		2019/11/4	2020/5/1
14.3-4-62	14.3			DL/T 2078.1—2020	调相机检修导则　第 1 部分：本体			2020/10/23	2021/2/1
14.3-4-63	14.3			DL/T 2098—2020	调相机运行规程			2020/10/23	2021/2/1
14.3-4-64	14.3			DL/T 2173—2020	±1100kV 支柱复合绝缘子使用技术条件			2020/10/23	2021/2/1
14.3-4-65	14.3	29.240.01	F20	DL/T 273—2012	±800kV 特高压直流设备预防性试验规程			2012/1/4	2012/3/1
14.3-4-66	14.3	29.240.99	F23	DL/T 348—2019	换流站设备巡检导则	DL/T 348—2010		2019/6/4	2019/10/1
14.3-4-67	14.3			DL/T 349—2019	换流站运行操作导则	DL/T 349—2010		2019/11/4	2020/5/1
14.3-4-68	14.3	29.240.01	F23	DL/T 350—2010	换流站运行规程编制导则			2011/1/9	2011/5/1
14.3-4-69	14.3	77.040.99	H21	DL/T 351—2019	晶闸管换流阀检修导则	DL/T 351—2010		2019/11/4	2020/5/1
14.3-4-70	14.3	29.040.01	F23	DL/T 352—2019	直流断路器检修导则	DL/T 352—2010		2019/11/4	2020/5/1
14.3-4-71	14.3			DL/T 353—2019	高压直流测量装置检修导则	DL/T 353—2010		2019/11/4	2020/5/1
14.3-4-72	14.3			DL/T 354—2019	换流变压器、平波电抗器检修导则	DL/T 354—2010		2019/11/4	2020/5/1
14.3-4-73	14.3			DL/T 355—2019	滤波器及并联电容器装置检修导则	DL/T 355—2010		2019/11/4	2020/5/1

14.4　运行检修-架空线路

序号	GW 分类	ICS 分类	GB 分类	标准号	中文名称	代替标准	采用关系	发布日期	实施日期
14.4-2-1	14.4	29.240		Q/GDW 10520—2016	10kV 配网不停电作业规范	Q/GDW 520—2010		2017/3/24	2017/3/24
14.4-2-2	14.4			Q/GDW 11001—2013	750kV 交流输电线路绝缘子串的分布电压			2014/4/15	2014/4/15
14.4-2-3	14.4	29.240		Q/GDW 11092—2013	直流架空输电线路运行规程			2014/9/1	2014/9/1
14.4-2-4	14.4	29.240		Q/GDW 11095—2013	架空输电线路杆塔基础快速修复技术导则			2014/9/1	2014/9/1
14.4-2-5	14.4	29.240		Q/GDW 11246—2014	架空输电线路检修决策导则			2014/12/1	2014/12/1
14.4-2-6	14.4	29.240		Q/GDW 11314—2014	架空输电线路山火风险预报技术导则			2015/2/26	2015/2/26
14.4-2-7	14.4	29.240		Q/GDW 11367—2014	架空输电线路无人直升机巡检技术规程			2015/2/16	2015/2/16
14.4-2-8	14.4	29.240		Q/GDW 11386—2015	架空输电线路固定翼无人机巡检技术规程			2015/7/17	2015/7/17

14

序号	GW 分类	ICS 分类	GB 分类	标准号	中 文 名 称	代替标准	采用关系	发布日期	实施日期
14.4-2-9	14.4	29.240		Q/GDW 11387—2015	架空输电线路直升机巡检作业规范			2015/7/17	2015/7/17
14.4-2-10	14.4	29.240		Q/GDW 11643—2016	架空输电线路山火分布图绘制导则			2017/7/28	2017/7/28
14.4-2-11	14.4	29.240		Q/GDW 1173—2014	架空输电线路状态评价导则	Q/GDW 173—2008		2015/2/26	2015/2/26
14.4-2-12	14.4			Q/GDW 11791—2017	配电自动化终端状态评价导则			2018/9/30	2018/9/30
14.4-2-13	14.4			Q/GDW 11792—2017	输电线路舞动预报技术导则			2018/9/30	2018/9/30
14.4-2-14	14.4	29.240		Q/GDW 11838—2018	配电电缆线路试验规程			2019/7/31	2019/7/31
14.4-2-15	14.4	29.240		Q/GDW 11925—2018	高海拔地区架空输电线路防鸟粪闪络设计和防护导则			2020/4/17	2020/4/17
14.4-2-16	14.4	29.240		Q/GDW 11927—2018	±1100kV 直流输电线路带电作业技术导则			2020/4/17	2020/4/17
14.4-2-17	14.4	29.240		Q/GDW 11928—2018	±1100kV 直流架空输电线路运行规程			2020/4/17	2020/4/17
14.4-2-18	14.4	29.240		Q/GDW 11929—2018	±1100kV 直流架空输电线路检修规范			2020/4/17	2020/4/17
14.4-2-19	14.4	29.240		Q/GDW 11930—2018	电网特殊区域电子专题图绘制规则			2020/4/17	2020/4/17
14.4-2-20	14.4	29.240		Q/GDW 11932—2018	电网覆冰应急处置及融冰决策技术导则			2020/4/17	2020/4/17
14.4-2-21	14.4			Q/GDW 12076—2020	超（特）高压输电线路无人机结合电动升降 装置进出等电位作业导则			2021/4/30	2021/4/30
14.4-2-22	14.4	29.240		Q/GDW 1209—2015	1000kV 交流架空输电线路检修规范	Q/GDW/Z 209—2008		2016/7/29	2016/7/29
14.4-2-23	14.4	29.240		Q/GDW 1210—2014	1000kV 交流架空输电线路运行规程	Q/GDW/Z 210—2008		2015/2/16	2015/2/16
14.4-2-24	14.4	29.240		Q/GDW 1334—2013	±800kV 特高压直流线路检修规范	Q/GDW 334—2009		2014/9/1	2014/9/1
14.4-2-25	14.4	29.240		Q/GDW 174—2008	架空输电线路状态检修导则			2008/1/21	2008/1/21
14.4-2-26	14.4			Q/GDW 1813—2013	配电网架空绝缘线路雷击断线防护导则			2013/3/14	2013/3/14
14.4-2-27	14.4			Q/GDW 1840.1—2012	直流架空输电线路用绝缘子使用导则 第 1 部分：瓷、玻璃绝缘子			2013/6/28	2013/6/28
14.4-2-28	14.4			Q/GDW 1840.2—2012	直流架空输电线路用绝缘子使用导则 第 2 部分：复合绝缘子			2013/6/28	2013/6/28
14.4-2-29	14.4			Q/GDW 186—2008	500kV 紧凑型交流输电线路带电作业技术导则			2008/8/27	2008/8/27
14.4-2-30	14.4			Q/GDW 187—2008	500kV 交流同塔双回线路带电作业技术导则			2008/8/27	2008/8/27
14.4-2-31	14.4			Q/GDW 188—2008	750kV 交流输电线路带电作业技术导则			2008/8/27	2008/8/27

14

序号	GW 分类	ICS 分类	GB 分类	标准号	中 文 名 称	代替标准	采用关系	发布日期	实施日期
14.4-2-32	14.4			Q/GDW 1909—2013	直升机巡检技术规范			2014/5/1	2014/5/1
14.4-2-33	14.4			Q/GDW 1911—2013	±660kV 直流输电线路带电作业技术导则			2014/4/15	2014/4/15
14.4-2-34	14.4	29.240		Q/GDW 302—2009	±800kV 直流输电线路带电作业技术导则			2009/5/25	2009/5/25
14.4-2-35	14.4	29.240		Q/GDW 324—2009	1000kV 输电线路带电作业技术导则			2009/5/25	2009/5/25
14.4-2-36	14.4	29.240		Q/GDW 332—2009	±800kV 直流架空输电线路运行规程			2009/10/27	2009/10/27
14.4-2-37	14.4	29.240		Q/GDW 546—2010	±660kV 直流架空输电线路检修规范			2010/12/29	2010/12/29
14.4-2-38	14.4	29.240		Q/GDW 547—2010	±660kV 直流架空输电线路运行规程			2010/12/29	2010/12/29
14.4-3-39	14.4	29.240.01	K40	GB/T 18857—2019	配电线路带电作业技术导则	GB/T 18857—2008		2019/5/10	2019/12/1
14.4-3-40	14.4	13.340.20	K47	GB/T 19185—2008	交流线路带电作业安全距离计算方法	GB/T 19185—2003		2008/9/24	2009/8/1
14.4-3-41	14.4	29.240.20	F23	GB/T 28813—2012	±800kV 直流架空输电线路运行规程			2012/11/5	2013/2/1
14.4-3-42	14.4	29.240.01	K40	GB/T 34577—2017	配电线路旁路作业技术导则			2017/9/29	2018/4/1
14.4-3-43	14.4	33.100	L06	GB/T 35033—2018	30MHz～1GHz 电磁屏蔽材料导电性能和金属材料搭接阻抗测量方法			2018/5/14	2018/12/1
14.4-3-44	14.4	29.240.20	F23	GB/T 35695—2017	架空输电线路涉鸟故障防治技术导则			2017/12/29	2018/7/1
14.4-3-45	14.4	29.240.20	F23	GB/T 35721—2017	输电线路分布式故障诊断系统			2017/12/29	2018/7/1
14.4-4-46	14.4	29.240.20	F23	DL/T 1069—2016	架空输电线路导地线补修导则	DL/T 1069—2007		2016/2/5	2016/7/1
14.4-4-47	14.4	29.02	K60	DL/T 1126—2017	同塔多回线路带电作业技术导则	DL/T 1126—2009		2017/11/15	2018/3/1
14.4-4-48	14.4	29.020	K01	DL/T 1242—2013	±800kV 直流线路带电作业技术规范			2013/3/7	2013/8/1
14.4-4-49	14.4	29.240	K47	DL/T 1248—2013	架空输电线路状态检修导则			2013/3/7	2013/8/1
14.4-4-50	14.4	29.240	F20	DL/T 1249—2013	架空输电线路运行状态评估技术导则			2013/3/7	2013/8/1
14.4-4-51	14.4	29.060.10	K12	DL/T 1292—2013	配电网架空绝缘线路雷击断线防护导则			2013/11/28	2014/4/1
14.4-4-52	14.4	29.240.01	F24	DL/T 1341—2014	±660kV 直流输电线路带电作业技术导则			2014/3/18	2014/8/1
14.4-4-53	14.4	29.020	K01	DL/T 1346—2014	直升机激光扫描输电线路作业技术规程	DL/T 1346—2021		2014/10/15	2015/3/1
14.4-4-54	14.4	29.020	K04	DL/T 1367—2014	输电线路检测技术导则			2014/10/15	2015/3/1
14.4-4-55	14.4	29.240.20	K47	DL/T 1466—2015	750kV 交流同塔双回输电线路带电作业技术导则			2015/7/1	2015/12/1
14.4-4-56	14.4	29.240.20	F23	DL/T 1482—2015	架空输电线路无人机巡检作业技术导则			2015/7/1	2015/12/1

14

序号	GW 分类	ICS 分类	GB 分类	标准号	中 文 名 称	代替标准	采用关系	发布日期	实施日期
14.4-4-57	14.4	29.240.99	F23	DL/T 1609—2016	架空输电线路除冰机器人作业导则			2016/8/16	2016/12/1
14.4-4-58	14.4	29.240.99	F23	DL/T 1615—2016	碳纤维复合材料芯架空导线运行维护技术导则			2016/8/16	2016/12/1
14.4-4-59	14.4	29.240.99	F23	DL/T 1620—2016	架空输电线路山火风险预报技术导则			2016/8/16	2016/12/1
14.4-4-60	14.4	29.240.20	F23	DL/T 1634—2016	高海拔地区输电线路带电作业技术导则			2016/12/5	2017/5/1
14.4-4-61	14.4	29.240.01	F20	DL/T 1720—2017	架空输电线路直升机带电作业技术导则			2017/8/2	2017/12/1
14.4-4-62	14.4	29.240.01	F20	DL/T 1722—2017	架空输电线路机器人巡检技术导则			2017/8/2	2017/12/1
14.4-4-63	14.4	29.240	F20	DL/T 1922—2018	架空输电线路导地线机械震动除冰装置使用技术导则			2018/12/25	2019/5/1
14.4-4-64	14.4			DL/T 2066—2019	高压交、直流盘形悬式瓷或玻璃绝缘子施工、运行和维护规范			2019/11/4	2020/5/1
14.4-4-65	14.4			DL/T 2101—2020	架空输电线路固定翼无人机巡检系统			2020/10/23	2021/2/1
14.4-4-66	14.4			DL/T 2109—2020	直流输电线路用复合外套带外串联间隙金属氧化物避雷器选用导则			2020/10/23	2021/2/1
14.4-4-67	14.4			DL/T 2110—2020	交流架空线路防雷用自灭弧并联间隙选用导则			2020/10/23	2021/2/1
14.4-4-68	14.4			DL/T 2153—2020	输电线路用带电作业机器人			2020/10/23	2021/2/1
14.4-4-69	14.4			DL/T 2157—2020	带电作业工器具试验系统			2020/10/23	2021/2/1
14.4-4-70	14.4	27.100	F23	DL/T 251—2012	±800kV 直流架空输电线路检修规程			2012/4/6	2012/7/1
14.4-4-71	14.4	29.240.20	F29	DL/T 288—2012	架空输电线路直升机巡视技术导则			2012/1/4	2012/3/1
14.4-4-72	14.4	29.240.20	F23	DL/T 307—2010	1000kV 交流架空输电线路运行规程			2011/1/9	2011/5/1
14.4-4-73	14.4	29.240	K43	DL/T 361—2010	气体绝缘金属封闭输电线路使用导则			2010/5/1	2010/10/1
14.4-4-74	14.4	29.020	K48	DL/T 374.1—2019	电力系统污区分布图绘制方法 第1部分：交流系统	DL/T 374—2010		2019/11/4	2020/5/1
14.4-4-75	14.4	29.020	K48	DL/T 374.2—2019	电力系统污区分布图绘制方法 第2部分：直流系统			2019/11/4	2020/5/1
14.4-4-76	14.4	29.240.20	K47	DL/T 392—2015	1000kV 交流输电线路带电作业技术导则	DL/T 392—2010		2015/7/1	2015/12/1

14

序号	GW 分类	ICS 分类	GB 分类	标准号	中 文 名 称	代替标准	采用关系	发布日期	实施日期
14.4-4-77	14.4	29.240.20	F20	DL/T 400—2019	500kV 交流紧凑型输电线路带电作业技术导则	DL/T 400—2010		2019/6/4	2019/10/1
14.4-4-78	14.4	29.080.10	K48	DL/T 487—2000	330kV 及 500kV 交流架空送电线路绝缘子串的分布电压	DL/T 487—1992		2000/11/3	2001/1/1
14.4-4-79	14.4	29.240	P62	DL/T 5462—2012	架空输电线路覆冰观测技术规定			2012/11/9	2013/3/1
14.4-4-80	14.4	29.240	F20	DL/T 741—2019	架空输电线路运行规程	DL/T 741—2010		2019/6/4	2019/10/1
14.4-4-81	14.4	29.240.01	K47	DL/T 876—2004	带电作业绝缘配合导则			2004/3/9	2004/6/1
14.4-4-82	14.4	29.240.20	F20	DL/T 881—2019	±500kV 直流输电线路带电作业技术导则	DL/T 881—2004		2019/6/4	2019/10/1
14.4-4-83	14.4	29.240.20	F23	DL/T 966—2005	送电线路带电作业技术导则			2005/11/28	2006/6/1
14.4-6-84	14.4			T/CEC 308—2020	架空电力线路多旋翼无人机巡检系统分类和配置导则			2020/6/30	2020/10/1

14.5 运行检修-电缆

序号	GW 分类	ICS 分类	GB 分类	标准号	中 文 名 称	代替标准	采用关系	发布日期	实施日期
14.5-2-1	14.5	29.240		Q/GDW 11262—2014	电力电缆及通道检修规程			2014/11/20	2014/11/20
14.5-2-2	14.5	29.240		Q/GDW 11316—2018	高压电缆线路试验规程	Q/GDW 11316—2014		2020/4/17	2020/4/17
14.5-2-3	14.5	29.240		Q/GDW 11381—2015	电缆保护管选型技术原则和检测技术规范			2015/10/30	2015/10/30
14.5-2-4	14.5	29.240		Q/GDW 11641—2016	高压电缆及通道在线监测系统技术导则			2017/7/28	2017/7/28
14.5-2-5	14.5	29.240		Q/GDW 1512—2014	电力电缆及通道运维规程	Q/GDW 512—2010		2014/11/20	2014/11/20
14.5-2-6	14.5			Q/GDW 1812—2013	10kV 旁路电缆连接器使用导则			2013/3/14	2013/3/14
14.5-2-7	14.5	29.240		Q/GDW 455—2010	电缆线路状态检修导则			2010/6/21	2010/6/21
14.5-2-8	14.5	29.020		Q/GDW 456—2010	电缆线路状态评价导则			2010/6/21	2010/6/21
14.5-4-9	14.5	29.240.20	F23	DL/T 1148—2009	电力电缆线路巡检系统			2009/7/22	2009/12/1
14.5-4-10	14.5	29.060.20	K13	DL/T 1253—2013	电力电缆线路运行规程			2013/11/28	2014/4/1
14.5-4-11	14.5	29.240.20	F24	DL/T 1278—2013	海底电力电缆运行规程			2013/11/28	2014/4/1
14.5-4-12	14.5	29.240.99	F23	DL/T 1636—2016	电缆隧道机器人巡检技术导则			2016/12/5	2017/5/1

14

序号	GW 分类	ICS 分类	GB 分类	标准号	中 文 名 称	代替标准	采用关系	发布日期	实施日期
14.5-6-13	14.5	29.040.20	k47	T/CEC 117—2016	160kV～500kV 挤包绝缘直流电缆系统运行维护与试验导则			2016/10/21	2017/1/1

14.6 运行检修-火电

序号	GW 分类	ICS 分类	GB 分类	标准号	中 文 名 称	代替标准	采用关系	发布日期	实施日期
14.6-3-1	14.6			GB/T 20140—2016	隐极同步发电机定子绕组端部动态特性和振动测量方法及评定			2016/2/24	2016/9/1
14.6-3-2	14.6	27.100	F23	GB/T 35731—2017	火力发电厂分散控制系统运行维护与试验技术规程			2017/12/29	2018/7/1
14.6-4-3	14.6	27.100	F23	DL/T 1195—2012	火电厂高压变频器运行与维护规范			2012/8/23	2012/12/1
14.6-4-4	14.6	27.060	J98	DL/T 1604—2016	燃煤电厂碎煤机耐磨件技术条件			2016/8/16	2016/12/1
14.6-4-5	14.6	27.100	F22	DL/T 1698—2017	燃气—蒸汽联合循环机组余热锅炉启动试验规程			2017/3/28	2017/8/1
14.6-4-6	14.6	27.100	F22	DL/T 1699—2017	燃气—蒸汽联合循环机组余热锅炉安装验收规范			2017/3/28	2017/8/1
14.6-4-7	14.6	27.100	F23	DL/T 341—2019	火电厂石灰石/石灰—石膏湿法烟气脱硫系统检修导则	DL/T 341—2010		2019/11/4	2020/5/1
14.6-4-8	14.6	27.100	G77	DL/T 582—2016	发电厂水处理用活性炭使用导则	DL/T 582—2004		2016/1/7	2016/6/1
14.6-4-9	14.6	27.100	F20	DL/T 905—2016	汽轮机叶片、水轮机转轮焊接修复技术规程	DL/T 905—2004		2016/8/16	2016/12/1
14.6-4-10	14.6	27.100	F23	DL/T 956—2017	火力发电厂停（备）用热力设备防锈蚀导则	DL/T 956—2005		2017/8/2	2017/12/1
14.6-4-11	14.6	27.100	F24	DL/T 957—2017	火力发电厂凝汽器化学清洗及成膜导则	DL/T 957—2005		2017/8/2	2017/12/1

14.7 运行检修-水电

序号	GW 分类	ICS 分类	GB 分类	标准号	中 文 名 称	代替标准	采用关系	发布日期	实施日期
14.7-2-1	14.7	29.240		Q/GDW 11066—2013	水轮发电机组运行维护导则			2014/9/1	2014/9/1
14.7-2-2	14.7	29.240		Q/GDW 11151.1—2019	水电站水工设施运行维护导则 第1部分：水工建筑物	Q/GDW 11151.1—2013		2020/7/31	2020/7/31
14.7-2-3	14.7	29.240		Q/GDW 11151.2—2013	水电站水工设施运行维护导则 第2部分：水工机电设备			2014/3/1	2014/3/1
14.7-2-4	14.7	29.240		Q/GDW 11151.3—2019	水电站水工设施运行维护导则 第3部分：大坝安全监测系统	Q/GDW 11151.3—2013		2020/7/31	2020/7/31

序号	GW分类	ICS分类	GB分类	标准号	中 文 名 称	代替标准	采用关系	发布日期	实施日期
14.7-2-5	14.7	29.240		Q/GDW 11151.4—2013	水电站水工设施运行维护导则 第4部分：水情自动测报系统			2014/3/1	2014/3/1
14.7-2-6	14.7	29.240		Q/GDW 11296—2014	水轮发电机检修导则			2015/3/12	2015/3/12
14.7-2-7	14.7	29.240		Q/GDW 11302—2014	水轮机控制系统检修试验导则			2015/3/12	2015/3/12
14.7-2-8	14.7	29.240		Q/GDW 11456—2015	水电站水机保护配置及运行维护导则			2016/11/1	2016/11/1
14.7-2-9	14.7	29.240		Q/GDW 11457—2015	水电站水工机电设备检修导则			2016/11/1	2016/11/1
14.7-2-10	14.7	29.240		Q/GDW 11458—2015	水电站继电保护装置运行维护导则			2016/11/1	2016/11/1
14.7-2-11	14.7	29.240		Q/GDW 11459—2015	水电站直流系统运行维护导则			2016/11/1	2016/11/1
14.7-2-12	14.7	29.240		Q/GDW 11460—2015	水电站励磁系统检修试验导则			2016/11/1	2016/11/1
14.7-2-13	14.7	29.240		Q/GDW 11461—2015	水电站监控系统检修试验导则			2016/11/1	2016/11/1
14.7-2-14	14.7	29.240		Q/GDW 11462—2015	水电站监控系统运行维护导则			2016/11/1	2016/11/1
14.7-2-15	14.7	29.240		Q/GDW 11963—2019	水电厂变压器非电量保护配置与整定技术导则			2020/7/31	2020/7/31
14.7-2-16	14.7	29.240		Q/GDW 11964—2019	水电厂流量监测系统典型配置与运维技术规程			2020/7/31	2020/7/31
14.7-2-17	14.7	27.140		Q/GDW 11966.1—2019	水轮发电机组状态评价及检修导则 第1部分：常规水电机组			2020/7/31	2020/7/31
14.7-2-18	14.7	27.140		Q/GDW 11966.2—2019	水轮发电机组状态评价及检修导则 第2部分：抽水蓄能机组			2020/7/31	2020/7/31
14.7-2-19	14.7	27.140		Q/GDW 11966.3—2019	水轮发电机组状态评价及检修导则 第3部分：控制、保护及重要金属设备			2020/7/31	2020/7/31
14.7-2-20	14.7			Q/GDW 12029—2020	水电机组机械过速保护系统试验规程			2020/12/31	2020/12/31
14.7-2-21	14.7			Q/GDW 12030—2020	水电设备风险评估导则			2020/12/31	2020/12/31
14.7-2-22	14.7			Q/GDW 12031—2020	水电设备状态检修试验导则			2020/12/31	2020/12/31
14.7-2-23	14.7			Q/GDW 12139—2021	翻斗式雨量计现场检测规程			2021/9/17	2021/9/17
14.7-2-24	14.7			Q/GDW 12140—2021	水轮机导叶漏水量测试技术规程			2021/9/17	2021/9/17
14.7-2-25	14.7			Q/GDW 12141—2021	水轮发电机组状态在线监测系统运行维护与检修试验导则			2021/9/17	2021/9/17
14.7-2-26	14.7	29.240		Q/GDW 1544—2015	抽水蓄能电站检修导则			2016/11/1	2016/11/1

14

序号	GW 分类	ICS 分类	GB 分类	标准号	中 文 名 称	代替标准	采用关系	发布日期	实施日期
14.7-2-27	14.7	29.020		Q/GDW 417—2010	新建抽水蓄能电站（机组）投运导则			2010/3/26	2010/3/26
14.7-3-28	14.7	27.140	K55	GB/T 17189—2017	水力机械（水轮机、蓄能泵和水泵水轮机）振动和脉动现场测试规程	GB/T 17189—2007	IEC 60994：1991 MOD	2017/12/29	2018/7/1
14.7-3-29	14.7	27.100	F23	GB/T 32574—2016	抽水蓄能电站检修导则			2016/4/25	2016/11/1
14.7-3-30	14.7	27.140	F04	GB/T 35707—2017	水电厂标识系统编码导则			2017/12/29	2018/7/1
14.7-3-31	14.7	27.140	K55	GB/Z 35717—2017	水轮机、蓄能泵和水泵水轮机流量的测量　超声传播时间法			2017/12/29	2018/7/1
14.7-3-32	14.7	27.140	K55	GB/T 38334—2019	水电站黑启动技术规范			2019/12/10	2020/7/1
14.7-3-33	14.7			GB/T 50960—2014	小水电电网安全运行技术规范			2014/1/29	2014/10/1
14.7-4-34	14.7	27.140	F20	DL/T 1009—2016	水电厂计算机监控系统运行及维护规程	DL/T 1009—2006		2016/1/7	2016/6/1
14.7-4-35	14.7	27.140	F20	DL/T 1014—2016	水情自动测报系统运行维护规程	DL/T 1014—2006		2016/1/7	2016/6/1
14.7-4-36	14.7	27.100	F23	DL/T 1066—2007	水电站设备检修管理导则			2007/7/20	2007/12/1
14.7-4-37	14.7	27.100	F23	DL/T 1246—2013	水电站设备状态检修管理导则			2013/3/7	2013/8/1
14.7-4-38	14.7	27.140	P59	DL/T 1259—2013	水电厂水库运行管理规范			2013/11/28	2014/4/1
14.7-4-39	14.7	27.140	P55	DL/T 1302—2013	抽水蓄能机组静止变频装置运行规程			2013/11/28	2014/4/1
14.7-4-40	14.7	27.140	P55	DL/T 1303—2013	抽水蓄能发电电动机出口断路器运行规程			2013/11/28	2014/4/1
14.7-4-41	14.7	27.100	P55	DL/T 1313—2013	流域梯级水电站集中控制规程			2013/11/28	2014/4/1
14.7-4-42	14.7	27.140	P59	DL/T 1558—2016	大坝安全监测系统运行维护规程			2016/1/7	2016/6/1
14.7-4-43	14.7	27.14	P55	DL/T 1748—2017	水力发电厂设备防结露技术规范			2017/11/15	2018/3/1
14.7-4-44	14.7	27.14	P59	DL/T 1754—2017	水电站大坝运行安全管理信息系统技术规范			2017/11/15	2018/3/1
14.7-4-45	14.7	27.14	P59	DL/T 1770—2017	抽水蓄能电站输水系统充排水技术规程			2017/11/15	2018/3/1
14.7-4-46	14.7	27.1	K51	DL/T 1800—2018	水轮机调节系统建模及参数实测技术导则			2018/4/3	2018/7/1
14.7-4-47	14.7	27.14	P59	DL/T 1809—2018	水电厂设备状态检修决策支持系统技术导则			2018/4/3	2018/7/1
14.7-4-48	14.7	27.1	K51	DL/T 1869—2018	梯级水电厂集中监控系统运行维护规程			2018/6/6	2018/10/1
14.7-4-49	14.7	55.220	R44	DL/T 1903—2018	水电水利工程仓储运行管理规程			2018/12/25	2019/5/1
14.7-4-50	14.7	27.140	P59	DL/T 1904—2018	可逆式抽水蓄能机组振动保护技术导则			2018/12/25	2019/5/1
14.7-4-51	14.7	27.140	F20	DL/T 1969—2019	水电厂水力机械保护配置导则			2019/6/4	2019/10/1

14

序号	GW 分类	ICS 分类	GB 分类	标准号	中 文 名 称	代替标准	采用关系	发布日期	实施日期
14.7-4-52	14.7	27.140	F20	DL/T 1971—2019	水轮发电机组状态在线监测系统运行维护与检修试验规程			2019/6/4	2019/10/1
14.7-4-53	14.7	27.140	F20	DL/T 1974—2019	水电厂直流系统技术条件			2019/6/4	2019/10/1
14.7-4-54	14.7	27.140	K55	DL/T 1975—2019	水轮机调节系统用油维护规程			2019/6/4	2019/10/1
14.7-4-55	14.7	27.140	P59	DL/T 2019—2019	抽水蓄能电站厂用电系统运行检修规程			2019/6/4	2019/10/1
14.7-4-56	14.7	27.140	K55	DL/T 2020—2019	水斗式水轮机运行与检修规程			2019/6/4	2019/10/1
14.7-4-57	14.7	27.140	P59	DL/T 2021—2019	抽水蓄能机组设备监造导则			2019/6/4	2019/10/1
14.7-4-58	14.7	27.140	P59	DL/T 2079—2020	水电站大坝安全管理实绩评价规程			2020/10/23	2021/2/1
14.7-4-59	14.7	27.140	P59	DL/T 2096—2020	水电站大坝运行安全在线监控系统技术规范			2020/10/23	2021/2/1
14.7-4-60	14.7			DL/T 2154—2020	大中型水电工程运行风险管理规范			2020/10/23	2021/2/1
14.7-4-61	14.7	27.140	P59	DL/T 2155—2020	大坝安全监测系统评价规程			2020/10/23	2021/2/1
14.7-4-62	14.7	27.140	F23	DL/T 2210—2021	水电站无人值班技术规范			2021/1/7	2021/7/1
14.7-4-63	14.7	29.160	P59	DL/T 2258—2021	水电站厂房结构与水轮发电机组耦合动力监测技术规范			2021/4/26	2021/10/26
14.7-4-64	14.7	27.140	F23	DL/T 293—2011	抽水蓄能可逆式水泵水轮机运行规程			2011/7/28	2011/11/1
14.7-4-65	14.7	27.140	F23	DL/T 305—2012	抽水蓄能可逆式发电电动机运行规程			2012/1/4	2012/3/1
14.7-4-66	14.7	53.020.20	F21	DL/T 454—2005	水利电力建设用起重机检验规程	DL 454—1991		2005/2/14	2005/7/1
14.7-4-67	14.7	27.100	F23	DL/T 491—2008	大中型水轮发电机自并励励磁系统及装置运行和检修规程	DL 491—1999		2008/6/4	2008/11/1
14.7-4-68	14.7	29.160.20	K52	DL/T 507—2014	水轮发电机组启动试验规程	DL/T 507—2002		2014/3/18	2014/8/1
14.7-4-69	14.7			DL/T 5178—2016	混凝土坝安全监测技术规范	DL/T 5178—2003		2016/2/5	2016/7/1
14.7-4-70	14.7	27.140	P59	DL/T 5772—2018	水电水利工程水力学安全监测规程			2018/12/25	2019/5/1
14.7-4-71	14.7			DL/T 5796—2019	水电工程边坡安全监测技术规范			2019/11/4	2020/5/1
14.7-4-72	14.7			DL/T 5821—2021	混凝土坝维修技术规程			2021/4/26	2021/10/26
14.7-4-73	14.7	27.100	F23	DL/T 619—2012	水电厂自动化元件（装置）及其系统运行维护与检修试验规程	DL 619—1997		2012/1/4	2012/3/1
14.7-4-74	14.7	27.140	K55	DL/T 710—2018	水轮机运行规程	DL/T 710—1999		2018/4/3	2018/7/1

14

序号	GW 分类	ICS 分类	GB 分类	标准号	中 文 名 称	代替标准	采用关系	发布日期	实施日期
14.7-4-75	14.7	27.140	P98	DL/T 751—2014	水轮发电机运行规程	DL/T 751—2001		2014/3/18	2014/8/1
14.7-4-76	14.7	27.140	F23	DL/T 792—2013	水轮机调节系统及装置运行与检修规程	DL/T 792—2001		2013/3/7	2013/8/1
14.7-4-77	14.7	29.160.20	F22	DL/T 817—2014	立式水轮发电机检修技术规程	DL/T 817—2002		2014/3/18	2014/8/1
14.7-4-78	14.7	29.160.20	K20	DL/T 970—2005	大型汽轮发电机非正常和特殊运行及维护导则			2005/11/28	2006/6/1
14.7-4-79	14.7	27.140	K55	NB/T 10326—2019	小水电机组励磁系统运行及检修规程			2019/12/30	2020/7/1
14.7-4-80	14.7	27.140	P59	NB/T 10486—2021	水电工程岩土体监测规程	DL/T 5006—2007		2021/1/7	2021/7/1
14.7-4-81	14.7	27.140	P59	NB/T 10497—2021	水电工程水库塌岸与滑坡治理技术规程			2021/1/7	2021/7/1
14.7-4-82	14.7	27.140	P59	NB/T 35039—2014	水电工程地质观测规程			2014/10/15	2015/3/1
14.7-4-83	14.7			NB/T 35039—2014/XG1—2019	《水电工程地质观测规程》行业标准第 1 号修改单			2019/11/4	2019/11/4
14.7-4-84	14.7	27.140	P55	SL/Z 349—2015	水资源监控管理系统建设技术导则	SL/Z 349—2006		2015/5/4	2015/8/4
14.7-4-85	14.7	27.140	P59	SL 524—2011	小型水电站机组运行综合性能质量评定标准			2011/1/10	2011/4/10
14.7-4-86	14.7	27.140	P59	SL 75—2014	水闸技术管理规程	SL 75—1994		2014/9/10	2014/12/10
14.7-4-87	14.7			T/CEC 335—2020	抽水蓄能发电机断路器检修规程			2020/6/30	2020/10/1

14.8 运行检修-工器具

序号	GW 分类	ICS 分类	GB 分类	标准号	中 文 名 称	代替标准	采用关系	发布日期	实施日期
14.8-2-1	14.8	29.240		Q/GDW 11226—2014	带电检测车技术规范			2014/12/1	2014/12/1
14.8-2-2	14.8	29.240		Q/GDW 11227—2014	变电运维车技术规范			2014/12/1	2014/12/1
14.8-2-3	14.8	29.240		Q/GDW 11229—2014	油气检测车技术规范			2014/12/1	2014/12/1
14.8-2-4	14.8	29.240		Q/GDW 11230—2014	变电检修车技术规范			2014/12/1	2014/12/1
14.8-2-5	14.8	29.240		Q/GDW 11231—2014	输电带电作业工具库房车技术规范			2014/12/1	2014/12/1
14.8-2-6	14.8	29.240		Q/GDW 11232—2014	配电带电作业工具库房车技术规范			2014/12/1	2014/12/1
14.8-2-7	14.8	29.240		Q/GDW 11233—2014	输电线路巡检车技术规范			2014/12/1	2014/12/1
14.8-2-8	14.8	29.240		Q/GDW 11234—2014	配网巡检车技术规范			2014/12/1	2014/12/1
14.8-2-9	14.8	29.240		Q/GDW 11235—2014	电力电缆故障测寻车技术规范			2014/12/1	2014/12/1
14.8-2-10	14.8	29.240		Q/GDW 11236—2014	配网抢修车技术规范			2014/12/1	2014/12/1

14

序号	GW分类	ICS分类	GB分类	标准号	中 文 名 称	代替标准	采用关系	发布日期	实施日期
14.8-2-11	14.8	29.240		Q/GDW 11237—2014	配网带电作业用绝缘斗臂车技术规范			2014/12/1	2014/12/1
14.8-2-12	14.8	29.240		Q/GDW 11238—2014	旁路作业车技术规范			2014/12/1	2014/12/1
14.8-2-13	14.8	29.240		Q/GDW 11239—2014	移动箱变车技术规范			2014/12/1	2014/12/1
14.8-2-14	14.8	29.240		Q/GDW 11305—2014	SF_6气体湿度带电检测技术现场应用导则			2015/2/26	2015/2/26
14.8-2-15	14.8	29.240		Q/GDW 11313—2014	低压 0.4kV 综合抢修车技术规范			2015/2/26	2015/2/26
14.8-2-16	14.8	29.240		Q/GDW 11383—2015	架空输电线路无人机巡检系统配置导则			2015/7/17	2015/7/17
14.8-2-17	14.8	29.240		Q/GDW 11384—2015	架空输电线路固定翼无人机巡检系统			2015/7/17	2015/7/17
14.8-2-18	14.8	29.240		Q/GDW 11385—2015	架空输电线路无人直升机巡检系统			2015/7/17	2015/7/17
14.8-2-19	14.8			Q/GDW 1910—2013	直升机激光扫描输电线路作业技术规范			2014/5/1	2014/5/1
14.8-2-20	14.8	29.020		Q/GDW 698—2011	10kV 带电作业用绝缘平台使用导则			2012/2/1	2012/2/1
14.8-2-21	14.8	29.020		Q/GDW 712—2012	10kV 带电作业用绝缘平台			2012/2/14	2012/2/14
14.8-3-22	14.8	13.340.20	F20	GB/T 12167—2006	带电作业用铝合金紧线卡线器	GB/T 12167—1990		2006/3/6	2006/11/1
14.8-3-23	14.8	13.340.20	F20	GB/T 12168—2006	带电作业用遮蔽罩	GB/T 12168—1990		2006/3/6	2006/11/1
14.8-3-24	14.8	13.260	K47	GB/T 13034—2008	带电作业用绝缘滑车	GB/T 13034—2003		2008/9/24	2009/8/1
14.8-3-25	14.8	13.260;29.035	K47	GB/T 13035—2008	带电作业用绝缘绳索	GB/T 13035—2003		2008/9/24	2009/8/1
14.8-3-26	14.8	13.260;29.035	K47	GB 13398—2008	带电作业用空心绝缘管、泡沫填充绝缘管和实心绝缘棒	GB 13398—2003		2008/12/30	2010/2/1
14.8-3-27	14.8	13.260	F20	GB/T 14545—2008	带电作业用小水量冲洗工具（长水柱短水枪型）	GB/T 14545—2003		2008/9/24	2009/8/1
14.8-3-28	14.8	13.260	F20	GB/T 15632—2008	带电作业用提线工具通用技术条件	GB 15632—1995		2008/12/30	2010/2/1
14.8-3-29	14.8	29.240.20	K47	GB/T 18037—2008	带电作业工具基本技术要求与设计导则	GB/T 18037—2000		2008/9/24	2009/8/1
14.8-3-30	14.8	29.240.20	K47	GB/T 25725—2010	带电作业工具专用车			2010/12/23	2011/5/1
14.8-3-31	14.8	29.240.20	K47	GB/T 37556—2019	10kV 带电作业用绝缘斗臂车			2019/6/4	2020/1/1
14.8-3-32	14.8	43.020	T09	GB 7258—2017	机动车运行安全技术条件			2017/9/29	2018/1/1
14.8-4-33	14.8	29.240	K47	DL/T 1147—2018	电力高处作业防坠器	DL/T 1147—2009		2018/4/3	2018/7/1
14.8-4-34	14.8	29.020	K09	DL/T 1209.2—2014	变电站登高作业及防护器材技术要求 第2部分：拆卸型检修平台			2014/3/18	2014/8/1

14

序号	GW 分类	ICS 分类	GB 分类	标准号	中 文 名 称	代替标准	采用关系	发布日期	实施日期
14.8-4-35	14.8	29.020	K09	DL/T 1209.3—2014	变电站登高作业及防护器材技术要求 第 3 部分：升降型检修平台			2014/3/18	2014/8/1
14.8-4-36	14.8	29.020	K09	DL/T 1209.4—2014	变电站登高作业及防护器材技术要求 第 4 部分：复合材料快装脚手架			2014/3/18	2014/8/1
14.8-4-37	14.8	29.020	K09	DL/T 1465—2015	10kV 带电作业用绝缘平台			2015/7/1	2015/12/1
14.8-4-38	14.8	29.020	K09	DL/T 1468—2015	电力用车载式带电水冲洗装置			2015/7/1	2015/12/1
14.8-4-39	14.8	29.240.20	K47	DL/T 1642—2016	环形混凝土电杆用脚扣			2016/12/5	2017/5/1
14.8-4-40	14.8	29.240.01	F25	DL/T 1643—2016	电杆用登高板			2016/12/5	2017/5/1
14.8-4-41	14.8	29.240.20	k47	DL/T 1659—2016	电力作业用软梯技术要求			2016/12/5	2017/5/1
14.8-4-42	14.8	29.240.20	k47	DL/T 1728—2017	人货两用型输电杆塔登塔装备			2017/8/2	2017/12/1
14.8-4-43	14.8	29.240.01	k47	DL/T 1743—2017	带电作业用绝缘导线剥皮器			2017/11/15	2018/3/1
14.8-4-44	14.8	29.240.99	F29	DL/T 1995—2019	变电站换流站带电作业用绝缘平台			2019/6/4	2019/10/1
14.8-4-45	14.8			DL/T 2077—2019	电力用鱼竿式绝缘伸缩梯			2019/11/4	2020/5/1
14.8-4-46	14.8			DL/T 463—2020	带电作业用绝缘子卡具	DL/T 463—2006		2020/10/23	2021/2/1
14.8-4-47	14.8	29.28	S41	DL/T 636—2017	带电作业用导线飞车	DL/T 636—2006		2017/11/15	2018/3/1
14.8-4-48	14.8	29.240.20	F20	DL/T 699—2007	带电作业用绝缘托瓶架通用技术条件	DL/T 699—1999		2007/7/20	2007/12/1
14.8-4-49	14.8	27.100	F20	DL 779—2001	带电作业用绝缘绳索类工具			2001/10/8	2002/2/1
14.8-4-50	14.8	29.02	K60	DL/T 854—2017	带电作业用绝缘斗臂车使用导则	DL/T 854—2004		2017/11/15	2018/3/1
14.8-4-51	14.8	29.020	K47	DL/T 858—2004	架空配电线路带电安装及作业工具设备			2004/3/9	2004/6/1
14.8-4-52	14.8	29.020	K47	DL/T 877—2004	带电作业用工具、装置和设备使用的一般要求			2004/3/9	2004/6/1
14.8-4-53	14.8	29.020	K47	DL/T 878—2004	带电作业用绝缘工具试验导则			2004/3/9	2004/6/1
14.8-4-54	14.8	29.020	K47	DL/T 879—2004	带电作业用便携式接地和接地短路装置	SD 332—1989		2004/3/9	2004/6/1
14.8-4-55	14.8	29.020	K47	DL/T 880—2004	带电作业用导线软质遮蔽罩		IEC 61497：2002 MOD	2004/3/9	2004/6/1
14.8-4-56	14.8	29.02	K60	DL/T 971—2017	带电作业用便携式核相仪	DL/T 971—2005		2017/11/15	2018/3/1
14.8-4-57	14.8	29.240	F20	DL/T 974—2018	带电作业用工具库房	DL/T 974—2005		2018/12/25	2019/5/1
14.8-4-58	14.8	17.200.20	N12	JB/T 13390—2018	红外线扫描测温仪			2018/4/30	2018/12/1

14

序号	GW 分类	ICS 分类	GB 分类	标准号	中 文 名 称	代替标准	采用关系	发布日期	实施日期
14.8-5-59	14.8	13.260；29.240.20；29.260.99	K47	IEC 60832-1：2010	带电作业绝缘杆及附件设备　第1部分：绝缘杆	IEC 60832：1988；IEC 60832 CORRI 1：2000；IEC 60832 CORRI 1：2000；IEC 78/838/FDIS：2009		2010/2/1	2010/2/1
14.8-6-60	14.8			T/CEC 411—2020	输变电设备地电位检修作业用等电位地毯			2020/10/28	2021/2/1

14.9　运行检修-其他

序号	GW 分类	ICS 分类	GB 分类	标准号	中 文 名 称	代替标准	采用关系	发布日期	实施日期
14.9-2-1	14.9	29.240		Q/GDW 10533—2018	高压直流输电直流测量装置检修规范	Q/GDW 533—2010		2020/4/17	2020/4/17
14.9-2-2	14.9	29.240		Q/GDW 11554—2016	统一潮流控制器一次设备验收技术规范			2017/2/28	2017/2/28
14.9-2-3	14.9	29.240		Q/GDW 11555—2016	统一潮流控制器一次设备检修试验规程			2017/2/28	2017/2/28
14.9-2-4	14.9			Q/GDW 12073—2020	高海拔无人区输电线路运维检修管理规范			2021/4/30	2021/4/30
14.9-2-5	14.9			Q/GDW 12165—2021	高海拔地区运维检修装备配置规范			2021/12/6	2021/12/6
14.9-3-6	14.9	29.240.01	K40	GB/T 13395—2008	电力设备带电水冲洗导则	GB 13395—1992		2008/9/24	2009/8/1
14.9-3-7	14.9	27.100	F24	GB/T 14542—2017	变压器油维护管理导则	GB/T 14542—2005		2017/5/12	2017/12/1
14.9-3-8	14.9	29.040.01	K40	GB/T 25098—2010	绝缘体带电清洗剂使用导则			2010/9/2	2011/2/1
14.9-3-9	14.9	13.220.20	C82	GB 25201—2010	建筑消防设施的维护管理			2010/9/26	2011/3/1
14.9-3-10	14.9	29.240.99	F23	GB/T 35706—2017	电网冰区分布图绘制技术导则			2017/12/29	2018/7/1
14.9-3-11	14.9	29.260.20	K35	GB/T 3836.16—2017	爆炸性环境　第16部分：电气装置的检查与维护	GB 3836.16—2006	IEC 60079-17：2007 IDT	2017/12/29	2018/7/1
14.9-4-12	14.9	27.100	K43	DL/T 1555—2016	六氟化硫气体泄漏在线监测报警装置运行维护导则			2016/1/7	2016/6/1
14.9-4-13	14.9	29.120.50	F24	DL/T 736—2010	农村电网剩余电流动作保护器安装运行规程	DL/T 736—2000		2011/1/9	2011/5/1
14.9-6-14	14.9			T/CEC 233—2019	绝缘管型母线运行规程			2019/11/21	2020/1/1

14

15 试验与计量

15.1 试验与计量-基础综合

序号	GW 分类	ICS 分类	GB 分类	标准号	中 文 名 称	代替标准	采用关系	发布日期	实施日期
15.1-2-1	15.1	29.240		Q/GDW 10284—2018	1000kV 交流输变电工程系统调试规程	Q/GDW 10284—2014		2020/1/12	2020/1/12
15.1-2-2	15.1	29.240		Q/GDW 11090—2013	输电线路参数频率特性测量导则			2014/9/1	2014/9/1
15.1-2-3	15.1	29.240		Q/GDW 11115—2013	30Hz～300MHz 高压测量系统校准规范			2014/4/1	2014/4/1
15.1-2-4	15.1	29.240		Q/GDW 11594—2016	复合材料支柱绝缘子抗震性能试验方法			2017/6/16	2017/6/16
15.1-2-5	15.1			Q/GDW 11733—2017	柔性直流输电工程系统试验规程			2018/7/11	2018/7/11
15.1-2-6	15.1	29.120.40		Q/GDW 11871—2018	直流转换开关振荡特性现场测量导则			2019/10/23	2019/10/23
15.1-2-7	15.1	29.240		Q/GDW 1284—2014	1000kV 交流输变电工程系统调试规程	Q/GDW 284—2009		2014/12/31	2014/12/31
15.1-2-8	15.1			Q/GDW 139—2006	高压直流输电工程系统试验规程			2006/7/20	2006/7/20
15.1-2-9	15.1	29.240		Q/GDW 283—2009	直流换流站与线路合成电场、离子流密度测试方法			2009/5/25	2009/5/25
15.1-3-10	15.1	19.040	N04	GB/T 10590—2006	高低温/低气压试验箱技术条件	GB/T 10590—1989；GB/T 11159—1989	IEC 60068-3-5 NEQ	2006/4/3	2006/10/1
15.1-3-11	15.1	19.040	N04	GB/T 10591—2006	高温/低气压试验箱技术条件	GB/T 10591—1989	IEC 60068-3-5 NEQ	2006/4/3	2006/10/1
15.1-3-12	15.1	71.040.01	N53	GB/T 11007—2008	电导率仪试验方法	GB/T 11007—1989		2008/6/30	2009/1/1
15.1-3-13	15.1	25.160.40	J33	GB 11345—2013	钢焊缝手工超声波探伤方法和探伤结果分级	GB/T 11345—1989	ISO 17640：2010 MOD	2013/9/18	2014/6/1
15.1-3-14	15.1	19.080	K40	GB/T 11604—2015	高压电气设备无线电干扰测试方法	GB/T 11604—1989	IEC/TR CISPR 18-2：2010 MOD	2015/9/11	2016/4/1
15.1-3-15	15.1	19.100	J04	GB/T 12604.11—2015	无损检测 术语 X 射线数字成像检测			2015/2/4	2015/10/1
15.1-3-16	15.1	17.220.20	K40	GB/T 12720—1991	工频电场测量		IEC 833：1987	1991/2/1	1991/10/1
15.1-3-17	15.1	07.040	A76	GB/T 12897—2006	国家一、二等水准测量规范	GB 12897—1991		2006/5/24	2006/10/1
15.1-3-18	15.1	29.035.99	K15	GB/T 1408.1—2016	绝缘材料 电气强度试验方法 第 1 部分：工频下试验	GB/T 1408.1—2006	IEC 60243-1：2013	2016/12/13	2017/7/1
15.1-3-19	15.1	29.035.99	K15	GB/T 1408.3—2016	绝缘材料 电气强度试验方法 第 3 部分：1.2/50μs 冲击试验补充要求	GB/T 1408.3—2007	IEC 60243-3：2013	2016/12/13	2017/7/1

15

序号	GW 分类	ICS 分类	GB 分类	标准号	中 文 名 称	代替标准	采用关系	发布日期	实施日期
15.1-3-20	15.1	29.035.01	K15	GB/T 1411—2002	干固体绝缘材料耐高电压、小电流电弧放电的试验	GB/T 1411—1978	IEC 61621：1997	2002/5/2	2003/1/1
15.1-3-21	15.1	29.035.99	K15	GB/T 15022.2—2017	电气绝缘用树脂基活性复合物 第2部分：试验方法	GB/T 15022.2—2007	IEC 60455-2：2015	2017/12/29	2018/7/1
15.1-3-22	15.1	29.035.99	K15	GB/T 15022.7—2017	电气绝缘用树脂基活性复合物 第7部分：环氧酸酐真空压力浸渍（VPI）树脂			2017/11/1	2018/5/1
15.1-3-23	15.1	33.100	L06	GB/Z 17624.2—2013	电磁兼容 综述与电磁现象相关设备的电气和电子系统实现功能安全的方法		IEC/TS 61000-1-2：2008 IDT	2013/12/17	2014/4/9
15.1-3-24	15.1	33.100.10	L06	GB 17625.1—2012	电磁兼容 限值 谐波电流发射限值（设备每相输入电流≤16A）	GB 17625.1—2003	IEC 61000-3-2：2009+CORRI 1 ED 3.2 IDT	2012/12/31	2013/7/1
15.1-3-25	15.1	33.100	L06	GB 17625.2—2007	电磁兼容 限值 对每相额定电流≤16A且无条件接入的设备在公用低压供电系统中产生的电压变化、电压波动和闪烁的限制	GB 17625.2—1999	IDT IEC 61000-3-3：2005 IDT	2007/4/30	2008/1/1
15.1-3-26	15.1	33.100	K40	GB/Z 17625.3—2000	电磁兼容 限值 对额定电流大于16A的设备在低压供电系统中产生的电压波动和闪烁的限制		IEC 61000-3-5：1994 IDT	2000/4/3	2000/12/1
15.1-3-27	15.1	33.100	K40	GB/Z 17625.4—2000	电磁兼容 限值 中、高压电力系统中畸变负荷发射限值的评估		IEC 61000-3-6：1996 IDT	2000/4/3	2000/12/1
15.1-3-28	15.1	33.100	L06	GB/Z 17625.5—2000	电磁兼容 限值 中、高压电力系统中波动负荷发射限值的评估		IEC 61000-3-7：1996 IDT	2000/4/3	2000/12/1
15.1-3-29	15.1	33.100	L06	GB/Z 17625.6—2003	电磁兼容 限值 对额定电流大于16A的设备在低压供电系统中产生的谐波电流的限制		IEC/TR 61000-3-4：1988 IDT	2003/2/2	2003/8/1
15.1-3-30	15.1	33.100.10	L06	GB/T 17625.7—2013	电磁兼容 限值 对额定电流≤75A且有条件接入的设备在公用低压供电系统中产生的电压变化、电压波动和闪烁的限制		IEC 61000-3-11：2000 MOD	2013/7/19	2013/12/2
15.1-3-31	15.1	33.100.10	L06	GB/T 17625.8—2015	电磁兼容 限值 每相输入电流大于16A小于等于75A连接到公用低压系统的设备产生的谐波电流限值		IEC 61000-3-12：2004	2015/9/11	2016/4/1
15.1-3-32	15.1	33.100	L06	GB/T 17625.9—2016	电磁兼容 限值 低压电气设施上的信号传输发射电平、频段和电磁骚扰电平		IEC 61000-3-8：1997	2016/12/13	2017/7/1
15.1-3-33	15.1	33.100	L06	GB/T 17626.1—2006	电磁兼容 试验和测量技术 抗扰度试验总论	GB/T 17626.1—1998	IEC 61000-4-1：2000	2006/12/1	2007/7/1

15

序号	GW分类	ICS分类	GB分类	标准号	中 文 名 称	代替标准	采用关系	发布日期	实施日期
15.1-3-34	15.1	33.100.20	L06	GB/T 17626.2—2018	电磁兼容 试验和测量技术 静电放电抗扰度试验	GB/T 17626.2—2006	IEC 61000-4-2：2008 IDT	2018/6/7	2019/1/1
15.1-3-35	15.1	33.100.20	L06	GB/T 17626.4—2018	电磁兼容 试验和测量技术 电快速瞬变脉冲群抗扰度试验	GB/T 17626.4—2008	IEC 61000-4-4：2012 IDT	2018/6/7	2019/1/1
15.1-3-36	15.1	33.100.20	L06	GB/T 17626.5—2019	电磁兼容 试验和测量技术 浪涌（冲击）抗扰度试验	GB/T 17626.5—2008	IEC 61000-4-5：2014 IDT	2019/6/4	2020/1/1
15.1-3-37	15.1	33.100.20	L06	GB/T 17626.6—2017	电磁兼容 试验和测量技术 射频场感应的传导骚扰抗扰度	GB/T 17626.6—2008	IEC 60050（161）	2017/12/29	2018/7/1
15.1-3-38	15.1	33.100.10；33.100.20	L06	GB/T 17626.7—2017	电磁兼容 试验和测量技术 供电系统及所连设备谐波、间谐波的测量和测量仪器导则	GB/T 17626.7—2008	IEC 61000-4-7：2009	2017/7/12	2018/2/1
15.1-3-39	15.1	33.100	L06	GB/T 17626.8—2006	电磁兼容 试验和测量技术 工频磁场抗扰度试验	GB/T 17626.8—1998	IEC 61000-4-8：2001 IDT	2006/12/1	2007/7/1
15.1-3-40	15.1	33.100	L06	GB/T 17626.9—2011	电磁兼容 试验和测量技术 脉冲磁场抗扰度试验	GB/T 17626.9—1998	IEC 61000-4-9：2001 IDT	2011/12/30	2012/8/1
15.1-3-41	15.1	33.100.20	L06	GB/T 17626.10—2017	电磁兼容 试验和测量技术 阻尼振荡磁场抗扰度试验	GB/T 17626.10—1998	IEC 61000-4-10：2001 IDT	2017/12/29	2018/7/1
15.1-3-42	15.1	33.100.20	L06	GB/T 17626.11—2008	电磁兼容 试验和测量技术 电压暂降、短时中断和电压变化的抗扰度试验	GB/T 17626.11—1999	IEC 61000-4-11：2004 IDT	2008/5/20	2009/1/1
15.1-3-43	15.1	33.100.20	L06	GB/T 17626.12—2013	电磁兼容 试验和测量技术 振铃波抗扰度试验	GB/T 17626.12—1998	IEC 61000-4-12：2006 IDT	2013/12/17	2014/4/9
15.1-3-44	15.1	33.100	L06	GB/T 17626.13—2006	电磁兼容 试验和测量技术 交流电源端口谐波、谐间波及电网信号的低频抗扰度试验		IEC 61000-4-13：2002 IDT	2006/12/1	2007/7/1
15.1-3-45	15.1	33.100.20	L06	GB/T 17626.14—2005	电磁兼容 试验和测量技术 电压波动抗扰度试验		IED 61000-4-14：2002 IDT	2005/2/6	2005/12/1
15.1-3-46	15.1	33.100	L86；L06	GB/T 17626.15—2011	电磁兼容 试验和测量技术 闪烁仪功能和设计规范		IEC 61000-4-15：2003 IDT	2011/12/30	2012/8/1
15.1-3-47	15.1	33.100	L06	GB/T 17626.16—2007	电磁兼容 试验和测量技术 0Hz～150kHz共模传导骚扰抗扰度试验		IEC 61000-4-16：2002 IDT	2007/4/30	2007/9/1
15.1-3-48	15.1	33.100.20	L06	GB/T 17626.17—2005	电磁兼容 试验和测量技术 直流电源输入端口纹波抗扰度试验		IEC 61000-4-17：2002 IDT	2005/2/6	2005/12/1
15.1-3-49	15.1	33.100.20	L06	GB/T 17626.18—2016	电磁兼容 试验和测量技术 阻尼振荡波抗扰度试验		IEC 61000-4-18：2011 ED1.1	2016/12/13	2017/7/1

15

序号	GW分类	ICS分类	GB分类	标准号	中文名称	代替标准	采用关系	发布日期	实施日期
15.1-3-50	15.1	33.100	L06	GB/T 17626.22—2017	电磁兼容 试验和测量技术 全电波暗室中的辐射发射和抗扰度测量		IEC 61000-4-22：2010 IDT	2017/12/29	2018/7/1
15.1-3-51	15.1	33.100	L06	GB/T 17626.24—2012	电磁兼容 试验和测量技术 HEMP 传导骚扰保护装置的试验方法		IEC 61000-4-24：1997	2012/11/5	2013/2/1
15.1-3-52	15.1	33.100	L06	GB/T 17626.27—2006	电磁兼容 试验和测量技术 三相电压不平衡抗扰度试验		IEC 61000-4-27：2000 IDT	2006/12/1	2007/7/1
15.1-3-53	15.1	33.100	L06	GB/T 17626.28—2006	电磁兼容 试验和测量技术 工频频率变化抗扰度试验		IEC 61000-4-28：2001 IDT	2007/3/26	2007/7/1
15.1-3-54	15.1	33.100.20	L06	GB/T 17626.29—2006	电磁兼容 试验和测量技术 直流电源输入端口电压暂降、短时中断和电压变化的抗扰度试验		IEC 61000-4-29：2000 IDT	2006/12/19	2007/9/1
15.1-3-55	15.1	33.100.99	L06	GB/T 17626.30—2012	电磁兼容 试验和测量技术 电能质量测量方法		IEC 61000-4-30：2008	2012/11/5	2013/2/1
15.1-3-56	15.1		L06	GB/T 17626.34—2012	电磁兼容 试验和测量技术 主电源每相电流大于 16A 的设备的电压暂降、短时中断和电压变化抗扰度试验		IEC 61000-4-34：2009 IDT	2012/6/29	2012/9/1
15.1-3-57	15.1	33.100.20	L06	GB/T 17799.2—2003	电磁兼容 通用标准 工业环境中的抗扰度试验	GB 17799.3—2001	IEC 61000-6-2：1999 IDT	2003/2/2	2003/8/1
15.1-3-58	15.1	33.100	L06	GB 17799.3—2012	电磁兼容 通用标准 居住、商业和轻工业环境中的发射	GB 17799.3—2001	IEC 61000-6-3：2011 ED 2.1 IDT	2012/12/31	2013/7/1
15.1-3-59	15.1	33.100	L06	GB 17799.4—2012	电磁兼容 通用标准 工业环境中的发射	GB 17799.4—2001	IEC 61000-6-4：2011 IDT	2012/12/31	2013/7/1
15.1-3-60	15.1	33.100.20	L06	GB/T 17799.5—2012	电磁兼容 通用标准 室内设备高空电磁脉冲（HEMP）抗扰度		IEC 61000-6-6：2003 IDT	2012/6/29	2012/9/1
15.1-3-61	15.1	33.100	L06	GB/Z 18039.2—2000	电磁兼容 环境 工业设备电源低频传导骚扰发射水平的评估		IEC 61000-6-6：2003 IDT	2000/4/3	2000/12/1
15.1-3-62	15.1	33.100.11	L06	GB/T 18039.3—2017	电磁兼容 环境 公用低压供电系统低频传导骚扰及信号传输的兼容水平	GB/T 18039.3—2003	IEC 61000-2-2：2002	2017/12/29	2018/7/1
15.1-3-63	15.1	33.100.10; 33.100	L06	GB/T 18039.4—2017	电磁兼容 环境 工厂低频传导骚扰的兼容水平	GB/T 18039.4—2003	IEC 61000-2-4：2002	2017/12/29	2018/7/1
15.1-3-64	15.1	33.100	L06	GB/Z 18039.5—2003	电磁兼容 环境 公用供电系统低频传导骚扰及信号传输的电磁环境			2003/2/21	2003/8/1

15

序号	GW分类	ICS分类	GB分类	标准号	中 文 名 称	代替标准	采用关系	发布日期	实施日期
15.1-3-65	15.1	33.100	L06	GB/Z 18039.6—2005	电磁兼容 环境 各种环境中的低频磁场			2005/2/6	2005/12/1
15.1-3-66	15.1	33.100	L06	GB/Z 18039.7—2011	电磁兼容 环境 公用供电系统中的电压暂降、短时中断及其测量统计结果		IEC/TR 61000-2-8：2002 IDT	2011/12/30	2012/6/1
15.1-3-67	15.1	33.100.11	L06	GB/T 18039.8—2012	电磁兼容 环境 高空核电磁脉冲（HEMP）环境描述传导骚扰		IEC 61000-2-10：1998	2012/11/5	2013/2/1
15.1-3-68	15.1	33.100.11	L06	GB/T 18039.9—2013	电磁兼容 环境 公用中压供电系统低频传导骚扰及信号传输的兼容水平		IEC 61000-2-12：2003 IDT	2013/11/12	2014/3/7
15.1-3-69	15.1	33.100	L06	GB/T 18039.10—2018	电磁兼容 环境 HEMP 环境描述 辐射骚扰		IEC 61000-2-9：1996	2018/5/14	2018/12/1
15.1-3-70	15.1	19.080	K40	GB/T 18134.1—2000	极快速冲击高电压试验技术 第1部分：气体绝缘变电站中陡波前过电压用测量系统		IEC 61321-1：1994 IDT	2000/7/14	2000/12/1
15.1-3-71	15.1	33.100	L06	GB/T 18268.1—2010	测量、控制和实验室用的电设备电磁兼容性要求 第1部分：通用要求	GB/T 18268—2000	IEC 61326-1：2005 EDI IDT	2011/1/14	2011/5/1
15.1-3-72	15.1	25.040.40；33.100	L06	GB/T 18268.21—2010	测量、控制和实验室用的电设备电磁兼容性要求 第21部分：特殊要求无电磁兼容防护场合用敏感性试验和测量设备的试验配置、工作条件和性能判据		IEC 61326-2-1：2005 EDI IDT	2011/1/14	2011/5/1
15.1-3-73	15.1	25.040.40；33.100	L06	GB/T 18268.22—2010	测量、控制和实验室用的电设备电磁兼容性要求 第22部分：特殊要求低压配电系统用便携式试验、测量和监控设备的试验配置、工作条件和性能判据		IEC 61326-2-2：2005 IDT	2011/1/14	2011/5/1
15.1-3-74	15.1	25.040.40；33.100	L06	GB/T 18268.23—2010	测量、控制和实验室用的电设备电磁兼容性要求 第23部分：特殊要求带集成或远程信号调理变送器的试验配置、工作条件和性能判据		IEC 61326-2-3：2006 IDT	2011/1/14	2011/5/1
15.1-3-75	15.1	25.040.40；33.100；17.220	L06	GB/T 18268.24—2010	测量、控制和实验室用的电设备电磁兼容性要求 第24部分：特殊要求符合 IEC 61557-8 的绝缘监控装置和符合 IEC 61557-9 的绝缘故障定位设备的试验配置、工作条件和性能判据		IEC 61326-2-4：2006 IDT	2011/1/14	2011/5/1
15.1-3-76	15.1	25.040.40；33.100	L06	GB/T 18268.25—2010	测量、控制和实验室用的电设备电磁兼容性要求 第25部分：特殊要求 接口符合 IEC 61784-1 CP3/2 的现场装置的试验配置、工作条件和性能判据		IEC 61326-2-5：2006 IDT	2011/1/14	2011/5/1
15.1-3-77	15.1	25.040.40；33.100；17.220	L06	GB/T 18268.26—2010	测量、控制和实验室用的电设备电磁兼容性要求 第26部分：特殊要求体外诊断（IVD）医疗设备		IEC 61326-2-6：2005 IDT	2011/1/14	2011/5/1

15

序号	GW 分类	ICS 分类	GB 分类	标准号	中 文 名 称	代替标准	采用关系	发布日期	实施日期
15.1-3-78	15.1	03.120.10	A00	GB/T 19022—2003	测量管理体系测量过程和测量设备的要求	GB/T 19022.1—1994；GB/T 19022.2—2000	ISO 10012：2003 IDT	2004/3/1	2004/3/1
15.1-3-79	15.1	77.060	H25	GB/T 19292.1—2018	金属和合金的腐蚀 大气腐蚀性 第1部分：分类、测定和评估	GB/T 19292.1—2003	ISO 9223：2012	2018/5/14	2019/2/1
15.1-3-80	15.1	77.060	H25	GB/T 19292.2—2018	金属和合金的腐蚀 大气腐蚀性 第2部分：腐蚀等级的指导值	GB/T 19292.2—2003	ISO 9224：2012	2018/5/14	2019/2/1
15.1-3-81	15.1	77.060	H25	GB/T 19292.3—2018	金属和合金的腐蚀 大气腐蚀性 第3部分：影响大气腐蚀性环境参数的测量	GB/T 19292.3—2003	ISO 9225：2012	2018/5/14	2019/2/1
15.1-3-82	15.1	77.060	H25	GB/T 19292.4—2018	金属和合金的腐蚀 大气腐蚀性 第4部分：用于评估腐蚀性的标准试样的腐蚀速率的测定	GB/T 19292.4—2003	ISO 9226：2012	2018/5/14	2019/2/1
15.1-3-83	15.1	29.035.29	K15	GB/T 1981.2—2009	电气绝缘用漆 第2部分：试验方法	GB/T 1981.2—2003	IEC 60464-2：2001 MOD	2009/6/10	2009/12/1
15.1-3-84	15.1	29.080.30	K15	GB/T 20111.4—2017	电气绝缘系统 热评定规程 第4部分：评定和分级电气绝缘系统试验方法的选用导则		IEC/TR 61857-2：2015	2017/12/29	2018/7/1
15.1-3-85	15.1	29.080.30	K15	GB/T 20112—2015	电气绝缘系统的评定与鉴别	GB/T 20112—2006	IEC 60505：2011	2015/7/3	2016/2/1
15.1-3-86	15.1	29.080.30	K03	GB/T 20113—2006	电气绝缘结构（EIS）热分级		IEC 62114：2001 IDT	2006/2/15	2006/6/1
15.1-3-87	15.1	91.120.10	Q25	GB/T 20312—2006	建筑材料及制品的湿热性能吸湿性能的测定		ISO 12571：2000	2006/7/19	2006/12/1
15.1-3-88	15.1	91.120.10	Q25	GB/T 20313—2006	建筑材料及制品的湿热性能含湿率的测定烘干法		ISO 12570：2000	2006/7/19	2006/12/1
15.1-3-89	15.1	77.040.20	H26	GB/T 20490—2006	承压无缝和焊接（埋弧焊除外）钢管分层的超声检测		ISO 10124：1994	2006/9/12	2007/2/1
15.1-3-90	15.1	19.040	K04	GB/T 20643.1—2006	特殊环境条件 环境试验方法 第1部分：总则			2006/11/8	2007/4/1
15.1-3-91	15.1	19.040	K04	GB/T 20643.2—2008	特殊环境条件 环境试验方法 第2部分：人工模拟试验方法及导则电工电子产品（含通信产品）			2008/4/24	2008/12/1
15.1-3-92	15.1	19.040	K04	GB/T 20643.3—2006	特殊环境条件 环境试验方法 第3部分：人工模拟试验方法及导则高分子材料			2006/11/8	2007/4/1
15.1-3-93	15.1	01.040.19；19.100	J04	GB/T 20737—2006	无损检测通用术语和定义		ISO/TS 18173：2005 IDT	2006/12/25	2007/5/1
15.1-3-94	15.1	53.100	P97	GB/T 20969.4—2008	特殊环境条件 高原机械 第4部分：高原自然环境试验导则内燃动力机械			2008/2/3	2008/7/1

15

序号	GW分类	ICS分类	GB分类	标准号	中 文 名 称	代替标准	采用关系	发布日期	实施日期
15.1-3-95	15.1	53.100	P97	GB/T 20969.5—2008	特殊环境条件 高原机械 第5部分：高原自然环境试验导则工程机械			2008/2/3	2008/7/1
15.1-3-96	15.1	29.035.10	K15	GB/T 21216—2007	绝缘液体测量电导和电容确定介质损耗因数的试验方法		IEC 61620：1998 IDT	2007/12/3	2008/5/20
15.1-3-97	15.1	29.035.01	K15	GB/T 21223.1—2015	老化试验数据统计分析导则 第1部分：建立在正态分布试验结果的平均值基础上的方法	GB/T 21223—2007		2015/7/3	2016/2/1
15.1-3-98	15.1	29.035.01	K15	GB/T 21223.2—2015	老化试验数据统计分析导则 第2部分：截尾正态分布数据统计分析的验证程序		IEC/TR 60493-2：2010	2015/7/3	2016/2/1
15.1-3-99	15.1	29.080.10	K48	GB/T 21429—2008	户外和户内电气设备用空心复合绝缘子定义、试验方法、接收准则和设计推荐		IEC 61462：1998 MOD	2008/1/22	2008/9/1
15.1-3-100	15.1	29.160.30	K26	GB/T 21975—2008	起重及冶金用三相异步电动机可靠性试验方法			2008/6/13	2009/3/1
15.1-3-101	15.1	29.180	K41	GB/T 22071.1—2018	互感器试验导则 第1部分：电流互感器	GB/T 22071.1—2008		2018/12/28	2019/7/1
15.1-3-102	15.1	29.180	K41	GB/T 22071.2—2017	互感器试验导则 第2部分：电磁式电压互感器	GB/T 22071.2—2008		2017/12/29	2018/7/1
15.1-3-103	15.1	29.035.10	K15	GB/T 22471.2—2008	电气绝缘用树脂浸渍玻璃纤维网状无纬绑扎带 第2部分：试验方法			2008/10/29	2009/10/1
15.1-3-104	15.1	03.120.30	A41	GB/Z 22553—2010	利用重复性、再现性和正确度的估计值评估测量不确定度的指南		ISO/TS 21748：2004 IDT	2010/9/2	2010/12/1
15.1-3-105	15.1	29.035.99	K15	GB/T 22689—2008	测定固体绝缘材料相对耐表面放电击穿能力的推荐试验方法		IEC 60343：1991 IDT	2008/12/31	2009/11/1
15.1-3-106	15.1	29.020	J09	GB/T 22840—2008	工业机械电气设备浪涌抗扰度试验规范			2008/12/30	2009/9/1
15.1-3-107	15.1	29.020	J09	GB/T 22841—2008	工业机械电气设备电压暂降和短时中断抗扰度试验规范			2008/12/30	2010/2/1
15.1-3-108	15.1	29.240.20	K51	GB/T 2317.1—2008	电力金具试验方法 第1部分：机械试验	GB/T 2317.1—2000	IEC 61284：1997 MOD	2008/9/24	2009/8/1
15.1-3-109	15.1	29.240.20	K51	GB/T 2317.2—2008	电力金具试验方法 第2部分：电晕和无线电干扰试验	GB/T 2317.2—2000	IEC 61284：1997 MOD	2008/12/30	2009/10/1
15.1-3-110	15.1	29.240.20	K51	GB/T 2317.3—2008	电力金具试验方法 第3部分：热循环试验	GB/T 2317.3—2000	IEC 61284：1997 MOD	2008/12/30	2009/10/1
15.1-3-111	15.1	29.240.20	K51	GB/T 2317.4—2008	电力金具试验方法 第4部分：验收规则	GB/T 2317.4—2000		2008/12/30	2009/10/1

序号	GW分类	ICS分类	GB分类	标准号	中 文 名 称	代替标准	采用关系	发布日期	实施日期
15.1-3-112	15.1	29.080	K15	GB/Z 23756.1—2009	电气绝缘系统耐电性评定 第1部分：在正态分布基础上的评定程序和一般原理		IEC/TR 60727-1：1982 IDT	2009/5/6	2009/11/1
15.1-3-113	15.1	29.080.30	K15	GB/T 23756.2—2010	电气绝缘系统耐电寿命评定 第2部分：在极值分布基础上的评定程序			2011/1/14	2011/7/1
15.1-3-114	15.1	25.010；29.020	J09	GB/T 24111—2009	工业机械电气设备电快速瞬变脉冲群抗扰度试验规范			2009/6/11	2009/11/1
15.1-3-115	15.1	25.010；29.020	J09	GB/T 24112—2009	工业机械电气设备静电放电抗扰度试验规范			2009/6/11	2009/11/1
15.1-3-116	15.1	19.040	K04	GB/T 2423.1—2008	电工电子产品环境试验 第2部分：试验方法 试验A：低温	GB/T 2423.1—2001	IEC 60068-2-1：2007 IDT	2008/12/30	2009/10/1
15.1-3-117	15.1	19.040	K04	GB/T 2423.2—2008	电工电子产品环境试验 第2部分：试验方法 试验B：高温	GB/T 2423.2—2001	IEC 60068-2-2：2007 IDT	2008/12/30	2009/10/1
15.1-3-118	15.1	19.040	K04	GB/T 2423.4—2008	电工电子产品环境试验 第2部分：试验方法 试验Db 交变湿热（12h+12h 循环）	GB/T 2423.4—1993	IEC 60068-2-30：2005 IDT	2008/5/19	2009/1/1
15.1-3-119	15.1	19.040	K04	GB/T 2423.15—2008	电工电子产品环境试验 第2部分：试验方法 试验Ga 和导则：稳态加速度	GB/T 2423.15—1995	IEC 60068-2-7：1986 IDT	2008/3/24	2008/10/1
15.1-3-120	15.1	19.020	K04	GB/T 2423.16—2008	电工电子产品环境试验 第2部分：试验方法 试验J 及导则：长霉	GB/T 2423.16—1999	IEC 60068-2-10：2005 IDT	2008/12/30	2009/10/1
15.1-3-121	15.1	19.020	K04	GB/T 2423.17—2008	电工电子产品环境试验 第2部分：试验方法 试验Ka：盐雾	GB/T 2423.17—1993	IEC 60068-2-11：1981 IDT	2008/5/19	2009/1/1
15.1-3-122	15.1	19.040	K04	GB/T 2423.21—2008	电工电子产品环境试验 第2部分：试验方法 试验M：低气压	GB/T 2423.21—1991	IEC 60068-2-13：1983 IDT	2008/12/30	2009/10/1
15.1-3-123	15.1	19.040	K04	GB/T 2423.32—2008	电工电子产品环境试验 第2部分：试验方法 试验Ta：润湿称量法可焊性	GB/T 2423.32—1985；GB/T 2424.21—1985		2008/3/24	2008/10/1
15.1-3-124	15.1	19.040	K04	GB/T 2423.37—2006	电工电子产品环境试验 第2部分：试验方法 试验L：沙尘试验	GB/T 2423.37—1989	IEC 60068-2-68：1994 IDT	2006/12/19	2007/9/1
15.1-3-125	15.1	19.040	K04	GB/T 2423.43—2008	电工电子产品环境试验 第2部分：试验方法 振动、冲击和类似动力学试验样品的安装	GB/T 2423.43—1995	IEC 60068-2-47：2005 IDT	2008/5/19	2009/1/1
15.1-3-126	15.1	19.040	K04	GB/T 2423.55—2006	电工电子产品环境试验 第2部分：试验方法 试验Eh：锤击试验		IEC 60068-2-75：1997 IDT	2006/2/15	2006/6/1
15.1-3-127	15.1	19.040	K04	GB/T 2423.57—2008	电工电子产品环境试验 第2-81部分：试验方法试验Ei：冲击冲击响应谱合成		IEC 60068-2-81：2003 IDT	2008/5/19	2009/1/1

15

序号	GW 分类	ICS 分类	GB 分类	标准号	中 文 名 称	代替标准	采用关系	发布日期	实施日期
15.1-3-128	15.1	19.040	K04	GB/T 2423.58—2008	电工电子产品环境试验 第 2-80 部分：试验方法试验 Fi：振动混合模式		IEC 60068-2-80: 2005 IDT	2008/5/19	2009/1/1
15.1-3-129	15.1	19.020	K04	GB/T 2423.59—2008	电工电子产品环境试验 第 2 部分：试验方法试验 Z/ABMFh：温度（低温、高温）/低气压/振动（随机）综合		IEC 60068-2-80: 2005 IDT	2008/12/30	2009/11/1
15.1-3-130	15.1	19.040	K04	GB/T 2423.60—2008	电工电子产品环境试验 第 2 部分：试验方法试验 U：引出端及整体安装件强度		IEC 60068-2-21: 2006 IDT	2008/12/30	2009/11/1
15.1-3-131	15.1	19.040	K04	GB/T 2423.101—2008	电工电子产品环境试验 第 2 部分：试验方法试验：倾斜和摇摆	GB/T 2423.31—1985；GB/T 2424.20—1985		2008/5/20	2008/12/1
15.1-3-132	15.1	19.040	K04	GB/T 2423.102—2008	电工电子产品环境试验 第 2 部分：试验方法试验：温度（低温、高温）/低气压/振动（正弦）综合	GB/T 2423.42—1995；GB/T 2424.24—1995		2008/5/20	2008/12/1
15.1-3-133	15.1	19.040	K04	GB/T 2424.7—2006	电工电子产品环境试验试验 A 和 B（带负载）用温度试验箱的测量		IEC 60068-3-7: 2001 IDT	2006/12/19	2007/9/1
15.1-3-134	15.1	19.040	K04	GB/T 2424.15—2008	电工电子产品环境试验 第 3 部分：温度/低气压综合试验导则	GB/T 2424.15—1992	IEC 60068-3-2: 1976 IDT	2008/12/30	2009/10/1
15.1-3-135	15.1	19.040	K04	GB/T 2424.17—2008	电工电子产品环境试验 第 2 部分：试验方法试验 T：锡焊试验导则	GB/T 2424.17—1995	IEC 60068-2-44: 1995 IDT	2008/12/30	2009/11/1
15.1-3-136	15.1	19.040	K04	GB/T 2424.26—2008	电工电子产品环境试验 第 3 部分：支持文件和导则振动试验选择		IEC 60068-3-8: 2003 IDT	2008/12/30	2009/10/1
15.1-3-137	15.1	29.020	J50	GB/T 24342—2009	工业机械电气设备保护接地电路连续性试验规范			2009/9/30	2010/2/1
15.1-3-138	15.1	29.020	J50	GB/T 24343—2009	工业机械电气设备绝缘电阻试验规范			2009/9/30	2010/2/1
15.1-3-139	15.1	29.020	J50	GB/T 24344—2009	工业机械电气设备耐压试验规范			2009/9/30	2010/2/1
15.1-3-140	15.1	29.080.10	K48	GB/T 24624—2009	绝缘套管油为主绝缘（通常为纸）浸渍介质套管中溶解气体分析（DGA）的判断导则		IEC 61464: 1998 MOD	2009/11/15	2010/4/1
15.1-3-141	15.1	29.080.10	K48	GB/T 25096—2010	交流电压高于 1000V 变电站用电站支柱复合绝缘子定义、试验方法及接收准则		IEC 62231: 2006 MOD	2010/9/2	2011/2/1
15.1-3-142	15.1	29.020	K09	GB/T 25296—2010	电气设备安全通用试验导则			2010/11/10	2011/5/1
15.1-3-143	15.1	27.120	F80	GB/T 261—2008	闪点的测定 宾斯基—马丁闭口杯法	GB/T 10261—1988		2008/8/25	2009/2/1
15.1-3-144	15.1	03.120.20	A00	GB/T 27025—2019	检测和校准实验室能力的通用要求	GB/T 27025—2008	ISO/IEC Guide 98-3: 2008 MOD	2019/12/10	2020/7/1

15

序号	GW 分类	ICS 分类	GB 分类	标准号	中 文 名 称	代替标准	采用关系	发布日期	实施日期
15.1-3-145	15.1	17.020	A50	GB/T 27418—2017	测量不确定度评定和表示		ISO/IEC Guide 98-3：2008 MOD	2017/12/29	2018/7/1
15.1-3-146	15.1	17.020	A50	GB/T 27419—2018	测量不确定度评定和表示 补充文件 1：基于蒙特卡洛方法的分布传播		ISO/IEC Guide 98-3/Suppl.1：2008 IDT	2018/5/14	2018/12/1
15.1-3-147	15.1		N77	GB/T 28880—2012	无损检测不用电子测量仪器对脉冲反射式超声检测系统性能特性的评定		ISO 18175：2004	2012/11/5	2013/2/15
15.1-3-148	15.1	19.040	N61	GB/T 29252—2012	实验室仪器和设备质量检验规则			2012/12/31	2013/6/1
15.1-3-149	15.1	01.080.20	N60	GB/T 29253—2012	实验室仪器和设备常用图形符号			2012/12/31	2013/6/1
15.1-3-150	15.1	29.035.01	K15	GB/T 29305—2012	新的和老化后的纤维素电气绝缘材料粘均聚合度的测量			2012/12/31	2013/6/1
15.1-3-151	15.1	19.040	K04	GB/T 29309—2012	电工电子产品加速应力试验规程高加速寿命试验导则			2012/12/31	2013/6/1
15.1-3-152	15.1	29.035.01	K15	GB/T 29310—2012	电气绝缘击穿数据统计分析导则			2012/12/31	2013/6/1
15.1-3-153	15.1	33.100.20	L06	GB/Z 30556.1—2017	电磁兼容 安装和减缓导则 一般要求		IEC/TR 61000-5-1：1996 IDT	2017/12/29	2018/7/1
15.1-3-154	15.1	33.100.20	L06	GB/Z 30556.2—2017	电磁兼容 安装和减缓导则 接地和布线			2017/12/29	2018/7/1
15.1-3-155	15.1	33.100.01	L06	GB/T 30556.7—2014	电磁兼容 安装和减缓导则 外壳的电磁骚扰防护等级（EM 编码）		IEC 61000-5-7：2001 IDT	2014/5/6	2014/10/28
15.1-3-156	15.1	33.100	L06	GB/T 30842—2014	高压试验室电磁屏蔽效能要求与测量方法			2014/6/24	2015/1/22
15.1-3-157	15.1	13.100	N09	GB/Z 30993—2014	测量、控制和实验室用电气设备的安全要求 GB 4793.1—2007 的符合性验证报告格式			2014/7/24	2014/11/1
15.1-3-158	15.1	17.140	A59	GB/T 31004.1—2014	声学建筑和建筑构件隔声声强法测量 第 1 部分：实验室测量		ISO 15186-1：2000	2014/9/3	2015/2/1
15.1-3-159	15.1	19.020	A20	GB/T 31016—2014	移动实验室样品采集与处理通用技术规范			2014/9/3	2015/2/1
15.1-3-160	15.1	01.040.01	A22	GB/T 31017—2014	移动实验室术语			2014/9/3	2015/2/1
15.1-3-161	15.1	01.110	A01	GB/T 31018—2014	移动实验室模块化设计指南			2014/9/3	2015/2/1
15.1-3-162	15.1	01.110	A01	GB/T 31019—2014	移动实验室人类工效学设计指南			2014/9/3	2015/2/1
15.1-3-163	15.1	19.020	J04	GB/T 31020—2014	移动实验室移动特性			2014/9/3	2015/2/1
15.1-3-164	15.1	19.020	A20	GB/T 31023—2014	移动实验室设备工况测试通用技术规范			2014/9/3	2015/2/1

15

序号	GW 分类	ICS 分类	GB 分类	标准号	中 文 名 称	代替标准	采用关系	发布日期	实施日期
15.1-3-165	15.1	19.080	K40	GB/T 311.6—2005	高电压测量标准空气间隙	GB/T 311.6—1983	IEC 60052：2002 IDT	2005/2/6	2005/12/1
15.1-3-166	15.1	19.100	J04	GB/T 31211—2014	无损检测超声导波检测总则			2014/9/3	2015/5/1
15.1-3-167	15.1	19.100	J04	GB/T 31212—2014	无损检测漏磁检测总则			2014/9/3	2015/5/1
15.1-3-168	15.1	91.040.10	P33	GB/T 32146.1—2015	检验检测实验室设计与建设技术要求 第 1 部分：通用要求			2015/12/10	2016/7/1
15.1-3-169	15.1	91.040.10	P33	GB/T 32146.2—2015	检验检测实验室设计与建设技术要求 第 2 部分：电气实验室			2015/12/10	2016/7/1
15.1-3-170	15.1	17.140	A59	GB/T 3222.2—2009	声学环境噪声的描述、测量与评价 第 2 部分：环境噪声级测定	GB/T 3222—1994	ISO 1996-2：2007 IDT	2009/9/30	2009/12/1
15.1-3-171	15.1	29.200	L89	GB/T 32705—2016	实验室仪器及设备安全规范仪用电源			2016/6/14	2017/1/1
15.1-3-172	15.1	70.060	A47	GB/T 32938—2016	防雷装置检测服务规范			2016/8/29	2017/3/1
15.1-3-173	15.1	25.160.40	J33	GB/T 3323.1—2019	焊缝无损检测 射线检测 第 1 部分：X 和伽马射线的胶片技术	GB/T 3323—2005	ISO 17636-1：2013	2019/8/30	2020/3/1
15.1-3-174	15.1	25.160.40	J33	GB/T 3323.2—2019	焊缝无损检测 射线检测 第 2 部分：使用数字化探测器的 X 和伽马射线技术		ISO 17636-2：2013	2019/8/30	2020/3/1
15.1-3-175	15.1	97.140	Y81	GB/T 33246—2016	移动实验室操作台通用技术规范			2016/12/13	2017/7/1
15.1-3-176	15.1	01.110	A20	GB/T 33247—2016	移动实验室供、排水系统设计指南			2016/12/13	2017/7/1
15.1-3-177	15.1	43.160	T04	GB/T 33253—2016	移动实验室载具通用技术规范			2016/12/13	2017/7/1
15.1-3-178	15.1	29.130.10	K43	GB/T 33981—2017	高压交流断路器声压级测量的标准规程		IEC/IEEE 62271-37-082：2012	2017/7/12	2018/2/1
15.1-3-179	15.1	49.025.99	Q69	GB/T 34003—2017	氮化硼中杂质元素测定方法			2017/7/12	2018/2/1
15.1-3-180	15.1	19.100	J04	GB/T 34018—2017	无损检测 超声显微检测方法			2017/7/12	2018/2/1
15.1-3-181	15.1	17.200.20	N11	GB/T 34035—2017	热电偶现场试验方法			2017/7/31	2018/2/1
15.1-3-182	15.1	25.160.40		GB/T 34628—2017	焊缝无损检测 金属材料应用通则			2017/10/14	2018/5/1
15.1-3-183	15.1	33.020	M04	GB/T 3482—2008	电子设备雷击试验方法	GB/T 3482—1983；GB/T 3483—1983；GB/T 7450—1987		2008/3/31	2008/11/1
15.1-3-184	15.1		L05	GB/T 34986—2017	产品加速试验方法		IEC 62506：2013	2017/11/1	2018/5/1
15.1-3-185	15.1	19.100	J04	GB/T 35388—2017	无损检测 X 射线数字成像检测 检测方法			2017/12/29	2018/4/1

15

序号	GW 分类	ICS 分类	GB 分类	标准号	中 文 名 称	代替标准	采用关系	发布日期	实施日期
15.1-3-186	15.1	19.100	J04	GB/T 35389—2017	无损检测　X 射线数字成像检测　导则			2017/12/29	2018/4/1
15.1-3-187	15.1	19.100	J04	GB/T 35391—2017	无损检测　工业计算机层析成像（CT）检测用空间分辨力测试卡			2017/12/29	2018/4/1
15.1-3-188	15.1	19.100	J04	GB/T 35392—2017	无损检测　电导率电磁（涡流）测定方法			2017/12/29	2018/4/1
15.1-3-189	15.1	19.100	J04	GB/T 35393—2017	无损检测　非铁磁性金属电磁（涡流）分选方法			2017/12/29	2018/4/1
15.1-3-190	15.1	19.100	J04	GB/T 35394—2017	无损检测　X 射线数字成像检测　系统特性			2017/12/29	2018/4/1
15.1-3-191	15.1	83.120	Q23	GB/T 35465.1—2017	聚合物基复合材料疲劳性能测试方法　第 1 部分：通则			2017/12/29	2018/11/1
15.1-3-192	15.1	83.120	Q23	GB/T 35465.2—2017	聚合物基复合材料疲劳性能测试方法　第 2 部分：线性或线性化应力寿命（S-N）和应变寿命（ε-N）疲劳数据的统计分析			2017/12/29	2018/11/1
15.1-3-193	15.1	83.120	Q23	GB/T 35465.3—2017	聚合物基复合材料疲劳性能测试方法　第 3 部分：拉-拉疲劳	GB/T 16779—2008		2017/12/29	2018/11/1
15.1-3-194	15.1	91.040.10	P33	GB/T 37140—2018	检验检测实验室技术要求验收规范			2018/12/28	2019/7/1
15.1-3-195	15.1	19.100	J04	GB/T 37540—2019	无损检测　涡流检测数字图像处理与通信			2019/6/4	2020/1/1
15.1-3-196	15.1	33.100	L06	GB/T 37543—2019	直流输电线路和换流站的合成场强与离子流密度的测量方法			2019/6/4	2020/1/1
15.1-3-197	15.1	77.040.99	H20	GB/T 37789—2019	钢结构十字接头试验方法			2019/8/30	2020/7/1
15.1-3-198	15.1	13.040	Z04	GB/T 37940—2019	大气环境监测移动实验室通用技术规范			2019/8/30	2020/3/1
15.1-3-199	15.1	19.020	A20	GB/T 37986—2019	工程检测移动实验室通用技术规范			2019/8/30	2020/3/1
15.1-3-200	15.1	29.240.01	K40	GB/T 38878—2020	柔性直流输电工程系统试验			2020/6/2	2020/12/1
15.1-3-201	15.1	19.080	N09	GB 4793.2—2008	测量、控制和实验室用电气设备的安全要求　第 2 部分：电工测量和试验用手持和手操电流传感器的特殊要求	GB 4793.2—2001		2008/8/30	2009/9/1
15.1-3-202	15.1	19.080	N09	GB 4793.5—2008	测量、控制和实验室用电气设备的安全要求　第 5 部分：电工测量和试验用手持探头组件的安全要求	GB 4793.5—2001		2008/8/30	2009/9/1
15.1-3-203	15.1	11.080.10	C47	GB 4793.8—2008	测量、控制和试验室用电气设备的安全要求　第 2-042 部分：使用有毒气体处理医用材料及供试验室用的压力灭菌器和灭菌器的专用要求			2008/3/24	2009/1/1

15

序号	GW 分类	ICS 分类	GB 分类	标准号	中 文 名 称	代替标准	采用关系	发布日期	实施日期
15.1-3-204	15.1	13.100	N09	GB 4793.9—2013	测量、控制和实验室用电气设备的安全要求 第 9 部分：实验室用分析和其他目的的自动和半自动设备的特殊要求		IEC 61010-2-081：2009 IDT	2013/12/17	2014/11/1
15.1-3-205	15.1	29.060.10	K11	GB/T 4909.1—2009	裸电线试验方法 第 1 部分：总则	GB/T 4909.1—1985		2009/3/19	2009/12/1
15.1-3-206	15.1	29.060.10	K11	GB/T 4909.2—2009	裸电线试验方法 第 2 部分：尺寸测量	GB/T 4909.2—1985		2009/3/19	2009/12/1
15.1-3-207	15.1	29.060.10	K11	GB/T 4909.3—2009	裸电线试验方法 第 3 部分：拉力试验	GB/T 4909.3—1985		2009/3/19	2009/12/1
15.1-3-208	15.1	29.060.10	K11	GB/T 4909.4—2009	裸电线试验方法 第 4 部分：扭转试验	GB/T 4909.4—1985		2009/3/19	2009/12/1
15.1-3-209	15.1	29.060.10	K11	GB/T 4909.5—2009	裸电线试验方法 第 5 部分：弯曲试验反复弯曲	GB/T 4909.5—1985		2009/3/19	2009/12/1
15.1-3-210	15.1	29.060.10	K11	GB/T 4909.6—2009	裸电线试验方法 第 6 部分：弯曲试验单向弯曲	GB/T 4909.6—1985		2009/3/19	2009/12/1
15.1-3-211	15.1	29.060.10	K11	GB/T 4909.7—2009	裸电线试验方法 第 7 部分：卷绕试验	GB/T 4909.7—1985		2009/3/19	2009/12/1
15.1-3-212	15.1	29.060.10	K11	GB/T 4909.8—2009	裸电线试验方法 第 8 部分：硬度试验布氏法	GB/T 4909.8—1985		2009/3/19	2009/12/1
15.1-3-213	15.1	29.060.10	K11	GB/T 4909.9—2009	裸电线试验方法 第 9 部分：镀层连续性试验多硫化钠法	GB/T 4909.9—1985		2009/3/19	2009/12/1
15.1-3-214	15.1	29.060.10	K11	GB/T 4909.10—2009	裸电线试验方法 第 10 部分：镀层连续性试验过硫酸铵法	GB/T 4909.10—1985		2009/3/19	2009/12/1
15.1-3-215	15.1	29.060.10	K11	GB/T 4909.11—2009	裸电线试验方法 第 11 部分：镀层附着性试验	GB/T 4909.11—1985		2009/3/19	2009/12/1
15.1-3-216	15.1	29.060.10	K11	GB/T 4909.12—2009	裸电线试验方法 第 12 部分：镀层可焊性试验焊球法	GB/T 4909.12—1985		2009/3/19	2009/12/1
15.1-3-217	15.1			GB/T 50123—2019	土工试验方法标准	GB/T 50123—1999		2019/5/24	2019/10/1
15.1-3-218	15.1		P24	GB/T 50129—2011	砌体基本力学性能试验方法标准	GBJ 129—1990		2011/7/29	2012/3/1
15.1-3-219	15.1			GB 50150—2016	电气装置安装工程 电气设备交接试验标准	GB 50150—2006		2016/4/15	2016/12/1
15.1-3-220	15.1	29.035.50	K15	GB/T 5019.2—2009	以云母为基的绝缘材料 第 2 部分：试验方法	GB/T 5019—2002		2009/6/10	2009/12/1
15.1-3-221	15.1		P26	GB/T 50621—2010	钢结构现场检测技术标准			2010/8/18	2011/6/1
15.1-3-222	15.1	29.040.10	E38	GB/T 507—2002	绝缘油击穿电压测定法	GB/T 507—1986		2002/10/10	2003/4/1
15.1-3-223	15.1	03.120.10；03.120.30	L50	GB/T 5080.1—2012	可靠性试验 第 1 部分：试验条件和统计检验原理	GB/T 5080.1—1986	IEC 60300-3-5：2001	2012/11/5	2013/2/15

15

序号	GW 分类	ICS 分类	GB 分类	标准号	中 文 名 称	代替标准	采用关系	发布日期	实施日期
15.1-3-224	15.1	19.020	L50	GB/T 5080.2—2012	可靠性试验 第 2 部分：试验周期设计	GB/T 5080.2—1986	IEC 605-2：1994	2012/11/5	2013/2/15
15.1-3-225	15.1	13.220.40；29.020	K40	GB/T 5169.10—2017	电工电子产品着火危险试验 第 10 部分：灼热丝/热丝基本试验方法 灼热丝装置和通用试验方法	GB/T 5169.10—2006		2017/12/29	2018/7/1
15.1-3-226	15.1	13.220.40；29.020		GB/T 5169.11—2017	电工电子产品着火危险试验 第 11 部分：灼热丝/热丝基本试验方法 成品的灼热丝可燃性试验方法（GWEPT）	GB/T 5169.11—2006	IEC 60695-2-11：2014	2017/12/29	2018/7/1
15.1-3-227	15.1	29.020	K04	GB/T 5169.19—2006	电工电子产品着火危险试验 第 19 部分：非正常热模压应力释放变形试验			2006/3/14	2006/9/1
15.1-3-228	15.1	13.220.40；29.020	K04	GB/T 5169.21—2017	电工电子产品着火危险试验 第 21 部分：非正常热球压试验方法	GB/T 5169.21—2006		2017/12/29	2018/7/1
15.1-3-229	15.1	13.220.40；29.020	K04	GB/Z 5169.33—2014	电工电子产品着火危险试验 第 33 部分：着火危险评定导则起燃性总则		IEC/TS 60695-1-20：2008	2014/9/3	2015/4/1
15.1-3-230	15.1	13.220.40；29.020	K04	GB/Z 5169.34—2014	电工电子产品着火危险试验 第 34 部分：着火危险评定导则起燃性试验方法概要和相关性		IEC/TR 60695-1-21：2008	2014/9/3	2015/4/1
15.1-3-231	15.1	13.220.40；29.020	K04	GB/T 5169.38—2014	电工电子产品着火危险试验 第 38 部分：燃烧流的毒性试验方法概要和相关性		IEC 60695-7-2：2011	2014/9/3	2015/4/1
15.1-3-232	15.1	13.220.40；29.02	K04	GB/T 5169.45—2019	电工电子产品着火危险试验 第 45 部分：着火危险评定导则 防火安全工程		IEC 60695-1-12：2015 IDT	2019/6/4	2020/1/1
15.1-3-233	15.1	19.040	K04	GB/T 5170.1—2016	电工电子产品环境试验设备检验方法 第 1 部分：总则	GB/T 5170.1—2008		2016/12/13	2017/7/1
15.1-3-234	15.1	19.040	K04	GB/T 5170.2—2017	环境试验设备检验方法 第 2 部分：温度试验设备	GB/T 5170.2—2008		2017/12/29	2018/7/1
15.1-3-235	15.1	19.040	K04	GB/T 5170.5—2016	电工电子产品环境试验设备检验方法 第 5 部分：湿热试验设备	GB/T 5170.5—2008		2016/12/13	2017/7/1
15.1-3-236	15.1	19.040	K04	GB/T 5170.8—2017	环境试验设备检验方法 第 8 部分：盐雾试验设备	GB/T 5170.8—2008		2017/12/29	2018/7/1
15.1-3-237	15.1	19.040	K04	GB/T 5170.9—2017	环境试验设备检验方法 第 9 部分：太阳辐射试验设备	GB/T 5170.9—2008		2017/12/29	2018/7/1
15.1-3-238	15.1	19.040	K04	GB/T 5170.10—2017	环境试验设备检验方法 第 10 部分：高低温低气压试验设备	GB/T 5170.10—2008		2017/12/29	2018/7/1
15.1-3-239	15.1	19.040	K04	GB/T 5170.11—2017	环境试验设备检验方法 第 11 部分：腐蚀气体试验设备	GB/T 5170.11—2008		2017/12/29	2018/7/1

序号	GW 分类	ICS 分类	GB 分类	标准号	中 文 名 称	代替标准	采用关系	发布日期	实施日期
15.1-3-240	15.1	19.040	K04	GB/T 5170.14—2009	环境试验设备基本参数检验方法振动（正弦）试验用电动振动台	GB/T 5170.14—1985		2009/5/6	2009/11/1
15.1-3-241	15.1	29.020	K04	GB/T 5170.21—2008	电工电子产品环境试验设备基本参数检验方法振动（随机）试验用液压振动台			2008/12/30	2009/11/1
15.1-3-242	15.1	33.100	L06	GB/Z 6113.3—2019	无线电骚扰和抗扰度测量设备和测量方法规范 第 3 部分：无线电骚扰和抗扰度测量技术报告	GB/Z 6113.3—2006	CISPR/TR 16-3: 2015	2019/8/30	2020/3/1
15.1-3-243	15.1	33.100	L06	GB/T 6113.102—2018	无线电骚扰和抗扰度测量设备和测量方法规范 第 1-2 部分：无线电骚扰和抗扰度测量设备 传导骚扰测量的耦合装置	GB/T 6113.102—2008	CISPR 16-1-2: 2014	2018/7/13	2019/2/1
15.1-3-244	15.1	33.100	L06	GB/T 6113.103—2008	无线电骚扰和抗扰度测量设备和测量方法规范 第 1-3 部分：无线电骚扰和抗扰度测量设备 辅助设备骚扰功率	GB/T 6113.1—1995		2008/1/12	2008/9/1
15.1-3-245	15.1	33.100	L06	GB/T 6113.105—2018	无线电骚扰和抗扰度测量设备和测量方法规范 第 1-5 部分：无线电骚扰和抗扰度测量设备 5MHz～18GHz 天线校准场地和参考试验场地	GB/T 6113.105—2008		2018/12/28	2019/7/1
15.1-3-246	15.1	33.100	L06	GB/T 6113.204—2008	无线电骚扰和抗扰度测量设备和测量方法规范 第 2-4 部分：无线电骚扰和抗扰度测量方法 抗扰度测量	GB/T 6113.2—1998		2008/1/12	2008/9/1
15.1-3-247	15.1	33.100	L06	GB/T 6113.402—2018	无线电骚扰和抗扰度测量设备和测量方法规范 第 4-2 部分：不确定度、统计学和限值建模 测量设备和设施的不确定度	GB/T 6113.402—2006	CISPR 16-4-2: 2014	2018/3/15	2018/10/1
15.1-3-248	15.1	33.100.20	L06	GB/Z 6113.403—2007	无线电骚扰和抗扰度测量设备和测量方法规范 第 4-3 部分：不确定度、统计学和限值建模 批量产品的 EMC 符合性确定的统计考虑			2007/9/5	2008/4/1
15.1-3-249	15.1	33.100.20	L06	GB/Z 6113.404—2007	无线电骚扰和抗扰度测量设备和测量方法规范 第 4-4 部分：不确定度、统计学和限值建模 抱怨的统计和限值的计算模型			2007/9/5	2008/4/1
15.1-3-250	15.1	03.120.30	A41	GB/T 6378.1—2008	计量抽样检验程序 第 1 部分：按接收质量限（AQL）检索的对单一质量特性和单个 AQL 的逐批检验的一次抽样方案	GB/T 6378—2002		2008/7/28	2009/1/1
15.1-3-251	15.1	03.120.30	A41	GB/T 6379.3—2012	测量方法与结果的准确度（正确度与精密度） 第 3 部分：标准测量方法精密度的中间度量		ISO 5725-3: 1994 IDT	2012/11/5	2013/2/15

15

序号	GW分类	ICS分类	GB分类	标准号	中文名称	代替标准	采用关系	发布日期	实施日期
15.1-3-252	15.1	03.120.30	A41	GB/T 6379.6—2009	测量方法与结果的准确度（正确度与精密度） 第6部分：准确度值的实际应用			2009/3/13	2009/9/1
15.1-3-253	15.1	29.035.99	K15	GB/T 6553—2014	严酷环境条件下使用的电气绝缘材料评定耐电痕化和蚀损的试验方法	GB/T 6553—2003	IEC 60587：2007 IDT	2014/5/6	2014/10/28
15.1-3-254	15.1	19.080	K40	GB/T 7354—2018	高电压试验技术 局部放电测量	GB/T 7354—2003	IEC 60270：2000	2018/9/17	2019/4/1
15.1-3-255	15.1	03.120.30	A41	GB/T 8054—2008	计量标准型一次抽样检验程序及表	GB/T 8053—2001；GB/T 8054—1995		2008/7/16	2009/1/1
15.1-4-256	15.1	17.220.20	A55	DL/T 1041—2007	电力系统电磁暂态现场试验导则			2007/7/20	2007/12/1
15.1-4-257	15.1	27.100	F24	DL/T 1082—2008	高压实验室技术条件			2008/6/4	2008/11/1
15.1-4-258	15.1	29.240.10	F23	DL/T 1753—2017	配网设备状态检修试验规程			2017/11/15	2018/3/1
15.1-4-259	15.1			DL/T 1977—2019	矿物绝缘油氧化安定性的测定 差示扫描量热法		IEC/TR 62036：2007	2019/6/4	2019/10/1
15.1-4-260	15.1	27.140	F20	DL/T 1980—2019	变压器绝缘纸（板）平均含水量测定法 频域介电谱法			2019/6/4	2019/10/1
15.1-4-261	15.1	27.100	F24	DL/T 253—2012	直流接地极接地电阻、地电位分布、跨步电压和分流的测量方法			2012/4/6	2012/7/1
15.1-4-262	15.1	27.100	F20	DL/T 263—2012	变压器油中金属元素的测定方法			2012/4/6	2012/7/1
15.1-4-263	15.1			DL/T 303—2014	电网在役支柱绝缘子及瓷套超声波检验技术导则			2014/10/15	2015/3/1
15.1-4-264	15.1	29.240.20	F22	DL/T 304—2011	气体绝缘金属封闭输电线路现场交接试验导则			2011/7/28	2011/11/1
15.1-4-265	15.1	27.100	F24	DL/T 385—2010	变压器油带电倾向性检测方法			2010/5/1	2010/10/1
15.1-4-266	15.1	29.240.01	F23	DL/T 393—2010	输变电设备状态检修试验规程			2010/5/24	2010/10/1
15.1-4-267	15.1			DL/T 417—2019	电力设备局部放电现场测量导则	DL/T 417—2006		2019/11/4	2020/5/1
15.1-4-268	15.1	19.020	K15	DL 418—1991	绝缘液体雷电冲击穿电压测定法			1991/10/4	1992/4/1
15.1-4-269	15.1	27.100	E38	DL/T 421—2009	电力用油体积电阻率测定法	DL 421—1991		2009/7/22	2009/12/1
15.1-4-270	15.1	29.080.30.99	K04	DL/T 474.1—2018	现场绝缘试验实施导则 绝缘电阻、吸收比和极化指数试验	DL/T 474.1—2006		2018/4/3	2018/7/1
15.1-4-271	15.1	29.080.30.99	K04	DL/T 474.2—2018	现场绝缘试验实施导则 直流高电压试验	DL/T 474.2—2006		2018/4/3	2018/7/1

15

序号	GW 分类	ICS 分类	GB 分类	标准号	中 文 名 称	代替标准	采用关系	发布日期	实施日期
15.1-4-272	15.1	29.080.30.99	K04	DL/T 474.3—2018	现场绝缘试验实施导则 介质损耗因数 tan δ 试验	DL/T 474.3—2006		2018/4/3	2018/7/1
15.1-4-273	15.1	29.080.30.99	K04	DL/T 474.4—2018	现场绝缘试验实施导则 交流耐压试验	DL/T 474.4—2006		2018/4/3	2018/7/1
15.1-4-274	15.1	29.080.30.99	K04	DL/T 474.5—2018	现场绝缘试验导则 避雷器试验	DL/T 474.5—2006		2018/4/3	2018/7/1
15.1-4-275	15.1	27.100	F24	DL/T 5293—2013	电气装置安装工程电气设备交接试验报告统一格式			2013/11/28	2014/4/1
15.1-4-276	15.1	29.180	K41	DL/T 580—2013	用露点法测定变压器绝缘纸中平均含水量的方法	DL/T 580—1995		2013/11/28	2014/4/1
15.1-4-277	15.1	29.020	F24	DL/T 596—1996	电力设备预防性试验规程	SD 301—1988		1996/9/25	1997/1/1
15.1-4-278	15.1	27.100	F24	DL/T 849.4—2004	电力设备专用测试仪器通用技术条件 第 4 部分：超低频高压发生器			2004/3/9	2004/6/1
15.1-4-279	15.1	29.240.99	F24	DL/T 849.6—2016	电力设备专用测试仪器通用技术条件 第 6 部分：高压谐振试验装置	DL/T 849.6—2004		2016/12/5	2017/5/1
15.1-4-280	15.1	27.100	F24；Q83	DL/T 907—2004	热力设备红外检测导则			2004/12/14	2005/6/1
15.1-4-281	15.1	29.02	K60	DL/T 976—2017	带电作业工具、装置和设备预防性试验规程	DL/T 976—2005		2017/11/15	2018/3/1
15.1-4-282	15.1	17.220.20	A55	DL/T 988—2005	高压交流架空送电线路、变电站工频电场和磁场测量方法			2005/11/28	2006/6/1
15.1-4-283	15.1	17.220.20	N26	DL/T 992—2006	冲击电压测量实施细则			2006/5/6	2006/10/1
15.1-4-284	15.1	19.100	N78	JB/T 11608—2013	无损检测仪器工业用 X 射线探伤装置			2013/12/31	2014/7/1
15.1-4-285	15.1	19.100	N77	JB/T 11609—2013	无损检测仪器声振检测仪			2013/12/31	2014/7/1
15.1-4-286	15.1	19.100	N33	JB/T 11610—2013	无损检测仪器数字超声检测仪技术条件			2013/12/31	2014/7/1
15.1-4-287	15.1	29.020	K04	JB/T 11654—2013	模拟高海拔环境的大型人工气候室技术条件			2013/12/31	2014/7/1
15.1-4-288	15.1	27.160	F11	JB/T 12239—2015	直流电源的回馈式老化测试方法			2015/4/30	2015/10/1
15.1-4-289	15.1	29.035.99	K15	JB/T 1544—2015	电气绝缘浸渍漆和漆布快速热老化试验方法-热重点斜法	JB/T 1544—1999		2015/4/30	2015/10/1
15.1-4-290	15.1			NB/T 10197—2019	高海拔现场移动冲击电压发生器通用技术条件			2019/6/4	2019/10/1
15.1-4-291	15.1	19.020		NB/T 42023—2013	试验数据的测量不确定度处理			2013/11/28	2014/4/1
15.1-4-292	15.1	19.020	K40	NB/T 42154—2018	高压/低压预装式变电站试验导则			2018/6/6	2018/10/1

15

序号	GW 分类	ICS 分类	GB 分类	标准号	中 文 名 称	代替标准	采用关系	发布日期	实施日期
15.1-5-293	15.1	19.080		BSI BS EN 15202—2012	高压试验技术 第 1 部分：一般定义和试验要求			2012/3/31	2012/3/31
15.1-5-294	15.1	33.100.01；33.100.99		BSI DD IEC/TS 61000-1-2：2009	电磁兼容性（EMC）第 1-2 部分：总则 达到电气和电子设备在电磁现象方面功能安全的方法			2009/4/30	2009/4/30
15.1-5-295	15.1	33.100.01		BSI PD IEC/TR 61000-2-5：2011	电磁兼容性（EMC） 第 2-5 部分：环境 电磁环境的描述和分类			2011/7/31	2011/7/31
15.1-5-296	15.1	33.100.01		BSI PD IEC/TR 61000-3-6：2008	电磁兼容性（EMC） 第 3-6 部分：限值 变形装置对 MV、HV 和 EHV 动力系统的连接用排放限值的评估			2008/4/30	2008/4/30
15.1-5-297	15.1	33.100.10		BSI PD IEC/TR 61000-3-7：2008	电磁兼容性（EMC） 第 3-7 部分：对排放的限制 评价为波动的安装的连接限制到 MV、HV 和 EHV 力量系统			2008/4/30	2008/4/30
15.1-5-298	15.1	33.100.10		BSI PD IEC/TR 61000-3-13：2008	电磁兼容性（EMC） 第 3-13 部分：对为到 MV、HV 和 EHV 力量系统的失衡的安装的连接的排放限制的限制评价			2008/4/30	2008/4/30
15.1-5-299	15.1	33.100.01；33.100.10		BSI PD IEC/TR 61000-3-14：2011	电磁兼容性（EMC） 第 3-14 部分：谐波、间谐波排放限度、电压波动、以及干扰设施与低压电源系统连接不平衡性评估			2011/11/30	2011/11/30
15.1-5-300	15.1	33.100.10		BSI PD IEC/TR 61000-3-15：2011	电磁兼容性（EMC） 第 3-15 部分：限制对为在 LV 的驱散的产生系统的电磁的免疫和排放要求联网的低频率的评价			2011/10/31	2011/10/31
15.1-5-301	15.1	33.100.01		BSI PD IEC TR 61000-5-6：2002	电磁兼容性（EMC） 第 5-6 部分：安装和调节导则 外部电磁感应的调节			2002/8/16	2002/8/16
15.1-5-302	15.1	29.035.01		EN 60544-5：2012	电绝缘材料 电离辐射效应的测定 第 5 部分：使用中老化的评定方法（IEC 60544-5：2011） 德文版本 EN 60544-5—2012	EN 60544-5—2003		2012/10/1	2012/10/1
15.1-5-303	15.1	17.220.20；19.080	K04	IEC 60060-1：2010	高压试验技术 第 1 部分：一般定义和试验要求	IEC 60060-1：1989；IEC 60060-1 CORRI 1：1992；IEC 60060-1 CORRI 1：1992；IEC 42/277/FDIS：2010		2010/9/29	2010/9/29
15.1-5-304	15.1	17.220.20；19.080	K40	IEC 60060-2：2010	高压试验技术 第 2 部分：测量系统	IEC 60060-2：1994；IEC 60060-2 AMD 1：1996；IEC 42/281/FDIS：2010		2010/11/29	2010/11/29

15

序号	GW 分类	ICS 分类	GB 分类	标准号	中 文 名 称	代替标准	采用关系	发布日期	实施日期
15.1-5-305	15.1	19.080	K04	IEC 60060-3：2006	高压试验技术　第 3 部分：现场测试的定义和要求	IEC 42/203/FDIS：2005		2006/2/7	2006/2/7
15.1-5-306	15.1	17.220.99；29.035.01	K15	IEC 60212：2010	固体电气绝缘材料试验前和试验时采用的标准条件	IEC 60212：1971；IEC 112/148/CDV：2010		2010/12/1	2010/12/1
15.1-5-307	15.1	17.220.99；29.035.01	K15	IEC 60216-1：2013	电绝缘材料耐热性能　第 1 部分：老化规程和试验结果评定	IEC 60216-1：2001；IEC 112/235/FDIS：2012		2013/3/15	2013/3/15
15.1-5-308	15.1	17.220.99；29.035.01	K15	IEC 60216-8：2013	电绝缘材料耐热性能　第 8 部分：使用简化规程计算耐热性能用指令	IEC 112/236/FDIS：2012		2013/3/15	2013/3/15
15.1-5-309	15.1	29.040；29.040.10		IEC 60475：2011	液体电介质取样方法	IEC 60475：1974；IEC 10/848/FDIS：2011		2011/10/20	2011/10/20
15.1-5-310	15.1	29.035.01	A41；K15	IEC/TR 60493-2：2010	老化试验数据的统计分析用指南　第 2 部分：截尾标准分布数据的统计分析用验证程序	IEC 112/140/DTR：2009		2010/3/30	2010/3/30
15.1-5-311	15.1	17.240；29.035.01	K15	IEC 60544-1：2013	电气绝缘材料　电离辐射影响的测定　第 1 部分：辐射的交互作用和放射量测定	IEC 60544-1：1994；IEC 112/254/FDIS：2013		2013/6/1	2013/6/1
15.1-5-312	15.1	33.100.99		IEC 61000-1-2：2016	电磁兼容性（EMC）　第 1-2 部分：总则　达到电气和电子设备在电磁现象方面功能安全的方法	IEC 61000-6-1：2005；IEC/TS 61000-1-2：2008		2016/4/1	2016/4/1
15.1-5-313	15.1			IEC/TR 61000-1-6 CORRI 1：2014	电磁兼容性（EMC）　第 1-6 部分：总则　测量不确定性评定指南；勘误表 1			2014/10/1	2014/10/1
15.1-5-314	15.1	33.100.20		IEC/TR 61000-2-5：2017	电磁兼容性（EMC）　第 2-5 部分：环境　电磁环境的描述和分类	IEC/TR 61000-2-5：2011		2017/2/28	2017/2/28
15.1-5-315	15.1	33.100.01	L06	IEC 61000-2-13：2005	电磁兼容性（EMC）　第 2-13 部分：环境　辐射和传导的大功率电磁（HEMP）环境	IEC 77 C/153/FDIS：2004		2005/3/1	2005/3/1
15.1-5-316	15.1	33.100.01	L06	IEC/TR 61000-3-6：2008	电磁兼容性（EMC）　第 3-6 部分：限值　变形装置对 MV、HV 和 EHV 动力系统的连接用排放限值的评估	IEC/TR 61000-3-6：1996；IEC 77 A/575/DTR：2007		2008/2/22	2008/2/22
15.1-5-317	15.1	33.100.01	L06	IEC/TR 61000-3-7：2008	电磁兼容性（EMC）　第 3-7 部分：限值　变动载荷装置对 MV、HV 和 EHV 动力系统的连接用排放限值的评估	IEC/TR 61000-3-7：1996；IEC 77 A/576/DTR：2007		2008/2/22	2008/2/22
15.1-5-318	15.1	33.100.10	L06	IEC 61000-3-12：2011	电磁兼容性（EMC）　第 3-12 部分：限值　与每相输入电流 16A 和 75A 的公用低压系统连接的设备产生的谐波电流限值	IEC 61000-3-12：2004；IEC 77 A/740/FDIS：2011		2011/5/12	2011/5/12

15

序号	GW 分类	ICS 分类	GB 分类	标准号	中 文 名 称	代替标准	采用关系	发布日期	实施日期
15.1-5-319	15.1	33.100.01	L06	IEC/TR 61000-3-13 CORRI 1：2010	电磁兼容性（EMC） 第 3-13 部分：限值 不平衡装置对 MV、HV 和 EHV 动力系统的连接用排放限值的评估修改单 1			2010/4/22	2010/4/22
15.1-5-320	15.1	33.100.01	L06	IEC/TR 61000-3-13：2008	电磁兼容性（EMC） 第 3-13 部分：限值 不平衡装置对 MV、HV 和 EHV 动力系统的连接用排放限值的评估	IEC 77 A/577/DTR：2007		2008/2/22	2008/2/22
15.1-5-321	15.1	33.100.01；33.100.10		IEC/TR 61000-3-14：2011	电磁兼容性（EMC） 第 3-14 部分：谐波、间谐波排放限度、电压波动、以及干扰设施与低压电源系统连接不平衡性评估	IEC 77 A/741/DTR：2011		2011/10/20	2011/10/20
15.1-5-322	15.1	33.100.01；33.100.20		IEC/TR 61000-4-1：2016	电磁兼容性（EMC） 第 4-1 部分：试验和测量技术 IEC 61000-4 系列综述	IEC 61000-4-1：2006		2016/4/1	2016/4/1
15.1-5-323	15.1	33.100.20	L06	IEC 61000-4-3：2010	电磁兼容性（EMC） 第 4-3 部分：试验和测量技术辐射、射频和电磁场抗扰试验	IEC 61000-4-3：2008		2010/4/1	2010/4/1
15.1-5-324	15.1	33.100.20	L06	IEC 61000-4-4：2012	电磁兼容性（EMC） 第 4-4 部分：试验和测量技术 快速瞬变脉冲/脉冲串抗扰性试验	IEC 61000-4-4：2004；IEC 61000-4-4 CORRI 1：2006；IEC 61000-4-4 CORRI 1：2006；IEC 61000-4-4 CORRI 2：2007；IEC 61000-4-4 CORRI 2：2007；IEC 61000-4-4 AMD 1：2010；IEC 61000-4-4：2011；IEC 77 B/670/FDIS：2012		2012/4/30	2012/4/30
15.1-5-325	15.1	33.100.20		IEC 61000-4-5：2014	电磁兼容性（EMC） 第 4-5 部分：试验和测量技术 电涌抗扰试验	IEC 61000-4-5 CORRI 1：2009；IEC 61000-4-5：2005		2014/5/1	2014/5/1
15.1-5-326	15.1	33.100.20		IEC 61000-4-6：2013	电磁兼容性（EMC） 第 4-6 部分：测试和测量技术 射频场感应的传导干扰抗扰性			2013/10/23	2013/10/23
15.1-5-327	15.1	33.100.10；33.100.20	L06	IEC 61000-4-7：2009	电磁兼容性（EMC） 第 4-7 部分：试验和测量技术供电系统及其相连设备谐波和间谐波的测量和使用仪器的通用指南			2009/10/1	2009/10/1
15.1-5-328	15.1	33.100.20	L06	IEC 61000-4-8：2009	电磁兼容性（EMC） 第 4-8 部分：试验和测量技术工频磁场抗扰度试验	IEC 61000-4-8：1993；IEC 61000-4-8 AMD 1：2000；IEC 61000-4-8：2001；IEC 77 A/694/FDIS：2009		2009/9/3	2009/9/3

15

序号	GW 分类	ICS 分类	GB 分类	标准号	中 文 名 称	代替标准	采用关系	发布日期	实施日期
15.1-5-329	15.1	33.100.01	L06	IEC 61000-4-11：2004	电磁兼容性（EMC） 第 4-11 部分：试验和测量技术第 11 节：电压磁倾角、短暂中断及电压渐变抗扰度试验	IEC 61000-4-11：1994；IEC 61000-4-11 AMD 1：2000；IEC 61000-4-11：2001；IEC 77 A/452/FDIS：2004		2004/3/24	2004/3/24
15.1-5-330	15.1	33.100.20		IEC 61000-4-12：2017	电磁兼容性（EMC） 第 4-12 部分：试验和测量技术 环形波抗扰度试验	IEC 61000-4-12：2006		2017/7/1	2017/7/1
15.1-5-331	15.1			IEC 61000-4-13：2015	电磁兼容性（EMC） 第 4-13 部分：试验和测量技术 包括交流电端口电源	IEC 61000-4-13：2009		2015/12/1	2015/12/1
15.1-5-332	15.1	33.100.20	L06	IEC 61000-4-14：2009	电磁兼容性（EMC） 第 4-14 部分：试验和测量技术 每相输入电流不超过 16A 的设备的电压波动抗扰性试验	IEC 61000-4-14：2002		2009/8/1	2009/8/1
15.1-5-333	15.1	33.100.10；33.100.20	L06	IEC 61000-4-15：2010	电磁兼容性（EMC） 第 4-15 部分：测试与测量技术 功能与设计规范	IEC 61000-4-15：1997；IEC 61000-4-15：2003；IEC 61000-4-15 AMD 1：2003；IEC 77 A/722/FDIS：2010		2010/8/24	2010/8/24
15.1-5-334	15.1	33.100.20		IEC 61000-4-16：2015	电磁兼容性（EMC） 第 4-16 部分：试验和测量技术 对频率在 0～150KHz 范围内的传导共模骚扰的抗扰度试验	IEC 61000-4-16：2011		2015/12/9	2015/12/9
15.1-5-335	15.1	33.100.20	L06	IEC 61000-4-17：2009	电磁兼容性（EMC） 第 4-17 部分：试验和测量技术 直流电输入功率端口纹波抗扰度试验	IEC 61000-4-17：2002		2009/1/28	2009/1/28
15.1-5-336	15.1	33.100.20	L06	IEC 61000-4-18：2011	电磁兼容性（EMC） 第 4-18 部分：试验和测量技术 阻尼振荡波免疫测试			2011/3/30	2011/3/30
15.1-5-337	15.1	33.100.20		IEC 61000-4-19：2014	电磁兼容性（EMC） 第 4-19 部分：试验和测量技术 交流电源端口处频率范围为 2kHz 至 150kHz 的差模扰动和信号传输所致抗干扰性的试验			2014/5/7	2014/5/7
15.1-5-338	15.1	33.100.10；33.100.20	L06	IEC 61000-4-20：2010	电磁兼容性（EMC） 第 4-20 部分：试验和测量技术 横向电磁波导（TEM）辐射和干扰试验	IEC 61000-4-20：2003；IEC 61000-4-20 AMD 1：2006；IEC 61000-4-20：2007；IEC 77 B/637/FDIS：2010		2010/8/31	2010/8/31
15.1-5-339	15.1	33.100.01；33.100.10；33.100.20	L06	IEC 61000-4-21：2011	电磁兼容性（EMC） 第 4-21 部分：试验和测量技术 混响室试验方法	IEC 61000-4-21：2003；IEC 77 B/619/CDV：2009		2011/1/27	2011/1/27

15

序号	GW 分类	ICS 分类	GB 分类	标准号	中 文 名 称	代替标准	采用关系	发布日期	实施日期
15.1-5-340	15.1	33.100.10；33.100.20	L06	IEC 61000-4-22：2010	电磁兼容性（EMC） 第4-22 部分：试验和测量技术 完全消声室（FARs）内辐射排放和免疫测量	CISPR A 912 FDIS—2010		2010/10/27	2010/10/27
15.1-5-341	15.1	33.100.20	L06	IEC 61000-4-27：2009	电磁兼容性（EMC） 第4-27 部分：试验与测量技术 在各相输入电流不超过 16A 情况下设备不平衡与抗扰能力测试			2009/4/1	2009/4/1
15.1-5-342	15.1	33.100.20	L06	IEC 61000-4-28：2009	电磁兼容性（EMC） 第4-28 部分：试验与测量技术 在各相输入电流不超过 16A 情况下设备电力频率变化与抗扰能力测试	IEC 61000-4-28：2002		2009/4/1	2009/4/1
15.1-5-343	15.1			IEC 61000-4-30：2015	电磁兼容性（EMC） 第4-30 部分：测试和测量技术 电能质量测量方法			2015/2/1	2015/2/1
15.1-5-344	15.1	33.100.20	L06	IEC 61000-4-34：2009	电磁兼容性（EMC） 第4-34 部分：试验及测量技术 每相主电流超过 16A 的设备用电压骤降、短时中断及电压变化免疫测试			2009/11/1	2009/11/1
15.1-5-345	15.1			IEC 61000-4-36：2014	电磁兼容性（EMC） 第4-36 部分：试验和测量技术 设备和系统的有意电磁干扰抗扰度的试验方法			2014/11/7	2014/11/7
15.1-5-346	15.1	33.100.20		IEC 61000-6-1：2016	电磁兼容性（EMC） 第6-1 部分：通用标准 居住、商业和轻工业环境的抗扰性标准	IEC 61000-6-1：2005		2016/8/1	2016/8/1
15.1-5-347	15.1	33.100.10	L06	IEC 61000-6-3：2011	电磁兼容性（EMC） 第6-3 部分：通用标准 住宅、商业和轻型工业环境排放标准			2011/2/1	2011/2/1
15.1-5-348	15.1	33.100.10		IEC 61000-6-4：2018	电磁兼容性（EMC） 第6-4 部分：通用标准 工业环境的排放标准	IEC 61000-6-4：2011		2018/2/1	2018/2/1
15.1-5-349	15.1	33.100.20		IEC 61000-6-7：2014	电磁兼容性（EMC） 第6-7 部分：通用标准 旨在工业场所中的安全相关系统（功能安全）中行使功能的设备的抗干扰要求			2014/10/9	2014/10/9
15.1-5-350	15.1	17.220.20	N20	IEC 61010-1 CORRI 1：2011	测量、控制和实验室用电气设备的安全性要求 第1部分：一般要求	IEC 61010-1 CORRI 1：2002		2011/5/1	2011/5/1
15.1-5-351	15.1	19.080；71.040.10		IEC 61010-2-030：2017	测量、控制和实验室用电气设备的安全性要求 第2-030部分：具有测试或测量电路设备的特殊要求	IEC 61010-2-030：2010；IEC 61010-2-030 CORRIgendum 1：2011		2017/1/1	2017/1/1
15.1-5-352	15.1	17.020；19.080；25.040.40		IEC 61010-2-201：2017	测量、控制和实验室用电气设备的安全性要求 第2-201部分：控制设备的详细要求	IEC 61010-2-201：2013		2017/3/1	2017/3/1

15

序号	GW 分类	ICS 分类	GB 分类	标准号	中 文 名 称	代替标准	采用关系	发布日期	实施日期
15.1-5-353	15.1	03.120.30；19.020；21.020；29.020	L05	IEC 61124：2012	可靠性试验　恒定失效率和恒定失效强度的符合性试验	IEC 61124：2006；IEC 56/1461/FDIS：2012		2012/5/23	2012/5/23
15.1-5-354	15.1	17.220；19.080；25.040.40；33.100；33.100.01	L06	IEC 61326-2-4：2012	测量、控制和实验室用电气设备　电磁兼容性要求　第2-4部分：详细要求　按照 IEC 61557-9 标准的绝缘失效定位设备和 IEC 61557-8 的绝缘监测设备用试验配置、操作条件和性能标准	IEC 61326-2-4：2006；IEC 61326-2-4 CORRI 1：2011；IEC 65 A/630/FDIS：2012		2012/7/1	2012/7/1
15.1-5-355	15.1	25.040.40；33.100.20		IEC 61326-3-2：2017	测量、控制和实验室用电气设备　电磁兼容性要求　第3-2部分：与安全相关的系统和用于与执行安全相关的功能设备（功能安全）用抗扰度要求　带指定电磁环境的工业设施	IEC 61326-3-2 Interpretation Sheet 1：2013		2017/5/1	2017/5/1
15.1-5-356	15.1	17.220.20		IEC 61786-1：2013	关于人体暴露于1Hz至100kHz直流电磁场、交流电磁场及交流电场的测量　第1部分：测量仪器的要求（提案的横向标准）			2013/12/1	2013/12/1
15.1-5-357	15.1	17.220.99；29.035.01；29.080.30	K15	IEC/TS 61934：2011	电绝缘材料和系统　在短上升时间和反复电压脉冲下局部放电（PD）的电测量	IEC TS 61934：2006；IEC 112/163/DTS：2010		2011/4/28	2011/4/28
15.1-5-358	15.1			IEC 62056-5-3：2016	电能测量数据交换　DLMS/COSEM　程序组　第5-3部分：DLMS/COSEM 应用层	IEC 62056-5-3：2013		2016/3/1	2016/3/1
15.1-5-359	15.1	31.200		IEC 62433-1：2019	电磁兼容性（EMC）　集成电路（IC）模型　第1部分：一般模型结构	IEC/TS 62433-1：2011		2019/3/8	2019/3/8
15.1-5-360	15.1	17.220.20；17.240；35.020	L09	IEC 62479：2010	与人体曝露在电磁场（10MHz～300GHz）相关的带有基本限制的小功率电子和电气设备的合格评定	IEC 106/198/FDIS：2010		2010/6/16	2010/6/16
15.1-5-361	15.1	29.040.01	E38	IEC 62535：2008	绝缘液体在使用和不使用的绝缘油中硫磺潜在腐蚀性试验方法	IEC 10/746/FDIS：2008		2008/10/8	2008/10/8
15.1-5-362	15.1	17.020		ISO GUIDE 98-1：2009	测量不确定度　第1部分：测量中不确定度的表示介绍			2009/9/1	2009/9/1
15.1-5-363	15.1	01.040.17；17.020		ISO GUIDE 99：2007	计量学的国际词汇　基本与一般概念与相关术语（VIM）			2007/12/1	2007/12/1
15.1-5-364	15.1	17.220.99；29.035.01	K15	JIS C 2143-2：2011	电气绝缘材料　耐热属性　第2部分：耐热属性的测定　试验标准的选择			2011/8/22	2011/8/22

15

序号	GW 分类	ICS 分类	GB 分类	标准号	中 文 名 称	代替标准	采用关系	发布日期	实施日期
15.1-5-365	15.1	17.220.20;29.030;77.140.50	H53	JIS C 2550-1—2011	电工钢条和电工钢板试验方法 第 1 部分：采用爱普斯坦方圈测量电工钢条和电工钢板磁特性测量方法	JIS C 2550—2000		2011/9/20	2011/9/20
15.1-5-366	15.1	17.220.01;29.030;77.140.50	H53	JIS C 2550-2—2011	电工钢条和电工钢板试验方法 第 2 部分：电工钢条和电工钢板的几何特性测定方法	JIS C 2550—2000		2011/9/20	2011/9/20
15.1-5-367	15.1	17.220.20;29.030;77.140.50	H53	JIS C 2550-3—2011	电工钢条和电工钢板试验方法 第 3 部分：中频时测量电工钢条和电工钢板磁特性测量方法	JIS C 2550—2000		2011/9/20	2011/9/20
15.1-5-368	15.1	17.220.01;29.030;77.140.50	H53	JIS C 2550-4—2011	电工钢条和电工钢板试验方法 第 4 部分：测定电工钢条和电工钢板表面绝缘特性试验方法	JIS C 2550—2000		2011/9/20	2011/9/20
15.1-5-369	15.1	17.220.20;29.030;77.140.50	H53	JIS C 2550-5—2011	电工钢条和电工钢板试验方法 第 5 部分：电工钢条和电工钢板密度、电阻率和堆垛系数的测量方法	JIS C 2550—2000		2011/9/20	2011/9/20
15.1-5-370	15.1	29.040.10	E38	NF C 27-240—2007	填充矿物油的电气设备 在电气设备上将溶解气体分析（DGA）应用于工厂试验	NF C 27-240—1993		2007/8/1	2007/8/4
15.1-5-371	15.1	29.035.20	K15	NF C 93-642-2—2012	软绝缘套管 第 2 部分：测试方法	NF C 93-642-2—1998；NF C 93-642-2 A 1—2003；NF C 93-642-2 A 2—2006		2012/7/1	2012/7/27
15.1-6-372	15.1	27.100	F24	T/CEC 140—2017	六氟化硫电气设备中六氟化硫气体纯度测量方法			2017/5/15	2017/8/1
15.1-6-373	15.1			T/CEC 217—2019	六氟化硫气体中颗粒含量的测定方法 光散射法			2019/4/24	2019/7/1
15.1-6-374	15.1			T/CEC 298—2020	高压直流输电换流阀年度检修化学检查导则			2020/6/30	2020/10/1
15.1-6-375	15.1			T/CEC 358—2020	试验仪器数据传输规约			2020/6/30	2020/10/1

15.2 试验与计量-高压电力设备

序号	GW 分类	ICS 分类	GB 分类	标准号	中 文 名 称	代替标准	采用关系	发布日期	实施日期
15.2-2-1	15.2	29.240		Q/GDW 10310—2016	1000kV 电气装置安装工程电气设备交接试验规程	Q/GDW 310—2009		2016/12/22	2016/12/22
15.2-2-2	15.2	29.240		Q/GDW 10661—2015	串联电容器补偿装置交接试验规程	Q/GDW 661—2011		2016/12/8	2016/12/8

15

序号	GW 分类	ICS 分类	GB 分类	标准号	中 文 名 称	代替标准	采用关系	发布日期	实施日期
15.2-2-3	15.2	29.240		Q/GDW 11059.1—2018	气体绝缘金属封闭开关设备 局部放电带电测试技术现场应用导则 第1部分：超声波法	Q/GDW 11059.1—2013		2020/4/3	2020/4/3
15.2-2-4	15.2	29.240		Q/GDW 11059.2—2018	气体绝缘金属封闭开关设备 局部放电带电测试技术现场应用导则 第2部分：特高频法	Q/GDW 11059.2—2013		2020/4/3	2020/4/3
15.2-2-5	15.2	29.240		Q/GDW 11060—2013	交流金属封闭开关设备暂态地电压局部放电带电测试技术现场应用导则			2014/9/1	2014/9/1
15.2-2-6	15.2	29.240		Q/GDW 11084—2013	真空断路器开合容性电流老炼试验导则			2014/9/1	2014/9/1
15.2-2-7	15.2	29.240		Q/GDW 11114—2013	直流互感器校准规范			2014/4/1	2014/4/1
15.2-2-8	15.2	29.240.10	K40	Q/GDW 111—2004	直流换流站高压直流电气设备交接试验规程			2004/5/19	2004/5/19
15.2-2-9	15.2	29.240		Q/GDW 11122—2013	750kV 磁控式可控并联电抗器现场试验规范			2014/4/15	2014/4/15
15.2-2-10	15.2	29.240		Q/GDW 11218—2018	±1100kV 换流变压器交流局部放电现场试验导则	Q/GDW 11218—2014		2019/10/23	2019/10/23
15.2-2-11	15.2	29.240		Q/GDW 11303—2014	气体绝缘金属封闭开关设备同频同相交流耐压试验导则			2015/2/26	2015/2/26
15.2-2-12	15.2	29.240		Q/GDW 11391—2015	高压支柱类电气设备抗震试验技术规程			2015/7/17	2015/7/17
15.2-2-13	15.2	29.240		Q/GDW 11447—2015	10kV～500kV 输变电设备交接试验规程			2016/11/21	2016/11/21
15.2-2-14	15.2	29.240		Q/GDW 11484—2016	1100kV 气体绝缘金属封闭开关设备现场雷电冲击电压耐受试验导则			2016/11/9	2016/11/9
15.2-2-15	15.2	29.240		Q/GDW 11505—2015	隔离断路器交接试验规程			2016/12/8	2016/12/8
15.2-2-16	15.2	29.240		Q/GDW 11506—2015	隔离断路器状态检修试验规程			2016/12/8	2016/12/8
15.2-2-17	15.2	29.240		Q/GDW 11553—2016	统一潮流控制器一次设备交接试验规程			2017/2/28	2017/2/28
15.2-2-18	15.2	29.240		Q/GDW 1157—2013	750kV 电力设备交接试验规程	Q/GDW 157—2007		2014/3/13	2014/3/13
15.2-2-19	15.2			Q/GDW 11740—2017	特高压直流输电工程分层接入交流电网系统试验规程			2018/9/12	2018/9/12
15.2-2-20	15.2			Q/GDW 11743—2017	±1100kV 特高压直流设备交接试验			2018/9/12	2018/9/12
15.2-2-21	15.2	29.240		Q/GDW 11869—2018	污秽条件下高压空心绝缘子和套管人工强降雨闪络试验方法			2019/10/23	2019/10/23
15.2-2-22	15.2	29.240		Q/GDW 11920—2018	变压器绕组导体材质热电效应检测方法			2020/4/3	2020/4/3
15.2-2-23	15.2	29.200		Q/GDW 11954—2019	高压柔性直流换流阀调试规程			2020/7/3	2020/7/3

15

序号	GW 分类	ICS 分类	GB 分类	标准号	中 文 名 称	代替标准	采用关系	发布日期	实施日期
15.2-2-24	15.2	29.240		Q/GDW 1275—2015	±800kV 直流系统电气设备交接试验	Q/GDW 275—2009		2016/11/15	2016/11/15
15.2-2-25	15.2	29.240		Q/GDW 1322—2015	1000kV 交流电气设备预防性试验规程	Q/GDW 322—2009		2016/11/21	2016/11/21
15.2-2-26	15.2			Q/GDW 158—2007	750kV 电力设备预防性试验规程			2007/1/17	2007/1/17
15.2-2-27	15.2	29.240		Q/GDW 1869—2012	直流系统用高压复合绝缘子多应力试验			2014/1/29	2014/1/29
15.2-2-28	15.2	29.240		Q/GDW 1870—2012	直流系统用高压复合绝缘子人工污秽试验			2014/1/29	2014/1/29
15.2-2-29	15.2	29.240		Q/GDW 1889—2013	高压直流输电电压源换流器（VSC）阀电气试验			2014/1/29	2014/1/29
15.2-2-30	15.2			Q/GDW 1966—2013	1000kV 交流特高压变压器局部放电现场测量导则			2014/5/1	2014/5/1
15.2-2-31	15.2			Q/GDW 1971—2013	气体绝缘金属封闭开关设备现场冲击电压试验导则			2014/4/15	2014/4/15
15.2-2-32	15.2	29.240		Q/GDW 254—2009	±800kV 直流输电工程系统试验规程			2009/5/25	2009/5/25
15.2-2-33	15.2	29.240		Q/GDW 299—2009	±800kV 特高压直流设备预防性试验规程			2009/5/25	2009/5/25
15.2-2-34	15.2	29.240		Q/GDW 301—2009	高压直流绝缘子覆冰闪络试验方法			2009/5/25	2009/5/25
15.2-2-35	15.2	29.240		Q/GDW 321—2009	1000kV 交流电气设备现场试验设备技术条件			2009/5/25	2009/5/25
15.2-2-36	15.2	29.020		Q/GDW 516—2010	500kV～1000kV 输电线路劣化悬式绝缘子检测规程			2010/12/1	2010/12/1
15.2-2-37	15.2	29.020		Q/GDW 690—2011	电子式互感器现场校验规范			2012/6/6	2012/6/6
15.2-3-38	15.2	29.180	K41	GB/T 1094.18—2016	电力变压器 第18部分：频率响应测量		IEC 60076-18：2012	2016/8/29	2017/3/1
15.2-3-39	15.2	29.120.60	K43	GB/T 11023—2018	高压开关设备六氟化硫气体密封试验方法	GB/T 11023—1989		2018/12/28	2019/7/1
15.2-3-40	15.2	29.080	K40	GB/T 16927.1—2011	高电压试验技术 第1部分：一般定义及试验要求	GB/T 16927.1—1997	IEC 60060-1：2010 MOD	2011/12/30	2012/5/1
15.2-3-41	15.2	19.080	K40	GB/T 16927.2—2013	高电压试验技术 第2部分：测量系统	GB/T 16927.2—1997	IEC 60060-2：2010 MOD	2013/2/7	2013/7/1
15.2-3-42	15.2	29.240.01	K40	GB/T 16927.3—2010	高电压试验技术 第3部分：现场试验的定义及要求		IEC 60060-3：2006 MOD	2010/11/10	2011/5/1
15.2-3-43	15.2	29.240	K40	GB/T 16927.4—2014	高电压和大电流试验技术 第4部分：试验电流和测量系统的定义和要求		IEC 62475：2010 MOD	2014/5/6	2014/10/28
15.2-3-44	15.2	29.180	K41	GB/T 19212.13—2019	变压器、电抗器、电源装置及其组合的安全 第13部分：恒压变压器和电源装置的特殊要求和试验	GB/T 19212.13—2005		2019/10/18	2020/5/1

15

序号	GW 分类	ICS 分类	GB 分类	标准号	中 文 名 称	代替标准	采用关系	发布日期	实施日期
15.2-3-45	15.2	29.180	K41	GB/T 19212.17—2019	电源电压为 1100V 及以下的变压器、电抗器、电源装置和类似产品的安全 第 17 部分：开关型电源装置和开关型电源装置用变压器的特殊要求和试验	GB/T 19212.17—2013		2019/10/18	2020/5/1
15.2-3-46	15.2	29.020	K31	GB/T 20297—2016	静止无功补偿装置（SVC）现场试验			2006/7/13	2007/1/1
15.2-3-47	15.2	29.080.10	K48	GB/T 20642—2006	高压线路绝缘子空气中冲击击穿试验			2006/11/8	2007/5/1
15.2-3-48	15.2	29.200	K46	GB/T 20990.1—2007	高压直流输电晶闸管阀 第 1 部分：电气试验			2007/6/21	2008/2/1
15.2-3-49	15.2	17.140	A59	GB/T 22075—2008	高压直流换流站的可听噪声			2008/6/30	2009/4/1
15.2-3-50	15.2	29.080.10	K48	GB/T 22707—2008	直流系统用高压绝缘子的人工污秽试验			2008/12/30	2009/10/1
15.2-3-51	15.2	29.080.10	K48	GB/T 22708—2008	绝缘子串元件的热机和机械性能试验			2008/12/30	2009/10/1
15.2-3-52	15.2	29.080.10	K48	GB/T 24623—2009	高压绝缘子无线电干扰试验			2009/11/15	2010/4/1
15.2-3-53	15.2	29.240	F24	GB/T 24846—2018	1000kV 交流电气设备预防性试验规程	GB/Z 24846—2009		2018/7/13	2019/2/1
15.2-3-54	15.2	29.100.01	K97	GB/T 27743—2011	变压器专用设备检测方法			2011/12/30	2012/5/1
15.2-3-55	15.2	29.200；31.080.20	K46	GB/T 28563—2012	±800kV 特高压直流输电用晶闸管阀电气试验	GB/T 20990.1—2020	IEC 60700-1：2008	2012/6/29	2012/11/1
15.2-3-56	15.2	29.240.01	K40	GB/T 30423—2013	高压直流设施的系统试验		IEC 61975：2010 IDT	2013/12/31	2014/7/13
15.2-3-57	15.2	29.240.01	K44	GB/T 32518.1—2016	超高压可控并联电抗器现场试验技术规范 第 1 部分：分级调节式			2016/2/24	2016/9/1
15.2-3-58	15.2	29.240.10	K04	GB/T 37137—2018	高原 220kV 变电站交流回路系统现场检验方法			2018/12/28	2019/7/1
15.2-3-59	15.2	29.060.01	K12	GB/T 4074.1—2008	绕组线试验方法 第 1 部分：一般规定	GB/T 4074.1—1999		2008/4/23	2008/12/1
15.2-3-60	15.2	29.120.40	K43	GB/T 4473—2018	高压交流断路器的合成试验	GB/T 4473—2008	IEC 62271-101：2017	2018/12/28	2019/7/1
15.2-3-61	15.2	29.080.10	K48	GB/T 4585—2004	交流系统用高压绝缘子的人工污秽试验	GB/T 4585.1—1984；GB/T 4585.2—1991		2004/5/14	2005/2/1
15.2-3-62	15.2	33.100	L06	GB/T 6113.202—2018	无线电骚扰和抗扰度测量设备和测量方法规范 第 2-2 部分：无线电骚扰和抗扰度测量方法 骚扰功率测量	GB/T 6113.202—2008	CISPR 16-2-2：2010 IDT	2018/7/13	2019/2/1
15.2-3-63	15.2	75.100	E38	GB/T 7601—2008	运行中变压器油、汽轮机油水分测定法（气相色谱法）	GB/T 7601—1987		2008/9/24	2009/8/1
15.2-3-64	15.2	75.100；29.040.10	E38	GB/T 7602.2—2008	变压器油、汽轮机油中 T501 抗氧化剂含量测定 第 2 部分：液相色谱法			2008/12/30	2009/10/1

15

序号	GW 分类	ICS 分类	GB 分类	标准号	中 文 名 称	代替标准	采用关系	发布日期	实施日期
15.2-3-65	15.2	75.100；29.040.10	E38	GB/T 7602.3—2008	变压器油、汽轮机油中 T501 抗氧化剂含量测定法 第 3 部分：红外光谱法			2008/12/30	2009/10/1
15.2-3-66	15.2	75.100；29.040		GB/T 7602.4—2017	变压器油、涡轮机油中 T501 抗氧化剂含量测定法 第 4 部分：气质联用法			2017/11/1	2018/5/1
15.2-4-67	15.2	29.240.010	F24	DL/T 1015—2019	现场直流和交流耐压试验电压测量系统的使用导则	DL/T 1015—2006		2019/6/4	2019/10/1
15.2-4-68	15.2	29.180	K41	DL/T 1095—2018	变压器油带电度现场测试方法	DL/T 1095—2008		2018/4/3	2018/7/1
15.2-4-69	15.2	29.240.010	F22	DL/T 1131—2019	±800kV 高压直流输电工程系统试验规程	DL T 1131—2009；DL/T 1131—2009		2019/6/4	2019/10/1
15.2-4-70	15.2	27.100	F23	DL/T 1204—2013	矿物绝缘油热膨胀系数测定法	ASTM Dl903：2008		2013/3/7	2013/8/1
15.2-4-71	15.2	29.180	K41	DL/T 1243—2013	换流变压器现场局部放电测试技术			2013/3/7	2013/8/1
15.2-4-72	15.2	29.080.10	K48	DL/T 1244—2013	交流系统用高压绝缘子人工覆冰闪络试验方法			2013/3/7	2013/8/1
15.2-4-73	15.2	29.080.10	K48	DL/T 1247—2013	高压直流绝缘子覆冰闪络试验方法			2013/3/7	2013/8/1
15.2-4-74	15.2	27.100	F24	DL/T 1275—2013	1000kV 变压器局部放电现场测量技术 导则			2013/11/28	2014/4/1
15.2-4-75	15.2	27.100	F24	DL/T 1300—2013	气体绝缘金属封闭开关设备现场冲击试验导则			2013/11/28	2014/4/1
15.2-4-76	15.2	27.100	F24	DL/T 1331—2014	交流变电设备不拆高压引线试验导则			2014/3/18	2014/8/1
15.2-4-77	15.2	27.100	F29	DL/T 1474—2015	标称电压高于 1000V 交、直流系统用复合绝缘子憎水性测量方法			2015/7/1	2015/12/1
15.2-4-78	15.2	29.180	K41	DL/T 1503—2016	变压器用速动油压继电器检验规程			2016/1/7	2016/6/1
15.2-4-79	15.2	29.180	K41	DL/T 1534—2016	油浸式电力变压器局部放电的特高频检测方法			2016/1/7	2016/6/1
15.2-4-80	15.2	29.180	K41	DL/T 1540—2016	油浸式交流电抗器（变压器）运行振动测量方法			2016/1/7	2016/6/1
15.2-4-81	15.2			DL/T 1568—2016	换流阀现场试验导则			2016/2/5	2016/7/1
15.2-4-82	15.2	29.200	N29	DL/T 1577—2016	直流设备不拆高压引线试验导则			2016/2/5	2016/7/1
15.2-4-83	15.2	29.240.30	K32	DL/T 1584—2016	1000kV 串联电容器补偿装置现场试验规程			2016/2/5	2016/7/1
15.2-4-84	15.2	29.240.01	F24	DL/T 1669—2016	±800KV 直流设备现场直流耐压试验实施导则			2016/12/5	2017/5/1

15

序号	GW 分类	ICS 分类	GB 分类	标准号	中 文 名 称	代替标准	采用关系	发布日期	实施日期
15.2-4-85	15.2	29.240.99	F24	DL/T 1681—2016	高压试验仪器设备选配导则			2016/12/5	2017/5/1
15.2-4-86	15.2	31.060.01	L11	DL/T 1774—2017	电力电容器外壳耐受爆破能量试验导则			2017/12/27	2018/6/1
15.2-4-87	15.2	31.060.01	L11	DL/T 1775—2017	串联电容器使用技术条件			2017/12/27	2018/6/1
15.2-4-88	15.2	29.240.99	K42	DL/T 1776—2017	电力系统用交流滤波电容器技术导则			2017/12/27	2018/6/1
15.2-4-89	15.2	29.180	K41	DL/T 1798—2018	换流变压器交接及预防性试验规程			2018/4/3	2018/7/1
15.2-4-90	15.2	29.180	K41	DL/T 1799—2018	电力变压器直流偏磁耐受能力试验方法			2018/4/3	2018/7/1
15.2-4-91	15.2	29.180	K41	DL/T 1807—2018	油浸式电力变压器、电抗器局部放电超声波检测与定位导则			2018/4/3	2018/7/1
15.2-4-92	15.2	29.18	K41	DL/T 1808—2018	干式空心电抗器匝间过电压现场试验导则			2018/4/3	2018/7/1
15.2-4-93	15.2	29.180	K41	DL/T 1814—2018	油浸式电力变压器工厂试验油中溶解气体分析判断导则			2018/4/3	2018/7/1
15.2-4-94	15.2	29.180	F20	DL/T 1947—2018	交流特高压电气设备现场交接特殊试验监督规程			2018/12/25	2019/5/1
15.2-4-95	15.2	29.240	F20	DL/T 1960—2018	变电站电气设备抗震试验技术规程			2018/12/25	2019/5/1
15.2-4-96	15.2			DL/T 1999—2019	换流变压器直流局部放电测量现场试验方法			2019/6/4	2019/10/1
15.2-4-97	15.2			DL/T 2000—2019	1000kV 交流变压器本体与调压补偿变压器联合局部放电现场测量导则			2019/6/4	2019/10/1
15.2-4-98	15.2			DL/T 2001—2019	换流变压器空载、负载和温升现场试验导则			2019/6/4	2019/10/1
15.2-4-99	15.2			DL/T 2006—2019	干式空心电抗器匝间绝过电压试验设备技术规范			2019/6/4	2019/10/1
15.2-4-100	15.2			DL/T 2007—2019	电力变压器电气试验集成式接线试验方法			2019/6/4	2019/10/1
15.2-4-101	15.2			DL/T 2008—2019	电力变压器、封闭式组合电器、电力电缆复合式连接现场试验方法			2019/6/4	2019/10/1
15.2-4-102	15.2	29.160.99	K20	DL/T 2024—2019	大型调相机型式试验导则			2019/6/4	2019/10/1
15.2-4-103	15.2	29.240	F20	DL/T 2038—2019	高压直流输电工程直流磁场测量方法			2019/6/4	2019/10/1
15.2-4-104	15.2			DL/T 2070—2019	超高压磁控型可控并联电抗器现场试验规程			2019/11/4	2020/5/1
15.2-4-105	15.2			DL/T 2113—2020	混合式高压直流断路器试验规范			2020/10/23	2021/2/1
15.2-4-106	15.2			DL/T 2183—2020	直流输电用直流电流互感器暂态试验导则			2020/10/23	2021/2/1

15

序号	GW分类	ICS分类	GB分类	标准号	中 文 名 称	代替标准	采用关系	发布日期	实施日期
15.2-4-107	15.2			DL/T 2184—2020	直流输电用直流电压互感器暂态试验导则			2020/10/23	2021/2/1
15.2-4-108	15.2	29.180	K41	DL/T 264—2012	油浸式电力变压器（电抗器）现场密封性试验导则			2012/4/6	2012/7/1
15.2-4-109	15.2	27.100	F24	DL/T 265—2012	变压器有载分接开关现场试验导则			2012/4/6	2012/7/1
15.2-4-110	15.2	29.020	K93	DL/T 308—2012	中性点不接地系统电容电流测试规程			2012/1/4	2012/3/1
15.2-4-111	15.2	29.240	F24	DL/T 313—2010	1000kV 电力互感器现场检验规范			2011/1/9	2011/5/1
15.2-4-112	15.2	29.240.99	K42	DL/T 366—2010	串联电容器补偿装置一次设备预防性试验规程			2010/5/1	2010/10/1
15.2-4-113	15.2	29.020	K48	DL/T 383—2010	污秽条件高压瓷套管的人工淋雨试验方法			2011/1/9	2011/5/1
15.2-4-114	15.2	29.130.10	F24	DL/T 618—2011	气体绝缘金属封闭开关设备现场交接试验规程	DL 618—1997		2011/7/28	2011/11/1
15.2-4-115	15.2	29.080.10	K48	DL/T 626—2015	劣化悬式绝缘子检测规程	DL/T 626—2005	IEC 62271-101：2006 MOD	2015/7/1	2015/12/1
15.2-4-116	15.2	29.130.10	K45	DL/T 690—2013	高压交流断路器的合成试验	DL/T 690—1999		2013/11/28	2014/4/1
15.2-4-117	15.2	29.020	K60	DL/T 848.2—2018	高压试验装置通用技术条件 第 2 部分：工频高压试验装置	DL/T 848.2—2004		2018/12/25	2019/5/1
15.2-4-118	15.2	29.080.10	F24	DL/T 859—2015	高压交流系统用复合绝缘子人工污秽试验	DL/T 859—2004		2015/7/1	2015/12/1
15.2-4-119	15.2	27.100	F24	DL/T 911—2016	电力变压器绕组变形的频率响应分析法	DL/T 911—2004		2016/2/5	2016/7/1
15.2-4-120	15.2	29.260.01	K44	DL/T 979—2005	直流高压高阻箱检定规程			2005/11/28	2006/6/1
15.2-4-121	15.2			DL/T 2122—2020	大型同步调相机调试技术规范			2020/10/23	2021/2/1
15.2-4-122	15.2	29.180	K41	JB/T 501—2006	电力变压器试验导则	JB 501—1991		2006/5/6	2006/10/1
15.2-4-123	15.2	25.080.99	J49	JB/T 7618—2011	避雷器密封试验	JB/T 7618—1994		2011/12/20	2012/4/1
15.2-4-124	15.2	29.180	K31；K41	JB/T 8314—2008	分接开关试验导则	JB 8314—1996		2008/2/1	2008/7/1
15.2-4-125	15.2	17.220.01	A55	JJG 1021—2007	电力互感器检定规程			2007/2/28	2007/5/28
15.2-4-126	15.2			JJG 1075—2012	高压标准电容器检定规程			2012/3/2	2012/6/2
15.2-4-127	15.2	17.220	A55	JJG 563—2004	高压电容电桥检定规程	JJG 563—1988		2004/3/2	2004/9/2
15.2-4-128	15.2			NB/T 10281—2019	滤波器用高压交流断路器试验导则			2019/11/4	2020/5/1
15.2-4-129	15.2			NB/T 10282—2019	交流无间隙金属氧化物避雷器试验导则			2019/11/4	2020/5/1

15

序号	GW 分类	ICS 分类	GB 分类	标准号	中 文 名 称	代替标准	采用关系	发布日期	实施日期
15.2-4-130	15.2			NB/T 10283—2019	高压交流负荷开关-熔断器组合电器试验导则			2019/11/4	2020/5/1
15.2-4-131	15.2			NB/T 10289—2019	高压无功补偿装置用铁心滤波电抗器技术规范			2019/11/4	2020/5/1
15.2-4-132	15.2	29.120.60	K43	NB/T 42065—2016	真空断路器容性电流开合老炼试验导则			2016/1/7	2016/6/1
15.2-4-133	15.2	19.020	K40	NB/T 42099—2016	高压交流断路器合成试验导则			2016/12/5	2017/5/1
15.2-4-134	15.2	19.020	K40	NB/T 42101—2016	高压开关设备型式试验及型式试验报告通用导则			2016/12/5	2017/5/1
15.2-4-135	15.2	19.020	K40	NB/T 42137—2017	高压交流隔离开关和接地开关试验导则			2017/11/15	2018/3/1
15.2-4-136	15.2	19.02	K40	NB/T 42138—2017	高压交流断路器试验导则			2017/11/15	2018/3/1
15.2-6-137	15.2			T/CEC 205—2019	500kV 高压并联电抗器现场局部放电试验方法			2019/4/24	2019/7/1
15.2-6-138	15.2			T/CEC 235—2019	直流输电工程大型调相机交接及启动试验导则			2019/11/21	2020/1/1
15.2-6-139	15.2			T/CEC 374—2020	柔性直流负压耦合式高压直流断路器试验规程			2020/10/28	2021/2/1
15.2-6-140	15.2			T/CEC 375—2020	柔性直流机械式高压直流断路器试验规程			2020/10/28	2021/2/1

15.3　试验与计量-中低压电力设备

序号	GW 分类	ICS 分类	GB 分类	标准号	中 文 名 称	代替标准	采用关系	发布日期	实施日期
15.3-2-1	15.3	29.240		Q/GDW 11219—2014	气体绝缘金属封闭开关设备的特快速瞬态过电压测量系统通用技术条件			2014/10/15	2014/10/15
15.3-2-2	15.3	29.240		Q/GDW 11518.1—2016	电力变压器中性点电容隔直/电阻限流装置试验规程　第 1 部分：电容型隔直装置			2017/3/24	2017/3/24
15.3-2-3	15.3	29.240		Q/GDW 11518.2—2016	电力变压器中性点电容隔直/电阻限流装置试验规程　第 2 部分：电阻型限流装置			2017/3/24	2017/3/24
15.3-2-4	15.3			Q/GDW 1772—2013	10kV 三相非晶合金铁心配电变压器试验导则			2013/3/14	2013/3/14
15.3-3-5	15.3	29.080.30	K30	GB/Z 16935.2—2013	低压系统内设备的绝缘配合　第 2-1 部分：应用指南 GB/T 16935 系列应用解释、定尺寸示例及介电试验		IEC/TR 60664-2-1:2011 IDT	2013/12/17	2014/4/9
15.3-3-6	15.3	29.080.10	K48	GB/T 22079—2019	户内和户外用高压聚合物绝缘子　一般定义、试验方法和接收准则		IEC 62217:2012	2019/12/10	2020/7/1

15

序号	GW 分类	ICS 分类	GB 分类	标准号	中文名称	代替标准	采用关系	发布日期	实施日期
15.3-3-7	15.3	29.080.10	K48	GB/T 26869—2011	标称电压高于 1000V 低于 300kV 系统用户内有机材料支柱绝缘子的试验			2011/7/29	2011/12/1
15.3-3-8	15.3	33.100	L06	GB/T 37139—2018	直流供电设备的 EMC 测量方法要求			2018/12/28	2019/7/1
15.3-4-9	15.3			DL/T 2069—2019	低压有源电力滤波器检测规程			2019/11/4	2020/5/1
15.3-4-10	15.3	19.020	K40	NB/T 42063—2015	3.6kV～40.5kV 高压交流负荷开关试验导则			2015/10/27	2016/3/1
15.3-4-11	15.3	19.020	K40	NB/T 42064—2015	3.6kV～40.5kV 交流金属封闭开关设备和控制设备试验导则			2015/10/27	2016/3/1
15.3-6-12	15.3			T/CEC 325—2020	交直流配电网用电力电子变压器试验导则			2020/6/30	2020/10/1

15.4 试验与计量-架空线路

序号	GW 分类	ICS 分类	GB 分类	标准号	中文名称	代替标准	采用关系	发布日期	实施日期
15.4-2-1	15.4	29.240		Q/GDW 11124.3—2013	750kV 架空输电线路杆塔复合横担技术规定 第 3 部分：试验技术			2014/4/15	2014/4/15
15.4-2-2	15.4	29.240		Q/GDW 11317—2014	输电线路杆塔工频接地电阻测量导则			2015/2/26	2015/2/26
15.4-2-3	15.4	29.240		Q/GDW 11503—2016	特高压交流输电线路工频相参数测量导则	Q/GDW 11454—2015		2016/12/8	2016/12/8
15.4-2-4	15.4	29.240		Q/GDW 11689—2017	架空线路导、地线振动疲劳试验方法			2018/2/12	2018/2/12
15.4-2-5	15.4			Q/GDW 11793—2017	输电线路金具压接质量 X 射线检测技术导则			2018/9/30	2018/9/30
15.4-2-6	15.4	29.240		Q/GDW 1311—2014	1000kV 交流线路金具电晕及无线电干扰试验方法	Q/GDW 311—2009		2014/10/15	2014/10/15
15.4-2-7	15.4			Q/GDW 1979—2013	交流输电线路导线电晕试验方法			2014/5/1	2014/5/1
15.4-2-8	15.4	29.020		Q/GDW 707—2012	输电线路钢管塔薄壁管对接焊缝超声波检验及质量评定			2012/3/30	2012/3/30
15.4-3-9	15.4	33.100	L06	GB/T 15707—2017	高压交流架空输电线路无线电干扰限值	GB/T 15707—1995		2017/12/29	2018/7/1
15.4-3-10	15.4	29.240.20	K11	GB/T 22077—2008	架空导线蠕变试验方法			2008/6/30	2009/4/1
15.4-3-11	15.4	29.080.10	K48	GB/T 25084—2010	标称电压高于 1000V 的架空线路用绝缘子串和绝缘子串组交流工频电弧试验			2010/9/2	2011/2/1
15.4-3-12	15.4	29.060.10	K11	GB/T 36279—2018	架空导线自阻尼特性测试方法		IEC 62567：2013 MOD	2018/6/7	2019/1/1
15.4-3-13	15.4	29.240.01	F20	GB/T 36573—2018	电力线路升压运行节约电力电量测量和验证技术规范			2018/9/17	2019/4/1

序号	GW分类	ICS分类	GB分类	标准号	中 文 名 称	代替标准	采用关系	发布日期	实施日期
15.4-4-14	15.4	33.100	L06	DL/T 1089—2008	直流换流站与线路合成场强、离子流密度测试方法			2008/6/4	2008/11/1
15.4-4-15	15.4	29.240.20	K51	DL/T 1099—2009	防振锤技术条件和试验方法	GB 2336—2000		2009/7/1	2009/12/1
15.4-4-16	15.4	27.100	F24	DL/T 1299—2013	直流融冰装置试验导则			2013/11/28	2014/4/1
15.4-4-17	15.4	29.240.20	F24	DL/T 1566—2016	直流输电线路及接地极线路参数测试导则			2016/2/5	2016/7/1
15.4-4-18	15.4	29.240.20	F24	DL/T 1569—2016	750kV 及以上交流输电线路绝缘子串分布电压测量导则			2016/2/5	2016/7/1
15.4-4-19	15.4	29.240.20	K47	DL/T 1693—2017	输电线路金具磨损试验方法			2017/3/28	2017/8/1
15.4-4-20	15.4	29.240	F20	DL/T 1935—2018	架空导线载流量试验方法			2018/12/25	2019/5/1
15.4-4-21	15.4	29.240	F20	DL/T 1948—2018	架空导体能耗试验方法			2018/12/25	2019/5/1
15.4-4-22	15.4	27.100	F24	DL/T 266—2012	接地装置冲击特性参数测试导则			2012/4/6	2012/7/1
15.4-4-23	15.4	29.240.01	F20	DL/T 501—2017	高压架空输电线路可听噪声测量方法	DL/T 501—1992		2017/8/2	2017/12/1
15.4-4-24	15.4	29.080.10	K48；F21	DL/T 557—2005	高压线路绝缘子空气中冲击击穿试验－定义、试验方法和判据	DL 557—1994		2005/2/14	2005/6/1
15.4-4-25	15.4	29.24	P12；K47	DL/T 685—1999	放线滑轮基本要求、检验规定及测试方法	SD 158—1985		2000/2/24	2000/7/1
15.4-4-26	15.4	27.100	F24	DL/T 887—2004	杆塔工频接地电阻测量			2004/10/20	2005/4/1
15.4-4-27	15.4	27.100	F24；K47	DL/T 899—2012	架空线路杆塔结构荷载试验	DL/T 899—2004		2012/8/23	2012/12/1
15.4-5-28	15.4	29.060.01；29.240.20		IEC 62568：2015	架空线路 用于导线疲劳试验方法 1.0 版（通信）			2015/7/9	2015/7/9

15.5 试验与计量-电缆

序号	GW分类	ICS分类	GB分类	标准号	中 文 名 称	代替标准	采用关系	发布日期	实施日期
15.5-2-1	15.5	29.240		Q/GDW 11655.1—2017	额定电压 500kV（U_m=550kV）交联聚乙烯绝缘大长度交流海底电缆及附件 第1部分：试验方法和要求			2018/2/13	2018/2/13
15.5-3-2	15.5	29.060.20	K13	GB/T 11017.1—2014	额定电压 110kV（U_m=126kV）交联聚乙烯绝缘电力电缆及其附件 第1部分：试验方法和要求	GB/T 11017.1—2002	IEC 60840：2011	2014/7/24	2015/1/22
15.5-3-3	15.5	29.060.20	K13	GB/T 12666.1—2008	单根电线电缆燃烧试验方法 第1部分：垂直燃烧试验	GB/T 12666.1—1990		2008/6/30	2009/4/1

序号	GW 分类	ICS 分类	GB 分类	标准号	中 文 名 称	代替标准	采用关系	发布日期	实施日期
15.5-3-4	15.5	29.060.20	K13	GB/T 12666.2—2008	单根电线电缆燃烧试验方法 第2部分：水平燃烧试验	GB/T 12666.1—1990；GB 12666.3—1990		2008/6/30	2009/4/1
15.5-3-5	15.5	29.060.20	K13	GB/T 12666.3—2008	单根电线电缆燃烧试验方法 第3部分：倾斜燃烧试验	GB/T 12666.1—1990；GB 12666.4—1990		2008/6/30	2009/4/1
15.5-3-6	15.5	29.060.20	K13	GB/T 12706.4—2020	额定电压 1kV（U_m=1.2kV）到 35kV（U_m=40.5kV）挤包绝缘电力电缆及附件 第4部分：额定电压 6kV（U_m=7.2kV）到 35kV（U_m=40.5kV）电力电缆附件试验要求	GB/T 12706.4—2008	IEC 60502-4：2010	2020/3/31	2020/10/1
15.5-3-7	15.5	29.060.20	K13	GB/T 18380.11—2008	电缆和光缆在火焰条件下的燃烧试验 第11部分：单根绝缘电线电缆火焰垂直蔓延试验试验装置	GB/T 18380.1—2001		2008/6/26	2009/4/1
15.5-3-8	15.5	29.060.20	K13	GB/T 18380.12—2008	电缆和光缆在火焰条件下的燃烧试验 第12部分：单根绝缘电线电缆火焰垂直蔓延试验 1kW 预混合型火焰试验方法			2008/6/26	2009/4/1
15.5-3-9	15.5	29.060.20	K13	GB/T 18380.13—2008	电缆和光缆在火焰条件下的燃烧试验 第13部分：单根绝缘电线电缆火焰垂直蔓延试验测定燃烧的滴落（物）/微粒的试验方法			2008/6/26	2009/4/1
15.5-3-10	15.5	29.060.20	K13	GB/T 18380.21—2008	电缆和光缆在火焰条件下的燃烧试验 第21部分：单根绝缘细电线电缆火焰垂直蔓延试验试验装置	GB/T 18380.2—2001		2008/6/26	2009/4/1
15.5-3-11	15.5	29.060.20	K13	GB/T 18380.22—2008	电缆和光缆在火焰条件下的燃烧试验 第22部分：单根绝缘细电线电缆火焰垂直蔓延试验扩散型火焰试验方法			2008/6/26	2009/4/1
15.5-3-12	15.5	29.060.20	K13	GB/T 18380.31—2008	电缆和光缆在火焰条件下的燃烧试验 第31部分：垂直安装的成束电线电缆火焰垂直蔓延试验试验装置	GB/T 18380.3—2001		2008/6/26	2009/4/1
15.5-3-13	15.5	29.060.20	K13	GB/T 18380.32—2008	电缆和光缆在火焰条件下的燃烧试验 第32部分：垂直安装的成束电线电缆火焰垂直蔓延试验 AF/R 类			2008/6/26	2009/4/1
15.5-3-14	15.5	29.060.20	K13	GB/T 18380.33—2008	电缆和光缆在火焰条件下的燃烧试验 第33部分：垂直安装的成束电线电缆火焰垂直蔓延试验 A 类			2008/6/26	2009/4/1
15.5-3-15	15.5	29.060.20	K13	GB/T 18380.34—2008	电缆和光缆在火焰条件下的燃烧试验 第34部分：垂直安装的成束电线电缆火焰垂直蔓延试验 B 类			2008/6/26	2009/4/1

15

序号	GW 分类	ICS 分类	GB 分类	标准号	中 文 名 称	代替标准	采用关系	发布日期	实施日期
15.5-3-16	15.5	29.060.20	K13	GB/T 18380.35—2008	电缆和光缆在火焰条件下的燃烧试验　第 35 部分：垂直安装的成束电线电缆火焰垂直蔓延试验 C 类			2008/6/26	2009/4/1
15.5-3-17	15.5	29.060.20	K13	GB/T 18380.36—2008	电缆和光缆在火焰条件下的燃烧试验　第 36 部分：垂直安装的成束电线电缆火焰垂直蔓延试验 D 类			2008/6/26	2009/4/1
15.5-3-18	15.5	29.060.20	K13	GB/T 19216.11—2003	在火焰条件下电缆或光缆的线路完整性试验　第 11 部分：试验装置火焰温度不低于 750℃ 的单独供火	GB/T 12666.6—1990		2003/6/24	2004/2/1
15.5-3-19	15.5	29.060.20	K13	GB/T 22078.1—2008	额定电压 500kV（U_m=550kV）交联聚乙烯绝缘电力电缆及其附件　第 1 部分：额定电压 500kV（U_m=550kV）交联聚乙烯绝缘电力电缆及其附件试验方法和要求			2008/6/30	2009/4/1
15.5-3-20	15.5	29.060	K13	GB/T 2951.11—2008	电缆和光缆绝缘和护套材料通用试验方法　第 11 部分：通用试验方法　厚度和外形尺寸测量机械性能试验	GB/T 2951.1—1997		2008/6/26	2009/4/1
15.5-3-21	15.5	29.060	K13	GB/T 2951.12—2008	电缆和光缆绝缘和护套材料通用试验方法　第 12 部分：通用试验方法　热老化试验方法	GB/T 2951.2—1997		2008/6/26	2009/4/1
15.5-3-22	15.5	29.060	K13	GB/T 2951.13—2008	电缆和光缆绝缘和护套材料通用试验方法　第 13 部分：通用试验方法　密度测定方法　吸水试验　收缩试验	GB/T 2951.3—1997		2008/6/26	2009/4/1
15.5-3-23	15.5	29.060	K13	GB/T 2951.14—2008	电缆和光缆绝缘和护套材料通用试验方法　第 14 部分：通用试验方法　低温试验	GB/T 2951.4—1997		2008/6/26	2009/4/1
15.5-3-24	15.5	29.060	K13	GB/T 2951.21—2008	电缆和光缆绝缘和护套材料通用试验方法　第 21 部分：弹性体混合料专用试验方法　耐臭氧试验　热延伸试验　浸矿物油试验	GB/T 2951.5—1997		2008/6/26	2009/4/1
15.5-3-25	15.5	29.060	K13	GB/T 2951.31—2008	电缆和光缆绝缘和护套材料通用试验方法　第 31 部分：聚氯乙烯混合料专用试验方法　高温压力试验　抗开裂试验	GB/T 2951.6—1997		2008/6/26	2009/4/1
15.5-3-26	15.5	29.060	K13	GB/T 2951.32—2008	电缆和光缆绝缘和护套材料通用试验方法　第 32 部分：聚氯乙烯混合料专用试验方法　失重试验　热稳定性试验	GB/T 2951.7—1997		2008/6/26	2009/4/1

15

序号	GW分类	ICS分类	GB分类	标准号	中 文 名 称	代替标准	采用关系	发布日期	实施日期
15.5-3-27	15.5	29.060	K13	GB/T 2951.41—2008	电缆和光缆绝缘和护套材料通用试验方法 第41部分：聚乙烯和聚丙烯混合料专用试验方法 耐环境应力开裂试验 熔体指数测量方法 直接燃烧法测量聚乙烯中碳黑和（或）矿物质填料含量 热重分析法（TGA）测量碳黑含量 显微镜法评估聚乙烯中碳黑分散度	GB/T 2951.8—1997		2008/6/26	2009/4/1
15.5-3-28	15.5	29.060	K13	GB/T 2951.42—2008	电缆和光缆绝缘和护套材料通用试验方法 第42部分：聚乙烯和聚丙烯混合料专用试验方法 高温处理后抗张强度和断裂伸长率试验 高温处理后卷绕试验 空气热老化后的卷绕试验 测定质量的增加 长期热稳定性试验 铜催化氧化降解试验方法	GB/T 2951.9—1997		2008/6/26	2009/4/1
15.5-3-29	15.5	29.060	K13	GB/T 2951.51—2008	电缆和光缆绝缘和护套材料通用试验方法 第51部分：填充膏专用试验方法 滴点油分离低温脆性总酸值腐蚀性 23℃时的介电常数 23℃和100℃时的直流电阻率	GB/T 2951.10—1997		2008/6/26	2009/4/1
15.5-3-30	15.5	29.060	K13	GB/T 3048.1—2007	电线电缆电性能试验方法 第1部分：总则	GB/T 3048.1—1994		2007/12/3	2008/5/1
15.5-3-31	15.5	29.060	K13	GB/T 3048.2—2007	电线电缆电性能试验方法 第2部分：金属材料电阻率试验	GB/T 3048.2—1994		2007/12/3	2008/5/1
15.5-3-32	15.5	29.060	K13	GB/T 3048.3—2007	电线电缆电性能试验方法 第3部分：半导电橡塑材料体积电阻率试验	GB/T 3048.3—1994		2007/12/3	2008/5/1
15.5-3-33	15.5	29.060	K13	GB/T 3048.4—2007	电线电缆电性能试验方法 第4部分：导体直流电阻试验	GB/T 3048.4—1994		2007/12/3	2008/5/1
15.5-3-34	15.5	29.060	K13	GB/T 3048.5—2007	电线电缆电性能试验方法 第5部分：绝缘电阻试验	GB/T 3048.5—1994；GB/T 3048.6—1994		2007/12/3	2008/5/1
15.5-3-35	15.5	29.060	K13	GB/T 3048.7—2007	电线电缆电性能试验方法 第7部分：耐电痕试验	GB/T 3048.7—1994		2007/12/3	2008/5/1
15.5-3-36	15.5	29.060	K13	GB/T 3048.8—2007	电线电缆电性能试验方法 第8部分：交流电压试验	GB/T 3048.8—1994		2007/12/3	2008/5/1
15.5-3-37	15.5	29.060	K13	GB/T 3048.9—2007	电线电缆电性能试验方法 第9部分：绝缘线芯火花试验	GB/T 3048.15—1992；GB/T 3048.9—1994		2007/12/3	2008/5/1

15

序号	GW 分类	ICS 分类	GB 分类	标准号	中 文 名 称	代替标准	采用关系	发布日期	实施日期
15.5-3-38	15.5	29.060	K13	GB/T 3048.10—2007	电线电缆电性能试验方法 第 10 部分：挤出护套火花试验	GB/T 3048.10—1994		2007/12/3	2008/5/1
15.5-3-39	15.5	29.060	K13	GB/T 3048.11—2007	电线电缆电性能试验方法 第 11 部分：介质损耗角正切试验	GB/T 3048.11—1994		2007/12/3	2008/5/1
15.5-3-40	15.5	29.060	K13	GB/T 3048.12—2007	电线电缆电性能试验方法 第 12 部分：局部放电试验	GB/T 3048.12—1994		2007/12/3	2008/5/1
15.5-3-41	15.5	29.060	K13	GB/T 3048.13—2007	电线电缆电性能试验方法 第 13 部分：冲击电压试验	GB/T 3048.13—1992		2007/12/3	2008/5/1
15.5-3-42	15.5	29.060	K13	GB/T 3048.14—2007	电线电缆电性能试验方法 第 14 部分：直流电压试验	GB/T 3048.14—1992		2007/12/3	2008/5/1
15.5-3-43	15.5	29.060	K13	GB/T 3048.16—2007	电线电缆电性能试验方法 第 16 部分：表面电阻试验	GB/T 3048.16—1994		2007/12/3	2008/5/1
15.5-3-44	15.5	13.220.40	C84	GB/T 31248—2014	电缆或光缆在受火条件下火焰蔓延、热释放和产烟特性的试验方法		EN 50399—2011 NEQ	2014/9/3	2015/4/1
15.5-3-45	15.5	29.060.20	K13	GB/T 31489.1—2015	额定电压 500kV 及以下直流输电用挤包绝缘电力电缆系统 第 1 部分：试验方法和要求			2015/5/15	2015/12/1
15.5-3-46	15.5	85.060	Y32	GB/T 3333—1999	电缆纸工频击穿电压试验方法	GB 3333—1982		1999/8/1	2000/2/1
15.5-3-47	15.5	29.060.20	K13	GB/T 5013.2—2008	额定电压 450/750V 及以下橡皮绝缘电缆 第 2 部分：试验方法	GB 5013.2—1997		2008/1/22	2008/9/1
15.5-3-48	15.5	29.060.20	K13	GB/T 5023.2—2008	额定电压 450/750V 及以下聚氯乙烯绝缘电缆 第 2 部分：试验方法	GB 5023.2—1997；GB 5023.2 E—1997		2008/6/30	2009/5/1
15.5-3-49	15.5	29.060.20	K13	GB/T 9327—2008	额定电压 35kV（U_m=40.5kV）及以下电力电缆导体用压接式和机械式连接金具试验方法和要求	GB 9327.1—1988；GB 9327.2—1988；GB 9327.3—1988；GB 9327.4—1988；GB 9327.5—1988		2008/12/31	2009/11/1
15.5-4-50	15.5	29.060.20	K13	DL/T 1070—2007	中压交联电缆抗水树性能鉴定试验方法和要求			2007/7/20	2007/12/1
15.5-4-51	15.5	27.100	F24	DL/T 1301—2013	海底充油电缆直流耐压试验导则			2013/11/28	2014/4/1
15.5-4-52	15.5	29.020	F24	DL/T 1575—2016	6kV～35kV 电缆振荡波局部放电测量系统			2016/2/5	2016/7/1
15.5-4-53	15.5	29.020	F24	DL/T 1576—2016	6kV～35kV 电缆振荡波局部放电测试方法			2016/2/5	2016/7/1

15

序号	GW分类	ICS分类	GB分类	标准号	中 文 名 称	代替标准	采用关系	发布日期	实施日期
15.5-4-54	15.5	29.020	F24	DL/T 1932—2018	6kV～35kV 电缆振荡波局部放电测量系统检定方法			2018/12/25	2019/5/1

15.6 试验与计量-保护与自动化

序号	GW分类	ICS分类	GB分类	标准号	中 文 名 称	代替标准	采用关系	发布日期	实施日期
15.6-2-1	15.6	29.240		Q/GDW 10733—2018	智能变电站网络报文记录及分析装置检测规范	Q/GDW 733—2012		2020/1/2	2020/1/2
15.6-2-2	15.6			Q/GDW 10823—2016	高压直流输电系统保护标准化设备入网检测标准	Q/GDW 1823—2012		2016/12/28	2016/12/28
15.6-2-3	15.6			Q/GDW 11015—2013	模拟量输入式合并单元检测规范			2013/11/6	2013/11/6
15.6-2-4	15.6	29.240		Q/GDW 11051—2013	智能变电站二次回路性能测试规范			2014/4/1	2014/4/1
15.6-2-5	15.6			Q/GDW 11053—2013	站域保护控制系统检验规范			2014/4/1	2014/4/1
15.6-2-6	15.6			Q/GDW 11056.1—2013	继电保护及安全自动装置检测技术规范 第1部分：通用性能测试			2014/4/1	2014/4/1
15.6-2-7	15.6			Q/GDW 11056.2—2013	继电保护及安全自动装置检测技术规范 第2部分：继电保护装置专用功能测试			2014/4/1	2014/4/1
15.6-2-8	15.6	29.240		Q/GDW 11056.3—2013	继电保护及安全自动装置检测技术规范 第3部分：安全自动装置专用功能测试			2014/4/1	2014/4/1
15.6-2-9	15.6	29.240		Q/GDW 11056.4—2013	继电保护及安全自动装置检测技术规范 第4部分：继电保护装置动态模拟测试			2014/4/1	2014/4/1
15.6-2-10	15.6	29.240		Q/GDW 11056.5—2013	继电保护及安全自动装置检测技术规范 第5部分：安全自动装置动态模拟测试			2014/4/1	2014/4/1
15.6-2-11	15.6	29.240		Q/GDW 11202.2—2018	智能变电站自动化设备检测规范 第2部分：测控装置	Q/GDW 11202.2—2014		2020/1/2	2020/1/2
15.6-2-12	15.6	29.240		Q/GDW 11202.3—2014	智能变电站自动化设备检测规范 第3部分：保护测控集成装置			2014/11/15	2014/11/15
15.6-2-13	15.6	29.240		Q/GDW 11202.4—2018	智能变电站自动化设备检测规范 第4部分：工业以太网交换机	Q/GDW 11202.4—2014		2020/1/2	2020/1/2
15.6-2-14	15.6	29.240		Q/GDW 11202.5—2018	智能变电站自动化设备检测规范 第5部分：时间同步系统	Q/GDW 11202.5—2014		2020/1/2	2020/1/2

15

序号	GW 分类	ICS 分类	GB 分类	标准号	中 文 名 称	代替标准	采用关系	发布日期	实施日期
15.6-2-15	15.6	29.240		Q/GDW 11202.6—2018	智能变电站自动化设备检测规范 第6部分：同步相量测量装置	Q/GDW 11202.6—2014		2020/1/2	2020/1/2
15.6-2-16	15.6	29.240		Q/GDW 11202.8—2015	智能变电站自动化设备检测规范 第8部分：电能量采集终端			2015/9/29	2015/9/29
15.6-2-17	15.6	29.240		Q/GDW 11202.9—2018	智能变电站自动化设备检测规范 第9部分：数据通信网关机	Q/GDW 11202.9—2015		2020/1/2	2020/1/2
15.6-2-18	15.6			Q/GDW 11263—2020	继电保护及安全自动装置试验装置 通用技术条件	Q/GDW 411—2010；Q/GDW 652—2011；Q/GDW 11263—2014		2020/12/31	2020/12/31
15.6-2-19	15.6	29.240		Q/GDW 11264—2014	电力系统动态记录装置检测规范			2014/12/31	2014/12/31
15.6-2-20	15.6	29.240		Q/GDW 11286—2014	智能变电站智能终端检测规范			2015/6/12	2015/6/12
15.6-2-21	15.6	29.240		Q/GDW 11287—2014	智能变电站 110kV 合并单元智能终端集成装置检测规范			2015/6/12	2015/6/12
15.6-2-22	15.6	29.240		Q/GDW 1140—2014	交流采样测量装置运行检验规程	Q/GDW 140—2006		2015/9/14	2015/9/14
15.6-2-23	15.6	29.240		Q/GDW 11498.1—2016	110kV 及以下继电保护装置检测规范 第1部分：通用性能测试			2016/12/28	2016/12/28
15.6-2-24	15.6	29.240		Q/GDW 11498.2—2016	110kV 及以下继电保护装置检测规范 第2部分：继电保护装置专用功能测试			2016/12/28	2016/12/28
15.6-2-25	15.6	29.240		Q/GDW 11498.3—2016	110kV 及以下继电保护装置检测规范 第3部分：继电保护装置动态模拟测试			2016/12/28	2016/12/28
15.6-2-26	15.6	17.220.20	N26	Q/GDW 118—2005	直流换流站二次电气设备交接试验规程			2005/2/25	2005/5/25
15.6-2-27	15.6	29.240		Q/GDW 11893—2018	高压直流保护现场试验装置技术规范			2020/1/2	2020/1/2
15.6-2-28	15.6			Q/GDW 12038—2020	特高压直流控制保护系统联合调试试验导则			2020/12/31	2020/12/31
15.6-2-29	15.6			Q/GDW 12039.1—2020	就地化继电保护装置检测规范 第1部分：通用部分测试			2020/12/31	2020/12/31
15.6-2-30	15.6			Q/GDW 12039.2—2020	就地化继电保护装置检测规范 第2部分：连接器及预制缆测试			2020/12/31	2020/12/31
15.6-2-31	15.6			Q/GDW 12039.3—2020	就地化继电保护装置检测规范 第3部分：智能管理单元测试			2020/12/31	2020/12/31
15.6-2-32	15.6			Q/GDW 12039.4—2020	就地化继电保护装置检测规范 第4部分：就地操作箱测试			2020/12/31	2020/12/31
15.6-2-33	15.6			Q/GDW 12039.5—2020	就地化继电保护装置检测规范 第5部分：线路保护装置专用功能测试			2020/12/31	2020/12/31

15

序号	GW 分类	ICS 分类	GB 分类	标准号	中 文 名 称	代替标准	采用关系	发布日期	实施日期
15.6-2-34	15.6			Q/GDW 12042—2020	高压柔性直流输电保护装置检测规范			2020/12/31	2020/12/31
15.6-2-35	15.6	29.240		Q/GDW 143—2012	电力系统稳定器整定试验导则	Q/GDW 143—2006		2012/6/28	2012/6/28
15.6-2-36	15.6	29.240		Q/GDW 1810—2015	智能变电站继电保护装置检验测试规范	Q/GDW 1810—2012		2016/11/15	2016/11/15
15.6-2-37	15.6			Q/GDW 1824—2012	直流故障录波装置入网检测标准			2013/11/6	2013/11/6
15.6-2-38	15.6	29.240		Q/GDW 264—2009	±800kV 直流输电工程换流站电气二次设备交接验收试验规程			2009/5/25	2009/5/25
15.6-2-39	15.6	29.240		Q/GDW 330—2009	1000kV 系统继电保护装置及安全自动装置检测技术规范			2009/5/25	2009/5/25
15.6-2-40	15.6	29.020		Q/GDW 691—2011	智能变电站合并单元测试规范			2012/6/6	2012/6/6
15.6-3-41	15.6	29.120.70	K33	GB/T 11287—2000	电气继电器 第 21 部分：量度继电器和保护装置的振动、冲击、碰撞和地震试验 第 1 篇：振动试验（正弦）	GB/T 11287—1989		2000/1/3	2000/8/1
15.6-3-42	15.6	29.240.30	K45	GB/T 14598.3—2006	电气继电器 第 5 部分：量度继电器和保护装置的绝缘配合要求和试验	GB/T 14598.3—1993		2006/3/14	2006/9/1
15.6-3-43	15.6	29.120.70	K45	GB/T 14598.8—2008	电气继电器 第 20 部分：保护系统	GB/T 14598.8—1995		2008/6/18	2009/3/1
15.6-3-44	15.6	29.120.70	K45	GB/T 14598.23—2017	电气继电器 第 21 部分：量度继电器和保护装置的振动、冲击、碰撞和地震试验 第 3 篇：地震试验		IEC 60255-21-3：1993	2017/12/29	2018/7/1
15.6-3-45	15.6	29.120.70	K45	GB/T 14598.26—2015	量度继电器和保护装置 第 26 部分：电磁兼容要求	GB/T 14598.20—2007；GB/T 14598.9—2010；GB/T 14598.10—2012；GB/T 14598.11—2011；GB/T 14598.13—2008；GB/T 14598.14—2010；GB/T 14598.16—2002；GB/T 14598.17—2005；GB/T 14598.18—2012；GB/T 14598.19—2007	IEC 60255-26：2013	2015/9/11	2016/4/1
15.6-3-46	15.6	29.120.50	K45	GB/T 15510—2008	控制用电磁继电器可靠性试验通则	GB/T 15510—1995		2008/6/18	2009/3/1
15.6-3-47	15.6	29.240.10	K30	GB 18802.1—2011	低压电涌保护器（SPD） 第 1 部分：低压配电系统的电涌保护器性能要求和试验方法	GB 18802.1—2002	IEC 61643-1：2005 MOD	2011/12/30	2012/12/1
15.6-3-48	15.6	29.120.50	K45	GB/T 26864—2011	电力系统继电保护产品动模试验			2011/7/29	2011/12/1
15.6-3-49	15.6	27.100	N22	GB/T 26866—2011	电力系统的时间同步系统检测规范			2011/7/29	2011/12/1
15.6-3-50	15.6	29.240.10	K45	GB/T 31237—2014	1000kV 系统继电保护装置及安全自动装置检测技术规范			2014/9/30	2015/4/1

15

序号	GW分类	ICS分类	GB分类	标准号	中文名称	代替标准	采用关系	发布日期	实施日期
15.6-3-51	15.6	29.240		GB/T 34871—2017	智能变电站继电保护检验测试规范			2017/11/1	2018/5/1
15.6-3-52	15.6	29.120.70;29.240.30	K45	GB/T 7261—2016	继电保护和安全自动装置基本试验方法	GB/T 7261—2008		2016/2/24	2016/5/2
15.6-4-53	15.6	27.100	F24	DL/T 1129—2009	直流换流站二次电气设备交接试验规程			2009/7/22	2009/12/1
15.6-4-54	15.6	29.240.01	F21	DL/T 1405.3—2018	智能变电站的同步相量测量装置 第3部分：检测规范			2018/12/25	2019/5/1
15.6-4-55	15.6	17.220.20	N22	DL/T 1501—2016	数字化继电保护试验装置技术条件			2016/1/7	2016/6/1
15.6-4-56	15.6	29.240.01	F20	DL/T 1794—2017	柔性直流输电控制保护系统联调试验技术规程			2017/12/27	2018/6/1
15.6-4-57	15.6			DL/T 2057—2019	配电网分布式馈线自动化试验技术规范			2019/11/4	2020/5/1
15.6-4-58	15.6			DL/T 2144.1—2020	变电站自动化系统及设备检测规范 第1部分：总则			2020/10/23	2021/2/1
15.6-4-59	15.6	29.240.30	K45	DL/T 624—2010	继电保护微机型试验装置技术条件	DL 624—1997		2011/1/9	2011/5/1
15.6-4-60	15.6			DL/T 630—2020	交流采样远动终端技术条件	DL/T 630—1997		2020/10/23	2021/2/1
15.6-4-61	15.6	29.240.01	K45	NB/T 10190—2019	弧光保护测试设备技术要求			2019/6/4	2019/10/1
15.6-4-62	15.6			NB/T 10681—2021	继电保护装置高加速寿命试验导则			2021/4/26	2021/7/26
15.6-4-63	15.6	29.240.01	K45	NB/T 42087—2016	合并单元测试设备技术规范			2016/8/16	2016/12/1
15.6-4-64	15.6	33.040.20	M33	YD/T 2550—2013	时间同步设备测试方法			2013/4/25	2013/6/1
15.6-5-65	15.6	29.120.70;33.100.01		IEC 60255-26：2013	测量继电器和保护设备 第26部分：电磁兼容性要求	IEC 60255-25：2000；IEC 60255-22-6：2001；IEC 60255-22-7：2003；IEC 60255-22-3：2007；IEC 60255-22-1：2007；IEC 60255-22-5：2008；IEC 60255-11：2008；IEC 60255-22-4：2008；IEC 60255-26：2008；IEC 60255-22-2：2008；IEC 95/309/FDIS：2013		2013/5/1	2013/5/1

15.7 试验与计量-电力电子

序号	GW分类	ICS分类	GB分类	标准号	中文名称	代替标准	采用关系	发布日期	实施日期
15.7-2-1	15.7	29.240		Q/GDW 10662—2015	串联电容器补偿装置晶闸管阀试验规程	Q/GDW 662—2011		2016/12/8	2016/12/8

序号	GW 分类	ICS 分类	GB 分类	标准号	中 文 名 称	代替标准	采用关系	发布日期	实施日期
15.7-2-2	15.7	29.180		Q/GDW 11560—2016	换流变压器气体继电器选型与试验导则			2017/3/24	2017/3/24
15.7-2-3	15.7			Q/GDW 11734—2017	柔性直流输电阀基控制系统动模测试技术导则			2018/7/11	2018/7/11
15.7-3-4	15.7	29.200；31.080.20	K48	GB/T 20995—2007	输配电系统的电力电子技术静止无功补偿装置用晶闸管阀的试验			2007/6/21	2008/2/1
15.7-3-5	15.7	29.200；29.240	K46	GB/T 33348—2016	高压直流输电用电压源换流器阀电气试验			2016/12/13	2017/7/1
15.7-3-6	15.7	29.200	K46	GB/T 36956—2018	柔性直流输电用电压源换流器阀基控制设备试验			2018/12/28	2019/7/1
15.7-4-7	15.7	29.240.01	K42	DL/T 1220—2013	串联电容器补偿装置交接试验及验收规范			2013/3/7	2013/8/1
15.7-4-8	15.7	29.240.01	F24	DL/T 1513—2016	柔性直流输电用电压源型换流阀 电气试验			2016/1/7	2016/6/1
15.7-4-9	15.7	29.020	F24	DL/T 1526—2016	柔性直流输电工程系统试验规程			2016/1/7	2016/6/1
15.7-4-10	15.7			DL/T 1567—2016	开合无功补偿设备测试装置通用技术条件			2016/2/5	2016/7/1
15.7-4-11	15.7	29.200	L43	DL/T 2042—2019	高压直流输电换流阀晶闸管级试验装置技术规范			2019/6/4	2019/10/1
15.7-4-12	15.7			DL/T 1981.10—2020	统一潮流控制器 第10部分：系统试验规程			2020/10/23	2021/2/1
15.7-5-13	15.7	29.200		IEC 60700-1：2015	晶闸管阀高压直流（HVDC）电力传输 第1部分：电气试验 2.0 版	IEC 60700-1：2008		2015/7/28	2015/7/28
15.7-5-14	15.7	29.240.99；31.080.20		IEC 61954 AMD 1：2013	静止无功补偿装置（SVC）晶闸管阀测试	IEC 22 F/274/CDV：2012；IEC 61954 AMD 1：2003		2013/4/1	2013/4/1
15.7-5-15	15.7	29.240.99；31.080.20	K44	IEC 61954：2013-04 ED 2.1	静止无功补偿器（SVC）晶闸管阀的试验	IEC 61954：2011		2013/4/1	2013/4/1
15.7-5-16	15.7	29.200	K04	IEC 62310-3：2008	静态转换系统（STS）第3部分：性能和试验要求的详细说明方法	IEC 22 H/105/FDIS：2008		2008/6/1	2008/6/1
15.7-5-17	15.7			IEC 62501 AMD 1：2014	高电压直流输电（HVDC）用电压源换流器（VSC）电子管电气测试			2014/8/1	2014/8/1
15.7-5-18	15.7	29.240.99		IEC 62823：2015	晶闸管控制串联电容器晶闸管阀（TCSC）电气试验 1.0 版（通信）			2015/8/1	2015/8/1

15.8 试验与计量-监测装置及仪表

序号	GW 分类	ICS 分类	GB 分类	标准号	中 文 名 称	代替标准	采用关系	发布日期	实施日期
15.8-2-1	15.8	29.240		Q/GDW 10245—2016	输电线路微风振动监测装置技术规范			2017/7/28	2017/7/28

15

序号	GW 分类	ICS 分类	GB 分类	标准号	中 文 名 称	代替标准	采用关系	发布日期	实施日期
15.8-2-2	15.8	29.240		Q/GDW 10440—2018	油浸式变压器测温装置现场校准规范	Q/GDW 440—2010		2020/4/3	2020/4/3
15.8-2-3	15.8			Q/GDW 11003—2013	高压电气设备紫外检测技术导则			2014/4/15	2014/4/15
15.8-2-4	15.8	29.240		Q/GDW 11097—2013	绝缘油介质损耗测试仪校准规范			2014/9/1	2014/9/1
15.8-2-5	15.8	29.240		Q/GDW 11112—2013	避雷器监测装置校准规范			2014/4/1	2014/4/1
15.8-2-6	15.8	29.240		Q/GDW 11113—2013	高压介质损耗因数测试仪校准规范			2014/4/1	2014/4/1
15.8-2-7	15.8	29.240		Q/GDW 11223—2014	高压电缆状态检测技术规范			2014/12/1	2014/12/1
15.8-2-8	15.8	29.240		Q/GDW 11304.6—2018	电力设备带电检测仪器技术规范 第6部分：电力设备接地电流带电检测仪器			2020/4/3	2020/4/3
15.8-2-9	15.8	29.240		Q/GDW 11366—2014	开关设备分合闸线圈电流波形带电检测技术现场应用导则			2015/2/16	2015/2/16
15.8-2-10	15.8	29.240		Q/GDW 11368—2014	变压器铁心接地电流带电检测技术现场应用导则			2015/2/16	2015/2/16
15.8-2-11	15.8	29.240		Q/GDW 11369—2014	避雷器泄漏电流带电检测技术现场应用导则			2015/2/16	2015/2/16
15.8-2-12	15.8	29.240		Q/GDW 11400—2015	电力设备高频局部放电带电检测技术现场应用导则			2015/11/7	2015/11/7
15.8-2-13	15.8	25.040.30		Q/GDW 11514—2021	变电站智能机器人巡检系统检测规范	Q/GDW 11514—2016		2021/12/6	2021/12/6
15.8-2-14	15.8	25.040.30		Q/GDW 11515—2016	变电站智能机器人巡检系统验收规范			2016/11/25	2016/11/25
15.8-2-15	15.8	19.080		Q/GDW 11521—2016	相对介损及电容检测仪校准规范			2016/12/28	2016/12/28
15.8-2-16	15.8	19.080		Q/GDW 11522—2016	电力变压器分接开关测试仪校准规范			2016/12/28	2016/12/28
15.8-2-17	15.8	19.080		Q/GDW 11523—2016	频响分析法变压器绕组变形测试仪校准规范			2016/12/28	2016/12/28
15.8-2-18	15.8	19.080		Q/GDW 11524—2016	高压开关机械特性测试仪校准规范			2016/12/28	2016/12/28
15.8-2-19	15.8	29.240		Q/GDW 11644—2016	SF_6 气体纯度带电检测技术现场应用导则			2017/7/28	2017/7/28
15.8-2-20	15.8			Q/GDW 11783.1—2017	现场用交流电参量测量仪 第1部分：通用技术要求			2018/9/7	2018/9/7
15.8-2-21	15.8			Q/GDW 11783.2—2017	现场用交流电参量测量仪 第2部分：特殊要求 基于电网工频信号			2018/9/7	2018/9/7

15

序号	GW 分类	ICS 分类	GB 分类	标准号	中 文 名 称	代替标准	采用关系	发布日期	实施日期
15.8-2-22	15.8			Q/GDW 11783.3—2017	现场用交流电参量测量仪　第3部分：特殊要求　基于电子式互感器　模拟输出量			2018/9/7	2018/9/7
15.8-2-23	15.8			Q/GDW 11783.4—2017	现场用交流电参量测量仪　第4部分：特殊要求　基于电子式互感器　数字输出量			2018/9/7	2018/9/7
15.8-2-24	15.8	29.240		Q/GDW 1540.5—2014	变电设备在线监测装置检验规范　第5部分：气体绝缘金属封闭开关设备特高频法局部放电在线监测装置			2015/2/26	2015/2/26
15.8-2-25	15.8	29.240		Q/GDW 1540.6—2015	变电设备在线监测装置检验规范　第6部分：变压器特高频局部放电在线监测装置			2016/9/30	2016/9/30
15.8-2-26	15.8	29.240		Q/GDW 1895—2013	电容型设备介质损耗因数和电容量带电测试技术现场应用导则			2014/1/10	2014/1/10
15.8-2-27	15.8	29.240		Q/GDW 1898—2013	绝缘油耐压测试仪检定方法			2014/1/10	2014/1/10
15.8-2-28	15.8	29.240		Q/GDW 1899—2013	交流采样测量装置校验规范			2014/1/10	2014/1/10
15.8-2-29	15.8			Q/GDW 1950—2013	SF_6密度表、密度继电器现场校验规范			2014/4/15	2014/4/15
15.8-2-30	15.8	29.240		Q/GDW 1978—2013	电力金具电晕试验紫外成像检测方法			2014/3/13	2014/3/13
15.8-2-31	15.8	29.020		Q/GDW 468—2010	红外测温仪、红外热像仪校准规范			2010/6/2	2010/6/2
15.8-2-32	15.8	29.020		Q/GDW 540.1—2010	变电设备在线监测装置检验规范　第1部分：通用检验规范			2011/1/28	2011/1/28
15.8-2-33	15.8	29.020		Q/GDW 653—2011	变压器空、负载损耗测试仪校准规范			2011/10/13	2011/10/13
15.8-2-34	15.8	29.020		Q/GDW 654—2011	输电线路参数测试仪校准规范			2011/10/13	2011/10/13
15.8-3-35	15.8	17.220	L85	GB/T 13166—2018	电子测量仪器设计余量与模拟误用试验	GB/T 13166—1991		2018/6/7	2019/1/1
15.8-3-36	15.8	17.220.20	N25	GB/T 13743—1992	直流磁电系检流计			1992/1/1	1993/8/1
15.8-3-37	15.8	17.200.20	N11	GB/T 16839.1—2018	热电偶　第1部分：电动势规范和允差	GB/T 16839.1—1997；GB/T 16839.2—1997		2018/7/13	2019/2/1
15.8-3-38	15.8	17.220.20	L86	GB/T 16896.1—2005	高电压冲击测量仪器和软件　第1部分：对仪器的要求	GB 813—1989；GB 16896.1—1997		2005/2/6	2005/12/1
15.8-3-39	15.8	29.240.10	K40	GB/T 16896.2—2016	高电压和大电流试验测量用仪器和软件　第2部分：对冲击电压和冲击电流试验用软件的要求	GB/T 16896.2—2010		2016/2/24	2016/9/1
15.8-3-40	15.8	17.220.20	N22	GB/T 17215.811—2017	交流电测量设备　验收检验　第11部分：通用验收检验方法	GB/T 3925—1983；GB/T 17442—1998	IEC 62058-11：2008 IDT	2017/12/29	2018/7/1

15

序号	GW 分类	ICS 分类	GB 分类	标准号	中 文 名 称	代替标准	采用关系	发布日期	实施日期
15.8-3-41	15.8	17.220.20	N22	GB/T 17215.821—2017	交流电测量设备 验收检验 第 21 部分：机电式有功电能表的特殊要求（0.5 级、1 级和 2 级）	GB/T 3925—1983		2017/12/29	2017/12/29
15.8-3-42	15.8	17.220.20	N22	GB/T 17215.831—2017	交流电测量设备 验收检验 第 31 部分：静止式有功电能表的特殊要求（0.2S 级、0.5S 级、1 级和 2 级）	GB/T 17442—1998		2017/12/29	2017/12/29
15.8-3-43	15.8	27.010	F01	GB/T 18293—2001	电力整流设备运行效率的在线测量			2001/1/10	2001/7/1
15.8-3-44	15.8	17.120.10	N12	GB/T 25922—2010	封闭管道中流体流量的测量用安装在充满流体的圆形截面管道中的涡街流量计测量流量的方法			2011/1/14	2011/5/1
15.8-3-45	15.8	17.040.30	J42	GB/T 26095—2010	电子柱电感测微仪			2011/1/10	2011/10/1
15.8-3-46	15.8	17.220.20	N20	GB/T 32191—2015	泄漏电流测试仪			2015/12/10	2016/7/1
15.8-3-47	15.8	07.060	P10	GB/T 3408.1—2008	大坝监测仪器应变计 第 1 部分：差动电阻式应变计	GB/T 3408—1994		2008/2/15	2008/5/1
15.8-3-48	15.8	07.060	P10	GB/T 3409.1—2008	大坝监测仪器钢筋计 第 1 部分：差动电阻式钢筋计	GB/T 3409—1994		2008/4/9	2008/7/1
15.8-3-49	15.8	07.060	P10	GB/T 3410.1—2008	大坝监测仪器测缝计 第 1 部分：差动电阻式测缝计	GB/T 3410—1994		2008/2/15	2008/5/1
15.8-3-50	15.8	07.060	N93	GB/T 3411.1—2009	大坝监测仪器孔隙水压力计 第 1 部分：振弦式孔隙水压力计			2009/5/26	2009/10/1
15.8-3-51	15.8	17.220	N93	GB/T 3411—1994	差动电阻式孔隙压力计	GB 3411—1982		1994/1/2	1995/10/1
15.8-3-52	15.8	07.060	N93	GB/T 3412.1—2009	大坝监测仪器检测仪 第 1 部分：振弦式仪器检测仪			2009/5/26	2009/10/1
15.8-3-53	15.8	29.260.01	K04	GB/T 35708—2017	高原型配电网故障定位系统检验方法			2017/12/29	2018/7/1
15.8-3-54	15.8	29.020	K04	GB/T 35725—2017	电能质量监测设备自动检测系统通用技术要求			2017/12/29	2018/7/1
15.8-3-55	15.8	29.020	K04	GB/T 35726—2017	并联型有源电能质量治理设备性能检测规程			2017/12/29	2018/7/1
15.8-3-56	15.8	19.100	N78X	GB/T 36015—2018	无损检测仪器 工业 X 射线数字成像装置性能和检测规则			2018/3/15	2018/10/1
15.8-3-57	15.8	35.040	L70	GB/T 36962—2018	传感数据分类与代码			2018/12/28	2019/7/1
15.8-3-58	15.8	17.140.50	N65	GB/T 3785.2—2010	电声学声级计 第 2 部分：型式评价试验	GB 3785 部分—1983；GB 17181 部分—1997		2010/9/2	2011/4/1

15

序号	GW 分类	ICS 分类	GB 分类	标准号	中 文 名 称	代替标准	采用关系	发布日期	实施日期
15.8-3-59	15.8	17.220.20	N25	GB/T 3927—2008	直流电位差计	GB/T 3927—1983		2008/8/6	2009/3/1
15.8-3-60	15.8	23.080	J71	GB/T 7782—2020	计量泵	GB/T 7782—2008		2020/4/28	2020/11/1
15.8-4-61	15.8	17.040.30	P80	DL/T 1028—2006	电能质量测试分析仪检定规程			2006/12/17	2007/5/1
15.8-4-62	15.8	29.240.01	K43	DL/T 1222—2013	冲击分压器校准规范			2013/3/7	2013/8/1
15.8-4-63	15.8	27.100	F24	DL/T 1256—2013	变压器空、负载损耗测试仪通用技术条件			2013/11/28	2014/4/1
15.8-4-64	15.8		F24	DL/T 1323—2014	现场宽频率交流耐压试验电压测量导则			2014/3/18	2014/8/1
15.8-4-65	15.8		F24	DL/T 1332—2014	电流互感器励磁特性现场低频试验方法			2014/3/18	2014/8/1
15.8-4-66	15.8	29.020	K04	DL/T 1368—2014	电能质量标准源校准规范			2014/10/15	2015/3/1
15.8-4-67	15.8	27.100	F24	DL/T 1391—2014	数字式自动电压调节器涉网性能检测导则			2014/10/15	2015/3/1
15.8-4-68	15.8	29.240.99	F23	DL/T 1432.4—2017	变电设备在线监测装置检验规范 第4部分：气体绝缘金属封闭开关设备局部放电特高频在线监测装置			2017/8/2	2017/12/1
15.8-4-69	15.8	29.240.99	F23	DL/T 1498.4—2017	变电设备在线监测装置技术规范 第4部分：气体绝缘金属封闭开关设备局部放电特高频在线监测装置			2017/8/2	2017/12/1
15.8-4-70	15.8	29.060.01	K13	DL/T 1573—2016	电力电缆分布式光纤测温系统技术规范			2016/2/5	2016/7/1
15.8-4-71	15.8	27.100	F29	DL/T 1582—2016	直流输电阀冷系统仪表检测导则			2016/2/5	2016/7/1
15.8-4-72	15.8	29.130.10	k43	DL/T 1630—2016	气体绝缘金属封闭开关设备局部放电特高频检测技术规范			2016/12/5	2017/5/1
15.8-4-73	15.8	29.240	K45	DL/T 1663—2016	智能变电站继电保能诊断技术导则			2016/12/5	2017/5/1
15.8-4-74	15.8	29.240.30	K32	DL/T 1694.1—2017	高压测试仪器及设备校准规范 第1部分：特高频局部放电在线监测装置			2017/3/28	2017/8/1
15.8-4-75	15.8	29.240.99	K43	DL/T 1694.2—2017	高压测试仪器及设备校准规范 第2部分：电力变压器分接开关测试仪			2017/3/28	2017/8/1
15.8-4-76	15.8	29.240.99	K43	DL/T 1694.3—2017	高压测试仪器及设备校准规范 第3部分：高压开关动作特性测试仪			2017/3/28	2017/8/1
15.8-4-77	15.8	29.040.99	E38	DL/T 1694.4—2017	高压测试仪器及设备校准规范 第4部分：绝缘油耐压测试仪			2017/3/28	2017/8/1
15.8-4-78	15.8	29.240.99	K49	DL/T 1694.5—2017	高压测试仪器及设备校准规范 第5部分：氧化锌避雷器阻性电流测试仪			2017/3/28	2017/8/1

15

序号	GW 分类	ICS 分类	GB 分类	标准号	中文名称	代替标准	采用关系	发布日期	实施日期
15.8-4-79	15.8	29.240.01	F20	DL/T 1785—2017	电力设备 X 射线数字成像检测技术导则			2017/12/27	2018/6/1
15.8-4-80	15.8	29.18	F20	DL/T 1786—2017	直流偏磁电流分布同步监测技术导则			2017/12/27	2018/6/1
15.8-4-81	15.8	29.24	F20	DL/T 1852—2018	工频接地电阻测量设备检测规程			2018/6/6	2018/10/1
15.8-4-82	15.8	29.240.01	F21	DL/T 1898—2018	智能变电站监控系统测试规范			2018/12/25	2019/5/1
15.8-4-83	15.8	29.240.01	F21	DL/T 1907.2—2018	变电站视频监控图像质量评价 第2部分：测试规范			2018/12/25	2019/5/1
15.8-4-84	15.8	29.240.01	F21	DL/T 1911—2018	智能变电站监控系统试验装置技术规范			2018/12/25	2019/5/1
15.8-4-85	15.8	29.240	K45	DL/T 1943—2018	合并单元现场检验规范			2018/12/25	2019/5/1
15.8-4-86	15.8	29.240	F20	DL/T 1954—2018	基于暂态地电压法局部放电检测仪校准规范			2018/12/25	2019/5/1
15.8-4-87	15.8	29.240.99	K40	DL/T 2026—2019	高压直流接地极监测系统通用技术规范			2019/6/4	2019/10/1
15.8-4-88	15.8			DL/T 2115—2020	电压监测仪检验技术规范			2020/10/23	2021/2/1
15.8-4-89	15.8			DL/T 2145.1—2020	变电设备在线监测装置现场测试导则 第1部分：变压器油中溶解气体在线监测装置			2020/10/23	2021/2/1
15.8-4-90				DL/T 2145.2—2020	变电设备在线监测装置现场测试导则 第2部分：电容型设备与金属氧化物避雷器绝缘在线监测装置			2020/10/23	2021/2/1
15.8-4-91	15.8	29.120.70	K33	DL/T 259—2012	六氟化硫气体密度继电器校验规程			2012/4/6	2012/7/1
15.8-4-92	15.8	27.100	F24	DL/T 356—2010	局部放电测量仪校准规范			2010/5/1	2010/10/1
15.8-4-93	15.8	29.240.01	F24	DL/T 475—2017	接地装置特性参数测量导则	DL/T 475—2006		2017/8/2	2017/12/1
15.8-4-94	15.8	29.120.70	K45	DL/T 540—2013	气体继电器检验规程	DL/T 540—1994		2013/11/28	2014/4/1
15.8-4-95	15.8		N11	JJF 1187—2008	热像仪校准规范			2008/2/20	2008/5/20
15.8-4-96	15.8			JJF 1237—2017	SDH/PDH 传输分析仪校准规范	JJF 1237—2010		2017/11/20	2018/5/20
15.8-4-97	15.8			JJF 1263—2010	六氟化硫检测报警仪校准规范	JJG 914—1996		2010/9/6	2011/3/6
15.8-4-98	15.8			JJF 1325—2011	通信用光回波损耗仪校准规范			2011/11/30	2012/3/1
15.8-4-99	15.8			JJF 1331—2011	电感测微仪校准规范	JJG 396—2002		2011/12/28	2012/6/28
15.8-4-100	15.8		A50	JJG 1038—2008	科里奥利质量流量计	JJG 897—1995		2008/3/25	2008/9/25
15.8-4-101	15.8			JJG 105—2019	转速表检定规程	JJG 105—2000		2019/12/31	2020/3/31

15

序号	GW 分类	ICS 分类	GB 分类	标准号	中 文 名 称	代替标准	采用关系	发布日期	实施日期
15.8-4-102	15.8			JJG 158—2013	补偿式微压计	JJG 158—1994		2013/7/4	2014/1/4
15.8-4-103	15.8			JJG 172—2011	倾斜式微压计	JJG 172—1994		2011/12/28	2012/6/28
15.8-4-104	15.8		A50	JJG 173—2003	信号发生器检定规程	JJG 324—1983； JJG 325—1983； JJG 339—1983； JJG 174—1985； JJG 173—1986； JJG 438—1986		2003/11/24	2004/5/24
15.8-4-105	15.8			JJG 183—2017	标准电容器检定规程	JJG 183—1992		2017/9/26	2018/3/26
15.8-4-106	15.8			JJG 188—2017	声级计检定规程	JJG 188—2002 检定部分		2017/11/20	2018/5/20
15.8-4-107	15.8		A57	JJG 200—1980	外差式频率计检定规程			1980/7/11	1980/12/1
15.8-4-108	15.8			JJG 2015—2013	脉冲波形参数计量器具检定系统表	JJG 2015—1987		2013/1/15	2013/7/6
15.8-4-109	15.8			JJG 205—2005	机械式温湿度计检定规程	JJG 205—1980		2005/9/5	2006/3/5
15.8-4-110	15.8			JJG 2071—2013	（−2.5～2.5）kPa 压力计量器具	JJG 2071—1990		2013/1/6	2013/7/6
15.8-4-111	15.8			JJG 236—2009	活塞式压力真空计	JJG 236—1994； JJG 239—1994		2009/7/30	2010/1/30
15.8-4-112	15.8			JJG 237—2010	秒表检定规程	JJG237—1995； JJG239—1995 附录 3		2010/9/6	2011/3/6
15.8-4-113	15.8		A53	JJG 244—2003	感应分压器检定规程	JJG 244—1981		2003/9/23	2004/3/23
15.8-4-114	15.8		A55	JJG 250—1990	电子电压表检定规程	JJG 250—1981		1990/6/14	1991/1/1
15.8-4-115	15.8		A56	JJG 251—1997	失真度测量仪检定规程	JJG 251—1981		1997/9/1	1998/5/1
15.8-4-116	15.8		A56	JJG 278—2002	示波器校准仪检定规程	JJG 278—1981		2002/11/4	2003/5/4
15.8-4-117	15.8		A56	JJG 359—1984	300MHz 频率特性测试仪试行检定规程			1984/8/31	1985/5/1
15.8-4-118	15.8		A53	JJG 42—2011	工作玻璃浮计检定规程	JJG 42—2001		2011/9/20	2012/3/20
15.8-4-119	15.8			JJG 602—2014	低频信号发生器检定规程	JJG 602—1996； JJG 64—1990； JJG 230—1980		2014/11/17	2015/2/17
15.8-4-120	15.8		A55	JJG 622—1997	绝缘电阻表（兆欧表）检定规程	JJG 622—1989		1997/10/24	1998/5/1
15.8-4-121	15.8			JJG 721—2010	相位噪声测量系统检定规程	JJG 721—1991		2010/9/6	2011/3/6

15

序号	GW 分类	ICS 分类	GB 分类	标准号	中文名称	代替标准	采用关系	发布日期	实施日期
15.8-4-122	15.8			JJG 722—2018	标准数字时钟检定规程	JJG 722—1991		2018/2/27	2018/8/27
15.8-4-123	15.8			JJG 726—2017	标准电感器检定规程	JJG 726—1991		2017/9/26	2018/3/26
15.8-4-124	15.8		N18；A52	JJG 74—2005	工业过程测量记录仪检定规程	JJG 706—1990；JJG 74—1992		2005/12/20	2006/6/20
15.8-4-125	15.8			JJG 795—2016	耐电压测试仪检定规程	JJG 795—2004		2016/11/25	2017/5/25
15.8-4-126	15.8			JJG 802—2019	失真度仪校准器检定规程			2019/9/27	2020/3/27
15.8-4-127	15.8		N20	JJG 837—2003	直流低电阻表检定规程	JJG 837—1993		2003/9/23	2004/3/23
15.8-4-128	15.8			JJG 843—2007	泄漏电流测试仪检定规程			2007/2/28	2007/8/28
15.8-4-129	15.8			NB/T 10280—2019	电网用状态监测装置湿热环境条件与技术要求			2019/11/4	2020/5/1
15.8-6-130	15.8	31.260	L52	T/CEC 114—2016	闪络定位仪校准规范			2016/10/21	2017/1/1
15.8-6-131	15.8			T/CEC 126—2016	六氟化硫气体分解产物检测仪校验方法			2016/10/21	2017/1/1
15.8-6-132	15.8			T/CEC 414—2020	压力式六氟化硫气体密度控制器现场校准规范			2020/10/28	2021/2/1

15.9 试验与计量-电测计量

序号	GW 分类	ICS 分类	GB 分类	标准号	中文名称	代替标准	采用关系	发布日期	实施日期
15.9-2-1	15.9			Q/GDW 10826—2020	直流电能表检定装置技术规范	Q/GDW 1826—2013		2021/3/26	2021/3/26
15.9-2-2	15.9			Q/GDW 11017—2013	电测量仪表检验装置检验方法			2013/11/6	2013/11/6
15.9-2-3	15.9	29.240		Q/GDW 11027—2013	计量配送车专用技术规范			2014/4/1	2014/4/1
15.9-2-4	15.9	29.240		Q/GDW 11028—2013	电力互感器现场计量车			2014/4/1	2014/4/1
15.9-2-5	15.9	29.240		Q/GDW 11364—2014	模拟量输入合并单元计量性能检测技术规范			2015/3/12	2015/3/12
15.9-2-6	15.9			Q/GDW 11421—2020	电能表外置断路器技术规范	Q/GDW 11421—2015		2021/3/26	2021/3/26
15.9-2-7	15.9			Q/GDW 11613—2020	回路状态巡检仪技术规范	Q/GDW 11613—2016		2021/3/26	2021/3/26
15.9-2-8	15.9	29.240		Q/GDW 11683—2017	电容式电压互感器误差特性在线 检测技术规范			2018/1/18	2018/1/18
15.9-2-9	15.9	29.240		Q/GDW 11684—2017	高压直流输电系统直流电流测量装置 现场试验规范			2018/1/18	2018/1/18
15.9-2-10	15.9	29.240		Q/GDW 11685—2017	高压直流输电系统直流电压测量 装置现场试验规范			2018/1/18	2018/1/18

15

序号	GW分类	ICS分类	GB分类	标准号	中文名称	代替标准	采用关系	发布日期	实施日期
15.9-2-11	15.9			Q/GDW 11777—2017	数字化电能计量装置现场检验技术规范			2018/9/7	2018/9/7
15.9-2-12	15.9	29.240		Q/GDW 12011—2019	静止式电能表动态误差测试方法			2020/10/30	2020/10/30
15.9-2-13	15.9			Q/GDW 12026—2020	用电检查仪技术规范			2021/1/29	2021/1/29
15.9-2-14	15.9			Q/GDW 12027—2020	智能物联锁具技术规范			2021/1/29	2021/1/29
15.9-2-15	15.9			Q/GDW 12028—2020	回路状态巡检设备检测装置技术规范			2021/1/29	2021/1/29
15.9-2-16	15.9	29.240		Q/GDW 1206—2013	电能表抽样技术规范	Q/GDW 206—2008		2014/1/26	2014/1/26
15.9-2-17	15.9			Q/GDW 12089—2020	智能电能表用磁开关传感器技术规范			2021/3/26	2021/3/26
15.9-2-18	15.9			Q/GDW 12093—2020	抗直流偏磁低压电流互感器校验装置技术规范			2021/3/26	2021/3/26
15.9-2-19	15.9			Q/GDW 12094—2020	三相组合互感器校验装置技术规范			2021/3/26	2021/3/26
15.9-2-20	15.9	29.240		Q/GDW 1439—2014	多功能电测计量检验装置校准规范	Q/GDW 439—2010		2015/2/18	2015/2/18
15.9-2-21	15.9			Q/GDW 1923—2013	农网智能型低压配电箱检验技术规范			2014/5/1	2014/5/1
15.9-2-22	15.9	29.020		Q/GDW 469—2010	钳形接地电阻测试仪检验规程			2010/6/2	2010/6/2
15.9-3-23	15.9	17.220.20	N22	GB/T 17215.921—2012	电测量设备可信性 第21部分：现场仪表可信性数据收集		IEC/TR 62059-21：2002 IDT	2012/12/31	2013/6/1
15.9-3-24	15.9	17.220.20	N22	GB/T 17215.941—2012	电测量设备可信性 第41部分：可靠性预测		IEC 62059-41：2006 IDT	2012/12/31	2013/6/1
15.9-3-25	15.9	17.220.20	N22	GB/T 17215.9311—2017	电测量设备可信性 第311部分：温度和湿度加速可靠性试验		IEC/TR 62059-31-1：2008 IDT	2017/12/29	2018/7/1
15.9-3-26	15.9	17.220.20	N22	GB/T 17215.9321—2016	电测量设备可信性 第321部分：耐久性—高温下的计量特性稳定性试验		IEC/TR 62059-32-1：2011 IDT	2016/8/29	2017/3/1
15.9-3-27	15.9	33.100.99	L06	GB/Z 17624.3—2021	电磁兼容 综述 第3部分：高空电磁脉冲（HEMP）对民用设备和系统的效应			2021/5/21	2021/12/1
15.9-3-28	15.9	33.100.10	L06	GB/Z 17625.13—2020	电磁兼容 限值 接入中压、高压、超高压电力系统的不平衡设施发射限值的评估		IEC/TR 61000-3-13：2008	2020/11/19	2021/6/1
15.9-3-29	15.9			GB/Z 17625.14—2017	电磁兼容 限值 骚扰装置接入低压电力系统的谐波、间谐波、电压波动和不平衡的发射限值评估			2017/11/1	2018/5/1
15.9-3-30	15.9	33.100.20	L06	GB/T 17626.3—2016	电磁兼容 试验和测量技术 射频电磁场辐射抗扰度试验	GB/T 17626.3—2006	IEC 61000-4-3：2010	2016/12/13	2017/7/1

15

序号	GW分类	ICS分类	GB分类	标准号	中 文 名 称	代替标准	采用关系	发布日期	实施日期
15.9-3-31	15.9	33.100.10; 33.100.20	L06	GB/T 17626.20—2014	电磁兼容　试验和测量技术　横电磁波（TEM）波导中的发射和抗扰度试验		IEC 61000-4-20：2010（ED2）	2014/12/22	2015/6/1
15.9-3-32	15.9	33.100.10; 33.100.20	L06	GB/T 17626.21—2014	电磁兼容　试验和测量技术　混波室试验方法		IEC61000-4-21：2011（ED2）	2014/12/22	2015/6/1
15.9-3-33	15.9	33.100.20	L06	GB/T 17799.1—2017	电磁兼容　通用标准　居住、商业和轻工业环境中的抗扰度	GB/T 17799.1—1999	IEC61000-6-1：2005 MOD	2017/9/29	2018/4/1
15.9-3-34	15.9	17.220.20	N23	GB/T 22264.8—2009	安装式数字显示电测量仪表　第8部分：推荐的试验方法			2009/11/15	2010/2/1
15.9-3-35	15.9	19.020	A21	GB/T 2421—2020	环境试验　概述和指南	GB/T 2421.1—2008		2020/6/2	2020/12/1
15.9-3-36	15.9	19.040	K04	GB/T 2423.3—2016	环境试验　第2部分：试验方法　试验Cab：恒定湿热试验	GB/T 2423.3—2006	IEC 60068-2-78：2012	2016/12/13	2017/7/1
15.9-3-37	15.9	19.040	K04	GB/T 2423.27—2020	环境试验　第2部分：试验方法　试验方法和导则：温度/低气压或温度/湿度/低气压综合试验	GB/T 2423.25—2008; GB/T 2423.26—2008; GB/T 2423.27—2005	IEC 60068-2-39：2015	2020/6/2	2020/12/1
15.9-3-38	15.9	19.040	K04	GB/T 2423.18—2021	环境试验　第2部分：试验方法　试验Kb：盐雾，交变（氯化钠溶液）	GB/T 2423.18—2012		2021/5/21	2021/12/1
15.9-3-39	15.9	19.040	K04	GB/T 2423.20—2014	环境试验　第2部分：试验方法　试验Kd：接触点和连接件的硫化氢试验	GB/T 2423.20—1981	IEC 60068-2-43：2003 ED2 IDT	2014/9/30	2015/4/1
15.9-3-40	15.9	19.040	K04	GB/T 2423.33—2021	环境试验　第2部分：试验方法　试验Kca：高浓度二氧化硫试验	GB/T 2423.33—2005		2021/5/21	2021/12/1
15.9-3-41	15.9	19.040	K04	GB/T 2423.38—2021	环境试验　第2部分：试验方法　试验R：水试验方法和导则	GB/T 2423.38—2008	IEC 60068-2-18：2017 IDT	2021/5/21	2021/12/1
15.9-3-42	15.9	19.040	K04	GB/T 2424.1—2015	环境试验　第3部分：支持文件及导则　低温和高温试验	GB/T 2424.1—2005		2015/10/9	2016/5/1
15.9-3-43	15.9	19.040	K04	GB/T 2424.5—2021	环境试验　第3部分：支持文件及导则　温度试验箱性能确认	GB/T 2424.5—2006		2021/5/21	2021/12/1
15.9-3-44	15.9	19.040	K04	GB/T 2424.6—2021	环境试验　第3部分：支持文件及导则　温度/湿度试验箱性能确认	GB/T 2424.6—2006		2021/5/21	2021/12/1
15.9-3-45	15.9	19.040	K04	GB/T 2424.12—2014	环境试验　第2部分：试验方法　试验Kd：接触点和连接件的硫化氢试验导则	GB/T 2424.12—1982	IEC 60068-2-46：1982 IDT	2014/9/30	2015/4/1
15.9-3-46	15.9	23.080	J71	GB/T 32710.1—2016	环境试验仪器及设备安全要求　第1部分：总则			2016/6/14	2017/1/1
15.9-3-47	15.9	19.040	N61	GB/T 32710.10—2016	环境试验仪器及设备安全规范　第10部分：电热干燥箱及电热鼓风干燥箱			2016/6/14	2017/1/1

15

序号	GW分类	ICS分类	GB分类	标准号	中 文 名 称	代替标准	采用关系	发布日期	实施日期
15.9-3-48	15.9	19.040	N61	GB/T 32710.11—2016	环境试验仪器及设备安全规范 第11部分：空气热老化试验箱			2016/6/14	2017/1/1
15.9-3-49	15.9	29.240.01	F20	GB/T 36571—2018	并联无功补偿节约电力电量测量和验证技术规范			2018/9/17	2019/4/1
15.9-3-50	15.9	17.220.20	N22	GB/T 37006—2018	数字化电能表检验装置			2018/12/28	2019/7/1
15.9-3-51	15.9	19.040	K04	GB/T 4797.2—2017	环境条件分类 自然环境条件 气压	GB/T 4797.2—2005	IEC 60721-1 IDT	2017/12/29	2018/7/1
15.9-3-52	15.9	19.020	A21	GB/T 4797.4—2019	环境条件分类 自然环境条件 太阳辐射与温度	GB/T 4797.4—2006	IEC 60721-2-4：2002	2019/12/10	2020/7/1
15.9-3-53	15.9	19.040	A21	GB/T 4797.9—2021	环境条件分类 自然环境条件 贮存、运输和使用过程中测得的冲击和振动数据			2021/3/9	2021/10/1
15.9-3-54	15.9	19.040	A21	GB/T 4798.2—2021	环境条件分类 环境参数组分类及其严酷程度分级 第2部分：运输和装卸	GB/T 4798.2—2008	IEC 60721-3-2：2018 IDT	2021/5/21	2021/12/1
15.9-3-55	15.9	17.220	L85	GB/T 6587—2012	电子测量仪器通用规范	GB/T 6587.1—1986；GB/T 6587.2—1986；GB/T 6587.3—1986；GB/T 6587.4—1986；GB/T 6587.5—1986；GB/T 6587.6—1986；GB/T 6587.8—1986；GB/T 6593—1996；		2012/12/31	2013/6/1
15.9-3-56	15.9	31.040	L13	GB/T 7017—1986	电阻器非线性测量方法			1986/11/20	1987/9/1
15.9-3-57	15.9	17.220.20	N21	GB/T 7676.1—2017	直接作用模拟指示电测量仪表及其附件 第1部分：定义和通用要求	GB/T 7676.1—1998		2017/9/7	2018/4/1
15.9-3-58	15.9	17.220.20	N21	GB/T 7676.2—2017	直接作用模拟指示电测量仪表及其附件 第2部分：电流表和电压表的特殊要求	GB/T 7676.2—1998		2017/9/7	2018/4/1
15.9-3-59	15.9	17.220.20	N21	GB/T 7676.3—2017	直接作用模拟指示电测量仪表及其附件 第3部分：功率表和无功功率表的特殊要求	GB/T 7676.3—1998		2017/9/7	2018/4/1
15.9-3-60	15.9	17.220.20	N21	GB/T 7676.4—2017	直接作用模拟指示电测量仪表及其附件 第4部分：频率表的特殊要求	GB/T 7676.4—1998		2017/9/7	2018/4/1
15.9-3-61	15.9	17.220.20	N21	GB/T 7676.5—2017	直接作用模拟指示电测量仪表及其附件 第5部分：相位表、功率因数表和同步指示器的特殊要求	GB/T 7676.5—1998		2017/9/7	2018/4/1
15.9-3-62	15.9	17.220.20	N21	GB/T 7676.6—2017	直接作用模拟指示电测量仪表及其附件 第6部分：电阻表（阻抗表）和电导表的特殊要求	GB/T 7676.6—1998		2017/9/7	2018/4/1
15.9-3-63	15.9	17.220.20	N21	GB/T 7676.7—2017	直接作用模拟指示电测量仪表及其附件 第7部分：多功能仪表的特殊要求	GB/T 7676.7—1998		2017/9/7	2018/4/1

15

序号	GW 分类	ICS 分类	GB 分类	标准号	中 文 名 称	代替标准	采用关系	发布日期	实施日期
15.9-3-64	15.9	17.220.20	N21	GB/T 7676.8—2017	直接作用模拟指示电测量仪表及其附件 第8部分：附件的特殊要求	GB/T 7676.8—1998		2017/9/7	2018/4/1
15.9-3-65	15.9	17.220.20	N21	GB/T 7676.9—2017	直接作用模拟指示电测量仪表及其附件 第9部分：推荐的试验方法	GB/T 7676.9—1998		2017/9/7	2018/4/1
15.9-4-66	15.9	17.220.20	N20	DL/T 1112—2009	交、直流仪表检验装置检定规程	SD 111—1983；SD 112—1983		2009/7/22	2009/12/1
15.9-4-67	15.9	29.240.01	F20	DL/T 1221—2013	互感器综合特性测试仪通用技术条件			2013/3/7	2013/8/1
15.9-4-68	15.9			DL/T 1399.2—2016	电力试验/检测车 第2部分：电力互感器检测车			2016/12/5	2017/5/1
15.9-4-69	15.9			DL/T 1399.3—2019	电力试验/检测车 第3部分：电力设备综合试验车			2019/11/4	2020/5/1
15.9-4-70	15.9			DL/T 1399.4—2020	电力试验/检测车 第4部分：开关电器交流耐压试验车			2020/10/23	2021/2/1
15.9-4-71	15.9	17.220.20	F23	DL/T 1473—2016	电测量指示仪表检定规程	SD 110—1983		2016/1/7	2016/6/1
15.9-4-72	15.9	17.020	N20	DL/T 1478—2015	电子式交流电能表现场检验规程			2015/7/1	2015/12/1
15.9-4-73	15.9			DL/T 1694.6—2020	高压测试仪器及设备校准规范 第6部分：电力电缆超低频介质损耗测试仪			2020/10/23	2021/2/1
15.9-4-74	15.9			DL/T 1694.7—2020	高压测试仪器及设备校准规范 第7部分：综合保护测控装置 电测量			2020/10/23	2021/2/1
15.9-4-75	15.9	29.020	K08	DL/T 1747—2017	电力营销现场移动作业终端技术规范			2017/11/15	2018/3/1
15.9-4-76	15.9	29.02	K60	DL/T 1763—2017	电能表检测抽样要求			2017/11/15	2018/3/1
15.9-4-77	15.9	29.240.01	F20	DL/T 1788—2017	高压直流互感器现场校验规范			2017/12/27	2018/6/1
15.9-4-78	15.9			DL/T 2063—2019	冲击电流测量实施导则			2019/11/4	2020/5/1
15.9-4-79	15.9	61.060	Y78	DL/T 2182—2020	直流互感器用合并单元通用技术条件			2020/10/23	2021/2/1
15.9-4-80	15.9			DL/T 2187—2020	直流互感器校验仪通用技术条件			2020/10/23	2021/2/1
15.9-4-81	15.9	29.020	K90	DL/T 276—2012	高压直流设备无线电干扰测量方法			2012/1/4	2012/3/1
15.9-4-82	15.9	29.020	K01	DL/T 460—2016	智能电能表检验装置检定规程	DL/T 460—2005		2016/12/5	2017/5/1
15.9-4-83	15.9	17.220.20	N22	DL/T 731—2000	电能表测量用误差计算器			2000/11/3	2001/1/1
15.9-4-84	15.9	17.220.20	N22	DL/T 732—2000	电能表测量用光电采样器			2000/11/3	2001/1/1
15.9-4-85	15.9	27.100	F24；F22	DL/T 826—2002	交流电能表现场测试仪			2002/12/1	2002/12/1

15

序号	GW 分类	ICS 分类	GB 分类	标准号	中文名称	代替标准	采用关系	发布日期	实施日期
15.9-4-86	15.9			DL/T 846.1—2016	高电压测试设备通用技术条件 第 1 部分：高电压分压器测量系统	DL/T 846.1—2004		2016/12/5	2017/5/1
15.9-4-87	15.9			DL/T 846.3—2017	高电压测试设备通用技术条件 第 3 部分：高压开关综合特性测试仪	DL/T 846.3—2004		2017/12/27	2018/6/1
15.9-4-88	15.9	29.240.99	F24	DL/T 846.4—2016	高电压测试设备通用技术条件 第 4 部分：脉冲电流法局部放电测量仪	DL/T 846.4—2004		2016/12/5	2017/5/1
15.9-4-89	15.9			DL/T 846.7—2016	高电压测试设备通用技术条件 第 7 部分：绝缘油介电强度测试仪	DL/T 846.7—2004		2016/12/5	2017/5/1
15.9-4-90	15.9			DL/T 846.8—2017	高电压测试设备通用技术条件 第 8 部分：有载分接开关测试仪	DL/T 846.8—2004		2017/12/27	2018/6/1
15.9-4-91	15.9	29.240.99	F24	DL/T 846.10—2016	高电压测试设备通用技术条件 第 10 部分：暂态地电压局部放电检测仪			2016/12/5	2017/5/1
15.9-4-92	15.9	29.240.99	F24	DL/T 846.11—2016	高电压测试设备通用技术条件 第 11 部分：特高频局部放电检测仪			2016/12/5	2017/5/1
15.9-4-93	15.9	29.240.99	F24	DL/T 846.12—2016	高电压测试设备通用技术条件 第 12 部分：电力电容测试仪			2016/12/5	2017/5/1
15.9-4-94	15.9			DL/T 846.13—2020	高电压测试设备通用技术条件 第 13 部分：避雷器监测器测试仪			2020/10/23	2021/2/1
15.9-4-95	15.9	17.220.20	N20；F21	DL/T 963—2005	变压比测试仪通用技术条件			2005/2/14	2005/7/1
15.9-4-96	15.9	17.220.20	N25	DL/T 967—2005	回路电阻测试仪与直流电阻快速测试仪检定规程			2005/11/28	2006/6/1
15.9-4-97	15.9	17.220.20	N23	DL/T 973—2005	数字高压表检定规程			2005/11/28	2006/6/1
15.9-4-98	15.9			JJF 1033—2016	计量标准考核规范	JJF 1033—2008		2016/11/30	2017/5/30
15.9-4-99	15.9		N13	JJF 1036—2008	交流电表检定装置试验规范	JJG 1036—1993		2008/2/20	2008/5/20
15.9-4-100	15.9	17.020	A50	JJF 1051—2009	计量器具命名与分类编码	JJF 1051—1996		2009/8/18	2010/2/18
15.9-4-101	15.9		A50	JJF 1069—2012	法定计量检定机构考核规范	JJF 1069—2007		2012/3/2	2012/6/2
15.9-4-102	15.9			JJF 1117—2010	计量比对规范	JJG 1117—2004		2010/6/10	2010/12/10
15.9-4-103	15.9			JJF 1284—2011	交直流电表校验仪校准规范			2011/6/14	2011/9/14
15.9-4-104	15.9			JJF 1285—2011	表面电阻测试仪校准规范			2011/6/14	2011/9/14
15.9-4-105	15.9			JJG 1052—2009	回路电阻测试仪、直阻仪检定规程			2009/10/9	2010/1/9
15.9-4-106	15.9			JJG 1054—2009	钳形接地电阻仪检定规程			2009/10/9	2010/1/9
15.9-4-107	15.9		A55	JJG 153—1996	标准电池检定规程	JJG 153—1986		1986/2/3	1997/6/1

15

序号	GW 分类	ICS 分类	GB 分类	标准号	中 文 名 称	代替标准	采用关系	发布日期	实施日期
15.9-4-108	15.9		A55	JJG 307—2006	机电式交流电能表	JJG 307—1988		2006/3/8	2006/9/8
15.9-4-109	15.9		A52	JJG 34—2008	指示表（百分表和千分表）检定规程	JJG 34—1996		2008/5/23	2008/11/23
15.9-4-110	15.9		A55	JJG 366—2004	接地电阻表检定规程	JJG 366—1986		2004/6/4	2004/12/1
15.9-4-111	15.9		A55	JJG 376—2007	电导率仪	JJG 376—1985		2007/11/21	2008/5/21
15.9-4-112	15.9		A55	JJG 440—2008	工频单相位表	JJG 440—1986		2008/12/22	2009/6/22
15.9-4-113	15.9		A55	JJG 441—2008	交流电桥	JJG 441—1986		2008/4/23	2008/10/23
15.9-4-114	15.9		A54	JJG 484—2007	直流测温电桥	JJG 484—1987		2007/8/21	2008/2/21
15.9-4-115	15.9		A55	JJG 485—1987	万能比例臂电桥检定规程			1987/3/9	1988/1/9
15.9-4-116	15.9		A55	JJG 487—1987	三次平衡双电桥检定规程			1987/3/9	1988/1/9
15.9-4-117	15.9		A55	JJG 494—2005	高压静电电压表检定规程	JJG 494—1987		2005/12/20	2006/6/20
15.9-4-118	15.9		A55	JJG 495—2006	直流磁电系检流计检定规程	JJG 495—1987		2006/12/8	2007/6/8
15.9-4-119	15.9		A55	JJG 505—2004	直流比较仪式电位差计检定规程	JJG 505—1987		2004/3/2	2004/9/2
15.9-4-120	15.9			JJG 506—2010	直流比较仪式电桥检定规程	JJG 506—1987		2010/5/11	2010/11/11
15.9-4-121	15.9		N21	JJG 531—2003	直流电阻分压箱检定规程	JJG 531—1988		2003/5/12	2003/11/12
15.9-4-122	15.9			JJG 546—2010	直流比较电桥检定规程	JJG 546—1988		2010/1/5	2010/7/5
15.9-4-123	15.9			JJG 588—2018	冲击峰值电压表检定规程	JJG 588—1996		2018/2/27	2018/8/27
15.9-4-124	15.9		N22	JJG 597—2005	交流电能表检定装置检定规程	JJG 597—1989		2005/12/20	2006/6/20
15.9-4-125	15.9		A55	JJG 600—1989	存贮示波器检定规程			1989/4/6	1990/2/6
15.9-4-126	15.9		A57	JJG 603—2018	频率表检定规程	JJG 603—2006		2018/12/25	2019/6/25
15.9-4-127	15.9		A55	JJG 690—2003	高绝缘电阻测量仪（高阻计）检定规程	JJG 690—1990		2003/9/23	2004/3/23
15.9-4-128	15.9		A55	JJG 780—1992	交流数字功率表检定规程			1992/2/15	1993/1/1
15.9-4-129	15.9		A55	JJG 873—1994	直流高阻电桥检定规程			1994/4/28	1995/3/1
15.9-4-130	15.9		A55	JJG 982—2003	直流电阻箱检定规程	JJG 166—1993 部分		2003/9/23	2004/3/23
15.9-4-131	15.9	29.240	K45	NB/T 42123—2017	电测量变送器校准规范			2017/8/2	2017/12/1
15.9-4-132	15.9	29.240	K45	NB/T 42125—2017	电压监测仪技术要求			2017/8/2	2017/12/1
15.9-5-133	15.9	91.140.50		DIN EN 62059-32-1-2012	电力计量设备　可靠性　第 32-1 部分：耐久性　通过提高温度测试计量特性的稳定性（IEC62059-32-1：2011）　德文版本 EN62059-32-1—2012			2012/10/1	2012/10/1

15

序号	GW分类	ICS分类	GB分类	标准号	中 文 名 称	代替标准	采用关系	发布日期	实施日期
15.9-5-134	15.9	17.220.20;29.080.01;29.240.01	K09	IEC 61557-13：2011	1000V交流和1500V直流低压配电系统电气安全 保护措施试验、测量或监测用设备 第13部分：泄漏测量用手持和用手控制电流夹件和传感器	IEC 85/387/FDIS：2011		2011/7/8	2011/7/8
15.9-5-135	15.9	17.220.20		IEC 61869-6：2016	互感器 第6部分：低功率互感器其他一般要求 第1版			2016/4/1	2016/4/1
15.9-5-136	15.9	17.220.20		IEC 61869-10：2017	互感器 第10部分：低功率无源电流互感器的附加要求 1.0版			2017/12/1	2017/12/1
15.9-5-137	15.9	17.220.20		IEC 61869-11：2017	互感器 第11部分：低功率无源电压互感器的附加要求 1.0版			2017/12/1	2017/12/1
15.9-5-138	15.9	17.220.99;29.035.01		IEC 62631-3-2：2015	电介质和固体绝缘材料 第3-2部分的电阻特性：电阻特性（DC方法） 表面电阻和表面电阻率的测定 第1版			2015/12/1	2015/12/1
15.9-6-139	15.9	31.260	L52	T/CEC 113—2016	电力检测型红外成像仪校准规范			2016/10/21	2017/1/1
15.9-6-140	15.9	29.020	K93	T/CEC 115—2016	电能表用外置断路器技术规范			2016/10/21	2017/1/1
15.9-6-141	15.9			T/CEC 413—2020	同期线损用高压电能测量装置校准规范			2020/10/28	2021/2/1

15.10 试验与计量-化学检测

序号	GW分类	ICS分类	GB分类	标准号	中 文 名 称	代替标准	采用关系	发布日期	实施日期
15.10-2-1	15.10	29.240		Q/GDW 11062—2013	六氟化硫气体泄漏成像测试技术现场应用导则			2014/9/1	2014/9/1
15.10-2-2	15.10	29.240		Q/GDW 11096—2013	SF_6气体分解产物气相色谱分析方法			2014/9/1	2014/9/1
15.10-2-3	15.10	29.240		Q/GDW 1896—2013	SF_6气体分解产物检测技术现场应用导则			2014/1/10	2014/1/10
15.10-3-4	15.10	13.060.50;71.040.40	G76	GB/T 12149—2017	工业循环冷却水和锅炉用水中硅的测定	GB/T 12149—2007		2017/9/7	2018/4/1
15.10-3-5	15.10	77.120.60	H13	GB/T 12689.7—2010	锌及锌合金化学分析方法 第7部分：镁量的测定 火焰原子吸收光谱法	GB/T 12689.7—2004		2011/1/14	2011/11/1
15.10-3-6	15.10	71.040.40	G76	GB/T 14415—2007	工业循环冷却水和锅炉用水中固体物质的测定	GB/T15893.4—1995		2007/10/17	2008/2/1
15.10-3-7	15.10	71.040.40	G76	GB/T 15453—2018	工业循环冷却水和锅炉用水中氯离子的测定	GB/T 14415—1993		2018/6/7	2019/1/1
15.10-3-8	15.10	71.040.40	G76	GB/T 15454—2009	工业循环冷却水中钠、铵、钾、镁和钙离子的测定 离子色谱法	GB/T 15453—2008		2009/5/18	2010/2/1
15.10-3-9	15.10	29.035.40	G31	GB/T 16581—1996	绝缘液体燃烧性能试验方法氧指数法			1996/10/25	1997/5/1
15.10-3-10	15.10	27.100	F24	GB/T 17623—2017	绝缘油中溶解气体组分含量的气相色谱测定法	GB/T 17623—1998		2017/5/12	2017/12/1

15

序号	GW分类	ICS分类	GB分类	标准号	中 文 名 称	代替标准	采用关系	发布日期	实施日期
15.10-3-11	15.10	71.040.40	G76	GB/T 23838—2009	工业循环冷却水中悬浮固体的测定		ISO 11923：1997 EQV	2009/5/18	2010/2/1
15.10-3-12	15.10	75.140	E38	GB/T 25961—2010	电气绝缘油中腐蚀性硫的试验法		ASTM D1275-06 MOD	2011/1/10	2011/5/1
15.10-3-13	15.10	29.120.99	K14	GB/T 26872—2011	电触头材料金相图谱			2011/7/29	2011/12/1
15.10-3-14	15.10	75.100	E38	GB/T 28552—2012	变压器油、汽轮机油酸值测定法（BTB法）			2012/6/29	2012/11/1
15.10-3-15	15.10	71.040.30	N54	GB/T 35410—2017	液相色谱-串联四极质谱仪性能的测定方法			2017/12/29	2018/4/1
15.10-3-16	15.10	03.120.10	A00	GB/T 35655—2017	化学分析方法验证确认和内部质量控制实施指南 色谱分析			2017/12/29	2018/7/1
15.10-3-17	15.10	03.120.10	A00	GB/T 35656—2017	化学分析方法验证确认和内部质量控制实施指南 报告定性结果的方法			2017/12/29	2018/7/1
15.10-3-18	15.10	03.120.10	A00	GB/T 35657—2017	化学分析方法验证确认和内部质量控制实施指南 基于样品消解的金属组分分析			2017/12/29	2018/7/1
15.10-3-19	15.10	71.040.40	G86	GB/T 35860—2018	气体分析 校准用混合气体证书内容		ISO 6141：2015 IDT	2018/2/6	2018/9/1
15.10-3-20	15.10	71.040.40	G86	GB/T 35861—2018	气体分析 校准用混合气体使用过程中的一般质量保证 指南		ISO/TS 14167：2003 IDT	2018/2/6	2018/9/1
15.10-3-21	15.10	71.100.40	G72	GB/T 35862—2018	表面活性剂 挥发性有机化合物残留量的测定 顶空气相色谱质谱（GC-MS）联用法			2018/2/6	2018/9/1
15.10-3-22	15.10	71.040.01	G04	GB/T 35924—2018	固体化工产品中水分含量的测定 热重法			2018/2/6	2018/9/1
15.10-3-23	15.10	71.040.40；71.040.50	G04	GB/Z 35959—2018	液相色谱-质谱联用分析方法通则			2018/2/6	2018/9/1
15.10-3-24	15.10	17.180.99	N52	GB/T 36240—2018	离子色谱仪			2018/6/7	2019/1/1
15.10-3-25	15.10	53.020.20	J80	GB/T 3914—2008	化学试剂阳极溶出伏安法通则	GB 3914—1983		2008/5/15	2008/11/1
15.10-3-26	15.10	83.080	G31	GB/T 5760—2000	氢氧型阴离子交换树脂交换容量测定方法	GB 5760—1986		2000/3/16	2000/9/1
15.10-3-27	15.10	71.040.40；71.040.30	G60	GB/T 601—2016	化学试剂标准滴定溶液的制备	GB/T 601—2002		2016/10/13	2017/5/1
15.10-3-28	15.10	71.040.40；71.040.30	G60	GB/T 602—2002	化学试剂杂质测定用标准溶液的制备	GB/T 602—1988		2002/10/15	2003/4/1
15.10-3-29	15.10	71.040.40；71.040.30	G60	GB/T 603—2002	化学试剂试验方法中所用制剂及制品的制备	GB/T 603—1988		2002/10/15	2003/4/1
15.10-3-30	15.10	71.040.30	G60	GB/T 605—2006	化学试剂色度测定通用方法	GB 605—1988		2006/11/3	2007/6/1

15

序号	GW分类	ICS分类	GB分类	标准号	中文名称	代替标准	采用关系	发布日期	实施日期
15.10-3-31	15.10	71.040.30	G60	GB/T 606—2003	化学试剂水分测定通用方法卡尔 费休法	GB/T 606—1988		2003/11/10	2004/5/1
15.10-3-32	15.10	71.040.30	G60	GB/T 610—2008	化学试剂砷测定通用方法	GB 610.1—1988；GB 610.2—1988		2008/5/15	2008/11/1
15.10-3-33	15.10	71.040.30	G60	GB/T 611—2006	化学试剂密度测定通用方法	GB 611—1988		2006/11/3	2007/6/1
15.10-3-34	15.10	71.040.30	G60	GB/T 617—2006	化学试剂熔点范围测定通用方法	GB 617—1988		2006/11/3	2007/6/1
15.10-3-35	15.10	71.040.40	G76	GB/T 6904—2008	工业循环冷却水及锅炉用水中pH的测定	GB 6904.1—1986；GB 6904.3—1993；GB 15893.2—1995		2008/4/1	2008/9/1
15.10-3-36	15.10	13.060.50；71.040.40	G76	GB/T 6911—2017	工业循环冷却水和锅炉用水中硫酸盐的测定	GB/T 6911—2007		2017/9/7	2018/4/1
15.10-3-37	15.10	75.100	E38	GB/T 7597—2007	电力用油（变压器油、汽轮机油）取样方法	GB 7597—1987		2007/7/11	2008/1/1
15.10-3-38	15.10	75.100	E38	GB/T 7598—2008	运行中变压器油水溶性酸测定法	GB/T 7598—1987		2008/9/24	2009/8/1
15.10-3-39	15.10	75.100	E38	GB/T 7600—2014	运行中变压器油和汽轮机油水分含量测定法（库仑法）	GB/T 7600—1987		2014/9/3	2015/4/1
15.10-3-40	15.10	75.100	E38	GB/T 7603—2012	矿物绝缘油中芳碳含量测定法	GB/T 7603—1987		2012/6/29	2012/11/1
15.10-3-41	15.10	83.080.01	G31	GB/T 8144—2008	阳离子交换树脂交换容量测定方法	GB 8144—1987		2008/6/30	2009/2/1
15.10-3-42	15.10	83.080.01	G31	GB/T 8330—2008	离子交换树脂湿真密度测定方法	GB 8330—1987		2008/6/30	2009/2/1
15.10-3-43	15.10	83.080.01	G31	GB/T 8331—2008	离子交换树脂湿视密度测定方法	GB 8331—1987		2008/6/30	2009/2/1
15.10-3-44	15.10	71.040.30	G60	GB/T 9721—2006	化学试剂分子吸收分光光度法通则（紫外和可见光部分）	GB 9721—1988		2006/9/1	2007/4/1
15.10-3-45	15.10	71.040.030	G60	GB/T 9722—2006	化学试剂气相色谱法通则	GB 9722—1988		2006/1/23	2006/11/1
15.10-3-46	15.10	71.040.30	G60	GB/T 9723—2007	化学试剂火焰原子吸收光谱法通则	GB 9723—1988		2007/12/18	2008/4/1
15.10-3-47	15.10	71.040.30	G60	GB/T 9724—2007	化学试剂pH值测定通则	GB 9724—1988		2007/12/18	2008/4/1
15.10-3-48	15.10	71.040.30	G60	GB/T 9725—2007	化学试剂电位滴定法通则	GB 9725—1988		2007/12/18	2008/4/1
15.10-4-49	15.10	27.100	K43	DL/T 1032—2006	电气设备用六氟化硫（SF_6）气体取样方法			2006/12/17	2007/5/1
15.10-4-50	15.10	27.100	F24	DL/T 1114—2009	钢结构腐蚀防护热喷涂（锌、铝及合金涂层）及其试验方法			2009/7/1	2009/12/1
15.10-4-51	15.10	27.100	F24	DL/T 1205—2013	六氟化硫电气设备分解产物试验方法			2013/3/7	2013/8/1
15.10-4-52	15.10	27.100	F23	DL/T 1206—2013	磷酸酯抗燃油氯含量的测定高温燃烧微库仑法			2013/3/7	2013/8/1

15

序号	GW 分类	ICS 分类	GB 分类	标准号	中 文 名 称	代替标准	采用关系	发布日期	实施日期
15.10-4-53	15.10	29.130.10	K43	DL/T 1250—2013	气体绝缘金属封闭开关设备带电超声局部放电检测应用导则			2013/3/7	2013/8/1
15.10-4-54	15.10	27.100	F24	DL/T 1354—2014	电力用油闭口闪点测定微量常闭法			2014/10/15	2015/3/1
15.10-4-55	15.10	27.100	F24	DL/T 1355—2014	变压器油中糠醛含量的测定液相色谱法			2014/10/15	2015/3/1
15.10-4-56	15.10	27.100	F24	DL/T 1359—2014	六氟化硫电气设备故障气体分析和判断方法			2014/10/15	2015/3/1
15.10-4-57	15.10	29.040.10	E38	DL/T 1458—2015	矿物绝缘油中铜、铁、铝、锌金属含量的测定原子吸收光谱法			2015/7/1	2015/12/1
15.10-4-58	15.10	29.040.10	E38	DL/T 1459—2015	矿物绝缘油中金属钝化剂含量的测定高效液相色谱法			2015/7/1	2015/12/1
15.10-4-59	15.10	75.100	E38	DL/T 1705—2017	磷酸酯抗燃油闭口杯老化测定法			2017/8/2	2017/12/1
15.10-4-60	15.10	27.100	F20	DL/T 1706—2017	超高压直流输电换流变运行油质量			2017/8/2	2017/12/1
15.10-4-61	15.10	29.040.10	E38	DL/T 1824—2018	运行变压器油中丙酮含量的测量方法 顶空气相色谱法			2018/4/3	2018/7/1
15.10-4-62	15.10	29.040.99	E38	DL/T 1836—2018	矿物绝缘油与变压器材料相容性测定方法			2018/4/3	2018/7/1
15.10-4-63	15.10			DL/T 1884.2—2019	现场污秽度测量及评定 第2部分：测量点的选择和布置			2019/11/4	2020/5/1
15.10-4-64	15.10			DL/T 2055—2019	输电线路钢结构腐蚀安全评估导则			2019/11/4	2020/5/1
15.10-4-65	15.10	27.100	E38	DL/T 285—2012	矿物绝缘油腐蚀性硫检测法裹绝缘纸铜扁线法			2012/1/4	2012/3/1
15.10-4-66	15.10	27.100	E38	DL/T 423—2009	绝缘油中含气量测定方法真空压差法	DL 423—1991		2009/7/22	2009/12/1
15.10-4-67	15.10			DL/T 429.1—2017	电力用油透明度测定法	DL/T 429.1—1991		2017/8/2	2017/12/1
15.10-4-68	15.10	29.040.10	F24	DL/T 429.2—2016	电力用油颜色测定法	DL/T 429.2—1991		2016/1/7	2016/6/1
15.10-4-69	15.10	27.100	E34	DL/T 429.6—2015	电力用油开口杯老化测定法	DL/T 429.6—1991		2015/7/1	2015/12/1
15.10-4-70	15.10	75.080	E30	DL/T 429.7—2017	电力用油油泥析出测定方法	DL/T 429.7—1991		2017/8/2	2017/12/1
15.10-4-71	15.10	27.1	E30	DL/T 432—2018	电力用油中颗粒度测定方法	DL/T 432—2007		2018/4/3	2018/7/1
15.10-4-72	15.10	27.100	E34	DL/T 433—2015	抗燃油中氯含量的测定 氧弹法	DL/T 433—1992		2015/4/2	2015/9/1
15.10-4-73	15.10	75.080	E60	DL/T 449—2015	油浸纤维质绝缘材料含水量测定法	DL/T 449—1991		2015/7/1	2015/12/1
15.10-4-74	15.10	29.24	F20	DL/T 506—2018	六氟化硫电气设备中绝缘气体湿度测量方法	DL/T 506—2007		2018/6/6	2018/10/1
15.10-4-75	15.10	27.100	F24	DL/T 523—2017	化学清洗缓蚀剂应用性能评价指标及试验方法	DL/T 523—2007		2017/8/2	2017/12/1
15.10-4-76	15.10	13.110	P54；A54	DL/T 661—1999	热量计氧弹安全性能技术要求及测试方法			1999/8/2	1999/10/1

15

序号	GW 分类	ICS 分类	GB 分类	标准号	中 文 名 称	代替标准	采用关系	发布日期	实施日期
15.10-4-77	15.10	29.040.10	E38	DL/T 703—2015	绝缘油中含气量的气相色谱测定法	DL/T 703—1999		2015/7/1	2015/12/1
15.10-4-78	15.10	29.040.10	E38	DL/T 722—2014	变压器油中溶解气体分析和判断导则	DL/T 722—2000		2014/10/15	2015/3/1
15.10-4-79	15.10	27.100	F24	DL/T 809—2016	发电厂水质浊度的测定方法	DL/T 809—2002；DL 809—2002		2016/12/5	2017/5/1
15.10-4-80	15.10	77.040	F22	DL/T 818—2002	低合金耐热钢碳化物相分析技术导则			2002/4/27	2002/9/1
15.10-4-81	15.10	27.100	F24	DL/T 914—2005	六氟化硫气体湿度测定法（重量法）	SD 305—1989		2005/2/14	2005/6/1
15.10-4-82	15.10	27.100	F24	DL/T 915—2005	六氟化硫气体湿度测定法（电解法）	SD 306—1989		2005/2/14	2005/6/1
15.10-4-83	15.10	27.100	F24	DL/T 916—2005	六氟化硫气体酸度测定法	SD 307—1989		2005/2/14	2005/6/1
15.10-4-84	15.10	27.100	F24	DL/T 917—2005	六氟化硫气体密度测定法	SD 308—1989		2005/2/14	2005/6/1
15.10-4-85	15.10	27.100	F24	DL/T 918—2005	六氟化硫气体中可水解氟化物含量测定法	SD 309—1989		2005/2/14	2005/6/1
15.10-4-86	15.10	27.100	F24	DL/T 919—2005	六氟化硫气体中矿物油含量测定法（红外光谱分析法）	SD 310—1989		2005/2/14	2005/6/1
15.10-4-87	15.10	27.100	F24	DL/T 920—2005	六氟化硫气体中空气、四氟化碳的气相色谱测定法	SD 311—1989		2005/2/14	2005/6/1
15.10-4-88	15.10	27.100	F24	DL/T 921—2005	六氟化硫气体毒性生物试验方法	SD 312—1989		2005/2/14	2005/6/1
15.10-4-89	15.10	27.1	E24	DL/T 929—2018	矿物绝缘油、润滑油结构族组成的测定 红外光谱法	DL/T 929—2005		2018/4/3	2018/7/1
15.10-4-90	15.10	27.1	F20	DL/T 953—2018	水处理用强碱性阴离子交换树脂耐热性能及抗氧化性能测定方法	DL/T 953—2005		2018/6/6	2018/10/1
15.10-4-91	15.10	71.040.10	N53	JB/T 9366—2017	实验室电导率仪	JB/T 9366—1999		2017/4/12	2018/1/1
15.10-4-92	15.10			JJG 112—2013	金属洛氏硬度计（A，B，C，D，E，F，G，H，K，N，T 标尺）	JJG 112—2003		2013/10/25	2014/4/25
15.10-4-93	15.10			JJG 119—2018	实验室 pH（酸度）计检定规程			2018/12/25	2019/6/25
15.10-4-94	15.10		A61	JJG 2058—1990	燃烧热计量器具检定系统			1990/4/2	1990/9/1
15.10-4-95	15.10			JJG 2060—2014	pH（酸度）计量器具检定系统表	JJG 2060—1990		2014/8/25	2015/2/25
15.10-4-96	15.10			JJG 276—2009	高温蠕变、持久强度试验机检定规程	JJG 276—1988		2009/7/10	2010/1/10
15.10-4-97	15.10			JJG 30—2012	通用卡尺检定规程	JJG 30—2002		2012/3/2	2012/9/2
15.10-4-98	15.10	71.040.20	A61	JJG 365—2008	电化学氧测定仪	JJG 365—1998		2008/3/25	2008/9/25
15.10-4-99	15.10		A52	JJG 40—2011	X 射线探伤机检定规程	JJG 40—2001		2011/7/4	2012/2/4
15.10-4-100	15.10		A53	JJG 454—1986	硬度计球压头检定规程			1986/9/3	1987/6/1

15

序号	GW 分类	ICS 分类	GB 分类	标准号	中 文 名 称	代替标准	采用关系	发布日期	实施日期
15.10-4-101	15.10		A61	JJG 535—2004	氧化锆氧分析器	JJG 535—1988		2004/9/21	2005/3/21
15.10-4-102	15.10		N51	JJG 551—2003	二氧化硫分析仪检定规程	JJG 551—1988		2003/3/5	2003/9/1
15.10-4-103	15.10			JJG 610—2013	A 型巴氏硬度计检定规程	JJG 610—1989		2013/11/28	2014/5/28
15.10-4-104	15.10		A60	JJG 630—2007	火焰光度计检定规程	JJG 630—1989		2007/2/28	2007/8/28
15.10-4-105	15.10			JJG 631—2013	氨氮自动监测仪	JJG 631—2004		2013/8/15	2014/2/15
15.10-4-106	15.10		A61	JJG 635—2011	一氧化碳、二氧化碳红外气体分析器检定规程	JJG 635—1999		2011/9/14	2012/3/14
15.10-4-107	15.10		A53	JJG 644—2003	振动位移传感器检定规程	JJG 644—1990		2003/9/23	2004/3/23
15.10-4-108	15.10			JJG 656—2013	硝酸盐氮自动监测仪	JJG 656—1990		2013/9/2	2014/3/2
15.10-4-109	15.10		N51	JJG 715—1991	水质综合分析仪			1991/6/8	1991/11/1
15.10-4-110	15.10		A53	JJG 742—1991	恩氏黏度计检定规程			1991/3/4	1991/9/1
15.10-4-111	15.10		A61	JJG 821—2005	总有机碳分析仪检定规程	JJG 821—1993		2005/9/5	2006/3/5
15.10-4-112	15.10		A61	JJG 880—2006	浊度计	JJG 880—1994		2006/9/6	2007/3/6
15.10-5-113	15.10	17.220.99；29.040.10；29.180		IEC 60599：2015	矿物充油电气设备服务　指导的溶解和游离气体分析说明　3.0 版	IEC 60599：2007		2015/9/16	2015/9/16

15.11　试验与计量-火电

序号	GW 分类	ICS 分类	GB 分类	标准号	中 文 名 称	代替标准	采用关系	发布日期	实施日期
15.11-3-1	15.11	25.180.10	K60	GB/T 10066.8—2006	电热装置的试验方法　第 8 部分：电渣重熔炉	GB/T 1020—1989		2006/11/8	2007/4/1
15.11-3-2	15.11	25.180.10	K60	GB/T 10066.12—2006	电热装置的试验方法　第 12 部分：红外加热装置			2006/11/8	2007/4/1
15.11-3-3	15.11	29.160.01	K20	GB/T 10069.1—2006	旋转电机　噪声测定方法及限值　第 1 部分：旋转电机噪声测定方法	GB/T 10069.1—1988；GB/T 10069.2—1988		2006/4/30	2006/12/1
15.11-3-4	15.11	71.040.40	G76	GB/T 10180—2017	工业锅炉热工性能试验规程	GB/T 10180—2003		2017/7/12	2018/2/1
15.11-3-5	15.11	29.160.01	K21	GB/T 1029—2005	三相同步电机试验方法	GB/T 1029—1993		2005/8/26	2006/4/1
15.11-3-6	15.11	29.160.01	K20	GB/T 1032—2012	三相异步电动机试验方法	GB/T 1032—2005		2012/6/29	2012/11/1
15.11-3-7	15.11	29.035.99	K15	GB/T 10581—2006	绝缘材料在高温下电阻和电阻率的试验方法	GB/T 10581—1989		2006/2/15	2006/6/1
15.11-3-8	15.11	71.040.40	G76	GB/T 10656—2008	锅炉用水和冷却水分析方法锌离子的测定锌试剂分光光度法	GB 10656—1989		2008/4/1	2008/9/1

15

序号	GW分类	ICS分类	GB分类	标准号	中 文 名 称	代替标准	采用关系	发布日期	实施日期
15.11-3-9	15.11	13.060.40	J98	GB/T 12146—2005	锅炉用水和冷却水分析方法氮的测定苯酚法	GB/T 12146—1989		2005/2/6	2005/12/1
15.11-3-10	15.11	13.060.40	J98	GB/T 12148—2006	锅炉用水和冷却水分析方法全硅的测定低含量硅氢氟酸转换法	GB/T 12148—1989		2006/9/1	2007/2/1
15.11-3-11	15.11	13.060.25	J98	GB/T 12151—2005	锅炉用水和冷却水分析方法浊度的测定（福马肼浊度）	GB/T 12151—1989		2005/2/6	2005/12/1
15.11-3-12	15.11	71.040.40	G76	GB/T 12152—2007	锅炉用水和冷却水中油含量的测定	GB/T 12152—1989; GB/T 12153—1989		2007/8/13	2008/2/1
15.11-3-13	15.11	71.040.40	G76	GB/T 12154—2008	锅炉用水和冷却水分析方法全铝的测定	GB/T 12154—1989		2008/4/1	2008/9/1
15.11-3-14	15.11	23.060.99	J16	GB/T 12245—2006	减压阀性能试验方法	GB/T 12245—1989		2006/12/25	2007/5/1
15.11-3-15	15.11	23.060.01	J16	GB/T 12251—2005	蒸汽疏水阀试验方法	GB/T 12251—1989		2005/7/11	2006/1/1
15.11-3-16	15.11	19.040	K26	GB/T 12665—2017	电机在一般环境条件下使用的湿热试验要求	GB/T 12665—2008		2017/11/1	2018/5/1
15.11-3-17	15.11	29.160.30	K23	GB/T 1311—2008	直流电机试验方法	GB/T 1311—1989		2008/7/16	2009/4/1
15.11-3-18	15.11	25.180.10	K61	GB/T 13338—2018	工业燃料炉热平衡测定与计算基本规则	GB/T 13338—1991		2018/6/7	2019/1/1
15.11-3-19	15.11	29.160.01	K21	GB/T 13958—2008	无直流励磁绕组同步电动机试验方法	GB/T 13958—1992		2008/6/13	2009/3/1
15.11-3-20	15.11	29.035.99	K15	GB/T 1408.2—2016	绝缘材料 电气强度试验方法 第2部分：对应用直流电压试验的附加要求	GB/T 1408.2—2006	IEC 60243-2：2013 IDT	2016/12/13	2017/7/1
15.11-3-21	15.11	27.040	K56	GB/T 14099.8—2009	燃气轮机采购 第8部分：检查、试验、安装和调试			2009/4/13	2010/1/1
15.11-3-22	15.11	27.060.30	J98	GB/T 14416—2010	锅炉蒸汽的采样方法	GB/T 14416—1993		2011/1/14	2011/5/1
15.11-3-23	15.11	71.040.40	G76	GB/T 14422—2008	锅炉用水和冷却水分析方法苯骈三氮唑的测定	GB/T 14422—1993		2008/4/1	2008/9/1
15.11-3-24	15.11	13.060.50; 71.040.40	G76	GB/T 14427—2017	锅炉用水和冷却水分析方法 铁的测定	GB/T 14427—2008	ISO 6332：1988 NEQ	2017/9/7	2018/4/1
15.11-3-25	15.11	29.160.01	K21	GB/T 14481—2008	单相同步电机试验方法	GB/T 14481—1993		2008/7/16	2009/4/1
15.11-3-26	15.11	73.040	D21	GB/T 15458—2006	煤的磨损指数测定方法	GB/T 15458—1995		2006/9/12	2007/2/1
15.11-3-27	15.11	73.040	D21	GB/T 1572—2001	煤的结渣性测定方法	GB/T 1572—1989		2001/11/12	2002/8/1
15.11-3-28	15.11	73.040	D21	GB/T 1573—2001	煤的热稳定性测定方法	GB/T 1573—1989		2001/11/12	2002/8/1
15.11-3-29	15.11	27.060.30	J75	GB/T 1576—2008	工业锅炉水质	GB 1576—2001		2008/9/26	2009/3/1
15.11-3-30	15.11	73.040	D20	GB/T 17608—2006	煤炭产品品种和等级划分	GB/T 189—1997; GB/T 17608—1998		2006/9/12	2007/2/1

15

序号	GW 分类	ICS 分类	GB 分类	标准号	中 文 名 称	代替标准	采用关系	发布日期	实施日期
15.11-3-31	15.11	29.160.01	K20	GB/T 17948.1—2018	旋转电机 绝缘结构功能性评定 散绕绕组试验规程 热评定和分级	GB/T 17948.1—2000	IEC 60034-18-34：2012 IDT	2018/7/13	2019/2/1
15.11-3-32	15.11	29.160.01；29.080.01	K20	GB/T 17948.2—2006	旋转电机 绝缘结构功能性评 定散绕绕组试验规程 变更和绝缘组分替代的分级			2006/2/15	2006/6/1
15.11-3-33	15.11	29.160.01	K20	GB/T 17948.3—2017	旋转电机 绝缘结构功能性评定 成型绕组试验规程 旋转电机绝缘结构热评定和分级	GB/T 17948.3—2006	IEC 60034-18-31：2012 IDT	2017/11/1	2018/5/1
15.11-3-34	15.11	29.160.01	K20	GB/T 17948.6—2018	旋转电机 绝缘结构功能性评定 成型绕组试验规程 绝缘结构热机械耐久性评定	GB/T 17948.6—2007	IEC 60034-18-34：2012 IDT	2018/7/13	2019/2/1
15.11-3-35	15.11	73.040	D21	GB/T 18511—2017	煤的着火温度测定方法	GB/T 18511—2001		2017/9/7	2018/4/1
15.11-3-36	15.11	73.040	D21	GB/T 19227—2008	煤中氮的测定方法	GB 476—2001；GB 18856.12—2002；GB 19227—2003		2008/7/29	2009/5/1
15.11-3-37	15.11	29.160.01	K20	GB/T 20160—2006	旋转电机 绝缘电阻测试			2006/3/14	2006/9/1
15.11-3-38	15.11	29.160.01	K20	GB/T 20833.1—2021	旋转电机 旋转电机定子绕组绝缘 第 1 部分：离线局部放电测量	GB/T 20833.1—2016		2016/2/24	2016/9/1
15.11-3-39	15.11	29.160.01	K20	GB/T 20833.2—2016	旋转电机 旋转电机定子绕组绝缘 第 2 部分：在线局部放电测量		IEC/TS 60034-27-2：2012 IDT	2016/2/24	2016/9/1
15.11-3-40	15.11	29.160.01	K20	GB/T 20833.3—2018	旋转电机 旋转电机定子绕组绝缘 第 3 部分：介质损耗因数测量		IEC 60034-27-3：2015 IDT	2018/7/13	2019/2/1
15.11-3-41	15.11	29.160.20	K20	GB/T 20835—2016	发电机定子铁心磁化试验导则	GB/T 20835—2007		2016/2/24	2016/9/1
15.11-3-42	15.11	73.040	D21	GB/T 211—2017	煤中全水分的测定方法	GB/T 211—2007	ISO 589：2008 NEQ	2017/9/7	2018/4/1
15.11-3-43	15.11	73.040	D21	GB/T 212—2008	煤的工业分析方法	GB/T 15334—1994；GB/T 212—2001；GB/T 18856.7—2002		2008/7/29	2009/4/1
15.11-3-44	15.11	73.040	D21	GB/T 213—2008	煤的发热量测定方法	GB/T 18856.6—2002；GB/T 213—2003		2008/7/29	2009/5/1
15.11-3-45	15.11	27.010	F01	GB/T 21369—2008	火力发电企业能源计量器具配备和管理要求			2008/1/21	2008/7/1
15.11-3-46	15.11	75.160.10	D21	GB/T 214—2007	煤中全硫的测定方法	GB/T 214—1996；GB/T 18856.8—2002		2007/11/1	2008/6/1
15.11-3-47	15.11	27.020；27.100	K52	GB/T 21427—2008	特殊环境条件 干热沙漠对内燃机电站系统的技术要求及试验方法			2008/1/22	2008/9/1
15.11-3-48	15.11	73.040	D21	GB/T 215—2003	煤中各种形态硫的测定方法	GB/T 215—1996		2003/7/1	2003/11/1

15

序号	GW 分类	ICS 分类	GB 分类	标准号	中 文 名 称	代替标准	采用关系	发布日期	实施日期
15.11-3-49	15.11	73.040	D21	GB/T 216—2003	煤中磷的测定方法	GB/T 216—1996		2003/7/1	2003/11/1
15.11-3-50	15.11	73.040	D21	GB/T 218—2016	煤中碳酸盐二氧化碳含量测定方法	GB/T 218—1996	ISO 925：1997 MOD	2016/12/13	2017/7/1
15.11-3-51	15.11	73.040	D21	GB/T 219—2008	煤灰熔融性的测定方法	GB/T 219—1996；GB/T 18856.10—2002		2008/7/29	2009/5/1
15.11-3-52	15.11	73.040	D21	GB/T 220—2001	煤对二氧化碳化学反应性的测定方法	GB/T 220—1989		2001/11/12	2002/8/1
15.11-3-53	15.11	29.160.01	K20	GB/T 22714—2008	交流低压电机成型绕组匝间绝缘试验规范			2008/12/30	2009/10/1
15.11-3-54	15.11	29.160.30	K23	GB/T 22716—2008	直流电机电枢绕组匝间绝缘试验规范			2008/12/30	2009/10/1
15.11-3-55	15.11	29.160.01	K20	GB/T 22717—2008	电机磁极线圈及磁场绕组间绝缘试验规范			2008/12/30	2009/10/1
15.11-3-56	15.11	29.160.30	K20	GB/T 22718—2008	高压电机绝缘结构耐热性评定方法			2008/12/30	2009/10/1
15.11-3-57	15.11	29.160.01	K20	GB/T 22719.1—2008	交流低压电机散嵌绕组匝间绝缘 第 1 部分：试验方法			2008/12/30	2009/10/1
15.11-3-58	15.11	29.160.01	K20	GB/T 22719.2—2008	交流低压电机散嵌绕组匝间绝缘 第 2 部分：试验限值			2008/12/30	2009/10/1
15.11-3-59	15.11	29.160.01	K20	GB/T 22720.1—2017	旋转电机 电压型变频器供电的旋转电机无局部放电（Ⅰ型）电气绝缘结构的鉴别和质量控制试验	GB/T 22720.1—2008	IEC 60034-18-41：2014 IDT	2017/11/1	2018/5/1
15.11-3-60	15.11	75.160.10	H32	GB/T 24521—2018	焦炭电阻率测定方法	GB/T 24521—2009		2018/5/14	2019/2/1
15.11-3-61	15.11	29.160.40	K52	GB/T 2820.6—2009	往复式内燃机驱动的交流发电机组 第 6 部分：试验方法	GB/T 2820.6—1997	ISO 8528-6：2005 IDT	2009/5/6	2009/11/1
15.11-3-62	15.11	29.160.40	K52	GB/T 2820.10—2002	往复式内燃机驱动的交流发电机组 第 10 部分：噪声的测量（包面法）			2002/8/5	2003/4/1
15.11-3-63	15.11	29.160.40	K52	GB/T 30370—2013	火力发电机组一次调频试验及性能验收导则			2013/12/31	2015/3/1
15.11-3-64	15.11	21.100.20	J11	GB/T 307.2—2005	滚动轴承 测量和检验的原则及方法	GB/T 307.2—1995		2005/2/21	2005/8/1
15.11-3-65	15.11	29.035.01	K15	GB/T 31838.2—2019	固体绝缘材料 介电和电阻特性 第 2 部分：电阻特性（DC 方法） 体积电阻和体积电阻率	GB/T 1410—2006	IEC 62631-3-3：2015 IDT	2019/6/4	2020/1/1
15.11-3-66	15.11	29.035.01	K15	GB/T 31838.3—2019	固体绝缘材料 介电和电阻特性 第 3 部分：电阻特性（DC 方法） 表面电阻和表面电阻率		IEC 62631-3-3：2015 IDT	2019/6/4	2020/1/1
15.11-3-67	15.11	29.035.01	K15	GB/T 31838.4—2019	固体绝缘材料 介电和电阻特性 第 4 部分：电阻特性（DC 方法） 绝缘电阻	GB/T 10064—2006	IEC 62631-3-3：2015 IDT	2019/6/4	2020/1/1
15.11-3-68	15.11	17.120.10	N12	GB/T 34041.1—2017	封闭管道中流体流量的测量 气体超声流量计 第 1 部分：贸易交接和分输计量用气体超声流量计		ISO 17089-2：2012 IDT	2017/9/7	2018/4/1

15

序号	GW 分类	ICS 分类	GB 分类	标准号	中 文 名 称	代替标准	采用关系	发布日期	实施日期
15.11-3-69	15.11	17.120.10	N12	GB/T 34041.2—2017	封闭管道中流体流量的测量 气体超声流量计 第2部分：工业测量用气体超声流量计		ISO 17089-2：2012 IDT	2017/9/7	2018/4/1
15.11-3-70	15.11	27.010	F04	GB/T 34060—2017	蒸汽热量计算方法			2017/7/31	2018/2/1
15.11-3-71	15.11	73.040	D21	GB/T 4632—2008	煤的最高内在水分测定方法	GB 4632—1997		2008/9/18	2009/4/1
15.11-3-72	15.11	73.040	D21	GB 474—2008	煤样的制备方法	GB 474—1996		2008/12/4	2009/5/1
15.11-3-73	15.11	73.040	D21	GB/T 476—2008	煤中碳和氢的测定方法	GB 476—2001；GB 18856.11—2002；GB 15460—2003		2008/7/29	2009/5/1
15.11-3-74	15.11	73.040	D27	GB/T 477—2008	煤炭筛分试验方法	GB 477—1998；GB 19093—2003		2008/8/7	2009/3/1
15.11-3-75	15.11	73.040	D21	GB/T 483—2007	煤炭分析试验方法一般规定	GB/T 483—1998		2007/11/1	2008/6/1
15.11-3-76	15.11	13.060.25	J98	GB/T 6903—2005	锅炉用水和冷却水分析方法通则	GB/T 6903—1986		2005/2/6	2005/12/1
15.11-3-77	15.11	13.060.98	J98	GB/T 6906—2006	锅炉用水和冷却水分析方法联氨的测定	GB/T 6906—1986		2006/9/1	2007/2/1
15.11-3-78	15.11	13.060.25	J98	GB/T 6907—2005	锅炉用水和冷却水分析方法水样的采集方法	GB/T 6907—1986		2005/2/6	2005/12/1
15.11-3-79	15.11	71.040.40	G76	GB/T 6908—2018	锅炉用水和冷却水分析方法 电导率的测定	GB/T 6908—2008		2018/6/7	2019/1/1
15.11-3-80	15.11	71.040.40	G76	GB/T 6909—2018	锅炉用水和冷却水分析方法 硬度的测定	GB/T 6909—2008		2018/6/7	2019/1/1
15.11-3-81	15.11	13.060.40	J98	GB/T 6910—2006	锅炉用水和冷却水分析方法钙的测定络合滴定法	GB/T 6910—1986		2006/3/6	2006/11/1
15.11-3-82	15.11	13.060.40	J98	GB/T 6912.1—2006	锅炉用水和冷却水分析方法硝酸盐和亚硝酸盐的测定 第1部分：硝酸盐紫外光度法	GB/T 6912.1—1986		2006/9/1	2007/2/1
15.11-3-83	15.11	71.040.40	G76	GB/T 6912—2008	锅炉用水和冷却水分析方法亚硝酸盐的测定	GB 6912.2—1986；GB 6912.3—1986		2008/4/1	2008/9/1
15.11-3-84	15.11	71.040.40	G76	GB/T 6913—2008	锅炉用水和冷却水分析方法磷酸盐的测定	GB 6913.1—1986；GB 6913.2—1986；GB 6913.3—1986		2008/4/1	2008/9/1
15.11-3-85	15.11	73.040	D21	GB/T 6949—2010	煤的视相对密度测定方法	GB/T 6949—1998		2011/1/10	2011/6/1
15.11-3-86	15.11	75.100	E38	GB/T 7602.1—2008	变压器油、汽轮机油中 T501 抗氧化剂含量测定法 第1部分：分光光度法	GB/T 7602—1987		2008/9/24	2009/8/1
15.11-3-87	15.11	75.100	E34	GB/T 7605—2008	运行中汽轮机油破乳化度测定法	GB/T 7605—1987		2008/9/24	2009/8/1
15.11-3-88	15.11	75.160.10	D24	GB/T 7702.1—1997	煤质颗粒活性炭试验方法水分的测定	GB 7702.1—1987		1997/12/3	1998/6/1
15.11-3-89	15.11	75.160.10	D24	GB/T 7702.2—1997	煤质颗粒活性炭试验方法粒度的测定	GB 7702.2—1987		1997/12/3	1998/6/1

15

序号	GW 分类	ICS 分类	GB 分类	标准号	中 文 名 称	代替标准	采用关系	发布日期	实施日期
15.11-3-90	15.11	75.160.10	D24	GB/T 7702.3—2008	煤质颗粒活性炭试验方法强度的测定	GB/T 7702.3—1997		2008/11/20	2009/5/1
15.11-3-91	15.11	75.160.10	D24	GB/T 7702.4—1997	煤质颗粒活性炭试验方法装填密度的测定	GB 7702.4—1987		1997/12/3	1998/6/1
15.11-3-92	15.11	75.160	D24	GB/T 7702.5—1997	煤质颗粒活性炭试验方法水容量的测定	GB 7702.5—1987		1997/12/3	1998/6/1
15.11-3-93	15.11	75.160.10	D24	GB/T 7702.6—2008	煤质颗粒活性炭试验方法亚甲蓝吸附值的测定	GB/T 7702.6—1997		2008/2/1	2008/7/1
15.11-3-94	15.11	75.160.10	D24	GB/T 7702.7—2008	煤质颗粒活性炭试验方法碘吸附值的测定	GB 7702.7—1997；GB 7702.7 CORRI 1—1997；GB 7702.7 XGD 1—1997		2008/2/1	2008/7/1
15.11-3-95	15.11	75.160.10	D24	GB/T 7702.8—2008	煤质颗粒活性炭试验方法苯酚吸附值的测定	GB/T 7702.8—1997		2008/2/1	2008/7/1
15.11-3-96	15.11	75.160.10	D24	GB/T 7702.9—2008	煤质颗粒活性炭试验方法着火点的测定	GB/T 7702.9—1997		2008/2/1	2008/7/1
15.11-3-97	15.11	23.100.30	J20	GB/T 8104—1987	流量控制阀试验方法			1987/7/23	1988/7/1
15.11-3-98	15.11	23.100.30	J20	GB/T 8105—1987	压力控制阀试验方法			1987/7/23	1988/7/1
15.11-3-99	15.11	23.100.30	J20	GB/T 8106—1987	方向控制阀试验方法		ISO/DIS 4411 NEQ	1987/7/23	1988/7/1
15.11-3-100	15.11	23.100.50	J20	GB/T 8107—2012	液压阀压差—流量特性的测定	GB/T 8107—1987	ISO 4411：2008 MOD	2012/12/31	2013/10/1
15.11-3-101	15.11	29.160.30	K24	GB/T 8128—2008	单相串励电动机试验方法	GB/T 8128—1987		2008/6/13	2009/3/1
15.11-3-102	15.11	29.160.30	K30	GB/T 9651—2008	单相异步电动机试验方法	GB/T 9651—1988		2008/6/13	2009/3/1
15.11-4-103	15.11	27.100	F24	DL/T 1029—2006	火电厂水质分析仪器实验室质量管理导则			2006/12/17	2007/5/1
15.11-4-104	15.11	27.100	D21	DL/T 1030—2006	煤的工业分析自动仪器法			2006/12/17	2007/5/1
15.11-4-105	15.11	27.100	D21	DL/T 1037—2016	煤灰成分分析方法	DL/T 1037—2007；DL 1037—2007		2016/12/5	2017/5/1
15.11-4-106	15.11	76.160.10	D23	DL/T 1038—2007	煤的可磨性指数测定方法（VTI 法）	SD 328—1989		2007/7/20	2007/12/1
15.11-4-107	15.11	27.100	F23	DL/T 1105.2—2010	电站锅炉集箱小口径接管座角焊缝无损检测技术导则 第 2 部分：超声检测	DL 1105.2—2009		2010/5/1	2010/10/1
15.11-4-108	15.11	27.100	F23	DL/T 1105.3—2010	电站锅炉集箱小口径接管座角焊缝无损检测技术导则 第 3 部分：涡流检测	DL 1105.3—2009		2010/5/1	2010/10/1
15.11-4-109	15.11	27.100	F23	DL/T 1105.4—2010	电站锅炉集箱小口径接管座角焊缝无损检测技术导则 第 4 部分：磁记忆检测	DL 1105.4—2009		2010/5/1	2010/10/1
15.11-4-110	15.11	27.063.30	K54	DL/T 1141—2009	火电厂除氧器运行性能试验规程			2009/7/22	2009/12/1

15

序号	GW分类	ICS分类	GB分类	标准号	中 文 名 称	代替标准	采用关系	发布日期	实施日期
15.11-4-111	15.11	27.100	F24	DL/T 1151.1—2012	火力发电厂垢和腐蚀产物分析方法　第1部分：通则	SD 202—1986		2012/8/23	2012/12/1
15.11-4-112	15.11	27.100	F24	DL/T 1151.2—2012	火力发电厂垢和腐蚀产物分析方法　第2部分：试样的采集与处理	SD 202—1986		2012/8/23	2012/12/1
15.11-4-113	15.11	27.100	F24	DL/T 1151.3—2012	火力发电厂垢和腐蚀产物分析方法　第3部分：水分的测定	SD 202—1986		2012/8/23	2012/12/1
15.11-4-114	15.11	29.160.20	K20	DL/T 1166—2012	大型发电机励磁系统现场试验导则			2012/8/23	2012/12/1
15.11-4-115	15.11	27.100	F24	DL/T 1210—2013	火力发电厂自动发电控制性能测试验收规程			2013/3/7	2013/8/1
15.11-4-116	15.11	27.060.01	P61	DL/T 1211—2013	火力发电厂磨煤机检测与控制技术规程			2013/3/7	2013/8/1
15.11-4-117	15.11	27.100	F20	DL/T 1223—2013	整体煤气化联合循环发电机组性能验收试验			2013/3/7	2013/8/1
15.11-4-118	15.11	27.100	F20	DL/T 1224—2013	单轴燃气蒸汽联合循环机组性能验收试验规程			2013/3/7	2013/8/1
15.11-4-119	15.11	27.100	F24	DL/T 1270—2013	火力发电建设工程机组甩负荷试验导则			2013/11/28	2014/4/1
15.11-4-120	15.11		F24	DL/T 1317—2014	火力发电厂焊接接头超声衍射时差检测技术规程			2014/3/18	2014/8/1
15.11-4-121	15.11	27.100	K52	DL/T 1522—2016	发电机定子绕组内冷水系统水流量超声波测量方法及评定导则			2016/1/7	2016/6/1
15.11-4-122	15.11	29.160	K21	DL/T 1524—2016	发电机红外检测方法及评定导则			2016/1/7	2016/6/1
15.11-4-123	15.11	29.160	K21	DL/T 1525—2016	隐极同步发电机转子匝间短路故障诊断导则			2016/1/7	2016/6/1
15.11-4-124	15.11	27.100	F24	DL/T 1556—2016	火力发电厂PROFIBUS现场总线控制系统技术规程			2016/1/7	2016/6/1
15.11-4-125	15.11	27.100	F24	DL/T 1612—2016	发电机定子绕组手包绝缘施加直流电压测量方法及评定导则			2016/8/16	2016/12/1
15.11-4-126	15.11	27.100	F24	DL/T 1616—2016	火力发电机组性能试验导则			2016/8/16	2016/12/1
15.11-4-127	15.11	27.100	F29	DL/T 1704—2017	脱硫湿磨机石灰石制浆系统性能测试方法			2017/3/28	2017/8/1
15.11-4-128	15.11	27.100	D21	DL/T 1712—2017	火力发电厂煤的自燃倾向特性测定方法			2017/8/2	2017/12/1
15.11-4-129	15.11	19.100	F24	DL/T 1718—2017	火力发电厂焊接接头相控阵超声检测技术规程			2017/8/2	2017/12/1
15.11-4-130	15.11	29.160.30	K20	DL/T 1768—2017	旋转电机预防性试验规程			2017/11/15	2018/3/1
15.11-4-131	15.11			DL/T 2051—2019	空气预热器性能试验规程			2019/11/4	2020/5/1

15

序号	GW 分类	ICS 分类	GB 分类	标准号	中 文 名 称	代替标准	采用关系	发布日期	实施日期
15.11-4-132	15.11			DL/T 2056—2019	离子交换树脂和石灰石粉粒度检测方法 激光衍射法			2019/11/4	2020/5/1
15.11-4-133	15.11	27.100	F20	DL/T 262—2012	火力发电机组煤耗在线计算导则			2012/4/6	2012/7/1
15.11-4-134	15.11	27.140	P59	DL/T 286—2012	发电厂循环水系统进水流道水力模型试验规程			2012/1/4	2012/3/1
15.11-4-135	15.11	27.100	K52	DL/T 297—2011	汽轮发电机合金轴瓦超声波检测			2011/7/28	2011/11/1
15.11-4-136	15.11	29.160.20	K20	DL/T 298—2011	发电机定子绕组端部电晕检测与评定导则			2011/7/28	2011/11/1
15.11-4-137	15.11	13.060	J98	DL/T 301—2011	发电厂水汽中痕量阳离子的测定离子色谱法			2011/7/28	2011/11/1
15.11-4-138	15.11	27.100	F29	DL/T 323—2010	干法烟气脱硫用生石灰的活性测定方法			2011/1/9	2011/5/1
15.11-4-139	15.11	27.100	J98	DL/T 369—2010	电站锅炉管内压蠕变试验方法			2010/5/1	2010/10/1
15.11-4-140	15.11	27.100	F23	DL/T 370—2010	承压设备焊接接头金属磁记忆检测			2010/5/1	2010/10/1
15.11-4-141	15.11	27.100	F23	DL/T 424—2016	发电厂用工业硫酸试验方法	DL/T 424—1991；DL 424—1991		2016/12/5	2017/5/1
15.11-4-142	15.11	75.160.10	D23	DL/T 465—2007	煤的冲刷磨损指数试验方法	DL 465—1992		2007/7/20	2007/12/1
15.11-4-143	15.11	27.100	F24	DL/T 467—2019	电站磨煤机及制粉系统性能试验	DL/T 467—2004		2019/6/4	2019/10/1
15.11-4-144	15.11	27.100	F22	DL/T 469—2004	电站锅炉风机现场性能试验	DL 469—1992		2004/3/9	2004/6/1
15.11-4-145	15.11	27.060.30	J98	DL 470—1992	电站锅炉过热器再热试验导则			1992/5/16	1992/11/1
15.11-4-146	15.11	27.100	F24	DL/T 502.1—2006	火力发电厂水汽分析方法 第1部分：总则	DL 502—1992		2006/5/6	2006/10/1
15.11-4-147	15.11	27.100	F24	DL/T 502.2—2006	火力发电厂水汽分析方法 第2部分：水汽样品的采集	DL 502—1992		2006/5/6	2006/10/1
15.11-4-148	15.11	27.100	F24	DL/T 502.3—2006	火力发电厂水汽分析方法 第3部分：全硅的测定（氢氟酸转化分光光度法）	DL 502—1992		2006/5/6	2006/10/1
15.11-4-149	15.11	27.100	F24	DL/T 502.4—2006	火力发电厂水汽分析方法 第4部分：氯化物的测定（电极法）	DL 502—1992		2006/5/6	2006/10/1
15.11-4-150	15.11	27.100	F24	DL/T 502.5—2006	火力发电厂水汽分析方法 第5部分：酸度的测定	DL 502—1992		2006/5/6	2006/10/1
15.11-4-151	15.11	27.100	F24	DL/T 502.6—2006	火力发电厂水汽分析方法 第6部分：总碳酸盐的测定	DL 502—1992		2006/5/6	2006/10/1
15.11-4-152	15.11	27.100	F24	DL/T 502.7—2006	火力发电厂水汽分析方法 第7部分：游离二氧化碳的测定（直接法）	DL 502—1992		2006/5/6	2006/10/1

15

序号	GW 分类	ICS 分类	GB 分类	标准号	中 文 名 称	代替标准	采用关系	发布日期	实施日期
15.11-4-153	15.11	27.100	F24	DL/T 502.8—2006	火力发电厂水汽分析方法 第8部分：游离二氧化碳的测定（固定法）	DL 502—1992		2006/5/6	2006/10/1
15.11-4-154	15.11	27.100	F24	DL/T 502.9—2006	火力发电厂水汽分析方法 第9部分：铝的测定（邻苯二酚紫分光光度法）	DL 502—1992		2006/5/6	2006/10/1
15.11-4-155	15.11	27.100	F24	DL/T 502.10—2006	火力发电厂水汽分析方法 第10部分：铝的测定（铝试剂分光光度法）	DL 502—1992		2006/5/6	2006/10/1
15.11-4-156	15.11	27.100	F24	DL/T 502.11—2006	火力发电厂水汽分析方法 第11部分：硫酸盐的测定（分光光度法）	DL 502—1992		2006/5/6	2006/10/1
15.11-4-157	15.11	27.100	F24	DL/T 502.12—2006	火力发电厂水汽分析方法 第12部分：硫酸盐的测定（容量法）	DL 502—1992		2006/5/6	2006/10/1
15.11-4-158	15.11	27.100	F24	DL/T 502.13—2006	火力发电厂水汽分析方法 第13部分：磷酸盐的测定（分光光度法）	DL 502—1992		2006/5/6	2006/10/1
15.11-4-159	15.11	27.100	F24	DL/T 502.14—2006	火力发电厂水汽分析方法 第14部分：铜的测定（双环己酮草酰二腙分光光度法）	DL 502—1992		2006/5/6	2006/10/1
15.11-4-160	15.11	27.100	F24	DL/T 502.15—2006	火力发电厂水汽分析方法 第15部分：氨的测定（容量法）	DL 502—1992		2006/5/6	2006/10/1
15.11-4-161	15.11	27.100	F24	DL/T 502.16—2006	火力发电厂水汽分析方法 第16部分：氨的测定（纳氏试剂分光光度法）	DL 502—1992		2006/5/6	2006/10/1
15.11-4-162	15.11	27.100	F24	DL/T 502.17—2006	火力发电厂水汽分析方法 第17部分：联氨的测定（直接法）	DL 502—1992		2006/5/6	2006/10/1
15.11-4-163	15.11	27.100	F24	DL/T 502.18—2006	火力发电厂水汽分析方法 第18部分：联氨的测定（间接法）	DL 502—1992		2006/5/6	2006/10/1
15.11-4-164	15.11	27.100	F24	DL/T 502.19—2006	火力发电厂水汽分析方法 第19部分：氧的测定（靛蓝二磺酸钠葡萄糖比色法）	DL 502—1992		2006/5/6	2006/10/1
15.11-4-165	15.11	27.100	F24	DL/T 502.20—2006	火力发电厂水汽分析方法 第20部分：氧的测定（靛蓝二磺酸钠比色法）	DL 502—1992		2006/5/6	2006/10/1
15.11-4-166	15.11	27.100	F24	DL/T 502.21—2006	火力发电厂水汽分析方法 第21部分：残余氯的测定（比色法）	DL 502—1992		2006/5/6	2006/10/1
15.11-4-167	15.11	27.100	F24	DL/T 502.22—2006	火力发电厂水汽分析方法 第22部分：化学耗氧量的测定（高锰酸钾法）	DL 502—1992		2006/5/6	2006/10/1
15.11-4-168	15.11	27.100	F24	DL/T 502.23—2006	火力发电厂水汽分析方法 第23部分：化学耗氧量的测定（重铬酸钾法）	DL 502—1992		2006/5/6	2006/10/1

15

序号	GW 分类	ICS 分类	GB 分类	标准号	中 文 名 称	代替标准	采用关系	发布日期	实施日期
15.11-4-169	15.11	27.100	F24	DL/T 502.24—2006	火力发电厂水汽分析方法 第 24 部分：硫酸铝凝聚剂量的测定（碱度差法）	DL 502—1992		2006/5/6	2006/10/1
15.11-4-170	15.11	27.100	F24	DL/T 502.26—2006	火力发电厂水汽分析方法 第 26 部分：亚铁的测定（啉菲啰啉分光光度法）	DL 502—1992		2006/5/6	2006/10/1
15.11-4-171	15.11	27.100	F24	DL/T 502.27—2006	火力发电厂水汽分析方法 第 27 部分：悬浮状铁的组分分析	DL 502—1992		2006/5/6	2006/10/1
15.11-4-172	15.11	27.100	F24	DL/T 502.28—2006	火力发电厂水汽分析方法 第 28 部分：有机物的测定（紫外吸收法）	DL 502—1992		2006/5/6	2006/10/1
15.11-4-173	15.11			DL/T 502.29—2019	火力发电厂水汽分析方法 第 29 部分：氢电导率的测定	DL/T 502.29—2006		2019/11/4	2020/5/1
15.11-4-174	15.11	27.100	F24	DL/T 502.30—2006	火力发电厂水汽分析方法 第 30 部分：硝酸盐的测定（水杨酸分光光度法）	DL 502—1992		2006/5/6	2006/10/1
15.11-4-175	15.11	27.100	F24	DL/T 502.31—2006	火力发电厂水汽分析方法 第 31 部分：安定性指数的测定	DL 502—1992		2006/5/6	2006/10/1
15.11-4-176	15.11	27.100	F24	DL/T 502.32—2006	火力发电厂水汽分析方法 第 32 部分：钙的测定（容量法）	DL 502—1992		2006/5/6	2006/10/1
15.11-4-177	15.11	27.100	K55	DL/T 5036—1994	转桨式转轮组装与试验工艺导则			1994/11/14	1995/3/1
15.11-4-178	15.11	71.040.10	D21	DL/T 520—2007	火力发电厂入厂煤检测实验室技术导则	DL 520—1993		2007/7/20	2007/12/1
15.11-4-179	15.11	27.100	K54	DL/T 552—1995	火力发电厂空冷塔及空冷凝汽器试验方法	DL/T 552—2015		1995/4/12	1995/10/1
15.11-4-180	15.11	93.020	P10	DL/T 5532—2017	粉煤灰试验规程			2017/8/2	2017/12/1
15.11-4-181	15.11	75.160	D21	DL/T 567.1—2007	火力发电厂燃料试验方法 第 1 部分：一般规定	DL 567.1—1995		2007/7/20	2007/12/1
15.11-4-182	15.11	27.100	F24	DL/T 567.3—2016	火力发电厂燃料试验方法 第 3 部分：飞灰和炉渣样品的采取和制备	DL/T 567.3—1995		2016/12/5	2017/5/1
15.11-4-183	15.11	75.160	K04	DL/T 567.5—2015	火力发电厂燃料试验方法 第 5 部分：煤粉细度的测定	DL/T 567.5—1995		2015/4/2	2015/9/1
15.11-4-184	15.11	27.100	F24	DL/T 567.6—2016	火力发电厂燃料试验方法 第 6 部分：飞灰和炉渣可燃物测定方法	DL/T 567.6—1995		2016/8/16	2016/12/1
15.11-4-185	15.11	75.160	D21	DL/T 567.7—2007	火力发电厂燃料试验方法 第 7 部分：灰及渣中硫的测定和燃煤可燃硫的计算	DL 567.7—1995		2007/7/20	2007/12/1
15.11-4-186	15.11	27.100	F24	DL/T 567.8—2016	火力发电厂燃料试验方法 第 8 部分：燃油发热量的测定	DL/T 567.8—1995		2016/8/16	2016/12/1

15

序号	GW 分类	ICS 分类	GB 分类	标准号	中 文 名 称	代替标准	采用关系	发布日期	实施日期
15.11-4-187	15.11	27.100	F24	DL/T 567.9—2016	火力发电厂燃料试验方法 第9部分：燃油中碳和氢元素的测定	DL/T 567.9—1995		2016/8/16	2016/12/1
15.11-4-188	15.11	27.100	F20	DL/T 606.5—2009	火力发电厂能量平衡导则 第5部分：水平衡试验	DL 606.5—1996		2009/7/22	2009/12/1
15.11-4-189	15.11	29.160.30	K54	DL/T 607—1996	汽轮发电机漏水、漏氢的检验			1996/12/24	1997/6/1
15.11-4-190	15.11	27.100	F25	DL 647—2004	电站锅炉压力容器检验规程	DL 647—1998		2004/3/9	2004/6/1
15.11-4-191	15.11	75.160.10	F23	DL/T 660—2007	煤灰高温黏度特性试验方法	DL 660—1998		2007/7/20	2007/12/1
15.11-4-192	15.11	77.040.01	P61	DL/T 674—1999	火电厂用20号钢珠光体球化评级标准			1999/8/2	1999/10/1
15.11-4-193	15.11	27.100	F24	DL/T 677—2009	发电厂在线化学仪表检验规程	DL 677—1999		2009/7/22	2009/12/1
15.11-4-194	15.11	27.100	F24	DL/T 706—2017	电厂用抗燃油自燃点测定方法	DL/T 706—1999		2017/8/2	2017/12/1
15.11-4-195	15.11	27.100	H48；F25	DL/T 709—1999	压力钢管安全检测技术规程			2000/2/24	2000/7/1
15.11-4-196	15.11	27.100	K54	DL/T 711—2019	汽轮机调节保安系统试验导则	DL/T 711—1999		2019/6/4	2019/10/1
15.11-4-197	15.11	77.040.20	H26	DL/T 717—2013	汽轮发电机组转子中心孔检验技术导则	DL/T 717—2000		2013/3/7	2013/8/1
15.11-4-198	15.11	29.160.20	K52	DL/T 735—2000	大型汽轮发电机定子绕组端部动态特性的测量和评定			2000/11/3	2001/1/1
15.11-4-199	15.11	27.100	F24	DL/T 749—2001	除灰系统试验规程			2001/2/12	2001/7/1
15.11-4-200	15.11	77.040.01	H20	DL/T 787—2001	火电厂用15CrMo钢珠光体球化评级标准			2001/12/26	2002/5/1
15.11-4-201	15.11			DL/T 820.2—2019	管道焊接接头超声波检测技术规程 第2部分：A型脉冲反射法	DL/T 820—2002		2019/11/4	2020/5/1
15.11-4-202	15.11	27.100	F23	DL/T 821—2002	钢制承压管道对接焊接接头射线检验技术规范	DL 5069—1996		2002/4/27	2002/9/1
15.11-4-203	15.11	27.100	F24	DL/T 839—2003	大型锅炉给水泵性能现场试验方法			2003/1/9	2003/6/1
15.11-4-204	15.11	23.040.01	F25	DL/T 883—2004	电站在役给水加热器铁磁性钢管远场涡流检验技术导则			2004/3/9	2004/6/1
15.11-4-205	15.11	27.100	F24	DL/T 884—2019	火电厂金相检验与评定技术导则	DL/T 884—2004		2019/6/4	2019/10/1
15.11-4-206	15.11	27.100	F24；F20	DL/T 908—2004	火力发电厂水汽试验方法钠的测定二阶微分火焰光谱法			2004/12/14	2005/6/1
15.11-4-207	15.11	77.040.20	F24；K54	DL/T 925—2005	汽轮机叶片涡流检验技术导则			2005/2/14	2005/6/1
15.11-4-208	15.11	77.040.20	F24；K54	DL/T 930—2005	整锻式汽轮机实心转子体超声波检验技术导则			2005/2/14	2005/6/1

序号	GW 分类	ICS 分类	GB 分类	标准号	中 文 名 称	代替标准	采用关系	发布日期	实施日期
15.11-4-209	15.11	27.100	F24；K54	DL/T 933—2005	冷却塔淋水填料、除水器、喷溅装置性能试验方法			2005/2/14	2005/6/1
15.11-4-210	15.11	27.100	F24；F21	DL/T 954—2005	火力发电厂水汽试验方法痕量氟离子、乙酸根离子、甲酸根离子、氯离子、亚硝酸根离子、硝酸根离子、磷酸根离子和硫酸根离子的测定 离子色谱法			2005/2/14	2005/6/1
15.11-4-211	15.11	27.100	F23；F21	DL/T 964—2005	循环流化床锅炉性能试验规程			2005/2/14	2005/7/1
15.11-4-212	15.11		D21	DLGJ 126—1996	粉煤灰试验规程			1996/5/30	1996/10/1
15.11-4-213	15.11	29.160.20	K21	JB/T 10326—2002	在役发电机护环超声波检验技术标准			2002/7/16	2002/12/1
15.11-4-214	15.11	29.160.01	K20	JB/T 10392—2013	透平型发电机定子机座、铁心动态特性和振动试验方法及评定	JB/T 10392—2002		2013/12/31	2014/7/1
15.11-4-215	15.11	27.020	J91	JB/T 10629—2006	燃气机通用技术条件和试验方法			2006/10/14	2007/4/1
15.11-4-216	15.11	77.140.85	J32	JB/T 1581—2014	汽轮机、汽轮发电机转子和主轴锻件超声检测方法	JB/T 1581—1996		2014/7/9	2014/11/1
15.11-4-217	15.11		K54	JB/T 3344—1993	凝汽器：性能试验规程	JB 3344—1983		1993/8/21	1993/10/1
15.11-4-218	15.11	77.140.85	J32	JB/T 4010—2006	汽轮发电机钢质护环超声波探伤	JB 4010—1985		2006/11/27	2007/5/1
15.11-4-219	15.11	27.040	K54	JB/T 4274—2016	汽轮机隔板 挠度试验方法	JB/T 4274—1999		2016/10/22	2017/4/1
15.11-4-220	15.11	29.160.20	K20	JB/T 5811—2007	交流低压电机成型绕组匝间绝缘试验方法及限值	JB 5811—1991		2007/5/29	2007/11/1
15.11-4-221	15.11		K54	JB/T 5862—2017	汽轮机表面式给水加热器 性能试验规程	JB/T 5862—1991		2017/11/7	2018/4/1
15.11-4-222	15.11	29.120.01	K20	JB/T 6204—2002	高压交流电机定子线圈及绕组绝缘耐电压试验规范	JB 6204—1992		2002/12/27	2003/4/1
15.11-4-223	15.11	29.160	K20	JB/T 6229—2014	隐极同步发电机转子气体内冷通风道检验方法及限值	JB/T 6229—2005		2014/5/6	2014/10/1
15.11-4-224	15.11		K54	JB/T 6320—2017	汽轮机动叶片测频方法	JB/T 6320—1992		2017/11/7	2018/4/1
15.11-4-225	15.11	29.160	K20	JB/T 7785—2007	低压电机绝缘结构寿命快速试验评定方法（步进应力法）	JB 7785—1995		2007/5/29	2007/11/1
15.11-4-226	15.11	29.120	K16	JB/T 8155—2017	电机用电刷运行性能试验方法	JB/T 8155—2001		2017/4/12	2018/1/1
15.11-4-227	15.11		K21	JB/T 8445—1996	三相同步发电机负序电流承受能力：试验方法			1996/9/3	1997/1/1
15.11-4-228	15.11		K21	JB/T 8990—1999	大型汽轮发电机定子端部绕组模态试验分析和固有频率测量方法及评定			1999/8/6	2000/1/1

15

序号	GW 分类	ICS 分类	GB 分类	标准号	中 文 名 称	代替标准	采用关系	发布日期	实施日期
15.11-4-229	15.11	27.040	K54	JB/T 9628—2017	汽轮机叶片 磁粉检测方法	JB/T 9628—1999		2017/11/7	2018/4/1
15.11-4-230	15.11	27.040	K54	JB/T 9629—2016	汽轮机承压件 水压试验技术条件	JB/T 9629—1999		2016/10/22	2017/4/1
15.11-4-231	15.11		K54	JB/T 9630.1—1999	汽轮机铸钢件的磁粉探伤及质量分级方法	ZBK 54004—1987		1999/8/6	2000/1/1
15.11-4-232	15.11		K54	JB/T 9630.2—1999	汽轮机铸钢件的超声波探伤及质量分级方法	ZBK 54010—1988		1999/8/6	2000/1/1
15.11-4-233	15.11	27.020	J91	JB/T 9759—2011	内燃发电机组轴系扭转振动的限值及测量方法	JB 9759—1999		2011/8/15	2011/11/1
15.11-4-234	15.11	27.060.30	J98	MT/T 560—2008	煤的热稳定性分级	MT 560—1996		2008/11/19	2009/1/1
15.11-4-235	15.11	75.160.01	D21	MT/T 802.1—1999	煤系硫铁矿及硫精矿中有效硫的测定方法	ZB D 21001—1990		1999/3/24	1999/8/1
15.11-4-236	15.11	75.160.01	D21	MT/T 802.2—1999	煤系硫铁矿及硫精矿中全硫、硫酸盐硫、硫化铁硫的测定方法	ZB D 21002—1990		1999/3/24	1999/8/1
15.11-4-237	15.11	75.160.01	D21	MT/T 802.3—1999	煤系硫铁矿及硫精矿中总碳量的测定方法	ZBD 21001—1990		1999/3/24	1999/8/1
15.11-4-238	15.11	75.160.01	D21	MT/T 802.4—1999	煤系硫铁矿及硫精矿中砷含量的测定方法	ZBD 21001—1990		1999/3/24	1999/8/1
15.11-4-239	15.11	20.080.30	K15	NB/T 42004—2013	高压交流电机定子线圈对地绝缘电老化试验方法			2013/3/7	2013/8/1
15.11-4-240	15.11	20.280.30	K15	NB/T 42005—2013	高压交流电机定子线圈对地绝缘电热老化试验方法			2013/3/7	2013/8/1
15.11-4-241	15.11	27.060	J98	NB/T 47056—2017	锅炉受压元件焊接接头金相和断口检验方法	JB/T 2636—1994		2017/3/28	2017/8/1
15.11-5-242	15.11			ASME/PTC 22—2014	在燃气涡轮机的性能测试代码	ASME PTC 22—2005		2014/12/31	2014/12/31
15.11-5-243	15.11			ASME/PTC 6—2004	汽轮机	ASME PTC 6—1996；ASME PTC 6 A—2001		2005/10/31	2005/10/31
15.11-5-244	15.11	29.160.01	K20	IEC/TS 60034-27：2006	旋转电机 第 27 部分：在旋转电机绝缘定子绕组上的局部离线放电测量	IEC 2/1384/DTS：2006		2006/12/1	2006/12/1
15.11-5-245	15.11	25.180.10		IEC 60683：2011	埋弧炉的试验方法	IEC 60683：1980；IEC 27/780/CDV：2010		2011/10/1	2011/10/1
15.11-5-246	15.11	31.180	L30	IEC 61189-5：2006	电气材料、互连结构和组件的试验方法 第 5 部分：印制电路板组件的试验方法	IEC 91/608/FDIS：2006		2006/8/1	2006/8/1
15.11-5-247	15.11	17.140.20；27.180		IEC 61400-11：2012	风轮发电机系统 第 11 部分：噪音测量技术	IEC 61400-11：2002；IEC 61400-11：2006；IEC 61400-11 AMD 1：2006；IEC 88/436/FDIS：2012		2012/11/1	2012/11/1

15

序号	GW 分类	ICS 分类	GB 分类	标准号	中 文 名 称	代替标准	采用关系	发布日期	实施日期
15.11-5-248	15.11	29.120.70	K31	IEC 61810-7：2006	机电基本继电器 第 7 部分：测试和测量程序	IEC 61810-7：1997；IEC 94/226/FDIS：2005		2006/3/15	2006/3/15

15.12 试验与计量-水电

序号	GW 分类	ICS 分类	GB 分类	标准号	中 文 名 称	代替标准	采用关系	发布日期	实施日期
15.12-2-1	15.12			Q/GDW 11150—2019	水电站电气设备预防性试验规程	Q/GDW 11150—2013		2020/7/31	2020/7/31
15.12-2-2	15.12	29.240		Q/GDW 11463—2015	水电站继电保护装置检验导则			2016/11/1	2016/11/1
15.12-2-3	15.12			Q/GDW 11698—2017	水电站金属结构无损检测技术规范			2018/2/12	2018/2/12
15.12-2-4	15.12			Q/GDW 12137—2021	基于超声波法的水轮机、水泵水轮机 现场流量特性测量技术规程			2021/9/17	2021/9/17
15.12-2-5	15.12			Q/GDW 12142—2021	水轮发电机组稳定性试验规程			2021/9/17	2021/9/17
15.12-2-6	15.12			Q/GDW 1774—2013	大中型水电站黑启动试验技术规程			2013/3/14	2013/3/14
15.12-3-7	15.12	17.160	J04	GB/T 11348.5—2008	旋转机械转轴径向振动的测量和评定 第 5 部分：水力发电厂和泵站机组	GB/T 11348.5—2002		2008/9/27	2009/5/1
15.12-3-8	15.12	07.060	N93	GB/T 11828.1—2019	水位测量仪器 第 1 部分：浮子式水位计	GB/T 11828.1—2002		2019/6/4	2020/1/1
15.12-3-9	15.12	17.120.10	N12	GB/T 20727—2006	封闭管道中流体流量的测量热式质量流量计			2006/12/13	2007/7/1
15.12-3-10	15.12	17.120.10	N12	GB/T 20728—2006	封闭管道中流体流量的测量科里奥利流量计的选型、安装和使用指南			2006/12/13	2007/7/1
15.12-3-11	15.12	29.160.40	K55	GB/T 22140—2018	小型水轮机现场验收试验规程	GB/T 22140—2008		2018/5/14	2018/12/1
15.12-3-12	15.12	17.120.10	N12	GB/T 26801—2011	封闭管道中流体流量的测量一次装置和二次装置之间压力信号传送的连接法		ISO 2186：2007 MOD	2011/7/29	2011/12/1
15.12-3-13	15.12	07.060	A47	GB/T 31153—2014	小型水力发电站汇水区降水资源气候评价方法			2014/9/3	2015/1/1
15.12-3-14	15.12	27.140	P59	GB/T 32506—2016	抽水蓄能机组励磁系统运行检修规程			2016/2/24	2016/9/1
15.12-3-15	15.12	27.140	K55	GB/T 32584—2016	水力发电厂和蓄能泵站机组机械振动的评定			2016/4/25	2016/11/1
15.12-3-16	15.12	27.140	P55	GB/T 32899—2016	抽水蓄能机组静止变频启动装置试验规程			2016/8/29	2017/3/1
15.12-3-17	15.12	17.160	J04	GB/T 6075.5—2002	在非旋转部件上测量和评价机器的机械振动 第 5 部分：水力发电厂和泵站机组			2002/5/20	2002/12/1
15.12-4-18	15.12	29.160.10	K52	DL/T 1003—2006	水轮发电机组推力轴承润滑参数测量方法			2006/9/19	2007/3/1
15.12-4-19	15.12	27.1	K51	DL/T 1013—2018	大中型水轮发电机微机励磁调节器试验导则	DL/T 1013—2006		2018/4/3	2018/7/1

15

序号	GW分类	ICS分类	GB分类	标准号	中 文 名 称	代替标准	采用关系	发布日期	实施日期
15.12-4-20	15.12	27.1	K51	DL/T 1120—2018	水轮机调节系统测试与实时仿真装置技术规程	DL/T 1120—2009		2018/6/6	2018/10/1
15.12-4-21	15.12	27.14	P59	DL/T 1818—2018	可逆式水泵水轮机调节系统试验规程			2018/4/3	2018/7/1
15.12-4-22	15.12	27.140	F20	DL/T 1973—2019	水电厂流量测量装置技术条件			2019/6/4	2019/10/1
15.12-4-23	15.12			DL/T 2083—2020	水电站库容超声波法测量规程			2020/10/23	2021/2/1
15.12-4-24	15.12	29.160	K50/59	DL/T 2286—2021	大型水轮发电机组励磁控制系统性能测试与评价导则			2021/4/26	2021/10/26
15.12-4-25	15.12	27.140	P59	DL/T 330—2010	水电水利工程金属结构及设备焊接接头衍射时差法超声检测			2011/1/9	2011/5/1
15.12-4-26	15.12	27.1	K51	DL/T 489—2018	大中型水轮发电机静止整流励磁系统试验规程	DL/T 489—2006		2018/4/3	2018/7/1
15.12-4-27	15.12	27.140	K55	DL/T 496—2016	水轮机电液调节系统及装置调整试验导则	DL/T 496—2001		2016/1/7	2016/6/1
15.12-4-28	15.12			DL/T 5117—2021	水下不分散混凝土试验规程	DL/T 5117—2000		2021/4/26	2021/10/26
15.12-4-29	15.12	27.14	P59	DL/T 5152—2017	水工混凝土水质分析试验规程	DL/T 5152—2001		2017/11/15	2018/3/1
15.12-4-30	15.12	93.020	P59	DL/T 5332—2005	水工混凝土断裂试验规程			2005/11/28	2006/6/1
15.12-4-31	15.12	27.140	P59	DL/T 5355—2006	水电水利工程土工试验规程			2006/12/17	2007/5/1
15.12-4-32	15.12	27.140	P59	DL/T 5356—2006	水电水利工程粗粒土试验规程			2006/12/17	2007/5/1
15.12-4-33	15.12	27.140	P10	DL/T 5357—2006	水电水利工程岩土化学分析试验规程			2006/12/17	2007/5/1
15.12-4-34	15.12	93.020	P59	DL/T 5359—2006	水电水利工程水流空化模型试验规程			2006/12/17	2007/5/1
15.12-4-35	15.12	93.023	P59	DL/T 5360—2006	水电水利工程溃坝洪水模拟技术规程			2006/12/17	2007/5/1
15.12-4-36	15.12	93.020	P59	DL/T 5361—2006	水电水利工程施工导截流模型试验规程			2006/12/17	2007/5/1
15.12-4-37	15.12	27.140	P59	DL/T 5362—2018	水工沥青混凝土试验规程	DL/T 5362—2006		2018/12/25	2019/5/1
15.12-4-38	15.12	27.140	P10	DL/T 5367—2007	水电水利工程岩体应力测试规程	DLJ 204—1981;DL 5006—1992		2007/7/20	2007/12/1
15.12-4-39	15.12	27.140	P10	DL/T 5368—2007	水电水利工程岩石试验规程	DLJ 204—1981;DL 5006—1992		2007/7/20	2007/12/1
15.12-4-40	15.12	27.140	P59	DL/T 5401—2007	水力发电厂电气试验设备配置导则			2007/12/3	2008/6/1
15.12-4-41	15.12	27.140	P59	DL/T 5422—2009	混凝土面板堆石坝挤压边墙混凝土试验规程			2009/7/22	2009/12/1
15.12-4-42	15.12	27.140	P59	DL/T 5433—2009	水工碾压混凝土试验规程			2009/7/22	2009/12/1
15.12-4-43	15.12			DL/T 5823—2021	水工建筑物水泥基灌浆材料试验规程			2021/4/26	2021/10/26

15

序号	GW分类	ICS分类	GB分类	标准号	中 文 名 称	代替标准	采用关系	发布日期	实施日期
15.12-4-44	15.12		P98	DL/T 827—2014	灯泡贯流式水轮发电机组启动试验规程	DL/T 827—2002		2014/3/18	2014/8/1
15.12-4-45	15.12	27.100	F25	DL/T 835—2003	水工钢闸门和启闭机安全检测技术规程	SL 101—1994		2003/1/9	2003/6/1
15.12-4-46	15.12			DL/T 948—2019	混凝土坝监测仪器系列型谱	DL/T 948—2005		2019/11/4	2020/5/1
15.12-4-47	15.12		A54	JJF 1098—2003	热电偶、热电阻自动测量系统校准规范			2003/3/5	2003/6/1
15.12-4-48	15.12	17.120	A53	JJG 640—2016	差压式流量计检定规程	JJG 640—1994		2016/11/30	2017/5/30
15.12-4-49	15.12			JJG 667—2010	液体容积式流量计检定规程	JJG 667—1997		2010/9/6	2011/3/6
15.12-4-50	15.12		A52	JJG 835—1993	速度—面积法流量装置检定规程			1993/7/16	1994/2/1
15.12-4-51	15.12			NB/T 10228—2019	水电工程放射性探测技术规程			2019/11/4	2020/5/1
15.12-4-52	15.12			NB/T 10229—2019	水电工程环境保护设施验收规程			2019/11/4	2020/5/1
15.12-4-53	15.12			NB/T 10231—2019	水电站多声道超声波流量计基本技术条件			2019/11/4	2020/5/1
15.12-4-54	15.12	27.140	K55	NB/T 35081—2016	水电工程金属结构涂层强度拉开法测试规程			2016/1/7	2016/6/1
15.12-4-55	15.12	27.14	P26	NB/T 35097.2—2017	水电工程单元工程质量等级评定标准 第2部分：金属结构及启闭机安装工程	SDJ 249.2—1988		2017/11/15	2018/3/1
15.12-4-56	15.12	27.14	P59	NB/T 35101—2017	水电工程弹性波测试技术规程			2017/11/15	2018/3/1
15.12-4-57	15.12	27.14	P59	NB/T 35102—2017	水电工程钻孔土工原位测试规程	DL/T 5354—2006		2017/11/15	2018/3/1
15.12-4-58	15.12	27.14	P59	NB/T 35103—2017	水电工程钻孔抽水试验规程	DL/T 5213—2005		2017/11/15	2018/3/1
15.12-4-59	15.12	27.14	P59	NB/T 35104—2017	水电工程钻孔注水试验规程			2017/11/15	2018/3/1
15.12-4-60	15.12	27.14	P59	NB/T 35113—2018	水电工程钻孔压水试验规程	DL/T 5331—2005		2018/4/3	2018/7/1
15.12-4-61	15.12	27.140	K55	NB/T 42127—2017	小水电机组验收检验导则			2017/11/15	2018/3/1
15.12-4-62	15.12	07.060	N93	SL 06—2006	水文测验铅鱼	SL 06—1989		2006/4/24	2006/7/1
15.12-4-63	15.12	17.120	P12	SL 21—2015	降水量观测规范	SL 21—2006		2015/9/21	2015/12/21
15.12-4-64	15.12		P59	SL/T 232—1999	动态流量与流速标准装置校验方法			1999/1/18	1999/3/1
15.12-4-65	15.12		P59	SL 250—2000	水文情报预报规范	SD 138—1985		2000/6/14	2000/6/30
15.12-4-66	15.12	07.120	P12	SL 338—2006	水文测铅测验规范	SD 185—1986		2006/4/24	2006/7/1
15.12-4-67	15.12	17.120	P12	SL 339—2006	水库水文泥沙观测规范			2006/4/24	2006/7/1
15.12-4-68	15.12	93.160	P55	SL 352—2020	水工混凝土试验规程	SL 352—2006		2020/11/30	2021/2/28

15

序号	GW 分类	ICS 分类	GB 分类	标准号	中 文 名 称	代替标准	采用关系	发布日期	实施日期
15.12-4-69	15.12			T/CEC 418—2020	水轮机、蓄能泵和水泵水轮机流量现场测试规程 超声传播时间法			2020/10/28	2021/2/1
15.12-6-70	15.12	27.140	P59	T/CEC 5001—2016	水电水利工程砂砾石料压实质量密度桶法检测技术规程			2016/10/21	2017/1/1
15.12-6-71	15.12	27.140	P59	T/CEC 5002—2016	水工碾压混凝土工艺试验规程			2016/10/21	2017/1/1

15.13 试验与计量-信息通信

序号	GW 分类	ICS 分类	GB 分类	标准号	中 文 名 称	代替标准	采用关系	发布日期	实施日期
15.13-2-1	15.13	29.240		Q/GDW 10553.2—2018	电力以太网无源光网络（EPON）系统 第2部分：测试规范	Q/GDW 1553.2—2012		2020/4/8	2020/4/8
15.13-2-2	15.13	29.240		Q/GDW 11346—2014	电视会议系统多点控制单元（MCU）及终端测试规范			2015/5/29	2015/5/29
15.13-2-3	15.13	29.240		Q/GDW 11394.3—2016	国家电网公司频率同步网技术基础 第3部分：同步网节点时钟设备测试方法			2016/12/22	2016/12/22
15.13-2-4	15.13	29.240		Q/GDW 11394.5—2016	国家电网公司频率同步网技术基础 第5部分：频率同步承载设备时钟（SEC、EEC、PEC）测试方法			2016/12/22	2016/12/22
15.13-2-5	15.13	29.240		Q/GDW 11412—2015	国家电网公司数据通信网设备测试规范			2016/3/31	2016/3/31
15.13-2-6	15.13	29.240		Q/GDW 11701—2017	IMS 行政交换网核心网设备测试规范			2018/3/5	2018/3/5
15.13-2-7	15.13	33.060		Q/GDW 11805—2018	LTE-G 1800MHz 电力无线通信系统测试规范			2018/11/30	2018/11/30
15.13-2-8	15.13	29.240		Q/GDW 11828—2018	IMS 行政交换网会话边界控制设备测试规范			2019/7/16	2019/7/16
15.13-2-9	15.13	29.240		Q/GDW 11923—2018	手持式光数字信号测试装置技术规范			2020/4/3	2020/4/3
15.13-2-10	15.13	29.240		Q/GDW 1835.1—2013	调度数据网设备测试规范 第1部分：路由器			2014/1/29	2014/1/29
15.13-2-11	15.13	29.240		Q/GDW 300—2009	高压直流设备无线电干扰测量方法			2009/5/25	2009/5/25
15.13-2-12	15.13	29.020		Q/GDW 524—2010	吉比特无源光网络（GPON）系统及设备入网检测规范			2011/3/31	2011/3/31
15.13-3-13	15.13	33.180.30	M15	GB/T 14760—1993	光缆通信系统传输性能测试方法			1993/12/3	1994/8/1
15.13-3-14	15.13	35.080	L77	GB/T 15532—2008	计算机软件测试规范	GB/T 15532—1995		2008/4/11	2008/9/1
15.13-3-15	15.13	33.040.30	M15	GB/T 15838—2008	数字网中交换设备时钟性能测试方法	GB/T 15838—1995		2008/10/7	2009/4/1

15

序号	GW 分类	ICS 分类	GB 分类	标准号	中 文 名 称	代替标准	采用关系	发布日期	实施日期
15.13-3-16	15.13	33.180.10	M33	GB/T 15972.10—2021	光纤试验方法规范 第 10 部分：测量方法和试验程序 总则	GB/T 15972.10—2008	IEC 60793-1-1：2017	2021/4/30	2021/11/1
15.13-3-17	15.13	33.180.10	M33	GB/T 15972.20—2021	光纤试验方法规范 测量方法和试验程序 第 20 部分：尺寸参数的光纤几何参数	GB/T 15972.20—2008		2021/4/30	2021/11/1
15.13-3-18	15.13	33.180.10	M33	GB/T 15972.21—2008	光纤试验方法规范 测量方法和试验程序 第 21 部分：尺寸参数的涂覆层几何参数	GB 15972.2—1998	IEC 60793-1-21：2001 MOD	2008/3/31	2008/11/1
15.13-3-19	15.13	33.180.10	M33	GB/T 15972.22—2008	光纤试验方法规范 测量方法和试验程序 第 22 部分：尺寸参数的长度	GB 15972.2—1998	IEC 60793-1-22：2001 MOD	2008/3/31	2008/11/1
15.13-3-20	15.13	33.180.10	M33	GB/T 15972.30—2021	光纤试验方法规范 测量方法和试验程序 第 30 部分：机械性能的光纤筛选试验	GB/T 15972.30—2008		2021/4/30	2021/11/1
15.13-3-21	15.13	33.180.10	M33	GB/T 15972.31—2021	光纤试验方法规范 测量方法和试验程序 第 31 部分：机械性能的抗张强度	GB/T 15972.31—2008	IEC 60793-1-31：2019 MOD	2021/8/20	2022/3/1
15.13-3-22	15.13	33.180.10	M33	GB/T 15972.32—2021	光纤试验方法规范 测量方法和试验程序 第 32 部分：机械性能的涂覆层可剥性	GB/T 15972.32—2008		2021/10/11	2021/10/11
15.13-3-23	15.13	33.180.10	M33	GB/T 15972.33—2008	光纤试验方法规范 测量方法和试验程序 第 33 部分：机械性能的应力腐蚀敏感性参数	GB 15972.3—1998	IEC 60793-1-33：2001 MOD	2008/3/31	2008/11/1
15.13-3-24	15.13	33.180.10	M33	GB/T 15972.34—2021	光纤试验方法规范 测量方法和试验程序 第 34 部分：机械性能的光纤翘曲	GB/T 15972.34—2008	IEC 60793-1-34：2006	2021/4/30	2021/11/1
15.13-3-25	15.13	33.180.10	M33	GB/T 15972.40—2008	光纤试验方法规范 光学特性的测量方法和试验程序 第 40 部分：传输特性和衰减	GB 15972.4—1998	IEC 60793-1-40：2001 MOD	2008/4/10	2008/11/1
15.13-3-26	15.13	33.180.10	M33	GB/T 15972.41—2021	光纤试验方法规范 测量方法和试验程序 第 41 部分：传输特性的带宽	GB/T 15972.41—2008	IEC 60793-1-41：2010	2021/4/30	2021/11/1
15.13-3-27	15.13	33.180.10	M33	GB/T 15972.42—2021	光纤试验方法规范 测量方法和试验程序 第 42 部分：传输特性的波长色散	GB/T 15972.42—2008	IEC 60793-1-42：2013	2021/4/30	2021/8/1
15.13-3-28	15.13	33.180.10	M33	GB/T 15972.43—2021	光纤试验方法规范 测量方法和试验程序 第 43 部分：传输特性的数值孔径	GB/T 15972.43—2008	IEC 60793-1-43：2015	2021/4/30	2021/8/1
15.13-3-29	15.13	33.180.10	M33	GB/T 15972.44—2017	光纤试验方法规范 光学特性的测量方法和试验程序 第 44 部分：传输特性和截止波长	GB/T 15972.44—2008		2017/7/31	2017/11/1
15.13-3-30	15.13	33.189.10	M33	GB/T 15972.45—2021	光纤试验方法规范 测量方法和试验程序 第 45 部分：传输特性的模场直径	GB/T 15972.45—2008	IEC 60793-1-45：2017	2021/4/30	2021/8/1
15.13-3-31	15.13	33.180.10	M33	GB/T 15972.46—2008	光纤试验方法规范 光学特性的测量方法和试验程序 第 46 部分：传输特性和透光率变化	GB 15972.4—1998	IEC 60793-1-46：2001 MOD	2008/3/31	2008/11/1

15

序号	GW 分类	ICS 分类	GB 分类	标准号	中 文 名 称	代替标准	采用关系	发布日期	实施日期
15.13-3-32	15.13	33.180.10	M33	GB/T 15972.47—2021	光纤试验方法规范 第 47 部分：传输特性的测量方法和试验程序 宏弯损耗	GB/T 15972.47—2008		2021/5/21	2021/12/1
15.13-3-33	15.13	33.180.10	M33	GB/T 15972.48—2016	光纤试验方法规范 第 48 部分：传输特性和光学特性的测量方法和试验程序 偏振模色散	GB/T 18900—2002		2016/4/25	2016/11/1
15.13-3-34	15.13	33.180.10	M33	GB/T 15972.49—2021	光纤试验方法规范 第 49 部分：传输特性的测量方法和试验程序 微分模时延	GB/T 15972.49—2008	IEC 60793-1-49：2018 MOD	2021/10/11	2022/5/1
15.13-3-35	15.13	33.180.10	M33	GB/T 15972.50—2008	光纤试验方法规范 第 50 部分：环境性能的测量方法和试验程序 恒定湿热	GB 15972.5—1998	IEC 60793-1-50：2001 MOD	2008/4/10	2008/11/1
15.13-3-36	15.13	33.180.10	M33	GB/T 15972.51—2008	光纤试验方法规范 第 51 部分：环境性能的测量方法和试验程序 干热		IEC 60793-1-51：2001 MOD	2008/3/31	2008/11/1
15.13-3-37	15.13	33.180.10	M33	GB/T 15972.52—2008	光纤试验方法规范 第 52 部分：环境性能的测量方法和试验程序 温度循环	GB 15972.5—1998	IEC 60793-1-52：2001 MOD	2008/3/31	2008/11/1
15.13-3-38	15.13	33.180.10	M33	GB/T 15972.53—2008	光纤试验方法规范 第 53 部分：环境性能的测量方法和试验程序 浸水		IEC 60793-1-53：2001 MOD	2008/3/31	2008/11/1
15.13-3-39	15.13	33.180.10	M33	GB/T 15972.54—2021	光纤试验方法规范 第 54 部分：环境性能的测量方法和试验程序 伽马辐照	GB/T 15972.54—2008	IEC 60793-1-54：2018	2021/4/30	2021/8/1
15.13-3-40	15.13	33.180.10	M33	GB/T 15972.55—2009	光纤试验方法规范 第 55 部分：环境性能的测量方法和试验程序—氢老化			2009/9/30	2009/12/1
15.13-3-41	15.13			GB/T 15972—2008	光纤试验方法规范（所有部分）			2008/4/11	2008/11/1
15.13-3-42	15.13	33.140	L89	GB/T 16821—2007	通信用电源设备通用试验方法	GB/T 16821—1997		2007/3/7	2007/9/1
15.13-3-43	15.13	33.180.10	M33	GB/T 16850.4—2006	光纤放大器试验方法基本规范 第 4 部分：模拟参数—增益斜率的试验方法		IEC 60793-1-44：2011 MOD	2006/4/5	2006/10/1
15.13-3-44	15.13	29.060.01	K13	GB/T 17650.1—2021	取自电缆或光缆的材料燃烧时释出气体的试验方法 第 1 部分：卤酸气体总量的测定	GB/T 17650.1—1998		2021/4/30	2021/8/1
15.13-3-45	15.13	29.060.01	K13	GB/T 17650.2—2021	取自电缆或光缆的材料燃烧时释出气体的试验方法 第 2 部分：酸度（用 pH 测量）和电导率的测定	GB/T 17650.2—1998	IEC 60754-2：2019	2021/4/30	2021/8/1
15.13-3-46	15.13	29.060.01	K13	GB/T 17651.1—2021	电缆或光缆在特定条件下燃烧的烟密度测定 第 1 部分：试验装置	GB/T 17651.1—1998	IEC 61034-1—2019, IDT	2021/4/30	2021/8/1
15.13-3-47	15.13	29.060.01	K13	GB/T 17651.2—2021	电缆或光缆在特定条件下燃烧的烟密度测定 第 2 部分：试验程序和要求	GB/T 17651.2—1998	IEC 61034-2：2019	2021/4/30	2021/8/1

15

序号	GW分类	ICS分类	GB分类	标准号	中 文 名 称	代替标准	采用关系	发布日期	实施日期
15.13-3-48	15.13	33.120.10	L26	GB/T 17737.201—2015	同轴通信电缆 第1-201部分：环境试验方法 电缆的冷弯性能试验		IEC 61196-1-201：2009 IDT	2015/6/2	2016/2/1
15.13-3-49	15.13	33.120.10	L26	GB/T 17737.313—2015	同轴通信电缆 第1-313部分：机械试验方法 介质和护套的附着力		IEC 61196-1-313：2009 IDT	2015/6/2	2016/2/1
15.13-3-50	15.13	29.060.20	K13	GB/T 19216.1—2021	在火焰条件下电缆或光缆的线路完整性试验 第1部分：火焰温度不低于830℃的供火并施加冲击振动 额定电压 0.6/1kV 及以下外径超过20mm 电缆的试验方法		IEC 60331-1：2018 IDT	2021/5/21	2021/12/1
15.13-3-51	15.13	29.060.20	K13	GB/T 19216.2—2021	在火焰条件下电缆或光缆的线路完整性试验 第2部分：火焰温度不低于830℃的供火并施加冲击振动 额定电压 0.6/1kV 及以下外径不超过20mm 电缆的试验方法		IEC 60269-3；IEC 60584-1	2021/5/21	2021/12/1
15.13-3-52	15.13	29.060.20	K13	GB/T 19216.3—2021	在火焰条件下电缆或光缆的线路完整性试验 第3部分：火焰温度不低于830℃的供火并施加冲击振动 额定电压 0.6/1kV 及以下电缆穿在金属管中进行的试验方法		IEC 60331-3：2018 IDT	2021/5/21	2021/12/1
15.13-3-53	15.13	31.260	M31	GB/T 21548—2021	光通信用高速直接调制半导体激光器的测量方法	GB/T 21548—2008		2021/4/30	2021/8/1
15.13-3-54	15.13	33.040.40	M30	GB/T 26266—2010	反垃圾电子邮件设备测试方法			2011/1/14	2011/6/1
15.13-3-55	15.13	33.040.40；33.200	M54	GB/T 26268—2010	网络入侵检测系统测试方法			2011/1/14	2011/6/1
15.13-3-56	15.13	33.020	M30	GB/T 28519—2012	通信产品能耗测试方法通则			2012/6/29	2012/10/1
15.13-3-57	15.13	35.040	L70	GB/T 29272—2012	信息技术 射频识别设备性能测试方法系统性能测试方法			2012/12/31	2013/6/1
15.13-3-58	15.13	35.080	L77	GB/T 29831.1—2013	系统与软件功能性 第1部分：指标体系			2013/11/12	2014/2/1
15.13-3-59	15.13	35.080	L77	GB/T 29831.2—2013	系统与软件功能性 第2部分：度量方法			2013/11/12	2014/2/1
15.13-3-60	15.13	35.080	L77	GB/T 29831.3—2013	系统与软件功能性 第3部分：测试方法			2013/11/12	2014/2/1
15.13-3-61	15.13	35.080	L77	GB/T 29832.1—2013	系统与软件可靠性 第1部分：指标体系			2013/11/12	2014/2/1
15.13-3-62	15.13	35.080	L77	GB/T 29832.2—2013	系统与软件可靠性 第2部分：度量方法			2013/11/12	2014/2/1
15.13-3-63	15.13	35.080	L77	GB/T 29832.3—2013	系统与软件可靠性 第3部分：测试方法			2013/11/12	2014/2/1
15.13-3-64	15.13	35.080	L77	GB/T 29833.1—2013	系统与软件可移植性 第1部分：指标体系			2013/11/12	2014/2/1
15.13-3-65	15.13	35.080	L77	GB/T 29833.2—2013	系统与软件可移植性 第2部分：度量方法			2013/11/12	2014/2/1

15

序号	GW分类	ICS分类	GB分类	标准号	中 文 名 称	代替标准	采用关系	发布日期	实施日期
15.13-3-66	15.13	35.080	L77	GB/T 29833.3—2013	系统与软件可移植性 第3部分：测试方法			2013/11/12	2014/2/1
15.13-3-67	15.13	35.080	L77	GB/T 29834.1—2013	系统与软件维护性 第1部分：指标体系			2013/11/12	2014/2/1
15.13-3-68	15.13	35.080	L77	GB/T 29834.2—2013	系统与软件维护性 第2部分：度量方法			2013/11/12	2014/2/1
15.13-3-69	15.13	35.080	L77	GB/T 29834.3—2013	系统与软件维护性 第3部分：测试方法			2013/11/12	2014/2/1
15.13-3-70	15.13	35.080	L77	GB/T 29835.1—2013	系统与软件效率 第1部分：指标体系			2013/11/12	2014/2/1
15.13-3-71	15.13	35.080	L77	GB/T 29835.2—2013	系统与软件效率 第2部分：度量方法			2013/11/12	2014/2/1
15.13-3-72	15.13	35.080	L77	GB/T 29835.3—2013	系统与软件效率 第3部分：测试方法			2013/11/12	2014/2/1
15.13-3-73	15.13	35.080	L77	GB/T 29836.1—2013	系统与软件易用性 第1部分：指标体系			2013/11/12	2014/2/1
15.13-3-74	15.13	35.080	L77	GB/T 29836.2—2013	系统与软件易用性 第2部分：度量方法			2013/11/12	2014/2/1
15.13-3-75	15.13	35.080	L77	GB/T 29836.3—2013	系统与软件易用性 第3部分：测评方法			2013/11/12	2014/2/1
15.13-3-76	15.13	35.080	L77	GB/T 30264.1—2013	软件工程自动化测试能力 第1部分：测试机构能力等级模型			2013/12/31	2014/7/15
15.13-3-77	15.13	35.080	L77	GB/T 30264.2—2013	软件工程自动化测试能力 第2部分：从业人员能力等级模型			2013/12/31	2014/7/15
15.13-3-78	15.13	35.110	L79	GB/T 30269.808—2018	信息技术 传感器网络 第808部分：测试：低速率无线传感器网络网络层和应用支持子层安全			2018/12/28	2021/1/1
15.13-3-79	15.13	35.110	L79	GB/T 30269.809—2020	信息技术 传感器网络 第809部分：测试：基于IP的无线传感器网络网络层协议一致性测试			2020/6/2	2020/12/1
15.13-3-80	15.13	35.240.70	L67	GB/T 30994—2014	关系数据库管理系统检测规范			2014/9/3	2015/2/1
15.13-3-81	15.13	35.200	L65	GB/T 32420—2015	无线局域网测试规范			2015/12/31	2017/1/1
15.13-3-82	15.13	07.040；35.240.70	A75	GB/T 33447—2016	地理信息系统软件测试规范			2016/12/30	2017/7/1
15.13-3-83	15.13	33.180.10	M33	GB/T 33779.1—2017	光纤特性测试导则 第1部分：衰减均匀性			2017/5/31	2017/12/1
15.13-3-84	15.13	33.180.10	M33	GB/T 33779.2—2017	光纤特性测试导则 第2部分：OTDR后向散射曲线解析			2017/5/31	2017/12/1
15.13-3-85	15.13	33.180.10	M33	GB/T 33779.3—2021	光纤特性测试导则 第3部分：有效面积（Aeff）			2021/4/30	2021/8/1
15.13-3-86	15.13	33.040.50	M42	GB/T 33849—2017	接入网设备测试方法 吉比特的无源光网络（GPON）			2017/5/31	2017/12/1

15

序号	GW分类	ICS分类	GB分类	标准号	中文名称	代替标准	采用关系	发布日期	实施日期
15.13-3-87	15.13	33.040.50	M42	GB/T 34086—2017	接入设备节能参数和测试方法　EPON系统			2017/7/31	2017/11/1
15.13-3-88	15.13	33.040.50	M42	GB/T 34087—2017	接入设备节能参数和测试方法　GPON系统			2017/7/31	2017/11/1
15.13-3-89	15.13	33.040.50	M42	GB/T 34088—2017	接入设备节能参数和测试方法　VDSL2系统			2017/7/31	2017/11/1
15.13-3-90	15.13	35.180	L70	GB/T 34979.1—2017	智能终端软件平台测试规范　第1部分：操作系统			2017/11/1	2018/5/1
15.13-3-91	15.13	35.180	L70	GB/T 34979.2—2017	智能终端软件平台测试规范　第2部分：应用与服务			2017/11/1	2018/5/1
15.13-3-92	15.13	33.040.50	M42	GB/T 37172—2018	接入网设备测试方法　EPON系统互通性			2018/12/28	2019/4/1
15.13-3-93	15.13	33.040.50	M42	GB/T 37174—2018	接入网设备测试方法　GPON系统互通性			2018/12/28	2019/4/1
15.13-3-94	15.13	33.200	M50	GB/T 37943—2019	北斗卫星授时终端测试方法			2019/8/30	2019/12/1
15.13-3-95	15.13	29.060.20	K13	GB/T 5441—2016	通信电缆试验方法	GB/T 5441.1—1985；GB/T 5441.2—1985；GB/T 5441.3—1985；GB/T 5441.4—1985；GB/T 5441.5—1985；GB/T 5441.6—1985；GB/T 5441.7—1985；GB/T 5441.9—1985；GB/T 5441.10—1985		2016/4/25	2016/11/1
15.13-3-96	15.13	33.100	L06	GB/T 6113.101—2016	无线电骚扰和抗扰度测量设备和测量方法规范　第1-1部分：无线电骚扰和抗扰度测量设备　测量设备	GB/T 6113.101—2008		2016/4/25	2016/11/1
15.13-3-97	15.13	33.100	L06	GB/T 6113.104—2016	无线电骚扰和抗扰度测量设备和测量方法规范　第1-4部分：无线电骚扰和抗扰度测量设备　辐射骚扰测量　用天线和试验场地	GB/T 6113.104—2008		2016/4/25	2016/11/1
15.13-3-98	15.13	33.100	L06	GB/T 6113.106—2018	无线电骚扰和抗扰度测量设备和测量方法规范　第1-6部分：无线电骚扰和抗扰度测量设备　EMC天线校准			2018/12/28	2019/7/1
15.13-3-99	15.13	33.100	L06	GB/T 6113.201—2018	无线电骚扰和抗扰度测量设备和测量方法规范　第2-1部分：无线电骚扰和抗扰度测量方法　传导骚扰测量	GB/T 6113.201—2017		2018/12/28	2019/7/1
15.13-3-100	15.13	33.100	L06	GB/T 6113.203—2016	无线电骚扰和抗扰度测量设备和测量方法规范　第2-3部分：无线电骚扰和抗扰度测量方法　辐射骚扰测量	GB/T 6113.203—2008		2016/4/25	2016/11/1

15

序号	GW 分类	ICS 分类	GB 分类	标准号	中 文 名 称	代替标准	采用关系	发布日期	实施日期
15.13-3-101	15.13	33.100	L06	GB/Z 6113.205—2013	无线电骚扰和抗扰度测量设备和测量方法规范 第 2-5 部分：大型设备骚扰发射现场测量			2013/12/17	2014/5/14
15.13-3-102	15.13	33.100	L06	GB/Z 6113.405—2010	无线电骚扰和抗扰度测量设备和测量方法规范 第 4-5 部分：不确定度、统计学和限值建模替换试验方法的使用条件			2010/12/23	2011/6/1
15.13-3-103	15.13	33.180.10	M33	GB/T 7424.20—2021	光缆总规范 第 20 部分：光缆基本试验方法总则和定义		IEC 60794-1-2：2017	2021/4/30	2021/11/1
15.13-3-104	15.13	33.180.10	M33	GB/T 7424.22—2021	光缆总规范 第 22 部分：光缆基本试验方法环境性能试验方法		IEC 60794-1-22：2017 MOD	2021/4/30	2021/11/1
15.13-3-105	15.13	33.180.10	M33	GB/T 7424.24—2020	光缆总规范 第 24 部分：光缆基本试验方法电气试验方法	GB/T 7424.2—2008	IEC 60794-1-24：2014 MOD	2020/12/14	2021/7/1
15.13-4-106	15.13	27.100	F24	DL/T 1379—2014	电力调度数据网设备测试规范			2014/10/15	2015/3/1
15.13-4-107	15.13	27.100	F21	DL/T 1510—2016	电力系统光传送网（OTN）测试规范			2016/1/7	2016/6/1
15.13-4-108	15.13	33.040.40	M32	DL/T 1940—2018	智能变电站以太网交换机测试规范			2018/12/25	2019/5/1
15.13-4-109	15.13	29.240.01	F21	DL/T 1950—2018	变电站数据通信网关机检测规范			2018/12/25	2019/5/1
15.13-4-110	15.13	29.240	F20	DL/T 394—2010	电力数字调度交换机测试方法			2010/5/1	2010/10/1
15.13-4-111	15.13	33.200	M50	SJ/T 11426—2010	GPS 接收机射频模块性能要求及测试方法			2010/12/29	2011/1/1
15.13-4-112	15.13	33.040.20	M33	YD/T 1033—2016	传输性能的指标系列	YD/T 1033—2000		2016/7/11	2016/10/1
15.13-4-113	15.13	33.180.10	M33	YD/T 1065.1—2014	单模光纤偏振模色散的试验方法 第 1 部分：测量方法	YD/T 1065—2000		2014/10/14	2014/10/14
15.13-4-114	15.13	33.040.40	M32	YD/T 1098—2009	路由器设备测试方法边缘路由器	YD 1098—2001		2009/6/15	2009/9/1
15.13-4-115	15.13	33.040.40	M32	YD/T 1100—2013	同步数字体系（SDH）上传送 IP 的同步数字体系链路接入规程（LAPS）测试方法	YD/T 1100—2001		2013/10/17	2014/1/1
15.13-4-116	15.13	33.040.40	M32	YD/T 1141—2007	以太网交换机测试方法	YD 1141—2001		2007/9/29	2008/1/1
15.13-4-117	15.13	33.040.40	M32	YD/T 1156—2009	路由器设备测试方法核心路由器	YD 1156—2001		2009/6/15	2009/9/1
15.13-4-118	15.13	33.040.30	M32	YD/T 1287—2013	具有路由功能的以太网交换机测试方法	YD/T 1287—2003		2013/10/17	2014/1/1
15.13-4-119	15.13	33.060.99	M36	YD/T 1312.1—2015	无线通信设备电磁兼容性要求和测量方法 第 1 部分：通用要求	YD/T 1312.1—2008		2015/7/14	2015/10/1
15.13-4-120	15.13	01.040.33	M04	YD/T 1312.8—2012	无线通信设备电磁兼容性要求和测量方法 第 8 部分：短距离无线电设备（9kHz-40GHz）	YD/T 1312.8—2004		2012/12/28	2013/3/1

15

序号	GW 分类	ICS 分类	GB 分类	标准号	中 文 名 称	代替标准	采用关系	发布日期	实施日期
15.13-4-121	15.13	01.040.33	M04	YD/T 1312.12—2012	无线通信设备电磁兼容性要求和测量方法 第 12 部分：固定宽带无线接入系统基站及其辅助设备			2012/12/28	2013/3/1
15.13-4-122	15.13	33.100	M04	YD/T 1312.14—2012	无线通信设备电磁兼容性要求和测量方法 第 14 部分：甚小孔径终端和交互式卫星地球站设备（在卫星固定业务中工作频率范围为 4GHz～30GHz）			2012/12/28	2013/3/1
15.13-4-123	15.13	33.180.01	M33	YD/T 1312.15—2013	无线通信设备电磁兼容性要求和测量方法 第 15 部分：超宽带（UWB）通信设备			2013/4/25	2013/6/1
15.13-4-124	15.13	33.040.40	M32	YD/T 1387.4—2008	媒体网关设备测试方法——支持多媒体业务部分			2008/3/28	2008/6/1
15.13-4-125	15.13	33.040.40	M32	YD/T 1435—2007	软交换设备测试方法	YD/T 1435—2006		2007/9/29	2008/1/1
15.13-4-126	15.13	33.040.40	M32	YD/T 1452—2014	IPv6 网络设备技术要求——边缘路由器	YD/T 1452—2006		2014/10/14	2014/10/14
15.13-4-127	15.13	33.040.40	M32	YD/T 1453—2014	IPv6 网络设备测试方法——边缘路由器	YD/T 1453—2006		2014/10/14	2014/10/14
15.13-4-128	15.13	33.040.40	M32	YD/T 1454—2014	IPv6 网络设备技术要求——核心路由器	YD/T 1454—2006		2014/10/14	2014/10/14
15.13-4-129	15.13	33.040.40	M32	YD/T 1455—2014	IPv6 网络设备测试方法——核心路由器	YD/T 1455—2006		2014/10/14	2014/10/14
15.13-4-130	15.13	33.180.10	M33	YD/T 1464—2017	光纤收发器测试方法	YD/T 1464—2006		2017/11/7	2018/1/1
15.13-4-131	15.13	33.1	M04	YD/T 1483—2016	无线电设备杂散发射技术要求和测量方法	YD/T 1483—2006		2016/4/5	2016/7/1
15.13-4-132	15.13	35.020	L09	YD/T 1540—2014	电信设备的过电压和过电流抗力测试方法	YD/T 1540—2006		2014/10/14	2014/10/14
15.13-4-133	15.13	33.180.10	M33	YD/T 1588.1—2006	光缆线路性能测量方法　第 1 部分：链路衰减			2006/12/11	2007/1/1
15.13-4-134	15.13	33.180.10	M33	YD/T 1588.2—2020	光缆线路性能测量方法　第 2 部分：光纤接头损耗	YD/T 1588.2—2006		2020/8/31	2020/10/1
15.13-4-135	15.13	33.180.10	M33	YD/T 1588.3—2009	光缆线路性能测量方法　第 3 部分：链路偏振模色散			2009/6/15	2009/9/1
15.13-4-136	15.13	33.180.10	M33	YD/T 1588.4—2010	光缆线路性能测量方法　第 4 部分：链路色散			2010/12/29	2011/1/1
15.13-4-137	15.13	33.040	M33	YD/T 1610—2007	IPv6 路由协议　测试方法——支持 IPv6 的中间系统到中间系统路由交换协议（IS—IS）			2007/4/16	2007/10/1
15.13-4-138	15.13	33.040.40	M32	YD/T 1628—2007	以太网交换机设备安全测试方法			2007/4/16	2007/10/1
15.13-4-139	15.13	33.040.40	M32	YD/T 1630—2007	具有路由功能的以太网交换机设备安全测试方法			2007/4/16	2007/10/1
15.13-4-140	15.13	33.1	M04	YD/T 1633—2016	电信设备的电磁兼容性现场测试方法	YD/T 1633—2007		2016/1/15	2016/4/1

15

序号	GW 分类	ICS 分类	GB 分类	标准号	中 文 名 称	代替标准	采用关系	发布日期	实施日期
15.13-4-141	15.13	33.040.40	M32	YD/T 1698—2016	IPv6 网络设备技术要求——具有 IPv6 路由功能的以太网交换机	YD/T 1698—2007		2016/4/5	2016/7/1
15.13-4-142	15.13	33.030	M36	YD/T 1747—2014	IP 承载网安全防护检测要求	YD/T 1747—2013		2014/10/14	2014/10/14
15.13-4-143	15.13	33.070.01	M37	YD/T 1803—2008	基于 IP 多媒体子系统（IMS）的呈现（Presence）业务测试方法（第一阶段）			2008/7/28	2008/11/1
15.13-4-144	15.13	33.040.50	M42	YD/T 1809—2013	接入网设备测试方法 以太网无源光网络（EPON）系统互通性	YD/T 1809—2008		2013/10/17	2014/1/1
15.13-4-145	15.13			YD/T 1821—2018	通信局（站）机房环境条件要求与检测方法	YD/T 1821—2008		2018/12/21	2019/4/1
15.13-4-146	15.13	33.040.40	M32	YD/T 1900—2009	深度包检测设备测试方法			2009/6/15	2009/9/1
15.13-4-147	15.13	33.040.40	M32	YD/T 1917—2009	IPv6 网络设备测试方法——具有 IPv6 路由功能的以太网交换机			2009/6/15	2009/9/1
15.13-4-148	15.13	33.040.30	M12	YD/T 1938.1—2009	会话初始协议（SIP）测试方法 第 1 部分：基本的会话初始协议			2009/6/15	2009/9/1
15.13-4-149	15.13	33.040.30	M12	YD/T 1938.2—2009	会话初始协议（SIP）测试方法 第 2 部分：基于软交换网络呼叫控制的 SIP 协议			2009/6/15	2009/9/1
15.13-4-150	15.13	33.040.40	M32	YD/T 1941—2009	具有内容交换功能的以太网交换机设备测试方法			2009/6/15	2009/9/1
15.13-4-151	15.13	33.040.50	M42	YD/T 1995—2009	接入网设备测试方法 吉比特的无源光网络（GPON）			2009/12/11	2010/1/1
15.13-4-152	15.13	33.030	M21	YD/T 2026—2009	IP 语音业务服务质量技术要求与评估方法			2009/12/11	2010/1/1
15.13-4-153	15.13	33.040.40	M32	YD/T 2033.3—2009	基于 IP 网络的视讯会议系统设备测试方法 第 3 部分：多点控制单元（MCU）			2009/12/11	2010/1/1
15.13-4-154	15.13	33.040.40	M32	YD/T 2034.1—2009	基于 IP 网络的视讯会议终端设备测试方法 第 1 部分：基于 ITU-TH 323 协议的终端			2009/12/11	2010/1/1
15.13-4-155	15.13	33.040.40	M32	YD/T 2041—2009	IPv6 网络设备安全测试方法宽带网络接入服务器			2009/12/11	2010/1/1
15.13-4-156	15.13	33.040.40	M32	YD/T 2043—2009	IPv6 网络设备安全测试方法具有路由功能的以太网交换机			2009/12/11	2010/1/1
15.13-4-157	15.13	33.040.40	M32	YD/T 2044—2009	IPv6 网络设备安全测试方法边缘路由器			2009/12/11	2010/1/1
15.13-4-158	15.13	33.040.40	M32	YD/T 2045—2009	IPv6 网络设备安全测试方法核心路由器			2009/12/11	2010/1/1
15.13-4-159	15.13	33.040.50	M19	YD/T 2096—2010	接入网设备安全测试方法——综合接入系统			2010/12/29	2011/1/1

15

序号	GW 分类	ICS 分类	GB 分类	标准号	中 文 名 称	代替标准	采用关系	发布日期	实施日期
15.13-4-160	15.13	33.040.20	M33	YD/T 2147—2010	N×40Gbit/s 光波分复用（WDM）系统测试方法			2010/12/29	2011/1/1
15.13-4-161	15.13	33.040.20	M33	YD/T 2148—2010	光传送网（OTN）测试方法			2010/12/29	2011/1/1
15.13-4-162	15.13	33.040.40	M32	YD/T 2171—2010	基于 IPv6 的边界网关协议/多协议标记交换的虚拟专用网（BGP/MPLSIPv6VPN）测试方法			2010/12/29	2011/1/1
15.13-4-163	15.13	33.040.50	M33	YD/T 2279—2011	接入网设备测试方法 吉比特的无源光网络（GPON）系统互通性			2011/5/18	2011/6/1
15.13-4-164	15.13	33.040.99	M30	YD/T 2293—2011	统一 IMS 代理会话控制设备（P-CSCF）测试方法（第一阶段）			2011/5/18	2011/6/1
15.13-4-165	15.13	33.040.99	M30	YD/T 2294—2011	统一 IMS 归属用户服务器（HSS）设备测试方法（第一阶段）			2011/5/18	2011/6/1
15.13-4-166	15.13	35.110	M11	YD/T 2304—2011	IP 组播业务测试方法			2011/5/18	2011/6/1
15.13-4-167	15.13	33.060.99	M37	YD/T 2326—2011	软交换设备网间互通测试方法			2011/5/18	2011/6/1
15.13-4-168	15.13	33.050	L30	YD/T 2379.1—2019	电信设备环境试验要求和试验方法 第 1 部分：通用准则			2019/11/11	2020/1/1
15.13-4-169	15.13	33.040.40	M32	YD/T 2403—2012	以太网交换机节能参数和测试方法			2012/12/28	2013/3/1
15.13-4-170	15.13	33.060.20	M36	YD/T 2404—2012	移动通信设备节能参数和测试方法基站			2012/12/28	2013/3/1
15.13-4-171	15.13	33.120.01	M37	YD/T 2414—2012	数字移动终端外围接口数据交换测试方法			2012/12/28	2013/6/1
15.13-4-172	15.13	01.040.35	M11	YD/T 2428—2012	IPv6 设备网络管理接口协议一致性测试技术要求			2012/12/28	2013/3/1
15.13-4-173	15.13			YD/T 2457.2—2015	基于统一 IMS 的业务测试方法多媒体电话业务（第一阶段） 第 2 部分：呼叫闭锁和多方通话业务			2016/4/5	2016/7/1
15.13-4-174	15.13	33.030	M21	YD/T 2458—2013	基于统一 IMS 的业务测试方法个性化振铃音业务（第一阶段）			2013/4/25	2013/6/1
15.13-4-175	15.13	33.030	M21	YD/T 2459—2013	基于统一 IMS 的业务测试方法 IPCentrex 业务（第一阶段）			2013/4/25	2013/6/1
15.13-4-176	15.13	33.040.20	M33	YD/T 2487—2013	分组传送网（PTN）设备测试方法			2013/4/25	2013/6/1
15.13-4-177	15.13	33.040.30	M12	YD/T 2605—2013	No.7 信令与 IP 互通适配层测试方法 消息传递部分（MTP） 第二级对等适配层（M2PA）			2013/10/17	2014/1/1

15

序号	GW分类	ICS分类	GB分类	标准号	中文名称	代替标准	采用关系	发布日期	实施日期
15.13-4-178	15.13	33.040.20	M33	YD/T 2649—2013	N×100Gbit/s 光波分复用（WDM）系统测试方法			2013/10/17	2014/1/1
15.13-4-179	15.13	33.040.50	M42	YD/T 2650—2013	接入网设备测试方法 10Gbit/s 以太网无源光网络（10GEPON）			2013/10/17	2014/1/1
15.13-4-180	15.13	33.040	M16	YD/T 2681—2013	双栈防火墙设备测试方法			2013/12/31	2014/4/1
15.13-4-181	15.13			YD/T 2690—2014	宽带速率测试方法移动宽带接入			2014/7/9	2014/7/9
15.13-4-182	15.13	33.040.50	M30	YD/T 2691—2014	宽带速率测试方法用户上网体验			2014/7/9	2014/7/9
15.13-4-183	15.13	33.040.40	M32	YD/T 2711—2014	宽带网络接入服务器节能参数和测试方法			2014/10/14	2014/10/14
15.13-4-184	15.13	33.060.01	M36	YD/T 2744—2014	基于IMS的呈现（Presence）业务测试方法（第二阶段）			2014/10/14	2014/10/14
15.13-4-185	15.13	33.180.01	M33	YD/T 2754—2014	同步数字体系（SDH）网元管理功能验证和协议栈检测	YDN 114—1999		2014/10/14	2014/10/14
15.13-4-186	15.13	33.040.50	M42	YD/T 2756—2014	接入网设备测试方法 10Gbit/s 无源光网络（XG-PON）			2014/10/14	2014/10/14
15.13-4-187	15.13	33.040.50	M42	YD/T 2757—2014	接入网设备测试方法 PON 系统支持 IPv6			2014/10/14	2014/10/14
15.13-4-188	15.13	33.180.10	M33	YD/T 2758—2014	通信光缆检验规程			2014/10/14	2014/10/14
15.13-4-189	15.13	30.040.50	M30	YD/T 2791—2015	宽带测速平台测试方法固定宽带接入			2015/4/30	2015/4/30
15.13-4-190	15.13	33.180.01	M33	YD/T 2798.2—2020	用于光通信的光收发合一模块测试方法 第2部分：多波长型			2020/8/31	2020/10/1
15.13-4-191	15.13	33.180.01	M33	YD/T 2800—2015	PON 网络测试诊断技术要求 PON 设备内置光时域反射仪（OTDR）			2015/4/30	2015/7/1
15.13-4-192	15.13	33.160.60	M32	YD/T 2902—2015	具有路由交换功能的以太网交换机节能参数和测试方法			2015/7/14	2015/10/1
15.13-4-193	15.13	33.180.10	M33	YD/T 2964—2015	接入网用弯曲损耗不敏感单模光纤测量方法			2015/10/10	2016/1/1
15.13-4-194	15.13	33	P76	YD/T 2978—2015	移动终端设备管理网关管理对象功能测试方法			2015/10/10	2016/1/1
15.13-4-195	15.13	33.040.20	M33	YD/T 3003—2016	分组传送网（PTN）互通测试方法			2016/1/15	2016/4/1
15.13-4-196	15.13	33.180.10	M33	YD/T 3021.1—2016	通信光缆电气性能试验方法 第1部分：金属元构件的电气连续性			2016/1/15	2016/4/1
15.13-4-197	15.13	33.180.10	M33	YD/T 3022.1—2016	通信光缆机械性能试验方法 第1部分：护套拔出力			2016/1/15	2016/4/1

序号	GW 分类	ICS 分类	GB 分类	标准号	中文名称	代替标准	采用关系	发布日期	实施日期
15.13-4-198	15.13	33.180.10	M33	YD/T 3022.2—2016	通信光缆机械性能试验方法 第2部分：接插线光缆中被覆光纤的压缩位移			2016/1/15	2016/4/1
15.13-4-199	15.13	33.180.10	M33	YD/T 3022.3—2016	通信光缆机械性能试验方法 第3部分：撕裂绳功能			2016/1/15	2016/4/1
15.13-4-200	15.13	33.180.10	M33	YD/T 3022.4—2016	通信光缆机械性能试验方法 第4部分：舞动			2016/1/15	2016/4/1
15.13-4-201	15.13	33.180.10	M33	YD/T 3022.5—2016	通信光缆机械性能试验方法 第5部分：机械可靠性			2016/1/15	2016/4/1
15.13-4-202	15.13	33.04	M21	YD/T 3046—2016	移动核心网设备节能参数和测试方法			2016/4/5	2016/7/1
15.13-4-203	15.13	33.040.50	M33	YD/T 3072—2016	接入网设备测试方法 PON 系统承载频率同步和时间同步			2016/4/5	2016/7/1
15.13-4-204	15.13	33.120.99	M42	YD/T 3111—2016	通信终端设备环境噪声抑制性能要求和测试方法			2016/7/11	2016/10/1
15.13-4-205	15.13	33.03	M32	YD/T 3118—2016	网站 IPv6 支持度评测指标与测试方法			2016/7/11	2016/10/1
15.13-4-206	15.13	33.030	M21	YD/T 3138—2016	基于统一 IMS 的业务测试方法点击拨号业务（第一阶段）			2016/7/11	2016/10/1
15.13-4-207	15.13	33.180.99	M33	YD/T 3287.1—2017	智能光分配网络 接口测试方法 第1部分：智能光分配网络设施与智能管理终端的接口			2017/11/7	2018/1/1
15.13-4-208	15.13	33.180.99	M33	YD/T 3287.21—2017	智能光分配网络 接口测试方法 第21部分：基于 SNMP 的智能光分配网络设施与智能光分配网络管理系统的接口			2017/11/7	2018/1/1
15.13-4-209	15.13	33.060.20	M36	YD/T 3304—2017	13.56MHz 的近场通信设备射频指标和测试方法			2017/11/7	2018/1/1
15.13-4-210	15.13	33.040.40	M32	YD/T 3560—2019	边缘路由器构件接口测试方法			2019/11/11	2020/1/1
15.13-4-211	15.13			YD/T 3677—2020	LTE 数字蜂窝移动通信网终端设备测试方法（第二阶段）			2020/4/24	2020/7/1
15.13-4-212	15.13			YD/T 3694—2020	移动通信终端无障碍测试方法			2020/4/24	2020/7/1
15.13-4-213	15.13			YD/T 3721—2020	数字蜂窝移动通信网多输入多输出（MIMO）单缆覆盖系统网管接口测试方法			2020/4/24	2020/7/1
15.13-4-214	15.13	33.040.50	M42	YD/T 3771—2020	接入网设备测试方法 40Gbit/s 无源光网络（NG-PON2）			2020/12/9	2021/1/1

15

序号	GW分类	ICS分类	GB分类	标准号	中 文 名 称	代替标准	采用关系	发布日期	实施日期
15.13-4-215	15.13	33.040.20	M33	YD/T 3786—2020	N×400Gb/s 光波分复用（WDM）系统测试方法			2020/12/9	2021/1/1
15.13-4-216	15.13	33.040.40	M32	YD/T 3900—2021	IP 源地址验证技术要求　框架			2021/5/27	2021/7/1
15.13-4-217	15.13	33.040.50	M33	YD/T 3914—2021	接入网设备支持 VxLAN 的测试方法			2021/5/27	2021/7/1
15.13-4-218	15.13	33.040.50	M42	YD/T 3916—2021	接入网设备测试方法　10Gbit/s 对称无源光网络（XGS-PON）			2021/5/27	2021/7/1
15.13-4-219	15.13	33.040.50	M42	YD/T 3917—2021	接入网设备测试方法　波长路由方式 WDM-PON			2021/5/27	2021/7/1
15.13-4-220	15.13	33.040.50	M42	YD/T 3918—2021	接入网设备测试方法　支持网络切片的光线路终端（OLT）			2021/5/27	2021/7/1
15.13-4-221	15.13		M30	YD/T 5083—2005	电信设备抗地震性能检测规范	YD 5083—1999		2006/7/25	2006/10/1
15.13-4-222	15.13			YD 5084.1—2014	交换设备抗地震性能检测规范　第 1 部分：程控数字电话交换机	YD/T 5084—2005		2014/5/6	2014/7/1
15.13-4-223	15.13			YD 5197.1—2014	接入设备抗地震性能检测规范　第 1 部分：有线接入网局端设备			2014/5/6	2014/7/1
15.13-4-224	15.13			YD 5197.2—2014	接入设备抗地震性能检测规范　第 2 部分：VSAT 卫星地球站设备			2014/5/6	2014/7/1
15.13-4-225	15.13	33.020	P76	YD/T 5249—2019	信息通信设备振动适应性检测规范			2019/11/11	2020/1/1
15.13-4-226	15.13	33.040.01	M14	YD/T 627—2012	数字交换机数字中继接口（2048kbit/s）参数及数字中继接口间传输特性和测试方法	YD/T 627—1993		2012/12/28	2013/3/1
15.13-4-227	15.13	33.120.30	M42	YD/T 640—2012	通信设备用射频连接器技术要求及试验方法	YD/T 640—1993		2012/12/28	2013/3/1
15.13-4-228	15.13	33.120.99	M05	YD/T 641—2012	通信设备用低频连接器技术要求及试验方法	YD/T 641—1993		2012/12/28	2013/3/1
15.13-4-229	15.13	91.120.40	M41	YD/T 944—2007	通信电源设备的防雷技术要求和测试方法	YD/T 944—1998		2007/7/2	2007/12/1
15.13-4-230	15.13	35.020	L09	YD/T 965—2013	电信终端设备的安全要求和试验方法	YD/T 965—1998		2013/12/3	2014/1/1
15.13-4-231	15.13	27.100	F24	YDB 120.1—2013	数字移动通信终端通用集成电路卡（UICC）与非接触通信模块（CLF）间单线协议（SWP）测试方法　第 1 部分：终端			2013/3/6	2013/3/6
15.13-4-232	15.13			YDB 120.2—2013	数字移动通信终端通用集成电路卡（UICC）与非接触通信模块（CLF）间单线协议（SWP）测试方法　第 2 部分：UICC			2013/3/6	2013/3/6

15

序号	GW 分类	ICS 分类	GB 分类	标准号	中 文 名 称	代替标准	采用关系	发布日期	实施日期
15.13-4-233	15.13			YDB 122.1—2013	数字移动通信终端通用集成电路卡（UICC）与非接触通信模块（CLF）间主控接口（HCI）测试方法　第 1 部分：终端			2013/3/6	2013/3/6
15.13-4-234	15.13			YDB 122.2—2013	数字移动通信终端通用集成电路卡（UICC）与非接触通信模块（CLF）间主控接口（HCI）测试方法　第 2 部分：UICC			2013/3/6	2013/3/6
15.13-5-235	15.13	27.120.99; 33.180.10	M33	IEEE 1682—2011	光纤电缆、连接、光纤捻接审查试验使用标准			2011/1/1	2011/1/1

15.14　试验与计量-其他

序号	GW 分类	ICS 分类	GB 分类	标准号	中 文 名 称	代替标准	采用关系	发布日期	实施日期
15.14-2-1	15.14			Q/GDW 10488—2021	电动汽车充电站及电池更换站监控系统技术规范	Q/GDW 488—2010		2021/12/24	2021/12/24
15.14-2-2	15.14	29.240		Q/GDW 11086—2013	变电设备不拆高压引线试验导则			2014/9/1	2014/9/1
15.14-2-3	15.14	29.240		Q/GDW 11173—2014	电动汽车快换电池箱检验试验规范			2014/8/1	2014/8/1
15.14-2-4	15.14	29.060		Q/GDW 11561—2016	架空输电线路小型无人直升机巡检系统试验方法			2017/3/24	2017/3/24
15.14-2-5	15.14			Q/GDW 11784—2017	电动汽车充电设备现场测试规范			2018/9/7	2018/9/7
15.14-2-6	15.14			Q/GDW 1837—2012	移动式直流融冰装置交接试验及验收规程			2014/5/1	2014/5/1
15.14-2-7	15.14	29.240		Q/GDW 1881—2013	电动汽车充电站及电池更换站监控系统检验技术规范			2014/1/29	2014/1/29
15.14-2-8	15.14	29.240		Q/GDW 1882—2013	居民智能家庭网关检验技术规范			2014/1/29	2014/1/29
15.14-2-9	15.14	29.020		Q/GDW 636—2011	固定式直流融冰装置交接试验及验收规程			2011/9/2	2011/9/2
15.14-2-10	15.14	29.020		Q/GDW 713—2012	居民智能交互终端检验技术规范			2012/6/15	2012/6/15
15.14-2-11	15.14	29.020		Q/GDW 714—2012	智能插座检验技术规范			2012/6/15	2012/6/15
15.14-3-12	15.14	77.040.10	H22	GB/T 10128—2007	金属材料　室温扭转试验方法	GB/T 10128—1988		2007/11/23	2008/6/1
15.14-3-13	15.14	77.040.30	H24	GB/T 10561—2005	钢中非金属夹杂物含号的测定一标准评级图显微检验法	GB/T 10561—1989		2005/5/13	2005/10/1
15.14-3-14	15.14	25.160.50	J33	GB/T 11363—2008	钎焊接头强度试验办法	GB 8619—1988; GB 11363—1989		2008/5/6	2008/11/1
15.14-3-15	15.14			GB/T 11374—2012	热喷涂涂层厚度的无损测量方法			2012/9/3	2013/3/1

15

序号	GW 分类	ICS 分类	GB 分类	标准号	中 文 名 称	代替标准	采用关系	发布日期	实施日期
15.14-3-16	15.14	91.100.30	Q14	GB/T 11969—2008	蒸压加气混凝土性能试验方法	GB/T 11969—1997； GB/T 11970—1997； GB/T 11971—1997； GB/T 11972—1997； GB/T 11973—1997； GB/T 11974—1997； GB/T 11975—1997		2008/7/30	2009/3/1
15.14-3-17	15.14	17.220	K04	GB/T 12113—2003	接触电流和保护导体电流的测量方法	GB/T 12113—1996	ISO 5801：2007 IDT	2003/11/24	2004/8/1
15.14-3-18	15.14	23.120	J72	GB/T 1236—2017	工业通风机　用标准化风道性能试验	GB/T 1236—2000		2017/11/1	2018/5/1
15.14-3-19	15.14	77.040.10	H22	GB/T 12443—2017	金属材料　扭矩控制疲劳试验方法	GB/T 12443—2007	ISO 1352：2011 IDT	2017/2/28	2017/11/1
15.14-3-20	15.14	77.040.10	H22	GB/T 12778—2008	金属夏比冲击断口测定方法	GB 12778—1991		2008/2/1	2008/7/1
15.14-3-21	15.14	65.060.35	B91	GB/T 12785—2014	潜水电泵试验方法	GB/T 12785—2002		2014/7/24	2015/1/1
15.14-3-22	15.14	77.040.10	H22	GB/T 13239—2006	金属材料　低温拉伸试验方法	GB/T 13239—1991		2006/8/16	2007/1/1
15.14-3-23	15.14	77.040.30	H24	GB/T 13299—1991	钢的显微组织评定方法	GB 1332—1977		1991/12/13	1992/10/1
15.14-3-24	15.14	77.040.99	H24	GB/T 13305—2008	不锈钢中α－相面积含量金相测定法	GB 6401—1986； GB 13305—1991		2008/8/19	2009/4/1
15.14-3-25	15.14	43.020	T43	GB/T 1332—1991	载货汽车定型试验规程			1991/7/11	1992/3/1
15.14-3-26	15.14	27.010	F01	GB/T 13467—2013	通风机系统电能平衡测试与计算方法	GB/T 13467—1992		2013/12/18	2014/7/1
15.14-3-27	15.14	27.010	F01	GB/T 13468—2013	泵类液体输送系统电能平衡测试与计算方法	GB/T 13468—1992		2013/12/18	2014/7/1
15.14-3-28	15.14	17.160	N73	GB/T 13823.5—1992	振动与冲击传感器的校准方法安装力矩灵敏度测试			1992/1/1	1993/10/1
15.14-3-29	15.14	17.160	N73	GB/T 13823.6—1992	振动与冲击传感器的校准方法基座应变灵敏度测试			1992/1/1	1993/10/1
15.14-3-30	15.14	13.030.40	J88	GB/T 13931—2017	电除尘器　性能测试方法	GB/T 13931—2002		2017/5/12	2017/12/1
15.14-3-31	15.14	27.060.30	J75	GB/T 14812—2008	热管传热性能试验方法	GB/T 14812—1993		2008/6/26	2009/1/1
15.14-3-32	15.14	27.060.30	J75	GB/T 14813—2008	热管寿命试验方法	GB/T 14813—1993		2008/6/26	2009/1/1
15.14-3-33	15.14	25.040.01	N10	GB/T 15479—1995	工业自动化仪表绝缘电阻、绝缘强度技术要求和试验方法			1995/1/27	1995/10/1
15.14-3-34	15.14	77.080	H25	GB/T 15970.6—2007	金属和合金的腐蚀应力腐蚀试验　第6部分：恒载荷或恒位移下的预裂纹试样的制备和应用	GB/T 15970.6—1998		2007/7/11	2007/12/1

15

序号	GW分类	ICS分类	GB分类	标准号	中文名称	代替标准	采用关系	发布日期	实施日期
15.14-3-35	15.14	77.060	H25	GB/T 15970.9—2007	金属和合金的腐蚀应力腐蚀试验 第9部分：渐增式载荷或渐增式位移下的预裂纹试样的制备和应用			2007/7/11	2007/12/1
15.14-3-36	15.14	91.100.30	Q14	GB/T 16752—2017	混凝土和钢筋混凝土排水管试验方法	GB/T 16752—2006		2017/10/14	2018/9/1
15.14-3-37	15.14	21.060.01	J13	GB/T 16823.3—2010	紧固件扭矩—夹紧力试验	GB/T 16823.3—1997	ISO 16047：2005 IDT	2011/1/10	2011/10/1
15.14-3-38	15.14	25.160.40	J33	GB/T 16957—2012	复合钢板焊接接头力学性能试验方法	GB/T 16957—1997		2012/12/31	2013/10/1
15.14-3-39	15.14	77.040.10	H22	GB/T 17394.1—2014	金属材料 里氏硬度试验 第1部分：试验方法	GB/T 17394—1998		2014/12/5	2015/9/1
15.14-3-40	15.14	77.040.10	H22	GB/T 17394.4—2014	金属材料 里氏硬度试验 第4部分：硬度值换算表			2014/9/30	2015/5/1
15.14-3-41	15.14	29.020	K60	GB/T 17949.1—2000	接地系统的土壤电阻率、接地阻抗和地面电位测量导则 第1部分：常规测量			2000/1/3	2000/8/1
15.14-3-42	15.14	77.040.10	H23	GB 1814—1979	钢材断口检验法			1979/12/29	1980/9/1
15.14-3-43	15.14	07.040	A76	GB/T 18314—2009	全球定位系统（GPS）测量规范	GB/T 18314—2001		2009/2/6	2009/6/1
15.14-3-44	15.14	91.120.25	P32	GB/T 18575—2017	建筑幕墙抗震性能振动台试验方法	GB/T 18575—2001		2017/10/14	2018/9/1
15.14-3-45	15.14	23.120	J73	GB/T 19412—2003	蓄冷空调系统的测试和评价方法			2003/11/25	2004/6/1
15.14-3-46	15.14	25.160.20	J33	GB/T 1954—2008	铬镍奥氏体不锈钢焊缝铁素体含量测量方法	GB 1954—1980		2008/6/26	2009/1/1
15.14-3-47	15.14	27.070	K82	GB/T 20042.3—2009	质子交换膜燃料电池 第3部分：质子交换膜测试方法			2009/4/21	2009/11/1
15.14-3-48	15.14	27.070	K82	GB/T 20042.4—2009	质子交换膜燃料电池 第4部分：电催化剂测试方法			2009/4/21	2009/11/1
15.14-3-49	15.14	27.070	K82	GB/T 20042.5—2009	质子交换膜燃料电池 第5部分：膜电极测试方法			2009/4/21	2009/11/1
15.14-3-50	15.14	77.040.10	H22	GB/T 2039—2012	金属材料 单轴拉伸蠕变试验方法	GB/T 2039—1997		2012/6/29	2013/3/1
15.14-3-51	15.14	17.160	J04	GB/T 20485.1—2008	振动与冲击传感器校准方法 第1部分：基本概念	GB/T 13823.1—2005		2008/3/3	2008/8/1
15.14-3-52	15.14	17.160	A57	GB/T 20485.11—2006	振动与冲击传感器校准方法 第11部分：激光干涉法振动绝对校准	GB/T 13823.2—1992		2006/9/12	2007/2/1
15.14-3-53	15.14	17.160	J04	GB/T 20485.15—2010	振动与冲击传感器校准方法 第15部分：激光干涉法角振动绝对校准			2010/12/23	2011/6/1

15

序号	GW 分类	ICS 分类	GB 分类	标准号	中文名称	代替标准	采用关系	发布日期	实施日期
15.14-3-54	15.14	17.160	J04	GB/T 20485.21—2007	振动与冲击传感器校准方法 第 21 部分：振动比较法校准	GB/T 13823.3—1992		2007/7/2	2007/12/1
15.14-3-55	15.14	17.160	N73	GB/T 20485.31—2011	振动与冲击传感器校准方法 第 31 部分：横向振动灵敏度测试	GB/T 13823.8—1994		2011/12/30	2012/10/1
15.14-3-56	15.14	17.160	N71	GB/T 20485.33—2018	振动与冲击传感器校准方法 第 33 部分：磁灵敏度测试	GB/T 13823.4—1992	ISO 16063-33：2017 IDT	2018/3/15	2018/10/1
15.14-3-57	15.14	77.140.65	H49	GB/T 21839—2019	预应力混凝土用钢材试验方法	GB/T 21839—2008	ISO 15630-3：2010 MOD	2019/6/4	2020/5/1
15.14-3-58	15.14	77.040.99	H24	GB/T 224—2019	钢的脱碳层深度测定法	GB/T 224—2008		2019/6/4	2020/5/1
15.14-3-59	15.14	77.040.10	H22	GB/T 228.1—2010	金属材料 拉伸试验 第 1 部分：室温试验方法	GB/T 228—2002		2010/12/23	2011/12/1
15.14-3-60	15.14	77.040.10	H22	GB/T 228.2—2015	金属材料 拉伸试验 第 2 部分：高温试验方法	GB/T 4338—2006	ISO 6892-2：2011 NEQ	2015/9/11	2016/6/1
15.14-3-61	15.14	77.040.10	H22	GB/T 229—2007	金属材料 夏比摆锤冲击试验方法	GB/T 229—1994		2007/11/23	2008/6/1
15.14-3-62	15.14	77.040.10	H22	GB/T 230.1—2009	金属材料 洛氏硬度试验 第 1 部分：试验方法（A、B、C、D、E、F、G、H、K、N、T 标尺）	GB/T 230.1—2004		2009/6/25	2010/4/1
15.14-3-63	15.14	77.040.10	H22	GB/T 231.1—2009	金属材料 布氏硬度试验 第 1 部分：试验方法	GB/T 231.1—2002		2009/6/25	2010/4/1
15.14-3-64	15.14	77.040.10; 19.060	N71	GB/T 231.3—2012	金属材料 布氏硬度试验 第 3 部分：标准硬度块的标定	GB/T 231.3—2002	ISO 6506-3：2005 MOD	2012/12/31	2013/6/1
15.14-3-65	15.14	77.040.10	H23	GB/T 232—2010	金属材料 弯曲试验方法	GB/T 232—1999		2010/9/2	2011/6/1
15.14-3-66	15.14	27.070	K82	GB/T 23751.2—2017	微型燃料电池发电系统 第 2 部分：性能试验方法	GB/T 23751.2—2009	IEC 62282-6-200：2012 IDT	2017/7/12	2018/2/1
15.14-3-67	15.14	77.040.10	H23	GB/T 238—2013	金属材料 线材反复弯曲试验方法	GB/T 238—2002	ISO 7801：1984 NEQ	2013/9/6	2014/5/1
15.14-3-68	15.14	77.040.10	H23	GB/T 241—2007	金属管液压试验方法	GB/T 241—1990		2007/7/18	2008/2/1
15.14-3-69	15.14	77.040.10	H23	GB/T 242—2007	金属管扩口试验方法	GB/T 242—1997		2007/7/18	2008/2/1
15.14-3-70	15.14	29.120.99	K14	GB/T 24273—2009	电触头材料电性能试验方法		ISO 3887：2017 MOD	2009/6/19	2010/2/1
15.14-3-71	15.14	29.130.20	K31	GB/T 24276—2017	通过计算进行低压成套开关设备和控制设备温升验证的一种方法	GB/T 24276—2009	IEC/TR 60890：2014 IDT	2017/11/1	2018/5/1
15.14-3-72	15.14	29.120.99	K14	GB/T 24300—2009	铜钨电触头缺陷检测方法			2009/9/30	2010/2/1

15

序号	GW 分类	ICS 分类	GB 分类	标准号	中 文 名 称	代替标准	采用关系	发布日期	实施日期
15.14-3-73	15.14	77.040.10	H23	GB/T 244—2008	金属管弯曲试验方法	GB/T 244—1997		2008/5/13	2008/11/1
15.14-3-74	15.14	43.060.01	T47	GB/T 24554—2009	燃料电池发动机性能试验方法			2009/10/30	2010/7/1
15.14-3-75	15.14	77.040.10	H23	GB/T 246—2017	金属材料　管压扁试验方法	GB/T 246—2007	ISO 8492：2013 IDT	2017/7/12	2018/4/1
15.14-3-76	15.14	29.080.10	K48	GB/T 24622—2009	绝缘子表面湿润性测量导则			2009/11/15	2010/4/1
15.14-3-77	15.14	25.020	J32	GB/T 25134—2010	锻压制件及其模具三维几何量光学检测规范			2010/9/26	2011/2/1
15.14-3-78	15.14	25.160.40	J33	GB/T 2650—2008	焊接接头冲击试验方法	GB/T 2650—1989		2008/3/31	2008/9/1
15.14-3-79	15.14	25.160.40	J33	GB/T 2651—2008	焊接接头拉伸试验方法	GB/T 2651—1989		2008/3/31	2008/9/1
15.14-3-80	15.14	25.160.40	J33	GB/T 2652—2008	焊缝及熔敷金属拉伸试验方法	GB/T 2652—1989		2008/3/31	2008/9/1
15.14-3-81	15.14	25.160.40	J33	GB/T 2653—2008	焊接接头弯曲试验方法	GB/T 2653—1989		2008/3/31	2008/9/1
15.14-3-82	15.14	25.160.40	J33	GB/T 2654—2008	焊接接头硬度试验方法	GB/T 2654—1989		2008/3/31	2008/9/1
15.14-3-83	15.14	29.120.99	K14	GB/T 26871—2011	电触头材料金相试验方法			2011/7/29	2011/12/1
15.14-3-84	15.14	27.070		GB/T 27748.2—2013	固定式燃料电池发电系统　第2部分：性能试验方法		IEC 62282-3-200：2011 IDT	2013/11/12	2014/3/7
15.14-3-85	15.14	27.070	K82	GB/T 27748.3—2017	固定式燃料电池发电系统　第3部分：安装	GB/T 27748.3—2011	IEC 62282-3-300：2012 IDT	2017/9/7	2018/4/1
15.14-3-86	15.14	27.070	K82	GB/T 27749—2011	绝缘漆耐热性试验规程电气强度法		IEC 60370：1971 IDT	2011/12/30	2012/5/1
15.14-3-87	15.14	19.100	N78	GB/T 29302—2012	无损检测仪器相控阵超声检测系统的性能与检验		ASTM E 2491-06 MOD	2012/12/31	2013/6/1
15.14-3-88	15.14	29.035.01	K15	GB/T 29307—2012	电动汽车用驱动电机系统可靠性试验方法			2012/12/31	2013/6/1
15.14-3-89	15.14	43.040	T21	GB/T 29531—2013	泵的振动测量与评价方法			2013/6/9	2014/3/1
15.14-3-90	15.14	77.040.10	H22	GB/T 3075—2008	金属材料　疲劳试验轴向力控制方法	GB/T 3075—1982		2008/8/5	2009/4/1
15.14-3-91	15.14	77.040.10	H22	GB/T 31218—2014	金属材料　残余应力测定全释放应变法			2014/9/30	2015/5/1
15.14-3-92	15.14	43.040	T21	GB/T 32710.2—2016	环境试验仪器及设备安全规范　第2部分：低温恒温循环装置			2016/6/14	2017/1/1
15.14-3-93	15.14	19.040	N61	GB/T 32710.3—2016	环境试验仪器及设备安全规范　第3部分：低温恒温槽			2016/6/14	2017/1/1
15.14-3-94	15.14	19.040	N61	GB/T 32710.4—2016	环境试验仪器及设备安全规范　第4部分：高温恒温循环装置			2016/6/14	2017/1/1
15.14-3-95	15.14	19.040	N61	GB/T 32710.5—2016	环境试验仪器及设备安全规范　第5部分：高温恒温槽			2016/6/14	2017/1/1

15

序号	GW分类	ICS分类	GB分类	标准号	中文名称	代替标准	采用关系	发布日期	实施日期
15.14-3-96	15.14	19.040	N61	GB/T 32710.6—2016	环境试验仪器及设备安全规范 第6部分：生物人工气候试验箱			2016/6/14	2017/1/1
15.14-3-97	15.14	19.040	N61	GB/T 32710.7—2016	环境试验仪器及设备安全规范 第7部分：气候环境试验箱			2016/6/14	2017/1/1
15.14-3-98	15.14	19.040	N61	GB/T 32710.8—2016	环境试验仪器及设备安全规范 第8部分：生化培养箱			2016/6/14	2017/1/1
15.14-3-99	15.14	19.040	N61	GB/T 32710.9—2016	环境试验仪器及设备安全规范 第9部分：电热恒温培养箱			2016/6/14	2017/1/1
15.14-3-100	15.14	19.040	N61	GB/T 32710.12—2016	环境试验仪器及设备安全规范 第12部分：盐槽			2016/6/14	2017/1/1
15.14-3-101	15.14	19.040	N61	GB/T 32710.13—2016	环境试验仪器及设备安全规范 第13部分：振荡器、振荡恒温水槽和振荡恒温培养箱			2016/6/14	2017/1/1
15.14-3-102	15.14	19.040	N61	GB/T 32891.2—2019	旋转电机 效率分级（IE代码）第2部分：变速交流电动机			2019/10/18	2020/5/1
15.14-3-103	15.14	77.040.10	H22	GB/T 33163—2016	金属材料 残余应力超声冲击处理法			2016/10/13	2017/9/1
15.14-3-104	15.14	29.160.01	K22	GB/T 33977—2017	高压成套开关设备和高压/低压预装式变电站产生的稳态、工频电磁场的量化方法		IEC/TR 62271-208:2009 MOD	2017/7/12	2018/2/1
15.14-3-105	15.14	29.240.10	K43	GB/T 33988—2017	城镇地物可见光—短波红外光谱反射率测量			2017/7/12	2018/2/1
15.14-3-106	15.14	07.040	A75	GB/T 34005—2017	管状绝热制品水蒸气透过性能试验方法		ISO 12629:2011 MOD	2017/7/12	2018/6/1
15.14-3-107	15.14	71.040.50	N04	GB/T 34059—2017	纳米技术 纳米生物效应代谢组学方法 核磁共振波谱法			2017/7/31	2018/2/1
15.14-3-108	15.14	91.120.10	Q25	GB/T 34861—2017	确定大电机各项损耗的专用试验方法		IEC 60034-2-2:2010 IDT	2017/11/1	2018/5/1
15.14-3-109	15.14	07.060	A47	GB/T 35219—2017	地面气象观测站气象探测环境调查评估方法			2017/12/29	2018/7/1
15.14-3-110	15.14	07.060	A47	GB/T 35221—2017	地面气象观测规范 总则			2017/12/29	2018/7/1
15.14-3-111	15.14	07.060	A47	GB/T 35222—2017	地面气象观测规范 云			2017/12/29	2018/7/1
15.14-3-112	15.14	07.060	A47	GB/T 35223—2017	地面气象观测规范 气象能见度			2017/12/29	2018/7/1
15.14-3-113	15.14	07.060	A47	GB/T 35224—2017	地面气象观测规范 天气现象			2017/12/29	2018/7/1
15.14-3-114	15.14	07.060	A47	GB/T 35225—2017	地面气象观测规范 气压			2017/12/29	2018/7/1
15.14-3-115	15.14	07.060	A47	GB/T 35226—2017	地面气象观测规范 空气温度和湿度			2017/12/29	2018/7/1

15

序号	GW 分类	ICS 分类	GB 分类	标准号	中文名称	代替标准	采用关系	发布日期	实施日期
15.14-3-116	15.14	07.060	A47	GB/T 35227—2017	地面气象观测规范　风向和风速			2017/12/29	2018/7/1
15.14-3-117	15.14	07.060	A47	GB/T 35228—2017	地面气象观测规范　降水量			2017/12/29	2018/7/1
15.14-3-118	15.14	07.060	A47	GB/T 35229—2017	地面气象观测规范　雪深与雪压			2017/12/29	2018/7/1
15.14-3-119	15.14	07.060	A47	GB/T 35230—2017	地面气象观测规范　蒸发			2017/12/29	2018/7/1
15.14-3-120	15.14	07.060	A47	GB/T 35231—2017	地面气象观测规范　辐射			2017/12/29	2018/7/1
15.14-3-121	15.14	07.060	A47	GB/T 35232—2017	地面气象观测规范　日照			2017/12/29	2018/7/1
15.14-3-122	15.14	07.060		GB/T 35233—2017	地面气象观测规范　地温			2017/12/29	2018/7/1
15.14-3-123	15.14	07.060	A47	GB/T 35234—2017	地面气象观测规范　冻土			2017/12/29	2018/7/1
15.14-3-124	15.14	07.060	A47	GB/T 35235—2017	地面气象观测规范　电线积冰			2017/12/29	2018/7/1
15.14-3-125	15.14	07.060	A47	GB/T 35236—2017	地面气象观测规范　地面状态			2017/12/29	2018/7/1
15.14-3-126	15.14	07.060	A47	GB/T 35237—2017	地面气象观测规范　自动观测			2017/12/29	2018/7/1
15.14-3-127	15.14	29.160.30	K22	GB/T 35839—2018	无损检测　工业计算机层析成像（CT）密度测量方法			2018/2/6	2018/9/1
15.14-3-128	15.14	19.100	N78	GB/T 36071—2018	无损检测仪器　X 射线实时成像系统检测仪技术要求			2018/3/15	2018/10/1
15.14-3-129	15.14	07.060	A47	GB/T 38308—2019	天气预报检验　台风预报			2019/12/10	2020/7/1
15.14-3-130	15.14	77.040.01	H21	GB/T 4067—1999	金属材料　电阻温度特征参数的测定	GB/T 4067—1983		1999/11/1	2000/8/1
15.14-3-131	15.14	77.040.20	H26	GB/T 4162—2008	锻轧钢棒超声检测方法	GB/T 4162—1991		2008/5/13	2008/11/1
15.14-3-132	15.14	77.040.10	H22	GB/T 4340.1—2009	金属材料　维氏硬度试验　第 1 部分：试验方法	GB/T 4340.1—1999		2009/6/25	2010/4/1
15.14-3-133	15.14	77.040.10	H22	GB/T 4341.1—2014	金属材料　肖氏硬度试验　第 1 部分：试验方法			2014/9/30	2015/5/1
15.14-3-134	15.14	19.100	J04	GB/T 4797.6—2013	环境条件分类自然环境条件尘、沙、盐雾	GB/T 4797.6—1995	IEC 60721-2-5：1991 MOD	2013/11/12	2014/3/7
15.14-3-135	15.14	19.020	A21	GB/T 50080—2016	普通混凝土拌合物性能试验方法标准	GB/T 50080—2002		2016/8/18	2017/4/1
15.14-3-136	15.14	29.035.99	K15	GB/T 5591.2—2017	电气绝缘用柔软复合材料　第 2 部分：试验方法	GB/T 5591.2—2002	IEC 60626-2：2009 MOD	2017/10/14	2018/5/1
15.14-3-137	15.14	31.060.70	K42	GB/T 6115.1—2008	电力系统用串联电容器　第 1 部分：总则	GB/T 6115.1—1998		2008/6/30	2009/4/1

15

序号	GW 分类	ICS 分类	GB 分类	标准号	中 文 名 称	代替标准	采用关系	发布日期	实施日期
15.14-3-138	15.14	17.160.47; 020.05	U05	GB/T 6383—2009	振动空蚀试验方法	GB/T 6383—1986		2009/3/9	2009/11/1
15.14-3-139	15.14	77.040.10	H22	GB/T 6398—2017	金属材料　疲劳试验　疲劳裂纹扩展方法	GB/T 6398—2000	ISO 12108：2012 MOD	2017/7/12	2018/4/1
15.14-3-140	15.14	25.220.20	A29	GB/T 6462—2005	金属和氧化物覆盖层厚度测量显微镜法	GB/T 6462—1986		2005/6/23	2005/12/1
15.14-3-141	15.14	71.040.30	G60	GB/T 6682—2008	分析实验室用水规格和试验方法	GB 6682—1992		2008/5/15	2008/11/1
15.14-3-142	15.14	29.035.99	K15	GB/T 7196—2012	用液体萃取测定电气绝缘材料离子杂质的试验方法	GB/T 7196—1987	IEC 60589：1977 IDT	2012/12/31	2013/6/1
15.14-3-143	15.14	77.040.10	H22	GB/T 7314—2017	金属材料　室温压缩试验方法	GB/T 7314—2005		2017/2/28	2017/11/1
15.14-3-144	15.14	17.160	N73	GB/T 7670—2009	电动振动发生系统（设备）性能特性	GB/T 7670—1987		2009/4/24	2009/12/1
15.14-3-145	15.14	77.040.20	H26	GB/T 7736—2008	钢的低倍缺陷超声波检验法	GB/T 7736—2001		2008/9/11	2009/5/1
15.14-3-146	15.14	29.035.30	K15	GB/T 8411.2—2008	陶瓷和玻璃绝缘材料　第2部分：试验方法	GB/T 8411.2—1987		2008/6/30	2009/4/1
15.14-3-147	15.14	17.120.10	N12	GB/T 9248—2008	不可压缩流体流量计性能评定方法	GB/T 9248—1988		2008/7/28	2009/2/1
15.14-3-148	15.14	31.100	L39	GB/T 9434—1988	过电压保护气体放电管测试方法			1988/6/23	1989/2/1
15.14-4-149	15.14	07.040	A75	CH/T 1021—2010	高程控制测量成果质量检验技术规程			2010/11/26	2011/1/1
15.14-4-150	15.14		A75	CH/T 1022—2010	平面控制测量成果质量检验技术规程			2010/11/26	2011/1/1
15.14-4-151	15.14	27.100	F25	DL/T 1476—2015	电力安全工器具预防性试验规程			2015/7/1	2015/12/1
15.14-4-152	15.14	27.100	G01	DL/T 1480—2015	水的氧化还原电位测量方法			2015/7/1	2015/12/1
15.14-4-153	15.14	27.100	K43	DL/T 1551—2016	六氟化硫气体中二氧化硫、硫化氢、氟化硫酸、氟化亚硫酸的测定方法—气质联用法			2016/1/7	2016/6/1
15.14-4-154	15.14	27.100	K43	DL/T 1553—2016	六氟化硫气体净化处理工作规程			2016/1/7	2016/6/1
15.14-4-155	15.14	29.240.99	K49	DL/T 1561—2016	避雷器监测装置校准规范			2016/1/7	2016/6/1
15.14-4-156	15.14	29.080.10	K48	DL/T 1581—2016	直流系统用盘形悬式瓷或玻璃绝缘子金属附件加速电解腐蚀试验方法			2016/2/5	2016/7/1
15.14-4-157	15.14	27.100	F24	DL/T 1607—2016	六氟化硫分解产物的测定红外光谱法			2016/8/16	2016/12/1
15.14-4-158	15.14	19.100	F24	DL/T 1715—2017	铝及铝合金制电力设备对接接头超声检测方法与质量分级	DL/T1715—2017		2017/8/2	2017/12/1
15.14-4-159	15.14	27.100	F23	DL/T 1719—2017	采用便携式布氏硬度计检验金属部件技术导则			2017/8/2	2017/12/1

15

序号	GW 分类	ICS 分类	GB 分类	标准号	中 文 名 称	代替标准	采用关系	发布日期	实施日期
15.14-4-160	15.14	29.240.01	F20	DL/T 1721—2017	电力电缆线路沿线土壤热阻系数测量方法			2017/8/2	2017/12/1
15.14-4-161	15.14			DL/T 2134—2020	电力用安全帽动态性能测试装置			2020/10/23	2021/2/1
15.14-4-162	15.14	93.020	P10	DL/T 5493—2014	电力工程基桩检测技术规程			2014/10/15	2015/3/1
15.14-4-163	15.14	27.100	K43	DL/T 639—2016	六氟化硫电气设备运行、试验及检修人员安全防护导则	DL/T 639—1997		2016/1/7	2016/6/1
15.14-4-164	15.14	77.040.20	N70；H26	DL/T 694—2012	高温紧固螺栓超声检测技术导则	DL/T 694—1999		2012/8/23	2012/12/1
15.14-4-165	15.14	77.040.01	F24	DL/T 786—2001	碳钢石墨化检验及评级标准			2001/10/8	2002/2/1
15.14-4-166	15.14			DL/T 2174—2020	电力安全工器具移动检测平台			2020/10/23	2021/2/1
15.14-4-167	15.14	17.220.20	N14	JB/T 10565—2006	工业过程测量和控制系统用动圈式指示仪性能评定方法	GB 3387—1992		2006/7/27	2006/10/11
15.14-4-168	15.14	19.1	J04	JB/T 13463—2018	无损检测 超声检测用斜入射试块的制作与检验方法			2018/4/30	2018/12/1
15.14-4-169	15.14	19.1	J04	JB/T 13466—2018	无损检测 接头熔深相控阵超声测定方法			2018/4/30	2018/12/1
15.14-4-170	15.14	29.035.99	K15	JB/T 3730—2015	电气绝缘用柔软复合材料耐热性能评定试验方法卷管检查电压法			2015/4/30	2015/10/1
15.14-4-171	15.14	19.100	J04	JB/T 6062—2007	无损检测焊缝渗透检测	JB 6062—1992		2007/8/1	2008/1/1
15.14-4-172	15.14	23.080	J71	JB/T 6882—2006	泵可靠性验证试验	JB/T 6882—1993		2006/10/14	2007/4/1
15.14-4-173	15.14	29.120.99	K14	JB/T 8632—2011	电触头材料电弧烧损试验方法指南	JB/T 8632—1997		2011/12/20	2012/4/1
15.14-4-174	15.14	29.080.10	K48	JB/T 9674—1999	超声波探测瓷件内部缺陷	JB 262—1986		1999/8/6	2000/1/1
15.14-4-175	15.14			JGJ/T 101—2015	建筑抗震试验规程			2015/2/5	2015/10/1
15.14-4-176	15.14		P31	JGJ/T 347—2014	建筑热环境测试方法标准			2014/7/31	2015/4/1
15.14-4-177	15.14	91.100.10	Q13	JGJ 52—2006	普通混凝土用砂、石质量及检验方法标准	JGJ 53—1992		2006/12/19	2007/6/1
15.14-4-178	15.14			JJF 1030—2010	恒温槽技术性能测试规范	JJF 1030—1998		2010/9/6	2011/3/6
15.14-4-179	15.14		N12	JJF 1183—2007	温度变送器校准规范	JJG 829—1993		2007/11/21	2008/5/21
15.14-4-180	15.14			JJF 1409—2013	表面温度计校准规范	JJG 364—1994		2013/5/13	2013/11/13
15.14-4-181	15.14			JJF 1637—2017	廉金属热电偶校准规范	JJG 351—1996		2017/9/26	2018/3/26
15.14-4-182	15.14		P41	JJG 1113—2015	水表检定装置检定规程	JJG 164—2000 中"水表检定装置"部分		2015/4/10	2015/10/10

15

序号	GW 分类	ICS 分类	GB 分类	标准号	中 文 名 称	代替标准	采用关系	发布日期	实施日期
15.14-4-183	15.14			JJG 141—2013	工作用贵金属热电偶	JJG 141—2000		2013/7/4	2014/1/4
15.14-4-184	15.14	17.120	A53	JJG 147—2017	标准金属布氏硬度块检定规程	JJG 147—2005		2017/2/28	2017/8/28
15.14-4-185	15.14		A53	JJG 148—2006	标准维氏硬度块检定规程	JJG 148—1991； JJG 335—1991； JJG 334 部分—1993		2006/12/8	2007/6/8
15.14-4-186	15.14		N71	JJG 150—2005	金属布氏硬度计检定规程	JJG 150—1990		2005/3/3	2005/9/3
15.14-4-187	15.14		A53	JJG 151—2006	金属维氏硬度计	JJG 151—1991； JJG 260—1991； JJG 334 部分—1993		2006/12/8	2007/6/8
15.14-4-188	15.14			JJG 155—2016	工作毛细管黏度计检定规程	JJG 155—1991		2016/6/27	2016/12/27
15.14-4-189	15.14			JJG 156—2016	架盘天平检定规程	JJG 156—2004		2016/11/25	2017/5/25
15.14-4-190	15.14			JJG 161—2010	标准水银温度计检定规程	JJG 161—1994； JJG 128—2003		2010/9/6	2011/3/6
15.14-4-191	15.14		A52	JJG 165—2005	钟罩式气体流量标准装置检定规程	JJG 165—1989		2005/3/3	2005/6/3
15.14-4-192	15.14		A54	JJG 186—1997	动圈式温度指示、指示位式调节仪表检定规程	JJG 187—1986； JJG 186—1989		1997/10/24	1998/5/1
15.14-4-193	15.14		A53	JJG 195—2002	连续累计自动衡器（皮带秤）检定规程	JJG 195—1979； JJG 560—1988； JJG 650—1990		2002/11/4	2003/5/4
15.14-4-194	15.14		A54	JJG 2003—1987	热电偶检定系统			1987/12/22	1988/10/1
15.14-4-195	15.14		A53	JJG 2004—1987	辐射测温仪检定系统			1987/12/22	1988/10/1
15.14-4-196	15.14		A53	JJG 2005—1987	布氏硬度计量器具检定系统			1987/12/22	1988/10/1
15.14-4-197	15.14		A57	JJG 2006—1996	肖式硬度（D 标尺）计量器具检定系统	JJG 2006—1987		1996/5/27	1997/1/1
15.14-4-198	15.14			JJG 2022—2009	真空计量器具计量检定系统表	JJG 2022—1989		2009/7/30	2010/1/30
15.14-4-199	15.14		A53	JJG 2023—1989	压力计量器具检定系统			1989/8/15	1990/5/1
15.14-4-200	15.14		A53	JJG 2024—1989	容量计量器具检定系统			1989/9/11	1990/7/1
15.14-4-201	15.14		A53	JJG 2025—1989	显微硬度计量器具检定系统			1989/9/11	1990/7/1
15.14-4-202	15.14		A55	JJG 2026—1989	维氏硬度计量器具检定系统			1989/9/11	1990/7/1
15.14-4-203	15.14			JJG 2053—2016	质量计量器具检定系统表	JJG 2053—2006		2016/11/25	2017/5/25

15

序号	GW 分类	ICS 分类	GB 分类	标准号	中 文 名 称	代替标准	采用关系	发布日期	实施日期
15.14-4-204	15.14		N12	JJG 2063—2007	液体流量计器具检定系统表检定规程	JJG 2063—1990		2007/11/21	2008/5/21
15.14-4-205	15.14			JJG 2064—2017	气体流量计量器具检定系统表	JJG 2064—1990		2017/2/28	2017/8/28
15.14-4-206	15.14		A53	JJG 2067—1990	金属洛氏硬度计量器具检定系统			1990/9/7	1991/2/1
15.14-4-207	15.14		A52	JJG 2068—1990	金属表面洛氏硬度计量器具检定系统			1990/9/7	1991/2/1
15.14-4-208	15.14			JJG 2070—2009	（150～2500）MPa 压力计量器具计量检定系统表	JJG 2070—1990		2009/7/30	2010/1/30
15.14-4-209	15.14			JJG 229—2010	工业铂、铜热电阻检定规程	JJG 229—1998		2010/9/6	2011/3/6
15.14-4-210	15.14		A53	JJG 261—1981	标准压缩式真空计检定规程			1981/7/20	1982/11/1
15.14-4-211	15.14		A54	JJG 285—1993	带时间比例、比例积分微分作用的动圈式温度指示调节仪表	JJG 285—1982		1993/6/4	1993/12/1
15.14-4-212	15.14	17.160；17.080	A57	JJG 326—2006	转速标准装置检定规程	JJG 326—1983		2006/3/8	2006/9/8
15.14-4-213	15.14		A54	JJG 350—1994	标准套管铂电阻温度计	JJG 350—1984		1993/11/27	1994/6/1
15.14-4-214	15.14		A54	JJG 368—2000	工作用铜-铜镍热电偶检定规程	JJG 368—1984		2000/7/9	2000/9/15
15.14-4-215	15.14			JJG 461—2010	靶式流量计检定规程	JJG 461—1986		2010/1/5	2010/7/5
15.14-4-216	15.14			JJG 49—2013	弹性元件式精密压力表和真空表检定规程	JJG 49—1999		2013/6/27	2013/12/27
15.14-4-217	15.14		A53	JJG 540—1988	工作用液体压力计试行检定规程			1988/3/21	1988/12/1
15.14-4-218	15.14		A54	JJG 617—1996	数字温度指示调节仪检定规程	JJG 617—1989		1996/9/12	1997/4/1
15.14-4-219	15.14		A53	JJG 624—2005	动态压力传感器检定规程	JJG 624—1989		2005/12/20	2006/6/20
15.14-4-220	15.14		A55	JJG 684—2003	表面铂热电阻	JJG 684—1990		2003/5/12	2003/11/12
15.14-4-221	15.14		A52	JJG 704—2005	焊接检验尺检定规程	JJG 704—1990		2005/3/3	2005/9/3
15.14-4-222	15.14		A54	JJG 75—1995	标准铂铑 10—铂热电偶	JJG 75—1982		1995/7/5	1995/12/1
15.14-4-223	15.14			JJG 858—2013	标准铑铁电阻温度计检定规程	JJG 858—1994		2013/5/13	2013/11/13
15.14-4-224	15.14			JJG 860—2015	压力传感器（静态）检定规程	JJG 860—1994		2015/1/30	2015/7/30
15.14-4-225	15.14		A54	JJG 874—2007	温度指示控制仪检定规程	JJG 874—1994		2007/2/28	2007/8/28
15.14-4-226	15.14		A53	JJG 875—2005	数字压力计检定规程	JJG 875—1994		2005/12/20	2006/6/20
15.14-4-227	15.14		A53	JJG 882—2004	压力变送器检定规程	JJG 882—1994		2004/6/4	2004/12/1

15

序号	GW 分类	ICS 分类	GB 分类	标准号	中 文 名 称	代替标准	采用关系	发布日期	实施日期
15.14-4-228	15.14			JJG 926—2015	记录式压力表、压力真空表和真空表检定规程	JJG 926—1997		2015/1/30	2015/7/30
15.14-4-229	15.14	29.2	K81	NB/T 33008.1—2018	电动汽车充电设备检验试验规范　第1部分：非车载充电机	NB/T 33008.1—2013		2018/12/25	2019/5/1
15.14-4-230	15.14	29.2	K81	NB/T 33008.2—2018	电动汽车充电设备检验试验规范　第2部分：交流充电桩	NB/T 33008.2—2013		2018/12/25	2019/5/1
15.14-4-231	15.14	25.160.10	J33	NB/T 47016—2011	承压设备产品焊接试件的力学性能检验	JB 4744—2000		2011/7/1	2011/10/1
15.14-4-232	15.14	13.080.05	B11	SL 342—2006	水土保持监测设施通用技术条件			2006/9/9	2006/10/1
15.14-5-233	15.14	29.120.20	K31	ANSI EIA-364-100 A—2012	电气连接器和插座标记永久性的试验规程	ANSI EIA 364-100—1999		2012/1/1	2012/1/1
15.14-5-234	15.14	29.120.20	L23	ANSI EIA-364-45 C—2012	电连接器防火墙焰火试验规程	ANSI EIA 364-45 B—2011		2012/1/1	2012/1/1
15.14-5-235	15.14	29.120.20		ANSI EIA-364-46 C—2012	包括环境分类的电气连接器/插座试验规程	ANSI EIA 364-46 B—2006		2012/1/1	2012/1/1
15.14-5-236	15.14			ANSI/ESD STM11.13—2018	以直流磁导计和冲击强力试验方法测定材料直流磁性能的标准试验方法	ANSI ESD STM 11.13—2004		2018/6/15	2018/6/15
15.14-5-237	15.14			ASTM A 1013-00	耐电涌试验规程	ASTM A 1013—2005		2001/1/1	2001/1/1
15.14-5-238	15.14			ASTM A341/A341M-16	用伏特计、安培计和瓦特计测定可控温度下软磁芯部件的高频（10kHz～1MHz）磁芯损耗的标准试验方法	ASTM A 341 M—2011；ASTM A 341 M E 1—2011		2016/5/1	2016/5/1
15.14-5-239	15.14			ASTM A697/A697M-13（2018）	伏特计—安培计—瓦特计测定叠层铁芯样品交流电磁特性的标准试验方法	ASTM A 697 M—2008		2018/6/1	2018/6/1
15.14-5-240	15.14			ASTM A772/A772M-00（2016）	正弦电流用材料的交流磁导率的标准试验方法	ASTM A 772 M—2011		2016/4/1	2016/4/1
15.14-5-241	15.14			ASTM A927/A927M-18	使用伏特计—电流计—瓦特计方法的环形铁芯交流磁性能的标准试验方法	ASTM A 927 M—2011		2018/5/1	2018/5/1
15.14-5-242	15.14	17.220.20（Measurement of electrical and magnetic）	K04	ASTM B497-00（2012）	闭合跳火触点上电压降测量标准规范	ASTM B 497—2006		2000/1/1	2000/1/1
15.14-5-243	15.14			ASTM B794-97（2015）	使用电阻测量的可拆式电气连接器系统耐磨损测试用标准试验方法	ASTM B 794—2009		2015/5/1	2015/5/1

15

序号	GW 分类	ICS 分类	GB 分类	标准号	中 文 名 称	代替标准	采用关系	发布日期	实施日期
15.14-5-244	15.14			ASTM D1676-17	带绝缘薄膜的磁性导线的标准测试方法	ASTM D 1676—2011		2017/12/1	2017/12/1
15.14-5-245	15.14			ASTM D876-13	电气绝缘用非刚性氯乙烯高聚物管材的试验方法	ANSI ASTM D 876—2009		2013/11/1	2013/11/1
15.14-5-246	15.14			ASTM E1606-15	电气用回火铜杆的电磁（涡流）检验用标准实施规程	ASTM E 1606—2009		2016/1/1	2016/1/1
15.14-5-247	15.14			ASTM F2249-20	断电电源线和设备用临时接地跨接组件的运行中试验方法的标准规范	ASTM F 2249—2009		2020/9/1	2020/9/1
15.14-5-248	15.14	29.060.10	K12	IEC 60851-5：2011	绕组线测试方法 第 5 部分：电气性能	IEC 60851-5：2008		2011/8/1	2011/8/1
15.14-5-249	15.14	31.160		IEC 60939-3：2015	抑制电磁干扰用无源滤波装置 第 3 部分：安全试验适用的无源滤波装置 第 1.0 版			2015/8/12	2015/8/12
15.14-5-250	15.14	17.220.20；29.240	K04	IEC 62110：2009	交流电系统产生的电场和磁场有关公众照射量的测量程序	IEC 106/177/FDIS：2009		2009/8/31	2009/8/31
15.14-5-251	15.14	29.130.10	K43	IEC/TR 62271-310：2008	高压开关设备和控制设备 第 310 部分：额定电压 52kV 断路器的电气耐久性测试	IEC/TR 62271-310：2004；IEC 17 A/803/DTR：2007		2008/3/27	2008/3/27
15.14-5-252	15.14	27.070		IEC 62282-3-200：2015	燃料电池工艺 第 3-200 部分：固定燃料电池电源系统性能试验方法	IEC 62282-3-200：2011		2015/11/19	2015/11/19
15.14-5-253	15.14	27.070		IEC 62282-3-201：2017	燃料电池技术 第 3-201 部分：固定燃料	IEC 62282-3-201：2013		2017/8/10	2017/8/10
15.14-5-254	15.14	19.080	K04	IEC 62475：2010	大电流试验技术试验电流和测量系统用定义和需求	IEC 42/278/FDIS：2010		2010/9/29	2010/9/29
15.14-5-255	15.14	31.060.99		IEC 62576：2018	混合动力电动车用双层电容器 电特性的试验方法	IEC 62576：2009		2018/2/1	2018/2/1
15.14-5-256	15.14	29.020	F21	IEEE 1303：2011	静态变量补偿器现场测试指南	IEEE 1303—1994		2011/8/26	2011/8/26
15.14-5-257	15.14			IEEE C57.12.37：2015	配电变压器试验数据的电子报告	IEEE C57.12.37—2006		2015/9/3	2015/9/3
15.14-5-258	15.14	25.160.40	J33	ISO 11666：2010	焊接点无损检测超声波探伤法验收标准	ISO FDIS 11666：2010		2010/12/15	2010/12/15
15.14-6-259	15.14			T/CEC 355—2020	变压器用压力释放阀校准规范			2020/6/30	2020/10/1
15.14-6-260	15.14			T/CEC 376—2020	柔性直流换流站交流耗能装置试验规程			2020/10/28	2021/2/1

15

16 安全与环保

16.1 安全与环保-基础综合

序号	GW分类	ICS分类	GB分类	标准号	中 文 名 称	代替标准	采用关系	发布日期	实施日期
16.1-2-1	16.1	29.240		Q/GDW 10248.8—2016	输变电工程建设标准强制性条文实施管理规程 第8部分：输变电工程安全	Q/GDW 248.8—2008		2016/12/22	2016/12/22
16.1-2-2	16.1	29.020		Q/GDW 10343.3—2020	国家电网公司安全设施标准 第3部分：火电厂			2021/1/29	2021/1/29
16.1-2-3	16.1	29.240		Q/GDW 10343.7—2020	国家电网公司安全设施标准 第7部分：通用航空			2021/1/29	2021/1/29
16.1-2-4	16.1	29.240		Q/GDW 10343.8—2020	国家电网公司安全设施标准 第8部分：后勤物业			2021/1/29	2021/1/29
16.1-2-5	16.1	29.020		Q/GDW 10366—2016	330kV～750kV变电站安全性评价标准	Q/GDW 366—2009		2016/12/28	2016/12/28
16.1-2-6	16.1	29.240		Q/GDW 11436—2015	国家电网公司水电工程建设安全管理规范			2016/5/20	2016/5/20
16.1-2-7	16.1	29.020		Q/GDW 11534—2020	水电基建项目安全性评价规范			2021/1/29	2021/1/29
16.1-2-8	16.1	29.020		Q/GDW 11535—2016	国家电网公司电工制造企业安全性评价标准			2016/12/28	2016/12/28
16.1-2-9	16.1	29.020		Q/GDW 11536—2016	国家电网公司电力施工企业安全性评价标准			2016/12/28	2016/12/28
16.1-2-10	16.1	13.200		Q/GDW 11607—2016	国家电网公司直属产业和集体企业安全监督检查规范			2017/5/26	2017/5/26
16.1-2-11	16.1	13.100		Q/GDW/Z 11610—2016	生物质发电厂安全性评价规范			2017/5/26	2017/5/26
16.1-2-12	16.1	29.240		Q/GDW 11710—2017	县供电企业安全性评价规范			2018/4/12	2018/4/12
16.1-2-13	16.1	29.240		Q/GDW 11713—2017	水力发电厂安全性评价规范			2018/4/12	2018/4/12
16.1-2-14	16.1	29.240		Q/GDW 1434.6—2013	国家电网公司安全设施标准 第6部分：装备制造业			2014/5/15	2014/5/15
16.1-2-15	16.1	29.020		Q/GDW 434.1—2010	国家电网公司安全设施标准 第1部分：变电			2010/3/18	2010/3/18
16.1-2-16	16.1	29.020		Q/GDW 434.2—2010	国家电网公司安全设施标准 第2部分：电力线路			2010/3/18	2010/3/18
16.1-2-17	16.1	29.020		Q/GDW 434.4—2012	国家电网公司安全设施标准 第4部分：水电厂			2012/8/27	2012/8/27
16.1-2-18	16.1	29.020		Q/GDW 434.5—2012	国家电网公司安全设施标准 第5部分：煤矿			2012/8/27	2012/8/27
16.1-3-19	16.1	13.180	A25	GB/T 13547—1992	工作空间人体尺寸			1992/7/2	1993/4/1

16

序号	GW 分类	ICS 分类	GB 分类	标准号	中 文 名 称	代替标准	采用关系	发布日期	实施日期
16.1-3-20	16.1	13.310	A91	GB/T 15408—2011	安全防范系统供电技术要求	GB/T 15408—1994		2011/6/16	2011/12/1
16.1-3-21	16.1	13.200	C67	GB 15603—1995	常用化学危险品贮存通则			1995/7/26	1996/2/1
16.1-3-22	16.1	13.110	J09	GB/T 16755—2015	机械安全安全标准的起草与表述规则	GB/T 16755—2008	ISO GUIDE 78：2012	2015/12/10	2016/7/1
16.1-3-23	16.1			GB/T 16855.2—2015	机械安全控制系统安全相关部件 第 2 部分：确认	GB/T 16855.2—2007		2015/12/10	2016/7/1
16.1-3-24	16.1	13.110	J09	GB/T 16856—2015	机械安全风险评估实施指南和方法举例	GB/T 16856.2—2008；GB/T 16856—1997		2015/12/10	2016/7/1
16.1-3-25	16.1	13.260；29.020；91.140.50	K09；C67；Q77	GB/T 17045—2020	电击防护装置和设备的通用部分	GB/T 17045—2008	IEC 61140：2016	2020/3/31	2020/10/1
16.1-3-26	16.1	29.020	K09	GB 17285—2009	电气设备电源特性的标记安全要求	GB 17285—1998		2009/5/6	2010/2/1
16.1-3-27	16.1	91.120.25	P15	GB 17741—2005	工程场地地震安全性评价宣贯教材			2005/3/28	2005/10/1
16.1-3-28	16.1	29.020；13.110	J09	GB 18209.1—2010	机械电气安全指示、标志和操作 第 1 部分：关于视觉、听觉和触觉信号的要求	GB 18209.1—2000		2011/1/14	2011/12/1
16.1-3-29	16.1	29.020；13.110	J09	GB 18209.2—2010	机械电气安全指示、标志和操作 第 2 部分：标志要求	GB 18209.2—2000		2011/1/14	2011/12/1
16.1-3-30	16.1	29.020；13.110	J09	GB 18209.3—2010	机械电气安全指示、标志和操作 第 3 部分：操动器的位置和操作的要求	GB 18209.3—2002		2011/1/14	2011/12/1
16.1-3-31	16.1	13.110	J09	GB/T 18831—2010	机械安全带防护装置的联锁装置设计和选择原则	GB/T 18831—2002		2010/8/9	2010/12/31
16.1-3-32	16.1	13.280	F73	GB 18871—2002	电离辐射防护与辐射源安全基本标准	GB 4792—1984；GB 8703—1988		2002/10/8	2003/4/1
16.1-3-33	16.1	71.040	G04	GB/Z 20288—2006	电子电气产品中有害物质检测样品拆分通用要求			2006/6/20	2006/12/1
16.1-3-34	16.1	29.030	R09	GB/T 24612.1—2009	电气设备应用场所的安全要求 第 1 部分：总则			2009/11/15	2010/5/1
16.1-3-35	16.1	29.030	R09	GB/T 24612.2—2009	电气设备应用场所的安全要求 第 2 部分：在断电状态下操作的安全措施			2009/11/15	2010/5/1
16.1-3-36	16.1	25.160.30	J64	GB/T 25313—2010	焊接设备电磁场检测与评估准则			2010/11/10	2011/5/1
16.1-3-37	16.1	01.080.01	A22；C65	GB/T 26443—2010	安全色和安全标志安全标志的分类、性能和耐久性			2011/1/14	2011/8/1
16.1-3-38	16.1	13.020.10	Z00	GB/T 26450—2010	环境管理环境信息交流指南和示例		ISO 14063：2006 IDT	2011/1/14	2011/6/1

16

序号	GW 分类	ICS 分类	GB 分类	标准号	中 文 名 称	代替标准	采用关系	发布日期	实施日期
16.1-3-39	16.1			GB/T 27476.1—2014	检测实验室安全 第1部分：总则			2014/12/5	2014/12/15
16.1-3-40	16.1	13.100	C78	GB/T 27476.2—2014	检测实验室安全 第2部分：电气因素			2014/12/5	2014/12/15
16.1-3-41	16.1	13.100	C78	GB/T 27476.3—2014	检测实验室安全 第3部分：机械因素			2014/12/5	2014/12/15
16.1-3-42	16.1	13.100	C78	GB/T 27476.4—2014	检测实验室安全 第4部分：非电离辐射因素			2014/12/5	2014/12/15
16.1-3-43	16.1	13.100	C78	GB/T 27476.5—2014	检测实验室安全 第5部分：化学因素			2014/12/5	2014/12/15
16.1-3-44	16.1	13.110	J09	GB/T 30174—2013	机械安全术语			2013/12/17	2014/10/1
16.1-3-45	16.1	13.110	J09	GB/T 30175—2013	机械安全应用 GB/T 16855.1 和 GB 28526 设计安全相关控制系统的指南			2013/12/17	2014/10/1
16.1-3-46	16.1	13.100	N09	GB/Z 30249—2013	测量、控制和实验室用电气设备的安全要求 GB 4793 的符合性验证报告的编写规程			2013/12/31	2014/7/1
16.1-3-47	16.1	13.020.50	K04	GB/Z 30374—2013	电子电气产品中限用物质评价指南		IEC/TR 62476：2010 IDT	2013/12/31	2015/3/1
16.1-3-48	16.1	13.100	C78	GB/T 33000—2016	企业安全生产标准化基本规范			2016/12/13	2017/4/1
16.1-3-49	16.1	27.100	K09	GB/T 36291.1—2018	电力安全设施配置技术规范 第1部分：变电站			2018/6/7	2019/1/1
16.1-3-50	16.1	27.100	K09	GB/T 36291.2—2018	电力安全设施配置技术规范 第2部分：线路			2018/6/7	2019/1/1
16.1-3-51	16.1	03.100.01	A90	GB/T 38209—2019	公共安全 演练指南		ISO 22398：2013	2019/10/18	2020/4/1
16.1-3-52	16.1	13.200	A90	GB/T 38217—2019	公共安全 建立合作约定指南		ISO 22397：2014 IDT	2019/10/18	2020/4/1
16.1-3-53	16.1	13.200	A90	GB/T 38299—2019	公共安全 业务连续性管理体系 供应链连续性指南		ISO 22318：2015	2019/12/10	2020/6/1
16.1-3-54	16.1			GB/T 50927—2013	大中型水电工程建设风险管理规范			2013/11/1	2014/6/1
16.1-3-55	16.1	29.140.40; 93.080.30	K72	GB 7000.17—2003	限制表面温度灯具安全要求			2003/9/1	2004/2/1
16.1-4-56	16.1	13.100	A09	AQ 8001—2007	安全评价通则			2007/1/4	2007/4/1
16.1-4-57	16.1	13.100	A90	AQ 8002—2007	安全预评价导则			2007/4/1	2007/4/1
16.1-4-58	16.1	13.100	A90	AQ 8003—2007	安全验收评价导则			2007/1/4	2007/4/1
16.1-4-59	16.1	13.320	A91	AQ 9003.2—2008	企业安全生产网络化监测系统技术规范 第2部分：危险场所网络化监测系统集成技术规范			2008/11/19	2009/1/1
16.1-4-60	16.1	13.100	C78	AQ/T 9006—2010	企业安全生产标准化基本规范			2010/4/15	2010/6/1
16.1-4-61	16.1	27.100	F20	DL/T 1004—2018	电力企业管理体系整合导则	DL/T 1004—2006		2018/6/6	2018/10/1
16.1-4-62	16.1			DL/T 2072—2019	电网企业安全风险预控体系建设导则			2019/11/4	2020/5/1

16

序号	GW 分类	ICS 分类	GB 分类	标准号	中 文 名 称	代替标准	采用关系	发布日期	实施日期
16.1-4-63	16.1	13.1	F09	DL/T 518.1—2016	电力生产事故分类与代码 第1部分:人身事故	DL/T 518.1—1993; DL/T 518.2—1993; DL/T 518.3—1993		2016/8/16	2016/12/1
16.1-4-64	16.1	13.0	F09	DL/T 518.2—2016	电力生产事故分类与代码 第2部分:设备事故	DL/T 518.4—1993; DL/T 518.5—1993; DL/T 518.2—1993		2016/8/16	2016/12/1
16.1-4-65	16.1	27.140	P59	DL/T 5259—2010	土石坝安全监测技术规范			2011/1/9	2011/5/1
16.1-4-66	16.1	93.020	P10	DL/T 5494—2014	电力工程场地地震安全性评价规程			2014/10/15	2015/3/1
16.1-5-67	16.1	29.060.20		UL 1581—2011	电线、电缆和软线的安全参考标准	ANSI UL 1581—2008; ANSI UL 1581—2009		2011/4/14	2011/4/14
16.1-5-68	16.1	29.060.20	K13	UL 2250—2017	仪器仪表装置用盘式电缆的安全标准	ANSI UL 2250—2006		2017/3/30	2017/3/30
16.1-5-69	16.1	29.180		UL 5085-1—2013	低压变压器安全标准 第1部分:通用要求	ANSI UL 5085-1—2006		2013/12/6	2013/12/6
16.1-5-70	16.1	29.180		UL 5085-2—2011	低压变压器安全标准 第2部分:一般用途变压器	ANSI UL 5085-2—2006		2011/5/4	2011/5/4
16.1-5-71	16.1	29.120.20	L24	ANSI UL 514 B—2012	导线管、管道和电缆配件用安全性标准	ANSI UL 514 B—2007; ANSI UL 514 B—2009		2012/7/13	2012/7/13
16.1-5-72	16.1	13.200; 13.260; 29.020		IEC/TR 60479-4:2011	电流对人和家畜的影响 第4部分:雷击对人和家畜的影响	IEC/TR 60479-4:2004; IEC 64/1772/DTR:2011		2011/10/1	2011/10/1
16.1-5-73	16.1	29.180	K41	IEC 61558-1:2009	电力变压器、电源、电抗器及类似设备的安全性 第1部分:一般要求和试验			2009/4/1	2009/4/1
16.1-5-74	16.1	27.100	F21	IEEE 1402—2000	变电站的物理和电子安全指南			2000/1/30	2000/1/30
16.1-5-75	16.1	13.020.10	Z04	ISO 14031:2013	环境管理 环境表现评价指南	ISO 14031:1999; ISO FDIS 14031:2013		2013/8/1	2013/8/1
16.1-5-76	16.1	13.220.20	C81	ISO 7240-14:2013	火灾探测和报警系统 第14部分:建筑物中和周围火灾探测和火灾报警系统的设计、安装、调试和服务	ISO/TR 7240-14:2003; ISO/FDIS 7240-14:2013		2013/8/1	2013/8/1

16.2 安全与环保-作业安全

序号	GW 分类	ICS 分类	GB 分类	标准号	中 文 名 称	代替标准	采用关系	发布日期	实施日期
16.2-2-1	16.2	29.240		Q/GDW 10162—2016	杆塔作业防坠落装置	Q/GDW 162—2007		2017/6/16	2017/6/16
16.2-2-2	16.2	29.240		Q/GDW 10799.4—2016	国家电网公司电力安全工作规程 第4部分:生物质电厂动力部分			2017/5/26	2017/5/26

16

序号	GW分类	ICS分类	GB分类	标准号	中 文 名 称	代替标准	采用关系	发布日期	实施日期
16.2-2-3	16.2	29.240		Q/GDW 10799.5—2017	国家电网公司电力安全工作规程 第5部分：风电场			2018/4/12	2018/4/12
16.2-2-4	16.2	29.240		Q/GDW 10908—2016	直升机电力作业安全工作规程			2017/5/26	2017/5/26
16.2-2-5	16.2	29.240		Q/GDW 11089—2013	特高压交直流架空输电线路带电作业操作导则			2014/9/1	2014/9/1
16.2-2-6	16.2	29.240		Q/GDW 11121—2013	电力缺氧危险作业监测技术规范			2014/5/15	2014/5/15
16.2-2-7	16.2	29.240		Q/GDW 11370—2015	国家电网公司电工制造安全工作规程			2015/4/10	2015/4/10
16.2-2-8	16.2	29.240		Q/GDW 11399—2015	架空输电线路无人机巡检作业安全工作规程			2015/11/7	2015/11/7
16.2-2-9	16.2	29.240		Q/GDW 11609—2016	水电站"五系统一中心"安全监控建设导则			2017/5/26	2017/5/26
16.2-2-10	16.2			Q/GDW 11739—2017	国家电网有限公司作业安全体感实训室功能及建设规范			2018/7/11	2018/7/11
16.2-2-11	16.2	35.020		Q/GDW 11807—2018	信息通信及电力监控安全性评价规范			2019/3/8	2019/3/8
16.2-2-12	16.2	29.240		Q/GDW 11808.1—2018	电网安全性评价规范 第1部分：输电网			2019/3/8	2019/3/8
16.2-2-13	16.2	29.240		Q/GDW 11808.2—2018	电网安全性评价规范 第2部分：城市电网			2019/3/8	2019/3/8
16.2-2-14	16.2	29.240		Q/GDW 11887—2018	风电场安全性评价规范			2020/4/17	2020/4/17
16.2-2-15	16.2			Q/GDW 12154—2021	电力安全工器具试验检测中心建设规范			2021/9/17	2021/9/17
16.2-2-16	16.2			Q/GDW 1799.1—2013	电力安全工作规程（变电部分）			2013/11/6	2013/11/6
16.2-2-17	16.2			Q/GDW 1799.2—2013	电力安全工作规程（线路部分）			2013/11/6	2013/11/6
16.2-2-18	16.2	29.240		Q/GDW 1799.3—2015	国家电网公司电力安全工作规程 第3部分：水电厂动力部分			2015/4/10	2015/4/10
16.2-2-19	16.2	29.020		Q/GDW 710—2012	10kV电缆线路不停电作业技术导则			2012/2/14	2012/2/14
16.2-3-20	16.2	53.060	J83	GB 10827.5—2013	工业车辆安全要求和验证 第5部分：步行式车辆			2013/12/31	2014/7/1
16.2-3-21	16.2	23.140	J72	GB 10892—2005	固定的空气压缩机安全规则和操作规程	GB 10892—1989		2005/8/31	2006/8/1
16.2-3-22	16.2	13.260	C66	GB 12158—2006	防止静电事故通用导则	GB 12158—1990		2006/6/22	2006/12/1
16.2-3-23	16.2	91.140.50	K09	GB 14050—2008	系统接地的型式及安全技术要求	GB 14050—1993；GB 14050 E—1993		2008/9/24	2009/8/1
16.2-3-24	16.2	13.230	C67	GB/T 15577—2007	粉尘防爆安全规程	GB 15577—1995		2007/6/26	2008/2/1
16.2-3-25	16.2	13.230	C67	GB 16543—2008	高炉喷吹烟煤系统防爆安全规程	GB 16543—1996		2008/4/22	2008/11/1

16

序号	GW 分类	ICS 分类	GB 分类	标准号	中　文　名　称	代替标准	采用关系	发布日期	实施日期
16.2-3-26	16.2	13.340.40	K15	GB/T 17622—2008	带电作业用绝缘手套	GB 17622—1998		2008/9/24	2009/8/1
16.2-3-27	16.2	13.260；25.140	F20	GB/T 18269—2008	交流 1kV、直流 1.5kV 及以下电压等级带电作业用绝缘手工工具	GB 18269—2000		2008/9/24	2009/8/1
16.2-3-28	16.2	53.020.20	J80	GB/T 23723.1—2009	起重机安全使用　第 1 部分：总则			2009/4/24	2010/1/1
16.2-3-29	16.2	13.340.99	C73	GB/T 24537—2009	坠落防护带柔性导轨的自锁器			2009/10/30	2010/9/1
16.2-3-30	16.2	13.340.99	C73	GB/T 24538—2009	坠落防护缓冲器			2009/10/30	2010/9/1
16.2-3-31	16.2	13.340.99	C73	GB 24542—2009	坠落防护带刚性导轨的自锁器			2009/10/30	2010/9/1
16.2-3-32	16.2	13.340.99	C73	GB 24543—2009	坠落防护安全绳			2009/10/30	2010/9/1
16.2-3-33	16.2	13.340.99	C73	GB 24544—2009	坠落防护速差自控器			2009/10/30	2010/9/1
16.2-3-34	16.2	25.160.30	J64	GB/T 25312—2010	焊接设备电磁场对操作人员影响程度的评价准则			2010/11/10	2011/5/1
16.2-3-35	16.2	27.100	K09	GB 26164.1—2010	电业安全工作规程　第 1 部分：热力和机械			2011/1/14	2011/12/1
16.2-3-36	16.2	29.020	K09	GB 26859—2011	电力安全工作规程电力线路部分			2011/7/29	2012/6/1
16.2-3-37	16.2	29.020	K09	GB 26860—2011	电力安全工作规程发电厂和变电站电气部分			2011/7/29	2012/6/1
16.2-3-38	16.2	29.020	K09	GB 26861—2011	电力安全工作规程高压试验室部分			2011/7/29	2012/6/1
16.2-3-39	16.2	53.060	J83	GB/T 26949.4—2016	工业车辆稳定性验证　第 4 部分：托盘堆垛车、双层堆垛车和操作者位置起升高度不大于 1200mm 的拣选车	GB/T 21468—2008		2016/10/13	2017/5/1
16.2-3-40	16.2	53.060	J83	GB/T 26949.7—2016	工业车辆稳定性验证　第 7 部分：两向和多向运行叉车	GB/T 22420—2008	ISO 22915-7：2009	2016/10/13	2017/5/1
16.2-3-41	16.2	53.060	J83	GB/T 26949.8—2016	工业车辆稳定性验证　第 8 部分：在门架前倾和载荷起升条件下堆垛作业的附加稳定性试验	GB/T 21467—2008	ISO 22915-8：2008	2016/10/13	2017/5/1
16.2-3-42	16.2	53.060	J83	GB/T 26949.11—2016	工业车辆稳定性验证　第 11 部分：伸缩臂式叉车			2016/10/13	2017/5/1
16.2-3-43	16.2	53.060	J83	GB/T 26949.14—2016	工业车辆稳定性验证　第 14 部分：越野型伸缩臂式叉车		ISO 22915-14：2010	2016/10/13	2017/5/1
16.2-3-44	16.2	53.060	J83	GB/T 26949.20—2016	工业车辆稳定性验证　第 20 部分：在载荷偏置条件下作业的附加稳定性试验		ISO 22915-20：2008	2016/10/13	2017/5/1
16.2-3-45	16.2	53.060	J83	GB/T 26949.21—2016	工业车辆稳定性验证　第 21 部分：操作者位置起升高度大于 1200mm 的拣选车		ISO 22915-21：2009	2016/10/13	2017/5/1

16

序号	GW 分类	ICS 分类	GB 分类	标准号	中 文 名 称	代替标准	采用关系	发布日期	实施日期
16.2-3-46	16.2	29.260.20	K35	GB/T 29304—2012	爆炸危险场所防爆安全导则			2012/12/31	2013/6/1
16.2-3-47	16.2	33.100.20	J83	GB/T 30031—2013	工业车辆电磁兼容性		EN 12895—2000 IDT	2013/11/27	2014/2/28
16.2-3-48	16.2	53.060	C73	GB 30862—2014	坠落防护挂点装置			2014/7/24	2015/6/1
16.2-3-49	16.2	13.340.99	J80	GB/T 34025—2017	施工升降机用齿轮渐进式防坠安全器			2017/7/12	2018/2/1
16.2-3-50	16.2	91.140.90		GB/T 34542.1—2017	氢气储存输送系统 第1部分：通用要求			2017/10/14	2018/5/1
16.2-3-51	16.2	27.180		GB/T 34570.1—2017	电动工具用可充电电池包和充电器的安全 第1部分：电池包的安全			2017/9/29	2018/4/1
16.2-3-52	16.2	25.140.20		GB/T 34570.2—2017	电动工具用可充电电池包和充电器的安全 第2部分：充电器的安全			2017/9/29	2018/4/1
16.2-3-53	16.2	13.20013.230	A90	GB/T 37521.1—2019	重点场所防爆炸安全检查 第1部分：基础条件			2019/6/4	2019/12/1
16.2-3-54	16.2	13.200	A90	GB/T 37521.2—2019	重点场所防爆炸安全检查 第2部分：能力评估			2019/6/4	2019/12/1
16.2-3-55	16.2	13.230	A90	GB/T 37521.3—2019	重点场所防爆炸安全检查 第3部分：规程			2019/6/4	2019/12/1
16.2-3-56	16.2	13.200	A90	GB/T 37522—2019	爆炸物安全检查与处置 通用术语			2019/6/4	2019/12/1
16.2-3-57	16.2	13.230	K64	GB/T 3787—2017	手持式电动工具的管理、使用、检查和维修安全技术规程	GB/T 3787—2006		2017/7/12	2018/2/1
16.2-3-58	16.2	29.260.20	K35	GB 3836.4—2010	爆炸性环境 第04部分：由本质安全型"i"保护的设备	GB 3836.4—2000；GB 3836.4 E—2000		2010/8/9	2011/8/1
16.2-3-59	16.2	29.260.20	K35	GB/T 3836.11—2017	爆炸性环境 第11部分：气体和蒸气物质特性分类 试验方法和数据	GB/T 3836.11—2008；GB/T 3836.12—2008	IEC 60079-20-1: 2010 IDT	2017/12/29	2018/7/1
16.2-3-60	16.2	225.140.20	64	GB 3883.1—2014	手持式、可移式电动工具和园林工具的安全 第1部分：通用要求	GB 13960.1—2008；GB 3883.1—2008		2014/12/5	2015/10/16
16.2-3-61	16.2	13.100	C68	GB 4053.1—2009	固定式钢梯及平台安全要求 第1部分：钢直梯	GB 4053.1—1993		2009/3/31	2009/12/1
16.2-3-62	16.2	13.100	C68	GB 4053.2—2009	固定式钢梯及平台安全要求 第2部分：钢斜梯	GB 4053.2—1993		2009/3/31	2009/12/1
16.2-3-63	16.2	13.100	C68	GB 4053.3—2009	固定式钢梯及平台安全要求 第3部分：工业防护栏杆及钢平台	GB 4053.3—1993		2009/3/31	2009/12/1
16.2-3-64	16.2			GB 50656—2011	施工企业安全生产管理规范			2011/7/26	2012/4/1
16.2-3-65	16.2	53.020.20	J80	GB/T 5082—2019	起重机 手势信号		ISO 16715: 2014	2019/12/10	2020/7/1
16.2-3-66	16.2	29.200	K85	GB 7260.1—2008	不间断电源设备（UPS） 第1-1部分：操作人员触及区使用的UPS的一般规定和安全要求			2008/5/20	2009/4/1

16

序号	GW分类	ICS分类	GB分类	标准号	中文名称	代替标准	采用关系	发布日期	实施日期
16.2-3-67	16.2	29.200	K85	GB 7260.4—2008	不间断电源设备（UPS） 第1-2部分：限制触及区使用的UPS的一般规定和安全要求			2008/5/20	2009/4/1
16.2-3-68	16.2	13.310	A91	GB/T 7946—2015	脉冲电子围栏及其安装和安全运行			2015/5/15	2015/12/1
16.2-3-69	16.2	13.110	J09	GB/T 8196—2018	机械安全 防护装置 固定式和活动式防护装置的设计与制造一般要求	GB/T 8196—2003	ISO 14120：2015	2018/12/28	2019/7/1
16.2-3-70	16.2	13.100	C71	GB 8958—2006	缺氧危险作业安全规程	GB 8958—1988		2006/6/22	2006/12/1
16.2-4-71	16.2	13.100	C04	AQ/T 4206—2010	作业场所职业危害基础信息数据			2010/9/6	2011/5/1
16.2-4-72	16.2	13.100	C78	WS/T 724—2010	作业场所职业危害监管信息系统基础数据结构	AQ/T 4207—2010		2010/9/6	2011/5/1
16.2-4-73	16.2	13.100	C78	AQ/T 4208—2010	有毒作业场所危害程度分级			2010/9/6	2011/5/1
16.2-4-74	16.2	13.100	P32	AQ 5210—2011	建筑涂装安全通则			2011/12/1	2011/12/1
16.2-4-75	16.2	13.100	C65	AQ 8006—2010	安全生产检测检验机构能力的通用要求			2010/9/6	2011/5/1
16.2-4-76	16.2	29.020	K01	DL/T 1200—2013	电力行业缺氧危险作业监测与防护技术规范			2013/3/7	2013/8/1
16.2-4-77	16.2	29.020	K01	DL/T 1345—2014	直升机电力作业安全工作规程			2014/10/15	2015/3/1
16.2-4-78	16.2			DL/T 1475—2015	电力安全工器具配置与存放技术要求			2015/7/1	2015/12/1
16.2-4-79	16.2	29.020	F25	DL/T 477—2010	农村电网低压电气安全工作规程	DL 477—2001		2011/1/9	2011/5/1
16.2-4-80	16.2			DL 493—2015	农村低压安全用电规程	DL 493—2001		2015/4/2	2015/9/1
16.2-4-81	16.2	27.010	F09	DL 5009.1—2014	电力建设安全工作规程 第1部分：火力发电	DL 5009.1—2002		2014/10/15	2015/3/1
16.2-4-82	16.2	29.240.20		DL 5009.2—2013	电力建设安全工作规程 第2部分：电力线路	DL 5009.2—2004		2013/11/28	2014/4/1
16.2-4-83	16.2	29.240.10	F25	DL 5009.3—2013	电力建设安全工作规程 第3部分：变电站	DL 5009.3—1997		2013/11/28	2014/4/1
16.2-4-84	16.2	27.140	P59	DL 5162—2013	水电水利工程施工安全防护设施技术规范	DL/T 5162—2002		2013/11/28	2014/4/1
16.2-4-85	16.2	27.140	P59	DL/T 5248—2010	履带起重机安全操作规程			2010/5/1	2010/10/1
16.2-4-86	16.2	27.140	P59	DL/T 5249—2010	门座起重机安全操作规程			2010/5/1	2010/10/1
16.2-4-87	16.2	27.140	P59	DL/T 5250—2010	汽车起重机安全操作规程			2010/5/1	2010/10/1
16.2-4-88	16.2	27.140	P59	DL/T 5263—2010	水电水利工程施工机械安全操作规程装载机			2011/1/9	2011/5/1
16.2-4-89	16.2	27.140	P59	DL/T 5302—2013	水电水利工程施工机械安全操作规程专用汽车			2013/11/28	2014/4/1
16.2-4-90	16.2	27.140	P98	DL/T 5305—2013	水电水利工程施工机械安全操作规程运输类车辆			2013/11/28	2014/4/1

序号	GW 分类	ICS 分类	GB 分类	标准号	中 文 名 称	代替标准	采用关系	发布日期	实施日期
16.2-4-91	16.2	27.140	P59	DL/T 5307—2013	水电水利工程施工度汛风险评估规程			2013/11/28	2014/4/1
16.2-4-92	16.2	27.140	P59	DL/T 5308—2013	水电水利工程施工安全监测技术规范			2013/11/28	2014/4/1
16.2-4-93	16.2	13.100	P09	DL/T 5370—2017	水电水利工程施工通用安全技术规程	DL/T 5370—2007		2017/11/15	2018/3/1
16.2-4-94	16.2	27.100	P09	DL/T 5371—2017	水电水利工程土建施工安全技术规程	DL/T 5371—2007		2017/11/15	2018/3/1
16.2-4-95	16.2			DL/T 5372—2017	水电水利工程金属结构与机电设备安装安全技术规程	DL/T 5372—2007		2017/11/15	2018/3/1
16.2-4-96	16.2	27.100	P09	DL/T 5373—2017	水电水利工程施工作业人员安全操作规程	DL/T 5373—2007		2017/11/15	2018/3/1
16.2-4-97	16.2	27.140	P98	DL/T 5701—2014	水电水利工程施工机械安全操作规程 反井钻机			2014/10/15	2015/3/1
16.2-4-98	16.2	27.140	P98	DL/T 5711—2014	水电水利工程施工机械安全操作规程 带式输送机			2014/10/15	2015/3/1
16.2-4-99	16.2	27.140	P59	DL/T 5773—2018	水电水利工程施工机械安全操作规程 混凝土运输车			2018/12/25	2019/5/1
16.2-4-100	16.2	27.140	P98	DL/T 5825—2021	水电水利工程施工机械安全操作规程 混凝土喷射机			2021/4/26	2021/10/26
16.2-4-101	16.2			DL/T 5832—2021	水电水利工程施工机械安全操作规程 自动埋弧焊机			2021/4/26	2021/10/26
16.2-4-102	16.2	27.140	P98	DL/T 5833—2021	水电水利工程施工机械安全操作规程 自动火焰切割机			2021/4/26	2021/10/26
16.2-4-103	16.2	13.100	C72	DL/T 669—1999	室外高温作业分级			1999/8/2	1999/10/1
16.2-4-104	16.2			JGJ 160—2016	施工现场机械设备检查技术规范	JGJ 160—2008		2016/9/5	2017/3/1
16.2-4-105	16.2	91.010.01	P09	JGJ 46—2005	施工现场临时用电安全技术规范	JGJ 46—1988		2005/4/15	2005/7/1
16.2-4-106	16.2		P09	JGJ 59—2011	建筑施工安全检查标准	JGJ 59—1999；JGJ 59 E—1999		2011/12/7	2012/7/1
16.2-4-107	16.2	13.040.30	C70	LD 81—1995	有毒作业分级检测规程			1995/9/1	1996/6/1
16.2-4-108	16.2			NB/T 31052—2014	风力发电场高处作业安全规程			2014/10/15	2015/3/1
16.2-4-109	16.2			TSG Z6001—2013	特种设备作业人员考核规则	TSG/Z Z6001—2005		2013/1/16	2013/6/1
16.2-5-110	16.2	25.140.20	K64	IEC 60745-2-3：2012 ED 2.2	手持式电动工具 安全性 第2-3部分：研磨机、抛光机和盘式砂光机详细要求	IEC 60745-2-3：2011		2012/7/1	2012/7/1

16

序号	GW 分类	ICS 分类	GB 分类	标准号	中 文 名 称	代替标准	采用关系	发布日期	实施日期
16.2-5-111	16.2	25.140.20	K64	IEC 60745-2-3 AMD 1 Corrigendum 1：2011	手持式电动工具 安全性 第2-3部分：螺纹磨床、抛光机和盘式磨砂机的详细要求			2011/2/1	2011/2/1
16.2-5-112	16.2	25.140.20；65.060.80	K64	IEC 60745-2-13：2011 ED 2.1	手持式电动工具 安全性 第2-13 部分：链锯的详细要求	IEC 60745-2-13：2006		2011/4/1	2011/4/1
16.2-5-113	16.2	25.140.20	K64	IEC 60745-2-19：2010 ED 1.1	手持式电动工具 安全性 第2-19部分：连接器的详细要求	IEC 60745-2-19：2005		2010/8/1	2010/8/1
16.2-5-114	16.2	13.260；29.240.20；29.260.99		IEC 60984：2014	带电作业 电气绝缘套管 2.0 版	IEC 60984：2002		2014/7/1	2014/7/1
16.2-5-115	16.2	19.080		IEC 61010-031：2015	安全要求测量、控制和实验室用电气设备 031 部分：手持探头组件电气测量和试验的安全要求 2.0 版	IEC 61010-031：2008		2015/5/1	2015/5/1
16.2-5-116	16.2	17.220.20；19.080；71.040.10；71.040.20	K60	IEC 61010-1 INT 1：2013	测量、控制和实验室用电气设备的安全要求 第 1 部分：通用要求 3.0 版			2013/2/1	2013/2/1
16.2-5-117	16.2	19.080；71.040.20		IEC 61010-2-010：2014	安全要求的测量、控制和实验室用电气设备 第 2-010 部分：实验室设备的材料加热的特殊要求 3.0 版	IEC 61010-2-010：2005		2014/9/1	2014/9/1

16.3 安全与环保-劳动保护

序号	GW 分类	ICS 分类	GB 分类	标准号	中 文 名 称	代替标准	采用关系	发布日期	实施日期
16.3-2-1	16.3	29.240		Q/GDW 11564.1—2016	高原电网建设与运维医疗卫生保障 第 1 部分：工程建设医疗卫生保障			2017/10/30	2017/10/30
16.3-2-2	16.3	29.240		Q/GDW 11564.2—2016	高原电网建设与运维医疗卫生保障 第 2 部分：运维检修医疗卫生保障			2017/10/30	2017/10/30
16.3-2-3	16.3	29.240		Q/GDW 11564.3—2016	高原电网建设与运维医疗卫生保障 第 3 部分：应急抢险医疗卫生保障			2017/10/30	2017/10/30
16.3-2-4	16.3	13.100		Q/GDW 11593—2016	劳动防护用品配置规定			2017/5/25	2017/5/25
16.3-2-5	16.3			Q/GDW 12163—2021	高海拔地区变电站生活保障规范			2021/12/6	2021/12/6
16.3-2-6	16.3			Q/GDW 1912—2013	1000kV 特高压交流静电防护服装			2014/4/15	2014/4/15
16.3-2-7	16.3	29.020		Q/GDW 711—2012	10kV 带电作业用绝缘防护用具、遮蔽用具技术导则			2012/2/14	2012/2/14

16

序号	GW分类	ICS分类	GB分类	标准号	中 文 名 称	代替标准	采用关系	发布日期	实施日期
16.3-3-8	16.3	13.340.01	C73	GB/T 11651—2008	个体防护装备选用规范	GB 11651—1989		2008/12/11	2009/10/1
16.3-3-9	16.3	13.340.10	C73	GB 12011—2009	足部防护电绝缘鞋	GB 12011—2000		2009/4/13	2009/12/1
16.3-3-10	16.3	13.340.10	C73	GB 12014—2009	防静电服	GB 12014—1989		2009/4/1	2009/12/1
16.3-3-11	16.3	13.340.40	C73	GB/T 12624—2009	手部防护通用技术条件及测试方法	GB/T 12624—2006		2009/4/1	2009/12/1
16.3-3-12	16.3	13.340.10	C73	GB/T 18136—2008	交流高压静电防护服装及试验方法	GB 18136—2000		2008/9/24	2009/8/1
16.3-3-13	16.3	13.340.50	C73	GB/T 20098—2006	低温环境作业保护靴通用技术要求			2006/1/12	2006/9/1
16.3-3-14	16.3	13.340.40	C73	GB 24541—2009	手部防护机械危害防护手套			2009/10/30	2010/9/1
16.3-3-15	16.3	29.240.01	F23	GB/T 25726—2010	1000kV 交流带电作业用屏蔽服装			2010/12/23	2011/5/1
16.3-3-16	16.3	13.340.30	C73	GB 2626—2006	呼吸防护用品 自吸过滤式防颗粒物呼吸器	GB 6224.1—1986；GB 6224.2—1986；GB 6224.3—1986；GB 6224.4—1986；GB 2626—1992；GB 6223—1997		2006/3/27	2006/12/1
16.3-3-17	16.3	13.340.10	C73	GB 2811—2019	头部防护 安全帽	GB 2811—2007		2019/12/31	2020/7/1
16.3-3-18	16.3	13.340.30	C73	GB 2890—2009	呼吸防护自吸过滤式防毒面具	GB 2890—1995；GB 2891—1995；GB 2892—1995		2009/4/13	2009/12/1
16.3-3-19	16.3	13.340.20	C73	GB/T 3609.1—2008	职业眼面部防护焊接防护 第1部分：焊接防护具	GB/T 3609.2—1983；GB/T 3609.3—1983；GB/T 3609.1—1994		2008/12/15	2009/10/1
16.3-3-20	16.3	13.340.99	C73	GB/T 6096—2009	安全带测试方法	GB/T 6096—1985		2009/4/13	2009/12/1
16.3-3-21	16.3	13.340.10	C73	GB/T 6568—2008	带电作业用屏蔽服装	GB 6568.1—2000；GB 6568.2—2000		2008/9/24	2009/8/1
16.3-4-22	16.3	27.100	K47	DL/T 1125—2009	10kV 带电作业用绝缘服装			2009/7/22	2009/12/1
16.3-4-23	16.3	27.100	F24	DL/T 1209.1—2013	变电站登高作业及防护器材技术要求 第1部分：抱杆梯、梯具、梯台及过桥			2013/3/7	2013/8/1
16.3-4-24	16.3	29.035	K15	DL/T 1238—2013	1000kV 交流系统用静电防护服装			2013/3/7	2013/8/1
16.3-4-25	16.3	29.020	K60	DL/T 1240—2013	1000kV 带电作业工具、装置和设备预防性试验规程			2013/3/7	2013/8/1

序号	GW 分类	ICS 分类	GB 分类	标准号	中 文 名 称	代替标准	采用关系	发布日期	实施日期
16.3-4-26	16.3	29.240.99	K40	DL/T 1692—2017	安全工器具柜技术条件			2017/3/28	2017/8/1
16.3-4-27	16.3			DL/T 320—2019	个人电弧防护用品通用技术要求	DL/T 320—2010		2019/6/4	2019/10/1
16.3-4-28	16.3	29.260.70	K47	DL/T 676—2012	带电作业用绝缘鞋（靴）通用技术条件	DL 676—1999		2012/1/4	2012/3/1
16.3-4-29	16.3	29.035.01	K15	DL/T 778—2014	带电作业用绝缘袖套		IEC 60984：2002 MOD	2014/3/18	2014/8/1
16.3-4-30	16.3			DL/T 799.5—2019	电力行业劳动环境监测技术规范 第5部分：高温监测	DL/T 799.5—2010		2019/11/4	2020/5/1
16.3-4-31	16.3	29.020	K47	DL/T 975—2005	带电作业用防机械刺穿手套			2005/11/28	2006/6/1
16.3-4-32	16.3	13.310	A92	GA/T 521—2004	人身损害受伤人员误工损失日评定准则			2004/11/19	2005/3/1
16.3-4-33	16.3	13.340.01	C73	LD/T 75—1995	劳动防护用品分类与代码			1995/1/1	1995/1/1
16.3-4-34	16.3	27.140	P59	NB/T 10395—2020	水电工程劳动安全与工业卫生后评价规程			2020/10/23	2021/2/1
16.3-4-35	16.3	27.140	P59	NB/T 35025—2014	水电工程劳动安全与工业卫生验收规程			2014/6/29	2014/11/1
16.3-5-36	16.3	13.260；29.240.20；29.260.99		IEC 60903：2014	带电作业 电气绝缘手套			2014/7/1	2014/7/1
16.3-5-37	16.3	13.260；29.020；91.140.50	K04	IEC 61140：2009	电击防护 设施与设备的共同外观	IEC 61140：2001		2009/9/1	2009/9/1
16.3-5-38	16.3	13.340.50	C73	ISO 20346 CORRI 1：2005	个人保护的设备 保护的鞋类技术勘误表1 第一个版本	ISO 8782-3：1998；ISO 8782-7：2000		2005/9/1	2005/9/1
16.3-5-39	16.3	13.340.50	C73	ISO 20346 CORRI 2：2006	个人保护的设备 保护的鞋类技术勘误表2 第一个版本			2006/5/15	2006/5/15

16.4 安全与环保-职业卫生

序号	GW 分类	ICS 分类	GB 分类	标准号	中 文 名 称	代替标准	采用关系	发布日期	实施日期
16.4-2-1	16.4			Q/GDW 11443—2021	国家电网有限公司职业卫生技术规范	Q/GDW 11443—2015		2021/5/12	2021/5/12
16.4-3-2	16.4	13.100	C78	GB/T 45001—2020	职业健康安全管理体系 要求及使用指南	GB/T 28001—2011；GB/T 28002—2011		2020/3/6	2020/3/6
16.4-3-3	16.4	13.020	C51	GB 37489.1—2019	公共场所卫生设计规范 第1部分：总则	GB 9663—1996；GB 9664—1996；GB 9665—1996；GB 9666—1996		2019/4/4	2019/11/1

16

序号	GW 分类	ICS 分类	GB 分类	标准号	中 文 名 称	代替标准	采用关系	发布日期	实施日期
16.4-3-4	16.4			GB 50523—2010	电子工业职业安全卫生设计规范			2010/5/31	2010/12/1
16.4-3-5	16.4	13.040.30	C70	GB/T 5817—2009	粉尘作业场所危害程度分级	GB 5817—1986		2009/3/31	2009/12/1
16.4-3-6	16.4	13.200	C75	GB/T 6441—1986	企业职工伤亡事故分类			1986/5/31	1987/2/1
16.4-3-7	16.4	13.100	C52	GBZ 1—2010	工业企业设计卫生标准	GBZ 1—2002		2010/1/22	2010/8/1
16.4-3-8	16.4	13.100	C60	GBZ 188—2014	职业健康监护技术规范	GBZ 188—2007		2014/5/14	2014/10/1
16.4-3-9	16.4	13.100	C52	GBZ/T 194—2007	工作场所防止职业中毒卫生工程防护措施规范			2007/8/13	2008/2/1
16.4-3-10	16.4	13.100	C52	GBZ 2.1—2019	工作场所有害因素职业接触限值 第1部分：化学有害因素	GBZ 2.1—2007		2019/8/27	2020/4/1
16.4-3-11	16.4	13.100	C52	GBZ/T 224—2010	职业卫生名词术语			2010/1/22	2010/8/1
16.4-3-12	16.4	13.100	C60	GBZ/T 225—2010	用人单位职业病防治指南			2010/1/22	2010/8/1
16.4-3-13	16.4	13.100	C52	GBZ/T 229.1—2010	工作场所职业病危害作业分级 第1部分：生产性粉尘			2010/3/10	2010/10/1
16.4-3-14	16.4	13.100	C52	GBZ/T 229.2—2010	工作场所职业病危害作业分级 第2部分：化学物			2010/4/12	2010/11/1
16.4-3-15	16.4	13.100	C52	GBZ/T 229.3—2010	工作场所职业病危害作业分级 第3部分：高温			2010/3/10	2010/10/1
16.4-4-16	16.4	27.100	F20	DL/T 325—2010	电力行业职业健康监护技术规范			2011/1/9	2011/5/1
16.4-4-17	16.4	13.100	C52	GBZ 2.2—2007	工作场所有害因素职业接触限值 第2部分：物理因素	GBZ 2—2002		2007/4/12	2007/11/1
16.4-5-18	16.4			WS/T 770—2015	建筑施工企业职业病危害防治技术规范	AQ/T 4256—2015		2015/3/9	2015/9/1

16.5 安全与环保-环境保护

序号	GW 分类	ICS 分类	GB 分类	标准号	中 文 名 称	代替标准	采用关系	发布日期	实施日期
16.5-2-1	16.5	29.240		Q/GDW 11277—2014	变电站降噪材料和降噪装置技术要求			2015/2/6	2015/2/6
16.5-2-2	16.5	29.240		Q/GDW 1859—2013	SF_6气体回收净化处理工作规程			2014/5/1	2014/5/1
16.5-2-3	16.5	29.240		Q/GDW 304—2009	1000kV 输变电工程电磁环境影响评价技术规范			2009/5/25	2009/5/25
16.5-2-4	16.5	29.020		Q/GDW 470—2010	六氟化硫回收回充及净化处理装置技术规范			2010/6/2	2010/6/2
16.5-3-5	16.5	17.200.20	N10	GB/T 11605—2005	湿度测量方法	GB/T 11605—1989		2005/5/18	2005/12/1

序号	GW 分类	ICS 分类	GB 分类	标准号	中 文 名 称	代替标准	采用关系	发布日期	实施日期
16.5-3-6	16.5	13.300	F73	GB 11806—2019	放射性物质安全运输规程	GB 11806—2004	IAEA Specific Safety Requirements No.SSR-6：2012，Regulations for the safe transport of radioactive material，Edition MOD	2019/2/15	2019/4/1
16.5-3-7	16.5	71.100.20	G86	GB/T 12022—2014	工业六氟化硫	GB/T 12022—2006		2014/7/8	2014/12/1
16.5-3-8	16.5	13.140	Z52	GB 12523—2011	建筑施工场界环境噪声排放标准	GB 12523—1990；GB 12524—1990		2011/12/5	2012/7/1
16.5-3-9	16.5	13.040.20	Z62	GB 13223—2011	火电厂大气污染物排放标准	GB 13223—2003；GB 13223 E—2003		2011/7/29	2012/1/1
16.5-3-10	16.5	33.100	M04	GB 13616—2009	数字微波接力站电磁环境保护要求	GB 13616—1992		2009/5/5	2010/7/1
16.5-3-11	16.5	77.060	H25	GB/T 14165—2008	金属和合金大气腐蚀试验现场试验的一般要求	GB 11112—1989；GB 14165—1993；GB 6464—1997		2008/5/30	2008/12/1
16.5-3-12	16.5	33.100	M04	GB/T 15658—2012	无线电噪声测量方法	GB/T 15658—1995		2012/12/31	2013/6/1
16.5-3-13	16.5	13.020.10		GB/T 24034—2019	环境管理 环境技术验证			2019/12/10	2019/12/10
16.5-3-14	16.5	13.110	J09	GB/T 26118.1—2010	机械安全机械辐射产生的风险的评价与减小 第1部分：通则		EN 12198-1—2000 IDT	2011/1/10	2011/10/1
16.5-3-15	16.5	77.150	H01	GB/T 26493—2011	电池废料贮运规范			2011/9/29	2012/2/1
16.5-3-16	16.5	77.150	H01	GB/T 26932—2011	充电电池废料废件			2011/9/29	2012/5/1
16.5-3-17	16.5	29.020	K04	GB/T 28180—2011	变压器环境意识设计导则			2011/12/30	2012/6/1
16.5-3-18	16.5	29.130.10	K43	GB/T 28534—2012	高压开关设备和控制设备中六氟化硫（SF_6）气体的释放对环境和健康的影响		IEC 62271-303：2008 MOD	2012/6/29	2012/11/1
16.5-3-19	16.5	29.130.10	K43	GB/T 28537—2012	高压开关设备和控制设备中六氟化硫（SF_6）的使用和处理		IEC 62271-303：2008 MOD	2012/6/29	2012/11/1
16.5-3-20	16.5	31.060.70	K42	GB/T 28543—2012	电力电容器噪声测量方法			2012/6/29	2012/11/1
16.5-3-21	16.5	13.040.20	Z50	GB 3095—2012	环境空气质量标准	GB 9137—1988；GB 3095 E—1996；GB 3095—1996		2012/6/29	2016/1/1
16.5-3-22	16.5	13.030.50		GB/T 33059—2016	锂离子电池材料废弃物回收利用的处理方法			2016/10/13	2017/5/1

16

序号	GW 分类	ICS 分类	GB 分类	标准号	中 文 名 称	代替标准	采用关系	发布日期	实施日期
16.5-3-23	16.5	33.100	L06	GB/Z 37150—2018	电磁兼容可靠性风险评估导则			2018/12/28	2019/7/1
16.5-3-24	16.5	29.220.20	K84	GB/T 37281—2019	废铅酸蓄电池回收技术规范			2019/3/25	2019/10/1
16.5-3-25	16.5		C51	GB 50325—2010	民用建筑工程室内环境污染控制规范	GB 50325—2001；GB 50325—2006		2010/8/18	2011/6/1
16.5-3-26	16.5			GB 50433—2018	生产建设项目水土保持技术标准	GB 50433—2008		2018/11/1	2019/4/1
16.5-3-27	16.5		P33	GB/T 50640—2010	建筑工程绿色施工评价标准			2010/11/3	2011/10/1
16.5-3-28	16.5	33.040.50	M04	GB 6830—1986	电信线路遭受强电线路危险影响的容许值			1986/9/2	1987/10/1
16.5-3-29	16.5	33.100	L06	GB/T 7349—2002	高压架空送电线、变电站无线电干扰测量方法	GB/T 7349—1987	IEC/CISPR 18：1983	2002/1/4	2002/8/1
16.5-4-30	16.5			DL/T 1327—2014	高压交流变电站可听噪声测量方法			2014/3/18	2014/8/1
16.5-4-31	16.5	27.100	F24	DL/T 1353—2014	六氟化硫处理系统技术规范			2014/10/15	2015/3/1
16.5-4-32	16.5			DL/T 1545—2016	燃气发电厂噪声防治技术导则			2016/1/7	2016/6/1
16.5-4-33	16.5			DL/T 1589—2016	湿式电除尘技术规范			2016/2/5	2016/7/1
16.5-4-34	16.5			DL/T 1619—2016	火力发电厂袋式除尘器用滤袋技术要求			2016/8/16	2016/12/1
16.5-4-35	16.5			DL/T 1695—2017	火力发电厂烟气脱硝调试导则			2017/3/28	2017/8/1
16.5-4-36	16.5	27.100	F29	DL/T 1696—2017	石灰石-石膏湿法烟气脱硫调试导则			2017/3/28	2017/8/1
16.5-4-37	16.5			DL/T 1993—2019	电气设备用六氟化硫气体回收、再生及再利用技术规范			2019/6/4	2019/10/1
16.5-4-38	16.5			DL/T 2036—2019	高压交流架空输电线路可听噪声计算方法			2019/6/4	2019/10/1
16.5-4-39	16.5			DL/T 2086—2020	高压输电线路和变电站噪声的传声器阵列测量方法			2020/10/23	2021/2/1
16.5-4-40	16.5	29.240.01	F20	DL/T 275—2012	±800kV 特高压直流换流站电磁环境限值			2012/1/4	2012/3/1
16.5-4-41	16.5	29.240	F20	DL/T 334—2010	输变电工程电磁环境监测技术规范			2011/1/9	2011/5/1
16.5-4-42	16.5	27.140	P59	DL/T 5260—2010	水电水利工程施工环境保护技术规程			2011/1/9	2011/5/1
16.5-4-43	16.5	29.130.10	K15	DL/T 662—2009	六氟化硫气体回收装置技术条件	DL 662—1999		2009/7/22	2009/12/1
16.5-4-44	16.5	27.100	F20	DL/T 799.1—2019	电力行业劳动环境监测技术规范 第 1 部分：总则	DL/T 799.1—2010		2019/11/4	2020/5/1
16.5-4-45	16.5	27.100	F20	DL/T 799.2—2019	电力行业劳动环境监测技术规范 第 2 部分：生产性粉尘监测	DL/T 799.2—2010		2019/11/4	2020/5/1
16.5-4-46	16.5	27.100	F20	DL/T 799.3—2019	电力行业劳动环境监测技术规范 第 3 部分：生产性噪声监测	DL/T 799.3—2010		2019/11/4	2020/5/1

16

序号	GW 分类	ICS 分类	GB 分类	标准号	中 文 名 称	代替标准	采用关系	发布日期	实施日期
16.5-4-47	16.5	27.100	F20	DL/T 799.4—2019	电力行业劳动环境监测技术规范 第4部分：生产性毒物监测	DL/T 799.4—2010		2019/11/4	2020/5/1
16.5-4-48	16.5	27.100	F20	DL/T 799.6—2019	电力行业劳动环境监测技术规范 第6部分：微波辐射监测	DL/T 799.6—2010		2019/11/4	2020/5/1
16.5-4-49	16.5	27.100	F20	DL/T 799.7—2019	电力行业劳动环境监测技术规范 第7部分：工频电场、工频磁场监测	DL/T 799.7—2010		2019/11/4	2020/5/1
16.5-4-50	16.5	13.020.01	F81	HJ/T 10.2—1996	辐射环境保护管理导则电磁辐射监测仪器和方法			1996/5/10	1996/5/10
16.5-4-51	16.5	13.020.01	Z00	HJ/T 10.3—1996	辐射环境保护管理导则电磁辐射环境影响评价方法与标准			1996/5/10	1996/5/10
16.5-4-52	16.5			HJ 130—2019	规划环境影响评价技术导则 总纲	HJ 130—2014		2019/12/13	2020/3/1
16.5-4-53	16.5		Z00	HJ 19—2011	环境影响评价技术导则生态影响	HJ 19—1997		2011/4/8	2011/9/1
16.5-4-54	16.5		Z62；K84	HJ 519—2009	废铅酸蓄电池处理污染控制技术规范			2009/12/21	2010/3/1
16.5-4-55	16.5		Z16	HJ 592—2010	水质 硝基苯类化合物的测定 气相色谱法	GB 4919—1985		2010/10/21	2011/1/1
16.5-4-56	16.5			HJ 616—2011	建设项目环境影响技术评估导则			2011/4/8	2011/9/1
16.5-4-57	16.5			HJ 617—2011	企业环境报告书编制导则			2011/6/24	2011/10/1
16.5-4-58	16.5			HJ 681—2013	交流输变电工程电磁环境监测方法（试行）			2013/11/22	2014/1/1
16.5-4-59	16.5			JB/T 10088—2016	6kV～1000kV 级电力变压器声级	JB/T 10088—2004		2016/10/22	2017/4/1
16.5-4-60	16.5			NB/T 10079—2018	水电工程水生生态调查与评价技术规范			2018/10/29	2019/3/1
16.5-4-61	16.5			NB/T 10079—2018/XG1—2021	《水电工程水生生态调查与评价技术规范》行业标准第1号修改单			2020/1/7	2020/1/7
16.5-4-62	16.5			NB/T 10080—2018	水电工程陆生生态调查与评价技术规范			2018/10/29	2019/3/1
16.5-4-63	16.5	27.140	P59	NB/T 10504—2021	水电工程环境保护设计规范	DL/T 5402—2007		2021/1/7	2021/7/1
16.5-4-64	16.5	27.140	P59	NB/T 10505—2021	水电工程环境保护总体设计报告编制规程			2021/1/7	2021/7/1
16.5-4-65	16.5			NB/T 10608—2021	水电工程环境影响经济损益分析技术规范			2021/4/26	2021/10/26
16.5-4-66	16.5	27.140	P59	NB/T 35059—2015	河流水电开发环境影响后评价规范			2015/10/27	2016/3/1
16.5-4-67	16.5	27.140	P59	NB/T 35063—2015	水电工程环境监理规范			2015/10/27	2016/3/1
16.5-4-68	16.5	27.140	P59	NB/T 35068—2015	河流水电规划环境影响评价规范			2015/10/27	2016/3/1
16.5-4-69	16.5			SJ/T 11364—2014	电子电气产品有害物质限制使用标识要求	SJ/T 11364—2006		2014/7/9	2015/1/1
16.5-4-70	16.5	31.020	L10	SJ/T 11467—2014	电子电气产品中有害物质的风险评估指南			2014/10/14	2015/4/1

16

序号	GW 分类	ICS 分类	GB 分类	标准号	中 文 名 称	代替标准	采用关系	发布日期	实施日期
16.5-4-71	16.5	93.160		SL 335—2014	水土保持规划编制规程（附条文说明）	SL 335—2006		2014/5/19	2014/8/19
16.5-4-72	16.5	93.160	P55	SL 336—2006	水土保持工程质量评定规程			2006/3/1	2006/7/1
16.5-4-73	16.5	27.140	P59	SL 359—2006	水利水电工程环境保护设计概（估）算编制规程			2007/2/2	2007/5/2
16.5-4-74	16.5	33.100	M04	YD/T 3814.1—2021	通信局站的电磁环境防护　第1部分：电磁环境分类			2021/3/5	2021/4/1
16.5-4-75	16.5	33.100	M04	YD/T 3814.2—2021	通信局站的电磁环境防护　第2部分：电磁环境防护方法			2021/3/5	2021/4/1
16.5-5-76	16.5	29.130.10；29.130.99		IEC 62271-4：2013	高压开关设备和控制设备　第4部分：六氟化硫（SF_6）及其混合物用处理规程			2013/8/1	2013/8/1
16.5-5-77	16.5	03.100.70；13.020.10		ISO 14001：2015	环境管理体系　使用指南要求　第三版	ISO 14001：2004		2015/9/15	2015/9/15
16.5-5-78	16.5	13.020.10；13.020.60		ISO 14046：2014	环境管理　水足迹　原则、要求和指导原则　第一版（通信）			2014/8/1	2014/8/1
16.5-6-79	16.5			T/CEC 327—2020	特高压交、直流线路同走廊对雷达影响设计规范			2020/6/30	2020/10/1
16.5-6-80	16.5			T/CEC 328—2020	电抗器隔声罩降噪性能现场测量及评价方法			2020/6/30	2020/10/1

16.6　安全与环保-应急机制

序号	GW 分类	ICS 分类	GB 分类	标准号	中 文 名 称	代替标准	采用关系	发布日期	实施日期
16.6-2-1	16.6			Q/GDW 10202—2021	国家电网有限公司应急指挥中心建设规范	Q/GDW 1202—2015		2021/9/17	2021/9/17
16.6-2-2	16.6	29.240		Q/GDW 11608—2016	供电企业应急能力评估标准			2017/5/26	2017/5/26
16.6-2-3	16.6	29.240		Q/GDW 11884—2018	大面积停电事件应急演练技术规范			2020/4/17	2020/4/17
16.6-2-4	16.6	29.240		Q/GDW 11888—2018	国家电网有限公司重大活动电力安全保障技术规范			2020/4/17	2020/4/17
16.6-2-5	16.6	29.240		Q/GDW 11958—2020	国家电网有限公司应急预案编制规范			2021/1/29	2021/1/29
16.6-2-6	16.6			Q/GDW 12148—2021	安全生产风险管控平台功能和接口规范			2021/9/17	2021/9/17
16.6-2-7	16.6			Q/GDW 12155—2021	国家电网有限公司应急指挥信息系统技术规范			2021/9/17	2021/9/17
16.6-2-8	16.6			Q/GDW 12156—2021	应急救援基干分队培训及量化考评规范			2021/9/17	2021/9/17
16.6-2-9	16.6			Q/GDW 12157—2021	应急培训演练基地建设与评价规范			2021/9/17	2021/9/17

16

序号	GW 分类	ICS 分类	GB 分类	标准号	中 文 名 称	代替标准	采用关系	发布日期	实施日期
16.6-3-10	16.6	13.310	A91	GB 16796—2009	安全防范报警设备安全要求和试验方法	GB 16796—1997		2009/9/30	2010/6/1
16.6-3-11	16.6	13.220.20	Q77	GB 17945—2010	消防应急照明和疏散指示系统	GB 17945—2000		2010/9/2	2011/5/1
16.6-3-12	16.6	01.080.01	A22	GB/T 23809—2009	应急导向系统设置原则与要求			2009/5/6	2009/11/1
16.6-3-13	16.6	91.120.25	P15	GB/T 24888—2010	地震现场应急指挥数据共享技术要求			2010/6/30	2010/10/1
16.6-3-14	16.6	91.120.25	P15	GB/T 24889—2010	地震现场应急指挥管理信息系统			2010/6/30	2010/10/1
16.6-3-15	16.6	13.200	C78	GB/T 29639—2020	生产经营单位安全生产事故应急救援预案编制导则			2020/9/29	2021/4/1
16.6-3-16	16.6			GB/T 30674—2014	企业应急物流能力评估规范			2014/12/31	2015/7/1
16.6-3-17	16.6	07.060	A47	GB/T 34283—2017	国家突发事件预警信息发布系统管理平台与终端管理平台接口规范			2017/9/7	2018/4/1
16.6-3-18	16.6	13.200	A90	GB/T 35047—2018	公共安全 大规模疏散 规划指南		ISO 22315：2014 IDT	2018/5/14	2018/11/1
16.6-3-19	16.6	07.040	A76	GB/T 35649—2017	突发事件应急标绘符号规范			2017/12/29	2018/7/1
16.6-3-20	16.6	07.040	A76	GB/T 35651—2017	突发事件应急标绘图层规范			2017/12/29	2018/7/1
16.6-3-21	16.6	29.240.99	F20	GB/T 35681—2017	电力需求响应系统功能规范			2017/12/29	2018/7/1
16.6-3-22	16.6	13.200	A90	GB/T 35965.1—2018	应急信息交互协议 第1部分：预警信息			2018/2/6	2018/8/1
16.6-3-23	16.6	13.200	A90	GB/T 35965.2—2018	应急信息交互协议 第2部分：事件信息			2018/2/6	2018/8/1
16.6-3-24	16.6	13.200	A90	GB/T 37228—2018	公共安全 应急管理 突发事件响应要求		ISO 22320：2011 MOD	2018/12/28	2019/6/1
16.6-3-25	16.6	13.200	A90	GB/T 37230—2018	公共安全 应急管理 预警颜色指南			2018/12/28	2019/6/1
16.6-4-26	16.6	13.200	C78	AQ/T 9007—2011	生产安全事故应急演练指南			2011/4/19	2011/9/1
16.6-4-27	16.6	27.100	F25	DL/T 1352—2014	电力应急指挥中心技术导则			2014/10/15	2015/3/1
16.6-4-28	16.6	27.140	P59	DL/T 1901—2018	水电站大坝运行安全应急预案编制导则			2018/12/25	2019/5/1
16.6-4-29	16.6			DL/T 1919—2018	发电企业应急能力建设评估规范			2018/12/25	2019/5/1
16.6-4-30	16.6	27.100	F20	DL/T 1920—2018	电网企业应急能力建设评估规范			2018/12/25	2019/5/1
16.6-4-31	16.6	27.100	F20	DL/T 1921—2018	电力建设企业应急能力建设评估规范			2018/12/25	2019/5/1
16.6-4-32	16.6			DL/T 2257—2021	大中型水电站地质灾害预警及应急管理技术规范			2021/4/26	2021/10/26
16.6-4-33	16.6			DL/T 2259—2021	水电站泄洪消能安全预警系统技术规范			2021/4/26	2021/10/26
16.6-4-34	16.6			DL/T 2301—2021	水电站泄洪预警广播系统技术规范			2021/4/26	2021/10/26
16.6-4-35	16.6	29.260	K24	DL/T 268—2012	工商业电力用户应急电源配置技术导则			2012/4/6	2012/7/1

16

序号	GW 分类	ICS 分类	GB 分类	标准号	中 文 名 称	代替标准	采用关系	发布日期	实施日期
16.6-4-36	16.6	27.140	P55	DL/T 5314—2014	水电水利工程施工安全生产应急能力评估导则			2014/3/18	2014/8/1
16.6-4-37	16.6		Z04	HJ 589—2010	突发环境事件应急监测技术规范			2010/10/19	2011/1/1
16.6-4-38	16.6	27.140	P55	SL 611—2012	防台风应急预案编制导则			2012/10/8	2013/1/8

16.7 安全与环保-消防

序号	GW 分类	ICS 分类	GB 分类	标准号	中 文 名 称	代替标准	采用关系	发布日期	实施日期
16.7-2-1	16.7	29.240		Q/GDW 11886—2018	国家电网有限公司消防安全监督检查工作规范			2020/4/17	2020/4/17
16.7-2-2	16.7	13.220		Q/GDW 12033—2020	特高压换流站固定式压缩空气泡沫灭火系统通用技术条件			2020/12/31	2020/12/31
16.7-2-3	16.7	13.220		Q/GDW 12034.1—2020	特高压换流站固定式压缩空气泡沫灭火系统应用技术规范 第1部分：设计规范			2020/12/31	2020/12/31
16.7-2-4	16.7	13.220		Q/GDW 12034.2—2020	特高压换流站固定式压缩空气泡沫灭火系统应用技术规范 第2部分：施工规范			2020/12/31	2020/12/31
16.7-2-5	16.7	13.220		Q/GDW 12034.3—2020	特高压换流站固定式压缩空气泡沫灭火系统应用技术规范 第3部分：验收规范			2020/12/31	2020/12/31
16.7-3-6	16.7	13.220.01	C80	GB 13495.1—2015	消防安全标志 第1部分：标志			2015/6/2	2015/8/1
16.7-3-7	16.7	13.220.20	C81	GB 14287.1—2014	电气火灾监控系统 第1部分：电气火灾监控设备	GB 14287.1—2005		2014/7/24	2015/6/1
16.7-3-8	16.7	13.220.20	C81	GB 14287.2—2014	电气火灾监控系统 第2部分：剩余电流式电气火灾监控探测器	GB 14287.2—2005		2014/7/24	2015/6/1
16.7-3-9	16.7	13.220.20	C81	GB 14287.3—2014	电气火灾监控系统 第3部分：测温式电气火灾监控探测器	GB 14287.3—2005		2014/7/24	2015/6/1
16.7-3-10	16.7	13.220.20	C81	GB 14287.4—2014	电气火灾监控系统 第4部分：故障电弧探测器			2014/6/24	2015/6/1
16.7-3-11	16.7	13.220.01	C80	GB 15630—1995	消防安全标志设置要求			1995/7/19	1996/2/1
16.7-3-12	16.7	13.220.20	C81	GB 16806—2006	消防联动控制系统	GB 16806—1997		2006/7/17	2007/4/1
16.7-3-13	16.7	13.220	C82	GB 16840.2—1997	电气火灾原因技术鉴定方法 第2部分：剩磁法			1997/6/3	1998/5/1

16

序号	GW 分类	ICS 分类	GB 分类	标准号	中 文 名 称	代替标准	采用关系	发布日期	实施日期
16.7-3-14	16.7	13.220	C82	GB 16840.3—1997	电气火灾原因技术鉴定方法 第3部分：成分分析法			1997/6/3	1998/5/1
16.7-3-15	16.7	13.220	C82	GB 16840.4—1997	电气火灾原因技术鉴定方法 第4部分：金相法			1997/6/3	1998/5/1
16.7-3-16	16.7	13.220.20	C81	GB/Z 24978—2010	火灾自动报警系统性能评价			2010/8/9	2010/12/1
16.7-3-17	16.7	13.220.20	C82	GB 25203—2010	消防监督技术装备配备			2010/9/26	2011/3/1
16.7-3-18	16.7	13.220.20	C81	GB 29837—2013	火灾探测报警产品的维修保养与报废			2013/11/12	2014/8/7
16.7-3-19	16.7	13.220.01	C84	GB/T 31540.1—2015	消防安全工程指南 第1部分：性能化在设计中的应用		ISO/TR 13387-1: 1999 MOD	2015/5/15	2015/8/1
16.7-3-20	16.7	13.220.01	C84	GB/T 31540.2—2015	消防安全工程指南 第2部分：火灾发生、发展及烟气的生成		ISO/TR 13387-4: 1999 MOD	2015/5/15	2015/8/1
16.7-3-21	16.7	13.220.01	C84	GB/T 31540.3—2015	消防安全工程指南 第3部分：结构响应和室内火灾的对外蔓延		ISO/TR 13387-6: 1999	2015/5/15	2015/8/1
16.7-3-22	16.7	35.100.70; 35.240.60	L79	GB/T 31540.4—2015	消防安全工程指南 第4部分：探测、启动和灭火			2015/5/15	2015/8/1
16.7-3-23	16.7	13.220.01	C84	GB/T 31592—2015	消防安全工程总则		ISO 23932: 2009 MOD	2015/6/2	2015/8/1
16.7-3-24	16.7	13.220.01	C80	GB/T 31593.1—2015	消防安全工程 第1部分：计算方法的评估、验证和确认		ISO 16730: 2008 MOD	2015/6/2	2015/8/1
16.7-3-25	16.7	13.220.01	C80	GB/T 31593.2—2015	消防安全工程 第2部分：所需数据类型与信息			2015/6/2	2015/8/1
16.7-3-26	16.7	13.220.01	C80	GB/T 31593.3—2015	消防安全工程 第3部分：火灾风险评估指南		ISO/TS 16732: 2005 MOD	2015/6/2	2015/8/1
16.7-3-27	16.7	13.220.01	C80	GB/T 31593.4—2015	消防安全工程 第4部分：设定火灾场景和设定火灾的选择		ISO/TS 16733: 2006 MOD	2015/6/2	2015/8/1
16.7-3-28	16.7	13.220.01	C80	GB/T 31593.5—2015	消防安全工程 第5部分：火羽流的计算要求		ISO 16734: 2006 MOD	2015/6/2	2015/8/1
16.7-3-29	16.7	13.220.01	C80	GB/T 31593.6—2015	消防安全工程 第6部分：烟气层的计算要求		ISO 16735: 2006 MOD	2015/6/2	2015/8/1

16

序号	GW 分类	ICS 分类	GB 分类	标准号	中 文 名 称	代替标准	采用关系	发布日期	实施日期
16.7-3-30	16.7	13.220.01	C80	GB/T 31593.7—2015	消防安全工程　第7部分：顶棚射流的计算要求		ISO 16736：2006 MOD	2015/6/2	2015/8/1
16.7-3-31	16.7	13.220.01	C80	GB/T 31593.8—2015	消防安全工程　第8部分：开口气流的计算要求		ISO 16737：2006 MOD	2015/6/2	2015/8/1
16.7-3-32	16.7	13.220.01	C80	GB/T 31593.9—2015	消防安全工程　第9部分：人员疏散评估指南		ISO/TR 16738：2009 MOD	2015/6/2	2015/8/1
16.7-3-33	16.7	13.220.10	C84	GB 3445—2018	室内消火栓	GB 3445—2005		2018/9/17	2019/4/1
16.7-3-34	16.7	13.220.10	C84	GB 3446—2013	消防水泵接合器	GB 3446—1993		2013/9/18	2014/8/1
16.7-3-35	16.7	13.220.20	C82	GB 35181—2017	重大火灾隐患判定方法			2017/12/29	2018/7/1
16.7-3-36	16.7	27.100	F23	GB/T 36570—2018	水力发电厂消防设施运行维护规程			2018/9/17	2019/4/1
16.7-3-37	16.7	13.220.20	C84	GB 4351.1—2005	手提式灭火器　第1部分：性能和结构要求	GB 4399—1984；GB 4400—1984；GB 4401—1984；GB 12515—1990；GB 15368—1994；GB 4351—1997；GB 4397—1998；GB 4402—1998；GB 4398—1999		2005/4/22	2005/12/1
16.7-3-38	16.7	13.220.20	C81	GB 4717—2005	火灾报警控制器	GB 4717—1993		2005/9/1	2006/6/1
16.7-3-39	16.7	13.220.01	C80	GB/T 4968—2008	火灾分类	GB 4968—1985		2008/11/4	2009/4/1
16.7-3-40	16.7			GB 50016—2014	建筑设计防火规范	GB 50016—2006；GB 50045-95		2018/3/30	2018/10/1
16.7-3-41	16.7	13.220.10	P16	GB 50140—2005	建筑灭火器配置设计规范	GBJ 140—1990；GBJ 140—1997		2005/7/15	2005/10/1
16.7-3-42	16.7		P16	GB 50151—2010	泡沫灭火系统设计规范	GB 50151—1992；GB 50196—1993；GB 50151—2000；GB 50196—2002		2010/8/18	2011/6/1
16.7-3-43	16.7		P16	GB 50193—2010	二氧化碳灭火系统设计规范（2010年版）	GB 50193—1999		2010/8/1	2010/8/1
16.7-3-44	16.7			GB 50219—2014	水喷雾灭火系统技术规范	GB 50219—1995		2014/10/9	2015/8/1

16

序号	GW 分类	ICS 分类	GB 分类	标准号	中 文 名 称	代替标准	采用关系	发布日期	实施日期
16.7-3-45	16.7			GB 50222—2017	建筑内部装修设计防火规范	GB 50222—1995		2017/7/31	2018/4/1
16.7-3-46	16.7			GB 50261—2017	自动喷水灭火系统施工及验收规范	GB 50261—2005		2017/5/27	2018/1/1
16.7-3-47	16.7	13.220.20	P19	GB 50354—2005	建筑内部装修防火施工及验收规范			2005/4/15	2005/8/1
16.7-3-48	16.7			GB 50720—2011	建设工程施工现场消防安全技术规范			2011/6/6	2011/8/1
16.7-3-49	16.7			GB 50974—2014	消防给水及消火栓系统技术规范			2014/1/29	2014/10/1
16.7-3-50	16.7			GB 51309—2018	消防应急照明和疏散指示系统技术标准			2018/7/10	2019/3/1
16.7-3-51	16.7	13.220.10	C83	GB 5135.9—2018	自动喷水灭火系统 第9部分：早期抑制快速响应（ESFR）喷头	GB 5135.9—2006		2018/9/17	2019/4/1
16.7-3-52	16.7	13.220.20	C84	GB 8109—2005	推车式灭火器	GB 8109—1987		2005/4/22	2005/12/1
16.7-3-53	16.7	13.220.20	C84	GB 8181—2005	消防水枪	GB 8181—1987		2005/9/28	2006/4/1
16.7-4-54	16.7	13.220.20	P16	CECS 200—2006	建筑钢结构防火术规程			2006/8/1	2006/8/1
16.7-4-55	16.7			CECS 292—2011	气体消防设施选型配置设计规程			2011/4/20	2011/8/1
16.7-4-56	16.7			DL 5027—2015	电力设备典型消防规程	DL 5027—1993		2015/4/2	2015/9/1
16.7-4-57	16.7	27.100	P61	DL/T 5161.15—2018	电气装置安装工程质量检验及评定规程 第15部分：爆炸及火灾危险环境电气装置施工质量检验	DL/T 5161.15—2002		2018/12/25	2019/5/1
16.7-4-58	16.7			DL/T 2140—2020	无人值班变电站消防远程集中监控系统技术规范			2020/10/23	2021/2/1
16.7-4-59	16.7		P22	DLGJ 154—2000	电缆防火措施设计和施工验收标准			2000/10/19	2001/1/1
16.7-4-60	16.7	35.040	A90	GA/T 1214—2015	消防装备器材编码方法			2015/3/12	2015/3/12
16.7-4-61	16.7	13.220.10	C84	GA 139—2009	灭火器箱	GA 139—1996		2009/9/25	2009/12/1
16.7-4-62	16.7	13.220.01	C84	GA 480.1—2004	消防安全标志通用技术条件 第1部分：通用要求和试验方法			2004/3/18	2004/10/1
16.7-4-63	16.7	13.220.01	C84	GA 480.2—2004	消防安全标志通用技术条件 第2部分：常规消防安全标志			2004/3/18	2004/10/1
16.7-4-64	16.7	13.220.01	C80	GA/T 812—2008	火灾原因调查指南			2008/11/18	2009/1/1

16

序号	GW 分类	ICS 分类	GB 分类	标准号	中 文 名 称	代替标准	采用关系	发布日期	实施日期
16.7-4-65	16.7	13.220.20	C84	GA 834—2009	泡沫喷雾灭火装置			2009/6/4	2009/7/1
16.7-4-66	16.7	13.220.10	C84	GA 835—2009	油浸变压器排油注氮灭火装置			2009/6/4	2009/7/1
16.7-4-67	16.7	13.220.20	C82	GA 836—2009	建筑工程消防验收评定规则			2009/6/25	2009/8/1
16.7-4-68	16.7	23.120	J72	JB/T 10281—2014	消防排烟通风机			2014/5/6	2014/10/1
16.7-5-69	16.7	13.220.20	P16	NFPA 80A-17	防止建筑物外部受火的建议操作规程	ANSI NFPA 80 A—2007		2016/6/2	2016/6/2
16.7-5-70	16.7			BS 5839-1—2017	建筑物的火灾探测和火灾报警系统 非住宅场所系统设计、安装、调试和维护的操作规范	BS 5839-1—2002		2017/8/31	2017/8/31
16.7-5-71	16.7			BS 5839-1—2017-Tracked Changes—2017	建筑物的火灾探测和火警系统 第1部分：非住宅楼宇系统的设计、安装、调试和维护的操作规程			2017/3/31	2017/3/31
16.7-5-72	16.7	13.220.40; 33.120.10; 33.120.20	K13	IEC/TR 62222：2012	建筑物内安装通信电缆的防火性能	IEC/TR 62222：2006; IEC 46 C/959/DTR：2011		2012/7/1	2012/7/1
16.7-5-73	16.7	13.220.01		IEEE 979—2012	变电所防火指南	IEEE 979—1994		2012/11/27	2012/11/27
16.7-5-74	16.7	13.340.10		ISO 14116：2015	防护服 防止火焰 有限火焰蔓延的材料、材料组件和服装 第二版	ISO 14116：2008		2015/7/1	2015/7/1
16.7-5-75	16.7	13.220.10	C83	ISO 14520-1 CORRI 1：2007	气体灭火系统 物理特性和系统设计 第1部分：一般要求 技术勘误1	ISO 14520-1 CORRI 1：2002		2007/9/1	2007/9/1
16.7-5-76	16.7	13.220.10		ISO 14520-1：2015	气体灭火系统 物理特性和系统设计 第1部分：通用要求 第三版；纠正版：2016 年 4月 1日（计算机）	ISO 14520-1：2006		2015/12/1	2015/12/1
16.7-5-77	16.7	13.220.10		ISO 14520-12：2015	气体灭火系统 物理特性和系统设计 第12部分：IG-01 灭火剂 第三版	ISO 14520-12：2005		2015/2/15	2015/2/15
16.7-5-78	16.7	13.220.10		ISO 14520-13：2015	气体灭火系统 物理特性和系统设计 第13部分：IG-100 灭火剂 第三版	ISO 14520-13：2005		2015/2/1	2015/2/1
16.7-5-79	16.7	13.220.10		ISO 14520-14：2015	气体灭火系统 物理特性和系统设计 第14部分：IG-55 灭火剂 第三版	ISO 14520-14：2005		2015/2/15	2015/2/15
16.7-5-80	16.7	13.220.10		ISO 14520-15：2015	气体灭火系统 物理特性和系统设计 第15部分：IG-541 灭火剂 第三版	ISO 14520-15：2005		2015/2/15	2015/2/15

16

序号	GW 分类	ICS 分类	GB 分类	标准号	中 文 名 称	代替标准	采用关系	发布日期	实施日期
16.7-5-81	16.7	13.220.10	C84	ISO 16852 CORRI 1：2008	灭火器　性能要求、试验方法和使用限制			2008/12/15	2008/12/15
16.7-5-82	16.7			ISO 24679-1：2019	消防安全工程　着火结构性能　第1部分：总则　第1版			2019/1/1	2019/1/1
16.7-6-83	16.7			T/CEC 291.5—2020	天然酯绝缘油电力变压器　第5部分：防火应用导则			2020/6/30	2020/10/1

16.8　安全与环保-其他

序号	GW 分类	ICS 分类	GB 分类	标准号	中 文 名 称	代替标准	采用关系	发布日期	实施日期
16.8-2-1	16.8	29.240		Q/GDW 10799.6—2018	国家电网有限公司电力安全工作规程　第6部分：光伏电站部分			2020/4/17	2020/4/17
16.8-2-2	16.8	27.140		Q/GDW 11575—2016	大坝安全监测系统综合评价导则			2017/5/18	2017/5/18
16.8-2-3	16.8	29.240		Q/GDW 11885—2018	国家电网有限公司交通安全监督检查工作规范			2020/4/17	2020/4/17
16.8-2-4	16.8			Q/GDW 12158—2021	国家电网有限公司重大活动电力安全保障工作规范			2021/9/17	2021/9/17
16.8-3-5	16.8	17.220.20	N20	GB/T 18216.1—2021	交流 1000V 和直流 1500V 及以下低压配电系统电气安全防护措施的试验、测量或监控设备　第1部分：通用要求	GB/T 18216.1—2012		2021/5/21	2021/12/1
16.8-3-6	16.8	17.220.20	N20	GB/T 18216.2—2021	交流 1000V 和直流 1500V 及以下低压配电系统电气安全防护措施的试验、测量或监控设备　第2部分：绝缘电阻	GB/T 18216.2—2012		2021/5/21	2021/12/1
16.8-3-7	16.8	17.220.20	N20	GB/T 18216.3—2021	交流 1000V 和直流 1500V 及以下低压配电系统电气安全防护措施的试验、测量或监控设备　第3部分：环路阻抗	GB/T 18216.3—2012		2021/5/21	2021/12/1
16.8-3-8	16.8	17.220.20	N20	GB/T 18216.4—2021	交流 1000V 和直流 1500V 及以下低压配电系统电气安全防护措施的试验、测量或监控设备　第4部分：接地电阻和等电位接地电阻	GB/T 18216.4—2012		2021/5/21	2021/12/1
16.8-3-9	16.8	17.220.20	N20	GB/T 18216.5—2021	交流 1000V 和直流 1500V 及以下低压配电系统电气安全防护措施的试验、测量或监控设备　第5部分：对地电阻	GB/T 18216.5—2012		2021/5/21	2021/12/1

16

序号	GW 分类	ICS 分类	GB 分类	标准号	中 文 名 称	代替标准	采用关系	发布日期	实施日期
16.8-3-10	16.8	17.220.20	N20	GB/T 18216.12—2010	交流 1000V 和直流 1500V 及以下低压配电系统电气安全防护措施的试验、测量或监控设备 第 12 部分：性能测量和监控装置（PMD）			2011/1/14	2011/5/1
16.8-3-11	16.8	43.020	T40	GB 18384—2020	电动汽车安全要求	GB/T 18384.1—2015；GB/T 18384.2—2015；GB/T 18384.3—2015		2020/5/12	2021/1/1
16.8-3-12	16.8	27.160	K83	GB/T 20047.1—2006	光伏（PV）组件安全鉴定 第 1 部分：结构要求			2006/1/13	2006/2/1
16.8-3-13	16.8	07.060	A47	GB/T 36742—2018	气象灾害防御重点单位气象安全保障规范			2018/9/17	2019/4/1
16.8-3-14	16.8	07.060	A47	GB/T 36745—2018	台风涡旋测风数据判别规范			2018/9/17	2019/4/1
16.8-4-15	16.8	29.260.20	K35	AQ 3009—2007	危险场所电气防爆安全规范			2007/10/22	2008/1/1

16

17 技术监督

17.1 技术监督-基础综合

序号	GW 分类	ICS 分类	GB 分类	标准号	中 文 名 称	代替标准	采用关系	发布日期	实施日期
17.1-3-1	17.1	03.120.10	A00	GB/T 19000—2016	质量管理体系基础和术语	GB/T 19000—2008		2016/12/30	2017/7/1
17.1-3-2	17.1	03.120.10	A00	GB/T 19001—2016	质量管理体系要求	GB/T 19001—2008	ISO 9001：2015	2016/12/30	2017/7/1
17.1-3-3	17.1	03.120.10	A00	GB/T 19002—2018	质量管理体系 GB/T 19001—2016 应用指南	GB/T 19002—1994	ISO/TS 9002：2016	2018/12/28	2019/7/1
17.1-3-4	17.1	03.120.10	A00	GB/T 19028—2018	质量管理 人员参与和能力指南		ISO 10018：2012	2018/12/28	2019/7/1
17.1-3-5	17.1	29.020	K04	GB/T 1980—2005	标准频率	GB/T 1980—1996		2005/7/29	2006/4/1
17.1-3-6	17.1	27.010	F01	GB/T 24489—2009	用能产品能效指标编制通则			2009/10/30	2010/5/1
17.1-3-7	17.1	03.120.20	A00	GB/T 27020—2016	合格评定各类检验机构的运作要求	GB/T 18346—2001	ISO/IEC 17020：2012 IDT	2016/4/25	2016/8/1
17.1-3-8	17.1	35.040	L80	GB/T 27422—2019	合格评定 业务连续性管理体系审核和认证机构要求			2019/12/10	2020/7/1
17.1-3-9	17.1	03.120.99	A00	GB/Z 36046—2018	电力监管指标评价规范			2018/3/15	2018/10/1
17.1-3-10	17.1	35.110	L79	GB/T 38322—2019	信息技术 信息设备互连 第三方智能家用电子系统与终端统一接入服务平台接口要求			2019/12/10	2020/7/1
17.1-4-11	17.1			DL/T 1051—2019	电力技术监督导则	DL/T 1051—2007		2019/6/4	2019/10/1
17.1-4-12	17.1			DL/T 1563—2016	中压配电网可靠性评估导则			2016/1/7	2016/6/1
17.1-4-13	17.1			JGJ 340—2015	建筑地基检测技术规范			2015/3/30	2015/12/1
17.1-4-14	17.1	33.020	M40	YD/T 991—2012	通信仪表的电磁兼容性限值及测量方法	YD/T 991—1998		2012/12/28	2013/3/1
17.1-5-15	17.1	03.120.01；03.120.30；21.020		IEC 60812：2018	失效模式和效应分析（FMEA 和 FMECA）	IEC 60812—2006		2018/8/1	2018/8/1

17.2 技术监督-电能质量

序号	GW 分类	ICS 分类	GB 分类	标准号	中 文 名 称	代替标准	采用关系	发布日期	实施日期
17.2-2-1	17.2			Q/GDW 10650.2—2021	电能质量监测技术规范 第 2 部分：电能质量监测装置	Q/GDW 10650.2—2017		2022/1/28	2022/1/28

序号	GW 分类	ICS 分类	GB 分类	标准号	中 文 名 称	代替标准	采用关系	发布日期	实施日期
17.2-2-2	17.2			Q/GDW 10650.3—2021	电能质量监测技术规范 第3部分：监测终端与主站间通信协议	Q/GDW 1650.3—2014		2021/12/6	2021/12/6
17.2-2-3	17.2			Q/GDW 10650.4—2021	电能质量监测技术规范 第4部分：电能质量监测终端检验	Q/GDW 1650.4—2016		2022/1/28	2022/1/28
17.2-2-4	17.2			Q/GDW 10650.5—2021	电能质量监测技术规范 第5部分：电能质量信号采集单元			2022/1/28	2022/1/28
17.2-2-5	17.2			Q/GDW 10650.6—2019	电能质量监测技术规范 第6部分：变电站电能质量在线监测			2018/3/10	2018/3/10
17.2-2-6	17.2			Q/GDW 10650.7—2021	电能质量监测技术规范 第7部分：电能质量现场测试			2022/1/28	2022/1/28
17.2-2-7	17.2			Q/GDW 10650.8—2021	电能质量监测技术规范 第8部分：电能质量评价方法			2021/12/6	2021/12/6
17.2-2-8	17.2	29.240		Q/GDW 10651—2015	电能质量评估技术导则	Q/GDW 651—2011		2016/12/8	2016/12/8
17.2-2-9	17.2	29.240		Q/GDW 11938—2018	电能质量 谐波限值与评价			2020/4/17	2020/4/17
17.2-2-10	17.2			Q/GDW 12130—2021	敏感用户接入电网电能质量技术规范			2022/1/28	2022/1/28
17.2-2-11	17.2			Q/GDW 12131—2021	干扰源用户接入电网电能质量评估技术规范			2022/1/28	2022/1/28
17.2-2-12	17.2	29.240		Q/GDW 1650.1—2014	电能质量监测技术规范 第1部分：电能质量监测主站	Q/GDW 650—2011		2015/2/26	2015/2/26
17.2-2-13	17.2	29.240		Q/GDW 1650.3—2014	电能质量监测技术规范 第3部分：监测终端与主站间通信协议	Q/GDW 650—2011		2015/2/26	2015/2/26
17.2-2-14	17.2			Q/GDW 1818—2013	电压暂降与短时中断评价方法			2013/3/14	2013/3/14
17.2-2-15	17.2	29.020		Q/GDW 649—2011	电能质量监测系统技术规范			2011/11/8	2011/11/8
17.2-3-16	17.2	27.100	K04	GB/T 12325—2008	电能质量供电电压偏差	GB/T 12325—2003		2008/6/18	2009/5/1
17.2-3-17	17.2	27.100	F020	GB/T 12326—2008	电能质量电压波动和闪变	GB/T 12326—2000		2008/6/18	2009/5/1
17.2-3-18	17.2	27.010	F20	GB/T 14549—1993	电能质量公用电网谐波			1993/7/31	1994/3/1
17.2-3-19	17.2	29.020	K04	GB/T 15543—2008	电能质量三相电压不平衡	GB/T 15543—1995		2008/6/18	2009/5/1
17.2-3-20	17.2	27.010	F20	GB/T 15945—2008	电能质量电力系统频率偏差	GB/T 15945—1995		2008/6/18	2009/5/1

17

序号	GW 分类	ICS 分类	GB 分类	标准号	中 文 名 称	代替标准	采用关系	发布日期	实施日期
17.2-3-21	17.2	33.100.10		GB/Z 17625.15—2017	电磁兼容 限值 低压电网中分布式发电系统低频电磁抗扰度和发射要求的评估	GB/T 17625.15—2011		2017/11/1	2018/5/1
17.2-3-22	17.2	27.100	F20	GB/T 18481—2001	电能质量暂时过电压和瞬态过电压			2001/1/1	2002/4/1
17.2-3-23	17.2	29.020	K04	GB/T 24337—2009	电能质量公用电网间谐波			2009/9/30	2010/6/1
17.2-3-24	17.2	31.060.70	K42	GB/T 26870—2011	滤波器和并联电容器在受谐波影响的工业交流电网中的应用			2011/7/29	2011/12/1
17.2-3-25	17.2	29.020	K04	GB/T 30137—2013	电能质量电压暂降与短时中断			2013/12/17	2014/5/10
17.2-3-26	17.2	29.020	K04	GB/Z 32880.1—2016	电能质量经济性评估 第1部分：电力用户的经济性评估方法			2016/12/13	2017/7/1
17.2-3-27	17.2	29.020	K04	GB/Z 32880.2—2016	电能质量经济性评估 第2部分：公用配电网的经济性评估方法			2016/12/13	2017/7/1
17.2-3-28	17.2	29.020	K04	GB/T 32880.3—2016	电能质量经济性评估 第3部分：数据收集方法			2016/8/29	2017/3/1
17.2-4-29	17.2	29.240.01	F23	DL/T 1053—2017	电能质量技术监督规程	DL/T 1053—2007		2017/3/28	2017/8/1
17.2-4-30	17.2	29.020	K01	DL/T 1198—2013	电力系统电能质量技术管理规定			2013/3/7	2013/8/1
17.2-4-31	17.2	29.020	K01	DL/T 1208—2013	电能质量评估技术导则供电电压偏差			2013/3/7	2013/8/1
17.2-4-32	17.2	29.240.01	F24	DL/T 1227—2013	电能质量监测装置技术规范			2013/3/7	2013/8/1
17.2-4-33	17.2		F23	DL/T 1228—2013	电能质量监测装置运行规程			2013/3/7	2013/8/1
17.2-4-34	17.2	27.100	F29	DL/T 1297—2013	电能质量监测系统技术规范			2013/11/28	2014/4/1
17.2-4-35	17.2	27.100	F20	DL/T 1375—2014	电能质量评估技术导则三相电压不平衡			2014/10/15	2015/3/1
17.2-4-36	17.2	29.240.01	F20	DL/T 1724—2017	电能质量评估技术导则电压波动和闪变			2017/8/2	2017/12/1
17.2-4-37	17.2	29.240.01	F23	DL/T 836.1—2016	供电系统供电可靠性评价规程 第1部分：通用要求	DL/T 836—2012		2016/1/7	2016/6/1
17.2-4-38	17.2			DL/T 836.2—2016	供电系统供电可靠性评价规程 第2部分：高中压用户			2016/1/7	2016/6/1
17.2-4-39	17.2			DL/T 836.3—2016	供电系统供电可靠性评价规程 第3部分：低压用户			2016/1/7	2016/6/1

17

序号	GW 分类	ICS 分类	GB 分类	标准号	中 文 名 称	代替标准	采用关系	发布日期	实施日期
17.2-4-40	17.2	27.180	F11	NB/T 31132—2018	风力发电场电能质量技术监督规程			2018/4/3	2018/7/1
17.2-4-41	17.2	029.020	K04	NB/T 41004—2014	电能质量现象分类			2014/3/18	2014/8/1
17.2-4-42	17.2	29.020	K04	NB/T 41005—2014	电能质量控制设备通用技术要求			2014/3/18	2014/8/1
17.2-5-43	17.2	33.100.10		IEC 61000-3-2：2018	电磁兼容性（EMC） 第3-2部分：极限值 谐波电流辐射的极限值（设备输入电流不大于16A/相）	IEC 61000-3-2：2014		2018/1/1	2018/1/1
17.2-5-44	17.2			IEC 62586-2 CORRI 1：2018	电能质量监测电源系统 第2部分：功能测试和不确定性的要求 1.0版（通信）	IEC 62586-2 CORRI 1：2014		2018/6/1	2018/6/1
17.2-5-45	17.2	17.220.20		IEC 62586-2：2017	供电系统中的电能质量测量 第2部分：功能试验和不确定性要求	IEC 62586-2 CORRI 1：2014		2017/3/1	2017/3/1
17.2-5-46	17.2	29.240.01	F21	IEEE 1159—2009	电能质量数据传送用实施规程	IEEE 1159—1995		2009/6/26	2009/6/26
17.2-5-47	17.2			IEEE 519—2014	电气动力系统谐波控制推荐规程和要求	IEEE 519 ERTA—2004		2014/3/27	2014/3/27
17.2-5-48	17.2	29.240.01		IEEE Std 1250—2018	对瞬时电压干扰敏感设备的维护指南	IEEE 1250—2011		2018/11/16	2018/11/16

17.3 技术监督-电气设备性能

序号	GW 分类	ICS 分类	GB 分类	标准号	中 文 名 称	代替标准	采用关系	发布日期	实施日期
17.3-2-1	17.3	29.240		Q/GDW 10660—2015	串联电容器补偿装置技术监督导则	Q/GDW 660—2011		2016/12/8	2016/12/8
17.3-2-2	17.3	29.240		Q/GDW 11074—2013	交流高压开关设备技术监督导则			2014/7/1	2014/7/1
17.3-2-3	17.3	29.240		Q/GDW 11075—2013	电流互感器技术监督导则			2014/7/1	2014/7/1
17.3-2-4	17.3	29.240		Q/GDW 11076—2013	消弧线圈技术监督导则			2014/7/1	2014/7/1
17.3-2-5	17.3	29.240		Q/GDW 11077—2013	干式电抗器技术监督导则			2014/7/1	2014/7/1
17.3-2-6	17.3	29.240		Q/GDW 11079—2013	交流金属氧化物避雷器技术监督导则			2014/7/1	2014/7/1
17.3-2-7	17.3	29.240		Q/GDW 11080—2013	架空输电线路技术监督导则			2014/7/1	2014/7/1
17.3-2-8	17.3	29.240		Q/GDW 11081—2013	电压互感器技术监督导则			2014/7/1	2014/7/1
17.3-2-9	17.3	29.240		Q/GDW 11082—2013	高压并联电容器装置技术监督导则			2014/7/1	2014/7/1
17.3-2-10	17.3	29.240		Q/GDW 11083—2013	支柱瓷绝缘子技术监督导则			2014/7/1	2014/7/1

序号	GW 分类	ICS 分类	GB 分类	标准号	中 文 名 称	代替标准	采用关系	发布日期	实施日期
17.3-2-11	17.3	29.240		Q/GDW 11085—2013	油浸式电力变压器（电抗器）技术监督导则			2014/7/1	2014/7/1
17.3-2-12	17.3	29.240		Q/GDW 11301—2014	水机技术监督导则			2015/3/12	2015/3/12
17.3-2-13	17.3	29.240		Q/GDW 11401—2015	输变电设备不良工况分类分级及处理规范			2015/11/7	2015/11/7
17.3-2-14	17.3	29.240		Q/GDW 1177—2015	高压静止无功补偿装置及静止同步补偿装置技术监督导则	Q/GDW 177—2008		2016/9/30	2016/9/30
17.3-2-15	17.3	29.240		Q/GDW 11915—2018	变压器类设备质量评级技术导则			2020/4/3	2020/4/3
17.3-2-16	17.3	29.120.40		Q/GDW 11916—2018	高压开关类设备质量评级技术导则			2020/4/3	2020/4/3
17.3-2-17	17.3	29.240		Q/GDW 11917—2018	输电线路类设备质量评级技术导则			2020/4/3	2020/4/3
17.3-2-18	17.3	29.240		Q/GDW 11918—2018	无功补偿类设备质量评级技术导则			2020/4/3	2020/4/3
17.3-2-19	17.3	29.240		Q/GDW 11919—2018	高压电缆及附件类设备质量评级技术导则			2020/4/3	2020/4/3
17.3-2-20	17.3			Q/GDW 12032—2020	水电站紧固件应用技术规程			2020/12/31	2020/12/31
17.3-2-21	17.3			Q/GDW 12166—2021	换流站直流类设备质量评级技术导则			2021/12/6	2021/12/6
17.3-2-22	17.3	29.240		Q/GDW 1263—2014	±800kV 级直流系统电气设备监造导则	Q/GDW 263—2009		2014/12/31	2014/12/31
17.3-2-23	17.3	29.240		Q/GDW 320—2009	1000kV 交流电气设备监造导则			2009/5/25	2009/5/25
17.3-2-24	17.3	29.020		Q/GDW 471—2010	运行电气设备中六氟化硫气体质量监督与管理规定			2010/6/2	2010/6/2
17.3-3-25	17.3	29.080.030		GB/T 20111.1—2015	电气绝缘系统热评定规程 第1部分：通用要求低压		IEC 61857-1：2008 IDT	2015/7/3	2016/2/1
17.3-3-26	17.3	29.080.30	K15	GB/T 20111.2—2016	电气绝缘系统热评定规程 第2部分：通用模型的特殊要求散绕绕组应用	GB/T 20111.2—2008		2016/8/29	2017/3/1
17.3-3-27	17.3	29.080.30	K15	GB/T 20111.3—2016	电气绝缘系统热评定规程 第3部分：包封线圈模型的特殊要求散绕绕组电气绝缘系统（EIS）	GB/T 20111.3—2008		2016/8/29	2017/3/1
17.3-3-28	17.3	29.080.30	K15	GB/T 20111.5—2020	电气绝缘系统 热评定规程 第5部分：设计寿命5000h及以下的应用		IEC 61857-31：2017	2020/6/2	2020/12/1
17.3-3-29	17.3	29.020	K60	GB/T 20138—2006	电器设备外壳对外界机械碰撞的防护等级（IK代码）			2006/3/6	2006/8/1

17

序号	GW 分类	ICS 分类	GB 分类	标准号	中 文 名 称	代替标准	采用关系	发布日期	实施日期
17.3-3-30	17.3	29.080.30	K15	GB/T 20139.1—2016	电气绝缘系统 已确定等级的电气绝缘系统（EIS）组分调整的热评定 第1部分：散绕绕组 EIS	GB/T 20139—2006	IEC 61858-1：2014	2016/8/29	2017/3/1
17.3-3-31	17.3	29.080.30	K15	GB/T 22566—2017	电气绝缘材料和系统 重复电压冲击下电气耐久性评定的通用方法	GB/T 22566.1—2008	IEC 62068：2013	2017/12/29	2018/7/1
17.3-3-32	17.3	29.080.30	K15	GB/T 22578.1—2017	电气绝缘系统（EIS）液体和固体组件的热评定 第1部分：通用要求	GB/T 22578.1—2008	IEC/TS 62332-1：2011	2017/12/29	2018/7/1
17.3-3-33	17.3	29.080.30	K15	GB/T 22578.2—2017	电气绝缘系统（EIS） 液体和固体组件的热评定 第2部分：简化试验		IEC/TS 62332-2：2014	2017/12/29	2018/7/1
17.3-3-34	17.3	29.020	K09	GB/T 22696.4—2011	电气设备的安全风险评估和风险降低 第4部分：风险降低			2011/7/29	2011/12/1
17.3-3-35	17.3	29.020	K09	GB/T 22696.5—2011	电气设备的安全风险评估和风险降低 第5部分：风险评估和降低风险的方法示例			2011/7/29	2011/12/1
17.3-3-36	17.3	29.160.01	K20	GB/T 22720.2—2019	旋转电机 电压型变频器供电的旋转电机耐局部放电电气绝缘结构（Ⅱ型）的鉴定试验	GB/Z 22720.2—2013	IEC 60034-18-42：2017 IDT	2019/6/4	2020/1/1
17.3-3-37	17.3	29.080.30	K15	GB/T 26170—2010	电气绝缘系统热、电综合应力快速评定			2011/1/14	2011/7/1
17.3-3-38	17.3	17.220.99	K15	GB/T 29311—2020	电气绝缘材料和系统 交流电压耐久性评定	GB/T 29311—2012	IEC 61251：2015	2020/6/2	2020/12/1
17.3-4-39	17.3	29.160.20	K21	DL/T 1049—2007	发电机励磁系统技术监督规程			2007/7/20	2007/12/1
17.3-4-40	17.3	27.100	F20	DL/T 1054—2007	高压电气设备绝缘技术监督规程			2007/7/20	2007/12/1
17.3-4-41	17.3	27.100	F20	DL/T 1090—2008	串联补偿系统可靠性统计评价规程			2008/6/4	2008/11/1
17.3-4-42	17.3	77.040.20	H26	DL/T 1611—2016	输电线路铁塔钢管对接焊缝超声波检测与质量评定			2016/8/16	2016/12/1
17.3-4-43	17.3	29.240.01	F20	DL/T 1793—2017	柔性直流输电设备监造技术导则			2017/12/27	2018/6/1
17.3-4-44	17.3	29.020	K01	DL/T 278—2012	直流电子式电流互感器技术监督导则			2012/1/4	2012/3/1
17.3-4-45	17.3	29.100.01	F01	DL/T 586—2008	电力设备监造技术导则	DL 586—1995		2008/6/4	2008/11/1
17.3-4-46	17.3			DL/T 793.1—2017	发电设备可靠性评价规程 第1部分：通则	DL/T 793—2012		2017/8/2	2017/12/1
17.3-4-47	17.3			DL/T 793.2—2017	发电设备可靠性评价规程 第2部分：燃煤机组			2017/8/2	2017/12/1

17

序号	GW 分类	ICS 分类	GB 分类	标准号	中 文 名 称	代替标准	采用关系	发布日期	实施日期
17.3-4-48	17.3			DL/T 793.4—2019	发电设备可靠性评价规程 第4部分：抽水蓄能机组			2019/6/4	2019/10/1
17.3-4-49	17.3	29.200	L23	YD/T 1541—2006	绝缘转换连接器的过电压和过电流技术要求和测试方法			2006/12/11	2007/1/1
17.3-5-50	17.3	29.080.30	K15	IEC 60505：2011	电气绝缘系统的评定和鉴定	IEC 60505：2004；IEC 112/174/FDIS：2011		2011/7/11	2011/7/11
17.3-5-51	17.3	17.240；29.035.01		IEC 60544-5：2011	电绝缘材料 确定电离辐射的影响 第5部分：在使用过程中的老化评定方法	IEC 60544-5：2003；IEC 112/171/CDV：2011		2011/12/14	2011/12/14
17.3-5-52	17.3	17.220.99；29.035.01		IEC 61251：2015	电气绝缘材料 交流电压耐久性评定 一般评价	IEC 61251：2008		2015/11/18	2015/11/18
17.3-5-53	17.3	29.080.30		IEC 61858-2：2014	电气绝缘系统 对现有电气绝缘系统改造的热评估 第2部分：模绕电气绝缘系统			2014/2/12	2014/2/12
17.3-5-54	17.3	29.080.30	K04	IEC/TS 62332-1：2011	电气绝缘系统（EIS） 液态和固态联合部件的热评定 第1部分：一般要求	IEC/TS 62332-1：2005；IEC 112/160/DTS：2010		2011/3/14	2011/3/14

17.4 技术监督-电测技术

序号	GW 分类	ICS 分类	GB 分类	标准号	中 文 名 称	代替标准	采用关系	发布日期	实施日期
17.4-3-1	17.4	27.010	F01	GB 17167—2006	用能单位能源计量器具配备和管理通则	GB/T 17167—1997		2006/6/2	2007/1/1
17.4-3-2	17.4			GB/T 50063—2017	电力装置电测量仪表装置设计规范	GB/T 50063—2008		2017/1/21	2017/7/1
17.4-4-3	17.4	29.020	K01	DL/T 1199—2013	电测技术监督规程			2013/3/7	2013/8/1

17.5 技术监督-热工技术

序号	GW 分类	ICS 分类	GB 分类	标准号	中 文 名 称	代替标准	采用关系	发布日期	实施日期
17.5-3-1	17.5	25.180.10	K60	GB/T 13324—2006	热处理设备术语	GB/T 13324—1991		2006/11/8	2007/4/1
17.5-4-2	17.5			DL/T 939—2016	火力发电厂锅炉受热面管监督技术导则	DL/T 939—2005		2016/8/16	2016/12/1

17.6 技术监督-金属技术

序号	GW 分类	ICS 分类	GB 分类	标准号	中 文 名 称	代替标准	采用关系	发布日期	实施日期
17.6-2-1	17.6	29.240		Q/GDW 11717—2017	电网设备金属技术监督导则			2018/4/13	2018/4/13

17

序号	GW 分类	ICS 分类	GB 分类	标准号	中 文 名 称	代替标准	采用关系	发布日期	实施日期
17.6-2-2	17.6	29.240		Q/GDW 11718.1—2017	电网设备金属质量检测导则 第1部分：导体镀银部分			2018/4/13	2018/4/13
17.6-2-3	17.6	29.240		Q/GDW 1292—2014	特高压输电线路铁塔、导线、金具和 OPGW 监造导则	Q/GDW 292—2009		2014/12/31	2014/12/31
17.6-3-4	17.6			GB/T 1591—2018	低合金高强度结构钢	GB/T 1591—2008		2018/5/14	2019/2/1
17.6-3-5	17.6	25.160.10	J33	GB/T 19805—2005	焊接操作工技能评定			2005/6/8	2005/12/1
17.6-3-6	17.6	25.160.10	J33	GB/T 19866—2005	焊接工艺规程及评定的一般原则			2005/8/10	2006/4/1
17.6-3-7	17.6	77.040.99	H21	GB/T 351—2019	金属材料 电阻率测量方法	GB/T 351—1995		2019/3/25	2020/2/1
17.6-3-8	17.6	03.100.99	A01	GB/T 37190—2018	管道腐蚀控制工程全生命周期 通用要求			2018/12/28	2019/11/1
17.6-3-9	17.6	77.040.10	H22	GB/T 37306.1—2019	金属材料 疲劳试验 变幅疲劳试验 第1部分：总则、试验方法和报告要求		ISO 12110-1：2013	2019/3/25	2020/2/1
17.6-3-10	17.6	77.040.10	H22	GB/T 37306.2—2019	金属材料 疲劳试验 变幅疲劳试验 第2部分：循环计数和相关数据缩减方法		ISO 12110-2：2013	2019/3/25	2020/2/1
17.6-3-11	17.6		P94	GB 50683—2011	现场设备、工业管道焊接工程施工质量验收规范			2011/2/18	2012/5/1
17.6-3-12	17.6	77.060	H25	GB/T 8650—2015	管线钢和压力容器钢抗氢致开裂评定方法	GB/T 8650—2006		2015/12/10	2016/11/1
17.6-3-13	17.6	21.060.20	J13	GB/T 90.3—2010	紧固件质量保证体系			2011/1/10	2011/10/1
17.6-3-14	17.6	19.100；77.140.80	J31	GB/T 9444—2007	铸钢件磁粉检测	GB/T 9444—1988		2007/12/18	2008/1/1
17.6-4-15	17.6	27.040	K59	DL/T 1055—2007	发电厂汽轮机、水轮机技术监督导则			2007/7/20	2007/12/1
17.6-4-16	17.6	27.100	F29	DL/T 1265—2013	电力行业焊工培训机构基本能力要求			2013/11/28	2014/4/1
17.6-4-17	17.6	27.100	F24	DL/T 1318—2014	水电厂金属技术监督规程			2014/3/18	2014/8/1
17.6-4-18	17.6			DL/T 1424—2015	电网金属技术监督规程			2015/4/2	2015/9/1
17.6-4-19	17.6	27.100	F20	DL/T 675—2014	电力行业无损检测人员资格考核规则			2014/10/15	2015/3/1
17.6-4-20	17.6	29.240.20	K47	DL/T 768.1—2017	电力金具制造质量 第1部分：可锻铸铁件	DL/T 768.1—2002		2017/3/28	2017/8/1
17.6-4-21	17.6	29.240.20	K27	DL/T 768.2—2017	电力金具制造质量 第2部分：黑色金属锻制件	DL/T 768.2—2002		2017/8/2	2017/12/1

17

序号	GW分类	ICS分类	GB分类	标准号	中 文 名 称	代替标准	采用关系	发布日期	实施日期
17.6-4-22	17.6			DL/T 768.3—2017	电力金具制造质量 第3部分：冲压件	DL/T 768.3—2002		2017/8/2	2017/12/1
17.6-4-23	17.6			DL/T 768.4—2017	电力金具制造质量 第4部分：球墨铸铁件	DL/T 768.4—2002		2017/8/2	2017/12/1
17.6-4-24	17.6			DL/T 768.5—2017	电力金具制造质量 第5部分：铝制件	DL/T 768.5—2002		2017/8/2	2017/12/1
17.6-4-25	17.6	27.100	K47	DL/T 768.6—2002	电力金具制造质量 第6部分：焊接件	SD 218.2—1987		2002/4/27	2002/9/1
17.6-4-26	17.6	27.100	K47	DL/T 768.7—2012	电力金具制造质量 第7部分：钢铁件热镀锌层	DL/T 768.7—2002		2012/8/23	2012/12/1
17.6-4-27	17.6	25.200	J36	JB/T 5072—2007	热处理保护涂料一般技术要求	JB 5072—1991		2007/3/6	2007/9/1
17.6-4-28	17.6	23.080	J71	JB/T 6883—2006	大、中型立式轴流泵型式与基本参数	JB 6883—1993		2006/9/14	2007/3/1

17.7 技术监督-化学技术

序号	GW分类	ICS分类	GB分类	标准号	中 文 名 称	代替标准	采用关系	发布日期	实施日期
17.7-2-1	17.7	27.140		Q/GDW 11574—2016	水电站化学技术监督导则			2017/5/18	2017/5/18
17.7-3-2	17.7	71.100.80	G76	GB/T 20778—2006	水处理剂可生物降解性能评价方法 CO_2生成量法			2006/12/29	2007/6/1
17.7-4-3	17.7	27.100	F24	DL/T 1002—2006	微量溶解氧仪标定方法标准气体标定法			2006/5/6	2006/10/1
17.7-4-4	17.7	27.100	F24	DL/T 1360—2014	大豆植物变压器油质量标准			2014/10/15	2015/3/1
17.7-4-5	17.7	71.040.40	E38	DL/T 1463—2015	变压器油中溶解气体组分含量分析用工作标准油的配制			2015/7/1	2015/12/1
17.7-4-6	17.7			DL/T 1717—2017	燃气—蒸汽联合循环发电厂化学监督技术导则			2017/8/2	2017/12/1
17.7-4-7	17.7			DL/T 2121—2020	高压直流输电换流阀冷却系统化学监督导则			2020/10/23	2021/2/1
17.7-4-8	17.7	71.010	F01	DL/T 246—2015	化学监督导则	DL/T 246—2006		2015/4/2	2015/9/1
17.7-4-9	17.7			DL/T 595—2016	六氟化硫电气设备气体监督导则	DL/T 595—1996		2016/1/7	2016/6/1
17.7-4-10	17.7	27.100	E36；E34	DL/T 705—1999	运行中氢冷发电机用密封油质量标准			2000/2/24	2000/7/1
17.7-4-11	17.7	27.100	F24	DL/T 805.2—2016	火电厂汽水化学导则 第2部分：锅炉炉水磷酸盐处理	DL/T 805.2—2004		2016/1/7	2016/6/1
17.7-4-12	17.7			DL/T 805.4—2016	火电厂汽水化学导则 第4部分：锅炉给水处理	DL/T 805.4—2004		2016/2/5	2016/7/1

17

序号	GW 分类	ICS 分类	GB 分类	标准号	中 文 名 称	代替标准	采用关系	发布日期	实施日期
17.7-4-13	17.7	27.100	F23	DL/T 889—2015	电力基本建设热力设备化学监督导则			2015/7/1	2015/12/1
17.7-4-14	17.7			DL/T 931—2017	电力行业理化检验人员考核规程	DL/T 931—2005		2017/3/28	2017/8/1
17.7-4-15	17.7	27.100	F23；F24	DL/T 941—2005	运行中变压器用六氟化硫质量标准			2005/2/14	2005/6/1
17.7-4-16	17.7	27.100	F20	DL/T 977—2013	发电厂热力设备化学清洗单位管理规定			2013/11/28	2014/4/1
17.7-4-17	17.7			DL/T 986—2016	湿法烟气脱硫工艺性能检测技术规范	DL/T 986—2005		2016/1/7	2016/6/1
17.7-4-18	17.7	25.200	J36	JB/T 7530—2007	热处理用氩气、氮气、氢气一般技术条件	JB 7530—1994		2007/3/6	2007/9/1
17.7-4-19	17.7	93.160	P59	SL 396—2011	水利水电工程水质分析规程			2011/2/21	2011/5/21

17.8 技术监督-节能与环保技术

序号	GW 分类	ICS 分类	GB 分类	标准号	中 文 名 称	代替标准	采用关系	发布日期	实施日期
17.8-2-1	17.8	29.240		Q/GDW 11668—2017	±1100kV 直流架空输电线路电磁环境控制值			2018/1/18	2018/1/18
17.8-2-2	17.8			Q/GDW 12132—2021	电网技术降损节能计算导则			2022/1/28	2022/1/28
17.8-2-3	17.8			Q/GDW 145—2006	±800kV 直流架空输电线路电磁环境控制值			2006/9/26	2006/9/26
17.8-3-4	17.8			GB 13015—2017	含多氯联苯废物污染控制标准	GB 13015—1991		2017/9/1	2017/10/1
17.8-3-5	17.8	27.010	F01	GB 18613—2020	电动机能效限定值及能效等级	GB 18613—2012；GB 25958—2010		2020/5/29	2021/6/1
17.8-3-6	17.8	27.010	F01	GB 19761—2020	通风机能效限定值及能效等级	GB 19761—2009		2020/5/29	2021/6/1
17.8-3-7	17.8	27.010	F01	GB 20052—2020	电力变压器能效限定值及能效等级	GB 20052—2013；GB 24790—2009		2020/5/29	2021/6/1
17.8-3-8	17.8	19.040	A21	GB/T 20644.1—2006	特殊环境条件 选用导则 第1部分：金属表面防护			2006/11/8	2007/4/1
17.8-3-9	17.8	19.040	A21	GB/T 20644.2—2006	特殊环境条件 选用导则 第2部分：高分子材料			2006/11/8	2007/4/1
17.8-3-10	17.8	29.260.20	K35	GB 20800.1—2006	爆炸性环境 用往复式内燃机防爆技术通则 第1部分：可燃性气体和蒸汽环境用Ⅱ类内燃机			2006/12/1	2007/6/1
17.8-3-11	17.8	29.260.20	K35	GB 20800.2—2006	爆炸性环境 用往复式内燃机防爆技术通则 第2部分：可燃性粉尘环境用Ⅱ类内燃机			2006/12/1	2007/6/1

17

序号	GW 分类	ICS 分类	GB 分类	标准号	中 文 名 称	代替标准	采用关系	发布日期	实施日期
17.8-3-12	17.8	27.010	F01	GB 24500—2020	工业锅炉能效限定值及能效等级	GB 24500—2009		2020/5/29	2021/6/1
17.8-3-13	17.8	27.010	F01	GB 30253—2013	永磁同步电动机能效限定值及能效等级			2013/12/18	2014/9/1
17.8-3-14	17.8	29.260.20	K35	GB 3836.1—2010	爆炸性环境 第 1 部分：设备通用要求	GB 3836.1—2000		2010/8/9	2011/8/1
17.8-3-15	17.8	29.260.20	K35	GB 3836.2—2010	爆炸性环境 第 2 部分：由隔爆外壳"d"保护的设备	GB 3836.2—2000；GB 3836.2 E—2000		2010/8/9	2011/8/1
17.8-3-16	17.8	29.260.20	K35	GB 3836.3—2010	爆炸性环境 第 3 部分：由增安型"e"保护的设备	GB 3836.3—2000		2010/8/9	2011/8/1
17.8-3-17	17.8	29.260.20	K35	GB/T 3836.5—2017	爆炸性环境 第 5 部分：由正压外壳"p"保护的设备	GB 3836.5—2004	IEC 60079-2：2007 MOD	2017/7/31	2018/2/1
17.8-3-18	17.8	29.260.20	K35	GB 3836.8—2014	爆炸性环境 第 8 部分：由"n"型保护的设备		IEC 60079-15：2010	2014/12/5	2015/10/16
17.8-3-19	17.8	29.260.20	K35	GB 3836.9—2014	爆炸性环境 第 9 部分：由浇封型"m"保护的设备		IEC 60079-18：2009 MOD	2014/12/5	2015/10/16
17.8-3-20	17.8	29.260.20	K35	GB 3836.17—2007	爆炸性气体 环境用电气设备 第 17 部分：正压房间或建筑物的结构和使用			2007/4/30	2008/4/1
17.8-3-21	17.8			GB/T 51350—2019	近零能耗建筑技术标准			2019/1/24	2019/9/1
17.8-4-22	17.8			DL/T 1050—2016	电力环境保护技术监督导则	DL/T 1050—2007		2016/1/7	2016/6/1
17.8-4-23	17.8			HJ 193—2013	环境空气气态污染物（SO_2、NO_2、O_3、CO）连续自动监测系统安装验收技术规范	HJ/T 193 部分—2005；HJ/T 193—2005		2013/7/30	2013/8/1
17.8-4-24	17.8			HJ 2543—2016	环境标志产品技术要求 干式电力变压器	HJ/T 224—2005		2016/10/17	2017/1/1
17.8-4-25	17.8			HJ 298—2019	危险废物鉴别技术规范			2019/11/12	2020/1/1
17.8-4-26	17.8	23.100.60；13.020.01	J77；Z04	HJ 335—2006	环境保护产品技术要求	HBC 27—2004		2006/12/15	2007/4/1
17.8-6-27	17.8			T/CEC 291.6—2020	天然酯绝缘油电力变压器 第 6 部分：技术经济性评价导则			2020/6/30	2020/10/1

17.9 技术监督-保护与控制系统

序号	GW 分类	ICS 分类	GB 分类	标准号	中 文 名 称	代替标准	采用关系	发布日期	实施日期
17.9-2-1	17.9	29.240		Q/GDW 11078—2013	直流电源系统技术监督导则			2014/7/1	2014/7/1

17

序号	GW 分类	ICS 分类	GB 分类	标准号	中 文 名 称	代替标准	采用关系	发布日期	实施日期
17.9-2-2	17.9	29.240		Q/GDW 11297—2014	水电站继电保护及安全自动装置技术监督导则			2015/3/12	2015/3/12
17.9-2-3	17.9	29.240		Q/GDW 11578—2016	水电站热工仪表及控制系统技术监督导则			2017/5/18	2017/5/18
17.9-4-4	17.9			DL/T 2253—2021	发电厂继电保护及安全自动装置技术监督导则			2021/1/7	2021/7/1
17.9-4-5	17.9			NB/T 10563—2021	风力发电场继电保护技术监督规程			2021/1/7	2021/7/1

17.10 技术监督-信息通信及自动化

序号	GW 分类	ICS 分类	GB 分类	标准号	中 文 名 称	代替标准	采用关系	发布日期	实施日期
17.10-2-1	17.10	29.240		Q/GDW 10542—2016	电力光纤到户运行管理规范	Q/GDW 542—2010		2017/3/24	2017/3/24
17.10-2-2	17.10	29.240		Q/GDW 11298—2014	水电站监控与自动化技术监督导则			2015/3/12	2015/3/12
17.10-2-3	17.10	29.240		Q/GDW 11371—2014	配电自动化建设效果评价指导原则			2015/5/22	2015/5/22
17.10-2-4	17.10	29.240		Q/GDW 1803—2012	电力通信工程后评估评价方法			2014/2/10	2014/2/10
17.10-3-5	17.10	27.010	F07	GB/T 36047—2018	电力信息系统安全检查规范			2018/3/15	2018/10/1
17.10-3-6	17.10	35.040	L80	GB/T 36466—2018	信息安全技术 工业控制系统风险评估实施指南			2018/6/7	2019/1/1
17.10-4-7	17.10			NB/T 10559—2021	风力发电场监控自动化技术监督规程			2021/1/7	2021/7/1
17.10-4-8	17.10			NB/T 10585—2021	风电场节能运行维护监督规程			2021/1/7	2021/7/1
17.10-4-9	17.10	33.180.20	M33	YD/T 1636—2007	光纤到户（FTTH）体系结构和总体要求			2007/4/16	2007/10/1
17.10-4-10	17.10	33.100	M04	YD/T 1644.2—2011	手持和身体佩戴使用的无线通信设备对人体的电磁照射人体模型、仪器和规程 第2部分：靠近身体使用的无线通信设备的比吸收率（SAR）评估规程（频率范围 30MHz~6GHz）			2011/5/18	2012/2/1

17.11 技术监督-其他

序号	GW 分类	ICS 分类	GB 分类	标准号	中 文 名 称	代替标准	采用关系	发布日期	实施日期
17.11-2-1	17.11	29.240		Q/GDW 11464—2015	水电站水工技术监督导则			2016/11/1	2016/11/1
17.11-2-2	17.11	27.140		Q/GDW 11577—2016	水电站电测技术监督导则			2017/5/18	2017/5/18
17.11-2-3	17.11	27.140		Q/GDW 11580—2016	水电站节能技术监督导则			2017/5/18	2017/5/18

17

序号	GW 分类	ICS 分类	GB 分类	标准号	中 文 名 称	代替标准	采用关系	发布日期	实施日期
17.11-2-4	17.11	27.140		Q/GDW 11581—2016	水电站励磁技术监督导则			2017/5/18	2017/5/18
17.11-2-5	17.11	29.240		Q/GDW 11591—2016	输电线路施工机具现场监督检验规范			2017/5/25	2017/5/25
17.11-2-6	17.11	01.140.20		Q/GDW 11968—2019	科技查新技术规范			2020/8/24	2020/8/24
17.11-2-7	17.11	29.240.01		Q/GDW 11989—2019	国家电网有限公司电网发展诊断分析内容深度规定			2020/8/24	2020/8/24
17.11-2-8	17.11	29.240.01		Q/GDW 11997—2019	大规模电采暖系统接入配电网评价导则			2020/8/24	2020/8/24
17.11-3-9	17.11	33.100.20	L06	GB/T 38326—2019	工业、科学和医疗机器人 电磁兼容 抗扰度试验			2019/12/10	2020/7/1
17.11-3-10	17.11	33.100	L06	GB/T 38336—2019	工业、科学和医疗机器人 电磁兼容 发射测试方法和限值			2019/12/10	2020/7/1
17.11-4-11	17.11			DL/T 1455—2015	电力系统控制类软件安全性及其测评技术要求			2015/7/1	2015/12/1
17.11-4-12	17.11	27.140	P59	DL/T 1559—2016	水电站水工技术监督导则			2016/1/7	2016/6/1
17.11-4-13	17.11	29.240.99	K47	DL/T 1781—2017	电力器材质量监督检验技术规程			2017/12/27	2018/6/1
17.11-4-14	17.11	27.140	P59	DL/T 5313—2014	水电站大坝运行安全评价导则			2014/3/18	2014/8/1
17.11-4-15	17.11	93.020	P10	DL/T 5481—2013	电力岩土工程监理规程	GB 19173—2003		2013/11/28	2014/4/1
17.11-4-16	17.11	27.140	P59	NB/T 35064—2015	水电工程安全鉴定规程			2015/10/27	2016/3/1

17

18 数字化

18.1 数字化-基础综合

序号	GW 分类	ICS 分类	GB 分类	标准号	中文名称	代替标准	采用关系	发布日期	实施日期
18.1-2-1	18.1	29.240		Q/GDW 11209—2018	国家电网有限公司信息化架构（SG-EA）	Q/GDW 11209—2014		2020/3/20	2020/3/20
18.1-2-2	18.1	35.080		Q/GDW 11800—2018	信息系统功能及非功能性测试导则			2019/7/26	2019/7/26
18.1-2-3	18.1	29.240		Q/GDW 11822.1—2018	一体化"国网云" 第1部分：术语			2019/7/26	2019/7/26
18.1-2-4	18.1	35.240		Q/GDW 11829—2018	信息化项目成本度量规范			2019/7/16	2019/7/16
18.1-2-5	18.1	03.100.01		Q/GDW 11831—2018	信息化项目概要设计内容深度规定			2019/7/16	2019/7/16
18.1-2-6	18.1	29.240		Q/GDW 11834—2018	国家电网有限公司实物档案数字化规范			2019/7/18	2019/7/18
18.1-2-7	18.1			Q/GDW 12098—2021	电力物联网术语			2021/5/26	2021/5/26
18.1-2-8	18.1			Q/GDW 12100—2021	电力物联网感知层技术导则			2021/5/26	2021/5/26
18.1-2-9	18.1			Q/GDW 12102—2021	电力物联网平台层技术导则			2021/5/26	2021/5/26
18.1-2-10	18.1			Q/GDW 12115—2021	电力物联网参考体系架构			2021/6/25	2021/6/25
18.1-3-11	18.1	33.100.20	L06	GB/T 17618—2015	信息技术 设备抗扰度限值和测量方法			2015/2/4	2015/9/1
18.1-3-12	18.1	35.200	L65	GB/T 18233.5—2018	信息技术 用户建筑群通用布缆 第5部分：数据中心			2018/12/28	2018/12/28
18.1-3-13	18.1	29.240.10	K30	GB/T 19663—2005	信息系统 雷电防护术语			2005/1/27	2005/6/1
18.1-3-14	18.1	07.040	A75	GB/T 20258.1—2019	基础地理信息要素数据字典 第1部分：1:500 1:1000 1:2000 比例尺	GB/T 20258.1—2007		2019/3/25	2019/10/1
18.1-3-15	18.1	07.040	A75	GB/T 20258.2—2019	基础地理信息要素数据字典 第2部分：1:5000 1:10000 比例尺	GB/T 20258.2—2006		2019/3/25	2019/10/1
18.1-3-16	18.1	07.040	A75	GB/T 20258.3—2019	基础地理信息要素数据字典 第3部分：1:25000 1:50000 1:100000 比例尺	GB/T 20258.3—2006		2019/3/25	2019/10/1
18.1-3-17	18.1	07.040	A75	GB/T 20258.4—2019	基础地理信息要素数据字典 第4部分：1:250000 1:500000 1:1000000 比例尺	GB/T 20258.4—2007		2019/3/25	2019/10/1
18.1-3-18	18.1	35.240	L67	GB/T 23004—2020	信息化和工业化融合生态系统参考架构			2020/9/29	2021/4/1
18.1-3-19	18.1	35.080	L77	GB/T 25000.21—2019	系统与软件工程 系统与软件质量要求和评价（SQuaRE）第21部分：质量测度元素		ISO/IEC 25021：2012	2019/8/30	2020/3/1

18

序号	GW 分类	ICS 分类	GB 分类	标准号	中 文 名 称	代替标准	采用关系	发布日期	实施日期
18.1-3-20	18.1	35.080	L77	GB/T 25000.22—2019	系统与软件工程 系统与软件质量要求和评价（SQuaRE） 第 22 部分：使用质量测量	GB/T 16260.4—2006	ISO/IEC 25022：2016	2019/8/30	2020/3/1
18.1-3-21	18.1	35.080	L77	GB/T 25000.23—2019	系统与软件工程 系统与软件质量要求与评价（SQuaRE） 第 23 部分：系统与软件产品质量测量	GB/T 16260.2—2006；GB/T 16260.3—2006	ISO/IEC 25023：2016	2019/8/30	2020/3/1
18.1-3-22	18.1	35.240.50	L67	GB/T 25109.1—2010	企业资源计划 第 1 部分：ERP 术语			2010/9/2	2010/12/1
18.1-3-23	18.1	35.080	L77	GB/T 26236.1—2010	信息技术 软件资产管理 第 1 部分：过程		ISO/IEC 19770-1：2006 IDT	2011/1/14	2011/5/1
18.1-3-24	18.1	35.080	L77	GB/T 26239—2010	软件工程开发方法元模型		IEC 24744：2007 IDT	2011/1/14	2011/5/1
18.1-3-25	18.1	35.080	L76	GB/Z 26248.1—2010	信息技术文档描述和处理语言用于 XML 的规则语言描述（RELAX） 第 1 部分：RELAX 核心			2011/1/14	2011/5/1
18.1-3-26	18.1	25.040.40	N18	GB/T 26806.1—2011	工业控制计算机系统工业控制计算机基本平台 第 1 部分：通用技术条件			2011/7/29	2011/12/1
18.1-3-27	18.1	25.040.40	N18	GB/T 26806.2—2011	工业控制计算机系统工业控制计算机基本平台 第 2 部分：性能评定方法			2011/7/29	2011/12/1
18.1-3-28	18.1	37.080	A14	GB/Z 26822—2011	文档管理电子信息存储真实性可靠性建议		ISO/TR 15801：2009 IDT	2011/7/29	2011/12/1
18.1-3-29	18.1	35.020	L70	GB/T 29261.5—2014	信息技术 自动识别和数据采集技术 词汇 第 5 部分：定位系统		ISO/IEC 19762-5：2008	2014/9/3	2015/2/1
18.1-3-30	18.1	35.100.05	L79	GB/T 29263—2012	信息技术 面向服务的体系结构（SOA）应用的总体技术要求			2012/12/31	2013/6/1
18.1-3-31	18.1	35.200	L65	GB/T 29265.201—2017	信息技术 信息设备资源共享协同服务 第 201 部分：基础协议			2017/5/12	2017/12/1
18.1-3-32	18.1	35.200	L65	GB/T 29265.202—2012	信息技术 信息设备资源共享协同服务 第 202 部分：通用控制基础协议			2012/12/31	2013/7/1
18.1-3-33	18.1	35.200	L65	GB/T 29265.303—2012	信息技术 信息设备资源共享协同服务 第 303 部分：通用控制设备描述			2012/12/31	2013/7/1
18.1-3-34	18.1	35.200	L65	GB/T 29265.404—2018	信息技术 信息设备资源共享协同服务 第 404 部分：远程访问管理应用框架			2018/6/7	2019/1/1

18

序号	GW 分类	ICS 分类	GB 分类	标准号	中 文 名 称	代替标准	采用关系	发布日期	实施日期
18.1-3-35	18.1	35.240	L64	GB/T 29266—2012	射频识别 13.56MHz 标签基本电特性			2012/12/31	2013/6/1
18.1-3-36	18.1	35.080	L77	GB/T 30847.1—2014	系统与软件工程可信计算平台可信性度量 第 1 部分：概述与词汇			2014/6/24	2015/2/1
18.1-3-37	18.1	35.080	L77	GB/T 30847.2—2014	系统与软件工程可信计算平台可信性度量 第 2 部分：信任链			2014/6/24	2015/2/1
18.1-3-38	18.1	35.240	L70	GB/T 30996.1—2014	信息技术 实时定位系统 第 1 部分：应用程序接口		ISO/IEC 24730-1: 2006	2014/9/3	2015/2/1
18.1-3-39	18.1	35.100.05	L79	GB/T 32419.4—2016	信息技术 SOA 技术实现规范 第 4 部分：基于发布/订阅的数据服务接口			2016/10/13	2016/10/13
18.1-3-40	18.1	35.100.05	L79	GB/T 32419.5—2017	信息技术 SOA 技术实现规范 第 5 部分：服务集成开发			2017/9/7	2018/4/1
18.1-3-41	18.1	35.100.05	L79	GB/T 32419.6—2017	信息技术 SOA 技术实现规范 第 6 部分：身份管理服务			2017/11/1	2018/5/1
18.1-3-42	18.1	35.100.05	L79	GB/T 33846.1—2017	信息技术 SOA 支撑功能单元互操作 第 1 部分：总体框架			2017/5/31	2017/12/1
18.1-3-43	18.1	35.100.05		GB/T 33846.2—2017	信息技术 SOA 支撑功能单元互操作 第 2 部分：技术要求			2017/5/31	2017/12/1
18.1-3-44	18.1	35.100.05	L79	GB/T 33846.3—2017	信息技术 SOA 支撑功能单元互操作 第 3 部分：服务交互通信			2017/5/31	2017/12/1
18.1-3-45	18.1	35.100.05		GB/T 33846.4—2017	信息技术 SOA 支撑功能单元互操作 第 4 部分：服务编制			2017/11/1	2018/5/1
18.1-3-46	18.1	35.060	L74	GB/T 33847—2017	信息技术 中间件术语			2017/5/31	2017/12/1
18.1-3-47	18.1	35.080	L77	GB/T 33850—2017	信息技术服务 质量评价指标体系			2017/5/31	2017/12/1
18.1-3-48	18.1	33.040.50	M04	GB/T 3454—2011	数据终端设备（DTE）和数据电路终接设备（DCE）之间的接口电路定义表	GB/T 3454—1982	ITU-T V.24: 2000 IDT	2011/7/29	2011/11/1
18.1-3-49	18.1	35.100.70		GB/T 35589—2017	信息技术 大数据 技术参考模型			2017/12/29	2018/7/1
18.1-3-50	18.1	07.040	A77	GB/T 35653.1—2017	地理信息 影像与格网数据的内容模型及编码规则 第 1 部分：内容模型		ISO/TS 19163-1: 2016	2017/12/29	2018/7/1
18.1-3-51	18.1	35.240.70	L67	GB/T 36073—2018	数据管理能力成熟度评估模型			2018/3/15	2018/10/1

18

序号	GW 分类	ICS 分类	GB 分类	标准号	中 文 名 称	代替标准	采用关系	发布日期	实施日期
18.1-3-52	18.1	35.080	L77	GB/T 36328—2018	信息技术 软件资产管理 标识规范			2018/6/7	2019/1/1
18.1-3-53	18.1	35.080	L77	GB/T 36329—2018	信息技术 软件资产管理 授权管理			2018/6/7	2019/1/1
18.1-3-54	18.1	35.140	L81	GB/T 36341.1—2018	信息技术 形状建模信息表示 第1部分:框架和基本组件			2018/6/7	2019/1/1
18.1-3-55	18.1	35.140	L81	GB/T 36341.2—2018	信息技术 形状建模信息表示 第2部分:特征约束			2018/6/7	2019/1/1
18.1-3-56	18.1	35.140	L81	GB/T 36341.3—2018	信息技术 形状建模信息表示 第3部分:流式传输			2018/6/7	2019/1/1
18.1-3-57	18.1	35.140	L81	GB/T 36341.4—2018	信息技术 形状建模信息表示 第4部分:存储格式			2018/6/7	2019/1/1
18.1-3-58	18.1	35.240.01	L70	GB/T 36344—2018	信息技术 数据质量评价指标			2018/6/7	2019/1/1
18.1-3-59	18.1	35.020	L72	GB/T 36345—2018	信息技术 通用数据导入接口			2018/6/7	2019/1/1
18.1-3-60	18.1	35.240.15	L70	GB/T 36364—2018	信息技术 射频识别 2.45GHz 标签通用规范			2018/6/7	2019/1/1
18.1-3-61	18.1	35.240.15	L70	GB/T 36365—2018	信息技术 射频识别 800/900MHz 无源标签通用规范			2018/6/7	2019/1/1
18.1-3-62	18.1	35.020	L60	GB/T 36448—2018	集装箱式数据中心机房通用规范			2018/6/7	2019/1/1
18.1-3-63	18.1	35.220	L65	GB/T 36450.1—2018	信息技术 存储管理 第1部分:概述			2018/6/7	2019/1/1
18.1-3-64	18.1	35.240.50	L67	GB/T 36456.1—2018	面向工程领域的共享信息模型 第1部分:领域信息模型框架			2018/6/7	2019/1/1
18.1-3-65	18.1	35.240.50	L67	GB/T 36456.2—2018	面向工程领域的共享信息模型 第2部分:领域信息服务接口			2018/6/7	2019/1/1
18.1-3-66	18.1	35.240.50	L67	GB/T 36456.3—2018	面向工程领域的共享信息模型 第3部分:测试方法			2018/6/7	2019/1/1
18.1-3-67	18.1	35.040	A24	GB/T 36604—2018	物联网标识体系 Ecode 平台接入规范			2018/9/17	2019/4/1
18.1-3-68	18.1	35.040	A24	GB/T 36605—2018	物联网标识体系 Ecode 解析规范			2018/9/17	2019/4/1
18.1-3-69	18.1	35.110	L79	GB/T 36620—2018	面向智慧城市的物联网技术应用指南			2018/10/10	2019/5/1
18.1-3-70	18.1	35.040	A24	GB/T 37032—2018	物联网标识体系 总则			2018/12/28	2019/7/1

18

序号	GW 分类	ICS 分类	GB 分类	标准号	中 文 名 称	代替标准	采用关系	发布日期	实施日期
18.1-3-71	18.1	35.240	L07	GB/T 37550—2019	电子商务数据资产评价指标体系			2019/6/4	2020/1/1
18.1-3-72	18.1	27.010	F01	GB/T 37779—2019	数据中心能源管理体系实施指南			2019/8/30	2020/3/1
18.1-3-73	18.1	35.040	A24	GB/T 37936—2019	军民通用资源　信息分类与编码编制要求			2019/8/30	2020/3/1
18.1-3-74	18.1	35.040	A24	GB/T 37944—2019	军民通用资源　数据模型编制要求			2019/8/30	2020/3/1
18.1-3-75	18.1	35.040	A24	GB/T 37948—2019	军民通用资源　数据元编制要求			2019/8/30	2020/3/1
18.1-3-76	18.1	35.240	L60	GB/T 38247—2019	信息技术　增强现实　术语			2019/10/18	2020/5/1
18.1-3-77	18.1	35.240.50	L64	GB/T 38668—2020	智能制造　射频识别系统　通用技术要求			2020/4/28	2020/11/1
18.1-3-78	18.1	33.160.60	M32	GB/T 38801—2020	内容分发网络技术要求　互联应用场景			2020/6/2	2020/12/1
18.1-3-79	18.1	17.220.20	N22	GB/T 38853—2020	用于数据采集和分析的监测和测量系统的性能要求			2020/6/2	2020/12/1
18.1-3-80	18.1	31.200	L56	GB/T 39842—2021	集成电路（IC）卡封装框架			2021/3/9	2021/7/1
18.1-3-81	18.1	35.100.05	L79	GB/T 40020—2021	信息物理系统参考架构			2021/4/30	2021/11/1
18.1-3-82	18.1	35.100.05	L79	GB/T 40021—2021	信息物理系统术语			2021/4/30	2021/11/1
18.1-3-83	18.1	29.240	F21	GB/T 40287—2021	电力物联网信息通信总体架构			2021/5/21	2021/12/1
18.1-3-84	18.1			GB 50174—2017	数据中心设计规范	GB 50174—2008		2017/5/4	2018/1/1
18.1-3-85	18.1	01.040.35；35.020	L70	GB/T 5271.1—2000	信息技术词汇　第 1 部分：基本术语	GB 5271.1—1985	ISO/IEC 2382-1：1993 EQV	2000/7/14	2001/3/1
18.1-3-86	18.1	35.240.20	L60	GB/T 5271.3—2008	信息技术词汇　第 3 部分：设备技术	GB/T 5271.3—1987		2008/7/18	2008/12/1
18.1-3-87	18.1		L70	GB/T 5271.4—2000	信息技术词汇　第 4 部分：数据的组织	GB 5271.4—1985	ISO/IEC 2382-4：1987 EQV	2000/7/14	2001/3/1
18.1-3-88	18.1	35.240.20	L60	GB/T 5271.5—2008	信息技术词汇　第 5 部分：数据表示	GB/T 5271.5—1987		2008/7/18	2008/12/1
18.1-3-89	18.1		L70	GB/T 5271.6—2000	信息技术词汇　第 6 部分：数据的准备和处理	GB 5271.6—1985	ISO/IEC 2382-6：1987 EQV	2000/7/14	2001/3/1
18.1-3-90	18.1	35.020	L70	GB/T 5271.7—2008	信息技术词汇　第 7 部分：计算机编程	GB/T 5271.7—1986		2008/7/18	2008/12/1
18.1-3-91	18.1	35.020	L70	GB/T 5271.8—2001	信息技术词汇　第 8 部分：安全	GB/T 5271.8—1993		2001/7/16	2002/3/1
18.1-3-92	18.1	35.020	L70	GB/T 5271.9—2001	信息技术词汇　第 9 部分：数据通信	GB/T 5271.9—1986		2001/7/16	2002/3/1

18

序号	GW 分类	ICS 分类	GB 分类	标准号	中 文 名 称	代替标准	采用关系	发布日期	实施日期
18.1-3-93	18.1		L70	GB/T 5271.11—2000	信息技术词汇　第 11 部分：处理器	GB 5271.11—1985	ISO/IEC 2382-11：1987 EQV	2000/7/14	2001/3/1
18.1-3-94	18.1		L70	GB/T 5271.12—2000	信息技术词汇　第 12 部分：外围设备	GB 5271.12—1985	ISO/IEC 2382-12：1988 EQV	2000/7/14	2001/3/1
18.1-3-95	18.1	35.140	L70	GB/T 5271.13—2008	信息技术词汇　第 13 部分：计算机图形	GB/T 5271.13—1988		2008/7/18	2008/12/1
18.1-3-96	18.1	35.020	L70	GB/T 5271.14—2008	信息技术词汇　第 14 部分：可靠性、可维护性与可用性	GB/T 5271.14—1985		2008/7/18	2008/12/1
18.1-3-97	18.1	35.060	L70	GB/T 5271.15—2008	信息技术词汇　第 15 部分：编程语言	GB/T 5271.15—1986		2008/7/18	2008/12/1
18.1-3-98	18.1	35.020	L70	GB/T 5271.16—2008	信息技术词汇　第 16 部分：信息论	GB/T 5271.16—1986		2008/7/18	2008/12/1
18.1-3-99	18.1		L70	GB/T 5271.17—2010	信息技术词汇　第 17 部分：数据库		ISO/IEC 2382-17：1999 IDT	2010/12/1	2011/5/1
18.1-3-100	18.1	35.020	L70	GB/T 5271.18—2008	信息技术词汇　第 18 部分：分布式数据处理	GB/T 5271.18—1993		2008/7/18	2008/12/1
18.1-3-101	18.1	35.240.20	L60	GB/T 5271.19—2008	信息技术词汇　第 19 部分：模拟计算	GB/T 5271.19—1986		2008/7/18	2008/12/1
18.1-3-102	18.1	35.020	L70	GB/T 5271.20—1994	信息技术词汇　第 20 部分：系统开发			1994/12/7	1995/8/1
18.1-3-103	18.1		L70	GB/T 5271.23—2000	信息技术词汇　第 23 部分：文本处理		ISO/IEC 2382-23：1994 EQV	2000/7/14	2001/3/1
18.1-3-104	18.1		L70	GB/T 5271.24—2000	信息技术词汇　第 24 部分：计算机集成制造		ISO/IEC 2382-24：1995 EQV	2000/7/14	2001/3/1
18.1-3-105	18.1		L70	GB/T 5271.25—2000	信息技术词汇　第 25 部分：局域网		ISO/IEC 2382-25：1992 EQV	2000/7/14	2001/3/1
18.1-3-106	18.1		L79	GB/T 5271.26—2010	信息技术词汇　第 26 部分：开放系统互连		ISO/IEC 2382-26：1993 IDT	2010/12/1	2011/5/1
18.1-3-107	18.1	35.020	L70	GB/T 5271.27—2001	信息技术词汇　第 27 部分：办公自动化			2001/7/16	2002/3/1
18.1-3-108	18.1	35.020	L70	GB/T 5271.28—2001	信息技术词汇　第 28 部分：人工智能基本概念与专家系统			2001/7/16	2002/3/1
18.1-3-109	18.1	35.240.20	L60	GB/T 5271.29—2006	信息技术词汇　第 29 部分：人工智能语音识别与合成			2006/3/14	2006/7/1
18.1-3-110	18.1	35.240.20	L60	GB/T 5271.31—2006	信息技术词汇　第 31 部分：人工智能机器学习			2006/3/14	2006/7/1

18

序号	GW 分类	ICS 分类	GB 分类	标准号	中 文 名 称	代替标准	采用关系	发布日期	实施日期
18.1-3-111	18.1	35.240.20	L60	GB/T 5271.32—2006	信息技术词汇 第32部分：电子邮件			2006/3/14	2006/7/1
18.1-3-112	18.1	35.240.20	L60	GB/T 5271.34—2006	信息技术词汇 第34部分：人工智能神经网络			2006/3/14	2006/7/1
18.1-4-113	18.1	91.140.40	Q8	CJJ/T 104—2014	电子标签产品检测	CJJ 104—2005		2014/4/22	2014/11/1
18.1-4-114	18.1	29.020	K04	DL/T 1033.1—2016	电力行业词汇 第1部分：动力工程	DL/T 1033.1—2006		2016/8/16	2016/12/1
18.1-4-115	18.1	29.020	K01	DL/T 1033.3—2014	电力行业词汇 第3部分：发电厂、水力发电	DL/T 1033.3—2006		2014/10/15	2015/3/1
18.1-4-116	18.1	29.020	F21	DL/T 1230—2016	电力系统图形描述规范	DL/T 1230—2013		2016/12/5	2017/5/1
18.1-4-117	18.1			DL/T 1660—2016	电力系统消息总线接口规范			2016/12/5	2017/5/1
18.1-4-118	18.1	35.080	L77	DL/T 1729—2017	电力信息系统功能及非功能性测试规范			2017/8/2	2017/12/1
18.1-4-119	18.1			DL/T 1992—2019	电力企业SOA应用技术标准			2019/6/4	2019/10/1
18.1-4-120	18.1			DL/T 2015—2019	电力信息化软件工程度量规范			2019/6/4	2019/10/1
18.1-4-121	18.1			DL/T 2068—2019	电力生产现场应用电子标签技术规范			2019/11/4	2020/5/1
18.1-4-122	18.1			DL/T 2075—2019	电力企业信息化架构			2019/11/4	2020/5/1
18.1-4-123	18.1			DL/T 861—2020	电力可靠性基本名词术语	DL/T 861—2014；DL/T 861—2004		2020/10/23	2021/2/1
18.1-4-124	18.1			NB/T 10691—2021	数字中心机房用不间断电源系统			2021/4/26	2021/7/26
18.1-4-125	18.1			SJ/T 11782—2021	信息系统集成及服务组织 质量管理规范			2021/3/5	2021/6/1
18.1-4-126	18.1	33.030	M21	YD/T 2424—2012	基于IP的融合消息业务技术要求			2012/12/28	2013/3/1
18.1-4-127	18.1	33.180.01	M11	YD/T 2616.7—2017	无源光网络（PON）网络管理技术要求 第7部分：基于XML技术的EMS-NMS接口信息模型			2017/11/7	2018/1/1
18.1-4-128	18.1	33.120.01	M30	YD/T 2960—2015	移动互联网术语			2015/10/10	2016/1/1
18.1-4-129	18.1	35.240	M30/49	YD/T 3792—2020	数字移动通信终端通用集成电路卡（UICC）与非接触通信模块（CLF）间单线协议（SWP）技术要求			2020/12/9	2021/1/1
18.1-4-130	18.1	33.060	M11	YD/T 3793.1—2020	数字移动通信终端通用集成电路卡（UICC）与非接触通信模块（CLF）间单线协议（SWP）测试方法 第1部分：终端特性			2020/12/9	2021/1/1

18

序号	GW 分类	ICS 分类	GB 分类	标准号	中 文 名 称	代替标准	采用关系	发布日期	实施日期
18.1-4-131	18.1	3.060	M11	YD/T 3793.2—2020	数字移动通信终端通用集成电路卡（UICC）与非接触通信模块（CLF）间单线协议（SWP）测试方法 第2部分：UICC 特性			2020/12/9	2021/1/1
18.1-4-132	18.1	33.060	M11	YD/T 3794—2020	数字移动通信终端通用集成电路卡（UICC）与非接触通信模块（CLF）间主控接口（HCI）技术要求			2020/12/9	2021/1/1
18.1-4-133	18.1	35.240	M30/49	YD/T 3795.1—2020	数字移动通信终端通用集成电路卡（UICC）与非接触通信模块（CLF）间主控接口（HCI）测试方法 第1部分：终端特性			2020/12/9	2021/1/1
18.1-4-134	18.1	33.060	M11	YD/T 3795.2—2020	数字移动通信终端通用集成电路卡（UICC）与非接触通信模块（CLF）间主控接口（HCI）测试方法 第2部分：UICC 特性			2020/12/9	2021/1/1
18.1-4-135	18.1	33.040.20	M33	YD/T 3826—2021	切片分组网络（SPN）总体技术要求			2021/3/5	2021/4/1
18.1-4-136	18.1	33.040.01	M10	YD/T 3836—2021	信息通信行业企业社会责任管理体系要求			2021/3/5	2021/4/1
18.1-4-137	18.1	33.040	M10	YD/T 3837—2021	信息通信行业企业社会责任评价体系			2021/3/5	2021/4/1
18.1-5-138	18.1	35.020		ANSI INCITS 495—2012	信息技术 平台管理			2012/1/1	2012/1/1
18.1-5-139	18.1			BS EN 50600-4-1—2017	信息技术 数据中心设施和基础设施 第4-1部分：关键性能指标的概述和一般要求			2017/1/31	2017/1/31
18.1-5-140	18.1	35.240.30;		BS ISO 20614：2017	信息和文档 用于互操作性和保存的数据交换协议			2017/11/17	2017/11/17
18.1-5-141	18.1	01.140.20	L72	BS ISO 23081-1：2017	信息和文档 记录管理过程 记录的元数据原则	BS ISO 23081-1：2006		2017/6/11	2017/6/11
18.1-5-142	18.1	01.140.20	L81	BS ISO 24622-2：2019	语言资源管理 组件元数据基础结构（CMDI） 组件元数据规范语言			2019/7/22	2019/7/22
18.1-5-143	18.1			BS ISO 24623-1：2018	语言资源管理 语料库查询通用语（CQLF） 元模型			2018/4/25	2018/4/25
18.1-5-144	18.1	35.240	M30/49	BS ISO/IEC 15961-2：2019	信息技术 用于物品管理的射频识别（RFID）数据协议 RFID 数据构造的注册			2019/8/14	2019/8/14

18

序号	GW 分类	ICS 分类	GB 分类	标准号	中 文 名 称	代替标准	采用关系	发布日期	实施日期
18.1-5-145	18.1			BS ISO/IEC 16963：2017	信息技术　数字记录媒体、用于信息交换和存储　估计用于长期数据存储的光盘寿命的测试方法			2017/8/23	2017/8/23
18.1-5-146	18.1	35.100.05		BS ISO/IEC 17203：2017	信息技术　打开虚拟化格式（OVF）规范			2017/9/27	2017/9/27
18.1-5-147	18.1	35.080		BS ISO/IEC 19770-1：2017	信息技术　IT 资产管理　IT 资产管理系统　要求	BS ISO/IEC 19770-1：2006		2017/12/19	2017/12/19
18.1-5-148	18.1	35.080	L77	BS ISO/IEC 19770-4：2017	信息技术　IT 资产管理　资源利用率测量			2017/9/21	2017/9/21
18.1-5-149	18.1	35.020	L70/84	BS ISO/IEC 19988：2017	信息技术　核心业务词汇标准			2017/10/13	2017/10/13
18.1-5-150	18.1	35.040	L70/84	BS ISO/IEC 20248：2018	信息技术　自动识别和数据捕获技术　数据结构　数字签名元结构			2018/4/16	2018/4/16
18.1-5-151	18.1	01.040.35；35.020		BS ISO/IEC 20924：2018	信息技术　物联网（IoT）词汇			2018/12/14	2018/12/14
18.1-5-152	18.1			BS ISO/IEC 21778：2017	信息技术　JSON 数据交换语法			2017/11/30	2017/11/30
18.1-5-153	18.1			BS ISO/IEC 24091：2019	信息技术　数据中心存储的功率效率测量规范			2019/11/27	2019/11/27
18.1-5-154	18.1			BS ISO/IEC 29110-4-1：2018	系统和软件工程　小型实体（VSE）的生命周期配置文件　软件工程　配置文件规范：通用配置文件组			2018/4/16	2018/4/16
18.1-5-155	18.1	35.080		BS ISO/IEC 29155-1：2017	系统和软件工程　信息技术项目绩效基准框架　概念和定义			2017/12/21	2017/12/21
18.1-5-156	18.1	35.240.20		BS ISO/IEC 30122-2：2017	信息技术　用户界面　语音命令　构造和测试			2017/2/28	2017/2/28
18.1-5-157	18.1			BS ISO/IEC 30122-3：2017	信息技术　用户界面　语音命令　翻译和本地化			2017/3/31	2017/3/31
18.1-5-158	18.1			BS ISO/IEC 30141：2018	物联网（IoT）参考架构			2018/6/9	2018/6/9
18.1-5-159	18.1			BS ISO/IEC/IEEE 15289：2019	系统和软件工程　生命的内容—周期信息项（文档）			2019/7/25	2019/7/25

18

序号	GW 分类	ICS 分类	GB 分类	标准号	中 文 名 称	代替标准	采用关系	发布日期	实施日期
18.1-5-160	18.1			BS ISO/IEC/IEEE 16326：2019	系统和软件工程　生命周期过程　项目管理			2019/12/20	2019/12/20
18.1-5-161	18.1			BS ISO/IEC/IEEE 21841：2019	系统和软件工程　系统的系统分类			2019/7/25	2019/7/25
18.1-5-162	18.1			BS ISO/IEC/IEEE 24748-1：2018	系统和软件工程　生命周期管理　生命周期管理准则			2018/1/11	2018/1/11
18.1-5-163	18.1			BS ISO/IEC/IEEE 24748-5：2017	系统和软件工程　生命周期管理　软件开发计划			2017/12/31	2017/12/31
18.1-5-164	18.1			BS ISO/IEC/IEEE 24765：2017	系统和软件工程　词汇			2017/10/31	2017/10/31
18.1-5-165	18.1	35.080		BS ISO/IEC/IEEE 26515：2018	系统和软件工程　在敏捷环境中为用户开发信息			2018/12/14	2018/12/14
18.1-5-166	18.1	35.080		BS ISO/IEC/IEEE 29148：2018	系统和软件工程　生命周期过程　需求工程			2018/11/30	2018/11/30
18.1-5-167	18.1			BS ISO/IEC/IEEE 42020：2019	软件、系统和企业体系结构过程			2019/7/25	2019/7/25
18.1-5-168	18.1			BS ISO/IEC/IEEE 42030：2019	软件、系统和企业体系结构评估框架			2019/7/26	2019/7/26
18.1-5-169	18.1			DIN SPEC 92001-1—2019	人工智能　生命周期过程和质量要求　第1部分：质量元模型；英文文本			2019/4/1	2019/4/1
18.1-5-170	18.1	35.240.99		IEC 61968-1：2012	电气设备的应用集成分布式管理用系统接口　第1部分：接口体系架构和一般推荐性规程	IEC 61968-1：2003；IEC 57/1272/FDIS：2012		2012/10/1	2012/10/1
18.1-5-171	18.1	27.100	K04	IEC 61968-3：2004	电气设备的应用集成分布式管理用系统接口　第3部分：网络操作用接口	IEC 57/694/FDIS：2003		2004/3/1	2004/3/1
18.1-5-172	18.1			IEC/TR 62368-2：2019	音频/视频、信息和通信技术设备　第2部分：与 IEC 62368-1：2018　3.0 版相关的解释性信息	IEC/TR 62368-2：2011		2019/5/1	2019/5/1
18.1-5-173	18.1	35.040		ISO 14957：2010	信息技术　数据元值表示法　格式表示法（通信）			2010/12/15	2010/12/15
18.1-5-174	18.1	35.030；01.040.35；35.240.40；35.240.99		ISO 22739：2020	区块链和分布式账本技术　术语			2020/7/13	2020/7/13

18

序号	GW分类	ICS分类	GB分类	标准号	中 文 名 称	代替标准	采用关系	发布日期	实施日期
18.1-5-175	18.1	01.080.50	L70	ISO/IEC 15424：2008	信息技术自动识别和数据捕获技术数据载体标识符（包括符号标识符）	ISO/IEC 15424：2000		2008/7/7	2008/7/7
18.1-5-176	18.1	01.040.35；35.040；35.240.60	L81	ISO/IEC 19762-2：2008	信息技术自动识别和数据采集（AIDC）技术协调词汇 第2部分：光学可读介质（ORM）	ISO/IEC 19762-2：2005；ISO/IEC FDIS 19762-2：2008		2008/6/1	2008/6/15
18.1-5-177	18.1	01.040.35；35.040；35.240.60	L81	ISO/IEC 19762-3：2008	信息技术自动识别和数据采集（AIDC）技术校准词汇 第3部分：无线电频率识别（RFID）	ISO/IEC 19762-3：2005；ISO/IEC FDIS 19762-3：2008		2008/6/1	2008/6/1
18.1-5-178	18.1	01.040.35；35.040	L81	ISO/IEC 19762-4：2008	信息技术自动识别和数据采集（AIDC）技术协调词汇 第4部分：与无线电通信相关的通用术语			2008/6/15	2008/6/15
18.1-5-179	18.1	01.040.35；35.040	L81	ISO/IEC 19762-5：2008	信息技术自动识别和数据采集（AIDC）技术协调词汇 第5部分：定位设备			2008/6/15	2008/6/15
18.1-5-180	18.1	35.020		ISO/IEC 20546：2019	信息技术 大数据 概述和词汇 第一版			2019/2/1	2019/2/1
18.1-5-181	18.1	35.020		ISO/IEC 20924：2018	物联网（IoT） 词汇 第一版			2018/12/1	2018/12/1
18.1-5-182	18.1	35.020		ISO/IEC 24091：2019	信息技术 数据中心存储的功率效率测量规范 第一版			2019/11/1	2019/11/1
18.1-5-183	18.1	35.240.20		ISO/IEC 24756：2009	信息技术 用户需求和能力、系统及其环境的通用访问轮廓（CAP）的详细说明框架			2009/4/1	2009/4/1
18.1-5-184	18.1	35.020		ISO/IEC 30141：2018	物联网（IoT） 参考架构 第一版			2018/8/1	2018/8/1
18.1-5-185	18.1	35.210		ISO/IEC/TR 22678：2019	信息技术 云计算 政策制定指南 第1版			2019/1/1	2019/1/1
18.1-5-186	18.1			ISO/IEC/TR 23050：2019	信息技术 数据中心 对电能储存和出口数据中心资源指标的影响 第1版			2019/3/1	2019/3/1
18.1-5-187	18.1			ISO/IEC/TR 33015：2019	信息技术 过程评估 过程风险确定指南 第1版			2019/8/1	2019/8/1
18.1-5-188	18.1			ISO/IEC/TR 33018：2019	信息技术 流程评估 评估员能力指南 第1版			2019/7/1	2019/7/1
18.1-5-189	18.1	35.020		ISO/IEC/TS 22237-6：2018	信息技术 数据中心设施和基础设施 第6部分：安全系统 第1版			2018/5/1	2018/5/1

18

序号	GW分类	ICS分类	GB分类	标准号	中 文 名 称	代替标准	采用关系	发布日期	实施日期
18.1-5-190	18.1	35.080		ISO/IEC/TS 33053：2019	信息技术 过程评估 质量管理过程参考模型（PRM） 第1版			2019/11/1	2019/11/1
18.1-5-191	18.1	35.080		ISO/IEC/IEEE 15289：2019	系统和软件工程 生命的内容 周期信息项（文档） 第4版			2019/7/1	2019/7/1
18.1-5-192	18.1	35.080		ISO/IEC/IEEE 16326：2019	系统和软件工程 生命周期过程 项目管理 第2版			2019/12/1	2019/12/1
18.1-5-193	18.1	35.080		ISO/IEC/IEEE 21839：2019	系统和软件工程 系统生命周期中的系统（SoS）注意事项 第1版			2019/7/1	2019/7/1
18.1-5-194	18.1	35.080		ISO/IEC/IEEE 21840：2019	系统和软件工程 在系统中使用 ISO／IEC／IEEE 15288 的准则（SoS） 第1版			2019/12/1	2019/12/1
18.1-5-195	18.1	35.080		ISO/IEC/IEEE 21841：2019	系统和软件工程 系统分类法 第1版；更正版本 9/2019			2019/7/1	2019/7/1
18.1-5-196	18.1	35.080		ISO/IEC/IEEE 24748-1：2018	系统和软件工程 生命周期管理 第1部分：生命周期管理指南 第1版			2018/11/1	2018/11/1
18.1-5-197	18.1	35.080		ISO/IEC/IEEE 24748-2：2018	系统和软件工程 生命周期管理 第2部分：ISO／IEC／IEEE 15288 应用指南（系统生命周期过程） 第1版			2018/12/1	2018/12/1
18.1-5-198	18.1	35.080		ISO/IEC/IEEE 90003：2018	软件工程 ISO 9001：2015 应用于计算机软件的指南 第1版			2018/11/1	2018/11/1
18.1-5-199	18.1	35.080		ISO/IEC/TR 15504-7：2008	信息技术过程评估 第7部分：组织成熟度评估	ISO/IEC/TR 15504-7：1998		2008/12/1	2008/12/1
18.1-5-200	18.1	35.040	L71	ISO/IEC/TR 24720：2008	信息技术自动识别和数据采集技术直接部分标记（DPM）用指南			2008/6/1	2008/6/1
18.1-5-201	18.1	35.040.50		ISO/IEC/TR 24729-1：2008	信息技术项目管理的射频识别（RFID）执行指南 第1部分：RFID 激活的标签和包装支持 ISO/IEC 18000—6C			2008/4/1	2008/4/1
18.1-5-202	18.1	35.040；35.240.60	L71	ISO/IEC/TR 24729-2：2008	信息技术项目管理的射频识别（RFID）执行指南 第2部分：再循环和 RFID 标签			2008/4/15	2008/4/15
18.1-5-203	18.1	35.040；35.240.60	L71	ISO/IEC/TR 24729-4：2009	信息技术项目管理的射频识别（RFID）执行指南 第4部分：标签数据安全			2009/3/15	2009/3/15

18

序号	GW 分类	ICS 分类	GB 分类	标准号	中 文 名 称	代替标准	采用关系	发布日期	实施日期
18.1-5-204	18.1	35.080;		ISO ISO/IEC/TS 24748-6：2016	ISO-IEC/TS 24748-6：2016 系统和软件工程 生命周期管理 第6部分：系统集成工程			2016/12/1	2016/12/1
18.1-5-205	18.1	35.080;		ISO ISO/IEC/IEEE 29119-5：2016	ISO/IEC/IEEE 29119-5：2016 软件和系统工程 软件测试 第5部分：关键字驱动的测试			2016/11/15	2016/11/15
18.1-5-206	18.1	01.140.20		ISO TR 21965：2019	信息和文档 企业架构中的记录管理 第1版			2019/3/1	2019/3/1
18.1-5-207	18.1	35.060; 35.240.30		ISO TS 13249-7：2013	信息技术 数据库语言 SQL 多媒体和应用程序包 第7部分：历史记录			2013/2/15	2013/2/15
18.1-5-208	18.1			ITU-T H 248.65—2009	网关控制协议资源预留协议的支持			2009/3/1	2009/3/1
18.1-5-209	18.1			ITU-T H 248.70—2009	网关控制协议拨号方法信息包			2009/3/1	2009/3/1
18.1-5-210	18.1			ITU-T L 80—2008	支持使用 ID 技术的基础设施和网络元件管理的系统要求的运转			2008/5/1	2008/5/1

18.2 数字化-数字基础设施

序号	GW 分类	ICS 分类	GB 分类	标准号	中 文 名 称	代替标准	采用关系	发布日期	实施日期
18.2-2-1	18.2	29.240		Q/GDW 10668—2018	IPv4 网络向 IPv6 网络过渡技术导则	Q/GDW 668—2011		2019/7/26	2019/7/26
18.2-2-2	18.2	29.240		Q/GDW 11350.1—2014	IPv6 网络设备测试规范 第1部分：路由器和交换机			2015/5/29	2015/5/29
18.2-2-3	18.2			Q/GDW 11351—2021	通用车载监控终端技术要求及测试规范	Q/GDW 11351—2014		2021/7/20	2021/7/20
18.2-2-4	18.2	29.240		Q/GDW 11352—2014	通用车载监控终端通信协议及数据格式技术规范			2015/5/29	2015/5/29
18.2-2-5	18.2	35.160		Q/GDW 11532—2016	定制化 x86 服务器设计与检测规范			2016/12/22	2016/12/22
18.2-2-6	18.2			Q/GDW 11703—2017	电力视频监控设备技术规范			2018/3/5	2018/3/5
18.2-2-7	18.2			Q/GDW 11822.8—2021	一体化"国网云" 第8部分：应用上云测试			2019/7/26	2019/7/26
18.2-2-8	18.2	29.240		Q/GDW 11822.2—2018	一体化"国网云" 第2部分：云平台总体架构与技术要求			2019/7/16	2019/7/16
18.2-2-9	18.2			Q/GDW 11822.3—2018	一体化"国网云" 第3部分：硬件准入			2019/7/6	2019/7/6
18.2-2-10	18.2	29.240		Q/GDW 11822.5—2018	一体化"国网云" 第5部分：应用构建组件			2019/7/16	2019/7/16

序号	GW 分类	ICS 分类	GB 分类	标准号	中 文 名 称	代替标准	采用关系	发布日期	实施日期
18.2-2-11	18.2			Q/GDW 11822.6—2018	一体化"国网云" 第6部分：服务和应用设计与技术要求			2019/7/6	2019/7/6
18.2-2-12	18.2	01.040.35		Q/GDW 11939—2018	电力 RFID 标签应用接口技术规范			2020/3/20	2020/3/20
18.2-2-13	18.2	01.040.35		Q/GDW 11975—2019	电子标签通用技术要求与测试规范			2020/9/28	2020/9/28
18.2-2-14	18.2	01.040.35		Q/GDW 11979—2019	信息设备腾退鉴定规范			2020/9/28	2020/9/28
18.2-2-15	18.2			Q/GDW 12101—2021	电力物联网本地通信网技术导则			2021/5/26	2021/5/26
18.2-2-16	18.2			Q/GDW 12106.1—2021	物联管理平台技术和功能规范 第1部分：总则			2021/5/26	2021/5/26
18.2-2-17	18.2			Q/GDW 12106.2—2021	物联管理平台技术和功能规范 第2部分：功能要求			2021/5/26	2021/5/26
18.2-2-18	18.2			Q/GDW 12106.3—2021	物联管理平台技术和功能规范 第3部分：应用商店技术要求			2021/6/25	2021/6/25
18.2-2-19	18.2			Q/GDW 12106.4—2021	物联管理平台技术和功能规范 第4部分：边缘物联代理与物联管理平台交互协议规范			2021/5/26	2021/5/26
18.2-2-20	18.2			Q/GDW 12106.5—2021	物联管理平台技术和功能规范 第5部分：物联管理平台对外接口与服务规范			2021/6/25	2021/6/25
18.2-2-21	18.2			Q/GDW 12113—2021	边缘物联代理技术要求			2021/5/26	2021/5/26
18.2-2-22	18.2			Q/GDW 12119—2021	微服务架构设计导则			2021/6/25	2021/6/25
18.2-2-23	18.2			Q/GDW 12120—2021	统一边缘计算框架技术规范			2021/6/25	2021/6/25
18.2-2-24	18.2			Q/GDW 12123—2021	电力北斗地基增强系统基准站建设技术要求			2021/6/25	2021/6/25
18.2-2-25	18.2			Q/GDW 12147—2021	电网智能业务终端接入规范			2021/6/25	2021/6/25
18.2-2-26	18.2			Q/GDW 12184—2021	输变电设备物联网传感器数据规范			2021/12/6	2021/12/6
18.2-2-27	18.2			Q/GDW 12185—2021	输变电设备物联网边缘计算应用软件接口技术规范			2021/12/6	2021/12/6
18.2-3-28	18.2	35.060	L74	GB/T 12991.1—2008	信息技术 数据库语言 SQL 第1部分：框架	GB/T 12991—1991	ISO/IEC 9075-1: 2003 IDT	2008/7/16	2008/12/1
18.2-3-29	18.2	47.020.70; 33.06	M34	GB 14391—2021	卫星紧急无线电示位标性能要求	GB 14391—2009		2021/8/10	2022/3/1

18

序号	GW分类	ICS分类	GB分类	标准号	中 文 名 称	代替标准	采用关系	发布日期	实施日期
18.2-3-30	18.2	35.080	L77	GB/T 14394—2008	计算机软件可靠性和可维护性管理	GB/T 14394—1993		2008/7/18	2008/12/1
18.2-3-31	18.2	35.100	L79	GB/T 15629.16—2017	信息技术 系统间远程通信和信息交换 局域网和城域网 特定要求 第16部分：宽带无线多媒体系统的空中接口			2017/5/31	2017/12/1
18.2-3-32	18.2	35.080	L77	GB/T 16680—2015	系统与软件工程用户文档的管理者要求	GB/T 16680—1996	ISO/IEC 26511：2011 IDT	2015/12/31	2016/7/1
18.2-3-33	18.2	35.080	L77	GB/T 18234—2000	信息技术 CASE工具的评价与选择指南		ISO/IEC 14102：1995 IDT	2000/10/17	2001/8/1
18.2-3-34	18.2	35.080	L77	GB/T 18491.1—2001	信息技术 软件测量 功能规模测量 第1部分：概念定义		ISO/IEC 14143-1：1998 IDT	2001/11/2	2002/6/1
18.2-3-35	18.2	35.080	L77	GB/T 18491.4—2010	信息技术 软件测量 功能规模测量 第4部分：基准模型		ISO/IEC/TR 14143-4：2002 IDT	2010/12/1	2011/4/1
18.2-3-36	18.2	35.080	L77	GB/Z 18493—2001	信息技术软件生存周期过程指南		ISO/IEC/TR 15271：1998	2001/11/2	2002/6/1
18.2-3-37	18.2	25.040	J07	GB/T 18729—2011	基于网络的企业信息集成规范	GB/Z 18729—2002		2011/12/30	2012/5/1
18.2-3-38	18.2	35.240.30	L74	GB/T 18792—2002	信息技术 文件描述和处理语言超文本置标语言（HTML）		ISO/IEC 15445：2000	2002/7/18	2002/12/1
18.2-3-39	18.2	35.240.30	L74	GB/T 18793—2002	信息技术 可扩展置标语言（XML）1.0		W3C RFC-xml—1998	2002/7/18	2002/12/1
18.2-3-40	18.2	35.080	L77	GB/T 18905.6—2002	软件工程产品评价 第6部分：评价模块的文档编制		ISO/IEC 14598-6：2001	2002/12/4	2003/5/1
18.2-3-41	18.2	35.080	L77	GB/Z 18914—2014	信息技术软件工程CASE工具的采用指南	GB/Z 18914—2002	ISO/IEC/TR 14471：2007	2014/9/3	2015/2/1
18.2-3-42	18.2	35.240.01	L67	GB/T 19256.1—2003	基于XML的电子商务 第1部分：技术体系结构		UN/CEFACT OASIS：ebXML MOD	2003/7/25	2003/12/1
18.2-3-43	18.2	35.080	L77	GB/T 20157—2006	信息技术 软件维护			2006/3/14	2006/7/1
18.2-3-44	18.2	35.080	L77	GB/T 20158—2006	信息技术 软件生存周期过程配置管理			2006/3/14	2006/7/1
18.2-3-45	18.2	35.080	L77	GB/T 20918—2007	信息技术 软件生存周期过程风险管理			2007/4/30	2007/7/1
18.2-3-46	18.2	35.040	L71	GB 21023—2007	中文语音识别系统通用技术规范			2007/6/29	2007/11/1

18

序号	GW 分类	ICS 分类	GB 分类	标准号	中 文 名 称	代替标准	采用关系	发布日期	实施日期
18.2-3-47	18.2	35.080	L77	GB/T 22032—2021	系统与软件工程系统生存周期过程	GB/T 22032—2008		2021/4/30	2021/11/1
18.2-3-48	18.2	35.080	L77	GB/T 25000.1—2021	系统与软件工程系统与软件质量要求和评价 SQuaRE） 第 1 部分：SQuaRE 指南	GB/T 25000.1—2010		2021/4/30	2021/11/1
18.2-3-49	18.2	35.080		GB/T 25000.10—2016	系统与软件工程系统与软件质量要求和评价 SQuaRE） 第 10 部分：系统与软件质量模型	GB/T 16260.1—2006	ISO/IEC 25010: 2011	2016/10/13	2017/5/1
18.2-3-50	18.2	35.080	L77	GB/T 25000.20—2021	系统与软件工程系统与软件质量要求和评价 SQuaRE） 第 20 部分：质量测量框架			2021/4/30	2021/11/1
18.2-3-51	18.2	35.080	L77	GB/T 25000.30—2021	系统与软件工程系统与软件质量要求和评价 SQuaRE） 第 30 部分：质量需求框架			2021/4/30	2021/11/1
18.2-3-52	18.2	35.080	L77	GB/T 25000.51—2016	系统与软件工程系统与软件质量要求和评价 SQuaRE） 第 51 部分：就绪可用软件产品（RUSP）的质量要求和测试细则	GB/T 25000.51—2010	ISO/IEC 25051: 2014	2016/10/13	2017/5/1
18.2-3-53	18.2	35.080	L77	GB/T 25000.62—2014	软件工程软件产品质量要求与评价（SQuaRE）易用性测试报告行业通用格式（CIF）		ISO/IEC 25062: 2006	2014/9/3	2015/2/1
18.2-3-54	18.2	25.040	L78	GB/T 25931—2010	网络测量和控制系统的精确时钟同步协议		IEC 61588: 2009 IDT	2011/1/14	2011/5/1
18.2-3-55	18.2	35.080	L77	GB/T 26223—2010	信息技术 软件重用库互操作性的数据模型 基本互操作性数据模型			2011/1/14	2011/5/1
18.2-3-56	18.2	35.080	L77	GB/T 26224—2010	信息技术 软件生存周期过程重用过程			2011/1/14	2011/5/1
18.2-3-57	18.2	35.060	L60	GB/T 26232—2010	基于 J2EE 的应用服务器技术规范			2011/1/14	2011/5/1
18.2-3-58	18.2		L77	GB/Z 26247—2010	信息技术 软件重用 互操作重用库的操作概念			2011/1/14	2011/5/1
18.2-3-59	18.2	33.040.40	M32	GB/T 26265—2010	反垃圾信息技术要求		ITU-T X 1231: 2008 MOD	2011/1/14	2011/6/1
18.2-3-60	18.2		M30	GB/T 26267—2010	反垃圾电子邮件设备技术要求			2011/1/14	2011/6/1
18.2-3-61	18.2	35.060	L74	GB/T 28168—2011	信息技术 中间件消息中间件技术规范			2011/12/30	2012/6/1
18.2-3-62	18.2	35.140	L81	GB/T 28170.2—2021	信息技术 计算机图形和图像处理 可扩展三维组件（X3D） 第2部分:场景访问接口（SAI）		ISO/IEC 19775-2: 2015	2021/3/9	2021/10/1
18.2-3-63	18.2	35.080	L77	GB/T 28174.1—2011	统一建模语言（UML） 第 1 部分：基础结构			2011/12/30	2012/6/1

18

序号	GW分类	ICS分类	GB分类	标准号	中 文 名 称	代替标准	采用关系	发布日期	实施日期
18.2-3-64	18.2	33.180	M33	GB/T 28514.3—2012	支持 IPv6 的路由协议技术要求　第 3 部分：中间系统到中间系统域内路由信息交换协议（IS-ISv6）			2012/6/29	2012/10/1
18.2-3-65	18.2	33.040.20	M33	GB/T 28515.2—2021	自动交换光网络（ASON）测试方法　第 2 部分：基于 OTN 的 ASON			2021/4/30	2021/8/1
18.2-3-66	18.2	33.040.40	M32	GB/T 28516—2012	反垃圾电子邮件网关技术要求			2012/6/29	2012/10/1
18.2-3-67	18.2	35.040	L70	GB/T 29194—2012	电子文件管理系统通用功能要求			2012/12/31	2013/6/1
18.2-3-68	18.2	25.040	N10	GB/T 30094—2013	工业以太网交换机技术规范			2013/12/17	2014/5/1
18.2-3-69	18.2	35.110	L79	GB/T 30269.1—2015	信息技术　传感器网络　第 1 部分：参考体系结构和通用技术要求			2015/12/10	2016/8/1
18.2-3-70	18.2	35.110	L79	GB/T 30269.503—2017	信息技术　传感器网络　第 503 部分：标识：传感节点标识符注册规程			2017/11/1	2018/5/1
18.2-3-71	18.2	35.110	L79	GB/T 30269.702—2016	信息技术　传感器网络　第 702 部分：传感器接口：数据接口			2016/4/25	2016/11/1
18.2-3-72	18.2	35.110	L79	GB/T 30269.1001—2017	信息技术　传感器网络　第 1001 部分：中间件：传感器网络节点接口			2017/5/31	2017/12/1
18.2-3-73	18.2	35.110	L79	GB/T 30269.701—2014	信息技术　传感器网络　第 701 部分：传感器接口：信号接口			2014/12/5	2015/4/1
18.2-3-74	18.2	35.110		GB/T 30269.802—2017	信息技术　传感器网络　第 802 部分：测试：低速无线传感器网络媒体访问控制和物理层			2017/5/31	2017/12/1
18.2-3-75	18.2	35.080	L77	GB/T 30882.1—2014	信息技术　应用软件系统技术要求　第 1 部分：基于 B/S 体系结构的应用软件系统基本要求			2014/9/3	2015/2/1
18.2-3-76	18.2	35.080	L77	GB/T 30972—2014	系统与软件工程软件工程环境服务		ISO/IEC 15940：2013	2014/9/3	2015/2/1
18.2-3-77	18.2	35.080	L77	GB/T 30975—2014	信息技术　基于计算机的软件系统的性能测量与评级		ISO/IEC 14756：1999	2014/9/3	2015/2/1
18.2-3-78	18.2	35.080	L77	GB/T 30999—2014	系统和软件工程生存周期管理过程描述指南			2014/9/3	2015/2/1
18.2-3-79	18.2	35.080	L77	GB 31102—2014	软件工程　软件工程知识体系指南			2014/9/3	2015/2/1

18

序号	GW 分类	ICS 分类	GB 分类	标准号	中 文 名 称	代替标准	采用关系	发布日期	实施日期
18.2-3-80	18.2	25.040	N10	GB/T 31230.1—2014	工业以太网现场总线 EtherCAT 第 1 部分：概述			2014/9/30	2015/4/1
18.2-3-81	18.2	25.040	N10	GB/T 31230.4—2014	工业以太网现场总线 EtherCAT 第 4 部分：数据链路层协议规范			2014/9/30	2015/4/1
18.2-3-82	18.2	35.100.05	L79	GB/T 31916.1—2015	信息技术 云数据存储和管理 第 1 部分：总则			2015/9/11	2016/5/1
18.2-3-83	18.2	35.100.05	L79	GB/T 31916.2—2015	信息技术 云数据存储和管理 第 2 部分：基于对象的云存储应用接口			2015/9/11	2016/5/1
18.2-3-84	18.2	35.240.01	L73	GB/T 31916.5—2015	信息技术 云数据存储和管理 第 5 部分：基于键值（Key-Value）的云数据管理应用接口			2015/9/11	2016/5/1
18.2-3-85	18.2	29.240.01	F21	GB/T 31994—2015	智能远动网关技术规范			2015/9/11	2016/4/1
18.2-3-86	18.2	35.060	L74	GB/T 32394—2015	信息技术 中文Linux操作系统运行环境扩充要求			2015/12/31	2016/7/1
18.2-3-87	18.2	35.060	L74	GB/T 32395—2015	信息技术 中文Linux操作系统应用编程接口（API）扩充要求			2015/12/31	2016/7/1
18.2-3-88	18.2	35.100.05	L79	GB/T 32399—2015	信息技术 云计算参考架构		ISO/IEC 17789：2014 MOD	2015/12/31	2017/1/1
18.2-3-89	18.2	35.080	L77	GB/T 32421—2015	软件工程软件评审与审核			2015/12/31	2016/8/1
18.2-3-90	18.2	35.080	L77	GB/T 32422—2015	软件工程软件异常分类指南			2015/12/31	2016/7/1
18.2-3-91	18.2	35.080	L77	GB/T 32423—2015	系统与软件工程验证与确认			2015/12/31	2016/7/1
18.2-3-92	18.2	35.080	L77	GB/T 32424—2015	系统与软件工程用户文档的设计者和开发者要求		ISO/IEC 26514：2008 MOD	2015/12/31	2016/7/1
18.2-3-93	18.2	35.040	L70	GB/T 32629—2016	信息技术 生物特征识别 应用程序接口的互通协议		ISO/IEC 24708：2008	2016/4/25	2016/11/1
18.2-3-94	18.2			GB/T 32633—2016	分布式关系数据库服务接口规范			2016/4/25	2016/11/1
18.2-3-95	18.2	35.080	L77	GB/T 32904—2016	软件质量量化评价规范			2016/8/29	2017/3/1
18.2-3-96	18.2	35.080	L77	GB/T 32911—2016	软件测试成本度量规范			2016/8/29	2017/3/1
18.2-3-97	18.2	03.120.30	L70	GB/Z 34052.2—2017	统计数据与元数据交换（SDMX） 第 2 部分：信息模型 统一建模语言（UML）概念设计			2017/7/31	2018/2/1

18

序号	GW 分类	ICS 分类	GB 分类	标准号	中 文 名 称	代替标准	采用关系	发布日期	实施日期
18.2-3-98	18.2	35.180		GB/T 34980.1—2017	智能终端软件平台技术要求 第 1 部分：操作系统			2017/11/1	2018/5/1
18.2-3-99	18.2	31.200	L55	GB/T 35086—2018	MEMS 电场传感器通用技术条件			2018/5/14	2018/12/1
18.2-3-100	18.2	35.180	L63	GB/T 35297—2017	信息技术 盘阵列通用规范			2017/12/29	2018/7/1
18.2-3-101	18.2	35.100.05	L79	GB/T 35301—2017	信息技术 云计算 平台即服务（PaaS）参考架构			2017/12/29	2017/12/29
18.2-3-102	18.2	35.080	L77	GB/T 35312—2017	中文语音识别终端服务接口规范			2017/12/29	2018/7/1
18.2-3-103	18.2	35.220	L66	GB/T 35313—2017	模块化存储系统通用规范			2017/12/29	2018/7/1
18.2-3-104	18.2	35.110	L79	GB/T 35319—2017	物联网 系统接口要求			2017/12/29	2017/12/29
18.2-3-105	18.2	35.040	A24	GB/T 35419—2017	物联网标识体系 Ecode 在一维条码中的存储			2017/12/29	2018/4/1
18.2-3-106	18.2	35.040	A24	GB/T 35420—2017	物联网标识体系 Ecode 在二维码中的存储			2017/12/29	2018/4/1
18.2-3-107	18.2	35.040	A24	GB/T 35421—2017	物联网标识体系 Ecode 在射频标签中的存储			2017/12/29	2018/4/1
18.2-3-108	18.2	35.040	A24	GB/T 35422—2017	物联网标识体系 Ecode 的注册与管理			2017/12/29	2018/4/1
18.2-3-109	18.2	35.040	A24	GB/T 35423—2017	物联网标识体系 Ecode 在NFC标签中的存储			2017/12/29	2018/4/1
18.2-3-110	18.2	35.180	L63	GB/T 35590—2017	信息技术 便携式数字设备用移动电源通用规范			2017/12/29	2018/7/1
18.2-3-111	18.2	35.240.15	L70	GB/T 36094—2018	信息技术 生物特征识别 嵌入式 BioAPI			2018/3/15	2018/10/1
18.2-3-112	18.2	35.100.05	L79	GB/T 36325—2018	信息技术 云计算 云服务级别协议基本要求			2018/6/7	2019/1/1
18.2-3-113	18.2	35.100.05	L79	GB/T 36326—2018	信息技术 云计算 云服务运营通用要求			2018/6/7	2019/1/1
18.2-3-114	18.2	35.100.05	L79	GB/T 36327—2018	信息技术 云计算 平台即服务（PaaS）应用程序管理要求			2018/6/7	2019/1/1
18.2-3-115	18.2	35.060	L73	GB/T 36441—2018	硬件产品与操作系统兼容性规范			2018/6/7	2019/1/1
18.2-3-116	18.2	35.040	L64	GB/Z 36442.3—2018	信息技术 用于物品管理的射频识别 实现指南 第 3 部分：超高频 RFID 读写器系统在物流应用中的实现和操作			2018/6/7	2019/1/1

18

序号	GW 分类	ICS 分类	GB 分类	标准号	中 文 名 称	代替标准	采用关系	发布日期	实施日期
18.2-3-117	18.2	36.100.01	L79	GB/T 36461—2018	物联网标识体系 OID 应用指南			2018/6/7	2019/1/1
18.2-3-118	18.2	35.060	L76	GB/T 36465—2018	网络终端操作系统总体技术要求			2018/6/7	2019/1/1
18.2-3-119	18.2	35.110		GB/T 37548—2019	变电站设备物联网通信架构及接口要求			2019/6/4	2020/1/1
18.2-3-120	18.2	35.110	L79	GB/T 37684—2019	物联网 协同信息处理参考模型			2019/8/30	2020/3/1
18.2-3-121	18.2	35.110	L79	GB/T 37685—2019	物联网 应用信息服务分类			2019/8/30	2020/3/1
18.2-3-122	18.2	35.110	L79	GB/T 37686—2019	物联网 感知对象信息融合模型			2019/8/30	2020/3/1
18.2-3-123	18.2	35.060	L74	GB/T 37730—2019	Linux 服务器操作系统测试方法			2019/8/30	2020/3/1
18.2-3-124	18.2	35.060	L74	GB/T 37731—2019	Linux 桌面操作系统测试方法			2019/8/30	2020/3/1
18.2-3-125	18.2	35.240.01	L70	GB/T 37734—2019	信息技术 云计算 云服务采购指南			2019/8/30	2020/3/1
18.2-3-126	18.2	35.240.01	L70	GB/T 37735—2019	信息技术 云计算 云服务计量指标			2019/8/30	2020/3/1
18.2-3-127	18.2	35.240.01	L70	GB/T 37736—2019	信息技术 云计算 云资源监控通用要求			2019/8/30	2020/3/1
18.2-3-128	18.2	35.240.01	L70	GB/T 37737—2019	信息技术 云计算 分布式块存储系统总体技术要求			2019/8/30	2020/3/1
18.2-3-129	18.2	35.240.01	L70	GB/T 37738—2019	信息技术 云计算 云服务质量评价指标			2019/8/30	2020/3/1
18.2-3-130	18.2	35.240.01	L70	GB/T 37739—2019	信息技术 云计算 平台即服务部署要求			2019/8/30	2020/3/1
18.2-3-131	18.2	35.240.01	L70	GB/T 37740—2019	信息技术 云计算 云平台间应用和数据迁移指南			2019/8/30	2020/3/1
18.2-3-132	18.2	35.240.01	L70	GB/T 37741—2019	信息技术 云计算 云服务交付要求			2019/8/30	2020/3/1
18.2-3-133	18.2	35.240.01	L70	GB/T 37938—2019	信息技术 云资源监控指标体系			2019/8/30	2020/3/1
18.2-3-134	18.2	35.240	L60	GB/T 38258—2019	信息技术 虚拟现实应用软件基本要求和测试方法			2019/12/10	2020/7/1
18.2-3-135	18.2	35.110	L79	GB/T 38320—2019	信息技术 信息设备互连 智能家用电子系统终端设备与终端统一接入服务平台接口要求			2019/12/10	2020/7/1
18.2-3-136	18.2			GB/T 38618—2020	信息技术 系统间远程通信和信息交换高可靠低时延的无线网络通信协议规范			2020/4/28	2020/11/1

18

序号	GW 分类	ICS 分类	GB 分类	标准号	中 文 名 称	代替标准	采用关系	发布日期	实施日期
18.2-3-137	18.2	35.080	L77	GB/T 38634.1—2020	系统与软件工程 软件测试 第1部分：概念和定义		ISO/IEC/IEEE 29119-1：2013 MOD	2020/4/28	2020/11/1
18.2-3-138	18.2	35.080	L77	GB/T 38634.2—2020	系统与软件工程 软件测试 第2部分：测试过程			2020/4/28	2020/11/1
18.2-3-139	18.2	35.080	L77	GB/T 38634.3—2020	系统与软件工程 软件测试 第3部分：测试文档			2020/4/28	2020/11/1
18.2-3-140	18.2	35.080	L77	GB/T 38634.4—2020	系统与软件工程 软件测试 第4部分：测试技术			2020/4/28	2020/11/1
18.2-3-141	18.2	35.110	L79	GB/T 38637.1—2020	物联网 感知控制设备接入 第1部分：总体要求			2020/4/28	2020/11/1
18.2-3-142	18.2	35.110	L79	GB/T 38637.2—2020	物联网 感知控制设备接入 第2部分：数据管理要求			2020/7/21	2021/2/1
18.2-3-143	18.2	35.080	L77	GB/T 38639—2020	系统与软件工程 软件组合测试方法			2020/4/28	2020/11/1
18.2-3-144	18.2	33.040.50		GB/T 38641—2020	信息技术 系统间远程通信和信息交换 低功耗广域网媒体访问控制层和物理层规范			2020/4/28	2020/11/1
18.2-3-145	18.2	35.240.15	L64	GB/T 38851—2020	信息技术 识别卡 集成指纹的身份识别卡通用技术要求			2020/7/21	2021/2/1
18.2-3-146	18.2	25.040		GB/T 38868—2020	工业控制网络通用技术要求 有线网络			2020/7/21	2021/2/1
18.2-3-147	18.2	33.040.50	M42	GB/T 38876—2020	接入网设备测试方法 10Gbit/s 以太网无源光网络（10G EPON）			2020/7/21	2021/2/1
18.2-3-148	18.2	17.220.20	N22	GB/T 38888—2020	数据采集软件的性能及校准方法			2020/6/2	2020/12/1
18.2-3-149	18.2	35.060；25.040.01	L74	GB/T 39003.1—2020	工业自动化系统工程用工程数据交换格式 自动化标识语言 第1部分：架构和通用要求			2020/9/29	2021/4/1
18.2-3-150	18.2	33.070.40	V70	GB/T 39267—2020	北斗卫星导航术语			2020/11/19	2021/6/1
18.2-3-151	18.2	49.020	V04	GB/T 39268—2020	低轨星载 GNSS 导航型接收机通用规范			2020/11/19	2021/6/1
18.2-3-152	18.2	49.02	V04	GB/T 39399—2020	北斗卫星导航系统测量型接收机通用规范			2020/11/19	2021/6/1
18.2-3-153	18.2	49.020	V04	GB/T 39410—2020	低轨星载 GNSS 测量型接收机通用规范			2020/11/19	2021/6/1
18.2-3-154	18.2	49.02	V04	GB/T 39411—2020	北斗卫星共视时间传递技术要求			2020/11/19	2021/6/1

18

序号	GW分类	ICS分类	GB分类	标准号	中文名称	代替标准	采用关系	发布日期	实施日期
18.2-3-155	18.2	49.02	V04	GB/T 39413—2020	北斗卫星导航系统信号模拟器性能要求及测试方法			2020/11/19	2021/6/1
18.2-3-156	18.2	49.02	V04	GB/T 39472—2020	北斗卫星导航系统信号采集回放仪性能要求及测试方法			2020/11/19	2021/3/1
18.2-3-157	18.2	33.050.01	M30	GB/T 39573—2020	智能终端内容过滤测试方法			2020/12/14	2021/7/1
18.2-3-158	18.2	33.050.01	M30	GB/T 39574—2020	智能终端内容过滤技术要求			2020/12/14	2021/7/1
18.2-3-159	18.2	33.040.50	M42	GB/T 39577—2020	接入网技术要求 10Gbit/s 无源光网络（XG-PON）			2020/12/14	2021/7/1
18.2-3-160	18.2	07.040	A75	GB/T 39612—2020	低空数字航摄与数据处理规范			2020/12/14	2020/12/14
18.2-3-161	18.2	47.020.70	U65	GB/T 39721—2021	北斗地基增强系统基准站入网技术要求			2021/3/9	2021/10/1
18.2-3-162	18.2	47.020.70	U65	GB/T 39723—2020	北斗地基增强系统通信网络系统技术规范			2020/12/14	2021/7/1
18.2-3-163	18.2	47.020.70	U65	GB/T 39772.1—2021	北斗地基增强系统基准站建设和验收技术规范 第1部分：建设规范			2021/3/9	2021/10/1
18.2-3-164	18.2	47.020.70	U65	GB/T 39772.2—2021	北斗地基增强系统基准站建设和验收技术规范 第2部分：验收规范			2021/3/9	2021/10/1
18.2-3-165	18.2	47.020.70	U65	GB/T 39783—2021	北斗地基增强系统数据处理中心技术要求			2021/3/9	2021/10/1
18.2-3-166	18.2	35.080	L77	GB/T 39788—2021	系统与软件工程 性能测试方法			2021/3/9	2021/10/1
18.2-3-167	18.2	33.060.30	M36	GB/T 39838—2021	基于LTE技术的宽带集群通信（B-TrunC）系统 接口测试方法（第一阶段） 终端到集群核心网接口			2021/3/9	2021/10/1
18.2-3-168	18.2	33.060.30	M36	GB/T 39839—2021	基于LTE技术的宽带集群通信（B-TrunC）系统 终端设备技术要求（第一阶段）			2021/3/9	2021/10/1
18.2-3-169	18.2	33.060.30	M36	GB/T 39840—2021	基于LTE技术的宽带集群通信（B-TrunC）系统 接口测试方法（第一阶段） 空中接口			2021/3/9	2021/10/1
18.2-3-170	18.2	33.060.30	M36	GB/T 39845—2021	基于LTE技术的宽带集群通信（B-TrunC）系统 网络设备技术要求（第一阶段）			2021/3/9	2021/10/1
18.2-3-171	18.2	33.060.30	M36	GB/T 39846—2021	基于LTE技术的宽带集群通信（B-TrunC）系统 接口测试方法（第一阶段） 集群核心网到调度台接口			2021/3/9	2021/10/1

18

序号	GW 分类	ICS 分类	GB 分类	标准号	中 文 名 称	代替标准	采用关系	发布日期	实施日期
18.2-3-172	18.2	33.060.30	M35	GB/T 39847—2021	固定卫星通信业务地球站进入卫星网络的验证测试方法			2021/3/9	2021/10/1
18.2-3-173	18.2	33.030	M32	GB/T 40022—2021	基于公众电信网的物联网总体要求			2021/4/30	2021/11/1
18.2-3-174	18.2	25.040	N10	GB/T 40211—2021	工业通信网络 网络和系统安全 术语、概念和模型			2021/5/21	2021/12/1
18.2-3-175	18.2	25.040	N10	GB/T 40218—2021	工业通信网络 网络和系统安全 工业自动化和控制系统信息安全技术			2021/5/21	2021/12/1
18.2-3-176	18.2	35.080	L77	GB/T 8566—2007	信息技术 软件生存周期过程	GB/T 8566—2001	MOD ISO/IEC 12207：1995；ISO/IEC 12207：1995/Amd.1：2002；ISO/IEC 12207：1995/Amd.2：2004	2007/4/30	2007/7/1
18.2-3-177	18.2	35.080	L77	GB/T 8567—2006	计算机软件文档编制规范	GB/T 8567—1988	ISO/IEC JTC1/SC7 N2106：1999 NEQ	2006/3/14	2006/7/1
18.2-3-178	18.2	33.100	L06	GB 9254—2008	信息技术 设备的无线电骚扰限值和测量方法	GB 9254—1998；GB 9254 CORRI 1—1998；GB 9254 XGD 1—1998		2008/8/6	2009/9/1
18.2-3-179	18.2	35.080	L77	GB/T 9385—2008	计算机软件需求规格说明规范	GB/T 9385—1988		2008/4/11	2008/9/1
18.2-3-180	18.2	35.080	L77	GB/T 9386—2008	计算机软件测试文档编制规范	GB/T 9386—1988		2008/4/11	2008/9/1
18.2-3-181	18.2	35.1000	L62	GB/T 9813.1—2016	计算机通用规范 第 1 部分：台式微型计算机	GB/T 9813—2000		2016/8/29	2017/3/1
18.2-4-182	18.2			CJJ/T 100—2017	城市基础地理信息系统技术标准	CJJ 100—2004		2017/10/30	2018/6/1
18.2-4-183	18.2			DL/Z 1080.2—2018	电力企业应用集成配电管理的系统接口 第 2 部分：术语	DL/Z 1080.2—2007	IEC/TS 61968-2：2011	2018/12/25	2019/5/1
18.2-4-184	18.2			DL/T 1080.100—2018	电力企业应用集成配电管理的系统接口 第 100 部分：实现框架		IEC 61968-100：2013	2018/12/25	2019/5/1
18.2-4-185	18.2	29.240.30	K07	DL/T 1456—2015	电力系统数据库通用访问接口规范			2015/7/1	2015/12/1
18.2-4-186	18.2			DL/T 1574—2016	基于以太网方式的无源光网络（EPON）系统技术条件			2016/2/5	2016/7/1

序号	GW分类	ICS分类	GB分类	标准号	中文名称	代替标准	采用关系	发布日期	实施日期
18.2-4-187	18.2	29.240	L70	DL/T 1730—2017	电力信息网络设备测试规范			2017/8/2	2017/12/1
18.2-4-188	18.2			DL/T 1912—2018	智能变电站以太网交换机技术规范			2018/12/25	2019/5/1
18.2-4-189	18.2			DL/T 2065—2019	无线传感器网络设备电磁电气基本特性规范			2019/11/4	2020/5/1
18.2-4-190	18.2			DL/T 240.1—2021	北斗卫星导航系统电力通用接收机 第1部分：技术规范			2021/12/22	2022/3/22
18.2-4-191	18.2			DL/T 240.2—2021	北斗卫星导航系统电力通用接收机 第2部分：测试方法			2021/12/22	2022/3/22
18.2-4-192	18.2			DL/Z 860.1—2018	电力自动化通信网络和系统 第1部分：概论	DL/Z 860.1—2004		2018/12/25	2019/5/1
18.2-4-193	18.2	29.240.01	F21	DL/T 860.10—2018	电力自动化通信网络和系统 第10部分：一致性测试	DL/T 860.10—2006	IEC 61850-10：2012	2018/12/25	2019/5/1
18.2-4-194	18.2			DL/T 860.93—2019	电力自动化通信网络和系统 第9-3部分：电力自动化系统精确时间协议子集		IEC/IEEE 61850-9-3：2016	2019/11/4	2020/5/1
18.2-4-195	18.2	27.100	F21	DL/T 860.71—2014	电力自动化通信网络和系统 第7-1部分：基本通信结构原理和模型	DL/T 860.71—2006	IEC 61850-7-1：2011 IDT	2014/10/15	2015/3/1
18.2-4-196	18.2	27.100	F21	DL/T 860.74—2014	电力自动化通信网络和系统 第7-4部分：基本通信结构 兼容逻辑节点类和数据类	DL/T 860.74—2006	IEC 61850-7-4：2010 IDT	2014/10/15	2015/3/1
18.2-4-197	18.2			DL/T 860.904—2018	电力自动化通信网络和系统 第90-4部分：网络工程指南		IEC/TR 61850-90-4：2013	2018/12/25	2019/5/1
18.2-4-198	18.2			DL/T 860.905—2019	电力自动化通信网络和系统 第90-5部分：使用IEC 61850传输符合IEEE C37.118的同步相量信息		IEC/TR 61850-90-5：2012	2019/11/4	2020/5/1
18.2-4-199	18.2	29.020	K04	DL/T 860.901—2014	电力自动化通信网络和系统 第901部分：DL/T 860在变电站间通信中的应用		IEC/TR 61850-90-1：2010 IDT	2014/10/15	2015/3/1
18.2-4-200	18.2		L65	SJ/T 11310.2—2015	信息设备资源共享协同服务 第2部分：应用框架			2015/4/30	2015/10/1
18.2-4-201	18.2			SJ/T 11310.3—2015	信息设备资源共享协同服务 第3部分：基础应用			2015/4/30	2015/10/1
18.2-4-202	18.2			SJ/T 11310.5—2015	信息设备资源共享协同服务 第5部分：设备类型			2015/4/30	2015/10/1

18

序号	GW 分类	ICS 分类	GB 分类	标准号	中文名称	代替标准	采用关系	发布日期	实施日期
18.2-4-203	18.2			SJ/T 11310.6—2015	信息设备资源共享协同服务 第6部分：服务类型			2015/4/30	2015/10/1
18.2-4-204	18.2			SJ/T 11536.1—2015	高性能计算机刀片服务器 第1部分：管理模块技术要求			2015/10/10	2016/4/1
18.2-4-205	18.2	35.160	L62	SJ/T 11537—2015	高性能计算机机群监控系统技术要求			2015/10/10	2016/4/1
18.2-4-206	18.2			T/CEC 362—2020	电力资产管理超高频 RFID 标签技术规范			2020/6/30	2020/10/1
18.2-4-207	18.2	35.160	L62	YD/T 1148—2005	网络接入服务器技术要求 宽带网络接入服务器	YD 1148—2001		2005/5/11	2005/11/1
18.2-4-208	18.2		M13	YD/T 1190—2002	基于网络的虚拟 IP 专用网（IP-VPN）框架			2002/4/1	2002/4/1
18.2-4-209	18.2			YD/T 1251.1—2013	路由协议一致性测试方法中间系统到中间系统路由交换协议（IS-IS）	YD/T 1251.1—2003		2013/10/17	2014/1/1
18.2-4-210	18.2	33.040.40	M32	YD/T 1251.2—2013	路由协议一致性测试方法开放最短路径优先协议（OSPF）	YD/T 1251.2—2003		2013/10/17	2014/1/1
18.2-4-211	18.2			YD/T 1251.3—2013	路由协议一致性测试方法边界网关协议（BGP4）	YD/T 1251.3—2003		2013/10/17	2014/1/1
18.2-4-212	18.2	33.040.40	M33	YD/T 1341—2005	IPv6 基本协议——IPv6 协议			2005/5/11	2005/11/1
18.2-4-213	18.2	33.040	M10	YD/T 1381—2005	IP 网络技术要求——网络性能测量方法		IETF RFC2330 MOD	2005/9/1	2005/12/1
18.2-4-214	18.2			YD/T 1402—2018	互联网网间互联总体技术要求	YD/T 1402—2009		2018/12/21	2019/4/1
18.2-4-215	18.2	33.040.40	M42	YD/T 1442—2006	IPv6 网络技术要求——地址、过渡及服务质量		RFC 2460 NEQ；RFC 2463 NEQ；RFC 2473 NEQ	2006/6/8	2006/10/1
18.2-4-216	18.2	33.040.50	M19	YD/T 1449.6—2020	基于公用电信网的宽带客户网络设备技术要求 第6部分：融合智能机顶盒的宽带客户网关			2020/12/9	2021/1/1
18.2-4-217	18.2	33.040.40	L79	YD/T 1477—2006	基于边界网关协议/多协议标记交换的虚拟专用网（BGP/MPLSVPN）组网要求			2006/6/8	2006/10/1
18.2-4-218	18.2	33.050.01	M30	YD/T 1538—2021	数字移动终端音频性能通用测试方法	YD/T 1538—2014		2021/5/27	2021/7/1
18.2-4-219	18.2	33.120.01	M37	YD/T 1591—2021	移动通信终端电源适配器及充电/数据接口技术要求和测试方法	YD/T 1591—2009		2021/5/27	2021/7/1

18

序号	GW 分类	ICS 分类	GB 分类	标准号	中 文 名 称	代替标准	采用关系	发布日期	实施日期
18.2-4-220	18.2	33.040.40	M32	YD/T 1641—2020	互联网网络和业务服务质量技术要求	YD/T 1641—2007		2020/12/9	2021/1/1
18.2-4-221	18.2	33.040.40		YD/T 1642—2020	互联网网络和业务服务质量测试方法	YD/T 1642—2009		2020/12/9	2021/1/1
18.2-4-222	18.2	33.100	M04	YD/T 1644.4—2020	手持和身体佩戴使用的无线通信设备对人体的电磁照射 人体模型、仪器和规程 第 4 部分：肢体佩戴的无线通信设备的比吸收率（SAR）评估规程（频率范围 30MHz～6GHz）			2020/12/9	2021/1/1
18.2-4-223	18.2			YD/T 1990—2019	光传送网（OTN）网络总体技术要求	YD/T 1990—2009		2019/11/11	2020/1/1
18.2-4-224	18.2	33.040.50	M19	YD/T 2019.5—2020	基于公用电信网的宽带客户网络设备测试方法 第 5 部分：融合智能机顶盒的宽带客户网关			2020/12/9	2021/1/1
18.2-4-225	18.2	33.040.40	M32	YD/T 2371—2011	轻型双栈（DS-Lite）技术要求			2011/12/20	2012/2/1
18.2-4-226	18.2			YD/T 2376.5—2018	传送网设备安全技术要求 第 5 部分：OTN 设备			2018/12/21	2019/4/1
18.2-4-227	18.2			YD/T 2376.6—2018	传送网设备安全技术要求 第 6 部分：PTN 设备			2018/12/21	2019/4/1
18.2-4-228	18.2			YD/T 2431—2019	互联网内容提供商（ICP）/IP 地址/域名信息备案系统信息交换接口技术要求	YD/T 2431—2012		2019/11/11	2020/1/1
18.2-4-229	18.2	33.040.01	M10/29	YD/T 2449—2013	宽带网络接入服务器（BNAS）业务备份技术要求			2013/4/25	2013/6/1
18.2-4-230	18.2			YD/T 2583.1—2018	蜂窝式移动通信设备电磁兼容性能要求和测量方法 第 1 部分：基站及其辅助设备			2018/4/30	2018/7/1
18.2-4-231	18.2	01.040.35	M32	YD/T 2643—2013	域名注册协议可扩展供应协议技术要求			2013/10/17	2014/1/1
18.2-4-232	18.2	01.040.35	M32	YD/T 2644—2013	域名注册协议的传输技术要求			2013/10/17	2014/1/1
18.2-4-233	18.2	33.060.20	M37	YD/T 2687—2013 XG1—2016	LTE/CDMA 多模终端设备（单卡槽）技术要求及测试方法			2013/12/31	2016/10/22
18.2-4-234	18.2	01.040.35	L78	YD/T 2785—2014	双栈宽带接入服务器技术要求			2014/12/24	2014/12/24
18.2-4-235	18.2			YD/T 2786.1—2014	支持多业务承载的 IP/MPLS 网络管理技术要求 第 1 部分：基本原则			2014/12/24	2014/12/24
18.2-4-236	18.2	33.04	M11	YD/T 2786.5—2019	支持多业务承载的 IP/MPLS 网络管理技术要求 第 5 部分：基于 IDL/IIOP 技术的 EMS-NMS 接口信息模型			2019/11/11	2020/1/1

18

序号	GW 分类	ICS 分类	GB 分类	标准号	中 文 名 称	代替标准	采用关系	发布日期	实施日期
18.2-4-237	18.2	33.04	M11	YD/T 2786.7—2019	支持多业务承载的 IP/MPLS 网络管理技术要求 第 7 部分：EMS 系统功能			2019/11/11	2020/1/1
18.2-4-238	18.2	33.060.20	M36	YD/T 2868—2020	移动通信系统无源天线测量方法	YD/T 2868—2015		2020/12/9	2021/1/1
18.2-4-239	18.2	33.180.01	M11	YD/T 2873.2—2017	基于载波的高速超宽带无线通信技术要求 第 2 部分：单载波空中接口物理层			2017/11/7	2018/1/1
18.2-4-240	18.2	33.180.01	M11	YD/T 2873.4—2017	基于载波的高速超宽带无线通信技术要求 第 4 部分：双载波空中接口物理层			2017/11/7	2018/1/1
18.2-4-241	18.2	33.04	M32	YD/T 2880—2015	域名服务业务连续性管理要求			2015/7/14	2015/10/1
18.2-4-242	18.2	33.160.60	M32	YD/T 2901—2015	跨机框信息同步通信协议（ICCP）技术要求			2015/7/14	2015/10/1
18.2-4-243	18.2	33.040.30	M12	YD/T 2943—2015	面向即时通信互通的扩展消息与表示协议（XMPP）技术要求			2015/7/14	2015/10/1
18.2-4-244	18.2	33.030	M21	YD/T 3016—2016	面向移动互联网的业务托管和运行平台技术要求			2016/1/15	2016/4/1
18.2-4-245	18.2	33.060.20	M37	YD/T 3040—2016	LTE/CDMA/TD-SCDMA/WCDMA/GSM（GPRS）多模双卡多待终端设备技术要求			2016/4/5	2016/7/1
18.2-4-246	18.2	33.060.20	M37	YD/T 3041—2016	LTE/CDMA/TD-SCDMA/WCDMA/GSM（GPRS）多模双卡多待终端设备测试方法			2016/4/5	2016/7/1
18.2-4-247	18.2			YD/T 3065—2016	IPv6 地址编码与管理技术要求基于 DHCPv6 的地址租约查询			2016/4/5	2016/7/1
18.2-4-248	18.2	33.060.99	M37	YD/T 3096—2016	数据中心接入以太网交换机设备技术要求			2016/7/11	2016/10/1
18.2-4-249	18.2	33.040	M10	YD/T 3169—2020	互联网新技术新业务安全评估指南	YD/T 3169—2016		2020/8/31	2020/10/1
18.2-4-250	18.2	33.060.99	M36	YD/T 3179.1—2016	移动终端支持基于 LTE 的语音解决方案（VoLTE）的测试方法 第 1 部分：功能和性能测试			2016/10/22	2017/1/1
18.2-4-251	18.2	33.060.20	M37	YD/T 3179.2—2016	移动终端支持基于 LTE 的语音解决方案（VoLTE）的测试方法 第 2 部分：一致性测试			2016/10/22	2017/1/1
18.2-4-252	18.2	33.060.20	M36	YD/T 3182—2021	移动通信天线测量场地检测方法	YD/T 3182—2016		2021/3/5	2021/4/1
18.2-4-253	18.2			YD/T 3199—2016	支持通信应用的北斗授时设备技术要求			2016/10/22	2017/1/1

18

序号	GW 分类	ICS 分类	GB 分类	标准号	中 文 名 称	代替标准	采用关系	发布日期	实施日期
18.2-4-254	18.2	33.040.20	M33	YD/T 3204—2016	网络电子身份标识 eID 体系架构			2016/10/22	2017/1/1
18.2-4-255	18.2	33.060.01	M04	YD/T 3214—2017	互联网资源协作服务信息安全管理系统接口规范			2017/1/9	2017/1/9
18.2-4-256	18.2	33.060.01	M04	YD/T 3215—2017	互联网资源协作服务信息安全管理系统及接口测试方法			2017/1/9	2017/1/9
18.2-4-257	18.2	33.040.40	M32	YD/T 3232—2017	基于 IPv6 传输的 DHCPv4 技术要求			2017/4/12	2017/7/1
18.2-4-258	18.2	33.040.40	M32	YD/T 3290—2017	一体化微型模块化数据中心技术要求			2017/11/7	2018/1/1
18.2-4-259	18.2	33.040.40	M32	YD/T 3291—2017	数据中心预制模块总体技术要求			2017/11/7	2018/1/1
18.2-4-260	18.2	33.050.99	M42	YD/T 3347.2—2020	基于公用电信网的宽带客户智能网关测试方法 第 2 部分：网关与网关管理平台间接口			2020/12/9	2021/1/1
18.2-4-261	18.2	33.050	M42	YD/T 3420.4—2021	基于公用电信网的宽带客户网关虚拟化 第 4 部分：实体企业网关技术要求			2021/3/5	2021/4/1
18.2-4-262	18.2	33.050	M42	YD/T 3420.6—2021	基于公用电信网的宽带客户网关虚拟化 第 6 部分：虚拟企业网关功能技术要求			2021/3/5	2021/4/1
18.2-4-263	18.2	33.050	M42	YD/T 3421.3—2021	基于公用电信网的宽带客户智能网关 第 3 部分：网关管理平台技术要求			2021/3/5	2021/4/1
18.2-4-264	18.2	33.050	M42	YD/T 3421.5—2021	基于公用电信网的宽带客户智能网关 第 5 部分：网关与智能终端控制管理通用要求			2021/3/5	2021/4/1
18.2-4-265	18.2	33.040.50	M42	YD/T 3421.8—2021	基于公用电信网的宽带客户智能网关 第 8 部分：智能家庭组网设备技术要求			2021/3/5	2021/4/1
18.2-4-266	18.2	33.040.50	M42	YD/T 3421.9—2020	基于公用电信网的宽带客户智能网关 第 9 部分：家庭用智能网关与智能家庭组网设备之间接口技术要求			2020/8/31	2020/10/1
18.2-4-267	18.2	33.060	M42	YD/T 3421.10—2021	基于公用电信网的宽带客户智能网关 第 10 部分：无线 mesh 组网技术要求			2021/5/27	2021/7/1
18.2-4-268	18.2	33.04	M16	YD/T 3445—2019	互联网接入服务信息安全管理系统操作指南			2019/8/28	2019/10/1
18.2-4-269	18.2	35.24	L80	YD/T 3452—2019	互联网用户账户管理系统安全技术要求			2019/8/28	2019/10/1
18.2-4-270	18.2	35.100.05	L79	YD/T 3458—2019	互联网码号资源公钥基础设施（RPKI）安全运行技术要求 数据安全威胁模型			2019/8/28	2019/10/1

18

序号	GW 分类	ICS 分类	GB 分类	标准号	中 文 名 称	代替标准	采用关系	发布日期	实施日期
18.2-4-271	18.2	35.100.05	L79	YD/T 3459—2019	互联网码号资源公钥基础设施（RPKI）安全运行技术要求　密钥更替			2019/8/28	2019/10/1
18.2-4-272	18.2	35.11	M11	YD/T 3460—2019	互联网码号资源公钥基础设施（RPKI）联系人信息记录			2019/8/28	2019/10/1
18.2-4-273	18.2			YD/T 3543—2019	基于多业务承载的 IP/MPLS 网络告警相关性规则的技术要求			2019/11/11	2020/1/1
18.2-4-274	18.2	33.040.40	M30	YD/T 3546—2019	数据通信接口转换器能效参数和测试方法			2019/11/11	2020/1/1
18.2-4-275	18.2			YD/T 3559—2019	边缘路由器构件接口技术要求			2019/11/11	2020/1/1
18.2-4-276	18.2			YD/T 3629—2020	基于 LTE 的车联网无线通信技术　基站设备测试方法			2020/4/24	2020/7/1
18.2-4-277	18.2	33.04	M16	YD/T 3651—2020	IPv6 地址实名制管理　总体要求			2020/4/24	2020/7/1
18.2-4-278	18.2			YD/T 3687—2020	软件定义传送网（SDTN）通用信息模型技术要求			2020/4/24	2020/7/1
18.2-4-279	18.2			YD/T 3688—2020	软件定义分组传送网（SPTN）南向接口技术要求			2020/4/24	2020/7/1
18.2-4-280	18.2			YD/T 3696—2020	移动通信系统基站天线的端口标识			2020/4/24	2020/7/1
18.2-4-281	18.2			YD/T 3697—2020	基于 LTE 的邻近通信安全技术要求			2020/4/24	2020/7/1
18.2-4-282	18.2			YD/T 3706—2020	数字蜂窝移动通信网多输入多输出（MIMO）单缆覆盖系统技术要求和测试方法			2020/4/24	2020/7/1
18.2-4-283	18.2			YD/T 3707—2020	基于 LTE 的车联网无线通信技术　网络层技术要求			2020/4/24	2020/7/1
18.2-4-284	18.2			YD/T 3708—2020	基于 LTE 的车联网无线通信技术　网络层测试方法			2020/4/24	2020/7/1
18.2-4-285	18.2			YD/T 3709—2020	基于 LTE 的车联网无线通信技术　消息层技术要求			2020/4/24	2020/7/1
18.2-4-286	18.2			YD/T 3710—2020	基于 LTE 的车联网无线通信技术　消息层测试方法			2020/4/24	2020/7/1
18.2-4-287	18.2			YD/T 3720—2020	数字蜂窝移动通信网多输入多输出（MIMO）单缆覆盖系统网管接口技术要求			2020/4/24	2020/7/1

18

序号	GW分类	ICS分类	GB分类	标准号	中　文　名　称	代替标准	采用关系	发布日期	实施日期
18.2-4-288	18.2			YD/T 3724—2020	网络功能虚拟化（NFV）性能管理技术要求			2020/4/24	2020/7/1
18.2-4-289	18.2			YD/T 3725—2020	面向物联网的蜂窝窄带接入（NB-IoT）网络管理技术要求			2020/4/24	2020/7/1
18.2-4-290	18.2	33.040	M10	YD/T 3738—2020	互联网新技术新业务安全评估实施要求			2020/8/31	2020/10/1
18.2-4-291	18.2	33.040	M10	YD/T 3739—2020	互联网新技术新业务安全评估要求　即时通信业务			2020/8/31	2020/10/1
18.2-4-292	18.2	33.040	M10	YD/T 3740—2020	互联网新技术新业务安全评估要求　互联网资源协作服务			2020/8/31	2020/10/1
18.2-4-293	18.2	33.040	M10	YD/T 3741—2020	互联网新技术新业务安全评估要求　大数据技术应用与服务			2020/8/31	2020/10/1
18.2-4-294	18.2	33.040	M10	YD/T 3742—2020	互联网新技术新业务安全评估要求　内容分发业务			2020/8/31	2020/10/1
18.2-4-295	18.2	33.040	M10	YD/T 3743—2020	互联网新技术新业务安全评估要求　信息搜索查询服务			2020/8/31	2020/10/1
18.2-4-296	18.2	33.060.99	M36	YD/T 3754—2020	基于LTE网络的边缘计算总体技术要求			2020/8/31	2020/10/1
18.2-4-297	18.2	33.040.40	L78	YD/T 3765—2020	内容分发网络技术要求　内容中心			2020/8/31	2020/10/1
18.2-4-298	18.2	33.040.40	L78	YD/T 3769—2020	内容分发网络技术要求　汇聚节点			2020/12/9	2021/1/1
18.2-4-299	18.2	33.040.20	M33	YD/T 3770—2020	软件定义同步网技术要求			2020/12/9	2021/1/1
18.2-4-300	18.2	33.060	M36	YD/T 3780—2020	基于LTE技术的宽带集群通信（B-TrunC）系统　网络设备技术要求（第一阶段）			2020/12/9	2021/1/1
18.2-4-301	18.2	33.060	M36	YD/T 3781—2020	基于LTE技术的宽带集群通信（B-TrunC）系统　网络设备测试方法（第一阶段）			2020/12/9	2021/1/1
18.2-4-302	18.2	33.060.99	M36	YD/T 3784—2020	LTE数字蜂窝移动通信网　中继（Relay）系统设备技术要求			2020/12/9	2021/1/1
18.2-4-303	18.2	33.060.20	M36	YD/T 3785—2020	LTE数字蜂窝移动通信网　中继（Relay）系统设备测试方法			2020/12/9	2021/1/1
18.2-4-304	18.2	33.060	M42	YD/T 3787—2020	基于公用电信网的家庭用宽带客户网关WLAN接口性能要求和测试方法			2020/12/9	2021/1/1

18

序号	GW 分类	ICS 分类	GB 分类	标准号	中 文 名 称	代替标准	采用关系	发布日期	实施日期
18.2-4-305	18.2	33.060	M37	YD/T 3791—2020	基于 LTE 技术的宽带集群通信（B-TrunC）系统（第二阶段）接口测试方法 集群基站与集群核心网间接口			2020/12/9	2021/1/1
18.2-4-306	18.2	33.060.99	M36	YD/T 3807—2020	移动通信网络设备安全保障通用要求			2020/12/9	2021/1/1
18.2-4-307	18.2	33.060	M30	YD/T 3812—2020	卫星固定业务对地静止卫星网络地球站的偏轴等效全向辐射功率密度限值计算方法			2020/12/9	2021/1/1
18.2-4-308	18.2	33.050	M30	YD/T 3815—2021	移动通信终端快速充电技术要求和测试方法			2021/3/5	2021/4/1
18.2-4-309	18.2	33.040.40	M32	YD/T 3816—2021	以太网接入方式下源地址验证技术要求 SLAAC 场景			2021/3/5	2021/4/1
18.2-4-310	18.2	33.040.20	M19	YD/T 3817—2021	以太网接入方式下源地址验证测试方法 SLAAC 场景			2021/3/5	2021/4/1
18.2-4-311	18.2	33.040.40	M32	YD/T 3818—2021	公众无线局域网接入方式下源地址验证技术要求			2021/3/5	2021/4/1
18.2-4-312	18.2	33.040	M14	YD/T 3819—2021	公众无线局域网接入方式下源地址验证测试方法			2021/3/5	2021/4/1
18.2-4-313	18.2	33.030	M11	YD/T 3820—2021	基于 Radius 的 IPv6 统计技术要求			2021/3/5	2021/4/1
18.2-4-314	18.2	33.040.40	L78	YD/T 3822—2021	内容分发网络技术要求 业务统计信息			2021/3/5	2021/4/1
18.2-4-315	18.2	33.040.40	M32	YD/T 3824—2021	面向互联网应用的固态硬盘测试规范			2021/3/5	2021/4/1
18.2-4-316	18.2	33.040.40	M32	YD/T 3825—2021	面向互联网应用的机械硬盘测试规范			2021/3/5	2021/4/1
18.2-4-317	18.2	33.040.50	M42	YD/T 3827—2021	基于 SDN 的宽带接入网 总体技术要求			2021/3/5	2021/4/1
18.2-4-318	18.2	33.040.20	M33	YD/T 3828—2021	基于流量工程网络抽象与控制（ACTN）的软件定义光传送网（SDOTN）网络服务接口技术要求			2021/3/5	2021/4/1
18.2-4-319	18.2	33.040.99	M30	YD/T 3829—2021	基于公用电信网的宽带客户网络联网技术要求 通用介质有线联网 物理层和数据链路层			2021/3/5	2021/4/1
18.2-4-320	18.2	33.180.10	M33	YD/T 3833—2021	无线通信小基站用光电混合缆			2021/3/5	2021/4/1
18.2-4-321	18.2	33.060	M36	YD/T 3839—2021	基于 LTE 技术的宽带集群通信（B-TrunC）系统（第二阶段）总体技术要求			2021/3/5	2021/4/1

18

序号	GW 分类	ICS 分类	GB 分类	标准号	中 文 名 称	代替标准	采用关系	发布日期	实施日期
18.2-4-322	18.2	33.060	M36	YD/T 3840—2021	基于 LTE 技术的宽带集群通信（B-TrunC）系统（第二阶段）安全技术要求			2021/3/5	2021/4/1
18.2-4-323	18.2	33.040.20	M33	YD/T 3842—2021	软件定义分组传送网测试方法			2021/3/5	2021/4/1
18.2-4-324	18.2	33.040	M21	YD/T 3845.1—2021	互联网基础资源支撑系统监管信息交换接口规范 第 1 部分：域名注册与管理服务			2021/3/5	2021/4/1
18.2-4-325	18.2	33.040	M21	YD/T 3845.2—2021	互联网基础资源支撑系统监管信息交换接口规范 第 2 部分：域名权威解析服务			2021/3/5	2021/4/1
18.2-4-326	18.2	33.040	M21	YD/T 3845.3—2021	互联网基础资源支撑系统监管信息交换接口规范 第 3 部分：域名递归解析服务			2021/3/5	2021/4/1
18.2-4-327	18.2	33.040	M21	YD/T 3845.4—2021	互联网基础资源支撑系统监管信息交换接口规范 第 4 部分：ICP 网站			2021/3/5	2021/4/1
18.2-4-328	18.2	33.040	M21	YD/T 3845.5—2021	互联网基础资源支撑系统监管信息交换接口规范 第 5 部分：内容分发网络（CDN）			2021/3/5	2021/4/1
18.2-4-329	18.2	33.040	M21	YD/T 3846.1—2021	互联网基础资源支撑系统信息交换接口规范 第 1 部分：域名注册服务			2021/3/5	2021/4/1
18.2-4-330	18.2	33.040	M21	YD/T 3846.2—2021	互联网基础资源支撑系统信息交换接口规范 第 2 部分：域名管理服务			2021/3/5	2021/4/1
18.2-4-331	18.2	33.040	M21	YD/T 3846.3—2021	互联网基础资源支撑系统信息交换接口规范 第 3 部分：域名权威解析服务			2021/3/5	2021/4/1
18.2-4-332	18.2	33.040	M21	YD/T 3846.4—2021	互联网基础资源支撑系统信息交换接口规范 第 4 部分：域名递归解析服务			2021/3/5	2021/4/1
18.2-4-333	18.2	33.040	M21	YD/T 3846.5—2021	互联网基础资源支撑系统信息交换接口规范 第 5 部分：ICP 网站			2021/3/5	2021/4/1
18.2-4-334	18.2	33.040	M21	YD/T 3846.6—2021	互联网基础资源支撑系统信息交换接口规范 第 6 部分：IP 地址			2021/3/5	2021/4/1
18.2-4-335	18.2	33.040	M21	YD/T 3846.7—2021	互联网基础资源支撑系统信息交换接口规范 第 7 部分：内容分发网络（CDN）			2021/3/5	2021/4/1
18.2-4-336	18.2	33.060.20	M37	YD/T 3847—2021	基于 LTE 的车联网无线通信技术 支持直连通信的路侧设备测试方法			2021/3/5	2021/4/1

18

序号	GW 分类	ICS 分类	GB 分类	标准号	中 文 名 称	代替标准	采用关系	发布日期	实施日期
18.2-4-337	18.2	33.060.20	M37	YD/T 3848—2021	基于 LTE 的车联网无线通信技术　支持直连通信的车载终端设备测试方法			2021/3/5	2021/4/1
18.2-4-338	18.2	33.060.20	M37	YD/T 3849—2021	LTE 数字蜂窝移动通信网　专用核心网（DCN）设备测试方法			2021/3/5	2021/4/1
18.2-4-339	18.2	33.060.99	M36	YD/T 3850—2021	基于 LTE 技术的宽带集群通信（B-TrunC）系统（第二阶段）接口技术要求　空中接口			2021/3/5	2021/4/1
18.2-4-340	18.2	33.060	M36	YD/T 3851—2021	基于 LTE 技术的宽带集群通信（B-TrunC）系统（第二阶段）接口技术要求　终端到集群核心网接口			2021/3/5	2021/4/1
18.2-4-341	18.2	33.060.99	M36	YD/T 3852—2021	基于 LTE 技术的宽带集群通信（B-TrunC）系统（第二阶段）接口技术要求　集群基站与集群核心网间接口			2021/3/5	2021/4/1
18.2-4-342	18.2	33.060	M36	YD/T 3853—2021	基于 LTE 技术的宽带集群通信（B-TrunC）系统（第二阶段）接口技术要求　集群核心网间接口			2021/3/5	2021/4/1
18.2-4-343	18.2	33.060	M36	YD/T 3854—2021	基于 LTE 技术的宽带集群通信（B-TrunC）系统（第二阶段）接口技术要求　集群核心网到调度台接口			2021/3/5	2021/4/1
18.2-4-344	18.2	33.060.99	M36	YD/T 3855—2021	基于 LTE 技术的宽带集群通信（B-TrunC）系统（第二阶段）接口测试方法　空中接口			2021/3/5	2021/4/1
18.2-4-345	18.2	33.060	M37	YD/T 3856—2021	基于 LTE 技术的宽带集群通信（B-TrunC）系统（第二阶段）接口测试方法　集群核心网间接口			2021/3/5	2021/4/1
18.2-4-346	18.2	33.060.99	M36	YD/T 3857—2021	基于 LTE 技术的宽带集群通信（B-TrunC）系统（第二阶段）接口测试方法　集群核心网到调度台接口			2021/3/5	2021/4/1
18.2-4-347	18.2	33.060.99	M36	YD/T 3859—2021	LTE 数字蜂窝移动通信网　增强型机器类型通信（eMTC）核心网设备技术要求			2021/3/5	2021/4/1
18.2-4-348	18.2	33.060.99	M36	YD/T 3860—2021	LTE 数字蜂窝移动通信网　增强型机器类型通信（eMTC）核心网设备测试方法			2021/3/5	2021/4/1
18.2-4-349	18.2	33.060.99	M36	YD/T 3861—2021	LTE 数字蜂窝移动通信网　专用核心网（DCN）设备技术要求			2021/3/5	2021/4/1
18.2-4-350	18.2	35.110	M11	YD/T 3863—2021	视频云服务平台技术要求			2021/3/5	2021/4/1

序号	GW 分类	ICS 分类	GB 分类	标准号	中 文 名 称	代替标准	采用关系	发布日期	实施日期
18.2-4-351	18.2	33.040.40	L78	YD/T 3872—2021	互联网业务质量监测系统接口技术要求			2021/5/27	2021/7/1
18.2-4-352	18.2	33.040.40	L78	YD/T 3873—2021	互联网业务质量监测系统测试方法			2021/5/27	2021/7/1
18.2-4-353	18.2	35.020	L07	YD/T 3874—2021	互联网新通用顶级域名服务 批量数据存取技术要求			2021/5/27	2021/7/1
18.2-4-354	18.2	35.020	L07	YD/T 3875—2021	互联网新通用顶级域名服务 区文件存取技术要求			2021/5/27	2021/7/1
18.2-4-355	18.2	35.020	L07	YD/T 3876—2021	互联网新通用顶级域名服务 域名商标保护服务（TMCH）流程和接口技术要求			2021/5/27	2021/7/1
18.2-4-356	18.2	35.020	L07	YD/T 3877—2021	互联网新通用顶级域名服务 域名注册协议启动期技术要求			2021/5/27	2021/7/1
18.2-4-357	18.2	35.020	L07	YD/T 3878—2021	互联网新通用顶级域名服务 域名注册协议赎回期技术要求			2021/5/27	2021/7/1
18.2-4-358	18.2	35.020	L07	YD/T 3879—2021	互联网新通用顶级域名服务 注册局业务数据托管技术要求			2021/5/27	2021/7/1
18.2-4-359	18.2	35.020	L07	YD/T 3880—2021	互联网新通用顶级域名服务 注册局运行月报规范技术要求			2021/5/27	2021/7/1
18.2-4-360	18.2	33.040.40	M13	YD/T 3881—2021	延迟容忍网络 体系架构			2021/5/27	2021/7/1
18.2-4-361	18.2	33.160.60	M32	YD/T 3882—2021	内容分发网络技术要求 功能体系架构			2021/5/27	2021/7/1
18.2-4-362	18.2	33.160.60		YD/T 3883—2021	内容分发网络技术要求 内容路由			2021/5/27	2021/7/1
18.2-4-363	18.2	33.040.40	M32	YD/T 3884—2021	以太网接入方式下源地址验证测试方法 多种地址分配方式共存场景			2021/5/27	2021/7/1
18.2-4-364	18.2	33.040.40	M19	YD/T 3885—2021	数据中心交换机设备 VxLAN 测试方法			2021/5/27	2021/7/1
18.2-4-365	18.2	35.240	L67	YD/T 3890—2021	基于云计算的多云管理平台技术要求			2021/5/27	2021/7/1
18.2-4-366	18.2	35.210	L79	YD/T 3891—2021	虚拟私有云间互联服务能力要求			2021/5/27	2021/7/1
18.2-4-367	18.2	35.210	L79	YD/T 3892—2021	虚拟私有云与本地计算环境互联服务能力要求			2021/5/27	2021/7/1
18.2-4-368	18.2	33.060	M36	YD/T 3896—2021	网络功能虚拟化（NFV）配置管理技术要求			2021/5/27	2021/7/1
18.2-4-369	18.2	33.060	M36	YD/T 3897—2021	网络功能虚拟化（NFV）生命周期管理技术要求			2021/5/27	2021/7/1

18

序号	GW 分类	ICS 分类	GB 分类	标准号	中 文 名 称	代替标准	采用关系	发布日期	实施日期
18.2-4-370	18.2	33.040.40	M32	YD/T 3898—2021	延迟容忍网络 bundle 协议技术要求			2021/5/27	2021/7/1
18.2-4-371	18.2	33.040.40	M13	YD/T 3899—2021	延迟容忍网络 LTP 协议技术要求			2021/5/27	2021/7/1
18.2-4-372	18.2	33.040.40	M32	YD/T 3902—2021	数据中心无损网络典型场景技术要求和测试方法			2021/5/27	2021/7/1
18.2-4-373	18.2	35.110	M11	YD/T 3903—2021	内容分发网络技术要求 内容服务提供商侧接口			2021/5/27	2021/7/1
18.2-4-374	18.2	33.060.75	M35	YD/T 3908—2021	卫星移动通信终端通用技术要求和测试方法			2021/5/27	2021/7/1
18.2-4-375	18.2	33.180.99	M33	YD/T 3920—2021	软件定义分组传送网控制器技术要求			2021/5/27	2021/7/1
18.2-4-376	18.2	33.040.40	M32	YD/T 3921—2021	公众无线局域网用户集中认证和数据本地转发技术要求			2021/5/27	2021/7/1
18.2-4-377	18.2	33.060.20	M37	YD/T 3922—2021	LTE 数字蜂窝移动通信网 终端设备技术要求（第四阶段）			2021/5/27	2021/7/1
18.2-4-378	18.2	33.060.99	M36	YD/T 3923—2021	TD-LTE 数字蜂窝移动通信网 基站设备技术要求（第四阶段）			2021/5/27	2021/7/1
18.2-4-379	18.2	33.060.99	M36	YD/T 3924—2021	TD-LTE 数字蜂窝移动通信网 基站设备测试方法（第四阶段）			2021/5/27	2021/7/1
18.2-4-380	18.2	33.060.99	M36	YD/T 3925—2021	LTE FDD 数字蜂窝移动通信网 基站设备技术要求（第四阶段）			2021/5/27	2021/7/1
18.2-4-381	18.2	33.060.99	M36	YD/T 3926—2021	LTE FDD 数字蜂窝移动通信网 基站设备测试方法（第四阶段）			2021/5/27	2021/7/1
18.2-4-382	18.2	35.020	L07	YD/T 3927—2021	互联网新通用顶级域名服务 支持 DNSSEC 的域名注册协议技术要求			2021/5/27	2021/7/1
18.2-4-383	18.2	33.040	M21	YD/T 3928.6—2021	互联网基础资源支撑系统接口测试规范 第 6 部分：内容分发网络（CDN）			2021/5/27	2021/7/1
18.2-4-384	18.2	33.060.99	M36	YD/T 3929—2021	5G 数字蜂窝移动通信网 6GHz 以下频段基站设备技术要求（第一阶段）			2021/5/27	2021/7/1
18.2-4-385	18.2	33.060.99	M36	YD/T 3930—2021	5G 数字蜂窝移动通信网 6GHz 以下频段基站设备测试方法（第一阶段）			2021/5/27	2021/7/1

18

序号	GW 分类	ICS 分类	GB 分类	标准号	中 文 名 称	代替标准	采用关系	发布日期	实施日期
18.2-4-386	18.2			YD/T 5111—2015	数字蜂窝移动通信网 WCDMA 工程设计规范	YD 5111—2009；YD/T 5111—2009		2020/12/9	2021/1/1
18.2-4-387	18.2			YD 5195—2014	数字微波通信设备抗地震性能检测规范			2014/5/6	2014/7/1
18.2-4-388	18.2	33	P76	YD/T 5196.1—2021	服务器和网关设备抗地震性能检测规范 第1部分：服务器设备	YD 5196.1—2014		2021/3/5	2021/4/1
18.2-4-389	18.2			YD 5196.2—2014	服务器和网关设备抗地震性能检测规范 第2部分：网关设备			2014/5/6	2014/7/1
18.2-4-390	18.2			YD/T 5230—2016	移动通信基站工程技术规范	YD/T 5182—2009		2016/7/11	2016/10/1
18.2-4-391	18.2	33	P76	YD/T 5246—2021	基于 LTE 技术的宽带集群通信工程设计规范			2021/3/5	2021/4/1
18.2-4-392	18.2	33	P76	YD/T 5250—2021	移动通信直放站工程施工监理规范			2021/3/5	2021/4/1
18.2-4-393	18.2	07.060	M35	YD/T 984—2020	卫星通信链路大气和降雨衰减计算方法	YD/T 984—1998		2020/8/31	2020/10/1
18.2-4-394	18.2			YD/T 3698.1—2020	无线通信基站及其辅助设备对人体的安全要求 第1部分：通用要求			2020/4/16	2020/7/1
18.2-4-395	18.2			YD/T 3698.2—2020	无线通信基站及其辅助设备对人体的安全要求 第2部分：试验方法			2020/4/16	2020/7/1
18.2-4-396	18.2			YDB 075—2012	IP 网络流量采集设备技术要求			2012/3/25	2012/3/25
18.2-5-397	18.2			BS EN 50667—2017	信息技术 自动化基础设施管理（AIM）系统 要求、数据交换和应用			2017/1/31	2017/1/31
18.2-5-398	18.2			BS EN 62488-2—2017	电力实用程序的电力线通信系统 模拟电力线载波端子或 APLC			2017/10/24	2017/10/24
18.2-5-399	18.2	33.200		BS IEC 62746-10-1：2019	客户能源管理系统和电源管理系统之间的系统接口 第 10-1 部分：开放式自动需求响应			2019/8/31	2019/8/31
18.2-5-400	18.2			BS ISO/IEC 18000-4：2018	信息技术 用于物品管理的射频识别 2.45 GHz 的空中接口通信参数	BS ISO/IEC 18000-4：2004		2018/3/8	2018/3/8
18.2-5-401	18.2	35.040.50	L78	BS ISO/IEC 18047-6：2017	信息技术 射频识别设备一致性测试方法 860MHz 至 960MHz 空中接口通信的测试方法	BS ISO/IEC 18047-6：2013		2017/10/19	2017/10/19
18.2-5-402	18.2			BS ISO/IEC 20382-1：2017	信息技术 用户界面 面对面的语音翻译 用户界面			2017/11/14	2017/11/14

18

序号	GW 分类	ICS 分类	GB 分类	标准号	中 文 名 称	代替标准	采用关系	发布日期	实施日期
18.2-5-403	18.2	35.240.30	35.240.30	BS ISO/IEC 20382-2：2017	信息技术 用户界面 面对面的语音翻译 系统架构和功能组件			2017/11/14	2017/11/14
18.2-5-404	18.2			BS ISO/IEC 22243：2019	信息技术 用于物品管理的射频识别 RFID 标签的本地化方法			2019/3/10	2019/3/10
18.2-5-405	18.2	35.240.20	L70/84	BS ISO/IEC 24752-8：2018	信息技术 用户界面 通用远程控制台 用户界面资源框架			2018/4/13	2018/4/13
18.2-5-406	18.2			BS ISO/IEC 25020：2019	系统和软件工程 系统和软件质量要求和评估（SQuaRE） 质量衡量框架	BS ISO/IEC 25020：2007		2019/7/19	2019/7/19
18.2-5-407	18.2	35.080	L77	BS ISO/IEC 25030：2019	系统和软件工程 系统和软件质量要求和评估（SQuaRE） 质量要求框架	BS ISO/IEC 25030：2007		2019/9/9	2019/9/9
18.2-5-408	18.2			BS ISO/IEC/IEEE 8802-1AB：2017	信息技术 系统之间的电信和信息交换 局域网和城域网 具体要求 工作站和媒体访问控制连接发现			2017/12/31	2017/12/31
18.2-5-409	18.2			BS ISO/IEC/IEEE 8802-1CM：2019	信息技术 系统之间的电信和信息交换 局域网和城域网的要求 时间敏感的前传网络			2019/8/13	2019/8/13
18.2-5-410	18.2	33.040.40	F21	IEC/ TR 61850-1：2013	变电所的通信网络和系统 第1部分：引言和概要	IEC/TR 61850-1：2003；IEC 57/1233/DTR：2012		2013/3/1	2013/3/1
18.2-5-411	18.2			IEC/TR 61850-7-500：2017	用于电力公用事业自动化的通信网络和系统 第7-500部分：基本信息和通信结构 使用逻辑节点建模应用功能以及变电站的相关概念和准则				
18.2-5-412	18.2			IEC/TR 61850-90-10：2017	通信网络和电力自动化系统 第90-10部分：调度模型 第1.0版			2017/10/1	2017/10/1
18.2-5-413	18.2			IEC/TR 61850-90-17：2017	用于电力公用事业自动化的通信网络和系统 第90-17部分：使用 IEC 61850 传输电能质量数据 1.0 版本			2017/5/1	2017/5/1
18.2-5-414	18.2	33.200		IEC/TR 61850-90-2：2016	通信网络和系统电力公用事业自动化 第90-2部分：使用 IEC 61850 变电站和控制中心之间的通信 第1版			2016/2/1	2016/2/1
18.2-5-415	18.2	33.200		IEC/TR 61850-90-3：2016	通信网络和电力公用事业自动化系统 第90-3部分：使用 IEC 61850 的状态监测诊断和分析 第1版			2016/5/1	2016/5/1

18

序号	GW 分类	ICS 分类	GB 分类	标准号	中 文 名 称	代替标准	采用关系	发布日期	实施日期
18.2-5-416	18.2			IEC/TR 61850-90-6：2018	电力公用事业自动化通信网络和系统 第90-6 部分：IEC 61850 在配电自动化系统中的使用 1.0 版			2018/9/1	2018/9/1
18.2-5-417	18.2			IEC/TR 62351-13：2016	电力系统管理和相关信息交换 数据和通信安全 第 13 部分：标准和规范中涵盖的安全主题指南 第 1 版			2016/8/1	2016/8/1
18.2-5-418	18.2			IEC/TR 62351-90-1：2018	电力系统管理和相关信息交换 数据和通信安全 第 90-1 部分：处理电力系统中基于角色的访问控制指南 1.0 版；包括对其他内容的访问			2018/1/1	2018/1/1
18.2-5-419	18.2			IEC/TR 62351-90-2：2018	电力系统管理和相关信息交换 数据和通信安全 第 90-2 部分：加密通信的深度包检测 1.0 版			2018/9/1	2018/9/1
18.2-5-420	18.2	33.200		IEC/TR 62357-1：2016	电力系统管理和相关信息交换 第 1 部分：参考架构 第 2 版	IEC/TR 62357-1：2012		2016/11/1	2016/11/1
18.2-5-421	18.2			IEC/TR 62357-2：2019	电力系统管理和相关信息交换 第 2 部分：用例和角色模型 1.0 版			2019/4/1	2019/4/1
18.2-5-422	18.2			IEC/TR 62361-103：2018	电力系统管理和相关信息交换 长期互操作性 第 103 部分：标准分析 1.0 版			2018/4/1	2018/4/1
18.2-5-423	18.2	01.040.33；33.040.40；33.200		IEC/TS 61850-2：2019	电力公用事业自动化通信网络和系统 第 2 部分：术语表 2.0 版	IEC/TS 61850-2：2003		2019/4/1	2019/4/1
18.2-5-424	18.2			IEC/TS 61850-7-7：2018	电力公用事业自动化通信网络和系统 第 7-7 部分：用于工具的 IEC 61850 相关数据模型的机器可处理格式 版本 1.0			2018/3/1	2018/3/1
18.2-5-425	18.2			IEC/TS 61850-80-1：2016	电力公用事业自动化通信网络和系统 第 80-1 部分：使用 IEC 60870-5-101 或 IEC 60870-5-104 第 2 版 从基于 CDC 的数据模型交换信息的指南	IEC/TS 61850-80-1：2008		2016/7/1	2016/7/1
18.2-5-426	18.2	35.240.15		ISO/IEC 10373-3：2018	识别卡 试验方法 第 3 部分：带触点和相关接口设备的集成电路卡 第 3 版			2018/9/1	2018/9/1
18.2-5-427	18.2	35.240.15		ISO/IEC 10373-6 AMD 3：2018	识别卡 试验方法 第 6 部分：感应卡修改 3：PICC 装载效果 第 3 版			2018/4/1	2018/4/1

18

序号	GW 分类	ICS 分类	GB 分类	标准号	中 文 名 称	代替标准	采用关系	发布日期	实施日期
18.2-5-428	18.2	35.110		ISO/IEC 21228：2019	信息技术 系统间远程通信和信息交换 宽带电力线通信技术的共存机制 第1版			2019/5/1	2019/5/1
18.2-5-429	18.2	35.020		ISO/IEC 21823-1：2019	物联网（IoT）IoT 系统的互操作性 第1部分：框架 第1.0版			2019/2/1	2019/2/1
18.2-5-430	18.2	35.240	L70	ISO/IEC 22243：2019	信息技术 用于物品管理的射频识别 RFID 标签的本地化方法 第1版			2019/9/1	2019/9/1
18.2-5-431	18.2	35.240.30	L70	ISO/IEC 24754：2008	信息技术文件描述和处理语言规定文件描述体系的最低要求			2008/5/8	2008/5/8
18.2-5-432	18.2	35.080		ISO/IEC 25030：2019	系统和软件工程 系统和软件质量要求与评估（SQuaRE）质量要求框架 第2版			2019/8/1	2019/8/1
18.2-5-433	18.2	35.030		ISO/IEC 29138-1：2018	信息技术 用户界面可访问性 第1部分：用户可访问性需求 第1版			2018/11/1	2018/11/1
18.2-5-434	18.2	35.060	L74	ISO/IEC 9075-3：2008	信息技术 数据库语言 SQL 第3部分：调用级接口（SQL/CLI）	ISO/IEC 9075-3：2003；ISO/IEC 9075-3 CORRI 2：2003；ISO/IEC 9075-3 CORRI 1：2005		2008/7/8	2008/7/8
18.2-5-435	18.2	35.060	L74	ISO/IEC 9075-9：2008	信息技术 数据库语言 SQL 第9部分：外部数据管理（SQL/MED）	ISO/IEC 9075-9：2003；ISO/IEC 9075-9 CORRI 1：2005		2008/7/8	2008/7/8
18.2-5-436	18.2	35.060.	L74	ISO/IEC 9075-10：2008	信息技术 数据库语言 SQL 第10部分：对象语言捆绑（SQL/OLB）	ISO/IEC 9075-10：2003；ISO/IEC 9075-10 CORRI 1：2003；ISO/IEC 9075-10 CORRI 2：2007		2008/7/8	2008/7/8
18.2-5-437	18.2	35.060	L74	ISO/IEC 9075-13：2008	信息技术 数据库语言 SQL 第13部分：使用 JavaTM 程序语言（SQL/JRT）的 SQL 程序和类型	ISO/IEC 9075-13：2003；ISO/IEC 9075-13 CORRI 1：2005		2008/7/8	2008/7/8
18.2-5-438	18.2	35.080		ISO/IEC/IEEE 24748-1：2018	系统和软件工程 生命周期管理 第1部分：生命周期管理指南			2018/11/1	2018/11/1
18.2-5-439	18.2	35.110		ISO/IEC IEEE 8802-3：2014	以太网标准	ISO/IEC 8802-3：2000；ISO/IEC/IEEE FDIS 8802-3：2013		2014/4/1	2014/4/1
18.2-5-440	18.2	35.020		ISO/IEC/TS 22237-1：2018	信息技术 数据中心设施和基础设施 第1部分：一般概念 第1版			2018/5/1	2018/5/1

18

序号	GW 分类	ICS 分类	GB 分类	标准号	中 文 名 称	代替标准	采用关系	发布日期	实施日期
18.2-5-441	18.2	35.020		ISO/IEC/TS 22237-2: 2018	信息技术　数据中心设施和基础设施　第 2 部分：建筑施工　第 1 版			2018/5/1	2018/5/1
18.2-5-442	18.2	35.020		ISO/IEC/TS 22237-3: 2018	信息技术　数据中心设施和基础设施　第 3 部分：配电　第 1 版			2018/5/1	2018/5/1
18.2-5-443	18.2	35.020		ISO/IEC/TS 22237-4: 2018	信息技术　数据中心设施和基础设施　第 4 部分：环境控制　第 1 版			2018/5/1	2018/5/1
18.2-5-444	18.2	35.020		ISO/IEC/TS 22237-7: 2018	信息技术　数据中心设施和基础设施　第 7 部分：管理和操作信息　第 1 版			2018/5/1	2018/5/1
18.2-5-445	18.2	35.080		ISO/IEC/IEEE 24748-8: 2019	系统和软件工程　生命周期管理　第 8 部分：国防计划的技术评审和审计　第 1 版			2019/2/1	2019/2/1
18.2-5-446	18.2	35.080		ISO/IEC/IEEE 26512: 2018	系统和软件工程　用户信息获取者和供应商的要求　第 2 版			2018/6/1	2018/6/1
18.2-5-447	18.2	35.080		ISO/IEC/IEEE 26515: 2018	系统和软件工程　在敏捷环境中为用户开发信息　第 2 版			2018/12/1	2018/12/1
18.2-5-448	18.2	35.080		ISO/IEC/IEEE 29148: 2018	系统和软件工程　生命周期过程　需求工程　第 2 版			2018/11/1	2018/11/1
18.2-5-449	18.2	35.110		ISO/IEC/IEEE 8802 A AMD 2：2019	信息技术　系统间远程通信和信息交换　局域网和城域网　第 A 部分：概述和体系结构修订 2：本地媒体访问控制（MAC）地址使用　第 1 版			2019/2/1	2019/2/1
18.2-5-450	18.2	35.110		ISO/IEC/IEEE 8802-1 CB：2019	信息技术　系统间远程通信和信息交换　局域网和城域网　特殊要求　第 1CB 部分：框架复制和可靠性消除　第 1 版			2019/2/1	2019/2/1
18.2-5-451	18.2	35.110		ISO/IEC/IEEE 8802-1 Q AMD 6：2019	信息技术　系统间远程通信和信息交换　局域网和城域网　特殊要求　第 1Q 部分：网桥和桥接网络修订 6：每流过滤和监管　第 1 版			2019/2/1	2019/2/1
18.2-5-452	18.2	35.110		ISO/IEC/IEEE 8802-1 Q AMD 7：2019	信息技术　系统间远程通信和信息交换　局域网和城域网　特殊要求　第 1Q 部分：网桥和桥接网络修改 7：循环排队和转发　首先编辑			2019/2/1	2019/2/1
18.2-5-453	18.2	35.110		ISO/IEC/IEEE 8802-11 AMD 1：2019	信息技术　系统间远程通信和信息交换　局域网和城域网　特殊要求　第 11 部分：无线局域网媒体访问控制（MAC）和物理层（PHY）规范 AME			2019/2/1	2019/2/1

18

序号	GW 分类	ICS 分类	GB 分类	标准号	中 文 名 称	代替标准	采用关系	发布日期	实施日期
18.2-5-454	18.2	35.110		ISO/IEC/IEEE 8802-11 AMD 2：2019	信息技术　系统间远程通信和信息交换　局域网和城域网　特殊要求　第 11 部分：无线局域网媒体访问控制（MAC）和物理层（PHY）规范 AME			2019/3/1	2019/3/1
18.2-5-455	18.2	35.110		ISO/IEC/IEEE 8802-11：2018	信息技术　系统间远程通信和信息交换　局域网和城域网　特殊要求　第 11 部分：无线局域网媒体访问控制（MAC）和物理层（PHY）规范 S			2018/5/1	2018/5/1
18.2-5-456	18.2	35.110		ISO/IEC/IEEE 8802-15-4：2018	信息技术　系统间远程通信和信息交换　局域网和城域网　特殊要求　第 15-4 部分：1 的无线介质访问控制（MAC）和物理层（PHY）规范			2018/3/1	2018/3/1
18.2-5-457	18.2	35.110		ISO/IEC/IEEE 8802-1AX CORR 1：2018	信息技术　系统间远程通信和信息交换　局域网和城域网　特殊要求　第 1AX 部分：链路聚合技术 CORRIGENDUM 1　第 1 版			2018/9/1	2018/9/1
18.2-5-458	18.2	35.110		ISO/IEC/IEEE 8802-1CM：2019	信息技术　系统间远程通信和信息交换　局域网和城域网　特殊要求　第 1CM 部分：前传的时间敏感网络　第 1 版			2019/7/1	2019/7/1
18.2-5-459	18.2	35.110		ISO/IEC/IEEE 8802-1Q AMD 2：2018	信息技术　系统间远程通信和信息交换　局域网和城域网　特殊要求　第 1Q 部分：网桥和桥接网络修订 2：应用虚拟局域网（VL）			2018/1/1	2018/1/1
18.2-5-460	18.2	35.110		ISO/IEC/IEEE 8802-3 AMD 10：2019	信息技术　系统间远程通信和信息交换　局域网和城域网　特殊要求　第 3 部分：以太网标准修订 10：媒体访问控制参数、物理层			2019/2/1	2019/2/1
18.2-5-461	18.2	35.110		ISO/IEC/IEEE 8802-3 AMD 11：2019	信息技术　系统间远程通信和信息交换　局域网和城域网　特殊要求　第 3 部分：以太网标准修订 11：系列的物理层和管理参数			2019/2/1	2019/2/1
18.2-5-462	18.2	35.110		ISO/IEC/IEEE 8802-3 AMD 6：2018	信息技术　系统间远程通信和信息交换　局域网和城域网　特殊要求　第 3 部分：以太网标准修订 6：物理层规范和管理参数			2018/10/1	2018/10/1
18.2-5-463	18.2	35.110		ISO/IEC/IEEE 8802-3 AMD 8：2018	信息技术　系统间远程通信和信息交换　局域网和城域网　特殊要求　第 3 部分：以太网标准修订 8：电源的物理层和管理参数			2018/10/1	2018/10/1
18.2-5-464	18.2	35.110		ISO/IEC/IEEE 8802-3 AMD 9：2018	信息技术　系统间远程通信和信息交换　局域网和城域网　特殊要求　第 3 部分：以太网标准修订 9：物理层规范和管理参数			2018/10/1	2018/10/1

18

序号	GW 分类	ICS 分类	GB 分类	标准号	中 文 名 称	代替标准	采用关系	发布日期	实施日期
18.2-5-465	18.2	35.110		ISO/IEC/IEEE 8802-3 CORRI 1：2018	信息技术　系统间远程通信和信息交换　局域网和城域网　特殊要求　第3部分：以太网标准技术规范 1：多通道时间戳　第2版			2018/9/1	2018/9/1
18.2-5-466	18.2	35.110		ISO/IEC/IEEE 8802-A AMD 1：2018	信息技术　系统间远程通信和信息交换　局域网和城域网　第A部分：概述和体系结构修订 1：IEEE 802 标准中统一资源名称（URN）值的分配			2018/4/1	2018/4/1
18.2-5-467	18.2	35.240.30；		ISO/IEC 40314：2016	信息技术　数学标记语言（MathML）　3.0版　第2版			2016/3/1	2016/3/1

18.3　数字化-企业中台

序号	GW 分类	ICS 分类	GB 分类	标准号	中 文 名 称	代替标准	采用关系	发布日期	实施日期
18.3-2-1	18.3	29.240		Q/GDW 10517.1—2019	电网视频监控系统及接口　第1部分：技术要求	Q/GDW 1517.1—2014		2020/9/28	2020/9/28
18.3-2-2	18.3	29.024		Q/GDW 10935—2018	企业门户总体架构与技术要求	Q/GDW 1935—2013		2020/3/20	2020/3/20
18.3-2-3	18.3	29.240		Q/GDW 11417—2019	统一权限平台接口规范	Q/GDW 11417—2015		2020/9/28	2020/9/28
18.3-2-4	18.3	35.080		Q/GDW 11699—2017	信息系统用户体验设计规范			2018/3/5	2018/3/5
18.3-2-5	18.3	35.100.01		Q/GDW 11702—2017	大数据平台总体架构和技术要求			2018/3/5	2018/3/5
18.3-2-6	18.3	29.240		Q/GDW 11704—2017	大数据平台数据采集接入规范			2018/3/5	2018/3/5
18.3-2-7	18.3	29.240		Q/GDW 11817—2018	应用集成接口技术规范			2019/7/26	2019/7/26
18.3-2-8	18.3	29.240		Q/GDW 11981—2019	应用商店接入技术要求			2020/9/28	2020/9/28
18.3-2-9	18.3			Q/GDW 12103—2021	电力物联网业务中台技术要求和服务规范			2021/5/26	2021/5/26
18.3-2-10	18.3			Q/GDW 12104—2021	电力物联网数据中台技术和功能规范			2021/5/26	2021/5/26
18.3-2-11	18.3			Q/GDW 12105—2021	电力物联网数据中台服务接口规范			2021/5/26	2021/5/26
18.3-2-12	18.3			Q/GDW 12118.1—2021	人工智能平台架构及技术要求　第1部分：总体架构与技术要求			2021/6/25	2021/6/25
18.3-2-13	18.3			Q/GDW 12118.2—2021	人工智能平台架构及技术要求　第2部分：算法模型共享应用要求			2021/6/25	2021/6/25
18.3-2-14	18.3			Q/GDW 12118.3—2021	人工智能平台架构及技术要求　第3部分：样本库格式要求			2021/6/25	2021/6/25

18

序号	GW 分类	ICS 分类	GB 分类	标准号	中 文 名 称	代替标准	采用关系	发布日期	实施日期
18.3-2-15	18.3			Q/GDW 12172.1—2021	电力区块链　第1部分：技术导则			2021/12/31	2021/12/31
18.3-2-16	18.3			Q/GDW 12172.2—2021	电力区块链　第2部分：数据格式规范			2021/12/31	2021/12/31
18.3-2-17	18.3			Q/GDW 12172.3—2021	电力区块链　第3部分：智能合约规范			2021/12/31	2021/12/31
18.3-2-18	18.3			Q/GDW 12172.4—2021	电力区块链　第4部分：跨链实施指南			2021/12/31	2021/12/31
18.3-2-19	18.3			Q/GDW 12172.5—2021	电力区块链　第5部分：隐私保护规范			2021/12/31	2021/12/31
18.3-2-20	18.3			Q/GDW 12172.6—2021	电力区块链　第6部分：密码应用规范			2021/12/31	2021/12/31
18.3-2-21	18.3			Q/GDW 12172.7—2021	电力区块链　第7部分：存证应用指南			2021/12/31	2021/12/31
18.3-2-22	18.3	29.240		Q/GDW 1517.2—2014	电网视频监控系统及接口　第2部分：测试方法	Q/GDW 517.2—2011		2015/5/29	2015/5/29
18.3-2-23	18.3	29.240		Q/GDW 1517.3—2014	电网视频监控系统及接口　第3部分：工程验收	Q/GDW 517.3—2012		2015/5/29	2015/5/29
18.3-2-24	18.3			Q/GDW 1795—2013	电网设备三维建模通用规则			2013/4/12	2013/4/12
18.3-3-25	18.3	07.040	A75	GB/T 30317—2013	地理空间框架基本规定			2013/12/31	2014/6/1
18.3-3-26	18.3	07.040	A75	GB/T 30318—2013	地理信息公共平台基本规定			2013/12/31	2014/6/1
18.3-3-27	18.3	07.040	A75	GB/T 30319—2013	基础地理信息数据库基本规定			2013/12/31	2014/6/1
18.3-3-28	18.3	07.040	A75	GB/T 30320—2013	地理空间数据库访问接口			2013/12/31	2014/6/1
18.3-3-29	18.3	35.240.70	L67	GB/T 32908—2016	非结构化数据访问接口规范			2016/8/29	2017/3/1
18.3-3-30	18.3	07.040	A75	GB/T 35628—2017	实景地图数据产品			2017/12/29	2018/7/1
18.3-3-31	18.3	13.310	A91	GB/T 35678—2017	公共安全　人脸识别应用　图像技术要求			2017/12/29	2018/7/1
18.3-3-32	18.3	35.240	L77	GB/T 36339—2018	智能客服语义库技术要求			2018/6/7	2019/1/1
18.3-3-33	18.3	35.240.01	L77	GB/T 36464.1—2020	信息技术　智能语音交互系统　第1部分：通用规范			2020/4/28	2020/11/1
18.3-3-34	18.3	35.240	L77	GB/T 37729—2019	信息技术　智能移动终端应用软件（APP）技术要求			2019/8/30	2020/3/1
18.3-3-35	18.3	35.240.15	L71	GB/T 37742—2019	信息技术　生物特征识别　指纹识别设备通用规范			2019/8/30	2020/3/1

18

序号	GW 分类	ICS 分类	GB 分类	标准号	中 文 名 称	代替标准	采用关系	发布日期	实施日期
18.3-3-36	18.3	35.200	L62	GB/T 37743—2019	信息技术　智能设备操作系统身份识别服务接口			2019/8/30	2020/3/1
18.3-3-37	18.3	49.020	V09	GB/T 38026—2019	遥感卫星多光谱数据产品分级			2019/8/30	2020/3/1
18.3-3-38	18.3	49.020	V09	GB/T 38028—2019	遥感卫星全色数据产品分级			2019/8/30	2020/3/1
18.3-3-39	18.3	47.020.70	M53	GB/T 39578—2020	基于惯性导航的应急定位系统规范			2020/12/14	2021/7/1
18.3-3-40	18.3	07.040	A75	GB/T 39607—2020	卫星导航定位基准站数据传输和接口协议			2020/12/14	2020/12/14
18.3-3-41	18.3	07.040	A75	GB/T 39611—2020	卫星导航定位基准站术语			2020/12/14	2020/12/14
18.3-3-42	18.3	07.040	A76	GB/T 39614—2020	卫星导航定位基准站网质量评价规范			2020/12/14	2020/12/14
18.3-3-43	18.3	07.040	A76	GB/T 39615—2020	卫星导航定位基准站网测试技术规范			2020/12/14	2020/12/14
18.3-3-44	18.3	07.040	A75	GB/T 39616—2020	卫星导航定位基准站网络实时动态测量（RTK）规范			2020/12/14	2020/12/14
18.3-3-45	18.3	07.040	A76	GB/T 39618—2020	卫星导航定位基准站网运行维护技术规范			2020/12/14	2020/12/14
18.3-4-46	18.3		A75	CH/T 9015—2012	三维地理信息模型数据产品规范			2012/10/26	2013/1/1
18.3-4-47	18.3		A75	CH/T 9017—2012	三维地理信息模型数据库规范			2012/10/26	2013/1/1
18.3-4-48	18.3	35.080	L77	DL/T 2031—2019	电力移动应用软件测试规范			2019/6/4	2019/10/1
18.3-4-49	18.3	29.240.01	F21	DL/T 283.1—2018	电力视频监控系统及接口　第1部分:技术要求	DL/T 283.1—2012		2018/12/25	2019/5/1
18.3-4-50	18.3	29.240.01	F21	DL/T 283.2—2018	电力视频监控系统及接口　第2部分:测试方法	DL/T 283.2—2012		2018/12/25	2019/5/1
18.3-4-51	18.3	29.240.01	F21	DL/T 283.3—2018	电力视频监控系统及接口　第3部分:工程验收			2018/12/25	2019/5/1
18.3-4-52	18.3	33.060.99	M36	YD/T 2912—2015	移动互联网应用编程接口的授权技术要求			2015/7/14	2015/10/1
18.3-4-53	18.3	33.060.99	M36	YD/T 2999—2016	移动终端设备管理网关管理对象功能技术要求			2016/1/15	2016/4/1
18.3-4-54	18.3	33.06	M60	YD/T 3150—2016	网络电子身份标识 eID 验证服务接口技术要求			2016/7/11	2016/10/1
18.3-4-55	18.3	33.06	M60	YD/T 3151—2016	网络电子身份标识 eID 桌面应用接口技术要求			2016/7/11	2016/10/1

序号	GW 分类	ICS 分类	GB 分类	标准号	中 文 名 称	代替标准	采用关系	发布日期	实施日期
18.3-4-56	18.3	33.06	M60	YD/T 3152—2016	网络电子身份标识 eID 移动应用接口技术要求			2016/7/11	2016/10/1
18.3-4-57	18.3	35.24	L80	YD/T 3656—2020	基于互联网的实人认证系统技术要求			2020/4/24	2020/7/1
18.3-4-58	18.3	33.160.01	M19	YD/T 3821—2021	视频业务组播能力开放技术要求 接口和协议			2021/3/5	2021/4/1
18.3-4-59	18.3	33.160.99	M73	YD/T 3886—2021	视频业务组播能力开放技术要求 系统架构			2021/5/27	2021/7/1
18.3-4-60	18.3	35.240.99	L67	YD/T 3904—2021	视频应用与视频服务平台播放状态信息上报接口技术要求			2021/5/27	2021/7/1
18.3-4-61	18.3	33.330	M21	YD/T 3905—2021	基于区块链技术的去中心化物联网业务平台框架			2021/5/27	2021/7/1
18.3-4-62	18.3	33	P76	YD/T 5254—2021	移动物联网（NB-IoT）工程技术规范			2021/3/5	2021/4/1
18.3-5-63	18.3	01.040.35；25.040.01；35.240.50		IEC 62264-1：2013	企业系统集成 第 1 部分：模型和术语	IEC 62264-1：2003；IEC 65 E/285/FDIS：2013		2013/5/1	2013/5/1
18.3-5-64	18.3	35.030；35.240.40；35.240.99		ISO/TR 23455：2019	区块链和分布式账本技术 区块链和分布式账本技术系统中的智能合约交互及其概述			2019/9/30	2019/9/30
18.3-5-65	18.3	35.240.15		ISO/IEC 25185-1：2016	识别卡 集成电路卡认证协议 第 1 部分：身份轻量级认证协议			2016/1/15	2016/1/15
18.3-5-66	18.3	35.240.15		ISO/IEC 29794-1：2016	信息技术 生物特征样本质量 第 1 部分：框架			2016/1/15	2016/1/15
18.3-5-67	18.3	35.040.30		ISO/IEC/TR 19566-1：2016	信息技术 JPEG 系统 第 1 部分：使用码流和文件格式打包信息			2016/3/15	2016/3/15
18.3-5-68	18.3	35.060		ISO/IEC/TR 30114-1：2016	信息技术 Office Open XML 文件格式的扩展 第 1 部分：指南			2016/12/15	2016/12/15
18.3-6-69	18.3			T/CEC 236—2019	电力移动应用软件测试规范			2019/11/21	2020/1/1
18.3-6-70	18.3			T/CEC 383.2—2020	电网地理信息服务 第 2 部分：矢量地图产品规范			2020/10/28	2021/2/1

18.4 数字化-数据管理与应用

序号	GW 分类	ICS 分类	GB 分类	标准号	中 文 名 称	代替标准	采用关系	发布日期	实施日期
18.4-2-1	18.4	29.240		Q/GDW 10701—2016	电网地理信息服务平台（GIS）电网图形共享交换规范	Q/GDW 701—2012		2017/7/12	2017/7/12

18

序号	GW 分类	ICS 分类	GB 分类	标准号	中 文 名 称	代替标准	采用关系	发布日期	实施日期
18.4-2-2	18.4	29.240		Q/GDW 10702—2016	电网地理信息服务平台（GIS）电网图元规范	Q/GDW 702—2012		2017/7/12	2017/7/12
18.4-2-3	18.4	29.240		Q/GDW 10703—2018	国家电网有限公司公共信息模型（SG-CIM）	Q/GDW 703—2012		2019/7/26	2019/7/26
18.4-2-4	18.4	29.240		Q/GDW 10936—2018	物料主数据分类与编码规范	Q/GDW 1936—2013		2020/3/20	2020/3/20
18.4-2-5	18.4	29.240		Q/GDW 11181.1—2014	电网三维模型　第 1 部分：模型分类与编码			2014/9/1	2014/9/1
18.4-2-6	18.4	29.240		Q/GDW 11181.2—2014	电网三维模型　第 2 部分：数据采集与处理			2014/9/1	2014/9/1
18.4-2-7	18.4	29.240		Q/GDW 11181.3—2014	电网三维模型　第 3 部分：输电线路建模			2014/9/1	2014/9/1
18.4-2-8	18.4	29.240		Q/GDW 11181.4—2015	电网三维模型　第 4 部分：变电站（换流站）建模			2016/11/9	2016/11/9
18.4-2-9	18.4	29.240		Q/GDW 11181.5—2015	电网三维模型　第 5 部分：监测装置建模			2015/8/5	2015/8/5
18.4-2-10	18.4	29.240		Q/GDW 11181.6—2015	电网三维模型　第 6 部分：通信设备建模			2016/11/9	2016/11/9
18.4-2-11	18.4	29.240		Q/GDW 11181.7—2015	电网三维模型　第 7 部分：电网公共设施建模			2016/11/9	2016/11/9
18.4-2-12	18.4	29.240		Q/GDW 11181.8—2014	电网三维模型　第 8 部分：输电线路模型检测			2014/9/1	2014/9/1
18.4-2-13	18.4	29.240		Q/GDW 11181.12—2014	电网三维模型　第 12 部分：模型建库			2014/9/1	2014/9/1
18.4-2-14	18.4	29.240		Q/GDW 11183—2018	物资分类与物料编码（制造业）规范	Q/GDW 11183—2014		2020/3/20	2020/3/20
18.4-2-15	18.4	35.240.01		Q/GDW 11570—2016	电网运营数据质量评估通用准则			2017/4/24	2017/4/24
18.4-2-16	18.4	29.240		Q/GDW 11636—2016	电网地理信息服务平台（GIS）数据模型			2017/7/12	2017/7/12
18.4-2-17	18.4	29.240		Q/GDW 11712—2017	电网资产统一身份编码技术规范			2018/4/12	2018/4/12
18.4-2-18	18.4			Q/GDW 11778—2017	面向对象的用电信息数据交换协议			2018/9/7	2018/9/7
18.4-2-19	18.4	29.240		Q/GDW 11818—2018	电力交易平台交易管理数据编码规范			2019/7/26	2019/7/26
18.4-2-20	18.4	29.240		Q/GDW 11819—2018	电力交易平台公共信息接口规范			2019/7/26	2019/7/26
18.4-2-21	18.4	29.240		Q/GDW 11820—2018	电力交易平台核心业务数据交互规范			2019/7/26	2019/7/26
18.4-2-22	18.4	35.240.01		Q/GDW 11941—2018	电网大数据分析模型评价准则			2020/3/20	2020/3/20
18.4-2-23	18.4			Q/GDW 12099.1—2021	电力物联网标识规范　第 1 部分：总则			2021/5/26	2021/5/26

18

序号	GW 分类	ICS 分类	GB 分类	标准号	中 文 名 称	代替标准	采用关系	发布日期	实施日期
18.4-2-24	18.4			Q/GDW 12099.2—2021	电力物联网标识规范 第2部分：标识编码、存储与解析			2021/5/26	2021/5/26
18.4-2-25	18.4			Q/GDW 12099.3—2021	电力物联网标识规范 第3部分：标识注册 管理与技术要求			2021/6/25	2021/6/25
18.4-2-26	18.4			Q/GDW 12107—2021	物联终端统一建模规范			2021/5/26	2021/5/26
18.4-2-27	18.4			Q/GDW 12116—2021	企业数据盘点技术规范			2021/6/25	2021/6/25
18.4-2-28	18.4			Q/GDW 12117—2021	国家电网有限公司数据管理能力成熟度模型			2021/6/25	2021/6/25
18.4-2-29	18.4			Q/GDW 12122.1—2021	数据应用服务规范 第1部分：总则			2021/6/25	2021/6/25
18.4-2-30	18.4			Q/GDW 12122.2—2021	数据应用服务规范 第2部分：开放目录规范			2021/6/25	2021/6/25
18.4-2-31	18.4			Q/GDW 12143—2021	水电设备状态评价系统设备信息参数编码和数据获取技术规范			2021/9/17	2021/9/17
18.4-2-32	18.4			Q/GDW 12144—2021	水电站与电力物联网平台数据接入与集成技术导则			2021/9/17	2021/9/17
18.4-2-33	18.4			Q/GDW 12145—2021	智能抽水蓄能电站数字化交付规范			2021/9/17	2021/9/17
18.4-2-34	18.4	29.240		Q/GDW 1348.1—2014	信息分类与代码 安全监察管理类 第1部分：综合类代码	Q/GDW 348—2009		2015/5/29	2015/5/29
18.4-2-35	18.4	29.240		Q/GDW 1348.2—2014	信息分类与代码 安全监察管理类 第2部分：人身事故类代码	Q/GDW 349—2009		2015/5/29	2015/5/29
18.4-2-36	18.4	29.240		Q/GDW 1348.3—2014	信息分类与代码 安全监察管理类 第3部分：设备电网信息事故类代码	Q/GDW 350—2009		2015/5/29	2015/5/29
18.4-2-37	18.4	29.020		Q/GDW 442—2010	财务专用代码			2010/5/20	2010/5/20
18.4-2-38	18.4	29.020		Q/GDW 443—2010	SAP专用财务代码			2010/5/20	2010/5/20
18.4-2-39	18.4	29.020		Q/GDW 444—2010	预算科目代码			2010/5/20	2010/5/20
18.4-2-40	18.4	29.020		Q/GDW 719—2012	审计综合管理系统编码规范			2012/2/28	2012/2/28
18.4-3-41	18.4	35.100.60	L79	GB/T 16263.1—2006	信息技术 ASN.1编码规则 第1部分：基本编码规则（BER）、正则编码规则（CER）和非典型编码规则（DER）规范	GB/T 16263—1996		2006/3/14	2006/7/1

18

序号	GW分类	ICS分类	GB分类	标准号	中 文 名 称	代替标准	采用关系	发布日期	实施日期
18.4-3-42	18.4	35.100.60	L79	GB/T 16263.2—2006	信息技术 ASN.1编码规则 第2部分：紧缩编码规则（PER）规范			2006/3/14	2006/7/1
18.4-3-43	18.4	35.240.20	L76	GB/T 16284.8—2016	信息技术 信报处理系统（MHS） 第8部分：电子数据交换信报处理服务			2016/4/25	2016/11/1
18.4-3-44	18.4	35.240.20	L76	GB/T 16284.9—2016	信息技术 信报处理系统（MHS） 第9部分：电子数据交换信报处理系统			2016/4/25	2016/11/1
18.4-3-45	18.4	35.240.20	L76	GB/T 16284.10—2016	信息技术 信报处理系统（MHS） 第10部分：MHS路由选择			2016/4/25	2016/11/1
18.4-3-46	18.4	29.020	K04	GB/T 17564.1—2011	电气项目的标准数据元素类型和相关分类模式 第1部分：定义原则和方法	GB/T 17564.1—2005		2011/7/29	2011/12/1
18.4-3-47	18.4	35.040	L71	GB/T 17710—2008	信息技术 安全技术 校验字符系统	GB/T 17710—1999		2008/7/16	2008/12/1
18.4-3-48	18.4	35.100.70	L73	GB/Z 18219—2008	信息技术 数据管理参考模型	GB/T 18219—2000		2008/6/17	2008/11/1
18.4-3-49	18.4	01.140.20	A14	GB/T 18894—2016	电子文件归档与电子档案管理规范	GB/T 18894—2002		2016/8/29	2017/3/1
18.4-3-50	18.4	35.240.30	A14	GB/T 19688.5—2009	信息与文献 书目数据元目录 第5部分：编目和元数据交换用数据元			2009/3/13	2009/9/1
18.4-3-51	18.4	07.040；35.240.70	A75	GB/T 19710.2—2016	地理信息元数据 第2部分：影像和格网数据扩展			2016/10/13	2017/2/1
18.4-3-52	18.4	01.040.35；07.040	A76	GB/T 19710—2005	地理信息元数据			2005/4/15	2005/10/1
18.4-3-53	18.4	35.040	L71	GB/T 20090.2—2013	信息技术 先进音视频编码 第2部分：视频	GB/T 20090.2—2006		2013/12/31	2014/7/15
18.4-3-54	18.4	35.040	L71	GB/T 20090.11—2015	信息技术 先进音视频编码 第11部分：同步文本			2015/12/10	2016/8/1
18.4-3-55	18.4	35.040	L71	GB/T 20090.12—2015	信息技术 先进音视频编码 第12部分：综合场景			2015/12/10	2016/8/1
18.4-3-56	18.4	35.040	L71	GB/T 20090.16—2016	信息技术 先进音视频编码 第16部分：广播电视视频			2016/4/25	2016/11/1
18.4-3-57	18.4	35.040	A24	GB/T 20529.1—2006	企业信息分类编码导则 第1部分：原则与方法			2006/10/9	2007/3/1
18.4-3-58	18.4	35.040	A24	GB/T 20529.2—2010	企业信息分类编码导则 第2部分：分类编码体系			2010/12/1	2011/5/1

18

序号	GW 分类	ICS 分类	GB 分类	标准号	中 文 名 称	代替标准	采用关系	发布日期	实施日期
18.4-3-59	18.4	03.080.99	A20	GB/T 22118—2008	企业信用信息采集、处理和提供规范			2008/6/30	2008/11/1
18.4-3-60	18.4	07.040	A75	GB/T 23705—2009	数字城市地理信息公共平台地名/地址编码规则	CH 9002—2007		2009/5/6	2009/10/1
18.4-3-61	18.4	07.040;35.240.70	A75	GB/T 23706—2009	地理信息核心空间模式			2009/5/6	2009/10/1
18.4-3-62	18.4	07.040;35.240.70	A75	GB/T 23707—2009	地理信息空间模式			2009/5/6	2009/10/1
18.4-3-63	18.4	07.040;35.240.70	A75	GB/T 23708—2009	地理信息地理标记语言（GML）			2009/5/6	2009/10/1
18.4-3-64	18.4	07.040;01.080.30	A79	GB/T 24354—2009	公共地理信息通用地图符号			2009/9/30	2009/12/1
18.4-3-65	18.4	07.040;35.240.70	A75	GB/T 24355—2009	地理信息图示表达			2009/9/30	2009/12/1
18.4-3-66	18.4	35.240.50	L67	GB/T 25109.2—2010	企业资源计划 第 2 部分：ERP 基础数据			2010/9/2	2010/12/1
18.4-3-67	18.4	35.240.50	L67	GB/T 25109.3—2010	企业资源计划 第 3 部分：ERP 功能构件规范			2010/9/2	2010/12/1
18.4-3-68	18.4	35.240.50	N18	GB/T 26335—2010	工业企业信息化集成系统规范			2011/1/14	2011/6/1
18.4-3-69	18.4	03.080.99	A20	GB/T 26841—2011	基于电子商务活动的交易主体企业信用档案规范			2011/7/29	2011/12/1
18.4-3-70	18.4	03.080.99	A02	GB/T 26842—2011	基于电子商务活动的交易主体企业信用评价指标与等级表示规范			2011/7/29	2011/12/1
18.4-3-71	18.4	35.040	A24	GB/T 29264—2012	信息技术服务 分类与代码			2012/12/31	2013/6/1
18.4-3-72	18.4	35.200	L65	GB/T 29265.304—2016	信息技术 信息设备资源共享协同服务 第 304 部分：数字媒体内容保护			2016/4/25	2016/11/1
18.4-3-73	18.4	27.010	F01	GB/T 29871—2013	能源计量仪表通用数据接口技术协议			2013/11/12	2014/4/15
18.4-3-74	18.4	27.010	F01	GB/T 29873—2013	能源计量数据公共平台数据传输协议			2013/11/12	2014/4/15
18.4-3-75	18.4	35.240.70;07.040	A76	GB/T 30168—2013	地理信息大地测量代码与参数			2013/12/17	2014/4/1
18.4-3-76	18.4	35.060	L74	GB/T 30883—2014	信息技术 数据集成中间件			2014/9/3	2015/2/1

18

序号	GW 分类	ICS 分类	GB 分类	标准号	中 文 名 称	代替标准	采用关系	发布日期	实施日期
18.4-3-77	18.4	35.040	L70	GB/T 31101—2014	信息技术 自动识别和数据采集技术 实时定位系统性能测试方法			2014/9/3	2015/2/1
18.4-3-78	18.4	35.240.60	A10	GB/T 31782—2015	电子商务可信交易要求			2015/7/3	2016/2/1
18.4-3-79	18.4	35.240.01	L73	GB/T 31914—2015	电子文件管理系统建设指南			2015/9/11	2016/5/1
18.4-3-80	18.4	35.100	L78	GB/T 32396—2015	信息技术 系统间远程通信和信息交换基于单载波无线高速率超宽带（SC-UWB）物理层规范			2015/12/31	2017/1/1
18.4-3-81	18.4	35.240.60	A10	GB/T 32702—2016	电子商务交易产品信息描述图书			2016/6/14	2017/7/1
18.4-3-82	18.4	25.040.40	J07	GB/T 32854.3—2020	自动化系统与集成 制造系统先进控制与优化软件集成 第3部分：活动模型和工作流			2020/12/14	2021/7/1
18.4-3-83	18.4	25.040.40	J07	GB/T 32854.4—2020	自动化系统与集成 制造系统先进控制与优化软件集成 第4部分：信息交互和使用			2020/12/14	2021/7/1
18.4-3-84	18.4	35.240.60	Z04	GB/T 32866—2016	电子商务产品质量信息规范通则			2016/8/29	2016/12/1
18.4-3-85	18.4	35.240.60	A10	GB/T 32873—2016	电子商务主体基本信息规范			2016/8/29	2017/3/1
18.4-3-86	18.4	35.040	A24	GB/T 32875—2016	电子商务参与方分类与编码			2016/8/29	2017/3/1
18.4-3-87	18.4	35.240.70	L67	GB/T 32909—2016	非结构化数据表示规范			2016/8/29	2017/3/1
18.4-3-88	18.4	35.240.60	A10	GB/T 32928—2016	电子商务交易产品信息描述家用电器			2016/8/29	2017/3/1
18.4-3-89	18.4	35.240.60	A10	GB/T 32929—2016	电子商务交易产品信息描述数码产品			2016/8/29	2017/3/1
18.4-3-90	18.4	35.080	L77	GB/T 33136—2016	信息技术服务 数据中心服务能力成熟度模型			2016/10/13	2017/5/1
18.4-3-91	18.4	07.040;35.240.70	A75	GB/T 33188.1—2016	地理信息参考模型 第1部分：基础			2016/10/13	2017/2/1
18.4-3-92	18.4	35.240.20	L67	GB/T 33189—2016	电子文件管理装备规范			2016/10/13	2017/5/1
18.4-3-93	18.4	35.240.30	L76	GB/T 33190—2016	电子文件存储与交换格式版式文档			2016/10/13	2017/5/1
18.4-3-94	18.4	35.240.60	A10	GB/T 33245—2016	电子商务交易产品信息描述汽车配件			2016/12/13	2017/7/1
18.4-3-95	18.4	35.080	L77	GB/T 33770.2—2019	信息技术服务 外包 第2部分：数据保护要求			2019/8/30	2020/3/1
18.4-3-96	18.4	03.120.30	L70	GB/T 34052.1—2017	统计数据与元数据交换（SDMX） 第1部分：框架			2017/7/31	2018/2/1

18

序号	GW 分类	ICS 分类	GB 分类	标准号	中 文 名 称	代替标准	采用关系	发布日期	实施日期
18.4-3-97	18.4	35.080	L77	GB/T 34145—2017	中文语音合成互联网服务接口规范			2017/7/31	2018/2/1
18.4-3-98	18.4	07.040；35.240.70	A75	GB/Z 34429—2017	地理信息　影像和格网数据			2017/9/29	2018/4/1
18.4-3-99	18.4	35.240.01	L70	GB/T 34680.2—2021	智慧城市评价模型及基础评价指标体系　第2部分：信息基础设施			2021/4/30	2021/11/1
18.4-3-100	18.4	35.240.50	J07	GB/T 35123—2017	自动识别技术和 ERP、MES、CRM 等系统的接口			2017/12/29	2018/7/1
18.4-3-101	18.4	35.240.99	L67	GB/T 35298—2017	信息技术　学习、教育和培训　教育管理基础信息			2017/12/29	2018/7/1
18.4-3-102	18.4	35.240.30	L67	GB/T 35311—2017	中文新闻图片内容描述元数据规范			2017/12/29	2018/4/1
18.4-3-103	18.4	01.140.20	A14	GB/T 35397—2017	科技人才元数据元素集			2017/12/29	2018/4/1
18.4-3-104	18.4	35.040	A24	GB/T 35403.1—2017	国家物品编码与基础信息通用规范　第 1 部分：总体框架			2017/12/29	2018/7/1
18.4-3-105	18.4	35.040	A24	GB/T 35403.3—2018	国家物品编码与基础信息通用规范　第 3 部分：生产资料			2018/3/15	2018/10/1
18.4-3-106	18.4	01.040.01	A22	GB/T 35408—2017	电子商务质量管理　术语			2017/12/29	2018/4/1
18.4-3-107	18.4	03.120.10	A10	GB/T 35409—2017	电子商务平台商家入驻审核规范			2017/12/29	2018/7/1
18.4-3-108	18.4	03.120.99	A10	GB/T 35411—2017	电子商务平台产品信息展示要求			2017/12/29	2018/7/1
18.4-3-109	18.4	07.040	A79	GB/T 35630—2017	手机地图数据规范			2017/12/29	2018/7/1
18.4-3-110	18.4	07.040	A77	GB/T 35643—2017	光学遥感测绘卫星影像产品元数据			2017/12/29	2018/7/1
18.4-3-111	18.4	29.130.20	K30	GB/T 35743—2017	低压开关设备和控制设备　用于信息交换的产品数据与特性			2017/12/29	2018/7/1
18.4-3-112	18.4	35.220.01	L63	GB/T 36093—2018	信息技术　网际互联协议的存储区域网络（IP-SAN）应用规范			2018/3/15	2018/10/1
18.4-3-113	18.4	35.110	L79	GB/T 36478.1—2018	物联网　信息交换和共享　第 1 部分：总体架构			2018/6/7	2019/1/1
18.4-3-114	18.4	35.110	L79	GB/T 36478.2—2018	物联网　信息交换和共享　第 2 部分：通用技术要求			2018/6/7	2019/1/1

18

序号	GW分类	ICS分类	GB分类	标准号	中 文 名 称	代替标准	采用关系	发布日期	实施日期
18.4-3-115	18.4	35.110	L79	GB/T 36478.3—2019	物联网 信息交换和共享 第3部分：元数据			2019/8/30	2020/3/1
18.4-3-116	18.4	35.110	L79	GB/T 36478.4—2019	物联网 信息交换和共享 第4部分：数据接口			2019/8/30	2020/3/1
18.4-3-117	18.4	35.100.05	L79	GB/T 36623—2018	信息技术 云计算 文件服务应用接口			2018/9/17	2019/4/1
18.4-3-118	18.4	35.240.01	L70	GB/T 36625.3—2021	智慧城市数据融合 第3部分：数据采集规范			2021/4/30	2021/11/1
18.4-3-119	18.4	35.240.01	L70	GB/T 36625.4—2021	智慧城市数据融合 第4部分：开放共享要求			2021/4/30	2021/11/1
18.4-3-120	18.4	35.240.15	L71	GB/T 37045—2018	信息技术 生物特征识别 指纹处理芯片技术要求			2018/12/28	2019/4/1
18.4-3-121	18.4	35.240	L67	GB/T 37721—2019	信息技术 大数据分析系统功能要求			2019/8/30	2020/3/1
18.4-3-122	18.4	35.240	L67	GB/T 37722—2019	信息技术 大数据存储与处理系统功能要求			2019/8/30	2020/3/1
18.4-3-123	18.4	35.080	L77	GB/T 37726—2019	信息技术 数据中心精益六西格玛应用评价准则			2019/8/30	2020/3/1
18.4-3-124	18.4	35.110	L79	GB/T 37727—2019	信息技术 面向需求侧变电站应用的传感器网络系统总体技术要求			2019/8/30	2020/3/1
18.4-3-125	18.4	35.240.70	L67	GB/T 37728—2019	信息技术 数据交易服务平台 通用功能要求			2019/8/30	2020/3/1
18.4-3-126	18.4	35.240	L60	GB/T 38259—2019	信息技术 虚拟现实头戴式显示设备通用规范			2019/12/10	2020/7/1
18.4-3-127	18.4	35.110	L78	GB/T 38619—2020	工业物联网 数据采集结构化描述规范			2020/4/28	2020/11/1
18.4-3-128	18.4	35.110	L78	GB/T 38630—2020	信息技术 实时定位 多源融合定位数据接口			2020/4/28	2020/11/1
18.4-3-129	18.4	35.240	L67	GB/T 38643—2020	信息技术 大数据 分析系统功能测试要求			2020/4/28	2020/11/1
18.4-3-130	18.4	35.240.50	L67	GB/T 38666—2020	信息技术 大数据 工业应用参考架构			2020/4/28	2020/11/1
18.4-3-131	18.4	35.240.15	L71	GB/T 38667—2020	信息技术 大数据 数据分类指南			2020/4/28	2020/11/1
18.4-3-132	18.4	35.240.50	L64	GB/T 38670—2020	智能制造 射频识别系统 标签数据格式			2020/4/28	2020/11/1
18.4-3-133	18.4	35.240	L67	GB/T 38672—2020	信息技术 大数据 接口基本要求			2020/4/28	2020/11/1
18.4-3-134	18.4	35.240	L67	GB/T 38673—2020	信息技术 大数据 大数据系统基本要求			2020/4/28	2020/11/1
18.4-3-135	18.4	35.240	L67	GB/T 38675—2020	信息技术 大数据计算系统通用要求			2020/4/28	2020/11/1
18.4-3-136	18.4	35.240	L67	GB/T 38676—2020	信息技术 大数据 存储与处理系统功能测试要求			2020/4/28	2020/11/1

18

序号	GW 分类	ICS 分类	GB 分类	标准号	中 文 名 称	代替标准	采用关系	发布日期	实施日期
18.4-3-137	18.4	35.040	L70	GB/T 38776—2020	电子商务软件构件分类与代码		IEC 60445：2017	2020/4/28	2020/11/1
18.4-3-138	18.4	49.090	V37	GB/T 38997—2020	轻小型多旋翼无人机飞行控制与导航系统通用要求			2020/7/21	2021/2/1
18.4-3-139	18.4	25.040.30	J28	GB/T 39007—2020	基于可编程控制器的工业机器人运动控制规范			2020/9/29	2021/4/1
18.4-3-140	18.4	35.240.60	A10	GB/T 39065—2020	电子商务质量信息共享规范			2020/7/21	2021/2/1
18.4-3-141	18.4	13.310	A91	GB/T 39272—2020	公共安全视频监控联网技术测试规范			2020/11/19	2021/6/1
18.4-3-142	18.4	13.310	A91	GB/T 39274—2020	公共安全视频监控数字视音频编解码技术测试规范			2020/11/19	2021/6/1
18.4-3-143	18.4	35.040	A24	GB/T 39319—2020	电子商务交易主体统一标识编码规则			2020/11/19	2021/6/1
18.4-3-144	18.4	35.240.60	L79	GB/T 39320—2020	电子商务　元模型　基本模块			2020/11/19	2021/6/1
18.4-3-145	18.4	35.040.60	L67	GB/T 39322—2020	电子商务交易平台追溯数据接口技术要求			2020/11/19	2021/6/1
18.4-3-146	18.4	25.040.40		GB/T 39400—2020	工业数据质量　通用技术规范			2020/11/19	2021/6/1
18.4-3-147	18.4	49.02	V04	GB/T 39409—2020	北斗网格位置码			2020/11/19	2021/6/1
18.4-3-148	18.4	03.080.99	A20	GB/T 39440—2020	公共信用信息资源目录编制指南			2020/11/19	2020/11/19
18.4-3-149	18.4	03.080.99	A20	GB/T 39441—2020	公共信用信息分类与编码规范			2020/11/19	2020/11/19
18.4-3-150	18.4	03.080.99	A20	GB/T 39442—2020	公共信用信息资源标识规则			2020/11/19	2021/6/1
18.4-3-151	18.4	03.080.99	A20	GB/T 39443—2020	公共信用信息交换方式及接口规范			2020/11/19	2020/11/19
18.4-3-152	18.4	03.080.99	A20	GB/T 39444—2020	公共信用信息标准总体架构			2020/11/19	2020/11/19
18.4-3-153	18.4	03.080.99	A20	GB/T 39445—2020	公共信用信息数据元			2020/11/19	2021/6/1
18.4-3-154	18.4	03.080.99	A20	GB/T 39446—2020	公共信用信息代码集			2020/11/19	2021/6/1
18.4-3-155	18.4	03.080.99	A20	GB/T 39449—2020	公共信用信息数据字典维护与管理			2020/11/19	2021/6/1
18.4-3-156	18.4	35.24	L65	GB/T 39465—2020	城市智慧卡互联互通　充值数据接口			2020/11/19	2021/6/1
18.4-3-157	18.4	25.240.50	J07	GB/T 39470—2020	自动化系统与集成　对象过程方法		ISO/PAS 19450：2015	2020/11/19	2021/6/1
18.4-3-158	18.4	03.140	A00	GB/T 39550—2020	电子商务平台知识产权保护管理			2020/11/9	2021/6/1
18.4-3-159	18.4	03.120.99	A10	GB/T 39570—2020	电子商务交易产品图像展示要求			2020/12/14	2021/7/1

18

序号	GW 分类	ICS 分类	GB 分类	标准号	中 文 名 称	代替标准	采用关系	发布日期	实施日期
18.4-3-160	18.4	35.240.40	A19	GB/T 39594—2020	图书发行物联网应用规范			2020/12/14	2021/7/1
18.4-3-161	18.4	07.040	A75	GB/T 39608—2020	基础地理信息数字成果元数据			2020/12/14	2020/12/14
18.4-3-162	18.4	07.040	A75	GB/T 39609—2020	地名地址地理编码规则			2020/12/14	2020/12/14
18.4-3-163	18.4	07.040	A75	GB/T 39623—2020	基础地理信息数据库系统质量测试与评价			2020/12/14	2020/12/14
18.4-3-164	18.4	29.240.01	F21	GB/T 39674—2020	电力软交换系统测试规范			2020/12/14	2021/7/1
18.4-3-165	18.4	29.020	F30	GB/T 39675—2020	电网气象信息交换技术要求			2020/12/14	2021/7/1
18.4-3-166	18.4	03.120.20	A14	GB/T 39755.1—2021	电子文件管理能力体系　第 1 部分：通用要求			2021/3/9	2021/10/1
18.4-3-167	18.4	03.120.20	A14	GB/T 39755.2—2021	电子文件管理能力体系　第 2 部分：评估规范			2021/4/30	2021/11/1
18.4-3-168	18.4	03.120.30	A14	GB/T 39784—2021	电子档案管理系统通用功能要求			2021/3/9	2021/10/1
18.4-3-169	18.4	07.04	A75	GB/T 39787—2021	北斗卫星导航系统坐标系			2021/3/9	2021/10/1
18.4-3-170	18.4	35.110	L79	GB/T 40015—2021	信息技术系统间远程通信和信息交换社区节能控制网络控制与管理		ISO/IEC/IEEE 18881：2016	2021/4/30	2021/11/1
18.4-3-171	18.4	35.110	L79	GB/T 40017—2021	信息技术系统间远程通信和信息交换社区节能控制异构网络融合与可扩展性		ISO/IEC/IEEE 18882：2017	2021/4/30	2021/11/1
18.4-3-172	18.4	35.240.60	A10	GB/T 40037—2021	电子商务产品信息描述大宗商品			2021/4/30	2021/11/1
18.4-3-173	18.4	27.010	F01	GB/T 40063—2021	工业企业能源管控中心建设指南			2021/4/30	2021/11/1
18.4-3-174	18.4	07.040	A75	GB/T 40087—2021	地球空间网格编码规则			2021/4/30	2021/4/30
18.4-3-175	18.4	35.240.01	A10	GB/T 40094.1—2021	电子商务数据交易　第 1 部分：准则			2021/5/21	2021/12/1
18.4-3-176	18.4	35.240.01	A10	GB/T 40094.2—2021	电子商务数据交易　第 2 部分：数据描述规范			2021/5/21	2021/12/1
18.4-3-177	18.4	35.240.01	A10	GB/T 40094.3—2021	电子商务数据交易　第 3 部分：数据接口规范			2021/5/21	2021/12/1
18.4-3-178	18.4	35.240.01	A10	GB/T 40094.4—2021	电子商务数据交易　第 4 部分：隐私保护规范			2021/5/21	2021/12/1
18.4-3-179	18.4	35.240.60	A10	GB/T 40107—2021	电子商务交易产品信息描述　办公类产品			2021/5/21	2021/12/1
18.4-3-180	18.4	25.040.01	N10	GB/Z 40213—2021	自动化系统与集成　基于信息交换需求建模和软件能力建规的应用集成方法			2021/5/21	2021/12/1
18.4-3-181	18.4	25.040.01	N01	GB/T 40283.3—2021	自动化系统与集成　制造应用解决方案的能力单元互操作　第 3 部分：能力单元互操作性的验证和确认		ISO 16300-3：2017	2021/8/20	2022/3/1

18

序号	GW 分类	ICS 分类	GB 分类	标准号	中 文 名 称	代替标准	采用关系	发布日期	实施日期
18.4-3-182	18.4	35.240.60	L79	GB/Z 40436—2021	电子商务　建模方法用户指南			2021/8/20	2022/3/1
18.4-3-183	18.4	03.080.30	A16	GB/T 40476—2021	电子商务信用　网络零售信用基本要求　数字产品零售			2021/8/20	2022/3/1
18.4-3-184	18.4	01.120	A00	GB/T 7027—2002	信息分类和编码的基本原则与方法	GB/T 7027—1986		2002/7/18	2002/12/1
18.4-4-185	18.4	07.040	A75	CH/T 9016—2012	三维地理信息模型生产规范			2012/10/26	2013/1/1
18.4-4-186	18.4	29.240.01	F21	DL/T 1080.13—2012	电力企业应用集成配电管理的系统接口　第13部分：配电 CIMRDF 模型交换格式			2012/1/4	2012/3/1
18.4-4-187	18.4			DL/T 1338—2014	发电企业生产实时监管信息系统技术条件			2014/3/18	2014/8/1
18.4-4-188	18.4	03.120.30	F04	DL/T 1449—2015	电力行业统计编码规范			2015/4/2	2015/9/1
18.4-4-189	18.4	29.020.01	F20	DL/T 1500—2016	电网气象灾害预警系统技术规范			2016/1/7	2016/6/1
18.4-4-190	18.4			DL/T 1714—2017	电力可靠性管理代码规范			2017/8/2	2017/12/1
18.4-4-191	18.4			DL/T 1732—2017	电力物联网传感器信息模型规范			2017/8/2	2017/12/1
18.4-4-192	18.4			DL/T 1839.1—2018	电力可靠性管理信息系统数据接口规范　第1部分：通用要求			2018/4/3	2018/7/1
18.4-4-193	18.4			DL/T 1839.2—2018	电力可靠性管理信息系统数据接口规范　第2部分：输变电设施			2018/4/3	2018/7/1
18.4-4-194	18.4			DL/T 1839.3—2019	电力可靠性管理信息系统数据接口规范　第3部分：发电设备			2019/11/4	2020/5/1
18.4-4-195	18.4			DL/T 1839.4—2018	电力可靠性管理信息系统数据接口规范　第4部分：供电系统用户供电			2018/4/3	2018/7/1
18.4-4-196	18.4	27.100	F20	DL/T 1868—2018	电力资产全寿命周期管理体系规范			2018/6/6	2018/10/1
18.4-4-197	18.4	29.02	F21	DL/T 1872—2018	电力系统即时消息传输规范			2018/6/6	2018/10/1
18.4-4-198	18.4			DL/T 1991—2019	电力行业公共信息模型			2019/6/4	2019/10/1
18.4-4-199	18.4	27.100		DL/T 291—2012	营销业务信息分类与代码编制导则			2012/1/4	2012/3/1
18.4-4-200	18.4	29.020	F01	DL/T 517—2012	电力科技成果分类与代码	DL 517—1993		2012/1/4	2012/3/1
18.4-4-201	18.4	13.100	F09	DL/T 518—2012	电力生产人身事故伤害分类与代码	DL 518-1—1993		2012/1/4	2012/3/1

18

序号	GW 分类	ICS 分类	GB 分类	标准号	中 文 名 称	代替标准	采用关系	发布日期	实施日期
18.4-4-202	18.4			DL/T 634.5601—2016	远动设备及系统 第 5-601 部分：DL/T 634.510 配套标准一致性测试用例			2016/1/7	2016/6/1
18.4-4-203	18.4			HB 8624—2021	机载电子设备通风系统通用要求			2021/3/5	2021/7/1
18.4-4-204	18.4			HB 8625—2021	机载数据链系统人机接口设计要求			2021/3/5	2021/7/1
18.4-4-205	18.4			HB 8626—2021	机载温度传感器性能测试要求 静态示值误差、恢复特性、动态响应与测温偏差			2021/3/5	2021/7/1
18.4-4-206	18.4			HB 8627—2021	机载信息系统人机接口设计要求			2021/3/5	2021/7/1
18.4-4-207	18.4	35.02	L70	SJ/T 11439—2015	信息技术面阵式二维码识读引擎通用规范			2015/10/10	2016/4/1
18.4-4-208	18.4	35.020	L70	SJ/T 11601—2016	信息技术非接触式二维码扫描枪通用规范			2016/1/15	2016/6/1
18.4-4-209	18.4	35.020	L70	SJ/T 11602—2016	信息技术非接触式一维码扫描枪通用规范			2016/1/15	2016/6/1
18.4-4-210	18.4			T/CEC 282—2019	基于大数据的水电厂设备状态预警技术导则			2019/11/21	2020/1/1
18.4-4-211	18.4			T/CEC 382—2020	网源协调在线监测就地装置技术规范			2020/10/28	2021/2/1
18.4-4-212	18.4	33.030	M36	YD/T 2926—2021	嵌入式通用集成电路卡（eUICC）远程管理平台技术要求（第一阶段）	YD/T 2926—2015		2021/5/27	2021/7/1
18.4-4-213	18.4	33.040.99	M40	YD/T 3005—2016	基站供电变压器系统的防雷与接地技术要求			2016/1/15	2016/4/1
18.4-4-214	18.4	33.040.20	M33	YD/T 3211—2016	网络虚拟资产数据存储与交换技术要求			2016/10/22	2017/1/1
18.4-4-215	18.4	35.020	L70	YD/T 3759—2020	大数据 商务智能（BI）分析工具技术要求与测试方法			2020/8/31	2020/10/1
18.4-4-216	18.4	35.110	M11	YD/T 3760—2020	大数据 数据管理平台技术要求与测试方法			2020/8/31	2020/10/1
18.4-4-217	18.4	35.110	M11	YD/T 3761—2020	大数据 数据集成工具技术要求与测试方法			2020/8/31	2020/10/1
18.4-4-218	18.4	33.020	L70	YD/T 3762—2020	大数据 数据挖掘平台技术要求与测试方法			2020/8/31	2020/10/1
18.4-4-219	18.4	07.040	R00/09	YD/T 3772—2020	大数据 时序数据库技术要求与测试方法			2020/12/9	2021/1/1
18.4-4-220	18.4	35.020	L70	YD/T 3773—2020	大数据 分布式批处理平台技术要求与测试方法			2020/12/9	2021/1/1
18.4-4-221	18.4	33.020	L70	YD/T 3774—2020	大数据 分布式分析型数据库技术要求与测试方法			2020/12/9	2021/1/1

18

序号	GW 分类	ICS 分类	GB 分类	标准号	中 文 名 称	代替标准	采用关系	发布日期	实施日期
18.4-4-222	18.4	35.020	L70	YD/T 3775—2020	大数据 分布式事务数据库技术要求与测试方法			2020/12/9	2021/1/1
18.4-4-223	18.4	35.040	M21	YD/T 3809—2020	移动伪基站监测与监管系统接口技术要求			2020/12/9	2021/1/1
18.4-4-224	18.4	33.040.40	M13	YD/T 3901—2021	用于 BGP 协议的 YANG 数据模型技术要求			2021/5/27	2021/7/1
18.4-5-225	18.4			ASME Y14.41—2019	数字产品定义数据惯例	ASME Y 14.41—2012		2019/9/6	2019/9/6
18.4-5-226	18.4			BS EN 61970-301—2017	能源管理系统应用程序接口（EMS-API）共同信息模型（CIM）基础	BS EN 61970-301—2004		2017/4/30	2017/4/30
18.4-5-227	18.4			BS EN 61970-452—2017	能源管理系统应用程序接口（EMS-API）CIM 静态传输网络模型概要			2017/11/30	2017/11/30
18.4-5-228	18.4			BS EN 61970-552—2017	能源管理系统应用程序接口（EMS-API） 第 552 部分：CIMXML 模型交换格式			2017/1/31	2017/1/31
18.4-5-229	18.4			BS ISO 19165-1：2018	地理信息 保存数字数据和元数据 基本原理			2018/1/5	2018/1/5
18.4-5-230	18.4			BS ISO/IEC 38505-1：2017	信息技术 IT 治理 数据治理 将 ISO / IEC 38500 应用于数据治理			2017/4/30	2017/4/30
18.4-5-231	18.4			DIN SPEC 3104—2019	基于区块链的数据验证 英文文本			2019/4/1	2019/4/1
18.4-5-232	18.4	27.010；33.200；35.240.99	F07	IEC 62325-450：2013	能源市场通信框架 第 450 部分：配置文件和语境建模规则	IEC 57/1324/FDIS：2013		2013/4/1	2013/4/1
18.4-5-233	18.4			IEC/TS 62325-503：2014	能源市场通信框架 第 503 部分：IEC 62325-351 配置文件用市场数据交换导则			2014/1/1	2014/1/1
18.4-5-234	18.4			IEC/TR 23050：2019	信息技术 数据中心 对电能储存和出口数据中心资源指标的影响 1.0 版			2019/3/1	2019/3/1
18.4-5-235	18.4			IEC/TS 61970-555：2016	能源管理系统应用程序接口（EMS-API） 第 555 部分：基于 CIM 的有效模型交换格式（CIM/E） 第 1 版			2016/9/1	2016/9/1
18.4-5-236	18.4			IEC/TS 61970-556：2016	能源管理系统应用程序接口（EMS-API） 第 556 部分：基于 CIM 的图形交换格式（CIM/G） 第 1 版			2016/9/1	2016/9/1

18

序号	GW分类	ICS分类	GB分类	标准号	中 文 名 称	代替标准	采用关系	发布日期	实施日期
18.4-5-237	18.4			IEC/TS 61970-600-1：2017	能源管理系统应用程序接口（EMS-API）第600-1部分：公共网格模型交换规范（CGMES）结构与规则 1.0版				
18.4-5-238	18.4			IEC/TS 61970-600-2：2017	能源管理系统应用程序接口（EMS-API）第600-2部分：公共网格模型交换规范（CGMES）交换配置文件规范 1.0版				
18.4-5-239	18.4	35.110		IEC/TS 62056-1-1：2016	电能计量数据交换 DLMS/COSEM 套房 第1-1部分：模板 DLMS/COSEM 通信协议标准 第1版			2016/5/1	2016/5/1
18.4-5-240	18.4	17.220.20		IEC/TS 62056-6-9：2016	电力计量数据交换 DLMS / COSEM 套房 第6-9部分：通用信息模型消息型材之间的映射（IEC 61968-9）和 DLMS / COSEM（IEC 62056）的数据模型和协议 第1版			2016/5/1	2016/5/1
18.4-5-241	18.4	17.220		IEC/TS 62056-8-20：2016	电力计量数据交换 DLMS/COSEM 套件 第8-20部分：邻域网络的网络通信配置文件 IEC 第1版			2016/11/1	2016/11/1
18.4-5-242	18.4			IEC/TS 62312-1-1：2018	音频和视频同步指南 第1-1部分：音频和视频设备和系统同步的测量方法 通用-第2.0版	IEC/TS 62312-1-1：2008		2018/11/1	2018/11/1
18.4-5-243	18.4			IEC/TS 62312-2：2018	音频和视频同步指南 第2部分：音频和视频系统同步方法 第2.0版	IEC/TS 62312-2：2007		2018/11/1	2018/11/1
18.4-5-244	18.4			IEC/TS 62361-102：2018	电力系统管理和相关信息交换 长期互操作性 第102部分：CIM-IEC 61850协调 第1.0版			2018/3/1	2018/3/1
18.4-5-245	18.4			IEEE 2418.2—2020	区块链系统的数据格式标准			2020/12/23	2020/12/23
18.4-5-246	18.4			ISO 8000-62：2018	数据质量 第62部分：数据质量管理：组织过程成熟度评估：与过程评估相关的标准的应用 第1版			2018/9/1	2018/9/1
18.4-5-247	18.4			ISO 8000-63：2019	数据质量 第63部分：数据质量管理：过程测量 第1版			2019/12/1	2019/12/1
18.4-5-248	18.4			ISO 8000-100：2016	数据质量 第100部分：主数据：特征数据交换：概述 第1版			2016/10/1	2016/10/1
18.4-5-249	18.4			ISO 8000-115：2018	数据质量 第115部分：主数据：质量标识符的交换：语法，语义和分辨率要求 第1版			2018/4/1	2018/4/1

18

序号	GW 分类	ICS 分类	GB 分类	标准号	中 文 名 称	代替标准	采用关系	发布日期	实施日期
18.4-5-250	18.4			ISO 8000-116：2019	数据质量 第 116 部分：主数据：质量标识符的交换：ISO 8000- 115 在权威法人标识符上的应用 第 1 版			2019/9/1	2019/9/1
18.4-5-251	18.4			ISO 8000-120：2016	数据质量 第 120 部分：主数据：特征数据交换：原产地 第 1 版			2016/10/1	2016/10/1
18.4-5-252	18.4			ISO 8000-130：2016	数据质量 第 130 部分：主数据：特征数据交换：准确性 第 1 版			2016/10/1	2016/10/1
18.4-5-253	18.4			ISO 8000-140：2016	数据质量 第 140 部分：主数据：特征数据交换：完整性 第 1 版			2016/10/1	2016/10/1
18.4-5-254	18.4	35.040.10		ISO/IEC 10646 AMD 1：2019	信息技术 通用编码字符集（UCS）修订 1：Dogra、Gunjala Gondi、Makasar、Medefaidrin、印度 Siyaq 数字和其他角色 第 5 版			2019/1/1	2019/1/1
18.4-5-255	18.4	35.040.10		ISO/IEC 10646 AMD 2：2019	信息技术 通用编码字符集（UCS）修订 2：Nandinagari、格鲁吉亚扩展和其他角色 第 5 版			2019/6/1	2019/6/1
18.4-5-256	18.4	35.040.10		ISO/IEC 10918-7：2019	信息技术 连续色调静态图像的数字压缩和编码 第 7 部分：参考软件 第 1 版			2019/12/1	2019/12/1
18.4-5-257	18.4	35.040.50		ISO/IEC 11179-7：2019	信息技术 元数据注册中心（MDR） 第 7 部分：用于数据集注册的元模型 第 1 版			2019/12/1	2019/12/1
18.4-5-258	18.4	35.040.40		ISO/IEC 13818-1：2018	信息技术 活动图像和相关音频信息的通用编码 第 1 部分：系统 第 6 版			2018/3/1	2018/3/1
18.4-5-259	18.4	35.040.40		ISO/IEC 13818-1：2019	信息技术 活动图像和相关音频信息的通用编码 第 1 部分：系统 第 7 版			2019/6/1	2019/6/1
18.4-5-260	18.4			ISO/IEC 16963：2017	信息技术 用于信息交换和存储的数字记录媒体 用于长期数据存储的光盘寿命估算的测试方法 第 3 版	ISO/IEC 16963：2015			
18.4-5-261	18.4	35.040	L70/84	ISO/IEC 19566-5：2019	信息技术 JPEG 系统 第 5 部分：JPEG 通用元数据框格式（JUMBF） 第 1 版			2019/7/1	2019/7/1
18.4-5-262	18.4	35.040	L70/84	ISO/IEC 19566-6：2019	信息技术 JPEG 系统 第 6 部分：JPEG 360 第 1 版			2019/7/1	2019/7/1
18.4-5-263	18.4	35.030		ISO/IEC 20889：2018	隐私增强数据识别术语和技术分类 第 1 版			2018/11/1	2018/11/1
18.4-5-264	18.4	35.030		ISO/IEC 21964-1：2018	信息技术 数据载体的销毁 第 1 部分：原理和定义 第 1 版			2018/8/1	2018/8/1

18

序号	GW 分类	ICS 分类	GB 分类	标准号	中 文 名 称	代替标准	采用关系	发布日期	实施日期
18.4-5-265	18.4	35.030		ISO/IEC 21964-2：2018	信息技术 数据载体的销毁 第2部分：销毁数据载体的设备要求 第1版			2018/8/1	2018/8/1
18.4-5-266	18.4	35.030		ISO/IEC 21964-3：2018	信息技术 数据载体的销毁 第3部分：数据载体销毁过程 第1版			2018/8/1	2018/8/1
18.4-5-267	18.4	35.040.40		ISO/IEC 23000-17：2018	信息技术 多媒体应用格式（MPEG-A） 第17部分：多感官媒体应用格式 第1版			2018/10/1	2018/10/1
18.4-5-268	18.4	35.040.40		ISO/IEC 23000-18：2018	信息技术 多媒体应用格式（MPEG-A） 第18部分：媒体链接应用格式 第1版			2018/5/1	2018/5/1
18.4-5-269	18.4	35.040.40		ISO/IEC 23000-19 AMD 2：2019	信息技术 多媒体应用格式（MPEG-A） 第19部分：分段媒体的通用媒体应用格式（CMAF）修订2：XHE-AAC 和其他媒体资料 第1版			2019/1/1	2019/1/1
18.4-5-270	18.4	35.040.40		ISO/IEC 23000-19：2018	信息技术 多媒体应用格式（MPEG-A） 第19部分：分段媒体的通用媒体应用格式（CMAF） 第1版			2018/1/1	2018/1/1
18.4-5-271	18.4	35.040.40		ISO/IEC 23000-21：2019	信息技术 多媒体应用格式（MPEG-A） 第21部分：视觉识别管理应用格式 第1版			2019/7/1	2019/7/1
18.4-5-272	18.4	35.040.40		ISO/IEC 23000-22：2019	信息技术 多媒体应用格式（MPEG-A） 第22部分：多图像应用格式（MIAF） 第1版			2019/6/1	2019/6/1
18.4-5-273	18.4	35.030		ISO/IEC 23001-11 AMD 2：2018	信息技术 MPEG 系统技术 第11部分：节能媒体消费（绿色元数据）修订2：一致性和参考软件 第1版			2018/4/1	2018/4/1
18.4-5-274	18.4	35.030		ISO/IEC 23001-11：2019	信息技术 MPEG 系统技术 第11部分：节能媒体消费（绿色元数据） 第2版			2019/3/1	2019/3/1
18.4-5-275	18.4	35.030		ISO/IEC 23001-12：2018	信息技术 MPEG 系统技术 第12部分：样本变体 第2版			2018/12/1	2018/12/1
18.4-5-276	18.4	35.030		ISO/IEC 23001-14：2019	信息技术 MPEG 系统技术 第14部分：部分文件格式 第1版			2019/1/1	2019/1/1
18.4-5-277	18.4	35.220.30		ISO/IEC 29121：2018	信息技术 用于信息交换和存储的数字记录媒体 用于长期数据存储的光盘的数据迁移方法 第3版			2018/3/1	2018/3/1
18.4-5-278	18.4			ISO/IEC 30182：2017	智慧城市概念模型 建立数据互操作性模型的指南 第1版			2017/5/1	2017/5/1

18

序号	GW 分类	ICS 分类	GB 分类	标准号	中 文 名 称	代替标准	采用关系	发布日期	实施日期
18.4-5-279	18.4			ISO/IEC 38505-1：2017	信息技术 信息技术治理 数据治理 第 1 部分：ISO／IEC 38500 在数据治理中的应用 第 1 版			2017/4/1	
18.4-5-280	18.4	35.100.60	L71	ISO/IEC 8825-2 CORRI 1：2012	信息技术 ASN.1 编码规则：包编码规则规范 （PER） 技术勘误表 1	ISO/IEC 8825-2 CORRI 1：2006		2012/12/1	2012/12/1
18.4-5-281	18.4	35.100.60	L71	ISO/IEC 8825-2 CORRI 2：2012	信息技术 ASN.1 编码规则：包编码规则 （PER）规范 技术勘误表 2	ISO/IEC 8825-2 CORRI 2：2006		2012/9/1	2012/9/1
18.4-5-282	18.4	35.100.60	L71	ISO/IEC 8825-4 CORRI 1：2012	信息技术 ASN.1 编码规则：XML 编码规则 （XER） 技术勘误表 1			2012/12/1	2012/12/1
18.4-5-283	18.4	35.100.60	L79	ISO/IEC 8825-5 CORRI 1：2012	信息技术 ASN.1编码规则：将 W3CXML 模式定义映射到 ASN.1 技术勘误表 1	ISO/IEC 8825-5 CORRI 1：2006		2012/12/1	2012/12/1
18.4-5-284	18.4	35.060	L74	ISO/IEC 9075-1：2011	信息技术 数据库语言 SQL 第 1 部分：框架（SQL/Framework）	ISO/IEC 9075-1：2008；ISO/IEC 9075-1 CORRI 1：2010； ISO/IEC 9075-1 CORRI 1：2010；ISO/IEC FDIS 9075-1：2011		2011/12/1	2011/12/1
18.4-5-285	18.4	35.060		ISO/IEC 9075-2 CORRI 1：2019	信息技术 数据库语言 SQL 第 2 部分：基础（SQL／基础） 第 5 版			2019/8/1	2019/8/1
18.4-5-286	18.4	35.060	L74	ISO/IEC 9075-2：2011	信息技术 数据库语言 SQL 第 2 部分：基础（SQL/Foundation）	ISO/IEC 9075-2：2008；ISO/IEC 9075-2 CORRI 1：2010； ISO/IEC 9075-2 CORRI 1：2010；ISO/IEC FDIS 9075-2：2011		2011/12/1	2011/12/1
18.4-5-287	18.4	35.060		ISO/IEC 9075-4 CORRI 1：2019	信息技术 数据库语言 SQL 第 4 部分：持久存储模块（SQL／PSM） 第 6 版			2019/8/1	2019/8/1
18.4-5-288	18.4	35.060	L74	ISO/IEC 9075-4：2011	信息技术 数据库语言 SQL 第 4 部分：永久性存储模块（SQL/PSM）	ISO/IEC 9075-4：2008；ISO/IEC 9075-4 CORRI 1：2010； ISO/IEC 9075-4 CORRI 1：2010；ISO/IEC FDIS 9075-4：2011		2011/12/1	2011/12/1
18.4-5-289	18.4	35.060		ISO/IEC 9075-9 CORRI 1：2019	信息技术 数据库语言 SQL 第 9 部分：外部数据管理（SQL／MED） 第 4 版			2019/8/1	2019/8/1

18

序号	GW 分类	ICS 分类	GB 分类	标准号	中 文 名 称	代替标准	采用关系	发布日期	实施日期
18.4-5-290	18.4	35.060		ISO/IEC 9075-11 CORRI 1：2019	信息技术 数据库语言 SQL 第 11 部分：信息和定义模式（SQL / Schemata） 第 4 版			2019/8/1	2019/8/1
18.4-5-291	18.4	35.060	L74	ISO/IEC 9075-11：2011	信息技术 数据库语言 SQL 第 11 部分：信息和定义方案	ISO/IEC 9075-11：2008；ISO/IEC FDIS 9075-11：2011		2011/12/1	2011/12/1
18.4-5-292	18.4	35.060		ISO/IEC 9075-13 CORRI 1：2019	信息技术 数据库语言 SQL 第 13 部分：SQL 使用 JavaTM 编程语言的例程和类型（SQL / JRT） 第 4 版			2019/8/1	2019/8/1
18.4-5-293	18.4	35.060		ISO/IEC 9075-14 CORRI 1：2019	信息技术 数据库语言 SQL 第 14 部分：XML 相关规范（SQL / XML） 第 5 版			2019/8/1	2019/8/1
18.4-5-294	18.4	35.060	L74	ISO/IEC 9075-14：2011	信息技术 数据库语言 SQL 第 14 部分：可扩展标记语言（XML）相关规范（SQL/XML）	ISO/IEC 9075-14：2008；ISO/IEC 9075-14 CORRI 1：2010；ISO/IEC 9075-14 CORRI 1：2010；ISO/IEC FDIS 9075-14：2011		2011/12/1	2011/12/1
18.4-5-295	18.4	35.060		ISO/IEC 9075-15：2019	信息技术 数据库语言 SQL 第 15 部分：多维数组（SQL / MDA）			2019/6/1	2019/6/1
18.4-5-296	18.4	35.040.40		ISO/IEC DIS 21122-1：2018	信息技术低延迟轻量级图像编码系统 第 1 部分：核心编码系统				
18.4-5-297	18.4	35.040.50		ISO/IEC/TR 11179-2：2019	信息技术 元数据登记（MDR） 第 2 部分：分类 第 1 版			2019/4/1	2019/4/1
18.4-5-298	18.4			ISO/IEC/TR 19583-1：2019	信息技术 元数据的概念和用法 第 1 部分：元数据概念 第 1 版			2019/7/1	2019/7/1
18.4-5-299	18.4			ISO/IEC/TR 19583-22：2018	信息技术 元数据的概念和用法 第 22 部分：使用 ISO / IEC 19763 第一版注册和绘制开发过程			2018/7/1	2018/7/1
18.4-5-300	18.4	35.020		ISO/IEC/TR 20547-2：2018	信息技术 大数据参考体系结构 第 2 部分：用例和派生要求 第 1 版			2018/1/1	2018/1/1
18.4-5-301	18.4	35.020		ISO/IEC/TR 20547-5：2018	信息技术 大数据参考体系结构 第 5 部分：标准路线图 第 1 版			2018/2/1	2018/2/1

18

序号	GW 分类	ICS 分类	GB 分类	标准号	中 文 名 称	代替标准	采用关系	发布日期	实施日期
18.4-5-302	18.4	35.210		ISO/IEC/TR 23186：2018	信息技术 云计算 处理多源数据的信任框架 第 1 版			2018/12/1	2018/12/1
18.4-5-303	18.4	35.020		ISO/IEC/TR 38505-2：2018	信息技术 信息技术治理 数据治理 第 2 部分：ISO / IEC 38505-1 对数据管理的影响 第 1 版			2018/6/1	2018/6/1
18.4-5-304	18.4	35.040.50		ISO/IEC/TS 11179-30：2019	信息技术 元数据注册表（MDR） 第 30 部分：元数据的基本属性 第 1 版			2019/11/1	2019/11/1
18.4-5-305	18.4	35.080		ISO/IEC/IEEE 24748-7：2019	系统和软件工程 生命周期管理 第 7 部分：系统工程在国防计划中的应用 第 1 版			2019/2/1	2019/2/1
18.4-5-306	18.4	35.040.50		ISO/IEC/TS 19763-13：2016	信息技术 互操作性的元模型框架（MFI）第 13 部分：表单设计注册的元模型			2016/12/1	2016/12/1
18.4-5-307	18.4	35.100.70		ISO TR 10032—2003	信息技术 数据管理的参考模型			2003/11/1	2003/11/1
18.4-5-308	18.4			ITU-T X 693—2008	信息技术 ASN.1 编码规则：XML 编码规则（XER）	ITU-T X 693—2001；ITU-T X 693 AMD 1—2003；ITU-T X 693 AMD 2—2006；ITU-T X 693 AMD 3—2007		2008/11/1	2008/11/1
18.4-5-309	18.4			ITU-T X 694—2008	信息技术 ASN.1 编码规则：W3CXML 图解定义到 ASN.1 的映射	ITU-T X 694—2004；ITU-T X 694 AMD 1—2007		2008/11/1	2008/11/1
18.4-6-310	18.4			T/CEC 261—2019	电力大数据资源数据质量评价方法			2019/11/21	2020/1/1

18.5 数字化-网络安全

序号	GW 分类	ICS 分类	GB 分类	标准号	中 文 名 称	代替标准	采用关系	发布日期	实施日期
18.5-2-1	18.5	29.240		Q/GDW 10929.5—2018	信息系统应用安全 第 5 部分：代码安全检测	Q/GDW 1929.5—2013		2020/3/20	2020/3/20
18.5-2-2	18.5	35.040		Q/GDW 10940—2018	防火墙测试要求	Q/GDW 1940—2013		2019/7/26	2019/7/26
18.5-2-3	18.5	35.040		Q/GDW 10941—2018	入侵检测系统测试要求			2019/7/26	2019/7/26
18.5-2-4	18.5	35.240.50	L80	Q/GDW 11120—2018	防火墙安全配置及监测基本技术要求	Q/GDW 11120—2014		2019/7/26	2019/7/26
18.5-2-5	18.5	29.240		Q/GDW 11347—2014	国家电网公司信息系统安全设计框架技术规范			2015/5/29	2015/5/29

18

序号	GW分类	ICS分类	GB分类	标准号	中 文 名 称	代替标准	采用关系	发布日期	实施日期
18.5-2-6	18.5	29.240		Q/GDW 11416—2015	国家电网公司商业秘密安全保密技术规范			2015/9/14	2015/9/14
18.5-2-7	18.5	29.240		Q/GDW 11823—2018	国家电网有限公司网络安全监督检查规范			2019/7/26	2019/7/26
18.5-2-8	18.5	29.240		Q/GDW 11940—2018	数据脱敏导则			2020/3/20	2020/3/20
18.5-2-9	18.5			Q/GDW 1775—2012	互联网环境下的数据安全传输技术规范			2013/11/6	2013/11/6
18.5-2-10	18.5			Q/GDW 1776—2012	智能电网业务系统终端安全防护技术规范			2013/11/6	2013/11/6
18.5-2-11	18.5			Q/GDW 1927—2013	智能电网移动作业PDA终端安全防护规范			2014/5/1	2014/5/1
18.5-2-12	18.5			Q/GDW 1929.1—2013	信息系统应用安全 第1部分：开发指南			2014/5/1	2014/5/1
18.5-2-13	18.5			Q/GDW 1929.2—2013	信息系统应用安全 第2部分：安全设计			2014/5/1	2014/5/1
18.5-2-14	18.5			Q/GDW 1929.3—2013	信息系统应用安全 第3部分：安全编码			2014/5/1	2014/5/1
18.5-2-15	18.5	29.240		Q/GDW 1929.4—2013	信息系统应用安全 第4部分：安全需求分析			2014/5/1	2014/5/1
18.5-2-16	18.5	29.240		Q/GDW 1937—2013	国家电网公司非国家秘密电子数据销毁、清除和恢复技术要求			2014/2/10	2014/2/10
18.5-3-17	18.5	35.040	L80	GB/T 15843.1—2017	信息技术 安全技术 实体鉴别 第1部分：总则	GB/T 15843.1—2008	ISO/IEC 9798-1: 2010	2017/12/29	2018/7/1
18.5-3-18	18.5	35.040	L80	GB/T 15843.2—2017	信息技术 安全技术 实体鉴别 第2部分：采用对称加密算法的机制	GB/T 15843.2—2008	ISO/IEC 9798-2: 2008 IDT	2017/12/29	2018/7/1
18.5-3-19	18.5			GB/T 15843.3—2016	信息技术 安全技术 实体鉴别 第3部分：采用数字签名技术的机制	GB/T 15843.3—2008		2016/4/25	2016/11/1
18.5-3-20	18.5	35.040	L80	GB/T 15843.4—2008	信息技术 安全技术 实体鉴别 第4部分：采用密码校验函数的机制	GB/T 15843.4—1999	ISO/IEC 9798-4: 1999 IDT	2008/6/19	2008/11/1
18.5-3-21	18.5	35.040	L80	GB/T 15843.5—2005	信息技术 安全技术 实体鉴别 第5部分：使用零知识技术的机制		ISO/IEC 9798-5: 1999 IDT	2005/4/19	2005/10/1
18.5-3-22	18.5	35.040	L80	GB/T 15851.3—2018	信息技术 安全技术 带消息恢复的数字签名方案 第3部分：基于离散对数的机制	GB/T 15851—1995	ISO/IEC 9796-3: 2006	2018/12/28	2019/7/1
18.5-3-23	18.5	35.040	L80	GB/T 15852.1—2020	信息技术 安全技术 消息鉴别码 第1部分：采用分组密码的机制	GB/T 15852.1—2008	ISO/IEC 9797-1: 2011	2020/12/14	2021/7/1
18.5-3-24	18.5	35.040	L40	GB/T 15852.2—2012	信息技术 安全技术 消息鉴别码 第2部分：采用专用杂凑函数的机制			2012/12/31	2013/6/1

18

序号	GW 分类	ICS 分类	GB 分类	标准号	中 文 名 称	代替标准	采用关系	发布日期	实施日期
18.5-3-25	18.5	35.100.70	L79	GB/T 17143.7—1997	信息技术 开放系统互连系统管理 第 7 部分：安全告警报告功能		ISO/IEC 10164-7：1992 IDT	1997/12/15	1998/8/1
18.5-3-26	18.5	35.020	L09	GB 17859—1999	计算机信息系统安全保护等级划分准则		DoD 5200.28-STD；NCSC-TG-005	1999/9/13	2001/1/1
18.5-3-27	18.5	35.020	L80	GB/T 17900—1999	网络代理服务器的安全技术要求			1999/11/11	2000/5/1
18.5-3-28	18.5	35.040	L80	GB/T 17901.3—2021	信息技术 安全技术 密钥管理 第 3 部分：采用非对称技术的机制		ISO/IEC 11770-3：2015	2021/3/9	2021/10/1
18.5-3-29	18.5	35.040	L80	GB/T 17902.2—2005	信息技术 安全技术 带附录的数字签名 第 2 部分：基于身份的机制		ISO/IEC 14888-2：1999 IDT	2005/4/19	2005/10/1
18.5-3-30	18.5	35.040	L80	GB/T 17902.3—2005	信息技术 安全技术 带附录的数字签名 第 3 部分：基于证书的机制		ISO/IEC 14888-3：1998 IDT	2005/4/19	2005/10/1
18.5-3-31	18.5	35.040	L80	GB/T 17903.1—2008	信息技术 安全技术 抗抵赖 第 1 部分：概述	GB/T 17903.1—1999	ISO/IEC 13888-1：2004 IDT	2008/6/26	2008/11/1
18.5-3-32	18.5	35.040	L80	GB/T 17903.2—2008	信息技术 安全技术 抗抵赖 第 2 部分：采用对称技术的机制	GB/T 17903.2—1999	ISO/IEC 13888-2：1998 IDT	2008/6/26	2008/11/1
18.5-3-33	18.5	35.040	L80	GB/T 17903.3—2008	信息技术 安全技术 抗抵赖 第 3 部分：采用非对称技术的机制	GB/T 17903.3—1999	ISO/IEC 13888-3：1997 IDT	2008/7/2	2008/12/1
18.5-3-34	18.5	35.040	L80	GB/T 17964—2008	信息安全技术 分组密码算法的工作模式	GB/T 17964—2000		2008/6/26	2008/11/1
18.5-3-35	18.5	35.040	L80	GB/T 18018—2019	信息安全技术 路由器安全技术要求	GB/T 18018—2007		2019/8/30	2020/3/1
18.5-3-36	18.5	35.040	L80	GB/T 18336.1—2015	信息技术 安全技术 信息技术安全评估准则 第 1 部分：简介和一般模型		ISO/IEC 15408-1：2009	2015/5/15	2016/1/1
18.5-3-37	18.5	35.040	L80	GB/T 18336.2—2015	信息技术 安全技术 信息技术安全评估准则 第 2 部分：安全功能组件		ISO/IEC 15408-2：2008	2015/5/15	2016/1/1
18.5-3-38	18.5	35.040	L80	GB/T 18336.3—2015	信息技术 安全技术 信息技术安全评估准则 第 3 部分：安全保障组件		ISO/IEC 15408-3：2008 IDT	2015/5/15	2016/1/1
18.5-3-39	18.5	35.040	L80	GB/T 19715.1—2005	信息技术 信息技术安全管理指南 第 1 部分：信息技术安全概念和模型			2005/4/19	2005/10/1
18.5-3-40	18.5	35.040	L80	GB/T 19715.2—2005	信息技术 安全管理指南 第 2 部分：管理和规划信息技术安全			2005/4/19	2005/10/1

18

序号	GW分类	ICS分类	GB分类	标准号	中文名称	代替标准	采用关系	发布日期	实施日期
18.5-3-41	18.5	35.100.70	L79	GB/T 19771—2005	信息技术 安全技术 公钥基础设施 PKI 组件最小互操作规范			2005/5/25	2005/12/1
18.5-3-42	18.5	35.020	L09	GB/T 20008—2005	信息安全技术 操作系统安全评估准则			2005/11/11	2006/5/1
18.5-3-43	18.5	35.040	L80	GB/T 20009—2019	信息安全技术 数据库管理系统安全评估准则	GB/T 20009—2005		2019/8/30	2020/3/1
18.5-3-44	18.5	35.020	L09	GB/T 20011—2005	信息安全技术 路由器安全评估准则			2005/11/11	2006/5/1
18.5-3-45	18.5	35.040	L80	GB/T 20261—2020	信息安全技术 系统安全工程 能力成熟度模型	GB/T 20261—2006		2020/11/19	2021/6/1
18.5-3-46	18.5	35.040	L80	GB/T 20269—2006	信息安全技术 信息系统安全管理要求			2006/5/31	2006/12/1
18.5-3-47	18.5	35.040	L80	GB/T 20270—2006	信息安全技术 网络基础安全技术要求			2006/5/31	2006/12/1
18.5-3-48	18.5	35.060	L80	GB/T 20271—2006	信息安全技术 信息系统通用安全技术要求			2006/5/31	2006/12/1
18.5-3-49	18.5	35.040	L80	GB/T 20272—2019	信息安全技术 操作系统安全技术要求	GB/T 20272—2006		2019/8/30	2020/3/1
18.5-3-50	18.5	35.040	L80	GB/T 20273—2019	信息安全技术 数据库管理系统安全技术要求	GB/T 20273—2006		2019/8/30	2020/3/1
18.5-3-51	18.5	35.040	L80	GB/T 20274.1—2006	信息安全技术 信息系统安全保障评估框架 第1部分：简介和一般模型			2006/5/31	2006/12/1
18.5-3-52	18.5	35.040	L80	GB/T 20274.2—2008	信息安全技术 信息系统安全保障评估框架 第2部分：技术保障			2008/7/18	2008/12/1
18.5-3-53	18.5	35.040	L80	GB/T 20274.3—2008	信息安全技术 信息系统安全保障评估框架 第3部分：管理保障			2008/7/18	2008/12/1
18.5-3-54	18.5	35.040	L80	GB/T 20274.4—2008	信息安全技术 信息系统安全保障评估框架 第4部分：工程保障			2008/7/18	2008/12/1
18.5-3-55	18.5	35.040	L80	GB/T 20275—2013	信息安全技术 网络入侵检测系统技术要求和测试评价方法	GB/T 20275—2006		2013/12/31	2014/7/15
18.5-3-56	18.5	35.040	L80	GB/T 20276—2016	信息安全技术 具有中央处理器的 IC 卡嵌入式软件安全技术要求	GB/T 20276—2006		2016/8/29	2017/3/1
18.5-3-57	18.5	35.040	L80	GB/T 20277—2015	信息安全技术 网络和终端隔离产品测试评价方法			2015/5/15	2016/1/1
18.5-3-58	18.5	35.040	L80	GB/T 20278—2013	信息安全技术 网络脆弱性扫描产品安全技术要求	GB/T 20278—2006		2013/12/31	2014/7/15
18.5-3-59	18.5	35.040	L80	GB/T 20279—2015	信息安全技术 网络和终端隔离产品安全技术要求	GB/T 20279—2006		2015/5/15	2016/1/1

18

序号	GW 分类	ICS 分类	GB 分类	标准号	中 文 名 称	代替标准	采用关系	发布日期	实施日期
18.5-3-60	18.5	35.040	L80	GB/T 20280—2006	信息安全技术 网络脆弱性扫描产品测试评价方法			2006/5/31	2006/12/1
18.5-3-61	18.5	35.040	L80	GB/T 20281—2020	信息安全技术 防火墙安全技术要求和测试评价方法	GB/T 20010—2005；GB/T 20281—2015；GB/T 31505—2015；GB/T 32917—2016		2020/4/28	2020/11/1
18.5-3-62	18.5	35.020	L09	GB/T 20282—2006	信息安全技术 信息系统安全工程管理要求			2006/5/31	2006/12/1
18.5-3-63	18.5	35.040	L80	GB/T 20283—2020	信息安全技术 保护轮廓和安全目标的产生指南	GB/Z 20283—2006	ISO/IEC/TR 15446：2017	2020/9/29	2021/4/1
18.5-3-64	18.5	25.040	N10	GB/T 20438.1—2017	电气/电子/可编程电子安全相关系统的功能安全 第 1 部分：一般要求	GB/T 20438.1—2006	IEC 61508-1：2010	2017/12/29	2018/7/1
18.5-3-65	18.5	25.040	N10	GB/T 20438.2—2017	电气/电子/可编程电子安全相关系统的功能安全 第 2 部分：电气/电子/可编程电子安全相关系统的要求	GB/T 20438.2—2006	IEC 61508-2：2010 IDT	2017/12/29	2018/7/1
18.5-3-66	18.5	25.040	N10	GB/T 20438.3—2017	电气/电子/可编程电子安全相关系统的功能安全 第 3 部分：软件要求	GB/T 20438.3—2006	IEC 61508-3：2010 IDT	2017/12/29	2018/7/1
18.5-3-67	18.5	25.040	N10	GB/T 20438.4—2017	电气/电子/可编程电子安全相关系统的功能安全 第 4 部分：定义和缩略语	GB/T 20438.4—2006	IEC 61508-4：2010	2017/12/29	2018/7/1
18.5-3-68	18.5	25.040	N10	GB/T 20438.5—2017	电气/电子/可编程电子安全相关系统的功能安全 第 5 部分：确定安全完整性等级的方法示例	GB/T 20438.5—2006	IEC 61508-5：2010	2017/12/29	2018/7/1
18.5-3-69	18.5	25.040	N10	GB/T 20438.6—2017	电气/电子/可编程电子安全相关系统的功能安全 第 6 部分：GB/T 20438.2 和 GB/T 20438.3 的应用指南	GB/T 20438.6—2006	IEC 61508-6：2010 IDT	2017/12/29	2018/7/1
18.5-3-70	18.5	25.040	N10	GB/T 20438.7—2017	电气/电子/可编程电子安全相关系统的功能安全 第 7 部分：技术和措施概述	GB/T 20438.7—2006	IEC 61508-7：2010 IDT	2017/12/29	2018/7/1
18.5-3-71	18.5	35.040	L80	GB/T 20518—2018	信息安全技术 公钥基础设施 数字证书格式	GB/T 20518—2006		2018/6/7	2019/1/1
18.5-3-72	18.5	35.040	L80	GB/T 20520—2006	信息安全技术 公钥基础设施时间戳规范			2006/8/30	2007/2/1
18.5-3-73	18.5	35.040	L80	GB/T 20945—2013	信息安全技术 信息系统安全审计产品技术要求和测试评价方法	GB/T 20945—2007		2013/12/31	2014/7/15
18.5-3-74	18.5	35.040	L80	GB/T 20979—2019	信息安全技术 虹膜识别系统技术要求	GB/T 20979—2007		2019/8/30	2020/3/1

18

序号	GW 分类	ICS 分类	GB 分类	标准号	中 文 名 称	代替标准	采用关系	发布日期	实施日期
18.5-3-75	18.5	35.040	L80	GB/T 20985.1—2017	信息技术 安全技术 信息安全事件管理 第1部分：事件管理原理	GB/Z 20985—2007		2017/12/29	2018/7/1
18.5-3-76	18.5	35.040	L80	GB/T 20985.2—2020	信息技术 安全技术 信息安全事件管理 第2部分：事件响应规划和准备指南		ISO/IEC 27035-2：2016	2020/12/14	2021/7/1
18.5-3-77	18.5	35.040	L80	GB/T 21050—2019	信息安全技术 网络交换机安全技术要求	GB/T 21050—2007		2019/8/30	2020/3/1
18.5-3-78	18.5	35.020	L80	GB/T 21052—2007	信息安全技术 信息系统物理安全技术要求			2007/8/23	2008/1/1
18.5-3-79	18.5	35.040	L80	GB/T 22080—2016	信息技术 安全技术 信息安全管理体系要求	GB/T 22080—2008	ISO/IEC 27001：2013 IDT	2016/8/29	2017/3/1
18.5-3-80	18.5	35.040	L80	GB/T 22081—2016	信息技术 安全技术 信息安全控制实践指南	GB/T 22081—2008	ISO/IEC 27002：2013；ISO/IEC 27002：2013/CORRI 1：2014	2016/8/29	2017/3/1
18.5-3-81	18.5	35.040	L80	GB/T 22186—2016	信息安全技术 具有中央处理器的 IC 卡芯片安全技术要求	GB/T 22186—2008		2016/8/29	2017/3/1
18.5-3-82	18.5	35.040	L80	GB/T 22239—2019	信息安全技术 网络安全等级保护基本要求	GB/T 22239—2008		2019/5/10	2019/12/1
18.5-3-83	18.5	35.040	L80	GB/T 24363—2009	信息安全技术 信息安全应急响应计划规范			2009/9/30	2009/12/1
18.5-3-84	18.5	35.040	L80	GB/Z 24364—2009	信息安全技术 信息安全风险管理指南			2009/9/30	2009/12/1
18.5-3-85	18.5	35.040	L80	GB/T 25056—2018	信息安全技术 证书认证系统密码及其相关安全技术规范	GB/T 25056—2010		2018/6/7	2019/1/1
18.5-3-86	18.5	35.040	L80	GB/T 25058—2019	信息安全技术 网络安全等级保护实施指南	GB/T 25058—2010		2019/8/30	2020/3/1
18.5-3-87	18.5	35.040	L80	GB/T 25061—2020	信息安全技术 XML 数字签名语法与处理规范	GB/T 25061—2010		2020/11/19	2021/6/1
18.5-3-88	18.5	35.040	L80	GB/T 25062—2010	信息安全技术 鉴别与授权基于角色的访问控制模型与管理规范			2010/9/2	2011/2/1
18.5-3-89	18.5	35.040	L80	GB/T 25064—2010	信息安全技术 公钥基础设施电子签名格式规范			2010/9/2	2011/2/1
18.5-3-90	18.5	35.240.40	L80	GB/T 25065—2010	信息安全技术 公钥基础设施签名生成应用程序的安全要求			2010/9/2	2011/2/1
18.5-3-91	18.5	35.040	L80	GB/T 25066—2020	信息安全技术 信息安全产品类别与代码			2020/4/28	2020/11/1
18.5-3-92	18.5	35.040	L80	GB/T 25067—2020	信息技术 安全技术 信息安全管理体系审核和认证机构要求	GB/T 25067—2016	ISO/IEC 27006：2015	2020/4/28	2020/11/1
18.5-3-93	18.5	35.040	L80	GB/T 25068.1—2020	信息技术 安全技术 网络安全 第1部分：综述和概念	GB/T 25068.1—2012		2020/11/19	2021/6/1

18

序号	GW分类	ICS分类	GB分类	标准号	中 文 名 称	代替标准	采用关系	发布日期	实施日期
18.5-3-94	18.5	35.040	L80	GB/T 25068.2—2020	信息技术 安全技术 网络安全 第2部分：网络安全设计和实现指南	GB/T 25068.2—2012	ISO/IEC 27033-2：2012	2020/11/19	2021/6/1
18.5-3-95	18.5	35.020	L80	GB/T 25068.3—2010	信息技术 安全技术 网络安全 第3部分：使用安全网关的网间通信安全保护		ISO/IEC 18028-3：2005	2010/9/2	2011/2/1
18.5-3-96	18.5	35.020	L80	GB/T 25068.4—2010	信息技术 安全技术 网络安全 第4部分：远程接入的安全保护		ISO/IEC 18028-4：2005	2010/9/2	2011/2/1
18.5-3-97	18.5	35.040	L80	GB/T 25068.5—2021	信息技术 安全技术 网络安全 第5部分：使用虚拟专用网的跨网通信安全保护	GB/T 25068.5—2010		2021/3/9	2021/10/1
18.5-3-98	18.5	35.040	A90	GB/T 25069—2010	信息安全技术 术语			2010/9/2	2011/2/1
18.5-3-99	18.5	35.040	L80	GB/T 25070—2019	信息安全技术 网络安全等级保护安全设计技术要求	GB/T 25070—2010		2019/5/10	2019/12/1
18.5-3-100	18.5	35.040	L71	GB/T 26237.7—2013	信息技术 生物特征识别 数据交换格式 第7部分：签名/签字时间序列数据			2013/12/31	2014/7/15
18.5-3-101	18.5	35.020	L70	GB/T 26237.10—2014	信息技术 生物特征识别 数据交换格式 第10部分：手型轮廓数据			2014/7/8	2014/12/1
18.5-3-102	18.5	33.200；33.040.40	A90	GB/T 26269—2010	网络入侵检测系统技术要求			2011/1/14	2011/6/1
18.5-3-103	18.5	35.020	L80	GB/T 26855—2011	信息安全技术 公钥基础设施证书策略与认证业务声明框架			2011/7/29	2011/11/1
18.5-3-104	18.5	35.020	L80	GB/T 28447—2012	信息安全技术 电子认证服务机构运营管理规范			2012/6/29	2012/10/1
18.5-3-105	18.5	35.040	L80	GB/T 28448—2019	信息安全技术 网络安全等级保护测评要求	GB/T 28448—2012		2019/5/10	2019/12/1
18.5-3-106	18.5	35.040	L80	GB/T 28449—2018	信息安全技术 网络安全等级保护测评过程指南	GB/T 28449—2012		2018/12/28	2019/7/1
18.5-3-107	18.5	35.040	L80	GB/T 28450—2020	信息技术 安全技术 信息安全管理体系审核指南	GB/T 28450—2012		2020/12/14	2021/7/1
18.5-3-108	18.5	35.020	L80	GB/T 28451—2012	信息安全技术 网络型入侵防御产品技术要求和测试评价方法			2012/6/29	2012/10/1
18.5-3-109	18.5	35.020	L80	GB/T 28452—2012	信息安全技术 应用软件系统通用安全技术要求			2012/6/29	2012/10/1
18.5-3-110	18.5	35.040	L80	GB/T 28453—2012	信息安全技术 信息系统安全管理评估要求			2012/6/29	2012/10/1

18

序号	GW 分类	ICS 分类	GB 分类	标准号	中 文 名 称	代替标准	采用关系	发布日期	实施日期
18.5-3-111	18.5	35.040	L80	GB/T 28454—2020	信息技术 安全技术 入侵检测和防御系统（IDPS）的选择、部署和操作	GB/T 28454—2012		2020/4/28	2020/11/1
18.5-3-112	18.5	35.020	L80	GB/T 28455—2012	信息安全技术 引入可信第三方的实体鉴别及接入架构规范			2012/6/29	2012/10/1
18.5-3-113	18.5	35.020	L80	GB/T 28457—2012	SSL 协议应用测试规范			2012/6/29	2012/10/1
18.5-3-114	18.5	35.040	L80	GB/T 28458—2020	信息安全技术 网络安全漏洞标识与描述规范	GB/T 28458—2012		2020/11/19	2021/6/1
18.5-3-115	18.5	35.040;35.240	L80	GB/Z 28828—2012	信息安全技术 公共及商用服务信息系统个人信息保护指南			2012/11/5	2013/2/1
18.5-3-116	18.5	33.040.99	M19	GB/T 29234—2012	基于公用电信网的宽带客户网络安全技术要求			2012/12/31	2013/6/1
18.5-3-117	18.5	35.040	L80	GB/T 29240—2012	信息安全技术 终端计算机通用安全技术要求与测试评价方法			2012/12/31	2013/6/1
18.5-3-118	18.5	35.040	L80	GB/T 29241—2012	信息安全技术 公钥基础设施 PKI 互操作性评估准则			2012/12/31	2013/6/1
18.5-3-119	18.5	35.040	L80	GB/T 29242—2012	信息安全技术 鉴别与授权安全断言标记语言			2012/12/31	2013/6/1
18.5-3-120	18.5	35.040	L80	GB/T 29243—2012	信息安全技术 数字证书代理认证路径构造和代理验证规范			2012/12/31	2013/6/1
18.5-3-121	18.5	35.040	L80	GB/T 29244—2012	信息安全技术 办公设备基本安全要求			2012/12/31	2013/6/1
18.5-3-122	18.5	35.040	L80	GB/T 29246—2017	信息技术 安全技术 信息安全管理体系 概述和词汇	GB/T 29246—2012		2017/12/29	2018/7/1
18.5-3-123	18.5	35.040	L71	GB/T 29268.1—2012	信息技术 生物特征识别 性能测试和报告 第 1 部分：原则与框架			2012/12/31	2013/6/1
18.5-3-124	18.5	35.040	L71	GB/T 29268.2—2012	信息技术 生物特征识别 性能测试和报告 第 2 部分：技术与场景评价的测试方法			2012/12/31	2013/6/1
18.5-3-125	18.5	35.040	L71	GB/T 29268.3—2012	信息技术 生物特征识别 性能测试和报告 第 3 部分：模态特定性测试			2012/12/31	2013/6/1
18.5-3-126	18.5	35.040	L71	GB/T 29268.4—2012	信息技术 生物特征识别 性能测试和报告 第 4 部分：互操作性性能测试			2012/12/31	2013/6/1
18.5-3-127	18.5	35.040	L80	GB/T 29765—2013	信息安全技术 数据备份与恢复产品技术要求与测试评价方法			2013/9/18	2014/5/1

18

序号	GW 分类	ICS 分类	GB 分类	标准号	中 文 名 称	代替标准	采用关系	发布日期	实施日期
18.5-3-128	18.5	35.040	L80	GB/T 29766—2013	信息安全技术　网站数据恢复产品技术要求与测试评价方法			2013/9/18	2014/5/1
18.5-3-129	18.5	35.040	L80	GB/T 29767—2013	信息安全技术　公钥基础设施桥CA体系证书分级规范			2013/9/18	2014/5/1
18.5-3-130	18.5	35.080	L40	GB/T 29827—2013	信息安全技术　可信计算规范可信平台主板功能接口			2013/11/12	2014/2/1
18.5-3-131	18.5	35.040	L80	GB/T 29828—2013	信息安全技术　可信计算规范可信连接架构			2013/11/12	2014/2/1
18.5-3-132	18.5	35.040	L80	GB/T 29829—2013	信息安全技术　可信计算密码支撑平台功能与接口规范			2013/11/12	2014/2/1
18.5-3-133	18.5	35.040	L80	GB/Z 29830.1—2013	信息技术　安全技术　信息技术安全保障框架　第1部分：综述和框架			2013/11/12	2014/2/1
18.5-3-134	18.5	35.040	L80	GB/Z 29830.2—2013	信息技术　安全技术　信息技术安全保障框架　第2部分：保障方法			2013/11/12	2014/2/1
18.5-3-135	18.5	35.040	L80	GB/Z 29830.3—2013	信息技术　安全技术　信息技术安全保障框架　第3部分：保障方法分析			2013/11/12	2014/2/1
18.5-3-136	18.5	35.240.15	L64	GB/T 30266—2013	信息技术　识别卡卡内生物特征比对			2013/12/31	2014/7/15
18.5-3-137	18.5	35.040	L71	GB/T 30267.1—2013	信息技术　生物特征识别　应用程序接口　第1部分：BioAPI规范			2013/12/31	2014/7/15
18.5-3-138	18.5	35.040	L71	GB/T 30268.1—2013	信息技术　生物特征识别　应用程序接口（BioAPI）的符合性测试　第1部分：方法和规程			2013/12/31	2014/7/15
18.5-3-139	18.5	35.040	L71	GB/T 30268.2—2013	信息技术　生物特征识别　应用程序接口（BioAPI）的符合性测试　第2部分：生物特征识别服务供方的测试断言			2013/12/31	2014/7/15
18.5-3-140	18.5	35.110	L79	GB/T 30269.302—2015	信息技术　传感器网络　第302部分：通信与信息交换：高可靠性无线传感器网络媒体访问控制和物理层规范			2015/12/31	2017/1/1
18.5-3-141	18.5	35.110	L79	GB/T 30269.401—2015	信息技术　传感器网络　第401部分：协同信息处理：支撑协同信息处理的服务及接口			2015/12/10	2016/8/1
18.5-3-142	18.5	35.040	L80	GB/T 30269.601—2016	信息技术　传感器网络　第601部分：信息安全：通用技术规范			2016/4/25	2016/8/1

18

序号	GW分类	ICS分类	GB分类	标准号	中文名称	代替标准	采用关系	发布日期	实施日期
18.5-3-143	18.5	35.040	L80	GB/T 30270—2013	信息技术　安全技术　信息技术安全性评估方法			2013/12/31	2014/7/15
18.5-3-144	18.5	35.040	L80	GB/T 30271—2013	信息安全技术　信息安全服务能力评估准则			2013/12/31	2014/7/15
18.5-3-145	18.5	35.040	L80	GB/T 30272—2013	信息安全技术　公钥基础设施标准一致性测试评价指南			2013/12/31	2014/7/15
18.5-3-146	18.5	35.040	L80	GB/T 30273—2013	信息安全技术　信息系统安全保障通用评估指南			2013/12/31	2014/7/15
18.5-3-147	18.5	35.040	L80	GB/T 30275—2013	信息安全技术　鉴别与授权认证中间件框架与接口规范			2013/12/31	2014/7/15
18.5-3-148	18.5	35.040	L80	GB/T 30276—2020	信息安全技术　网络安全漏洞管理规范	GB/T 30276—2013		2020/11/19	2021/6/1
18.5-3-149	18.5	35.040	L80	GB/T 30279—2020	信息安全技术　网络安全漏洞分类分级指南	GB/T 30279—2013；GB/T 33561—2017		2020/11/19	2021/6/1
18.5-3-150	18.5	35.040	L80	GB/T 30280—2013	信息安全技术　鉴别与授权地理空间可扩展访问控制置标语言			2013/12/31	2014/7/15
18.5-3-151	18.5	35.040	L80	GB/T 30281—2013	信息安全技术　鉴别与授权可扩展访问控制标记语言			2013/12/31	2014/7/15
18.5-3-152	18.5	35.040	L80	GB/T 30282—2013	信息安全技术　反垃圾邮件产品技术要求和测试评价方法			2013/12/31	2014/7/15
18.5-3-153	18.5	35.040	L80	GB/T 30283—2013	信息安全技术　信息安全服务分类			2013/12/31	2014/7/15
18.5-3-154	18.5	35.040	L80	GB/T 30284—2020	信息安全技术　移动通信智能终端操作系统安全技术要求	GB/T 30284—2013		2020/4/28	2020/11/1
18.5-3-155	18.5	35.040	L80	GB/T 30285—2013	信息安全技术　灾难恢复中心建设与运维管理规范			2013/12/31	2014/7/15
18.5-3-156	18.5	35.040	L80	GB/Z 30286—2013	信息安全技术　信息系统保护轮廓和信息系统安全目标产生指南			2013/12/31	2014/7/15
18.5-3-157	18.5	35.080	L77	GB/T 30998—2014	信息技术　软件安全保障规范			2014/9/3	2015/2/1
18.5-3-158	18.5	35.040	L80	GB/T 31167—2014	信息安全技术　云计算服务安全指南			2014/9/3	2015/4/1
18.5-3-159	18.5	35.040	L80	GB/T 31168—2014	信息安全技术　云计算服务安全能力要求			2014/9/3	2015/4/1
18.5-3-160	18.5	35.040	L80	GB/T 31495.1—2015	信息安全技术　信息安全保障指标体系及评价方法　第1部分：概念和模型			2015/5/15	2016/1/1

18

序号	GW 分类	ICS 分类	GB 分类	标准号	中 文 名 称	代替标准	采用关系	发布日期	实施日期
18.5-3-161	18.5	35.040	L80	GB/T 31495.2—2015	信息安全技术 信息安全保障指标体系及评价方法 第 2 部分：指标体系			2015/5/15	2016/1/1
18.5-3-162	18.5	35.040	L80	GB/T 31495.3—2015	信息安全技术 信息安全保障指标体系及评价方法 第 3 部分：实施指南			2015/5/15	2016/1/1
18.5-3-163	18.5	35.040	L80	GB/T 31496—2015	信息技术 安全技术 信息安全管理体系实施指南			2015/5/15	2016/1/1
18.5-3-164	18.5	35.040	L80	GB/T 31497—2015	信息技术 安全技术 信息安全管理测量			2015/5/15	2016/1/1
18.5-3-165	18.5	35.040	L80	GB/T 31499—2015	信息安全技术 统一威胁管理产品技术要求和测试评价方法			2015/5/15	2016/1/1
18.5-3-166	18.5	35.040	L80	GB/T 31500—2015	信息安全技术 存储介质数据恢复服务要求			2015/5/15	2016/1/1
18.5-3-167	18.5	35.040	L80	GB/T 31501—2015	信息安全技术 鉴别与授权应用程序判定接口规范			2015/5/15	2016/1/1
18.5-3-168	18.5	35.040	L80	GB/T 31504—2015	信息安全技术 鉴别与授权数字身份信息服务框架规范			2015/5/15	2016/1/1
18.5-3-169	18.5	35.040	L80	GB/T 31507—2015	信息安全技术 智能卡通用安全检测指南			2015/5/15	2016/1/1
18.5-3-170	18.5	35.040	L80	GB/T 31508—2015	信息安全技术 公钥基础设施数字证书策略分类分级规范			2015/5/15	2016/1/1
18.5-3-171	18.5	35.040	L80	GB/T 31509—2015	信息安全技术 信息安全风险评估实施指南			2015/5/15	2016/1/1
18.5-3-172	18.5	35.040	L80	GB/T 31722—2015	信息技术 安全技术 信息安全风险管理			2015/6/2	2016/2/1
18.5-3-173	18.5	35.100.05	L79	GB/T 31915—2015	信息技术 弹性计算应用接口			2015/9/11	2016/5/1
18.5-3-174	18.5	35.040	L80	GB/T 32213—2015	信息安全技术 公钥基础设施远程口令鉴别与密钥建立规范			2015/12/10	2016/8/1
18.5-3-175	18.5	35.100.60	L79	GB/T 32214.2—2015	信息技术 ASN.1 的一般应用 第 2 部分：快速 Web 服务			2015/12/10	2016/8/1
18.5-3-176	18.5	35.100.05	L79	GB/T 32416—2015	信息技术 Web 服务可靠传输消息			2015/12/31	2017/1/1
18.5-3-177	18.5	35.100.05	L79	GB/T 32419.1—2015	信息技术 SOA 技术实现规范 第 1 部分：服务描述			2015/12/31	2017/1/1
18.5-3-178	18.5	35.100.05	L79	GB/T 32419.2—2016	信息技术 SOA 技术实现规范 第 2 部分：服务注册与发现			2016/8/29	2017/3/1

18

序号	GW分类	ICS分类	GB分类	标准号	中 文 名 称	代替标准	采用关系	发布日期	实施日期
18.5-3-179	18.5	35.100.05	L79	GB/T 32419.3—2016	信息技术　SOA 技术实现规范　第3部分：服务管理			2016/8/29	2017/3/1
18.5-3-180	18.5	35.100.05	L79	GB/T 32427—2015	信息技术　SOA 成熟度模型及评估方法			2015/12/31	2017/1/1
18.5-3-181	18.5	35.100.05	L79	GB/T 32428—2015	信息技术　SOA 服务质量模型及测评规范			2015/12/31	2017/1/1
18.5-3-182	18.5	35.100.05	L79	GB/T 32429—2015	信息技术　SOA 应用的生存周期过程			2015/12/31	2017/1/1
18.5-3-183	18.5	35.100.05	L79	GB/T 32430—2015	信息技术　SOA 应用的服务分析与设计			2015/12/31	2017/1/1
18.5-3-184	18.5	35.100.05	L79	GB/T 32431—2015	信息技术　SOA 服务交付保障规范			2015/12/31	2017/1/1
18.5-3-185	18.5	35.100.05	L80	GB/T 32905—2016	信息安全技术　SM3 密码杂凑算法			2016/8/29	2017/3/1
18.5-3-186	18.5	35.040	L80	GB/T 32907—2016	信息安全技术　SM4 分组密码算法			2016/8/29	2017/3/1
18.5-3-187	18.5	35.040	L80	GB/T 32914—2016	信息安全技术　信息安全服务提供方管理要求			2016/8/29	2017/3/1
18.5-3-188	18.5	35.040	L80	GB/T 32915—2016	信息安全技术　二元序列随机性检测方法			2016/8/29	2017/3/1
18.5-3-189	18.5	35.040	L80	GB/Z 32916—2016	信息技术　安全技术　信息安全控制措施审核员指南			2016/8/29	2017/3/1
18.5-3-190	18.5	35.040	L80	GB/T 32918.1—2016	信息安全技术　SM2 椭圆曲线公钥密码算法　第1部分：总则			2016/8/29	2017/3/1
18.5-3-191	18.5	35.040	L80	GB/T 32918.2—2016	信息安全技术　SM2 椭圆曲线公钥密码算法　第2部分：数字签名算法			2016/8/29	2017/3/1
18.5-3-192	18.5	35.040	L80	GB/T 32918.3—2016	信息安全技术　SM2 椭圆曲线公钥密码算法　第3部分：密钥交换协议			2016/8/29	2017/3/1
18.5-3-193	18.5	35.040	L80	GB/T 32918.4—2016	信息安全技术　SM2 椭圆曲线公钥密码算法　第4部分：公钥加密算法			2016/8/29	2017/3/1
18.5-3-194	18.5	35.040	L80	GB/T 32920—2016	信息技术　安全技术　行业间和组织间通信的信息安全管理			2016/8/29	2017/3/1
18.5-3-195	18.5	35.040	L80	GB/T 32921—2016	信息安全技术　信息技术产品供应方行为安全准则			2016/8/29	2017/3/1
18.5-3-196	18.5	35.040	L80	GB/T 32922—2016	信息安全技术　IPSecVPN 安全接入基本要求与实施指南			2016/8/29	2017/3/1
18.5-3-197	18.5	35.040	L80	GB/T 32923—2016	信息技术　安全技术　信息安全治理			2016/8/29	2017/3/1

18

序号	GW 分类	ICS 分类	GB 分类	标准号	中 文 名 称	代替标准	采用关系	发布日期	实施日期
18.5-3-198	18.5	35.040	L80	GB/T 32924—2016	信息安全技术 网络安全预警指南			2016/8/29	2017/3/1
18.5-3-199	18.5	35.040	L80	GB/T 32927—2016	信息安全技术 移动智能终端安全架构			2016/8/29	2017/3/1
18.5-3-200	18.5	35.040	L80	GB/T 33131—2016	信息安全技术 基于 IPSec 的 IP 存储网络安全技术要求			2016/10/13	2017/5/1
18.5-3-201	18.5	35.040	L80	GB/T 33132—2016	信息安全技术 信息安全风险处理实施指南			2016/10/13	2017/5/1
18.5-3-202	18.5	35.040	L80	GB/T 33133.1—2016	信息安全技术 祖冲之序列密码算法 第1部分：算法描述			2016/10/13	2017/5/1
18.5-3-203	18.5	35.040	L80	GB/T 33560—2017	信息安全技术 密码应用标识规范			2017/5/12	2017/12/1
18.5-3-204	18.5	35.040	L80	GB/T 33562—2017	信息安全技术 安全域名系统实施指南			2017/5/12	2017/12/1
18.5-3-205	18.5	35.040	L80	GB/T 33563—2017	信息安全技术 无线局域网客户端安全技术要求（评估保障级 2 级增强）			2017/5/12	2017/12/1
18.5-3-206	18.5	35.040	L80	GB/T 33565—2017	信息安全技术 无线局域网接入系统安全技术要求（评估保障级 2 级增强）			2017/5/12	2017/12/1
18.5-3-207	18.5	35.020	L09	GB/T 34835—2017	电气安全 与信息技术和通信技术网络连接设备的接口分类			2017/12/29	2018/4/1
18.5-3-208	18.5	35.040	L80	GB/T 34975—2017	信息安全技术 移动智能终端应用软件安全技术要求和测试评价方法			2017/11/1	2018/5/1
18.5-3-209	18.5	35.040	L80	GB/T 34976—2017	信息安全技术 移动智能终端操作系统安全技术要求和测试评价方法			2017/11/1	2018/5/1
18.5-3-210	18.5	35.040	L80	GB/T 34977—2017	信息安全技术 移动智能终端数据存储安全技术要求与测试评价方法			2017/11/1	2018/5/1
18.5-3-211	18.5	35.040	L80	GB/T 34978—2017	信息安全技术 移动智能终端个人信息保护技术要求			2017/11/1	2018/5/1
18.5-3-212	18.5	35.040	L80	GB/T 34990—2017	信息安全技术 信息系统安全管理平台技术要求和测试评价方法			2017/11/1	2018/5/1
18.5-3-213	18.5			GB/T 35273—2020	信息安全技术 个人信息安全规范	GB/T 35273—2017		2020/3/6	2020/10/1
18.5-3-214	18.5	35.040	L80	GB/T 35274—2017	信息安全技术 大数据服务安全能力要求			2017/12/29	2018/7/1
18.5-3-215	18.5	35.040	L80	GB/T 35275—2017	信息安全技术 SM2 密码算法加密签名消息语法规范			2017/12/29	2018/7/1

18

序号	GW 分类	ICS 分类	GB 分类	标准号	中 文 名 称	代替标准	采用关系	发布日期	实施日期
18.5-3-216	18.5	35.040	L80	GB/T 35276—2017	信息安全技术　SM2 密码算法使用规范			2017/12/29	2018/7/1
18.5-3-217	18.5	35.040	L80	GB/T 35277—2017	信息安全技术　防病毒网关安全技术要求和测试评价方法			2017/12/29	2018/7/1
18.5-3-218	18.5	35.040	L80	GB/T 35278—2017	信息安全技术　移动终端安全保护技术要求			2017/12/29	2018/7/1
18.5-3-219	18.5	35.040	L80	GB/T 35279—2017	信息安全技术　云计算安全参考架构			2017/12/29	2018/7/1
18.5-3-220	18.5	35.040	L80	GB/T 35280—2017	信息安全技术　信息技术产品安全检测机构条件和行为准则			2017/12/29	2018/7/1
18.5-3-221	18.5	35.040	L80	GB/T 35281—2017	信息安全技术　移动互联网应用服务器安全技术要求			2017/12/29	2018/7/1
18.5-3-222	18.5	35.040	L80	GB/T 35283—2017	信息安全技术　计算机终端核心配置基线结构规范			2017/12/29	2018/7/1
18.5-3-223	18.5	35.040	L80	GB/T 35284—2017	信息安全技术　网站身份和系统安全要求与评估方法			2017/12/29	2018/7/1
18.5-3-224	18.5	35.040	L80	GB/T 35285—2017	信息安全技术　公钥基础设施　基于数字证书的可靠电子签名生成及验证技术要求			2017/12/29	2018/7/1
18.5-3-225	18.5	35.040	L80	GB/T 35286—2017	信息安全技术　低速无线个域网空口安全测试规范			2017/12/29	2018/7/1
18.5-3-226	18.5	35.040	L80	GB/T 35287—2017	信息安全技术　网站可信标识技术指南			2017/12/29	2018/7/1
18.5-3-227	18.5	35.040	L80	GB/T 35288—2017	信息安全技术　电子认证服务机构从业人员岗位技能规范			2017/12/29	2018/7/1
18.5-3-228	18.5	35.040	L80	GB/T 35289—2017	信息安全技术　电子认证服务机构服务质量规范			2017/12/29	2018/7/1
18.5-3-229	18.5	35.040	L80	GB/T 35290—2017	信息安全技术　射频识别（RFID）系统通用安全技术要求			2017/12/29	2018/7/1
18.5-3-230	18.5	35.040	L80	GB/T 35291—2017	信息安全技术　智能密码钥匙应用接口规范			2017/12/29	2018/7/1
18.5-3-231	18.5	35.100.70	L78	GB/T 35294—2017	信息技术　科学数据引用			2017/12/29	2018/7/1
18.5-3-232	18.5	35.240	L70	GB/T 35295—2017	信息技术　大数据　术语			2017/12/29	2018/7/1
18.5-3-233	18.5	35.100.01	L79	GB/T 35299—2017	信息技术　开放系统互连　对象标识符解析系统			2017/12/29	2017/12/29

18

序号	GW 分类	ICS 分类	GB 分类	标准号	中 文 名 称	代替标准	采用关系	发布日期	实施日期
18.5-3-234	18.5	35.100	L66	GB/T 35300—2017	信息技术 开放系统互连 用于对象标识符解析系统运营机构的规程			2017/12/29	2017/12/29
18.5-3-235	18.5	13.310	A91	GB/T 35735—2017	公共安全 指纹识别应用 采集设备通用技术要求			2017/12/29	2018/7/1
18.5-3-236	18.5	13.310	A91	GB/T 35736—2017	公共安全 指纹识别应用 图像技术要求			2017/12/29	2018/7/1
18.5-3-237	18.5	35.240.15	L63	GB/T 35783—2017	信息技术 虹膜识别设备通用规范			2017/12/29	2018/7/1
18.5-3-238	18.5	35.040	L80	GB/T 36322—2018	信息安全技术 密码设备应用接口规范			2018/6/7	2019/1/1
18.5-3-239	18.5	35.040	L80	GB/T 36624—2018	信息技术 安全技术 可鉴别的加密机制			2018/9/17	2019/4/1
18.5-3-240	18.5	35.040	L80	GB/T 36626—2018	信息安全技术 信息系统安全运维管理指南			2018/9/17	2019/4/1
18.5-3-241	18.5	35.040	L80	GB/T 36627—2018	信息安全技术 网络安全等级保护测试评估技术指南			2018/9/17	2019/4/1
18.5-3-242	18.5	35.040	L80	GB/T 36629.1—2018	信息安全技术 公民网络电子身份标识安全技术要求 第1部分：读写机具安全技术要求			2018/10/10	2019/5/1
18.5-3-243	18.5	35.040	L80	GB/T 36629.2—2018	信息安全技术 公民网络电子身份标识安全技术要求 第2部分：载体安全技术要求			2018/10/10	2019/5/1
18.5-3-244	18.5	35.040	L80	GB/T 36629.3—2018	信息安全技术 公民网络电子身份标识安全技术要求 第3部分：验证服务消息及其处理规则			2018/12/28	2019/7/1
18.5-3-245	18.5	35.040	L80	GB/T 36630.1—2018	信息安全技术 信息技术产品安全可控评价指标 第1部分：总则			2018/9/17	2019/4/1
18.5-3-246	18.5	35.040	L80	GB/T 36630.2—2018	信息安全技术 信息技术产品安全可控评价指标 第2部分：中央处理器			2018/9/17	2019/4/1
18.5-3-247	18.5	35.040	L80	GB/T 36630.3—2018	信息安全技术 信息技术产品安全可控评价指标 第3部分：操作系统			2018/9/17	2019/4/1
18.5-3-248	18.5	35.040	L80	GB/T 36630.4—2018	信息安全技术 信息技术产品安全可控评价指标 第4部分：办公套件			2018/9/17	2019/4/1
18.5-3-249	18.5	35.040	L80	GB/T 36630.5—2018	信息安全技术 信息技术产品安全可控评价指标 第5部分：通用计算机			2018/9/17	2019/4/1
18.5-3-250	18.5	35.040	L80	GB/T 36631—2018	信息安全技术 时间戳策略和时间戳业务操作规则			2018/9/17	2019/4/1

18

序号	GW 分类	ICS 分类	GB 分类	标准号	中 文 名 称	代替标准	采用关系	发布日期	实施日期
18.5-3-251	18.5	35.040	L80	GB/T 36632—2018	信息安全技术　公民网络电子身份标识格式规范			2018/10/10	2019/5/1
18.5-3-252	18.5	35.040	L80	GB/T 36633—2018	信息安全技术　网络用户身份鉴别技术指南			2018/9/17	2019/4/1
18.5-3-253	18.5	35.040	L80	GB/T 36635—2018	信息安全技术　网络安全监测基本要求与实施指南			2018/9/17	2019/4/1
18.5-3-254	18.5	35.040	L80	GB/T 36637—2018	信息安全技术　ICT 供应链安全风险管理指南			2018/10/10	2019/5/1
18.5-3-255	18.5	35.040	L80	GB/T 36639—2018	信息安全技术　可信计算规范　服务器可信支撑平台			2018/9/17	2019/4/1
18.5-3-256	18.5	35.040	L80	GB/T 36643—2018	信息安全技术　网络安全威胁信息格式规范			2018/10/10	2019/5/1
18.5-3-257	18.5	35.040	L80	GB/T 36644—2018	信息安全技术　数字签名应用安全证明获取方法			2018/9/17	2019/4/1
18.5-3-258	18.5	35.040	L71	GB/T 36645—2018	信息技术　满文名义字符、变形显现字符和控制字符使用规则			2018/9/17	2019/4/1
18.5-3-259	18.5	35.040	L80	GB/T 36950—2018	信息安全技术　智能卡安全技术要求（EAL4+）			2018/12/28	2019/7/1
18.5-3-260	18.5	35.040	L80	GB/T 36951—2018	信息安全技术　物联网感知终端应用安全技术要求			2018/12/28	2019/7/1
18.5-3-261	18.5	35.040	L80	GB/T 36957—2018	信息安全技术　灾难恢复服务要求			2018/12/28	2019/7/1
18.5-3-262	18.5	35.040	L80	GB/T 36958—2018	信息安全技术　网络安全等级保护安全管理中心技术要求			2018/12/28	2019/7/1
18.5-3-263	18.5	35.040	L80	GB/T 36959—2018	信息安全技术　网络安全等级保护测评机构能力要求和评估规范			2018/12/28	2019/7/1
18.5-3-264	18.5	35.040	L80	GB/T 36960—2018	信息安全技术　鉴别与授权　访问控制中间件框架与接口			2018/12/28	2019/7/1
18.5-3-265	18.5	35.040	L80	GB/T 37024—2018	信息安全技术　物联网感知层网关安全技术要求			2018/12/28	2019/7/1
18.5-3-266	18.5	35.040	L80	GB/T 37025—2018	信息安全技术　物联网数据传输安全技术要求			2018/12/28	2019/7/1
18.5-3-267	18.5	35.040	L80	GB/T 37027—2018	信息安全技术　网络攻击定义及描述规范			2018/12/28	2019/7/1
18.5-3-268	18.5	35.040	L80	GB/T 37033.1—2018	信息安全技术　射频识别系统密码应用技术要求　第1部分:密码安全保护框架及安全级别			2018/12/28	2019/7/1

18

序号	GW 分类	ICS 分类	GB 分类	标准号	中 文 名 称	代替标准	采用关系	发布日期	实施日期
18.5-3-269	18.5	35.040	L80	GB/T 37033.2—2018	信息安全技术 射频识别系统密码应用技术要求 第 2 部分：电子标签与读写器及其通信密码应用技术要求			2018/12/28	2019/7/1
18.5-3-270	18.5	35.040	L80	GB/T 37033.3—2018	信息安全技术 射频识别系统密码应用技术要求 第 3 部分：密钥管理技术要求			2018/12/28	2019/7/1
18.5-3-271	18.5	35.040	L80	GB/T 37044—2018	信息安全技术 物联网安全参考模型及通用要求			2018/12/28	2019/7/1
18.5-3-272	18.5	35.040	L80	GB/T 37046—2018	信息安全技术 灾难恢复服务能力评估准则			2018/12/28	2019/7/1
18.5-3-273	18.5	35.040	L80	GB/T 37076—2018	信息安全技术 指纹识别系统技术要求			2018/12/28	2019/7/1
18.5-3-274	18.5	35.040	L80	GB/T 37090—2018	信息安全技术 病毒防治产品安全技术要求和测试评价方法			2018/12/28	2019/7/1
18.5-3-275	18.5	35.040	L80	GB/T 37091—2018	信息安全技术 安全办公 U 盘安全技术要求			2018/12/28	2019/7/1
18.5-3-276	18.5	35.040	L80	GB/T 37092—2018	信息安全技术 密码模块安全要求			2018/12/28	2019/7/1
18.5-3-277	18.5	35.040	L80	GB/T 37093—2018	信息安全技术 物联网感知层接入通信网的安全要求			2018/12/28	2019/7/1
18.5-3-278	18.5	35.040	L80	GB/T 37094—2018	信息安全技术 办公信息系统安全管理要求			2018/12/28	2019/7/1
18.5-3-279	18.5	35.040	L80	GB/T 37095—2018	信息安全技术 办公信息系统安全基本技术要求			2018/12/28	2019/7/1
18.5-3-280	18.5	35.040	L80	GB/T 37096—2018	信息安全技术 办公信息系统安全测试规范			2018/12/28	2019/7/1
18.5-3-281	18.5	35.080	L77	GB/T 37691—2019	可编程逻辑器件软件安全性设计指南			2019/8/30	2020/3/1
18.5-3-282	18.5	35.040	L80	GB/T 37931—2019	信息安全技术 Web 应用安全检测系统安全技术要求和测试评价方法			2019/8/30	2020/3/1
18.5-3-283	18.5	35.040	L80	GB/T 37932—2019	信息安全技术 数据交易服务安全要求			2019/8/30	2020/3/1
18.5-3-284	18.5	35.040	L80	GB/T 37935—2019	信息安全技术 可信计算规范 可信软件基			2019/8/30	2020/3/1
18.5-3-285	18.5	35.040	L80	GB/T 37939—2019	信息安全技术 网络存储安全技术要求			2019/8/30	2020/3/1
18.5-3-286	18.5	35.040	L80	GB/T 37952—2019	信息安全技术 移动终端安全管理平台技术要求			2019/8/30	2020/3/1
18.5-3-287	18.5	35.040	L80	GB/T 37955—2019	信息安全技术 数控网络安全技术要求			2019/8/30	2020/3/1

18

序号	GW 分类	ICS 分类	GB 分类	标准号	中文名称	代替标准	采用关系	发布日期	实施日期
18.5-3-288	18.5	35.040	L80	GB/T 37964—2019	信息安全技术　个人信息去标识化指南			2019/8/30	2020/3/1
18.5-3-289	18.5	35.040	L80	GB/T 37972—2019	信息安全技术　云计算服务运行监管框架			2019/8/30	2020/3/1
18.5-3-290	18.5	35.040	L80	GB/T 37973—2019	信息安全技术　大数据安全管理指南			2019/8/30	2020/3/1
18.5-3-291	18.5	35.040	L80	GB/T 37988—2019	信息安全技术　数据安全能力成熟度模型			2019/8/30	2020/3/1
18.5-3-292	18.5	25.040.30	J28	GB/T 38244—2019	机器人安全总则			2019/10/18	2020/5/1
18.5-3-293	18.5	35.040	L79	GB/T 38624.1—2020	物联网　网关　第1部分:面向感知设备接入的网关技术要求			2020/4/28	2020/11/1
18.5-3-294	18.5	35.040	L80	GB/T 38625—2020	信息安全技术　密码模块安全检测要求			2020/4/28	2020/11/1
18.5-3-295	18.5	35.040	L80	GB/T 38626—2020	信息安全技术　智能联网设备口令保护指南			2020/4/28	2020/11/1
18.5-3-296	18.5	35.040	L80	GB/T 38629—2020	信息安全技术　签名验签服务器技术规范			2020/4/28	2020/11/1
18.5-3-297	18.5	35.040	L80	GB/T 38631—2020	信息技术　安全技术　GB/T 22080 具体行业应用要求			2020/4/28	2020/11/1
18.5-3-298	18.5	35.040	L80	GB/T 38632—2020	信息安全技术　智能音视频采集设备应用安全要求			2020/4/28	2020/11/1
18.5-3-299	18.5	35.040	L80	GB/T 38635.1—2020	信息安全技术　SM9 标识密码算法　第1部分：总则			2020/4/28	2020/11/1
18.5-3-300	18.5	35.040	L80	GB/T 38635.2—2020	信息安全技术　SM9 标识密码算法　第2部分：算法			2020/4/28	2020/11/1
18.5-3-301	18.5	35.040	L80	GB/T 38636—2020	信息安全技术　传输层密码协议（TLCP）			2020/4/28	2020/11/1
18.5-3-302	18.5	35.040	L80	GB/T 38638—2020	信息安全技术　可信计算　可信计算体系结构			2020/4/28	2020/11/1
18.5-3-303	18.5	35.040	L80	GB/T 38644—2020	信息安全技术　可信计算　可信连接测试方法			2020/4/28	2020/11/1
18.5-3-304	18.5	35.040	L80	GB/T 38645—2020	信息安全技术　网络安全事件应急演练指南			2020/4/28	2020/11/1
18.5-3-305	18.5	35.040	L80	GB/T 38646—2020	信息安全技术　移动签名服务技术要求			2020/4/28	2020/11/1
18.5-3-306	18.5	35.040	L80	GB/T 38647.1—2020	信息技术　安全技术　匿名数字签名　第1部分：总则			2020/4/28	2020/11/1
18.5-3-307	18.5	35.040	L80	GB/T 38647.2—2020	信息技术　安全技术　匿名数字签名　第2部分：采用群组公钥的机制			2020/4/28	2020/11/1
18.5-3-308	18.5	35.040	L80	GB/T 38671—2020	信息安全技术　远程人脸识别系统技术要求			2020/4/28	2020/11/1

18

序号	GW 分类	ICS 分类	GB 分类	标准号	中 文 名 称	代替标准	采用关系	发布日期	实施日期
18.5-3-309	18.5	35.040	L80	GB/T 38674—2020	信息安全技术　应用软件安全编程指南			2020/4/28	2020/11/1
18.5-3-310	18.5	33.030	L67	GB/T 38934—2020	公共电信网增强　支持智能环境预警应用的技术要求			2020/7/21	2021/2/1
18.5-3-311	18.5	35.040	L80	GB/T 39205—2020	信息安全技术　轻量级鉴别与访问控制机制			2020/10/11	2021/5/1
18.5-3-312	18.5	35.040	L80	GB/T 39412—2020	信息安全技术　代码安全审计规范			2020/11/19	2021/6/1
18.5-3-313	18.5			GB/T 39680—2020	信息安全技术　服务器安全技术要求和测评准则	GB/T 21028—2007；GB/T 25063—2010		2020/12/14	2021/7/1
18.5-3-314	18.5	35.040	L80	GB/T 39720—2020	信息安全技术　移动智能终端安全技术要求及测试评价方法			2020/12/14	2021/7/1
18.5-3-315	18.5	35.040	L80	GB/T 39786—2021	信息安全技术　信息系统密码应用基本要求			2021/3/9	2021/10/1
18.5-3-316	18.5	35.040	L80	GB/T 40018—2021	信息安全技术　基于多信道的证书申请和应用协议			2021/4/30	2021/11/1
18.5-3-317	18.5	13.200	A90	GB/T 40054—2021	公共安全应急管理公共预警指南			2021/4/30	2021/10/1
18.5-3-318	18.5	35.020	L09	GB 4943.1—2011	信息技术　设备安全　第 1 部分：通用要求	GB 4943—2001		2011/12/30	2012/12/1
18.5-3-319	18.5	35.020	L09	GB 4943.23—2012	信息技术　设备安全　第 23 部分：大型数据存储设备			2012/12/31	2013/12/1
18.5-3-320	18.5	35.020	L09	GB/T 9361—2011	计算机场地安全要求	GB/T 9361—1988		2011/12/30	2012/5/1
18.5-3-321	18.5	35.100.01	L79	GB/T 9387.2—1995	信息处理系统开放系统互连基本参考模型　第 2 部分：安全体系结构			1995/6/21	1996/2/1
18.5-4-322	18.5	35.240	A90	GA 1277.1—2020	互联网交互式服务安全管理要求　第 1 部分：基础要求	GA 1277—2015		2020/1/16	2020/3/1
18.5-4-323	18.5	35.040	A90	GA 1278—2015	信息安全技术互联网服务安全评估基本程序及要求			2015/10/26	2016/1/1
18.5-4-324	18.5			GA/T 681—2018	信息安全技术　网关安全技术要求	GA/T 681—2007		2018/1/26	2018/1/26
18.5-4-325	18.5	35.040	A90	GA/T 684—2007	信息安全技术　交换机安全技术要求			2007/3/20	2007/5/1
18.5-4-326	18.5	35.040	A90	GA/T 685—2007	信息安全技术　交换机安全评估准则			2007/3/20	2007/5/1
18.5-4-327	18.5			GA/T 686—2018	信息安全技术　虚拟专用网产品安全技术要求	GA/T 686—2007		2018/1/26	2018/1/26
18.5-4-328	18.5			GA/T 698—2014	信息安全技术　信息过滤产品技术要求	GA/T 698—2007		2014/3/24	2014/3/24

18

序号	GW 分类	ICS 分类	GB 分类	标准号	中 文 名 称	代替标准	采用关系	发布日期	实施日期
18.5-4-329	18.5	35.240	A90	GA/T 910—2020	信息安全技术　内网主机监测产品安全技术要求			2020/3/3	2020/5/1
18.5-4-330	18.5	35.240	A90	GA/T 911—2019	信息安全技术　日志分析产品安全技术要求			2019/3/19	2019/3/19
18.5-4-331	18.5	35.240	A90	GA/T 912—2018	信息安全技术　数据泄露防护产品安全技术要求			2018/1/26	2018/1/26
18.5-4-332	18.5	35.240	A90	GA/T 913—2019	信息安全技术　数据库安全审计产品安全技术要求			2019/1/13	2019/1/13
18.5-4-333	18.5	35.080	L77	SJ/T 11373—2007	软件构件管理　第1部分：管理信息模型			2007/11/9	2008/1/20
18.5-4-334	18.5		M10	YD/T 1163—2001	IP 网络安全技术要求—安全框架			2001/10/1	2001/11/1
18.5-4-335	18.5	35.110	M11	YD/T 1752—2020	支撑网安全防护要求	YD/T 1752—2008		2020/8/31	2020/10/1
18.5-4-336	18.5	35.110	M11	YD/T 1753—2020	支撑网安全防护检测要求	YD/T 1753—2008		2020/8/31	2020/10/1
18.5-4-337	18.5	33.180.99	M33	YD/T 1886—2015	移动终端芯片安全技术要求和测试方法	YD/T 1886—2009		2015/10/10	2016/4/1
18.5-4-338	18.5	33.06	M60	YD/T 2053—2016	域名系统安全防护检测要求	YD/T 2053—2009		2016/7/11	2016/10/1
18.5-4-339	18.5	33.040	M16	YD/T 2251—2011	国家网络安全应急处理平台安全信息获取接口要求			2011/5/18	2011/6/1
18.5-4-340	18.5	35.020	L04	YD/T 2325—2011	与信息和通信技术网络连接设备的安全接口分类			2011/5/18	2011/6/1
18.5-4-341	18.5	35.240	L67	YD/T 2384—2011	Web 应用防火墙技术要求			2011/12/20	2012/2/1
18.5-4-342	18.5	35.020	L70	YD/T 2387—2011	网络安全监控系统技术要求			2011/12/20	2012/2/1
18.5-4-343	18.5	35.110	M11	YD/T 2391—2011	IP 存储网络安全技术要求			2011/12/20	2012/2/1
18.5-4-344	18.5	33.060	M36	YD/T 2408—2021	移动智能终端安全能力测试方法	YD/T 2408—2013		2021/5/27	2021/7/1
18.5-4-345	18.5	35.110	M11	YD/T 2587—2020	移动互联网应用商店安全防护要求	YD/T 2587—2013		2020/8/31	2020/10/1
18.5-4-346	18.5	35.110	M11	YD/T 2588—2020	移动互联网应用商店安全防护检测要求	YD/T 2588—2013		2020/8/31	2020/10/1
18.5-4-347	18.5	35.110	M11	YD/T 2589—2020	内容分发网（CDN）安全防护要求	YD/T 2589—2013		2020/8/31	2020/10/1
18.5-4-348	18.5	35.110	M11	YD/T 2590—2020	内容分发网（CDN）安全防护检测要求	YD/T 2590—2013		2020/8/31	2020/10/1
18.5-4-349	18.5	01.040.35	L04	YD/T 2592—2013	身份管理（IdM）术语			2013/7/22	2013/10/1
18.5-4-350	18.5	35.220	L64	YD/T 2665—2013	通信存储介质（SSD）加密安全测试方法			2013/10/17	2014/1/1

18

序号	GW 分类	ICS 分类	GB 分类	标准号	中 文 名 称	代替标准	采用关系	发布日期	实施日期
18.5-4-351	18.5	33.040	M16	YD/T 2666—2013	双栈防火墙设备技术要求			2013/10/17	2014/1/1
18.5-4-352	18.5	01.040.35	L04	YD/T 2667—2013	基于 Web 方式的以太网接入身份认证技术要求			2013/10/17	2014/1/1
18.5-4-353	18.5	33.050.01	M30	YD/T 2674—2013	移动智能终端信息安全设计导则			2013/10/17	2014/1/1
18.5-4-354	18.5	35.220.20	M16	YD/T 2705—2014	持续数据保护（CDP）灾备技术要求			2014/10/14	2014/10/14
18.5-4-355	18.5	33.040	M21	YD/T 2707—2014	互联网主机网络安全属性描述格式			2014/10/14	2014/10/14
18.5-4-356	18.5	33.050.01	M30	YD/T 2844.6—2018	移动终端可信环境技术要求 第6部分：与安全模块（SE）的安全交互			2019/8/28	2019/10/1
18.5-4-357	18.5	33.100.70	L79	YD/T 2907—2015	基于域名系统（DNS）的网站可信标识服务应用技术要求			2015/7/14	2015/10/1
18.5-4-358	18.5	35.100.05	L79	YD/T 2908—2015	基于域名系统（DNS）的 IP 安全协议（IPSec）认证密钥存储技术要求			2015/10/10	2016/1/1
18.5-4-359	18.5	33.060	M36	YD/T 3039—2016	移动智能终端应用软件安全技术要求	YD/T 3039—2015		2016/4/5	2016/7/1
18.5-4-360	18.5	33.05	M30	YD/T 3082—2016	移动智能终端上的个人信息保护技术要求			2016/4/5	2016/7/1
18.5-4-361	18.5	33.06	M60	YD/T 3148—2016	云计算安全框架			2016/7/11	2016/10/1
18.5-4-362	18.5	33.040.20	M33	YD/T 3202—2016	移动通信终端访问电信智能卡安全技术要求			2016/10/22	2017/1/1
18.5-4-363	18.5	33.040.20	M33	YD/T 3203—2016	网络电子身份标识 eID 术语和定义			2016/10/22	2017/1/1
18.5-4-364	18.5	33.040.20	M33	YD/T 3205—2016	网络电子身份标识 eID 的审计追溯技术框架			2016/10/22	2017/1/1
18.5-4-365	18.5	33.040.20	M33	YD/T 3206—2016	网络电子身份标识 eID 的审计追溯接口技术要求			2016/10/22	2017/1/1
18.5-4-366	18.5	33.040.20	M33	YD/T 3208—2016	网络虚拟身份描述方法			2016/10/22	2017/1/1
18.5-4-367	18.5	33.040.20	M33	YD/T 3209—2016	网络虚拟身份数据存储与交换技术要求			2016/10/22	2017/1/1
18.5-4-368	18.5	33.040.20	M33	YD/T 3210—2016	网络虚拟资产描述方法			2016/10/22	2017/1/1
18.5-4-369	18.5	33.04	M21	YD/T 3437—2019	移动智能终端恶意推送信息判定技术要求			2019/8/28	2019/10/1
18.5-4-370	18.5	33.04	M21	YD/T 3438—2019	移动智能终端隐私窃取恶意行为判定技术要求			2019/8/28	2019/10/1
18.5-4-371	18.5	33.04	M10	YD/T 3446—2019	信息即时交互服务信息安全技术要求			2019/8/28	2019/10/1

18

序号	GW 分类	ICS 分类	GB 分类	标准号	中 文 名 称	代替标准	采用关系	发布日期	实施日期
18.5-4-372	18.5	35.24	L67	YD/T 3447—2019	联网软件源代码安全审计规范			2019/8/28	2019/10/1
18.5-4-373	18.5	35.24	L67	YD/T 3448—2019	联网软件源代码漏洞分类及等级划分规范			2019/8/28	2019/10/1
18.5-4-374	18.5	33.04	M21	YD/T 3449—2019	木马和僵尸网络监测与处置系统企业侧平台检测要求			2019/8/28	2019/10/1
18.5-4-375	18.5	33.06	M21	YD/T 3450—2019	木马和僵尸网络监测与处置系统企业侧平台能力要求			2019/8/28	2019/10/1
18.5-4-376	18.5	33.04	M10	YD/T 3461—2019	Web 日志分析系统技术要求			2019/8/28	2019/10/1
18.5-4-377	18.5	33.04	M10	YD/T 3462—2019	网页防篡改系统技术要求			2019/8/28	2019/10/1
18.5-4-378	18.5	33.04	M10	YD/T 3463—2019	漏洞扫描系统通用技术要求			2019/8/28	2019/10/1
18.5-4-379	18.5	35.24	L67	YD/T 3464—2019	联网软件安全编程规范			2019/8/28	2019/10/1
18.5-4-380	18.5	33.04	M16	YD/T 3465—2019	应用防护增强型防火墙技术要求			2019/8/28	2019/10/1
18.5-4-381	18.5	35.11	M11	YD/T 3474—2019	移动互联网应用程序安全加固能力评估要求与测试方法			2019/8/28	2019/10/1
18.5-4-382	18.5			YD/T 3476—2019	移动互联网应用程序开发者数字证书管理平台技术要求			2019/8/28	2019/10/1
18.5-4-383	18.5	33.04	M21	YD/T 3477—2019	移动互联网恶意程序监测与处置系统企业侧平台检测要求			2019/8/28	2019/10/1
18.5-4-384	18.5	33.04	M21	YD/T 3478—2019	移动互联网恶意程序监测与处置系统企业侧平台能力要求			2019/8/28	2019/10/1
18.5-4-385	18.5	35.03	L70	YD/T 3479—2019	移动智能终端在线软件应用商店信息安全管理要求			2019/8/28	2019/10/1
18.5-4-386	18.5	35.03	L70	YD/T 3480—2019	移动智能终端在线软件应用商店信息安全技术要求			2019/8/28	2019/10/1
18.5-4-387	18.5	35.08	L67	YD/T 3481—2019	移动终端应用开发安全能力评估方法			2019/8/28	2019/10/1
18.5-4-388	18.5	35.03	L70	YD/T 3482—2019	基于移动网络流量的应用安全审计技术要求			2019/8/28	2019/10/1
18.5-4-389	18.5	35.22	L64	YD/T 3483—2019	移动智能终端恶意代码处理指南			2019/8/28	2019/10/1
18.5-4-390	18.5	35.22	L64	YD/T 3486—2019	灾难备份与恢复专业服务能力要求及评估方法			2019/8/28	2019/10/1
18.5-4-391	18.5	33.03	M21	YD/T 3640—2020	个人移动智能终端在企业应用中的安全策略			2020/4/24	2020/7/1

18

序号	GW 分类	ICS 分类	GB 分类	标准号	中 文 名 称	代替标准	采用关系	发布日期	实施日期
18.5-4-392	18.5	35.24	L67	YD/T 3644—2020	面向互联网的数据安全能力技术框架			2020/4/24	2020/7/1
18.5-4-393	18.5	33.06	M36	YD/T 3663—2020	移动通信智能终端安全风险评估要求			2020/4/24	2020/7/1
18.5-4-394	18.5	33.03	M21	YD/T 3664—2020	移动通信智能终端卡接口安全技术要求			2020/4/24	2020/7/1
18.5-4-395	18.5	33.03	M21	YD/T 3665—2020	移动通信智能终端卡接口安全测试方法			2020/4/24	2020/7/1
18.5-4-396	18.5	33.06	M36	YD/T 3666—2020	移动通信智能终端漏洞修复技术要求			2020/4/24	2020/7/1
18.5-4-397	18.5	33.06	M36	YD/T 3667—2020	移动通信智能终端漏洞标识格式要求			2020/4/24	2020/7/1
18.5-4-398	18.5	35.24	L67	YD/T 3668—2020	移动终端应用开发安全能力技术要求			2020/4/24	2020/7/1
18.5-4-399	18.5	L67	L67	YD/T 3734—2020	基础电信企业网络安全态势感知系统技术要求			2020/8/31	2020/10/1
18.5-4-400	18.5	33.040	M10	YD/T 3735—2020	电信网数据泄露防护系统（DLP）技术要求			2020/8/31	2020/10/1
18.5-4-401	18.5	35.080	L77	YD/T 3736—2020	电信运营商大数据安全风险及需求			2020/8/31	2020/10/1
18.5-4-402	18.5	35.24	L70	YD/T 3744—2020	网络安全众测平台技术要求			2020/8/31	2020/10/1
18.5-4-403	18.5	35.24	L70	YD/T 3745—2020	网络安全众测服务管理要求			2020/8/31	2020/10/1
18.5-4-404	18.5	35.020	L04	YD/T 3747—2020	区块链技术架构安全要求			2020/8/31	2020/10/1
18.5-4-405	18.5	35.020	M21	YD/T 3749.1—2020	物联网信息系统安全运维通用要求 第1部分：总体要求			2020/8/31	2020/10/1
18.5-4-406	18.5	35.240	L67	YD/T 3764.5—2020	云计算服务客户信任体系能力要求 第5部分：块存储服务			2020/12/9	2021/1/1
18.5-4-407	18.5	35.210	L67	YD/T 3764.6—2020	云计算服务客户信任体系能力要求 第6部分：本地负载均衡服务			2020/12/9	2021/1/1
18.5-4-408	18.5	35.240	L67	YD/T 3764.7—2021	云计算服务客户信任体系能力要求 第7部分：物理云主机			2021/5/27	2021/7/1
18.5-4-409	18.5	35.210	L67	YD/T 3764.9—2021	云计算服务客户信任体系能力要求 第9部分：函数即服务			2021/3/5	2021/4/1
18.5-4-410	18.5	35.240	L67	YD/T 3764.11—2020	云计算服务客户信任体系能力要求 第11部分：应用托管容器服务			2020/8/31	2020/10/1
18.5-4-411	18.5	35.240	L67	YD/T 3764.12—2020	云计算服务客户信任体系能力要求 第12部分：云缓存服务			2020/8/31	2020/10/1

18

序号	GW分类	ICS分类	GB分类	标准号	中 文 名 称	代替标准	采用关系	发布日期	实施日期
18.5-4-412	18.5	35.240	L67	YD/T 3764.13—2020	云计算服务客户信任体系能力要求 第13部分：云分发服务			2020/8/31	2020/10/1
18.5-4-413	18.5	35.220	L64	YD/T 3782—2020	移动通信智能终端漏洞验证方法			2020/12/9	2021/1/1
18.5-4-414	18.5	33.060	M36	YD/T 3788—2020	移动智能终端应用软件分类与可卸载实施指南			2020/12/9	2021/1/1
18.5-4-415	18.5	35.240.01	M67	YD/T 3796—2020	基于云计算的业务安全风险解决方案技术要求			2020/12/9	2021/1/1
18.5-4-416	18.5	35.240	L64	YD/T 3797.2—2020	云服务用户数据保护能力评估方法 第2部分：私有云			2020/12/9	2021/1/1
18.5-4-417	18.5	33.040	M10	YD/T 3799—2020	电信网和互联网网络安全防护定级备案实施指南			2020/12/9	2021/1/1
18.5-4-418	18.5	35.020	L80	YD/T 3800—2020	电信网和互联网大数据平台安全防护要求			2020/12/9	2021/1/1
18.5-4-419	18.5	35.020	L80	YD/T 3801—2020	电信网和互联网数据安全风险评估实施方法			2020/12/9	2021/1/1
18.5-4-420	18.5	33.040	M10	YD/T 3802—2020	电信网和互联网数据安全通用要求			2020/12/9	2021/1/1
18.5-4-421	18.5	33.030	M21	YD/T 3803—2020	电信网和互联网资产安全管理平台技术要求			2020/12/9	2021/1/1
18.5-4-422	18.5	35.020	L67	YD/T 3806—2020	电信大数据平台数据脱敏实施方法			2020/12/9	2021/1/1
18.5-4-423	18.5	33.060.88	M37	YD/T 3808—2020	移动智能终端多通道联网安全支付技术要求			2020/12/9	2021/1/1
18.5-4-424	18.5	33.180	M33	YD/T 3834.1—2021	量子密钥分发（QKD）系统技术要求 第1部分：基于诱骗态BB84协议的QKD系统			2021/3/5	2021/4/1
18.5-4-425	18.5	33.180.01	M33	YD/T 3835.1—2021	量子密钥分发（QKD）系统测试方法 第1部分：基于诱骗态BB84协议的QKD系统			2021/3/5	2021/4/1
18.5-4-426	18.5	33.180.01	M33	YD/T 3907.3—2021	基于BB84协议的量子密钥分发（QKD）用关键器件和模块 第3部分：量子随机数发生器（QRNG）			2021/5/27	2021/7/1
18.5-4-427	18.5			YDB 066—2011	有线局域网媒体访问控制安全技术要求			2011/8/5	2011/8/23
18.5-5-428	18.5	35.020	L65	ANSI INCITS 359—2012	信息技术 角色访问控制	ANSI INCITS 359—2004		2012/1/1	2012/1/1
18.5-5-429	18.5	35.040		ISO/IEC 29192-2：2012	信息技术 保密技术 轻量级密码 第2部分：分组密码			2012/1/1	2012/1/1

18

序号	GW 分类	ICS 分类	GB 分类	标准号	中 文 名 称	代替标准	采用关系	发布日期	实施日期
18.5-5-430	18.5	35.020	A90/94	BS ISO/IEC 10118-3:2018	IT 安全技术 哈希功能 专用哈希-函数	BS ISO/IEC 10118-3:2003		2018/5/11	2018/5/11
18.5-5-431	18.5			BS ISO/IEC 11770-2:2018	IT 安全技术 密钥管理 使用对称技术的机制			2018/8/10	2018/8/10
18.5-5-432	18.5	35.030		BS ISO/IEC 11770-4-2017+A1：2019	信息技术 安全技术 密钥管理 基于薄弱机密的机制			2017/11/30	2017/11/30
18.5-5-433	18.5	35.030		BS ISO/IEC 14888-3:2018	IT 安全技术 带有附录的数字签名 基于离散对数的机制	BS ISO/IEC 14888-3-2006 A 2：2012		2018/11/15	2018/11/15
18.5-5-434	18.5	35.030	A90	BS ISO/IEC 15946-5:2017	信息技术 安全技术 基于椭圆曲线的密码技术 椭圆曲线生成			2017/9/18	2017/9/18
18.5-5-435	18.5	35.020	L70/84	BS ISO/IEC 19592-2:2017	信息技术 安全技术 秘密分享 基本机制			2017/10/25	2017/10/25
18.5-5-436	18.5	03.100	L80	BS ISO/IEC 19896-2:2018	IT 安全技术 信息安全测试人员和评估人员的能力要求 ISO/IEC 19790 测试人员的知识、技能和有效性要求			2018/8/31	2018/8/31
18.5-5-437	18.5	03.100	L80	BS ISO/IEC 19896-3:2018	IT 安全技术 信息安全测试人员和评估人员的能力要求 ISO/IEC 15408 评估人员的知识、技能和有效性要求			2018/8/30	2018/8/30
18.5-5-438	18.5	35.030		BS ISO/IEC 20009-4:2017	信息技术 安全技术 匿名实体认证 基于薄弱机密的机制			2017/8/22	2017/8/22
18.5-5-439	18.5	35.040	L70/84	BS ISO/IEC 20085-1:2019	IT 安全技术 测试工具要求和测试工具校准方法,用于测试密码模块中的非侵入式攻击缓解技术 测试工具和技术			2019/7/11	2019/7/11
18.5-5-440	18.5	35.030		BS ISO/IEC 21964-2:2018	信息技术 破坏数据载体 销毁数据载体的设备要求			2018/7/31	2018/7/31
18.5-5-441	18.5			BS ISO/IEC 21964-3:2018	信息技术 破坏数据载体 销毁数据载体的过程			2018/7/31	2018/7/31
18.5-5-442	18.5	35.030	L80	BS ISO/IEC 24759：2017	信息技术 安全技术 加密模块的测试要求			2017/6/16	2017/6/16
18.5-5-443	18.5	35.030		BS ISO/IEC 27034-3:2018	信息技术 应用程序安全性 应用程序安全管理流程			2018/5/29	2018/5/29

18

序号	GW 分类	ICS 分类	GB 分类	标准号	中 文 名 称	代替标准	采用关系	发布日期	实施日期
18.5-5-444	18.5	35.030		BS ISO/IEC 27034-5：2017	信息技术 安全技术 应用程序安全性 协议和应用程序安全控制数据结构			2017/10/24	2017/10/24
18.5-5-445	18.5			BS ISO/IEC 27701：2019	安全技术 扩展了 ISO/IEC 27001 和 ISO/IEC 27002 的隐私信息管理 要求和准则			2019/7/8	2019/7/8
18.5-5-446	18.5			BS ISO/IEC 29101：2018	信息技术 安全技术 隐私体系结构框架	BS ISO/IEC 29101：2013		2018/11/30	2018/11/30
18.5-5-447	18.5	35.030	L80	BS ISO/IEC 29134：2017	信息技术 安全技术 隐私影响评估指南				
18.5-5-448	18.5	11.180.99；35.240.80	L70/84	BS ISO/IEC 29138-1：2018	信息技术 用户界面可访问性 用户可访问性需求			2018/12/11	2018/12/11
18.5-5-449	18.5	35.200	L77	BS ISO/IEC 29147：2018	信息技术 安全技术 漏洞披露			2018/10/26	2018/10/26
18.5-5-450	18.5	35.020；35.260	L60	IEC 60950-1 AMD2：2013	信息技术设备 安全性 第1部分：通用要求	IEC 108/507/FDIS：2013		2013/5/1	2013/5/1
18.5-5-451	18.5			IEC 60950-1 CORRI 2：2013	信息技术设备 安全性 第1部分：通用要求 勘误表 2			2013/8/1	2013/8/1
18.5-5-452	18.5	35.020；35.040；35.260	L09	IEC 60950-1：2013 ED 2.2	信息技术设备 安全性 第1部分：通用要求	IEC 60950-1：2012		2013/5/1	2013/5/1
18.5-5-453	18.5	35.040	L63	IEC 60950-1：2005	信息技术设备 安全性 第1部分：一般要求	IEC 60950-1：2001；IEC 60950-1 CORRI 1：2002；IEC 60950-1 CORRI 1：2002；IEC 108/135 A/FDIS：2005		2005/12/1	2005/12/1
18.5-5-454	18.5	35.040		ISO 11770-1：2010	信息技术 安全技术 密匙管理 第1部分：框架（通信）			2010/12/1	2010/12/1
18.5-5-455	18.5	35.040		ISO 11770-5：2011	信息技术 安全技术 密匙管理 第5部分：组密钥管理（通信）			2011/12/15	2011/12/15
18.5-5-456	18.5	35.040		ISO 13888-1：2009	信息技术 安全技术 不可否认性 第1部分：总论（通信）			2009/7/15	2009/7/15
18.5-5-457	18.5			ISO 13888-2 CORRI 1：2012	信息技术 安全技术 不可否认性 第2部分：对称技术使用机制 技术勘误表 1			2012/12/15	2012/12/15

18

序号	GW 分类	ICS 分类	GB 分类	标准号	中 文 名 称	代替标准	采用关系	发布日期	实施日期
18.5-5-458	18.5	35.040		ISO 13888-2：2010	信息技术 安全技术 不可否认性 第2部分：对称技术使用机制			2010/12/15	2010/12/15
18.5-5-459	18.5	35.040		ISO 14888-3 AMD 2：2012	信息技术 安全技术 带附件的数字签名 第3部分：基于离散对数的机制 第二次修订：优化散列输入（通信）			2012/7/1	2012/7/1
18.5-5-460	18.5	35.040		ISO 15408-1：2009	信息技术 安全技术 IT 安全的评价标准 第1部分：介绍和一般模型（通信）			2009/12/15	2009/12/15
18.5-5-461	18.5	35.040		ISO 15408-2：2008	信息技术 安全技术 IT 安全的评价标准 第2部分：安全功能组件（通信）			2008/8/15	2008/8/15
18.5-5-462	18.5	35.030		ISO 15408-3：2008	信息技术 安全技术 IT 安全的评价标准 第3部分：安全保证组件			2008/8/15	2008/8/15
18.5-5-463	18.5	35.030；35.240.40；35.240.99		ISO/TR 23244：2020	区块链和分布式账本技术 隐私和个人身份信息保护注意事项			2020/5/7	2020/5/7
18.5-5-464	18.5	35.030；35.240.40；35.240.99		ISO/TR 23576：2020	区块链和分布式账本技术 数字资产保管人的安全管理			2020/12/10	2020/12/10
18.5-5-465	18.5	35.030		ISO/IEC 11770-2：2018	IT 安全技术 密钥管理 第2部分：使用对称技术的机制			2018/10/1	2018/10/1
18.5-5-466	18.5	35.030		ISO/IEC 11770-2：2008	信息技术 安全技术 关键管理 第2部分：对称技术机制	ISO/IEC 11770-2：1996；ISO/IEC 11770-2 CORRI 1：2005		2008/6/3	2008/6/3
18.5-5-467	18.5			ISO/IEC 11770-2：2018	IT 安全技术 密钥管理 第2部分：使用对称技术的机制 第3版			2018/10/1	2018/10/1
18.5-5-468	18.5	35.030		ISO/IEC 11770-3：2015	信息技术 安全技术 关键管理 第3部分：使用非对称技术的机制			2012/8/1	2012/8/1
18.5-5-469	18.5			ISO/IEC 11770-3：2015/CORRI 1：2016	信息技术 安全技术 密钥管理 第3部分：非对称技术机制 技术勘误表1			2016/5/9	2016/5/15
18.5-5-470	18.5	35.030		ISO/IEC 11770-4 AMD 1：2019	信息技术 安全技术 密钥管理 第4部分：基于薄弱机密的机制修订1：不平衡的密码—与身份的认证密钥协议—基于密码的系统（UPAKAIBC）第2版			2019/9/1	2019/9/1

序号	GW 分类	ICS 分类	GB 分类	标准号	中文名称	代替标准	采用关系	发布日期	实施日期
18.5-5-471	18.5			ISO/IEC 11770-4：2017/ Amd 1：2019	信息技术 安全技术 密钥管理 第4部分：基于弱机密的机制修正案1：与基于身份的加密系统（UPAKA-IBC） 的不平衡密码验证密钥协议			2019/9/1	2019/9/1
18.5-5-472	18.5	35.040	L70	ISO/IEC 11889-1：2009	信息技术 可信平台模块 第1部分：概述	ISO/IEC DIS 11889-1：2008		2009/5/1	2009/5/1
18.5-5-473	18.5	35.040	L70	ISO/IEC 11889-2：2009	信息技术 可信平台模块 第2部分：设计原则			2009/5/15	2009/5/15
18.5-5-474	18.5	35.040	L70	ISO/IEC 11889-3：2009	信息技术 可信平台模块 第3部分：结构			2009/5/15	2009/5/15
18.5-5-475	18.5	35.040	L70	ISO/IEC 11889-4：2009	信息技术 可信平台模块 第4部分：命令			2009/5/15	2009/5/15
18.5-5-476	18.5	35.110		ISO/IEC 13157-1：2014	信息技术 系统之间的电信和信息交流 NFC 安全 第1部分：NFC-SEC NFCIP-1 安全服务和协议			2014/11/1	2014/11/1
18.5-5-477	18.5	35.110		ISO/IEC 13157-2：2016	信息技术 系统之间的电信和信息交流 NFC 安全 第2部分：使用 ECDH 和 AES 的 NFC-SEC 加密标准			2016/4/1	2016/4/1
18.5-5-478	18.5			ISO/IEC 13888-3：2020	信息安全 不可否认 第3部分：使用非对称技术的机制			2020/9/1	2020/9/1
18.5-5-479	18.5			ISO/IEC 14888-3：2018	IT 安全技术 带附录的数字签名 第3部分：基于离散对数机制			2018/11/1	2018/11/1
18.5-5-480	18.5	35.030		ISO/IEC 14888-3：2018	IT 安全技术 带附录的数字签名 第3部分：基于离散对数的机制 第4版			2018/11/1	2018/11/1
18.5-5-481	18.5	35.040	L70；A90	ISO/IEC 15408-3：2008	信息技术 安全技术 IT 安全的评价标准 第3部分：安全保证元件	ISO/IEC 15408-3：2005		2008/8/15	2008/8/15
18.5-5-482	18.5			ISO/IEC 15693-3 AMD 4：2017	识别卡 非接触式集成电路卡 邻近卡 第3部分：防冲突和传输协议修订4：安全框架 第2版			2017/5/1	2017/5/1
18.5-5-483	18.5	35.040	L70	ISO/IEC 17799：2005	信息技术 安全技术 信息安全管理实施规范	ISO/IEC 17799：2000；ISO/IEC FDIS 17799：2005		2005/6/1	2005/6/1
18.5-5-484	18.5	35.030		ISO/IEC 18033-6：2019	IT 安全技术 加密算法 第6部分：同态加密 第1版			2019/5/1	2019/5/1

18

序号	GW 分类	ICS 分类	GB 分类	标准号	中 文 名 称	代替标准	采用关系	发布日期	实施日期
18.5-5-485	18.5	35.040	L80	ISO/IEC 19772：2009	信息技术 安全技术 验证加密术			2009/2/17	2009/2/17
18.5-5-486	18.5			ISO/IEC 19896-1：2018	IT 安全技术 信息安全测试人员和评估人员的能力要求 第 1 部分：简介、概念和一般要求 第 1 版			2018/2/1	2018/2/1
18.5-5-487	18.5			ISO/IEC 19896-2：2018	IT 安全技术 信息安全测试人员和评估人员的能力要求 第 2 部分：ISO/IEC 19790 测试人员的知识、技能和有效性要求 第 1 版			2018/8/1	2018/8/1
18.5-5-488	18.5	35.030		ISO/IEC 19896-3：2018	IT 安全技术 信息安全测试人员和评估人员的能力要求 第 3 部分：ISO/IEC 15408 评估人员的知识、技能和有效性要求 第 1 版			2018/8/1	2018/8/1
18.5-5-489	18.5	35.040		ISO/IEC 21827：2008	信息技术 安全技术 系统安全工程能力成熟模型（SSE—CMM）	ISO/IEC 21827：2002		2008/10/15	2008/10/16
18.5-5-490	18.5			ISO/IEC 24759：2017	信息技术 安全技术 加密模块的测试要求 第 3 版	ISO/IEC 24759：2014		2017/3/1	2017/3/1
18.5-5-491	18.5			ISO/IEC 24760-1 DAM 1：2017	信息技术 安全技术 身份管理框架 第 1 部分：术语和概念修订 1：附加术语和概念			2017/5/4	2017/5/4
18.5-5-492	18.5	35.040	L70	ISO/IEC 24762：2008	信息技术 安全技术 信息和通信技术故障恢复服务指南	ISO/IEC FDIS 24762：2007		2008/2/1	2008/2/1
18.5-5-493	18.5	35.100.60	L79	ISO/IEC 24824-3：2008	信息技术 ASN.1 的一般应用：快速信息设备安全			2008/5/1	2008/5/1
18.5-5-494	18.5	35.030		ISO/IEC 27000 PLUS REDLINE：2018	信息技术 安全技术 信息安全管理系统 概述和词汇 第 5 版			2018/2/1	2018/2/1
18.5-5-495	18.5	35.030		ISO/IEC 27000：2018	信息技术 安全技术 信息安全管理系统 概述和词汇 第 5 版			2018/2/1	2018/2/1
18.5-5-496	18.5			ISO/IEC 27003：2017	信息技术 安全技术 信息安全管理系统 指南 第 2 版	ISO/IEC 27003：2010		2017/3/1	2017/3/1
18.5-5-497	18.5	35.030		ISO/IEC 27005 PLUS REDLINE：2018	信息技术 安全技术 信息安全风险管理 第 3 版（STANDARD PLUS REDLINE）			2018/7/1	2018/7/1
18.5-5-498	18.5			ISO/IEC 27005：2011	信息技术 安全技术 信息安全风险管理	ISO/IEC 27005：2008		2011/6/1	2011/6/1
18.5-5-499	18.5	35.030		ISO/IEC 27005：2018	信息技术 安全技术 信息安全风险管理 第 3 版			2018/7/1	2018/7/1

18

序号	GW分类	ICS分类	GB分类	标准号	中文名称	代替标准	采用关系	发布日期	实施日期
18.5-5-500	18.5	03.100.70		ISO/IEC 27009：2016	信息技术 安全技术 ISO/IEC 27001的部门特定应用 要求			2016/6/15	2016/6/15
18.5-5-501	18.5			ISO/IEC 27011：2016	信息技术 安全技术 基于ISO/IEC 27002的电信组织信息安全控制实施规程	ISO/IEC 27011：2008		2016/12/1	2016/12/1
18.5-5-502	18.5	03.100.70		ISO/IEC 27019：2017（R2019）	信息技术 安全技术 能源行业的信息安全控制			2019/1/1	2019/1/1
18.5-5-503	18.5	35.030		ISO/IEC 27033-6：2016	信息技术 安全技术 网络安全 第6部分：保护无线IP网络接入			2016/6/1	2016/6/1
18.5-5-504	18.5	35.030		ISO/IEC 27034-3：2018	信息技术 应用安全 第3部分：应用安全管理过程 第1版			2018/5/1	2018/5/1
18.5-5-505	18.5	35.030		ISO/IEC 27034-7：2018	信息技术 应用安全 第7部分：保证预测框架 第1版			2018/5/1	2018/5/1
18.5-5-506	18.5	35.030		ISO/IEC 27701：2019	安全技术 隐私信息管理的ISO/IEC 27001和ISO/IEC 27002的扩展—要求和准则 第1版			2019/8/1	2019/8/1
18.5-5-507	18.5	35.030		ISO/IEC 29100 AMD 1：2018	信息技术 安全技术 隐私框架修订1：澄清 第1版			2018/6/1	2018/6/1
18.5-5-508	18.5	35.030		ISO/IEC 29101：2018	信息技术 安全技术 隐私架构框架 第2版			2018/11/1	2018/11/1
18.5-5-509	18.5			ISO/IEC 29134：2017	信息技术 安全技术 隐私影响评估指南 第1版				
18.5-5-510	18.5	35.030		ISO/IEC 29147：2018	信息技术 安全技术 漏洞披露 第2版			2018/10/1	2018/10/1
18.5-5-511	18.5	35.030		ISO/IEC 29192-2：2019	信息安全 轻量级加密 第2部分：分组密码 第2版			2019/11/1	2019/11/1
18.5-5-512	18.5	35.030		ISO/IEC 29192-6：2019	信息技术 轻量级加密 第6部分：消息认证码MACs 第1版			2019/9/1	2019/9/1
18.5-5-513	18.5	35.030		ISO/IEC 29192-7：2019	信息安全 轻量级加密 第7部分：广播认证 第1版			2019/7/1	2019/7/1
18.5-5-514	18.5	35.030		ISO/IEC 30111：2019	信息技术 安全技术漏洞处理流程 第2版			2019/10/1	2019/10/1
18.5-5-515	18.5	35.030		ISO/IEC 9798-2：2019	IT安全技术 实体认证 第2部分：使用认证加密的机制 第4版			2019/6/1	2019/6/1

18

序号	GW分类	ICS分类	GB分类	标准号	中 文 名 称	代替标准	采用关系	发布日期	实施日期
18.5-5-516	18.5	35.030		ISO/IEC 9798-3：2019	IT安全技术 实体认证 第3部分：使用数字签名技术的机制 第3版			2019/1/1	2019/1/1
18.5-5-517	18.5			ISO/IEC TR 15443-1：2012	信息技术 安全技术 安全保障框架 第1部分：介绍和概念			2012/11/1	2012/11/1
18.5-5-518	18.5			ISO/IEC TR 15443-2：2012	信息技术 安全技术 安全保障框架 第2部分：分析			2012/11/1	2012/11/1
18.5-5-519	18.5	35.020		ISO/IEC TS 20540：2018	信息技术 安全技术 在其运行环境中测试加密模块 第1版			2018/5/1	2018/5/1
18.5-5-520	18.5	35.030		ISO/IEC TS 27008：2019	信息技术 安全技术 信息安全控制评估指南 第1版			2019/1/1	2019/1/1
18.5-5-521	18.5	35.030		ISO/IEC TS 27034-5-1：2018	信息技术 应用程序安全性 第5-1部分：协议和应用程序安全控制数据结构XML模式 第1版			2018/4/1	2018/4/1
18.5-5-522	18.5	35.030		ISO/IEC TS 29003：2018	信息技术 安全技术 身份证明 第1版			2018/3/1	2018/3/1
18.5-5-523	18.5	35.030		ISO/IEC 11770-6：2016	信息技术 安全技术 密钥管理 第6部分：密钥推导			2016/10/1	2016/10/1
18.5-5-524	18.5	35.030		ISO/IEC 14888-3：2016	信息技术 安全技术 带附录的数字签名 第3部分：基于离散对数的机制			2016/3/15	2016/3/15
18.5-5-525	18.5	01.040.35；03.100.70		ISO/IEC 27000：2016	信息技术 安全技术 信息安全管理系统 概述和词汇	ISO ISO/IEC 27000：2014		2016/2/15	2016/2/15
18.5-5-526	18.5	35.040		ISO/TR 15443-1：2005	信息技术 安全技术 IT安全保障框架 第1部分：总揽和框架			2005/2/1	2005/2/1
18.5-5-527	18.5			ITU-T X 1034—2011	数据通信网络中基于扩展认证协议的鉴别和密钥管理指南	ITU-T X 1034—2008		2011/2/1	2011/2/1
18.5-5-528	18.5			ITU-T X 1051—2016	基于电信组织ISO/IEC27002的信息安全控制规范			2016/4/29	2016/4/29
18.5-5-529	18.5			ITU-T X 1205—2008	信息安全综述			2008/4/1	2008/4/1

18.5.1 数字化-网络安全-工业控制安全

序号	GW分类	ICS分类	GB分类	标准号	中 文 名 称	代替标准	采用关系	发布日期	实施日期
18.5.1-2-1	18.5.1	29.240		Q/GDW 11118—2013	基于无线APN虚拟专网的电压监测装置信息安全接入规范			2014/5/15	2014/5/15
18.5.1-2-2	18.5.1			Q/GDW 12186—2021	输变电设备物联网通信安全规范			2021/12/6	2021/12/6
18.5.1-2-3	18.5.1			Q/GDW 1928—2013	输电线路状态监测代理安全接入技术规范			2013/11/6	2013/11/6

序号	GW 分类	ICS 分类	GB 分类	标准号	中 文 名 称	代替标准	采用关系	发布日期	实施日期
18.5.1-2-4	18.5.1	29.240		Q/GDW/Z 1939—2013	电力无线传感器网络信息安全指南			2014/1/15	2014/1/15
18.5.1-3-5	18.5.1	29.240.30	F21	GB/Z 25320.1—2010	电力系统管理及其信息交换数据和通信安全 第 1 部分：通信网络和系统安全安全问题介绍		IEC/TS 62351-1：2007 IDT	2010/11/10	2011/5/1
18.5.1-3-6	18.5.1	29.240.30	F21	GB/Z 25320.4—2010	电力系统管理及其信息交换数据和通信安全 第 4 部分：包含 MMS 的协议集		IEC/TS 62351-4：2007 IDT	2010/11/10	2011/5/1
18.5.1-3-7	18.5.1	29.240.01	F21	GB/Z 25320.5—2013	电力系统管理及其信息交换数据和通信安全 第 5 部分：GB/T 18657 等及其衍生标准的安全		IEC/TS 62351-5：2009 IDT	2013/2/7	2013/7/1
18.5.1-3-8	18.5.1	29.240.30	F21	GB/Z 25320.6—2011	电力系统管理及其信息交换数据和通信安全 第 6 部分：IEC 61850 的安全		IEC/TS 62351-6：2007 IDT	2010/12/23	2012/5/1
18.5.1-3-9	18.5.1	29.240.01	F21	GB/Z 25320.7—2015	电力系统管理及其信息交换数据和通信安全 第 7 部分：网络和系统管理（NSM）的数据对象模型		IEC/TS 62351-7：2010	2015/5/15	2015/12/1
18.5.1-3-10	18.5.1	25.040	M10	GB/T 26333—2010	工业控制网络安全风险评估规范			2011/1/14	2011/6/1
18.5.1-3-11	18.5.1	25.040	N10	GB/T 30976.1—2014	工业控制系统信息安全 第 1 部分：评估规范			2014/7/24	2015/2/1
18.5.1-3-12	18.5.1	25.040	N10	GB/T 30976.2—2014	工业控制系统信息安全 第 2 部分：验收规范			2014/7/24	2015/2/1
18.5.1-3-13	18.5.1	29.020	F25	GB/T 32351—2015	电力信息安全水平评价指标			2015/12/31	2016/7/1
18.5.1-3-14	18.5.1	35.040	L80	GB/T 32919—2016	信息安全技术 工业控制系统安全控制应用指南			2016/8/29	2017/3/1
18.5.1-3-15	18.5.1	25.040	N10	GB/T 35673—2017	工业通信网络 网络和系统安全 系统安全要求和安全等级			2017/12/29	2018/7/1
18.5.1-3-16	18.5.1	35.040	L80	GB/T 36323—2018	信息安全技术 工业控制系统安全管理基本要求			2018/6/7	2019/1/1
18.5.1-3-17	18.5.1	35.040	L80	GB/T 36324—2018	信息安全技术 工业控制系统信息安全分级规范			2018/6/7	2019/1/1
18.5.1-3-18	18.5.1	35.040	L80	GB/T 36470—2018	信息安全技术 工业控制系统现场测控设备通用安全功能要求			2018/6/7	2019/1/1
18.5.1-3-19	18.5.1	29.240.01	F21	GB/T 36572—2018	电力监控系统网络安全防护导则			2018/9/17	2019/4/1
18.5.1-3-20	18.5.1	35.240.50	F07	GB/T 37138—2018	电力信息系统安全等级保护实施指南			2018/12/28	2019/7/1

18

序号	GW 分类	ICS 分类	GB 分类	标准号	中 文 名 称	代替标准	采用关系	发布日期	实施日期
18.5.1-3-21	18.5.1	35.040	L80	GB/T 37933—2019	信息安全技术 工业控制系统专用防火墙技术要求			2019/8/30	2020/3/1
18.5.1-3-22	18.5.1	35.040	L80	GB/T 37934—2019	信息安全技术 工业控制网络安全隔离与信息交换系统安全技术要求			2019/8/30	2020/3/1
18.5.1-3-23	18.5.1	35.040	L80	GB/T 37941—2019	信息安全技术 工业控制系统网络审计产品安全技术要求			2019/8/30	2020/3/1
18.5.1-3-24	18.5.1	35.040	L80	GB/T 37953—2019	信息安全技术 工业控制网络监测安全技术要求及测试评价方法			2019/8/30	2020/3/1
18.5.1-3-25	18.5.1	35.040	L80	GB/T 37954—2019	信息安全技术 工业控制系统漏洞检测产品技术要求及测试评价方法			2019/8/30	2020/3/1
18.5.1-3-26	18.5.1	35.040	L80	GB/T 37962—2019	信息安全技术 工业控制系统产品信息安全通用评估准则			2019/8/30	2020/3/1
18.5.1-3-27	18.5.1	35.040	L80	GB/T 37980—2019	信息安全技术 工业控制系统安全检查指南			2019/8/30	2020/3/1
18.5.1-3-28	18.5.1	29.240.01	F21	GB/T 38318—2019	电力监控系统网络安全评估指南			2019/12/10	2020/7/1
18.5.1-4-29	18.5.1			DL/T 1499—2016	电力应急术语			2016/1/7	2016/6/1
18.5.1-4-30	18.5.1	29.240.30	F21	DL/T 1511—2016	电力系统移动作业 PDA 终端安全防护技术规范			2016/1/7	2016/6/1
18.5.1-4-31	18.5.1	29.020	K07	DL/T 1527—2016	用电信息安全防护技术规范			2016/1/7	2016/6/1
18.5.1-4-32	18.5.1			DL/T 2192—2020	并网发电厂变电站电力监控系统安全防护验收规范			2020/10/23	2021/2/1
18.5.1-4-33	18.5.1	25.040	N10	JB/T 11960—2014	工业过程测量和控制安全网络和系统安全			2014/5/6	2014/10/1
18.5.1-4-34	18.5.1			JB/T 11962—2014	工业通信网络网络和系统安全工业自动化和控制系统信息安全技术			2014/5/6	2014/10/1
18.5.1-5-35	18.5.1			BS EN 62351-11：2017	电力系统管理和相关的信息交换 数据和通信安全 XML 文档的安全性			2017/2/28	2017/2/28
18.5.1-5-36	18.5.1			BS EN 62351-3：2014	电力系统管理和相关信息交换 数据和通信安全 第 3 部分：通信网络和系统安全性 包括 TCP/IP 的配置文件			2014/12/1	2014/12/1
18.5.1-5-37	18.5.1			BS EN 62351-9：2017	电力系统管理和相关的信息交换 数据和通信安全 电力系统设备的网络安全密钥管理			2017/7/14	2017/7/14

18

序号	GW分类	ICS分类	GB分类	标准号	中 文 名 称	代替标准	采用关系	发布日期	实施日期
18.5.1-5-38	18.5.1	35.030		BS ISO/IEC 10116：2017	信息技术 安全技术 n位分组密码的操作模式	BS ISO/IEC 10116：2006		2017/7/28	2017/7/28
18.5.1-5-39	18.5.1	33.200		BSI DD IEC/TS 62351-2：2009	电力系统管理和相关信息交换 数据和通信安全 第2部分：术语的词汇表			2009/5/31	2009/5/31
18.5.1-5-40	18.5.1	33.200		BSI DD IEC/TS 62351-4：2007	电力系统管理和相关信息交换 数据和通信安全 第4部分：包括公里的侧面			2007/7/31	2007/7/31
18.5.1-5-41	18.5.1	33.200		BSI DD IEC/TS 62351-6：2007	电力系统管理和相关信息交换 数据和通信安全 第6部分：为IEC 61850 的安全			2007/7/31	2007/7/31
18.5.1-5-42	18.5.1	33.200；35.040		BSI DD IEC/TS 62351-8：2011	电力系统管理和相关信息交换 数据和通信安全 第8部分：基于角色的访问控制			2011/10/31	2011/10/31
18.5.1-5-43	18.5.1	33.200		IEC 62351-2：2008	功率系统管理和联合信息交换数据和通信安全性 第2部分：术语表			2008/8/19	2008/8/19
18.5.1-5-44	18.5.1	33.200；35.040		IEC/TS 62351-5：2013	动力系统管理和相关信息的交换 数据和通信安全 第5部分：IEC 60870-5 及其派生标准用安全设置	IEC/TS 62351-5：2009；IEC 57/1204/DTS：2012		2013/4/1	2013/4/1
18.5.1-5-45	18.5.1	33.200		IEC 62351-7：2017	电源系统管理和相关信息交换 数据和通信安全 第7部分：网络和系统管理（NSM）数据对象模型			2017/7/18	2017/7/18
18.5.1-5-46	18.5.1		M11	IEC/TS 62443-1-1：2009	工业通信网络 网络和系统安全 第1部分：术语、概念和模型	IEC 65/423/DTS：2008		2009/7/1	2009/7/1
18.5.1-5-47	18.5.1			IEC 62443-3-3 CORRI 1：2014	工业通信网络 网络和系统安全 第3-3部分：系统安全要求和安全级别；勘误表1			2014/4/1	2014/4/1
18.5.1-5-48	18.5.1	25.040.40；35.040；35.110；35.240.50	N18	IEC 62443-3-3：2013	工业通信网络 网络和系统安全 第3-3部分：安全级和系统安全性要求	IEC 65/531/FDIS：2013		2013/8/1	2013/8/1
18.5.1-5-49	18.5.1	25.040.40；35.040；35.110；35.240.50	N10	IEC/PAS 62443-3：2008	工业过程测量和控制安全网络和系统安全			2008/1/22	2008/1/22

18

序号	GW 分类	ICS 分类	GB 分类	标准号	中 文 名 称	代替标准	采用关系	发布日期	实施日期
18.5.1-5-50	18.5.1			IEC/TS 62351-100-1：2018	电力系统管理和相关信息交换 数据和通信安全 第100-1部分：IEC/TS 62351-5 和 IEC/TS 60870-5-7 1.0 版的一致性测试用例			2018/11/1	2018/11/1

18.5.2 数字化-网络安全-信息技术安全

序号	GW 分类	ICS 分类	GB 分类	标准号	中 文 名 称	代替标准	采用关系	发布日期	实施日期
18.5.2-2-1	18.5.2			Q/GDW 10594—2021	管理信息系统网络安全等级保护技术要求	Q/GDW 1594—2014		2021/6/25	2021/6/25
18.5.2-2-2	18.5.2			Q/GDW 10595—2021	管理信息系统网络安全等级保护验收规范	Q/GDW 1595—2014		2021/6/25	2021/6/25
18.5.2-2-3	18.5.2	29.240		Q/GDW 10942—2018	应用软件系统安全性测试方法	Q/GDW/Z 1942—2013		2019/7/26	2019/7/26
18.5.2-2-4	18.5.2	29.240		Q/GDW 11445—2015	国家电网公司管理信息系统安全基线要求			2016/11/9	2016/11/9
18.5.2-2-5	18.5.2	29.240		Q/GDW 11802—2018	网络与信息安全风险监控预警平台数据接入规范			2019/7/26	2019/7/26
18.5.2-2-6	18.5.2	29.240		Q/GDW/Z 11976—2019	电动汽车充电设备可信计算技术规范			2020/9/28	2020/9/28
18.5.2-2-7	18.5.2	29.240		Q/GDW 11977—2019	电动汽车充电设施网络安全防护技术规范			2020/9/28	2020/9/28
18.5.2-2-8	18.5.2	35.040		Q/GDW 11982—2019	网络与信息安全风险监控预警平台告警规范			2020/9/28	2020/9/28
18.5.2-2-9	18.5.2	29.240		Q/GDW 11984—2019	管理信息大区网络边界终端准入管控系统 技术规范			2020/9/28	2020/9/28
18.5.2-2-10	18.5.2			Q/GDW 12108—2021	电力物联网全场景安全技术要求			2021/5/26	2021/5/26
18.5.2-2-11	18.5.2			Q/GDW 12109—2021	电力物联网感知层设备接入安全技术规范			2021/5/26	2021/5/26
18.5.2-2-12	18.5.2			Q/GDW 12110—2021	电力物联网全场景安全监测数据采集基本要求			2021/5/26	2021/5/26
18.5.2-2-13	18.5.2			Q/GDW 12111—2021	电力物联网数据安全分级保护要求			2021/5/26	2021/5/26
18.5.2-2-14	18.5.2			Q/GDW 12112—2021	电力物联网密码应用规范			2021/5/26	2021/5/26
18.5.2-2-15	18.5.2	29.240		Q/GDW 1596—2015	国家电网公司信息安全风险评估实施细则	Q/GDW 596—2011		2016/11/9	2016/11/9
18.5.2-2-16	18.5.2	29.240		Q/GDW 1597—2015	国家电网公司应用软件系统通用安全要求	Q/GDW 597—2011		2016/11/9	2016/11/9
18.5.2-2-17	18.5.2	01.040.35	L70/84	Q/GDW/Z 11801—2018	网络与信息安全风险监控预警平台安全监测数据规范			2019/7/26	2019/7/26
18.5.2-3-18	18.5.2	35.040	L80	GB/Z 24294.1—2018	信息安全技术 基于互联网电子政务信息安全实施指南 第1部分：总则	GB/Z 24294—2009		2018/3/15	2018/10/1

18

序号	GW 分类	ICS 分类	GB 分类	标准号	中 文 名 称	代替标准	采用关系	发布日期	实施日期
18.5.2-3-19	18.5.2	35.240.15	L64	GB/T 30001.1—2013	信息技术 基于射频的移动支付 第1部分：射频接口			2013/10/10	2014/5/1
18.5.2-3-20	18.5.2	35.240.15	L64	GB/T 30001.2—2013	信息技术 基于射频的移动支付 第2部分：卡技术要求			2013/10/10	2014/5/1
18.5.2-3-21	18.5.2	35.240.15	L64	GB/T 30001.3—2013	信息技术 基于射频的移动支付 第3部分：设备技术要求			2013/10/10	2014/5/1
18.5.2-3-22	18.5.2	35.240.15	L64	GB/T 30001.4—2013	信息技术 基于射频的移动支付 第4部分：卡应用管理和安全			2013/10/10	2014/5/1
18.5.2-3-23	18.5.2	35.240.15	L64	GB/T 30001.5—2013	信息技术 基于射频的移动支付 第5部分：射频接口测试方法			2013/10/10	2014/5/1
18.5.2-3-24	18.5.2	35.040	L80	GB/T 31502—2015	信息安全技术 电子支付系统安全保护框架			2015/5/15	2016/1/1
18.5.2-3-25	18.5.2	35.040	L80	GB/T 31503—2015	信息安全技术 电子文档加密与签名消息语法			2015/5/15	2016/1/1
18.5.2-3-26	18.5.2	35.040	L80	GB/T 35282—2017	信息安全技术 电子政务移动办公系统安全技术规范			2017/12/29	2018/7/1
18.5.2-3-27	18.5.2	35.040	L80	GB/T 37002—2018	信息安全技术 电子邮件系统安全技术要求			2018/12/28	2019/7/1
18.5.2-3-28	18.5.2	35.040	L80	GB/T 37950—2019	信息安全技术 桌面云安全技术要求			2019/8/30	2020/3/1
18.5.2-3-29	18.5.2	35.040	L80	GB/T 37956—2019	信息安全技术 网站安全云防护平台技术要求			2019/8/30	2020/3/1
18.5.2-3-30	18.5.2	35.040	L80	GB/T 39477—2020	信息安全技术 政务信息共享 数据安全技术要求			2020/11/19	2021/6/1
18.5.2-4-31	18.5.2	35.110	M11	YD/T 1736—2009	互联网安全防护要求	YD 1736—2008		2009/12/11	2010/1/1
18.5.2-4-32	18.5.2	35.110	M11	YD/T 1737—2009	互联网安全防护检测要求	YD 1737—2008		2009/12/11	2010/1/1
18.5.2-4-33	18.5.2	33.060.99	M42	YD/T 3157—2016	公有云服务安全防护要求			2016/7/11	2016/10/1
18.5.2-4-34	18.5.2	33.060.99	M42	YD/T 3158—2016	公有云服务安全防护检测要求			2016/7/11	2016/10/1
18.5.2-4-35	18.5.2	33.040.20	M33	YD/T 3161—2016	邮件系统安全防护要求			2016/7/11	2016/10/1
18.5.2-4-36	18.5.2	33.040.20	M33	YD/T 3162—2016	邮件系统安全防护检测要求			2016/7/11	2016/10/1
18.5.2-4-37	18.5.2	33.040.20	M33	YD/T 3163—2016	网络交易系统安全防护要求			2016/7/11	2016/10/1

18

序号	GW 分类	ICS 分类	GB 分类	标准号	中 文 名 称	代替标准	采用关系	发布日期	实施日期
18.5.2-4-38	18.5.2	33.40	M10	YD/T 3750—2020	车联网无线通信安全技术指南			2020/8/31	2020/10/1
18.5.2-4-39	18.5.2	33.020	L70	YD/T 3751—2020	车联网信息服务　数据安全技术要求			2020/8/31	2020/10/1
18.5.2-4-40	18.5.2	33.020	L70	YD/T 3752—2020	车联网信息服务　平台安全防护技术要求			2020/8/31	2020/10/1

18.6 数字化-信息运行

序号	GW 分类	ICS 分类	GB 分类	标准号	中 文 名 称	代替标准	采用关系	发布日期	实施日期
18.6-2-1	18.6	29.240		Q/GDW 10343—2018	信息机房设计及建设规范	Q/GDW 1343—2014		2020/3/20	2020/3/20
18.6-2-2	18.6	29.240		Q/GDW 10345—2018	信息机房评价规范	Q/GDW 1345—2014		2020/3/20	2020/3/20
18.6-2-3	18.6	29.240		Q/GDW 10704—2018	信息运行支撑平台技术要求	Q/GDW 704—2012		2020/3/20	2020/3/20
18.6-2-4	18.6	35.240		Q/GDW 10845—2018	信息运行支撑平台功能规范	Q/GDW/Z 1845—2013		2020/3/20	2020/3/20
18.6-2-5	18.6	29.240		Q/GDW 11159—2018	信息系统基础设施改造技术规范	Q/GDW 11159—2013		2019/7/26	2019/7/26
18.6-2-6	18.6	29.240		Q/GDW 11212—2018	信息系统非功能性需求规范	Q/GDW/Z 11212—2014		2020/3/20	2020/3/20
18.6-2-7	18.6			Q/GDW 1133—2014	国家电网公司统一域名体系建设规范	Q/GDW/Z 133—2005		2015/5/29	2015/5/29
18.6-2-8	18.6			Q/GDW 11822.10—2021	一体化"国网云"　第10部分：运维技术规范			2021/6/25	2021/6/25
18.6-2-9	18.6	35.240		Q/GDW 11830—2018	信息化后评估规范			2019/7/16	2019/7/16
18.6-2-10	18.6	29.240		Q/GDW 11978—2018	数据中心模块化设计规范			2020/9/28	2020/9/28
18.6-2-11	18.6	29.240		Q/GDW 11983—2019	高效能数据中心能耗管理技术导则			2020/9/28	2020/9/28
18.6-2-12	18.6	29.240		Q/GDW 11985—2019	信息系统自动化运维导则			2020/9/28	2020/9/28
18.6-2-13	18.6	29.240		Q/GDW/Z 11799—2018	数据中心信息系统灾备存储复制设计原则			2019/7/26	2019/7/26
18.6-3-14	18.6	35.160	L85	GB/T 14715—2017	信息技术设备用不间断电源通用规范	GB/T 14715—1993		2017/12/29	2018/7/1
18.6-3-15	18.6			GB/T 19668.6—2019	信息技术服务　监理　第6部分：应用系统：数据中心工程监理规范			2019/8/30	2020/3/1
18.6-3-16	18.6	35.080	L77	GB/T 28827.6—2019	信息技术服务　运行维护　第6部分：应用系统服务要求			2019/8/30	2020/3/1

18

序号	GW 分类	ICS 分类	GB 分类	标准号	中 文 名 称	代替标准	采用关系	发布日期	实施日期
18.6-3-17	18.6			GB/T 32910.2—2017	数据中心资源利用 第2部分:关键性指标设置要求			2017/7/31	2018/2/1
18.6-3-18	18.6			GB/T 32910.3—2016	数据中心资源利用 第3部分:电能能效要求和测量方法			2016/8/29	2017/3/1
18.6-3-19	18.6	35.020	L73	GB/T 32910.4—2021	数据中心资源利用 第4部分:可再生能源利用率			2021/4/30	2021/11/1
18.6-3-20	18.6	35.220.01	L63	GB/T 36092—2018	信息技术 备份存储 备份技术应用要求			2018/3/15	2018/10/1
18.6-3-21	18.6	35.240	L67	GB/T 38633—2020	信息技术 大数据 系统运维和管理功能要求			2020/4/28	2020/11/1
18.6-3-22	18.6	35.240.50	L67	GB/T 39837—2021	信息技术 远程运维 技术参考模型			2021/3/9	2021/10/1
18.6-4-23	18.6	13.100	F09	DL/T 1597—2016	电力行业数据灾备系统存储监控技术规范			2016/8/16	2016/12/1
18.6-4-24	18.6			DL/T 1731—2017	电力信息系统非功能性需求规范			2017/8/2	2017/12/1
18.6-4-25	18.6			DL/T 2014—2019	电力信息化项目后评价			2019/6/4	2019/10/1
18.6-4-26	18.6	35.22	L64	YD/T 2916—2015	基于存储复制技术的数据灾备技术要求			2015/7/14	2015/10/1
18.6-4-27	18.6	33.040.50	M42	YD/T 2958—2015	虚拟桌面服务运维管理技术要求			2015/10/10	2016/1/1
18.6-4-28	18.6	35.02	L70	YD/T 3054—2016	云资源运维管理功能技术要求			2016/4/5	2016/7/1
18.6-4-29	18.6	35.22	L64	YD/T 3485—2019	信息系统灾难恢复能力要求			2019/8/28	2019/10/1
18.6-4-30	18.6	35.11	M11	YD/T 3671—2020	公有云服务平台安全运维管理要求			2020/4/24	2020/7/1
18.6-4-31	18.6	35.110	M10	YD/T 3748—2020	公有云服务安全运行可视化管理规范			2020/8/31	2020/10/1
18.6-4-32	18.6	29.200	M41	YD/T 3767—2020	数据中心用市电加保障电源的两路供电系统技术要求			2020/8/31	2020/10/1

18.7 数字化-其他

序号	GW 分类	ICS 分类	GB 分类	标准号	中 文 名 称	代替标准	采用关系	发布日期	实施日期
18.7-2-1	18.7			Q/GDW 135—2006	国家电网公司纸质档案数字化技术规范			2006/3/31	2006/3/31

序号	GW 分类	ICS 分类	GB 分类	标准号	中 文 名 称	代替标准	采用关系	发布日期	实施日期
18.7-4-2	18.7	33.04	M21	YD/T 3081—2016	基于表述性状态转移（REST）技术的业务能力开放应用程序接口（API）图片共享			2016/4/5	2016/7/1
18.7-4-3	18.7	33.060.99	M37	YD/T 3103—2016	基于表述性状态转移（REST）技术的业务能力开放应用程序接口（API）终端能力信息业务			2016/7/11	2016/10/1
18.7-4-4	18.7	33.040.40	L78	YD/T 3188—2016	基于表述性状态转移（REST）技术的业务能力开放应用程序接口（API）文件传输业务			2016/10/22	2017/1/1
18.7-4-5	18.7	33.040.40	L78	YD/T 3189—2016	基于表述性状态转移（REST）技术的业务能力开放应用程序接口（API）状态呈现业务			2016/10/22	2017/1/1
18.7-5-6	18.7			BS ISO/IEC 29110-3-2：2018	系统和软件工程　小型实体（VSE）的生命周期配置文件　合格认证方案			2018/4/27	2018/4/27
18.7-5-7	18.7			BS ISO/IEC 29110-3-3：2017	系统和软件工程　超小型企业生命周期简介（VSE）　第 3-3 部分：使用过程评估和成熟度模型对 VSE 概要进行合格评定的认证要求			2017/1/31	2017/1/31

18

19 售电市场与营销

19.1 售电市场与营销-基础综合

序号	GW分类	ICS分类	GB分类	标准号	中文名称	代替标准	采用关系	发布日期	实施日期
19.1-2-1	19.1	29.240		Q/GDW 11319.1—2014	国家电网营销基础数据平台 第1部分：数据模型			2015/6/3	2015/6/3
19.1-2-2	19.1	29.240		Q/GDW 11319.2—2014	国家电网营销基础数据平台 第2部分：通用数据访问接口			2015/6/3	2015/6/3
19.1-2-3	19.1			Q/GDW 11773—2017	低压台区营配数据普查移动终端技术条件			2018/9/7	2018/9/7

19.2 售电市场与营销-电能计量

序号	GW分类	ICS分类	GB分类	标准号	中文名称	代替标准	采用关系	发布日期	实施日期
19.2-2-1	19.2			Q/GDW 10205—2021	电能计量器具条码	Q/GDW 1205—2013		2022/1/7	2022/1/7
19.2-2-2	19.2	29.240		Q/GDW 10347—2016	电能计量装置通用设计规范	Q/GDW 347—2009		2017/6/16	2017/6/16
19.2-2-3	19.2			Q/GDW 10354—2020	智能电能表功能规范	Q/GDW 1354—2013		2021/1/29	2021/1/29
19.2-2-4	19.2			Q/GDW 10355—2020	单相智能电能表型式规范	Q/GDW 1355—2013		2021/1/29	2021/1/29
19.2-2-5	19.2			Q/GDW 10356—2020	三相智能电能表型式规范	Q/GDW 1356—2013		2021/1/29	2021/1/29
19.2-2-6	19.2			Q/GDW 10364—2020	单相智能电能表技术规范	Q/GDW 1364—2013		2021/1/29	2021/1/29
19.2-2-7	19.2			Q/GDW 10365—2020	智能电能表信息交换安全认证技术规范	Q/GDW 1365—2013		2021/1/29	2021/1/29
19.2-2-8	19.2	29.240		Q/GDW 10373—2019	用电信息采集系统功能规范			2020/10/30	2020/10/30
19.2-2-9	19.2	29.240		Q/GDW 10374.1—2019	用电信息采集系统技术规范 第1部分：专变采集终端			2020/10/30	2020/10/30
19.2-2-10	19.2	29.240		Q/GDW 10374.2—2019	用电信息采集系统技术规范 第2部分：集中抄表终端			2020/10/30	2020/10/30
19.2-2-11	19.2	29.240		Q/GDW 10374.3—2019	用电信息采集系统技术规范 第3部分：通信单元			2020/10/30	2020/10/30
19.2-2-12	19.2	29.240		Q/GDW 10375.1—2019	用电信息采集系统型式规范 第1部分：专变采集终端			2020/10/30	2020/10/30
19.2-2-13	19.2	29.240		Q/GDW 10375.2—2019	用电信息采集系统型式规范 第2部分：集中器			2020/10/30	2020/10/30

19

序号	GW 分类	ICS 分类	GB 分类	标准号	中 文 名 称	代替标准	采用关系	发布日期	实施日期
19.2-2-14	19.2	29.240		Q/GDW 10375.3—2019	用电信息采集系统型式规范　第3部分：采集器			2020/10/30	2020/10/30
19.2-2-15	19.2	29.240		Q/GDW 10376.1—2019	用电信息采集系统通信协议　第1部分：主站与采集终端			2020/10/30	2020/10/30
19.2-2-16	19.2	29.240		Q/GDW 10376.2—2019	用电信息采集系统通信协议　第2部分：集中器本地通信模块接口			2020/10/30	2020/10/30
19.2-2-17	19.2	29.240		Q/GDW 10376.3—2019	用电信息采集系统通信协议　第3部分：采集终端远程通信模块接口			2020/10/30	2020/10/30
19.2-2-18	19.2	29.240		Q/GDW 10379.1—2019	用电信息采集系统检验规范　第1部分：系统			2020/10/30	2020/10/30
19.2-2-19	19.2	29.240		Q/GDW 10379.2—2019	用电信息采集系统检验规范　第2部分：专变采集终端			2020/10/30	2020/10/30
19.2-2-20	19.2	29.240		Q/GDW 10379.3—2019	用电信息采集系统检验规范　第3部分：集中抄表终端			2020/10/30	2020/10/30
19.2-2-21	19.2	29.240		Q/GDW 10379.4—2019	用电信息采集系统检验规范　第4部分：通信单元			2020/10/30	2020/10/30
19.2-2-22	19.2			Q/GDW 10572.1—2020	计量用互感器技术规范　第1部分：低压电流互感器	Q/GDW 1572—2014		2021/3/26	2021/3/26
19.2-2-23	19.2	29.240		Q/GDW 10825—2019	直流电能表技术规范			2020/12/31	2020/12/31
19.2-2-24	19.2			Q/GDW 10827—2020	三相智能电能表技术规范	Q/GDW 1827—2013		2021/1/29	2021/1/29
19.2-2-25	19.2	29.240		Q/GDW 10893—2018	计量用电子标签技术规范	Q/GDW 10893—2017		2019/10/10	2019/10/10
19.2-2-26	19.2	29.240		Q/GDW 11008—2013	低压计量箱技术规范			2014/1/16	2014/1/16
19.2-2-27	19.2			Q/GDW 11009—2021	电能计量封印技术规范	Q/GDW 11009—2013		2022/1/7	2022/1/7
19.2-2-28	19.2			Q/GDW 11016—2013	电力用户用电信息采集系统通信协议　第4部分：基于微功率无线通信的数据传输协议			2013/11/6	2013/11/6
19.2-2-29	19.2	29.240		Q/GDW 11018.9—2018	数字化计量系统技术条件　第9部分：多功能测控装置			2019/10/10	2019/10/10
19.2-2-30	19.2	29.240		Q/GDW 11018.21—2018	数字化计量系统技术条件　第21部分：数字化电能表型式规范			2019/10/10	2019/10/10
19.2-2-31	19.2			Q/GDW 11018—2017	数字化计量系统技术条件　第10部分：数字化电能表	Q/GDW 11018—2013		2018/9/7	2018/9/7

19

序号	GW分类	ICS分类	GB分类	标准号	中 文 名 称	代替标准	采用关系	发布日期	实施日期
19.2-2-32	19.2	29.240		Q/GDW 11111—2013	数字化电能表校准规范			2014/4/1	2014/4/1
19.2-2-33	19.2			Q/GDW 11116—2013	智能电能表监测装置软件设计技术规范			2014/4/1	2014/4/1
19.2-2-34	19.2			Q/GDW 11117—2017	计量现场作业终端技术规范	Q/GDW 11117—2013		2018/9/7	2018/9/7
19.2-2-35	19.2	29.240		Q/GDW 11163—2014	电动汽车交流充电桩计量技术要求			2014/8/1	2014/8/1
19.2-2-36	19.2	29.240		Q/GDW 11165—2014	电动汽车非车载充电机直流计量技术要求			2014/8/1	2014/8/1
19.2-2-37	19.2	29.240		Q/GDW 11179.1—2014	电能表用元器件技术规范 第1部分：电解电容器			2014/5/15	2014/5/15
19.2-2-38	19.2	29.240		Q/GDW 11179.2—2014	电能表用元器件技术规范 第2部分：电阻器			2014/5/15	2014/5/15
19.2-2-39	19.2	29.020		Q/GDW 11179.3—2014	电能表用元器件技术规范 第3部分：压敏电阻器			2014/5/15	2014/5/15
19.2-2-40	19.2	29.020		Q/GDW 11179.4—2014	电能表用元器件技术规范 第4部分：光电耦合器			2014/5/15	2014/5/15
19.2-2-41	19.2	29.240		Q/GDW 11179.5—2014	电能表用元器件技术规范 第5部分：晶体谐振器			2015/2/18	2015/2/18
19.2-2-42	19.2	29.240		Q/GDW 11179.6—2014	电能表用元器件技术规范 第6部分：瞬变二极管			2015/2/18	2015/2/18
19.2-2-43	19.2	29.240		Q/GDW 11179.7—2014	电能表用元器件技术规范 第7部分：电池			2015/2/18	2015/2/18
19.2-2-44	19.2	29.240		Q/GDW 11179.8—2015	电能表用元器件技术规范 第8部分：负荷开关			2016/1/5	2016/1/5
19.2-2-45	19.2	29.240		Q/GDW 11179.9—2015	电能表用元器件技术规范 第9部分：片式电容器			2016/1/5	2016/1/5
19.2-2-46	19.2	29.240		Q/GDW 11179.10—2015	电能表用元器件技术规范 第10部分：液晶显示器			2016/1/5	2016/1/5
19.2-2-47	19.2	29.240		Q/GDW 11179.11—2015	电能表用元器件技术规范 第11部分：串口通信协议RS-485芯片			2016/1/5	2016/1/5
19.2-2-48	19.2	29.240		Q/GDW 11179.12—2015	电能表用元器件技术规范 第12部分：时钟芯片			2016/1/5	2016/1/5
19.2-2-49	19.2	29.240		Q/GDW 11179.13—2015	电能表用元器件技术规范 第13部分：微控制器			2016/1/5	2016/1/5

19

序号	GW 分类	ICS 分类	GB 分类	标准号	中 文 名 称	代替标准	采用关系	发布日期	实施日期
19.2-2-50	19.2	29.240		Q/GDW 11179.14—2015	电能表用元器件技术规范 第14部分：计量芯片			2016/1/5	2016/1/5
19.2-2-51	19.2	29.240		Q/GDW 11179.15—2015	电能表用元器件技术规范 第15部分：电流互感器			2016/1/5	2016/1/5
19.2-2-52	19.2	29.240		Q/GDW 11191—2014	省级计量中心生产调度平台功能规范			2014/10/15	2014/10/15
19.2-2-53	19.2	29.240		Q/GDW 11192—2014	省级计量中心生产调度平台验收规范			2014/10/15	2014/10/15
19.2-2-54	19.2	29.240		Q/GDW 11193—2014	省级计量中心生产调度平台运维导则			2014/10/15	2014/10/15
19.2-2-55	19.2	29.240		Q/GDW 11194—2014	省级计量中心生产调度平台与四线一库系统接口技术规范			2014/10/15	2014/10/15
19.2-2-56	19.2	29.240		Q/GDW 11195—2014	省级计量中心生产调度平台与营销业务应用系统接口规范			2014/10/15	2014/10/15
19.2-2-57	19.2	29.240		Q/GDW 11197—2014	用电信息采集终端检测装置技术规范			2014/10/15	2014/10/15
19.2-2-58	19.2	29.240		Q/GDW 11278—2014	计量用低压电流互感器自动化检定系统校准方法			2015/2/18	2015/2/18
19.2-2-59	19.2	29.240		Q/GDW 11279—2014	抢修计量周转箱技术规范			2015/2/18	2015/2/18
19.2-2-60	19.2	29.240		Q/GDW 11280—2014	计量周转柜技术规范			2015/2/18	2015/2/18
19.2-2-61	19.2			Q/GDW 11362.47—2020	数字化计量系统 第4-7部分：互感器合并单元技术条件	Q/GDW 11362—2014		2021/3/26	2021/3/26
19.2-2-62	19.2	29.240		Q/GDW 11363—2019	计量自动化生产系统智能运维平台功能规范	Q/GDW 11363—2014		2020/12/31	2020/12/31
19.2-2-63	19.2	29.240		Q/GDW 11422—2015	电能表监造技术规范			2016/1/5	2016/1/5
19.2-2-64	19.2	19.080		Q/GDW 11525—2016	智能电能表软件备案与比对技术规范			2016/12/28	2016/12/28
19.2-2-65	19.2	29.240		Q/GDW 11611—2016	"多表合一"信息采集建设施工工艺规范			2017/6/16	2017/6/16
19.2-2-66	19.2	29.240		Q/GDW 11612.1—2018	低压电力线高速载波通信互联互通技术规范 第1部分：总则	Q/GDW 11612.1—2016		2019/10/10	2019/10/10
19.2-2-67	19.2	29.240		Q/GDW 11612.2—2018	低压电力线高速载波通信互联互通技术规范 第2部分：技术要求	Q/GDW 11612.2—2016		2019/10/10	2019/10/10
19.2-2-68	19.2	29.240		Q/GDW 11612.3—2018	低压电力线高速载波通信互联互通技术规范 第3部分：检验方法	Q/GDW 11612.3—2016		2019/10/10	2019/10/10

19

序号	GW分类	ICS分类	GB分类	标准号	中 文 名 称	代替标准	采用关系	发布日期	实施日期
19.2-2-69	19.2	29.240		Q/GDW 11612.41—2018	低压电力线高速载波通信互联互通技术规范 第4-1部分：物理层通信协议	Q/GDW 11612.41—2016		2019/10/10	2019/10/10
19.2-2-70	19.2	29.240		Q/GDW 11612.42—2018	低压电力线高速载波通信互联互通技术规范 第4-2部分：数据链路层通信协议	Q/GDW 11612.42—2016		2019/10/10	2019/10/10
19.2-2-71	19.2	29.240		Q/GDW 11612.43—2018	低压电力线高速载波通信互联互通技术规范 第4-3部分：应用层通信协议	Q/GDW 11612.43—2016		2019/10/10	2019/10/10
19.2-2-72	19.2	29.240		Q/GDW 11680—2017	智能电能表软件可靠性技术规范			2018/1/18	2018/1/18
19.2-2-73	19.2	29.240		Q/GDW 11681—2017	10kV～35kV 计量用电流互感器技术规范			2018/1/18	2018/1/18
19.2-2-74	19.2	29.240		Q/GDW 11682—2017	10kV～35kV 计量用电压互感器技术规范			2018/1/18	2018/1/18
19.2-2-75	19.2			Q/GDW 11776—2017	拆回电能表分拣装置技术规范			2018/9/7	2018/9/7
19.2-2-76	19.2			Q/GDW 11779—2017	电能表用变压器 技术规范			2018/9/7	2018/9/7
19.2-2-77	19.2			Q/GDW 11780—2017	智能周转柜统一接入接口技术规范			2018/9/7	2018/9/7
19.2-2-78	19.2			Q/GDW 11781—2017	二级智能计量表库统一接入接口技术规范			2018/9/7	2018/9/7
19.2-2-79	19.2	29.240		Q/GDW 11844—2018	电力用户用电信息采集系统通信接口转换器技术规范			2019/10/10	2019/10/10
19.2-2-80	19.2	29.240		Q/GDW 11845—2018	电能计量设备用超级电容器技术规范			2019/10/10	2019/10/10
19.2-2-81	19.2	29.240		Q/GDW 11846—2018	数字化计量系统一般技术要求			2019/10/10	2019/10/10
19.2-2-82	19.2	29.240.99		Q/GDW 11847.1—2018	数字化计量系统 设备检测规范 第1部分：互感器合并单元			2019/10/10	2019/10/10
19.2-2-83	19.2	29.240		Q/GDW 11849—2018	10kV～35kV 计量用互感器自动化检定系统技术规范			2019/10/10	2019/10/10
19.2-2-84	19.2	29.240		Q/GDW 11850—2018	直流电能表外附分流器技术规范			2019/10/10	2019/10/10
19.2-2-85	19.2	29.240		Q/GDW 11851—2018	三相谐波智能电能表技术规范			2019/10/10	2019/10/10
19.2-2-86	19.2	29.240		Q/GDW 11854—2018	电能表自动化检定系统校准规范			2019/10/10	2019/10/10
19.2-2-87	19.2	29.240		Q/GDW 11999.1—2019	电力用户农排费控采集系统 第1部分：农排费控智能电能表技术规范			2020/9/17	2020/9/17
19.2-2-88	19.2	29.240		Q/GDW 11999.2—2019	电力用户农排费控采集系统 第2部分：农排费控智能电能表功能规范			2020/9/17	2020/9/17

19

序号	GW 分类	ICS 分类	GB 分类	标准号	中 文 名 称	代替标准	采用关系	发布日期	实施日期
19.2-2-89	19.2	29.240		Q/GDW 11999.3—2019	电力用户农排费控采集系统 第3部分:农排费控智能电能表型式规范			2020/9/17	2020/9/17
19.2-2-90	19.2	29.240		Q/GDW 11999.4—2019	电力用户农排费控采集系统 第4部分:农排费控智能电能表信息交换安全 技术规范			2020/9/17	2020/9/17
19.2-2-91	19.2	29.240		Q/GDW 11999.5—2019	电力用户农排费控采集系统 第5部分:农排费控终端技术规范			2020/9/17	2020/9/17
19.2-2-92	19.2	29.240		Q/GDW 11999.6—2019	电力用户农排费控采集系统 第6部分:通道转换器技术规范			2020/9/17	2020/9/17
19.2-2-93	19.2	29.240		Q/GDW 11999.7—2019	电力用户农排费控采集系统 第7部分:农排费控终端信息交换安全 技术规范			2020/9/17	2020/9/17
19.2-2-94	19.2	29.240		Q/GDW 12002—2019	电动汽车非车载充电机电能计量检测规范			2020/9/17	2020/9/17
19.2-2-95	19.2	29.240		Q/GDW 12003—2019	数字化计量系统 安装调试验收运维规范			2020/10/30	2020/10/30
19.2-2-96	19.2	29.240		Q/GDW 12004—2019	数字化电能表现场校验仪技术规范			2020/10/30	2020/10/30
19.2-2-97	19.2	29.240		Q/GDW 12005—2019	数字化计量系统 通用技术导则			2020/10/30	2020/10/30
19.2-2-98	19.2	29.240		Q/GDW 12007—2019	计量现场作业低压防护手套技术规范			2020/10/30	2020/10/30
19.2-2-99	19.2	29.240		Q/GDW 12008—2019	数字化电能表检验装置校准规范			2020/10/30	2020/10/30
19.2-2-100	19.2	29.240		Q/GDW 12009—2019	直流电能表外附分流器检测装置技术规范			2020/10/30	2020/10/30
19.2-2-101	19.2	29.240		Q/GDW 12010—2019	智能电能表运行可靠性评价技术规范			2020/10/30	2020/10/30
19.2-2-102	19.2			Q/GDW 12084.1—2020	典型环境下计量设备现场运行评价技术规范 第1部分:智能电能表			2021/3/26	2021/3/26
19.2-2-103	19.2			Q/GDW 12085—2020	计量检定(检测)设备信息交互技术规范			2021/3/26	2021/3/26
19.2-2-104	19.2			Q/GDW 12087.1—2020	双模通信互联互通技术规范 第1部分:总则			2021/3/26	2021/3/26
19.2-2-105	19.2			Q/GDW 12087.41—2020	双模通信互联互通技术规范 第4-1部分:物理层通信协议			2021/3/26	2021/3/26
19.2-2-106	19.2			Q/GDW 12087.42—2020	双模通信互联互通技术规范 第4-2部分:数据链路层通信协议			2021/3/26	2021/3/26
19.2-2-107	19.2			Q/GDW 12087.43—2020	双模通信互联互通技术规范 第4-3部分:应用层通信协议			2021/3/26	2021/3/26

19

序号	GW 分类	ICS 分类	GB 分类	标准号	中 文 名 称	代替标准	采用关系	发布日期	实施日期
19.2-2-108	19.2			Q/GDW 12091—2020	10kV～35kV 计量用三相组合式互感器技术规范			2021/3/26	2021/3/26
19.2-2-109	19.2			Q/GDW 12174—2021	智能量测开关技术规范			2022/1/7	2022/1/7
19.2-2-110	19.2			Q/GDW 12175—2021	单相智能物联电能表技术规范			2022/1/7	2022/1/7
19.2-2-111	19.2			Q/GDW 12176—2021	反窃电监测终端技术规范			2022/1/7	2022/1/7
19.2-2-112	19.2			Q/GDW 12177—2021	供电服务记录仪技术规范			2022/1/7	2022/1/7
19.2-2-113	19.2			Q/GDW 12178—2021	三相智能物联电能表技术规范			2022/1/7	2022/1/7
19.2-2-114	19.2			Q/GDW 12179—2021	智能物联电能表安全防护技术规范			2022/1/7	2022/1/7
19.2-2-115	19.2			Q/GDW 12180—2021	智能物联电能表功能及软件规范			2022/1/7	2022/1/7
19.2-2-116	19.2			Q/GDW 12181.1—2021	智能物联电能表扩展模组技术规范 第1部分：高速载波通信单元			2022/1/7	2022/1/7
19.2-2-117	19.2			Q/GDW 12181.2—2021	智能物联电能表扩展模组技术规范 第2部分：非介入式负荷辨识模组			2022/1/7	2022/1/7
19.2-2-118	19.2			Q/GDW 12181.3—2021	智能物联电能表扩展模组技术规范 第3部分：电能质量模组			2022/1/7	2022/1/7
19.2-2-119	19.2	29.020		Q/GDW 1373—2013	电力用户用电信息采集系统功能规范	Q/GDW 373—2009		2013/3/21	2013/3/21
19.2-2-120	19.2	29.240		Q/GDW 1573—2014	计量用低压电流互感器自动化检定系统技术规范	Q/GDW 573—2010		2015/2/18	2015/2/18
19.2-2-121	19.2	29.240		Q/GDW 1574—2014	电能表自动化检定系统技术规范	Q/GDW 574—2010		2015/3/12	2015/3/12
19.2-2-122	19.2	29.240		Q/GDW 1575—2014	用电信息采集终端自动化检测系统技术规范	Q/GDW 575—2010		2014/10/15	2014/10/15
19.2-2-123	19.2			Q/GDW 1828—2013	单相静止式多费率电能表技术规范			2013/3/21	2013/3/21
19.2-2-124	19.2			Q/GDW 1890—2013	计量用智能化仓储系统技术规范			2013/11/6	2013/11/6
19.2-2-125	19.2	29.240		Q/GDW 1891—2013	省级计量中心生产调度平台软件设计导则			2013/11/26	2013/11/26
19.2-2-126	19.2			Q/GDW 1892—2013	计量配送设备技术管理规范			2013/11/6	2013/11/6
19.2-3-127	19.2	17.220.20	N22	GB/T 15282—1994	无功电度表	GB 3924—1983		1994/12/7	1995/5/1
19.2-3-128	19.2	17.220.20	N22	GB/T 15284—2002	多费率电能表特殊要求	GB/T 15284—1994		2002/8/5	2003/1/1
19.2-3-129	19.2	91.140.50	P63	GB/T 16934—2013	电能计量柜	GB/T 16934—1997		2013/10/10	2014/2/1

19

序号	GW 分类	ICS 分类	GB 分类	标准号	中 文 名 称	代替标准	采用关系	发布日期	实施日期
19.2-3-130	19.2	17.220.20	N22	GB/T 17215.302—2013	交流电测量设备特殊要求 第2部分：静止式谐波有功电能表			2013/10/10	2014/4/15
19.2-3-131	19.2	17.220.20	N22	GB/T 17215.303—2013	交流电测量设备特殊要求 第3部分：数字化电能表			2013/12/17	2014/7/15
19.2-3-132	19.2	17.220.20	N22	GB/T 17215.311—2008	交流电测量设备特殊要求 第11部分：机电式有功电能表（0 5、1 和 2 级）	GB/T 15283—1994		2008/6/30	2009/1/1
19.2-3-133	19.2	17.220.20	N22	GB/T 17215.322—2008	交流电测量设备特殊要求 第22部分：静止式有功电能表（0 2S 级和 0.5S 级）	GB/T 17883—1999		2008/6/30	2009/1/1
19.2-3-134	19.2	17.220.20	N22	GB/T 17215.323—2008	交流电测量设备特殊要求 第23部分：静止式无功电能表（2 级和 3 级）	GB/T 17882—1999		2008/6/30	2009/1/1
19.2-3-135	19.2	17.220.20	N22	GB/T 17215.352—2009	交流电测量设备特殊要求 第52部分：符号	GB/T 17441—1998		2009/11/15	2010/2/1
19.2-3-136	19.2	17.220.20	N22	GB/T 17215.610—2018	电测量数据交换 DLMS/COSEM 组件 第10部分：智能测量标准化框架		IEC 62056-1-0：2014 IDT	2018/12/28	2019/7/1
19.2-3-137	19.2	17.220.20	N22	GB/T 17215.631—2018	电测量数据交换 DLMS/COSEM 组件 第31部分：基于双绞线载波信号的局域网使用	GB/T 19897.2—2005	IEC 62056-3-1：2013 IDT	2018/12/28	2019/7/1
19.2-3-138	19.2	17.220.20	N22	GB/T 17215.646—2018	电测量数据交换 DLMS/COSEM 组件 第46部分：使用 HDLC 协议的数据链路层	GB/T 19897.4—2005	IEC 62056-46：2002 IDT	2018/12/28	2019/7/1
19.2-3-139	19.2	17.220.20	N22	GB/T 17215.653—2018	电测量数据交换 DLMS/COSEM 组件 第53部分：DLMS/COSEM 应用层	GB/T 19882.33—2007	IEC 62056-5-3：2017 IDT	2018/12/28	2019/7/1
19.2-3-140	19.2	17.220.20	N22	GB/T 17215.661—2018	电测量数据交换 DLMS/COSEM 组件 第61部分：对象标识系统（OBIS）	GB/T 19882.31—2007	IEC 62056-6-1：2017 IDT	2018/12/28	2019/7/1
19.2-3-141	19.2	17.220.20	N22	GB/T 17215.662—2018	电测量数据交换 DLMS/COSEM 组件 第62部分：COSEM 接口类	GB/T 19882.32—2007	IEC 62056-6-2：2017 IDT	2018/12/28	2019/7/1
19.2-3-142	19.2	17.220.20	N22	GB/T 17215.676—2018	电测量数据交换 DLMS/COSEM 组件 第76部分：基于 HDLC 的面向连接的三层通信配置		IEC 62056-7-6：2013 IDT	2018/12/28	2019/7/1
19.2-3-143	19.2	17.220.20	N22	GB/T 17215.697—2018	电测量数据交换 DLMS/COSEM 组件 第97部分：基于 TCP-UDP/IP 网络的通信配置		IEC 62056-9-7：2013 IDT	2018/12/28	2019/7/1
19.2-3-144	19.2	17.220.20	N22	GB/T 17215.701—2011	标准电能表			2011/7/29	2011/12/1
19.2-3-145	19.2	17.220.20	N22	GB/T 17215.211—2021	电测量设备（交流） 通用要求、试验和试验条件 第11部分：测量设备	GB/T 17215.211—2006		2021/4/30	2021/8/1

19

序号	GW 分类	ICS 分类	GB 分类	标准号	中 文 名 称	代替标准	采用关系	发布日期	实施日期
19.2-3-146	19.2	17.220.20	N22	GB/T 17215.221—2021	电测量设备（交流） 通用要求、试验和试验条件 第 21 部分：费率和负荷控制设备		IEC 62052-21：2016	2021/3/9	2021/10/1
19.2-3-147	19.2	17.220.20	N22	GB/T 17215.321—2021	电测量设备（交流） 特殊要求 第 21 部分：静止式有功电能表（A 级、B 级、C 级、D 级和 E 级）	GB/T 17215.321—2008		2021/4/30	2021/8/1
19.2-3-148	19.2	17.220.20	N22	GB/T 19882.211—2010	自动抄表系统 第 211 部分：低压电力线载波抄表系统 系统要求			2011/1/14	2011/6/1
19.2-3-149	19.2	17.220.20	N22	GB/T 19882.212—2012	自动抄表系统 第 212 部分：低压电力线载波抄表系统 载波集中器			2012/12/31	2013/6/1
19.2-3-150	19.2	17.220.20	N22	GB/T 19882.213—2012	自动抄表系统 第 213 部分：低压电力线载波抄表系统 载波采集器			2012/12/31	2013/6/1
19.2-3-151	19.2	17.220.20	N22	GB/T 19882.214—2012	自动抄表系统 第 214 部分：低压电力线载波抄表系统 静止式载波电能表特殊要求			2012/12/31	2013/6/1
19.2-3-152	19.2	17.220.20	N22	GB/T 26831.1—2011	社区能源计量抄收系统规范 第 1 部分：数据交换			2011/7/29	2011/12/1
19.2-3-153	19.2	17.220.20	N22	GB/T 26831.2—2012	社区能源计量抄收系统规范 第 2 部分：物理层与链路层		EN 13757-2—2004 IDT	2012/11/5	2013/2/15
19.2-3-154	19.2	17.220.20	N22	GB/T 26831.3—2012	社区能源计量抄收系统规范 第 3 部分：专用应用层		EN 13757-3—2004 IDT	2012/11/5	2013/2/15
19.2-3-155	19.2	17.220.20	N22	GB/T 26831.4—2017	社区能源计量抄收系统规范 第 4 部分：仪表的无线抄读			2017/7/12	2018/2/1
19.2-3-156	19.2	17.220.20	N22	GB/T 26831.5—2017	社区能源计量抄收系统规范 第 5 部分：无线中继			2017/7/12	2018/2/1
19.2-3-157	19.2	17.220.20	N22	GB/T 26831.6—2015	社区能源计量抄收系统规范 第 6 部分：本地总线			2015/9/11	2016/4/1
19.2-3-158	19.2	17.220.20	N22	GB/T 32856—2016	高压电能表通用技术要求			2016/8/29	2017/3/1
19.2-3-159	19.2	17.220.20	N22	GB/T 33708—2017	静止式直流电能表			2017/5/12	2017/12/1
19.2-3-160	19.2	35.040	A50	GB/T 36377—2018	计量器具识别编码			2018/6/7	2019/1/1
19.2-3-161	19.2	17.220.20	N29	GB/T 37968—2019	高压电能计量设备检验装置			2019/8/30	2020/3/1

19

序号	GW分类	ICS分类	GB分类	标准号	中 文 名 称	代替标准	采用关系	发布日期	实施日期
19.2-3-162	19.2	17.220.20	N22	GB/T 38317.11—2019	智能电能表外形结构和安装尺寸 第11部分：通用要求			2019/12/10	2020/7/1
19.2-3-163	19.2	17.220.20	N22	GB/T 38317.21—2019	智能电能表外形结构和安装尺寸 第21部分：结构A型			2019/12/10	2020/7/1
19.2-3-164	19.2	17.220.20	N22	GB/T 38317.22—2019	智能电能表外形结构和安装尺寸 第22部分：结构B型			2019/12/10	2020/7/1
19.2-3-165	19.2	17.220.20	N22	GB/T 38317.31—2019	智能电能表外形结构和安装尺寸 第31部分：电气接口			2019/12/10	2020/7/1
19.2-4-166	19.2	29.240.01	F21	DL/T 1080.9—2013	供电企业应用集成配电管理的系统接口 第9部分：抄表与表计控制的接口		IEC 61968-9：2009 IDT	2013/11/28	2014/4/1
19.2-4-167	19.2	29.020	K93	DL/T 1369—2014	标准谐波有功电能表			2014/10/15	2015/3/1
19.2-4-168	19.2	17.040.30	F22	DL/T 1484—2015	直流电能表技术规范			2015/7/1	2015/10/1
19.2-4-169	19.2	27.100	F22	DL/T 1485—2015	三相智能电能表技术规范			2015/7/1	2015/10/1
19.2-4-170	19.2	27.100	F22	DL/T 1486—2015	单相静止式多费率电能表技术规范			2015/7/1	2015/10/1
19.2-4-171	19.2	27.100	F22	DL/T 1487—2015	单相智能电能表技术规范			2015/7/1	2015/10/1
19.2-4-172	19.2	27.100	F22	DL/T 1488—2015	单相智能电能表型式规范			2015/7/1	2015/10/1
19.2-4-173	19.2	27.100	F22	DL/T 1489—2015	三相智能电能表型式规范			2015/7/1	2015/10/1
19.2-4-174	19.2	27.100	F22	DL/T 1490—2015	智能电能表功能规范			2015/7/1	2015/7/1
19.2-4-175	19.2	29.020		DL/T 1491—2015	智能电能表信息交换安全认证技术规范			2015/7/1	2015/10/1
19.2-4-176	19.2	27.100	P62	DL/T 1496—2016	电能计量封印技术规范			2016/1/7	2016/6/1
19.2-4-177	19.2	27.100	P62	DL/T 1497—2016	电能计量用电子标签技术规范			2016/1/7	2016/6/1
19.2-4-178	19.2	17.220.20	N20	DL/T 1507—2016	数字化电能表校准规范			2016/1/7	2016/6/1
19.2-4-179	19.2	29.020	K40	DL/T 1517—2016	二次压降及二次负荷现场测试技术规范			2016/1/7	2016/6/1
19.2-4-180	19.2	29.020	K60	DL/T 1528—2016	电能计量现场手持设备技术规范			2016/1/7	2016/6/1
19.2-4-181	19.2	17.220	N22	DL/T 1592—2016	电能信息采集终端检测装置技术规范			2016/8/16	2016/12/1
19.2-4-182	19.2	17.220	N22	DL/T 1593—2016	电能信息采集终端可靠性验证方法			2016/8/16	2016/12/1
19.2-4-183	19.2	29.240.99	F29	DL/T 1652—2016	电能计量设备用超级电容器技术规范			2016/12/5	2017/5/1

19

序号	GW分类	ICS分类	GB分类	标准号	中 文 名 称	代替标准	采用关系	发布日期	实施日期
19.2-4-184	19.2	29.240	F29	DL/T 1664—2016	电能计量装置现场检验规程	SD 109—1983		2016/12/5	2017/5/1
19.2-4-185	19.2	29.240.99	F29	DL/T 1665—2016	数字化电能计量装置现场检测规范			2016/12/5	2017/5/1
19.2-4-186	19.2	29.24	F20	DL/T 1745—2017	低压电能计量箱技术条件			2017/11/15	2018/3/1
19.2-4-187	19.2	29.240.01	F20	DL/T 1783—2017	IEC 61850 工程电能计量应用模型			2017/12/27	2018/6/1
19.2-4-188	19.2	29.180	K41	DL/T 2032—2019	计量用低压电流互感器			2019/6/4	2019/10/1
19.2-4-189	19.2	29.240.99	F29	DL/T 448—2016	电能计量装置技术管理规程	DL/T 448—2000		2016/12/5	2017/5/1
19.2-4-190	19.2	27.100	P62	DL/T 5202—2004	电能量计量系统设计技术规程			2004/12/14	2005/6/1
19.2-4-191	19.2	07.040.31	N22	DL/T 585—1995	电子式标准电能表技术条件			1996/1/22	1996/5/1
19.2-4-192	19.2	17.020	N22	DL/T 614—2007	多功能电能表	DL 614—1997		2007/12/3	2008/6/1
19.2-4-193	19.2	17.020	N22	DL/T 645—2007	多功能电能表通信协议	DL 645—1997		2007/12/3	2008/6/1
19.2-4-194	19.2	29.100	L19	DL/T 668—2017	测量用互感器检验装置	DL/T 668—1999		2017/11/15	2018/3/1
19.2-4-195	19.2			DL/T 698.1—2021	电能信息采集与管理系统 第1部分：总则	DL/T 698.1—2009		2021/1/7	2021/7/1
19.2-4-196	19.2			DL/T 698.2—2021	电能信息采集与管理系统 第2部分：主站技术规范	DL/T 698.2—2010		2021/1/7	2021/7/1
19.2-4-197	19.2	17.220	N22	DL/T 698.31—2010	电能信息采集与管理系统 第3-1部分：电能信息采集终端技术规范 通用要求	DL 698—1999		2010/5/1	2010/10/1
19.2-4-198	19.2	17.220	N22	DL/T 698.32—2010	电能信息采集与管理系统 第3-2部分：电能信息采集终端技术规范 厂站采集终端特殊要求	DL 698—1999		2010/5/1	2010/10/1
19.2-4-199	19.2	17.220	N22	DL/T 698.33—2010	电能信息采集与管理系统 第3-3部分：电能信息采集终端技术规范 专变采集终端特殊要求	DL 698—1999		2010/5/1	2010/10/1
19.2-4-200	19.2	17.220	N22	DL/T 698.34—2010	电能信息采集与管理系统 第3-4部分：电能信息采集终端技术规范 公变采集终端特殊要求	DL 698—1999		2010/5/1	2010/10/1
19.2-4-201	19.2	17.220	N22	DL/T 698.35—2010	电能信息采集与管理系统 第3-5部分：电能信息采集终端技术规范 低压集中抄表终端特殊要求	DL 698—1999		2010/5/1	2010/10/1
19.2-4-202	19.2		N22	DL/T 698.36—2013	电能信息采集与管理系统 第3-6部分：电能信息采集终端技术规范 通信单元要求			2013/3/7	2013/8/1
19.2-4-203	19.2	17.220	N22	DL/T 698.41—2010	电能信息采集与管理系统 第4-1部分：通信协议—主站与电能信息采集终端通信	DL 698—1999		2010/5/1	2010/10/1

19

序号	GW分类	ICS分类	GB分类	标准号	中 文 名 称	代替标准	采用关系	发布日期	实施日期
19.2-4-204	19.2		N22	DL/T 698.42—2013	电能信息采集与管理系统 第4-2部分：通信协议－集中器下行通信			2013/3/7	2013/8/1
19.2-4-205	19.2	17.220	N22	DL/T 698.44—2016	电能信息采集与管理系统 第4-4部分：通信协议－微功率无线通信协议	DL/T 698—1999		2016/8/16	2016/12/1
19.2-4-206	19.2	29.24	F20	DL/T 698.45—2017	电能信息采集与管理系统 第4-5部分：通信协议－面向对象的数据交换协议			2017/11/15	2018/3/1
19.2-4-207	19.2	17.220	N22	DL/T 698.46—2016	电能信息采集与管理系统 第4-6部分：通信协议－采集终端远程通信模块接口协议	DL/T 698—1999		2016/8/16	2016/12/1
19.2-4-208	19.2	17.220	N22	DL/T 698.51—2016	电能信息采集与管理系统 第5-1部分：测试技术规范－功能测试	DL/T 698—1999		2016/8/16	2016/12/1
19.2-4-209	19.2	29.020	K07	DL/T 698.52—2016	电能信息采集与管理系统 第5-2部分：远程通信协议一致性测试	DL/T 698—1999		2016/1/7	2016/6/1
19.2-4-210	19.2			DL/T 698.61—2021	电能信息采集与管理系统 第6-1部分：软件要求－终端软件升级技术要求			2021/1/7	2021/7/1
19.2-4-211	19.2	29.240.01	K51	DL/T 743—2001	电能量远方终端			2001/2/12	2001/7/1
19.2-4-212	19.2			JB/T 10923—2020	电能表用磁保持继电器	JB/T 10923—2010		2020/4/24	2021/1/1
19.2-4-213	19.2			JJF 1245.1—2010	安装式电能表型式评价大纲 通用要求			2010/3/2	2010/6/2
19.2-4-214	19.2			JJF 1245.2—2010	安装式电能表型式评价大纲 特殊要求 机电式有功电能表（0.5、1和2级）			2010/3/2	2010/6/2
19.2-4-215	19.2			JJF 1245.3—2010	安装式电能表型式评价大纲 特殊要求 静止式有功电能表（0.2S、0.5S、1和2级）			2010/3/2	2010/6/2
19.2-4-216	19.2			JJF 1245.4—2010	安装式电能表型式评价大纲 特殊要求 机电式无功电能表（2和3级）			2010/3/2	2010/6/2
19.2-4-217	19.2			JJF 1245.5—2010	安装式电能表型式评价大纲 特殊要求 静止式无功电能表（2和3级）			2010/3/2	2010/6/2
19.2-4-218	19.2			JJF 1245.6—2010	安装式电能表型式评价大纲 特殊要求 功能类电能表			2010/3/2	2010/6/2
19.2-4-219	19.2			JJF 1264—2010	互感器负荷箱校准规范	JJF 1264—1990		2010/9/6	2010/12/6
19.2-4-220	19.2			JJG 1085—2013	标准电能表检定规程			2013/6/27	2013/8/27
19.2-4-221	19.2		A55	JJG 313—2010	测量用电流互感器	JJG 313—1994		2010/11/5	2011/5/5

19

序号	GW 分类	ICS 分类	GB 分类	标准号	中 文 名 称	代替标准	采用关系	发布日期	实施日期
19.2-4-222	19.2		A55	JJG 314—2010	测量用电压互感器	JJG 314—1994		2010/11/5	2011/5/5
19.2-4-223	19.2			JJG 596—2012	电子式交流电能表	JJG 596—1999		2012/10/16	2013/4/8
19.2-5-224	19.2	19.080；91.140.50		IEC 62052-31：2015	电力计量设备（AC）一般要求、试验和试验条件 第 31 部分：产品安全要求和试验 第 1.0 版			2015/9/1	2015/9/1
19.2-5-225	19.2	17.220.20；35.110；91.140.50		IEC 62056-1-0：2014	电能计量数据交换 DLM/SCOSEM 套件 第 1-0 部分：智能电表标准化框架			2014/6/1	2014/6/1
19.2-5-226	19.2	17.220.20；35.110；91.140.50		IEC 62056-4-7：2015	电力计量数据交换 DLM/SCOSEM 套件 第 4-7 部分：DLM/SCOSEM 传输层为 IP 网络 第 1.0 版			2015/5/1	2015/5/1
19.2-5-227	19.2	17.220；35.110；91.140.50		IEC 62056-6-1：2015	电能计量数据交换 DLM/SCOSEM 套件 第 6-1 部分：目标识别系统（OBIS）第 2 版	IEC 62056-6-1：2013		2015/11/1	2015/11/1
19.2-6-228	19.2	29.020	K93	T/CEC 116—2016	数字化电能表技术规范			2016/10/21	2017/1/1
19.2-6-229	19.2	29.020	K93	T/CEC 122.1—2016	电、水、气、热能源计量管理系统 第 1 部分：总则			2016/10/21	2017/1/1
19.2-6-230	19.2			T/CEC 122.2—2016	电、水、气、热能源计量管理系统 第 2 部分：系统功能规范			2016/10/21	2017/1/1
19.2-6-231	19.2	29.020	K93	T/CEC 122.31—2016	电、水、气、热能源计量管理系统 第 3-1 部分：集中器技术规范			2016/10/21	2017/1/1
19.2-6-232	19.2	29.020	K93	T/CEC 122.32—2016	电、水、气、热能源计量管理系统 第 3-2 部分：采集器技术规范			2016/10/21	2017/1/1
19.2-6-233	19.2	29.020	K93	T/CEC 122.41—2016	电、水、气、热能源计量管理系统 第 4-1 部分：主站远程通信协议			2016/10/21	2017/1/1
19.2-6-234	19.2	29.020	K93	T/CEC 122.42—2016	电、水、气、热能源计量管理系统 第 4-2 部分：低功耗微功率无线通信协议			2016/10/21	2017/1/1
19.2-6-235	19.2			T/CEC 262—2019	电能表安装接插件技术条件			2019/11/21	2020/1/1
19.2-6-236	19.2			T/CEC 263—2019	抢修计量周转箱技术条件			2019/11/21	2020/1/1

19.3 售电市场与营销-营业管理

序号	GW 分类	ICS 分类	GB 分类	标准号	中 文 名 称	代替标准	采用关系	发布日期	实施日期
19.3-2-1	19.3			Q/GDW 10403—2021	供电服务标准	Q/GDW 1403—2014；Q/GDW 1581—2014		2021/8/30	2021/8/30

序号	GW 分类	ICS 分类	GB 分类	标准号	中 文 名 称	代替标准	采用关系	发布日期	实施日期
19.3-2-2	19.3	29.240		Q/GDW 10479—2016	95598 呼叫平台省级接入技术规范	Q/GDW/Z 479—2010		2017/6/16	2017/6/16
19.3-2-3	19.3	29.240		Q/GDW 11318—2014	95598 互动服务网站接口规范			2015/6/3	2015/6/3
19.3-2-4	19.3	29.240		Q/GDW 11321.1—2018	一体化交费管理平台 第1部分：功能规范	Q/GDW 11321.1—2014		2020/3/20	2020/3/20
19.3-2-5	19.3	29.240		Q/GDW 11321.2—2018	一体化交费管理平台 第2部分：技术规范	Q/GDW 11321.2—2014		2020/3/20	2020/3/20
19.3-2-6	19.3	29.240		Q/GDW 11321.3—2018	一体化交费管理平台 第3部分：建设规范	Q/GDW 11321.3—2014		2020/3/20	2020/3/20
19.3-2-7	19.3	29.240		Q/GDW 11321.4—2018	一体化交费管理平台 第4部分：验收规范	Q/GDW 11321.4—2014		2020/3/20	2020/3/20
19.3-2-8	19.3	29.240		Q/GDW 11321.5—2018	一体化交费管理平台 第5部分：运行管理规范	Q/GDW 11321.5—2014		2020/3/20	2020/3/20
19.3-2-9	19.3	29.240		Q/GDW 11322.1—2014	智能用电营销费控业务管理规范 第1部分：功能规范			2015/6/3	2015/6/3
19.3-2-10	19.3	29.240		Q/GDW 11322.2—2014	智能用电营销费控业务管理规范 第2部分：技术规范			2015/6/3	2015/6/3
19.3-2-11	19.3	29.240		Q/GDW 11322.3—2014	智能用电营销费控业务管理规范 第3部分：建设规范			2015/6/3	2015/6/3
19.3-2-12	19.3	29.240		Q/GDW 11322.4—2014	智能用电营销费控业务管理规范 第4部分：验收规范			2015/6/3	2015/6/3
19.3-2-13	19.3	29.240		Q/GDW 11322.5—2014	智能用电营销费控业务管理规范 第5部分：运行管理规范			2015/6/3	2015/6/3
19.3-2-14	19.3	29.240		Q/GDW/Z 11324—2014	营销业务应用系统运行管理规范			2015/6/3	2015/6/3
19.3-2-15	19.3	29.240		Q/GDW 11848.1—2018	电力客户标签库建设规范 第1部分：业务规范			2019/10/10	2019/10/10
19.3-2-16	19.3	29.240		Q/GDW 11848.2—2018	电力客户标签库建设规范 第2部分：技术规范			2019/10/10	2019/10/10
19.3-2-17	19.3	29.240		Q/GDW 11947—2018	互动化供电营业厅建设规范			2020/3/20	2020/3/20
19.3-2-18	19.3			Q/GDW 12086—2020	电力用户的实名认证标准规范			2021/3/26	2021/3/26
19.3-2-19	19.3			Q/GDW 12088—2020	网上国网 APP 用户行为数据接入集成规范			2021/3/26	2021/3/26
19.3-2-20	19.3	29.240		Q/GDW 1252—2014	营销业务应用信息分类与代码	Q/GDW 252—2009		2015/6/3	2015/6/3
19.3-2-21	19.3	29.240		Q/GDW 1403—2014	国家电网公司供电服务质量标准	Q/GDW 403—2009		2014/12/15	2014/12/15

19

序号	GW 分类	ICS 分类	GB 分类	标准号	中 文 名 称	代替标准	采用关系	发布日期	实施日期
19.3-2-22	19.3	29.240		Q/GDW 1581—2014	国家电网公司供电客户服务提供标准	Q/GDW 581—2011		2014/12/15	2014/12/15
19.3-2-23	19.3	29.240		Q/GDW 1763.1—2012	电力自助缴费终端通用规范 第 1 部分：技术规范			2014/1/17	2014/1/17
19.3-2-24	19.3	29.240		Q/GDW 1763.2—2012	电力自助缴费终端通用规范 第 2 部分：型式规范			2014/1/17	2014/1/17
19.3-2-25	19.3	29.240		Q/GDW 1763.3—2012	电力自助缴费终端通用规范 第 3 部分：检验技术规范			2014/1/17	2014/1/17
19.3-2-26	19.3	29.240		Q/GDW 1763.4—2012	电力自助缴费终端通用规范 第 4 部分：建设管理规范			2014/1/17	2014/1/17
19.3-2-27	19.3	29.240		Q/GDW 1763.5—2012	电力自助缴费终端通用规范 第 5 部分：运行管理规范			2014/1/17	2014/1/17
19.3-2-28	19.3	29.240		Q/GDW 1764.1—2012	电力缴费 POS 终端通用规范 第 1 部分：技术规范			2014/1/17	2014/1/17
19.3-2-29	19.3	29.240		Q/GDW 1764.2—2012	电力缴费 POS 终端通用规范 第 2 部分：型式规范			2014/1/17	2014/1/17
19.3-2-30	19.3	29.240		Q/GDW 1764.3—2012	电力缴费 POS 终端通用规范 第 3 部分：检验技术规范			2014/1/17	2014/1/17
19.3-2-31	19.3	29.240		Q/GDW 1764.4—2012	电力缴费 POS 终端通用规范 第 4 部分：建设管理规范			2014/1/17	2014/1/17
19.3-2-32	19.3	29.240		Q/GDW 1764.5—2012	电力缴费 POS 终端通用规范 第 5 部分：运行管理规范			2014/1/17	2014/1/17
19.3-3-33	19.3	29.020	F20	GB/T 28583—2012	供电服务规范			2012/6/29	2012/10/1
19.3-4-34	19.3	29.240	F20	DL/T 1917—2018	电力用户业扩报装技术规范			2018/12/25	2019/5/1
19.3-4-35	19.3	03.080.20	F20/29	DL/T 2046—2019	供电服务热线客户服务规范			2019/6/4	2019/10/1

19.4 售电市场与营销-节能

序号	GW 分类	ICS 分类	GB 分类	标准号	中 文 名 称	代替标准	采用关系	发布日期	实施日期
19.4-2-1	19.4	29.240		Q/GDW 11030—2013	电力能效信息集中与交互终端检验标准			2014/4/1	2014/4/1
19.4-2-2	19.4	29.240		Q/GDW 11031—2013	电力能效监测终端功能和检验规范			2014/4/1	2014/4/1

序号	GW分类	ICS分类	GB分类	标准号	中 文 名 称	代替标准	采用关系	发布日期	实施日期
19.4-2-3	19.4	29.240		Q/GDW 11034—2013	电蓄热（冷）项目节约电力测量与验证规范			2014/4/1	2014/4/1
19.4-2-4	19.4	29.240		Q/GDW 11035—2013	变压器更换节约电力电量测量与验证规范			2014/4/1	2014/4/1
19.4-2-5	19.4	29.240		Q/GDW 11036—2013	并联无功补偿装置节约电力电量测量与验证规范			2014/4/1	2014/4/1
19.4-2-6	19.4	29.240		Q/GDW 11037—2013	蒸汽压缩循环热泵项目节约电力电量测量与验证规范			2014/4/1	2014/4/1
19.4-2-7	19.4	29.240		Q/GDW 11038—2013	电机系统节约电力电量测量与验证规范			2014/4/1	2014/4/1
19.4-2-8	19.4	29.240		Q/GDW 11039—2013	电力线路增容改造节约电力电量测量与验证规范			2014/4/1	2014/4/1
19.4-2-9	19.4	29.240		Q/GDW 11040—2013	电力需求侧管理项目节约电力电量测量与验证通则			2014/4/1	2014/4/1
19.4-2-10	19.4	29.240		Q/GDW 11041—2013	电力用户需求响应节约电力测量与验证规范			2014/4/1	2014/4/1
19.4-2-11	19.4	29.240		Q/GDW 11042—2013	电网运行优化节约电力电量测量与验证规范			2014/4/1	2014/4/1
19.4-2-12	19.4	29.240		Q/GDW 11043—2013	集中式空气调节系统节约电力电量测量与验证规范			2014/4/1	2014/4/1
19.4-2-13	19.4	29.240		Q/GDW 11044—2013	线路升压改造节约电力电量测量与验证规范			2014/4/1	2014/4/1
19.4-2-14	19.4	29.240		Q/GDW 11045—2013	余热余压发电项目节约电力电量测量与验证规范			2014/4/1	2014/4/1
19.4-2-15	19.4	29.240		Q/GDW 11046—2013	照明系统节电改造项目节约电力电量测量与验证规范			2014/4/1	2014/4/1
19.4-2-16	19.4			Q/GDW 11775—2017	配电网节能潜力评价技术通则			2018/9/7	2018/9/7
19.4-2-17	19.4			Q/GDW 12173—2021	电供暖项目户用配套电气线路技术规范			2022/1/7	2022/1/7
19.4-2-18	19.4			Q/GDW 1800—2012	电力能效监测系统子站（企业主站）设计规范			2014/1/17	2014/1/17
19.4-2-19	19.4			Q/GDW 1801—2012	电力能效监测系统通信协议　第1部分：主站与能效数据集中器通信协议			2014/1/17	2014/1/17
19.4-3-20	19.4	27.010	F04	GB/T 13234—2018	用能单位节能量计算方法	GB/T 13234—2009		2018/9/17	2019/4/1
19.4-3-21	19.4	27.010	F01	GB/T 23331—2020	能源管理体系　要求及使用指南	GB/T 23331—2012		2020/11/19	2021/6/1
19.4-3-22	19.4	27.010	F01	GB/T 2589—2020	综合能耗计算通则	GB/T 2589—2008		2020/9/29	2021/4/1

19

序号	GW分类	ICS分类	GB分类	标准号	中文名称	代替标准	采用关系	发布日期	实施日期
19.4-3-23	19.4	27.100	F20	GB/T 28557—2012	电力企业节能降耗主要指标的监管评价			2012/6/29	2012/11/1
19.4-3-24	19.4	27.010	F01	GB/T 28750—2012	节能量测量和验证技术通则			2012/11/5	2013/1/1
19.4-3-25	19.4	29.160.30	K22	GB/T 29314—2012	电动机系统节能改造规范			2012/12/31	2013/6/1
19.4-3-26	19.4	27.010	F01	GB/T 30716—2014	能量系统绩效评价通则			2014/6/9	2014/10/1
19.4-3-27	19.4	29.240	F20	GB/T 31367—2015	中低压配电网能效评估导则			2015/2/4	2015/9/1
19.4-3-28	19.4	27.010	F20	GB/T 31960.1—2015	电力能效监测系统技术规范 第1部分：总则			2015/9/11	2016/4/1
19.4-3-29	19.4	27.010	F20	GB/T 31960.2—2015	电力能效监测系统技术规范 第2部分：主站功能规范			2015/9/11	2016/4/1
19.4-3-30	19.4	27.010	F20	GB/T 31960.3—2015	电力能效监测系统技术规范 第3部分：通信协议			2015/9/11	2016/4/1
19.4-3-31	19.4	27.010	F20	GB/T 31960.4—2015	电力能效监测系统技术规范 第4部分：子站功能设计规范			2015/9/11	2016/4/1
19.4-3-32	19.4	27.010	F20	GB/T 31960.5—2015	电力能效监测系统技术规范 第5部分：主站设计导则			2015/9/11	2016/4/1
19.4-3-33	19.4	27.010	F20	GB/T 31960.6—2015	电力能效监测系统技术规范 第6部分：电力能效信息集中与交互终端技术条件			2015/9/11	2016/4/1
19.4-3-34	19.4	29.240.01	F21	GB/T 31960.7—2015	电力能效监测系统技术规范 第7部分：电力能效监测终端技术条件			2015/9/11	2016/4/1
19.4-3-35	19.4	27.010	F20	GB/T 31960.8—2015	电力能效监测系统技术规范 第8部分：安全防护规范			2015/9/11	2016/4/1
19.4-3-36	19.4	29.240.01	F29	GB/T 31960.9—2016	电力能效监测系统技术规范 第9部分：系统检验规范			2016/4/25	2016/11/1
19.4-3-37	19.4	29.240.01	F29	GB/T 31960.10—2016	电力能效监测系统技术规范 第10部分：电力能效监测终端检验规范			2016/4/25	2016/11/1
19.4-3-38	19.4	27.010	F20	GB/T 31960.11—2016	电力能效监测系统技术规范 第11部分：电力能效信息集中与交互终端检验规范			2016/4/25	2016/11/1
19.4-3-39	19.4	27.010	F01	GB/T 32038—2015	照明工程节能监测方法			2015/9/11	2016/4/1
19.4-3-40	19.4	29.240	F20	GB/T 32823—2016	电网节能项目节约电力电量测量和验证技术导则			2016/8/29	2017/3/1

19

序号	GW 分类	ICS 分类	GB 分类	标准号	中 文 名 称	代替标准	采用关系	发布日期	实施日期
19.4-3-41	19.4	27.010	F01	GB/T 33857—2017	节能评估技术导则　热电联产项目			2017/5/31	2017/12/1
19.4-3-42	19.4	29.160.30	K22	GB/T 34867.1—2017	电动机系统节能量测量和验证方法　第1部分：电动机现场能效测试方法			2017/11/1	2018/5/1
19.4-3-43	19.4	27.010	F01	GB/T 36674—2018	公共机构能耗监控系统通用技术要求			2018/9/17	2019/4/1
19.4-3-44	19.4	27.010	F01	GB/T 36675—2018	节能评估技术导则　公共建筑项目			2018/9/17	2019/4/1
19.4-3-45	19.4	27.010	F01	GB/T 36714—2018	用能单位能效对标指南			2018/9/17	2019/4/1
19.4-3-46	19.4	27.010	F01	GB/T 37227.1—2018	制冷系统绩效评价与计算测试方法　第1部分：蓄能空调系统			2018/12/28	2019/7/1
19.4-3-47	19.4	29.200	K46	GB/T 37319—2019	电梯节能逆变电源装置			2019/3/25	2019/10/1
19.4-3-48	19.4	43.020	T47	GB/T 37340—2019	电动汽车能耗折算方法			2019/3/25	2019/10/1
19.4-3-49	19.4	77.010	H04	GB/T 37429—2019	电弧炉工序能效评估导则			2019/5/10	2020/4/1
19.4-3-50	19.4	27.010	F01	GB/T 39236—2020	能效融资项目分类和评估指南			2020/11/19	2021/6/1
19.4-3-51	19.4	27.010	F01	GB/T 39532—2020	能源绩效测量和验证指南			2020/11/19	2021/6/1
19.4-3-52	19.4	27.010	F01	GB/T 39775—2021	能源管理绩效评价导则			2021/3/9	2021/10/1
19.4-3-53	19.4	27.010	F01	GB/T 39777—2021	节能量测量和验证技术要求　工业锅炉系统			2021/3/9	2021/10/1
19.4-3-54	19.4	17.220.20	N22	GB/T 39853.1—2021	供电系统中的电能质量测量　第1部分：电能质量监测设备（PQI）		IEC 62586-1—2017 IDT	2021/3/9	2021/10/1
19.4-3-55	19.4	17.220.20	N22	GB/T 39853.2—2021	供电系统中的电能质量测量　第2部分：功能试验和不确定度要求		IEC 62586-2—2017 IDT	2021/3/9	2021/10/1
19.4-3-56	19.4	27.010	F01	GB/T 39965—2021	节能量前评估计算方法		ISO 50046：2019	2021/3/9	2021/10/1
19.4-3-57	19.4	27.010	F01	GB/T 40064—2021	节能技术评价导则			2021/4/30	2021/11/1
19.4-4-58	19.4		P63；P47	CJJ 145—2010	燃气冷热电三联供工程技术规程			2010/8/18	2011/3/1
19.4-4-59	19.4			DL/T 1052—2016	电力节能技术监督导则	DL/T 1052—2007		2016/12/5	2017/5/1
19.4-4-60	19.4	27.100	F29	DL/T 1288—2013	电力金具能耗测试与节能技术评价要求			2013/11/28	2014/4/1
19.4-4-61	19.4	29.020	K07	DL/T 1585—2016	电能质量监测系统运行维护规范			2016/2/5	2016/7/1
19.4-4-62	19.4	29.240.02	F29	DL/T 1608—2016	电能质量数据交换格式规范			2016/8/16	2016/12/1

19

序号	GW 分类	ICS 分类	GB 分类	标准号	中 文 名 称	代替标准	采用关系	发布日期	实施日期
19.4-4-63	19.4	27.1	F23	DL/T 1752—2017	热电联产机组设计能效指标计算方法			2017/11/15	2018/3/1
19.4-4-64	19.4	29.02	K01	DL/T 1756—2017	高载能负荷参与电网互动节能技术条件			2017/11/15	2018/3/1
19.4-4-65	19.4	27.010	F20	DL/T 1758—2017	移动式电力能效检测系统技术规范			2017/11/15	2018/3/1
19.4-4-66	19.4	29.24	F20	DL/T 1862—2018	电能质量监测终端检测技术规范			2018/6/6	2018/10/1
19.4-4-67	19.4	27.010	F20	DL/T 2035—2019	集中式空调能效在线监测系统技术要求			2019/6/4	2019/10/1
19.4-4-68	19.4			DL/T 2127—2020	多能互补分布式能源系统能效评估技术导则			2020/10/23	2021/2/1
19.4-5-69	19.4			BS EN 15316-1—2017	建筑物的能源性能 系统能量需求和系统效率的计算方法 常规和能源绩效表达、模块 M3-1、M3-4、M3-9、M8-1、M8-4	BS EN 15316-1—2007		2017/7/19	2017/7/19
19.4-5-70	19.4			BS EN 15316-4-3—2017	建筑物的能源性能 系统能量需求和系统效率的计算方法 发热系统、太阳能热发电和光伏系统、模块 M3-8-3、M8-8-3、M11-8-3	BS EN 15316-4-3—2007		2017/6/22	2017/6/22
19.4-5-71	19.4			BS EN 17267—2019	能源测量和监测计划 设计与实现 能源数据收集原则			2019/6/9	2019/6/9
19.4-5-72	19.4	03.100.70；03.100.99；13.020.10；27.015		BS EN ISO 50001：2018	能源管理系统 要求和使用指南			2018/8/22	2018/8/22
19.4-5-73	19.4	27.015		ISO 50001 PLUS REDLINE：2018	能源管理系统 使用指南的要求 第 2 版（STANDARD PLUS REDLINE）			2018/1/1	2018/1/1
19.4-5-74	19.4	27.015		ISO 50021—2019	能源管理和节能 选择节能评估员的一般准则 第 1 版			2019/2/1	2019/2/1
19.4-5-75	19.4	27.015		ISO FDIS 50001—2018	能源管理系统 要求和使用指导				
19.4-5-76	19.4	27.015		ISO TS 50008—2018	能源管理和节能 建设能源绩效的能源数据管理 系统数据交换方法指南 第 1 版			2018/11/1	2018/11/1
19.4-5-77	19.4			ISO TS 50044—2019	节能项目（EnSPs） 经济和财务评估准则 第 1 版			2019/11/1	2019/11/1
19.4-6-78	19.4	29.240.01	F20	T/CEC 134—2017	电能替代项目减排量核定方法			2017/5/15	2017/8/1

19

序号	GW 分类	ICS 分类	GB 分类	标准号	中 文 名 称	代替标准	采用关系	发布日期	实施日期
19.4-6-79	19.4	29.240.01	F20	T/CEC 135—2017	余热余压发电项目节约电力电量测量与验证导则			2017/5/15	2017/8/1

19.5 售电市场与营销-售电市场

序号	GW 分类	ICS 分类	GB 分类	标准号	中 文 名 称	代替标准	采用关系	发布日期	实施日期
19.5-2-1	19.5			Q/GDW 10233.1—2021	电动汽车非车载充电机技术规范 第 1 部分：通用要求	Q/GDW 10233—2018		2021/12/24	2021/12/24
19.5-2-2	19.5			Q/GDW 10233.2—2021	电动汽车非车载充电机技术规范 第 2 部分：80kW 一体式一机一枪充电机	Q/GDW 10233—2018		2021/12/24	2021/12/24
19.5-2-3	19.5			Q/GDW 10233.3—2021	电动汽车非车载充电机技术规范 第 3 部分：80kW 一体式一机双枪充电机	Q/GDW 10233—2018		2021/12/24	2021/12/24
19.5-2-4	19.5			Q/GDW 10233.4—2021	电动汽车非车载充电机技术规范 第 4 部分：160kW 一体式一机一枪充电机	Q/GDW 10233—2018		2021/12/24	2021/12/24
19.5-2-5	19.5			Q/GDW 10233.5—2021	电动汽车非车载充电机技术规范 第 5 部分：160kW 一体式一机双枪充电机	Q/GDW 10233—2018		2021/12/24	2021/12/24
19.5-2-6	19.5			Q/GDW 10233.6—2021	电动汽车非车载充电机技术规范 第 6 部分：160kW 分体式双充接口充电柜	Q/GDW 10233—2018		2021/12/24	2021/12/24
19.5-2-7	19.5			Q/GDW 10233.7—2021	电动汽车非车载充电机技术规范 第 7 部分：240kW 分体式四充接口充电柜	Q/GDW 10233—2018		2021/12/24	2021/12/24
19.5-2-8	19.5			Q/GDW 10233.8—2021	电动汽车非车载充电机技术规范 第 8 部分：250A 分体式一桩一枪直流充电桩	Q/GDW 10233—2018		2021/12/24	2021/12/24
19.5-2-9	19.5			Q/GDW 10233.9—2021	电动汽车非车载充电机技术规范 第 9 部分：250A 分体式一桩双枪直流充电桩	Q/GDW 10233—2018		2021/12/24	2021/12/24
19.5-2-10	19.5			Q/GDW 10233.10—2021	电动汽车非车载充电机技术规范 第 10 部分：直流充电设备专用部件	Q/GDW 10233—2018		2021/12/24	2021/12/24
19.5-2-11	19.5			Q/GDW 10233.11—2021	电动汽车非车载充电机技术规范 第 11 部分：直流充电设备外观与标识	Q/GDW 10233—2018		2021/12/24	2021/12/24
19.5-2-12	19.5			Q/GDW 10233.12—2021	电动汽车非车载充电机技术规范 第 12 部分：充电控制模块与功率控制模块通信协议	Q/GDW 10233—2018		2021/12/24	2021/12/24
19.5-2-13	19.5			Q/GDW 10233.13—2021	电动汽车非车载充电机技术规范 第 13 部分：功率控制模块与充电模块通信协议	Q/GDW 10233—2018		2021/12/24	2021/12/24

19

序号	GW分类	ICS分类	GB分类	标准号	中 文 名 称	代替标准	采用关系	发布日期	实施日期
19.5-2-14	19.5			Q/GDW 10233.14—2021	电动汽车非车载充电机技术规范 第14部分：功率控制模块与开关模块通信协议	Q/GDW 10233—2018		2021/12/24	2021/12/24
19.5-2-15	19.5			Q/GDW 10233.15—2021	电动汽车非车载充电机技术规范 第15部分：功率控制模块与环境信息采集模块通信协议	Q/GDW 10233—2018		2021/12/24	2021/12/24
19.5-2-16	19.5			Q/GDW 10233.16—2021	电动汽车非车载充电机技术规范 第16部分：计费控制单元与充电控制模块通信协议	Q/GDW 10233—2018		2021/12/24	2021/12/24
19.5-2-17	19.5			Q/GDW 10233.17—2021	电动汽车非车载充电机技术规范 第17部分：计费控制单元与读卡器通信协议	Q/GDW 10233—2018		2021/12/24	2021/12/24
19.5-2-18	19.5	29.240		Q/GDW 10235—2019	电动汽车传导式非车载充电机与车辆通信控制器之间的通信协议	Q/GDW 1235—2014		2020/9/17	2020/9/17
19.5-2-19	19.5	29.240		Q/GDW 10236—2016	电动汽车充电站通用技术要求	Q/GDW 236—2008		2017/8/4	2017/8/4
19.5-2-20	19.5	29.240		Q/GDW 10237—2016	电动汽车充电站布置设计导则	Q/GDW 237—2009		2017/8/4	2017/8/4
19.5-2-21	19.5	29.240		Q/GDW 10238—2016	电动汽车充换电站供电系统规范	Q/GDW 238—2009		2017/8/4	2017/8/4
19.5-2-22	19.5	29.240		Q/GDW 10399—2016	电动汽车交流充放电装置电气接口规范	Q/GDW 399—2009		2017/8/4	2017/8/4
19.5-2-23	19.5	43.120		Q/GDW 10423.1—2016	电动汽车充换电设施典型设计 第1部分：分散充电桩（机）	Q/GDW/Z 423—2010		2016/12/8	2016/12/8
19.5-2-24	19.5	43.120		Q/GDW 10423.2—2016	电动汽车充换电设施典型设计 第2部分：充电站	Q/GDW/Z 423—2010		2016/12/8	2016/12/8
19.5-2-25	19.5	43.120		Q/GDW 10423.3—2016	电动汽车充换电设施典型设计 第3部分：高速公路城际快充站	Q/GDW/Z 423—2010		2016/12/8	2016/12/8
19.5-2-26	19.5	43.120		Q/GDW 10423.4—2016	电动汽车充换电设施典型设计 第4部分：电动公交车换电站	Q/GDW/Z 423—2010		2016/12/8	2016/12/8
19.5-2-27	19.5	43.120		Q/GDW 10423.5—2016	电动汽车充换电设施典型设计 第5部分：电动公交车预装式模块化换电站	Q/GDW/Z 423—2010		2016/12/8	2016/12/8
19.5-2-28	19.5	43.120		Q/GDW 10423.6—2016	电动汽车充换电设施典型设计 第6部分：电动乘用车立体充电站	Q/GDW/Z 423—2010		2016/12/8	2016/12/8
19.5-2-29	19.5	29.240		Q/GDW 10485—2018	电动汽车交流充电桩技术条件	Q/GDW 1485—2014		2020/3/20	2020/3/20
19.5-2-30	19.5	29.240		Q/GDW 10590—2016	电动汽车传导式充电接口检验技术规范	Q/GDW 590—2011		2017/8/4	2017/8/4

19

序号	GW 分类	ICS 分类	GB 分类	标准号	中文名称	代替标准	采用关系	发布日期	实施日期
19.5-2-31	19.5			Q/GDW 10591—2021	电动汽车非车载充电机检验技术规范	Q/GDW 10591—2018		2021/12/24	2021/12/24
19.5-2-32	19.5	29.240		Q/GDW 10592—2018	电动汽车交流充电桩检验技术规范	Q/GDW 1592—2014		2020/3/20	2020/3/20
19.5-2-33	19.5	29.240		Q/GDW 11164—2014	电动汽车充换电设施工程施工和竣工验收规范			2014/8/1	2014/8/1
19.5-2-34	19.5	29.240		Q/GDW 11166—2014	电动汽车智能充换电服务网络运营监控系统技术规范			2014/8/1	2014/8/1
19.5-2-35	19.5	29.240		Q/GDW 11167—2014	电动汽车充换电设施术语			2014/8/1	2014/8/1
19.5-2-36	19.5	29.240		Q/GDW 11168—2018	电动汽车充换电设施规划导则	Q/GDW 11168—2014		2020/3/20	2020/3/20
19.5-2-37	19.5	29.240		Q/GDW 11169—2014	电动汽车电池箱更换设备通用技术要求			2014/8/1	2014/8/1
19.5-2-38	19.5			Q/GDW 11170—2021	电动汽车充电站（电池更换站）监控系统与充换电设备通信协议	Q/GDW 11170—2014		2021/12/24	2021/12/24
19.5-2-39	19.5	29.240		Q/GDW 11172.1—2018	电动汽车充换电服务网络运行管理规范　第1部分：运营管理	Q/GDW 11172.1—2014		2020/3/20	2020/3/20
19.5-2-40	19.5	29.240		Q/GDW 11172.2—2018	电动汽车充换电服务网络运行管理规范　第2部分：运行维护	Q/GDW 11172.2—2014		2020/3/20	2020/3/20
19.5-2-41	19.5	29.240		Q/GDW 11172—2014	电动汽车充换电设施运行管理规范			2014/8/1	2014/8/1
19.5-2-42	19.5	29.240		Q/GDW 11174—2014	电动汽车快换电池箱通信协议			2014/8/1	2014/8/1
19.5-2-43	19.5	29.240		Q/GDW 11176—2014	电动汽车车载终端通用技术条件			2014/8/1	2014/8/1
19.5-2-44	19.5	29.240		Q/GDW 11177.1—2018	电动汽车充换电服务网络运营监控系统　通信规约　第1部分：系统与站级监控系统	Q/GDW 11177.1—2014		2020/3/20	2020/3/20
19.5-2-45	19.5	29.240		Q/GDW 11177.2—2018	电动汽车充换电服务网络运营监控系统　通信规约　第2部分：系统与离散充电桩	Q/GDW 11177.2—2014		2020/3/20	2020/3/20
19.5-2-46	19.5	29.240		Q/GDW 11182—2014	电动汽车智能充换电设备分类及编码			2014/9/1	2014/9/1
19.5-2-47	19.5	29.240		Q/GDW 11215—2014	电动汽车电池更换站用电池箱连接器技术规范			2014/10/15	2014/10/15
19.5-2-48	19.5	29.240		Q/GDW 11320—2014	多渠道售电缴费安全防护技术规范			2015/6/3	2015/6/3
19.5-2-49	19.5	91.140.50		Q/GDW 11466—2016	港口岸电技术相关术语			2016/12/8	2016/12/8
19.5-2-50	19.5	91.140.50		Q/GDW 11467.1—2016	港口岸电系统建设规范　第1部分：设计导则			2016/12/8	2016/12/8
19.5-2-51	19.5	91.140.50		Q/GDW 11467.2—2016	港口岸电系统建设规范　第2部分：电能计量			2016/12/8	2016/12/8

19

序号	GW分类	ICS分类	GB分类	标准号	中 文 名 称	代替标准	采用关系	发布日期	实施日期
19.5-2-52	19.5	91.140.50		Q/GDW 11467.3—2016	港口岸电系统建设规范　第3部分：验收			2016/12/8	2016/12/8
19.5-2-53	19.5	91.140.50		Q/GDW 11468.1—2016	港口岸电设备技术规范　第1部分：高压电源			2016/12/8	2016/12/8
19.5-2-54	19.5			Q/GDW 11468.2—2021	港口岸电设备技术规范　第2部分：低压岸电电源系统	Q/GDW 11468.2—2016		2021/8/30	2021/8/30
19.5-2-55	19.5			Q/GDW 11468.3—2021	港口岸电设备技术规范　第3部分：低压岸电桩	Q/GDW 11468.3—2016		2021/8/30	2021/8/30
19.5-2-56	19.5			Q/GDW 11468.4—2021	港口岸电设备技术规范　第4部分：船岸连接和接口设备	Q/GDW 11468.4—2016		2021/8/30	2021/8/30
19.5-2-57	19.5	91.140.50		Q/GDW 11469.1—2016	港口岸电系统运行与维护技术规范　第1部分：运行维护			2016/12/8	2016/12/8
19.5-2-58	19.5			Q/GDW 11469.2—2021	港口岸电系统运行与维护技术规范　第2部分：检测	Q/GDW 11469.2—2016		2021/8/30	2021/8/30
19.5-2-59	19.5	91.140.50		Q/GDW 11469.3—2016	港口岸电系统运行与维护技术规范　第3部分：运营服务平台			2016/12/8	2016/12/8
19.5-2-60	19.5	91.140.50		Q/GDW 11469.4—2016	港口岸电系统运行与维护技术规范　第4部分：监控系统			2016/12/8	2016/12/8
19.5-2-61	19.5	91.140.50		Q/GDW 11469.5—2016	港口岸电系统运行与维护技术规范　第5部分：平台与监控系统通信规约			2016/12/8	2016/12/8
19.5-2-62	19.5	91.140.50		Q/GDW 11469.6—2016	港口岸电系统运行与维护技术规范　第6部分：监控系统与岸基设备通信规约			2016/12/8	2016/12/8
19.5-2-63	19.5	29.240		Q/GDW 11634—2016	电动汽车交直流一体化充电设备通用要求			2017/8/4	2017/8/4
19.5-2-64	19.5	29.240		Q/GDW 11709.1—2017	电动汽车充电计费控制单元　第1部分：技术条件			2018/3/6	2018/3/6
19.5-2-65	19.5	29.240		Q/GDW 11709.2—2017	电动汽车充电计费控制单元　第2部分：与充电桩通信协议			2018/3/6	2018/3/6
19.5-2-66	19.5	29.240		Q/GDW 11709.3—2017	电动汽车充电计费控制单元　第3部分：与车联网平台通信协议			2018/3/6	2018/3/6
19.5-2-67	19.5	29.240		Q/GDW 11709.4—2017	电动汽车充电计费控制单元　第4部分：检验技术规范			2018/3/6	2018/3/6
19.5-2-68	19.5	29.240		Q/GDW 11942—2018	电动汽车群控充电系统通用要求			2020/3/20	2020/3/20

19

序号	GW 分类	ICS 分类	GB 分类	标准号	中 文 名 称	代替标准	采用关系	发布日期	实施日期
19.5-2-69	19.5			Q/GDW 12082—2020	电动汽车充电支付卡技术规范			2021/3/26	2021/3/26
19.5-2-70	19.5			Q/GDW 12092—2020	电蓄热设备用熔融盐储热材料			2021/3/26	2021/3/26
19.5-2-71	19.5			Q/GDW 12095—2020	电动汽车充电设备网联模块与充电控制器通信协议			2021/3/26	2021/3/26
19.5-2-72	19.5			Q/GDW 12170—2021	FORMTEXT 电动汽车交流有序充电桩通信协议			2021/12/24	2021/12/24
19.5-2-73	19.5			Q/GDW 12171—2021	电动汽车交流有序充电桩检验技术规范			2021/12/24	2021/12/24
19.5-2-74	19.5			Q/GDW 12183—2021	电动汽车交流有序充电桩技术条件			2021/8/30	2021/8/30
19.5-2-75	19.5	29.240		Q/GDW 1234.1—2014	电动汽车充电接口规范 第1部分:通用要求	Q/GDW 234—2009		2014/10/15	2014/10/15
19.5-2-76	19.5	29.240		Q/GDW 1234.2—2014	电动汽车充电接口规范 第2部分:交流充电接口	Q/GDW 234—2009		2014/10/15	2014/10/15
19.5-2-77	19.5	29.240		Q/GDW 1234.3—2014	电动汽车充电接口规范 第3部分:直流充电接口	Q/GDW 234—2009		2014/10/15	2014/10/15
19.5-2-78	19.5	29.240		Q/GDW 1880—2013	电动汽车车载充电机检验技术规范			2014/1/29	2014/1/29
19.5-2-79	19.5	29.020		Q/GDW 397—2009	电动汽车非车载充放电装置通用技术要求			2010/2/10	2010/2/10
19.5-2-80	19.5	29.020		Q/GDW 398—2009	电动汽车非车载充放电装置电气接口规范			2010/2/10	2010/2/10
19.5-2-81	19.5	29.020		Q/GDW 400—2009	电动汽车充放电计费装置技术规范			2010/2/10	2010/2/10
19.5-2-82	19.5	29.020		Q/GDW 478—2010	电动汽车充电设施建设技术导则			2010/7/8	2010/7/8
19.5-2-83	19.5	29.020		Q/GDW 486—2010	电动汽车电池更换站技术导则			2010/8/30	2010/8/30
19.5-2-84	19.5	29.020		Q/GDW 487—2010	电动汽车电池更换站设计规范			2010/8/30	2010/8/30
19.5-2-85	19.5	29.240		Q/GDW 685—2011	纯电动乘用车快换电池箱通用技术要求			2011/12/26	2011/12/26
19.5-3-86	19.5	29.120.30	K30	GB/T 11918.5—2020	工业用插头插座和耦合器 第5部分:低压岸电连接系统(LVSC系统)用插头、插座、船用连接器和船用输入插座的尺寸兼容性和互换性要求		IEC 60309-5:2017	2020/12/14	2021/7/1
19.5-3-87	19.5	43.040.99	T35	GB/T 18487.1—2015	电动汽车传导充电系统 第1部分:通用要求	GB/T 18487.1—2001		2015/12/28	2016/1/1

序号	GW 分类	ICS 分类	GB 分类	标准号	中 文 名 称	代替标准	采用关系	发布日期	实施日期
19.5-3-88	19.5	33.100	L06	GB/T 18487.2—2017	电动汽车传导充电系统 第2部分：非车载传导供电设备电磁兼容要求	GB/T 18487.2—2001		2017/12/29	2018/7/1
19.5-3-89	19.5	29.060.10	T36	GB/T 18487.3—2001	电动车辆传导充电系统电动车辆交流/直流充电机（站）			2001/11/12	2002/5/1
19.5-3-90	19.5	43.040	T35	GB/T 18488.1—2015	电动汽车用驱动电机系统 第1部分：技术条件	GB/T 18488.1—2006		2015/2/4	2015/9/1
19.5-3-91	19.5	43.040.99	T35	GB/T 20234.1—2015	电动汽车传导充电用连接装置 第1部分：通用要求	GB/T 20234.1—2011		2015/12/28	2016/1/1
19.5-3-92	19.5	43.040.99	T35	GB/T 20234.2—2015	电动汽车传导充电用连接装置 第2部分：交流充电接口	GB/T 20234.2—2011		2015/12/28	2016/1/1
19.5-3-93	19.5	43.040.99	T35	GB/T 20234.3—2015	电动汽车传导充电用连接装置 第3部分：直流充电接口	GB/T 20234.3—2011		2015/12/28	2016/1/1
19.5-3-94	19.5	03.220.40	R06	GB/T 21339—2020	港口能源消耗统计及分析方法	GB/T 21339—2008		2020/11/19	2021/6/1
19.5-3-95	19.5	29.200	K81	GB/T 27930—2015	电动汽车非车载传导式充电机与电池管理系统之间的通信协议	GB/T 27930—2011		2015/12/28	2016/1/1
19.5-3-96	19.5	29.200	K81	GB/T 28569—2012	电动汽车交流充电桩电能计量			2012/6/29	2012/11/1
19.5-3-97	19.5	43.040.99	T35	GB/T 29316—2012	电动汽车充换电设施电能质量技术要求			2012/12/31	2013/6/1
19.5-3-98	19.5	43.040.99	T35	GB/T 29317—2021	电动汽车充换电设施术语	GB/T 29317—2012		2021/5/21	2021/12/1
19.5-3-99	19.5	43.040.99	T35	GB/T 29318—2012	电动汽车非车载充电机电能计量			2012/12/31	2013/6/1
19.5-3-100	19.5	43.040.99	T35	GB/T 29772—2013	电动汽车电池更换站通用技术要求			2013/10/10	2014/2/1
19.5-3-101	19.5	43.020	T47	GB/T 29781—2013	电动汽车充电站通用要求			2013/10/10	2014/2/1
19.5-3-102	19.5	29.120.30	K30	GB/T 30845.1—2014	高压岸电连接系统（HVSC 系统）用插头、插座和船用耦合器 第1部分：通用要求		IEC 62613-1：2011 MOD	2014/6/24	2015/1/22
19.5-3-103	19.5	29.120.30	K30	GB/T 30845.2—2021	高压岸电连接系统（HVSC 系统）用插头、插座和船用耦合器 第2部分：不同类型的船舶用附件的尺寸兼容性和互换性要求	GB/T 30845.2—2014		2021/10/11	2022/5/1
19.5-3-104	19.5	43.080	T47	GB/T 31466—2015	电动汽车高压系统电压等级			2015/5/15	2015/12/1
19.5-3-105	19.5	43.080	T47	GB/T 31467.1—2015	电动汽车用锂离子动力蓄电池包和系统 第1部分：高功率应用测试规程			2015/5/15	2015/5/15

19

序号	GW 分类	ICS 分类	GB 分类	标准号	中 文 名 称	代替标准	采用关系	发布日期	实施日期
19.5-3-106	19.5	43.080	T47	GB/T 31467.2—2015	电动汽车用锂离子动力蓄电池包和系统 第2部分：高能量应用测试规程			2015/5/15	2015/5/15
19.5-3-107	19.5	43.120	T47	GB/T 31484—2015	电动汽车用动力蓄电池循环寿命要求及试验方法			2015/5/15	2015/5/15
19.5-3-108	19.5	43.120	T47	GB/T 31486—2015	电动汽车用动力蓄电池电性能要求及试验方法			2015/5/15	2015/5/15
19.5-3-109	19.5	43.040.99	T35	GB/T 32879—2016	电动汽车更换用电池箱连接器通用技术要求			2016/8/29	2017/3/1
19.5-3-110	19.5	290.200	K81	GB/T 32895—2016	电动汽车快换电池箱通信协议			2016/8/29	2017/3/1
19.5-3-111	19.5	290.200	K81	GB/T 32896—2016	电动汽车动力仓总成通信协议			2016/8/29	2017/3/1
19.5-3-112	19.5	43.040.99	T35	GB/T 32960.1—2016	电动汽车远程服务与管理系统技术规范 第1部分：总则			2016/8/29	2016/10/1
19.5-3-113	19.5	43.040.99	T35	GB/T 32960.2—2016	电动汽车远程服务与管理系统技术规范 第2部分：车载终端			2016/8/29	2016/10/1
19.5-3-114	19.5	290.200	K81	GB/T 33341—2016	电动汽车快换电池箱架通用技术要求			2016/12/13	2017/7/1
19.5-3-115	19.5	43.080	T 47	GB/T 34013—2017	电动汽车用动力蓄电池产品规格尺寸			2017/7/12	2018/2/1
19.5-3-116	19.5	43.040.99	T35	GB/T 34657.1—2017	电动汽车传导充电互操作性测试规范 第1部分：供电设备			2017/10/14	2018/5/1
19.5-3-117	19.5	43.040.99	T35	GB/T 34657.2—2017	电动汽车传导充电互操作性测试规范 第2部分：车辆			2017/10/14	2018/5/1
19.5-3-118	19.5	290.200	K81	GB/T 34658—2017	电动汽车非车载传导式充电机与电池管理系统之间的通信协议一致性测试			2017/10/14	2018/5/1
19.5-3-119	19.5	03.220.40	R45	GB/T 36028.1—2018	靠港船舶岸电系统技术条件 第1部分：高压供电			2018/3/15	2018/10/1
19.5-3-120	19.5	03.220.40	R45	GB/T 36028.2—2018	靠港船舶岸电系统技术条件 第2部分：低压供电			2018/3/15	2018/10/1
19.5-3-121	19.5	33.060.20	M36	GB/T 36654—2018	76GHz 车辆无线电设备射频指标技术要求及测试方法			2018/9/17	2019/1/1
19.5-3-122	19.5	29.200	K81	GB/T 37295—2019	城市公共设施 电动汽车充换电设施安全技术防范系统要求			2019/3/25	2019/10/1
19.5-3-123	19.5	47.020.60	U60	GB/T 37399—2019	高压岸电试验方法			2019/5/10	2019/12/1

19

序号	GW 分类	ICS 分类	GB 分类	标准号	中 文 名 称	代替标准	采用关系	发布日期	实施日期
19.5-3-124	19.5	43.080	T47	GB 38031—2020	电动汽车用动力蓄电池安全要求	GB/T 31485—2015；GB/T 31467.3—2015		2020/5/12	2021/1/1
19.5-3-125	19.5	47.020.60	U62	GB/T 38329.1—2019	港口船岸连接　第 1 部分：高压岸电连接（HVSC）系统　一般要求			2019/12/10	2020/7/1
19.5-3-126	19.5	47.020.60	U60	GB/T 38329.2—2021	港口船岸连接　第 2 部分：高压和低压岸电连接系统　监测和控制的数据传输		IEC/IEEE 80005-2：2016	2021/5/21	2021/12/1
19.5-3-127	19.5	43.040	T35	GB/T 38775.1—2020	电动汽车无线充电系统　第 1 部分：通用要求			2020/4/28	2020/11/1
19.5-3-128	19.5			GB/T 38775.2—2020	电动汽车无线充电系统　第 2 部分：车载充电机和无线充电设备之间的通信协议			2020/4/28	2020/11/1
19.5-3-129	19.5	43.040.99	K81	GB/T 38775.3—2020	电动汽车无线充电系统　第 3 部分：特殊要求			2020/4/28	2020/11/1
19.5-3-130	19.5	43.040.99	K81	GB/T 38775.4—2020	电动汽车无线充电系统　第 4 部分：电磁环境限值与测试方法			2020/4/28	2020/11/1
19.5-3-131	19.5	43.040.99	T35	GB/T 39752—2021	电动汽车供电设备安全要求及试验规范			2021/3/9	2021/10/1
19.5-3-132	19.5	43.020	T40	GB/T 40032—2021	电动汽车换电安全要求			2021/4/30	2021/11/1
19.5-3-133	19.5		P33	GB/T 51077—2015	电动汽车电池更换站设计规范			2014/12/31	2015/9/1
19.5-3-134	19.5	29.100.01	P60	GB/T 51313—2018	电动汽车分散充电设施工程技术标准			2018/9/11	2019/3/1
19.5-4-135	19.5	91.140.50	A00	DL/T 2143.2—2020	港口岸电系统建设规范　第 2 部分：电能计量			2020/10/23	2021/2/1
19.5-4-136	19.5			DL/T 2151.1—2020	岸基供电系统　第 1 部分：通用要求			2020/10/23	2021/2/1
19.5-4-137	19.5			DL/T 2151.3—2020	岸基供电系统　第 3 部分：变频电源			2020/10/23	2021/2/1
19.5-4-138	19.5			DL/T 2175—2020	港口岸电系统技术条件　综合管理系统			2020/10/23	2021/2/1
19.5-4-139	19.5			DL/T 2188—2020	港口岸电系统总则			2020/10/23	2021/2/1
19.5-4-140	19.5	35.020	F00/09	DL/T 2189—2020	港口综合能源管控系统功能规范			2020/10/23	2021/2/1
19.5-4-141	19.5	29.200	K46；K85	JB/T 10095—2010	工业电池用充电设备	JB 10095—1999		2010/2/21	2010/7/1
19.5-4-142	19.5	29.120.30	K30	NB/T 10202—2019	用于电动汽车模式 2 充电的具有温度保护的插头			2019/6/4	2019/10/1
19.5-4-143	19.5	290.200	K81	NB/T 33001—2018	电动汽车非车载传导式充电机技术条件	NB/T 33001—2010		2018/4/3	2018/7/1
19.5-4-144	19.5	29.200	K81	NB/T 33002—2018	电动汽车交流充电桩技术条件	NB/T 33002—2010		2018/12/25	2019/5/1

19

序号	GW 分类	ICS 分类	GB 分类	标准号	中 文 名 称	代替标准	采用关系	发布日期	实施日期
19.5-4-145	19.5	29.200	K81	NB/T 33003—2010	电动汽车非车载充电机监控单元与电池管理系统通信协议			2010/5/1	2010/10/1
19.5-4-146	19.5	29.200	K81	NB/T 33004—2013	电动汽车充换电设施工程施工和竣工验收规范			2013/11/28	2014/4/1
19.5-4-147	19.5	29.200	K81	NB/T 33005—2013	电动汽车充电站及电池更换站监控系统技术规范			2013/11/28	2014/4/1
19.5-4-148	19.5	29.200	k81	NB/T 33009—2013	电动汽车充换电设施建设技术导则			2013/11/28	2014/4/1
19.5-4-149	19.5	43.040.99	T35	NB/T 33025—2020	电动汽车快速更换电池箱通用要求	NB/T 33025—2016		2020/10/23	2021/2/1
19.5-4-150	19.5	43.080	T47	QC/T 839—2010	超级电容电动城市客车供电系统			2010/11/22	2011/3/1
19.5-4-151	19.5	43.080	T47	QC/T 840—2010	电动汽车用动力蓄电池产品规格尺寸			2010/11/10	2011/3/1
19.5-4-152	19.5	43.080	T47	QC/T 989—2014	电动汽车用动力蓄电池箱通用要求			2014/10/14	2015/4/1
19.5-5-153	19.5	43.120		ANSI/UL 2202—2012（R2018）	电动车辆（EV）充电系统设备的安全标准	ANSI UL 2202—2009		2018/2/9	2018/2/9
19.5-5-154	19.5			BS IEC 60092-101：2018	船舶上的电气装置 定义和一般要求	BS IEC 60092-101：2002		2018/7/11	2018/7/11
19.5-5-155	19.5			BS IEC 60092-201：2019	船舶上的电气装置 系统设计 一般	BS IEC 60092-201：2002		2019/3/10	2019/3/10
19.5-5-156	19.5			BS IEC 60092-302-2：2019	船舶上的电气装置 低压开关柜和控制柜组件 船用动力			2019/3/10	2019/3/10
19.5-5-157	19.5	43.120		BSI BS EN 61851-1—2011	电动车辆充电系统 第1部分：通用要求			2011/8/31	2011/8/31
19.5-5-158	19.5	43.120	T36	IEC 61851-1：2010	电动车辆感应放电系统 第1部分：一般要求	IEC 61851-1：2001；IEC 69/173/FDIS：2010		2010/11/1	2010/11/1
19.5-5-159	19.5	43.120	T90	IEC 61851-22：2001	电动车辆感应充电系统 第22部分：交流电动车辆的充电站	IEC 60718：1997；IEC 69/129/FDIS：2000		2001/5/1	2001/5/1
19.5-5-160	19.5	43.120	T35	IEC 61851-23：2014	电动车辆传导式充电系统 第23部分：直流电动车辆充电站			2014/3/1	2014/3/1
19.5-5-161	19.5	43.120	T90	IEC 61851-24：2014	电动车辆传导式充电系统 第24部分：用于控制直流充电的直流电动车辆充电站和电动车辆之间的数字通信			2014/3/1	2014/3/1
19.5-5-162	19.5			IEC 62196-1：2014	插头、电气插座、车辆连接器和车辆引入线 电动车导电充电 第1部分：一般要求			2014/6/1	2014/6/1

19

序号	GW 分类	ICS 分类	GB 分类	标准号	中 文 名 称	代替标准	采用关系	发布日期	实施日期
19.5-5-163	19.5	29.120.30		IEC 62613-1：2019	高压岸电连接（HVSC）系统用插头、插座和船用耦合器 第1部分：一般要求 2.0版	IEC 62613-1：2011		2019/5/1	2019/5/1
19.5-5-164	19.5	29.120.30；		IEC 62613-2：2016	用于高压岸电连接系统（HVSC系统）的插头、插座和船舶耦合器 第2部分：各种类型船舶使用的附件的尺寸兼容性和互换性要求 第2版	IEC 62613-2：2011		2016/11/1	2016/11/1
19.5-5-165	19.5	17.220.20		IEC 62986：2017	插头、插座和耦合器与弓形触点 1.0版				
19.5-5-166	19.5	47.020.60		IEC IEC-IEEE 80005-1：2019	港口的公用设施连接 第1部分：高压岸电连接（HVSC）系统 一般要求 2.0版			2019/3/1	2019/3/1
19.5-5-167	19.5			IEC PAS 63108：2017	船舶电气装置 直流配电 系统设计架构 1.0版			2017/5/1	2017/5/1
19.5-6-168	19.5	35.240.60	L73	T/CEC 102.1：2016	电动汽车充换电服务信息交换 第1部分：总则			2016/10/21	2017/1/1
19.5-6-169	19.5	35.240.60	L73	T/CEC 102.2：2016	电动汽车充换电服务信息交换 第2部分：公共信息交换规范			2016/10/21	2017/1/1
19.5-6-170	19.5	35.240.60	L73	T/CEC 102.3：2016	电动汽车充换电服务信息交换 第3部分：业务信息交换规范			2016/10/21	2017/1/1
19.5-6-171	19.5	35.240.60	L73	T/CEC 102.4：2016	电动汽车充换电服务信息交换 第4部分：数据传输及安全			2016/10/21	2017/1/1
19.5-6-172	19.5			T/CEC 197.7：2019	岸基供电系统 第7部分：岸电电源检验试验规范			2019/4/24	2019/7/1
19.5-6-173	19.5			T/CEC 197.8：2019	岸基供电系统 第8部分：船岸柔性并网技术规范			2019/4/24	2019/7/1
19.5-6-174	19.5			T/CEC 198：2019	低压岸电连接系统（LVSC系统）用插头插座和船用耦合器			2019/4/24	2019/7/1
19.5-6-175	19.5			T/CEC 199：2019	船岸连接电缆管理系统技术条件			2019/4/24	2019/7/1
19.5-6-176	19.5			T/CEC 200：2019	低压船岸连接系统接电箱技术条件			2019/4/24	2019/7/1
19.5-6-177	19.5			T/CEC 208：2019	电动汽车充电设施信息安全技术规范			2019/4/24	2019/7/1
19.5-6-178	19.5	29.020	K93	T/CEC 212：2019	电动汽车交直流充电桩低压元件技术要求			2019/4/24	2019/7/1
19.5-6-179	19.5	29.200	K81	T/CEC 213：2019	电动汽车交流充电桩 高温沿海地区特殊要求			2019/4/24	2019/7/1
19.5-6-180	19.5	29.200	K81	T/CEC 214：2019	电动汽车非车载充电机 高温沿海地区特殊要求			2019/4/24	2019/7/1

19

序号	GW分类	ICS分类	GB分类	标准号	中文名称	代替标准	采用关系	发布日期	实施日期
19.5-6-181	19.5			T/CEC 215：2019	电动汽车非车载充电机检验试验技术规范 高温沿海地区特殊要求			2019/4/24	2019/7/1
19.5-6-182	19.5			T/CEC 216：2019	电动汽车交流充电桩检验试验技术规范 高温沿海地区特殊要求			2019/4/24	2019/7/1
19.5-6-183	19.5			T/CEC 365：2020	电动汽车柔性充电堆			2020/6/30	2020/10/1
19.5-6-184	19.5			T/CEC 366：2020	电动汽车63A交流充电系统特殊要求			2020/6/30	2020/10/1
19.5-6-185	19.5			T/CEC 367：2020	电动汽车充换电设施运维人员培训考核规范			2020/6/30	2020/10/1
19.5-6-186	19.5			T/CEC 368：2020	电动汽车非车载传导式充电模块技术条件			2020/6/30	2020/10/1

19.6 售电市场与营销-需求侧管理

序号	GW分类	ICS分类	GB分类	标准号	中文名称	代替标准	采用关系	发布日期	实施日期
19.6-2-1	19.6	29.240		Q/GDW 10620—2016	智能小区功能规范	Q/GDW/Z 620—2011		2017/3/24	2017/3/24
19.6-2-2	19.6	29.240		Q/GDW 10646—2016	智能插座技术规范	Q/GDW/Z 646—2011		2017/3/24	2017/3/24
19.6-2-3	19.6	29.240		Q/GDW 10647—2016	居民智能交互终端技术规范	Q/GDW/Z 647—2011		2017/3/24	2017/3/24
19.6-2-4	19.6	29.240		Q/GDW 10648—2016	家用智能网关技术规范	Q/GDW/Z 648—2011		2017/3/24	2017/3/24
19.6-2-5	19.6	29.240		Q/GDW 10675—2017	电力需求侧管理示范项目评价规范	Q/GDW/Z 675—2011		2018/9/7	2018/9/7
19.6-2-6	19.6	29.240		Q/GDW 11029—2013	电力需求侧管理城市综合试点建设技术导则			2014/4/1	2014/4/1
19.6-2-7	19.6	29.240		Q/GDW 11032—2013	电能服务管理平台建设规范			2014/4/1	2014/4/1
19.6-2-8	19.6	29.240		Q/GDW 11033—2013	电能服务管理平台通用要求			2014/4/1	2014/4/1
19.6-2-9	19.6	29.240		Q/GDW 11325—2014	电能服务管理平台接口规范			2015/6/3	2015/6/3
19.6-2-10	19.6	29.020		Q/GDW 11470.1—2016	电能替代评价技术规范 第1部分：电量统计认定技术规范			2016/12/8	2016/12/8
19.6-2-11	19.6	29.020		Q/GDW 11470.2—2016	电能替代评价技术规范 第2部分：经济性评价导则			2016/12/8	2016/12/8
19.6-2-12	19.6	29.240		Q/GDW/Z 11565—2016	智慧园区建设导则			2017/3/24	2017/3/24
19.6-2-13	19.6	29.240		Q/GDW 11567—2016	电能服务管理平台企业子站接入技术规范			2017/3/24	2017/3/24

19

序号	GW分类	ICS分类	GB分类	标准号	中文名称	代替标准	采用关系	发布日期	实施日期
19.6-2-14	19.6	29.240		Q/GDW 11568—2016	电力需求响应系统技术导则			2017/3/24	2017/3/24
19.6-2-15	19.6	29.240		Q/GDW 11569—2016	电力需求响应终端技术条件			2017/3/24	2017/3/24
19.6-2-16	19.6	29.240		Q/GDW 11706—2017	电能服务管理平台信息交互技术规范			2018/3/6	2018/3/6
19.6-2-17	19.6	29.240		Q/GDW 11707—2017	电能服务管理平台移动终端软件功能规范			2018/3/6	2018/3/6
19.6-2-18	19.6	29.240		Q/GDW 11708—2017	电能服务管理平台运行管理规范			2018/3/6	2018/3/6
19.6-2-19	19.6			Q/GDW 11774.1—2017	电力负荷快速响应系统　第1部分：主站技术规范			2018/9/7	2018/9/7
19.6-2-20	19.6			Q/GDW 11774.2—2017	电力负荷快速响应系统　第2部分：终端技术规范			2018/9/7	2018/9/7
19.6-2-21	19.6			Q/GDW 11774.3—2017	电力负荷快速响应系统　第3部分：现场成套设备技术规范			2018/9/7	2018/9/7
19.6-2-22	19.6			Q/GDW 11785—2017	智能用电服务系统　居民用户负荷接入及互动规范			2018/9/7	2018/9/7
19.6-2-23	19.6	29.240		Q/GDW 11852—2018	电力需求响应负荷监测与效果评估技术要求			2019/10/10	2019/10/10
19.6-2-24	19.6	29.240.99	F20	Q/GDW 11853.2—2018	电力需求响应系统　第2部分：系统功能规范			2019/10/10	2019/10/10
19.6-2-25	19.6	29.240		Q/GDW 11946.1—2018	蓄热式电供暖系统（10kV及以下）技术规范　第1部分：总则			2020/3/20	2020/3/20
19.6-2-26	19.6	29.240		Q/GDW 11946.2—2018	蓄热式电供暖系统（10kV及以下）技术规范　第2部分：接入电网要求			2020/3/20	2020/3/20
19.6-2-27	19.6	29.240		Q/GDW 11946.3—2018	蓄热式电供暖系统（10kV及以下）技术规范　第3部分：系统设计			2020/3/20	2020/3/20
19.6-2-28	19.6	29.240		Q/GDW 11946.4—2018	蓄热式电供暖系统（10kV及以下）技术规范　第4部分：施工和安装			2020/3/20	2020/3/20
19.6-2-29	19.6	29.240		Q/GDW 11946.5—2018	蓄热式电供暖系统（10kV及以下）技术规范　第5部分：运行维护			2020/3/20	2020/3/20
19.6-2-30	19.6	29.240		Q/GDW 11946.6—2018	蓄热式电供暖系统（10kV及以下）技术规范　第6部分：监控要求			2020/3/20	2020/3/20
19.6-2-31	19.6	29.240		Q/GDW 11946.7—2018	蓄热式电供暖系统（10kV及以下）技术规范　第7部分：运营服务要求			2020/3/20	2020/3/20

19

序号	GW分类	ICS分类	GB分类	标准号	中 文 名 称	代替标准	采用关系	发布日期	实施日期
19.6-2-32	19.6	29.240		Q/GDW 11946.8—2018	蓄热式电供暖系统（10kV 及以下）技术规范 第8部分：信息交互协议			2020/3/20	2020/3/20
19.6-2-33	19.6	29.240		Q/GDW 11946.9—2018	蓄热式电供暖系统（10kV 及以下）技术规范 第9部分：接口			2020/3/20	2020/3/20
19.6-2-34	19.6	29.240		Q/GDW 11946.10—2018	蓄热式电供暖系统（10kV 及以下）技术规范 第10部分：验收			2020/3/20	2020/3/20
19.6-2-35	19.6	29.240		Q/GDW 11946.11—2018	蓄热式电供暖系统（10kV 及以下）技术规范 第11部分：检测			2020/3/20	2020/3/20
19.6-2-36	19.6			Q/GDW 12090—2020	综合能源服务专项规划编制导则			2021/3/26	2021/3/26
19.6-2-37	19.6	29.240		Q/GDW 1518—2015	智能用电服务系统技术导则	Q/GDW/Z 518—2010		2015/9/30	2015/9/30
19.6-2-38	19.6	29.240		Q/GDW 1883—2013	智能园区工程验收规范			2014/1/29	2014/1/29
19.6-2-39	19.6	29.240		Q/GDW 1888—2013	智能楼宇建设导则			2014/1/29	2014/1/29
19.6-2-40	19.6	29.240		Q/GDW/Z 621—2011	智能小区工程验收规范			2011/8/24	2011/8/24
19.6-2-41	19.6	29.240		Q/GDW/Z 631—2011	智能楼宇工程验收规范			2011/8/1	2011/8/1
19.6-2-42	19.6	29.020		Q/GDW 722—2012	智能家居设备与电网间的信息交互接口规范			2012/5/4	2012/5/4
19.6-2-43	19.6	29.020		Q/GDW 723—2012	智能家居设备通信协议			2012/5/4	2012/5/4
19.6-2-44	19.6	29.240		Q/GDW/Z 724—2012	大用户智能交互终端技术规范			2012/4/20	2012/4/20
19.6-2-45	19.6	29.240		Q/GDW/Z 725—2012	智能小区建设导则			2012/5/4	2012/5/4
19.6-3-46	19.6	27.240.01	F21	GB/T 15148—2008	电力负荷管理系统技术规范	GB/T 15148—1994		2008/9/24	2009/8/1
19.6-3-47	19.6	29.020	K07	GB/T 31991.1—2015	电能服务管理平台技术规范 第1部分：总则			2015/9/11	2016/4/1
19.6-3-48	19.6	29.020	K07	GB/T 31991.2—2015	电能服务管理平台技术规范 第2部分：功能规范			2015/9/11	2016/4/1
19.6-3-49	19.6	29.020	K07	GB/T 31991.3—2015	电能服务管理平台技术规范 第3部分：接口规范			2015/9/11	2016/4/1
19.6-3-50	19.6	29.020	K07	GB/T 31991.4—2015	电能服务管理平台技术规范 第4部分：设计规范			2015/9/11	2016/4/1
19.6-3-51	19.6	29.020	K07	GB/T 31991.5—2015	电能服务管理平台技术规范 第5部分：安全防护规范			2015/9/11	2016/4/1

19

序号	GW 分类	ICS 分类	GB 分类	标准号	中 文 名 称	代替标准	采用关系	发布日期	实施日期
19.6-3-52	19.6	29.020	K07	GB/T 31993—2015	电能服务管理平台管理规范			2015/9/11	2016/4/1
19.6-3-53	19.6	29.020	K00	GB/Z 32500—2016	智能电网用户端系统数据接口一般要求			2016/2/24	2016/9/1
19.6-3-54	19.6	29.020	K00	GB/Z 32501—2016	智能电网用户端通信系统一般要求			2016/2/24	2016/9/1
19.6-3-55	19.6	29.020	K07	GB/T 32672—2016	电力需求响应系统通用技术规范			2016/4/25	2016/11/1
19.6-3-56	19.6	17.220.20	N22	GB/T 34067.1—2017	户内智能用电显示终端　第1部分：通用技术要求			2017/7/31	2018/2/1
19.6-3-57	19.6	17.220.20	N22	GB/T 34067.2—2019	户内智能用电显示终端　第2部分：数据交换			2019/5/10	2019/12/1
19.6-3-58	19.6	35.200	F20	GB/T 34116—2017	智能电网用户自动需求响应　分散式空调系统终端技术条件			2017/7/31	2018/2/1
19.6-3-59	19.6	29.020	K00	GB/T 35031.1—2018	用户端能源管理系统　第1部分：导则			2018/5/14	2018/12/1
19.6-3-60	19.6	29.020	K00	GB/T 35031.2—2018	用户端能源管理系统　第2部分：主站功能规范			2018/5/14	2018/12/1
19.6-3-61	19.6	29.020	K00	GB/T 35031.6—2019	用户端能源管理系统　第6部分：管理指标体系			2019/6/4	2020/1/1
19.6-3-62	19.6	29.020	K00	GB/T 35031.7—2019	用户端能源管理系统　第7部分：功能分类和系统分级			2019/6/4	2020/1/1
19.6-3-63	19.6	29.020	K00	GB/T 35031.301—2018	用户端能源管理系统　第3-1部分：子系统接口网关一般要求			2018/5/14	2018/12/1
19.6-3-64	19.6	35.060	L72	GB/T 35134—2017	物联网智能家居　设备描述方法			2017/12/29	2018/7/1
19.6-3-65	19.6	91.140.01	K60	GB/T 35136—2017	智能家居自动控制设备通用技术要求			2017/12/29	2018/7/1
19.6-3-66	19.6	35.040	L71	GB/T 35143—2017	物联网智能家居　数据和设备编码			2017/12/29	2018/7/1
19.6-3-67	19.6	27.010	F01	GB/T 36160.1—2018	分布式冷热电能源系统技术条件　第1部分：制冷和供热单元			2018/5/14	2018/12/1
19.6-3-68	19.6	27.010	F01	GB/T 36160.2—2018	分布式冷热电能源系统技术条件　第2部分：动力单元			2018/5/14	2018/12/1
19.6-3-69	19.6	27.010	F01	GB/T 36713—2018	能源管理体系　能源基准和能源绩效参数			2018/9/17	2019/4/1
19.6-3-70	19.6	29.020	F20	GB/T 37016—2018	电力用户需求响应节约电力测量与验证技术要求			2018/12/28	2019/7/1

19

序号	GW分类	ICS分类	GB分类	标准号	中 文 名 称	代替标准	采用关系	发布日期	实施日期
19.6-3-71	19.6	97.030	Y60	GB/T 38052.1—2019	智能家用电器系统互操作　第1部分：术语			2019/10/18	2020/5/1
19.6-3-72	19.6	97.030	Y60	GB/T 38052.2—2019	智能家用电器系统互操作　第2部分：通用要求			2019/10/18	2020/5/1
19.6-3-73	19.6	97.030	Y60	GB/T 38052.3—2019	智能家用电器系统互操作　第3部分：服务平台间接口规范			2019/10/18	2020/5/1
19.6-3-74	19.6	97.030	Y60	GB/T 38052.4—2019	智能家用电器系统互操作　第4部分：控制终端接口规范			2019/10/18	2020/5/1
19.6-3-75	19.6	35.200	F20	GB/T 38332—2019	智能电网用户自动需求响应　集中式空调系统终端技术条件			2019/12/10	2020/7/1
19.6-3-76	19.6	27.010	F01	GB/T 39119—2020	综合能源　泛能网协同控制总体功能与过程要求			2020/10/11	2021/5/1
19.6-3-77	19.6	27.010	F01	GB/T 39120—2020	综合能源　泛能网术语			2020/10/11	2021/5/1
19.6-4-78	19.6	29.020	K02	DL/T 1330—2014	电力需求侧管理项目效果评估导则			2014/3/18	2014/8/1
19.6-4-79	19.6	27.100	F20	DL/T 1398.1—2014	智能家居系统　第1部分：总则			2014/10/15	2015/3/1
19.6-4-80	19.6	27.100	F20	DL/T 1398.2—2014	智能家居系统　第2部分：功能规范			2014/10/15	2015/3/1
19.6-4-81	19.6	27.100	F20	DL/T 1398.31—2014	智能家居系统　第3-1部分：家庭能源网关技术规范			2014/10/15	2015/3/1
19.6-4-82	19.6	27.100	F20	DL/T 1398.32—2014	智能家居系统　第3-2部分：智能交互终端技术规范			2014/10/15	2015/3/1
19.6-4-83	19.6	27.100	F20	DL/T 1398.33—2014	智能家居系统　第3-3部分：智能插座技术规范			2014/10/15	2015/3/1
19.6-4-84	19.6	27.100	F20	DL/T 1398.34—2014	智能家居系统　第3-4部分：家电监控模块技术规范			2014/10/15	2015/3/1
19.6-4-85	19.6	27.100	F20	DL/T 1398.41—2014	智能家居系统　第4-1部分：通信协议-服务中心主站与家庭能源网关通信			2014/10/15	2015/3/1
19.6-4-86	19.6	27.100	F20	DL/T 1398.42—2014	智能家居系统　第4-2部分：通信协议-家庭能源网关下行通信			2014/10/15	2015/3/1
19.6-4-87	19.6			DL/T 1644—2016	电力企业合同能源管理技术导则			2016/12/5	2017/5/1
19.6-4-88	19.6	29.020	K01	DL/T 1759—2017	电力负荷聚合服务商需求响应系统技术规范			2017/11/15	2018/3/1

19

序号	GW 分类	ICS 分类	GB 分类	标准号	中 文 名 称	代替标准	采用关系	发布日期	实施日期
19.6-4-89	19.6			DL/T 1764—2017	电力用户有序用电价值评估技术导则			2017/11/15	2018/3/1
19.6-4-90	19.6			DL/T 1765—2017	非生产性空调负荷柔性调控技术导则			2017/11/15	2018/3/1
19.6-4-91	19.6	29.020	F20	DL/T 1867—2018	电力需求响应信息交换规范			2018/6/6	2018/10/1
19.6-4-92	19.6	27.010	F20	DL/T 2034.1—2019	电能替代设备接入电网技术条件 第1部分：通则			2019/6/4	2019/10/1
19.6-4-93	19.6	27.010	F20	DL/T 2034.2—2019	电能替代设备接入电网技术条件 第2部分：电锅炉			2019/6/4	2019/10/1
19.6-4-94	19.6	27.010	F20	DL/T 2034.3—2019	电能替代设备接入电网技术条件 第3部分：分散电采暖设备			2019/6/4	2019/10/1
19.6-4-95	19.6			DL/T 2116—2020	电力需求响应系统信息交换测试规范			2020/10/23	2021/2/1
19.6-4-96	19.6			DL/T 2117—2020	电力需求响应系统检验规范			2020/10/23	2021/2/1
19.6-4-97	19.6	29.240.30	F21	DL/T 2179—2020	电力源网荷互动终端技术规范			2020/10/23	2021/2/1
19.6-4-98	19.6			DL/T 2196—2020	电力需求侧辅助服务导则			2020/10/23	2021/2/1
19.6-4-99	19.6	29.240.99	F22	DL/T 359—2010	电蓄冷（热）和热泵系统现场测试规范			2010/5/1	2010/10/1
19.6-4-100	19.6	29.240.30	F21	DL/T 533—2007	电力负荷管理终端	DL 533—1993		2007/7/20	2007/12/1
19.6-4-101	19.6	29.240	F21	DL/T 535—2009	电力负荷管理系统数据传输规约	DL 535—1993		2009/7/22	2009/12/1
19.6-4-102	19.6	29.130.01	K30	NB/T 42058—2015	智能电网用户端系统通用技术要求			2015/7/1	2015/12/1
19.6-4-103	19.6	29.020	K00	NB/T 42119.1—2017	智能电网用户端能源管理系统 第1部分：技术导则			2017/8/2	2017/12/1
19.6-4-104	19.6	07.060	A47	QX/T 97—2008	用电需求气象条件等级			2008/3/22	2008/8/1
19.6-4-105	19.6			T/CEC 314—2020	电能替代工程技术方案选择指南			2020/6/30	2020/10/1
19.6-5-106	19.6	33.200		IEC 62746-10-1：2018	客户能源管理系统和电源管理系统之间的系统接口 第10-1部分：开放式自动需求响应 1.0版	IEC 62746-10-1：2014		2018/11/1	2018/11/1
19.6-5-107	19.6	33.200		IEC 62746-10-3：2018	客户能源管理系统与电源管理系统之间的系统接口 第10-3部分：开放式自动需求响应 使智能电网用户界面适应 IEC 通用信息模型 1.0版			2018/7/1	2018/7/1

序号	GW分类	ICS分类	GB分类	标准号	中 文 名 称	代替标准	采用关系	发布日期	实施日期
19.6-5-108	19.6			IEC/TR 62939-1：2014	智能电网用户界面 第1部分：界面概述和国家观点			2014/11/1	2014/11/1
19.6-5-109	19.6			IEC PAS 62746-10-1：2014	客户能源管理系统与动力管理系统之间的系统接口 第10-1部分：开放自动化需求响应（OpenADR2.0b配置文件规范）			2014/2/1	2014/2/1
19.6-5-110	19.6	13.020.30		IEC TS 62939-2：2018	智能电网用户界面 第2部分：体系结构和要求 1.0版			2018/11/1	2018/11/1
19.6-6-111	19.6	29.020	F20	T/CEC 133—2017	工业园区电力需求响应系统技术规范			2017/5/15	2017/8/1
19.6-6-112	19.6			T/CEC 165.1—2018	电供暖系统技术规范 第1部分：总则			2018/1/24	2018/4/1
19.6-6-113	19.6			T/CEC 165.2—2018	电供暖系统技术规范 第2部分：设备			2018/1/24	2018/4/1
19.6-6-114	19.6			T/CEC 165.3—2018	电供暖系统技术规范 第3部分：系统设计			2018/1/24	2018/4/1
19.6-6-115	19.6			T/CEC 165.4—2018	电供暖系统技术规范 第4部分：施工和安装			2018/1/24	2018/4/1
19.6-6-116	19.6			T/CEC 165.5—2018	电供暖系统技术规范 第5部分：验收			2018/1/24	2018/4/1
19.6-6-117	19.6			T/CEC 165.6—2018	电供暖系统技术规范 第6部分：监控系统			2018/1/24	2018/4/1
19.6-6-118	19.6			T/CEC 165.7—2018	电供暖系统技术规范 第7部分：运营服务平台			2018/1/24	2018/4/1
19.6-6-119	19.6			T/CEC 165.8—2018	电供暖系统技术规范 第8部分：通信规约			2018/1/24	2018/4/1
19.6-6-120	19.6			T/CEC 165.9—2018	电供暖系统技术规范 第9部分：运行维护			2018/1/24	2018/4/1
19.6-6-121	19.6			T/CEC 165.10—2018	电供暖系统技术规范 第10部分：接口			2018/1/24	2018/4/1
19.6-6-122	19.6			T/CEC 165.11—2018	电供暖系统技术规范 第11部分：计量			2018/1/24	2018/4/1
19.6-6-123	19.6			T/CEC 165.12—2018	电供暖系统技术规范 第12部分：检测			2018/1/24	2018/4/1
19.6-6-124	19.6	29.20	F12	T/CEC 174—2018	分布式储能系统远程集中监控技术规范			2018/1/24	2018/4/1
19.6-6-125	19.6			T/CEC 238—2019	电力需求响应系统与智能家电云平台接口规范			2019/11/21	2020/1/1
19.6-6-126	19.6			T/CEC 239.1—2019	电力需求响应信息模型 第1部分：集中式空调系统			2019/11/21	2020/1/1
19.6-6-127	19.6			T/CEC 239.2—2019	电力需求响应信息模型 第2部分：分散式空调系统			2019/11/21	2020/1/1

19

序号	GW 分类	ICS 分类	GB 分类	标准号	中 文 名 称	代替标准	采用关系	发布日期	实施日期
19.6-6-128	19.6			T/CEC 239.3—2019	电力需求响应信息模型　第3部分:电热水器			2019/11/21	2020/1/1
19.6-6-129	19.6			T/CEC 239.4—2019	电力需求响应信息模型　第4部分:电热锅炉			2019/11/21	2020/1/1
19.6-6-130	19.6			T/CEC 239.5—2019	电力需求响应信息模型　第5部分:电冰箱			2019/11/21	2020/1/1
19.6-6-131	19.6			T/CEC 239.6—2019	电力需求响应信息模型　第6部分:用户侧分布式电源			2019/11/21	2020/1/1
19.6-6-132	19.6			T/CEC 239.7—2019	电力需求响应信息模型　第7部分:电动汽车			2019/11/21	2020/1/1
19.6-6-133	19.6			T/CEC 276—2019	电力需求侧管理项目节约电力测量技术规范			2019/11/21	2020/1/1
19.6-6-134	19.6	29.020	F20	T/CEC 5009.1—2018	工业园区电力需求侧管理系统建设　第1部分:总则			2018/7/3	2018/9/1
19.6-6-135	19.6	29.020	F20	T/CEC 5009.2—2018	工业园区电力需求侧管理系统建设　第2部分:设计要求			2018/7/3	2018/9/1
19.6-6-136	19.6	29.020	F20	T/CEC 5009.3—2019	工业园区电力需求侧管理系统建设　第3部分:实施和验收规范			2019/11/21	2020/1/1
19.6-6-137	19.6	29.020	F20	T/CEC 5009.4—2019	工业园区电力需求侧管理系统建设　第4部分:运维规范			2019/11/21	2020/1/1
19.6-6-138	19.6	29.020	F20	T/CEC 5009.5—2019	工业园区电力需求侧管理系统建设　第5部分:评价规范			2019/11/21	2020/1/1

19.7　售电市场与营销-用电安全

序号	GW 分类	ICS 分类	GB 分类	标准号	中 文 名 称	代替标准	采用关系	发布日期	实施日期
19.7-2-1	19.7			Q/GDW 12083—2020	北京2022年冬奥会和冬残奥会临时供电工程建设技术规范			2021/3/26	2021/3/26
19.7-3-2	19.7	13.200	K09	GB/T 13870.4—2017	电流对人和家畜的效应　第4部分:雷击效应			2017/11/1	2018/5/1
19.7-3-3	19.7	29.240.01	F20	GB/T 29328—2018	重要电力用户供电电源及自备应急电源配置技术规范	GB/Z 29328—2012		2018/12/28	2019/7/1
19.7-3-4	19.7	29.020	C65	GB/T 31989—2015	高压电力用户用电安全			2015/9/11	2016/4/1
19.7-4-5	19.7			DL/T 2039—2019	地方电网售电控制中心基本配置技术条件			2019/6/4	2019/10/1

序号	GW 分类	ICS 分类	GB 分类	标准号	中 文 名 称	代替标准	采用关系	发布日期	实施日期
19.7-4-6	19.7	17.22	N22	DL/T 2047—2019	基于一次侧电流监测反窃电设备技术规范			2019/6/4	2019/10/1

19.8 售电市场与营销-其他

序号	GW 分类	ICS 分类	GB 分类	标准号	中 文 名 称	代替标准	采用关系	发布日期	实施日期
19.8-3-1	19.8	29.140.99	K73	GB/T 34923.1—2017	路灯控制管理系统 第1部分：总则			2017/11/1	2018/5/1
19.8-3-2	19.8	29.140.99	K73	GB/T 34923.2—2017	路灯控制管理系统 第2部分：主站技术规范			2017/11/1	2018/5/1
19.8-3-3	19.8	29.140.99	K73	GB/T 34923.3—2017	路灯控制管理系统 第3部分：路灯控制管理终端技术规范			2017/11/1	2018/5/1
19.8-3-4	19.8	29.140.99	K73	GB/T 34923.4—2017	路灯控制管理系统 第4部分：路灯控制器技术规范			2017/11/1	2018/5/1
19.8-3-5	19.8	29.140.99	K73	GB/T 34923.5—2017	路灯控制管理系统 第5部分：安全防护技术规范			2017/11/1	2018/5/1
19.8-3-6	19.8	29.140.99	K73	GB/T 34923.6—2017	路灯控制管理系统 第6部分：通信协议技术规范			2017/11/1	2018/5/1
19.8-3-7	19.8	29.240.01	F20	GB/T 37136—2018	电力用户供配电设施运行维护规范			2018/12/28	2019/7/1

19

20 新能源

20.1 新能源-并网设计

序号	GW分类	ICS分类	GB分类	标准号	中 文 名 称	代替标准	采用关系	发布日期	实施日期
20.1-2-1	20.1	29.240		Q/GDW 10769—2017	电化学储能电站技术导则	Q/GDW/Z 1769—2012		2018/1/2	2018/1/2
20.1-2-2	20.1	29.240		Q/GDW 11265—2014	电池储能电站设计技术规程			2014/12/31	2014/12/31
20.1-2-3	20.1	29.240		Q/GDW 11376—2015	储能系统接入配电网设计规范			2016/3/31	2016/3/31
20.1-2-4	20.1	27.180		Q/GDW 11410—2015	海上风电场接入电网技术规定			2016/12/14	2016/12/14
20.1-2-5	20.1	27.180		Q/GDW 11411—2015	海上风电场接入系统设计技术规范			2016/12/14	2016/12/14
20.1-2-6	20.1	29.240		Q/GDW 1166.14—2014	国家电网公司输变电工程初步设计内容深度规定 第14部分：风电场升压站	Q/GDW 166.14—2011		2015/2/6	2015/2/6
20.1-2-7	20.1			Q/GDW 12051—2020	电化学储能系统接入电力系统技术规定			2021/3/17	2021/3/17
20.1-2-8	20.1	29.240		Q/GDW 1392—2015	风电场接入电网技术规定	Q/GDW 392—2009		2016/12/14	2016/12/14
20.1-2-9	20.1	29.240		Q/GDW 1480—2015	分布式电源接入电网技术规定	Q/GDW 480—2010		2016/3/31	2016/3/31
20.1-2-10	20.1	27.160		Q/GDW 1617—2015	光伏发电站接入电网技术规定	Q/GDW 617—2011		2016/12/14	2016/12/14
20.1-2-11	20.1	29.240		Q/GDW 1868—2012	风电场接入系统设计内容深度规定			2014/2/25	2014/2/25
20.1-2-12	20.1	29.240		Q/GDW 1886—2013	电池储能系统集成典型设计规范			2014/1/29	2014/1/29
20.1-2-13	20.1	29.240		Q/GDW 1968—2013	分布式光伏发电并网接口装置技术要求			2014/5/1	2014/5/1
20.1-2-14	20.1			Q/GDW 1999—2013	光伏发电站并网验收规范			2014/5/1	2014/5/1
20.1-2-15	20.1	29.020		Q/GDW 381.10—2011	国家电网公司输变电工程施工图设计内容深度规定 第10部分：风电场升压站			2012/7/25	2012/7/25
20.1-3-16	20.1	27.180	F11	GB/T 18451.1—2012	风力发电机组设计要求	GB 18451.1—2001		2012/6/29	2012/10/1
20.1-3-17	20.1	27.010	F01	GB/T 19939—2005	光伏系统并网技术要求			2005/9/19	2006/4/1
20.1-3-18	20.1	27.180	F11	GB/T 19963—2011	风电场接入电力系统技术规定	GB/Z 19963—2005		2011/12/30	2012/6/1
20.1-3-19	20.1	27.160	F12	GB/T 19964—2012	光伏发电站接入电力系统技术规定	GB/Z 19964—2005		2012/12/31	2013/6/1
20.1-3-20	20.1	27.160	F12	GB/T 29319—2012	光伏发电系统接入配电网技术规定			2012/12/31	2013/6/1
20.1-3-21	20.1	27.160	F12	GB/T 29321—2012	光伏发电站无功补偿技术规范			2012/12/31	2013/6/1

20

607

序号	GW 分类	ICS 分类	GB 分类	标准号	中 文 名 称	代替标准	采用关系	发布日期	实施日期
20.1-3-22	20.1	29.020	K04	GB/T 31140—2014	高原用风力发电设备环境技术要求			2014/9/3	2015/4/1
20.1-3-23	20.1	27.160	F12	GB/T 32512—2016	光伏发电站防雷技术要求			2016/2/24	2016/9/1
20.1-3-24	20.1	27.160	F12	GB/T 36117—2018	村镇光伏发电站集群接入电网规划设计导则			2018/3/15	2018/10/1
20.1-3-25	20.1	27.180	F19	GB/T 36547—2018	电化学储能系统接入电网技术规定			2018/7/13	2019/2/1
20.1-3-26	20.1	27.180	F11	GB/T 36569—2018	海上风电场风力发电机组基础技术要求			2018/9/17	2019/4/1
20.1-3-27	20.1	27.160	F12	GB/T 37408—2019	光伏发电并网逆变器技术要求			2019/5/10	2019/12/1
20.1-3-28	20.1	07.060	A47	GB/T 37525—2019	太阳直接辐射计算导则			2019/6/4	2020/1/1
20.1-3-29	20.1	07.060	A47	GB/T 37526—2019	太阳能资源评估方法			2019/6/4	2020/1/1
20.1-3-30	20.1	27.180	F11	GB/T 38174—2019	风能发电系统 风力发电场可利用率			2019/10/18	2020/5/1
20.1-3-31	20.1	27.160	F12	GB/T 40103—2021	太阳能热发电站接入电力系统技术规定			2021/5/21	2021/12/1
20.1-3-32	20.1			GB 50797—2012	光伏发电站设计规范			2012/6/28	2012/11/1
20.1-3-33	20.1			GB/T 50865—2013	光伏发电接入配电网设计规范			2013/9/6	2014/5/1
20.1-3-34	20.1			GB/T 50866—2013	光伏发电站接入电力系统设计规范			2013/1/28	2013/9/1
20.1-3-35	20.1			GB 51048—2014	电化学储能电站设计规范			2014/12/2	2015/8/1
20.1-3-36	20.1			GB 51096—2015	风力发电场设计规范			2015/3/8	2015/11/1
20.1-3-37	20.1			GB/T 51308—2019	海上风力发电场设计标准			2019/2/13	2019/10/1
20.1-3-38	20.1			GB/T 51338—2018	分布式电源并网工程调试与验收标准			2018/11/8	2019/5/1
20.1-4-39	20.1			DL/T 2041—2019	分布式电源接入电网承载力评估导则			2019/6/4	2019/10/1
20.1-4-40	20.1	65.020.01	B08	DL/T 2080—2020	电力储能用超级电容器			2020/10/23	2021/2/1
20.1-4-41	20.1	29.240	K45	DL/T 2246.1—2021	电化学储能电站并网运行与控制技术规范 第1部分：并网运行调试			2021/1/7	2021/7/1
20.1-4-42	20.1	29.240	K45	DL/T 2246.2—2021	电化学储能电站并网运行与控制技术规范 第2部分：并网运行			2021/1/7	2021/7/1
20.1-4-43	20.1	29.240	K45	DL/T 2246.3—2021	电化学储能电站并网运行与控制技术规范 第3部分：并网运行验收			2021/1/7	2021/7/1

序号	GW 分类	ICS 分类	GB 分类	标准号	中 文 名 称	代替标准	采用关系	发布日期	实施日期
20.1-4-44	20.1	29.240	K45	DL/T 2246.4—2021	电化学储能电站并网运行与控制技术规范 第4部分：继电保护			2021/1/7	2021/7/1
20.1-4-45	20.1			DL/T 5810—2020	电化学储能电站接入电网设计规范			2020/10/23	2021/2/1
20.1-4-46	20.1	27.180	P61	NB/T 10103—2018	风电场工程微观选址技术规范			2018/12/25	2019/5/1
20.1-4-47	20.1	27.180	P61	NB/T 10104—2018	海上风电场工程测量规程			2018/12/25	2019/5/1
20.1-4-48	20.1	27.180	P61	NB/T 10105—2018	海上风电场工程风电机组基础设计规范			2018/12/25	2019/5/1
20.1-4-49	20.1	27.180	P61	NB/T 10106—2018	海上风电场工程钻探规程			2018/12/25	2019/5/1
20.1-4-50	20.1	27.180	P61	NB/T 10107—2018	海上风电场工程岩土试验规程			2018/12/25	2019/5/1
20.1-4-51	20.1	27.100	P60	NB/T 10115—2018	光伏支架结构设计规程			2018/12/25	2019/5/1
20.1-4-52	20.1	27.160	P61	NB/T 10230—2019	太阳能热发电工程规划报告编制规程			2019/11/4	2020/5/1
20.1-4-53	20.1	27.180	F11	NB/T 31003—2011	大型风电场并网设计技术规范			2011/7/28	2011/11/1
20.1-4-54	20.1	27.180	P00	NB/T 31031—2019	海上风电场工程预可行性研究报告编制规程	NB/T 31031—2012		2019/11/4	2020/5/1
20.1-4-55	20.1	27.180	F11	NB/T 31056—2014	风力发电机组接地技术规范			2014/10/15	2015/3/1
20.1-4-56	20.1	27.180	F11	NB/T 31077—2016	风电场低电压穿越建模及评价方法			2016/1/7	2016/6/1
20.1-4-57	20.1	27.180	F11	NB/T 31078—2016	风电场并网性能评价方法			2016/1/7	2016/6/1
20.1-4-58	20.1	27.180	P61	NB/T 31088—2016	风电场安全标识设置设计规范			2016/1/7	2016/6/1
20.1-4-59	20.1	29.240		NB/T 31099—2016	风力发电场无功配置及电压控制技术规定			2016/8/16	2016/12/1

20.2 新能源-工程建设

序号	GW 分类	ICS 分类	GB 分类	标准号	中 文 名 称	代替标准	采用关系	发布日期	实施日期
20.2-2-1	20.2	29.240		Q/GDW 10981—2016	风光储联合发电系统验收导则	Q/GDW 1981—2013		2016/12/28	2016/12/28
20.2-2-2	20.2			Q/GDW 11782—2017	离网光伏发电系统建设及运维技术规范			2018/9/7	2018/9/7
20.2-2-3	20.2			Q/GDW 1805—2012	通信站用太阳能供电系统技术要求			2014/5/1	2014/5/1
20.2-3-4	20.2	27.180	F11	GB/T 25382—2010	离网型风光互补发电系统运行验收规范			2010/11/10	2011/3/1
20.2-3-5	20.2	29.220	M41	GB/T 26264—2010	通信用太阳能电源系统			2011/1/14	2011/6/1
20.2-3-6	20.2	27.180	F11	GB/T 31997—2015	风力发电场项目建设工程验收规程			2015/9/11	2016/4/1

20

序号	GW 分类	ICS 分类	GB 分类	标准号	中 文 名 称	代替标准	采用关系	发布日期	实施日期
20.2-3-7	20.2	27.160	F12	GB/T 32892—2016	光伏发电系统模型及参数测试规程			2016/8/29	2017/3/1
20.2-3-8	20.2	27.160	F12	GB/T 33764—2017	独立光伏系统验收规范			2017/5/31	2017/12/1
20.2-3-9	20.2	07.060;27.180	F14	GB/T 36999—2018	海洋波浪能电站环境条件要求			2018/12/28	2019/7/1
20.2-3-10	20.2			GB/T 50571—2010	海上风力发电工程施工规范			2010/5/31	2010/12/1
20.2-3-11	20.2			GB 50794—2012	光伏发电站施工规范			2012/6/28	2012/11/1
20.2-3-12	20.2			GB/T 50795—2012	光伏发电工程施工组织设计规范			2012/6/28	2012/11/1
20.2-3-13	20.2			GB/T 50796—2012	光伏发电工程验收规范			2012/6/28	2012/11/1
20.2-3-14	20.2			GB/T 51311—2018	风光储联合发电站调试及验收标准			2018/9/11	2019/3/1
20.2-4-15	20.2			DL/T 1364—2014	光伏发电站防雷技术规程			2014/10/15	2015/3/1
20.2-4-16	20.2	27.180	F22	DL/T 5191—2004	风力发电场项目建设工程验收规程			2004/3/9	2004/6/1
20.2-4-17	20.2			NB/T 10087—2018	陆上风电场工程施工安装技术规程			2018/10/29	2019/3/1
20.2-4-18	20.2	27.160	P61	NB/T 10100—2018	光伏发电工程地质勘察规范			2018/12/25	2019/5/1
20.2-4-19	20.2	27.160	P61	NB/T 10128—2019	光伏发电工程电气设计规范			2019/6/4	2019/10/1
20.2-4-20	20.2	27.160	P61	NB/T 10207—2019	风电场工程竣工图文件编制规程			2019/6/4	2019/10/1
20.2-4-21	20.2	27.160	P61	NB/T 10208—2019	陆上风电场工程施工安全技术规范			2019/6/4	2019/10/1
20.2-4-22	20.2	27.180	F11	NB/T 31022—2012	风力发电工程达标投产验收规程			2012/4/6	2012/7/1
20.2-4-23	20.2	27.180	P61	NB/T 31033—2019	海上风电场工程施工组织设计技术规定（试行）	NB/T 31033—2012		2019/11/4	2020/5/1
20.2-4-24	20.2	27.180	F11	NB/T 31076—2016	风力发电场并网验收规范			2016/1/7	2016/6/1
20.2-4-25	20.2	27.180	F11	NB/T 31080—2016	海上风力发电机组钢制基桩及承台制作技术规范			2016/1/7	2016/6/1
20.2-4-26	20.2	27.180	P61	NB/T 31104—2016	陆上风电场工程预可行性研究报告编制规程			2016/12/5	2017/5/1
20.2-4-27	20.2	27.180	P61	NB/T 31105—2016	陆上风电场工程可行性研究报告编制规程			2016/12/5	2017/5/1
20.2-4-28	20.2	27.180	P61	NB/T 31106—2016	陆上风电场工程安全文明施工规范			2016/12/5	2017/5/1
20.2-4-29	20.2	27.180	P61	NB/T 31108—2017	海上风电场工程规划报告编制规程			2017/3/28	2017/8/1
20.2-4-30	20.2			NB/T 31112—2017	风电场工程招标设计技术规定			2017/11/15	2018/3/1

序号	GW分类	ICS分类	GB分类	标准号	中 文 名 称	代替标准	采用关系	发布日期	实施日期
20.2-4-31	20.2	27.180	P61	NB/T 31113—2017	陆上风电场工程施工组织设计规范			2017/11/15	2018/3/1
20.2-4-32	20.2			NB/T 31114—2017	风电清洁供热可行性研究专篇编制规程			2017/11/15	2018/3/1
20.2-4-33	20.2	27.180	P61	NB/T 31115—2017	风电场工程110kV～220kV海上升压变电站设计规范			2017/11/15	2018/3/1
20.2-4-34	20.2	27.180	P61	NB/T 31116—2017	风电场工程社会稳定风险分析技术规范			2017/11/15	2018/3/1
20.2-4-35	20.2	27.180	P61	NB/T 31118—2017	风电场工程档案验收规程			2017/11/15	2018/3/1
20.2-4-36	20.2	27.160	P02	NB/T 32027—2016	光伏发电工程设计概算编制规定及费用标准			2016/1/7	2016/6/1
20.2-4-37	20.2	27.180	P61	NB/T 32028—2016	光热发电工程安全验收评价规程			2016/1/7	2016/6/1
20.2-4-38	20.2	27.180	P61	NB/T 32029—2016	光热发电工程安全预评价规程			2016/1/7	2016/6/1
20.2-4-39	20.2			NB/T 32029—2016/XG1：2019	《光热发电工程安全预评价规程》行业标准第1号修改单			2019/11/4	2019/11/4
20.2-4-40	20.2	27.160	P02	NB/T 32030—2016	光伏发电工程勘察设计费计算标准			2016/1/7	2016/6/1
20.2-4-41	20.2	27.120.20	F65	NB/T 32035—2016	光伏发电工程概算定额			2016/8/16	2016/12/1

20.3 新能源-新能源设备

序号	GW分类	ICS分类	GB分类	标准号	中 文 名 称	代替标准	采用关系	发布日期	实施日期
20.3-2-1	20.3	29.240		Q/GDW 11064—2013	风电场无功补偿装置技术性能和测试规范			2014/4/1	2014/4/1
20.3-2-2	20.3	29.240		Q/GDW 11093—2013	架空输电线路状态监测装置用太阳能电源技术规范			2014/9/1	2014/9/1
20.3-2-3	20.3	29.240		Q/GDW 11825—2018	单元式光伏虚拟同步发电机技术要求和试验方法			2019/7/15	2019/7/15
20.3-2-4	20.3	29.240		Q/GDW 11826—2018	风电机组虚拟同步发电机技术要求和试验方法			2019/7/15	2019/7/15
20.3-2-5	20.3	29.240		Q/GDW 11943—2018	客户侧储能即插即用装置技术条件			2020/3/20	2020/3/20
20.3-2-6	20.3	29.240		Q/GDW 11944—2018	客户侧储能装置运行监控及互动功能规范			2020/3/20	2020/3/20
20.3-2-7	20.3	29.240		Q/GDW 1884—2013	储能电池组及管理系统技术规范			2014/1/29	2014/1/29
20.3-2-8	20.3	29.240		Q/GDW 1885—2013	电池储能系统储能变流器技术条件			2014/1/29	2014/1/29
20.3-2-9	20.3	29.240		Q/GDW 1972—2013	分布式光伏并网专用低压断路器技术规范			2014/3/13	2014/3/13

序号	GW 分类	ICS 分类	GB 分类	标准号	中 文 名 称	代替标准	采用关系	发布日期	实施日期
20.3-2-10	20.3	29.240		Q/GDW 1974—2013	分布式光伏专用低压反孤岛装置技术规范			2014/3/13	2014/3/13
20.3-2-11	20.3			Q/GDW 1988—2013	风电场综合监控系统技术条件			2014/5/1	2014/5/1
20.3-2-12	20.3			Q/GDW 1989—2013	光伏发电站监控系统技术要求			2014/5/1	2014/5/1
20.3-2-13	20.3			Q/GDW 1995—2013	光伏发电功率预测系统功能规范			2014/5/1	2014/5/1
20.3-2-14	20.3	29.020		Q/GDW 697—2011	储能系统接入配电网监控系统功能规范			2012/2/20	2012/2/20
20.3-3-15	20.3	29.220.01	K84	GB/T 12725—2011	碱性铁镍蓄电池通用规范	GB/T 12725—1991		2011/12/30	2012/7/1
20.3-3-16	20.3	29.220.20	K84	GB/T 13337.1—2011	固定型排气式铅酸蓄电池 第1部分：技术条件	GB/T 13337.1—1991	IEC 60896-11：2002 NEQ	2011/7/29	2011/12/1
20.3-3-17	20.3	29.220.20	K84	GB/T 13337.2—2011	固定型排气式铅酸蓄电池 第2部分：规格及尺寸	GB/T 13337.2—1991		2011/7/29	2011/12/1
20.3-3-18	20.3	29.120.50	K31	GB/T 13539.6—2013	低压熔断器 第6部分：太阳能光伏系统保护用熔断体的补充要求	GB/T 13539.6—2002		2013/2/7	2013/7/1
20.3-3-19	20.3	29.220.01	K82	GB/T 15142—2011	含碱性或其他非酸性电解质的蓄电池和蓄电池组方形排气式镉镍单体蓄电池	GB/T 15142—2002	IEC 60623：2001 IDT	2011/12/30	2012/7/1
20.3-3-20	20.3	11.040.40	C30	GB/T 18451.2—2021	风力发电机组 功率特性测试	GB/T 18451.2—2012		2021/8/20	2022/3/1
20.3-3-21	20.3	29.240.10	K30	GB/T 18802.31—2021	低压电涌保护器 第31部分：用于光伏系统的电涌保护器 性能要求和试验方法	GB/T 18802.31—2016	IEC 61643-31：2018 IDT	2021/3/9	2021/10/1
20.3-3-22	20.3	29.240.10	K30	GB/T 18802.32—2021	低压电涌保护器 第32部分：用于光伏系统的电涌保护器 选择和使用导则		IEC 61643-32：2017	2021/3/9	2021/10/1
20.3-3-23	20.3	27.180	F11	GB/T 19115.1—2018	风光互补发电系统 第1部分：技术条件	GB/T 19115.1—2003		2018/12/28	2019/7/1
20.3-3-24	20.3	27.180	F11	GB/T 19568—2017	风力发电机组 装配和安装规范	GB/T 19568—2004		2017/12/29	2018/7/1
20.3-3-25	20.3	29.220.20	K84	GB/T 19638.1—2014	固定型阀控式铅酸蓄电池 第1部分：技术条件	GB/T 19638.2—2005	IEC 60896-22：2004	2014/6/24	2015/1/22
20.3-3-26	20.3	29.220.20	K84	GB/T 19638.2—2014	固定型阀控式铅酸蓄电池 第2部分：产品品种和规格			2014/6/24	2015/1/22
20.3-3-27	20.3	29.220.20	K84	GB/T 19639.1—2014	通用阀控式铅酸蓄电池 第1部分：技术条件	GB/T 19639.1—2005	IEC 61056-1：2012	2014/12/5	2015/7/1
20.3-3-28	20.3	29.220.20	K84	GB/T 19639.2—2014	通用阀控式铅酸蓄电池 第2部分：规格型号	GB/T 19639.2—2007	IEC 61056-2：2012	2014/12/5	2015/7/1
20.3-3-29	20.3	27.160	K83	GB/T 20046—2006	光伏（PV）系统电网接口特性			2006/1/13	2006/2/1

序号	GW 分类	ICS 分类	GB 分类	标准号	中 文 名 称	代替标准	采用关系	发布日期	实施日期
20.3-3-30	20.3	27.180	F11	GB/T 20319—2017	风力发电机组 验收规范	GB/T 20319—2006		2017/7/12	2018/2/1
20.3-3-31	20.3	27.180	F11	GB/T 25386.1—2021	风力发电机组 控制系统 第1部分：技术条件	GB/T 25386.1—2010		2021/3/9	2021/10/1
20.3-3-32	20.3	27.180	F11	GB/T 25387.1—2021	风力发电机组 全功率变流器 第1部分：技术条件	GB/T 25387.1—2010		2021/3/9	2021/10/1
20.3-3-33	20.3	27.180	F11	GB/T 25388.1—2021	风力发电机组 双馈式变流器 第1部分：技术条件	GB/T 25388.1—2010		2021/3/9	2021/10/1
20.3-3-34	20.3	27.180	F11	GB/Z 25427—2010	风力发电机组雷电防护			2010/11/10	2011/1/1
20.3-3-35	20.3	27.160	K83	GB/T 28866—2012	独立光伏（PV）系统的特性参数			2012/11/5	2013/2/15
20.3-3-36	20.3	27.160	F12	GB/T 29320—2012	光伏电站太阳跟踪系统技术要求			2012/12/31	2013/6/1
20.3-3-37	20.3	27.180	F11	GB/T 29543—2013	低温型风力发电机组			2013/6/9	2014/1/1
20.3-3-38	20.3	29.060.20	K13	GB/T 29631—2013	额定电压 1.8/3kV 及以下风力发电用耐扭曲软电缆			2013/7/19	2013/12/2
20.3-3-39	20.3	29.220.10	K04	GB/T 30426—2013	含碱性或其他非酸性电解质的蓄电池和蓄电池组便携式锂蓄电池和蓄电池组		IEC 61960：2003 IDT	2013/12/31	2014/8/15
20.3-3-40	20.3	27.160	F12	GB/T 30427—2013	并网光伏发电专用逆变器技术要求和试验方法			2013/12/31	2014/8/15
20.3-3-41	20.3	27.180	F11	GB/T 30966.2—2014	风力发电机组 风力发电场监控系统通信 第2部分：信息模型		IEC 61400-25-2：2006	2014/7/24	2015/1/1
20.3-3-42	20.3	27.180	F11	GB/T 30966.4—2014	风力发电机组 风力发电场监控系统通信 第4部分：映射到通信规约		IEC 61400-25-4：2008	2014/7/24	2015/1/1
20.3-3-43	20.3	27.160	F12	GB/T 31366—2015	光伏发电站监控系统技术要求			2015/2/4	2015/9/1
20.3-3-44	20.3	29.240	K45	GB/T 32900—2016	光伏发电站继电保护技术规范			2016/8/29	2017/3/1
20.3-3-45	20.3	27.160	F12	GB/T 33765—2017	地面光伏系统用直流连接器			2017/5/31	2017/12/1
20.3-3-46	20.3	27.160	F12	GB/T 33766—2017	独立太阳能光伏电源系统技术要求			2017/5/31	2017/12/1
20.3-3-47	20.3	27.180	F11	GB/T 35204—2017	风力发电机组 安全手册			2017/12/29	2018/7/1
20.3-3-48	20.3	27.180	F11	GB/T 35207—2017	电励磁直驱风力发电机组			2017/12/29	2018/7/1
20.3-3-49	20.3	27.180	F19	GB/T 36276—2018	电力储能用锂离子电池			2018/6/7	2019/1/1
20.3-3-50	20.3	27.180	F19	GB/T 36280—2018	电力储能用铅炭电池			2018/6/7	2019/1/1

20

序号	GW分类	ICS分类	GB分类	标准号	中文名称	代替标准	采用关系	发布日期	实施日期
20.3-3-51	20.3	27.180	F19	GB/T 36545—2018	移动式电化学储能系统技术要求			2018/7/13	2019/2/1
20.3-3-52	20.3	27.180	F19	GB/T 36558—2018	电力系统电化学储能系统通用技术条件			2018/7/13	2019/2/1
20.3-3-53	20.3	77.150.99	H63	GB/T 37204—2018	全钒液流电池用电解液			2018/12/28	2019/11/1
20.3-4-54	20.3			DL/T 2315—2021	电力储能用梯次利用锂离子电池系统技术导则			2021/4/26	2021/10/26
20.3-4-55	20.3			DL/T 2316—2021	电力储能用锂离子梯次利用动力电池再退役技术条件			2021/4/26	2021/10/26
20.3-4-56	20.3			DL/T 793.6—2019	发电设备可靠性评价规程 第6部分:风力发电机组			2019/11/4	2020/5/1
20.3-4-57	20.3	29.120.01	K46	NB/T 10088—2018	户外型光伏逆变成套装置技术规范			2018/10/29	2019/3/1
20.3-4-58	20.3	29.120.01	K46	NB/T 10186—2019	光储系统用功率转换设备技术规范			2019/6/4	2019/10/1
20.3-4-59	20.3	29.240	K45	NB/T 10204—2019	分布式光伏发电低压并网接口装置技术要求			2019/6/4	2019/10/1
20.3-4-60	20.3	27.180	F11	NB/T 10321—2019	风电场监控系统技术规范			2019/11/4	2020/5/1
20.3-4-61	20.3			NB/T 10630—2021	风光储联合发电站监控系统技术条件			2021/4/26	2021/10/26
20.3-4-62	20.3			NB/T 10646—2021	海上风电场 直流接入电力系统用换流器 技术规范			2021/4/26	2021/10/26
20.3-4-63	20.3			NB/T 10647—2021	海上风电场 直流接入电力系统用直流断路器 技术规范			2021/4/26	2021/10/26
20.3-4-64	20.3			NB/T 10648—2021	海上风电场 直流接入电力系统控制保护设备 技术规范			2021/4/26	2021/10/26
20.3-4-65	20.3	29.120.01	K45	NB/T 31017—2018	风力发电机组主控制系统技术规范	NB/T 31017—2011		2018/6/6	2018/10/1
20.3-4-66	20.3	27.180	F11	NB/T 31039—2012	风力发电机组雷电防护系统技术规范			2012/10/29	2013/3/1
20.3-4-67	20.3	29.080	K15	NB/T 31049—2014	风力发电机绝缘规范			2014/6/29	2014/11/1
20.3-4-68	20.3	29.160.40	K52	NB/T 31058—2014	风力发电机组电气系统匹配及能效			2014/10/15	2015/3/1
20.3-4-69	20.3			NB/T 31083—2016	风电场控制系统功能规范			2016/1/7	2016/6/1
20.3-4-70	20.3	29.120.01	K46	NB/T 31092—2016	微电网用风力发电机组性能与安全技术要求			2016/1/7	2016/6/1
20.3-4-71	20.3	29.120.01	K46	NB/T 31093—2016	微电网用风力发电机组主控制器技术规范			2016/1/7	2016/6/1
20.3-4-72	20.3	27.180	P61	NB/T 31117—2017	海上风电场交流海底电缆选型敷设技术导则			2017/11/15	2018/3/1

序号	GW分类	ICS分类	GB分类	标准号	中 文 名 称	代替标准	采用关系	发布日期	实施日期
20.3-4-73	20.3	29.120.01	K46	NB/T 32004—2018	光伏并网逆变器技术规范	NB/T 32004—2013		2018/4/3	2018/7/1
20.3-4-74	20.3	29.240.01	K45	NB/T 32016—2013	并网光伏发电监控系统技术规范			2013/11/28	2014/4/1
20.3-4-75	20.3			NB/T 32031—2016	光伏发电功率预测系统功能规范			2016/1/7	2016/6/1
20.3-4-76	20.3	29.220.01	K82	NB/T 42040—2014	全钒液流电池通用技术条件			2014/6/29	2014/11/1
20.3-4-77	20.3	27.180	F19	NB/T 42091—2016	电化学储能电站用锂离子电池技术规范			2016/8/16	2016/12/1
20.3-4-78	20.3	29.120.01	K46	NB/T 42142—2018	光伏并网微型逆变器技术规范			2018/4/3	2018/7/1
20.3-5-79	20.3	27.180		ANSI UL 6142—2012	小型风力发电机系统的安全性标准			2012/1/1	2012/1/1

20.4 新能源-运行控制

序号	GW分类	ICS分类	GB分类	标准号	中 文 名 称	代替标准	采用关系	发布日期	实施日期
20.4-2-1	20.4	29.240		Q/GDW 10696—2016	电化学储能系统接入配电网运行控制规范	Q/GDW 696—2011		2017/8/4	2017/8/4
20.4-2-2	20.4			Q/GDW 11000—2021	光伏发电站并网调度信息交换规范			2022/1/24	2022/1/24
20.4-2-3	20.4	29.240		Q/GDW 11273—2014	风电有功功率自动控制技术规范			2014/12/20	2014/12/20
20.4-2-4	20.4	29.240		Q/GDW 11274—2014	风电无功电压自动控制技术规范			2014/12/20	2014/12/20
20.4-2-5	20.4			Q/GDW 11762—2017	光伏发电站功率控制技术规定			2018/9/26	2018/9/26
20.4-2-6	20.4			Q/GDW 12056—2020	新能源场站全景监控通用技术规范			2021/3/17	2021/3/17
20.4-2-7	20.4	29.240		Q/GDW 1878—2013	风电场无功配置及电压控制技术规定			2013/11/12	2013/11/12
20.4-2-8	20.4	29.240		Q/GDW 1887—2013	电网配置储能系统监控及通信技术规范			2014/1/29	2014/1/29
20.4-2-9	20.4			Q/GDW 1982—2013	风光储联合发电系统运行导则			2013/12/18	2013/12/18
20.4-2-10	20.4			Q/GDW 1990—2013	风电机组低电压穿越测试规范			2014/5/1	2014/5/1
20.4-2-11	20.4			Q/GDW 1996—2013	光伏发电功率预测气象要素监测技术规范			2014/5/1	2014/5/1
20.4-2-12	20.4			Q/GDW 1997—2013	光伏发电调度运行管理规范			2014/5/1	2014/5/1
20.4-2-13	20.4	29.120.50	K31	Q/GDW 1998—2013	光伏发电站功率预测技术要求			2014/5/1	2014/5/1
20.4-3-14	20.4	27.180	F11	GB/T 25385—2019	风力发电机组　运行及维护要求	GB/T 25385—2010		2019/10/18	2020/5/1
20.4-3-15	20.4	27.160	F12	GB/T 30153—2013	光伏发电站太阳能资源实时监测技术要求			2013/12/17	2014/8/1

20

序号	GW 分类	ICS 分类	GB 分类	标准号	中 文 名 称	代替标准	采用关系	发布日期	实施日期
20.4-3-16	20.4	27.160	F12	GB/T 31999—2015	光伏发电系统接入配电网特性评价技术规范			2015/9/11	2016/4/1
20.4-3-17	20.4	27.180	F11	GB/T 32128—2015	海上风电场运行维护规程			2015/10/9	2016/5/1
20.4-3-18	20.4	07.060	A47	GB/T 33703—2017	自动气象站观测规范			2017/5/12	2017/12/1
20.4-3-19	20.4	27.160		GB/T 34932—2017	分布式光伏发电系统远程监控技术规范			2017/11/1	2018/5/1
20.4-3-20	20.4	27.180	F11	GB/Z 35482—2017	风力发电机组　时间可利用率			2017/12/29	2018/7/1
20.4-3-21	20.4	27.180	F11	GB/Z 35483—2017	风力发电机组　发电量可利用率			2017/12/29	2018/7/1
20.4-3-22	20.4	27.160	F12	GB/T 35694—2017	光伏发电站安全规程			2017/12/29	2018/7/1
20.4-3-23	20.4	27.160	F12	GB/T 36116—2018	村镇光伏发电站集群控制系统功能要求			2018/3/15	2018/10/1
20.4-3-24	20.4	27.180	F19	GB/T 36270—2018	微电网监控系统技术规范			2018/6/7	2019/1/1
20.4-3-25	20.4	27.180	F19	GB/T 36274—2018	微电网能量管理系统技术规范			2018/6/7	2019/1/1
20.4-3-26	20.4	27.180	F19	GB/T 36549—2018	电化学储能电站运行指标及评价			2018/7/13	2019/2/1
20.4-3-27	20.4	27.180	F11	GB/T 37424—2019	海上风力发电机组　运行及维护要求			2019/5/10	2019/12/1
20.4-3-28	20.4	27.180	F12	GB/T 38330—2019	光伏发电站逆变器检修维护规程			2019/12/10	2020/7/1
20.4-3-29	20.4	27.160	F12	GB/T 38335—2019	光伏发电站运行规程			2019/12/10	2020/7/1
20.4-3-30	20.4	27.160	F12	GB/T 38993—2020	光伏电站有功及无功控制系统的控制策略导则			2020/7/21	2021/2/1
20.4-3-31	20.4	27.180	F19	GB/T 40090—2021	储能电站运行维护规程			2021/4/30	2021/11/1
20.4-3-32	20.4	27.160	F12	GB/T 40289—2021	光伏发电站功率控制系统技术要求			2021/5/21	2021/12/1
20.4-4-33	20.4	27.160	F12	DL/T 1941—2018	可再生能源发电站电力监控系统网络安全防护技术规范			2018/12/25	2019/5/1
20.4-4-34	20.4	27.180	F19	DL/T 1989—2019	电化学储能电站监控系统与电池管理系统通信协议			2019/6/4	2019/10/1
20.4-4-35	20.4			DL/T 2204—2020	水电站大坝安全现场检查技术规程			2020/10/23	2021/2/1
20.4-4-36	20.4	29.240	K45	DL/T 2246.5—2021	电化学储能电站并网运行与控制技术规范　第5部分：安全稳定控制			2021/1/7	2021/7/1
20.4-4-37	20.4	29.240	K45	DL/T 2246.6—2021	电化学储能电站并网运行与控制技术规范　第6部分：调度信息通信			2021/1/7	2021/7/1

序号	GW 分类	ICS 分类	GB 分类	标准号	中 文 名 称	代替标准	采用关系	发布日期	实施日期
20.4-4-38	20.4	29.240	K45	DL/T 2246.7—2021	电化学储能电站并网运行与控制技术规范 第7部分：惯量支撑与阻尼控制			2021/1/7	2021/7/1
20.4-4-39	20.4	29.240	K45	DL/T 2246.8—2021	电化学储能电站并网运行与控制技术规范 第8部分：仿真建模			2021/1/7	2021/7/1
20.4-4-40	20.4	29.240	K45	DL/T 2246.9—2021	电化学储能电站并网运行与控制技术规范 第9部分：仿真计算模型与参数实测			2021/1/7	2021/7/1
20.4-4-41	20.4	27.100	F10/19	DL/T 2247.1—2021	电化学储能电站调度运行管理 第1部分：调度规程			2021/1/7	2021/7/1
20.4-4-42	20.4	27.100	F10/19	DL/T 2247.2—2021	电化学储能电站调度运行管理 第2部分：调度命名			2021/1/7	2021/7/1
20.4-4-43	20.4	27.100	F10/19	DL/T 2247.3—2021	电化学储能电站调度运行管理 第3部分：调度端实时监视与控制			2021/1/7	2021/7/1
20.4-4-44	20.4			DL/T 2248.1—2021	移动车载式储能电站并网与运行 第1部分：并网技术条件			2021/1/7	2021/7/1
20.4-4-45	20.4			DL/T 2248.2—2021	移动车载式储能电站并网与运行 第2部分：运行规程			2021/1/7	2021/7/1
20.4-4-46	20.4			DL/T 2314—2021	电厂侧储能系统调度运行管理规范			2021/4/26	2021/10/26
20.4-4-47	20.4	27.180	F11	DL/T 666—2012	风力发电场运行规程	DL/T 666—1999		2012/8/23	2012/12/1
20.4-4-48	20.4	27.180	F25	DL/T 796—2012	风力发电场安全规程	DL/T 796—2001		2012/8/23	2012/12/1
20.4-4-49	20.4	27.180	F11	NB/T 10319—2019	风力发电机组安全系统设计技术规范			2019/11/4	2020/5/1
20.4-4-50	20.4	27.180	F11	NB/T 10322—2019	海上风电场升压站运行规程			2019/11/4	2020/5/1
20.4-4-51	20.4			NB/T 10570—2021	风电机组发电机检修规程			2021/1/7	2021/7/1
20.4-4-52	20.4	29.180	F11	NB/T 10588—2021	风力发电场集控中心运行管理规程			2021/1/7	2021/7/1
20.4-4-53	20.4			NB/T 10625—2021	风光储联合发电站运行导则			2021/4/26	2021/10/26
20.4-4-54	20.4			NB/T 10640—2021	风电场运行风险管理规程			2021/4/26	2021/10/26
20.4-4-55	20.4	27.180	F11	NB/T 31004—2011	风力发电机组振动状态监测导则			2011/8/6	2011/11/1
20.4-4-56	20.4			NB/T 31053—2021	风电机组电气仿真模型验证规程	NB/T 31053—2014		2021/4/26	2021/10/26
20.4-4-57	20.4	27.180	F11	NB 31067—2015	风力发电场监控系统通信-信息模型			2015/4/2	2015/9/1

20

序号	GW 分类	ICS 分类	GB 分类	标准号	中 文 名 称	代替标准	采用关系	发布日期	实施日期
20.4-4-58	20.4			NB 31070—2015	风力发电场监控系统通信-一致性测试			2015/4/2	2015/9/1
20.4-4-59	20.4			NB/T 31079—2016	风电功率预测系统测风塔数据测量技术要求			2016/1/7	2016/6/1
20.4-4-60	20.4			NB/T 31110—2017	风电场有功功率调节与控制技术规定			2017/8/2	2017/12/1
20.4-4-61	20.4	27.180	F11	NB/T 31140—2018	高原风力发电机组主控制系统技术规范			2018/4/3	2018/7/1
20.4-4-62	20.4	27.100	F12	NB/T 32011—2013	光伏发电站功率预测系统技术要求			2013/11/28	2014/4/1
20.4-4-63	20.4	27.160	F12	NB/T 32012—2013	光伏发电站太阳能资源实时监测技术规范			2013/11/28	2014/4/1
20.4-4-64	20.4			NB/T 33010—2014	分布式电源接入电网运行控制规范			2014/10/15	2015/3/1
20.4-4-65	20.4			NB/T 33011—2014	分布式电源接入电网测试技术规范			2014/10/15	2015/3/1
20.4-4-66	20.4			NB/T 33012—2014	分布式电源接入电网监控系统功能规范			2014/10/15	2015/3/1
20.4-4-67	20.4	27.010	F01	NB/T 33013—2014	分布式电源孤岛运行控制规范			2014/10/15	2015/3/1
20.4-4-68	20.4	27.180	F19	NB/T 42090—2016	电化学储能电站监控系统技术规范			2016/8/16	2016/12/1
20.4-4-69	20.4	07.060	A47	QX/T 74—2007	风电场气象观测及资料审核、订正技术规范			2007/6/22	2007/10/1
20.4-6-70	20.4			T/CEC 252—2019	分布式电化学储能系统运行维护规程			2019/11/21	2020/1/1

20.5 新能源-试验检测

序号	GW 分类	ICS 分类	GB 分类	标准号	中 文 名 称	代替标准	采用关系	发布日期	实施日期
20.5-2-1	20.5			Q/GDW 10618—2017	光伏发电站接入电力系统测试规程	Q/GDW 618—2011		2018/9/26	2018/9/26
20.5-2-2	20.5	27.180		Q/GDW 10676—2016	电化学储能系统接入配电网测试规范	Q/GDW 676—2011		2017/8/4	2017/8/4
20.5-2-3	20.5			Q/GDW 10925—2020	光伏发电站功率控制能力检测技术规程	Q/GDW 1925—2013		2021/3/17	2021/3/17
20.5-2-4	20.5	29.240		Q/GDW 10984—2016	风光储联合发电系统检修导则	Q/GDW 1984—2013		2016/12/28	2016/12/28
20.5-2-5	20.5	29.240		Q/GDW 10985—2016	风光储联合发电系统技术监督导则	Q/GDW 1985—2013		2016/12/28	2016/12/28
20.5-2-6	20.5			Q/GDW 10993—2017	光伏发电站建模及参数测试规程	Q/GDW 1993—2013; Q/GDW 1994—2013		2018/9/26	2018/9/26
20.5-2-7	20.5	29.240		Q/GDW 11220—2014	电池储能电站设备及系统交接试验规程			2014/11/20	2014/11/20
20.5-2-8	20.5	29.240		Q/GDW 11294—2014	电池储能系统变流器试验规程			2015/3/12	2015/3/12

序号	GW 分类	ICS 分类	GB 分类	标准号	中 文 名 称	代替标准	采用关系	发布日期	实施日期
20.5-2-9	20.5	29.240		Q/GDW 11491—2015	风电机组建模验证与参数校验导则			2016/11/15	2016/11/15
20.5-2-10	20.5			Q/GDW 12048—2020	新能源厂站监控系统测试规范			2021/3/17	2021/3/17
20.5-2-11	20.5	29.240		Q/GDW 1924—2013	光伏发电站电能质量检测技术规程			2013/12/18	2013/12/18
20.5-2-12	20.5	29.240		Q/GDW 1926—2013	光伏发电站低电压穿越能力检测技术规程			2013/12/18	2013/12/18
20.5-2-13	20.5	29.240		Q/GDW 1973—2013	分布式光伏并网专用低压断路器检测规程			2014/3/13	2014/3/13
20.5-2-14	20.5			Q/GDW 1980—2013	风光储联合发电系统调式导则			2013/12/18	2013/12/18
20.5-2-15	20.5			Q/GDW 1991—2013	风电机组低电压穿越建模及验证方法			2014/5/1	2014/5/1
20.5-2-16	20.5			Q/GDW 1992—2013	风电机组低电压穿越特性一致性评估技术规范			2014/5/1	2014/5/1
20.5-2-17	20.5	29.240		Q/GDW 630—2011	风电场功率调节能力和电能质量测试规程			2011/6/20	2011/6/20
20.5-3-18	20.5	27.180	F11	GB/T 10760.2—2017	小型风力发电机组用发电机 第2部分：试验方法	GB/T 10760.2—2003		2017/10/14	2018/5/1
20.5-3-19	20.5	27.180	F11	GB/T 18451.2—2012	风力发电机组功率特性测试	GB/T 18451.2—2003		2012/6/29	2012/10/1
20.5-3-20	20.5	27.180	F11	GB/T 18709—2002	风电场风能资源测量方法			2002/4/28	2002/10/1
20.5-3-21	20.5	27.180	F11	GB/T 19068.2—2017	小型风力发电机组 第2部分：试验方法	GB/T 19068.2—2003		2017/11/1	2018/5/1
20.5-3-22	20.5	27.180	F11	GB/T 19070—2017	失速型风力发电机组 控制系统 试验方法	GB/T 19070—2003		2017/10/14	2018/5/1
20.5-3-23	20.5	27.180	F11	GB/T 19071.2—2018	风力发电机组 异步发电机 第2部分：试验方法	GB/T 19071.2—2003		2018/7/13	2019/2/1
20.5-3-24	20.5	27.180	F11	GB/T 19115.2—2018	风光互补发电系统 第2部分：试验方法	GB/T 19115.2—2003		2018/9/17	2019/4/1
20.5-3-25	20.5	27.180	F11	GB/T 19960.2—2005	风力发电机组 第2部分：通用试验方法			2005/12/12	2006/1/1
20.5-3-26	20.5	27.180	F11	GB/T 20320—2013	风力发电机组 电能质量测量和评估方法	GB/T 20320—2006		2013/12/31	2014/10/1
20.5-3-27	20.5	27.160	K83	GB/T 20513—2006	光伏系统性能监测测量、数据交换和分析导则			2006/10/10	2007/2/1
20.5-3-28	20.5	27.160	K83	GB/T 20514—2006	光伏系统功率调节器效率测量程序			2006/10/10	2007/2/1
20.5-3-29	20.5	27.180	F11	GB/T 23479.2—2009	风力发电机组 双馈异步发电机 第2部分：试验方法			2009/4/2	2009/11/1
20.5-3-30	20.5	27.180	F11	GB/T 25386.2—2021	风力发电机组 控制系统 第2部分：试验方法	GB/T 25386.2—2010		2021/3/9	2021/10/1

20

序号	GW 分类	ICS 分类	GB 分类	标准号	中 文 名 称	代替标准	采用关系	发布日期	实施日期
20.5-3-31	20.5	27.180	F11	GB/T 25387.2—2021	风力发电机组　全功率变流器　第2部分：试验方法	GB/T 25387.2—2010		2021/3/9	2021/10/1
20.5-3-32	20.5	27.180	F11	GB/T 25388.2—2021	风力发电机组　双馈式变流器　第2部分：试验方法	GB/T 25388.2—2010		2021/3/9	2021/10/1
20.5-3-33	20.5	27.180	F11	GB/T 25389.2—2018	风力发电机组　永磁同步发电机　第2部分：试验方法	GB/T 25389.2—2010		2018/5/14	2018/12/1
20.5-3-34	20.5	27.180	F11	GB/Z 25425—2010	风力发电机组　公称视在声功率级和音值			2010/11/10	2011/1/1
20.5-3-35	20.5	27.180	F11	GB/Z 25426—2010	风力发电机组　机械载荷测量			2010/11/10	2011/1/1
20.5-3-36	20.5	27.180	F11	GB/Z 25458—2010	风力发电机组　合格认证规则及程序			2010/11/10	2011/1/1
20.5-3-37	20.5	27.160	F12	GB/T 30152—2013	光伏发电系统接入配电网检测规程			2013/12/17	2014/8/1
20.5-3-38	20.5	77.040	H21	GB/T 30860—2014	太阳能电池用硅片表面粗糙度及切割线痕测试方法			2014/7/24	2015/4/1
20.5-3-39	20.5	27.160	F12	GB/T 31365—2015	光伏发电站接入电网检测规程			2015/2/4	2015/9/1
20.5-3-40	20.5	27.180	F11	GB/T 31518.2—2015	直驱永磁风力发电机组　第2部分：试验方法			2015/5/15	2016/2/1
20.5-3-41	20.5	29.020	K04	GB/T 32352—2015	高原用风力发电机组现场验收规范			2015/12/31	2016/7/1
20.5-3-42	20.5	27.070	K82	GB/T 33979—2017	质子交换膜燃料电池发电系统低温特性测试方法			2017/7/12	2018/2/1
20.5-3-43	20.5	27.180	F19	GB/T 34133—2017	储能变流器检测技术规程			2017/7/31	2018/2/1
20.5-3-44	20.5	27.160	F12	GB/T 34160—2017	地面用光伏组件光电转换效率检测方法			2017/9/7	2018/4/1
20.5-3-45	20.5	81.040.30	Q34	GB/T 34561—2017	光伏玻璃　湿热大气环境自然曝露试验方法及性能评价			2017/10/14	2018/9/1
20.5-3-46	20.5	27.160	F12	GB/T 34931—2017	光伏发电站无功补偿装置检测技术规程			2017/11/1	2018/5/1
20.5-3-47	20.5	27.160	F12	GB/T 34933—2017	光伏发电站汇流箱检测技术规程			2017/11/1	2018/5/1
20.5-3-48	20.5	27.180	F11	GB/T 36490—2018	风力发电机组　防雷装置检测技术规范			2018/7/13	2019/2/1
20.5-3-49	20.5	27.180	F19	GB/T 36548—2018	电化学储能系统接入电网测试规范			2018/7/13	2019/2/1
20.5-3-50	20.5	27.180	F11	GB/T 36994—2018	风力发电机组　电网适应性测试规程			2018/12/28	2019/7/1
20.5-3-51	20.5	27.180	F11	GB/T 36995—2018	风力发电机组　故障电压穿越能力测试规程			2018/12/28	2019/7/1

20

序号	GW 分类	ICS 分类	GB 分类	标准号	中 文 名 称	代替标准	采用关系	发布日期	实施日期
20.5-3-52	20.5	33.100	LO6	GB/T 37132—2018	无线充电设备的电磁兼容性通用要求和测试方法			2018/12/28	2019/7/1
20.5-3-53	20.5	27.160	F12	GB/T 37409—2019	光伏发电并网逆变器检测技术规范			2019/5/10	2019/12/1
20.5-3-54	20.5	27.160	F12	GB/T 37655—2019	光伏与建筑一体化发电系统验收规范			2019/6/4	2020/1/1
20.5-3-55	20.5	27.160	F12	GB/T 37658—2019	并网光伏电站启动验收技术规范			2019/6/4	2020/1/1
20.5-3-56	20.5	27.160	K04	GB/T 37663.1—2019	湿热带分布式光伏户外实证试验要求 第1部分：光伏组件			2019/6/4	2020/1/1
20.5-3-57	20.5	27.180	F11	GB/T 40082—2021	风力发电机组传动链地面测试技术规范			2021/4/30	2021/11/1
20.5-3-58	20.5	27.160	F12	GB/T 40102—2021	太阳能热发电站接入电力系统检测规程			2021/5/21	2021/12/1
20.5-4-59	20.5	27.180	F19	DL/T 2081—2020	电力储能用超级电容器试验规程			2020/10/23	2021/2/1
20.5-4-60	20.5			DL/T 2205—2021	分布式电源燃气发电运行指标评价规范			2021/1/7	2021/7/1
20.5-4-61	20.5			DL/T 2206—2021	分布式电源燃气发电性能测试规程			2021/1/7	2021/7/1
20.5-4-62	20.5	27.180	F10/19	DL/T 2247.4—2021	电化学储能电站调度运行管理 第4部分：调度端与储能电站监控系统检测			2021/1/7	2021/7/1
20.5-4-63	20.5	27.180	F23	DL/T 797—2012	风力发电场检修规程	DL/T 797—2001		2012/8/23	2012/12/1
20.5-4-64	20.5	27.160	F11	JB/T 12238—2015	聚光光伏太阳能发电模组的测试方法			2015/4/30	2015/10/1
20.5-4-65	20.5	27.160	F19	NB/T 10185—2019	并网光伏电站用关键设备性能检测与质量评估技术规范			2019/6/4	2019/10/1
20.5-4-66	20.5	29.120.01	K46	NB/T 10298—2019	光伏电站适应性移动检测装置技术规范			2019/11/4	2020/5/1
20.5-4-67	20.5	27.180	F11	NB/T 10312—2019	风力发电机组主控系统测试规程			2019/11/4	2020/5/1
20.5-4-68	20.5			NB/T 10314—2019	风电机组无功调压技术要求与测试规程			2019/11/4	2020/5/1
20.5-4-69	20.5	27.180	F19	NB/T 10315—2019	风电机组一次调频技术要求与测试规程			2019/11/4	2020/5/1
20.5-4-70	20.5	27.180	F19	NB/T 10316—2019	风电场动态无功补偿装置并网性能测试规范			2019/11/4	2020/5/1
20.5-4-71	20.5			NB/T 10317—2019	风电场功率控制系统技术要求及测试方法			2019/11/4	2020/5/1

20

序号	GW 分类	ICS 分类	GB 分类	标准号	中 文 名 称	代替标准	采用关系	发布日期	实施日期
20.5-4-72	20.5	29.240.30	F11	NB/T 10318—2019	风力发电机组电控成套设备型式试验大纲			2019/11/4	2020/5/1
20.5-4-73	20.5	27.180	F12	NB/T 10323—2019	分布式光伏发电并网接口装置测试规程			2019/11/4	2020/5/1
20.5-4-74	20.5	27.180	F12	NB/T 10324—2019	光伏发电站高电压穿越检测技术规程			2019/11/4	2020/5/1
20.5-4-75	20.5	27.160	F12	NB/T 10325—2019	光伏组件移动测试平台技术规范			2019/11/4	2020/5/1
20.5-4-76	20.5			NB/T 10587—2021	风电场机组功率曲线验证技术规程			2021/1/7	2021/7/1
20.5-4-77	20.5			NB/T 10650—2021	风电场并网性能监测评估方法			2021/4/26	2021/10/26
20.5-4-78	20.5	27.180	F11	NB/T 31005—2011	风电场电能质量测试方法			2011/8/6	2011/11/1
20.5-4-79	20.5	29.080.30	K15	NB/T 31050—2014	风力发电机绝缘系统的评定方法			2014/6/29	2014/11/1
20.5-4-80	20.5	27.160	F11	NB/T 31051—2014	风电机组低电压穿越能力测试规程			2014/10/15	2015/3/1
20.5-4-81	20.5			NB/T 31054—2014	风电机组电网适应性测试规程			2014/10/15	2015/3/1
20.5-4-82	20.5			NB/T 31111—2017	风电机组高电压穿越测试规程			2017/8/2	2017/12/1
20.5-4-83	20.5	27.180	F11	NB/T 31123—2017	高原风力发电机组用全功率变流器试验方法			2017/11/15	2018/3/1
20.5-4-84	20.5	27.160	F12	NB/T 32005—2013	光伏发电站低电压穿越检测技术规程			2013/11/28	2014/4/1
20.5-4-85	20.5	27.160	F12	NB/T 32006—2013	光伏发电站电能质量检测技术规程			2013/11/28	2014/4/1
20.5-4-86	20.5	27.160	F12	NB/T 32007—2013	光伏发电站功率控制能力检测技术规程			2013/11/28	2014/4/1
20.5-4-87	20.5	27.160	F12	NB/T 32008—2013	光伏发电站逆变器电能质量检测技术规程			2013/11/28	2014/4/1
20.5-4-88	20.5	27.160	F12	NB/T 32009—2013	光伏发电站逆变器电压与频率响应检测技术规程			2013/11/28	2014/4/1
20.5-4-89	20.5	27.160	F12	NB/T 32010—2013	光伏发电站逆变器防孤岛效应检测技术规程			2013/11/28	2014/4/1
20.5-4-90	20.5	27.160	F12	NB/T 32013—2013	光伏发电站电压与频率响应检测规程			2013/11/28	2014/4/1
20.5-4-91	20.5	27.160	F12	NB/T 32014—2013	光伏发电站防孤岛效应检测技术规程			2013/11/28	2014/4/1
20.5-4-92	20.5			NB/T 32032—2016	光伏发电站逆变器效率检测技术要求			2016/1/7	2016/6/1
20.5-4-93	20.5			NB/T 32033—2016	光伏发电站逆变器电磁兼容性检测技术要求			2016/1/7	2016/6/1

20

序号	GW 分类	ICS 分类	GB 分类	标准号	中 文 名 称	代替标准	采用关系	发布日期	实施日期
20.5-4-94	20.5			NB/T 32034—2016	光伏发电站现场组件检测规程			2016/1/7	2016/6/1
20.5-4-95	20.5	07.060	A47	QX/T 73—2007	风电场风测量仪器检测规范			2007/6/22	2007/10/1
20.5-6-96	20.5			T/CEC 371—2020	电力储能用锂离子电池烟气毒性评价方法			2020/6/30	2020/10/1

20.6 新能源-其他

序号	GW 分类	ICS 分类	GB 分类	标准号	中 文 名 称	代替标准	采用关系	发布日期	实施日期
20.6-2-1	20.6			Q/GDW 11761—2017	光伏发电站理论发电量与弃光电量评估 导则			2018/9/26	2018/9/26
20.6-2-2	20.6			Q/GDW 12054—2020	风力发电资源数据审核与订正方法			2021/3/17	2021/3/17
20.6-2-3	20.6			Q/GDW 12055—2020	光伏发电资源数据审核与订正方法			2021/3/17	2021/3/17
20.6-2-4	20.6			Q/GDW 1983—2013	风光储联合发电系统状态评估导则			2013/12/18	2013/12/18
20.6-3-5	20.6	27.180	F11	GB/T 30966.1—2014	风力发电机组风力发电场监控系统通信 第1部分：原则与模型			2014/7/24	2015/1/1
20.6-3-6	20.6	27.180	F11	GB/T 30966.3—2014	风力发电机组风力发电场监控系统通信 第3部分：信息交换模型			2014/7/24	2015/1/1
20.6-3-7	20.6	27.180	F11	GB/T 30966.5—2015	风力发电机组风力发电场监控系统通信 第5部分：一致性测试			2015/5/15	2016/2/1
20.6-3-8	20.6	27.180	F11	GB/T 30966.6—2015	风力发电机组风力发电场监控系统通信 第6部分：状态监测的逻辑节点类和数据类			2015/5/15	2016/2/1
20.6-3-9	20.6	87.040	G51	GB/T 31817—2015	风力发电设施防护涂装技术规范			2015/7/3	2016/2/1
20.6-3-10	20.6	03.100	A00	GB/Z 35043—2018	光伏产业项目运营管理规范			2018/5/18	2018/5/18
20.6-3-11	20.6	27.160	F04	GB/T 35691—2017	光伏发电站标识系统编码导则			2017/12/29	2018/7/1
20.6-3-12	20.6	27.160	F12	GB/T 36115—2018	精准扶贫 村级光伏电站技术导则			2018/3/15	2018/10/1
20.6-3-13	20.6	27.160	F12	GB/T 36119—2018	精准扶贫 村级光伏电站管理与评价导则			2018/3/15	2018/10/1
20.6-3-14	20.6	27.180	F11	GB/T 36237—2018	风力发电机组 电气仿真模型			2018/5/14	2018/12/1
20.6-3-15	20.6	27.160	F12	GB/T 36567—2018	光伏组件检修规程			2018/9/17	2019/4/1

序号	GW分类	ICS分类	GB分类	标准号	中 文 名 称	代替标准	采用关系	发布日期	实施日期
20.6-3-16	20.6	27.160	F12	GB/T 36568—2018	光伏方阵检修规程			2018/9/17	2019/4/1
20.6-3-17	20.6	07.060	A47	GB/T 37523—2019	风电场气象观测资料审核、插补与订正技术规范			2019/6/4	2020/1/1
20.6-3-18	20.6	27.160	F12	GB/T 39854—2021	光伏发电站性能评估技术规范			2021/3/9	2021/10/1
20.6-4-19	20.6			DL/T 1815—2018	电化学储能电站设备可靠性评价规程			2018/4/3	2018/7/1
20.6-4-20	20.6	27.18	F19	DL/T 1816—2018	电化学储能电站标识系统编码导则			2018/4/3	2018/7/1
20.6-4-21	20.6	27.100	F10/19	DL/T 2247.5—2021	电化学储能电站调度运行管理 第5部分：应急处置			2021/1/7	2021/7/1
20.6-4-22	20.6			DL/T 2313—2021	参与辅助调频的电厂侧储能系统并网管理规范			2021/4/26	2021/10/26
20.6-4-23	20.6			NB/T 10086—2018	风电场工程节能报告编制标准			2018/10/29	2019/3/1
20.6-4-24	20.6	27.160	P61	NB/T 10109—2018	风电场工程后评价规程			2018/12/25	2019/5/1
20.6-4-25	20.6	27.180	F11	NB/T 10110—2018	风力发电场技术监督导则			2018/12/25	2019/5/1
20.6-4-26	20.6	27.180	F11	NB/T 10111—2018	风力发电机组润滑剂运行检测规程			2018/12/25	2019/5/1
20.6-4-27	20.6	27.180	F11	NB/T 10112—2018	风力发电机组设备监造导则			2018/12/25	2019/5/1
20.6-4-28	20.6			NB/T 10113—2018	光伏发电站技术监督导则			2018/12/25	2019/5/1
20.6-4-29	20.6	27.160	F12	NB/T 10114—2018	光伏发电站绝缘技术监督规程			2018/12/25	2019/5/1
20.6-4-30	20.6	27.180	F11	NB/T 31002.1—2010	风力发电场监控系统通信-原则与模式			2010/5/1	2010/10/1
20.6-4-31	20.6	27.180	F11	NB/T 31006—2011	海上风电场钢结构防腐蚀技术标准			2011/8/6	2011/11/1
20.6-4-32	20.6	27.180	F11	NB/T 31045—2013	风电场运行指标与评价导则			2013/11/28	2014/4/1
20.6-4-33	20.6	27.180	F11	NB/T 31055—2014	风电场理论发电量与弃风电量评估导则			2014/10/15	2015/3/1
20.6-4-34	20.6			NB/T 31075—2016	风电场电气仿真模型建模及验证规程			2016/1/7	2016/6/1
20.6-4-35	20.6	27.180	P61	NB/T 31147—2018	风电场工程风能资源测量与评估技术规范			2018/6/6	2018/10/1
20.6-6-36	20.6			T/CEC 373—2020	预制舱式磷酸铁锂电池储能电站消防技术规范			2020/6/30	2020/10/1

20